AF308182

Technische Elektrodynamik

Von

Franz Ollendorff
Dr.-Ing., Dipl.-Ing.

Band I
Berechnung magnetischer Felder

Wien
Springer-Verlag
1952

Berechnung magnetischer Felder

Von

Franz Ollendorff

Dr.-Ing., Dipl.-Ing.
Professor der Elektrotechnik und Vorstand des Elektrotechnischen
Laboratoriums der Hebräischen Technischen Hochschule Haifa,
Mitglied des wissenschaftlichen Forschungsrates für Israel

Mit 287 Textabbildungen

Wien
Springer-Verlag
1952

ISBN 978-3-7091-3025-4   ISBN 978-3-7091-3024-7 (eBook)
DOI 10.1007/978-3-7091-3024-7

Vorwort.

Unter den Gegenständen der Technischen Elektrodynamik zeichnet sich das magnetische Feld durch den Reichtum seiner Anwendungen aus:

Die wohl älteste Kenntnis des Magnetismus als geophysikalisches Element hat ihre erdgebundenen Grenzen gesprengt und sich zur Lehre des kosmischen Magnetismus erweitert, der, auch in den fernsten Sternen beheimatet, den Weltraum in eigenartigen Wellen durchzieht und vielleicht den Schlüssel zum Verständnis der noch rätselhaften Herkunft der Höhenstrahlung liefert.

Als technisches Abbild der erdmagnetischen Urerfahrung ist der permanente Magnet anzusprechen, der durch Verwendung neuzeitlicher Werkstoffe zu höchster Konzentration seiner Arbeitsfähigkeit gebracht wurde. Während die Magnetnadel als Mittel geographischer Orientierung allerdings den vollkommeneren Methoden des Kreiselkompasses, der drahtlosen Peilung und der selbsttätigen Landschaftszeichnung durch Radarstrahlen und Ultraschallwellen mehr und mehr weicht, bleibt doch ihre Bedeutung als Instrument zur magnetischen Feinstrukturerforschung des Geoids unangetastet.

Die *Oersted*sche Entdeckung der ablenkenden Kraft elektrischer Ströme auf Magnetnadeln bildet im Verein mit dem *Faraday*schen Induktionsgesetz die Grundlage des Elektromagnetismus, als dessen eindrucksvollstes Anwendungsgebiet die elektromagnetischen Maschinen erscheinen; wesentlich die nämlichen Wirkungen werden in zahlreichen Meßgeräten, Relais und elektroakustischen Apparaten ausgenützt.

Die integralen elektrodynamischen Stromkräfte resultieren aus der *Lorentz*-Kraft auf den einzelnen, bewegten Ladungsträger: Sie konzentriert die Kathodenstrahlen moderner Hochleistungs-Magnetronröhren, sie ermöglicht die Teilchentrennung im Massenspektrographen, und sie führt in Ionen-Schleudermaschinen die Ladungsträger dem vielfach wiederholten Angriff energiespendender elektrischer Felder zu, um deren Einzelwirkungen zu Beträgen kosmischen Ausmaßes aufzusummieren.

Angesichts dieses überwältigenden Aufgabenkreises magnetischer Felder entspringt der Wunsch nach ihrer möglichst genauen Kenntnis einem dringenden Bedürfnis.

Es ist nicht die Absicht dieses Buches den atomistischen Wurzeln des Magnetismus nachzugehen noch mit deren Hilfe magnetische Stoffkunde zu betreiben; vielmehr werden diese Fragen nebst den Ansätzen zu ihrer Lösung als bekannt vorausgesetzt. Ebenso wird angenommen, daß der Leser der vorliegenden Schrift mit der *Faraday-Maxwell*schen Feldtheorie vertraut ist und insbesondere die dieser Lehre entstammenden begrifflichen Definitionen des Magnetismus beherrscht, welche durch das phänomenologische Erfahrungsmaterial über magnetische Werkstoffe zu ergänzen sind. Auf dieser physikalischen Grundlage nun ist die Feldstruktur jedes magnetischen Gerätes der Technik daraufhin zu prüfen, ob seine Arbeitseigenschaften den ihm auferlegten Bedingungen genügen. Zu diesem Zwecke werden oft zeichnerische Verfahren herangezogen, über deren didaktisch-anschaulichen Wert ebensowenig ein Zweifel besteht wie über ihre Leistungsfähigkeit in Fällen, die anderen Verfahren verschlossen sind; doch leiden alle graphischen Methoden grundsätzlich an einer mangelnden Einsicht in allgemeine Gesetzmäßigkeiten. Daher liegt in diesem Buche der Schwerpunkt in der mathematischen Analyse der magnetischen Felder, ohne daß jedoch diese Absicht zum starren Prinzip erhoben wurde; hie und da greift die Zeichnung vermittelnd und ergänzend in den Rechengang ein.

Der Durchführung des umrissenen Programmes stellen sich so große Schwierigkeiten entgegen, daß von einer vollständigen Beherrschung seines Gegenstandes nicht die Rede sein kann; man muß sich daher von vornherein mit relativ einfachen Aufgaben begnügen. Die hier gebotene Auswahl berücksichtigt sowohl die technische Bedeutung der Fragen wie die Systematik des jeweils anzuwendenden Lösungsganges; die Feldberechnungen von Synchron- und Asynchronmaschinen, die Streuungstheorie der Autotransformatoren, die Ermittlung der Zugkräfte von Spaltpolsystemen, Schrottmagneten, Spannplatten und magnetischen Abscheidern sowie die Ansätze zur quantitativen Beschreibung gewisser Meßwerke, die zu einem wesentlichen Teil hier erstmalig behandelt werden, mögen die Leistungsfähigkeit der rechnerischen Methode demonstrieren. In den benützten analytischen Hilfsmitteln habe ich mich insofern beschränkt, als grundsätzlich nur solche Funktionen eingeführt wurden, deren Zahlenwerte durch Tabellenwerke dem allgemeinen Gebrauche zugänglich sind; denn der Techniker lehnt mit Recht die nur formale Lösung eines Problemes ab, die nicht numerisch ausgewertet werden kann.

In seiner gegenwärtigen Form lehnt sich das Buch an Vorlesungen über das Gesamtgebiet der Technischen Elektrodynamik an, die ich an unserer Hochschule während vieler Jahre gelesen habe. Die Korrektur des gedruckten Textes wurde von Herrn Dozent *Stricker* besorgt, dem ich auch hier für seine gewissenhafte und unermüdliche Arbeit von ganzem Herzen danke. Ebenso fühle ich mich meinem Verleger und seinen Mitarbeitern verpflichtet, die meinen zahlreichen Wünschen gegenüber nieversagende Geduld an den Tag legten und mir bei der langwierigen und schwierigen Herstellung des Buches stets ihre freundschaftliche Hilfe zeigten. Und schon im voraus sei allen jenen unbekannten Mitarbeitern gedankt, die, sei es durch Zustimmung oder Kritik, ihre Anteilnahme an dieser Schrift bezeugen. Denn in den jüngst vergangenen Jahren ist die Welt an vielen materiellen Gütern verarmt: vielleicht aber ist sie desto reicher geworden am unzerstörbaren Besitztum des geistig ringenden Menschen: An seinem unbeugbaren Willen zur Klarheit als Grundlage der inneren — der ewigen Freiheit.

Auf dem Karmel, Haifa, im Herbst 1952.

Franz Ollendorff.

Inhaltsverzeichnis.

Erstes Kapitel.

Berechnung mittels reeller Funktionen.

Zweites Kapitel.

Berechnung mittels komplexer Funktionen.

Drittes Kapitel.

Das Vektorpotential magnetischer Felder.

Viertes Kapitel.

Elektrodynamische Integralkräfte.

Verzeichnis der wichtigsten in diesem Buche benutzten Formelzeichen.

Allgemeines: Skalare sind durch gerade Lettern, Vektoren und Tensoren durch schräggestellte Lettern gekennzeichnet. Alle sonstigen Symbole der Vektorrechnung sind jenen des Buches „Die Welt der Vektoren" [Wien, Springer 1950] angeglichen.

A   Strombelag
am   Amplitude
arcsin   Arcus sinus
arctg   Arcus tangens
arsinh   Area sinus hyperbolicus
artgh   Area tangens hyperbolicus
α Azimut

B Magnetische Induktion
B_k *Bernoulli*sche Zahlen

cn   Cosinus amplitude
cos   Cosinus
cosh   Cosinus hyperbolicus
cotg   Cotangens
cotgh   Cotangens hyperbolicus
γ Entmagnetisierungsfaktor
γ Influenzkoeffizient

D   Durchflutung
D   Elliptisches Integral
dn   Deltaamplitude
ds^2 Norm des Linienelementes
δ Deklination
δ Luftspalt
$\varDelta$ Sogenannte Dielektrizitätskonstante des leeren Raumes

E   Elliptisches Integral
$e = 2{,}7182$ Basis der natürlichen Logarithmen
ε Dielektrizitätskonstante
ε Inklination

F   Elliptisches Integral
F   Fläche
F   Freie Energie
f   Fläche
f   Frequenz
f   Wicklungsfaktor

G   *Green*sche Funktion
g Maßtensor

H magnetische Feldstärke
H_p *Hankel*sche Zylinderfunktion p-ter Ordnung
h   Höhe
η numerische Exzentrizität
ϑ Thetafunktion
ϑ Polarwinkel

I Magnetisierung
I   Stromstärke
I_p *Bessel*sche Zylinderfunktion p-ter Ordnung
Im   Imaginärteil
$i = \sqrt{-1}$

J   Stromstärke
j   Stromdichte

K, K′   Elliptische Integrale
k   Modul
k′   komplementärer Modul

L   Induktivität
l   Länge, Exzentrizität
l   Induktivitätsbelag
ln   Logarithmus naturalis
λ Flußbelag

M Dipolmoment
M Drehmoment
M   magnetische Spannung
M Permeabilitätstensor
m magnetisches Moment
$m! = 1 \cdot 2 \cdot 3 \cdots m$

μ Permeabilität
N   Leistung

N_p *Neumann*sche Zylinderfunktion p-ter Ordnung

n Normale

ν Nutungsfaktor

P Kraft

P_l Kugelfunktion l-ter Ordnung

P_l^m Zugeordnete Kugelfunktion

p Füllfaktor

p Polpaarzahl

Π Sogenannte Permeabilität des leeren Raumes

$\pi = 3{,}14159$

Q Querschnitt

Q Wärmemenge

q Nutzahl je Pol und Phase

q Allgemeine Koordinate

R Halbmesser

Re Realteil

$\mathfrak{r}$ Radiusvektor

r Widerstandsbelag

ϱ Radialdistanz

ϱ Raumladungsdichte

S Entropie

sin Sinus

sinh Sinus hyperbolicus

sn Sinusamplitude

σ Relative Streuung

T Tensor

T Volumen

t Zeit

tg Tangens

tgh Tangens hyperbolicus

tn Tangensamplitude

Φ Magnetischer Induktionsfluß

φ magnetisches Skalarpotential

χ komplexes Potential

Ψ Kraftfluß

Ψ Thermodynamisches Potential

ψ Stromfunktion, Kraftfluß

U Elektrische Spannung

u Krummlinige Koordinate

V Volumen

V Vektorpotential

$\mathfrak{v}$ Geschwindigkeit

ν Krummlinige Koordinate

W Energie, Freie Energie

w *Gauß*sche Koordinate

w Krummlinige Koordinate

$\varkappa$ *Kartesi*sche Koordinate

y *Kartesi*sche Koordinate

Y_l^m Kugelflächenfunktion

Z Nutenzahl, Stabzahl

Z Wellenwiderstand

z_p Zylinderfunktion der Ordnung p

z *Kartesi*sche Koordinate

z *Gauß*sche Koordinate

Erstes Kapitel

Berechnung mittels reeller Funktionen.

I 1. Das magnetische Skalarpotential.

a) Wir untersuchen die differentielle Struktur des magnetischen Feldes in stromfreien Gebieten: Das Verschwinden der elektrischen Stromdichte j zieht, gemäß der Ersten *Maxwell*schen Gleichung, die Wirbelfreiheit der magnetischen Feldstärke H nach sich

$$\operatorname{rot} H = 0. \qquad\qquad (\text{I } 1,\ 1)$$

Die allgemeine Lösung dieser Gleichung lautet

$$H = -\operatorname{grad} \varphi. \qquad\qquad (\text{I } 1,\ 2)$$

Die Ortsfunktion φ definiert das magnetische Skalarpotential.

b) Welcher partiellen Differentialgleichung genügt φ?
Der Zusammenhang zwischen Induktion B und Feldstärke H möge phänomenologisch durch die Zustandsgleichung dargestellt werden

$$B = \Pi\,(M\,H) = -\Pi\,(M\operatorname{grad}\varphi). \qquad\qquad (\text{I } 1,\ 3)$$

Hierin ist Π die sogenannte Permeabilität des leeren Raumes, und M repräsentiert in der Regel einen Tensor zweiter Stufe, dessen Komponenten in komplizierter Weise von den Komponenten von H oder B abhängen. Das Kontinuitätsgesetz $\operatorname{div} B = 0$ [Fehlen des wahren Magnetismus] führt dann auf die Gleichungen

$$\operatorname{div}\{M\,H\} = 0; \qquad \operatorname{div}\{M\operatorname{grad}\varphi\} = 0. \qquad\qquad (\text{I } 1,\ 4)$$

Sie setzen jedoch in der Regel der mathematischen Behandlung die größten Schwierigkeiten entgegen. Man muß sich deshalb meist auf den Fall einer Permeabilität beschränken, die man als skalare Konstante μ ansehen darf. Gl. (I 1, 4) geht dann in die *Laplace*sche Gleichung über

$$\operatorname{div}\operatorname{grad}\varphi \equiv \nabla^2\varphi = 0. \qquad\qquad (\text{I } 1,\ 5)$$

c) Aus der Definition (I 1, 2) folgt, daß man bei Benützung des Skalarpotentiales die magnetische Feldstärke, und mit ihr gemäß (I 1, 3) die magnetische Induktion, notwendig als polare [echte] Vektoren zu behandeln hat. Dagegen muß man sie in die allgemeinen Feldgleichungen der Elektrodynamik entweder als achsiale Vektoren oder als antimetrische Tensoren zweiter Stufe einführen; diese Darstellung ist daher als die methodisch umfassendere vorzuziehen, während das polare Vektorfeld des magnetischen Skalarpotentiales mathematisch einfacher zu handhaben ist.

d) Gegeben drei reelle, skalare Parameter u, v, w. Mittels

$$x = x\,(u, v, w); \qquad y = y\,(u, v, w); \qquad z = z\,(u, v, w) \qquad (\text{I } 1,\ 6)$$

sind für jeden Punkt P (x, y, z) des *Kartesi*schen Bezugssystemes die krummlinigen Koordinaten u, v, w definiert. In der Norm des Linienelementes

$$(ds)^2 = g_{uu}\, du^2 + 2\, g_{uv}\, du\, dv + \ldots + g_{ww}\, dw^2 \qquad (I\ 1,\ 7)$$

liefern die g_{uu}, g_{uv}, $\ldots$ g_{uw} die kovarianten Komponenten des dreidimensionalen Mäßtensors g samt seiner Determinante

$$g = \begin{vmatrix} g_{uu} & g_{uv} & g_{uw} \\ g_{vu} & g_{vv} & g_{vw} \\ g_{wu} & g_{wv} & g_{ww} \end{vmatrix}. \qquad (I\ 1,\ 8)$$

Wir werden in der Regel orthogonale Koordinaten der Eigenschaften $g_{uv} = g_{vu} = 0$; $g_{uw} = g_{wu} = 0$; $g_{vw} = g_{wv} = 0$ bevorzugen; für solche reduziert sich g auf $g_{uu}\, g_{vv}\, g_{ww}$, und der Maßtensor besitzt bei kontravarianter Darstellung nur die Diagonalkomponenten

$$g^{uu} = \frac{1}{g_{uu}}; \qquad g^{vv} = \frac{1}{g_{vv}}; \qquad g^{ww} = \frac{1}{g_{ww}}.$$

Die Operation (I 1, 2) liefert zunächst die kovarianten Komponenten der Feldstärke

$$H_u = -\frac{\partial \varphi}{\partial u}; \qquad H_v = -\frac{\partial \varphi}{\partial v}; \qquad H_w = -\frac{\partial \varphi}{\partial w}, \qquad (I\ 1,\ 9)$$

so daß wir — in orthogonalen Systemen — die kontravarianten Komponenten nach der Vorschrift zu berechnen haben

$$H^u = -\frac{1}{g_{uu}}\frac{\partial \varphi}{\partial u}; \qquad H^v = -\frac{1}{g_{vv}}\frac{\partial \varphi}{\partial v}; \qquad H^w = -\frac{1}{g_{ww}}\frac{\partial \varphi}{\partial w}. \qquad (I\ 1,\ 10)$$

Aus (I 1, 9) und (I 1, 10) bilden wir durch geometrische Mittelung die physikalischen Komponenten

$$H^u \equiv \sqrt{H^u H_u} = -\frac{1}{\sqrt{g_{uu}}}\frac{\partial \varphi}{\partial u}; \qquad H^v = -\frac{1}{\sqrt{g_{vv}}}\frac{\partial \varphi}{\partial v}; \qquad H^w = -\frac{1}{\sqrt{g_{ww}}}\frac{\partial \varphi}{\partial w}.$$
$$(I\ 1,\ 11)$$

Im Falle einer festen, skalaren Permeabilität übertragen sich diese Definitionen sinngemäß auf die magnetische Induktion. Aus der Formel

$$\operatorname{div} B = \frac{1}{\sqrt{g}}\left\{ \frac{\partial(\sqrt{g}\, B^u)}{\partial u} + \frac{\partial(\sqrt{g}\, B^v)}{\partial v} + \frac{\partial(\sqrt{g}\, B^w)}{\partial w} \right\} = 0 \qquad (I\ 1,\ 12)$$

folgt somit bei Benützung krummliniger Orthogonalkoordinaten mit Rücksicht auf (I 1, 10) die *Laplace*sche Gleichung in der Form

$$\frac{\partial}{\partial u}\left(\sqrt{\frac{g_{vv}\, g_{ww}}{g_{uu}}}\, \frac{\partial \varphi}{\partial u} \right) + \frac{\partial}{\partial v}\left(\sqrt{\frac{g_{ww}\, g_{uu}}{g_{vv}}}\, \frac{\partial \varphi}{\partial v} \right) + \frac{\partial}{\partial w}\left(\sqrt{\frac{g_{uu}\, g_{vv}}{g_{ww}}}\, \frac{\partial \varphi}{\partial w} \right) = 0. \qquad (I\ 1,\ 13)$$

e) Wir setzen den funktionellen Zusammenhang (I 1, 3) als *eindeutig* voraus. Dann, und nur dann, kann man von einer bestimmten, Freien Energie W des magnetischen Feldes sprechen, welche über die Elemente dT seines Existenzgebietes T [Hülle F mit den vektoriellen Elementen df'] verteilt ist:

$$W = \frac{1}{2} \iiint\limits_{(T)} (H\, B)\, dT. \qquad (I\ 1,\ 14)$$

Wir berechnen die Quellen des Hilfsvektors $(\varphi\, B)$

$$\operatorname{div}(\varphi\, B) \equiv (\operatorname{grad}\varphi \cdot B) + \varphi \cdot \operatorname{div} B = -(H\, B). \qquad \text{(I 1, 15)}$$

Daher liefert der *Gauß*sche Satz, angewandt auf (I 1, 14)

$$W = -\frac{1}{2}\iiint_{(T)} \operatorname{div}(\varphi\, B)\, dT = -\frac{1}{2}\iint_{(F)} \varphi\,(B\, df'), \qquad \text{(I 1, 16)}$$

wobei der infinitesimale, polare Flächenvektor df' nach dem Äußeren von T weist; mittels Substitution des entgegengesetzten Vektors $df = -df'$ verwandelt sich (I 1, 16) in

$$W = \frac{1}{2}\iint_{(F)} \varphi\,(B\, df). \qquad \text{(I 1, 17)}$$

f) Bei der expliziten Berechnung der Freien Energie in einem System beliebiger, krummliniger Koordinaten empfiehlt es sich, H mittels seiner kovarianten, B hingegen mittels seiner kontravarianten Komponenten darzustellen. Man erhält dann statt (I 1, 14)

$$W = \frac{1}{2}\iiint_{(T)} (H\, B)\,\sqrt{g}\; du\, dv\, dw \qquad \text{(I 1, 18)}$$

und statt (I 1, 16)

$$W = -\frac{1}{2}\iint_{(F)} \varphi\,\sqrt{g}\,\{B^u\, dv\, dw + B^v\, dw\, du + B^w\, du\, dv\}. \qquad \text{(I 1, 19)}$$

Da $\sqrt{g}\,\{B^u\, dv\, dw + B^v\, dw\, du + B^w\, du\, dv\}$ gegen beliebige Koordinaten-Transformationen invariant ist, dürfen wir solche Koordinaten wählen, in denen die Hülle F mit der Fläche $w = 0$ koinzidiert. Dann vereinfacht sich (I 1, 19) in

$$W = -\frac{1}{2}\iint_{(F)} \varphi\,\sqrt{g}\; B^w\, du\, dv. \qquad \text{(I 1, 20)}$$

Diese Gleichung ist inhaltlich mit (I 1, 17) identisch: Wir bilden in einem Punkte von F die drei Grundvektoren a_u, a_v, a_w [der Längen $\sqrt{g_{uu}}$, $\sqrt{g_{vv}}$, $\sqrt{g_{ww}}$] und konstruieren mit ihrer Hilfe den infinitesimalen Flächenvektor

$$df' = [a_u\, du\; a_v\, dv] = a^w\,\sqrt{g}\; du\, dv, \qquad \text{(I 1, 21)}$$

so daß tatsächlich wird

$$\sqrt{g}\; B^w\, du\, dv = (B\, df') = -(B\, df). \qquad \text{(I 1, 22)}$$

g) Eine Teil-Grenzfläche $F = F_K$, welche aus vollkommen permeablem Stoffe $[\mu \to \infty]$ besteht, heißt ein *magnetischer Pol*; er definiert einen physikalisch nicht realisierbaren Idealfall, doch kommt man seinen Eigenschaften durch Verwendung schwach gesättigten, ferromagnetischen Materiales als Grenze gegen praktisch unmagnetisierbare Stoffe $[\mu \approx 1]$ nahe. Da innerhalb des angenommenen Stoffes das magnetische Feld zusammenbricht, ist auf F_K das magnetische Skalarpotential φ konstant:

$$\varphi = \varphi_K. \qquad \text{(I 1, 23)}$$

Dieses ist die mathematische Definition des Poles: Er bildet das magnetische Analogon zum elektrischen Begriff der Elektrode. Als Polstärke bezeichnen wir den Induktionsfluß Φ_K, welcher von F_K aus ins Innere des Feldraumes übertritt:

$$\Phi_K = \iint\limits_{(F_K)} (B \, d\mathfrak{f}). \qquad (I\ 1,\ 24)$$

Nach (I 1, 17) und (I 1, 23) finden wir als Beitrag des Poles zur Freien Energie

$$W_{F,K} = \frac{1}{2}\, \varphi_K\, \Phi_K. \qquad (I\ 1,\ 25)$$

Wird das Feld von insgesamt Z Polen begrenzt, so resultiert die Freie Feldenergie

$$W_F = \frac{1}{2} \sum_{k=1}^{z} \varphi_K\, \Phi_K. \qquad (I\ 1,\ 26)$$

Da aus $\operatorname{div} B = 0$ nach dem *Gauß*schen Satze $\sum_{k=1}^{z} \Phi_K = 0$ folgt, hat eine willkürliche, additive Konstante in φ keinen Einfluß auf W_F.

h) Mittels der krummlinigen Koordinaten (I 1, 6) im Verein mit der Zusatzbedingung $w = 0$ wird im *Kartes*ischen Rechtssystem x, y, z eine Fläche definiert. Ihre Metrik wird durch jenen Maßtensor g_F beschrieben, dessen kovariante Komponenten aus (I 1, 7) für $dw = 0$ zu entnehmen sind; seine Maßdeterminante ist demnach

$$g_F = \begin{vmatrix} g_{uu} & g_{uv} \\ g_{vu} & g_{vv} \end{vmatrix}. \qquad (I\ 1,\ 27)$$

Mittels der skalaren Durchflutungsfunktion

$$D = D\,(u,\,v) \qquad (I\ 1,\ 28)$$

machen wir die Fläche zum Träger einer elektrischen Strömung. Wir behaupten, daß der Vektor A des Strombelages durch die kontravarianten Komponenten beschrieben wird

$$A^u = \frac{1}{\sqrt{g_F}}\,\frac{\partial D}{\partial v}\,; \qquad A^v = -\frac{1}{\sqrt{g_F}}\,\frac{\partial D}{\partial u}. \qquad (I\ 1,\ 29)$$

Beweis:

1. Die Natur von A als Flächenvektor folgt aus der Identität

$$\operatorname{div} A = \frac{1}{\sqrt{g_F}}\left\{ \frac{\partial(\sqrt{g_F}\,A^u)}{\partial u} + \frac{\partial(\sqrt{g_F}\,A^v)}{\partial v} \right\} = 0, \qquad (I\ 1,\ 30)$$

welche das Erste *Kirchhoff*sche Gesetz der Flächenströmung ausspricht.

2. Die Differenz der Durchflutungsfunktion zwischen zwei Punkten $P_1 = (u_1,\,v_1)$ und $P_2 = (u_2,\,v_2)$ berechnet sich mittels der invarianten Relation

$$\int_1^2 (A^v\,\sqrt{g_F}\,du - A^u\,\sqrt{g_F}\,dv) = -\int_1^2 dD = D_1 - D_2. \qquad (I\ 1,\ 31)$$

Benützt man als geodätische Koordinaten in der Umgebung des Kontrollpunktes auf F die *Kartes*ischen Koordinaten $u \to \xi$, $v \to \eta$, so führt (I 1, 31) auf die Definition des Strombelages in einer ebenen Stromfläche zurück

$$A^{\xi} \equiv A_{\xi} = \frac{\partial D}{\partial \eta}; \qquad A^{\eta} \equiv A_{\eta} = -\frac{\partial D}{\partial \xi}. \qquad (I\ 1,\ 32)$$

Hiermit ist der Beweis abgeschlossen.

Die Stromfläche selbst gehört nicht zum Existenzgebiete des magnetischen Skalarpotentiales; doch sind seine Randwerte unmittelbar zu beiden Seiten der Fläche [w = ± 0] mit der Durchflutungsfunktion durch die Erste *Maxwell*sche Gleichung verknüpft

$$\int_1^2 (H_u\, du + H_v\, dv)_{w\,=\,+\,0} - \int_1^2 (H_u\, du + H_v\, dv)_{w\,=\,-\,0} \equiv$$

$$\equiv (\varphi_1 - \varphi_2)_{w\,=\,+\,0} - (\varphi_1 - \varphi_2)_{w\,=\,-\,0} = \qquad (I\ 1,\ 33)$$

$$= \int_1^2 (A^v \sqrt{g_F}\, du - A^u \sqrt{g_F}\, dv) = D_1 - D_2.$$

Der Sprung des Potentiales gleicht also an jedem Orte der Stromfläche der dort herrschenden Durchflutungsfunktion:

$$\varphi_{w+0} - \varphi_{w-0} = D. \qquad (I\ 1,\ 34)$$

Für den Sprung der kovarianten Feldkomponenten

$$H_u = -\frac{\partial \varphi}{\partial u}; \qquad H_v = -\frac{\partial \varphi}{\partial v} \qquad (I\ 1,\ 35)$$

an der Stromfläche folgen nun mit Rücksicht auf (I 1, 29) und (I 1, 31) die Gleichungen

$$H_{u\,w\,=\,+\,0} - H_{u\,w\,=\,-\,0} = \sqrt{g_F}\, A^v = -\frac{\partial D}{\partial u};$$

$$H_{v\,w\,=\,+\,0} - H_{v\,w\,=\,-\,0} = -\sqrt{g_F}\, A^u = -\frac{\partial D}{\partial v}. \qquad (I\ 1,\ 36)$$

Liegen insbesondere orthogonale Koordinaten vor, so berechnen sich die physikalischen Komponenten des Strombelages mittels der Formeln

$$A^u \equiv \sqrt{A_u A^u} = \sqrt{g_{uu}}\, A^u = \frac{1}{\sqrt{g_{vv}}} \frac{\partial D}{\partial v}; \qquad A^v \equiv \sqrt{A_v A^v} = \sqrt{g_{vv}}\, A^v = -\frac{1}{\sqrt{g_{uu}}} \frac{\partial D}{\partial u}.$$

$$(I\ 1,\ 37)$$

Durch Substitution von (I 1, 11) und (I 1, 37) in (I 1, 36) resultieren die physikalischen Relationen

$$H^u{}_{w\,=\,+\,0} - H^u{}_{w\,=\,-\,0} = A^v; \qquad H^v{}_{w\,=\,+\,0} - H^v{}_{w\,=\,-\,0} = -A^u, \qquad (I\ 1,\ 38)$$

welche nach dem Muster der entsprechenden Gleichungen in *Kartes*ischen Koordinaten ebener Stromflächen gebaut sind.

k) Gefragt wird nach der Freien Energie eines Feldes, welches von Flächenströmen erregt wird. Unter ± d*f* verstehen wir den infinitesimalen Flächenvektor, welcher von w = ± 0 aus je ins Innere des Existenzgebietes von φ weist. Wegen der Stetigkeit der normal zur Fläche gerichteten Komponente der Induktion ist dann

$$(B\,\mathrm{d}f)_{\mathrm{w}=+0} = -(B\,\mathrm{d}f)_{\mathrm{w}=-0}. \qquad (\text{I 1, 39})$$

Daher entnehmen wir aus (I 1, 17) und (I 1, 34)

$$W = \frac{1}{2}\int\!\!\!\int_{(F)} \{\varphi_{\mathrm{w}=+0}\,(B\,\mathrm{d}f)_{\mathrm{w}=+0} + \varphi_{\mathrm{w}=-0}\,(B\,\mathrm{d}f)_{\mathrm{w}=-0}\} = \frac{1}{2}\int\!\!\!\int_{(F)} D\,(B\,\mathrm{d}f).$$

$$(\text{I 1, 40})$$

Aus (I 1, 22), wie auch unmittelbar aus ihrer geometrischen Interpretation, geht hervor, daß auch die kontravariante Komponente B^{w} der Induktion beim Durchgang durch die Fläche w = 0 stetig bleibt. Daher schließen wir mit (I 1, 20) auf die entwickelte Form von (I 1, 40)

$$W = -\frac{1}{2}\int\!\!\!\int_{(F)} D\sqrt{g}\,B^{\mathrm{w}}\,\mathrm{d}u\,\mathrm{d}v. \qquad (\text{I 1, 41})$$

Benützt man Orthogonalkoordinaten, so gibt $\sqrt{g_{uw}}\,B^{\mathrm{w}}$ die jeweils auf F normale, physikalische Komponente der Induktion an, und Gl. (I 1, 41) vereinfacht sich in

$$W = -\frac{1}{2}\int\!\!\!\int_{(F)} D\,B^{\mathrm{w}}\sqrt{g_{uu}\,g_{vv}}\,\mathrm{d}u\,\mathrm{d}v. \qquad (\text{I 1, 42})$$

I 2. Rotationssymmetrische Koordinaten.

a) In vielen elektrischen Maschinen und Apparaten ordnet man die aktiven Elemente symmetrisch zur Hauptachse des Systemes an. Der hieraus resultierenden Feldstruktur sind rotationssymmetrische Koordinaten angepaßt, unter welchen die Orthogonalkoordinaten die wichtigsten sind. Wir stellen weiterhin eine Reihe häufig vorkommender Koordinaten dieser Art zusammen; falls keine andere Festsetzung getroffen wird, werden wir in diesen Bezugssystemen stets mit den physikalischen Komponenten der Vektoren operieren.

b) Zylinder-Koordinaten: Wir machen die Hauptachse des Systems zur z-Achse; ϱ definiert den Abstand des Aufpunktes von der Achse, α sein Azimut gegen eine raumfeste Meridianebene.

Aus der Norm des Linienelementes

$$(\mathrm{d}s)^2 = \mathrm{d}z^2 + \mathrm{d}\varrho^2 + \varrho^2\,\mathrm{d}\alpha^2 \qquad (\text{I 2, 1})$$

entnimmt man

$$g_{zz} = 1; \qquad g_{\varrho\varrho} = 1; \qquad g_{\alpha\alpha} = \varrho^2; \qquad g = \varrho^2. \qquad (\text{I 2, 2})$$

Die Feldkomponenten sind nach der Vorschrift zu berechnen

$$H_z = -\frac{\partial\varphi}{\partial z}; \qquad H_\varrho = -\frac{\partial\varphi}{\partial\varrho}; \qquad H_\alpha = -\frac{1}{\varrho}\frac{\partial\varphi}{\partial\alpha}. \qquad (\text{I 2, 3})$$

Die *Laplace*sche Gleichung lautet

$$\frac{1}{\varrho}\left\{\frac{\partial}{\partial z}\left(\varrho\frac{\partial\varphi}{\partial z}\right) + \frac{\partial}{\partial\varrho}\left(\varrho\frac{\partial\varphi}{\partial\varrho}\right) + \frac{\partial}{\partial\alpha}\left(\frac{1}{\varrho}\frac{\partial\varphi}{\partial\alpha}\right)\right\} = \frac{\partial^2\varphi}{\partial z^2} + \frac{\partial^2\varphi}{\partial\varrho^2} + \frac{1}{\varrho}\frac{\partial\varphi}{\partial\varrho} + \frac{1}{\varrho^2}\frac{\partial^2\varphi}{\partial\alpha^2} = 0.$$

$$(\text{I 2, 4})$$

c) Kugel-Koordinaten: Die Hauptachse des Systemes dient als Polarachse; sie wird vom Ursprung O aus mit einem positiven Richtungspfeil versehen. Wir verbinden O mit dem Aufpunkt P durch den Radiusvektor r, welcher mit der positiven Polarachse den Winkel ϑ bildet; α definiert das Azimut der durch OP gelegten Meridianebene gegen eine raumfeste Meridianebene; die Länge r von OP liefert die dritte Koordinate.

Aus der Norm des Linienelementes

$$(ds)^2 = r^2\, d\vartheta^2 + r^2 \sin^2\vartheta\, d\alpha^2 + dr^2 \tag{I 2, 5}$$

entnimmt man

$$g_{\vartheta\vartheta} = r^2; \quad g_{\alpha\alpha} = r^2 \sin^2\vartheta; \quad g_{rr} = 1; \quad g = r^4 \sin^2\vartheta. \tag{I 2, 6}$$

Die Feldkomponenten sind nach der Vorschrift zu berechnen

$$H_\vartheta = -\frac{1}{r}\frac{\partial\varphi}{\partial\vartheta}; \quad H_\alpha = -\frac{1}{r\sin\vartheta}\frac{\partial\varphi}{\partial\alpha}; \quad H_r = -\frac{\partial\varphi}{\partial r}. \tag{I 2, 7}$$

Die *Laplace*sche Gleichung lautet

$$\frac{1}{r^2 \sin\vartheta}\left\{\frac{\partial}{\partial\vartheta}\left(\frac{r\sin\vartheta}{r}\frac{\partial\varphi}{\partial\vartheta}\right) + \frac{\partial}{\partial\alpha}\left(\frac{r}{r\sin\vartheta}\frac{\partial\varphi}{\partial\alpha}\right) + \frac{\partial}{\partial r}\left(\frac{r\cdot r\sin\vartheta}{1}\frac{\partial\varphi}{\partial r}\right)\right\} =$$

$$= \frac{1}{r^2\sin\vartheta}\frac{\partial}{\partial\vartheta}\left(\sin\vartheta\frac{\partial\varphi}{\partial\vartheta}\right) + \frac{1}{r^2\sin^2\vartheta}\frac{\partial^2\varphi}{\partial\alpha^2} + \frac{1}{r^2}\frac{\partial}{\partial r}\left(r^2\frac{\partial\varphi}{\partial r}\right) = 0. \tag{I 2, 8}$$

d) **Koordinaten des gestreckten Rotationsellipsoides.**

Gegeben das *Kartes*ische Koordinatensystem x, y, z. Wir konstruieren durch die z-Achse die Schar der Meridianebenen, deren Stellung ja durch das Azimut α gegen die Ebene y = 0 beschrieben wird. In der Meridianebene α bezeichnet ϱ den radialen Abstand des Aufpunktes von der z-Achse:

$$x = \varrho \cos\alpha; \quad y = \varrho \sin\alpha. \tag{I 2, 9}$$

Wir wählen eine feste Strecke 1 und definieren die Meridian-Koordinaten $u \geqq 1$ und $v \leqq 1$ durch die Gleichungen

$$\frac{z^2}{u^2} + \frac{\varrho^2}{u^2 - 1^2} = 1,$$

$$\frac{z^2}{v^2} - \frac{\varrho^2}{1^2 - v^2} = 1. \tag{I 2, 10}$$

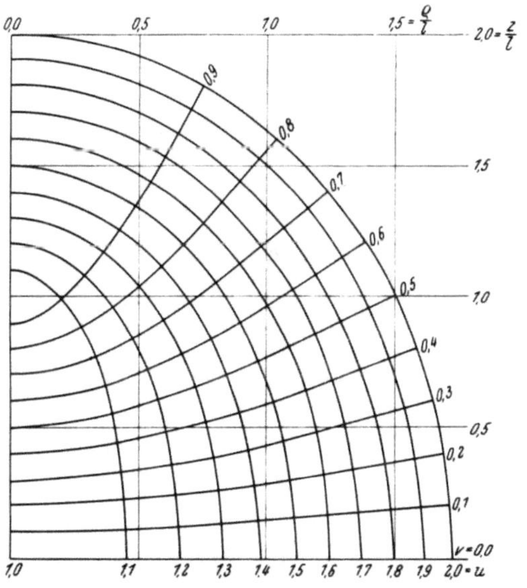

Abb. I 1. Die Koordinaten des gestreckten Rotationsellipsoides.

Die Kurven u = const. [Abb. I 1] liefern bei ihrer Rotation um die z-Achse eine Schar konfokaler Rotationsellipsoide, welche die Brennlinie $|z| \leqq 1$ umschließen; die Kurven v = const. erzeugen bei ihrer Rotation um die z-Achse eine Schar zweischaliger, konfokaler Rotationshyperboloide.

Die Umkehrung der Gln. (I 2, 9) lautet

$$\varrho = \frac{\sqrt{u^2 - l^2}\,\sqrt{l^2 - v^2}}{l}\,; \qquad z = \frac{u\,v}{l}\,. \qquad (I\ 2,\ 11)$$

Im Verein mit (I 2, 9) berechnen wir hieraus

$$
\begin{aligned}
dx &= \left\{\frac{u\,du}{\sqrt{u^2 - l^2}}\,\frac{\sqrt{l^2 - v^2}}{l} - \frac{\sqrt{u^2 - l^2}}{l}\,\frac{v\,dv}{\sqrt{l^2 - v^2}}\right\}\cos\alpha - \\
&\qquad - \frac{\sqrt{u^2 - l^2}\,\sqrt{l^2 - v^2}}{l}\sin\alpha\,d\alpha, \\[2ex]
dy &= \left\{\frac{u\,du}{\sqrt{u^2 - l^2}}\,\frac{\sqrt{l^2 - v^2}}{l} - \frac{\sqrt{u^2 - l^2}}{l}\,\frac{v\,dv}{\sqrt{l^2 - v^2}}\right\}\sin\alpha + \\
&\qquad + \frac{\sqrt{u^2 - l^2}\,\sqrt{l^2 - v^2}}{l}\cos\alpha\,d\alpha, \\[2ex]
dz &= \frac{du}{l}\,v + u\,\frac{dv}{l}\,.
\end{aligned}
\qquad (I\ 2,\ 12)
$$

Daher beträgt die Norm des Linienelementes

$$(ds)^2 = \frac{u^2 - v^2}{u^2 - l^2}\,(du)^2 + \frac{u^2 - v^2}{l^2 - v^2}\,(dv)^2 + \frac{(u^2 - l^2)\,(l^2 - v^2)}{l^2}\,(d\alpha)^2.$$

$$(I\ 2,\ 13)$$

Auf Grund dieser Formel sind die Koordinaten u, v, α als Orthogonalkoordinaten erkannt. Die Komponenten des Maßtensors reduzieren sich auf

$$g_{uu} = \frac{u^2 - v^2}{u^2 - l^2}\,; \quad g_{vv} = \frac{u^2 - v^2}{l^2 - v^2}\,; \quad g_{\alpha\alpha} = \frac{(u^2 - l^2)\,(l^2 - v^2)}{l^2} \quad (I\ 2,\ 14)$$

mit der Maßdeterminante

$$g = \frac{(u^2 - v^2)^2}{l^2}\,. \qquad (I\ 2,\ 15)$$

Die physikalischen Komponenten des Magnetfeldes folgen aus dem Skalarpotential $\varphi = \varphi\,(u, v, \alpha)$ nach der Vorschrift

$$
\begin{aligned}
H_u &= -\sqrt{\frac{u^2 - l^2}{u^2 - v^2}}\,\frac{\partial\varphi}{\partial u}, \\[1.5ex]
H_v &= -\sqrt{\frac{l^2 - v^2}{u^2 - v^2}}\,\frac{\partial\varphi}{\partial v}, \\[1.5ex]
H_\alpha &= -\frac{1}{\sqrt{(u^2 - l^2)\,(l^2 - v^2)}}\,\frac{\partial\varphi}{\partial\alpha}\,.
\end{aligned}
\qquad (I\ 2,\ 16)
$$

Die *Laplace*sche Gleichung erscheint in der Form

$$\frac{\partial}{\partial u}\left\{\frac{u^2 - l^2}{l^2}\,\frac{\partial\varphi}{\partial u}\right\} + \frac{\partial}{\partial v}\left\{\frac{l^2 - v^2}{l^2}\,\frac{\partial\varphi}{\partial v}\right\} + \frac{\partial}{\partial\alpha}\left\{\frac{u^2 - v^2}{(u^2 - l^2)\,(l^2 - v^2)}\,\frac{\partial\varphi}{\partial\alpha}\right\} = 0.$$

$$(I\ 2,\ 17)$$

e) Koordinaten des abgeplatteten Rotationsellipsoides.

In der Meridianebene a des Systemes z, ϱ, a nach (I 2, 9) wählen wir die feste Strecke ϱ_0 und definieren die Koordinaten u und v mittels

$$\frac{z^2}{u^2 - \varrho_0{}^2} + \frac{\varrho^2}{u^2} = 1; \qquad u \geqq \varrho_0,$$

$$-\frac{z^2}{\varrho_0{}^2 - v^2} + \frac{\varrho^2}{v^2} = 1; \qquad v \leqq \varrho_0. \tag{I 2, 18}$$

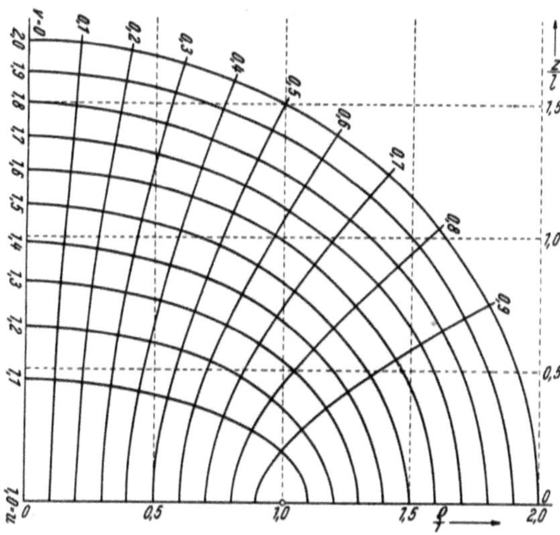

Abb. I 2. Die Koordinaten des abgeplatteten Rotationsellipsoides.

Die Kurven u = const. [Abb. I 2] erzeugen bei ihrer Rotation um die z-Achse eine Schar konfokaler, abgeplatteter Rotationsellipsoide um den Brennkreis $\varrho \leqq \varrho_0$; Die Kurven v = const. liefern bei ihrer Rotation um die z-Achse eine Schar einschaliger, konfokaler Rotationshyperboloide. Wir kehren die Gln. (I 2, 18) um

$$\varrho = \frac{u\,v}{\varrho_0}; \qquad z = \frac{\sqrt{u^2 - \varrho_0{}^2}\,\sqrt{\varrho_0{}^2 - v^2}}{\varrho_0} \tag{I 2, 19}$$

und berechnen hieraus, mit Rücksicht auf (I 2, 9)

$$\left.\begin{aligned}
dx &= \left\{\frac{v}{\varrho_0}\,du + \frac{u}{\varrho_0}\,dv\right\}\cos a - \frac{u\,v}{\varrho_0}\sin a\,da,\\[4pt]
dy &= \left\{\frac{v}{\varrho_0}\,du + \frac{u}{\varrho_0}\,dv\right\}\sin a + \frac{u\,v}{\varrho_0}\cos a\,da,\\[4pt]
dz &= \frac{u\,du}{\sqrt{u^2 - \varrho_0{}^2}}\,\frac{\sqrt{\varrho_0{}^2 - v^2}}{\varrho_0} - \frac{\sqrt{u^2 - \varrho_0{}^2}}{\varrho_0}\,\frac{v\,dv}{\sqrt{\varrho_0{}^2 - v^2}},
\end{aligned}\right\} \tag{I 2, 20}$$

also

$$(ds)^2 = \frac{u^2 - v^2}{u^2 - \varrho_0}\,(du)^2 + \frac{u^2 - v^2}{\varrho_0{}^2 - v^2}\,(dv)^2 + \frac{u^2\,v^2}{\varrho_0}\,(da)^2. \tag{I 2, 21}$$

Demnach bilden die Koordinaten u, v, α ein Orthogonalsystem. Die Komponenten des Maßtensors reduzieren sich auf

$$g_{uu} = \frac{u^2 - v^2}{u^2 - \varrho_0{}^2}; \qquad g_{vv} = \frac{u^2 - v^2}{\varrho_0{}^2 - v^2}; \qquad g_{\alpha\alpha} = \frac{u^2 v^2}{\varrho_0{}^2} \qquad \text{(I 2, 22)}$$

mit der Maßdeterminante

$$g = \frac{(u^2 - v^2)^2\, u^2\, v^2}{(u^2 - \varrho_0{}^2)(\varrho_0{}^2 - v^2)\, \varrho_0{}^2}. \qquad \text{(I 2, 23)}$$

Die physikalischen Komponenten des Magnetfeldes folgen **aus** dem Skalarpotential $\varphi = \varphi\,(u, v, \alpha)$ gemäß

$$\left.\begin{aligned}
H_u &= -\sqrt{\frac{u^2 - \varrho_0{}^2}{u^2 - v^2}}\,\frac{\partial\varphi}{\partial u}, \\[2mm]
H_v &= -\sqrt{\frac{\varrho_0{}^2 - v^2}{u^2 - v^2}}\,\frac{\partial\varphi}{\partial v}, \\[2mm]
H_\alpha &= -\frac{\varrho_0}{u\,v}\,\frac{\partial\varphi}{\partial\alpha}
\end{aligned}\right\} \qquad \text{(I 2, 24)}$$

und die *Laplace*sche Gleichung erscheint in der Form

$$\frac{\partial}{\partial u}\left\{\frac{u\,v}{\varrho_0{}^2}\sqrt{\frac{u^2 - \varrho_0{}^2}{\varrho_0{}^2 - v^2}}\,\frac{\partial\varphi}{\partial u}\right\} + \frac{\partial}{\partial v}\left\{\frac{u\,v}{\varrho_0{}^2}\sqrt{\frac{\varrho_0{}^2 - v^2}{u^2 - \varrho_0{}^2}}\,\frac{\partial\varphi}{\partial v}\right\} +$$

$$+ \frac{\partial}{\partial\alpha}\left\{\frac{u^2 - v^2}{u\,v\,\sqrt{(u^2 - \varrho_0{}^2)(\varrho_0{}^2 - v^2)}}\,\frac{\partial\varphi}{\partial\alpha}\right\} = 0. \qquad \text{(I 2, 25)}$$

I 3. Kugelfunktionen.

a) Ausgehend von (I 2, 8) benützen wir die Identität

$$\frac{1}{r^2}\frac{\partial}{\partial r}\left(r^2\frac{\partial\varphi}{\partial r}\right) \equiv \frac{1}{r}\frac{\partial^2(r\,\varphi)}{\partial r^2} \qquad \text{(I 3, 1)}$$

und erhalten die *Laplace*sche Gleichung in der Gestalt

$$\frac{1}{r^2 \sin\vartheta}\frac{\partial}{\partial\vartheta}\left(\sin\vartheta\,\frac{\partial\varphi}{\partial\vartheta}\right) + \frac{1}{r^2 \sin^2\vartheta}\frac{\partial^2\varphi}{\partial\alpha^2} + \frac{1}{r}\frac{\partial^2(r\,\varphi)}{\partial r^2} = 0. \qquad \text{(I 3, 2)}$$

Gesucht werden ihre eindeutigen Lösungen innerhalb des gesamten Bereiches $0 \leq \alpha < 2\,\pi$. Wir genügen dieser Bedingung, indem wir φ als periodische Funktion des Azimutes ansetzen; der einfachste Typ einer solchen lautet

$$\varphi = C\,e^{im\alpha}\,f\,(r, \vartheta). \qquad \text{(I 3, 3)}$$

Hierin bezeichnet C eine willkürliche Konstante, während m eine reelle, positive oder negative ganze Zahl mit Einschluß der Null definiert: Die Polpaarzahl des untersuchten Feldes.

b) Wir führen (I 3, 3) in (I 3, 2) ein und erhalten für $f\,(r, \vartheta)$

$$\frac{1}{r^2}\frac{\partial^2}{\partial r^2}(r\,f) + \frac{1}{r^2 \sin\vartheta}\frac{\partial}{\partial\vartheta}\left(\sin\vartheta\,\frac{\partial f}{\partial\vartheta}\right) - \frac{m^2}{r^2 \sin^2\vartheta}\,f = 0. \qquad \text{(I 3, 4)}$$

Mittels des Produktansatzes $f = R\,(r)\,\Theta\,(\vartheta)$ entsteht hieraus die Gleichung

$$\frac{\Theta}{r}\frac{d^2}{dr^2}(r\,R) + \frac{R}{r^2 \sin\vartheta}\frac{d}{d\vartheta}\left(\sin\vartheta\,\frac{d\Theta}{d\vartheta}\right) - \frac{m^2}{r^2 \sin^2\vartheta}\,R\,\Theta = 0. \qquad \text{(I 3, 5)}$$

Wir erweitern sie mit $\dfrac{r^2}{R\Theta}$ und spalten sie dann mittels der Separationskonstanten λ in die Differentialgleichung der Radialstruktur

$$\frac{\mathrm{d}^2\,(rR)}{\mathrm{d}r^2} - \lambda\,\frac{r\,R}{r^2} = 0 \qquad\qquad (\text{I } 3,\ 6)$$

und jene der zonalen Potentialverteilung

$$\frac{1}{\sin\vartheta}\,\frac{\mathrm{d}}{\mathrm{d}\vartheta}\left(\sin\vartheta\,\frac{\mathrm{d}\Theta}{\mathrm{d}\vartheta}\right) + \left(\lambda - \frac{m^2}{\sin^2\vartheta}\right)\Theta = 0. \qquad\qquad (\text{I } 3,\ 7)$$

c) Die Lösungen der Gl. (I 3, 7) definieren die *Kugelfunktionen;* wir suchen weiterhin diejenigen unter ihnen, welche in $0 \leqq \vartheta \leqq \pi$ eindeutig und stetig sind. An Stelle von ϑ benützen wir die Variable

$$\zeta = \cos\vartheta; \qquad \mathrm{d}\zeta = -\sin\vartheta\,\mathrm{d}\vartheta. \qquad\qquad (\text{I } 3,\ 8)$$

Die als Funktion von ζ dargestellte Kugelfunktion der Polpaarzahl m, welche überdies noch vom Parameter λ abhängt, sei durch das Symbol $P_{(\lambda)}^m$ charakterisiert; sie genügt, nach (I 3, 7) und (I 3, 8), der Differentialgleichung

$$\frac{\mathrm{d}}{\mathrm{d}\zeta}\left[(1-\zeta^2)\,\frac{\mathrm{d}P_{(\lambda)}^m}{\mathrm{d}\zeta}\right] + \left[\lambda - \frac{m^2}{1-\zeta^2}\right]P_{(\lambda)}^m = 0. \qquad\qquad (\text{I } 3,\ 9)$$

Sie verhält sich in den Polen $\zeta = \pm\,1$ singulär. Um jedoch auch dort die verlangte Regularität der Kugelfunktionen zu sichern, setzen wir

$$P_{(\lambda)}^m = (1 \mp \zeta)^k\,[a_0 + a_1\,(1 \mp \zeta) + \ldots]. \qquad\qquad (\text{I } 3,\ 10)$$

Wir tragen (I 3, 10) in (I 3, 9) ein und haben in der resultierenden Potenzreihe den Faktor jeder beliebigen Potenz von $(1 \mp \zeta)$ einzeln gleich Null zu setzen. Insbesondere folgt für den niedrigsten Exponenten dieser Entwicklung

$$2\,k^2 - \frac{m^2}{2} = 0; \qquad k = \pm\,\frac{1}{2}\sqrt{m^2}. \qquad\qquad (\text{I } 3,\ 11)$$

Es scheint zunächst, als ob die Regularität der Kugelfunktionen nur durch die Alternativwahl $k = \pm\,\dfrac{1}{2}\,m$ für $m \gtrless 0$ gewährleistet wird.

Im Lichte der Gl. (I 3, 10) erweist sich jedoch dieser Schluß als voreilig: Das Verhalten der Kugelfunktionen in $\zeta = \pm\,1$ wird durch die Struktur der Potenzreihe $[a_0 + a_1\,(1 \mp \zeta) + \ldots]$, insbesondere durch den Exponenten ihres ersten, von Null verschiedenen Gliedes entscheidend mitbestimmt. Wir haben sonach einstweilen beide Zeichen von k ohne Rücksicht auf dasjenige von m in Rechnung zu stellen; eben diese Vorschrift ist in der Schreibweise von (I 3, 11) gemeint.

d) Aus Symmetriegründen vertauschen wir (I 3, 10) mit dem Ansatz

$$P_{(\lambda)}^m = (1 - \zeta^2)^k\,v_{(\lambda)}^m; \qquad v_{(\lambda)}^m = b_0 + b_1\,\zeta + b_2\,\zeta^2 + \ldots \qquad (\text{I } 3,\ 12)$$

Hieraus bilden wir

$$\frac{\mathrm{d}}{\mathrm{d}\zeta}\left[(1-\zeta^2)\,\frac{\mathrm{d}P_{(\lambda)}^m}{\mathrm{d}\zeta}\right] = \left\{-2\,k\,(1-\zeta^2)^k + 4\,k^2\,\zeta^2\,(1-\zeta^2)^{k-1}\right\}v_{(\lambda)}^m -$$

$$-\left\{2\,k\,\zeta\,(1-\zeta^2)^k + 2\,(k+1)\,\zeta\,(1-\zeta^2)^k\right\}\frac{\mathrm{d}v_{(\lambda)}^m}{\mathrm{d}\zeta} +$$

$$+ (1-\zeta^2)^{k+1}\,\frac{\mathrm{d}^2 v_{(\lambda)}^m}{\mathrm{d}\zeta^2} \qquad\qquad (\text{I } 3,\ 13)$$

und erhalten durch Eintragen in (I 3, 9) mit Rücksicht auf (I 3, 11)

$$(1 - \zeta^2)\frac{d^2 v_{(\lambda)}^m}{d\zeta^2} - 2(2k + 1)\zeta\frac{dv_{(\lambda)}^m}{d\zeta} + \{\lambda - 2k(k + 1)\}v_{(\lambda)}^m = 0. \qquad \text{(I 3, 14)}$$

Wir unterscheiden zwei Fälle:

1. Es werde festgesetzt

$$k = +\frac{m}{2}; \qquad m \gtrless 0. \qquad \text{(I 3, 15)}$$

Aus (I 3, 14) folgt nunmehr

$$(1 - \zeta^2)\frac{d^2 v_{(\lambda)}^m}{d\zeta^2} - 2(m + 1)\zeta\frac{dv_{(\lambda)}^m}{d\zeta} + \{\lambda - m(m + 1)\}v_{(\lambda)}^m = 0. \qquad \text{(I 3, 16)}$$

Mittels des Ansatzes (I 3, 12) entsteht aus (I 3, 16) eine nach Potenzen von ζ fortschreitende Reihe, deren Glieder einzeln verschwinden müssen. Insbesondere liefert dieser Schluß, angewandt auf den Faktor von ζ^n, die Gleichung

$$b_{n+2}(n + 2)(n + 1) - b_n[(n + m)(n + m + 1) - \lambda] = 0. \qquad \text{(I 3, 17)}$$

Unterwerfen wir jetzt λ der Vorschrift

$$\lambda = (n + m)(n + m + 1) \equiv 1(1 + 1); \qquad 1 = n + m, \qquad \text{(I 3, 18)}$$

so geht $v_{(\lambda)}^m$ in das Polynom n-ten Grades

$$v_{(\lambda)}^m \to v_1^m \qquad \text{(I 3, 19)}$$

über; es gehorcht gemäß (I 3, 16) der Differentialgleichung

$$(1 - \zeta^2)\frac{d^2 v_1^m}{d\zeta^2} - 2(m + 1)\zeta\frac{dv_1^m}{d\zeta} + \{1(1 + 1) - m(m + 1)\}v_1^m = 0.$$

$$\text{(I 3, 20)}$$

Wir differenzieren sie nach ζ und erhalten

$$(1 - \zeta^2)\frac{d^2}{d\zeta^2}\left(\frac{dv_1^m}{d\zeta}\right) - 2(m + 2)\zeta\frac{d}{d\zeta}\left(\frac{dv_1^m}{d\zeta}\right) +$$

$$+ \{1(1 + 1) - (m + 1)(m + 2)\}\left(\frac{dv_1^m}{d\zeta}\right) = 0. \qquad \text{(I 3, 21)}$$

Der Vergleich von (I 3, 20) und (I 3, 21) führt auf

$$\frac{dv_1^m}{d\zeta} = v_1^{m+1} \qquad \text{(I 3, 22)}$$

e) Wir beschränken vorübergehend m auf positive Werte; dann liefert (I 3, 22)

$$v_1^m = \frac{dv_1^{m-1}}{d\zeta} = \frac{d^2 v_1^{m-2}}{d\zeta^2} = \ldots = \frac{d^m v_1^0}{d\zeta^m}. \qquad \text{(I 3, 23)}$$

Wir unterdrücken weiterhin den Index m = 0 und bezeichnen, im Einklang mit (I 3, 12) und (I 3, 15),

$$v_1^0 \equiv v_1 \equiv P_1^0 \equiv P_1 \qquad \text{(I 3, 24)}$$

als *zonale Kugelfunktion* 1-ter Ordnung; aus (I 3, 20) entnehmen wir ihre Differentialgleichung

$$(1 - \zeta^2)\frac{d^2 P_1}{d\zeta^2} - 2\zeta\frac{dP_1}{d\zeta} + 1(1 + 1)P_1 = 0. \qquad \text{(I 3, 25)}$$

Diejenige Polynomlösung, welche durch $P_l(1) = 1$ normiert ist, lautet

$$P_l = \frac{1}{2^l \, l!} \frac{d^l \, (\zeta^2 - 1)^l}{d\zeta^l} \, . \qquad \text{(I 3, 26)}$$

Zum Beweise setze man

$$u(\zeta) = (\zeta^2 - 1)^l \qquad \text{(I 3, 27)}$$

also

$$\frac{du}{d\zeta} = 2\,l\,\zeta\,(\zeta^2 - 1)^{l-1}; \qquad (\zeta^2 - 1)\frac{du}{d\zeta} = 2\,l\,\zeta\,u. \qquad \text{(I 3, 28)}$$

Wir differenzieren diese Gleichung mittels der Regel der wiederholten Produkt-Differentiation $(l + 1)$ mal nach ζ und erhalten, mit $u^{(l)} = \dfrac{d^l u}{d\zeta^l}$

$$\frac{(l+1)\,l}{1 \cdot 2}\,2\,u^{(l)} + \frac{l+1}{1}\,2\,\zeta\,u^{(l+1)} + 1\,(\zeta^2 - 1)\,u^{(l+2)} = \frac{l+1}{1}\,2\,l\,u^{(l)} + 1 \cdot 2\,l\,\zeta\,u^{(l+1)}. \qquad \text{(I 3, 29)}$$

Macht man jetzt $P_l = \dfrac{1}{2^l \, l!}\,u^{(l)}$, so wird in der Tat (I 3, 29) mit (I 3, 25) identisch; weiter ergibt sich die Eigenschaft $P_l(1) = 1$ aus (I 3, 26) durch Anwendung der Produktdifferentiations-Regel auf

$$\zeta^2 - 1 \equiv (\zeta + 1)\,(\zeta - 1)$$

[Abb. I 3].

f) Wir substituieren (I 3, 26) in (I 3, 23) und finden

$$v_l^m = \frac{1}{2^l \, l!} \frac{d^{l+m}\,(\zeta^2 - 1)^l}{d\zeta^{l+m}} \, .$$
$$\text{(I 3, 30)}$$

In dieser Gestalt bleibt die Definition der v_l^m auch für den oben ausgeschlossenen Fall negativer m sinnvoll, sofern man allenfalls auftretende negative Zahlenwerte des Differentiationsindex $(m + l)$ als Vorschrift $|m+l|$-facher Integration interpretiert. Aus (I 3, 12) folgt daher für die Kugelfunktion $P_{(\lambda)}^m \to P_l^m$ zunächst die Darstellung

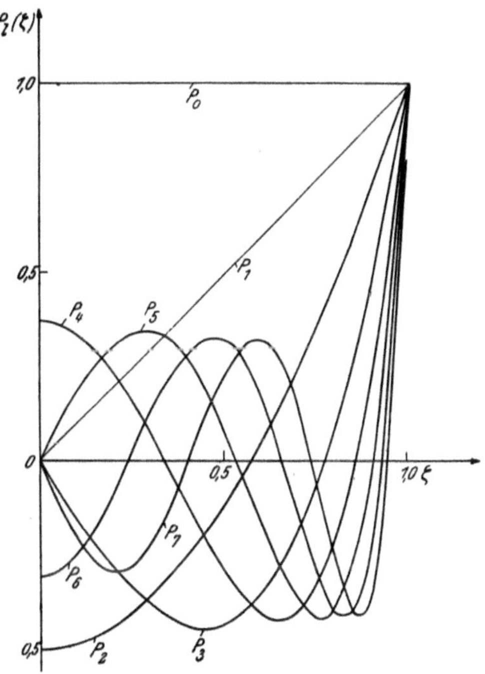

Abb. I 3. Die zonalen Kugelfunktionen.

$$P_l^m = (1 - \zeta^2)^{\frac{m}{2}} \frac{1}{2^l \, l!} \frac{d^{l+m}\,(\zeta^2 - 1)^l}{d\zeta^{l+m}} \, ; \qquad m \gtrless 0. \qquad \text{(I 3, 31)}$$

Indessen verhalten sich die P_l^m des Indexbereiches $m < (-l)$ in $\zeta = \pm 1$ nicht regulär, während jene des Bereiches $m > l$ identisch verschwinden. Daher liefert (I 3, 31) tatsächlich für jedes feste l nur $(2\,l + 1)$ von Null verschiedene, „zugeordnete" Kugelfunktionen.

2. Im Gegensatz zu (I 3, 15) werde festgesetzt

$$k = -\frac{m}{2}; \qquad m \gtrless 0. \qquad\qquad \text{(I 3, 32)}$$

Demgemäß hat man in Gl. (I 3, 16) und allen aus ihr hergeleiteten Relationen überall (m) mit (— m) zu vertauschen. Bezeichnet man die aus diesem Prozeß hervorgehenden Kugelfunktionen mit P^{*m}_l, so gilt also $P^{*m}_l = P^{-m}_l$; da man hierdurch nicht zu neuen Funktionen gelangt, werden wir uns weiterhin auf die P^m_l beschränken.

g) Der Satz von *Jacobi* lehrt: Die Kugelfunktionen $P^{\pm m}_l$ [$|m| \leqq l$] unterscheiden sich voneinander nur durch einen für jedes l konstanten Zahlenfaktor.

Zum Beweise führt die Entwicklung der Funktion

$$f(\alpha) = (\zeta + \cos \alpha \sqrt{\zeta^2 - 1})^l \qquad\qquad \text{(I 3, 33)}$$

in eine trigonometrische Reihe. Mittels der Identität

$$\zeta + \cos \alpha \sqrt{\zeta^2 - 1} \equiv \frac{(\zeta + e^{i\alpha} \sqrt{\zeta^2 - 1})^2 - 1}{2 e^{i\alpha} \sqrt{\zeta^2 - 1}} \qquad\qquad \text{(I 3, 34)}$$

und der Abkürzung

$$u = e^{i\alpha} \sqrt{\zeta^2 - 1} \qquad\qquad \text{(I 3, 35)}$$

entsteht aus (I 3, 33), mittels *Taylor*scher Entwicklung,

$$(2\,u)^l \cdot f(\alpha) = \big((\zeta + u)^2 - 1\big)^l =$$
$$= (\zeta^2 - 1)^l + \frac{u}{1!} \frac{d(\zeta^2 - 1)}{d\zeta} + \frac{u^2}{2!} \frac{d^2(\zeta^2 - 1)}{d\zeta^2} + \cdots \frac{u^{2l}}{(2\,l)!} \frac{d^{2l}(\zeta^2 - 1)}{d\zeta^{2l}},$$
$$\text{(I 3, 36)}$$

also, mit Rücksicht auf (I 3, 31) und (I 3, 35)

$$f(\alpha) = \sum_{m=1}^{l} \frac{u^{-m}}{2^l (l-m)!} \frac{d^{l-m}(\zeta^2 - 1)^l}{d\zeta^{l-m}} + \frac{1}{2^l l!} \frac{d^l (\zeta^2 - 1)^l}{d\zeta^l} +$$
$$+ \sum_{m=1}^{l} \frac{u^m}{2^l (l+m)!} \frac{d^{l+m}(\zeta^2 - 1)^l}{d\zeta^{l+m}} =$$
$$= \sum_{m=1}^{l} \frac{l!}{(l-m)!} i^{-m} P^{-m}_l e^{-im\alpha} + P_l + \sum_{m=1}^{l} \frac{l!}{(l+m)!} i^m P^m_l e^{im\alpha} =$$
$$= P_l + \sum_{m=1}^{l} \left\{ \frac{l!}{(l-m)!} i^{-m} P^{-m}_l + \frac{l!}{(l+m)!} i^m P^m_l \right\} \cos m\,\alpha -$$
$$- i \sum_{m=1}^{l} \left\{ \frac{l!}{(l-m)!} i^{-m} P^{-m}_l - \frac{l!}{(l+m)!} i^m P^m_l \right\} \sin m\,\alpha.$$
$$\text{(I 3, 37)}$$

Nun ist definitionsgemäß $f(\alpha) = f(-\alpha)$; daher verschwinden in (I 3, 37) sämtliche Koeffizienten der nach $\sin m\,\alpha$ fortschreitenden Reihe, so daß der *Jacobi*sche Satz in der Form resultiert

$$\frac{P^{-m}_l}{P^m_l} = (-1)^m \frac{(l-m)!}{(l+m)!}. \qquad\qquad \text{(I 3, 38)}$$

Gleichzeitig vereinfacht sich (I 3, 37) zu

$$f(a) = P_1 + \sum_{m=1}^{1} \frac{2\,1!}{(1+m)!}\,i^m\,P_1^m \cos m\,a. \qquad (I\ 3,\ 39)$$

Wir vergleichen dieses Resultat mit den *Fourier*schen Berechnungs-formeln der Reihen-Koeffizienten und gewinnen für die Kugelfunktionen die Integral-Darstellungen

$$\left.\begin{aligned}
P_1(\zeta) &= \frac{1}{2\pi}\int_{a=-\pi}^{\pi} (\zeta + \cos a\,\sqrt{\zeta^2-1})^1\,da,\\[2ex]
P_1^m(\zeta) &= \frac{1}{2\pi\,i^m}\,\frac{(1+m)!}{1!}\int_{a=-\pi}^{\pi}(\zeta+\cos a\,\sqrt{\zeta^2-1})^1\cos m\,a\,da.
\end{aligned}\right\} \qquad (I\ 3,\ 40)$$

h) Mittels der Definition

$$Y_1^m = e^{i\,m\,a}\,P_1^m(\zeta) \qquad (I\ 3,\ 41)$$

steigen wir zu den Kugelflächen-Funktionen Y_1^m auf. Während sich nun die paarweise zusammengehörigen Funktionen $P\pm_1^m$ nur durch den Faktor (I 3, 38) unterscheiden, sind $Y^+{}_1^m$ und $Y^-{}_1^m$ linear unabhängig voneinander: Für jeden festen Wert von 1 existieren $(2\,1+1)$ endliche, reguläre Kugel-flächenfunktionen.

i) Durch Substitution von (I 3, 18) in (I 3, 6) resultiert die Gleichung

$$\frac{d^2(r\,R)}{dr^2} = 1\,(1+1)\,\frac{(r\,R)}{r^2}. \qquad (I\ 3,\ 42)$$

Ihre beiden Fundamental-Lösungen lauten

$$\left.\begin{aligned}
(r\,R)_+ &= r^{1+1}; & R_+ &= r^1\\
(r\,R)_- &= r^{-1}; & R_- &= r^{-(1+1)}
\end{aligned}\right\}, \qquad (I\ 3,\ 43)$$

deren erste im Ursprung verschwindet, während die zweite für $r \to \infty$ gegen Null konvergiert. Durch Multiplikation von (I 3, 41) mit (I 3, 43) gelangen wir somit zu folgenden Lösungen der *Laplace*schen Gleichung

$$\left.\begin{aligned}
\varphi_+ &= C_+\,r^1\,e^{i\,m\,a}\,P_1^m\,(\cos\vartheta)\\
\varphi_- &= C_-\,r^{-(1+1)}\,e^{i\,m\,a}\,P_1^m\,(\cos\vartheta)
\end{aligned}\right\} -1 \leqq m \leqq +1, \qquad (I\ 3,\ 44)$$

in welchen C_+ und C_- Integrationskonstanten bedeuten.

k) Wir spezialisieren auf $1 = 0$, also notwendig auch $m = 0$. Dann reduziert sich die erste der Potentialfunktionen (I 3, 44) auf eine Kon-stante, während die zweite das Feld einer im Ursprung liegenden Einzel-quelle liefert

$$\varphi \equiv \varphi_- = \frac{C_-}{r} \equiv \frac{C}{r}. \qquad (I\ 3,\ 45)$$

Wir verlegen diese in den „Nordpol" $\zeta = 1$ der Kugel vom Halbmesser $a > 0$ und erhalten im Punkte $Q = (r, \vartheta, a)$ das Potential

$$\varphi = \frac{C}{\sqrt{a^2-2\,a\,r\cos\vartheta+r^2}} = \frac{C}{\sqrt{a^2-2\,a\,r\,\zeta+r^2}}. \qquad (I\ 3,\ 46)$$

Mit Hilfe der binomischen Reihe entspringen hieraus die Entwicklungen

$$\left.\begin{aligned}
\varphi &= \frac{C}{a} \sum_{l=0}^{\infty} \left(\frac{r}{a}\right)^{l} P_l(\zeta); \qquad\qquad r < a, \\[2mm]
\varphi &= \frac{C}{a} \sum_{l=0}^{\infty} \left(\frac{r}{a}\right)^{-(l+1)} P_l(\zeta); \quad r > a,
\end{aligned}\right\} \qquad\qquad (\text{I } 3,\ 47)$$

in welchen sich die $P_l(\zeta)$ durch Vergleich mit (I 3, 44) als zonale Kugelfunktionen erweisen.

1) Die zonalen Kugelfunktionen bilden ein Orthogonalsystem.

Zum Beweise dieses Satzes wählen wir innerhalb der Kugel $r = a$ neben $Q_1 = (r_1, \vartheta, \alpha)$ den Punkt $Q_2 = (r_2, \vartheta, \alpha)$, setzen abkürzend $r_1/a = \varrho_1$, $r_2/a = \varrho_2$ und finden mittels (I 3, 47) die beiden Reihen

$$\left.\begin{aligned}
\frac{1}{\sqrt{1 - 2\varrho_1\zeta + \varrho_1{}^2}} &= \sum_{j=0}^{\infty} (\varrho_1)^j\, P_j(\zeta) \\[2mm]
\frac{1}{\sqrt{1 - 2\varrho_2\zeta + \varrho_2{}^2}} &= \sum_{l=0}^{\infty} (\varrho_2)^l\, P_l(\zeta)
\end{aligned}\right\} . \qquad (\text{I } 3,\ 48)$$

Wir multiplizieren sie miteinander, integrieren das Produkt längs eines vollen Meridianes, vertauschen rechter Hand die Reihenfolge von Summation und Integration und erhalten

$$J = \int_{-1}^{+1} \frac{d\zeta}{\sqrt{(1 - 2\varrho_1\zeta + \varrho_1{}^2)(1 - 2\varrho_2\zeta + \varrho_2{}^2)}} =$$

$$= \sum_{j=0}^{\infty} \sum_{l=0}^{\infty} (\varrho_1)^j\, (\varrho_2)^l \int_{-1}^{+1} P_j(\zeta)\, P_l(\zeta)\, d\zeta. \qquad (\text{I } 3,\ 49)$$

Mit Hilfe der Identität

$$(1 - 2\varrho_1\zeta + \varrho_1{}^2)(1 - 2\varrho_2\zeta + \varrho_2{}^2) \equiv$$

$$\equiv 4\varrho_1\varrho_2 \left[\left(\zeta - \frac{(\varrho_1 + \varrho_2)(1 + \varrho_1\varrho_2)}{4\varrho_1\varrho_2}\right)^2 - \left(\frac{(\varrho_1 - \varrho_2)(1 - \varrho_1\varrho_2)}{4\varrho_1\varrho_2}\right)^2\right] \qquad (\text{I } 3,\ 50)$$

ergibt sich

$$J = \frac{1}{2\sqrt{\varrho_1\varrho_2}} \ln\left[\left(\zeta - \frac{(\varrho_1 + \varrho_2)(1 + \varrho_1\varrho_2)}{4\varrho_1\varrho_2}\right) + \right.$$

$$\left. + \sqrt{\left(\zeta - \frac{(\varrho_1 + \varrho_2)(1 + \varrho_1\varrho_2)}{4\varrho_1\varrho_2}\right)^2 - \left(\frac{(\varrho_1 - \varrho_2)(1 - \varrho_1\varrho_2)}{4\varrho_1\varrho_2}\right)^2}\right]\Bigg|_{-1}^{+1} =$$

$$= \frac{1}{2\sqrt{\varrho_1\varrho_2}} \ln\left(\frac{\sqrt{\varrho_1}(1 - \varrho_2) - \sqrt{\varrho_2}(1 - \varrho_1)}{\sqrt{\varrho_1}(1 + \varrho_2) - \sqrt{\varrho_2}(1 + \varrho_1)}\right)^2 = \qquad (\text{I } 3,\ 51)$$

$$= \frac{1}{\sqrt{\varrho_1\varrho_2}} \ln \frac{1 + \sqrt{\varrho_1\varrho_2}}{1 - \sqrt{\varrho_1\varrho_2}} = \sum_{n=0}^{\infty} \frac{2}{2n + 1} (\varrho_1\varrho_2)^n .$$

Der Vergleich von (I 3, 49) mit (I 3, 51) liefert die Orthogonalitäts-Relationen

$$\int\limits_{-1}^{+1} P_j(\zeta)\, P_l(\zeta)\, d\zeta = \begin{cases} 0 & \text{für } l \neq j \\[2mm] \dfrac{2}{2j+1} & \text{für } l = j \end{cases} \cdot \qquad (I\ 3,\ 52)$$

m) Auch die zugeordneten Kugelfunktionen einheitlicher, azimutaler Polpaarzahl m bilden je unter sich ein Orthogonalsystem.

Zum Beweise gehen wir von den Differentialgleichungen für P_j^m und P_l^m aus, welche nach (I 3, 9) und (I 3, 18) lauten

$$\begin{aligned} \frac{d}{d\zeta}\left[(1-\zeta^2)\frac{dP_j^m}{d\zeta}\right] + \left[j(j+1) - \frac{m^2}{1-\zeta^2}\right] P_j^m &= 0, \\[2mm] \frac{d}{d\zeta}\left[(1-\zeta^2)\frac{dP_l^m}{d\zeta}\right] + \left[l(l+1) - \frac{m^2}{1-\zeta^2}\right] P_l^m &= 0. \end{aligned} \qquad (I\ 3,\ 53)$$

Wir erweitern die erste mit P_l^m, die zweite mit P_j^m, subtrahieren und erhalten

$$\begin{aligned} P_l^m \frac{d}{d\zeta}\left[(1-\zeta^2)\frac{dP_j^m}{d\zeta}\right] &- P_j^m \frac{d}{d\zeta}\left[(1-\zeta^2)\frac{dP_l^m}{d\zeta}\right] \equiv \\[2mm] &\equiv \frac{d}{d\zeta}\left[(1-\zeta^2)\left(P_l^m \frac{dP_j^m}{d\zeta} - P_j^m \frac{dP_l^m}{d\zeta}\right)\right] = \\[2mm] &= \left[l(l+1) - j(j+1)\right] P_j^m\, P_l^m. \end{aligned} \qquad (I\ 3,\ 54)$$

Aus dem Polynomcharakter der Kugelfunktionen folgt die Existenz der Ableitungen $\dfrac{dP_j^m}{d\zeta}$ und $\dfrac{dP_l^m}{d\zeta}$ in $\zeta = \pm 1$. Daher liefert Integration der Gleichung (I 3, 54) über den Bereich $(-1) \leqq \zeta \leqq 1$

$$[l(l+1) - j(j+1)] \int\limits_{-1}^{+1} P_j^m\, P_l^m\, d\zeta = 0 \qquad (I\ 3,\ 55)$$

und hieraus schließt man

$$\int\limits_{-1}^{+1} P_j^m\, P_l^m\, d\zeta = 0 \text{ für } j \neq l. \qquad (I\ 3,\ 56)$$

Es verbleibt die Berechnung des entsprechenden Integrales für den Fall $j = l$. Mit Rücksicht auf (I 3, 38) und (I 3, 31) finden wir zunächst

$$\begin{aligned} \int\limits_{-1}^{+1} P_l^m\, P_l^m\, d\zeta &= (-1)^m \frac{(l+m)!}{(l-m)!} \int\limits_{-1}^{+1} P_l^{-m}\, P_l^m\, d\zeta = \\[2mm] &= (-1)^m \frac{(l+m)!}{(l-m)!}\, \frac{1}{(2^l\, l!)^2} \int\limits_{-1}^{+1} \frac{d^{l-m}(\zeta^2-1)^l}{d\zeta^{l-m}}\, \frac{d^{l+m}(\zeta^2-1)^l}{d\zeta^{l+m}}\, d\zeta. \end{aligned} \qquad (I\ 3,\ 57)$$

Wir integrieren m-mal partiell und erhalten mit Benützung von (I 3, 24) und (I 3, 52)

$$\int\limits_{-1}^{+1} P_l^m\, P_l^m\, d\zeta = (-1)^m\, \frac{(l+m)!}{(l-m)!}\, (-1)^m \int\limits_{-1}^{+1} P_l^0\, P_l^0\, d\zeta = \frac{2}{2\,l+1}\, \frac{(l+m)!}{(l-m)!}$$

$$\text{(I 3, 58)}$$

n) Es sei eine willkürliche Funktion f der Koordinaten α und ϑ auf der Kugelfläche r = a vorgelegt. Wir behaupten die Möglichkeit der Entwicklung

$$f(a, \alpha, \vartheta) = \sum_{l=0}^{\infty} \sum_{m=0}^{l} \left\{ C_l^m \cos m\,\alpha + S_l^m \sin m\,\alpha \right\} P_l^m (\cos \vartheta). \qquad \text{(I 3, 59)}$$

Zum Beweise setzen wir $f(a, \alpha, \vartheta) = f^*(a, \alpha, \cos \vartheta)$ und bilden die Doppelintegrale

$$\begin{matrix} C_j^n \\ S_j^n \end{matrix} = \int\limits_{\alpha=0}^{2\pi} \int\limits_{\xi=-1}^{+1} f^*(a, \alpha, \zeta)\, \begin{matrix} \cos n\,\alpha \\ \sin n\,\alpha \end{matrix}\, P_j^n (\zeta)\, d\alpha\, d\zeta. \qquad \text{(I 3, 60)}$$

Wir vertauschen in (I 3, 59) rechter Hand die Reihenfolge von Summation und Integration und finden mit Hilfe von (I 3, 58)

$$\left. \begin{aligned} C_l^0 &= \frac{c_l^0}{2\,\pi} \cdot \frac{2\,l+1}{2}, \\[2mm] C_l^m &= \frac{c_l^m}{\pi} \cdot \frac{2\,l+1}{2} \cdot \frac{(l-m)!}{(l+m)!}; \quad m \neq 0, \\[2mm] S_l^m &= \frac{s_l^m}{\pi} \cdot \frac{2\,l+1}{2} \cdot \frac{(l-m)!}{(l+m)!}. \end{aligned} \right\} \qquad \text{(I 3, 61)}$$

I 4. Über das erdmagnetische Feld.

a) Über den Mechanismus des erdmagnetischen Feldes sind wir auf Hypothesen angewiesen; doch lassen sich zwei genetisch getrennte Quellen seiner Erregung mit Sicherheit unterscheiden:

1. Man hat sich das Erdinnere als Sitz sowohl ferromagnetischer Massen wie auch in sich geschlossener elektrischer Ströme vorzustellen; im Lichte der molekularen Auffassung des Magnetismus sind beide Annahmen nicht wesentlich voneinander verschieden.

2. In der Atmosphäre verkehren neben elektrischen Strömen irdischer Herkunft solche kosmischen Ursprunges; ihre Bahnen verlaufen teilweise durch das Erdinnere [Kontinuitätsgleichung].

b) Wir führen zwei Bezugssysteme mit dem gemeinsamen Ursprung im Erdmittelpunkte ein.

1. Kugelkoordinaten r, α, ϑ: Wir identifizieren die Erdoberfläche mit der Kugel r = a, das Azimut α mit der geographischen Länge und den Kosinus des Polarwinkels ϑ mit dem Sinus der geographischen Breite β [$\vartheta = 90^0 - \beta$; $\zeta \equiv \cos \vartheta = \sin \beta$].

2. *Kartesi*sche Koordinaten x, y, z: Die Ebene z = 0 koinzidiert mit der Äquatorebene; die x-Achse verläuft durch den Meridian $\alpha = 0$.

c) Wir definieren als „inneres Feld" jenen Anteil des erdmagnetischen Gesamtfeldes, welcher an die oben zuerst genannten, in $r < a$ eingeschlossenen Erregungsquellen gebunden ist; nur von ihm wird hier die Rede sein, während wir das restliche „äußere Feld" in Ziffer I 5 schildern werden.

Das innere Feld ist während der Epochen seines stationären Zustandes in $r \geqq a$ definitionsgemäß wirbelfrei, und überdies ist die Permeabilität dieses Gebietes $\mu = 1$. Daher ist dort das innere Feld mittels seines Skalarpotentiales φ zu beschreiben, welches der *Laplace*schen Gleichung samt der Bedingung

$$\lim_{r \to \infty} \varphi = 0 \qquad (I\ 4,\ 1)$$

zu genügen hat. Dagegen lassen sich über die Eigenschaften des inneren Feldes in $r < a$ keine definitiven Angaben machen; ja nicht einmal die Existenz der Potentialfunktion kann für dieses Gebiet behauptet werden.

d) Mangels einer theoretisch hinreichend fundierten Einsicht in die Feinstruktur des Erregersystemes muß man sich darauf beschränken, das resultierende Magnetfeld in der uns zugänglichen Umgebung der Erdoberfläche zu vermessen. Es möge nun eine Methode bekannt sein, welche seine Aufspaltung in den inneren und den äußeren Anteil gestattet; insbesondere liefert dann die Auswertung der Beobachtungsergebnisse die Funktion

$$\varphi_{r=a} = \varphi\ (a,\ a,\ \vartheta). \qquad (I\ 4,\ 2)$$

Sie läßt sich nach Ziffer I 3, Abschnitt n in die Form bringen

$$\varphi\ (a,\ a,\ \vartheta) = \sum_{l=0}^{\infty} \sum_{m=0}^{l} \{C_l^m \cos m\, a + S_l^m \sin m\, a\}\, P_l^m\ (\cos \vartheta). \qquad (I\ 4,\ 3)$$

Die Liste der Konstanten C_l^m und S_l^m enthält den Extrakt der Feldvermessung; allerdings wird man sich praktisch stets mit einer endlichen Anzahl dieser Entwicklungskoeffizienten begnügen müssen.

e) Da in der Erdoberfläche keine elektrischen Flächenströme auftreten, bleibt $\varphi = \varphi\ (r,\ a,\ \vartheta)$ für $r \to a$ stetig. Aus (I 4, 1) und (I 4, 3) folgt somit im Verein mit (I 3, 44) für das Gebiet $r \geqq a$

$$\varphi = \sum_{l=0}^{\infty} \sum_{m=0}^{l} \{C_l^m \cos m\, a + S_l^m \sin m\, a\}\, P_l^m\ (\cos \vartheta) \left(\frac{a}{r}\right)^{l+1}. \qquad (I\ 4,\ 4)$$

f) Wir konstruieren eine Kontrollkugel $r \geqq a$. Bezeichne B^r die dort gemessene, physikalische Radialkomponente der Induktion B, so liefert der *Gauß*sche Integralsatz wegen $\mathrm{div}\, B = 0$

$$\int_{a=0}^{2\pi} \int_{\vartheta=0}^{\pi} B^r \cdot r^2 \cdot da \sin \vartheta\, d\vartheta = 0. \qquad (I\ 4,\ 5)$$

Aus (I 4, 4) berechnen wir nun

$$B^r = -\Pi\, \frac{\partial \varphi}{\partial r} =$$

$$= \Pi \sum_{l=0}^{\infty} \sum_{m=0}^{l} \{C_l^m \cos m\, a + S_l^m \sin m\, a\}\, P_l^m\ (\cos \vartheta)\, \frac{l+1}{a} \left(\frac{a}{r}\right)^{l+2}. \qquad (I\ 4,\ 6)$$

Wir vertauschen in (I 4, 5) die Reihenfolge von Integration und Summation. Indem wir jetzt zuerst die azimutale Integration ausführen, verschwinden alle Glieder der Ordnungszahlen $m \geq 1$, und es verbleibt mit $P_1^0 \equiv P_1$ [zonale Kugelfunktionen]

$$\sum_{l=0}^{\infty} C_l^0 \frac{l+1}{a} \left(\frac{a}{r}\right)^{l+2} \int_{\vartheta=0}^{\pi} P_1 (\cos \vartheta) \sin \vartheta \, d\vartheta \equiv$$

$$\equiv \sum_{l=0}^{\infty} C_l^0 \frac{l+1}{a} \left(\frac{a}{r}\right)^{l+2} \int_{\xi=-1}^{+1} P_1 (\zeta) P_0 (\zeta) \, d\zeta = 0. \qquad (I\ 4,\ 7)$$

Auf Grund der Orthogonalitäts-Relationen (I 3, 52) reduziert sich diese Gleichung auf das Glied der Ordnung $l = 0$, so daß wir schließen

$$C_0^0 = 0. \qquad (I\ 4,\ 8)$$

g) Im Lichte des Ergebnisses (I 4, 8) und der Identität $\sin 0\, a \equiv 0$ beginnt die Entwicklung (I 4, 4) mit

$$\varphi_1 = C_1^0 P_1^0 (\cos \vartheta) + \{C_1^1 \cos a + S_1^1 \sin a\} P_1^1 (\cos \vartheta) \left(\frac{a}{r}\right)^2. \qquad (I\ 4,\ 9)$$

Hierin ist

$$\left. \begin{aligned} P_1^0 (\zeta) &\equiv P_1 (\zeta) = \zeta = \cos \vartheta, \\ P_1^1 (\zeta) &= \frac{(1-\zeta^2)^{1/2}}{2} \frac{d^2(\zeta^2-1)}{d\zeta^2} = \sqrt{1-\zeta^2} = \sin \vartheta, \end{aligned} \right\} \qquad (I\ 4,\ 10)$$

so daß (I 4, 9), nach passender Umordnung der Glieder, in der Form geschrieben werden kann

$$\varphi_1 = (C_1^1 \cos a \sin \vartheta + S_1^1 \sin a \sin \vartheta + C_1^0 \cos \vartheta) \left(\frac{a}{r}\right)^2. \qquad (I\ 4,\ 11)$$

Die hier auftretenden Größen $\cos a \sin \vartheta$; $\sin a \sin \vartheta$; $\cos \vartheta$ messen die *Kartesi*schen Komponenten des vom Ursprung gegen den Punkt (r, a, ϑ) hinzeigenden Einheitsvektors $\mathit{1}_r$:

$$\mathit{1}_r = \mathit{1}_x \cos a \sin \vartheta + \mathit{1}_y \sin a \sin \vartheta + \mathit{1}_z \cos \vartheta. \qquad (I\ 4,\ 12)$$

Aus dieser Gleichung im Verein mit der Invarianz von φ_1 geht hervor, daß auch die Konstanten C_1^1; S_1^1; C_1^0 die *Kartesi*schen Komponenten eines Vektors definieren, welchen wir zur Vereinfachung seiner physikalischen Interpretation durch $\dfrac{m}{4\,\pi\,\varPi\,a^2}$ bezeichnen:

$$C_1^1 = \frac{m_x}{4\,\pi\,\varPi\,a^2}; \quad S_1^1 = \frac{m_y}{4\,\pi\,\varPi\,a^2}; \quad C_1^0 = \frac{m_z}{4\,\pi\,\varPi\,a^2}. \qquad (I\ 4,\ 13)$$

Durch Substitution von (I 4, 12) und (I 4, 13) in (I 4, 11) entsteht nunmehr

$$\varphi_1 = \frac{(m\, \mathit{1}_r)}{4\,\pi\,\varPi} \frac{1}{r^2}. \qquad (I\ 4,\ 14)$$

Dies ist das magnetische Skalarpotential eines Dipoles vom vektoriellen Moment m. Umgekehrt kennzeichnet also m den Grundanteil des inneren erdmagnetischen Feldes; die Gl. (I 4, 13) beschreiben die geographische Orientierung der Momentenachse gegen jene der Erdkugel [Abb. I 4].

h) Im Anschluß an die für seine Epoche durchgeführte Analyse des erdmagnetischen Feldes durch *Gauß* benützen wir für die *Kartesi*schen Komponenten des Momentes, ausgedrückt in den von uns benützten technischen Einheiten, folgende Zahlenwerte:

$$\left.\begin{array}{l} m_x = 1{,}02 \cdot 10^{18} \text{ Voltseccm,} \\ m_y = -2{,}04 \cdot 10^{18} \text{ Voltseccm,} \\ m_z = 10{,}55 \cdot 10^{18} \text{ Voltseccm,} \end{array}\right\} \quad \text{(I 4, 15)}$$

also
$$|m| = \sqrt{m_x^2 + m_y^2 + m_z^2} = 10{,}78 \cdot 10^{18} \text{ Voltseccm.} \quad \text{(I 4, 16)}$$

Auf Grund der Äquivalenz zwischen ferromagnetischen Massen und stationären, elektrischen Strömen dürfen wir dieses beobachtbare Moment modellmäßig zur Gänze auf eine permanente, homogene Magnetisierung der Erdkugel zurückführen, welche je Raumeinheit die Größe

$$|I| = \frac{|m|}{\frac{4}{3}\pi a^3} = 9{,}86 \cdot 10^{-9} \frac{\text{Voltsec}}{\text{cm}^2} \quad \text{(I 4, 17)}$$

aufweist; sie erreicht also nur einen kleinen Bruchteil der Sättigungsmagnetisierung von weichem Eisen.

Am Orte (ϑ, a) der Erdkugel finden sich die physikalischen Feldstärke-Komponenten des Grundanteiles gemäß (I 4, 7), (I 4, 11) und (I 4, 13) zu

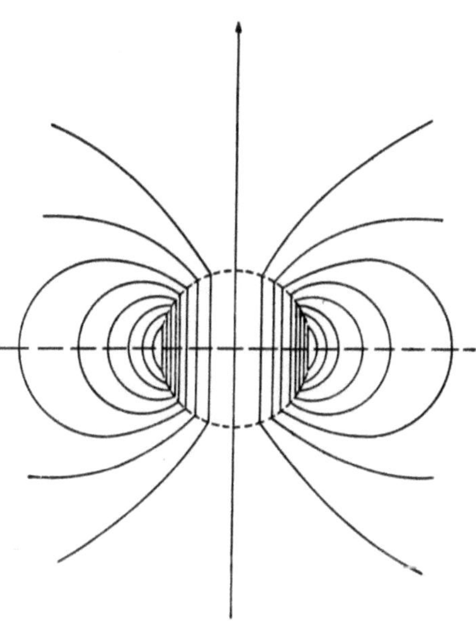

Abb. I 4. Induktionslinien einer permanent magnetisierten Kugel [Grundanteil des erdmagnetischen Feldes].

$$\left.\begin{array}{l} H_1^\vartheta = \dfrac{1}{4\pi \varPi a^3}(-m_x \cos\vartheta \cos a - m_y \cos\vartheta \sin a + m_z \sin\vartheta), \\[2mm] H_1^a = \dfrac{1}{4\pi \varPi a^3}(m_x \sin a - m_y \cos a), \\[2mm] H_1^r = \dfrac{2}{4\pi \varPi a^3}(m_x \sin\vartheta \cos a + m_y \sin\vartheta \sin a + m_z \cos\vartheta). \end{array}\right\} \quad \text{(I 4, 18)}$$

Mit Hilfe der Zahlenwerte (I 4, 15) erhalten wir hiernach

$$\left.\begin{array}{l} H_1^\vartheta = 0{,}26\,[-0{,}0946\cos\vartheta\cos a + 0{,}189\cos\vartheta\sin a + \\ \qquad\qquad + 0{,}980\sin\vartheta]\dfrac{A}{cm}, \\[3mm] H_1^a = 0{,}26\,[0{,}0946\sin a + 0{,}189\cos a]\dfrac{A}{cm}, \\[3mm] H_1^r = 0{,}26\,[0{,}0946\sin\vartheta\cos a - 0{,}189\sin\vartheta\sin a + \\ \qquad\qquad + 0{,}980\cos\vartheta]\dfrac{A}{cm}. \end{array}\right\} \quad \text{(I 4, 19)}$$

Man pflegt H_ϑ und H_α zur „Horizontalintensität"

$$H_h = \sqrt{H_\vartheta{}^2 + H_\alpha{}^2} \qquad\qquad (I\ 4,\ 20)$$

zusammenzufassen; der Höchstwert ihres Grundanteiles beträgt

$$H_{h_{1,\,max}} = 0{,}26\ \frac{A}{cm}. \qquad\qquad (I\ 4,\ 21)$$

Die Abweichung der Horizontalintensität gegen den geographischen Meridian des Aufpunktes definiert dort die *Deklination* δ:

$$\operatorname{tg}\delta = \frac{H_\alpha}{H_\vartheta}\ ; \qquad \operatorname{tg}\delta_1 = \frac{H_{\alpha_1}}{H_{\vartheta_1}} \qquad\qquad (I\ 4,\ 22)$$

Das resultierende Feld offenbart die Stärke

$$|H| = \sqrt{H_r{}^2 + H_\vartheta{}^2 + H_\alpha{}^2}. \qquad\qquad (I\ 4,\ 23)$$

Seine Abweichung gegen die im Aufpunkte konstruierte Horizontalebene definiert die dort herrschende *Inklination* ε:

$$\operatorname{tg}\varepsilon = \frac{H_r}{H_h}\ ; \qquad \operatorname{tg}\varepsilon_1 = \frac{H_{r_1}}{H_{h_1}}. \qquad\qquad (I\ 4,\ 24)$$

Die Linien konstanter Horizontal-Intensität definieren das System der *Isodynamen* der Horizontal-Intensität [Abb. I 5]. Diejenigen Punkte, an denen die Horizontal-Intensität verschwindet, heißen die *erdmagnetischen Pole*; insbesondere entnimmt man aus (I 4, 19) die Lage des Grundfeld-Nordpoles zu

$$\vartheta_1 = 12^0\ 10'; \qquad \alpha_1 = 296^0\ 30'. \qquad\qquad (I\ 4,\ 25)$$

Die Schar der Großkreise durch die erdmagnetischen Pole des Grundfeldes liefert die Gesamtheit seiner magnetischen Meridiane; die zu ihnen orthogonalen magnetischen Breitenkreise koinzidieren mit den Isodynamen der Grundfeld-Horizontalintensität.

i) Im Lichte der technischen Anwendungen ist es zweckmäßig, dem Grundfeld-Anteil (I 4, 18) als „normalem" Erdmagnetismus das Feld aller Anteile mit einem Index $l > 1$ ihrer „erzeugenden" Kugelfunktionen als „abnormalen" Erdmagnetismus gegenüberzustellen. Die geographische Verteilung des abnormalen Erdmagnetismus zeigt Abweichungen der Magnetisierung von dem virtuellen Homogenwert (I 4, 17) an; insbesondere ist seine Feinstruktur als Überschuß oder Defekt magnetischer Massen zu interpretieren, und diese Feststellungen liefern wichtige Hinweise für die geologische Erforschung der oberen Erdschichten.

I 5. Der ionosphärische Ringstrom.

a) In Ziffer I 4 haben wir das natürliche Magnetfeld der Erde aus der hypothetischen, permanenten Polarisation des Erdballes hergeleitet; ihre Wirkung definierte das innere Magnetfeld. Indessen weisen die Beobachtungen des Magnetfeldes auf der Erdoberfläche, und unter ihnen namentlich das Phänomen der als „magnetische Stürme" bezeichneten heftigen Störungen des stationären Zustandes, unzweifelhaft auf eine weitere Quelle der magnetischen Erregung hin; sie wird der erstgenannten als äußeres Feld gegenübergestellt. Man führt die Entstehung des äußeren Feldes auf die Wirkung kosmischer Ionenströme zurück, welche in die hohe

Atmosphäre eindringen und sie hierdurch in die Ionosphäre verwandeln. Die Koinzidenz der magnetischen Stürme mit Störungen der Heliosphäre, namentlich mit jenen, als Protuberanzen bezeichneten Explosionserscheinungen, läßt die Sonnenoberfläche als Quelle der elektrischen Träger-

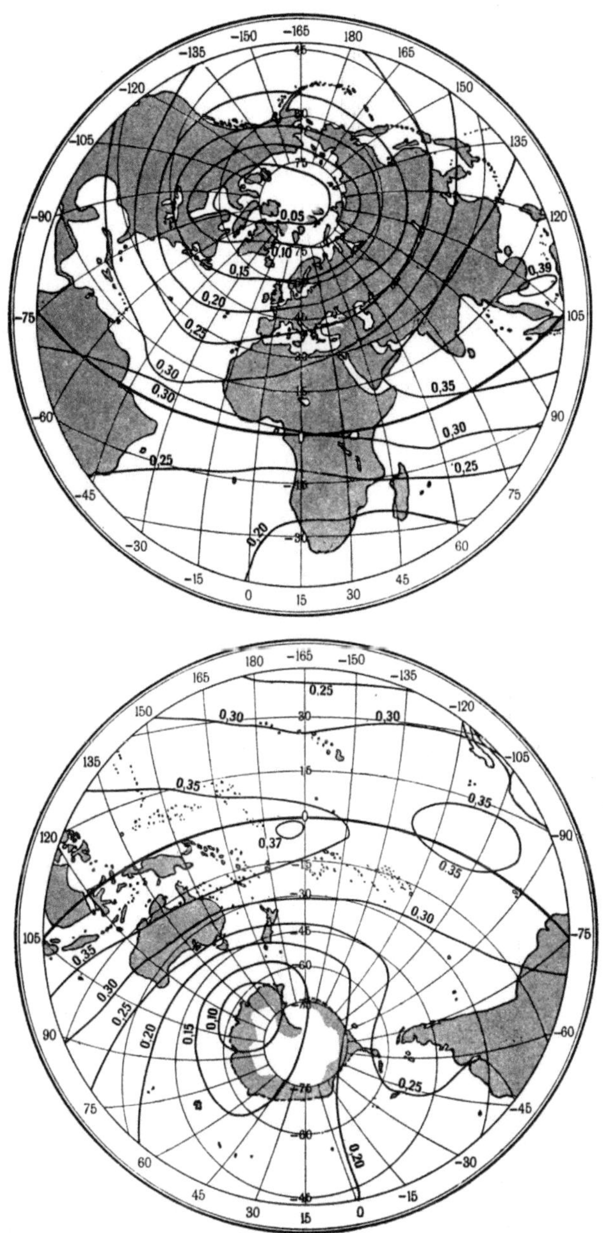

Abb. I 5. Isodynamen der Horizontal-Intensität zur Epoche 1922. [Aus *Mueller-Pouillets* Lehrbuch der Physik, Artikel *Nippolt*.]

ströme in der irdischen Ionosphäre erscheinen. Insbesondere führt die Untersuchung der Elektronenbahnen im Grundanteil des inneren magnetischen Feldes [Dipolfeld] zur Erkenntnis wesentlich zweier Gruppen von Elektronenströmen kosmischen Ursprunges:

1. Polnahe Ströme, deren Bahnen auf konischen Spiralen den magnetischen Polen zustreben. Sie dringen hierbei in die dichteren Schichten der hohen Atmosphäre ein und sind als Erzeuger des Polarlichtes anzusehen.

2. Polferne Ströme. Ihre Träger umkreisen die magnetische Äquatorzone des Erdballes in mäanderförmigen Bahnen und bilden hierdurch den ionosphärischen Ringstrom.

Zwischen den genannten Grenzfällen bestehen sehr verwickelte Übergangsbahnen, deren Beschreibung hier indessen nicht notwendig ist; eben so verzichten wir auf die Untersuchung der interessanten Zusammenhänge zwischen dem Ringstrom und gewissen Problemen der Astrophysik.

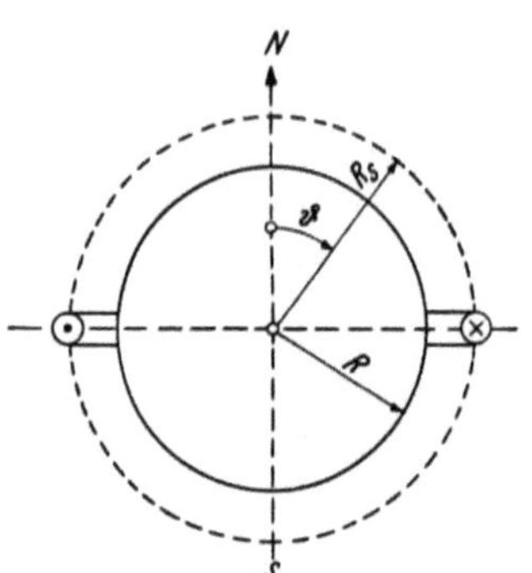

Abb. I 6. Modell des ionosphärischen Ringstromes.

b) Wir suchen das irdische Magnetfeld des ionosphärischen Ringstromes, dessen Stärke I wir als bekannt betrachten.

Es wird ein Kugel-Koordinatensystem r, α, ϑ mit dem Ursprung im Zentrum des Erdballes eingeführt, dessen Polarachse mit jener des inneren, magnetischen Grundfeldes koinzidiert. Der Ringstrom liegt somit in der Äquatorebene $\vartheta = \pi/2$; sein Halbmesser R_s ist selbstverständlich größer als der Radius R der Erdkugel.

Im Anschluß an Abb. I 6 definieren wir die Fläche

$$r = R_s \qquad\qquad\qquad (\text{I } 5,\ 1)$$

als Trägerkugel des ionosphärischen Ringstromes. Auf ihrer Oberfläche ist seine Durchflutungsfunktion durch die Gleichungen gegeben

$$\mathrm{D}\,(\zeta) = \pm \frac{1}{2}\,\mathrm{I}; \qquad \pm 1 \underset{<}{\overset{>}{=}} \zeta = \cos\vartheta \underset{<}{\overset{>}{=}} 0. \qquad (\text{I } 5,\ 2)$$

Wir entwickeln diese Funktion in eine nach zonalen Kugelfunktionen fortschreitende Reihe, welche wir mittels der Konstanten d_l in der Form ansetzen

$$\mathrm{D}\,(\zeta) = \frac{1}{2}\,\mathrm{I} \sum_{l=0}^{\infty} d_l\,\mathrm{P}_l\,(\zeta). \qquad (\text{I } 5,\ 3)$$

Sie berechnen sich auf Grund der Orthogonalitäts-Relationen (I 3, 52) mittels der Formeln

$$d_l = \frac{2\,l + 1}{2}\left\{ -\int_{-1}^{0} \mathrm{P}_l\,(\zeta)\,\mathrm{d}\zeta + \int_{0}^{1} \mathrm{P}_l\,(\zeta)\,\mathrm{d}\zeta \right\}. \qquad (\text{I } 5,\ 4)$$

Nun zeichnen sich die zonalen Kugelfunktionen durch die Eigenschaft aus

$$\mathrm{P}_l\,(-\zeta) = (-1)^l\,\mathrm{P}_l\,(\zeta). \qquad (\text{I } 5,\ 5)$$

Daher verschwinden alle d_l gerader Ordnungszahl; dagegen folgt für ungerade l

$$d_l = \frac{2\,l + 1}{2}\,2 \int_0^1 P_l(\zeta)\,d\zeta; \qquad l = 1, 3, 5 \ldots \tag{I 5, 6}$$

Zur Berechnung des rechter Hand auftretenden Integrales greifen wir auf (I 3, 24) zurück und erhalten

$$\int_0^1 P_l(\zeta)\,d\zeta = \frac{1}{2^l\,l!} \int_0^1 \frac{d^l\,(\zeta^2 - 1)^l}{d\zeta^l}\,d\zeta = \frac{1}{2^l\,l!}\,\frac{d^{l-1}\,(\zeta - 1)^l}{d\zeta^{l-1}}\bigg|_0^1. \tag{I 5, 7}$$

Indem wir auf $\zeta^2 - 1 \equiv (\zeta + 1)\,(\zeta - 1)$ die Regel der wiederholten Produkt-Differentiation anwenden, ergibt sich nach Einsetzen von $\zeta = 1$ in den Ausdruck (I 5, 7) der Wert Null. Zwecks Untersuchung seines Verhaltens an der unteren Grenze werde $(\zeta^2 - 1)^l$ binomisch entwickelt:

$$(\zeta^2 - 1)^l = \zeta^{2l} - \binom{l}{1}\zeta^{2(l-1)} + \binom{l}{2}\zeta^{2(l-2)} - + \ldots \tag{I 5, 8}$$

Bei der $(l-1)$-fachen Differentiation dieses Ausdruckes verschwinden alle Potenzen von ζ, deren Exponent niedriger ist als $(l-1) \equiv 2\,(l-1)/2$; daher schließen wir aus (I 5, 6), (I 5, 7) und (I 5, 8)

$$\left.\begin{aligned}
\int_0^1 P_l(\zeta)\,d\zeta &= -\frac{1}{2^l\,l!}\left\{\frac{d^{l-1}\,(\zeta^2 - 1)^l}{d\zeta^{l-1}}\right\}_{\zeta=0} = \\[2mm]
&= \frac{(-1)^{\frac{l-1}{2}}}{2^l\,l}\,\frac{l!}{\left(\dfrac{l+1}{2}\right)!\left(\dfrac{l-1}{2}\right)!}; \quad l = 1, 3, 5 \ldots \\[2mm]
d_l &= (-1)^{\frac{l-1}{2}}\,\frac{2\,l + 1}{2^l\,l}\,\frac{l!}{\left(\dfrac{l+1}{2}\right)!\left(\dfrac{l-1}{2}\right)!}; \quad l = 1, 3, 5 \ldots
\end{aligned}\right\} \tag{I 5, 9}$$

Wir fassen diese Ergebnisse in folgender Zahlentafel zusammen:

l	$\dfrac{2\,l + 1}{2}$	$\displaystyle\int_0^1 P_l(\zeta)\,d\zeta$	d_l
1	$\dfrac{3}{2}$	$+\dfrac{1}{2}$	$+\dfrac{3}{2}$
3	$\dfrac{7}{2}$	$-\dfrac{1}{8}$	$-\dfrac{7}{8}$
5	$\dfrac{11}{2}$	$+\dfrac{1}{16}$	$+\dfrac{11}{16}$
7	$\dfrac{15}{2}$	$-\dfrac{5}{128}$	$-\dfrac{75}{128}$
9	$\dfrac{19}{2}$	$+\dfrac{7}{256}$	$+\dfrac{133}{256}$

Über die Güte der Reihendarstellung (I 5, 3) gibt Abb. I 7 Auskunft, in welcher die Summe der ersten vier Glieder als Funktion von ϑ dargestellt ist. Die resultierende Kurve oszilliert im größten Teile ihres Verlaufes um den Sollwert; nur in der Umgebung der Sprungstelle $\vartheta = 0$ ist die genannte Approximation zahlenmäßig unzureichend.

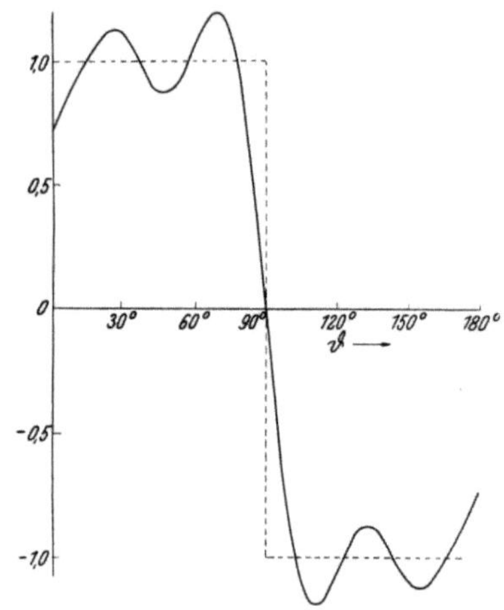

Abb. I 7. Darstellung der Ringstrom-Durchflutung auf der Trägerkugel mittels der ersten vier Glieder der Kugelfunktionen-Reihe.

c) Wie lautet das magnetische Skalarpotential φ des ionosphärischen Ringstromes?

Wir unterscheiden zwei Feldbereiche unterschiedlicher Struktur:

1. Der Außenraum

$$r > R_s. \qquad (I\ 5,\ 10)$$

der Trägerkugel des ionosphärischen Ringstromes repräsentiert einen magnetisch homogenen Körper der Permeabilität $\mu = 1$. Die in ihm verkehrenden Ionenströme kosmischer Herkunft erregen ein Magnetfeld, dessen räumlich verteilte Wirbel der Dichte jener Ströme gleichen; sie dürfen deshalb beim Aufbau des Skalarpotentiales φ nicht in Rechnung gestellt werden.

2. Der Innenraum

$$r < R_s \qquad (I\ 5,\ 11)$$

der Stromfläche enthält die Erdkugel $r \leq R$; diese ihrerseits bildet einen inhomogenen Körper mit ortsabhängiger Permeabilität, deren Größe wesentlich durch das innere Magnetfeld geregelt wird. Da jedoch ihr räumlicher Mittelwert nicht stark von Eins verschieden ist und überdies genaue Kenntnisse über die Verteilung der ferromagnetischen Stoffe im Erdinnern fehlen, ersetzen wir die Erdkugel durch einen Körper der überall konstanten Permeabilität $\mu = 1$. Von etwaigen Erdströmen ist bei der Berechnung des Skalarpotentiales φ ebenso abzusehen wie von jenen atmosphärischen Strömen, welche zwischen der Trägerkugel und der Erdoberfläche auftreten; die Gründe hierfür wurden vordem genannt.

Im Lichte aller dieser Voraussetzungen dürfen wir das gesuchte Potential aus Feldern vom Typus (I 3, 44) zusammensetzen. Dabei folgt aus der azimutalen Symmetrie des Problemes, daß nur die zonalen Kugelfunktionen in Betracht zu ziehen sind: Mittels der zweifachen Schar der Konstanten C_{+1} und C_{-1} setzen wir an

$$\varphi = \sum_{1=0}^{\infty} C_{-1} \left(\frac{r}{R_s}\right)^{-(1+1)} P_1(\cos\vartheta); \qquad r > R_s,$$

$$\varphi = \sum_{1=0}^{\infty} C_{+1} \left(\frac{r}{R_s}\right)^{1} P_1(\cos\vartheta); \qquad r < R_s. \qquad \left.\right\} \quad (I\ 5,\ 12)$$

Die erste Randbedingung an der Trägerkugel $r = R_s$ verlangt nun, daß dort der Sprung des Skalarpotentiales der Durchflutungsfunktion gleiche:

$$\varphi_{r=R_s+0} - \varphi_{r=R_s-0} = D. \qquad (I\ 5,\ 13)$$

Die zweite Randbedingung an der Trägerkugel fordert die Stetigkeit der radialen Induktionskomponenten; sie wird durch

$$\left(\frac{\partial \varphi}{\partial r}\right)_{r=R_s+0} = \left(\frac{\partial \varphi}{\partial r}\right)_{r=R_s-0} \qquad (I\ 5,\ 14)$$

gewährleistet. Vermittels (I 5, 3) gewinnt man hieraus

$$C_{-1} - C_{+1} = \frac{1}{2}\,I\,d_l \qquad (I\ 5,\ 15)$$

und

$$(l+1)\,C_{-1} + l\,C_{+1} = 0, \qquad (I\ 5,\ 16)$$

also

$$C_{-1} = \frac{1}{2}\,I\,d_l\,\frac{l}{2\,l+1}\,;$$

$$C_{+1} = -\frac{1}{2}\,I\,d_l\,\frac{l+1}{2\,l+1}. \qquad (I\ 5,\ 17)$$

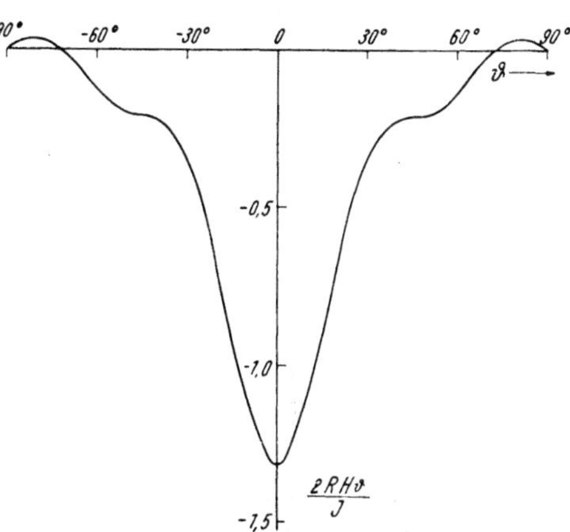

Abb. I 8. Die Summe der ersten vier Reihenglieder für die Horizontalintensität des ionosphärischen Ringstromes.

d) Wir beschränken uns auf das äußere magnetische Feld in der Nachbarschaft der Erdkugel. Dort lautet das Potential nach (I 5, 12) und (I 5, 17)

$$\varphi = -\frac{1}{2}\,I\,\sum_{l=0}^{\infty} d_l\,\frac{l+1}{2\,l+1}\left(\frac{r}{R_s}\right)^l P_l(\cos\vartheta). \qquad (I\ 5,\ 18)$$

Man legt den Beobachtungen häufig die „Horizontalintensität" der magnetischen Feldstärke zu Grunde; sie ist in unserer Bezeichnungsweise als physikalische Polarkomponente anzusprechen. Aus Gl. (I 5, 18) folgt also derjenige Anteil der Horizontalintensität, der vom ionosphärischen Ringstrom herrührt, zu

$$\left.\begin{aligned} H_\vartheta &= -\left(\frac{1}{r}\,\frac{\partial \varphi}{\partial \vartheta}\right)_{r=R} = \frac{1}{2}\,\frac{I}{R}\,\sum_{l=0}^{\infty} d_l\,\frac{l+1}{2\,l+1}\left(\frac{R}{R_s}\right)^l P_l'(\cos\vartheta) \\ P_l'(\cos\vartheta) &= \frac{dP_l(\cos\vartheta)}{d\vartheta} = -\sqrt{1-\zeta^2}\,\frac{dP_l(\zeta)}{d\zeta}. \end{aligned}\right\} \qquad (I\ 5,\ 19)$$

Abb. I 8 zeigt den Gang dieser Feldstärke mit dem Polarwinkel für die Annahme $R/R_s = 3/4$; bei der Rechnung wurden die ersten vier Glieder berücksichtigt. Infolge der nur langsamen Konvergenz der Reihe treten in der Umgebung von $\zeta = 0$ Oszillationen auf, während dort in Wahrheit die Horizontalintensität des Ringstrom-Feldes monoton gegen Null absinkt.

e) Es mag darauf hingewiesen werden, daß das hier untersuchte magnetische Feld des ionosphärischen Ringstromes unter den gemachten Annahmen mit jenem eines Kreisringes im homogenen, unbegrenzten Raume identisch wird. Wir werden das nämliche Feld in Ziffer I 20 mittels *Bessel*scher Zylinderfunktionen und in Ziffer III 15 mittels Elliptischer Integrale darstellen können.

I 6. Das Feld von Gleichstrom-Motorzählern.

a) Zur Messung der elektrischen Arbeit von Gleichstrom-Netzen bedient man sich des Motorzählers. Der Bau eines solchen Gerätes ist in Abb. I 9 schematisch dargestellt:

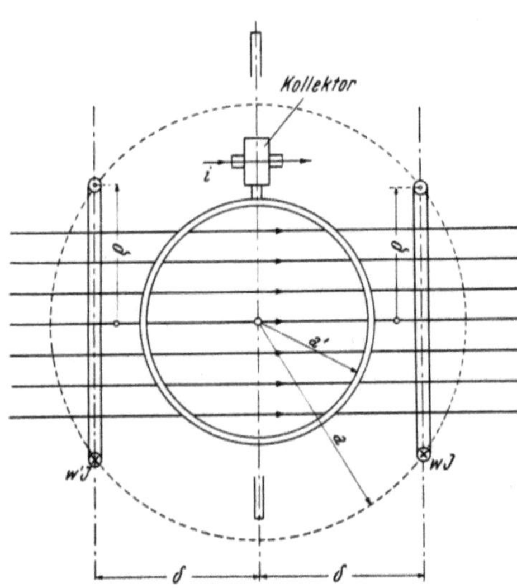

Abb. I 9. Schematische Darstellung des Meßwerkes eines Gleichstrom-Motorzählers.

1. Der *Ständer* umfaßt die beiden „Hauptspulen" je vom Halbmesser ϱ; sie sind auf der gleichen Achse im wechselseitigen Abstande $2\,\delta$ angeordnet. Jede Spule trägt w Windungen, welche von dem Strome I der kontrollierten Anlage durchflossen werden.

2. Der *Läufer* zeigt eine kugelförmig gewickelte Ankerspule [Halbmesser a'], deren Zentrum mit jenem des Hauptspulen-Systemes koinzidiert. Die Läuferachse ist senkrecht zur Ständerachse justiert; sie trägt einen Kollektor, mit dessen Lamellen die Ankerspule durch passend gewählte Anzapfungen verbunden ist. Mittels raumfester Bürsten, welche auf dem Kollektor schleifen, wird dem Läufer der Gleichstrom i zugeführt. In der Regel legt man zwischen das Läufersystem und die Sammelschienen der Anlage einen festen *Ohm*schen Widerstand von solcher Größe, daß i merklich unabhängig von der Läuferdrehzahl stets nahezu proportional der kontrollierten Netzspannung U bleibt; dies möge weiterhin vorausgesetzt werden.

3. Die „aktiven" Teile des Zählers sind durch ein „passives" Element zu ergänzen: Im stationären Betriebe des Gerätes wird das motorische Drehmoment M des Läufers durch eine Wirbelstrombremse kompensiert; diese wird uns jedoch hier nicht beschäftigen und wurde deshalb in der Zeichnung fortgelassen.

b) Wir fragen nach dem „Primärfelde" der Hauptspulen am Orte der stromlos gedachten Ankerspule.

Es wird ein Kugelkoordinatensystem r, a, ϑ mit dem Ursprung im Symmetriezentrum des Maßsystemes eingeführt, dessen Polarachse mit der Achse der Hauptspulen koinzidiert. In ihm konstruieren wir die Trägerkugel

$$a^2 = \varrho^2 + \delta^2 \qquad\qquad (\text{I 6, 1})$$

auf deren Oberfläche die Strömung der Hauptspulen durch folgende, zonal gegliederte Durchflutungsfunktion beschrieben wird

$$w\,I \text{ auf der Polkappe } 0 < \vartheta < \arc\sin \frac{\varrho}{a},$$

$$D(\vartheta) = 0 \text{ in der Breitenzone } \arc\sin \frac{\varrho}{a} < \vartheta < \pi - \arc\sin \frac{\varrho}{a}, \qquad \text{(I 6, 2)}$$

$$-w\,I \text{ auf der Polkappe } \pi - \arc\sin \frac{\varrho}{a} < \vartheta < \pi.$$

Wir entwickeln sie nach zonalen Kugelfunktionen, indem wir mittels der Konstanten d_l ansetzen

$$D(\vartheta) \equiv D^*(\zeta) = w\,I \sum_{l=0}^{\infty} d_l\, P_l(\zeta); \qquad \zeta = \cos\vartheta. \qquad \text{(I 6, 3)}$$

Auf Grund der Orthogonalitäts-Relationen (I 3, 52) finden wir aus (I 6, 2)

$$d_l = \frac{2l+1}{2} \int_{-1}^{+1} \frac{D^*(\zeta)}{w\,I} P_l(\zeta)\,d\zeta = \frac{2l+1}{2}\left\{-\int_{\frac{\delta}{a}}^{1} P_l(-\zeta)\,d\zeta + \int_{\frac{\delta}{a}}^{1} P_l(\zeta)\,d\zeta\right\}.$$
$$\text{(I 6, 4)}$$

Daher verschwinden alle d_l gerader Ordnungszahl l, während man für die niedrigsten ungeraden Ordnungszahlen erhält

$$d_1 = \frac{3}{2}\,2\int_{\frac{\delta}{a}}^{1} \zeta\,d\zeta = \frac{3}{2}\left(1 - \frac{\delta^2}{a^2}\right),$$

$$d_3 = \frac{7}{2}\,2\int_{\frac{\delta}{a}}^{1} \frac{1}{2}(5\,\zeta^3 - 3\,\zeta)\,d\zeta = \frac{7}{2}\left\{\frac{5}{4}\left(1 - \frac{\delta^4}{a^4}\right) - \frac{3}{2}\left(1 - \frac{\delta^2}{a^2}\right)\right\}, \qquad \text{(I 6, 5)}$$

Um auch bei kleiner Lamellenzahl des Kollektors einen gleichmäßigen Gang des Meßgerätes zu gewährleisten, strebt man ein möglichst homogenes Magnetfeld am Orte der Ankerspule an. Da das Grundfeld $[l = 1]$ dieser Forderung in Strenge genügt, kommt das resultierende Feld ihr nahe, falls der Anteil der Ordnung $l = 3$ verschwindet. Wir entnehmen hierfür aus (I 6, 5) die Konstruktionsvorschrift

$$\frac{5}{4}\left(1 - \frac{\delta^4}{a^4}\right) - \frac{3}{2}\left(1 - \frac{\delta^2}{a^2}\right) = 0; \qquad \frac{\delta^2}{a^2} = \frac{1}{5} \qquad \text{(I 6, 6)}$$

und also, nach (I 6, 1)

$$5\,\delta^2 = \varrho^2 + \delta^2; \qquad \delta = \frac{\varrho}{2}; \qquad a = \frac{\sqrt{5}}{2}\,\varrho. \qquad \text{(I 6, 7)}$$

Aus dieser Wahl folgt $d_1 = 6/5$, so daß die Durchflutungsfunktion des Grundfeldes lautet

$$D_1(\vartheta) = \frac{6}{5}\,I\,w\cos\vartheta. \qquad \text{(I 6, 8)}$$

Mittels zweier Konstanten γ_{-1} und γ_{+1} erhalten wir für das zugehörige magnetische Skalarpotential

$$\left.\begin{array}{ll} \varphi_{-1} = \dfrac{6}{5}\, I\, w\, \gamma_{-1}\, \dfrac{a^2}{r^2}\cos\vartheta; & r > a, \\[3mm] \varphi_{+1} = \dfrac{6}{5}\, I\, w\, \gamma_{+1}\, \dfrac{r}{a}\cos\vartheta; & r < a. \end{array}\right\} \qquad \text{(I 6, 9)}$$

Für $r = a$ gelten die Randbedingungen

$$(\varphi_{-1})_{r=a+0} - (\varphi_{+1})_{r=a-0} = D_1; \qquad \gamma_{-1} - \gamma_{+1} = 1 \qquad \text{(I 6, 10)}$$

und

$$-\Pi\left(\frac{\partial\varphi_{-1}}{\partial r}\right)_{r=a+0} = -\Pi\left(\frac{\partial\varphi_{+1}}{\partial r}\right)_{r=a-0}; \qquad 2\,\gamma_{-1} + \gamma_{+1} = 0. \quad \text{(I 6, 11)}$$

Man entnimmt hieraus

$$\gamma_{-1} = \frac{1}{3}; \qquad \gamma_{+1} = -\frac{2}{3}. \qquad \text{(I 6, 12)}$$

Insbesondere herrscht am Orte der Ankerspule $[r = a' < a]$ das Primärpotential

$$(\varphi_{+1})_{r=a} = -\frac{4}{5}\, I\, w\, \frac{a'}{a}\cos\vartheta \qquad \text{(I 6, 13)}$$

und ebendort erscheint die physikalische Radialkomponente der Primärinduktion

$$B_r = \Pi\frac{4}{5}\frac{I\,w}{a}\cos\vartheta. \qquad \text{(I 6, 14)}$$

c) Wir übergehen die Konstruktions-Einzelheiten der Ankerwicklung und beschreiben ihre elektrische Strömung pauschal durch die Durchflutungsfunktion $D_{a'}$ der Fläche $r = a'$. Ihr zeitlicher Mittelwert $\overline{D}_{a'}$ ist dem Strome i proportional, ihre räumliche Verteilung sei durch die Gleichungen gegeben

$$\left.\begin{array}{ll} \overline{D}_{a'} = -D_{a',\,\max}\dfrac{2}{\pi}\vartheta; & 0 \leqq \vartheta < \dfrac{\pi}{2}, \\[4mm] \overline{D}_{a'} = -D_{a',\,\max}\left(2 - \dfrac{2}{\pi}\vartheta\right); & \dfrac{\pi}{2} < \vartheta \leqq \pi. \end{array}\right\} \quad \text{(I 6, 15)}$$

Nach (I 1, 37) berechnet sich die zugehörige physikalische Komponente $\overline{A}_a$ des azimutalen Strombelages zu

$$\overline{A}_a = -\frac{1}{a'}\frac{\partial\overline{D}_{a'}}{\partial\vartheta} = \pm\, D_{a',\,\max}\frac{2}{\pi}\frac{1}{a'}. \qquad \text{(I 6, 16)}$$

Wir werden später zeigen, daß das Drehmoment M auf die Ankerspule durch die Gleichung gegeben ist

$$M = \int\limits_{a=0}^{2\pi}\int\limits_{\vartheta=0}^{\pi} (A_a\, B_r\, a')\,(a'^2\, d\alpha\, \sin\vartheta\, d\vartheta). \qquad \text{(I 6, 17)}$$

Mit Rücksicht auf (I 6, 14) und (I 6, 16) erhält man

$$M = \Pi\frac{16}{5}\, D_{a',\,\max}\, I\, w\, \frac{a'^2}{a}. \qquad \text{(I 6, 18)}$$

Nach Voraussetzung ist $D_{a',\max}$ der Netzspannung U verhältnisgleich; daher lehrt (I 6, 18) die Proportionalität des motorischen Drehmomentes mit der Leistung $N = U I$ des kontrollierten Netzes.

I 7. Räumliche Spiegelung.

a) Gegeben eine Kugel vom Halbmesser a, deren Zentrum mit dem Ursprung des Bezugssystemes koinzidiert. Wir konstruieren zu jedem Aufpunkt $Q = Q(r, a, \vartheta)$ durch „räumliche Spiegelung" an der Kugel den Bildpunkt $Q' = Q'(r', a', \vartheta')$ gemäß der Vorschrift

$$r\,r' = a^2; \qquad a' = a; \qquad \vartheta' = \vartheta. \tag{I 7, 1}$$

Zwischen den Kugelkoordinaten des Bildpunktes und den *Kartesi*schen Koordinaten des Originales bestehen also die Relationen

$$x = \frac{a^2}{r'}\sin\vartheta'\cos a'; \qquad y = \frac{a^2}{r'}\sin\vartheta'\sin a'; \qquad z = \frac{a^2}{r'}\cos\vartheta'. \tag{I 7, 2}$$

Hieraus berechnet sich die Norm des Linienelementes mittels der gestrichenen Koordinaten zu

$$ds^2 = dx^2 + dy^2 + dz^2 = \frac{a^4}{r'^4}\,dr'^2 + \frac{a^4}{r'^2}\,d\vartheta'^2 + \frac{a^4}{r'^2}\sin^2\vartheta'\,da'^2. \tag{I 7, 3}$$

Man entnimmt diesem Ausdruck die Komponenten des Maßtensors samt seiner Determinante:

$$\left. \begin{aligned} g_{r'r'} &= \frac{a^4}{r'^4}; \qquad g_{a'a'} = \frac{a^4}{r'^2}\sin^2\vartheta'; \qquad g_{\vartheta'\vartheta'} = \frac{a^4}{r'^2}; \\ g &= \left(\frac{a^4}{r'^2}\right)^3 \frac{1}{r'^2}\sin^2\vartheta'. \end{aligned} \right\} \tag{I 7, 4}$$

Mit $\varphi = \varphi(r, a, \vartheta)$ bezeichnen wir das magnetische Skalarpotential; das nämliche Potential, ausgedrückt in den gestrichenen Koordinaten, folgt aus (I 7, 1) zu

$$\overline{\varphi}(r', a', \vartheta') = \varphi\left(\frac{a^2}{r'}, a', \vartheta'\right). \tag{I 7, 5}$$

Für den *Laplace*schen Operator finden wir in den gestrichenen Koordinaten

$$\nabla^2\overline{\varphi} = \left(\frac{r'}{a^2}\right)^3 (r'\,a^2)\left\{\frac{\partial^2\overline{\varphi}}{\partial r'^2} + \frac{1}{r'^2\sin^2\vartheta'}\frac{\partial^2\overline{\varphi}}{\partial a'^2} + \frac{1}{r'^2\sin\vartheta'}\frac{\partial}{\partial\vartheta'}\left(\sin\vartheta'\frac{\partial\overline{\varphi}}{\partial\vartheta'}\right)\right\}, \tag{I 7, 6}$$

so daß $\overline{\varphi}$ der Gleichung genügt

$$\frac{\partial^2\overline{\varphi}}{\partial r'^2} + \frac{1}{r'^2\sin^2\vartheta'}\frac{\partial^2\overline{\varphi}}{\partial a^2} + \frac{1}{r'^2\sin\vartheta'}\frac{\partial}{\partial\vartheta'}\left(\sin\vartheta'\frac{\partial\overline{\varphi}}{\partial\vartheta'}\right) = 0. \tag{I 7, 7}$$

b) Wir stellen dem Originalraum der Koordinaten r, a, ϑ den „gespiegelten Raum" durch die Definition zur Seite

$$x' = r'\sin\vartheta'\cos a'; \qquad y' = r'\sin\vartheta'\sin a'; \qquad z' = r'\cos\vartheta'. \tag{I 7, 8}$$

In ihm gilt somit die Geometrie der Kugelkoordinaten: Die Norm des Linienelementes beträgt

$$(ds')^2 = (dr')^2 + (r')^2(d\vartheta')^2 + (r')^2\sin^2\vartheta'(da')^2 = \left(\frac{r'}{a}\right)^4 ds^2 \tag{I 7, 9}$$

und ein in ihm erklärtes Potential $\varphi' = \varphi'\,(r', \alpha', \vartheta')$ gehorcht gemäß (I 3, 2) der Gleichung

$$\frac{\partial^2(r'\,\varphi')}{\partial r'^2} + \frac{1}{r'^2 \sin^2 \vartheta'}\,\frac{\partial^2(r'\,\varphi')}{\partial \alpha'^2} + \frac{1}{r'^2 \sin \vartheta'}\,\frac{\partial}{\partial \vartheta'}\left(\sin \vartheta'\,\frac{\partial(r'\,\varphi')}{\partial \vartheta'}\right) = 0. \qquad (I\ 7,\ 10)$$

Ihr Vergleich mit (I 7, 7) zeigt nunmehr, daß

$$\left.\begin{aligned} r'\,\varphi' &= a\,\overline{\varphi}\,(r', \alpha', \vartheta') = a\,\varphi\left(\frac{a^2}{r'}, \alpha', \vartheta'\right), \\ \varphi'\,(r', \alpha', \vartheta') &= \frac{a}{r'}\,\varphi\left(\frac{a^2}{r'}, \alpha', \vartheta'\right) \end{aligned}\right\} \qquad (I\ 7,\ 11)$$

eine Lösung des Potentialproblemes im Bildraume (I 7, 8) liefert. Ist diese primär bekannt, so definiere man

$$\overline{\varphi}'\,(r, \alpha, \vartheta) = \varphi'\left(\frac{a^2}{r}, \alpha, \vartheta\right) \qquad (I\ 7,\ 12)$$

und gewinnt die duale Ergänzung von (I 7, 11) in

$$\varphi\,(r, \alpha, \vartheta) = \frac{r'}{a}\,\varphi' = \frac{a}{r}\,\overline{\varphi}' = \frac{a}{r}\,\varphi'\left(\frac{a^2}{r}, \alpha, \vartheta\right). \qquad (I\ 7,\ 13)$$

c) Im Lichte der Theorie der Kugelfunktionen lassen sich die Sätze (I 7, 11) und (I 7, 13) leicht verifizieren. Wir wählen die zweifache Schar der Konstanten C_{+1}^m und C_{-1}^m und bilden durch Superposition von Teillösungen des Typus (I 3, 34) folgendes allgemeine Integral der *Laplace*schen Gleichung

$$\varphi\,(r, \alpha, \vartheta) = \sum_1 \sum_m \left[C_{+1}^m\left(\frac{r}{a}\right)^1 + C_{-1}^m\left(\frac{r}{a}\right)^{-(1+1)}\right] e^{\,i\,m\,\alpha}\,P_1^m\,(\cos \vartheta). \qquad (I\ 7,\ 14)$$

Durch die Substitution (I 7, 1) geht es in die Funktion über

$$\overline{\varphi}\,(r', \alpha', \vartheta') = \sum_1 \sum_m \left[C_{+1}^m\left(\frac{r'}{a}\right)^{-1} + C_{-1}^m\left(\frac{r'}{a}\right)^{+\,(1+1)}\right] e^{\,i\,m\,\alpha'}\,P_1^m\,(\cos \vartheta'),$$

$$(I\ 7,\ 15)$$

welche also der partiellen Differentialgleichung (I 7, 7), nicht aber etwa (I 7, 10) zu genügen hat. In der Tat führt diese Forderung für $P_1^m\,(\zeta')$ $[\zeta' = \cos \vartheta']$, auf die Gleichung

$$\frac{d}{d\zeta'}\left[(1 - \zeta'^2)\frac{dP_1^m}{d\zeta'}\right] + \left[1\,(1+1) - \frac{m^2}{1 - \zeta^2}\right]P_1^m = 0 \qquad (I\ 7,\ 16)$$

in Übereinstimmung mit (I 3, 9) und (I 3, 18). Gemäß (I 7, 11) bilden wir nun aus (I 7, 15)

$$\varphi'\,(r', \alpha', \vartheta') = \sum_1 \sum_m \left[C_{+1}^m\left(\frac{r'}{a}\right)^{-(1+1)} + C_{-1}^m\left(\frac{r'}{a}\right)^1\right] e^{\,i\,m\,\alpha'}\,P_1^m\,(\cos \vartheta').$$

$$(I\ 7,\ 17)$$

Andererseits entsteht diese Funktion formal aus (I 7, 14), indem man die Koordinaten des Originalraumes je mit den gleichnamigen des Bildraumes und gleichzeitig die Konstanten C_{+1}^m und C_{-1}^m miteinander vertauscht, hiermit ist bewiesen, daß (I 7, 17), wie behauptet, eine Lösung von (I 7, 10) repräsentiert.

d) Wir spezialisieren auf das Feld eines im Ursprung befindlichen magnetischen Dipoles vom Moment M, welches parallel zur z-Achse orientiert ist. Sein primäres, magnetisches Skalarpotential lautet

$$\varphi_P = -\frac{M}{4\pi\Pi}\frac{\partial}{\partial z}\left(\frac{1}{r}\right). \qquad (I\ 7,\ 18)$$

Nun sei ein vollkommen permeabler Körper K vorgegeben, welcher den Ursprung nicht enthält. Auf seiner Oberfläche F_K muß das resultierende magnetische Potential verschwinden. Daher wird diese zum Ursprung eines Sekundärpotentiales φ_s, welches der Bedingung genügt

$$\varphi_P + \varphi_s = 0 \text{ auf } F_K. \qquad (I\ 7,\ 19)$$

Wir erfüllen sie zufolge (I 7, 18) durch den Ansatz

$$\varphi_s = -\frac{M}{4\pi\Pi}\frac{\partial}{\partial z}f_s\ ; \qquad f_s = f_s\,(r,\,\alpha\,\vartheta), \qquad (I\ 7,\ 20)$$

wobei nun gilt

$$f_s = -\frac{1}{r}\text{ auf } F_K. \qquad (I\ 7,\ 21)$$

Zur Lösung der hierdurch definierten Randwertaufgabe spiegeln wir K an der Kugel r = a und gelangen hierdurch zu dem Körper K′ [Oberfläche $F_{K'}$], welchen wir in den Bildraum (I 7, 8) transportieren. Dort korrespondiert der Funktion f_s das Potential $f_s'\,(r',\,\alpha',\,\vartheta')$, welchem nach (I 7, 11) und (I 7, 21) die Randbedingungen aufzuerlegen sind

$$f_s' = -\frac{a}{r\,r'} = -\frac{1}{a}\text{ auf } F_{K'}. \qquad (I\ 7,\ 22)$$

Wegen ihrer einfachen Gestalt lassen sie sich häufig leichter als (I 7, 19) erfüllen.

e) Für die resultierende magnetische Feldstärke H im Aufpunkte $(r,\,\alpha,\,\vartheta)$ des Originalraumes erhalten wir mit Rücksicht auf (I 7, 13) die Vektorgleichung

$$H = \frac{M}{4\pi\Pi}\frac{\partial}{\partial z}\left\{\operatorname{grad}\frac{1}{r} + \operatorname{grad} f_s\right\} = \frac{M}{4\pi\Pi}\frac{\partial}{\partial z}\left\{(1+a\overline{f}_s')\operatorname{grad}\frac{1}{r} + \frac{a}{r}\operatorname{grad}\overline{f}_s'\right\}.$$
$$(I\ 7,\ 23)$$

Im Bildraume (I 7, 8) berechnen sich auf Grund der Gl. (I 7, 7) die durch partielle Differentiation nach den Bildraum-Koordinaten gebildeten physikalischen Komponenten der Feldstärke $H' = -\operatorname{grad}'\varphi'$ im Punkte $(r',\,\alpha',\,\vartheta')$ mittels

$$H'_{r'} = -\frac{\partial\varphi'}{\partial r'}\ ; \qquad H'_{\alpha'} = -\frac{1}{r'\sin\vartheta'}\frac{\partial\varphi'}{\partial\alpha'}\ ; \qquad H'_{\vartheta'} = -\frac{1}{r'}\frac{\partial\varphi'}{\partial\vartheta'}. \qquad (I\ 7,\ 24)$$

Dagegen folgen aus $\overline{\varphi}'$ die physikalischen Feldkomponenten des nämlichen Potentiales im Punkte $(r,\,\alpha,\,\vartheta)$ mittels

$$\overline{H}'_r = -\frac{\partial\overline{\varphi}'}{\partial r}\ ; \qquad \overline{H}'_\alpha = -\frac{1}{r\sin\vartheta}\frac{\partial\overline{\varphi}'}{\partial\alpha}\ ; \qquad \overline{H}'_\vartheta = -\frac{1}{r}\frac{\partial\overline{\varphi}'}{\partial\vartheta}. \qquad (I\ 7,\ 25)$$

Mit Rücksicht auf (I 7, 1) und (I 7, 12) erhält man aus (I 7, 24) und (I 7, 25) die Relationen

$$\overline{H}'_r = -\left(\frac{a}{r}\right)^2 H'_{r'}\ ; \qquad \overline{H}'_\alpha = \left(\frac{a}{r}\right)^2 H'_{\alpha'}\ ; \qquad \overline{H}'_\vartheta = \left(\frac{a}{r}\right)^2 H'_{\vartheta'}, \qquad (I\ 7,\ 26)$$

welche wir, in sinngemäßer Abwandlung des Symboles * konjugiert-komplexer Größen, abkürzend in der Vektorgleichung zusammenfassen

$$\operatorname{grad}\overline{\varphi}' = \left(\frac{a}{r}\right)^2 (\operatorname{grad}'\varphi')^*. \qquad (\text{I 7, 27})$$

Wir identifizieren nun φ' mit φ_s' und erhalten aus (I 7, 23)

$$H = \frac{M}{4\,\pi\,\Pi}\,\frac{\partial}{\partial z}\left\{(1 + a\,\overline{f_s}')\operatorname{grad}\frac{1}{r} + \left(\frac{a}{r}\right)^3 (\operatorname{grad}'f_s')^*\right\} \qquad (\text{I 7, 28})$$

Jetzt lassen wir den Aufpunkt in die Oberfläche F_K rücken; sein Spiegelbild konvergiert dann gegen $F_{K'}$, so daß wir aus (I 7, 12) und (I 7, 22) schließen

$$H_{(Fk)} = \frac{M}{4\,\pi\,\Pi}\,\frac{\partial}{\partial z}\left\{\left(\frac{a}{r}\right)^3 (\operatorname{grad}'f_s')^*\right\}. \qquad (\text{I 7, 29})$$

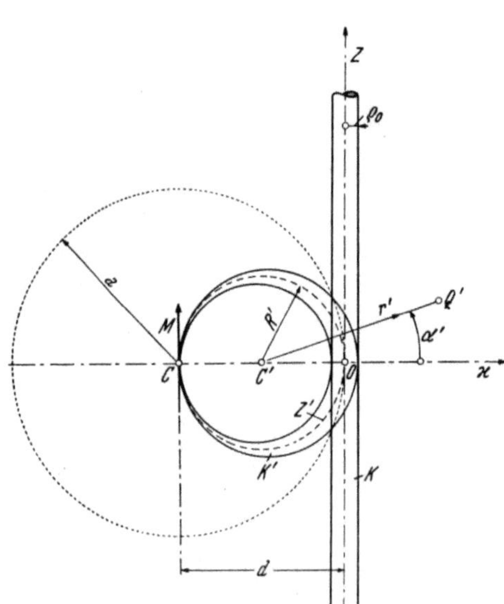

Abb. I 10. Räumliche Spiegelung des Zylinders.

f) Wir wenden die Methode der räumlichen Spiegelung auf die Magnetisierung eines vollkommen permeablen Zylinders K vom Halbmesser ϱ_0 an, dessen Achse nach Abb. I 10 im Abstande $d \gg \varrho_0$ parallel zu jener des erregenden Dipoles vom Moment M verläuft.

Der Ursprung O des *Karte*sischen Bezugssystemes x, y, z ist durch den Schnitt der neutralen Ebene des Dipoles mit der Zylinderachse definiert, welche ihrerseits mit der z-Achse koinzidiert; das Zentrum C des Dipoles befindet sich auf der negativen x-Achse. Wir wählen den Halbmesser a der spiegelnden Kugel gleich d. Durch den Spiegelungsprozeß geht dann die z-Achse in jenen Kreis z' der Ebene y = 0 über, dessen Zentrum C' die Strecke C O halbiert, und dessen Radius $R' = d/2$ ist; gleichzeitig wird K in einen ringförmigen Körper K' abgebildet, welcher z' umschließt, und dessen Querschnitt bei der Annäherung an C gegen Null konvergiert.

Es liegt die Aufgabe vor, der Oberfläche von K' den konstanten Wert $(- 1/d)$ des magnetischen Skalarpotentiales f_s' zu erteilen. Wir beschränken uns auf eine approximierte Lösung, indem wir den in Wahrheit veränderlichen Querschnitt von K' durch einen konstanten des Halbmessers ϱ_0 ersetzen. Bei der Rückspiegelung dieses Torus in den Originalraum entsteht dann an Stelle des vorgegebenen Zylinders ein beiderseits vom Ursprung sich senkrecht zur z-Achse erweiternder Körper, welcher sich im Endlichen schließt; daher korrespondiert sein Feld dem gesuchten des Zylinders nur in einer gewissen Umgebung des Ursprunges.

Wir belegen nun die Peripherie des Kreises z' mit kontinuierlich verteilten, virtuellen magnetischen Quellen der vorerst noch unbekannten

Dichte λ'. Sei Q' ein Kontrollpunkt der Ebene $y = 0$, $r' \neq R'$ sein Abstand von C' und α' der Winkel zwischen $C'\,Q'$ und der positiven x-Achse, so resultiert dort

$$f_s' = \frac{\lambda'}{4\,\pi\,\Pi} \int\limits_{\alpha'=0}^{2\pi} \frac{R'\,d\alpha'}{\sqrt{R'^2 + r'^2 - 2\,R'\,r'\cos\alpha'}} \,. \qquad (I\ 7,\ 30)$$

Wir substituieren $\alpha' = \pi - 2\,\beta'$, führen durch

$$k^2 = \frac{4\,R'\,r'}{(R' + r')^2} \qquad (I\ 7,\ 31)$$

den Modul $k < 1$ ein und erhalten mit Hilfe des vollständigen Elliptischen Normalintegrales erster Gattung $K(k)$

$$f_s' = \frac{\lambda'}{\pi\,\Pi} \cdot \frac{R'}{R' + r'} \int\limits_0^{\pi/2} \frac{d\beta'}{\sqrt{1 - k^2\sin^2\beta'}} = \frac{\lambda'}{\pi\,\Pi} \cdot \frac{R'}{R' + r}\,K(k). \qquad (I\ 7,\ 32)$$

Indem wir hierin $r' = R' + \varrho_0$ wählen, wird Q' mit einem Punkte der Torusoberfläche identisch. Dort gilt, mit Rücksicht auf die Voraussetzung $\varrho_0 \ll d$, die Entwicklung

$$k^2 = \frac{4\,R'\,(R' + \varrho_0)}{(2\,R' + \varrho_0)^2} = \frac{4\,R'^2 + 4\,R'\,\varrho_0}{4\,R'^2 + 4\,R'\,\varrho_0 + \varrho_0^2} = 1 - \frac{\varrho_0^2}{4\,R'^2} + \cdots =$$

$$= 1 - \frac{\varrho_0^2}{d^2} + \cdots \qquad (I\ 7,\ 33)$$

und demnach

$$K(k) = \ln\frac{4}{\sqrt{1 - k^2}} + \cdots = \ln\frac{4\,d}{\varrho_0} + \cdots; \qquad \frac{R'}{R' + r'} = \frac{R'}{2\,R' + \varrho_0} =$$

$$= \frac{1}{2} + \cdots \qquad (I\ 7,\ 34)$$

Wir beschränken uns auf die Anfangsglieder dieser Reihen und erhalten

$$\frac{\lambda'}{\pi\,\Pi}\,\frac{1}{2}\ln\frac{4\,d}{\varrho_0} = -\frac{1}{d}; \qquad \lambda' = -\frac{2\,\pi\,\Pi}{d\,\ln\dfrac{4\,d}{\varrho_0}}, \qquad (I\ 7,\ 35)$$

also

$$|\operatorname{grad}' f_s'| = \frac{|\lambda'|}{\Pi\,2\,\pi\,\varrho_0} = \frac{1}{\varrho_0\,d\,\ln\dfrac{4\,d}{\varrho_0}}\,. \qquad (I\ 7,\ 36)$$

Indem wir uns abermals auf $\varrho_0 \ll d$ berufen, folgt der Abstand r des aus Q' durch Rückspiegelung an der Kugel hervorgehenden Punktes Q von deren Zentrum C zu $r = \sqrt{d^2 + z^2}$, so daß wir mit Hilfe von (I 7, 29) schließen

$$|H_{(Fk)}| = \frac{M}{4\,\pi\,\Pi\,\varrho_0\,d^2} \cdot \frac{3}{2\,\ln\dfrac{4\,d}{\varrho_0}} \cdot \frac{d^4 z}{(d^2 + z^2)^{5/2}}\,. \qquad (I\ 7,\ 37)$$

Diese Größe mißt den Betrag der auf dem Mantel des Zylinders K senkrechten, physikalischen Feldkomponente $H_{\varrho\,(Fk)}$; daher berechnet sich der je Längeneinheit dieses Zylinders in ihn eintretende Fluß λ zu

$$\lambda = \varPi \, \mathrm{He}_{(Fk)} \cdot 2\,\pi\,\varrho_0 = \frac{M}{d^2} \cdot \frac{3}{4\ln\dfrac{4\,d}{\varrho_0}} \cdot \frac{d^4 z}{(d^2 + z^2)^{5/2}} \cdot \qquad \text{(I 7, 38)}$$

Er ist mit dem Fluß $\varPhi = \displaystyle\int_0^{\varrho_0} (-\,\mathrm{B}_z)\,2\,\pi\,\varrho\,d\varrho$ im Innern des Zylinders durch die Kontinuitätsgleichung verknüpft

$$-\frac{d\varPhi}{dz} = \lambda, \qquad\qquad \text{(I 7, 39)}$$

so daß wir finden (Abb. I 11)

$$\varPhi = \frac{M}{2\,d} \cdot \frac{1}{\ln\dfrac{4\,d}{\varrho_0}} \cdot \frac{d^3}{(d^2 + z^2)^{3/2}} \cdot \qquad \text{(I 7, 40)}$$

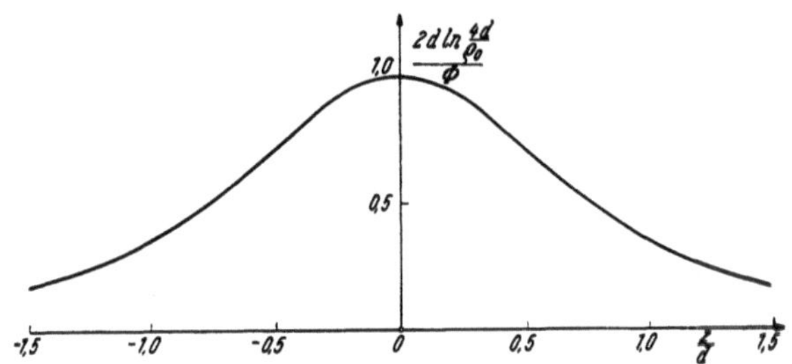

Abb. I 11. Räumliche Verteilung des Flusses in einem vollkommen permeablen Zylinder.

I 8. Das Randwertproblem des magnetischen Skalarpotentiales für den Kugel-Außenraum.

a) Auf der Kugel vom Halbmesser a mit dem Zentrum im Ursprung des Bezugssystemes sei das Skalarpotential vorgegeben

$$\varphi_K = \varphi\,(a, \alpha_K, \vartheta_K). \qquad\qquad \text{(I 8, 1)}$$

Gesucht wird der Wert des Potentiales im Aufpunkte $Q_0 = (r_0, \alpha_0, \vartheta_0)$ des unbegrenzten Kugel-Außenraumes $r > a$, welcher sich durch die konstante Permeabilität $\mu = 1$ auszeichnet und als stromfrei vorausgesetzt wird.

b) Wir bezeichnen mit Q den Punkt (r, α, ϑ) des Kugel-Außenraumes. Zur Lösung der Randwertaufgabe rufen wir die *Green*sche Funktion $G\,(r_0, \alpha_0, \vartheta_0;\; r, \alpha, \vartheta)$ zu Hilfe, welche durch folgende Eigenschaften definiert ist:

1. Bei festem Q_0 befriedigt G die Potentialgleichung

$$\nabla^2 G = 0 \quad \text{für alle } Q \neq Q_0. \qquad \text{(I 8, 2)}$$

2. Bezeichnet $r_{Q_0 Q}$ den Abstand der Punkte Q_0 und Q, so existiert der Grenzwert

$$\lim_{r_{Q_0 Q} \to 0} \left(G - \frac{1}{r_{Q_0 Q}}\right). \qquad \text{(I 8, 3)}$$

3. G verschwindet auf der Kugeloberfläche

$$G = 0 \quad \text{für} \quad r = a. \qquad\qquad \text{(I 8, 4)}$$

c) Wir bilden die primäre Potentialfunktion

$$G_p = \frac{1}{r_{Q_0 Q}},$$
(I 8, 5)

wobei im Anschluß an Abb. I 12 mit Hilfe des sphärischen Kosinussatzes gilt

$$\left.\begin{aligned}r_{Q_0 Q} &= \sqrt{r_0{}^2 - 2\,r_0\,r\cos\omega + r^2}\\\cos\omega &= \cos\vartheta_0\cos\vartheta + \sin\vartheta_0\sin\vartheta\cos(\alpha_0 - \alpha).\end{aligned}\right\}$$
(I 8, 6)

Sie genügt zwar den Be-
dingungen (I 8, 2) und (I 8, 3,)
nicht aber Gl. (I 8, 4). Daher
wird die Kugeloberfläche zum
Ursprung der sekundären Potentialfunktion G_s, welche mit
wachsendem Abstand vom
„Störungsherd" r = a gegen
Null konvergiert. Um G_s zu
berechnen, entwickeln wir G_p
nach (I 8, 5) und (I 8, 6) für
$r < r_0$ in die Reihe

$$G_p = \frac{1}{r_0}\sum_{l=0}^{\infty}\left(\frac{r}{r_0}\right)^l P_l(\cos\omega).$$

(I 8, 7)

Mit Hilfe der vorerst un-
bestimmten Konstanten c_l
machen wir für G_s den Ansatz

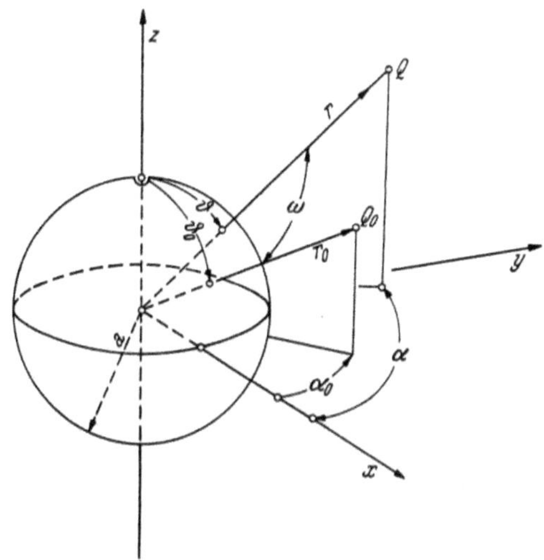

Abb. I 12. Zur Lösung des Randwert-Problemes
im Kugel-Außenraum.

$$G_s = \frac{1}{r_0}\sum_{l=0}^{\infty} c_l \left(\frac{r}{r_0}\right)^{-(l+1)} P_l(\cos\omega).$$
(I 8, 8)

Die Funktion

$$G = G_p + G_s = \frac{1}{r_0}\sum_{l=0}^{\infty}\left\{c_l\left(\frac{r}{r_0}\right)^{-(l+1)} + \left(\frac{r}{r_0}\right)^l\right\} P_l(\cos\omega)$$
(I 8, 9)

verschwindet somit auf der Kugeloberfläche r = a identisch, falls wir
die c_l der Vorschrift unterwerfen

$$c_l\left(\frac{a}{r_0}\right)^{-(l+1)} = -\left(\frac{a}{r_0}\right)^l;\qquad c_l = -\frac{r_0}{a}\cdot\left(\frac{a}{r_0}\right)^{2(l+1)}.$$
(I 8, 10)

Wir führen $r_0' = a^2/r_0$ ein und erhalten durch Substitution von (I 8, 10)
in (I 8, 8)

$$G_s = -\frac{1}{a}\sum_{l=0}^{\infty}\left(\frac{r\,r_0}{a^2}\right)^{-(l+1)} P_l(\cos\omega) = -\frac{1}{a}\sum_{l=0}^{\infty}\left(\frac{r}{r_0'}\right)^{-(l+1)} P_l(\cos\omega) =$$

$$= -\frac{r_0'}{a}\,\frac{1}{\sqrt{r_0'^2 - 2\,r_0'\,r\cos\omega + r^2}} = -\frac{r_0'}{a}\cdot\frac{1}{r_{Q_0'Q}},$$
(I 8, 11)

wobei der Punkt $Q_0' = (r_0', \alpha_0', \vartheta_0') = (a^2/r_0, \alpha_0, \vartheta_0)$ aus Q_0 durch räumliche Spiegelung an der Kugel hervorgeht.

d) Durch Superposition von (I 8, 5) und (I 8, 11) folgt nunmehr die gesuchte, *Green*sche Funktion zu

$$G = \frac{1}{\sqrt{r_0^2 - 2\,r_0\,r\cos\omega + r^2}} - \frac{r_0'}{a}\,\frac{1}{\sqrt{r_0'^2 - 2\,r_0'\,r\cos\omega + r^2}}. \qquad \text{(I 8, 12)}$$

Für das Potential $\varphi_0 = \varphi\,(r_0, a_0, \vartheta_0)$ des Aufpunktes liefert der *Green*sche Satz

$$\varphi_0 = \frac{1}{4\,\pi}\int\limits_{a_K=0}^{2\pi}\int\limits_{\vartheta_K=0}^{\pi}\varphi\,(a, a_K\,\vartheta_K)\left(-\frac{\partial G}{\partial r}\right)_{r=a}\cdot a^2\,da_K\sin\vartheta_K\,d\vartheta_K. \qquad \text{(I 8, 13)}$$

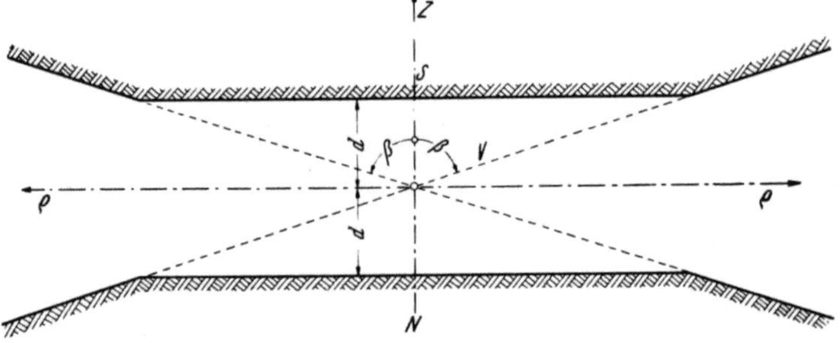

Abb. I 13. Magnet mit Kegelpolen.

Gemäß dieser Vorschrift berechnen wir aus (I 8, 12)

$$-\left(\frac{\partial G}{\partial r}\right)_{r=a} = \frac{a - r_0\cos\omega}{(r_0^2 - 2\,r_0\,a\cos\omega + a^2)^{3/2}} - \frac{r_0'}{a}\,\frac{a - r_0'\cos\omega}{(r_0'^2 - 2\,r_0'\,a\cos\omega + a^2)} =$$

$$= \frac{a^2 - r_0^2}{a\,(r_0^2 - 2\,r_0\,a\cos\omega + a^2)^{3/2}} \qquad \text{(I 8, 14)}$$

und erhalten die Lösung der gestellten Randwertaufgabe in der *Poisson*schen Form

$$\varphi_0 = \frac{a\,(a^2 - r_0^2)}{4\,\pi}\int\limits_{a_K=0}^{2\pi}\int\limits_{\vartheta_K=0}^{\pi}\varphi\,(a, a_K, \vartheta_K)\,\frac{da_K\sin\vartheta_K\,d\vartheta_K}{(r_0^2 - 2\,r_0\,a\cos\omega + a^2)^{3/2}}. \qquad \text{(I 8, 15)}$$

I 9. Hyperboloidpole.

a) Zur Herstellung starker magnetischer Felder baut man Elektromagnete, deren Polen man gemäß Abb. I 13 die Form zweier, mit ihren Spitzen gegeneinander gerichteten Kegeln vom Öffnungswinkel β und vom Abstande 2 d gibt. Wir ersetzen ihre Oberfläche approximativ durch die Fläche v = const. der Koordinaten des gestreckten Rotationsellipsoides vom Brennpunktsabstand 2 h: Aus (I 2, 11) folgt zunächst

$$v = d. \qquad \text{(I 9, 1)}$$

Weiter entnehmen wir aus (I 2, 10) die Forderung

$$\lim_{z \to \infty}\left(\frac{\varrho}{z}\right)_{v=d} = \sqrt{\frac{l^2 - d^2}{d^2}} = \operatorname{tg}\beta, \qquad \text{(I 9, 2)}$$

so daß wir l nach der Vorschrift bestimmen

$$l = \frac{d}{\cos \beta}.$$

(I 9, 3)

b) Wir betrachten die Pole als vollkommen permeabel und setzen die zwischen ihnen herrschende Potentialdifferenz $2\varphi_0$ als gegeben voraus:

$$\varphi = \pm \varphi_0 \quad \text{für} \quad v = \mp d.$$

(I 9, 4)

Wir genügen diesen Randbedingungen durch den Ansatz eines nur von v abhängigen Potentiales; für ein solches reduziert sich die *Laplace*sche Gleichung (I 2, 17) auf

$$\frac{d}{dv}\left\{\frac{l^2 - v^2}{l^2} \frac{d\varphi}{dv}\right\} = 0.$$

(I 9, 5)

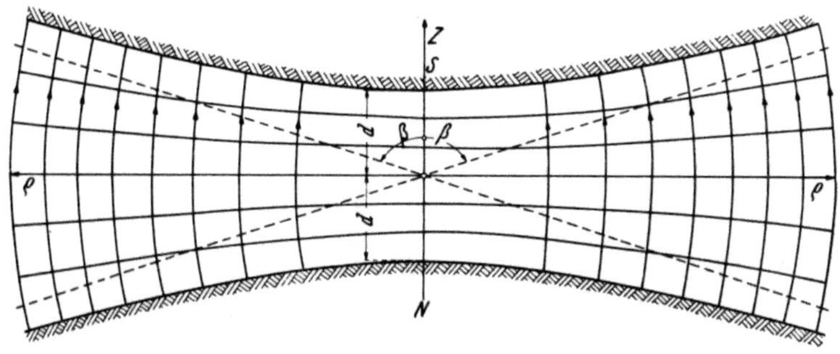

Abb. I 14. Feldbild von Hyperboloidpolen.

Nach Wahl einer Konstanten C liefert einmalige Integration

$$\frac{d\varphi}{dv} = C \frac{l^2}{l^2 - v^2}$$

(I 9, 6)

und nochmalige Integration führt, mit einer weiteren Konstanten C_1, auf

$$\varphi = \frac{C}{2} \ln \frac{1+v}{1-v} + C_1 = \frac{C}{2} \ln \frac{d + v \cos \beta}{d - v \cos \beta} + C_1.$$

(I 9, 7)

Mit Rücksicht auf (I 9, 4) folgt hieraus

$$C_1 = 0; \qquad \frac{C}{2} = -\varphi_0 \ln \operatorname{cotg} \frac{\beta}{2},$$

(I 9, 8)

also

$$\varphi = -\varphi_0 \frac{\ln \dfrac{d + v \cos \beta}{d - v \cos \beta}}{\ln \operatorname{cotg} \dfrac{\beta}{2}}.$$

(I 9, 9)

[Abb. I 14].

c) Der magnetische Feldvektor liegt zwischen den Polflächen überall in den Meridianebenen und weist tangential zu den Ellipsoiden $u = \text{const.}$; seine Größe berechnet sich nach (I 2, 16) zu

$$H^v = \frac{\varphi_0}{\ln \operatorname{cotg} \beta/2} \cdot \frac{2\,d}{\sqrt{u^2 - v^2}\,\sqrt{d^2 - v^2 \cos^2 \beta}}.$$

(I 9, 10)

Um diese physikalische Feldkomponente auf Zylinderkoordinaten z, ϱ umzurechnen, gehen wir zunächst mittels

$$H^v = \frac{H_v}{\sqrt{g_{vv}}} = \sqrt{\frac{l^2 - v^2}{u^2 - v^2}}\, H_v \qquad (I\ 9,\ 11)$$

auf die kontravariante Feldkomponente zurück. Da für $a = 0$ die *Karte*sische Koordinate $x = \varrho$ wird, entnehmen wir nunmehr aus (I 2, 12) die Formeln

$$H_\varrho = -\frac{\sqrt{u^2 - l^2}}{l} \cdot \frac{v}{\sqrt{l^2 - v^2}}\, H^v = -\frac{v}{l}\sqrt{\frac{u^2 - l^2}{u^2 - v^2}}\, H^v =$$

$$= -\frac{\varphi_0}{\ln \cotg \beta/2} \cdot \frac{2\,v}{u^2 - v^2} \sqrt{\frac{u^2 \cos^2 \beta - d^2}{d^2 - v^2 \cos^2 \beta}} \qquad (I\ 9,\ 12)$$

und

$$H_z = \frac{u}{l}\, H^v = \frac{u}{l}\sqrt{\frac{l^2 - v^2}{u^2 - v^2}}\, H^v = \frac{\varphi_0}{\ln \cotg \beta/2} \cdot \frac{2\,u}{u^2 - v^2}. \qquad (I\ 9,\ 13)$$

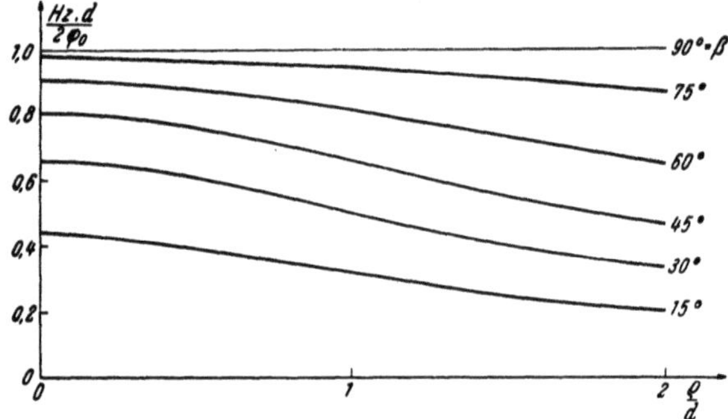

Abb. I 15. Das Achsialfeld in der Äquatorebene von Hyperboloidpolen.

Insbesondere gilt nach (I 2, 11) längs der Symmetrieachse des Magneten $u = l$; $v = z$, so daß man dort findet

$$H_\varrho = 0; \qquad H_z = \frac{\varphi_0}{\ln \cotg \beta/2} \cdot \frac{2\,l}{l^2 - z^2} = \frac{2\,\varphi_0 \cos \beta}{\ln \cotg \beta/2} \cdot \frac{d}{d^2 - z^2 \cos^2 \beta}.$$

$$(I\ 9,\ 14)$$

In der Umgebung der Äquatorebene bestehen die Entwicklungen

$$u = \sqrt{l^2 + \varrho^2} + \cdots; \qquad v = l\frac{z}{\sqrt{l^2 + \varrho^2}} + \cdots; \qquad \text{daher findet man nunmehr}$$

$$H_\varrho = -\frac{\varphi_0}{\ln \cotg \beta/2} \cdot \frac{2\,\varrho\,z}{(l^2 + \varrho^2)^{3/2}} + \cdots = -\frac{2\,\varphi_0 \cos^3 \beta}{\ln \cotg \beta/2} \cdot \frac{\varrho\,z}{d^2 + \varrho^2 \cos^2 \beta} + \cdots,$$

$$H_z = \frac{\varphi_0}{\ln \cotg \beta/2} \cdot \frac{2\sqrt{l^2 + \varrho^2}}{l^2 + \varrho^2} + \cdots = \frac{2\,\varphi_0 \cos \beta}{\ln \cotg \beta/2} \frac{1}{\sqrt{d^2 + \varrho^2 \cos^2 \beta}} + \cdots$$

$$(I\ 9,\ 15)$$

Die Abb. I 15 und I 16 zeigen die Struktur des Achsialfeldes.

d) Wir fragen nach dem Induktionsfluß Φ durch den Kreis vom Halbmesser $\varrho = \sqrt{u^2 - l^2}$ der Äquatorebene:

$$\Phi = \Pi \int\limits_{1}^{\sqrt{1^2+\varrho^2}} 2\,\pi\, \sqrt{u^2 - l^2}\,(H_v\,\sqrt{g_{uu}})_{v=0}\, du. \qquad (I\ 9,\ 16)$$

Mit Rücksicht auf (I 9, 10) und (I 9, 14) erhält man

$$\Phi = 2\,\pi\,\Pi \cdot \frac{2\,\varphi_0}{\ln \operatorname{cotg} \beta/2} \int\limits_{1}^{\sqrt{1^2+\varrho^2}} du = 2\,\pi\,\Pi\, \frac{2\,\varphi_0}{\cos \beta \ln \operatorname{cotg} \beta/2}\left[\sqrt{d^2 + \varrho^2 \cos^2 \beta} - d\right].$$

$$(I\ 9,\ 17)$$

Nach (I 9, 14) mißt

$$B_0 = \Pi \cdot \frac{2\,\varphi_0 \cos \beta}{\ln \operatorname{cotg} \beta/2} \cdot \frac{1}{d} \qquad (I\ 9,\ 18)$$

die Größe der Induktion im Zentrum der Äquatorebene. Daher kann man (I 9, 17) in die Form bringen

$$\frac{\Phi}{\pi\,\varrho^2\,B_0} = 2\,\frac{d\,\sqrt{d^2 + \varrho^2 \cos^2 \beta} - d^2}{\varrho^2 \cos^2 \beta} = \frac{\overline{B}}{B_0},$$

$$(I\ 9,\ 19)$$

wobei $\overline{B} = \Phi/\pi\,\varrho^2$ die durchschnittliche Induktion innerhalb der kontrollierten Kreisfläche angibt; Abb. I 17 zeigt ihren Gang als Funktion von ϱ/d für verschiedene Werte des Öffnungswinkels β.

I 10. Stabmagnete.

a) Gegeben ein homogener und isotroper zylindrischer Stab der Länge $2\,l'$, des Halbmessers a und der Permeabilität μ_i im unbegrenzten Raum der Permeabilität μ_a. Dieser Zylinder wird durch ein homogenes, magnetisches Primärfeld [Index p] der Stärke H_p magnetisiert; gesucht wird das ihm überlagerte Sekundärfeld [Index s], welches durch den entstehenden Stabmagneten erregt wird.

b) Das Stabzentrum bildet den Ursprung sowohl des *Kartes*ischen Bezugssystemes x, y, z wie der Elliptischen Koordinaten u, v, α nach (I 2, 9) und (I 2, 10). Die z-Achse koinzidiert mit der Stabachse; der gegebene Zylinder wird durch das gestreckte Rotationsellipsoid $u = l'$ der Exzentrizität

$$l = \sqrt{l'^2 - a^2} \qquad (I\ 10,\ 1)$$

[numerische Exzentrizität $\eta = l/l'$] approximiert.

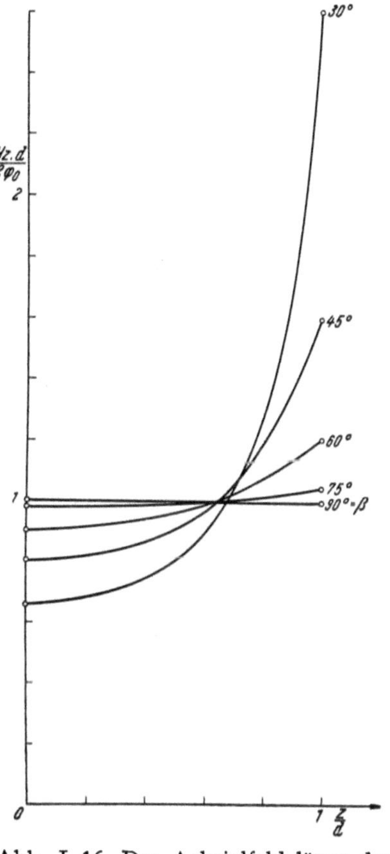

Abb. I 16. Das Achsialfeld längs der Achse von Hyperboloidpolen.

c) Wir behandeln zuerst den achsenparallelen Anteil des primären Feldes [„Längsfeld"]; sein Potential lautet

$$\varphi_p = - H_{p,z} \cdot z = - H_{p,z} \cdot \frac{u\,v}{l}\,. \qquad (I\ 10,\ 2)$$

Das korrespondierende Sekundärpotential verschwindet mit wachsender Entfernung vom Stabzentrum:

$$\lim_{u \to \infty} \varphi_s = 0. \qquad (I\ 10,\ 3)$$

Da das Primärpotential (I 10, 2) in der Staboberfläche $u = l'$ stetig bleibt, wird dort die Stetigkeit der tangentiellen Feldkomponenten durch

$$\varphi_{s\,(u=l'-0)} = \varphi_{s\,(u=l'+0)} \qquad (I\ 10,\ 4)$$

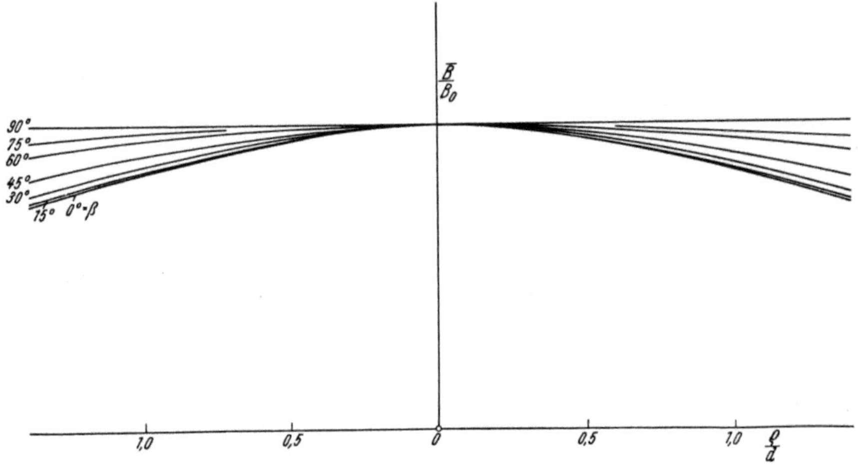

Abb. I 17. Hyperboloidpole: Die mittlere Induktion in Abhängigkeit vom Halbmesser des Kontrollkreises in der Äquatorebene.

gewährleistet. Die Stetigkeit der zur Staboberfläche normalen [physikalischen] Induktionskomponenten verlangt

$$- \Pi\,\mu_i \left(\frac{1}{\sqrt{g_{uu}}} \frac{\partial(\varphi_p + \varphi_s)}{\partial u} \right)_{u=l'-0} = - \Pi\,\mu_a \left(\frac{1}{\sqrt{g_{uu}}} \frac{\partial(\varphi_p + \varphi_s)}{\partial u} \right)_{u=l'+0}, \qquad (I\ 10,\ 5)$$

also

$$\mu_a \cdot \left(\frac{\partial \varphi_s}{\partial u} \right)_{u=l'+0} - \mu_i \left(\frac{\partial \varphi_s}{\partial u} \right)_{u=l'-0} = (\mu_a - \mu_i)\, H_{p,z} \cdot \frac{v}{l}\,. \qquad (I\ 10,\ 6)$$

d) Um (I 10, 6) zu befriedigen, wählen wir für φ_s den in v zu φ_p kohärenten Ansatz

$$\varphi_s = \frac{v}{l}\, f\,(u). \qquad (I\ 10,\ 7)$$

Seine Substitution in (I 2, 17) liefert für $f\,(u)$

$$\frac{d}{du} \left\{ \frac{u^2 - l^2}{l^2} \frac{df}{du} \right\} - \frac{2}{l^2}\, f = 0. \qquad (I\ 10,\ 8)$$

Zur Lösung dieser linearen Differentialgleichung zweiter Ordnung ziehen wir folgenden Hilfssatz heran:

Gegeben die Gleichung

$$\frac{d}{du}\{p(u)\,f'\} + q(u)\,f = 0. \qquad (I\ 10,\ 9)$$

Seien f_1, f_2 zwei ihrer Lösungen, so gilt gleichzeitig

$$\left.\begin{aligned}\frac{d}{du}\{p\,f_1'\} + q\,f_1 &= 0,\\[2mm]\frac{d}{du}\{p\,f_2'\} + q\,f_2 &= 0.\end{aligned}\right\} \qquad (I\ 10,\ 10)$$

Wir erweitern die erste Zeile mit f_2, die zweite mit f_1 und erhalten durch Subtraktion

$$f_2\frac{d}{du}\{p\,f_1'\} - f_1\frac{d}{du}\{p\,f_2'\} \equiv \frac{d}{du}\{p(f_1'\,f_2 - f_2'\,f_1)\} = 0 \qquad (I\ 10,\ 11)$$

Nach Wahl einer Integrationskonstanten C' folgt hieraus

$$f_1'\,f_2 - f_2'\,f_1 \equiv (f_2)^2\frac{d}{du}\left(\frac{f_1}{f_2}\right) = \frac{C'}{p(u)}. \qquad (I\ 10,\ 12)$$

Kennt man also f_2, während f_1 gesucht wird, so findet man mittels einer weiteren Integrationskonstanten u_0:

$$f_1 = C'\,f_2 \cdot \int_{u_0}^{u} \frac{du'}{p(u')\,\{f_2(u')\}^2}. \qquad (I\ 10,\ 13)$$

Nun entnimmt man aus (I 10, 2) die Lösung

$$f_2 = \frac{u}{l}. \qquad (I\ 10,\ 14)$$

Daher liefert (I 10, 13), mit $u_0 = \infty$, die weitere Lösung

$$f_1 = C\,\frac{u}{l}\int_{\infty}^{u} \frac{l^3\,du'}{(u'^2 - l^2)\,u'^2} \equiv C\,\frac{u}{l}\int_{\infty}^{u}\left\{\frac{1}{u'^2 - l^2} - \frac{1}{u'^2}\right\}du' =$$

$$= -C\left\{\frac{1}{2}\frac{u}{l}\ln\frac{u+l}{u-l} - 1\right\}. \qquad (I\ 10,\ 15)$$

Die Potentialfunktion

$$\varphi_{s,i} = C_i\,\frac{u\,v}{l} \qquad (I\ 10,\ 16)$$

bleibt in der Achse des Ellipsoides $[u = l]$ endlich; wir nehmen sie für das Sekundärpotential in $l \leqq u \leqq l'$ in Anspruch. Dagegen genügt die Funktion

$$\varphi_{s,a} = C_a\left\{\frac{1}{2}\frac{u}{l}\ln\frac{u+l}{u-l} - 1\right\}v \qquad (I\ 10,\ 17)$$

der Bedingung (I 10, 3): Sie schildert die Struktur des Sekundärfeldes in $u \geqq l'$.

e) Welche Bedeutung kommt C_i und C_a zu?

1. Durch Vergleich von (I 10, 16) mit (I 10, 2) erkennt man in $(-C_i)$ die im Stabinnern herrschende, achsenparallele Sekundärfeldstärke $H_{s,z}$:

$$\varphi_{s,i} = -H_{s,z}\cdot z = -H_{s,z}\cdot\frac{u\,v}{l}. \qquad (I\ 10,\ 18)$$

2. Für $u \gg 1$ folgt aus (I 10, 17) mit Rücksicht auf (I 2, 11):

$$\varphi_{s,a} = C_a \left\{ \frac{u}{l}\left(\frac{1}{u} + \frac{1}{3}\frac{l^3}{u^3} + \ldots\right) - 1\right\} v = C_a \cdot \frac{1}{3}\frac{l^3}{u^3}\frac{u\,v}{l} + \ldots =$$

$$= C_a \frac{l^3}{3} \cdot \frac{z}{(z^2 + \varrho^2)^{3/2}} \cdot \qquad \text{(I 10, 19)}$$

Das Anfangsglied dieser Entwicklung repräsentiert das Potential eines magnetischen Dipoles vom Moment m_z:

$$\varphi = \frac{m_z}{4\,\pi\,\varPi\,\mu_a}\,\frac{z}{(z^2 + \varrho^2)^{3/2}}, \qquad \text{(I 10, 20)}$$

sofern man setzt [Abb. I 18]

$$C_a = \frac{3\,m_z}{4\,\pi\,\varPi\,\mu_a\,l^3}\,;\ \ \varphi_{s,a} = \frac{3\,m_z}{4\,\pi\,\varPi\,\mu_a\,l^3}\left\{\frac{1}{2}\frac{u}{l}\ln\frac{u+1}{u-1} - 1\right\} v \qquad \text{(I 10, 21)}$$

f) Zur Ermittelung von $H_{s,z}$ und m_z liefert Gl. (I 10, 4)

$$H_{s,z}\frac{l'}{l} + \frac{3\,m_z}{4\,\pi\,\varPi\,\mu_a\,l^3}\left\{\frac{1}{2}\frac{l'}{l}\ln\frac{l'+1}{l'-1} - 1\right\} = 0 \qquad \text{(I 10, 22)}$$

und Gl. (I 10, 6)

$$\mu_i\,H_{s,z} \cdot \frac{l'}{l} - \frac{3\,m_z}{4\,\pi\,\varPi\,l^3}\left\{\frac{l'^2}{l'^2 - l^2} - \frac{1}{2}\frac{l'}{l}\ln\frac{l'+1}{l'-1}\right\} = (\mu_a - \mu_i)\,H_{p,z}\frac{l'}{l} \cdot \qquad \text{(I 10, 23)}$$

Wir multiplizieren (I 10, 22) mit $(-\mu_a)$, addieren die entstehende Gleichung zu (I 10, 23) und erhalten, mit Einführung des Stabvolumens

$$V = \frac{4}{3}\,\pi\,l'\,(l'^2 - l^2) \qquad \text{(I 10, 24)}$$

und des im Stabe herrschenden, achsenparallelen Magnetfeldes

$$H_z = H_{p,z} + H_{s,z} \qquad \text{(I 10, 25)}$$

die Relation

$$\frac{m_z}{V} = (\mu_i - \mu_a)\,\varPi\,H_z. \qquad \text{(I 10, 26)}$$

Durch ihre Substitution in (I 10, 22) entsteht nunmehr

$$H_{s,z} = -\gamma_1\,(\mu_i - \mu_a)\,H_z;\ \ \ \gamma_1 = \frac{l'^2 - l^2}{l^2}\left\{\frac{1}{2}\frac{l'}{l}\ln\frac{l'+1}{l'-1} - 1,\right\} \qquad \text{(I 10, 27)}$$

wobei γ_1 den Längs-Entmagnetisierungsfaktor nach Abb. I 19 definiert. Mit Rücksicht auf (I 10, 25) folgt hieraus

$$H_{s,z} = -\frac{(\mu_i - \mu_a)\,\gamma_1}{1 + (\mu_i - \mu_a)\,\gamma_1}\,H_{p,z};\ \ \ H_z = \frac{1}{1 + (\mu_i - \mu_a)\,\gamma_1}\,H_{p,z}. \qquad \text{(I 10, 28)}$$

Wir heben folgende Sonderfälle hervor:

1. Der Stabmagnet befindet sich im sonst leeren Raume; es gilt $\mu_a = 1$. Wir definieren den Magnetisierungsvektor I durch

$$I = (\mu_i - 1)\,\varPi\,H = B - \varPi\,H \qquad \text{(I 10, 29)}$$

und erhalten aus (I 10, 27)

$$H_{s,z} = -\gamma_1\frac{I_z}{\varPi};\ \ \ H_z = H_{p,z} - \gamma_1\frac{I_z}{\varPi} = \frac{1}{1-\gamma_1}\left\{H_{p,z} - \gamma_1 \cdot \frac{B_z}{\varPi}\right\}. \qquad \text{(I 10, 30)}$$

Bei der experimentellen Prüfung von Stabmagneten stellt man den Zusammenhang zwischen B_z und $H_{p,z}$ fest [„äußere Magnetisierungskurve" nach Abb. I 20]; aus ihr gewinnt man die Funktion $B_z = B_z(H_z)$ [„innere Magnetisierungskurve"] mittels Scherung der Abszissen je um den Betrag $\gamma_1 B_z/\Pi$ und nachfolgende Dehnung im Verhältnis $1/(1 - \gamma_1)$. Beide Korrekturen fallen unter sonst gleichen Umständen umso geringer aus, je kleiner der Längs-Entmagnetisierungsfaktor γ_1 ist; man bevorzugt deshalb für Meßzwecke lange, schlanke Stäbe.

Die Magnetisierung im Innern des Stabes beträgt

$$I_z = \Pi(\mu_i - 1) H_z =$$

$$= \Pi \frac{\mu_i - 1}{1 + (\mu_i - 1)\gamma_1} H_{p,z}.$$
$$\text{(I 10, 31)}$$

In der Grenze vollkommen permeablen Materiales $[\mu_i \to \infty]$ wird zwar die Feldstärke H_z im Stabinnern vernichtet; doch verbleibt dort die endliche Magnetisierung

$$I_{z,\infty} = \lim_{\mu_i \to \infty} I_z = \Pi \frac{H_{p,z}}{\gamma_1},$$
$$\text{(I 10, 32)}$$

welcher das Moment korrespondiert

$$m_{z,\infty} = \Pi \frac{V}{\gamma_1} H_{p,z}. \quad \text{(I 10, 33)}$$

2. Für $\mu_a = 1$, $H_{p,z} \to 0$ geht das untersuchte System in einen permanenten Stabmagneten über. Da nunmehr $H_{s,z} \equiv H_z$ gilt, reduziert sich die erste der Gleichungen (I 10, 30) auf die „Entmagnetisierungs-Gleichung"

$$H_z = -\gamma_1 \frac{I_z}{\Pi}. \quad \text{(I 10, 34)}$$

Wir ergänzen sie durch jenen Zweig der Magnetisierungskurve

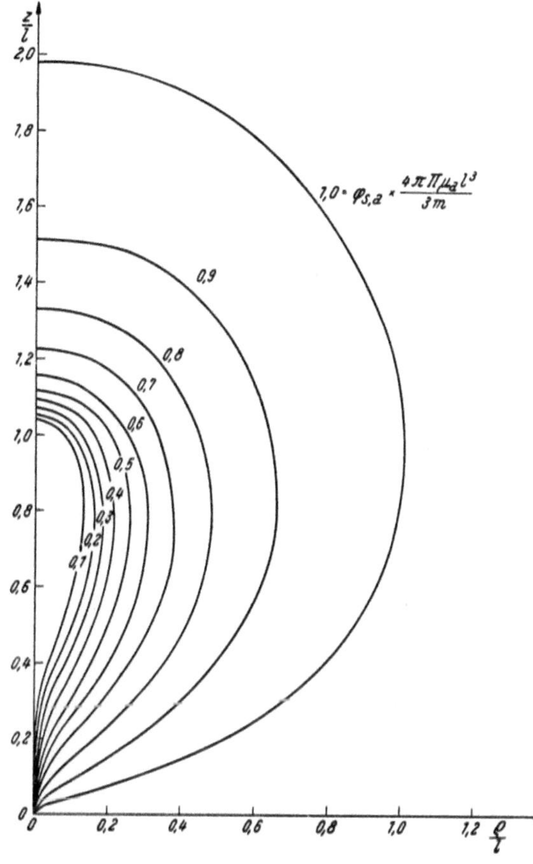

Abb. I 18. System der Äquipotentiallinien eines längsmagnetisierten Stabmagneten.

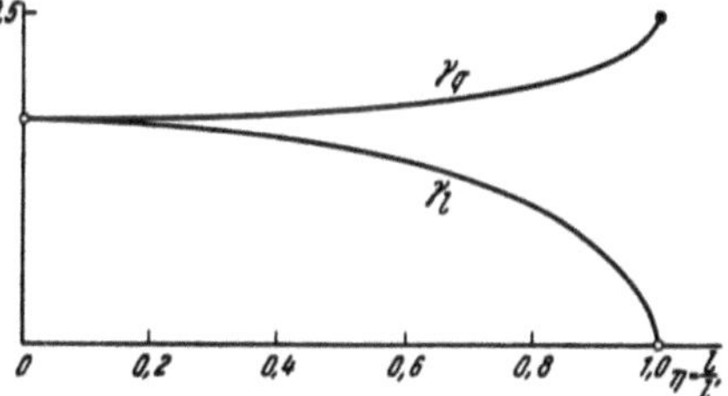

Abb. I 19. Die Entmagnetisierungsfaktoren γ_1 [Längsmagnetisierung] und γ_q [Quermagnetisierung] des gestreckten Rotationsellipsoides.

$$\frac{I_z}{\Pi} = f(H_z), \qquad \text{(I 10, 35)}$$

welcher über die jüngste Vergangenheit des Stabmagneten Auskunft erteilt. Der Gleichgewichtszustand wird nach Abb. I 21 durch den Schnittpunkt dieser Kurve mit der Geraden (I 10, 34) dargestellt.

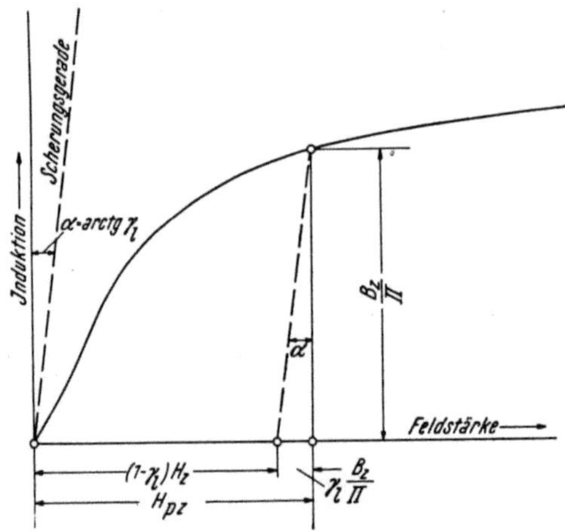

Abb. I 20. Scherungsmethode zur Herstellung der wahren Magnetisierungskurve.

g) Um die Struktur des Sekundärfeldes außerhalb des Stabmagneten kennenzulernen, gehen wir von seinen kontravarianten Komponenten aus

$$H_s^u = -\frac{1}{g_{uu}} \cdot \frac{\partial \varphi_{s,a}}{\partial u}; \quad H_s^v = -\frac{1}{g_{vv}} \cdot \frac{\partial \varphi_{s,a}}{\partial v}; \quad H_s^a = -\frac{1}{g_{aa}} \frac{\partial \varphi_{s,a}}{\partial a}. \qquad (1\ 10,\ 36)$$

Mit Rücksicht auf (I 2, 14) und (I 10, 21) finden wir

$$\left.\begin{aligned}
H_s^u &= -\frac{u^2-l^2}{u^2-v^2}\,\frac{3\,m_z}{4\,\pi\,\Pi\,\mu_a\,l^3}\cdot\frac{v}{2l}\cdot\left\{\ln\frac{u+l}{u-l}-\frac{2\,u\,l}{u^2-l^2}\right\}, \\[2mm]
H_s^v &= -\frac{l^2-v^2}{u^2-v^2}\,\frac{3\,m_z}{4\,\pi\,\Pi\,\mu_a\,l^3}\left\{\frac{u}{2l}\ln\frac{u+l}{u-l}-1\right\}, \\[2mm]
H_s^a &= 0
\end{aligned}\right\} \qquad (I\ 10,\ 37)$$

Wir spezialisieren in (I 2, 12) auf $a = 0$, also $x = \varrho$ und erhalten für die physikalischen Komponenten des Sekundärfeldes in Zylinderkoordinaten

$$\left.\begin{aligned}
H_s^\varrho &= \frac{u}{l}\sqrt{\frac{l^2-v^2}{u^2-l^2}}\,H_s^u - \frac{v}{l}\sqrt{\frac{u^2-l^2}{l^2-v^2}}\,H_s^v, \\[2mm]
H_s^z &= \frac{v}{l}H_s^u + \frac{u}{l}H_s^v,
\end{aligned}\right\} \qquad (1\ 10,\ 38)$$

also

$$\left.\begin{aligned}
H_s^\varrho &= \frac{m_z}{4\,\pi\,\Pi\,\mu_a}\cdot\frac{3}{l^3}\,\frac{\sqrt{u^2-v^2}\,\sqrt{l^2-v^2}}{(u^2-l^2)\,(u^2-v^2)}\,lv, \\[2mm]
H_s^z &= \frac{m_z}{4\,\pi\,\Pi\,\mu_a}\cdot\frac{3}{l^3}\left\{\frac{u\,l}{u^2-v^2}-\frac{1}{2}\ln\frac{u+l}{u-l}\right\}.
\end{aligned}\right\} \qquad (I\ 10,\ 39)$$

Für $\mu_a = 1$, $\mu_i \to \infty$ erhalten wir, mit Benützung von (I 10, 33), die numerischen Feldstärken-Komponenten

$$\begin{aligned}
h^{\varrho}_{s} &\equiv \frac{H^{\varrho}_{s}}{H_{p,z}} \cdot \frac{l^3 \cdot \gamma_1}{(l'^2 - l^2)\,l'} = \frac{\sqrt{u^2 - v^2}\,\sqrt{l^2 - v^2}}{(u^2 - l^2)\,(u^2 - v^2)}\,l\,v, \\
h^{z}_{s} &\equiv \frac{H^{z}_{s}}{H_{p\,z}} \cdot \frac{l^3\,\gamma_1}{(l'^2 - l^2)\,l'} = \frac{u\,l}{u^2 - v^2} - \frac{1}{2}\ln\frac{u+l}{u-l}
\end{aligned}\Bigg\} \qquad \text{(I 10, 40)}$$

Die Abb. I 22 und I 23 zeigen ihren räumlichen Verlauf in der Umgebung des Stabmagneten; Abb. I 24 faßt sie vektoriell zusammen.

h) Wir gehen durch das Primärpotential

$$\varphi_p = - H_{p,x} \cdot x = - H_{p,x} \cdot \varrho \cos\alpha = - H_{p,x} \cdot \frac{\sqrt{u^2 - l^2}\,\sqrt{l^2 - v^2}}{l}\cos\alpha \qquad \text{(I 10, 41)}$$

zur Quermagnetisierung des Stabmagneten über. Das korrespondierende Sekundärpotential φ_s ist auch hier den Bedingungen (I 10, 4) und (I 10, 6) zu unterwerfen; daher wählen wir den in v und α zu (I 10, 41) kohärenten Ansatz

$$\varphi_s = \frac{\sqrt{l^2 - v^2}}{l} \cdot \cos\alpha \cdot f(u). \qquad \text{(I 10, 42)}$$

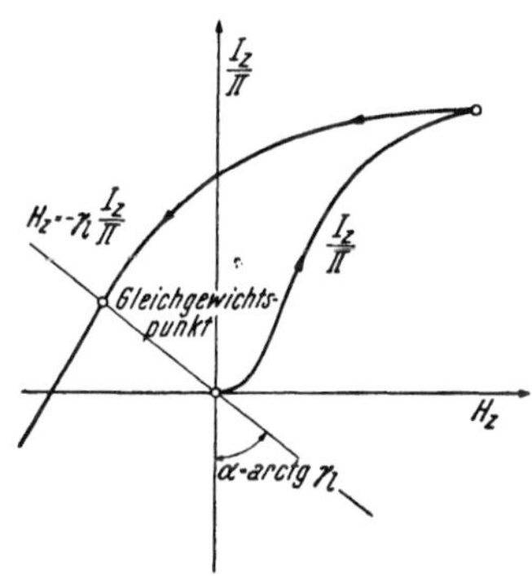

Abb. I 21. Konstruktion des Gleichgewichts-Punktes in einem längsmagnetisierten, permanenten Stabmagneten.

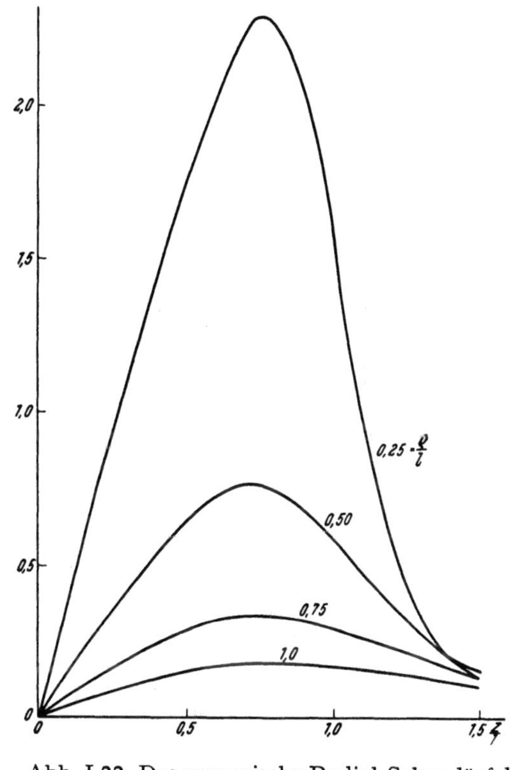

Abb. I 22. Das numerische Radial-Sekundärfeld des längsmagnetisierten Stabmagneten.

Durch Einsetzen in (I 2, 17) entspringt für f (u) die lineare Differentialgleichung zweiter Ordnung

$$\frac{d}{du}\left\{\frac{u^2 - l^2}{l^2}\,f'(u)\right\} - \frac{2\,u^2 - l^2}{u^2 - l^2}\,\frac{f(u)}{l^2} = 0. \qquad \text{(I 10, 43)}$$

Aus (I 10, 41) entnehmen wir das Partikularintegral

$$f_2 = \frac{\sqrt{u^2 - l^2}}{l}. \qquad \text{(I 10, 44)}$$

Daher gewinnen wir nach (I 10, 13) ein weiteres Integral mittels

$$f_\perp = C\,\frac{\sqrt{u^2-1^2}}{1}\int_\infty^u \frac{1^3\,du'}{(u'^2-1^2)^2} = C\,\frac{\sqrt{u^2-1^2}}{1}\left\{\frac{1}{4}\ln\frac{u+1}{u-1} - \frac{1}{2}\frac{1\,u}{u^2-1^2}\right\}.$$

$$(I\ 10,\ 45)$$

Das Sekundärpotential nimmt somit die Form an

$$\varphi_{s,i} = C_i\cdot\frac{\sqrt{u^2-1^2}\,\sqrt{1^2-v^2}}{1}\cos\alpha;\quad 1\leqq u\leqq 1' \qquad (I\ 10,\ 46)$$

und

$$\varphi_{s,a} = C_a\cdot\frac{\sqrt{u^2-1^2}}{1}\left\{\frac{1}{2}\frac{1\,u}{u^2-1^2} - \frac{1}{4}\ln\frac{u+1}{u-1}\right\}\sqrt{1^2-v^2}\cos\alpha;\qquad u\geqq 1'.$$

$$(I\ 10,\ 47)$$

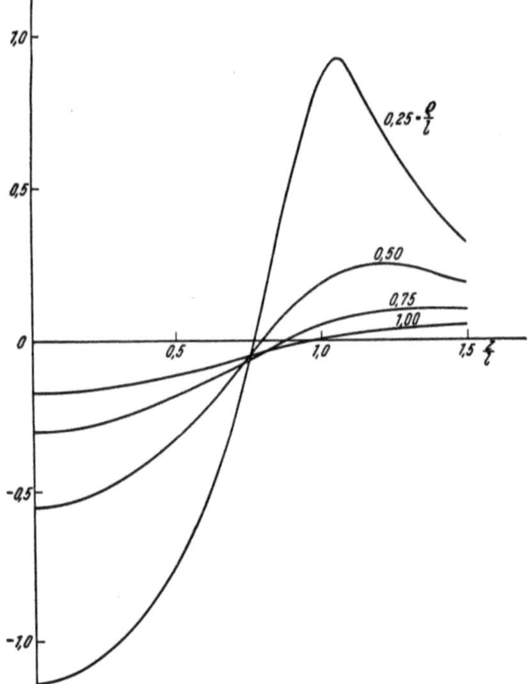

Abb. I 23. Das numerische Achsial-Sekundärfeld des längsmagnetisierten Stabmagneten.

Die Bedeutung von C_i und C_a erhellt aus folgenden Überlegungen:

1. Gemäß (I 10, 41) weist das Sekundärfeld im Innern des Stabmagneten parallel zur x-Achse und besitzt die Intensität $H_{s,x} = -C_i$

$$\varphi_{s,i} = -H_{s,x}\frac{\sqrt{u^2-1^2}\,\sqrt{1^2-v^2}}{1}\cos\alpha.$$

$$(I\ 10,\ 48)$$

2. Für $u\gg 1$ liefert (I 10, 47) mit Rücksicht auf (I 10, 11') die Entwicklung

$$\varphi_{s,a} = C_a\cdot\varrho\cdot\left(\frac{1}{3}\frac{1^3}{u^3} + \dots\right)\cos\alpha = C_a\frac{1^3}{3}\frac{x}{(z^2+\varrho^2)^{3/2}} + \dots,\qquad (I\ 10,\ 49)$$

deren Anfangsglied das Potential eines nach der x-Achse orientierten, magnetischen Dipoles vom Betrage

$$m_x = 4\pi\varPi\mu_a C_a\cdot\frac{1^3}{3} \qquad (I\ 10,\ 50)$$

darstellt; daher nimmt (I 10, 47) die Form an [Abb. I 25 und I 26]

$$\varphi_{s,a} = \frac{m_x}{4\pi\varPi\mu_a}\cdot\frac{3}{1^3}\frac{\sqrt{u^2-1^2}}{1}\left\{\frac{1}{2}\frac{1\,u}{u^2-1^2} - \frac{1}{4}\ln\frac{u+1}{u-1}\right\}\sqrt{1^2-v^2}\cos\alpha.$$

$$(I\ 10,\ 51)$$

Zur Ermittlung von $H_{s,x}$ und m_x liefert (I 10, 4)

$$H_{s,x} + \frac{m_x}{4\pi\, II\, \mu_a} \cdot \frac{3}{l^3}\left\{\frac{1}{2}\frac{1\,l'}{l'^2-l^2} - \frac{1}{4}\ln\frac{l'+1}{l'-1}\right\} = 0 \quad (I\ 10,\ 52)$$

und (I 10, 5)

$$\mu_i\, H_{s,x} - \frac{m_x}{4\pi\, II} \cdot \frac{3}{l^3}\left\{\frac{1}{2}\frac{1\,l'}{l'^2-l^2} - \right.$$

$$\left. - \frac{1}{4}\ln\frac{l'+1}{l'-1} - \frac{l^3}{l'\,(l'^2-l^2)}\right\} =$$

$$= (\mu_a - \mu_i)\, H_{p,x}.$$

$$(I\ 10,\ 53)$$

Wir erweitern (I 10, 52) mit $(-\mu_a)$, addieren die entstehende Gleichung zu (I 10, 53) und erhalten

$$\frac{m_x}{V} = (\mu_a - \mu_i)\,(H_{p,x} + H_{s,x}) \equiv$$

$$\equiv (\mu_a - \mu_i)\, H_x.$$

$$(I\ 10,\ 54)$$

Die Substitution dieser Gleichung in (I 10, 52) führt auf

$$H_{s,x} = -\gamma_q\,(\mu_i - \mu_a)\, H_x\ ;$$

$$\gamma_q =$$

$$= \frac{l'^2-l^2}{l^2}\left\{\frac{1}{2}\frac{l'^2}{l'^2-l^2} - \frac{1}{4}\frac{l'}{1}\ln\frac{l'+1}{l'-1}\right\},$$

$$(I\ 10,\ 55)$$

wobei γ_q den Quer-Entmagnetisierungsfaktor nach Abb. I 19 definiert; zwischen dem Längs-Entmagnetisierungsfaktor γ_l nach (I 10, 27) und dem Quer-Entmagnetisierungsfaktor γ_q besteht die Relation

$$\gamma_l + 2\gamma_q = 1. \quad (I\ 10,\ 56)$$

Aus (I 10, 55) folgt, in Analogie zu (I 19, 28)

$$H_{s,x} = -\frac{(\mu_i - \mu_a)\,\gamma_q}{1 + (\mu_i - \mu_a)\,\gamma_q}\,H_{p,x}\ ;$$

$$H_x = \frac{1}{1 + (\mu_i - \mu_a)\,\gamma_q}\,H_{p,x}.$$

$$(I\ 10,\ 57)$$

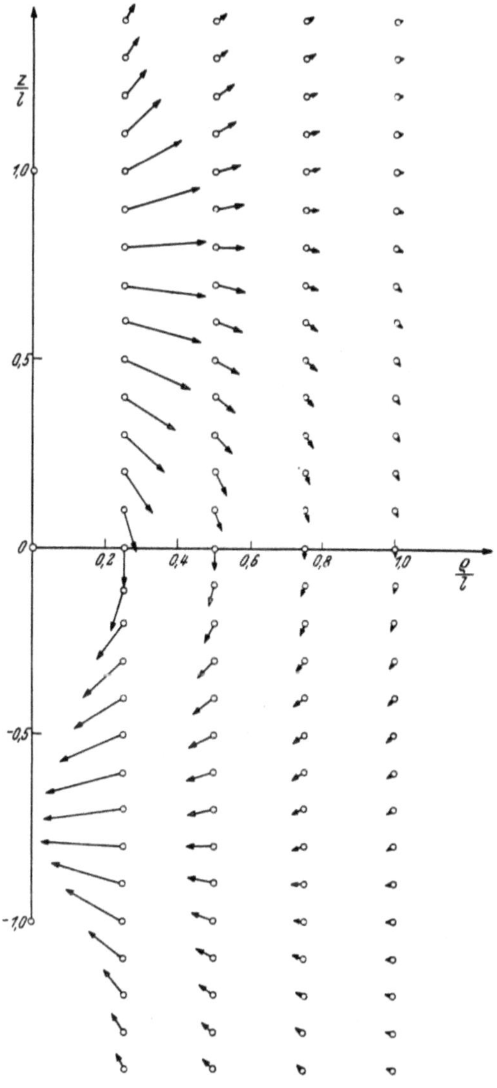

Abb. I 24. Vektorschaubild des Feldes eines längsmagnetisierten Stabmagneten.

Im Falle $\mu_a = 1$ besteht (I 10, 29) auch für die Quermagnetisierung zu Recht, während (I 10, 30) die Gestalt annimmt

$$H_{s,x} = -\gamma_q\frac{I_x}{II}\ ; \qquad H_x = H_{p,x} - \gamma_q\frac{I_x}{II} = \frac{1}{1-\gamma_q}\left\{H_{p,x} - \gamma_q\cdot\frac{B_x}{II}\right\}.$$

$$(I\ 10,\ 58)$$

In der Grenze $\mu_i \to \infty$ verbleibt im Innern des Ellipsoides die Magnetisierung

$$I_{x,\,\infty} = \Pi \cdot \frac{H_{p,\,x}}{\gamma_q} \qquad\qquad (I\ 10,\ 59)$$

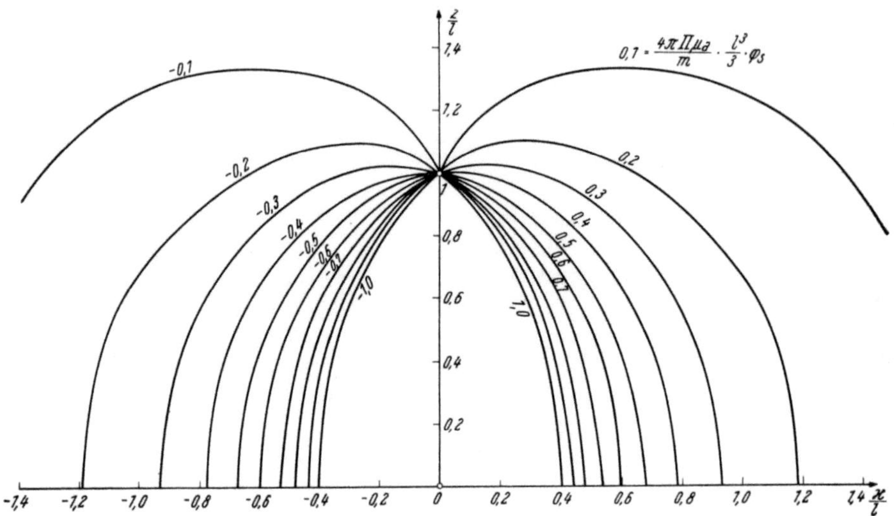

Abb. I 25. Querpolarisation des gestreckten Rotationsellipsoides. System der
Äquipotentiallinien in der Meridianebene des Magnetisierungsvektors.

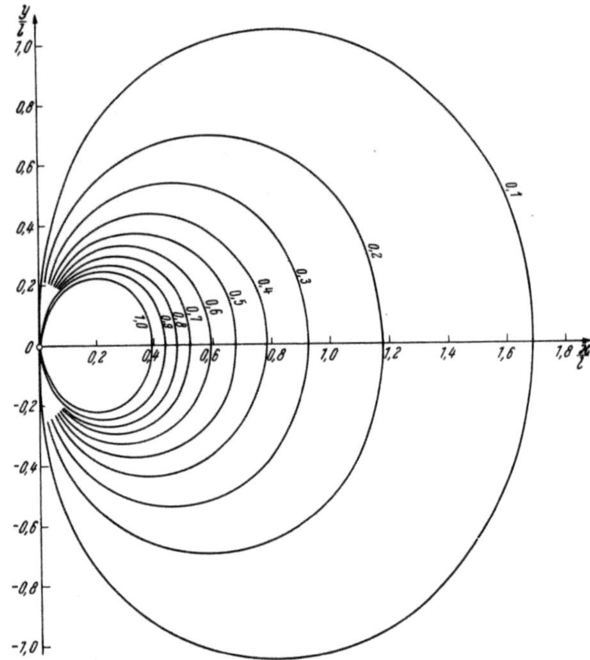

Abb. I 26. Quermagnetisierung in x-Richtung. System der Äquipotentiallinien
in der Ebene $z = 0$.

welche zu dem Moment Anlaß gibt

$$m_{x,\infty} = \Pi \frac{V}{\gamma_q} \cdot H_{p,x}. \qquad (I\ 10,\ 60)$$

Das Sekundärfeld außerhalb des Stabmagneten besitzt nach (I 10, 36)
die kontravarianten Komponenten

$$H_s^u = -\frac{m_x}{4\pi\Pi\mu_a} \cdot \frac{3}{l^3} \cdot \frac{\sqrt{u^2-l^2}\,\sqrt{l^2-v^2}}{u^2-v^2}\left[\frac{u}{l}\left\{\frac{1}{2}\cdot\frac{l\,u}{u^2-l^2}-\frac{1}{4}\ln\frac{u+l}{u-l}\right\}-\right.$$
$$\left.-\frac{l^2}{l^2-u^2}\right]\cos\alpha,$$

$$H_s^v = -\frac{m_x}{4\pi\Pi\mu_a} \cdot \frac{3}{l^3} \cdot \frac{\sqrt{u^2-l^2}\,\sqrt{l^2-v^2}}{u^2-v^2}\cdot\frac{v}{l}\left\{\frac{1}{2}\cdot\frac{l\,u}{u^2-l^2}-\frac{1}{4}\ln\frac{u+l}{u-l}\right\}\cos\alpha,$$

$$H_s^\alpha = -\frac{m_x}{4\pi\Pi\mu_a} \cdot \frac{3}{l^3} \cdot \frac{\sqrt{u^2-l^2}\,\sqrt{l^2-v^2}}{(u^2-l^2)(l^2-v^2)}l\left\{\frac{1}{2}\cdot\frac{l\,u}{u^2-l^2}-\frac{1}{4}\ln\frac{u+l}{u-l}\right\}\sin\alpha.$$

$$(I\ 10,\ 61)$$

Zwischen ihnen und den *Kartes*ischen Komponenten der Sekundärfeldstärke bestehen nach (I 2, 12) die Relationen

$$H_x = \left(\frac{u}{\sqrt{u^2-l^2}}\frac{\sqrt{l^2-v^2}}{l}H_s^u - \frac{\sqrt{u^2-l^2}}{l}\cdot\frac{v}{\sqrt{l^2-v^2}}H_s^v\right)\cos\alpha -$$
$$-\frac{\sqrt{u^2-l^2}\,\sqrt{l^2-v^2}}{l}H_s^\alpha\sin\alpha,$$

$$H_y = \left(\frac{u}{\sqrt{u^2-l^2}}\frac{\sqrt{l^2-v^2}}{l}H_s^u - \frac{\sqrt{u^2-l^2}}{l}\frac{v}{\sqrt{l^2-v^2}}H_s^v\right)\sin\alpha + \qquad \left.\right\}\ (I\ 10,\ 62)$$
$$+\frac{\sqrt{u^2-l^2}\,\sqrt{l^2-v^2}}{l}H_s^\alpha\cos\alpha,$$

$$H_z = \frac{v}{l}H_s^u + \frac{u}{l}H_s^v.$$

so daß wir erhalten

$$H_x = -\frac{m_x}{4\pi\Pi\mu_a}\cdot\frac{3}{l^3}\cdot\left[\frac{l^2-v^2}{u^2-v^2}\cdot\frac{u\,l}{u^2-l^2}\cos^2\alpha - \left\{\frac{1}{2}\frac{l\,u}{u^2-l^2}-\right.\right.$$
$$\left.\left.-\frac{1}{4}\ln\frac{u+l}{u-l}\right\}\right],$$

$$H_y = \frac{m_x}{4\pi\Pi\mu_a}\cdot\frac{3}{l^3}\cdot\frac{l^2-v^2}{u^2-v^2}\cdot\frac{u\,l}{u^2-l^2}\cos\alpha\sin\alpha, \qquad \left.\right\}\ (I\ 10,\ 63)$$

$$H_z = \frac{m_x}{4\pi\Pi\mu_a}\cdot\frac{3}{l^3}\cdot\frac{\sqrt{u^2-l^2}\,\sqrt{l^2-v^2}}{(u^2-v^2)(u^2-l^2)}l\,v\cos\alpha.$$

Wir spezialisieren auf $\mu_a = 1$, $\mu_i \to \infty$ und gehen, mit Benützung
von (I 10, 60), zu den „numerischen Feldkomponenten" über

$$
\begin{aligned}
h_x &\equiv \frac{H_x}{H_{p,x}} \cdot \frac{\gamma_q\, l^3}{(l'^2 - l^2)\, l'} = -\frac{l^2 - v^2}{u^2 - v^2} \cdot \frac{u\,l}{u^2 - l^2}\cos^2\alpha - \\
&\qquad - \left\{ \frac{1}{2}\frac{l\,u}{u^2 - l^2} - \frac{1}{4}\ln\frac{u+l}{u-l} \right\}, \\
h_y &\equiv \frac{H_y}{H_{p,x}} \cdot \frac{\gamma_q\, l^3}{(l'^2 - l^2)\, l'} = \frac{l^2 - v^2}{u^2 - v^2} \cdot \frac{u\,l}{u^2 - l^2}\cos\alpha\sin\alpha, \\
h_z &\equiv \frac{H_z}{H_{p,x}} \cdot \frac{\gamma_q\, l^3}{(l'^2 - l^2)\, l'} = \frac{\sqrt{u^2 - l^2}\,\sqrt{l^2 - v^2}}{(u^2 - v^2)(u^2 - l^2)}\, l\, v\cos\alpha
\end{aligned}
\qquad (\text{I } 10,\ 64)
$$

Die Abb. I 27, I 28 und I 29 zeigen ihre räumliche Verteilung in der Umgebung des Stabmagneten für die Meridianebenen $\alpha = 0$ und $\alpha = \pi/2$; Abb. I 30 faßt sie vektoriell zusammen.

i) Das Primärpotential

$$
\varphi_p = -H_{p,y}\, y = -H_{p,y}\, \varrho\sin\alpha =
$$

$$
= -H_{p,y}\frac{\sqrt{u^2 - l^2}\,\sqrt{l^2 - v^2}}{l}\sin\alpha \qquad (\text{I } 10,\ 65)
$$

schildert die Quermagnetisierung des Ellipsoides durch die parallel zur y-Achse wirkende Feldstärke $H_{p,y}$; es geht aus (I 10, 41) formal durch die Substitutionen $H_{p,x} \to H_{p,y}$ und $\alpha \to \alpha - \pi/2$ hervor, während die x-Achse in die y-Achse und die y-Achse in die ($-$ x)-Achse übergeht. Daher entnehmen wir aus (I 10, 54) für das nunmehr entstehende Moment m_y die Gleichung

$$
\frac{m_y}{V} = (\mu_a - \mu_i)\, H_y, \qquad (\text{I } 10,\ 66)
$$

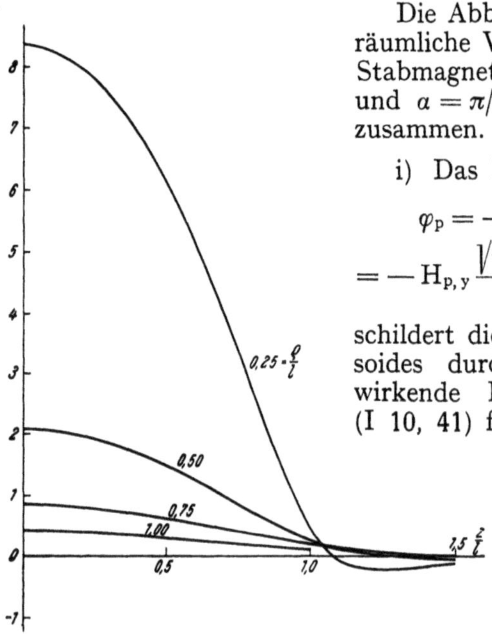

Abb. I 27. Quermagnetisierung des gestreckten Rotationsellipsoides. Numerisches Feld in Richtung der Quermagnetisierung. Meridianebene $\alpha = 0$.

während aus (I 10, 63) folgt

$$
\begin{aligned}
H_x &= \frac{m_y}{4\pi\,\Pi\,\mu_a} \cdot \frac{3}{l^3} \cdot \frac{l^2 - v^2}{u^2 - v^2} \cdot \frac{u\,l}{u^2 - l^2}\sin\alpha\cos\alpha, \\
H_y &= -\frac{m_y}{4\pi\,\Pi\,\mu_a} \cdot \frac{3}{l^3}\left[\frac{l^2 - v^2}{u^2 - v^2} \cdot \frac{u\,l}{u^2 - l^2}\sin^2\alpha - \left\{ \frac{1}{2}\frac{l\,u}{u^2 - l^2} - \frac{1}{4}\ln\frac{u+l}{u-l} \right\} \right], \\
H_z &= \frac{m_y}{4\pi\,\Pi\,\mu_a} \cdot \frac{3}{l^3} \cdot \frac{\sqrt{u^2 - l^2}\,\sqrt{l^2 - v^2}}{(u^2 - v^2)(u^2 - l^2)}\, l\, v\sin\alpha.
\end{aligned}
\qquad (\text{I } 10,\ 67)
$$

Falls also der Stabmagnet gleichzeitig längs seiner drei Hauptachsen durch den Momentenvektor m der Komponenten m_x, m_y und m_z magnetisiert ist, resultiert im Aufpunkt die Sekundär-Feldstärke

$$H_s = \frac{1}{4\pi \Pi \mu_a} \cdot \frac{3}{l^3}\,(T\,m).$$ (I 10, 68)

Hierin bezeichnet T einen symmetrischen Tensor zweiter Stufe mit den Komponenten

$$
\begin{aligned}
T_x^x &= -\left[\frac{l^2-v^2}{u^2-v^2}\cdot\frac{u\,l}{u^2-l^2}\cos^2\alpha - \left\{\frac{1}{2}\frac{l\,u}{u^2-l^2} - \frac{1}{4}\ln\frac{u+l}{u-l}\right\}\right],\\
T_y^x &= \frac{l^2-v^2}{u^2-v^2}\cdot\frac{u\,l}{u^2-l^2}\sin\alpha\cos\alpha = T_x^y,\\
T_z^x &= \frac{\sqrt{u^2-l^2}\,\sqrt{l^2-v^2}}{(u^2-v^2)(u^2-l^2)}\,l\,v\cos\alpha = T_x^z,\\
T_y^y &= -\left[\frac{l^2-v^2}{u^2-v^2}\cdot\frac{u\,l}{u^2-l^2}\sin^2\alpha - \left\{\frac{1}{2}\frac{l\,u}{u^2-l^2} - \frac{1}{4}\ln\frac{u+l}{u-l}\right\}\right],\\
T_z^y &= \frac{\sqrt{u^2-l^2}\,\sqrt{l^2-v^2}}{(u^2-v^2)(u^2-l^2)}\,l\,v\sin\alpha = T_y^z,\\
T_z^z &= \frac{u\,l}{u^2-v^2} - \frac{1}{2}\ln\frac{u+l}{u-l}.
\end{aligned}
$$ (I 10, 69)

Wir wenden diese Ergebnisse auf das Problem des Schiffsmagnetismus an: Der Schiffskörper wird durch ein gestrecktes Rotationsellipsoid der Eigenschaft $\mu_i \to \infty$ approximiert. Das *Kartes*ische Bezugssystem x, y, z sei so orientiert, daß in der normalen Schwimmlage des Schiffes die y-Achse senkrecht nach unten weist. Bezeichnen wir mit δ die Abweichung der erdmagnetischen Feldstärke H gegen die Ebene $y = 0$ und mit ε ihren Winkel gegen die Längsachse des Schiffes, so berechnen sich also die Komponenten des Primärfeldes mittels

$$H_{p,x} = |H|\cos\delta\sin\varepsilon;$$
$$H_{p,y} = |H|\sin\delta; \qquad \text{(I 10, 70)}$$
$$H_{p,z} = |H|\cos\delta\cos\varepsilon.$$

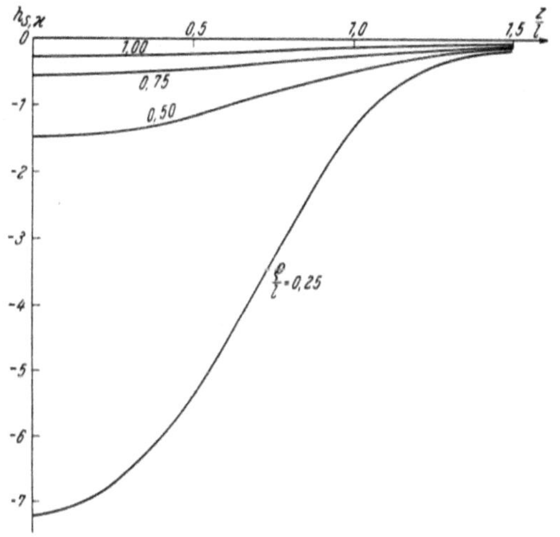

Abb. I 28. Quermagnetisierung des gestreckten Rotationsellipsoides. Numerisches Sekundärfeld in der zur Magnetisierung senkrechten Ebene parallel zum Primärfelde.

Sie erregen im Schiffskörper die Momente

$$m_{x,\infty} = \Pi\frac{V}{\gamma_q}|H|\cos\delta\sin\varepsilon; \qquad m_{y,\infty} = \Pi\frac{V}{\gamma_q}|H|\sin\delta;$$

$$m_{z,\infty} = \Pi\frac{V}{\gamma_l}|H|\cos\delta\cos\varepsilon.$$ (I 10, 71)

Vermöge (I 10, 68) ist nunmehr das Sekundärfeld in der Umgebung des Schiffskörpers bekannt. Diese „Störung" überlagert sich dem Primärfelde (I 10, 70); sie wird beispielsweise in der Fehlweisung des Schiffskompasses oder der Beeinflussung magnetischer Geräte anderer Art manifest.

I 11. Magnetisierung des abgeplatteten Rotationsellipsoides.

a) Das homogene und isotrope Rotationsellipsoid der Permeabilität μ befinde sich im allseitig unbegrenzten Raum der Permeabilität $\mu = 1$. Der äquatoriale Halbmesser des Ellipsoides sei gleich a, seine achsiale Halblänge gleich b $<$ a; demnach mißt $\varrho_0 = \sqrt{a^2 - b^2}$ die Exzentrizität [numerische Exzentrizität $\eta = \varrho_0/a$] des Ellipsoides. Dieser Körper wird durch das homogene, magnetische Primärfeld [Index p] der Stärke H_p magnetisiert; welches Sekundärfeld [Index s] wird durch das Ellipsoid hervorgerufen?

b) Das Zentrum des Ellipsoides definiert den gemeinsamen Ursprung sowohl des *Kartes*ischen Bezugssystemes x, y, z wie der mit ihm durch (I 2, 9) und (I 2, 19) verbundenen Elliptischen Koordinaten u, v, α; die z-Achse koinzidiert mit der Längsachse des Ellipsoides.

c) Das Primärpotential des achsenparallelen Feldanteiles $H_{p,z}$ lautet

$$\varphi_p = -H_{p,z} \cdot z =$$

$$= -H_{p,z} \cdot \frac{\sqrt{u^2 - \varrho_0^2}\,\sqrt{\varrho_0^2 - v^2}}{\varrho_0}.$$

$$(I\ 11,\ 1)$$

Das zugehörige Sekundärpotential verschwindet mit wachsendem Abstand vom Ursprung:

$$\lim_{u \to \infty} \varphi_s = 0.$$

$$(I\ 11,\ 2)$$

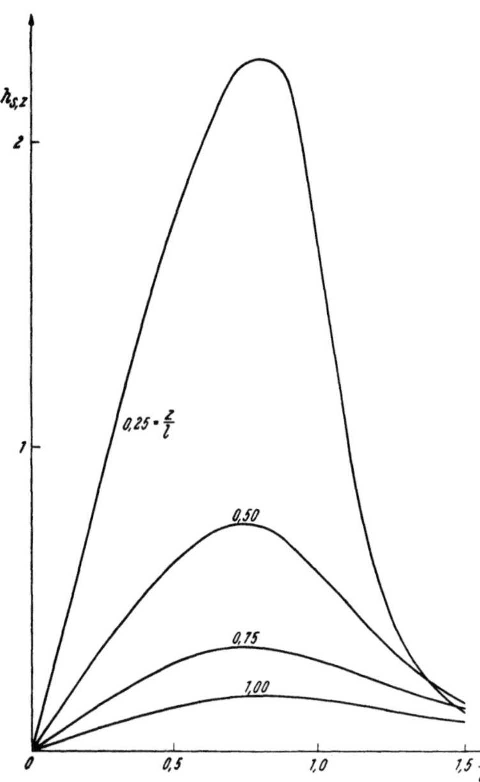

Abb. I 29. Quermagnetisierung des gestreckten Rotationsellipsoides. Numerisches Sekundärfeld in der Ebene $\alpha=0$ senkrecht zum Primärfelde.

In der Ellipsoid-Oberfläche u $=$ a wird die Stetigkeit der tangentiellen Feldkomponenten durch

$$\varphi_{s\,(u=a-0)} = \varphi_{s\,(u=a+0)} \qquad (I\ 11,\ 3)$$

und die Stetigkeit der normalen Induktionskomponenten durch

$$\mu \left(\frac{\partial(\varphi_p + \varphi_s)}{\partial u} \right)_{u=a-0} = \left(\frac{\partial(\varphi_p + \varphi_s)}{\partial u} \right)_{u=a+0} \qquad (I\ 11,\ 4)$$

gewährleistet.

d) Im Einklang mit (I 11, 3) und (I 11, 4) machen wir den bezüglich v mit (I 11, 1) kohärenten Ansatz

$$\varphi_s = \frac{\sqrt{\varrho_0^2 - v^2}}{\varrho_0} \cdot f(u). \qquad (I\ 11,\ 5)$$

Wir tragen ihn in (I 2, 25) ein und erhalten für f (u) die Differential-gleichung zweiter Ordnung

$$\frac{d}{du}\left(\frac{u\,\sqrt{u^2-\varrho_0^2}}{\varrho_0^2}\frac{df}{du}\right)-\frac{2\,u}{\varrho_0\,\sqrt{u^2-\varrho_0^2}}\,f=0. \qquad (I\ 11,\ 6)$$

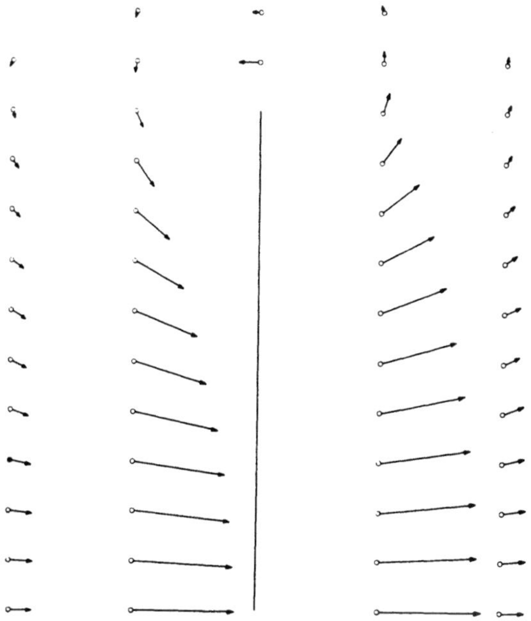

Abb. I 30. Quermagnetisierung des gestreckten Rotationsellipsoides. Feldbild in der Magnetisierungs-Meridianebene.

Auf Grund von (I 11, 1) ist das Partikularintegral bekannt

$$f_2=\frac{\sqrt{u^2-\varrho_0^2}}{\varrho_0}. \qquad (I\ 11,\ 7)$$

Mittels des Satzes (I 10, 13) gewinnen wir aus ihm das weitere Integral

$$f_1=C\,\frac{\sqrt{u^2-\varrho_0^2}}{\varrho_0}\int\limits_{\infty}^{u}\frac{\varrho_0^3\,du'}{u'\,(u'^2-\varrho_0^2)^{3/2}}. \qquad (I\ 11,\ 8)$$

Die Substitution $\dfrac{\varrho_0}{\sqrt{u'^2-\varrho_0^2}}=x$ liefert

$$f_1=C\,\frac{\sqrt{u^2-\varrho_0^2}}{\varrho_0}\int\limits_{0}^{\frac{\varrho_0}{\sqrt{u^2-\varrho_0^2}}}\left(\frac{1}{1+x^2}-1\right)dx=-C\,\frac{\sqrt{u^2-\varrho_0^2}}{\varrho_0}\left[\frac{\varrho_0}{\sqrt{u^2-\varrho_0^2}}-\right.$$

$$\left.-\operatorname{arctg}\frac{\varrho_0}{\sqrt{u^2-\varrho_0^2}}\right]=-C\left[1-\frac{\sqrt{u^2-\varrho_0^2}}{\varrho_0}\arcsin\frac{\varrho_0}{u}\right]. \qquad (I\ 11,\ 9)$$

Die Potentialfunktion

$$\varphi_{s,i} = C_i \frac{\sqrt{u^2 - \varrho_0^2}\,\sqrt{\varrho_0^2 - v^2}}{\varrho_0}. \qquad (I\ 11,\ 10)$$

bleibt im Ursprung endlich; mit ihrer Hilfe beschreiben wir das Sekundärfeld im Inneren des Ellipsoides, indem wir, durch Vergleich von (I 11, 10) mit (I 11, 1), die Konstante $(-C_i)$ mit der achsenparallelen, homogenen Sekundärfeldstärke $H_{s,z}$ identifizieren:

$$\varphi_{s,i} = -H_{s,z} \frac{\sqrt{u^2 - \varrho_0^2}\,\sqrt{\varrho_0^2 - v^2}}{\varrho_0}. \qquad (I\ 11,\ 11)$$

Dagegen genügt die Potentialfunktion

$$\varphi_{s,a} = C_a \left[1 - \frac{\sqrt{u^2 - \varrho_0^2}}{\varrho_0} \arcsin \frac{\varrho_0}{u} \right] \sqrt{\varrho_0^2 - v^2} \qquad (I\ 11,\ 12)$$

der Bedingung (I 11, 2); sie ist für den Bereich $u > a$ zuständig. Insbesondere folgt im Falle $u \gg a$ mit Rücksicht auf (I 2, 19) die Entwicklung

$$\varphi_{s,a} = \frac{C_a}{3} \frac{\varrho_0^3 z}{(z^2 + \varrho^2)^{3/2}} + \cdots, \qquad (I\ 11,\ 13)$$

deren Anfangsglied das Potential eines achsenparallelen magnetischen Dipoles vom Moment m schildert

$$\left.
\begin{aligned}
\varphi_{s,a} &= \frac{m}{4\pi\Pi} \cdot \frac{3}{\varrho_0^3} \left[1 - \frac{\sqrt{u^2 - \varrho_0^2}}{\varrho_0} \arcsin \frac{\varrho_0}{u} \right] \sqrt{\varrho_0^2 - v^2} \\
m &= \frac{C_a}{3} \varrho_0^3\, 4\pi\Pi.
\end{aligned}
\right\} \qquad (I\ 11,\ 14)$$

e) Zur Berechnung von $H_{s,z}$ und m dienen die aus (I 11, 3) und (I 11, 4) fließenden Gleichungen

$$H_{s,z} = -\frac{m}{4\pi\Pi} \frac{3}{\varrho_0^3} \left[\frac{\varrho_0}{\sqrt{a^2 - \varrho_0^2}} - \arcsin \frac{\varrho_0}{a} \right] \qquad (I\ 11,\ 15)$$

und

$$\mu(H_{p,z} + H_{s,z}) - H_{p,z} = -\frac{m}{4\pi\Pi} \frac{3}{\varrho_0^3} \left[\frac{\varrho_0}{\sqrt{a^2 - \varrho_0^2}} - \arcsin \frac{\varrho_0}{a} - \frac{\varrho_0^3}{a^2\sqrt{a^2 - \varrho_0^2}} \right]$$
$$(I\ 11,\ 16)$$

Wir subtrahieren (I 11, 15) von (I 11, 16), führen das im Innern des Ellipsoides resultierende Homogenfeld $H_z = H_{p,z} + H_{s,z}$ samt der zugehörigen Magnetisierung $I_z = \Pi(\mu - 1)H_z$ ein und erhalten mit Hilfe des Ellipsoidvolumens $V = \tfrac{3}{4}\pi\, a^2 \sqrt{a^2 - \varrho_0^2}$

$$(\mu - 1)H_z = \frac{m}{4\pi\Pi} \cdot \frac{3}{a^2\sqrt{a^2 - \varrho_0^2}}; \qquad m = I_z \cdot V. \qquad (I\ 11,\ 17)$$

Aus (I 11, 15) entnehmen wir somit die Relation

$$H_{s,z} = -\gamma_1 \frac{I_z}{\Pi} \qquad (I\ 11,\ 18)$$

wobei γ_1 den Längs-Entmagnetisierungsfaktor definiert [Abb. I 31]:

$$\gamma_1 = \frac{a^2}{\varrho_0^2} \left[1 - \frac{\sqrt{a^2 - \varrho_0^2}}{\varrho_0} \arcsin \frac{\varrho_0}{a} \right] = \frac{1}{\eta^2} \left[1 - \frac{\sqrt{1 - \eta^2}}{\eta} \arcsin \eta \right] \qquad (I\ 11,\ 19)$$

f) Mittels des Primärpotentiales

$$\varphi_p = -\, H_{p,\,x} \cdot x = -\, H_{p,\,x}\, \varrho \cos\alpha = -\, H_{p,\,x}\, \frac{u\,v}{\varrho_0} \cos\alpha \qquad \text{(I 11, 20)}$$

gehen wir zur Quermagnetisierung des abgeplatteten Rotationsellipsoides über. Mit Rücksicht auf (I 11, 3) oder (I 11, 4) wählen wir für das korrespondierende Sekundärpotential φ_s den in v und α zu (I 11, 20) kohärenten Ansatz

$$\varphi_s = f(u)\, \frac{v}{\varrho_0} \cos\alpha. \qquad \text{(I 11, 21)}$$

Er liefert mittels (I 2, 25) für f (u) die Differentialgleichung

$$\frac{d}{du}\left\{ \frac{u\,\sqrt{u^2 - \varrho_0{}^2}}{\varrho_0{}^2}\, \frac{df}{du} \right\} + \frac{\varrho_0{}^2 - 2\,u^2}{u\,\sqrt{u^2 - \varrho_0{}^2}}\, \frac{f}{\varrho_0{}^2} = 0. \qquad \text{(I 11, 22)}$$

Aus (I 11, 20) ist das Partikularintegral bekannt

$$f_2 = \frac{u}{\varrho_0}. \qquad \text{(I 11, 23)}$$

Gemäß (I 10, 13) findet man daher als weiteres Partikularintegral, welches für $u \to \infty$ verschwindet:

$$f_1 = C' \, \frac{u}{\varrho_0} \int\limits_{\infty}^{u} \frac{\varrho_0{}^3\, du'}{u'^{\,3}\, \sqrt{u'^2 - \varrho_0{}^2}}. \qquad \text{(I 11, 24)}$$

Wir substituieren $\sqrt{u'^2 - \varrho_0^2} = x$ und erhalten zunächst

$$\left.\begin{aligned}
\int \frac{\varrho_0{}^3\, du'}{u'^{\,3}\, \sqrt{u'^2 - \varrho_0{}^2}} &= \int \frac{\varrho_0{}^3\, dx}{(x^2 + \varrho_0{}^2)^2} = -\frac{\varrho_0{}^2}{2}\, \frac{\partial}{\partial \varrho_0} \int \frac{dx}{x^2 + \varrho_0{}^2} = \\
&= -\frac{\varrho_0{}^2}{2}\, \frac{\partial}{\partial \varrho_0}\left\{ \frac{1}{\varrho_0}\, \mathrm{arctg}\, \frac{x}{\varrho_0} \right\} = \frac{1}{2}\left\{ \mathrm{arctg}\, \frac{x}{\varrho_0} - \frac{\varrho_0\, x}{\varrho_0{}^2 + x^2} \right\},
\end{aligned}\right\} \quad \text{(I 11, 25)}$$

also

$$\left.\begin{aligned}
f_1 &= C' \, \frac{u}{2\,\varrho_0}\left\{ \mathrm{arctg}\, \frac{\sqrt{u^2 - \varrho_0{}^2}}{\varrho_0} + \frac{\varrho_0\, \sqrt{u^2 - \varrho_0{}^2}}{u^2} - \frac{\pi}{2} \right\} = \\
&= C' \, \frac{u}{2\varrho_0}\left\{ \frac{\varrho_0\, \sqrt{u^2 - \varrho_0{}^2}}{u^2} - \arcsin\, \frac{\varrho_0}{u} \right\}.
\end{aligned}\right\} \quad \text{(I 11, 26)}$$

Die Potentialfunktion

$$\varphi_{s,\,i} = C_i\, \frac{u\,v}{\varrho_0} \cos\alpha \qquad \text{(I 11, 27)}$$

dient zur Beschreibung des Sekundärfeldes im Inneren des Ellipsoides; durch ihren Vergleich mit (I 11, 20) erkennt man in $(-\,C_i)$ die dort parallel zur x-Achse gerichtete, homogene Sekundärfeldstärke $H_{s,\,x}$:

$$\varphi_{s,\,i} = -\, H_{s,\,x}\, \frac{u\,v}{\varrho_0} \cos\alpha. \qquad \text{(I 11, 28)}$$

Dagegen ist im Gebiet $u > a$ die Funktion

$$\varphi_{s,\,a} = C_a\, \frac{u}{2\,\varrho_0}\left\{ \arcsin\, \frac{\varrho_0}{u} - \frac{\varrho_0\, \sqrt{u^2 - \varrho_0{}^2}}{u^2} \right\} v \cos\alpha \qquad \text{(I 11, 29)}$$

zu benützen; für $u \gg a$ liefert sie die Entwicklung

$$\varphi_{s,a} = \frac{C_a}{3} \frac{\varrho_0^3 x}{(\varrho^2 + z^2)^{3/2}} + \cdots, \qquad \text{(I 11, 30)}$$

deren Anfangsglied das Potential eines zur x-Achse parallelen magnetischen Dipoles vom Momente m definiert:

$$\left. \begin{aligned} \varphi_{s,a} &= \frac{m}{4\pi\Pi} \cdot \frac{3}{\varrho_0^3} \cdot \frac{u}{2\varrho_0} \left\{ \arcsin \frac{\varrho_0}{u} - \frac{\varrho_0 \sqrt{u^2 - \varrho_0^2}}{u^2} \right\} v \cos \alpha \\ m &= \frac{C_a}{3} \varrho_0^3 \, 4\pi\Pi \cdot \end{aligned} \right\} \quad \text{(I 11, 31)}$$

Die Randbedingungen (I 11, 3) und (I 11, 4) liefern

$$H_{s,x} = -\frac{m}{4\pi\Pi} \cdot \frac{3}{\varrho_0^3} \cdot \frac{1}{2} \left\{ \arcsin \frac{\varrho_0}{a} - \frac{\varrho_0 \sqrt{a^2 - \varrho_0^2}}{a^2} \right\} \quad \text{(I 11, 32)}$$

und

$$\mu (H_{p,x} + H_{s,x}) - H_{p,x} =$$

$$= -\frac{m}{4\pi\Pi} \frac{3}{\varrho_0^3} \left\{ \arcsin \frac{\varrho_0}{a} - \frac{\varrho_0 \sqrt{a^2 - \varrho_0^2}}{a^2} - \frac{2\varrho_0^3}{a^2 \sqrt{a^2 - \varrho_0^2}} \right\} \cdot \quad \text{(I 11, 33)}$$

Wir subtrahieren (I 11, 32) von (I 11, 33) und erhalten mit $H_x = H_{p,x} + H_{s,x}$; $I_x = \Pi (\mu - 1) H_x$

$$(\mu - 1) H_x = \frac{m}{4\pi\Pi} \frac{3}{a^2 \sqrt{a^2 - \varrho_0^2}}; \qquad m = I_x \cdot V. \qquad \text{(I 11, 34)}$$

Hiermit nimmt (I 11, 32) die Gestalt an

$$H_{s,x} = -\frac{I_x}{\Pi} \gamma_q, \qquad \text{(I 11, 35)}$$

wobei der Quer-Entmagnetisierungsfaktor γ_q durch den Ausdruck

$$\left. \begin{aligned} \gamma_q &= \frac{a^2 \sqrt{a^2 - \varrho_0^2}}{\varrho_0^3} \frac{1}{2} \left\{ \arcsin \frac{\varrho_0}{a} - \frac{\varrho_0 \sqrt{a^2 - \varrho_0^2}}{a^2} \right\} = \\ &= \frac{1}{2} \cdot \frac{1}{\eta^2} \left\{ \frac{\sqrt{1 - \eta^2}}{\eta} \arcsin \eta - (1 - \eta^2) \right\} \end{aligned} \right\} \quad \text{(I 11, 36)}$$

definiert ist [Abb. I 31]. Nach (I 11, 19) besteht zwischen ihm und dem Längs-Entmagnetisierungsfaktor die Relation

$$\gamma_l + 2\gamma_q = 1. \qquad \text{(I 11, 37)}$$

I 12. Massekerne.

a) Man verwendet zum Bau hochwertiger Induktionsspulen der elektrischen Nachrichtentechnik in zunehmendem Maße magnetische Kerne, welche aus einer sehr großen Zahl kleiner ferromagnetischer Teilchen, oft in Verbindung mit einem Zuschlag isolierenden Füllmateriales, unter hohem Druck zusammengepreßt werden. Um die Eigenschaften solcher „Massekerne" quantitativ zu beschreiben, ersetzen wir die ferromagnetischen Teilchen modellmäßig durch achsenparallele, gestreckte oder abgeplattete Rotationsellipsoide von einheitlicher, numerischer Exzentrizität η und einheitlicher Permeabilität μ, während wir dem Füllmateriale die Permeabilität 1 zuschreiben; der verhältnismäßige Raumanteil der ferromagnetischen Teilchen im gesamten Massekern werde durch den Füllfaktor p gemessen.

b) Wir rufen ein Zylinder-Koordinatensystem z, ϱ, α zu Hilfe, dessen z-Achse parallel zur Drehachse der Ellipsoide orientiert ist. In ihm zerlegen wir den Vektor H der magnetischen Feldstärke in die beiden [physikalischen] Komponenten H_l in Richtung jener Achse und H_q senkrecht zu ihr; ihnen korrespondieren der Längs-Entmagnetisierungs-Faktor γ_l (η) und der Quer-Entmagnetisierungsfaktor γ_q (η) der Ellipsoide nach Ziffer I 10 und I 11.

Um beide, physikalisch unterschiedlichen Magnetisierungs-Richtungen formal gemeinsam behandeln zu können, unterdrücken wir vorübergehend die Indizes l und q und stellen uns den Vektor H in dieser oder jener Richtung wirksam vor.

c) Innerhalb des Massekernes definieren wir zweierlei Magnetisierungsvektoren:

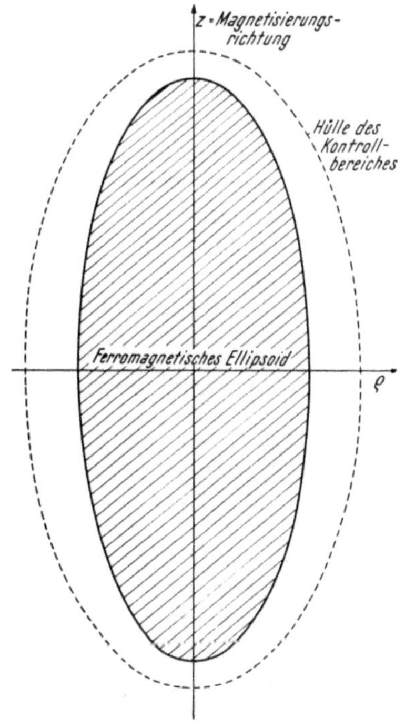

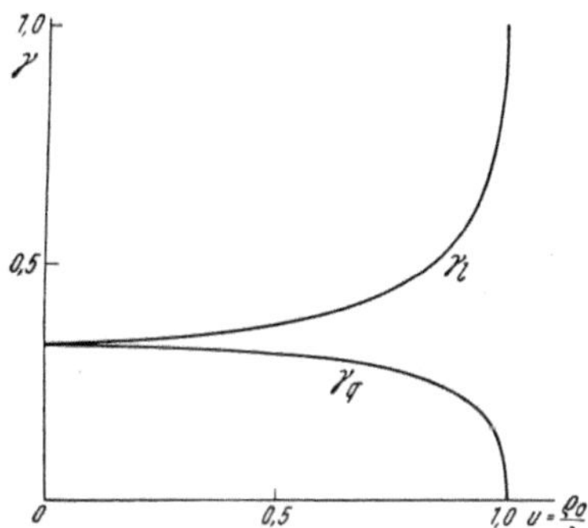

Abb. I 31. Die Entmagnetisierungsfaktoren γ_l [Längsmagnetisierung] und γ_q [Quermagnetisierung] des abgeplatteten Rotationsellipsoides.

Abb. I 32. Zur Berechnung des wirksamen Feldes im Massekern.

1. Im Innern jedes ferromagnetischen Einzelteilchens ruft sein „Lokalfeld" H die „mikroskopische" Magnetisierung I hervor:

$$I = \Pi\,(\mu - 1)\,H. \tag{I 12, 1}$$

2. Aus der räumlichen Mittelung der Magnetisierung über den gesamten Massekern resultiert die „makroskopische" Magnetisierung

$$\bar{I} = \mathrm{p}\,I. \tag{I 12, 2}$$

Wir wählen nun in der Umgebung des Aufpunktes ein zur Feldrichtung paralleles Wegstück, dessen endliche Länge $\varDelta s$ zwar groß gegen die Dimensionen des ferromagnetischen Einzelteilchens, gleichzeitig aber klein gegen jene des gesamten Massekernes sei; bezeichne ds eines seiner vektoriellen Elemente, $1_s = ds/|ds|$ den zugehörigen Einheitsvektor, so definiert

$$\bar{H} = \frac{1_s}{\varDelta s} \int\limits_{(\varDelta s)} (H\,ds). \tag{I 12, 3}$$

die makroskopische Feldstärke im Aufpunkt. Die Verknüpfungsgleichung

$$\overline{I} = \Pi\,(\overline{\mu} - 1)\,\overline{H} \qquad\qquad (\text{I } 12,\ 4)$$

liefert sodann die *makroskopische Permeabilität* $\overline{\mu}$; ihre Berechnung bildet das Zentralproblem der Magnetostatik der Massekerne.

d) Wir richten unsere Aufmerksamkeit auf eines der ferromagnetischen Ellipsoide, welches wir nach Abb. I 32 mit einem konfokalen, ellipsoidischen Hofe von Füllmaterial umgeben; innerhalb dieses Kontrollbereiches soll der ferromagnetische Raumanteil gleich p sein. Nunmehr wird folgendes Gedankenexperiment durchgeführt:

Wir lassen die Magnetisierungsvektoren I aller ferromagnetischen Teilchen nach Größe und Richtung „erstarren"; sodann entfernen wir aus dem Kontrollbereich das ihm innewohnende, ferromagnetische Ellipsoid. Welches „wirksame Feld" $\overline{H}_w$ tritt innerhalb dieses „homogenisierten" Kontrollbereiches auf?

Die geschilderte Operation läßt sich als Superposition eines „Stör-feldes" [Index st] über jenes des vollen Massekernes interpretieren:

1. Da definitionsgemäß außerhalb des Kontrollbereiches die Magneti-sierung $\overline{I}$ festgehalten wird, verschwindet dort die Störungsmagnetisierung

$$\overline{I}_{st} = 0 \qquad\qquad (\text{I } 12,\ 5)$$

2. Im Innern des Kontrollbereiches [makroskopische Permeabilität $\overline{\mu}$ des vollen Massekernes] wird gesetzt

$$\overline{I}_{st} = -\,\overline{I}, \qquad\qquad (\text{I } 12,\ 6)$$

so daß hier, wie verlangt, die resultierende Magnetisierung verschwindet.

Die gleichen Bedingungen beherrschen das Sekundärfeld eines Ellip-soides der Permeabilität $\overline{\mu}$, welches in einen allseitig unbegrenzten Raum der Permeabilität $\mu = 1$ eingelagert ist und selbst die Magnetisierung $\overline{I}_{st}$ trägt. Daher entsteht im Innern des Kontrollbereiches das Sekundärfeld

$$\overline{H}_{st} = -\,\gamma\,\frac{\overline{I}_{st}}{\Pi} = +\,\gamma\,\frac{\overline{I}}{\Pi}\,; \qquad \gamma = \text{Entmagnetisierungs-Faktor}, \qquad (\text{I } 12,\ 7)$$

so daß wir finden

$$\overline{H}_w = \overline{H} + \overline{H}_{st} = \overline{H} + \gamma\,\frac{\overline{I}}{\Pi}\,. \qquad\qquad (\text{I } 12,\ 8)$$

e) Wir kehren zur Mikrostruktur des Feldes im einzelnen, ferro-magnetischen Ellipsoide zurück. Seine Entmagnetisierung im wirksamen Felde $\overline{H}_w$ wird durch die Gleichung geregelt

$$H_s \equiv H - \overline{H}_w = -\,\gamma\,\frac{I}{\Pi} = -\,\gamma\,(\mu - 1)\,H\,; \qquad H = \frac{\overline{H}_w}{1 + \gamma\,(\mu - 1)}\,.$$
$$(\text{I } 12,\ 9)$$

Mit Rücksicht auf (I 12, 8), (I 12, 1) und (I 12, 2) folgt hieraus

$$H = \frac{\overline{H} + \gamma\,\mathrm{p}\,(\mu - 1)\,H}{1 + \gamma\,(\mu - 1)}\,; \qquad H = \overline{H}\,\frac{1}{1 + (1 - \mathrm{p})\,\gamma\,(\mu - 1)}\,, \qquad (\text{I } 12,\ 10)$$

also

$$\overline{I} = \Pi\,\overline{H}\,\frac{\mathrm{p}\,(\mu - 1)}{1 + (1 - \mathrm{p})\,\gamma\,(\mu - 1)} \qquad\qquad (\text{I } 12,\ 11)$$

und

$$\overline{\mu} = \frac{1 + \{p + (1-p)\gamma\}(\mu-1)}{1 + (1-p)\gamma(\mu-1)}.\qquad (I\ 12,\ 12)$$

Wir besprechen im Lichte des Ergebnisses (I 12, 12) folgende Sonderfälle:

1. $p = 0$: Der „Massekern" enthält keinerlei ferromagnetisches Material; im Einklang hiermit liefert (I 12, 12) die Aussage

$$\overline{\mu}_0 = 1.\qquad (I\ 12,\ 13)$$

2. $p = 1$: Der „Massekern" enthält kein Füllmaterial; aus (I 12, 12) finden wir

$$\overline{\mu}_1 = \mu.\qquad (I\ 12,\ 14)$$

3. $\gamma = 0$: Die Ellipsoide sind zu achsenparallelen Zylindern entartet, welche in ihrer Längsrichtung magnetisiert werden [magnetische Parallelschaltung]

$$\overline{\mu}_{\text{parallel}} = 1 + p(\mu-1) = (1-p)\cdot 1 + p\cdot\mu.\qquad (I\ 12,\ 15)$$

Das erste Glied rechter Hand schildert den Anteil des Füllstoffes, das zweite Glied jenen der ferromagnetischen Zylinder an der makroskopischen Permeabilität.

4. $\gamma = 1$: Die Ellipsoide sind in senkrecht zur Magnetisierungsrichtung orientierte, planparallele Platten degeneriert [magnetische Reihenschaltung]

$$\frac{1}{\overline{\mu}_{\text{Reihe}}} = \frac{1 + (1-p)(\mu-1)}{1 + (\mu-1)} = \frac{1-p}{1} + \frac{p}{\mu}.\qquad (I\ 12,\ 16)$$

Das erste Glied rechter Hand mißt den Anteil des Füllstoffes, das zweite jenen der ferromagnetischen Platten an der makroskopischen Permeabilität.

5. $\mu \to \infty$: Die ferromagnetischen Elemente des Massekernes werden aus hochpermeablen Eisen-Nickellegierungen [Permalloy] hergestellt

$$\overline{\mu}_\infty = \lim_{\mu\to\infty}\overline{\mu} = \frac{p + (1-p)\gamma}{(1-p)\gamma} = 1 + \frac{p}{(1-p)\gamma}.\qquad (I\ 12,\ 17)$$

Das erste Glied rechter Hand schildert die Eigenschaften des Füllstoffes allein, das zweite die Zunahme der makroskopischen Permeabilität auf Grund des magnetischen Kurzschlusses am Orte der ferromagnetischen Teilchen. Insbesondere verlangt die Konstruktion eines Massekernes von hoher, makroskopischer Permeabilität

α) möglichste Reduktion des Füllstoffes,

β) Anwendung möglichst gestreckter Rotationsellipsoide von kleinem Entmagnetisierungs-Faktor.

Man erreicht das erste Ziel, indem man die ferromagnetischen Teilchen nur durch dünne Oxydhäutchen voneinander isoliert; das zweite, indem man bei der Formung des Massekernes den Druck senkrecht zur beabsichtigten Hauptfeld-Richtung leitet und dadurch die ferromagnetischen Teilchen in jener Richtung streckt. Allerdings ist darauf zu achten, daß man durch diese Prozesse die ferromagnetischen Materialeigenschaften nicht schädigt.

f) Neben den früher genannten Zylinder-Koordinaten werden *Kartes*ische Koordinaten x, y, z eingeführt; die z-Achsen beider Bezugssysteme koinzidieren.

Das makroskopische Feld

$$\overline{H} = 1_x \overline{H}^x + 1_y \overline{H}^y + 1_z \overline{H}^z \qquad \text{(I 12, 18)}$$

erregt die makroskopische Induktion

$$\overline{B} = 1_x \overline{B}^x + 1_y \overline{B}^y + 1_z \overline{B}^z = \Pi (M \overline{H}). \qquad \text{(I 12, 19)}$$

Hierin definiert M den *Permeabilitäts-Tensor* des Massekernes; er ist symmetrisch, von zweiter Stufe, und seine gemischten Komponenten lauten

$$\left.\begin{aligned}
M_x^x = M_y^y = M_z^z &= \frac{1 + \{p + (1-p)\,\gamma_l\}\,(\mu - 1)}{1 + (1-p)\,\gamma_l\,(\mu - 1)}\,, \\
M_y^x = M_z^x = M_x^y = M_z^y = M_x^z = M_y^z &= \frac{1 + \{p + (1-p)\,\gamma_q\}\,(\mu - 1)}{1 + (1-p)\,\gamma_q\,(\mu - 1)}\,.
\end{aligned}\right\} \qquad \text{(I 12, 20)}$$

Sie lassen sich experimentell unschwer ermitteln und verhelfen uns dann vermöge ihrer funktionellen Abhängigkeit von den Entmagnetisierungs-Faktoren γ_l und γ_q zu einer Einsicht in die Form der durch den Herstellungsprozeß des Massekernes plastisch deformierten ferromagnetischen Teilchen.

I 13. Das Magnetfeld leerlaufender Einzelpolmaschinen in elementarer Behandlung.

a) Bei einer wichtigen Klasse von Dynamomaschinen sind jeweils zwei aktive Hauptteile zu unterscheiden:

1. Der *Induktor* trägt längs seines Umfanges 2 p kongruente Magnetpole alternierenden Vorzeichens. Sie sind meist mit einer Erregerwicklung ausgerüstet, welche durch Gleichstrom regelbarer Stärke gespeist wird.

2. Der *Anker* enthält die Wicklungen der Arbeitsströme.

b) Im Betriebe der Maschine drehen sich Induktor und Anker relativ zueinander mit gleichförmiger Winkelgeschwindigkeit. Es werden zwei Maschinentypen gebaut, die einander dual entsprechen:

1. *Innenpol-Maschinen:* Der Induktor dreht sich um seine Symmetrieachse innerhalb der Bohrung des Ankers.

2. *Außenpol-Maschinen:* Der Anker dreht sich zwischen den Polen des feststehenden Induktors.

Technologisch bezeichnet man den sich drehenden Maschinenteil als Läufer [Rotor], den raumfesten Maschinenteil als Ständer [Stator].

Im Lichte ihrer magnetischen Feldstruktur sind beide Maschinentypen einander gleichwertig. Vor allem mit Rücksicht auf die elektrische Verbindung der Arbeitswicklungen mit dem Netz bevorzugt man für Wechselstrom-Maschinen die Innenpoltype; dagegen werden moderne Gleichstrom-Maschinen ausschließlich mit Außenpolen gebaut.

c) Wir machen die Drehachse der Maschine zur Achse eines Zylinder-Koordinatensystemes nach Ziffer I 2, b. Der Ursprung wird in das Zentrum des Läufers gelegt. Mit s bezeichnen wir die achsiale Länge des Läufers, mit R den Halbmesser der Ankeroberfläche. Das Grundproblem der Einzelpolmaschinen lautet:

Bei leerlaufender Maschine ist die Normalinduktion auf der Ankeroberfläche vorgeschrieben

$$B_\varrho = B_\varrho\,(z, a) \quad \text{für} \quad \varrho = R. \qquad \text{(I 13, 1)}$$

Welche Profilfläche

$$\varrho_0 = \varrho_0\,(z, a) \qquad\qquad (\text{I } 13,\ 2)$$

ist den Polen des Induktors zu geben, um diese Induktionsverteilung physikalisch zu realisieren?

In der Regel ist s so groß im Verhältnis zum Luftspalt $|R - \varrho_0|$, daß das magnetische Skalarpotential φ in $- s/2 < z < s/2$ nicht von z abhängt, sofern man von den Randeffekten in der Umgebung von $z = \pm\ s/2$ absieht. Die gleiche funktionelle Eigenschaft zeichnet somit die Komponenten der Feldvektoren H und B innerhalb des Luftspaltes aus. Daher reduziert sich (I 13, 1) auf eine vorgeschriebene Funktion allein des Azimutes a

$$B_\varrho = B_\varrho\,(a) \qquad \text{für} \quad \varrho = R, \qquad\qquad (\text{I } 13,\ 3)$$

deren geometrisches Bild die „Feldkurve" der leerlaufenden Maschine definiert. Gleichzeitig wird auch der gesuchte Profilradius ϱ_0 eine Funktion lediglich von a

$$\varrho_0 = \varrho_0\,(a), \qquad\qquad (\text{I } 13,\ 4)$$

welche in jeder Ebene z-const. die Profilkurve des Induktors darstellt.

d) Die elementare Behandlung der Aufgabe geht von folgenden Annahmen aus:

1. Wir lassen die Ankernuten außer Betracht, behandeln also die Anker-Oberfläche als geschlossen.

2. Ständer und Läufer gelten je als vollkommen permeable Körper. Hiernach existiert weder im Ständer noch im Läufer eine endliche magnetische Feldstärke: Das Skalarpotential φ beschränkt sich auf das Gebiet des Luftspaltes. Die dort zuständige *Laplace*sche Gleichung entsteht aus (I 13, 4) durch Streichen des von der Achsenkoordinate z abhängigen Gliedes:

$$\frac{\partial^2\varphi}{\partial\varrho^2} + \frac{1}{\varrho}\,\frac{\partial\varphi}{\partial\varrho} + \frac{1}{\varrho^2}\,\frac{\partial^2\varphi}{\partial a^2} = 0. \qquad\qquad (\text{I } 13,\ 5)$$

e) Wir suchen die Randbedingungen, denen das Skalarpotential zu genügen hat:

1. Da nach Voraussetzung die Maschine leerläuft, ist das Skalarpotential auf der Ankeroberfläche konstant; wir dürfen es gleich Null setzen

$$\varphi = 0 \qquad \text{für} \quad \varrho = R. \qquad\qquad (\text{I } 13,\ 6)$$

2. Die Feldkurve an der Anker-Oberfläche ist vorgeschrieben

$$-\Pi\frac{\partial\varphi}{\partial\varrho} = B_\varrho\,(a) \qquad \text{für} \quad \varrho = R. \qquad\qquad (\text{I } 13,\ 7)$$

Damit diese Forderung eindeutig sei, muß die Feldkurve periodisch in a verlaufen; der Wirkung p kongruenter Polpaare korrespondiert die primitive Periode $2\,\pi/\text{p}$. Überdies gilt wegen div B $= 0$ stets die Gleichung

$$\int_0^{2\pi} B_\varrho\,(a')\,\mathrm{d}a' = 0. \qquad\qquad (\text{I } 13,\ 8)$$

Die Funktion (I 13, 3) läßt sich somit in eine *Fourier*sche Reihe der Gestalt entwickeln

$$B\varrho\,(a) = \sum_{k=1}^{\infty} S_k \sin\,k\,p\,a + C_k \cos k\,p\,a$$

$$S_k = \frac{p}{\pi} \int_{-\pi/p}^{+\pi/p} B\varrho\,(a')\sin k\,p\,a'\,da'$$

$$C_k = \frac{p}{\pi} \int_{-\pi/p}^{+\pi/p} B\varrho\,(a')\cos k\,p\,a'\,da'.$$

$$\text{(I 13, 9)}$$

Häufig fordert man eine zu den Polmitten symmetrische Feldkurve; auch die Polprofile fallen dabei ja symmetrisch zu ihrem Mittelradius aus. Wählt man dann die Symmetrieebene eines Poles als Ebene $a = 0$, so annullieren sich sämtliche S_K. Insbesondere erstrebt man für Wechselstrom-Maschinen meist eine oberwellenfreie Feldkurve; bei der angegebenen Festsetzung von $a = 0$ reduziert sich dann (I 13, 9) auf

$$B\varrho\,(a) = C_1 \cos p\,a. \qquad \text{(I 13, 10)}$$

Durch (I 13, 5), (I 13, 6) und (I 13, 7) im Verein mit (I 13, 9) ist φ eindeutig bestimmt. Auf Grund der Annahme eines vollkommen permeablen Induktors ist φ auf der Oberfläche jedes einzelnen Poles konstant:

$$\varphi = \pm\,\varphi_0. \qquad \text{(I 13, 11)}$$

Hierin gilt das $\genfrac{}{}{0pt}{}{\text{positive}}{\text{negative}}$ Vorzeichen für den $\genfrac{}{}{0pt}{}{\text{Nordpol}}{\text{Südpol}}$; der Betrag φ_0 mißt, gemäß der Ersten *Maxwell*schen Gleichung, die Erregerdurchflutung je Pol.

f) Zur Lösung der Potentialgleichung (I 13, 5) verhilft der Produktansatz

$$\varphi = P\,(\varrho)\,A\,(a). \qquad \text{(I 13, 12)}$$

Er liefert zunächst

$$\left\{\frac{d^2P}{d\varrho^2} + \frac{1}{\varrho}\frac{dP}{d\varrho}\right\}A + P\frac{1}{\varrho^2}\frac{d^2A}{da^2} = 0. \qquad \text{(I 13, 13)}$$

Wir multiplizieren mit $\varrho^2/(P\,A)$ und erhalten mit Hilfe einer Separationskonstanten λ^2 für P und A die gewöhnlichen Differentialgleichungen

$$\frac{d^2P}{d\varrho^2} + \frac{1}{\varrho}\frac{dP}{d\varrho} - \frac{\lambda^2}{\varrho^2}P = 0 \qquad \text{(I 13, 14)}$$

und

$$\frac{d^2A}{da^2} + \lambda^2\,A = 0. \qquad \text{(I 13, 15)}$$

Die Eindeutigkeit von φ ist nur dann gewährleistet, falls A in a periodisch ist; hierdurch wird λ als reelle, ganze Zahl q festgelegt

$$\lambda = \pm\,q. \qquad \text{(I 13, 16)}$$

Die entsprechende Lösung von (I 13, 15) lautet mit zwei Integrationskonstanten s_q und c_q

$$A = s_q \sin q\,a + c_q \cos q\,a. \qquad \text{(I 13, 17)}$$

Nach Substitution von (I 13, 16) in (I 13, 14) findet man mittels zweier weiterer Integrationskonstanten K_q^+ und K_q^- die Lösung

$$\left.\begin{array}{ll} P = K_q^+\,\varrho^q + K_q^-\,\varrho^{-q}; & q \neq 0, \\ P = K_0^+ \;\;\;\;\; + K_0^-\,\ln\varrho; & q = 0. \end{array}\right\} \quad \text{(I 13, 18)}$$

g) Mit Rücksicht auf die Linearität der *Laplace*schen Gleichung dürfen wir aus (I 13, 17), (I 13, 18) und (I 13, 12) das Integral bilden

$$\varphi = K_0^+ + K_0^- \ln \varrho + \sum_{q=1}^{\infty} [K_q^+ \varrho^q + K_q^- \varrho^{-q}] \, [s_q \sin q\,\alpha + c_q \cos q\,\alpha].$$

$$(I\ 13,\ 19)$$

Es ist den Randbedingungen (I 13, 6) und (I 13, 7) anzupassen:

1. Wir erfüllen (I 13, 6) identisch in α durch

$$K_0^+ + K_0^- \ln R = 0; \quad (q=0) \quad K_q^+ R^q + K_q^- R^{-q} = 0 \quad (q \neq 0). \quad (I\ 13,\ 20)$$

Wir setzen abkürzend $K_q^+ R^q s_q \equiv s_q'$; $K_q^+ R^q c_q \equiv c_q'$ und erhalten durch Substitution von (I 13, 20) in (I 13, 19)

$$\varphi = K_0^- \ln \frac{\varrho}{R} + \sum_{q=1}^{\infty} \left[\left(\frac{\varrho}{R}\right)^q - \left(\frac{\varrho}{R}\right)^{-q} \right] [s_q' \sin q\,\alpha + c_q' \cos q\,\alpha]. \quad (I\ 13,\ 21)$$

2. Wir berechnen aus (I 13, 21) die radiale Komponente der Induktion

$$B_\varrho = -\Pi \frac{\partial \varphi}{\partial \varrho} = -\Pi \left\{ \frac{K_0^-}{\varrho} + \sum_{q=1}^{\infty} \frac{q}{\varrho} \left[\left(\frac{\varrho}{R}\right)^q + \left(\frac{\varrho}{R}\right)^{-q} \right] \right\} [s_q' \sin q\,\alpha + c_q' \cos q\,\alpha].$$

$$(I\ 13,\ 22)$$

Die Randbedingung (I 13, 7) führt nunmehr im Verein mit (I 13, 9) auf

$$q = k\,p; \qquad K_0^- = 0; \qquad s_q' = -\frac{1}{\Pi} \frac{R}{2\,q} S_k; \qquad c_q' = -\frac{1}{\Pi} \frac{R}{2\,q} C_k.$$

$$(I\ 13,\ 23)$$

Die Lösung des Potentialproblemes lautet somit

$$\varphi = -\frac{R}{2\,\Pi\,p} \sum_{k=1}^{\infty} \frac{1}{k} \left[\left(\frac{\varrho}{R}\right)^{kp} - \left(\frac{\varrho}{R}\right)^{-kp} \right] [S_k \sin k\,p\,\alpha + C_k \cos k\,p\,\alpha].$$

$$(I\ 13,\ 24)$$

h) Gemäß (I 13, 11) gilt längs der Polprofile

$$\sum_{k=1}^{\infty} \frac{1}{2\,k} \left[\left(\frac{R}{\varrho_0}\right)^{kp} - \left(\frac{\varrho_0}{R}\right)^{kp} \right] [S_k \sin k\,p\,\alpha + C_k \cos k\,p\,\alpha] = \pm \frac{\Pi\,p\,\varphi_0}{R}. \quad (I\ 13,\ 25)$$

Um hieraus die gesuchte Funktion (I 13, 4) explizit zu entwickeln, muß man allerdings im allgemeinen für jeden Wert von α das zugehörige Verhältnis ϱ_0/R mittels einer transzendenten Gleichung berechnen. Spezialisiert man jedoch auf die Polprofile von Wechselstrom-Maschinen nach Gl. (I 13, 10), so reduziert sich (I 13, 25) auf

$$\frac{1}{2} \left[\left(\frac{R}{\varrho_0}\right)^p - \left(\frac{\varrho_0}{R}\right)^p \right] \cos p\,\alpha = \pm \frac{\Pi\,p\,\varphi_0}{R\,C_1}. \qquad (I\ 13,\ 26)$$

Der Innenpoltype entspricht $\varrho_0/R < 1$, der Außenpoltype $\varrho_0/R > 1$ [Abb. I 33 und I 34]; mittels der Grenzfeldlinie durch die neutrale Zone des aktiven Ständerumfanges lassen sich die Feldlinien in zwei Gruppen scheiden: Die des Hauptfeldes treten von den Polflächen zum Anker über; jene des Streufeldes sind von Flanke zu Flanke benachbarter Pole gespannt. Da die Arbeitswicklungen nur vom Hauptfluß induziert werden, empfiehlt es sich, den Polbogen an der Grenzfeldlinie abzubrechen; die anschließenden Elemente dieser Linie selbst spielen konstruktiv die Rolle der Polflanken, welche — nach Vornahme der notwendigen mechanischen Änderungen — die Erregerwicklung tragen.

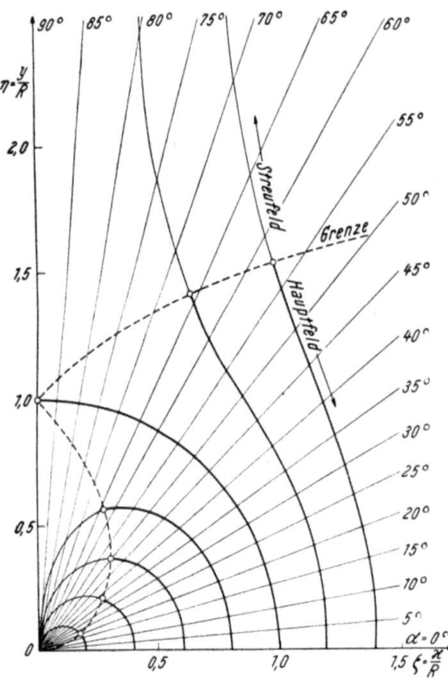

Abb. I 33. Konstruktion der Polprofile für p = 1.

i) Für sehr hohe Polzahlen p sind die vordem mitgeteilten Formeln rechnerisch unbequem. Wir gehen deshalb zur Grenze $p \to \infty$ über, indem wir gleichzeitig R so anwachsen lassen, daß die am Ankerumfang gemessene Polteilung

$$\tau = \frac{2\pi R}{2p} \qquad \text{(I 13, 27)}$$

endlich bleibt. Setzen wir gleichzeitig

$$a R \to x; \qquad \varrho - R \to y, \qquad \text{(I 13, 28)}$$

so geht die vorher kreiszylindrische Anker-Oberfläche in eine Ebene über, deren Umgebung durch das *Kartes*ische Koordinatensystem x, y, z beschrieben wird; der Unterschied zwischen Innenpol- und Außenpol-Maschine verschwindet. Vermöge (I 13, 27) und (I 13, 28) wird

$$\left.\begin{array}{l} \lim_{p \to \infty} \left(\dfrac{\varrho}{R}\right)^{\pm kp} = \lim_{p \to \infty} \left(1 + \dfrac{\pi y}{\tau p}\right)^{\pm kp} = e^{\pm k \frac{\pi}{\tau} y}, \\[2mm] \lim_{p \to \infty} \sin k p\, a = \sin k \dfrac{\pi}{\tau} x; \qquad \lim_{p \to \infty} \cos k p\, a = \cos k \dfrac{\pi}{\tau} x. \end{array}\right\} \qquad \text{(I 13, 29)}$$

Damit verwandelt sich (I 13, 9) in die Randbedingung

$$B_y = \sum_{k=1}^{\infty} S_k \sin k \frac{\pi}{\tau} x + C_k \cos k \frac{\pi}{\tau} x \quad \text{für} \quad y = 0, \qquad \text{(I 13, 30)}$$

welche sich für Wechselstrom-Maschinen mit rein harmonischer Feldkurve auf

$$B_y = C_1 \cos \frac{\pi}{\tau} x \quad \text{für} \quad y = 0 \qquad \text{(I 13, 31)}$$

reduziert. Dasjenige Skalarpotential, welches (I 13, 30) genügt und auf der Ankeroberfläche verschwindet, folgt mittels (I 13, 29) aus (I 13, 24) zu

$$\varphi = -\frac{1}{\Pi} \cdot \frac{\tau}{\pi} \sum_{k=1}^{\infty} \frac{1}{k} \sinh k \frac{\pi}{\tau} y \left[S_k \sin k \frac{\pi}{\tau} x + C_k \cos k \frac{\pi}{\tau} x \right] \qquad \text{(I 13, 32)}$$

als Lösung der aus (I 13, 5) resultierenden Gleichung

$$\frac{\partial^2 \varphi}{\partial x^2} + \frac{\partial^2 \varphi}{\partial y^2} = 0. \qquad (I\ 13,\ 33)$$

Im Sonderfalle (I 13, 31) resultiert als Gleichung der Polprofile [Abb. I 35]

$$\cos \frac{\pi}{\tau} x_0 = \pm \frac{\sinh \dfrac{\pi}{\tau} \delta}{\sinh \dfrac{\pi}{\tau} y_0}. \qquad (I\ 13,\ 34)$$

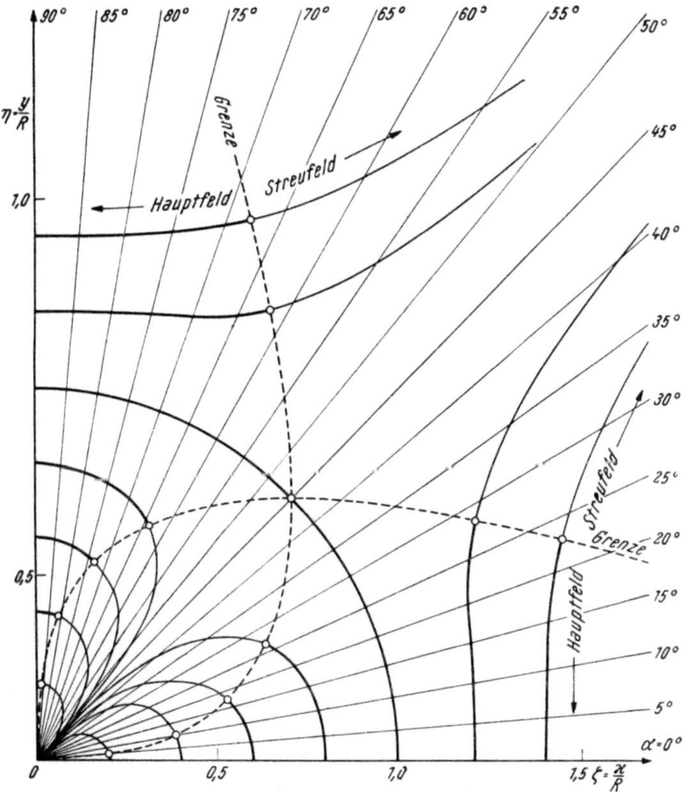

Abb. I 34. Konstruktion der Polprofile für p = 2.

I 14. Das Jochfeld von Einzelpolmaschinen.

a) Wir verschärfen die Feldanalyse der Einzelpolmaschinen nach Ziffer I 13, indem wir den Anker als magnetisch homogenen Körper von endlicher, skalarer Permeabilität μ voraussetzen; die Nutung lassen wir weiterhin außer Betracht. In konstruktiver Hinsicht bildet dann der Anker einen Hohlzylinder, dessen Mantelflächen, je nach dem vorliegenden Maschinentyp, verschiedene magnetische Funktionen erfüllen:

1. In Außenpol-Maschinen bildet der Mantel $\varrho = R$ die „aktive", dem Induktor zugewandte Fläche; der Halbmesser $R' < R$ des inneren,

„passiven" Mantels ist der zentral durchlaufenden Maschinenwelle angepaßt.

2. In Innenpol-Maschinen gibt wiederum $\varrho = R$ den Halbmesser der aktiven, dem Induktor zugewandten Mantelfläche; der Halbmesser $R' > R$ des äußeren, passiven Mantels definiert die Grenzfläche des Ankers gegen die Hülle der Maschine.

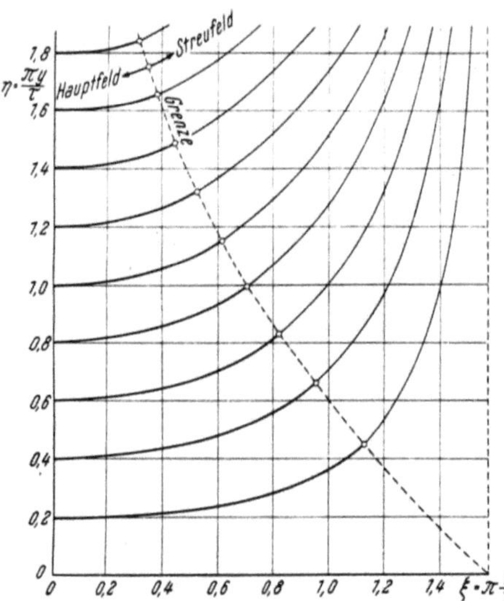

Abb. I 35. Konstruktion der Polprofile für p = ∞.

Als Glied des magnetischen Kreises bildet der Anker der Einzelpolmaschinen das „Joch", welches den Pfad der den Luftspalt verlassenden Hauptfeld-Induktionslinien zurückschließt. Gefragt wird nach dem magnetischen Skalarpotentiale, welches zum Durchtritt dieses Flusses an der aktiven Grenzfläche des Joches erregt werden muß.

b) Auf Grund unserer Voraussetzungen genügt das gesuchte Potential innerhalb des Joches der *Laplace*schen Gleichung der besonderen Gestalt (I 13, 5). Ihre zunächst für das Luftfeld entwickelte Lösung (I 13, 19) gilt auch für das Feld innerhalb des Joches. Welche Randbedingungen sind ihm aufzuerlegen?

1. Wir geben die Feldkurve im Luftspalt der Maschine nach Gl. (I 13, 9) vor. Vermöge der Stetigkeit der radialen Komponente der Induktion an der aktiven Mantelfläche $\varrho = R$ liefert die gleiche Vorschrift das Verteilungsgesetz der in das Joch eintretenden Induktion:

$$B_\varrho(a) = \sum_{k=1}^{\infty} S_k \sin k\,p\,a + C_k \cos k\,p\,a = \pm \Pi\,\mu\,\frac{\partial \varphi}{\partial \varrho} \quad \text{für } \varrho = R. \quad \text{(I 14, 1)}$$

Dabei gilt das $\begin{smallmatrix}\text{obere}\\\text{untere}\end{smallmatrix}$ Vorzeichen für $\begin{smallmatrix}\text{Aussenpol-}\\\text{Innenpol-}\end{smallmatrix}$ Maschinen.

2. Auch an der passiven Mantelfläche des Joches bleibt die radiale Komponente der Induktion stetig. Von dieser allgemeinen Aussage steigen wir zu einer Randbedingung auf, indem wir vorübergehend die elektrodynamischen Vorgänge im Anker verfolgen: Infolge der Drehung des Induktors relativ zum Anker pulsiert dessen Magnetfeld in jedem seiner Elemente. Diese Schwingung induziert längs seiner elektrisch hoch leitfähigen Pfade verlustbringende Wirbelströme; um diese abzuschwächen, bildet man den Anker aus Paketen hinreichend dünner Bleche. In Außenpolmaschinen steht dieser geschichtete Körper längs der Fläche $\varrho = R'$ im Kontakt mit der massiven Welle; in Innenpolmaschinen werden die Blechpakete aus Festigkeitsgründen von außen durch ein kräftiges, in sich metallisch geschlossenes Gerüst umklammert. Beide Male ist die elektrische Leitfähigkeit des in $\varrho = R'$ an den Anker grenzenden Körpers

in Richtung der Maschinenachse so groß, daß er praktisch das an ihm angreifende, von der Relativbewegung gegen den Induktor herrührende
elektrische Feld vernichtet. Die entstehenden Kurzschlußströme löschen
die radiale Komponente der Induktion merklich aus: Die gesuchte Randbedingung lautet

$$B_\varrho = - \Pi \mu \frac{\partial \varphi}{\partial \varrho} = 0 \quad \text{für} \quad \varrho = R' \qquad \text{(I 14, 2)}$$

den Namen „passive Grenzfläche" nachträglich rechtfertigend.

3. Es muß betont werden, daß die für $\mu \to \infty$ zu Recht bestehende
Randbedingung $\varphi = 0$ an der aktiven Ankeroberfläche im Falle endlicher
Permeabilität ungültig ist. Vielmehr treten nunmehr im allgemeinen end-
liche Randwerte $\varphi = \varphi_R$ auf, deren Ermittlung das wesentliche Ziel der
Untersuchung bildet.

c) Wir bilden aus (I 13, 19)

$$B_\varrho = - \Pi \mu \frac{\partial \varphi}{\partial \varrho} = - \Pi \mu \left\{ \frac{K_0^-}{\varrho} + \sum_{q=1}^{\infty} \frac{q}{\varrho} \left[K_q^+ \varrho^q - K_q^- \varrho^{-q} \right] \left[s_q \sin q \, \alpha + \right. \right.$$

$$\left. \left. + c_q \cos q \, \alpha \right] \right\}. \qquad \text{(I 14, 3)}$$

Wir erfüllen also (I 14, 2) identisch in α mittels

$$K_0^- = 0; \qquad K_q^+ R'^q - K_q^- R'^{-q} = 0. \qquad \text{(I 14, 4)}$$

Mit den Abkürzungen $K_q' R'^q s_q = s_q'$; $K_q' R'^q c_q = c_q'$ und der Wahl $K_0^+ = 0$
reduziert sich (I 13, 19) auf

$$\varphi = \sum_{q=1}^{\infty} \left[\left(\frac{\varrho}{R'} \right)^q + \left(\frac{\varrho}{R'} \right)^{-q} \right] \left[s_q' \sin q \, \alpha + c_q' \cos q \, \alpha \right] \qquad \text{(I 14, 5)}$$

und (I 14, 3) nimmt die Gestalt an

$$B_\varrho = - \Pi \mu \sum_{q=1}^{\infty} \frac{q}{\varrho} \left[\left(\frac{\varrho}{R'} \right)^q - \left(\frac{\varrho}{R'} \right)^{-q} \right] \left[s_q' \sin q \, \alpha + c_q' \cos q \, \alpha \right]. \qquad \text{(I 14, 6)}$$

Um nunmehr (I 14, 1) zu befriedigen, ist zu setzen

$$\mp \Pi \mu \frac{q}{R} \left[\left(\frac{R}{R'} \right)^q - \left(\frac{R}{R'} \right)^{-q} \right] s_q' = S_k;$$

$$\mp \Pi \mu \frac{q}{R} \left[\left(\frac{R}{R'} \right)^q - \left(\frac{R}{R'} \right)^{-q} \right] c_q' = C_k; \qquad q = p \, k \neq 0. \qquad \text{(I 14, 7)}$$

Daher lautet das gesuchte Rand-Potential der aktiven Joch-Grenz-
fläche

$$\varphi_R = \pm \frac{1}{\Pi \mu} \frac{R}{p} \sum_{k=1}^{\infty} \frac{1}{k} \frac{\left(\frac{R}{R'} \right)^{kp} + \left(\frac{R}{R'} \right)^{-kp}}{\left(\frac{R}{R'} \right)^{kp} - \left(\frac{R}{R'} \right)^{-kp}} \left[S_k \sin k \, p \, \alpha + C_k \cos k \, p \, \alpha \right]. \qquad \text{(I 14, 8)}$$

d) Wir spezialisieren auf eine Wechselstrom-Maschine mit rein harmonischer Feldkurve nach Gl. (I 13, 10), führen ihre Polteilung $\tau = \pi \, R/p$
ein und erhalten

$$\varphi_R = \varphi_{max} \cos p\, \alpha; \qquad \varphi_{max} = \pm \frac{C_1}{\Pi\,\mu} \cdot \frac{\tau}{\pi} \cdot \frac{\left(\frac{R}{R'}\right)^p + \left(\frac{R}{R'}\right)^{-p}}{\left(\frac{R}{R'}\right)^p - \left(\frac{R}{R'}\right)^{-p}}. \qquad \text{(I 14, 9)}$$

Hierin mißt $\dfrac{C_1}{\Pi_\mu} = \dfrac{|B_{max}|}{\Pi_\mu}$ den Betrag $|H_{max}|$ jener Feldstärke, welche der Maximalinduktion im Joche vermöge seiner Permeabilität μ korrespondiert:

$$\varphi_{max} = \pm\, |H_{max}|\, \frac{\tau}{\pi} \frac{\left(\frac{R}{R'}\right)^p + \left(\frac{R}{R'}\right)^{-p}}{\left(\frac{R}{R'}\right)^p - \left(\frac{R}{R'}\right)^{-p}}. \qquad \text{(I 14, 10)}$$

Man gewinnt hieraus approximativ die integrale Magnetisierungskurve des Joches je Pol des Induktors, indem man die Voraussetzung einer festen Permeabilität μ aufgibt und in (I 14, 10) den Betrag $|H_{max}|$ als empirische Funktion von $|B_{max}|$ der Magnetisierungskurve des Ankereisens entnimmt; die Strecke

$$l = \pm\, \frac{\tau}{\pi} \frac{\left(\frac{R}{R'}\right)^p + \left(\frac{R}{R'}\right)^{-p}}{\left(\frac{R}{R'}\right)^p - \left(\frac{R}{R'}\right)^{-p}} \qquad \text{(I 14, 11)}$$

spielt in dieser integralen Relation die Rolle der wirksamen Länge der Kraftlinien im Joch, bezogen auf je einen Pol des Induktors.

In Außenpol-Maschinen ist in der Regel $R' \ll R$. Man darf dann in (I 14, 11) zur Grenze $R'/R \to 0$ übergehen und erhält, unabhängig von der Polpaarzahl,

$$\lim_{\frac{R'}{R} \to 0} l = \frac{\tau}{\pi}. \qquad \text{(I 14, 12)}$$

Für Innenpol-Maschinen resultiert rechnerisch der nämliche Grenzwert in dem technisch nicht realisierbaren Falle $R'/R \to \infty$, so daß man tatsächlich stets mit einem größeren Werte der Kraftlinien-Länge zu rechnen hat. Insbesondere findet man für sehr hohe Polpaarzahlen mittels der Operation (I 13, 29) bei fester Differenz

$$R' - R = h \qquad \text{(I 14, 13)}$$

für die Länge der Jochkraftlinien je Pol des Induktors

$$l = \frac{\tau}{\pi} \frac{e^{\pi/\tau\, h} + e^{-\pi/\tau\, h}}{e^{\pi/\tau\, h} - e^{-\pi/\tau\, h}} \equiv \frac{\tau}{\pi} \operatorname{cotgh} \frac{\pi}{\tau} h, \qquad \text{(I 14, 14)}$$

wobei nun h die Höhe des gerade gestreckten Joches bezeichnet.

I 15. Das magnetische Feld im Nutenanker.

a) Im Nutenanker liegt zwischen dem Luftspalt und dem Joch die *Wicklungszone*. In ihr sind die ferromagnetischen Zähne durch die wesentlich unmagnetischen, bewickelten Nuten voneinander getrennt. Gesucht wird der räumliche Verlauf des Magnetfeldes in dieser Zone bei Leerlauf der Maschine, der seinerseits durch die Stromlosigkeit der Nuten definiert ist.

b) Wir vernachlässigen die periphere Krümmung der Wicklungszone und gelangen hierdurch zu ihrem in Abb. I 36 dargestellten Modelle. In ihm orientieren wir uns an Hand des *Kartesi*schen Koordinaten-Systemes x, y, z: Sein Ursprung ruht im Zentrum eines Zahnkopfes; die x-Achse koinzidiert mit der Grenze Wicklungszone-Luftspalt, die y-Achse mit der Symmetrielinie eines Zahnes, die z-Achse weist parallel zur Achse der Maschine.

c) Wir bezeichnen mit $b_{(z)}$ die Breite je eines Zahnes [Permeabilität μ], mit $b_{(n)}$ die Breite je einer Nut [Permeabilität 1] parallel zur x-Achse, mit h ihre gemeinsame Höhe parallel zur y-Achse. Die Ausbildung des Feldes in der Umgebung der Zahnköpfe wird in Ziffer II 6 gesondert untersucht werden; hier beschränken wir uns auf die Kenntnis der Zusammenarbeit von Zahn und Nut: Unter Verzicht auf die Feinstruktur des Feldes in

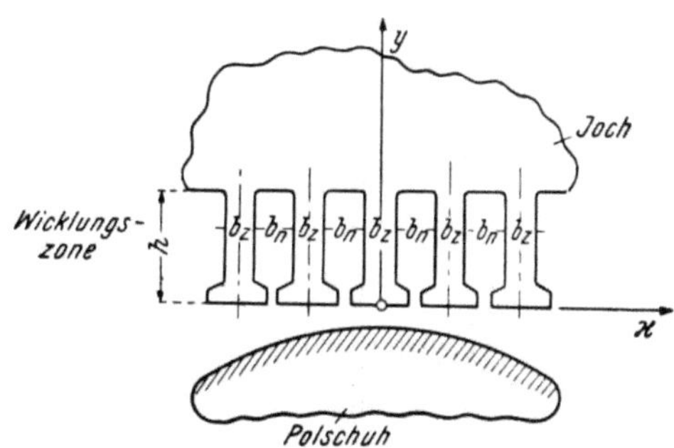

Abb. I 36. Orientierung am Nutenanker.

der Wicklungszone „verschmieren" wir sie zu einem zwar homogenen, aber magnetisch anisotropen Körper. In ihm wird die Induktion B, unter der Voraussetzung eines konstanten Wertes von μ, mittels des symmetrischen Permeabilitäts-Tensors zweiter Stufe M eine lineare Vektorfunktion der Feldstärke H:

$$B = \Pi\,(M\,H). \qquad\qquad \text{(I 15, 1)}$$

d) Die Hauptachsen des Tensors M koinzidieren mit jenen des *Karte*-*si*schen Bezugssystemes; die zugehörigen Eigenwerte seien

$$\mathrm{M}_x^x = \mu_x; \qquad \mathrm{M}_y^y = \mu_y; \qquad \mathrm{M}_z^z = \mu_z. \qquad \text{(I 15, 2)}$$

Zu ihrer Berechnung aus den Modellabmessungen der Wicklungszone definieren wir

$$p = \frac{b_{(z)}}{b_{(z)} + b_{(n)}} \qquad\qquad \text{(I 15, 3)}$$

als ihren ferromagnetischen Füllfaktor. Wir bilden aus je einem Zahn und einer Nachbarnut ein Zonen-Element und führen an ihm folgende Überlegungen durch:

1. Wir konstruieren parallel zur x-Achse eine Induktionsröhre vom Querschnitt 1; sie umschließt den konstanten Induktionsfluß B^x [Stetigkeit der normalen Induktionskomponente an der Grenze zweier heterogener Stoffe]. Ihm korrespondiert im Zahn die Feldstärke $H_{(z)}^x = \dfrac{1}{\Pi\mu}\,B^x$, in der Nut hingegen die Feldstärke $H_{(n)}^x = (1/\Pi)\,B^x$; daher entwickelt sich längs des Zonen-Elementes die magnetische Spannung

$$H_{(z)}^x\,b_{(z)} + H_{(n)}^x\,b_{(n)} = \frac{B^x}{\Pi}\left(\frac{b_{(z)}}{\mu} + \frac{b_{(n)}}{1}\right) \equiv \frac{B^x}{\Pi\,\mu_x}\,(b_{(z)} + b_{(n)}). \qquad \text{(I 15, 4)}$$

Hieraus erhalten wir, im Einklang mit der „Reihenschaltung" von Zahn und Nut,

$$\frac{1}{\mu_x} = \frac{p}{\mu} + \frac{1-p}{1}.$$

(I 15, 5)

2. Ein parallel zur y-Achse orientiertes Feld besitzt in Zahn und Nut die einheitliche Intensität H^y [Stetigkeit der tangentiellen Feldkomponente an der Grenze zweier heterogener Stoffe]. Es erregt im Zahn die Induktion $B^y_{(z)} = \Pi \mu \, H^y$, in der Nut dagegen die Induktion $B^y_{(n)} = \Pi \, H^y$. Im Zonenelement kommt daher je Einheit der Länge in z-Richtung der Induktionsfluß zustande

$$B^y_{(z)} \, b_{(z)} + B^y_{(n)} \, b_{(n)} = \Pi \, H^y \, (\mu \, b_{(z)} + 1 \, b_{(n)}) \equiv \Pi \, \mu_y \, H^y \, (b_{(z)} + b_{(n)}).$$

(I 15, 6)

Hieraus schließt man, im Einklang mit der „Parallelschaltung" von Zahn und Nut,

$$\mu_y = p \, \mu + (1 - p) \, 1.$$

(I 15, 7)

3. Ein parallel zur z-Achse gerichtetes Feld unterliegt den nämlichen Bedingungen wie jenes parallel zur y-Achse orientierte:

$$\mu_z = \mu_y.$$

(I 15, 8)

e) Vermöge $H = -\,\mathrm{grad}\,\varphi$ folgt aus (I 15, 1) als partielle Differentialgleichung des magnetischen Skalarpotentiales

$$\mathrm{div}\,(\Pi \, M \, \mathrm{grad}\,\varphi) = 0,$$

(I 15, 9)

also, mit Rücksicht auf (I 15, 2)

$$\mu_x \, \frac{\partial^2 \varphi}{\partial x^2} + \mu_y \, \frac{\partial^2 \varphi}{\partial y^2} + \mu_z \, \frac{\partial^2 \varphi}{\partial z^2} = 0.$$

(I 15, 10)

Sie reduziert sich für Felder, welche nicht merklich von der z-Koordinate abhängig sind, auf

$$\mu_x \, \frac{\partial^2 \varphi}{\partial x^2} + \mu_y \, \frac{\partial^2 \varphi}{\partial y^2} = 0.$$

(I 15, 11)

In der Ebene $y = 0$ gelte die Randbedingung

$$B^y = -\,\Pi \, \mu_y \, \frac{\partial \varphi}{\partial y} = C_1 \cos \frac{\pi}{\tau} \, x.$$

(I 15, 12)

Im Gebiete $y > h$ befindet sich das Joch; wir schreiben ihm die konstante Permeabilität μ_j zu, so daß φ in ihm der *Laplace*schen Gleichung der Form (I 13, 33) unterliegt. Daher ist für die Grenze $y = h$ zwischen Wicklungszone und Joch zu verlangen

$$\left.\begin{array}{c} \varphi_{y=h-0} = \varphi_{y=h+0}, \\[2mm] -\,\Pi \, \mu_y \left(\dfrac{\partial \varphi}{\partial y}\right)_{y=h-0} = -\,\Pi \, \mu_j \left(\dfrac{\partial \varphi}{\partial y}\right)_{y=h+0}. \end{array}\right\}$$

(I 15, 13)

Der Einfachheit halber sei das Joch in y-Richtung als unbegrenzt vorausgesetzt, so daß (I 15, 13) durch die Forderung der Abgeschlossenheit

$$\lim_{y \to \infty} \varphi = 0$$

(I 15, 14)

zu ergänzen ist.

f) Im Lichte der Gl. (I 15, 12) machen wir für φ den Ansatz

$$\varphi = f(y) \cos \cdot \frac{\pi}{\tau} \, x.$$

(I 15, 15)

Das Jochpotential folgt aus (I 13, 33) im Verein mit (I 15, 14) mit Hilfe einer Integrationskonstanten φ_j zu

$$\varphi = \varphi_j \, e^{-\frac{\pi}{\tau}(y-h)} \cos \frac{\pi}{\tau} x; \quad y \geqq h. \qquad (I\ 15,\ 16)$$

Um die Funktion f (y) der Wicklungszone zu finden, substituieren wir (I 15, 15) in (I 15, 11) und gelangen zu der Differentialgleichung

$$\mu_y \frac{d^2 f}{dy^2} - \mu_x f = 0, \qquad (I\ 15,\ 17)$$

deren allgemeine Lösung mit zwei weiteren Integrationskonstanten φ_+ und φ_- lautet

$$f(y) = \varphi_+ \, e^{\sqrt{\frac{\mu_x}{\mu_y}} \frac{\pi}{\tau} \varphi} + \varphi_- \, e^{-\sqrt{\frac{\mu_x}{\mu_y}} \frac{\pi}{\tau} y}; \quad 0 \leqq y \leqq h. \qquad (I\ 15,\ 18)$$

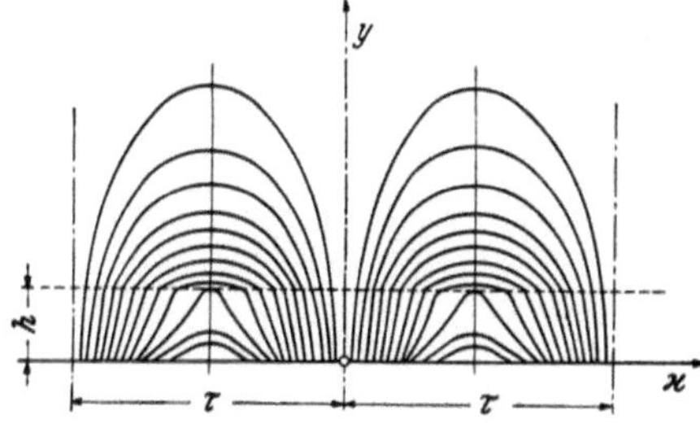

Abb. I 37. Die Feldlinien im Nutenanker.

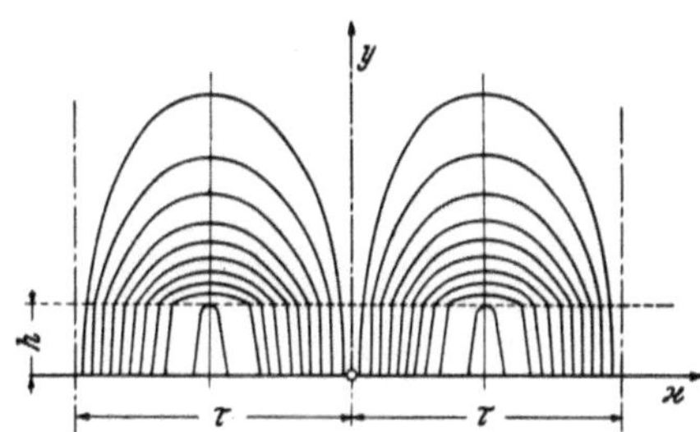

Abb. I 38. Induktionslinien im Nutenanker.

Aus (I 15, 13) fließen die Relationen

$$\left.\begin{aligned}
\varphi_+ \, e^{\sqrt{\frac{\mu_x}{\mu_y}} \frac{\pi}{\tau} h} + \varphi_- \, e^{-\sqrt{\frac{\mu_x}{\mu_y}} \frac{\pi}{\tau} h} &= \varphi_j, \\
\varphi_+ \, e^{\sqrt{\frac{\mu_x}{\mu_y}} \frac{\pi}{\tau} h} - \varphi_- \, e^{-\sqrt{\frac{\mu_x}{\mu_y}} \frac{\pi}{\tau} h} &= -\frac{\mu_j}{\sqrt{\mu_x \mu_y}} \varphi_j.
\end{aligned}\right\} \qquad (I\ 15,\ 19)$$

Man entnimmt aus ihnen

$$\varphi_+ = \varphi_j \, \frac{1 - \dfrac{\mu_j}{\sqrt{\mu_x \mu_y}}}{2} \, e^{-\sqrt{\frac{\mu_x}{\mu_y}} \frac{\pi}{\tau} h}; \quad \varphi_- = \varphi_j \, \frac{1 + \dfrac{\mu_j}{\sqrt{\mu_x \mu_y}}}{2} \, e^{\sqrt{\frac{\mu_x}{\mu_y}} \frac{\pi}{\tau} h} \qquad (I\ 15,\ 20)$$

und erhält das Potential der Wicklungszone in der Gestalt

$$\varphi = \varphi_j \left[\cosh \sqrt{\frac{\mu_x}{\mu_y}} \frac{\pi}{\tau} (h-y) + \frac{\mu_j}{\sqrt{\mu_x \mu_y}} \sinh \sqrt{\frac{\mu_x}{\mu_y}} \frac{\pi}{\tau} (h-y) \right] \cos \frac{\pi}{\tau} x. \qquad (I\ 15,\ 21)$$

Endlich liefert (I 15, 12)

$$\varphi_j \, \Pi \frac{\pi}{\tau} \sqrt{\mu_x \mu_y} \left[\sinh \sqrt{\frac{\mu_x}{\mu_y}} \frac{\pi}{\tau} h + \frac{\mu_j}{\sqrt{\mu_x \mu_y}} \cosh \sqrt{\frac{\mu_x}{\mu_y}} \frac{\pi}{\tau} h \right] = C_1, \qquad (I\ 15,\ 22)$$

also [Abb. I 37 und I 38]

$$\varphi = \frac{C_1}{\Pi \sqrt{\mu_x \mu_y}} \cdot \frac{\tau}{\pi} \cdot \frac{\cosh \sqrt{\frac{\mu_x}{\mu_y}} \frac{\pi}{\tau}(h-y) + \frac{\mu_j}{\sqrt{\mu_x \mu_y}} \sinh \sqrt{\frac{\mu_x}{\mu_y}} \frac{\pi}{\tau}(h-y)}{\sinh \sqrt{\frac{\mu_x}{\mu_y}} \frac{\pi}{\tau} h + \frac{\mu_j}{\sqrt{\mu_x \mu_y}} \cosh \sqrt{\frac{\mu_x}{\mu_y}} \frac{\pi}{\tau} h} \cos \frac{\pi}{\tau} x;$$

$$0 \leqq y \leqq h,$$

$$\varphi = \frac{C_1}{\Pi \sqrt{\mu_x \mu_y}} \cdot \frac{\tau}{\pi} \cdot \frac{e^{-\pi/\tau (y-h)}}{\sinh \sqrt{\frac{\mu_x}{\mu_y}} \frac{\pi}{\tau} h + \frac{\mu_j}{\sqrt{\mu_x \mu_y}} \cosh \sqrt{\frac{\mu_x}{\mu_y}} \frac{\pi}{\tau} h} \cos \frac{\pi}{\tau} x; \quad h \leqq y.$$

$$(I\ 15,\ 23)$$

g) Das im Ursprung herrschende Potential φ_{max} definiert durch

$$\varphi_{max} = \frac{C_1}{\Pi \mu_y} s \qquad (I\ 15,\ 24)$$

die wirksame Länge s des magnetischen Pfades je Pol des Nutenankers:

$$s = \sqrt{\frac{\mu_y}{\mu_x}} \frac{\tau}{\pi} \cdot \frac{\cosh \sqrt{\frac{\mu_x}{\mu_y}} \frac{\pi}{\tau} h + \frac{\mu_j}{\sqrt{\mu_x \mu_y}} \sinh \sqrt{\frac{\mu_x}{\mu_y}} \frac{\pi}{\tau} h}{\sinh \sqrt{\frac{\mu_x}{\mu_y}} \frac{\pi}{\tau} h + \frac{\mu_j}{\sqrt{\mu_x \mu_y}} \cosh \sqrt{\frac{\mu_x}{\mu_y}} \frac{\pi}{\tau} h} \cdot \qquad (I\ 15,\ 25)$$

Im Grenzfalle $\mu_j \to \infty$ reduziert sie sich auf die wirksame Länge s′ allein der Wicklungszone

$$s' = \lim_{\mu_j \to \infty} s = \sqrt{\frac{\mu_y}{\mu_x}} \frac{\tau}{\pi} \cdot \mathrm{tgh} \sqrt{\frac{\mu_x}{\mu_y}} \frac{\pi}{\tau} h. \qquad (I\ 15,\ 26)$$

Falls überdies $\sqrt{\frac{\mu_x}{\mu_y}} \frac{\pi}{\tau} h \ll 1$ gilt, stimmt s′ merklich mit h überein; die hierdurch angezeigte Approximation, welche sich also wesentlich auf die Parallelschaltungs-Formel (I 15, 4) beschränkt, wird häufig der Berechnung der Induktor-Teildurchflutung für die Wicklungszone zu Grunde gelegt. Bei der Auswertung von μ_y sieht man μ als empirisch vorgegebene Funktion der maximalen Induktion C_1 an; Gl. (I 15, 24) liefert dann den entsprechenden Anteil an der Magnetisierungskurve der gesamten Maschine.

h) Für die Wirbelstromverluste in der unbelasteten Ankerwicklung ist der Querfluß Φ_q maßgebend, welcher je Längeneinheit der z-Achse durch

$$\Phi_q = \int_0^h B^x\, dy = -\Pi \mu_x \int_0^h \frac{\partial \varphi}{\partial x}\, dy \qquad (I\ 15,\ 27)$$

definiert ist. Mit Hilfe von (I 15, 23) findet man

$$\Phi_q = C_1 \frac{\tau}{\pi} \left[1 - \frac{\frac{\mu_j}{\sqrt{\mu_x \mu_y}}}{\sinh \sqrt{\frac{\mu_x}{\mu_y}} \frac{\pi}{\tau} h + \frac{\mu_j}{\sqrt{\mu_x \mu_y}} \cosh \sqrt{\frac{\mu_x}{\mu_y}} \frac{\pi}{\tau} h} \right] \sin \frac{\pi}{\tau} x. \quad (I\ 15,\ 28)$$

Nun gibt $\Phi = C_1\, 2\, \tau/\pi$ den Hauptfluß je achsiale Längeneinheit der Maschine an. Benützt man ihn als Einheit, so erhält man als relativen Querfluß

$$\frac{\Phi_q}{\Phi} = \frac{1}{2}\left[1 - \frac{\dfrac{\mu_j}{\sqrt{\mu_x\mu_y}}}{\sinh\sqrt{\dfrac{\mu_x}{\mu_y}}\dfrac{\pi}{\tau}h + \dfrac{\mu_j}{\sqrt{\mu_x\mu_y}}\cosh\sqrt{\dfrac{\mu_x}{\mu_y}}\dfrac{\pi}{\tau}h}\right]\sin\frac{\pi}{\tau}x. \qquad (I\ 15,\ 29)$$

Im Grenzfalle $\mu_j \to \infty$ vereinfacht sich diese Gleichung zu

$$\lim_{\mu_j \to \infty}\frac{\Phi_q}{\Phi} = \frac{1}{2}\left[1 - \frac{1}{\cosh\sqrt{\dfrac{\mu_x}{\mu_y}}\dfrac{\pi}{\tau}h}\right]\sin\frac{\pi}{\tau}x. \qquad (I\ 15,\ 30)$$

Die Ergebnisse (I 15, 29), (I 15, 30) lassen sich unschwer auf beliebige, periodische Hauptfeld-Kurven verallgemeinern: Man berechne den Querfluß für jede *Fourier*sche Komponente der Hauptfeld-Kurve einzeln; unter Berufung auf den skalaren Charakter der korrespondierenden Teilflüsse entsteht durch ihre Superposition der resultierende Querfluß.

I 16. Maschinen mit Walzenpolen.

a) Für rasch umlaufende Maschinen vom Innenpoltyp ist der Einzelpol-Induktor mechanisch ungeeignet, weil an den Polen hohe, konstruktiv schwer zu beherrschende Zentrifugalkräfte auftreten. Man baut deshalb den Läufer solcher Maschinen meist als kreiszylindrische Walze, längs deren Mantel achsenparallele Nuten zur Aufnahme der Erregerwicklung angeordnet sind. Abbildung I 39 *a* zeigt schematisch den Querschnitt durch

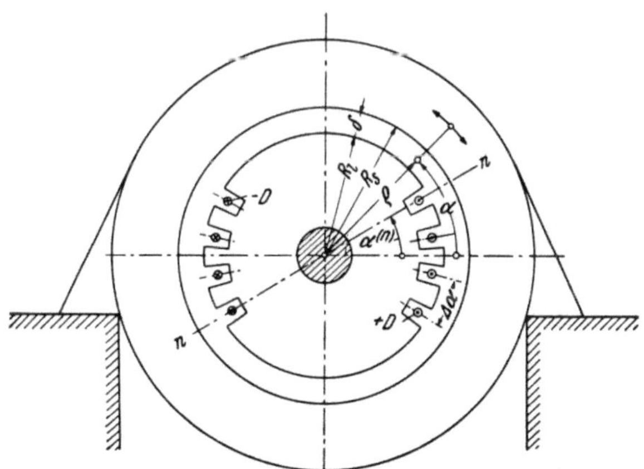

Abb. I 39 *a*. Modell einer zweipoligen Maschine mit Walzenläufer.

eine zweipolige Maschine dieser Art. Es sind hierbei auf dem Läufer zweimal je vier Nuten angenommen, die einander paarweise diametral gegenüber liegen; sie führen je die Gleichstrom-Durchflutung D, deren Vorzeichen, entsprechend den eingetragenen Pfeilrichtungen, auf einer der Walzenflanken positiv, auf der anderen negativ ist. In einer Maschine mit p Polpaaren wiederholt sich diese Wicklung p Male; die Nuten eines zusammengehörigen Paares sind dann durch den Zentralwinkel π/p voneinander getrennt.

b) Wir setzen sowohl den Ständer wie den Läufer der Walzenpol-Maschine als vollkommen permeable Körper voraus, so daß sich das magnetische Skalarpotential auf das Gebiet des Luftspaltes zwischen Ständer und Läufer beschränkt. In Einzelpol-Maschinen gaben wir die Feldkurve vor und suchten die korrespondierende Form der Pole samt ihrer Erreger-Durchflutung. Bei der Walzenpol-Maschine handelt es sich um die umgekehrte Aufgabe der Magnetostatik: Gegeben die Polform samt der räumlichen Verteilung der Erreger-Durchflutung; gesucht die resultierende Feldkurve.

c) Wir bezeichnen den Halbmesser der Läuferwalze mit R_l, den Bohrungs-Halbmesser des Ständers mit R_s. Ständer und Läufer werden als genau zentriert vorausgesetzt, so daß der Luftspalt zwischen ihren benachbarten Mantelflächen die feste radiale Weite aufweist

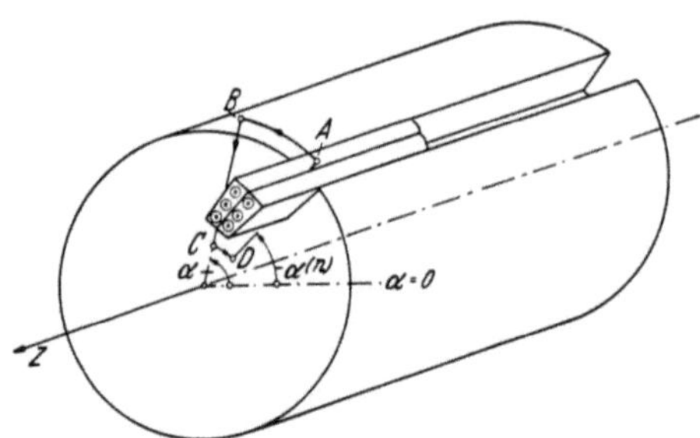

Abb. I 39 b. Orientierung an der Walzenpol-Maschine.

$$\delta = R_s - R_l. \qquad (I\ 16,\ 1)$$

In einem Zylinder-Koordinatensystem z, ϱ, α, dessen Achse mit der Läuferachse koinzidiert, erscheint die *Laplace*sche Gleichung des Luftspalt-Potentiales φ in der Form (I 13, 5). Längs des Läufermantels seien Z Nuten je Pol vorgesehen, $\varDelta\,\alpha$ messe den azimutalen Abstand je zweier Nachbarnuten. Das Potential kann dann linear aus jenen Z Teilpotentialen $\varphi^{(n)}$ zusammengesetzt werden, welche je von den p homologen Nutenpaaren der Ordnungszahl $1 \leqq n \leqq Z$ erregt werden. Welche Randbedingungen beherrschen $\varphi^{(n)}$?

1. Längs der Ständer-Oberfläche besteht wegen $\mu \to \infty$ keine tangentielle Feldkomponente; wir dürfen daher setzen

$$\varphi^{(n)} = 0 \qquad \text{für} \qquad \varrho = R_s. \qquad (I\ 16,\ 2)$$

2. Wir konstruieren die feste Meridianebene $\alpha^{(n)}$ durch die Mitte einer der p äquivalenten Nuten der Ordnungszahl n sowie die bewegliche Meridianebene $0 < \alpha < \pi/p$. Mittels zweier Kreisbogen, deren einer nach Abb. I 39 a und b in infinitesimaler Nähe der Läuferoberfläche vom Punkte A der festen Meridianebene zum Punkte B der beweglichen führt, und deren anderer innerhalb des Läufers vom Punkte C der beweglichen zum Punkte D der festen Meridianebene zurückkehrt, konstruieren wir den geschlossenen Kontrollweg A B C D; seine vektoriellen Linienelemente heißen ds. Lassen wir jetzt die azimutale Breite der Nut bei festem Werte ihrer Durchflutung gegen Null konvergieren, so liefert die Erste *Maxwell*sche Gleichung, da längs C D wegen $\mu \to \infty$ die magnetische Spannung verschwindet

$$\int\limits_{ABCD} (H^{(n)}\,ds) = \int\limits_{AB} (H^{(n)}\,ds) + \int\limits_{CD} (H^{(n)}\,ds) = (\varphi_A - \varphi_B) + 0 = \frac{D}{2}. \qquad (I\ 16,\ 3)$$

Lassen wir nun zu, daß die bewegliche Meridianebene stetig den gesamten Läuferumfang abfegt, so überstreicht sie abwechselnd Nuten der Durchflutung $\mp$ D. Indem man für jede diese ihrer Lagen die magnetische

Umlaufspannung nach dem Muster der Gl. (I 16, 3) berechnet, findet man als Randwert von $\varphi^{(n)}$ auf dem Mantel des Läufers

$$\left.\begin{aligned}\varphi^{(n)} &= \varphi_A - \frac{1}{2}D; \quad \alpha^{(n)} < \alpha < \alpha^{(n)} + \frac{\pi}{p}\bmod\frac{2\pi}{p}\\[2mm]\varphi^{(n)} &= \varphi_A + \frac{1}{2}D; \quad \alpha^{(n)} + \frac{\pi}{p} < \alpha < \alpha^{(n)} + \frac{2\pi}{p}\bmod\frac{2\pi}{p}\end{aligned}\right\}\varrho = R_l. \quad \text{(I 16, 4)}$$

Wir ergänzen diese Darstellung durch die Annahme, daß neben dem System der Nuten-Durchflutungen keine weiteren elektrischen Ströme auf die Maschine einwirken. Mit $D \to 0$ verschwindet dann notwendig die magnetische Potentialdifferenz zwischen Ständer und Läufer, so daß wir schließen

$$\varphi_A = 0. \qquad\qquad \text{(I 16, 5)}$$

Nunmehr gestattet die Randbedingung (I 16, 4) ihre Formulierung mittels der *Fourier*schen Reihe

$$\varphi^{(n)} = -\frac{1}{2}D\frac{4}{\pi}\sum_{m=0}^{\infty}\frac{\sin\{(2m+1)p(\alpha - \alpha^{(n)})\}}{2m+1}; \quad \varrho = R_l. \quad \text{(I 16, 6)}$$

d) Eine Lösung der *Laplace*schen Gleichung, welche (I 16, 2) befriedigt, geht aus (I 13, 21) hervor, nachdem wir dort φ mit $\varphi^{(n)}$ und R mit R_s vertauschen:

$$\varphi^{(n)} = K_0^-\ln\frac{\varrho}{R_s} + \sum_{q=0}^{\infty}\left[\left(\frac{\varrho}{R_s}\right)^q - \left(\frac{\varrho}{R_s}\right)^{-q}\right][s_q'\sin q\,\alpha + c_q'\cos q\,\alpha].$$

$$\text{(I 16, 7)}$$

Wir erfüllen jetzt auch (I 16, 6), indem wir α durch $(\alpha - \alpha^{(n)})$ ersetzen und wählen

$$K_0^- = 0; \quad q = (2m+1)p; \quad \left[\left(\frac{R_s}{R_l}\right)^q - \left(\frac{R_l}{R_s}\right)^q\right]s_q' = \frac{1}{2}D\frac{4}{\pi}\frac{1}{2m+1}; \quad c_q' = 0.$$

$$\text{(I 16, 8)}$$

Durch Restitution dieser Relationen in (I 16, 7) finden wir das Skalarpotential $\varphi^{(n)}$ zu

$$\varphi^{(n)} = -\frac{1}{2}D\frac{4}{\pi}\sum_{m=0}^{\infty}\frac{\left(\dfrac{R_s}{\varrho}\right)^{(2m+1)p} - \left(\dfrac{\varrho}{R_s}\right)^{(2m+1)p}}{\left(\dfrac{R_s}{R_l}\right)^{(2m+1)p} - \left(\dfrac{R_l}{R_s}\right)^{(2m+1)p}}\cdot\frac{\sin\{(2m+1)p(\alpha - \alpha^{(n)})\}}{2m+1}.$$

$$\text{(I 16, 9)}$$

e) Wir berechnen die radiale Komponente der Teilinduktion $B^{(n)}$, welche dem Potentiale (I 16, 9) entstammt

$$B_\varrho^{(n)} = -\varPi\frac{\partial\varphi^{(n)}}{\partial\varrho} = -\varPi\frac{1}{2}D\frac{4}{\pi}\frac{p}{R_s}\sum_{m=0}^{\infty}\frac{R_s}{\varrho}\cdot$$

$$\cdot\frac{\left(\dfrac{R_s}{\varrho}\right)^{(2m+1)p} + \left(\dfrac{\varrho}{R_s}\right)^{(2m+1)p}}{\left(\dfrac{R_s}{R_l}\right)^{(2m+1)p} - \left(\dfrac{R_l}{R_s}\right)^{(2m+1)p}}\sin\{(2m+1)p(\alpha - \alpha^{(n)})\}. \quad \text{(I 16, 10)}$$

Für $\varrho = R_s$ resultiert hieraus die Gleichung der Feldkurve

$$B_\varrho^{(n)} = - \Pi \frac{1}{2} D \frac{4}{\pi} \frac{p}{R_s} \sum_{m=0}^{\infty} \frac{2 \sin\{(2\,m+1)\,p\,(\alpha - \alpha^{(n)})\}}{\left(\dfrac{R_s}{R_l}\right)^{(2\,m+1)\,p} - \left(\dfrac{R_l}{R_s}\right)^{(2\,m+1)\,p}}; \qquad \varrho = R_s,$$

$$\text{(I 16, 11)}$$

deren Diskussion wir in zwei Stufen verschiedener Genauigkeit durchführen:

1. Häufig ist konstruktiv die Bedingung erfüllt

$$\delta = R_s - R_l \ll R_s. \qquad \text{(I 16, 12)}$$

In den binomischen Entwicklungen

$$\left.\begin{aligned}
\left(\frac{R_s}{R_l}\right)^{(2\,m+1)\,p} &\equiv \left(1 - \frac{\delta}{R_s}\right)^{-(2\,m+1)\,p} = 1 + (2\,m+1)\,p\,\frac{\delta}{R_s} + \cdots \\
\left(\frac{R_l}{R_s}\right)^{(2\,m+1)\,p} &\equiv \left(1 - \frac{\delta}{R_s}\right)^{(2\,m+1)\,p} = 1 - (2\,m+1)\,p\,\frac{\delta}{R_s} + \cdots
\end{aligned}\right\} \quad \text{(I 16, 13)}$$

überwiegen für nicht zu hohe Exponenten $(2\,m+1)$ die Anfangsglieder alle folgenden, so daß man für den Nenner der Summe (I 16, 11) die Näherung erhält

$$\left(\frac{R_s}{R_l}\right)^{(2\,m+1)\,p} - \left(\frac{R_l}{R_s}\right)^{(2\,m+1)\,p} \approx 2\,(2\,m+1)\,p\,\frac{\delta}{R_s}. \qquad \text{(I 16, 14)}$$

Mit Rücksicht auf (I 16, 6) entsteht dann aus (I 16, 11) in gleicher Genauigkeit

$$B_\varrho^{(n)} = - \Pi \cdot \frac{1}{2} D \cdot \frac{4}{\pi} \cdot \frac{1}{\delta} \cdot \sum_{m=0}^{\infty} \frac{\sin\{(2\,m+1)\,p\,(\alpha - \alpha^{(n)})\}}{2\,m+1} = \Pi \frac{\varphi^{(n)}}{\delta}; \qquad \varrho = R_s.$$

$$\text{(I 16, 15)}$$

Im Lichte dieser Gleichung unterscheidet sich also die räumliche Verteilungskurve des [gegebenen] Randpotentiales längs der Läufer-Oberfläche von der [gesuchten] Feldkurve an der Ständer-Oberfläche lediglich durch den, für jede bestimmte Maschine festen, Maßstabsfaktor Π/δ. Man bedient sich dieses Satzes häufig zur elementaren Berechnung der Feldkurve und begründet ihn mit Hilfe der Ersten *Maxwell*schen Feldgleichung, indem man für die Kraftlinien im Luftspalt einen radialen Verlauf zwischen Ständer- und Läuferoberfläche annimmt. Indessen ist dieses Verfahren unzulässig, da in der Umgebung der stromdurchfluteten Nuten die azimutale Feldkomponente keinesfalls vernachlässigt werden darf; dieser geometrische Fehler läuft konform mit der ebenfalls unzulässigen Benützung der Approximation (I 16, 14) für hohe Exponenten $(2\,k-1)\,p$.

2. Die Reihe (I 16, 11) läßt sich mittels der *Jacobi*schen Elliptischen Funktion Sinusamplitude des Argumentes u [Bezeichnung sn u] und des Moduls k geschlossen ausdrücken: Es sei K das für k, K′ das für $k' = \sqrt{1 - k^2}$ berechnete vollständige Elliptische Integral Erster Gattung. Man definiere eine reelle, positive Zahl $q < 1$ mittels

$$q = e^{-\pi \frac{K'}{K}}, \qquad \text{(I 16, 16)}$$

so wird sn u durch die Reihe dargestellt

$$\mathrm{sn}\,u = \frac{\pi}{k\,K} \cdot \sum_{m=0}^{\infty} \frac{2}{q^{-\frac{m+1}{2}} - q^{\frac{m+1}{2}}} \sin\,(2\,m+1)\frac{\pi}{2}\frac{u}{K}. \qquad (I\ 16,\ 17)$$

Um sie der Form der in (I 16, 11) auftretenden Reihe anzupassen, hat man zu setzen

$$q = \left(\frac{R_l}{R_s}\right)^{2p}; \qquad u = \frac{2}{\pi}\,K\,p\,(\alpha - \alpha^{(n)}). \qquad (I\ 16,\ 18)$$

Mit Rücksicht auf (I 16, 16) ist also

$$\left(\frac{R_l}{R_s}\right)^{2p} = e^{-\pi\frac{K'}{K}}; \qquad \frac{K'}{K} = \frac{2\,p}{\pi}\ln\frac{R_s}{R_l}. \qquad (I\ 16,\ 19)$$

Hierdurch ist wegen $K = K(k)$, $K' = K(\sqrt{1-k^2})$ ein funktioneller Zusammenhang zwischen den Konstruktionsdaten der Maschine und dem Modul k hergestellt, welcher mittels Abb. I 40 numerisch ausgewertet werden kann. Wir substituieren (I 16, 17) in (I 16, 11), führen die Polteilung $\tau = (\pi\,R_s)/p$ ein und erhalten die in Aussicht gestellte, geschlossene Darstellung der Feldkurve

$$B_\varrho^{(n)} = -\,B_{\varrho_{max}} \cdot \mathrm{sn}\frac{2}{\pi}\,K \cdot p\,(\alpha - \alpha^{(n)});$$

$$B_{\varrho_{max}} = \Pi \cdot \frac{1}{2}D\frac{4}{\pi}\frac{k\,K}{\tau}. \qquad (I\ 16,\ 20)$$

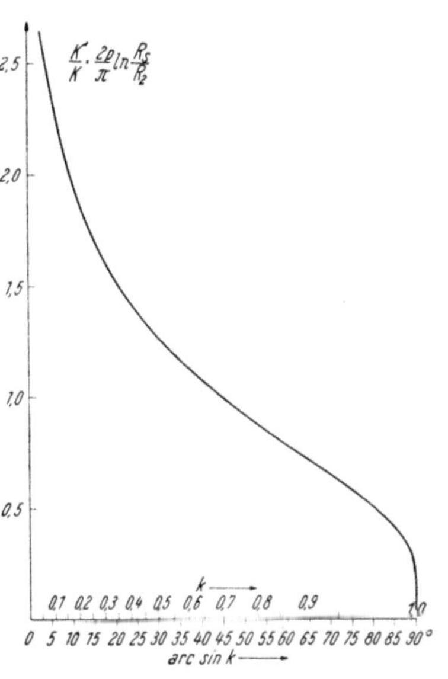

Abb. I 40. Zusammenhang zwischen dem Modul und den Konstruktionsdaten der Maschine

In Abb. I 41 zeigt der Gang des Verhältnisses $|B_\varrho^{(n)}/B_{\varrho_{max}}|$ mit dem Winkel $p\,(\alpha - \alpha^{(n)})$ die Gestalt der Feldkurve für verschiedene Werte des Konstruktions-Parameters $0 \leq R_l/R_s \leq 1$. Während die elementare Rechnung nach (I 16, 4), (I 16, 5) und (I 16, 15) auf eine stets rechteckige Feldkurve führt, liefert die strenge Theorie Feldkurven, welche stetig zwischen der reinen Sinusform [für $R_l/R_s = 0$] und der Rechteckform [für $R_l/R_s = 1$] vermitteln. Trifft insbesondere (I 16, 12) zu, so folgt aus (I 16, 19) in stets ausreichender Näherung

$$\frac{K'}{K} = \frac{2\,p}{\pi}\ln\frac{1}{1-\dfrac{s}{R_s}} \approx \frac{2\,p}{\pi}\frac{\delta}{R_s} = 2\frac{\delta}{\tau}. \qquad (I\ 16,\ 21)$$

In gleicher Genauigkeit schließen wir hieraus

$$k \approx 1; \qquad K' \approx \frac{\pi}{2}; \qquad K \approx \frac{\pi}{4}\frac{\tau}{\delta}, \qquad (I\ 16,\ 22)$$

so daß Gl. (I 16, 20) liefert

$$B_\varrho^{(n)} = -\,B_{\varrho_{max}}\,\mathrm{sn}\frac{\tau}{2\,\delta}\,p\,(\alpha - \alpha^{(n)}); \qquad B_{\varrho_{max}} = \Pi\frac{1}{2}\frac{D}{\delta}. \qquad (I\ 16,\ 23)$$

Falls k nahe an 1 liegt, gilt für die Funktion sn u die Approximation

$$\operatorname{sn} u \approx \operatorname{tgh} u; \qquad 0 \leqq u < K. \qquad (\text{I } 16,\ 24)$$

Sie führt mit (I 16, 18) und (I 16, 19) auf

$$\operatorname{sn} u \approx \operatorname{sn} \frac{\tau}{2\,\delta} p\,(a - a^{(n)}) \approx \operatorname{tgh} \frac{\tau}{2\,\delta} p\,(a - a^{(n)}); \qquad 0 \leqq p\,(a - a^{(n)}) < \frac{\pi}{2}.$$

$$(\text{I } 16,\ 25)$$

Die Gleichungen (I 16, 23) und (I 16, 25) korrigieren namentlich in der Umgebung der Meridianebene $a^{(n)}$ den vordem dort als unrichtig erkannten rechteckigen Verlauf der Feldkurve.

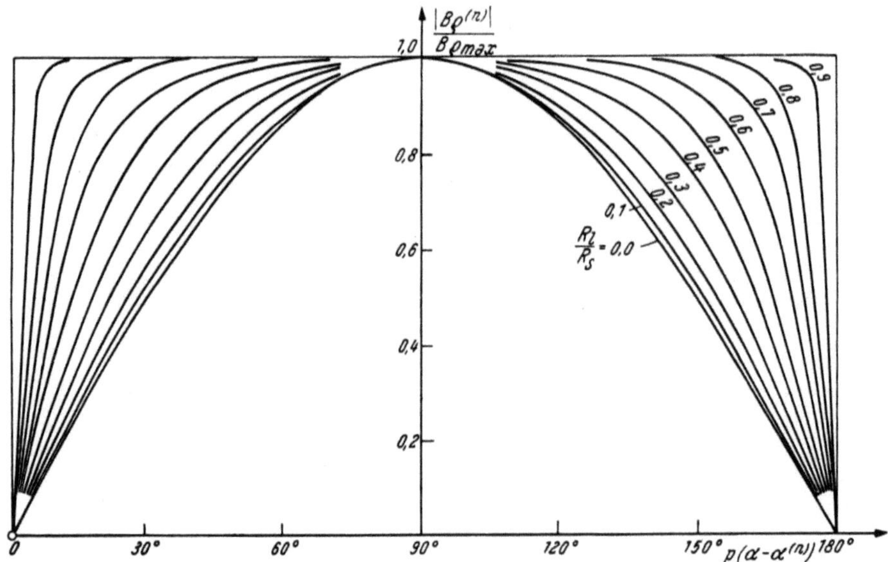

Abb. I 41. Feldkurve eines kreiszylindrischen Walzenrotors bei Erregung durch eine einzige Durchmesserspule.

f) Es verbleibt die Aufgabe, die Wirkung der Z Nutenpaare zusammenzufassen. Die Meridianebene $a = 0$ kann stets so gelegt werden, daß die Lage der positiv durchfluteten Nuten durch

$$a^{(1)} = -\frac{Z-1}{2}\varDelta a; \qquad a^{(2)} = -\frac{Z-3}{2}\varDelta a; \ldots; a^{(z)} = \frac{Z-1}{2}\varDelta a \quad \operatorname{mod} \frac{\pi}{p}$$

$$(\text{I } 16,\ 26)$$

beschrieben wird. Für das resultierende Potential φ finden wir

$$\varphi = \sum_{a^{(n)} = -\frac{Z-1}{2}\varDelta a}^{\frac{Z-1}{2}\varDelta a} \varphi^{(n)} \qquad (\text{I } 16,\ 27)$$

und für die Feldkurve

$$B\varrho = \sum_{a^{(n)} = -\frac{Z-1}{2}\varDelta a}^{\frac{Z-1}{2}\varDelta a} B\varrho^{(n)}. \qquad (\text{I } 16,\ 28)$$

Diese Vorschriften lassen sich graphisch durch Summation Z kongruenter Wellen ausführen, welche je um $\varDelta\,\alpha$ gegeneinander verschoben sind. Abb. I 42 zeigt als Ergebnis dieser Konstruktion das resultierende Randpotential längs der Läuferoberfläche, sowie den Verlauf der Feldkurve für das Beispiel $Z = 4$, $\varDelta\,\alpha = 10^0$, $R_1/R_s = 0,7$.

Bei der analytischen Berechnung der Summen beschränken wir uns der Kürze halber auf die Feldkurve. Nach (I 16, 11) und (I 16, 28) erhalten wir

$$B_\varrho = -\varPi\frac{1}{2}D\cdot\frac{4}{\pi}\frac{p}{R_s}\sum_{\alpha^{(n)}=-\frac{Z-1}{2}\varDelta\,\alpha}^{\frac{Z-1}{2}\varDelta\,\alpha}\;\sum_{m=0}^{\infty}\frac{2\sin\{(2m+1)\,p\,(\alpha-\alpha^{(n)})\}}{\left(\dfrac{R_s}{R_1}\right)^{(2m+1)\,p}-\left(\dfrac{R_1}{R_s}\right)^{(2m+1)\,p}}.$$

$$(I\ 16,\ 29)$$

Statt nun, wie vordem, durch Summation über m die *Jacobi*sche Funktion sn u nach (I, 16, 17) einzuführen, suchen wir hier die *Fourier*sche Entwicklung der resultierenden Feldkurve auf, indem wir über die Ordnungszahl n der Nuten summieren: Wir schreiben

$$\sum_{\alpha^{(n)}=-\frac{Z-1}{2}\varDelta\,\alpha}^{\frac{Z-1}{2}\varDelta\,\alpha}\sin\{(2m+1)\,p\,(\alpha-\alpha^{(n)})\}=\sum\nolimits_{1}-\sum\nolimits_{2}$$

$$\sum\nolimits_{1}=\frac{e^{i(2m+1)p\alpha}}{2j}\sum_{\alpha^{(n)}=-\frac{Z-1}{2}\varDelta\,\alpha}^{\frac{Z-1}{2}\varDelta\,\alpha}e^{-i(2m+1)\,p\,\alpha}=$$

$$=\frac{e^{i(2m+1)\,p\,\alpha}}{2\,i}\cdot\frac{\sin\{(2m+1)\,p\,Z/2\,\varDelta\,\alpha\}}{\sin\{(2m+1)\,p\,1/2\,\varDelta\,\alpha\}}$$

$$\sum\nolimits_{2}=\frac{e^{-i(2m+1)\,p\,\alpha}}{2\,i}\sum_{\alpha^{(n)}=-\frac{Z-1}{2}\varDelta\,\alpha}^{\frac{Z-1}{2}\varDelta\,\alpha}e^{i(2m+1)\,p\,\alpha}=$$

$$=\frac{e^{-i(2m+1)\,p\,\alpha}}{2\,i}\cdot\frac{\sin\{(2m+1)\,p\,Z/2\,\varDelta\,\alpha\}}{\sin\{(2m+1)\,p\,1/2\,\varDelta\,\alpha\}}.$$

$$(I\ 16,\ 30)$$

Wir können also (I 16, 29) in die Form bringen

$$B_\varrho = -\sum_{m=0}^{\infty}B_{\varrho m}\sin\{(2m+1)\,p\,\alpha\},$$

$$B_{\varrho m}=\varPi\frac{D}{2}\cdot\frac{4}{\pi}\cdot\frac{\pi}{\tau}\cdot\frac{2Z}{\left(\dfrac{R_s}{R_1}\right)^{(2m+1)\,p}-\left(\dfrac{R_1}{R_s}\right)^{(2m+1)\,p}}f_{Z,\,2m+1},$$

$$(I\ 16,\ 31)$$

wobei der „Wicklungsfaktor" des Läufers durch den Ausdruck definiert ist

$$f_{Z,\,2m+1}=\frac{\sin\{(2m+1)\,p\,Z/2\,\varDelta\,\alpha\}}{Z\sin\{(2m+1)\,p\,1/2\,\varDelta\,\alpha\}}.$$

$$(I\ 16,\ 32)$$

Ist insbesondere für die Ordnungszahl m der *Fourier*schen Komponente von B_ϱ die Bedingung erfüllt

$$(2\,m + 1)\,p\,\frac{Z}{2}\,\varDelta\,\alpha = \pi;\qquad 2\,\pi;\qquad 3\,\pi;\ldots, \qquad (\text{I } 16,\ 33)$$

so fällt diese Komponente in der resultierenden Feldkurve aus: Die Teil-wellen dieser Ordnungszahl vernichten einander durch Interferenz.

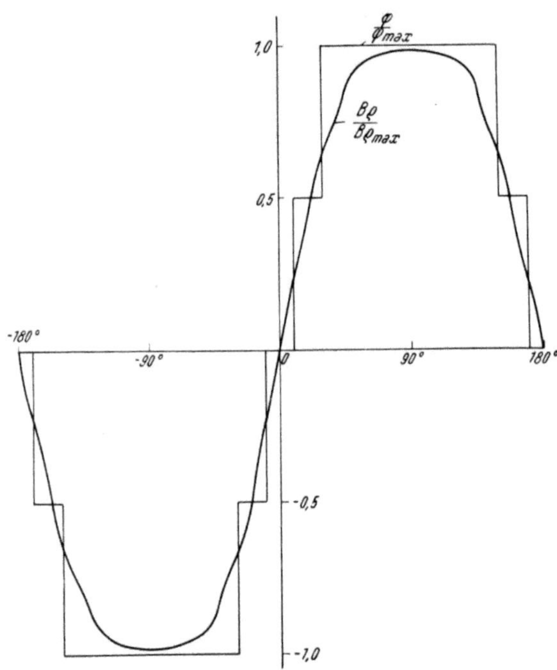

Abb. I 42. Verlauf des Läufer-Randpotentiales und der Ständer-Induktion für
$$Z = 4,\quad \varDelta\,\alpha = 10^{0},\quad \frac{R_l}{R_s} = 0{,}7.$$

g) Der Induktionsfluß $\Phi^{(n)}$ des Nutenpaares (n) berechnet sich je achsialer Längeneinheit der Maschine aus (I 16, 20) zu

$$\Phi^{(n)} = \int\limits_{\alpha^{(n)}}^{\alpha^{(n)} + \pi/p} (-B\varrho^{(n)})\,R_s\,d\alpha = B\varrho_{max}\cdot R_s\cdot \int\limits_{\alpha^{(n)}}^{\alpha^{(n)} + \pi/p} \mathrm{sn}\left\{\frac{2}{\pi}\,K\,p\,(\alpha - \alpha^{(n)})\right\}\,d\alpha =$$

$$= B\varrho_{max}\cdot \tau \cdot \frac{1}{2\,K}\int\limits_{0}^{2\,K} \mathrm{sn}\,u\,du. \qquad (\text{I } 16,\ 34)$$

Man substituiere hierin

$$\mathrm{cn}\,u = v;\qquad \mathrm{sn}\,u\,du = -\frac{dv}{\sqrt{(1 - k^2) + k^2\,v^2}} \qquad (\text{I } 16,\ 35)$$

und erhält

$$\int\limits_{0}^{2\,K} \mathrm{sn}\,u\,du = \frac{1}{k}\ln\frac{1 + k}{1 - k}, \qquad (\text{I } 16,\ 36)$$

also

$$\frac{\Phi^{(n)}}{B\varrho_{max}\cdot \tau} = \frac{1}{2\,K\,k}\ln\frac{1 + k}{1 - k} \qquad (\text{I } 16,\ 37)$$

gemäß Abb. I 43.

I 17. Kinematik der Wechselstromerregung.

a) Gegeben sei eine 2 p-polige Wechselstrom-Maschine. Um die Gedanken zu fixieren, wird der Ständer als ferromagnetischer Hohlzylinder vom Halbmesser $\varrho = R_s$ seiner aktiven Oberfläche vorausgesetzt; dagegen braucht die Gestalt des Läufers samt seiner magnetischen Eigenschaften vorerst nur insoweit festgelegt zu werden, als wir die Linearität seiner Feldgleichungen verlangen.

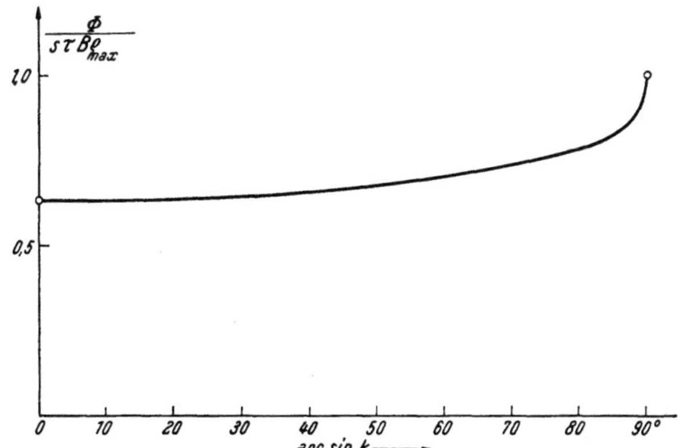

Abb. I 43. Berechnung des Induktionsflusses, welcher von einer einzelnen Erregerwindung auf der Ankeroberfläche erzeugt wird.

b) Der Ständer wird als vollkommen permeabel $[\mu \to \infty]$ behandelt; seine in Wahrheit endliche Permeabilität kann, auf Grund der Kenntnis des Jochfeldes nach Ziffer I 14, durch eine entsprechende Vergrößerung von R_s in Rechnung gestellt werden.

Wir verschieben die Systematik der Wechselstromwicklungen auf die theoretische Untersuchung der quasistationären Felder und beschränken uns hier auf den Fall der „Ganzlochwicklungen": Je Pol und Phase sind Z merklich achsenparallele Nuten längs der aktiven Ständeroberfläche vorgesehen.

Als bekannt gilt der zeitliche Verlauf der Durchflutung jeder Nut

$$D = D\,(t). \qquad\qquad (I\ 17,\ 1)$$

Gesucht werden die korrespondierenden Randwerte des quasistationären magnetischen Skalarpotentiales φ auf der Fläche $\varrho = R_s$; die Ergebnisse der Rechnung lassen sich auf den dualen Fall übertragen: Die Wechselstromwicklung befindet sich in den Nuten des kreiszylindrischen, vollkommen permeablen Läufers bei beliebiger Gestalt des durch lineare Feldgleichungen charakterisierten Ständers.

c) Wir beschränken uns auf den Dauerzustand der Maschine, während dessen in ihr nur synchrone Wechselströme der primitiven Kreisfrequenz ω_1 verkehren. Die Durchflutung (I 17, 1) kann dann in eine *Fourier*sche Reihe zeitlicher Schwingungen entwickelt werden

$$D = \sum_{\lambda=1}^{\infty} D_\lambda \sin\,(\omega_\lambda\,t - \psi_\lambda); \qquad \omega_\lambda = \lambda\,\omega_1. \qquad (I\ 17,\ 2)$$

Im Lichte der Linearität der Potentialgleichung ist es sinnvoll, das gesuchte Potential φ als Summe von Teilpotentialen φ_λ darzustellem, deren jedes nur einer Komponente von (I 17, 2) zugeordnet ist; der Kürze halber

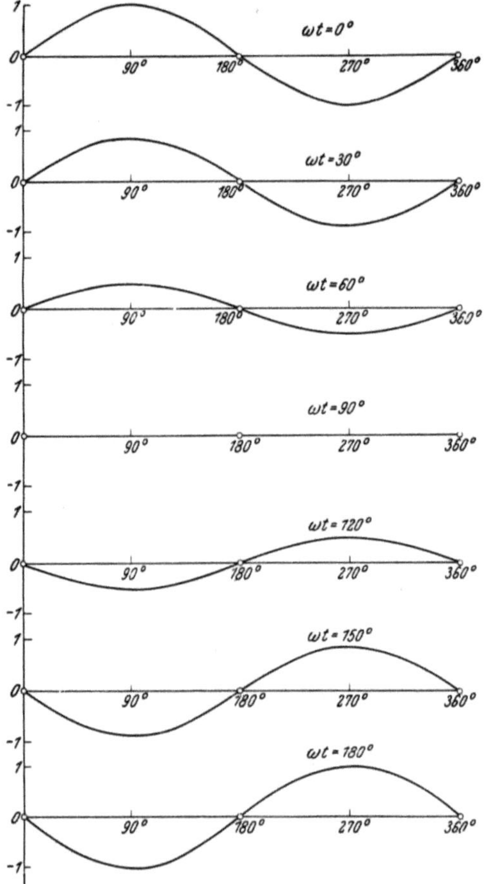

Abb. I 44. „Filmdarstellung" eines Wechselfeldes. Abszisse: $(2 m + 1)\, p\, (a - a^{(n)})$.

Ordinate: $\overleftrightarrow{w}_{2m+1}(t, a)$ für $\psi^{(n)} = -\pi/2$.

unterdrücken wir weiterhin, sofern Mißverständnisse ausgeschlossen sind, den Index λ, so daß wir unter φ nur *einen* Term des gesamten Spektrums zu verstehen haben.

d) Wir richten unser Augenmerk zunächst nur auf jene 2 p Ständernuten der Ordnungszahl $1 \leqq n \leqq Z$, deren mittlere Meridianebenen in $a^{(n)}$ und $a^{(n)} + \pi/p$ [mod $2\,\pi/p$] gemäß (I 16, 26) liegen und welche die Durchflutungen $\pm D^{(n)}$ führen:

$$D^{(n)} = \pm\, D_{max} \cdot \sin\,(\omega\, t - \psi^{(n)}).$$
$$(I\ 17,\ 3)$$

In der Grenze verschwindender, azimutaler Nutenweite geht das von (I 17, 3) längs der Ständeroberfläche erregte magnetische Skalarpotential aus (I 16, 6) hervor, sofern wir dort D mit $D^{(n)}$ und R_l mit R_s vertauschen.

$$\varphi^{(n)} = -\frac{1}{2}D_{max} \cdot \sin\,(\omega\, t - \psi^{(n)}) \cdot$$

$$\cdot \frac{4}{\pi}\sum_{m=0}^{\infty} \frac{\sin\,\{(2\,m+1)\,p\,(a-a^{(n)})\}}{2\,m+1};$$

$$\varrho = R_s. \quad (I\ 17,\ 4)$$

e) Wir interpretieren die fundamentale Gleichung (I 7, 4) auf zweierlei Wegen:

1. Die Funktion

$$\overleftrightarrow{w}_{2m+1}(t, a) = \sin\,(\omega\, t - \psi^{(n)})\,\sin\,\{(2\,m+1)\,p\,(a-a^{(n)})\} \qquad (I\ 17,\ 5)$$

definiert ein *Wechselfeld* der räumlichen Ordnungszahl $k = 2\,m + 1$: Seine Knoten ruhen ein für allemal in den Orten $a = a^{(n)}$ mod $\pi/k\,p$, seine Amplituden oszillieren mit der Kreisfrequenz ω [Abb. I 44].

2. Mittels der Identität $\sin u \sin v \equiv 1/2\,[\cos\,(u - v) - \cos\,(u + v)]$ wird das Wechselfeld $\overleftrightarrow{w}_k$ in zwei Drehfelder aufgespalten: Das „positive" Drehfeld $\overrightarrow{d}_k$ und das negative $\overleftarrow{d}_k$

$$\overleftrightarrow{w}_k = \overrightarrow{d}_k + \overleftarrow{d}_k \qquad\qquad (I\ 17,\ 6)$$

mit

$$\vec{d}_k = \frac{1}{2} \cos\{\omega t - \psi^{(n)} - k\,p\,(a - a^{(n)})\},$$

$$\overleftarrow{d}_k = \frac{1}{2} \cos\{\omega t - \psi^{(n)} + k\,p\,(a - a^{(n)})\}. \qquad \Bigg\} \qquad \text{(I 17, 7)}$$

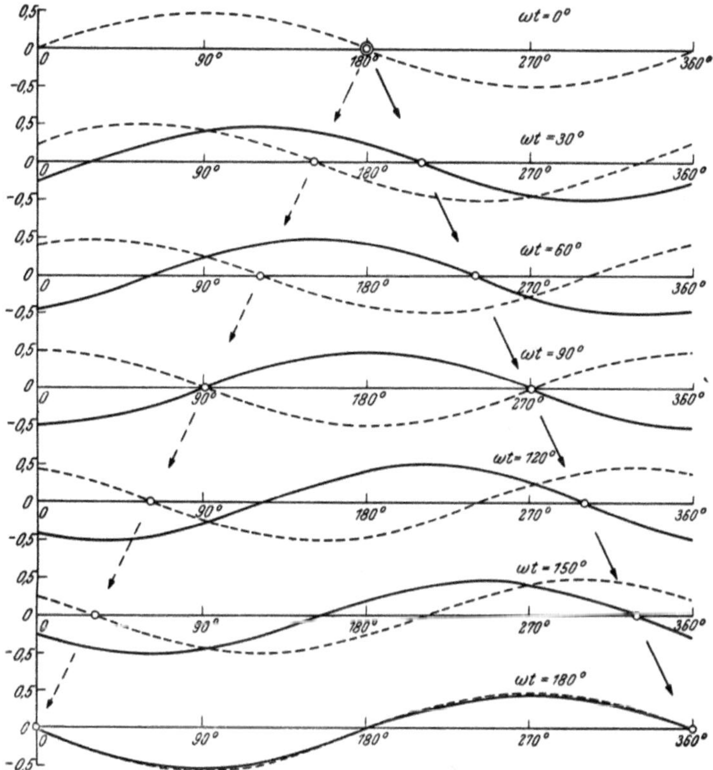

Abb. I 45.   Aufspaltung eines Wechselfeldes in zwei gegenläufige Drehfelder; „Filmdarstellung".

Abszisse: $k\,p\,(a - a^{(n)})$.

Ordinaten: $\vec{d}_k$ [ausgezogen], $\overleftarrow{d}_k$ [gestrichelt] $\Big\}$ für $\psi^{(n)} = -\pi/2$.

Man beachte die Wanderung der Wellenknoten [Pfeile]!

Beide besitzen ein für allemal je eine feste Amplitude gleich dem halben Raum-Zeit-Höchstwerte des Wechselfeldes $\overleftrightarrow{w}_k$; sie laufen, jedes unter Wahrung seiner Form nach Abb. I 45, mit den gleichförmigen Phasengeschwindigkeiten

$$v_k = \pm R_s \frac{\omega}{k\,p} \qquad \text{(I 17, 8)}$$

in einander entgegengesetztem Sinne längs der Ständeroberfläche um.

f) Aus den Randwerten des Skalarpotentiales φ längs $\varrho = R_s$ erhalten wir den achsenparallelen Strombelag A_z eines längs der aktiven Ständeroberfläche zu denkenden Flächenleiters nach der Vorschrift (I 1, 38) zu

$$A_z = H_{a_{\varrho = R_s + 0}} - H_{a_{\varrho = R_s - 0}} = 0 - H_{a_{\varrho = R_s - 0}} = \frac{1}{R_s}\left(\frac{\partial \varphi}{\partial a}\right)_{\varrho = R_s}. \qquad (I\ 17,\ 9)$$

Der spektralen Zerlegung des Potentiales in Wechsel- oder Drehfelder der Ordnungszahl k korrespondieren hiernach kontinuierliche Strombelags-wellen von jeweils gleicher Ordnungszahl und gleichem kinematischen Typus: Aus dem Wechselfelde

$$\overset{\longleftrightarrow}{\varphi_k} = \varphi_k^0 \sin(\omega t - \psi^{(n)}) \sin k\,p\,(a - a^{(n)}) \qquad (I\ 17,\ 10)$$

entspringt das Wechselfeld

$$\overset{\longleftrightarrow}{A_k} = A_k^0 \sin(\omega t - \psi^{(n)}) \cos k\,p\,(a - a^{(n)}); \qquad A_k^0 = p_k^0 \frac{k\,p}{R_s} \qquad (I\ 17,\ 11)$$

und aus den Drehfeldern

$$\left.\begin{array}{l} \overset{\rightarrow}{\varphi_k} = \varphi_k^+ \cos\{\omega t - \psi^{(n)} - k\,p\,(a - a^{(n)})\}, \\[2ex] \overset{\leftarrow}{\varphi_k} = \varphi_k^- \cos\{\omega t - \psi^{(n)} + k\,p\,(a - a^{(n)})\} \end{array}\right\} \qquad (I\ 17,\ 12)$$

gehen die Drehfelder hervor

$$\left.\begin{array}{ll} \overset{\rightarrow}{A_k} = A_k^+ \sin\{\omega t - \psi^{(n)} - k\,p\,(a - a^{(n)})\}; & A_k^+ = \varphi_k^+ \dfrac{k\,p}{R_s}, \\[3ex] \overset{\leftarrow}{A_k} = A_k^- \sin\{\omega t - \psi^{(n)} + k\,p\,(a - a^{(n)})\}; & A_k^- = -\varphi_k^- \dfrac{k\,p}{R_s}. \end{array}\right\} \qquad (I\ 17,\ 13)$$

Die Summe aller Strombelags-Wellen der Ordnungszahlen $0 \leqq m < \infty$ entweder in der Darstellung (I 17, 11) oder (I 17, 13) führt auf die diskrete Stromverteilung der in den Nuten von infinitesimaler Breite eingebetteten Durchflutung zurück.

g) Wir wenden die kinematischen Gesetze der Wechselstrom-Erregung auf das magnetische Skalarpotential von Einphasen-Maschinen an; sie sind durch die Identität der Phasen $\psi^{(n)}$ aller Durchflutungen $D^{(n)}$ je Pol definiert:

$$\psi^{(n)} \equiv \psi; \qquad 1 \leqq n \leqq Z. \qquad (I\ 17,\ 14)$$

Die Summierung der Teilwirkungen aller Nutenpaare ist in Ziffer I 16, dort allerdings für die Feldkurve des gleichstromerregten Läufers, durch-geführt worden; doch ist die gleiche Methode auch hier anwendbar:

Mit Hilfe des Wicklungsfaktors $f_{z,2m+1}$ nach (I 16, 32) erhalten wir für die Wechselfeld-Komponente der Ordnung $k = 2m + 1$, sofern die $a^{(n)}$ gemäß (I 16, .26) gezählt werden,

$$\left.\begin{array}{l} \overset{\longleftrightarrow}{\varphi_{2m+1}} = \varphi^0{}_{2m+1} \sin(\omega t - \psi) \sin\{(2m + 1)\,p\,a\}, \\[2ex] \varphi^0{}_{2m+1} = \dfrac{1}{2}\,D_{max} \cdot Z \cdot f_{z,2m+1} \cdot \dfrac{4}{\pi} \cdot \dfrac{1}{2m + 1}. \end{array}\right\} \qquad (I\ 17,\ 15)$$

Sie ist nach (I 17, 6), (I 17, 7) in zwei gegenläufige Drehfeld-Komponenten aufzuspalten.

h) Wir analysieren die Kinematik der Wechselstrom-Erregung durch symmetrische Dreiphasenwicklungen. In dem hier behandelten Fall der Ganzloch-Wicklungen wird

$$\varDelta a = \frac{\pi}{3\,p\,Z} \qquad (I\ 17,\ 16)$$

und die Nutenleiter der drei Phasen R, S, T sind längs der Ständeroberfläche entsprechend Abb. I 46 nach der Vorschrift verteilt

$$\left.\begin{aligned}
&\alpha_R^{(1)} = -\frac{Z-1}{2} \cdot \frac{\pi}{3\,p\,Z}; \qquad \alpha_R^{(2)} = -\frac{Z-3}{2} \cdot \frac{\pi}{3\,p\,Z}; \cdots; \\[2mm]
&\qquad\quad \alpha_R^{(Z)} = \frac{Z-1}{2} \cdot \frac{\pi}{3\,p\,Z} \bmod \frac{2\pi}{p}, \\[2mm]
&\alpha_S^{(n)} = \alpha_R^{(n)} + \frac{2\pi}{3\,p}, \\[2mm]
&\alpha_T^{(n)} = \alpha_S^{(n)} + \frac{2\pi}{3\,p} = \alpha_R^{(n)} + \frac{4\pi}{3\,p} \equiv \alpha_R^{(n)} - \frac{2\pi}{3\,p}.
\end{aligned}\right\} \quad \text{(I 17, 17)}$$

Die geometrische Symmetrie der Wicklungen zieht jedoch im allgemeinen keineswegs die Symmetrie der Phasenströme nach sich; die Durchflutungen $\pm D_R$, $\pm D_S$, $\pm D_T$ je Nut seien mittels ihrer „symmetrischen Komponenten" vorgegeben:

$$D_R = D^0 \sin(\omega t - \psi^0) + D^+ \sin(\omega t - \psi^+) + D^- \sin(\omega t - \psi^-),$$

$$D_S = D^0 \sin(\omega t - \psi^0) + D^+ \sin\left(\omega t - \psi^+ - \frac{2\pi}{3}\right) + D^- \sin\left(\omega t - \psi^- + \frac{2\pi}{3}\right),$$

$$D_T = D^0 \sin(\omega t - \psi^0) + D^+ \sin\left(\omega t - \psi^+ - \frac{4\pi}{3}\right) + D^- \sin\left(\omega t - \psi^- + \frac{4\pi}{3}\right).$$

$$\text{(I 17, 18)}$$

Hierin definieren D^0, ψ^0 das Nullsystem, D^+, ψ^+ das positive D^-, ψ^- das negative System; wir suchen die von jeder Komponente für sich erregten Randwerte des magnetischen Skalarpotentiales:

$a)$ Das Nullsystem liefert als Wechselfelder der Ordnung $k = 2\,m + 1$

$$\overleftrightarrow{\varphi}_{R,\,2m+1} = -\frac{1}{2} D^0 Z\, f_{Z,\,2m+1} \frac{4}{\pi} \sin(\omega t - \psi^0)\, \frac{\sin\{(2\,m+1)\,p\,\alpha\}}{2\,m+1},$$

$$\overleftrightarrow{\varphi}_{S,\,2m+1} = -\frac{1}{2} D^0 Z\, f_{Z,\,2m+1} \frac{4}{\pi} \sin(\omega t - \psi^0)\, \frac{\sin\left\{(2\,m+1)\left(p\,\alpha - \frac{2\pi}{3}\right)\right\}}{2\,m+1},$$

$$\overleftrightarrow{\varphi}_{T,\,2m+1} = -\frac{1}{2} D^0 Z\, f_{Z,\,2m+1} \cdot \frac{4}{\pi} \sin(\omega t - \psi^0)\, \frac{\sin\left\{(2\,m+1)\left(p\,\alpha - \frac{4\pi}{3}\right)\right\}}{2\,m+1}.$$

$$\text{(I 17, 19)}$$

Ihre Summe

$$\overleftrightarrow{\varphi}_{2m+1} = \overleftrightarrow{\varphi}_{R,\,2m+1} + \overleftrightarrow{\varphi}_{S,\,2m+1} + \overleftrightarrow{\varphi}_{T,\,2m+1} \qquad \text{(I 17, 20)}$$

liefert nur für die Ordnungszahlen

$$\left.\begin{aligned}
m &= 1 + 3\,q; \quad 0 \leqq q < \infty, \\
k &= 2\,m + 1 = 3\,(2\,q + 1) = 3, 9, 15 \ldots
\end{aligned}\right\} \quad \text{(I 17, 21)}$$

die von Null verschiedenen Wechselfelder

$$\overleftrightarrow{\varphi}_{3(2q+1)} = -\frac{1}{2} D^0 Z\, f_{Z,\,3(2q+1)} \cdot \frac{4}{\pi} \sin(\omega t - \psi^0) \cdot 3 \cdot \frac{\sin\{3\,(2\,q+1)\,\alpha\}}{3\,(2\,q+1)}$$

$$\text{(I 17, 22)}$$

mit den nach (I 17, 6), (I 17, 7) zu bestimmenden, gegenläufigen Drehfeld-komponenten je der halben Amplitude.

β) Das positive System ergibt als Wechselfelder der Ordnungszahl $k = 2\,m + 1$

$$\overleftrightarrow{\varphi}_{R,\,2m+1} = -\frac{1}{2}\,D^+\,Z\,f_{Z,\,2m+1}\cdot\frac{4}{\pi}\,\sin(\omega\,t - \psi^+)\,\frac{\sin\{(2\,m+1)\,p\,\alpha\}}{2\,m+1},$$

$$\overleftrightarrow{\varphi}_{S,\,2m+1} = -\frac{1}{2}\,D^+\,Z\,f_{Z,\,2m+1}\cdot\frac{4}{\pi}\,\sin\left(\omega\,t - \psi^+ - \frac{2\,\pi}{3}\right)\frac{\sin\left\{(2\,m+1)\left(p\,\alpha - \frac{2\,\pi}{3}\right)\right\}}{2\,m+1},$$

$$\overleftrightarrow{\varphi}_{T,\,2m+1} = -\frac{1}{2}\,D^+\,Z\,f_{Z,\,2m+1}\cdot\frac{4}{\pi}\,\sin\left(\omega\,t - \psi^+ - \frac{4\,\pi}{3}\right)\frac{\sin\left\{(2\,m+1)\left(p\,\alpha - \frac{4\,\pi}{3}\right)\right\}}{2\,m+1}.$$

$$(I\ 17,\ 23)$$

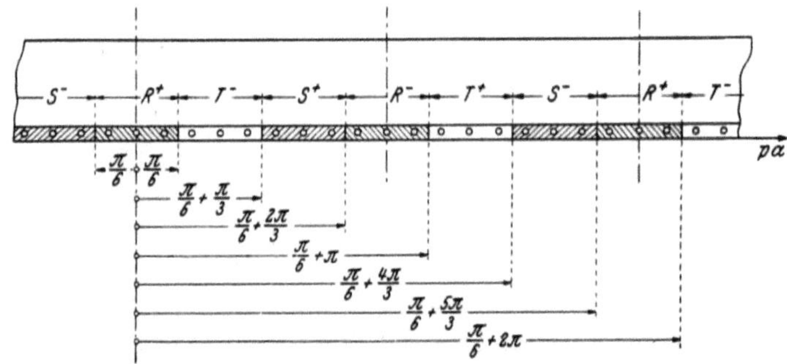

Abb. I 46. Schematische Darstellung einer symmetrischen Dreiphasen-Ganzloch-Wicklung für $Z = 3$.

Wir bilden die Identitäten

$$2\sin(\omega\,t - \psi^+)\sin\{(2\,m+1)\,p\,\alpha\} =$$
$$= \cos\{\omega\,t - \psi^+ - (2\,m+1)\,p\,\alpha\} -$$
$$- \cos\{\omega\,t - \psi^+ + (2\,m+1)\,p\,\alpha\},$$

$$2\sin\left(\omega\,t - \psi^+ - \frac{2\,\pi}{3}\right)\sin\left\{(2\,m+1)\left(p\,\alpha - \frac{2\,\pi}{3}\right)\right\} =$$
$$= \cos\left\{\omega\,t - \psi^+ - (2\,m+1)\,p\,\alpha + 2\,m\,\frac{2\,\pi}{3}\right\} -$$
$$- \cos\left\{\omega\,t - \psi^- + (2\,m+1)\,p\,\alpha - 2\,(m+1)\,\frac{2\,\pi}{3}\right\},$$

$$2\sin\left(\omega\,t - \psi^+ - \frac{4\,\pi}{3}\right)\sin\left\{(2\,m+1)\left(p\,\alpha - \frac{4\,\pi}{3}\right)\right\} =$$
$$= \cos\left\{\omega\,t - \psi^+ - (2\,m+1)\,p\,\alpha + 2\,m\,\frac{4\,\pi}{3}\right\} -$$
$$- \cos\left\{\omega\,t - \psi^+ + (2\,m+1)\,p\,\alpha - 2\,(m+1)\,\frac{4\,\pi}{3}\right\}.$$

$$(I\ 17,\ 24)$$

Positive Drehfeld-Komponenten resultieren also nur für die Ordnungszahlen

$$m = 3\,q; \qquad 0 \leqq q < \infty,$$
$$k = 2\,m + 1 = 6\,q + 1 = 1;\; 7;\; 13;\ldots \qquad \left.\right\} \text{(I 17, 25)}$$

in der Größe

$$\overrightarrow{\varphi}{}^{+}_{6\,q+1} = -\frac{1}{2}\,D^{+}\,Z\,f_{z,\,6q+1}\cdot\frac{4}{\pi}\cdot\frac{3}{2}\,\frac{\cos\{\omega\,t - \psi^{+} - (6\,q + 1)\,p\,\alpha\}}{6\,q + 1}.$$

$$\text{(I 17, 26)}$$

Dagegen existieren negative Drehfeld-Komponenten nur für die Ordnungszahlen

$$m = 3\,q - 1; \qquad 1 \leqq q < \infty,$$
$$k = 2\,m + 1 = 6\,q - 1 = 5;\; 11;\; 17;\ldots \qquad \left.\right\} \text{(I 17, 27)}$$

in der Größe

$$\overleftarrow{\varphi}{}^{+}_{6\,q-1} = +\frac{1}{2}\,D^{+}\,Z\,f_{z,\,6q-1}\cdot\frac{4}{\pi}\cdot\frac{3}{2}\cdot\frac{\cos\{\omega\,t - \psi^{+} + (6\,q - 1)\,p\,\alpha\}}{6\,q - 1}.$$

$$\text{(I 17, 28)}$$

γ) Für das negative System erhält man auf dem nämlichen Wege die Drehfeld-Komponenten

$$\overrightarrow{\varphi}{}^{-}_{6\,q-1} = -\frac{1}{2}\,D^{-}\,Z\,f_{z,\,6q-1}\cdot\frac{4}{\pi}\cdot\frac{3}{2}\,\frac{\cos\{\omega\,t - \psi^{-} - (6\,q - 1)\,p\,\alpha\}}{6\,q - 1} \qquad \text{(I 17, 29)}$$

und

$$\overleftarrow{\varphi}{}^{-}_{6\,q+1} = -\frac{1}{2}\,D^{-}\,Z\,f_{z,\,6q+1}\cdot\frac{4}{\pi}\cdot\frac{3}{2}\,\frac{\cos\{\omega\,t - \psi^{-} + (6\,q + 1)\,p\,\alpha\}}{6\,q + 1}. \qquad \text{(I 17, 30)}$$

Wir stellen die Kinematik der Wechselstromerregung einer Dreiphasen-Maschine in folgender Tabelle zusammen:

Symmetrische Erregung durch	Ordnungszahl							
	1	3	5	7	9	11	13	15
Nullsystem	0	⇄	0	0	⇄	0	0	⇄
Positives System	→	0	←	→	0	←	→	0
Negatives System	←	0	→	←	0	→	←	0

i) Indem wir nunmehr die Frequenz $\omega \equiv \omega_{\lambda} = \lambda\,\omega_1$ explizit einführen, erhalten wir für die Drehfelder der räumlichen Ordnung k und der zeitlichen Ordnung λ das allgemeine kinematische Gesetz

$$\overrightarrow{\varphi}_{k,\,\lambda} = \varphi^{+}_{k,\,\lambda}\cos(\lambda\,\omega_1\,t - \psi - k\,p\,\alpha),$$
$$\overleftarrow{\varphi}_{k,\,\lambda} = \varphi^{-}_{k,\,\lambda}\cos(\lambda\,\omega_1\,t - \psi + k\,p\,\alpha). \qquad \left.\right\} \text{(I 17, 31)}$$

Für $\lambda = 1$ und $k = 1$ entspringt aus (I 17, 8) als „natürliche Einheit" ihrer Phasengeschwindigkeit $v_{k,\,\lambda}$:

$$v_0 \equiv |v_{1,\,1}| = R_s\,\frac{\omega_1}{p}, \qquad \text{(I 17, 32)}$$

so daß wir also für die $\genfrac{}{}{0pt}{}{\text{positiven}}{\text{negativen}}$ Drehfelder der Ordnung k, λ finden

$$v_{k,\lambda} = \pm \frac{\lambda}{k} v_0. \qquad (\text{I } 17, \ 33)$$

Insbesondere laufen alle Felder der Eigenschaft $\lambda = k$ mit der Phasengeschwindigkeit vom Betrage (I 17, 32); die Felder der Eigenschaft $\lambda > k$ wandern rascher, jener der Eigenschaft $k > \lambda$ langsamer am Ständerumfang entlang.

I 18. Dynamik der Wechselstromerregung in einer Maschine mit kreiszylindrischem Läufer.

a) Gegeben eine Dynamomaschine, welche nach Ziffer I 17 durch die Wechselströme ihrer Ständerwicklung erregt wird. Wir halten an der Fiktion des vollkommen permeablen Ständers von der Gestalt eines Hohlzylinders mit dem Halbmesser $\varrho = R_s$ seiner aktiven Oberfläche fest; sie reicht für die kinematische Analyse des Magnetfeldes hin. Um jedoch seine dynamischen Gesetze kennenzulernen, sind die früheren, lediglich mathematisch-formalen Angaben über die Qualität des Läufers an Hand eines definierten Modelles zu präzisieren: Wir behandeln hier den Fall des kreiszylindrischen Läufers vom Halbmesser $\varrho = R_1$, welchem die konstante, skalare Permeabilität μ zukommt; gleichzeitig gehen wir zur Grenze einer Maschinenwelle von infinitesimalem Halbmesser über. Gesucht wird innerhalb des Gebietes $0 \leq \varrho < R_s$ das magnetische Skalarpotential φ der vorgegebenen Wechselstromerregung. Ihre kinematischen Gesetze gestatten es, die Randwerte von φ an der aktiven Ständeroberfläche stets als Summe der gegenläufigen Drehfelder (I 17, 31) aller Ordnungen k, λ darzustellen, deren Amplituden von der jeweiligen Betriebsart der Maschine diktiert werden; sie gelten weiterhin als bekannt. Wir unterdrücken zunächst wieder die zeitliche Ordnungszahl λ, so daß wir die Ständer-Randbedingung in der Form anschreiben

$$\left. \begin{aligned} \overrightarrow{\varphi_k} &= \varphi_k^+ \cos\{\omega\,t - \psi - k\,p\,\alpha\}, \\ \overleftarrow{\varphi_k} &= \varphi_k^- \cos\{\omega\,t - \psi + k\,p\,\alpha\}. \end{aligned} \right\} \quad \varrho = R_s \qquad (\text{I } 18, \ 1)$$

Sie ist durch die Forderung der Stetigkeit aller $\overrightarrow{\varphi_k}$; $\overleftarrow{\varphi_k}$ in $\varrho = 0$ zu ergänzen.

b) Wir denken uns vorübergehend den Läufer aus der Maschine entfernt. In dem nunmehr homogenen Gebiet $0 \leq \varrho < R_s$ der Permeabilität $\mu = 1$ lautet dann diejenige Lösung $\overrightarrow{\varphi_k}'$ der *Laplace*schen Gleichung, welche der ersten der Randbedingungen (I 18, 1) genügt und in $\varrho = 0$ stetig bleibt

$$\overrightarrow{\varphi_k}' = \varphi_k^+ \left(\frac{\varrho}{R_s}\right)^{kp} \cos\{\omega\,t - \psi - k\,p\,\alpha\}. \qquad (\text{I } 18, \ 2)$$

c) Durch den tatsächlich wirksamen Läufer mit seiner Permeabilität $\mu \neq 1$ in $0 \leq \varrho \leq R_1$ wird das Feld (I 18, 2) gestört: Zu $\overrightarrow{\varphi_k}'$ addiert sich das Störpotential $\overrightarrow{\varphi_k}''$

$$\overrightarrow{\varphi_k} = \overrightarrow{\varphi_k}' + \overrightarrow{\varphi_k}'', \qquad (\text{I } 18, \ 3)$$

über welches wir folgende Aussagen machen können:

1. In $0 \leqq \varrho \leqq R_1$ ändert der Läufer nur die Intensität des Potentiales ab, nicht jedoch seine Struktur: Mit einer noch zu bestimmenden, dimensionslosen Konstanten σ_k lautet das Störpotential

$$\overrightarrow{\varphi_k}{}'' = \sigma_k\,\varphi_k^+ \left(\frac{\varrho}{R_s}\right)^{kp} \cos\{\omega\,t - \psi - k\,p\,\alpha\}; \quad 0 \leqq \varrho \leqq R_s. \quad \text{(I 18, 4)}$$

2. Im Luftspalt $R_1 \leqq \varrho \leqq R_s$ wird die erste der Gleichungen (I 18, 1) schon von (I 18, 2) befriedigt. Das Störpotential für sich muß deshalb in $\varrho = R_s$ verschwinden; mit einer weiteren, dimensionslosen Konstanten τ_k ist anzusetzen

$$\overrightarrow{\varphi_k}{}'' = \tau_k\,\varphi_k^+ \left[\left(\frac{\varrho}{R_s}\right)^{kp} - \left(\frac{R_s}{\varrho}\right)^{kp}\right] \cos\{\omega\,t - \psi - k\,p\,\alpha\}; \quad R_1 \leqq \varrho \leqq R_s. \quad \text{(I 18, 5)}$$

An der Grenze $\varrho = R_1$ ist zu fordern:

1. Stetigkeit des resultierenden Potentiales. Da $\overrightarrow{\varphi_k}{}'$ definitionsgemäß diese Eigenschaft besitzt, reduziert sich jene Bedingung auf die Stetigkeit des Störpotentiales allein:

$$\sigma_k \left(\frac{R_1}{R_s}\right)^{kp} = \tau_k \left[\left(\frac{R_1}{R_s}\right)^{kp} - \left(\frac{R_s}{R_1}\right)^{kp}\right]. \quad \text{(I 18, 6)}$$

2. Stetigkeit der radialen Komponente der resultierenden Induktion. Sie wird durch die Gleichung gewährleistet

$$\mu\,[1 + \sigma_k] \left(\frac{R_1}{R_s}\right)^{kp} = \left(\frac{R_1}{R_s}\right)^{kp} + \tau_k \left[\left(\frac{R_1}{R_s}\right)^{kp} - \left(\frac{R_s}{R_1}\right)^{kp}\right]. \quad \text{(I 18, 7)}$$

Aus (I 18, 6) und (I 18, 7) entnimmt man

$$\sigma_k = -\frac{(\mu - 1)\left[1 - \left(\dfrac{R_1}{R_s}\right)^{2kp}\right]}{(\mu + 1) - (\mu - 1)\left(\dfrac{R_1}{R_s}\right)^{2kp}}; \qquad \tau_k = \frac{(\mu - 1)\left(\dfrac{R_1}{R_s}\right)^{2kp}}{(\mu + 1) - (\mu - 1)\left(\dfrac{R_s}{R_1}\right)^{2kp}}. \quad \text{(I 18, 8)}$$

Da die Zeit in der *Laplace*schen Gleichung nicht vorkommt, gelten die Gl. (I 18, 6), (I 18, 7) auch für $\overleftarrow{\varphi_k}{}''$, sofern man rechter Hand φ_k^+ durch φ_k^- ersetzt und im Argument der cos-Funktion das Vorzeichen von k, p, α umkehrt.

d) Wir berechnen die resultierenden Radialkomponenten der Induktionen $\overrightarrow{B}_{\varrho_k}$ und $\overleftarrow{B}_{\varrho_k}$ an der Ständeroberfläche

$$\overrightarrow{B}_{\varrho_k} = -\Pi \left(\frac{\partial(\overrightarrow{\varphi_k}{}' + \overrightarrow{\varphi_k}{}'')}{\partial\varrho}\right)_{\varrho = R_s} = -\Pi\,\frac{k\,p}{R_s}\,\varphi_k^+ \gamma_k \cos(\omega\,t - \psi - k\,p\,\alpha),$$

$$\overleftarrow{B}_{\varrho_k} = -\Pi \left(\frac{\partial(\overleftarrow{\varphi_k}{}' + \overleftarrow{\varphi_k}{}'')}{\partial\varrho}\right)_{\varrho = R_s} = -\Pi\,\frac{k\,p}{R_s}\,\varphi_k^- \gamma_k \cos(\omega\,t - \psi + k\,p\,\alpha),$$

$$\text{(I 18, 9)}$$

wobei abkürzend gesetzt wurde

$$\gamma_k = 1 + 2\,\tau_k = \frac{(\mu + 1) + (\mu - 1)\left(\dfrac{R_1}{R_s}\right)^{2kp}}{(\mu + 1) - (\mu - 1)\left(\dfrac{R_1}{R_s}\right)^{2kp}}. \quad \text{(I 18, 10)}$$

e) Das Induktionsgesetz verknüpft die Achsialkomponente E_z des elektrischen Wirbelfeldes an der aktiven Ständeroberfläche mit der Radialkomponente der magnetischen Induktion durch die Gleichung

$$\frac{1}{R_s} \cdot \frac{\partial E_z}{\partial a} = - \frac{\partial B_\varrho}{\partial t} \; . \qquad\qquad \text{(I 18, 11)}$$

Wir gehen durch Multiplikation von E_z mit der achsialen Länge s der Stromleiter zu deren „Wirbelspannungen" U über, welche nach Abzug des elektrischen Potentialanteiles von der Gesamtspannung verbleiben; mit Rücksicht auf (I 18, 9) finden wir somit

$$\left.\begin{aligned}
\overrightarrow{U}_k &= s \, \overrightarrow{E}_k^z = - \varPi \, s \, \omega \, \varphi_k^+ \cos (\omega\,t - \psi - k\,p\,a), \\
\overleftarrow{U}_k &= s \, \overleftarrow{E}_k^z = + \varPi \, s \, \omega \, \varphi_k^- \cos (\omega\,t - \psi + k\,p\,a).
\end{aligned}\right\} \quad \text{(I 18, 12)}$$

f) Nach (I 17, 9) korrespondieren den magnetischen Potentialfeldern $\overrightarrow{\varphi}_k$, $\overleftarrow{\varphi}_k$ die Strombeläge

$$\left.\begin{aligned}
\overrightarrow{A}_k^z &= A_k^+ \sin \{\omega\,t - \psi - k\,p\,a\}; \qquad A_k^+ = \frac{k\,p}{R_s} \cdot \varphi_k^+, \\
\overleftarrow{A}_k^z &= A_k^- \sin \{\omega\,t - \psi + k\,p\,a\}; \qquad A_k^- = - \frac{k\,p}{R_s} \varphi_k^- .
\end{aligned}\right\} \quad \text{(I 18, 13)}$$

Sie entwickeln, gemeinsam mit den Spannungen (I 18, 12), je Einheit des Ständerumfanges die Leistungen

$$\left.\begin{aligned}
\overrightarrow{U}_k \overrightarrow{A}_k^z &= - \varPi \, s \, \omega \, \frac{k\,p}{R_s} (\varphi_k^+)^2 \gamma_k \frac{1}{2} \sin 2\,(\omega\,t - \psi - k\,p\,a), \\
\overleftarrow{U}_k \overleftarrow{A}_k^z &= - \varPi \, s \, \omega \, \frac{k\,p}{R_s} (\varphi_k^-)^2 \gamma_k \frac{1}{2} \sin 2\,(\omega\,t - \psi + k\,p\,a).
\end{aligned}\right\} \quad \text{(I 18, 14)}$$

Zu ihnen gesellen sich die „Kreuzleistungen" $\overrightarrow{U}_k \overleftarrow{A}_k^z$ und $\overleftarrow{U}_k \overrightarrow{A}_k^z$ sowie je vier, nach dem gleichen Schema gebildete Teilleistungen durch Zusammenfassung der Spannungen von der Ordnungszahl 1 mit den Strombelägen der Ordnungszahl m $\neq$ 1. Ihre zeitlichen Mittelwerte verschwinden sämtlich. Man definiert jedoch die Höchstwerte

$$\left.\begin{aligned}
(\overrightarrow{U}_k \overrightarrow{A}_k^z)_{\max} &= \frac{1}{2} \varPi \, s \omega \, \frac{k\,p}{R_s} (\varphi_k^+)^2 \gamma_k, \\
(\overleftarrow{U}_k \overleftarrow{A}_k^z)_{\max} &= \frac{1}{2} \varPi \, s \omega \, \frac{k\,p}{R_s} (\varphi_k^-)^2 \gamma_k
\end{aligned}\right\} \quad \text{(I 18, 15)}$$

als *Blindleistungen*, welche je Einheit des Ständerumfanges die Felder $\overrightarrow{\varphi}_k$, $\overleftarrow{\varphi}_k$ begleiten; aus ihnen berechnet man durch Multiplikation mit $2\,\pi\,R_s$ die entsprechenden Blindleistungen der Ordnungszahl k für die ganze Maschine:

$$\tilde{N}_k^+ = 2\,\pi\,R_s\,(\overrightarrow{U}_k \overrightarrow{A}_k^z)_{\max} = \varPi\,s\,\omega \cdot \pi\,k\,p\,(\varphi_k^+)^2 \gamma_k = \varPi\,s\,\omega\,\frac{\pi\,R_s^2}{k\,p}(A_k^+)^2 \gamma_k,$$

$$\tilde{N}_k^- = 2\,\pi\,R_s\,(\overleftarrow{U}_k \overleftarrow{A}_k^z)_{\max} = \varPi\,s\,\omega \cdot \pi\,k\,p\,(\varphi_k^-)^2 \gamma_k = \varPi\,s\,\omega\,\frac{\pi\,R_s^2}{k\,p}(A_k^-)^2 \gamma_k.$$

$$\text{(I 18, 16)}$$

g) Die untersuchten Drehfelder enthalten je die Freie Energie:

$$
\left.\begin{aligned}
W_k^+ &= \frac{1}{2}\,s \int_{a=0}^{2\pi} (-\vec{B}_k^\varrho\,\vec{\varphi}_k)_{\varrho=R_s} \cdot R_s\,da = \frac{1}{2}\,\Pi\,s \cdot \pi\,k\,p\,(\varphi_k^+)^2\,\gamma_k = \\
&= \frac{1}{2}\,\Pi\,s\,\frac{\pi\,R_s^2}{k\,p}\,(A_k^+)^2\,\gamma_k, \\
W_k^- &= \frac{1}{2}\,s \int_{a=0}^{2\pi} (-\overleftarrow{B}_k^\varrho\,\overleftarrow{\varphi}_k)_{\varrho=R_s} \cdot R_s\,da = \frac{1}{2}\,\Pi\,s\,\pi\,k\,p\,(\varphi_k^-)^2\,\gamma_k = \\
&= \frac{1}{2}\,\Pi\,s\,\frac{\pi\,R_s^2}{k\,p}\,(A_k^-)^2\,\gamma_k.
\end{aligned}\right\} \quad \text{(I 18, 17)}
$$

Der Vergleich von (I 18, 16) und (I 18, 17) führt zu der bemerkenswert einfachen Relation

$$
\tilde{N}_k^\pm = 2\,\omega\,W_k^\pm, \tag{I 18, 18}
$$

welche von nun ab umgekehrt als Definition der Blindleistungen gelten möge.

h) Im Prüffeld unterwirft man die Wechselstrom-Maschinen der „Bohrungsprobe": Der Läufer wird aus der Maschine entfernt, die Ständerwicklungen werden an ein Netz angeschlossen, welches lediglich einfachharmonisch pulsierende Spannungen der Kreisfrequenz ω, entwickelt. Gemessen wird die gesamte Blindleistung $\tilde{N}$, welche die Maschine in diesem Zustande aufnimmt. Welche Schlüsse sind aus den Versuchsergebnissen zu ziehen?

Bei der Bohrungsprobe ist für das Gebiet $0 \leqq \varrho < R_1$ überall $\mu = 1$ zu setzen, so daß nach Aussage der Gl. (I 18, 10) $\gamma_k = 1$ wird. Die entsprechenden Blindleistungen der Ordnung $k = 1$

$$
\tilde{N}_1^+ = \Pi\,s\,\omega_1\,\frac{\pi\,R_s^2}{p}\,(A_1^+)^2; \qquad \tilde{N}_1^- = \Pi\,s\,\omega_1\,\frac{\pi\,R_s^2}{p}\,(A_1^-)^2 \tag{I 18, 19}
$$

sind daher für den beim Versuch auftretenden Ständerstrom leicht vorauszuberechnen; sie gelten weiterhin als bekannt.

Wir setzen nun, im Einklang mit der üblichen Bauart der Maschine, die Nutenzahl je Pol und Phase $Z > 1$ voraus. Aus dem funktionellen Verhalten der Wicklungsfaktoren $f_{z,2m+1}$ geht hervor, daß sie mit wachsendem $k = 2\,m + 1 > 1$ zunächst abnehmen; in diesem Bereiche sind daher die Verhältnisse $(A_k^\mp : A_1')^2$ so klein, daß man die Oberwellen-Blindleistungen $\tilde{N}_k^\pm$ gegenüber den Anteilen $\tilde{N}_1^\pm$ vernachlässigen darf. Dieser Schluß kann jedoch nicht auf hohe Ordnungszahlen k übertragen werden: Hand in Hand mit der Periodizität der Wicklungsfaktoren treten mit wachsendem k periodisch Höchstwerte von $\tilde{N}_k^\mp$ auf, welche nur wie $1/k$ langsam abnehmen: Die Summe aller Blindleistungen, in welcher wir das Äquivalent der gemessenen Blindleistung $\tilde{N}$ erwarteten, divergiert!

Die Wurzel dieses widersinnigen Resultates der Theorie liegt in dem Grenzübergang zu verschwindender Nutbreite, welcher zu große Amplituden der Potentialwellen hoher Ordnungszahl liefert. Auf die aus dieser Erkenntnis fließende Frage nach der Korrektur der Blindleistungs-Berechnung gehen wir hier nicht ein, sondern beschränken uns auf die Deutung des empirischen Meßergebnisses: Aus (I 18, 10) schließen wir

$$\lim_{k \to \infty} \gamma_k = 1. \qquad \text{(I 18, 20)}$$

Die Feinstruktur des magnetischen Potentiales hängt hiernach von der Qualität des Läufers nicht ab, sondern wird von der Gestalt der Ständeroberfläche allein diktiert: Die Felder hoher Ordnungszahl dringen nicht merklich in den Läufer ein; sie definieren die *Ständerstreuung*, welche also während der Bohrungsprobe wesentlich mit jener des normalen Zustandes der Maschine übereinstimmt. Die Blindleistung $\tilde{N}_s$ allein dieser Ständerstreuung kann somit auf Grund der Maßergebnisse in praktisch ausreichender Genauigkeit nach der Vorschrift

$$\tilde{N}_s = \tilde{N} - (\tilde{N}_1^+ + \tilde{N}_1^-) \qquad \text{(I 18, 21)}$$

bestimmt werden.

I 19. Elementare Theorie der Ankerrückwirkung in Synchronmaschinen mit Walzenpolen.

a) Gegeben eine Wechselstrommaschine, welche mit einem Walzenpol-Induktor ausgerüstet ist. Der Ständer gilt als vollkommen permeabel, der Läufer als Körper der konstanten, skalaren Permeabilität μ. Da demnach die Feldgleichungen der Maschine linear sind, läßt sich das magnetische Skalarpotential eines beliebigen Betriebszustandes aus zwei Anteilen zusammensetzen:

1. Das „Primärpotential" allein der stationären Erregerströme des Induktors bei stromlosem Anker,

2. das „Sekundärpotential" allein der Wechselstromerregung des Ständers bei stromlosem Induktor. Es definiert die Anker-Rückwirkung der Arbeitsströme.

b) Die primäre Feldkurve besitze relativ zum läufergebundenen, gestrichenen Koordinatensystem die Form

$$B_{\varrho}{}'(\alpha) = \sum_{m=0}^{\infty} C_{2m+1} \cos(2m+1)\,p\,\alpha'. \qquad \text{(I 19, 1)}$$

Wir setzen voraus, daß die Grundwelle $[m = 0]$ alle harmonischen Oberwellen weit überwiegt; indem wir diese zunächst außer Betracht lassen, erhalten wir als Gleichung der Feldkurve in einem relativ zum Ständer ruhenden Bezugssystem

$$B_{\varrho}(\alpha, t) = C_1 \cos p\,(\alpha - \Omega\,t) \equiv C_1 \cos(p\,\alpha - \omega_1 t) \qquad \text{(I 19, 2)}$$

mit

$$\omega_1 = p\,\Omega. \qquad \text{(I 19, 3)}$$

Das Drehfeld der Induktion wird gemäß (I 18, 11) von dem Drehfeld der elektrischen Spannung längs der Ankerleiter begleitet

$$U = \frac{s\,R_s}{p}\,\omega_1\,C_1 \cos(p\,\alpha - \omega_1 t). \qquad \text{(I 19, 4)}$$

c) Das Netz, welches mit der Arbeitswicklung der Maschine verbunden ist, zeichne sich durch folgende Eigenschaften aus:

1. Die Differentialgleichungen aller seiner Elemente sind linear.

2. Es wirken in ihm keinerlei Spannungen, deren Kreisfrequenz von ω_1 abweicht.

Im Dauerzustande der Maschine pulsieren dann ihre Arbeitsströme nur eben mit dieser einheitlichen Kreisfrequenz ω_1; ihre starre Bindung an die mechanische Winkelgeschwindigkeit Ω gemäß (I 19, 3) ist die mathematische Definition der Synchronmaschine.

d) Mittels der Substitution $\omega \to \omega_1$ folgen aus (I 18, 1) die Randwerte des Sekundärpotentiales an der aktiven Ankeroberfläche, aus (I 18, 13) die zugehörigen Wellen des Strombelages. Der Gemeinschaftswirkung der primären elektrischen Spannung (I 19, 4) auf die sekundären Strombelags-Wellen entspringt je Einheit des Ständerumfanges die Leistung

$$U \overrightarrow{A^z_k} = s\, C_1\, A^+_k\, \frac{\omega}{p}\, R_s \cos (p\, \alpha - \omega\, t) \sin \{\omega\, t - \psi - k\, p\, \alpha\} =$$

$$= \frac{1}{2}\, s\, C_1\, A^+_k\, \frac{\omega}{p}\, R_s\, [\sin \{p\, (1 - k)\, \alpha - \psi\} - \sin \{p\, (1 + k)\, \alpha - 2\, \omega\, t + \psi\}]$$

und $$\tag{I 19, 5}$$

$$U \overleftarrow{A^z_k} = s\, C_1\, A^-_k\, \frac{\omega}{p}\, R_s \cos (p\, \alpha - \omega\, t) \sin \{\omega\, t - \psi + k\, p\, \alpha\} =$$

$$= \frac{1}{2}\, s\, C_1\, A^-_k\, \frac{\omega}{p}\, R_s\, [\sin \{p\, (1 + k)\, \alpha - \psi\} - \sin \{p\, (1 - k)\, \alpha - 2\, \omega\, t + \psi\}].$$

$$\tag{I 19, 6}$$

Bildet man ihren zeitlichen Mittelwert, so ergibt sich folgende fundamentale Klassifikation der sekundären Drehfelder:

1. Für alle Drehfelder $\overrightarrow{\varphi}_{k \neq 1}$ und $\overleftarrow{\varphi}_k$ verschwindet der zeitliche Mittelwert der Leistung identisch.

2. Nur für das Drehfeld $\overrightarrow{\varphi}_1$ resultiert im allgemeinen der endliche Mittelwert

$$\frac{1}{2\,\pi} \int\limits_{\omega t = 0}^{2\,\pi} U \overrightarrow{A^z_1}\, d(\omega\, t) = -\frac{1}{2}\, s\, C_1\, A^+_1\, \frac{\omega}{p}\, R_s \sin \psi. \tag{I 19, 7}$$

Die Leistung der Maschine [Symbol N] beträgt dann

$$N = -\frac{1}{2}\, C_1\, A^+_1\, \frac{\omega}{p}\, R_s \sin \psi\, 2\,\pi\, R_s. \tag{I 19, 8}$$

Auf Grund der Gleichungen (I 18, 14) besteht dieses Resultat auch dann zu Recht, wenn man die elektrischen Sekundärspannungen (I 18, 12) berücksichtigt, welche gleichzeitig mit den Arbeitsstrombelägen erscheinen.

e) Im Nennbetriebe der Maschine herrscht zwischen den freien Klemmen ihrer Arbeitswicklungen eine bestimmte Nennspannung, welcher die Nennamplitude der Induktion $C_1 = B_{max}$ korrespondiert. Gleichzeitig fließen in den Arbeitswicklungen gewisse Nennströme, welche die Nennamplitude $A^+_1 = A \sqrt{2}$ [A = Effektivwert] des Strombelages hervorrufen. Der mit diesen Nennamplituden berechnete absolute Höchstwert der Leistung (I 19, 8) definiert die *Nennleistung* N_n der Maschine

$$N_n = B_{max} \cdot A \cdot \sqrt{2}\, \frac{\omega_1}{p}\, (\pi \cdot R_s^2 \cdot s) = B_{max} \cdot A \sqrt{2}\, \Omega\, (\pi\, R_s^2\, s). \tag{I 19, 9}$$

Sie ist also dem Rauminhalte $(\pi\,R_s^2\,s)$ der Ständerbohrung und der Winkelgeschwindigkeit Ω der Maschinenwelle verhältnisgleich. Der Faktor $B_{max}\,A\,\sqrt{2}$ enthält die magnetischen Hauptbeanspruchungen, welche man im Einklang mit der zulässigen Sättigung im aktiven Eisen der Maschine $[B_{max}]$ und ihren Abkühlungsbedingungen $[A]$ zu wählen hat; man beachte jedoch den Unterschied zwischen dem Effektivwert $\overline{A}$ des mittleren Strombelages der kontinuierlich längs des Ankerumfanges verteilt gedachten Stromleiter und dem in (I 19, 8) eingehenden Effektivwert des Drehfeldes $\overrightarrow{A}_1$. Beispielsweise findet man für Einphasen-Maschinen mittels (I 17, 11) und (I 17, 15)

$$\overline{A} = \frac{p\,Z}{\pi\,R_s}\frac{D_{max}}{\sqrt{2}}\,; \qquad A = \frac{1}{2}\frac{p}{R_s}\frac{D_{max}}{\sqrt{2}}\,Z\,f_{z,1}\,\frac{4}{\pi}\cdot\frac{1}{2} = \overline{A}\,f_{z,1}\quad (I\ 19,\ 10)$$

und für positiv-symmetrisch belastete Dreiphasen-Maschinen nach (I 17, 13) und (I 17, 26)

$$\overline{A} = \frac{p\,3\,Z}{\pi\,R_s}\cdot\frac{D^+}{\sqrt{2}}\,; \qquad A = \frac{1}{2}\frac{p}{R_s}\frac{D^+}{\sqrt{2}}\cdot Z\cdot f_{z,1}\,\frac{4}{\pi}\cdot\frac{3}{2} = \overline{A}\,f_{z,1}.\quad (I\ 19,\ 11)$$

Trotz der formalen Gleichheit der Formeln (I 19, 10) und (I 19, 11) unterscheiden sie sich tatsächlich durch den Zahlenwert des Wicklungsfaktors, der in der Regel für die Einphasen-Maschine merklich kleiner ausfällt als für die Dreiphasen-Maschine.

f) Bei der Entwicklung der Nennleistungs-Formel (I 19, 9) brauchten wir auf die Qualität des Läufers nicht zu achten; daher gilt sie für Drehfeldmaschinen beliebiger Bau- und Betriebsart, sofern nur die Verteilung der Induktion an der aktiven Ankeroberfläche durch Gl. (I 19, 2) beschrieben wird.

g) Nach Gl. (I 19, 3) und (I 17, 8) bewegen sich die sekundären Drehfelder der Ordnung k relativ zum Ständer mit den Phasengeschwindigkeiten

$$v_k = \pm\,R_s\,\frac{\omega_1}{k\,p} = \pm\,R_s\,\Omega\cdot\frac{1}{k}\,.\quad (I\ 19,\ 12)$$

Ihre Phasengeschwindigkeit relativ zum Läufer beträgt also

$$\left.\begin{aligned} \overrightarrow{v_k}' &= R_s\,\Omega\left[\frac{1}{k} - 1\right], \\[2mm] \overleftarrow{v_k}' &= R_s\,\Omega\left[\frac{1}{k} + 1\right]. \end{aligned}\right\} \quad (I\ 19,\ 13)$$

Im Lichte dieser Gleichungen korrespondiert der leistungsmäßigen Klassifikation der Drehfelder ihre unterschiedliche Kinematik:

1. Sämtliche Drehfelder $\overrightarrow{\varphi}_{k\neq 1}$ und $\overleftarrow{\varphi}_k$ *bewegen* sich relativ zum Läufer. Sie induzieren daher sowohl in seinen massiven Eisenteilen wie in den Stromleitern seiner Erregerwicklung Wirbelströme, welche häufig mittels elektrisch hochleitfähiger Käfige innerhalb des Läufers noch verstärkt werden. Längs dieser Wirbelstrombahnen bricht das elektrische Feld bis auf einen geringfügigen Rest zusammen, so daß auch die zugehörigen Normalkomponenten der sekundären magnetischen Induktion auf der Läuferoberfläche praktisch vernichtet werden: Der Läufer darf mit einem virtuellen Körper der Permeabilität $\mu \to 0$ vertauscht werden.

2. **Das Drehfeld** $\vec{\varphi}_1$ *ruht* relativ zum Läufer. In diesem, nunmehr statischen Felde kommt die hohe magnetische Leitfähigkeit des Läufers zur Geltung: Wir dürfen ihn für dieses singuläre Drehfeld als vollkommen permeablen Körper $[\mu \to \infty]$ behandeln.

Auf Grund der Abhängigkeit der Zahl γ_k von der Qualität des Läufers nach Gl. (I 18, 10) spaltet sie somit in zwei unterschiedliche Werte auf: Indem wir die jeweilige Drehfeldrichtung durch die Affixe $\pm$ andeuten, finden wir

$$\gamma^+_{k \neq 1} = \gamma^-_k = \frac{1 - \left(\dfrac{R_l}{R_s}\right)^{2kp}}{1 + \left(\dfrac{R_l}{R_s}\right)^{2kp}}; \quad \gamma^+_1 = \frac{1 + \left(\dfrac{R_l}{R_s}\right)^{2p}}{1 - \left(\dfrac{R_l}{R_s}\right)^{2p}}. \qquad (\text{I } 19,\ 14)$$

Mit Hilfe von (I 18, 15) erhalten wir jetzt als Blindleistungen der Sekundärfelder

$$\begin{aligned}
\tilde{N}^{\pm}_k &= \Pi\, s\, \omega_1 \frac{\pi R_s^2}{kp} (A^{\pm}_k)^2 \frac{1 - \left(\dfrac{R_l}{R_s}\right)^{2kp}}{1 + \left(\dfrac{R_l}{R_s}\right)^{2kp}}; \quad \tilde{N}^+_k \neq \tilde{N}^+_1 \\[2em]
\tilde{N}^+_1 &= \Pi\, s\, \omega_1 \frac{\pi R_s^2}{p} (A^+_1)^2 \frac{1 + \left(\dfrac{R_l}{R_s}\right)^{2p}}{1 - \left(\dfrac{R_l}{R_s}\right)^{2p}}.
\end{aligned} \qquad \left.\right\} \quad (\text{I } 19,\ 15)$$

h) Das Verhältnis der Blindleistung bei Nennstrom zur Nennleistung der Maschine definiert die numerische Ankerrückwirkung $l^{\pm}_k$. Durch Kombination von (I 19, 15) und (1 19, 9) folgt

$$\begin{aligned}
l^{\mp}_k &= \frac{\Pi A \sqrt{2}}{B_{max}} \frac{1 - \left(\dfrac{R_l}{R_s}\right)^{2kp}}{1 + \left(\dfrac{R_l}{R_s}\right)^{2kp}} \cdot \left(\frac{A^{\mp}_k}{A^+_1}\right)^2 \ (l^{\mp}_k \neq l^+_1), \\[2em]
l^+_1 &= \frac{\Pi A \sqrt{2}}{B_{max}} \cdot \frac{1 + \left(\dfrac{R_l}{R_s}\right)^{2p}}{1 - \left(\dfrac{R_l}{R_s}\right)^{2p}}.
\end{aligned} \qquad \left.\right\} \quad (1\ 19,\ 16)$$

In der Regel ist nun der Luftspalt $\delta = R_s - R_l$ so schmal im Vergleich zu R_s, daß $R_l/R_s = 1 - \delta/R_s$ nahe an 1 liegt. Man darf also in diesem Falle mit meist ausreichender Genauigkeit die numerische Ankerrückwirkung aller relativ zum Läufer wandernden Felder gegen jene des den Läufer begleitenden Feldes vernachlässigen und erhält für diese

$$l^+_1 \approx \frac{\Pi A \sqrt{2}}{B_{max}} \frac{R_s}{p\,\delta}. \qquad (\text{I } 19,\ 17)$$

Endlich mißt hierin das Verhältnis $(\pi R_s)/p$ die am Ständerumfang auftretende Polteilung τ, so daß man schreiben kann

$$l^+_1 \approx \frac{\Pi A \sqrt{2}}{B_{max}} \cdot \frac{\tau}{\pi\,\delta}. \qquad (\text{I } 19,\ 18)$$

i) Falls die primäre Feldkurve Oberwellen der räumlichen Ordnungszahl k′ in merklicher Stärke enthält, treten gemäß (I 18, 11) zeitliche Oberwellen der Windungsspannungen von der nämlichen Ordnungszahl $\lambda = k'$ auf. Vermöge der vorausgesetzten Netzeigenschaften muß man daher der Erregung der Sekundärfelder die allgemeine Form (I 17, 2) der Durchflutung zu Grunde legen. Aus Gl. (I 17, 33) geht dann hervor, daß alle sekundären, positiven Drehfelder der Eigenschaft $k = \lambda$ relativ zum Läufer ruhen: Sie sind sowohl in bezug auf die Bildung der Leistung wie auf die Struktur ihres Magnetfeldes dem vordem behandelten, singulären Drehfelde $\vec{\varphi_1}$, $\vec{A_1}$ qualitativ äquivalent.

I 20. Das Skalarpotential eines Kreisstromes.

a) In der Ebene $z = 0$ eines Zylinder-Koordinatensystemes z, ϱ, a sei der Kreis $\varrho = R$ Träger der stationären Durchflutung D. Wir schließen die „Sperrfläche" $\varrho < R$ der Ebene $z = 0$ aus dem Existenzgebiete des Feldes aus. In dem verbleibenden, einfach-zusammenhängenden Raume T suchen wir das nunmehr eindeutige magnetische Skalarpotential φ unter der Voraussetzung einer Permeabilität $\mu = 1$.

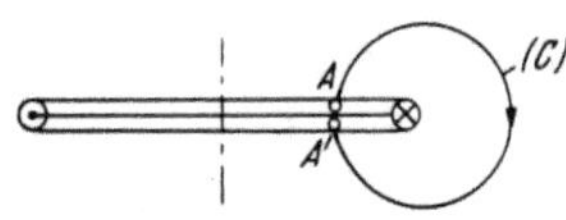

Abb. I 47. Potentialsprung an der Sperrfläche.

b) Wir konstruieren in T einen Kontrollweg C der vektoriellen Linienelemente ds, welcher nach Abb. I 47 von einem Punkte P_+ in $z = +0$ zu dem infinitesimal benachbarten Punkte P_- in $z = -0$ führt. Die Erste *Maxwell*sche Feldgleichung liefert die Aussage

$$\int_{P_+}^{P_-} (H\,ds) = \varphi(P_+) - \varphi(P_-) = D. \qquad (I\ 20,\ 1)$$

Nach passender Verfügung über die in φ freie, additive Konstante lauten somit die Randwerte des Potentiales auf allen Teilen der Ebene $z = 0$

$$\left. \begin{array}{ll} \varphi = \pm \dfrac{1}{2} D & \text{für} \quad \varrho < R \\[2mm] \varphi = 0 & \text{für} \quad \varrho > R \end{array} \right\} \quad z = \pm 0. \qquad (I\ 20,\ 2)$$

Wir ergänzen diese Vorschrift durch die Bedingung

$$\lim_{\sqrt{\varrho^2 + z^2}\,\to\,\infty} \varphi = 0. \qquad (I\ 20,\ 3)$$

c) Die Gleichungen (I 20, 2) lassen sich im Verein mit (I 20, 3) als Äquivalenz des Wirbelfadens der Stärke D mit einer magnetischen Doppelschicht interpretieren, welche die Sperrfläche mit der konstanten Momentendichte Π D bedeckt. Indes entbehrt diese mathematisch allgemein gültige Identität der verglichenen Systeme des physikalischen Inhaltes, da es wahren Magnetismus — als Quell-Senke der Doppelschicht — nicht gibt. Wir ziehen es daher vor, das gesuchte Potential aus der *Laplace*schen Gleichung zu entwickeln.

d) Das Feld des Kreisstromes hängt nicht vom Azimut a ab; daher reduziert sich (I 2, 4) auf

$$\frac{\partial^2 \varphi}{\partial z^2} + \frac{\partial^2 \varphi}{\partial \varrho^2} + \frac{1}{\varrho} \frac{\partial \varphi}{\partial \varrho} = 0. \qquad (I\ 20,\ 4)$$

Der Produktansatz
$$\varphi = Z(z) \cdot P(\varrho) \qquad (I\ 20,\ 5)$$
liefert

$$\frac{d^2Z}{dz^2} \cdot P + Z\left(\frac{d^2P}{d\varrho^2} + \frac{1}{\varrho}\frac{dP}{d\varrho}\right) = 0. \qquad (I\ 20,\ 6)$$

Wir teilen durch $Z \cdot P$ und spalten mittels einer Separationskonstanten λ^2 (I 20, 6) in die beiden gewöhnlichen Differentialgleichungen auf

$$\frac{d^2Z}{dz^2} - \lambda^2 Z = 0 \qquad (I\ 20,\ 7)$$

und

$$\frac{d^2P}{d\varrho^2} + \frac{1}{\varrho}\frac{dP}{d\varrho} + \lambda^2 P = 0. \qquad (I\ 20,\ 8)$$

Die Lösung der Gl. (I 20, 7) lautet mit zwei Integrationskonstanten K_+ und K_-

$$Z = K_+ e^{\lambda z} + K_- e^{-\lambda z}. \qquad (I\ 20,\ 9)$$

Die Differentialgleichung (I 20, 8) wird von einer linearen Kombination der *Bessel*schen und der *Neumann*schen Zylinderfunktion nullter Ordnung erfüllt

$$P = A\,J_0(\lambda\varrho) + B\,N_0(\lambda\varrho), \qquad (I\ 20,\ 10)$$

wobei A und B zwei weitere Integrationskonstanten bezeichnen.

e) Wir haben die Bedingungen (I 20, 2) und (I 20, 3) in Beziehung zu den Lösungen (I 20, 9) und (I 20, 10) zu setzen:

1. In der Ebene $z = 0$ mögen neben ϱ und a vorübergehend die *Kartesischen* Koordinaten x und y eingeführt werden. Eine beliebige Funktion $f(x, y)$ kann durch das *Fourier*sche Integral dargestellt werden

$$f(x, y) = \frac{1}{(2\pi)^2}\int\limits_{\mu=-\infty}^{\infty}\int\limits_{\nu=-\infty}^{\infty} e^{i\mu x} e^{i\nu y}\, d\mu\, d\nu \int\limits_{m=-\infty}^{\infty}\int\limits_{n=-\infty}^{\infty} f(m, n)\, e^{-i\mu m} e^{-i\nu n}\, dm\, dn,$$

$$(I\ 20,\ 11)$$

falls nur die auszuführenden Integrale existieren. Dies vorausgesetzt, spezialisieren wir auf eine kreissymmetrische Funktion

$$\left.\begin{array}{ll} f(x, y) = f(\varrho); & \varrho = \sqrt{x^2 + y^2}, \\[4pt] f(m, n) = f(l); & l = \sqrt{m^2 + n^2}. \end{array}\right\} \qquad (I\ 20,\ 12)$$

Wir setzen nun

$$m = l\cos a; \qquad n = l\sin a; \qquad a_0 = \operatorname{arctg}\frac{\nu}{\mu} \qquad (I\ 20,\ 13)$$

und erhalten zunächst, mit Hilfe der Integraldarstellung der *Bessel*schen Funktionen

$$\frac{1}{2\pi}\int\limits_{m=-\infty}^{\infty}\int\limits_{n=-\infty}^{\infty} f(m, n)\, e^{-i\mu m} e^{-i\nu n}\, dm\, dn =$$

$$= \frac{1}{2\pi}\int\limits_{l=0}^{\infty}\int\limits_{a=0}^{2\pi} f(l)\, e^{-i(\mu l\cos a + \nu l\sin a)}\, l\, dl\, da =$$

$$= \int\limits_{l=0}^{\infty} f(l)\, l\, dl\, \frac{1}{2\pi}\int\limits_{a=0}^{2\pi} e^{-il\sqrt{\mu^2+\nu^2}\cos(a-a_0)}\, da = \int\limits_{l=0}^{\infty} f(l)\, l\, dl\, J_0(l\sqrt{\mu^2+\nu^2}). \quad (I\ 20,\ 14)$$

Mit

$$\mu = \lambda \cos \beta; \qquad \nu = \lambda \sin \beta; \qquad \beta_0 = \operatorname{arctg} \frac{y}{x} \qquad \text{(I 20, 15)}$$

gilt dann weiter

$$f(\varrho) = \frac{1}{2\pi} \int\limits_{\lambda=0}^{\infty} \int\limits_{\beta=0}^{2\pi} e^{i\lambda x \cos\beta} \, e^{i\lambda y \sin\beta} \, \lambda \, d\lambda \, d\beta \int\limits_{l=0}^{\infty} f(l) \, J_0(l\lambda) \, l \, dl =$$

$$= \int\limits_{\lambda=0}^{\infty} \lambda \, d\lambda \, \frac{1}{2\pi} \int\limits_{\beta=0}^{2\pi} e^{i\lambda \varrho \cos(\beta-\beta_0)} \, d\beta \int\limits_{l=0}^{\infty} f(l) \, J_0(l\lambda) \, l \, dl = \qquad \text{(I 20, 16)}$$

$$= \int\limits_{\lambda=0}^{\infty} J_0(\lambda\varrho) \, \lambda \, d\lambda \int\limits_{l=0}^{\infty} f(l) \, J_0(l\lambda) \, l \, dl.$$

Wir wenden diese Umformung auf die Funktion $\varphi(\varrho)$ nach Gl. (I 20, 2) an und erhalten

$$\varphi(\varrho) = \int\limits_{\lambda=0}^{\infty} J_0(\lambda\varrho) \, \lambda \, d\lambda \int\limits_{l=0}^{R} \left(\pm \frac{D}{2}\right) J_0(l\lambda) \, l \, dl = \pm \frac{D}{2} R \int\limits_{\lambda=0}^{\infty} J_0(\lambda\varrho) \, J_1(\lambda R) \, d\lambda;$$

$$z = \pm 0. \qquad \text{(I 20, 17)}$$

Dies ist in der Tat eine Summe von Lösungen der Gestalt (I 20, 10), wofern B = 0 und A als Funktion des Parameters λ gewählt wird.

2. Mit Rücksicht auf (I 20, 9) befriedigen wir nunmehr sowohl die *Laplace*sche Gleichung wie auch die Vorschrift (I 20, 3) mittels

$$\varphi = \pm \frac{D}{2} R \int\limits_{\lambda=0}^{\infty} e^{\mp \lambda z} \, J_0(\lambda\varrho) \, J_1(\lambda R) \, d\lambda; \quad z \gtrless 0. \qquad \text{(I 20, 18)}$$

e) Wir stellen den Grenzfall R → 0 [,,Molekularmagnet"] voraus. Mittels $\lim\limits_{u \to 0} J_1(u) = u/2$ entsteht aus (I 20, 18) für z > 0, indem wir abermals die Integraldarstellung von $J_0(\lambda\varrho)$ heranziehen

$$\varphi = \frac{D}{4} R^2 \int\limits_{\lambda=0}^{\infty} \lambda \, e^{-\lambda z} \, J_0(\lambda\varrho) \, d\lambda = \frac{D\pi R^2}{4\pi} \cdot \frac{\partial}{\partial z} \int\limits_{\lambda=0}^{\infty} \int\limits_{a=0}^{2\pi} \frac{e^{-\lambda(z-i\varrho\cos a)}}{2\pi} \, d\lambda \, da.$$

$$\text{(I 20, 19)}$$

Die Integration über λ liefert sofort

$$\varphi = \frac{D\pi R^2}{4\pi} \frac{\partial}{\partial z} \left\{ \frac{1}{2\pi} \int\limits_{a=0}^{2\pi} \frac{da}{z - i\varrho\cos a} \right\}. \qquad \text{(I 20, 20)}$$

Die Transformation $e^{ia} = a$, $da = 1/2 \, da/a$ bildet den Integrationsweg $0 \leq a \leq 2\pi$ in den Einheitskreis der komplexen a-Ebene ab:

$$\frac{1}{2\pi} \int\limits_{a=0}^{2\pi} \frac{da}{z - i\varrho\cos a} = \frac{1}{2\pi i} \oint \frac{(1/a)\,da}{2 - (i\varrho/2)(a + 1/a)} = \frac{1}{2\pi i} \oint \frac{2\,da}{2az - i\varrho(a^2 + 1)}$$

$$\text{(I 20, 21)}$$

Die Pole des Integranden sind die Wurzeln der quadratischen Gleichung

$$a^2 + 2i\frac{z}{\varrho}a + 1 = 0; \qquad a_{\substack{1\\2}} = -i\frac{z}{\varrho} \pm i\sqrt{1 + \frac{z^2}{\varrho^2}}. \qquad (I\ 20,\ 22)$$

Da nur a_1 innerhalb des Einheitskreises liegt, gilt (I 20, 21) [Residuumsatz]

$$\frac{1}{2\pi i}\oint \frac{2\,da}{2\,a\,z - i\varrho(a^2+1)} = \frac{2}{2z - 2i\varrho\,a_1} = \frac{1}{\sqrt{\varrho^2 + z^2}}. \qquad (I\ 20,\ 23)$$

Für das Potential φ resultiert somit das Feld eines einzelnen Dipoles

$$\varphi = \frac{D\,\pi\,R^2}{4\,\pi}\frac{\partial}{\partial z}\frac{1}{\sqrt{\varrho^2 + z^2}} = \frac{D\,\pi\,R^2}{4\,\pi}\frac{z}{(\varrho^2 + z^2)^{3/2}} \qquad (I\ 20,\ 24)$$

f) Im Falle eines endlichen Kreishalbmessers R gehen wir von der Reihe aus

$$J_0(u) = 1 - \frac{(\tfrac{1}{2}u)^2}{1!^2} + \frac{(\tfrac{1}{2}u)^4}{2!^2} - + \cdots \qquad (I\ 20,\ 25)$$

und erhalten aus (I 20, 18) die nach Potenzen von ϱ fortschreitende Entwicklung

$$\varphi = \pm\frac{D}{2}R\cdot\int\limits_{\lambda=0}^{\infty} e^{\mp\lambda z}\left[1 - \frac{(\varrho/2)^2}{1!^2}\lambda^2 + \frac{(\varrho/2)^4}{2!^2}\lambda^4 - + \cdots\right]J_1(\lambda R)\,d\lambda =$$

$$= \pm\frac{D}{2}R\left[1 - \frac{(\varrho/2)^2}{1!^2}\frac{\partial^2}{\partial z^2} + \frac{(\varrho/2)^4}{2!^2}\frac{\partial^4}{\partial z^4} - + \cdots\right]\int\limits_{\lambda=0}^{\infty} e^{\mp\lambda z}\,J_1(\lambda R)\,d\lambda.$$

$$(I\ 20,\ 26)$$

Mit Hilfe der Integraldarstellung von $J_1(\lambda R)$ berechnen wir für $z > 0$

$$\int\limits_{\lambda=0}^{\infty} e^{-\lambda z}\,J_1(\lambda R)\,d\lambda = \int\limits_{\lambda=0}^{\infty}\int\limits_{\alpha=0}^{2\pi}\frac{e^{-\lambda(z - iR\cos\alpha)}\,e^{i\alpha}}{2\pi i}\,d\lambda\,d\alpha =$$

$$= \frac{1}{2\pi i}\int\limits_{\alpha=0}^{2\pi}\frac{e^{i\alpha}\,d\alpha}{z - iR\cos\alpha} = \frac{1}{2\pi i}\oint\frac{2\,(a/i)\,da}{2\,a\,z - iR(a^2+1)}. \qquad (I\ 20,\ 27)$$

Wir vertauschen in (I 20, 22) ϱ mit R und erhalten mittels des Residuumsatzes

$$\frac{1}{2\pi i}\oint\frac{2\,(a/i)\,da}{2\,a\,z - iR(a^2+1)} = \frac{2\,a_1/i}{2z - 2iR\,a_1} = \frac{-z/R + \sqrt{1 + z^2/R^2}}{R\sqrt{1 + z^2/R^2}} =$$

$$= \frac{1}{R}\left[1 - \frac{z}{\sqrt{R^2 + z^2}}\right]. \qquad (I\ 20,\ 28)$$

Das Potential lautet somit

$$\varphi = \frac{D}{2}\left[1 - \frac{(\varrho/2)^2}{1!^2}\frac{\partial^2}{\partial z^2} + \frac{(\varrho/2)^4}{2!^2}\frac{\partial^4}{\partial z^4} - + \cdots\right]\left[1 - \frac{z}{\sqrt{R^2 + z^2}}\right] =$$

$$= \frac{D}{2}\left[1 - \frac{z}{\sqrt{R^2 + z^2}} - \frac{\varrho^2}{4}\frac{3\,z\,R^2}{(R^2 + z^2)^{5/2}} + \cdots\right]; \qquad z > 0. \quad (I\ 20,\ 29)$$

In der Umgebung der Achse treten hiernach die Feldstärke-Komponenten auf

$$H_z = \frac{D}{2}\left[\frac{R^2}{(R^2+z^2)^{3/2}} - \frac{\varrho^2}{4}\frac{3\,R^2\,(R^2-4z^2)}{(R^2+z^2)^{7/2}} + \cdots\right],$$
$$H_\varrho = \frac{D}{2}\left[\frac{\varrho}{2}\frac{3\,z\,R^2}{(R^2+z^2)^{5/2}} - \cdots\right]. \hspace{2em} (I\ 20,\ 30)$$

I 21. Eisengeschirmte Spulen.

a) In leistungsfähigen Kathodenstrahl-Geräten benötigt man zur Konzentration des Elektronenbündels starke Magnetfelder, welche nur innerhalb eines möglichst kurzen Strahlabschnittes wirksame Intensitäten entwickeln. Diese Aufgabe wird durch kreissymmetrische Spulen gelöst, deren Achse mit der Hauptachse des Elektronenbündels koinzidiert.

Wir orientieren uns an einem Zylinder-Koordinatensystem z, α, ϱ, dessen Achse in die Spulenachse fällt; die zu ihr senkrechte Symmetrie-Ebene der Spule bildet die Ebene $z = 0$. Längs der Achse $[\varrho = 0]$ besitzt die magnetische Feldstärke lediglich die achsiale Komponente H_z mit dem Höchstwerte $H_{z\,max}$ in $z = 0$. Sei D die Durchflutung der Spule, so definieren wir ihre mittlere Länge $\bar{s}$ durch

$$\bar{s} = \frac{D}{H_{z\,max}}. \hspace{2em} (I\ 21,\ 1)$$

Daneben führen wir als effektive Länge s der Spule das Integral ein

$$s = \int_{-\infty}^{+\infty}\left(\frac{H_z}{H_{z\,max}}\right)^2 dz. \hspace{2em} (I\ 21,\ 2)$$

Die Konstruktion der Spule erstrebt ein doppeltes Ziel:
1. Es ist ein möglichst starkes Maximalfeld $H_{z\,max}$ herzustellen,
2. die Längen $\bar{s}$ und s sind möglichst zu verkürzen.

b) Als „Standard" [Index 0] diene die Kreisringspule in Luft vom mittleren Ringhalbmesser R: Aus Gl. (I 20, 30) entnehmen wir für $\varrho = 0$

$$H_{z\,0} = \frac{D_0}{2}\frac{R_0{}^2}{(R_0{}^2+z^2)^{3/2}}; \hspace{1em} H_{z\,max\,0} = \frac{D_0}{2\,R_0}. \hspace{1em} (I\ 21,\ 3)$$

Die Spule besitzt also die mittlere Länge

$$\bar{s}_0 = 2\,R_0 \hspace{2em} (I\ 21,\ 4)$$

und die effektive Länge

$$s_0 = R_0\int_{-\infty}^{+\infty}\frac{d\zeta}{(1+\zeta^2)^3}; \hspace{1em} \zeta = \frac{z}{R_0}. \hspace{1em} (I\ 21,\ 5)$$

In der komplexen ζ-Ebene verschwindet der Integrand für $|\zeta| \to \infty$ wie $|1/\zeta|^6$. Wir dürfen daher den längs der reellen ζ-Achse verlaufenden Integrationsweg etwa durch den Halbkreis $|\zeta| \to \infty$ in $J_m(\zeta) > 0$ schließen, ohne den Wert des Integrales zu ändern. Innerhalb des neuen Weges befindet sich in $\zeta = i$ ein Pol, in dessen Umgebung wir $\zeta = i + \eta$ setzen; wir ziehen den Integrationsweg in den Kreis $|\eta| \to 0$ zusammen:

$$\frac{1}{2\,\pi\,\mathrm{i}}\int_{-\infty}^{+\infty}\frac{\mathrm{d}\zeta}{(1+\zeta^2)^3}=\frac{1}{2\,\pi\,\mathrm{i}}\oint\frac{\mathrm{d}\eta}{(2\,\mathrm{i}\,\eta+\eta^2)^3}=$$

$$=\frac{1}{2\,\pi\,\mathrm{i}}\oint\frac{\mathrm{d}\eta}{(2\,\mathrm{i}\,\eta)^3}\left\{1-3\frac{\eta}{2\,\mathrm{i}}+6\left(\frac{\eta}{2\,\mathrm{i}}\right)^2-+\ldots\right\}=$$

$$=\frac{1}{2\,\pi\,\mathrm{i}}\oint\frac{\mathrm{d}\eta}{(2\,\mathrm{i}\,\eta)^3}\,6\left(\frac{\eta}{2\,\mathrm{i}}\right)^2=\frac{3}{16\,\mathrm{i}}\,;\qquad\int_{-\infty}^{+\infty}\frac{\mathrm{d}\zeta}{(1+\zeta^2)^3}=\frac{3\,\pi}{8}$$

$$\tag{I 21, 6}$$

also

$$s_0=R_0\frac{3\,\pi}{8}.\qquad \text{(I 21, 7)}$$

Nach Aussage der Gl. (I 21, 4) und (I 21, 7) kann man $\overline{s}_0$ und s_0 verkürzen, indem man R_0 verkleinert; dem sind jedoch technische Grenzen gesetzt:

1. Die Konstruktion des Kathodenrohres verlangt einen gewissen Mindesthalbmesser R_{min}.

2. Mit Rücksicht auf den zulässigen Betrag der Stromdichte in der Spulenwicklung [Erwärmung] ist R_0 stets merklich größer als R_{min}.

c) Um die schädliche Differenz $R_0 - R_{min}$ zu beseitigen, ohne gleichzeitig die Durchflutung reduzieren zu müssen, geht man zu eisengeschirmten Spulen über: Nach Abb. I 48 wird die Spule in einen ferromagnetischen Panzer eingeschlossen. In der Regel gibt

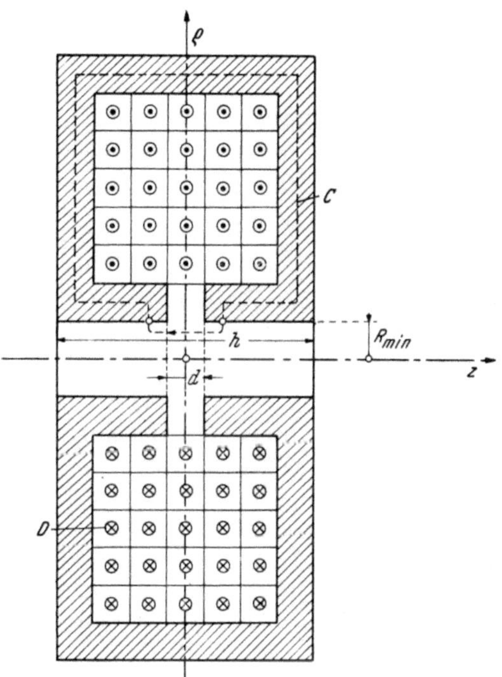

Abb. I 48. Schema einer eisengeschirmten Spule.

man ihm die Gestalt eines Toroides von der achsialen Höhe h, welches längs seines inneren, aktiven Mantels vom Halbmesser $R = R_{min}$ mit einem äquatorialen Ringschlitz der Weite $d \ll h$ versehen ist. Der Vergleich der eisengeschirmten Spule mit der Standard-Spule erfordert die Kenntnis der Längen $\overline{s}$ und s, aus welchen man die Verhältnisse berechnet

$$\frac{H^z_{\substack{max}}}{H^z_{\substack{max,\,0}}}=\frac{D}{D_0}\frac{\overline{s}_0}{s}\,;\qquad \frac{\int_{-\infty}^{+\infty}(H^z)^2\,\mathrm{d}z}{\int_{-\infty}^{+\infty}(H^z_0)^2\,\mathrm{d}z}=\frac{(H^z_{max})^2}{(H^z_{max,\,0})^2}\cdot\frac{s}{s_0}=\left(\frac{D}{D_0}\right)^2\cdot\left(\frac{\overline{s}_0}{\overline{s}}\right)^2\cdot\frac{s}{s_0}.$$

$$\tag{I 21, 8}$$

d) Da die strenge Lösung des magnetostatischen Problemes auf große Schwierigkeiten stößt, rufen wir folgende Annahmen zu Hilfe:

1. In den Ebenen $z = \pm\, h/2$ ist $H_z \equiv 0$. Wir genügen ihr, indem wir die reale Spule durch Spiegelung an den Ebenen $z = \pm\, h/2$ zu einem System unendlich vieler, kongruenter Spulen ergänzen, deren je benachbarte von entgegengesetzt gleichen Durchflutungen $\pm\, D$ erregt werden.

2. Das Eisen des Panzers gilt als vollkommen permeabel $[\mu \to \infty]$. Wir verbinden den Punkt P_+ der aktiven Mantelfläche $[1/2\, d < z < h - - 1/2\, d \bmod 2\, h]$ mit dem der gleichen Fläche angehörigen Punkte $P_- [-1/2\, d > z > -h + 1/2 \bmod 2\, h]$ durch den Kontrollweg C der vektoriellen Linienelemente ds, welcher nach Abb. I 48 durch den Panzer geschlossen wird. Der Erste *Maxwell*sche Satz liefert

$$\int_{P_+}^{P_-} (H\, ds) = \varphi\, (P_+) - \varphi\, (P_-) = -D. \qquad (I\ 21,\ 9)$$

3. Die Schlitzbreite wird vernachlässigt $[d \to 0]$: Wir gewinnen aus (I 21, 9) die Randbedingungen

$$\left.\begin{aligned}
\varphi &= -\frac{1}{2} D; \quad 0 < z < h\ [\bmod 2\, h]\\[2mm]
\varphi &= +\frac{1}{2} D; \quad 0 > z > (-h)\ [\bmod 2\, h]
\end{aligned}\right\} \quad \varrho = R, \quad (I\ 21,\ 10)$$

welche sich in der *Fourier*schen Reihe zusammenfassen lassen

$$\varphi = -\frac{1}{2} D \frac{\pi}{4} \sum_{m=0}^{\infty} \frac{\sin\, (2\, m + 1)\, (\pi/h)\, z}{2\, m + 1}; \quad \varrho = R. \quad (I\ 21,\ 11)$$

Unsere Annahmen entfernen sich umso weiter von der Wirklichkeit, je kleiner das Verhältnis h/R ist.

e) Für das untersuchte System ist die *Laplace*sche Gleichung in der Gestalt (I 2, 3) zuständig, deren Lösung wir in dem Produkt (I 20, 5) der Funktion $Z\, (z)$ [achsiale Feldstruktur] mit der Funktion $P\, (\varrho)$ [radiale Feldstruktur] kennen. Um zunächst (I 20, 9) der Bedingung (I 21, 11) anzupassen, ist die dort auftretende Separationskonstante λ rein imaginär zu wählen

$$\lambda = i\, (2\, m + 1)\, \frac{\pi}{h}. \qquad (I\ 21,\ 12)$$

Nach passender Verfügung über K_+ und K_- fassen wir sie zu einer neuen Integrationskonstanten S_m zusammen und schreiben

$$Z = S_m \sin\, (2\, m + 1)\, \frac{\pi}{h}\, z. \qquad (I\ 21,\ 13)$$

Damit weiter das Potential in $\varrho = 0$ endlich bleibe, ist mit Rücksicht auf das dort singuläre Verhalten der *Neumann*schen Zylinderfunktion in (I 21, 10) die Konstante $B = 0$ zu setzen, so daß als Lösung verbleibt

$$P = A_m\, J_0 \left\{ i\, (2\, m + 1)\, \frac{\pi}{h}\, \varrho \right\}. \qquad (I\ 21,\ 14)$$

In dem Produkt $Z \cdot P$ dürfen wir, ohne die Allgemeinheit zu verletzen, $A_m = 1$ wählen. Durch Summation über alle ganzen Zahlen $0 \leqq m < \infty$ steigen wir zu folgendem Integral der *Laplace*schen Gleichung auf

$$\varphi = \sum_{m=0}^{\infty} S_m \sin(2m+1)\frac{\pi}{h}z \cdot J_0\left\{i(2m+1)\frac{\pi}{h}\varrho\right\}. \qquad (I\ 21,\ 15)$$

Für $\varrho = R$ liefert der Vergleich mit (I 21, 11)

$$S_m\,J_0\left\{i(2m+1)\frac{\pi}{h}R\right\} = -\frac{1}{2}D\,\frac{4}{\pi}\frac{1}{2m+1}. \qquad (I\ 21,\ 16)$$

Daher lautet das gesuchte Skalarpotential

$$\varphi = -\frac{1}{2}D\,\frac{4}{\pi}\sum_{m=0}^{\infty}\frac{\sin(2m+1)(\pi/h)z}{2m+1}\cdot\frac{J_0\{i(2m+1)(\pi/h)\varrho\}}{J_0\{i(2m+1)(\pi/h)R\}}. \qquad (I\ 21,\ 17)$$

f) Wir berechnen die achsiale Komponente der magnetischen Feldstärke für $\varrho = 0$

$$H_z = -\left(\frac{\partial\varphi}{\partial z}\right)_{\varrho=0} = \frac{1}{2}D\,\frac{4}{\pi}\cdot\frac{\pi}{h}\cdot\sum_{m=0}^{\infty}\frac{\cos(2m+1)(\pi/h)z}{J_0\{i(2m+1)(\pi/h)R\}}. \qquad (I\ 21,\ 18)$$

mit dem Höchstwerte

$$H_{z\,\max} = D\,\frac{2}{h}\sum_{m=0}^{\infty}\frac{1}{J_0\{i(2m+1)(\pi/h)R\}}. \qquad (I\ 21,\ 19)$$

Demnach ist die mittlere Länge der Spule

$$\overline{s} = 2\,R\,\frac{1/4\cdot h/R}{\displaystyle\sum_{m=0}^{\infty}\frac{1}{J_0\{i(2m+1)(\pi/h)R\}}}. \qquad (I\ 21,\ 20)$$

Für kurze, weite Spulen eignet sich diese Formel zu zahlenmäßigen Rechnungen; im Falle schlanker Spulen $h/(2\,R) \gg 1$ dagegen konvergiert die Reihe zu langsam. Wir setzen dann

$$(2m+1)\frac{\pi}{h}R = u; \quad 2\frac{\pi}{h}R = \varDelta u, \qquad (I\ 21,\ 21)$$

so daß (I 21, 20) die Gestalt annimmt

$$\overline{s} = 2\,R\,\frac{\pi}{2\displaystyle\sum_{n=\frac{\pi}{h}R}^{\infty}\frac{\varDelta u}{J_0(i\,u)}}. \qquad (I\ 21,\ 22)$$

Für $h \to \infty$ folgt hieraus

$$\lim_{h\to\infty}\overline{s} = 2\,R\,\frac{\pi}{\displaystyle\int_{-\infty}^{+\infty}\frac{du}{J_0(i\,u)}} = 2\,R\cdot\frac{\pi}{4{,}165} = 2\,R\cdot 0{,}755, \qquad (I\ 21,\ 23)$$

wobei das Integral

$$\int_{-\infty}^{+\infty}\frac{du}{J_0(i\,u)} = 4{,}165$$

numerisch berechnet wurde; Abb. I 49 zeigt den Gang des Verhältnisses $\overline{s}/2\,R$ mit der relativen Spulenhöhe $h/2R$.

Bei der Berechnung der effektiven Spulenlänge darf man nur die reale Spule in Rechnung stellen, während man im Gebiete $|z| > h/2$ der nur fiktiven Spulen — die durch den Spiegelungsprozeß gebildet wurden — die Achsialfeldstärke gleich Null zu setzen hat. Demnach reduziert sich die Definition (I 21, 2) für eisengeschirmte Spulen auf

$$s = \int_{-h/2}^{+h/2} \left(\frac{H_z}{H_{z\,max}}\right)^2 dz. \qquad (I\ 21,\ 24)$$

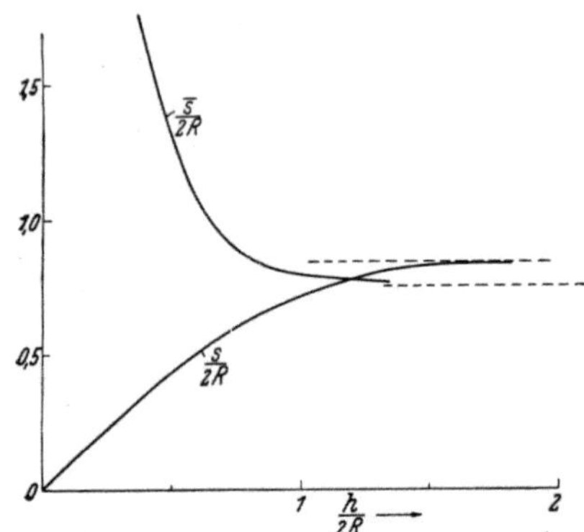

Abb. I 49. Kennlängen einer eisengeschirmten Spule.

Aus (I 21, 18) folgt nun zunächst

$$\int_{-h/2}^{h/2} (H_z)^2\, dz = \frac{2\,D^2}{h} \sum_{m=0}^{\infty} \frac{1}{[J_0\{i\,(2\,m+1)\,\pi/h\,R\}]^2} \qquad (I\ 21,\ 25)$$

und demnach, mit Rücksicht auf (I 21, 1) und (I 21, 20)

$$s = R \cdot \frac{3}{8}\pi \cdot \frac{\dfrac{8}{3} \cdot \dfrac{h}{2\,\pi\,R} \displaystyle\sum_{m=0}^{\infty} \dfrac{1}{[J_0\{i\,(2\,m+1)\,\pi/h\,R\}]^2}}{\left[\displaystyle\sum_{m=0}^{\infty} \dfrac{1}{J_0\{i\,(2\,m+1)\,\pi/h\,R\}}\right]^2} \cdot \qquad (I\ 21,\ 26)$$

Im Grenzfalle $h \to \infty$ findet man hieraus mit Hilfe der Substitution (I 21, 21)

$$\lim_{h\to\infty} s = R \cdot \frac{3}{8}\pi \frac{\dfrac{16}{3}\displaystyle\int_{-\infty}^{+\infty} \dfrac{du}{[J_0\,(i\,u)]^2}}{\left[\displaystyle\int_{-\infty}^{+\infty} \dfrac{du}{J_0\,(i\,u)}\right]^2} = R \cdot \frac{3}{8}\pi \cdot \frac{\dfrac{16}{3}\cdot 2{,}736}{[4{,}165]^2} = R\,\frac{3}{8}\pi \cdot 0{,}840,$$

$$(I\ 21,\ 27)$$

wobei das Integral

$$\int_{-\infty}^{+\infty} \frac{du}{[J_0\,(i\,u)]^2} = 2{,}736$$

abermals numerisch ausgewertet wurde. In Abb. I 49 ist der Gang des Verhältnisses $\dfrac{s}{R\cdot 3/8\,\pi}$ mit $\dfrac{h}{2\,R}$ dargestellt; allerdings bedarf diese Kurve für kurze, weite Spulen der Korrektur.

I 22. Berechnung der Stirnkopfstreuung von Wechselstrommaschinen.

a) Innerhalb der Wicklung einer Wechselstrom-Maschine sind zwei Anteile wesentlich verschiedener magnetischer Wirksamkeit zu unterscheiden:

1. Die in den·Nuten des Eisenkörpers liegenden aktiven Wicklungselemente sind für den Aufbau des Hauptfeldes verantwortlich, welches Ständer und Läufer miteinander verkettet.

2. Zur elektrischen Verbindung dieser aktiven Elemente im Ständer einerseits, im Läufer andererseits dienen die zu beiden Seiten des Eisenkörpers im Luftraum angeordneten Stirnköpfe. In der Regel ist der Abstand der Ständer-Stirnköpfe von denen des Läufers so groß, daß sie keinen merklichen magnetischen Einfluß aufeinander ausüben. Man hat deshalb die magnetischen Felder der Stirnköpfe als Streufelder zu bezeichnen; ihre Struktur soll untersucht werden.

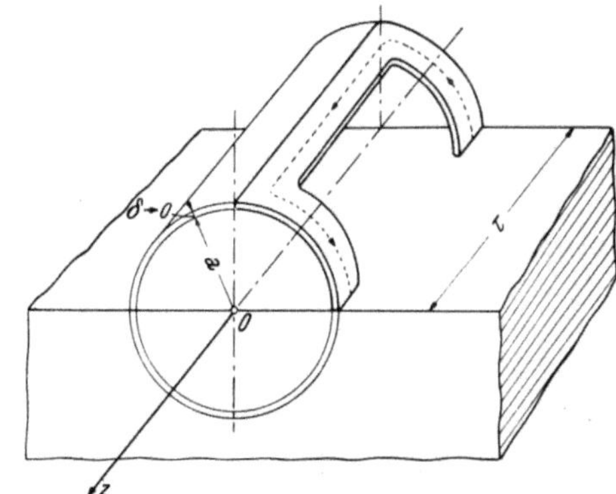

Abb. I 50. Perspektivische Skizze der Stirnkopfverbindung einer elektrischen Maschine.

b) Zum Zwecke der mathematischen Analyse ersetzen wir die meist überaus verwickelte Anordnung der Stirnkopf-Leiter durch ein Modell, welches die wesentlichen Konstruktionsmaße erfaßt:

1. Wir vernachlässigen die zirkulare Krümmung der Wickelköpfe, indem wir uns den Zylinder-Halbmesser der Maschine maßlos vergrößert denken; die bei diesem Prozeß resultierende Polteilung der Maschine bezeichnen wir mit τ.

2. Die elektrischen Ströme des Wickelkopfes seien innerhalb eines Flächenleiters konzentriert, welcher einen Quadranten des Trägerzylinders vom Halbmesser a bedeckt.

Abb. I 50 zeigt die perspektivische Skizze eines solchen Wickelkopfes bei horizontaler Lage des begrenzenden Eisenkörpers; ersichtlich ist der räumliche Verlauf der zugehörigen Flächenströme der tatsächlichen Gestalt der dort angeordneten Drähte befriedigend angepaßt.

c) Wir orientieren uns an einem Zylinder-Koordinatensystem z, α, ϱ: Die z-Achse koinzidiert mit der Achse des Trägerzylinders, sein Ursprung O liegt in der Ebene des Wickelkopf-Anfanges; der begrenzende Eisenkörper definiert die Meridianebene $\alpha = 0$. Längs dieser Ebene geht die Stirnkopfströmung stetig in die Strömung der aktiven Leiter über. Man gelangt daher zu einem physikalisch realisierbaren System stationärer Ströme, indem man sich den Eisenkörper der Maschine beseitigt denkt und die allein verbleibenden Stirnköpfe unmittelbar miteinander verbindet; wir legen es der gesuchten Feldberechnung zu Grunde, indem wir den Einfluß des Eisenkörpers einstweilen vernachlässigen.

d) Die Flächenströmung auf dem Trägerzylinder wird aus der Durchflutungsfunktion

$$D = D\,(z, a) \qquad\qquad (\text{I } 22,\ 1)$$

gemäß (I 1, 37) nach der Vorschrift hergeleitet

$$A_z = -\frac{1}{a}\frac{\partial D}{\partial a}; \qquad A_a = +\frac{\partial D}{\partial z}. \tag{I 22, 2}$$

Längs $a = 0$ ist die Strömung der vereinigten Stirnköpfe zirkular gerichtet und als periodische Funktion der Koordinate z und der Zeit t vorgegeben

$$A_a = A_a(z, t); \qquad A_z = 0 \quad \text{für} \quad a = 0. \tag{I 22, 3}$$

Infolge der Linearität der *Laplace*schen Gleichung kann das magnetische Skalarpotential des gesuchten Feldes aus Teilen zusammengesetzt werden, deren jeder einer einfach-harmonischen Raumwelle und einer einfach harmonischen Zeitschwingung entspricht. Wir beschränken daher die Untersuchung auf die Grundwelle der Länge $2\,\tau$ und die Grundschwingung der Kreisfrequenz ω, von der man durch entsprechende Abänderung dieser Parameter sofort zum allgemeinen Falle aufsteigen kann. Je nach dem Typus der Maschine sind zwei Feldformen möglich.

1. In Wechselfeld-Maschinen treten stehende Wellen auf

$$A_a = \mathrm{Re}\left[A_{max}\cos\frac{\pi}{\tau}z\,e^{-i\omega t}\right]. \tag{I 22, 4}$$

2. Symmetrisch betriebene Mehrphasen-Maschinen entwickeln Drehfelder

$$A_a = \mathrm{Re}\left[A_{max}\,e^{\pm i\frac{\pi}{\tau}z}\,e^{-i\omega t}\right]. \tag{I 22, 5}$$

Mittels der Identität $\cos(\pi/\tau)z \equiv 1/2\,(e^{i\frac{\pi}{\tau}z} + e^{-i\frac{\pi}{\tau}z})$ kann jedoch die stehende Welle (I 22, 4) als Summe zweier gegenläufiger Drehfelder von je halber Amplitude geschrieben werden, so daß nur solche in Betracht zu ziehen sind.

Wir genügen nunmehr (I 22, 5) und (I 22, 2) durch den Ansatz

$$D = \mathrm{Re}\left[f(a)\,e^{\pm i\frac{\pi}{\tau}z}\,e^{-i\omega t}\right]. \tag{I 22, 6}$$

Der Kürze halber unterdrücken wir weiterhin den Zeitfaktor $e^{-i\omega t}$ sowie das Operationszeichen Re; die gleiche Verabredung gelte für Strombelag, Potential, Feldstärke und Induktion.

Da D auf dem Trägerzylinder eindeutig ist, muß $f(a)$ periodisch in a sein. Mit Rücksicht auf die Symmetrie von A_a in bezug auf $a = 0$ spezialisieren wir hiernach (I 22, 6) zu

$$D = f(a)\,e^{\pm i\frac{\pi}{\tau}z} = \sum_{p=0}^{\infty} D_{p,0}\,e^{\pm i\frac{\pi}{\tau}z}\cos p\,a. \tag{I 22, 7}$$

Die Koeffizienten $D_{p,0}$ dieser *Fourier*schen Reihe sind der azimutalen Verteilung der Stromleiter im Stirnkopf anzupassen, die ihrerseits innerhalb gewisser Grenzen willkürlich gewählt werden kann. Im Anschluß an die meist übliche Bauform der Stirnköpfe setzen wir sie je als Viertelzylinder voraus und verlangen

$$\left.\begin{aligned} f(a) &= D_0\cos a; & -\frac{\pi}{2} &< a < \frac{\pi}{2}, \\[1mm] f(a) &= \quad\; 0\;; & \frac{\pi}{2} &< a < 3\frac{\pi}{2}. \end{aligned}\right\} \tag{I 22, 8}$$

Damit berechnen wir

$$D_{0,0} = \frac{D_0}{2\pi} \int_{-\pi/2}^{\pi/2} \cos\alpha \, d\alpha = \frac{D_0}{\pi} D_0 \, d_0; \qquad d_0 = \frac{1}{\pi}. \qquad \text{(I 22, 9)}$$

$$D_{1,0} = \frac{D_0}{\pi} \int_{-\pi/2}^{\pi/2} \cos\alpha \cos\alpha \, d\alpha = \frac{D_0}{2} \equiv D_0 \, d_1; \qquad d_1 = \frac{1}{2} \qquad \text{(I 22, 10)}$$

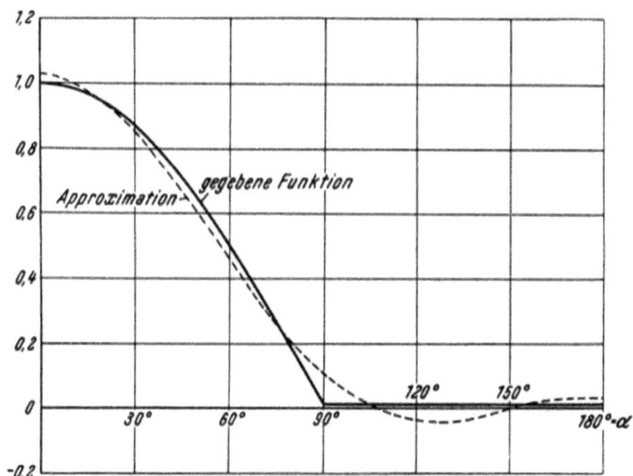

Abb. I 51. Die azimutale Durchflutungsverteilung am Wickelkopf und ihre Approximation durch die ersten drei Glieder der *Fourier*schen Reihe.

und für alle $p > 1$

$$D_{p,0} = \frac{D_0}{\pi} \int_{-\pi/2}^{\pi/2} \cos\alpha \cos p\,\alpha \, d\alpha = -D_0 \cdot \frac{2}{\pi} \cdot \frac{\cos p\,\pi/2}{p^2 - 1} \equiv D_0 \, d_p; \qquad \text{(I 22, 11)}$$

$$d_p = -\frac{2}{\pi} \cdot \frac{\cos p\,\pi/2}{p^2 - 1}.$$

Wir vertauschen p mit 2 m und fassen (I 22, 9), (I 22, 10) und (I 22, 11) in der Reihe zusammen

$$f(\alpha) = D_0 \left[\frac{1}{\pi} + \frac{1}{2}\cos\alpha - \frac{1}{\pi} \sum_{m=1}^{\infty} (-1)^m \frac{2}{(2\,m)^2 - 1} \cos 2\,m\,\alpha \right] \text{(I 22, 12)}$$

Nach Abb. I 51 liefert schon die Summe ihrer drei ersten Glieder eine sehr gute Näherung für $f(\alpha)$.

Die Durchflutungsfunktion lautet nun

$$D = D_0 \left[\frac{1}{\pi} + \frac{1}{2}\cos\alpha - \frac{1}{\pi} \sum_{m=1}^{\infty} (-1)^m \frac{2}{(2\,m)^2 - 1} \cos 2\,m\,\alpha \right] e^{\pm i \frac{\pi}{\tau} z}$$

$$\text{(I 22, 13)}$$

und aus ihr folgen die physikalischen Komponenten des Strombelages

$$A_z = + D_0 \frac{1}{a}\left[\frac{1}{2}\sin\alpha - \frac{1}{\pi}\sum_{m=1}^{\infty}(-1)^m\,\frac{4\,m}{(2\,m)^2-1}\sin 2\,m\,\alpha\right]e^{\pm\,i\frac{\pi}{\tau}z}$$

$$A_a = \pm D_0 \frac{i\,\pi}{\tau}\left[\frac{1}{\pi} + \frac{1}{2}\cos\alpha - \frac{1}{\pi}\sum_{m=1}^{\infty}(-1)^m\,\frac{2}{(2\,m)^2-1}\cos 2\,m\,\alpha\right]e^{\pm\,i\frac{\pi}{\tau}z}.$$

$$\text{(I 22, 14)}$$

f) Das magnetische Skalarpotential φ genügt in seinem Existenzgebiete der *Laplace*schen Gleichung in der Gestalt (I 22, 4). Der Trägerzylinder $\varrho = a$ bildet eine Unstetigkeitsfläche des magnetischen Skalarpotentiales: Er trennt das Innenpotential φ_i des Bereiches $\varrho < a$ von dem Außenpotential φ_a des Bereiches $\varrho > a$. Beide sind durch folgende Randbedingungen miteinander verknüpft:

1. Der Potentialsprung am Flächenleiter gleicht der Durchflutungsfunktion

$$\varphi_a - \varphi_i = D \quad \text{für} \quad \varrho = a. \qquad \text{(I 22, 15)}$$

2. Die radiale Komponente der Induktion durchdringt den Flächenleiter stetig

$$-\Pi\,\frac{\partial\varphi_i}{\partial\varrho} = -\Pi\cdot\frac{\partial\varphi_a}{\partial\varrho} \quad \text{für} \quad \varrho = a. \qquad \text{(I 22, 16)}$$

Wir ergänzen sie durch die Forderungen

$$\varphi_i \text{ stetig für } \varrho \to 0 \qquad \text{(I 22, 17)}$$

und

$$\lim_{\varrho\to\infty}\varphi_a = 0. \qquad \text{(I 22, 18)}$$

g) Im Lichte der Entwicklung (I 22, 7) setzen wir sowohl φ_i wie φ_a in der Form an

$$\varphi = \sum_{p=0}^{\infty}\varphi_p = \sum_{p=0}^{\infty}K_p^{\pm}\cdot e^{\pm\,i\frac{\pi}{\tau}z}\cos p\,\alpha\,P(\varrho). \qquad \text{(I 22, 19)}$$

Für die Radialstruktur $P(\varrho)$ des Potentiales erhalten wir hieraus durch Eintragen in (I 2, 4) die Differentialgleichung

$$\frac{d^2P}{d\varrho^2} + \frac{1}{\varrho}\frac{dP}{d\varrho} + \left[\left(i\,\frac{\pi}{\tau}\right)^2 - \frac{p^2}{\varrho^2}\right]P = 0. \qquad \text{(I 22, 20)}$$

Sie definiert die Zylinderfunktionen p-ter Ordnung vom rein imaginären Argumente $u = i\,\pi/\tau\,\varrho$. Unter ihren Lösungen verweist (I 22, 17) für φ_i auf die *Bessel*sche Funktion $J_p(i\,\pi/\tau\,\varrho)$, während die Bedingung (I 22, 18) für φ_a nur von der *Hankel*schen Zylinderfunktion erster Art $H_p^{(1)}(i\,\pi/\tau\,\varrho)$ erfüllt wird. Da diese Ergebnisse von der Wanderrichtung des Drehfeldes längs der z-Achse nicht abhängt, dürfen wir uns fortan etwa auf das nach zunehmenden z fortschreitende Feld beschränken, so daß wir mit $K_p^+ \equiv K_p$, für die Potentiale finden

$$\varphi_{i,p} = K_{i,p}\,e^{i\frac{\pi}{\tau}z}\cos p\,\alpha\,J_p\!\left(i\,\frac{\pi}{\tau}\,\varrho\right) \qquad \text{(I 22, 21)}$$

und

$$\varphi_{a,p} = K_{a,p}\,e^{i\frac{\pi}{\tau}z}\cos p\,\alpha\,H_p^{(1)}\!\left(i\,\frac{\pi}{\tau}\,\varrho\right). \qquad \text{(I 22, 22)}$$

h) Die Theorie der Zylinderfunktionen lehrt die Formel

$$\frac{dZ_p}{du} = \frac{1}{2}\left[Z_{p-1}(u) - Z_{p+1}(u)\right]. \qquad (I\ 22,\ 23)$$

Wir stellen mit ihrer Hilfe die [physikalischen] Komponenten des magnetischen Feldes dar:

1. In $\varrho < a$ erhalten wir

$$-\frac{\partial \varphi_{i,p}}{\partial z} = -i\frac{\pi}{\tau}\,K_{i,p}\cdot e^{i\frac{\pi}{\tau}z}\cos p\,\alpha\,J_p\left(i\frac{\pi}{\tau}\varrho\right). \qquad (I\ 22,\ 24)$$

$$-\frac{1}{\varrho}\frac{\partial \varphi_{i,p}}{\partial a} = \frac{P}{\varrho}\,K_{i,p}\,e^{i\frac{\pi}{\tau}z}\sin p\,\alpha\,J_p\left(i\frac{\pi}{\tau}\varrho\right). \qquad (I\ 22,\ 25)$$

$$-\frac{\partial \varphi_{i,p}}{\partial \varrho} = i\frac{\pi}{\tau}\,K_{i,p}\cdot e^{i\frac{\pi}{\tau}z}\cos p\,\alpha\,\frac{1}{2}\left[J_{p+1}\left(i\frac{\pi}{\tau}\varrho\right) - J_{p-1}\left(i\frac{\pi}{\tau}\varrho\right)\right]. \qquad (I\ 22,\ 26)$$

2. Für $\varrho > a$ entsteht

$$-\frac{\partial \varphi_{a,p}}{\partial z} = -i\frac{\pi}{\tau}\,K_{a,p}\,e^{i\frac{\pi}{\tau}z}\cos p\,\alpha\,H_p^{(1)}\left(i\frac{\pi}{\tau}\varrho\right). \qquad (I\ 22,\ 27)$$

$$-\frac{1}{\varrho}\frac{\partial \varphi_{a,p}}{\partial a} = \frac{P}{\varrho}\,K_{a,p}\,e^{i\frac{\pi}{\tau}z}\sin p\,\alpha\,H_p^{(1)}\left(i\frac{\pi}{\tau}\varrho\right). \qquad (I\ 22,\ 28)$$

$$-\frac{\partial \varphi_{a,p}}{\partial \varrho} = i\frac{\pi}{\tau}\,K_{a,p}\,e^{i\frac{\pi}{\tau}z}\cos p\,\alpha\,\frac{1}{2}\left[H_{p+1}^{(1)}\left(i\frac{\pi}{\tau}\varrho\right) - H_{p-1}^{(1)}\left(i\frac{\pi}{\tau}\varrho\right)\right]. \qquad (I\ 22,\ 29)$$

Die Bedingungen (I 22, 15), (I 22, 16) liefern somit

$$K_{a,p}\,H_p^{(1)}\left(i\frac{\pi}{\tau}a\right) - K_{i,p}\,J_p\left(i\frac{\pi}{\tau}a\right) = D_{p,0} \qquad (I\ 22,\ 30)$$

und

$$K_{a,p}\frac{1}{2}\left[H_{p+1}^{(1)}\left(i\frac{\pi}{\tau}a\right) H_{p-1}^{(1)}\left(i\frac{\pi}{\tau}a\right)\right] - K_{i,p}\frac{1}{2}\left[J_{p+1}\left(i\frac{\pi}{\tau}a\right) - J_{p-1}\left(i\frac{\pi}{\tau}a\right)\right] = 0. \qquad (I\ 22,\ 31)$$

Mit Hilfe der Identität

$$J_{p-1}(u)\,H_p^{(1)}(u) - J_p(u)\,H_{p-1}^{(1)}(u) \equiv \frac{2}{\pi\,i\,u} \qquad (I\ 22,\ 32)$$

entnimmt man hieraus

$$K_{i,p} = \frac{\pi}{2}\,D_{p,0}\cdot\frac{\pi}{\tau}a\,\frac{1}{2}\left[H_{p+1}^{(1)}\left(i\frac{\pi}{\tau}a\right) - H_{p-1}^{(1)}\left(i\frac{\pi}{\tau}a\right)\right] \qquad (I\ 22,\ 33)$$

und

$$K_{a,p} = \frac{\pi}{2}\,D_{p,0}\cdot\frac{\pi}{\tau}a\cdot\frac{1}{2}\left[J_{p+1}\left(i\frac{\pi}{\tau}a\right) - J_{p-1}\left(i\frac{\pi}{\tau}a\right)\right]. \qquad (I\ 22,\ 34)$$

i) Je achsiale Länge $2\,\tau$ des Systemes ist mit dem Flächenstrom der azimutalen Ordnungszahl p die Freie Feldenergie verknüpft

$$W_p = \frac{1}{2}\int\limits_{z=0}^{2\tau}\int\limits_{a=0}^{2\pi} D_p\,(B\varrho_p)_{\varrho=a}\,dz\,a\,da. \qquad (I\ 22,\ 35)$$

Hierin hat man, abweichend von der bisher eingehaltenen Verabredung, unter D_p und $B\varrho_p$ ihre reellen Werte zu verstehen. Wir fügen deshalb in (I 22, 26) oder (I 22, 29) den zeitabhängigen Faktor $e^{-i\omega t}$ hinzu und erhalten, indem wir der Kürze halber das gemeinsame Argument $(i\,\pi/\tau\,a)$ der Zylinderfunktionen unterdrücken

$$(B_\varrho)_{\varrho=a} = -\,\Pi\left(\frac{\partial\varphi_{i,p}}{\partial\varrho}\right)_{\varrho=a} = -\,\Pi\left(\frac{\partial\varphi_{a,p}}{\partial\varrho}\right)_{\varrho=a} = B_{p,0}\cos\left(\frac{\pi}{\tau}z - \omega t\right)\cos p\,\alpha,$$

$$B_{p,0} = -\,\Pi\,i\,\frac{\pi}{\tau}\,\frac{\pi}{2}\,D_{p,0}\,\frac{\pi}{\tau}\,a\,\frac{1}{2}\,[H^{(1)}_{p+1} - H^{(1)}_{p-1}]\,\frac{1}{2}\,[J_{p+1} - J_{p-1}].$$

$$(I\ 22,\ 36)$$

Nach Ausführung der nämlichen Operationen lautet (I 22, 7), indem wir gleichzeitig die numerischen Durchflutungs-Amplituden d_p nach (I 22, 9), (I 22, 10) und (I 22, 11) einführen

$$D_p = D_0 \cdot d_p \cdot \cos\left(\frac{\pi}{\tau}z - \omega t\right)\cos p\,\alpha, \qquad (I\ 22,\ 37)$$

so daß wir erhalten

$$W_p = \frac{1}{2}\,D_0\,d_p\,B_{p,0}\int_{z=0}^{2\tau}\int_{\alpha=0}^{2\pi}\cos^2\left(\frac{\pi}{\tau}z - \omega t\right)\cos^2 p\,\alpha\,dz\,a\,d\alpha =$$

$$(I\ 22,\ 38)$$

$$= \frac{1}{2}\,D_0\,d_p\cdot B_{p,0}\cdot\tau\cdot a\cdot\begin{cases}2\,\pi & \text{für}\quad p = 0,\\ \pi & \text{für}\quad p \geqq 1.\end{cases}$$

Wir substituieren $B_{p,0}$ nach (I 22, 36) und schreiben

$$\left.\begin{aligned}W_0 &= \frac{1}{2}\,\Pi\,D_0{}^2 a\cdot\frac{\pi^2}{2}\,d_0{}^2\cdot 2\,w_0,\\[2mm] W_p &= \frac{1}{2}\,\Pi\,D_0{}^2 a\cdot\frac{\pi^2}{2}\,d_p{}^2\cdot w_p; \qquad p\geqq 1,\end{aligned}\right\} \qquad (I\ 22,\ 39)$$

wobei die numerischen Energien eingeführt wurden

$$w_p = i\,\frac{\pi}{\tau}\,a\cdot\frac{\pi}{2}\,[H^{(1)}_{p+1} - H^{(1)}_{p-1}]\,\frac{1}{2}\,[J_{p+1} - J_{p-1}];\quad p\geqq 0. \quad (I\ 22,\ 40)$$

k) Die Freie Gesamtenergie W des Systemes resultiert als Summe sämtlicher Teilenergien der azimutalen Ordnungszahlen $0 \leqq p < \infty$:

$$W = \sum_{p=0}^{\infty} W_p = \frac{1}{2}\,\Pi\,a\cdot\frac{\pi^2}{2}\,D_0{}^2\left[d_0{}^2\cdot 2\,w_0 + \sum_{p=1}^{\infty} d_p{}^2 w_p\right] = \frac{1}{2}\,\Pi\,a\,\frac{\pi^2}{2}\,D_0{}^2\cdot w$$

$$w = d_0{}^2\,2\,w_0 + \sum_{p=1}^{\infty} d_p{}^2 w_p. \qquad (I\ 22,\ 41)$$

Um die w_p als Funktion von $\pi\,a/\tau$ nach (I 22, 40) zu berechnen, muß man die Zylinderfunktionen ganzer Ordnungszahlen p für rein imaginäres Argument zahlenmäßig kennen. Die meist benützten Funktionentafeln reichen hierzu nicht aus; in der folgenden Tab. 1 geben wir deshalb die Funktionen $J_p\,(i\,u)$ und $H^{(1)}_p\,(i\,u)$ für $0 \leqq u \leqq 2$ und $p = 0, 1, 2, 3$. Tabelle 2 enthält die hieraus berechneten Größen w_0, w_1 und w_2. Mit Benützung von (I 22, 13) folgt dann, in praktisch ausreichender Genauigkeit, gemäß (I 22, 41)

$$w = \frac{1}{\pi^2}\cdot 2\,w_0 + \left(\frac{1}{2}\right)^2 w_1 + \left(\frac{1}{\pi}\cdot\frac{2}{3}\right)^2 w_2 \qquad (I\ 22,\ 42)$$

Tabelle 1.

u	$J_0(iu)$	$-iJ_1(iu)$	$-J_2(iu)$	$iJ_3(iu)$	$iH_0^{(1)}(iu)$	$-H_1^{(1)}(iu)$	$-iH_2^{(1)}(iu)$	$H_3^{(1)}(iu)$
0	1,0000	0,0000	0,0000	0,0000	∞	∞	∞	∞
0,2	1.0100	0,1005	0,0050	0,0002	1,116	3,0440	31,52	633,4
0,4	1,0404	0,2040	0,0203	0,0013	0,7095	1,3910	7,665	78,04
0,6	1,0920	0,3137	0,0464	0,0046	0,4950	0,8294	3,260	22,57
0,8	1,1665	0,4329	0,0844	0,0111	0,3599	0,5486	1,732	9,209
1	1,2661	0,5652	0,1357	0,0222	0,2680	0,3832	1,0344	4,522
1,2	1,3937	0,7147	0,2026	0,0394	0,2028	0,2767	0,6639	2,490
1,4	1,5534	0,8861	0,2875	0,0645	0,1551	0,2043	0,4460	1,478
1,6	1,7500	1,0848	0,3940	0,0999	0,1197	0,1532	0,3112	0,931
1,8	1,9896	1,3172	0,5260	0,1482	0,0929	0,1163	0,2221	0,614
2	2,2796	1,5906	0,6889	0,2127	0,0725	0,0890	0,1629	0,415

<table>
<tr><td colspan="4" align="center">Tabelle 2.</td><td colspan="2" align="center">Tabelle 3.</td></tr>
<tr><td>$\dfrac{\pi a}{\tau}$</td><td>w_0</td><td>w_1</td><td>w_2</td><td>$\dfrac{\pi a}{\tau}$</td><td>w</td></tr>
<tr><td>0</td><td>0,000</td><td>∞</td><td>∞</td><td>0</td><td>∞</td></tr>
<tr><td>0,2</td><td>0,1915</td><td>5,19</td><td>9,92</td><td>0,2</td><td>1,780</td></tr>
<tr><td>0,4</td><td>0,356</td><td>2,785</td><td>5,12</td><td>0,4</td><td>1,000</td></tr>
<tr><td>0,6</td><td>0,491</td><td>2,015</td><td>3,500</td><td>0,6</td><td>0,762</td></tr>
<tr><td>0,8</td><td>0,598</td><td>1,640</td><td>2,595</td><td>0,8</td><td>0,651</td></tr>
<tr><td>1</td><td>0,682</td><td>1,435</td><td>2,250</td><td>1</td><td>0,596</td></tr>
<tr><td>1,2</td><td>0,744</td><td>1,380</td><td>1,970</td><td>1,2</td><td>0,565</td></tr>
<tr><td>1,4</td><td>0,801</td><td>1,200</td><td>1,750</td><td>1,4</td><td>0,553</td></tr>
<tr><td>1,6</td><td>0,836</td><td>1,155</td><td>1,620</td><td>1,6</td><td>0,533</td></tr>
<tr><td>1,8</td><td>0,868</td><td>1,120</td><td>1,503</td><td>1,8</td><td>0,524</td></tr>
<tr><td>2</td><td>0,892</td><td>1,092</td><td>1,400</td><td>2</td><td>0,517</td></tr>
</table>

mit den in Tabelle 3 notierten Werten.

k) Es verbleibt die Aufgabe, den Einfluß des Eisenkörpers auf das Streufeld der Wickelköpfe kennenzulernen; allerdings müssen wir uns mit einer Abschätzung begnügen.

Nach Abb. I 52 ist der mittlere Abstand $\bar{a}$ des Stirnkopfes von der Eisenoberfläche

$$\bar{a} = \frac{2}{\pi} \int_0^{\pi/2} a \sin\alpha \, d\alpha = \frac{2}{\pi} a. \qquad (\text{I } 22, \ 43)$$

Wir ersetzen diese daher durch einen Zylinder vom Halbmesser

$$a' = a - \bar{a} = a\left(1 - \frac{2}{\pi}\right) \qquad (\text{I } 22, \ 44)$$

der Permeabilität $\mu \to \infty$, dessen Achse mit jener des Trägerzylinders koinzidiert; er vernichtet die magnetische Feldstärke innerhalb $\varrho \leqq a'$. Daher wird seine Oberfläche zum Ursprung eines Sekundärpotentiales

$$\varphi' = \sum_{p=0}^{\infty} \varphi_p', \qquad\qquad \text{(I 22, 45)}$$

welches das dort wirksame Primärpotential der Komponenten (I 22, 21) gerade aufhebt:

$$(\varphi_p')_{\varrho=a'} = -(\varphi_{i,p})_{\varrho=a'} = -K_{i,p}\, e^{\,i\frac{\pi}{\tau}z}\cos p\,\alpha\, J_p\!\left(i\frac{\pi}{\tau}a'\right). \qquad \text{(I 22, 46)}$$

Der von der Durchflutungsfunktion D (z, α) nach (I 22, 15) erzwungene Potentialsprung in $\varrho = a$ ist nun schon in der Unstetigkeit (I 22, 30) des Primärpotentiales streng formuliert. Das Sekundärpotential verhält sich daher in seinem gesamten Existenzbereiche $a' \leqq \varrho < \infty$ stetig; seine Struktur gleicht, mit Rücksicht auf (I 22, 18), der Funktion (I 22, 22):

$$\varphi_p' = K_{a,p}'\, e^{\,i\frac{\pi}{\tau}z}\cos p\,\alpha\, H_p^{(1)}\!\left(i\frac{\pi}{\tau}\varrho\right). \qquad \text{(I 22, 47)}$$

Die Konstante $K_{a,p}'$ folgt aus (I 22, 46) zu

$$K_{a,p}' = -K_{i,p}\cdot\frac{J_p\!\left(i\dfrac{\pi}{\tau}a'\right)}{H_p^{(1)}\!\left(i\dfrac{\pi}{\tau}a'\right)}. \qquad \text{(I 22, 48)}$$

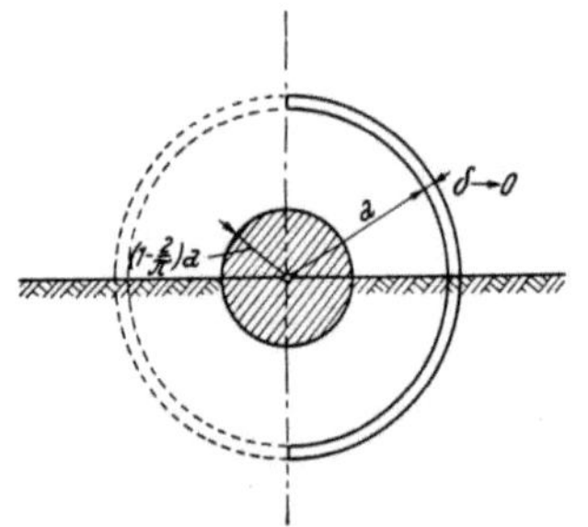

Abb. I 52. Entwicklung des Modelles zur angenäherten Erfassung des Eiseneinflusses auf das Stirnfeld.

Auf Grund der Formel (I 22, 35) ändert sich nun die Freie Energie der azimutalen Ordnungszahl p von dem früher berechneten Wert W_p auf den Wert W_p' nach Maßgabe der am Trägerzylinder auftretenden radialen Komponente der Sekundärinduktion $(B_p^{\varrho'})_{\varrho=a}$:

$$\frac{W_p'}{W_p} \equiv b_p = 1 + \frac{(B_p^{\varrho'})_{\varrho=a}}{(B_p^{\varrho})_{\varrho=a}} \qquad \text{(I 22, 49)}$$

Nach (I 22, 33), (I 22, 34) und (I 22, 48) berechnet sich diese relative Energievergrößerung zu

$$b_p = 1 + \frac{K_{a,p}'}{K_{a,p}} = 1 + \frac{K_{a,p}'}{K_{i,p}}\cdot\frac{K_{i,p}}{K_{a,p}} =$$

$$= 1 - \frac{J_p\!\left(i\dfrac{\pi}{\tau}a'\right)}{H_p^{(1)}\!\left(i\dfrac{\pi}{\tau}a'\right)}\cdot\frac{H_{p+1}^{(1)}\!\left(i\dfrac{\pi}{\tau}a\right) - H_{p-1}^{(1)}\!\left(i\dfrac{\pi}{\tau}a\right)}{J_{p+1}\!\left(i\dfrac{\pi}{\tau}a\right) - J_{p-1}\!\left(i\dfrac{\pi}{\tau}a\right)}. \qquad \text{(I 22, 50)}$$

Mit Hilfe dieser Zahlen erhält man für die gesamte Freie Systemenergie W' an Stelle von (I 22, 41) die Formel

$$W' = \frac{1}{2}\, \Pi\, a\, \frac{\pi^2}{2}\, D_0{}^2\, w'; \qquad w' = d_0{}^2 \cdot 2\, w_0\, b_0 + \sum_{p=1}^{\infty} d_p{}^2\, w_p \cdot b_p. \qquad (I\ 22,\ 51)$$

In Abb. I 53 und I 54 sind b_0, b_1 und b_2 in Abhängigkeit von $\pi\, a/\tau$ graphisch dargestellt.

1) Der Strombelag, welcher innerhalb des aktiven Eisenkörpers der Maschine parallel zu ihrer Achse auftritt, ist längs $a = 0$ mit A^a identisch; aus (I 22, 2), (I 22, 6) und (I 22, 8) folgt also

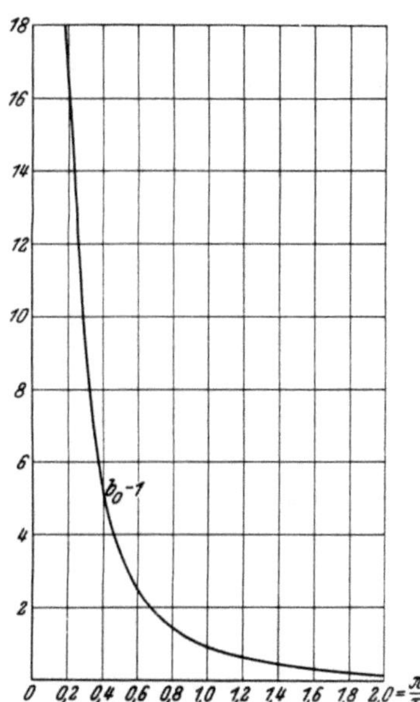

Abb. I 53. Hilfskurven für die relative Energievergrößerung durch das Eisen.

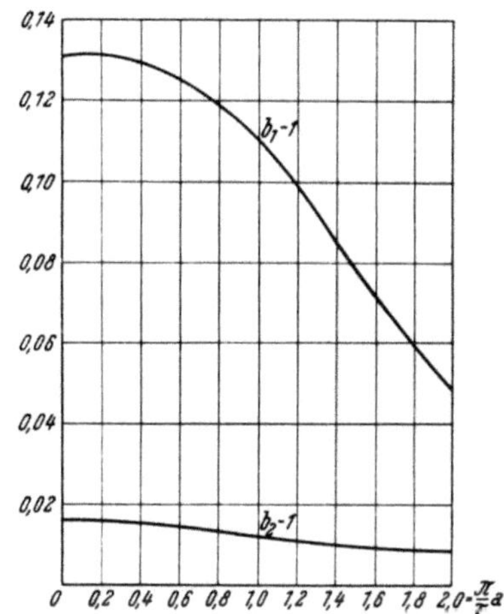

Abb. I 54. Hilfskurven für die relative Energievergrößerung durch das Eisen.

$$(A^a)_{a=0} = \pm\, i\, \frac{\pi}{\tau}\, D_0\, e^{\pm i\frac{\pi}{\tau} z}\, e^{-i\omega t}. \qquad (I\ 22,\ 52)$$

Er besitzt den Effektivwert

$$A = \frac{\pi}{\tau}\, \frac{1}{\sqrt{2}}\, D_0. \qquad (I\ 22,\ 53)$$

Wir substituieren (I 22, 53) in (I 22, 51) und finden als Blindleistung $\tilde{N}_s$ des Stirnkopf-Streufeldes einer 2 p-poligen Maschine, mit Benützung von (I 18, 18),

$$\tilde{N}_s = 2\, \omega\, p\, W' = A^2 \cdot \omega\, \Pi\, a\, p\, w'. \qquad (I\ 22,\ 54)$$

Wir identifizieren nunmehr A mit seinem Nennwert. Die entsprechende Nennleistung N_n der Maschine ist aus (I 22, 9) zu entnehmen, nachdem wir dort R_s durch $p\,\tau/\pi$ ersetzen:

$$N_n = B_{max}\, A\, \sqrt{2}\, \omega\, \frac{p}{\pi}\, \tau^2\, s. \qquad (I\ 22,\ 55)$$

Daher resultiert als numerische Stirnkopf-Streuung

$$\varepsilon_s = \frac{\tilde{N}_s}{N_n} = \frac{\Pi\, A\, \sqrt{2}}{B_{max}} \cdot \frac{\pi}{2}\, \frac{a}{s}\, w'. \qquad (I\ 22,\ 56)$$

Zweites Kapitel

Berechnung mittels komplexer Funktionen.

II 1. Komplexe Darstellung magnetischer Felder.

a) Falls das magnetische Skalarpotential φ nur von den zwei Koordinaten x und y eines rechtwinkeligen Bezugssystemes abhängig ist, nimmt die *Laplace*sche Gleichung die Form an

$$\frac{\partial^2 \varphi}{\partial x^2} + \frac{\partial^2 \varphi}{\partial y^2} = 0. \qquad \text{(II 1, 1)}$$

Wir fassen x und y zu der *Gauß*schen Koordinate zusammen

$$z = x + i\,y \qquad \text{(II 1, 2)}$$

und behaupten, daß (II 1, 1) sowohl durch den Realteil u wie den Imaginärteil v einer analytischen Funktion

$$w(z) = u(x, y) + i\,v(x, y) \qquad \text{(II 1, 3)}$$

gelöst wird. Denn definitionsgemäß existiert im Regularitätsgebiet von w der eindeutige Differentialquotient

$$\frac{dw}{dz} = \frac{\partial w}{\partial x} = \frac{1}{i}\frac{\partial w}{\partial y}, \qquad \text{(II 1, 4)}$$

so daß man auf die *Cauchy-Riemann*schen Differentialgleichungen geführt wird

$$\frac{\partial u}{\partial x} = \frac{\partial v}{\partial y}; \qquad \frac{\partial v}{\partial x} = -\frac{\partial u}{\partial y} \qquad \text{(II 1, 5)}$$

und hieraus folgt in der Tat

$$\frac{\partial^2 u}{\partial x^2} + \frac{\partial^2 u}{\partial y^2} = 0; \qquad \frac{\partial^2 v}{\partial x^2} + \frac{\partial^2 v}{\partial y^2} = 0. \qquad \text{(II 1, 6)}$$

b) Wir identifizieren etwa u mit dem Skalarpotential φ. Welches ist dann die physikalische Bedeutung von v?

1. Qualitative Analyse: Wir fassen u als Abszisse, v als Ordinate der komplexen w-Ebene auf; dort bilden somit die Linien u = const. mit den Linien v = const. ein Netz orthogonal sich kreuzender Geraden. Nun wird durch w = w (z) die infinitesimale Umgebung eines jeden Punktes P des Regularitätsbereiches von der w-Ebene in die z-Ebene konform übertragen. Denn die Gleichung

$$dw = \left(\frac{dw}{dz}\right)_P \cdot dz \qquad \text{(II 1, 7)}$$

lehrt zunächst, daß der Abbildungsmaßstab nur von P abhängt

$$|dw| = \left|\frac{dw}{dz}\right|_P \cdot |dz| \qquad \text{(II 1, 8)}$$

und zufolge

$$\text{arc (dw)} = \text{arc}\left(\frac{dw}{dz}\right)_P + \text{arc (dz)} \qquad \text{(II 1, 9)}$$

kommt die gleiche Eigenschaft auch dem Drehwinkel der Abbildung zu. Insbesondere werden daher innerhalb des Regularitätsbereiches von w die Äquipotentiallinien u = const. von den Kurven v = const. orthogonal geschnitten: Sie liefern das System der *Kraftlinien*.

2. Quantitative Analyse: In der z-Ebene betragen die *Kartesi*schen Komponenten der Feldstärke

$$H_x = -\frac{\partial u}{\partial x}; \qquad H_y = -\frac{\partial u}{\partial y}.$$

$$\text{(II 1, 10)}$$

Gemäß Abb. II 55 wählen wir die Fixpunkte P_1 (x_1, y_1) und P_2 (x_2, y_2), welche wir durch eine ganz im Existenzgebiete von w verlaufende, sich nirgends selbst überschneidende Kurve C verbinden. Auf ihr werde das Element dz = = dx + i dy in Richtung der Verrückung 1 → 2 positiv gezählt, welchem in dem Einheitsvektor 1_n die positive Normalenrichtung (n)

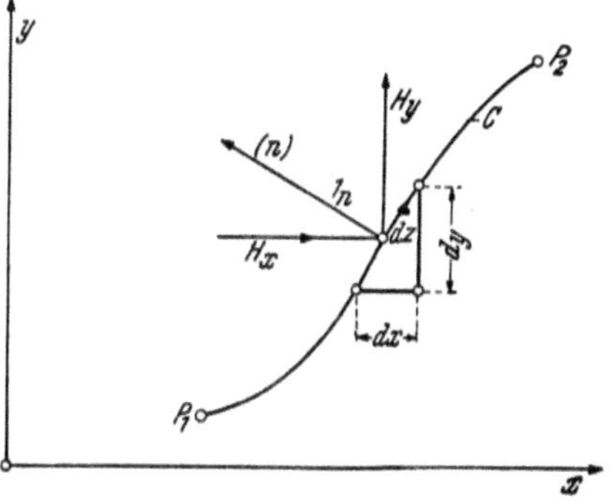

Abb. II 55. Berechnung des Elementar-Kraftflusses $d\Psi = (H\,1_n)$ |dz| in der *Gauß*-schen Ebene.

wie die y- der x-Achse zugeordnet sei. Mittels einer senkrecht zur z-Ebene errichteten Strecke der Länge 1 ergänzen wir dz zum vektoriellen Flächenelement 1_n |dz|, durch welches der infinitesimale Kraftfluß tritt

$$\left.\begin{array}{l} d\Psi = (H\,1_n)\,|dz| = H_y\,dx - H_x\,dy = \\[2mm] = -\left(\frac{\partial u}{\partial y}\right)dx + \left(\frac{\partial u}{\partial x}\right)dy = \left(\frac{\partial v}{\partial x}\right)dx + \left(\frac{\partial v}{\partial y}\right)dy = dv. \end{array}\right\} \quad \text{(II 1, 11)}$$

Integration längs der Kontrollkurve liefert den von P_1 und P_2 begrenzten Kraftfluß je Längeneinheit senkrecht zur z-Ebene

$$\Psi_{1,2} = \int\limits_{P_1\,(C)}^{P_2} dv = v\,(P_2) - v\,(P_1). \qquad \text{(II 1, 12)}$$

Im Lichte dieser Gleichung bezeichnet man v als *Stromfunktion*; sie wird häufig durch das Symbol ψ dem Skalarpotential φ zur Seite gestellt.

c) Wir definieren

$$\chi = \varphi + i\,\psi \qquad \text{(II 1, 13)}$$

als *komplexes Potential*. Da nun vom Standpunkte der *Laplace*schen Gleichung u und v einander gleichberechtigt sind, dürfen diese beiden Funktionen ihre physikalischen Rollen miteinander vertauschen: Eine jede mathematische Lösung des zweidimensionalen Potential-Problemes liefert die physikalischen Lösungen zweier einander dual zugeordneter Feldprobleme.

d) Bis hierher haben wir von der Natur des magnetischen Feldes als solchem noch keinen Gebrauch gemacht; in der Tat gelten die vorstehen-

den Sätze vom formal-mathematischen Standpunkt ebenso für das zweidimensionale, elektrostatische Feld oder das stationärer elektrischer
Ströme. Ungeachtet der hierin ausgesprochenen, inneren Verwandtschaft
der drei verglichenen Felder sind doch tiefgreifende Unterschiede ihrer
physikalischen Deutung hervorzuheben: Sowohl das elektrostatische Feld
wie das stationäre Strömungsfeld entstammen in der Regel flächenhaft
verteilten Quellen, während ihre Wirbel identisch verschwinden; dagegen
ist das magnetostatische Feld stets quellenfrei, während die erregenden

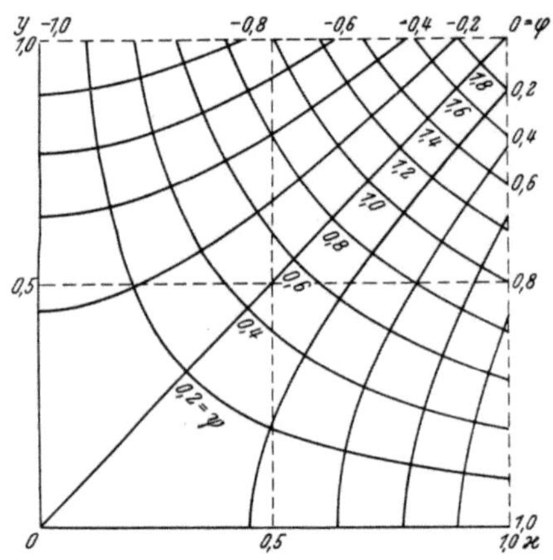

Abb. II 56. Die Funktion $\chi = z^2$.

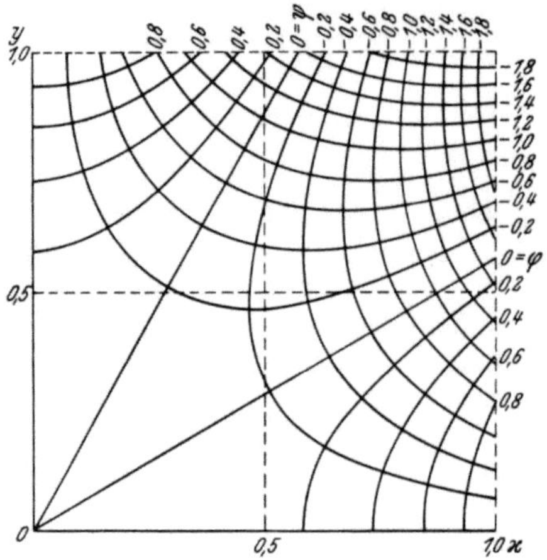

Abb. II 57. Die Funktion $\chi = z^3$.

Ströme als räumlich ausgebreitete Wirbel erscheinen. Im Einklang mit
diesen strukturellen Gesetzen ist das reelle Potential der genannten
elektrischen Felder stets eindeutig; dagegen zeichnet die nämliche Eigenschaft die Stromfunktion des magnetischen Feldes aus, während man die
Eindeutigkeit des korrespondierenden, reellen Potentiales in der Regel erst
durch seine Beschränkung auf ein Blatt einer mehrfachen, *Riemann*schen
Fläche erzwingen kann.

II 2. Felder gegebener Form.

a) Wir beginnen die komplexe Darstellung magnetischer Felder mit
ihrer heuristischen Synthese. Dieses Verfahren beruht auf der Erkenntnis,
daß sowohl der Realteil wie der Imaginärteil jeder komplexen, analytischen
Funktion w (z) je eine mathematisch richtige Lösung der *Laplace*schen
Gleichung liefern; daher kann man, durch willkürliche Wahl der erzeugenden Funktion, eine unbeschränkte Anzahl solcher Felder angeben. Man
hat dann nachträglich diejenigen technischen Bedingungen aufzusuchen,
welche zur Verwirklichung des gewählten Feldes erfüllt werden müssen.

b) Um uns bei der Beschreibung des heuristischen, logisch wenig be-
friedigenden Verfahrens nicht in Allgemeinheiten zu verlieren, werden wir
uns auf die Diskussion einiger weniger, einfacher Fälle von typischer Bedeutung beschränken.

1. Vom analytischen Standpunkt werden die einfachsten Funktionen
durch die ganzen Potenzen von z definiert:

$$\chi = \varphi + i\,\psi = C \cdot z^P .$$

(II 2, 1)

Wir können das Bezugssystem stets in eine solche Lage bringen, daß die Konstante C reell ausfällt. Dies vorausgesetzt, führe man die ebenen Polarkoordinaten ϱ [Poldistanz] und α [Azimut] ein:

$$z = \varrho\, e^{i\alpha} \qquad\qquad \text{(II 2, 2)}$$

und erhält aus (II 2, 1) durch Trennung des Reellen vom Imaginären [Abb. II 56, II 57, II 58]

$$\varphi = C\,\varrho^p \cos p\,\alpha; \qquad \psi = C\,\varrho^p \sin p\,\alpha. \qquad\qquad \text{(II 2, 3)}$$

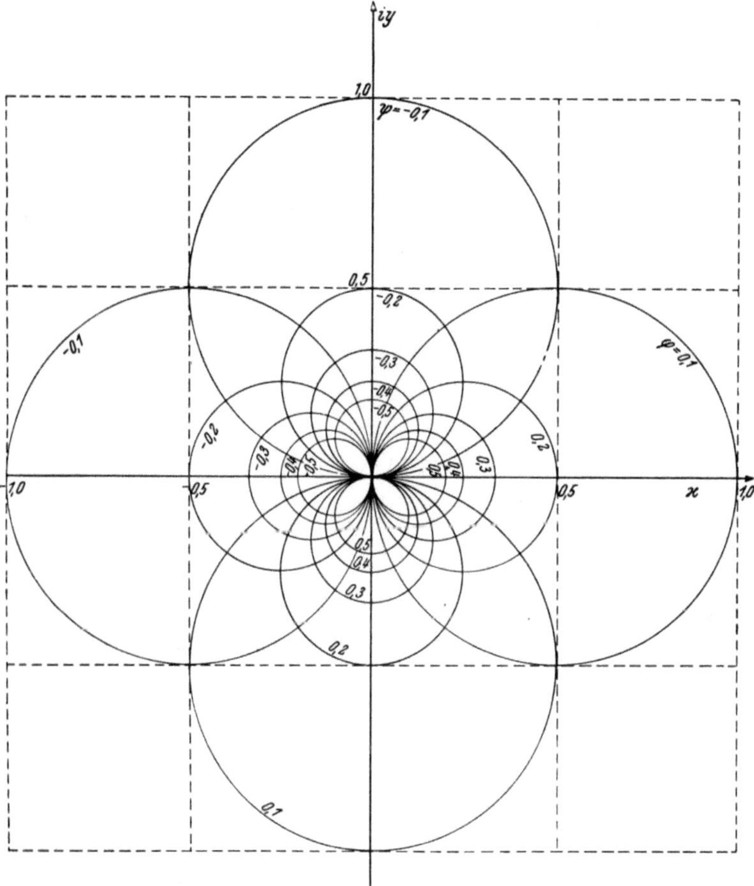

Abb. II 58. Die Funktion $\chi = 1/z$.

Wir sind hierdurch zu jenen Partikularintegralen der *Laplace*schen Gleichung zurückgekehrt, welche wir auf anderem Wege in Ziffer I 13 fanden; im Einklang mit der dort gegebenen Deutung bezeichnen wir sie als Polfunktionen der Ordnung p.

2. Eine komplexe Funktion möge sich innerhalb eines Bereiches regulär verhalten, welcher von zwei konzentrischen Kreisen begrenzt ist. Wählt man ihr Zentrum als Ursprung für $z = x + i\,y$, so kann die Funktion im Ringgebiete in eine *Laurent*sche Reihe entwickelt werden. Im Lichte der Zusammenhänge (II 2, 3) ist dieses Verfahren als *Fourier*sche Darstellung

von Potential und Stromfunktion für das Azimut als unabhängige Veränderliche zu interpretieren.

3. In der Gesamtheit der Funktionen (II 2, 1) kommt jenen der Ordnung p = 0 eine besondere Stellung zu. Denn aus der angegebenen Formel entspringt dann zunächst nur die triviale Lösung

$$\chi = \overline{C} \tag{II 2, 4}$$

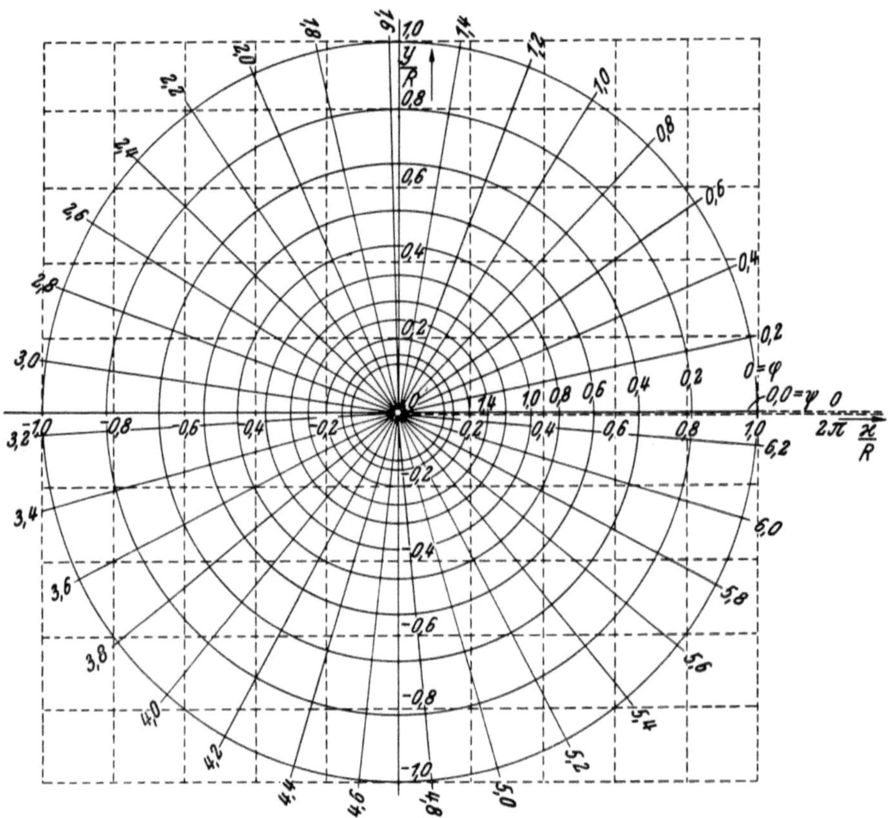

Abb. II 59. Die Funktion $\chi = \ln R/z$.

deren korrespondierende Feldstärke identisch verschwindet. Geht man jedoch von dem genetischen Zusammenhang benachbarter Lösungen aufsteigender Ordnungszahl aus, so entsteht jedesmal die höhere aus der niederen durch Integration. Dieser Auffassung gemäß ist (II 2, 4) durch

$$\chi = C \ln z \tag{II 2, 5}$$

zu ergänzen, und durch Kombination von (II 2, 4) und (II 2, 5) gelangen wir, nach unwesentlicher Änderung der Bezeichnungen, zu der Lösung

$$\chi = C \ln \frac{R}{z}, \tag{II 2, 6}$$

wobei R eine reelle, positive Konstante bezeichne. Diese Funktion ist unendlich vieldeutig. Wir wählen hier etwa jenen Zweig [„Hauptwert"], dessen Imaginärteil zwischen 0 und 2 π liegt; der Verzweigungsschnitt läuft demnach entsprechend Abb. II 59 längs der positiven x-Achse vom Ursprung ins Unendliche, und es gilt

$$\chi = \varphi + i\,\psi = C\left\{\ln\frac{R}{\varrho} - i\,\alpha\right\}; \quad 0 < \alpha < 2\pi. \qquad \text{(II 2, 7)}$$

Im Falle eines reellen C stellt diese Gleichung ein vom Ursprung radial nach außen verlaufendes Feld dar: Die Kreise $\varrho =$ const. koinzidieren mit den Äquipotentiallinien, die Strahlen $\alpha =$ const. mit den Kraftlinien. Seine physikalische Radialkomponente beträgt

$$H_\varrho = -\frac{\partial \varphi}{\partial \varrho} = \frac{C}{\varrho}, \qquad \text{(II 2, 8)}$$

seine azimutale Komponente verschwindet. Daher entwickelt es in einem homogenen, isotropen Medium der Permeabilität μ den Induktionsfluß

$$\Phi = \Pi\,\mu\,2\,\pi\,\varrho \cdot H_\varrho = \Pi\,\mu\,2\,\pi\,C \qquad \text{(II 2, 9)}$$

je Längeneinheit senkrecht zur Zeichenebene. Umgekehrt definiert also

$$\chi = \frac{\Phi}{\Pi\,\mu\,2\,\pi} \ln\frac{R}{z} \qquad \text{(II 2, 10)}$$

das komplexe Potential einer magnetischen Quellinie der Ergiebigkeit Φ je Längeneinheit; sein Realteil verschwindet auf dem Umfang des Zylinders $\varrho = R$. Ein Feld dieser Struktur erscheint in kreisrunden Topfmagneten; es bildet das magnetostatische Analogon zum elektrostatischen Felde des Zylinderkondensators.

Wählt man jedoch $C = C'/i$, so repräsentieren die Strahlen $\alpha =$ const. die Äquipotentiallinien, während die Kreise $\varrho =$ const. den Verlauf der Kraftlinien schildern: Es liegt das äußere Magnetfeld eines einzelnen Stromfadens vor, welcher senkrecht zur Zeichenebene gerichtet ist; seine Stärke J gleicht, nach dem Ersten *Maxwell*schen Satze, dem Potentialsprung vom oberen zum unteren Ufer des Verzweigungsschnittes:

$$J = C' \cdot 2\,\pi. \qquad \text{(II 2, 11)}$$

Daher lautet das komplexe Potential des Systemes

$$\chi = \frac{J}{2\,\pi\,i} \ln\frac{R}{z}. \qquad \text{(II 2, 12)}$$

Ein Feld dieser Struktur entwickelt sich zwischen der Ader [Halbmesser a] und dem Mantel [lichter Halbmesser R] eines belasteten, konzentrischen Einleiterkabels; für $\mu = 1$ resultiert je Längeneinheit der Induktionsfluß

$$\Phi = \Pi\,\frac{J}{2\,\pi} \ln\frac{R}{a}. \qquad \text{(II 2, 13)}$$

4. Die Funktion

$$\chi = C \cdot \frac{1}{2} \ln\frac{z + i\,h}{z - i\,h} \qquad \text{(II 2, 14)}$$

ist, gleich (II 2, 6), unendlich vieldeutig. Wir beseitigen diese Unbestimmtheit mittels des Verzweigungsschnittes nach Abb. II 60, welcher längs des Abschnittes $|y| > h$ der y-Achse geführt wurde; in dem verbleibenden Blatte der z-Ebene beschränken wir den Imaginärteil des halben Logarithmus auf die Werte zwischen (0) [linkes Ufer] und $(+2\,\pi)$ [rechtes Ufer].

Wählen wir C nach (II 2, 9), so schildert (II 2, 14) das Feld zweier entgegengesetzt gleicher magnetischer Quellinien mit den Achsen in $z = \pm\,i\,h$. Wir realisieren dieses System mittels zweier vollkommen permeabler Zylinder je vom Halbmesser $a \ll h$ nach Abb. II 60; zwischen ihren Oberflächen herrscht die eindeutige magnetische Spannung

$$M = \frac{\varPhi}{\varPi\,\mu\,2\,\pi}\left\{\ln\frac{2\,h}{a} - \ln\frac{a}{2\,h}\right\} = \frac{\varPhi}{\varPi\,\mu\,\pi}\ln\frac{2\,h}{a}. \qquad (II\ 2,\ 15)$$

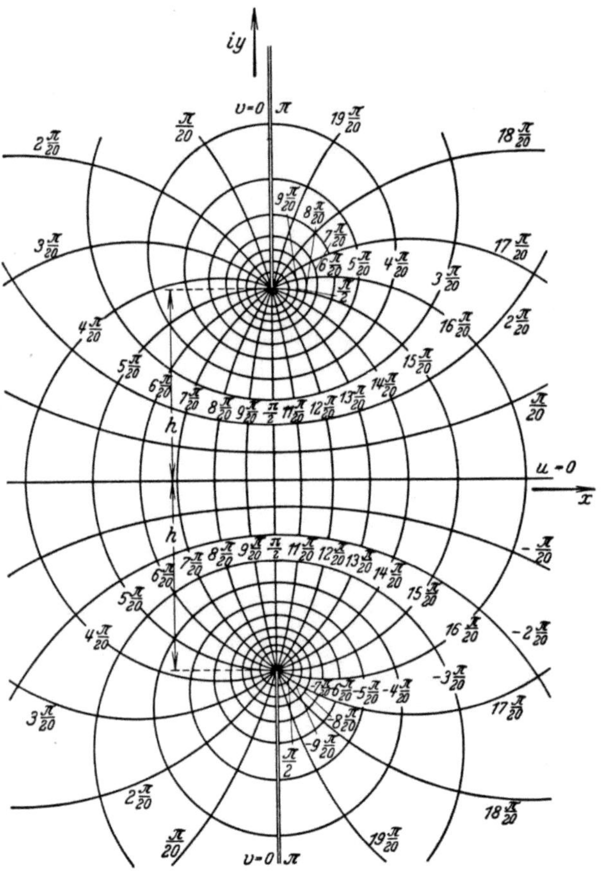

Abb. II 60 Die Funktion $\chi = \dfrac{1}{2}\ln\dfrac{z + i\,h}{z - i\,h}$.

Für $\mu = 1$ mag diese Formel zur Abschätzung des Jochfeldes von Transformatoren dienen, welches in der Umgebung ihres Eisenkernes als Resultat einer etwa je Schenkel verbleibenden Restdurchflutung zustande kommt; in Ziffer II 10 werden wir die gleiche Aufgabe in strenger Form behandeln.

Mit $C = J/(2\,\pi\,i)$ geht (II 2, 14) in das komplexe, magnetische Potential einer vom Strome $\pm\,J$ gespeisten Doppelleitung über, deren Drahtachsen sich in $z = \pm\,i\,h$ befinden

$$\chi = \frac{J}{2\pi i} \ln \frac{z+ih}{z-ih}. \qquad \text{(II 2, 16)}$$

Sei $a \ll h$ je der Halbmesser eines der stromführenden Drähte, die ihrerseits als vollkommen leitfähig gedacht sind, und setzen wir $\mu = 1$ voraus, so folgt der Induktionsfluß Φ je Längeneinheit senkrecht zur Zeichenebene eindeutig zu

$$\Phi = \Pi \frac{J}{2\pi} \left\{ \ln \frac{2h}{a} - \ln \frac{a}{2h} \right\} = \Pi \frac{J}{\pi} \ln \frac{2h}{a}. \qquad \text{(II 2, 17)}$$

5. Wir gehen in (II 2, 14) zur Grenze $h \to 0$ über, lassen jedoch gleichzeitig C derart anwachsen, daß das Produkt $C \cdot h$ endlich bleibt. Mit der Wahl von C nach (II 2, 9) entsteht dann das komplexe Potential eines parallel zur y-Achse orientierten magnetischen Dipoles vom Momente m je Längeneinheit [vgl. Abb II 58]:

$$\chi = \frac{m}{\Pi \mu 2\pi} \cdot \frac{i}{z}; \qquad m = \lim_{h \to 0, \Phi \to \infty} 2h\,\Phi. \qquad \text{(II 2, 18)}$$

Ähnlich erhalten wir aus (II 2, 16) durch den Grenzübergang

$$\chi = \frac{m}{2\pi} \cdot \frac{1}{z}; \qquad m = \lim_{h \to 0,\, J \to \infty} 2h\,J \qquad \text{(II 2, 19)}$$

das komplexe Potential eines bifilaren Stromsystemes; in seiner Umgebung tritt das „Störfeld" auf

$$\left.\begin{aligned}
H_x &= -\frac{\partial}{\partial x}\left\{\frac{m}{2\pi}\frac{x}{x^2+y^2}\right\} = \frac{hJ}{2\pi} \cdot \frac{x^2-y^2}{(x^2+y^2)^2}, \\
H_y &= -\frac{\partial}{\partial y}\left\{\frac{m}{2\pi}\frac{x}{x^2+y^2}\right\} = \frac{hJ}{2\pi} \frac{2xy}{(x^2+y^2)^2}.
\end{aligned}\right\} \qquad \text{(II 2, 20)}$$

6. Wir überlagern dem Dipolpotentiale (II 2, 18) das „Primärpotential" χ_p des parallel zur y-Achse wirkenden, homogenen Magnetfeldes der Stärke H:

$$\chi_p = i\,H\,z. \qquad \text{(II 2, 21)}$$

Das resultierende Potential lautet

$$\chi = i\,H\,z + \frac{m}{\Pi \mu 2\pi} \cdot \frac{i}{z}. \qquad \text{(II 2, 22)}$$

Wir führen (II 2, 2) ein und erhalten durch Trennung des Reellen vom Imaginären

$$\left.\begin{aligned}
\varphi &= \left(-H \cdot \varrho + \frac{m}{\Pi \mu 2\pi \varrho}\right)\sin\vartheta, \\
\psi &= \left(H \cdot \varrho + \frac{m}{\Pi \mu 2\pi \varrho}\right)\cos\vartheta.
\end{aligned}\right\} \qquad \text{(II 2, 23)}$$

Nunmehr wählen wir das Moment m derart, daß längs des Kreisumfanges $\varrho = a$ die Stromfunktion verschwindet:

$$H \cdot a + \frac{m}{\Pi \mu 2\pi a} = 0; \qquad m = -\Pi \mu H 2\pi a^2. \qquad \text{(II 2, 24)}$$

Wir dürfen daher im Felde des korrespondierenden, komplexen Potentiales

$$\chi = i\,H \cdot \left\{z - \frac{a^2}{z}\right\}. \qquad \text{(II 2, 25)}$$

den Mantel des Zylinders $\varrho = a$ durch eine magnetisch undurchlässige Wand ersetzen, ohne das Feld zu stören. Insbesondere definiert hiernach (II 2, 25) für $|z| > a$ die „Ausweichströmung" gemäß Abb. II 61: Die für $|y| \to \infty$ dieser Achse parallelen Kraftlinien umfließen stetig den Zylinder $|z| < a$. Eine Wand der geforderten Eigenschaften wird durch einen vollkommen leitenden Zylinder des Außenhalbmessers $\varrho = a$ gebildet. Allerdings existiert ein solcher Körper nur ideell; doch kommen

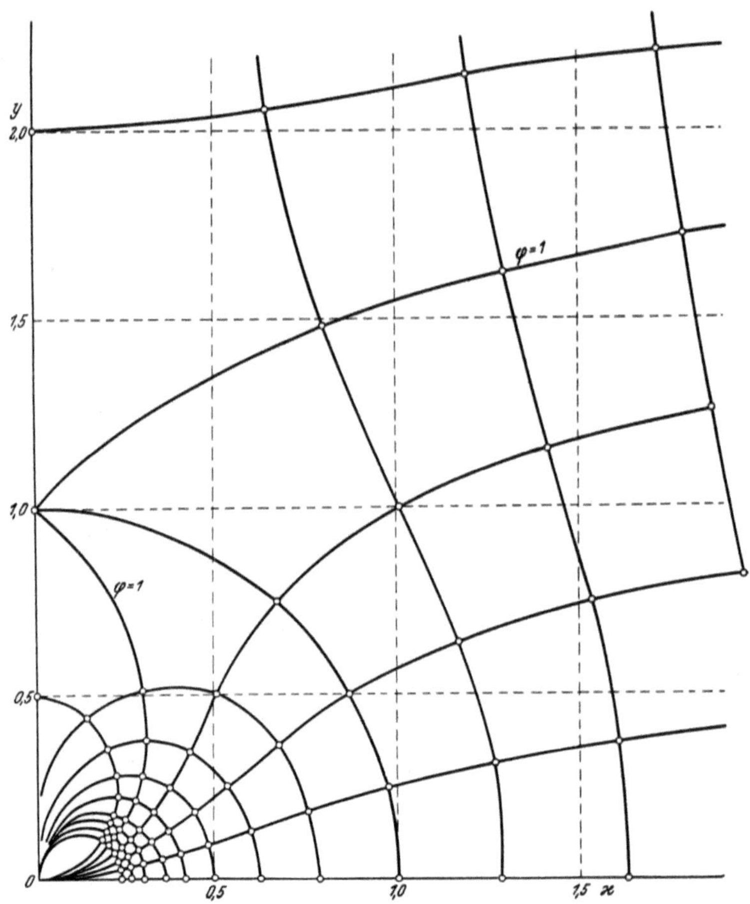

Abb. II 61. Ausweichströmung.

seinem elektrodynamischen Verhalten massive Schrauben oder Bolzen nahe, welche aus konstruktiven Gründen in die zylindrischen Löcher der aktiven Eisenpakete elektrischer Maschinen eingeführt werden. Ähnliches gilt für die ebendort angeordneten Kühlkanäle, deren Permeabilität zwar gleich 1 ist; doch zeichnet sich die ferromagnetische Umgebung stets durch $\mu \gg 1$ aus, so daß der Ersatz der Kühlkanäle durch einen ideellen Zylinder der Eigenschaft $\mu = 0$ eine gute Approximation liefert.

Es ist hier der Ort, die in Ziffer I 3, Gl. (I 3, 33) lediglich formale Definition der Funktion

$$f(\alpha) = (\zeta + \cos\alpha \sqrt{\zeta^2 - 1})^l \qquad \text{(II 2, 26)}$$

auf ihre potentialtheoretische Wurzel zurückzuführen: Neben dem System der Kugelkoordinaten r [Abstand des Aufpunktes vom Ursprung], ϑ [Polarwinkel] und α [Azimut] erklären wir das räumliche *Kartesi*sche Bezugssystem x, y, z durch die Gleichungen

$$\left.\begin{array}{l} x = r\sin\vartheta\cos\alpha, \\ y = r\sin\vartheta\sin\alpha, \\ z = r\cos\vartheta. \end{array}\right\} \qquad \text{(II 2, 27)}$$

Wir bilden nun aus x und z die komplexe, analytische Funktion

$$w = (z + i\,x)^l = r^l (\cos\vartheta + i\cos\alpha\sin\vartheta)^l, \qquad \text{(II 2, 28)}$$

welche also der Potentialgleichung genügt. Setzen wir hier

$$\zeta = \cos\vartheta; \qquad \xi = \sin\vartheta\cos\alpha, \qquad \text{(II 2, 29)}$$

so wird

$$w = r^l(\zeta + i\,\xi)^l = r^l(\zeta + \cos\alpha\sqrt{\zeta^2 - 1})^l = r^l\,f(\alpha). \qquad \text{(II 2, 30)}$$

Mittels der Entwicklung (I 3, 37) folgt somit, daß nach Wahl einer Konstanten C_l^m die Funktion

$$\varphi_l^m = C_l^m\,r^l\,P_l^m(\zeta)\,e^{im\alpha}; \qquad |m| \leq 1 \qquad \text{(II 2, 31)}$$

die *Laplace*sche Gleichung befriedigt. Wir sind hierdurch zu der ersten der Lösungen (I 3, 44) zurückgekehrt, aus welcher die zweite durch räumliche Spiegelung gemäß Ziffer I 7, Gl. (I 7, 11) hervorgeht.

II 3. Magnetische Gitterfelder.

a) Wir untersuchen eine unbegrenzte Reihe alternierender magnetischer Quellinien der Ergiebigkeit $\pm\,\Phi$ je Längeneinheit, welche nach Abb. II 62 im festen Abstande τ [,,Polteilung"] voneinander längs der x-Achse angeordnet sind. Dieses Gitter bildet das erzeugende Element des Polkranzes von Dynamomaschinen sehr hoher Polzahl, sofern man die Krümmung ihres Joches außer acht läßt und dann die Feldstruktur in einer Ebene senkrecht zu den Polachsen in Betracht zieht.

Die Achsen der positiven Quellinien mögen in $x = 0 \bmod 2\,\tau$, jene der negativen in $x = \tau \bmod 2\,\tau$ liegen. Vermöge (II 2, 10) muß somit das komplexe Potential χ der alternierenden Quellinien-Reihe an den genannten Orten logarithmische Pole abwechselnden Vorzeichens aufweisen, welche je die Stärke $\pm\dfrac{\Phi}{\Pi\,\mu\,2\,\pi}$ besitzen. Diesen Bedingungen genügt man durch den Ansatz

$$\chi = \frac{\Phi}{\Pi\,\mu\,2\,\pi}\,\ln w, \qquad \text{(II 3, 1)}$$

wobei sich nun die Funktion $w = w(z)$ in $x = 0 \bmod 2\,\tau$ durch einfache Pole, in $x = \tau \bmod 2\,\tau$ hingegen durch einfache Nullstellen auszeichnet. Eine solche Funktion ist

$$w = \operatorname{cotg}\frac{\pi}{2}\frac{z}{\tau}. \qquad \text{(II 3, 2)}$$

Da das Potentialproblem, von einer belanglosen additiven Konstanten abgesehen, eine eindeutige Lösung besitzt, lautet diese

$$\chi = \frac{\Phi}{\Pi\,\mu\,2\,\pi}\,\ln\operatorname{cotg}\frac{\pi}{2}\frac{z}{\tau}. \qquad \text{(II 3, 3)}$$

Über die Bedeutung des reellen Potentiales φ können Zweifel nicht bestehen. Um auch die Stromfunktion ψ eindeutig zu machen, beschränken wir den Imaginärteil des Logarithmus auf die Werte zwischen 0 und $2\,\pi$. Die Verzweigungsschnitte decken sich dann mit denjenigen Strecken der x-Achse, welche je zwischen einer positiven Quellinie und der in Richtung zunehmender x benachbarten negativen Quellinie liegen; am oberen Ufer wird hiernach $\psi_{+0} = \Phi/\Pi\mu$, am unteren $\psi_{-0} = 0$. Abb. II 62 zeigt den Verlauf der Äquipotential- und Kraftlinien.

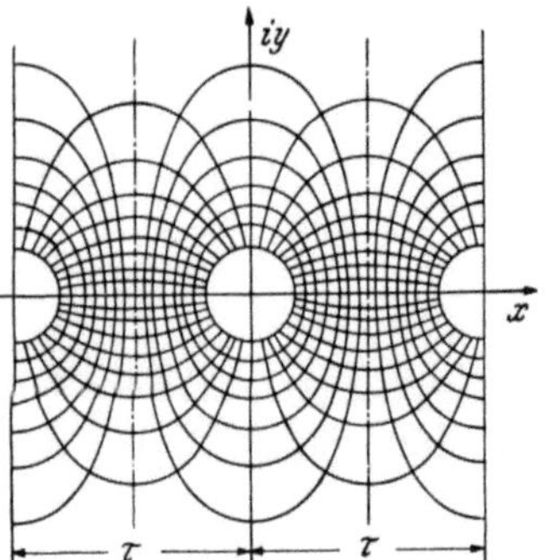

Abb. II 62. Das magnetische Feld alternierender Quellreihen.

Der Einfachheit halber ersetzen wir die Polschenkel durch vollkommen permeable Körper; das Profil ihres Querschnittes F_p muß dann mit einer Äquipotentiallinie koinzidieren. Die Gesamtheit der magnetischen Induktionslinien B_p, welche innerhalb F_p die Kontrollebene senkrecht durchdringen, definiert dort den Pol-Hauptfluß Φ_p:

$$\pm\,\Phi_p = \pm\,B_p\,F_p. \qquad \text{(II 3, 4)}$$

Dagegen mißt Φ den „spezifischen Streufluß", welcher am gleichen Orte die Längeneinheit des positiven Polschenkels seitlich verläßt.

Es sei a die auf der x-Achse gemessene Halbbreite eines Poles, ζ nach Abb. II 63 der Abstand der Kontrollebene vom Joch, $\pm\,D\,(\zeta)$ die zwischen diesen Ebenen wirksame Durchflutung und h die achsiale Schenkellänge. Dann folgt unter der Voraussetzung $\mu = 1$ aus Gl. (II 3, 3)

$$\varphi = D\,(\zeta) = \frac{\Phi\,(\zeta)}{\Pi\cdot 2\,\pi}\ln\,\operatorname{cotg}\frac{\pi}{2}\frac{a}{\tau} \qquad \text{(II 3, 5)}$$

also der resultierende Streufluß Φ_s des gesamten Polschenkels

$$\Phi_s = \int\limits_0^h \Phi\,(\zeta)\,\mathrm{d}\zeta = \Pi\cdot\frac{2\,\pi}{\ln\,\operatorname{cotg}\dfrac{\pi}{2}\dfrac{a}{\tau}}\int\limits_0^h D\,(\zeta)\,\mathrm{d}\zeta. \qquad \text{(II 3, 6)}$$

Falls insbesondere die Erregerwicklung einen konstanten Strombelag A erzeugt $[D\,(\zeta) = A\cdot\zeta]$, wird

$$\Phi_s = \Pi\cdot A\cdot\frac{\pi\,h^2}{\ln\,\operatorname{cotg}\dfrac{\pi}{2}\dfrac{a}{\tau}} \qquad \text{(II 3, 7)}$$

und die relative Streuung beträgt

$$\sigma = \frac{\Phi_s}{\Phi_p} = \frac{\Pi\,A}{B_p}\cdot\frac{\pi\,h^2}{F_p\,\ln\,\operatorname{cotg}\dfrac{\pi}{2}\dfrac{a}{\tau}}. \qquad \text{(II 3, 8)}$$

b) Wir ersetzen in (II 3, 3) die reelle Konstante $\Phi/\Pi\mu$ durch die imaginäre D/i und gelangen in

$$\chi = \frac{D}{2\,\pi\,i}\ln\,\operatorname{cotg}\frac{\pi}{2}\frac{z}{\tau} \qquad \text{(II 3, 9)}$$

zum komplexen Potential einer Reihe abwechselnd entgegengesetzt durchflossener, äquidistanter Wirbelfäden je der Stärke $\pm\,D$. Seine Stromfunktion ψ ist in der ganzen z-Ebene eindeutig; dagegen ist sein reelles Potential φ auf jenes Blatt der *Riemann*schen Fläche beschränkt, in welchem der Imaginärteil des Logarithmus zwischen 0 und 2π liegt. Die Funktion (II 3, 9) schildert die strukturellen Grundzüge des magnetischen Streufeldes mit Scheibenwicklung je der Durchflutungen $\pm D$ [Abb. II 64], falls man folgenden Vereinfachungen zustimmt:

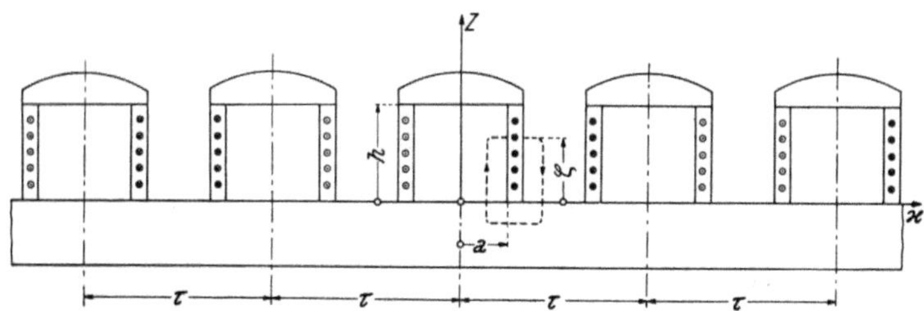

Abb. II 63. Bestimmung des Potentiales einer alternierenden Polreihe.

1. Die Krümmung der Spulen um die Schenkelachse wird vernachlässigt,

2. die Rückwirkung des Schenkeleisens auf das Streufeld wird außer acht gelassen.

Wir ersetzen die wahren Spulen durch ideelle von unbegrenzt hoher Leitfähigkeit; ihr Profil koinzidiert dann mit einer Kraftlinie, während ihr Inneres feldfrei bleibt. Bezeichnet dann a 'die Halbbreite einer solchen Spule auf der x-Achse, so berechnet sich je Längeneinheit senkrecht zur Kontrollebene der Streu-Induktionsfluß Φ zwischen der Symmetrielinie $x = \tau/2$ des Feldes und der Spulenoberfläche aus (II 3, 9) zu

$$\Phi = \frac{D}{2\pi} \ln \cotg \frac{\pi}{2} \frac{a}{\tau}. \quad (II\ 3,\ 10)$$

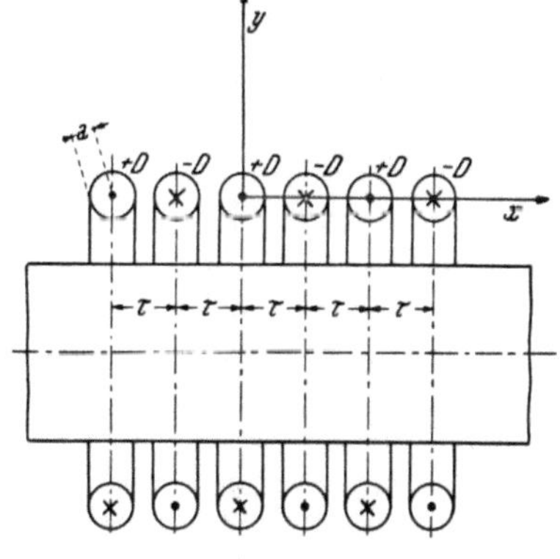

Abb. II 64. Vereinfachtes Schema eines Transformators mit Scheibenwicklung.

c) Wir behandeln die Strömung des magnetischen Induktionsflusses durch einen Eisenkörper, welcher von regelmäßig angeordneten, zylindrischen Lochreihen durchsetzt ist. Der Kürze halber beschränken wir uns auf das Beispiel einer einzigen solchen Reihe längs der Mittellinie eines Transformatorschenkels nach Abb. II 65, welches alles Wesentliche der Methode erkennen läßt.

Es bezeichne b die Schenkelbreite, d den konstanten Abstand je benachbarter Lochachsen, a den Lochhalbmesser. Der Ursprung des Bezugssystemes $z = x + i\,y$ soll mit dem Zentrum eines Loches koinzidieren; die x-Achse sei senkrecht zur Schenkel-Mittellinie gerichtet.

Um die mathematische Behandlung der Aufgabe zu vereinfachen, führen wir folgende Näherungsannahme ein:

1. Wir behalten uns vor, die kreissymmetrischen Lochprofile durch geeignete Nachbarkurven zu ersetzen.

2. Mit Rücksicht auf die hohe Permeabilität des Eisens vertauschen wir alle ihm angrenzenden Stoffe nicht ferromagnetischer Natur mit einem ideellen Diamagnetikum der Eigenschaft $\mu \to 0$. Dem reellen Potential φ des gesuchten Feldes sind dann die Randbedingungen aufzuerlegen

$$\frac{\partial \varphi}{\partial x} = 0 \quad \text{für} \quad x = \pm \frac{1}{2} b, \qquad \text{(II 3, 11)}$$

$\dfrac{\partial \varphi}{\partial u} = 0$ längs des Profiles der Löcher.

$$\text{(II 3, 12)}$$

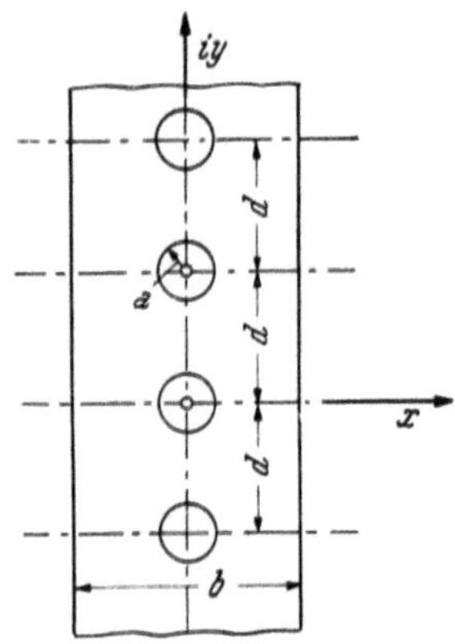

Abb. II 65. Schema eines regelmäßig durchlochten Transformatorschenkels.

Wir gehen von dem komplexen Primärpotential (II 2, 21) des ungestörten Homogenfeldes aus, welches zwar (II 3, 11), nicht aber (II 3, 12) befriedigt. Daher wird die Lochreihe zum Ursprung eines komplexen Sekundärpotentiales χ_s. Wir erleichtern seine Ermittlung durch ein Spiegelungsverfahren. Der reale Eisenkörper wird gemäß Abb. II 66 über $x = \pm 1/2\,b$ hinaus durch einen beiderseits unbegrenzten, fiktiven Körper gleicher physikalischer und geometrischer Eigenschaften fortgesetzt.

Hierdurch entsteht innerhalb des homogenen und isotropen Ferromagnetikums ein doppeltperiodisches System von Löchern, deren Zentren in den Punkten

$$z_{k,l} = k\,b + \sqrt{-1}\,l\,d \quad [k, l \text{ reelle, ganze Zahlen}] \qquad \text{(II 3, 13)}$$

eines zweidimensionalen Gitters liegen. Wir verallgemeinern nunmehr die Kinematik der Ausweichströmung um das Einzelloch nach Ziffer II 2, indem wir dem Zentrum jedes Loches einen parallel zur y-Achse orientierten Dipol von einstweilen noch unbestimmtem Momente m zuweisen; ihre Gesamtheit erzeugt das komplexe Sekundärpotential.

Um diese Synthese durchzuführen, rufen wir eine Strecke $h < d$ zu Hilfe und spalten (II 3, 13) vorübergehend in zwei Gitter auf: Das positive Gitter

$$z_{k,l}^{+} = z_{k,l} + \sqrt{-1} \cdot h \qquad \text{(II 3, 14)}$$

mit der Quellinien-Ergiebigkeit Φ_s und das negative Gitter

$$z_{k,l}^{-} = z_{k,l} - \sqrt{-1} \cdot h \qquad \text{(II 3, 15)}$$

mit der Quellinien-Ergiebigkeit $(-\Phi_s)$. Das komplexe Teilpotential χ_s^{+} allein des positiven Gitters ist dann in der Form anzusetzen

$$\chi_s^{+} = \frac{\Phi_s}{\Pi\,\mu\,2\,\pi} \ln f^{+}(z). \qquad \text{(II 3, 16)}$$

Darin muß $f^{+}(z)$ in den Gitterpunkten (II 3, 14) einfache Pole aufweisen. Nun genügt

$$\vartheta_1(w, T) = 2\,[q^{1/4} \sin \pi\,w - q^{9/4} \sin 3\,\pi\,w + q^{25/4} \sin 5\,\pi\,w - + \ldots$$
$$q = e^{\pi\,iT} \qquad \text{(II 3, 17)}$$

den Funktionalgleichungen [vgl. Abb. II 67]

$$\vartheta_1(w+1, T) = -\vartheta_1(w, T); \qquad \vartheta_1(w+T, T) = -e^{i\pi(2w+T)}\,\vartheta_1(w, T).$$

Daher besitzt $\hfill$ (II 3, 18)

$$f^+(z) = \cfrac{1}{\vartheta_1\left(\dfrac{z-ih}{b},\ i\dfrac{b}{d}\right)} \qquad\text{(II 3, 19)}$$

die verlangten Eigenschaften. Auf dem gleichen Wege findet sich als Teilpotential χ_s^- des negativen Gitters

$$\chi_s = -\frac{\Phi_s}{\Pi\,\mu\,2\,\pi}\ln f^-(z); \qquad f^-(z) = \cfrac{1}{\vartheta_1\left(\dfrac{z+ih}{b},\ i\dfrac{b}{d}\right)}. \qquad\text{(II 3, 20)}$$

Das resultierende Sekundärpotential der beiden getrennten Gitter lautet also

$$\chi_s = \frac{\Phi_s}{\Pi\,\mu\,2\,\pi}\ln\cfrac{\vartheta_1\left(\dfrac{z+ih}{b},\ i\dfrac{b}{d}\right)}{\vartheta_1\left(\dfrac{z-ih}{b},\ i\dfrac{b}{d}\right)}.$$

$$\text{(II 3, 21)}$$

Hieraus entsteht das gesuchte Sekundärpotential des im ursprünglichen, ungespaltenen Gitter (II 3, 13) fixierten, doppeltperiodischen Momentensystemes durch den Grenzübergang

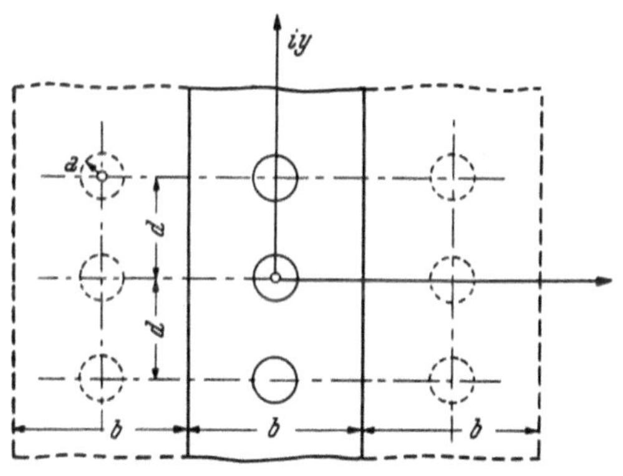

Abb. II 66. Spiegelungsverfahren zur Befriedigung der Randbedingungen an den Schenkelflanken.

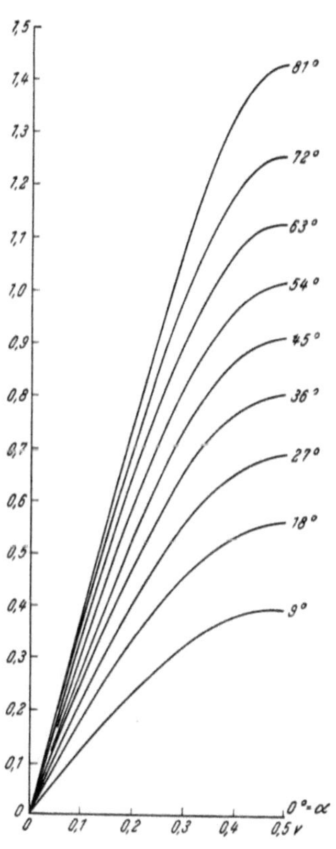

Abb. II 67. Verlauf der Funktion $\vartheta_1(v, a)$ im Reellen. a ist der Modularwinkel.

$$h \to 0, \qquad \Phi_s \to \infty, \qquad m = 2\,h\,\Phi_s. \qquad\text{(II 3, 22)}$$

Wir führen die Ableitung $\vartheta_1'(w, T)$ ein und erhalten

$$\chi_s = \frac{m}{\Pi\,\mu\,2\,\pi\,b}\,i\,\cfrac{\vartheta_1'\left(\dfrac{z}{b},\ i\dfrac{b}{d}\right)}{\vartheta_1\left(\dfrac{z}{b},\ i\dfrac{b}{d}\right)}. \qquad\text{(II 3, 23)}$$

Diese Funktion ist in der gesamten z-Ebene mit Ausnahme der Gitter-
punkte eindeutig. Wir orientieren uns über ihr Verhalten zunächst an
Hand der Formel

$$\frac{1}{\pi}\frac{\vartheta_1{}'(w, T)}{\vartheta_1(w, T)} = \operatorname{cotg} \pi w + 4 \sum_{n=1}^{\infty} q^{2n}\frac{\sin 2n\pi w}{1 - q^{2n}}. \qquad (II\ 3,\ 24)$$

Längs der x-Achse ist somit das komplexe Sekundärpotential rein
imaginär

$$\chi_s = \frac{m}{\Pi\mu\,2\pi b}\, i\,\pi\left\{\operatorname{cotg}\pi\frac{x}{b} + 4\sum_{n=1}^{\infty} q^{2n}\frac{\sin 2n\pi x/b}{1 - q^{2n}}\right\}; \quad q = e^{-\pi\frac{b}{d}}.$$

$$(II\ 3,\ 25)$$

Dagegen gilt längs der y-Achse

$$\chi_s = \frac{m}{\Pi\mu\,2\pi b}\,\pi\left\{\operatorname{cotgh}\pi\frac{y}{b} - 4\sum_{n=1}^{\infty} q^{2n}\frac{\sinh 2n\pi y/b}{1 - q^{2n}}\right\}. \qquad (II\ 3,\ 26)$$

Sie repräsentiert daher eine Kraftlinie des Sekundärfeldes.

Um die Eigenschaften von χ_s längs der Schenkelflanken kennenzulernen, stützen wir uns auf die Relation

$$\vartheta_1\left(w \pm \frac{1}{2}, T\right) \equiv \pm\,\vartheta_2(w, T) \qquad (II\ 3,\ 27)$$

mit

$$\vartheta_2(w, T) = 2\left[q^{1/4}\cos\pi w + q^{9/4}\cos 3\pi w + q^{25/4}\cos 5\pi w + \ldots\right].$$

$$(II\ 3,\ 28)$$

Damit erhält man

$$\frac{\vartheta_1{}'\left(w \pm \dfrac{1}{2}, T\right)}{\vartheta_1\left(w \pm \dfrac{1}{2}, T\right)} = \frac{\vartheta_2{}'(w, T)}{\vartheta_2(w, T)} \qquad (II\ 3,\ 29)$$

und mittels

$$\frac{1}{\pi}\frac{\vartheta_2{}'(w, T)}{\vartheta_2(w, T)} = -\operatorname{tg}\pi w + 4\sum_{n=1}^{\infty}(-1)^n\cdot q^{2n}\frac{\sin 2n\pi w}{1 - q^{2n}} \qquad (II\ 3,\ 30)$$

für $w = i\,y/b$, $q = e^{-\pi b/d}$ das Potential der Flanken

$$\chi_s = \frac{m}{\Pi\mu\,2\pi b}\,\pi\left\{\operatorname{tgh}\pi\frac{y}{b} - 4\sum_{n=1}^{\infty}(-1)^n q^{2n}\frac{\sinh 2n\pi y/b}{1 - q^{2n}}\right\}. \qquad (II\ 3,\ 31)$$

Im Einklang mit (II 3, 11) verschwindet seine Stromfunktion.

Schließlich fragen wir nach dem komplexen Sekundärpotential längs
der Symmetrielinien $y = \pm\,d/2$ zwischen der in der x-Achse zentrierten
Lochreihe und ihren beiden Nachbarreihen. Mittels der Funktion [vgl.
Abb. II 68]

$$\vartheta_0(w, T) = 1 - 2q\cos 2\pi w + 2q^4\cos 4\pi w - + \ldots \qquad (II\ 3,\ 32)$$

gilt

$$\vartheta_1\left(w \pm \frac{1}{2}T, T\right) = \pm\,i\,\vartheta_0(w, T)\,e^{\mp 1/2\,\pi\,i\,(2w + 1/2\,T)}. \qquad (II\ 3,\ 33)$$

Hieraus folgt

$$\vartheta_1'\left(w \pm \frac{1}{2}\,T, T\right) = \{\pm\, i\,\vartheta_0'\,(w, T) + \pi\,\vartheta_0\,(w, T)\}\,e^{\mp\,1/_2\pi\,i\,(2\,w\,\pm\,1/_2 T)} \quad \text{(II 3, 34)}$$

und also

$$\frac{\vartheta_1'\left(w \pm \dfrac{1}{2}\,T, T\right)}{\vartheta_1\left(w \pm \dfrac{1}{2}\,T, T\right)} = \frac{\vartheta_0'\,(w, T)}{\vartheta_0\,(w, T)} \mp i\,\pi. \quad \text{(II 3, 35)}$$

Wir benützen die Reihe

$$\frac{1}{\pi}\frac{\vartheta_0'\,(w, T)}{\vartheta_0\,(w, T)} = 4\sum_{n=1}^{\infty} q^n\,\frac{\sin 2\,n\,\pi\,w}{1 - q^{2n}} \quad \text{(II 3, 36)}$$

und erhalten mit $w = x/b$

$$\chi_s = \frac{m}{\Pi\,\mu\,2\,\pi\,b}\,\pi\left\{\pm 1 + \right.$$
$$\left. + i\,4\sum_{n=1}^{\infty} q^n\,\frac{\sin 2\,n\,\pi\,x/b}{1 - q^{2n}}\right\};$$
$$y = \pm\frac{d}{2}. \quad \text{(II 3, 37)}$$

Längs der Geraden $y = \pm d/2$ ist also das reelle Sekundärpotential konstant.

Im Lichte dieser Eigenschaften von χ_s ergibt sich jetzt das komplexe Potential χ des resultierenden Feldes zu

$$\chi = i\,H \cdot z +$$
$$+ \frac{m}{\Pi\,\mu\,2\,\pi\,b}\,i\,\frac{\vartheta_1'\,(z/b,\,i\,b/d)}{\vartheta_1\,(z/b,\,i\,b/d)}. \quad \text{(II 3, 38)}$$

Es „erzeugt" mittels der Bedingung $\psi = 0$ das korrespondierende Lochprofil. Sei umgekehrt die Halbbreite a eines Loches in x-Richtung vorgegeben, so folgt somit das Moment aus

$$\frac{m}{\Pi\,\mu\,2\,\pi\,b} = -H \cdot a \cdot \frac{\vartheta_1\,(a/b,\,i\,b/d)}{\vartheta_1'\,(a/b,\,i\,b/d)}. \quad \text{(II 3, 39)}$$

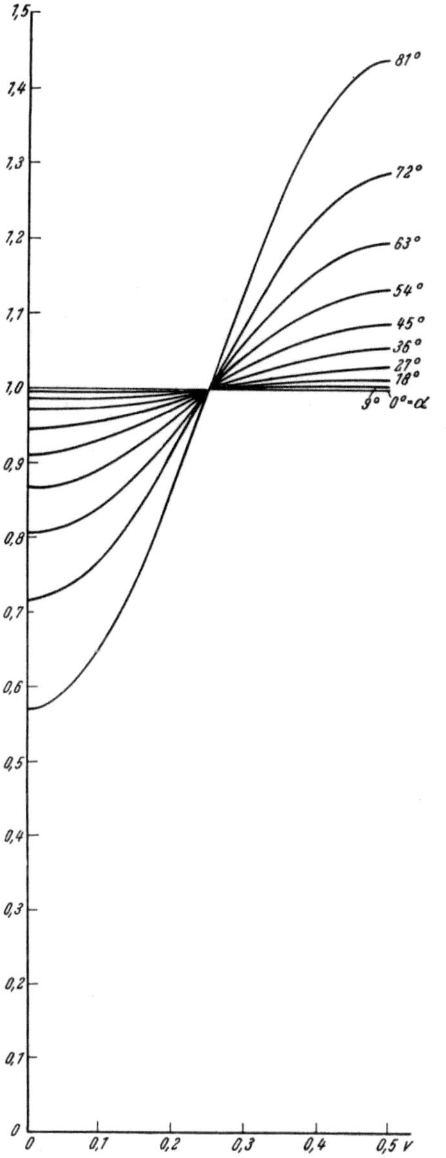

Abb. II 68. Verlauf der Funktion $\vartheta_0\,(v, \alpha)$ im Reellen, α ist der Modularwinkel.

Der Induktionsfluß des Schenkels je Längeneinheit senkrecht zur Zeichenebene beträgt nun, mit Rücksicht auf (II 3, 31)

$$\Phi_p = \Pi\,\mu\,b\,H \quad \text{(II 3, 40)}$$

9*

entsprechend der Wirksamkeit allein des Primärfeldes. Dagegen erhöht sich die magnetische Spannung M je Lochteilung d von dem Primärwerte $M_p = H \cdot d$ des ungestörten Feldes gemäß (II 3, 37) und (II 3, 39) um

$$M_s = \frac{m}{\Pi \mu 2\pi b}(-2\pi) = H \cdot 2\pi a \cdot \frac{\vartheta_1(a/b, i\,b/d)}{\vartheta_1'(a/b, i\,b/d)} \qquad \text{(II 3, 41)}$$

im Verhältnis

$$\frac{M}{M_p} = 1 + \frac{2\pi a}{d}\frac{\vartheta_1(a/b, i\,b/d)}{\vartheta_1'(a/b, i\,b/d)}. \qquad \text{(II 3, 42)}$$

Insbesondere resultiert im Falle $a \ll b$ mit Rücksicht auf (II 3, 24)

$$\frac{M}{M_p} = 1 + \frac{2\pi a}{d}\left\{\frac{1}{\pi}\operatorname{tg}\pi\frac{a}{b} + \ldots\right\} = 1 + \frac{2\pi a^2}{b\,d} + \ldots \qquad \text{(II 3, 43)}$$

Der gleiche Ausdruck mißt, bei festgehaltenem Werte des Induktionsflusses, die von den Löchern erzwungene Zunahme der Freien Feldenergie des kontrollierten Schenkelabschnittes. Nun sind die bei Wechselmagnetisierung entstehenden Eisenverluste je Raumeinheit annähernd dem Quadrate der Induktion proportional; daher liefert (II 3, 42), (II 3, 43) auch die relative Zunahme dieser Verluste durch die Lochung des Eisens.

Hält man nicht den Induktionsfluß Φ_p nach (II 3, 40) konstant, sondern die magnetische Spannung $M = M_p + M_s$, so zieht die Lochung eine Verkleinerung des Flusses im Verhältnis

$$\frac{\Phi}{\Phi_p} = \frac{1}{1 + \dfrac{2\pi a}{d}\dfrac{\vartheta_1(a/b, i\,b/d)}{\vartheta_1'(a/b, i\,b/d)}} = \frac{1}{1 + \dfrac{2\pi a^2}{b\,d}} + \ldots \qquad \text{(II 3, 44)}$$

nach sich.

II 4. Abbildung polygonal begrenzter Bereiche.

a) In der komplexen $z = x + i\,y$-Ebene sei ein geschlossenes, sich nirgends selbst überschneidendes Polygon vorgegeben; wir durchlaufen seinen Umfang im mathematisch-positiven Sinne, so daß sein Inneres zur linken bleibt. Der Satz von *Schwarz* und *Christoffel* lehrt: Sei $w = u + i\,v$, so läßt sich eine Funktion $z = z\,(w)$ angeben, welche jenes Polygon auf den Bereich $v > 0$ abbildet.

b) Wir gehen von der Differentialgleichung aus

$$\frac{dz}{dw} = C \cdot (w - w_1)^{-\frac{\gamma_1}{\pi}} \cdot (w - w_2)^{-\frac{\gamma_2}{\pi}} \ldots (w - w_n)^{-\frac{\gamma_n}{\pi}} \cdot \qquad \text{(II 4, 1)}$$

Hierin bezeichnet C eine endliche, in der Regel komplexe Konstante; die $\gamma_1, \gamma_2, \cdots \gamma_n$ seien sämtlich feste, reelle Zahlen, welche den Bedingungen unterliegen

$$-\pi < \gamma_k \leqq \pi; \qquad 1 \leqq k \leqq n. \qquad \text{(II 4, 2)}$$

Des weiteren seien die $w_k \equiv u_k$ sämtlich endlich und reell; es darf, ohne die Allgemeinheit zu beschränken, $u_{k-1} < u_k$ vorausgesetzt werden. Der Sinn der in (II 4, 1) auftretenden Potenzen wird durch die Bestimmung festgelegt, daß das Argument sämtlicher $(w - w_k)$ dem Bereiche von 0 bis 2π angehören soll; das Argument von $(w_k - w)$ liegt dann zwischen $(-\pi)$ und $(+\pi)$.

c) Wir lassen w die u-Achse im positiven Sinne durchlaufen, wobei wir den Punkten $w_k \equiv u_k$ gemäß Abb. II 69 je durch kleine Halbkreise in $v > 0$ ausweichen. Sei zunächst

$$w_{k-1} < w \equiv u < w_k. \tag{II 4, 3}$$

Wir fassen in (II 4, 1) alle nicht w_k enthaltenden Faktoren mit C zu einer Funktion C (w) zusammen. Zufolge der gegebenen Definition der Potenz gilt dann

$$\frac{dz}{dw} = C\,(w)\,(w - w_k)^{-\frac{\gamma_k}{\pi}} = C\,(w)\,|w - w_k|^{-\frac{\gamma_k}{\pi}}\,e^{-i\gamma_k}. \tag{II 4, 4}$$

Sei dagegen

$$w_k < w \equiv u < w_{k+1}, \tag{II 4, 5}$$

so wird

$$\frac{dz}{dw} = C\,(w)\,(w - w_k)^{-\frac{\gamma_k}{\pi}} = C\,(w)\,|w - w_k|^{-\frac{\gamma_k}{\pi}}\,e^{i.0}. \tag{II 4, 6}$$

Nun bleibt das Argument von C (w) beim Übergange von (II 4, 3) zu (II 4, 5) invariant. Daher lehrt der Vergleich von (II 4, 4) und (II 4, 6): Zwei Elemente $\Delta\,w_-$ und $\Delta\,w_+$, welche links und rechts von w_k gleichsinnig aufeinander folgen, liefern in der z-Ebene zwei gleichsinnig aufeinander folgende Elemente $\Delta\,z_-$ und $\Delta\,z_+$, welche gemäß Abb. II 69 den Außenwinkel γ_k miteinander einschließen.

d) Wir untersuchen den Charakter des Bildes (II 69) in der Umgebung des Punktes w_k. Die Gleichung des ihn umschließenden Halbkreises lautet

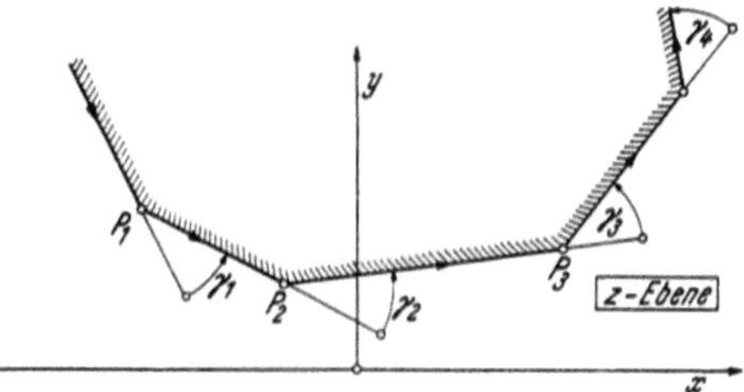

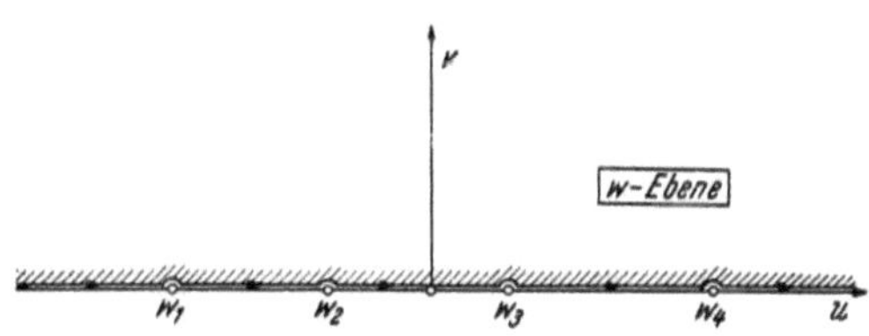

Abb. II 69. Zur Differentialgleichung von *Schwarz* und *Christoffel*.

$$w = w_k + \varrho\,e^{i\vartheta}; \qquad \pi > \vartheta > 0. \tag{II 4, 7}$$

Daher wird dort

$$\frac{dz}{dw} = C\,(w_k + \varrho\,e^{i\vartheta})\cdot\varrho^{-\frac{\gamma_k}{\pi}}\cdot e^{-i\frac{\vartheta\cdot\gamma_k}{\pi}}; \qquad dw = i\,\varrho\,e^{i\vartheta}d\vartheta. \tag{II 4, 8}$$

Wir integrieren über den Bereich (II 4, 7) und finden für die korrespondierende Änderung $\Delta\,z_k$ der Lage des Bildpunktes

$$\Delta\,z_k = \int\limits_{\pi}^{0} C\,(w_k + \varrho\,e^{i\vartheta})\cdot\varrho^{\left(1-\frac{\gamma_k}{\pi}\right)}\cdot i\,e^{i\left(1-\frac{\gamma_k}{\pi}\right)\vartheta}\,d\vartheta. \tag{II 4, 9}$$

Hier sind folgende Fälle zu unterscheiden:

1. Es sei $\gamma_k \neq \pi$. Vermöge (II 4, 2) ist dann $(1 - \gamma_k/\pi) > 0$; daher wird

$$\lim_{\varrho\to 0} \Delta\,z_k = 0. \tag{II 4, 10}$$

Die Seiten des Bildpolygones treffen einander im Bildpunkt z_k von w_k.

2. Es sei $\gamma_k = \pi$: In der z-Ebene liegen zwei Parallele vor; $z_k \to \infty$ spielt formal die Rolle ihres Schnittpunktes. Ihr [vektorieller] Abstand Δz_k folgt aus (II 4, 9) durch den Prozeß $\varrho \to 0$ zu

$$\Delta z_k = C(w_k) \int_\pi^0 i\, d\vartheta = \frac{\pi}{i} C(w_k). \qquad (II\ 4,\ 11)$$

e) Welchen Charakter besitzt die durch (II 4, 1) definierte Abbildung im Punkte $w \to \infty$?

Wir setzen abkürzend

$$\sum_{k=1}^{n} \gamma_k = \varGamma. \qquad (II\ 4,\ 12)$$

Da sämtliche $w_k \equiv u_k$ als endlich vorausgesetzt wurden, dürfen wir für hinreichend großes $|w|$ entwickeln

$$\frac{dz}{dw} = C \cdot w^{-\frac{\varGamma}{\pi}} \left(1 - \frac{w_1}{w}\right)^{-\frac{\gamma_1}{\pi}} \left(1 - \frac{w_2}{w}\right)^{-\frac{\gamma_2}{\pi}} \dots \left(1 - \frac{w_n}{w}\right)^{-\frac{\gamma_n}{\pi}} = C\left[w^{-\frac{\varGamma}{\pi}} + \dots\right],$$
$$(II\ 4,\ 13)$$

wobei die nicht explizit angeschriebenen Glieder für $w \to \infty$ verschwinden. In der gleichen Genauigkeit lautet das Integral von (II. 4, 13)

$$\left.\begin{array}{ll} z = C \dfrac{w^{1-\frac{\varGamma}{\pi}}}{1 - \varGamma/\pi} + C_1; & \varGamma \neq \pi, \\[2ex] z = C \ln w + C_1; & \varGamma = \pi. \end{array}\right\} \quad II\ 4,\ 14)$$

An Hand dieser Gleichungen untersuchen wir die Transformation des Halbkreises

$$|w| \to \infty; \qquad v > 0 \qquad (II\ 4,\ 15)$$

in die z-Ebene:

1. Für

$$\varGamma = 0 \qquad (II\ 4,\ 16)$$

existiert

$$\lim_{w \to \infty} \frac{dz}{dw} = C. \qquad (II\ 4,\ 17)$$

Nur in diesem Falle bleibt die Abbildung in $w \to \infty$ konform: Der Halbkreis (II 4, 15) geht in einen ebensolchen der z-Ebene über, welcher dort die Rolle der Schlußseite des sonst geradlinig begrenzten Polygones übernimmt.

2. Für

$$\varGamma \geq \pi \qquad (II\ 4,\ 18)$$

verschwindet $\lim\limits_{w \to \infty} dz/dw$. Im Falle $\varGamma > \pi$ resultiert als Bild des Halbkreises (II 4, 15) der Punkt $z = C_1$; dagegen wird für $\varGamma = \pi$ der Halbkreis (II 4, 15) in zwei Parallele der z-Ebene vom vektoriellen Abstand $C\,i\,\pi$ transformiert.

3. Sei

$$\pi > \varGamma > 0, \qquad (II\ 4,\ 19)$$

so verschwindet zwar $\lim\limits_{w \to \infty} dz/dw$; doch geht (II 4, 15) in einen Kreisbogen vom Halbmesser $|z| \to \infty$ über, welcher, den Zentriwinkel $(\pi - \Gamma) < \pi$ umfassend, das sonst geradlinig begrenzte Polygon schließt.

4. Im Falle

$$\Gamma < 0 \qquad\qquad\qquad (II\ 4,\ 20)$$

wächst $|dz/dw|$ mit $w \to \infty$ über jedes Maß; gleichzeitig wird (II 4, 15) in einen, das Polygon schließenden Kreisbogen vom Halbmesser $|z| \to \infty$ transformiert, welcher nunmehr den Zentriwinkel $(\pi - \Gamma) > \pi$ umfaßt.

II 5. Magnetischer Widerstand überlappter Bleche.

a) Diejenigen ferromagnetischen Elemente elektrischer Maschinen, welche im Betriebe einem periodisch pulsierenden Induktionsflusse ausgesetzt sind, werden zwecks Verkleinerung der in ihnen auftretenden Wirbelstromverluste aus hinreichend dünnen Blechen zusammengesetzt. Aus konstruktiven Gründen ist es nur in kleinen Maschinen möglich, ein in sich geschlossenes Blechpaket aufzubauen; in der Regel muß man Stoßfugen in Kauf nehmen, an welchen ein Blech mit seiner Kante an das Nachbarblech grenzt. Im magnetischen Pfad bildet jede solche Fuge eine Wegstrecke stark erhöhten Widerstandes, der in vielen Fällen unerwünscht ist. Man verbessert daher die ferromagnetischen Eigenschaften des Blechpaketes als ganzes durch die Konstruktion überlappter Bleche: Innerhalb je benachbarter Blechstreifen werden die Stoßfugen gemäß Abb. II 70 an verschiedene Stellen verlegt; hierdurch wird es den Induktionslinien ermöglicht, den Stoßfugen unter Benützung des ungestörten Nachbarpfades auszuweichen.

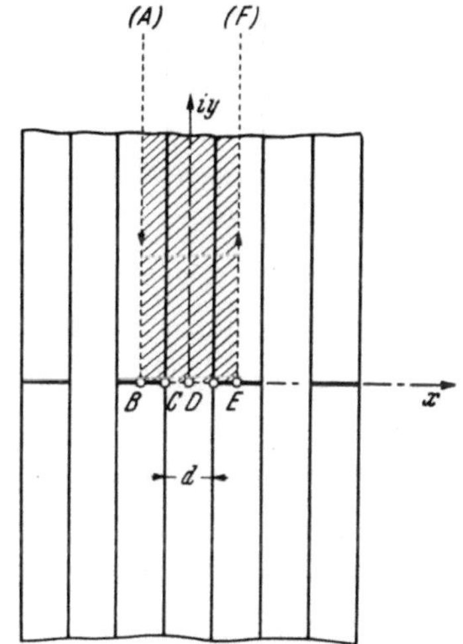

Abb. II 70. Paket überlappter Bleche.

b) Es sei folgenden Annahmen zugestimmt:

1. Die Bleche gelten als homogen und isotrop, ihre Permeabilität sei gleich μ.

2. Die Stoßfugen seien magnetisch undurchlässig $[\mu = 0]$.

3. Die Stoßfugen je benachbarter Blechpaare seien soweit voneinander entfernt, daß sie sich nicht merklich beeinflussen.

Wir orientieren uns an dem Bezugssystem $z = x + i\,y$, dessen Ursprung in der Mitte eines durchlaufenden Bleches zwischen den benachbarten Stoßfugen liegt [Abb. II 70); diese selbst sollen mit der x-Achse koinzidieren.

Gesucht wird das komplexe Potential χ jenes Magnetfeldes, welches in hinreichender Entfernung von den Stoßfugen parallel zur y-Achse gerichtet ist und dort die Intensität H besitzt:

$$\lim\limits_{|y| \to \infty} (\chi - H\,i\,z) = 0. \qquad\qquad (II\ 5,\ 1)$$

Wir bezeichnen mit d die einheitliche Stärke je eines Bleches und richten unser Augenmerk auf das Teilsystem $|x| \leqq d$ des gesamten Paketes. In ihm genügt das reelle Potential den Randbedingungen

$$\frac{\partial \varphi}{\partial x} = 0 \quad \text{für} \quad x = \pm d, \quad y \gtrless 0 \qquad \text{(II 5, 2)}$$

und

$$\frac{\partial \varphi}{\partial y} = 0 \quad \text{für} \quad y = \pm 0, \quad \frac{d}{2} < |x| \leqq d. \qquad \text{(II 5, 3)}$$

Überdies gilt aus Symmetriegründen

$$\varphi = 0 \quad \text{für} \quad y = 0, \quad |x| < \frac{d}{2}. \qquad \text{(II 5, 4)}$$

c) In der z-Ebene durchlaufen wir das Polygon $A \to B \to C \to D \to E \to F \to A$, wobei

$$\left.\begin{array}{l} A = (-d, i\infty); \quad B = (-d, +i\,0); \quad C = \left(-\frac{d}{2}, +i\,0\right); \\[2ex] D = \left(+\frac{d}{2}, +i\,0\right); \quad E = (+d, +i\,0); \quad F = (+d, i\infty). \end{array}\right\} \qquad \text{(II 5, 5)}$$

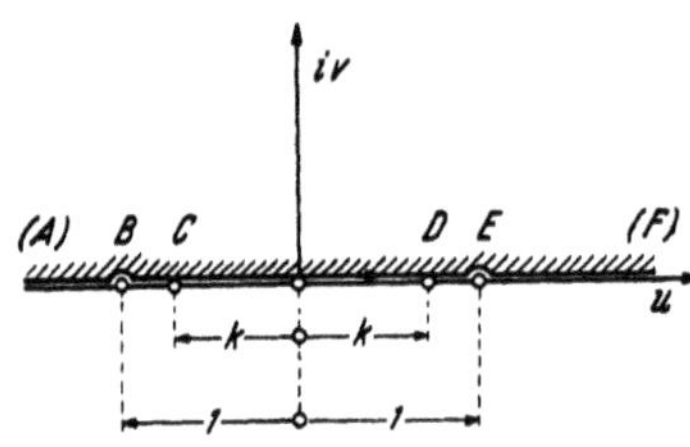

Abb. II 71. Überlappte Bleche: Abbildung eines Teilsystemes in die w-Ebene.

Wir rufen eine komplexe $w = u + i\,v$-Ebene nach Abb. II 71 zu Hilfe und suchen jene Abbildung, welche die Punkte A, B, $\cdots$, F in die Punkte

$$u_A = -\infty; \quad u_B = -1; \quad u_C = -k;$$
$$u_D = +k; \quad u_E = +1; \quad u_F = \infty$$
$$(0 < k < 1) \qquad \text{(II 5, 6)}$$

der u-Achse transformiert; dabei geht das links vom Originalpolygon der z-Ebene befindliche Gebiet in die obere Halbebene $v > 0$ über. Die zuständige *Schwarz-Christoffel*sche Differentialgleichung lautet mit einer zunächst noch unbestimmten Konstanten c:

$$\frac{dz}{dw} = \frac{c}{\sqrt{1 - w^2}}. \qquad \text{(II 5, 7)}$$

Da $w = 0$ dem Punkte $z = 0$ korrespondiert, folgt durch Integration

$$z = c \arcsin w; \quad w = \sin \frac{z}{c}. \qquad \text{(II 5, 8)}$$

Aus der vorgeschriebenen Lage der Punkte B und E fließt nun die Gleichung

$$d = c \arcsin 1 = c \frac{\pi}{2}; \quad w = \sin \frac{\pi}{2} \frac{z}{d} \qquad \text{(II 5, 9)}$$

und hieraus entnimmt man durch Bezugnahme auf die Punkte C und D

$$k = \sin \frac{\pi}{2} \cdot \frac{1}{2} = \frac{1}{\sqrt{2}}. \qquad \text{(II 5, 10)}$$

d) Nach (II 5, 2) und (II 5, 3) spielen die beiden Strahlen $|u| > k$ je die Rolle von Kraftlinien:

$$\psi = \pm H d \equiv \pm \psi_0 \quad \text{für} \quad u \gtrless 0, \quad v = +0. \qquad \text{(II 5, 11)}$$

Dagegen gilt nach (II 5, 4)

$$\varphi = 0 \quad \text{für} \quad -k < u < +k, \quad v = +0. \qquad \text{(II 5, 12)}$$

Wir stellen (II 5, 11) und (II 5, 12) in der komplexen $\chi = \varphi + i\,\psi$-Ebene dar. In ihr korrespondieren nach Abb. II 72 die Punkte $(0, \mp i\,\psi_0)$ den Punkten $(\mp k, +i\,0)$ der w-Ebene. Mittels einer noch unbestimmten Konstanten c' lautet also die Differentialgleichung für die Abbildung der χ-Ebene auf die w-Ebene

$$\frac{d\chi}{dw} = \frac{c'}{\sqrt{k^2 - w^2}}. \qquad \text{(II 5, 13)}$$

Da $\chi = 0$ dem Punkte $w = 0$ zugeordnet ist, folgt durch Integration

$$\chi = c' \arcsin \frac{w}{k}; \qquad w = k \sin \frac{\chi}{c'}. \qquad \text{(II 5, 14)}$$

Die geometrischen Daten der Abbildung liefern nunmehr

$$i\,\psi_0 = c' \arcsin 1; \qquad c' = i\,\frac{2}{\pi}\,\psi_0. \qquad \text{(II 5, 15)}$$

Wir tragen (II 5, 9) in (II 5, 14) ein und erhalten das gesuchte, komplexe Potential in

$$\chi = i\,\frac{2}{\pi}\,\psi_0 \arcsin\left(\frac{1}{k}\sin\frac{\pi}{2}\frac{z}{d}\right). \qquad \text{(II 5, 16)}$$

e) Längs der y-Achse resultiert gemäß (II 5, 16) das reelle Potential

$$\varphi_{x=0} = i\,\frac{2}{\pi}\,\psi_0 \arcsin\left(\frac{i}{k}\sinh\frac{\pi}{2}\frac{y}{d}\right) = -\frac{2}{\pi}\,\psi_0 \operatorname{arcsinh}\left(\frac{1}{k}\sinh\frac{\pi}{2}\frac{y}{d}\right). \qquad \text{(II 5, 17)}$$

Insbesondere berechnet sich für $y \gg d$

$$\varphi_{x=0} = -\frac{2}{\pi}\,\psi_0 \left\{\frac{\pi}{2}\frac{y}{d} + \ln\frac{1}{k} + \ldots\right\} = -H\left\{y + \frac{2}{\pi}\,d \ln \sqrt{2} + \ldots\right\}, \qquad \text{(II 5, 18)}$$

wobei die angedeuteten, weiteren Glieder der Entwicklung für $y \to \infty$ verschwinden. Der Posten $(-H\,y)$ mißt die magnetische Teilspannung, welche die Erregung des homogenen Feldes für die Strecke y verlangt; demnach definiert

$$M = 2H\frac{2}{\pi}\,d \ln\sqrt{2} = H\,d\,\frac{2}{\pi}\ln 2 \qquad \text{(II 5, 19)}$$

diejenige Zusatzspannung, welche zur Überwindung der Stoßfugen aufzubringen ist.

f) Längs der x-Achse herrscht das komplexe Potential

$$\chi = i\,\frac{2}{\pi}\,\psi_0 \arcsin\left(\sqrt{2}\sin\frac{\pi}{2}\frac{x}{d}\right). \qquad \text{(II 5, 20)}$$

Wir unterscheiden zwei Fälle:

1. Im Bereiche $x < d/2$ wird

$$\varphi = 0; \qquad \psi = \frac{2}{\pi}\,\psi_0 \arcsin\left(\sqrt{2}\sin\frac{\pi}{2}\frac{x}{d}\right). \qquad \text{(II 5, 21)}$$

Dort ist somit das Feld überall parallel zur y-Achse gerichtet und entwickelt die Stärke

$$H_y = -\frac{\partial \varphi}{\partial x} = +\frac{\partial \psi}{\partial y} = H \frac{\cos \frac{\pi}{2}\frac{x}{d}}{\sqrt{\frac{1}{2} - \sin^2 \frac{\pi}{2}\frac{x}{d}}} \qquad \text{(II 5, 22)}$$

welche in der Umgebung von $x = 1/2\,d$ über alle Grenzen anwächst.

2. Im Bereiche $x > d/2$ folgt aus (II 5, 20)

$$\chi = -\frac{2}{\pi}\,\psi_0 \, \text{arccosh}\left(\sqrt{2}\,\sin\frac{\pi}{2}\frac{x}{d}\right) + i\,\psi_0. \qquad \text{(II 5, 23)}$$

Das korrespondierende Feld weist überall parallel zur x-Achse und offenbart die Stärke

$$H_x = -\frac{\partial \varphi}{\partial x} = H \cdot \frac{\cos \frac{\pi}{2}\frac{x}{d}}{\sqrt{\sin^2 \frac{\pi}{2}\frac{x}{d} - \frac{1}{2}}}, \qquad \text{(II 5, 24)}$$

welche ebenfalls für $x \to d/2$ unendlich groß wird [Abb. II 73].

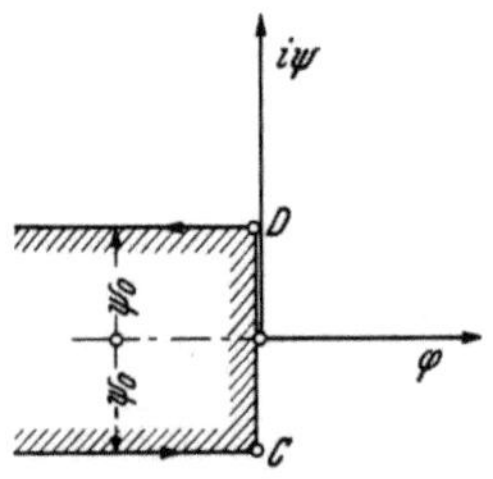

Abb. II 72. Überlappte Bleche: Das Potentialproblem in der $\chi = \varphi + i\,\psi$-Ebene.

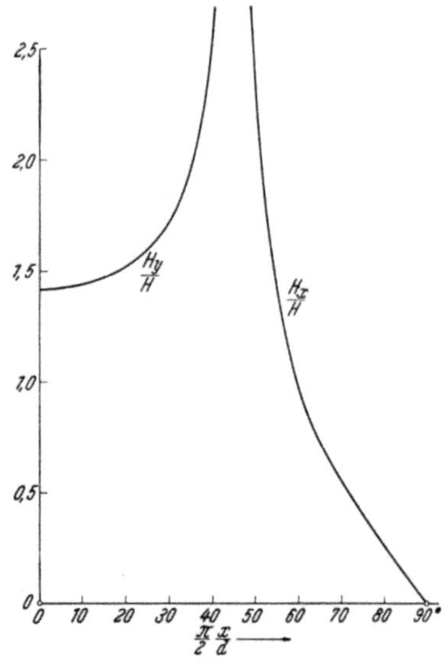

Abb. II 73. Feldverteilung an der Stoßfuge eines Blechpaketes mit Überlappung.

Im Lichte dieser Ergebnisse ist die Annahme einer konstanten Permeabilität des Eisens in allen seinen Teilen nicht haltbar: In den Zonen extrem hoher Feldstärken tritt Sättigung ein. Der hierdurch verursachte Fehler der vorstehenden Analyse wird jedoch in praktisch hinreichendem Maße dadurch ausgeglichen, daß die rechnerisch gleich Null eingesetzte Permeabilität der Stoßfugen in Wahrheit gleich 1 ist.

II 6. Das Nutenproblem.

a) Die stromführenden Leiterelemente elektrischer Maschinen werden innerhalb des aktiven Feldgebietes in Nuten eingebettet, welche am Umfange des Ständer und Läufer trennenden Luftspaltes angebracht sind. Durch die Nutung wird die vordem glatte Oberfläche des aktiven Eisens unterbrochen; gesucht wird die Feinstruktur des magnetischen Feldes in der Umgebung der Nutenöffnung.

b) In der Regel ist die von einer Nutenmitte bis zur Mitte der Nachbarnut gemessene *Nutteilung* t so klein gegen den mittleren Halbmesser des

Luftspaltes, daß die Krümmung der genuteten Oberfläche vernachlässigt werden darf. Abb. II 74 zeigt einen genuteten Ständer, welcher im Abstande δ einem glatten Läufer gegenübersteht; die Nutenöffnung ist mit 2β bezeichnet. Um uns von den Einzelheiten der inneren Nutenkonstruktion zu befreien, gehen wir zu dem Ersatzsystem nach Abb. II 75 über, in welchem jede Nut durch einen senkrecht zur Ständeroberfläche

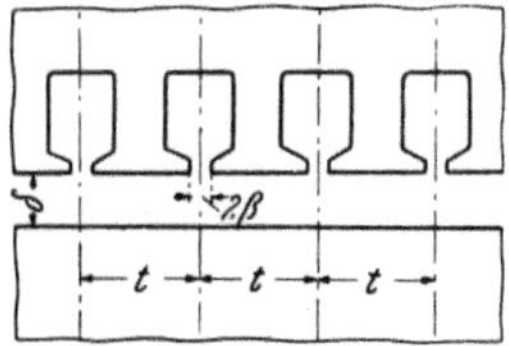

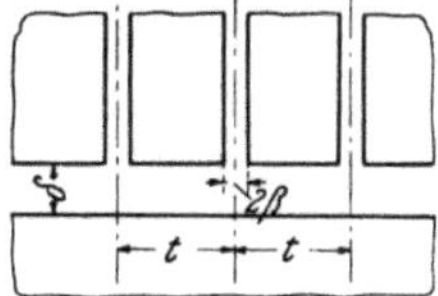

Abb. II 74. Schema eines Nutenankers.   Abb. II 75. Vereinfachtes Bild der Nuten.

unbegrenzten Schlitz der Weite 2β repräsentiert wird. Da weiter $2\beta \ll t$ vorausgesetzt werden darf, besteht kein merklicher gegenseitiger Einfluß zwischen je zwei Nachbarnuten; unsere Aufgabe reduziert sich auf die Feldanalyse in der Umgebung einer einzigen Nutenöffnung.

c) Wir gehen zur Grenze $\mu \to \infty$ vollkommen permeablen Eisens über; jeder Teil der aktiven Eisenoberfläche, welcher von seinem Nachbarn durch einen magnetisch isolierenden Luftraum getrennt ist, führt dann ein konstantes, magnetisches Skalarpotential, dessen Wert durch Größe und Verteilung der Ströme diktiert wird.

Wir spiegeln das Modell einer Ständernut an der Läuferoberfläche und gelangen hierdurch zu dem System nach Abb. II 76. In ihm orientieren wir uns an Hand eines *Gauß*schen Koordinatensystemes $z = x + i\,y$; sein Ursprung liegt im Symmetriezentrum der wahren Nut und ihres Spiegelbildes, die x-Achse koinzidiert mit der glatten Läufer-Oberfläche.

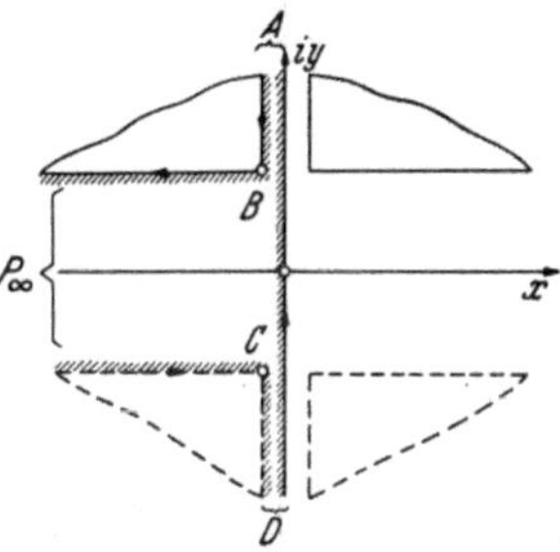

Abb. II 76. Ersatzsystem der Einzelnut.

d) Wir richten unser Augenmerk auf den gebrochenen Linienzug

$$A = (-\beta, i\,\infty); \quad B = (-\beta, i\,\delta); \quad P_\infty = (-\infty, \pm\, i\,\delta);$$
$$C = (-\beta, -\,i\,\delta); \quad D = (-\beta, -\,i\,\infty) \tag{II 6, 1}$$

der z-Ebene, welchen wir durch die Gerade $x = 0$ zu einem Polygon schließen. Gesucht wird diejenige Abbildung auf die positiv-imaginäre $w = u + i\,v$-Halbebene, welche die Punkte A, B, P_∞, C, D in die Punkte [Abb. II 77]

$$u_A = 1; \quad u_B = \frac{1}{k}; \quad u_{P_\infty} = \pm\,\infty; \quad u_C = -\frac{1}{k}; \quad u_D = -1; \quad 0 < k < 1 \tag{II 6, 2}$$

der u-Achse transformiert. Die *Schwarz-Christoffel*sche Differentialgleichung dieser Abbildung lautet

$$\frac{dz}{dw} = C\,\frac{\sqrt{1-k^2 w^2}}{1-w^2}, \tag{II 6, 3}$$

Der Verzweigungsschnitt von $\sqrt{1-k^2\,w^2}$ verläuft längs der beiden Strahlen $|u| > 1$ mit den aus Abb. II 78 zu entnehmenden Argumentwerten. Man substituiere $w^2 = \dfrac{1}{k^2} \cdot \dfrac{r^2}{1+r^2}$; $k'^2 = 1 - k^2$, und findet

$$z = C \int\limits_0^{\frac{k\,w}{\sqrt{1-k^2\,w^2}}} \frac{k\,dr}{(1+r^2)\,(k^2 - k'^2\,r^2)} \equiv C\,k \int\limits_0^{\frac{k\,w}{\sqrt{1-k^2\,w^2}}} \left[\frac{1}{1+r^2} + \frac{k'^2}{k^2 - k'^2\,r^2}\right] dr =$$

$$= C\,k\left[\arcsin k\,w + \frac{1}{2}\frac{k'}{k}\ln\frac{\sqrt{1-k^2\,w^2}+k'\,w}{\sqrt{1-k^2\,w^2}-k'\,w}\right]. \qquad \text{(II 6, 4)}$$

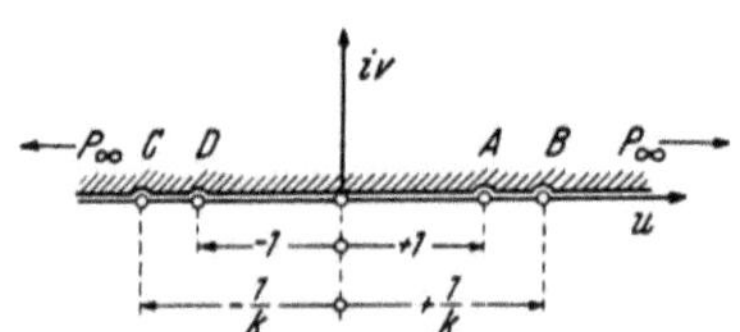

Abb. II 77. Abbildung der symmetrisch ergänzten Nut auf die w-Ebene.

Unter dem arcsin verstehen wir jenen Zweig, dessen Realteil zwischen $(-\pi/2)$ und $(+\pi/2)$ liegt, unter dem Logarithmus den Zweig, dessen Imaginärteil zwischen 0 und 2π eingeschlossen ist; dem Nullpunkt der w-Ebene korrespondiert dann der Nullpunkt der z-Ebene. Zur Ermittlung von C und k setzen wir, im Einklang mit den Daten des Systemes in der z-Ebene, $u = 1 + \varepsilon$ mit reellem, positivem $\varepsilon \ll 1$ und erhalten

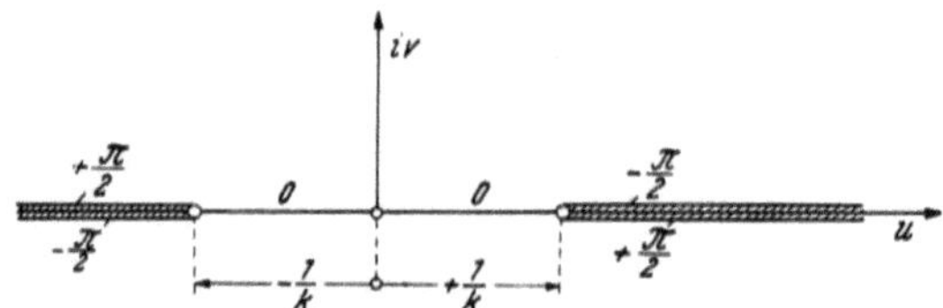

Abb. II 78. Verzweigungscharakter der Funktion $\sqrt{1-k^2\,w^2}$.

$$z \to -\beta + i\infty = C\,k\left[i\frac{\pi}{2}\frac{k'}{k} + \arcsin k + \frac{1}{2}\frac{k'}{k}\ln\frac{2\,k'^2}{\varepsilon} + \cdots\right] \left.\vphantom{\begin{array}{c}a\\a\end{array}}\right\}$$
$$C = i\frac{2}{\pi}\cdot\frac{\beta}{k'}. \qquad\qquad\qquad\quad \text{(II 6, 5)}$$

Für $u = 1/k$ folgt nunmehr

$$z \to -\beta + i\,\delta = i\frac{2}{\pi}\frac{k}{k'}\,\beta\left[\frac{\pi}{2} + \frac{1}{2}\frac{k'}{k}i\,\pi\right] \equiv -\beta + i\frac{k}{k'}\,\beta, \qquad \text{(II 6, 6)}$$

also
$$\frac{k'}{k} = \frac{\beta}{\delta}; \qquad k = \frac{1}{\sqrt{1+\dfrac{\beta^2}{\delta^2}}}; \qquad k' = \frac{\beta/\delta}{\sqrt{1+\dfrac{\beta^2}{\delta^2}}} \qquad \text{(II 6, 7)}$$

und durch Substitution von (II 6, 5) und (II 6, 7) in   (II 6, 4)

$$z = i\frac{2}{\pi}\,\delta\left[\arcsin\frac{w}{\sqrt{1+\dfrac{\beta^2}{\delta^2}}} + \frac{1}{2}\frac{\beta}{\delta}\ln\frac{\sqrt{1+\dfrac{\beta^2}{\delta^2}-w^2}+\dfrac{\beta}{\delta}\,w}{\sqrt{1+\dfrac{\beta^2}{\delta^2}-w^2}-\dfrac{\beta}{\delta}\,w}\right]. \qquad \text{(II 6, 8)}$$

e) Der Ständer möge das konstante, reelle Potential φ_0 gegen die Läuferoberfläche führen. In der z-Ebene repräsentiert dann der Linienzug A; B; P_∞ die Äquipotentialfläche $\varphi = \varphi_0$ und P_∞; C; D die Äquipotentialfläche $\varphi = -\varphi_0$, während die Gerade $D \div A$ eine Kraftlinie definiert. In der w-Ebene lauten diese Randbedingungen

$$\begin{aligned} \varphi &= \pm\,\varphi_0 \quad &\text{für} \quad u &\gtrless \pm 1; \quad & v &= 0, \\ \psi &= 0 \quad &\text{für} \quad |u| &< 1; \quad & v &= 0. \end{aligned} \left.\right\} \qquad \text{(II 6, 9)}$$

Sie werden von dem komplexen Potential

$$\chi = \varphi + i\,\psi = \varphi_0 \frac{2}{\pi}\,\text{arcsin } w; \qquad w = \sin\frac{\pi}{2}\frac{\chi}{\varphi_0} \qquad \text{(II 6, 10)}$$

befriedigt; durch Substitution dieses Ergebnisses in (II 6, 8) folgt der Verlauf des komplexen Potentiales in der Originalebene.

f) Welcher Kraftfluß tritt je Längeneinheit senkrecht zur Zeichenebene zwischen der Mittelabszisse $x = -t/2$ benachbarter Nuten und der Symmetrieachse $x = 0$ vom Ständer zum Läufer über?

In der w-Ebene lautet das Bild der Läuferoberfläche $w = 0 + i\,v$, so daß wir aus (II 6, 10) entnehmen

$$\chi \equiv \psi = \varphi_0 \frac{2}{\pi}\,\text{arsinh } v; \qquad v = \sinh\frac{\pi}{2}\frac{\psi}{\varphi_0}. \qquad \text{(II 6, 11)}$$

Die zugehörige Abszisse beträgt nach (II 6, 8)

$$x = -\frac{2}{\pi}\,\delta\left[\text{arcsinh }\frac{v}{\sqrt{1 + \dfrac{\beta^2}{\delta^2}}} + \frac{\beta}{\delta}\,\text{arctg }\frac{\beta/\delta \cdot v}{\sqrt{1 + \dfrac{\beta^2}{\delta^2} + v^2}}\right]. \qquad \text{(II 6, 12)}$$

wobei der arctg zwischen 0 und $\pi/2$ genommen wurde. Für $x = -t/2$ wird wegen $t \gg \beta$, mit Benützung der Identität $\text{arcsinh } a \equiv \ln\left[a + \sqrt{a^2 + 1}\,\right]$,

$$\frac{t}{2} = \frac{2}{\pi}\,\delta\left[\ln\frac{2\,v}{\sqrt{1 + \dfrac{\beta^2}{\delta^2}}} + \frac{\beta}{\delta}\,\text{arctg }\frac{\beta}{\delta} + \cdots\right], \qquad \text{(II 6, 13)}$$

also

$$\ln 2\,v = \frac{\pi}{2}\frac{t}{2\,\delta} + \ln\sqrt{1 + \frac{\beta^2}{\delta^2}} - \frac{\beta}{\delta}\,\text{arctg }\frac{\beta}{\delta} + \cdots \qquad \text{(II 6, 14)}$$

Aus (II 6, 11) folgt nunmehr in gleicher Genauigkeit

$$\psi = \varphi_0\frac{2}{\pi}\ln 2\,v + \cdots = \frac{\varphi_0}{\delta}\left[\frac{t}{2} + \frac{2}{\pi}\,\delta\left\{\ln\sqrt{1 + \frac{\beta^2}{\delta^2}} - \frac{\beta}{\delta}\,\text{arctg }\frac{\beta}{\delta}\right\}\right] + \cdots \qquad \text{(II 6, 15)}$$

Wir definieren mittels

$$\psi = \frac{\varphi_0}{\delta_\text{w}} \cdot \frac{t}{2} \qquad \text{(II 6, 16)}$$

den wirksamen Luftspalt zwischen dem genuteten Ständer und dem glatten Läufer:

$$\frac{\delta_\text{w}}{\delta} = \frac{t}{[t - 2\,\beta] + \left[2\,\beta + \dfrac{4}{\pi}\,\delta\left\{\ln\sqrt{1 + \dfrac{\beta^2}{\delta^2}} - \dfrac{\beta}{\delta}\,\text{arctg }\dfrac{\beta}{\delta}\right\}\right]} \equiv \frac{t}{[t - 2\,\beta] + \delta \cdot \nu}.$$

$$\text{(II 6, 17)}$$

wobei der Nutungsfaktor ν nach Abb. II 79 durch

$$\nu = 2\frac{\beta}{\delta} + \frac{4}{\pi}\left\{\ln\sqrt{1 + \frac{\beta^2}{\delta^2}} - \frac{\beta}{\delta}\,\text{arctg}\,\frac{\beta}{\delta}\right\} \qquad \text{(II 6, 18)}$$

definiert ist.

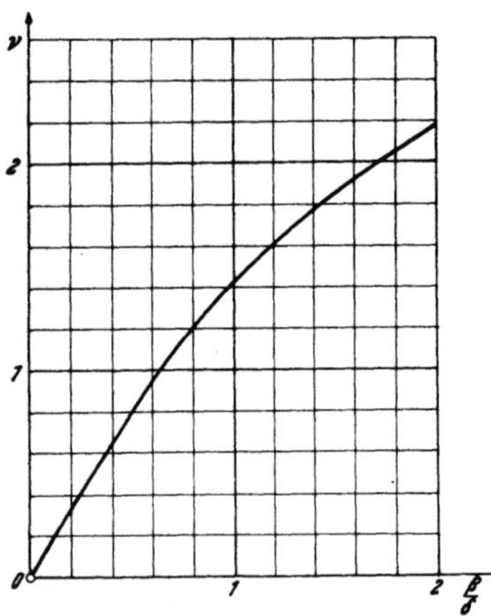

Abb. II 79. Der Nutungsfaktor.

g) Wir untersuchen nunmehr jenes Nutenfeld, welches von einer im Nuteninnern tätigen Durchflutung D bei stromlosem Läufer erregt wird. Daher ist dem linken Nutenrande des Systemes nach Abb. II 76 das Potential

$$\varphi_0 = \frac{1}{2}\,D \qquad \text{(II 6, 19)}$$

zuzuschreiben, während sein Spiegelbild relativ zur Läuferoberfläche das entgegengesetzte Potential führt und die Achse $x = 0$ mit der Äquipotentiallinie $\varphi = 0$ zu identifizieren ist. In der w-Ebene lauten diese Randbedingungen

$$\varphi = \pm\frac{D}{2} \qquad \text{für} \quad u \gtrless \pm 1; \quad v = +0,$$

$$\varphi = 0 \qquad \text{für} \quad |u| < 1; \quad v = 0.$$

$$\text{(II 6, 20)}$$

Sie werden von dem komplexen Potential erfüllt

$$\chi = \frac{D}{2\,\pi\,i}\ln\frac{1}{1 - w^2}. \qquad \text{(II 6, 21)}$$

Wir fragen nach dem Kraftfluß, welcher von Nutflanke zu Nutflanke übertritt. Die y-Achse erscheint in der w-Ebene als Strecke $|u| < 1$; dort lautet die Stromfunktion

$$\psi = \frac{D}{2\pi}\ln(1 - u^2) \qquad \text{(II 6, 22)}$$

und insbesondere für $u = 1 - \varepsilon$, mit $0 < \varepsilon \ll 1$,

$$\psi = \frac{D}{2\pi}\ln 2\,\varepsilon + \cdots \qquad \text{(II 6, 23)}$$

In dem gleichen Bereich folgt aus (II 6, 8)

$$y = \frac{2}{\pi}\,\delta\left[\arcsin\frac{1}{\sqrt{1 + \frac{\beta^2}{\delta^2}}} + \frac{1}{2}\frac{\beta}{\delta}\ln\frac{2\,\beta/\delta}{\varepsilon\left(\frac{\delta}{\beta} + \frac{\beta}{\delta}\right)} + \cdots\right]. \qquad \text{(II 6, 24)}$$

Durch Elimination von ε erhalten wir somit aus (II 6, 23) und (II 6, 24) für hinreichend große y

$$\psi = -D\left[\frac{y}{2\,\beta} - \frac{1}{\pi}\ln\frac{2}{\sqrt{1 + \frac{\delta^2}{\beta^2}}} - \frac{1}{\pi}\frac{\delta}{\beta}\arcsin\frac{1}{\sqrt{1 + \frac{\delta^2}{\beta^2}}} + \cdots\right]. \qquad \text{(II 6, 25)}$$

Der Anteil

$$\psi_0 = -D\left[\frac{y - \delta}{2\,\beta}\right] \qquad \text{(II 6, 26)}$$

umfaßt die Gesamtheit jener Kraftlinien, welche unter sonst gleichen Umständen einem virtuellen Homogenfeld zwischen den Nutflanken entsprechen. Daher definiert

$$\varDelta\,\psi = -\,\frac{D}{\pi}\left[\ln\frac{\sqrt{1+\dfrac{\delta^2}{\beta^2}}}{2} - \frac{\delta}{\beta}\arcsin\frac{1}{\sqrt{1+\dfrac{\delta^2}{\beta^2}}} + \frac{\delta}{\beta}\right] \qquad \text{(II 6, 27)}$$

den Streufluß der Zahnköpfe. Gemäß Abb. II 80 offenbart die Zahnkopfstreuung für $\beta/\delta > 0{,}9$ negative Werte: Bei großem Nutenöffnungs-Verhältnis β/δ tritt ein Teil der innerhalb der Nut entspringenden Kraftlinien unmittelbar zur Läuferoberfläche über; der virtuelle Kraftfluß (II 6, 26) übertrifft dann den wahren Kraftfluß.

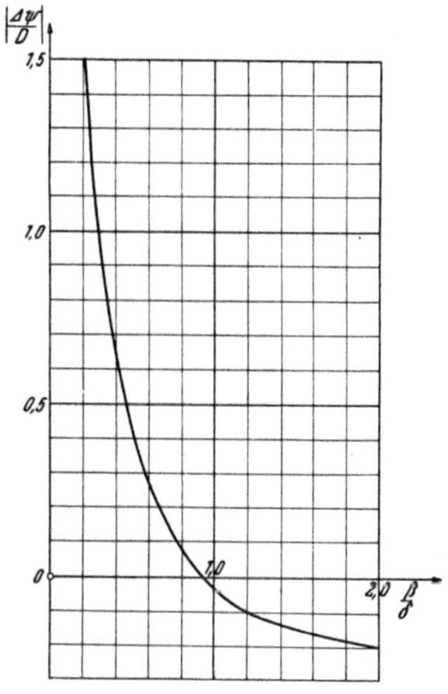

Abb. II 80. Die Zahnkopf-
streuung.

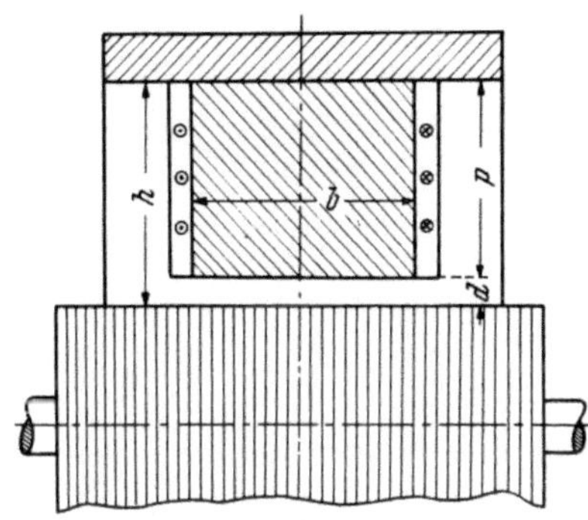

Abb. II 81. Meridianschnitt durch Pol,
Poljoch und Anker.

II 7. Das Polflankenfeld.

a) Abb. II 81 zeigt den meridional durch die Maschinenachse geführten Querschnitt eines magnetischen Poles samt Poljoch und Anker. Gesucht wird die Struktur des Feldes, welches sich längs der Polflanken ausbildet.

Der Luftspalt zwischen Pol und Ankeroberfläche ist mit d bezeichnet; h mißt die Höhe zwischen Poljoch und Ankeroberfläche, also p = h — d die Höhe des Poles selbst. Wegen d ≪ p darf die gegenseitige Beeinflussung beider Polflanken außer acht gelassen werden; des weiteren stellen wir uns die Oberfläche des Joches wie des Ankers als seitlich unbegrenzt vor. Wir betrachten das Eisen als vollkommen permeabel. Die Poldurchflutung D wird durch den gleichmäßig längs der Flanke verteilten, senkrecht zur Kontrollebene gerichteten Strombelag der Intensität

$$A = \frac{D}{p} \qquad \text{(II 7, 1)}$$

ersetzt.

b) Wir richten unser Augenmerk etwa auf die linke Polflanke und orientieren uns in der Kontrollebene an dem *Gauß*schen Koordinatensystem $z = x + i\,y$, dessen Ursprung 0 nach Abb. II 82 im Schnittpunkt der Ankeroberfläche mit der verlängerten Polkante liegt; dabei soll die y-Achse mit der Ankeroberfläche koinzidieren. Das magnetische Skalarpotential φ genügt dann den Randbedingungen

$$\left.\begin{aligned} \varphi = 0 \quad &\text{für} \quad x = 0, \\ \varphi = 0 \quad &\text{für} \quad x = -h, \quad y < 0 \end{aligned}\right\} \qquad \text{(II 7, 2)}$$

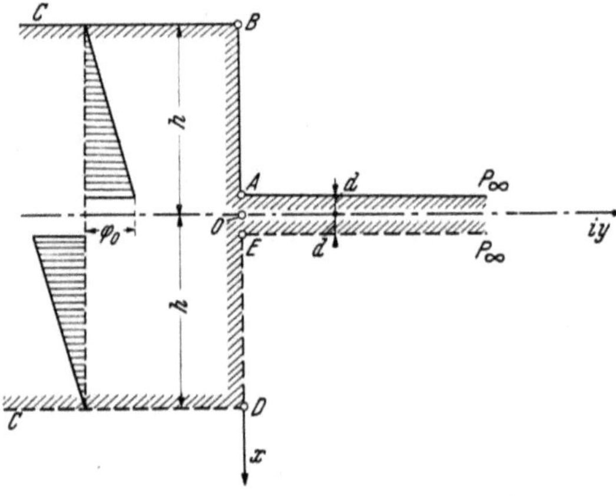

Abb. II 82. Vereinfachtes Ersatzsystem des Polflanken-Feldes.

sowie

$$\left.\begin{aligned} \varphi = A\,(x + h) = \varphi_0\,\frac{x + h}{h - d} \quad &\text{für} \quad -h < x < -d, \quad y = 0, \\ \varphi = \varphi_0 \quad\quad\quad\quad &\text{für} \quad\quad\quad x = -d, \quad y > 0, \end{aligned}\right\} \qquad \text{(II 7, 3)}$$

wobei $\varphi_0 = D$ ist.

c) Wir erfüllen die erste der Bedingungen (II 7, 2), indem wir das gegebene System an der Ankeroberfläche spiegeln und längs der Kontur des so entstehenden, virtuellen Poles fordern

$$\varphi = 0 \quad \text{für} \quad x = +h, \quad y < 0 \qquad \text{(II 7, 4)}$$

sowie

$$\left.\begin{aligned} \varphi = \varphi_0\,\frac{x - h}{h - d} \quad &\text{für} \quad d < x < h, \quad y = 0 \\ \varphi = -\varphi_0 \quad\quad &\text{für} \quad\quad x = d, \quad y > 0. \end{aligned}\right\} \qquad \text{(II 7, 5)}$$

Das magnetische Skalarpotential existiert nunmehr innerhalb des polygonal begrenzten Bereiches $P_\infty = (-d, i\,\infty)$; $A = (-d, 0)$; $B = (-h, 0)$; $C = (\mp h, -i\,\infty)$; $D = (h, 0)$; $E = (d, 0)$; $P_\infty = (-d, i\,\infty)$. Wir zerlegen es mittels $\varphi = \varphi_p + \varphi_s$ in primäres und sekundäres Potential. Für φ_p wählen wir folgendes Integral der *Laplace*schen Gleichung

$$\varphi_p = \varphi_0\,\frac{x}{h - d}. \qquad \text{(II 7, 6)}$$

Daher muß φ_s den Randbedingungen genügen

$$\varphi_s = \pm\,\varphi_0\,\frac{h}{h - d} \quad \text{für} \quad x \lessgtr 0, \quad -\infty < y < \infty. \qquad \text{(II 7, 7)}$$

d) Das komplexe Primärpotential $\chi_\mathrm{P} = \varphi_\mathrm{P} + i\,\psi_\mathrm{P}$ lautet

$$\chi_\mathrm{P} = \frac{\varphi_0}{h - d}\,z. \tag{II 7, 8}$$

Zur Lösung des sekundären Potential-Problemes rufen wir eine $w = u + i\,v$-Ebene zu Hilfe. Nach Wahl einer reellen Zahl $0 < k < 1$ bilden wir den Umfang des oben genannten Polygones derart auf die u-Achse ab, daß A in $u_A = -1/k$, B in $u_B = -1$, C in $u_C = 0$, D in $u_D = 1$ und E in $u_E = 1/k$ transformiert wird. Die zugehörige *Schwarz-Christoffel*sche Differentialgleichung lautet [Abb. II 83]

$$\frac{dz}{dw} = C\,\frac{\sqrt{1 - k^2\,w^2}}{\sqrt{1 - w^2}\,w}. \tag{II 7, 9}$$

Abb. II 83. Abbildung der Polkontur in die w-Ebene.

Im Einklang mit den Definitionen der Ziffer II 4 verlaufen die Verzweigungsschnitte von dz/dw längs $1 < |u| < 1/k$ mit den in Abb. II 84 eingetragenen Argumenten.

Wir substituieren $w^2 = \dfrac{1}{k^2} \cdot \dfrac{k^2 + r^2}{1 + r^2}$; $k'^2 = 1 - k^2$ und erhalten, nachdem C durch eine andere Konstante ersetzt wurde,

$$\frac{dz}{dr} = \frac{C'}{(k^2 + r^2)(1 + r^2)} \equiv \frac{C'}{k'^2}\left[\frac{1}{k^2 + r^2} - \frac{1}{1 + r^2}\right], \tag{II 7, 10}$$

Abb. II 84. Verzweigungscharakter der Funktion

$$\sqrt{\frac{1 - k^2\,w^2}{1 - w^2}}.$$

also

$$z = \frac{C'}{k'^2}\left[\frac{1}{k}\operatorname{arctg}\frac{r}{k} - \operatorname{arctg} r\right] + C''. \tag{II 7, 11}$$

Zu w zurückkehrend, schreiben wir, nach passender Wahl der Integrationskonstanten

$$z = C'''\left[\frac{1}{2\,k}\ln\frac{\sqrt{\dfrac{1 - w^2}{1 - k^2\,w^2}} + 1}{\sqrt{\dfrac{1 - w^2}{1 - k^2\,w^2}} - 1} - \frac{1}{2}\ln\frac{1 + k\sqrt{\dfrac{1 - w^2}{1 - k^2\,w^2}}}{1 - k\sqrt{\dfrac{1 - w^2}{1 - k^2\,w^2}}}\right]. \tag{II 7, 12}$$

Unter dem Zeichen des Logarithmus verstehen wir jenen Zweig, dessen Imaginärteil zwischen $(-\pi)$ und $(+\pi)$ liegt.

In der Umgebung des Nullpunktes setzen wir $w = \lim\limits_{\varrho \to 0} \varrho\,e^{i\vartheta}$, $\pi > \vartheta > 0$; dort wird somit

$$\sqrt{\frac{1 - w^2}{1 - k^2\,w^2}} = 1 - \frac{1}{2}\,k'^2\,w^2 + \ldots = 1 - \frac{1}{2}\,k'^2\,\varrho^2\,e^{2\,i\vartheta}, \tag{II 7, 13}$$

also

$$z = C'''\left[\frac{1}{2\,k}\ln\frac{2}{-1/2\,k'^2\,\varrho^2\,e^{2\,i\vartheta}} - \frac{1}{2}\ln\frac{1 + k}{1 - k} + \ldots\right]. \tag{II 7, 14}$$

Um dies den Daten der Aufgabe anzupassen, verlangen wir

$$\left.\begin{array}{l} \lim\limits_{\vartheta \to \pi} x = C''' \dfrac{1}{2\,k}\,(-\,i\,\pi) = -\,h \\[3mm] \lim\limits_{\vartheta \to 0} x = C''' \dfrac{1}{2\,k}\,(i\,\pi) = h \end{array}\right\} \quad C''' = \dfrac{2\,k}{i\,\pi}\,h. \qquad (\text{II }7,\ 15)$$

Hierdurch werden gleichzeitig die Punkte $w = \mp\,1$ in $z = \mp\,h$ transformiert.

In der Umgebung von $w = 1/k$ $[w = 1/k + \lim\limits_{\varrho \to 0} \varrho\,e^{i\vartheta};\ \pi > \vartheta > 0]$ findet man

$$\sqrt{\frac{1 - k^2\,w^2}{1 - w^2}} = \sqrt{\frac{2\,\varrho\,k\,e^{i\vartheta}}{1/k^2 - 1}} + \dots = \frac{k}{k'}\sqrt{2\,\varrho\,k\,e^{i\vartheta/2}} \qquad (\text{II }7,\ 16)$$

also, nach Anweisung der Abb. II 82

$$\lim_{w \to 1\,k} z = C''' \cdot i\,\frac{\pi}{2} = k \cdot h = d; \qquad k = \frac{d}{h}. \qquad (\text{II }7,\ 17)$$

Nun lautet die Lösung des sekundären Potentialproblemes in der w-Ebene

$$\chi_s = \varphi_0 \frac{h}{h - d} \frac{2}{i\,\pi} \ln \frac{w}{i}, \qquad (\text{II }7,\ 18)$$

falls der Logarithmus wie oben verstanden wird. Wir berechnen hieraus

$$w = i\,e^{i\,\frac{\pi}{2}\left(1 - \frac{d}{h}\right)\frac{\chi_s}{\varphi_0}} \qquad (\text{II }7,\ 19)$$

und erhalten durch Einsetzen in (II 7, 12) den funktionellen Zusammenhang zwischen z und χ_s.

e) Für die Anwendungen interessiert namentlich das Feld längs der Ankeroberfläche $x = 0$. Seine primäre Stromfunktion folgt aus (II 7, 8) zu

$$\psi_p = \frac{\varphi_0}{h - d} \cdot y. \qquad (\text{II }7,\ 20)$$

Zur Berechnung der sekundären Stromfunktion ψ_s entnehmen wir aus (II 7, 19), da in $x = 0$ neben φ_p auch φ_s verschwindet

$$w = i\,e^{-\frac{\pi}{2}\left(1 - \frac{d}{h}\right)\frac{\psi_s}{\varphi_0}} = i\,v; \qquad \psi_s = \frac{2}{\pi} \frac{\varphi_0\,h}{h - d} \ln \frac{1}{v} \qquad (\text{II }7,\ 21)$$

und weiter aus (II 7, 12) und (II 7, 15)

$$z = \frac{2\,k}{i\,\pi}\,h\left[\frac{1}{2\,k} \ln \frac{\sqrt{\dfrac{1 + v^2}{1 + k^2\,v^2}} + 1}{\sqrt{\dfrac{1 + v^2}{1 + k^2\,v^2}} - 1} - \frac{1}{2} \ln \frac{1 + k\sqrt{\dfrac{1 + v^2}{1 + k^2\,v^2}}}{1 - k\sqrt{\dfrac{1 + v^2}{1 + k^2\,v^2}}}\right] = i\,y.$$

$$(\text{II }7,\ 22)$$

Für hinreichend kleine v gilt hiernach

$$\lim_{v \to 0} y = -\frac{2\,k}{\pi}\,h\left[\frac{1}{2\,k} \ln \frac{4}{k'^2\,v^2} - \frac{1}{2} \ln \frac{1 + k}{1 - k} + \dots\right] \qquad (\text{II }7,\ 23)$$

oder umgekehrt

$$\lim_{y \to -\infty} \ln \frac{1}{v} = -\frac{\pi}{2} \frac{y}{h} + \frac{k}{2} \ln \frac{1 + k}{1 - k} - \ln \frac{2}{k'}. \qquad (\text{II }7,\ 24)$$

Durch Substitution in (II 7, 21) folgt in gleicher Genauigkeit

$$\lim_{y \to -\infty} \psi_s = \frac{\varphi_0\,h}{h-d}\left[-\frac{y}{h} + \frac{k}{\pi}\ln\frac{1+k}{1-k} - \frac{2}{\pi}\ln\frac{2}{k'}\right]. \qquad (II\ 7,\ 25)$$

Wir addieren (II 7, 20) und finden als resultierende Stromfunktion

$$\lim_{y \to -\infty} \psi = \frac{\varphi_0\,h}{h-d}\left[\frac{k}{\pi}\ln\frac{1+k}{1-k} - \frac{2}{\pi}\ln\frac{2}{k'}\right] \qquad (II\ 7,\ 26)$$

Für $|v| \gg 1/k$ entnimmt man aus (II 7, 22)

$$\lim_{v \to \infty} y = -\frac{2\,k}{\pi}\,h\left[\frac{1}{2\,k}\ln\frac{1+k}{1-k} - \frac{1}{2}\ln\frac{4}{(k'^2/k^2)(1/v^2)}\right], \qquad (II\ 7,\ 27)$$

also

$$\lim_{y \to \infty} \ln v = \frac{\pi}{2}\frac{y}{d} + \frac{1}{2\,k}\ln\frac{1+k}{1-k} - \ln\frac{2\,k}{k'} \qquad (II\ 7,\ 28)$$

und somit

$$\lim_{y \to \infty} \psi_s = \frac{\varphi_0\,h}{h-d}\left[-\frac{y}{d} - \frac{1}{\pi\,k}\ln\frac{1+k}{1-k} + \frac{2}{\pi}\ln\frac{2\,k}{k'}\right]. \qquad (II\ 7,\ 29)$$

Mit Rücksicht auf (II 7, 20) folgt hieraus als resultierende Stromfunktion

$$\lim_{y \to \infty} \psi = \frac{\varphi_0\,h}{h-d}\left[-\left(1-\frac{d}{h}\right)\frac{y}{d} - \frac{1}{\pi\,k}\ln\frac{1+k}{1-k} + \frac{2}{\pi}\ln\frac{2\,k}{k'}\right]. \qquad (II\ 7,\ 30)$$

Mit (II 7, 26) und (II 7, 30) kennen wir den Kraftfluß, welcher je Längeneinheit senkrecht zur Zeichenebene zwischen $y \to -\infty$ und einem hinreichend großen $y > 0$ in den Anker eintritt:

$$\Delta \psi = -\frac{\varphi_0\,h}{h-d}\left[-\left(1-\frac{d}{h}\right)\frac{y}{d} - \frac{1}{\pi\,k}\ln\frac{1+k}{1-k} + \frac{2}{\pi}\ln\frac{2\,k}{k'} - \frac{k}{\pi}\ln\frac{1+k}{1-k} + \right.$$

$$\left. + \frac{2}{\pi}\ln\frac{2}{k'}\right] = \varphi_0\frac{y}{d} + \varphi_0\frac{h}{h-d}\left[\frac{1}{\pi}\left(k + \frac{1}{k}\right)\ln\frac{1+k}{1-k} - \frac{2}{\pi}\ln\frac{4\,k}{k'^2}\right]. \qquad (II\ 7,\ 31)$$

Der erste Posten dieser Summe schildert den Kraftfluß eines ideellen Homogenfeldes, welches von der magnetischen Spannung φ_0 zwischen Pol und Ankeroberfläche entwickelt wird. Daher ist der zweite Posten als Zusatzfluß zu interpretieren, welcher von der Polflanke herrührt. Wir veranschaulichen seine Größe mittels der je Flanke wirksamen Verbreiterung Δb der konstruktiven Polbreite b an Hand der Definition

$$\varphi_0\frac{h}{h-d}\left[\frac{1}{\pi}\left(k + \frac{1}{k}\right)\ln\frac{1+k}{1-k} - \frac{2}{\pi}\ln\frac{4\,k}{k'^2}\right] = \frac{\varphi_0}{d}\Delta b. \qquad (II\ 7,\ 32)$$

Mit Rücksicht auf (II 7, 17) folgt hieraus der Zusammenhang

$$\frac{\Delta b}{d} = \frac{h}{h-d}\left[\frac{1}{\pi}\left(\frac{d}{h} + \frac{h}{d}\right)\ln\frac{h+d}{h-d} + \frac{2}{\pi}\ln\frac{h^2-d^2}{4\,h\,d}\right], \qquad (II\ 7,\ 33)$$

welcher in Abb. II 85 dargestellt ist.

f) Wir suchen die Feldstärke längs der Ankeroberfläche:

$$H_x = -\frac{\partial\varphi}{\partial x} = -\frac{\partial\psi}{\partial y} \qquad \text{für} \qquad y = 0. \qquad (II\ 7,\ 34)$$

Die primäre Feldstärke beträgt

$$H_{x,p} = -\varphi_0\frac{1}{h-d}. \qquad (II\ 7,\ 35)$$

Zur Ermittlung der sekundären Feldstärke beachten wir

$$H_{x,s} = -\left(\frac{\partial \psi_s}{\partial y}\right)_{y=0} = -\left(\frac{\partial \psi_s}{\partial v}\right)_{u=0} \cdot \left(\frac{\partial v}{\partial y}\right)_{u=0}. \qquad \text{(II 7, 36)}$$

Nach (II 7, 21) berechnen wir

$$-\left(\frac{\partial \psi_s}{\partial v}\right)_{u=0} = \frac{2}{\pi} \frac{\varphi_0 \, h}{h-d} \cdot \frac{1}{v}, \qquad \text{(II 7, 37)}$$

während Differentiation von (II 7, 22) auf (II 7, 9) zurückführt:

$$\left(\frac{\partial y}{\partial v}\right)_{u=0} = \frac{2}{\pi} h \frac{\sqrt{1+k^2 v^2}}{v \sqrt{1+v^2}}. \qquad \text{(II 7, 38)}$$

Demnach ist

$$H_{x,s} = \frac{\varphi_0}{h-d} \frac{\sqrt{1+v^2}}{\sqrt{1+k^2 v^2}}. \qquad \text{(II 7, 39)}$$

Das resultierende Feld

$$H_x = H_{x,p} + H_{x,s} =$$
$$= \frac{\varphi_0}{h-d} \left[\frac{\sqrt{1+v^2}}{\sqrt{1+k^2 v^2}} - 1\right]$$
$$\text{(II 7, 40)}$$

nähert sich also mit wachsendem [positivem] Abstand von der Polflanke rasch dem Grenzwerte

$$\lim_{v \to \infty} H_x = \frac{\varphi_0}{h-d}\left[\frac{1}{k} - 1\right] = \frac{\varphi_0}{d},$$
$$\text{(II 7, 41)}$$

welcher dem Quasihomogenfelde zwischen Pol und Anker gleicht. Danach ist das relative Feld

$$\frac{H_x}{\lim\limits_{v \to \infty} H_x} = \frac{k}{1-k}\left[\frac{\sqrt{1+v^2}}{\sqrt{1+k^2 v^2}} - 1\right]. \qquad \text{(II 7, 42)}$$

Zusammen mit der aus (II 7, 22) und (II 7, 17) folgenden Relation

$$\frac{y}{d} = -\frac{2}{\pi}\left[\frac{1}{2k} \ln \left[\frac{\sqrt{\frac{1+v^2}{1+k^2 v^2}} + 1}{\sqrt{\frac{1+v^2}{1+k^2 v^2}} - 1}\right] - \frac{1}{2} \ln \frac{1+k\sqrt{\frac{1+v^2}{1+k^2 v^2}}}{1-k\sqrt{\frac{1+v^2}{1+k^2 v^2}}}\right] \qquad \text{(II 7, 43)}$$

ist hiermit eine Parameterdarstellung der Feldkurve gefunden; Abb. II 86 zeigt ihren Verlauf für d/h = 0,05.

II 8. Das primäre Wendepolproblem in elementarer Behandlung.

a) In Wechselpol-Gleichstrommaschinen ordnet man häufig in der Mitte zwischen je zwei Hauptpolen des magnetischen Kreises Hilfspole an, welche vom Arbeitsstrom selbst erregt werden. Ihre Aufgabe ist es, diejenigen elektromotorischen Kräfte zu kompensieren, welche innerhalb der von den Kollektorbürsten kurzgeschlossenen Spulen bei der Kommutation des Ankerstromes geweckt werden; man bezeichnet deshalb die Hilfspole als Wendepole.

Abb. II 85. Das Polflankenfeld: Relative Polverbreiterung.

b) In Abb. II 87 ist, unter Verzicht auf konstruktive Einzelheiten, das Polsystem einer Maschine unter Vernachlässigung der azimutalen Krümmung dargestellt. Die Pole sind am Ständerjoch befestigt, der Anker befindet sich im festen Abstande h unterhalb des Joches . Der Wendepol besitzt die Länge p, so daß d = h — p die Weite des Luftspaltes zwischen Wendepolfläche und Anker mißt.

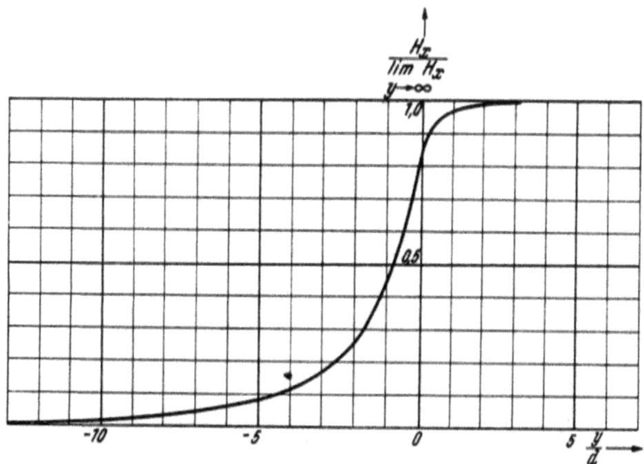

Abb. II 86. Das Polflankenfeld. Feldkurve in der Umgebung der Flanke für d/h = 0,05.

c) Das primäre Wendepolproblem besteht in der Beschreibung jenes magnetischen Feldes, welches allein durch die Wendepol-Durchflutung D bei gleichzeitiger Stromlosigkeit sowohl der Hauptpole wie des Ankers hervorgerufen wird. Wir führen folgende vereinfachende Annahmen ein:

1. Das Eisen aller aktiven Maschinenelemente wird als vollkommen permeabel vorausgesetzt $[\mu \to \infty]$.

2. Die Durchflutung D ist nach Maßgabe des Strombelages

$$A = \pm \frac{D}{p} \qquad\qquad (\text{II } 8, 1)$$

gleichmäßig längs der Flanken des Wendepoles verteilt.

3. Die in der Zeichenebene senkrecht zur Wicklungsachse gemessene Breite des Wendepoles wird vernachlässigt.

4. Wir lassen den Einfluß der Nachbarpole auf das Feld des Wendepoles außer acht.

In dem hierdurch definierten Ersatzsystem nach Abb. II 88 orientieren wir uns an einem *Gauß*schen Koordinatensystem z = x + i y; sein Ursprung O liegt in der Ankeroberfläche, welche ihrerseits mit der y-Achse koinzidiert. Das magnetische Skalarpotential φ genügt so mit den Randbedingungen

$$\left.\begin{array}{llll} \varphi = 0 & \text{für} & x = 0 \\ \varphi = 0 & \text{für} & x = -h \end{array}\right\} \; -\infty < y < \infty \qquad (\text{II } 8, 2)$$

sowie

$$\varphi = A\,(x + h) = A\,p\,\frac{x + h}{p} = \varphi_0 \frac{x + h}{h - d} \quad \text{für} \quad (-h) < x < d, \quad y = 0,$$

$$(\text{II } 8, 3)$$

wobei $\varphi_0 = D$ gesetzt ist.

d) Wir ergänzen den gegebenen Wendepol durch einen virtuellen, welcher aus jenem nach Lage und Potentialverteilung durch Spiegelung an der y-Achse hervorgeht. Das Potential längs des virtuellen Poles beträgt demnach

$$\varphi = A\,(x-h) = \varphi_0 \frac{x-h}{h-d} \quad \text{für} \quad d < x < h, \quad y = 0. \quad \text{(II 8, 4)}$$

e) Wir zerlegen die gesuchte Potentialfunktion in das primäre Potential φ_p und das sekundäre φ_s. Für φ_p wählen wir folgendes Integral der *Laplace*-schen Gleichung

$$\varphi_p = \varphi_0 \frac{x}{h-d}; \quad \text{(II 8, 5)}$$

$$\chi_p = \varphi_p + i\,\psi_p = \varphi_0 \frac{z}{h-d}.$$

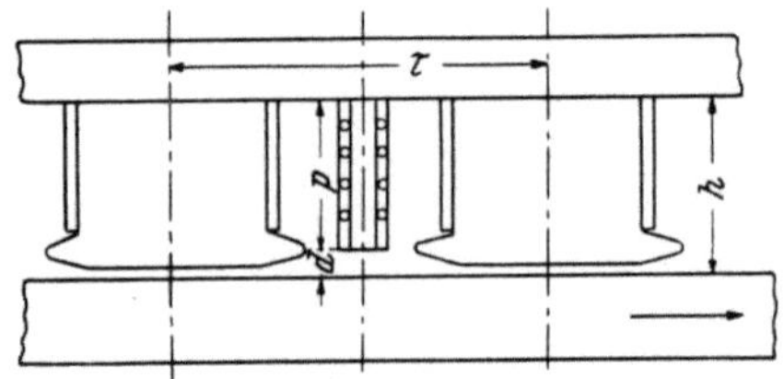

Abb. II 87. Grundsätzliche Anordnung von Hauptpolen und Wendepolen.

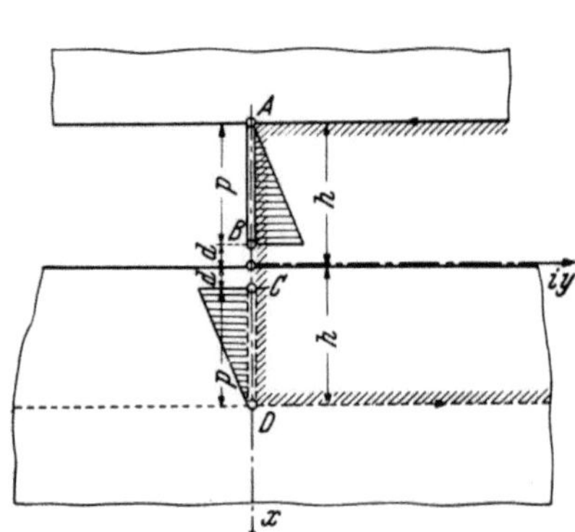

Abb. II 88. Ersatzschema des Wendepolsystemes.

Das Sekundärpotential genügt längs der Polkonturen einschließlich der Joche der Randbedingung

$$\varphi_s = \pm\,\varphi_0 \frac{h}{h-d}, \quad \text{(II 8, 6)}$$

wobei das $\genfrac{}{}{0pt}{}{\text{obere}}{\text{untere}}$ Vorzeichen sich auf das $\genfrac{}{}{0pt}{}{\text{wahre}}{\text{virtuelle}}$ System bezieht.

f) Um die Funktion $\chi_s = \varphi_s + i\,\psi_s$ zu finden, richten wir unser Augenmerk auf das Polygon, welches nach Abb. II 88 von $(i\,\infty)$ längs $x = -h$ bis zur Wurzel $A = (-h, 0)$ des Wendepoles verläuft, von dort zur Wurzel $D = (h, 0)$ übergeht und dann längs $x = h$ nach $(i\,\infty)$ zurückkehrt; die Krone des Wendepoles ist mit B, ihr Spiegelbild mit C bezeichnet. Wir rufen eine $w = u + i\,v$-Ebene zu Hilfe, auf deren Realachse das genannte Polygon nach Abb. II 89 derart abgebildet werden soll, daß B in $u_B = -1$ und C in $u_C = +1$ fällt; die korrespondierenden Lagen von A und D seien $u_A = -1/k$, $u_D = +1/k$,

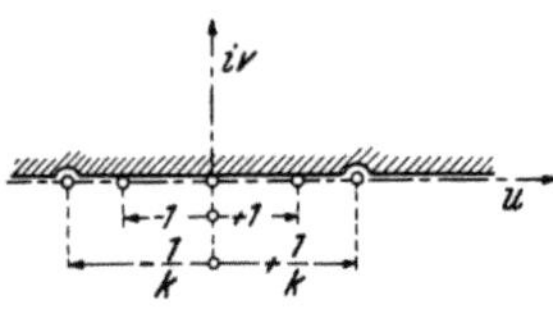

Abb. II 89. Übertragung des Polsystemes in die w-Ebene.

mit $0 < k < 1$. Die *Schwarz-Christoffel*sche Differentialgleichung

$$\frac{dz}{dw} = \frac{C'}{\sqrt{1 - k^2\,w^2}} \quad \text{(II 8, 7)}$$

liefert für die verlangte Transformation

$$z = C''\,\arcsin w. \quad \text{(II 8, 8)}$$

Die Zuordnung der Punkte $u_C = 1$ und $u_D = 1/k$ zu ihren Originalen wird durch

$$d = C'' \arcsin k; \qquad h = C'' \frac{\pi}{2} \qquad\qquad \text{(II 8, 9)}$$

hergestellt; daher erhält man explizit

$$k = \sin \frac{\pi}{2} \frac{d}{h}; \qquad w = \frac{\sin \dfrac{\pi}{2} \dfrac{z}{h}}{\sin \dfrac{\pi}{2} \dfrac{d}{h}}. \qquad\qquad \text{(II 8, 10)}$$

In der w-Ebene unterliegt φ_s den Randbedingungen

$$\left.\begin{aligned} \varphi_s &= \varphi_0 \frac{h}{h-d}; \quad u < -1, \\[2mm] \varphi_s &= -\varphi_0 \frac{h}{h-d}; \quad u > 1, \end{aligned}\right\} \qquad \text{(II 8, 11)}$$

während die Strecke $(-1) < u < 1$ eine Kraftlinie bildet.

Die geforderten Eigenschaften kommen dem komplexen Potentiale zu

$$\chi_s = -\varphi_0 \frac{h}{h-d} \frac{2}{\pi} \arcsin w$$
$$\text{(II 8, 12)}$$

welches in der z-Ebene lautet

$$\chi_s = -\varphi_0 \frac{h}{h-d} \frac{2}{\pi} \arcsin \left\{ \frac{\sin \dfrac{\pi}{2} \dfrac{z}{h}}{\sin \dfrac{\pi}{2} \dfrac{d}{h}} \right\}.$$
$$\text{(II 8, 13)}$$

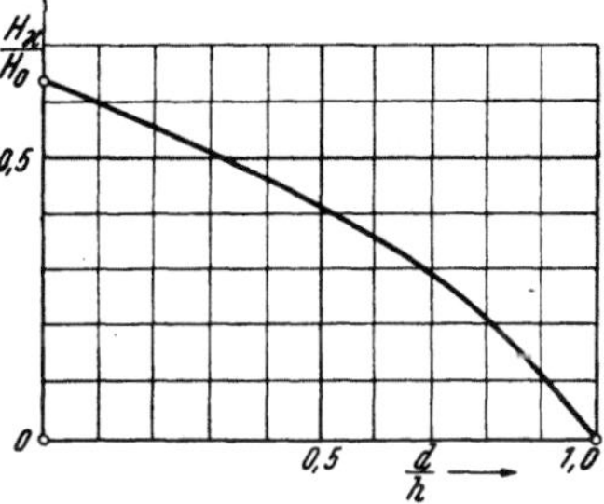

Abb. II 90. Ausnützung des Wendefeldes.

g) Wir berechnen die Wendefeldstärke am Orte $z = 0$. Ihr Primäranteil ist

$$H_{x,p} = -\left(\frac{\partial \varphi_p}{\partial x}\right)_{x=0} = -\frac{\varphi_0}{h-d}, \qquad\qquad \text{(II 8, 14)}$$

ihr Sekundäranteil

$$H_{x,s} = -\left(\frac{\partial \varphi_s}{\partial x}\right)_{x=0} = \frac{\varphi_0}{h-d} \cdot \frac{1}{\sin \dfrac{\pi}{2} \dfrac{d}{h}} \qquad\qquad \text{(II 8, 15)}$$

und somit resultiert die Feldstärke

$$H_x = H_{x,p} + H_{x,s} = \frac{\varphi_0}{h-d}\left[\frac{1}{\sin \dfrac{\pi}{2} \dfrac{d}{h}} - 1\right]. \qquad\qquad \text{(II 8, 16)}$$

Wir vergleichen sie mit der Stärke eines gedachten Homogenfeldes, welches durch die magnetische Spannung φ_0 längs der Strecke d erregt wird

$$H_0 = \frac{\varphi_0}{d}, \qquad \text{(II 8, 17)}$$

mittels des Ausnützungsfaktors [Abb. II 90]

$$\frac{H_x}{H_0} = \frac{d}{h-d}\left[\frac{1}{\sin\dfrac{\pi}{2}\dfrac{d}{h}} - 1\right]. \qquad \text{(II 8, 18)}$$

h) Um die Kraftflüsse des Wendepolsystemes kennenzulernen, beziehen wir uns auf einen Abschnitt von 1 cm Tiefe senkrecht zur Zeichenebene:

1. Die Stromfunktion ψ_w des Wendeflusses ergibt sich, indem man in (II 8, 5) und (II 8, 13) je $z = i\,y$ setzt und den Imaginärteil abspaltet; ihre primäre Komponente ist sonach

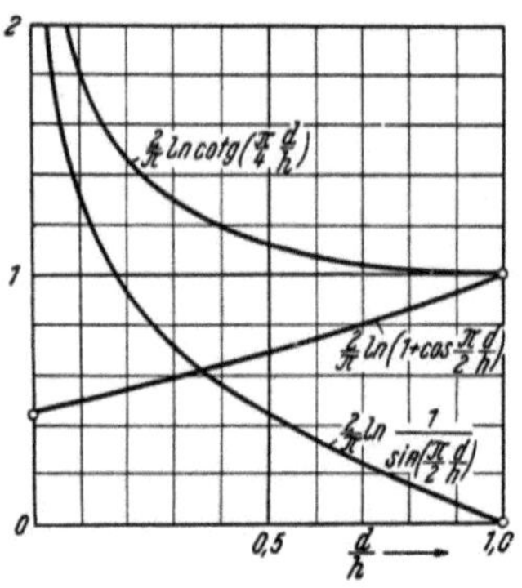

Abb. II 91. Berechnung der Wendepole: Die drei charakteristischen Kraftflüsse:

$$\frac{\Delta\psi_w}{\varphi_0}\frac{h-d}{d} = \frac{2}{\pi}\ln\frac{1}{\sin(\pi/2)\,(d/h)},$$

$$\frac{\Delta\psi_{str}}{\varphi_0}\frac{h-d}{d} = \frac{2}{\pi}\ln\!\left(1 + \cos\frac{\pi}{2}\frac{d}{h}\right)$$

$$\frac{\Delta\psi_{Summe}}{\varphi_0}\frac{h-d}{d} = \frac{2}{\pi}\ln\cot g\frac{\pi}{4}\frac{d}{h}$$

$$\psi_{p,w} = \frac{\varphi_0}{h-d}\,y \qquad \text{(II 8, 19)}$$

und ihre sekundäre

$$\psi_{s,w} = -\varphi_0\frac{h}{h-d}\frac{2}{\pi}\operatorname{arsinh}\left\{\frac{\sinh\dfrac{\pi}{2}\dfrac{y}{h}}{\sin\dfrac{\pi}{2}\dfrac{d}{h}}\right\} \equiv$$

$$\equiv -\varphi_0\frac{h}{h-d}\frac{2}{\pi}\ln\left[\frac{\sinh\dfrac{\pi}{2}\dfrac{y}{h}}{\sin\dfrac{\pi}{2}\dfrac{d}{h}} + \sqrt{\frac{\sinh^2\dfrac{2}{\pi}\dfrac{y}{h}}{\sin^2\dfrac{\pi}{2}\dfrac{d}{h}} + 1}\;\right]. \qquad \text{(II 8, 20)}$$

Da sowohl $\psi_{p,w}$ wie $\psi_{s,w}$ für $y = 0$ verschwinden, erhält man für den halben Wende-Kraftfluß

$$\Delta\psi_w = \psi_{w(y=0)} - \psi_{w(y\to\infty)} = -\lim_{y\to\infty}(\psi_{p,w} + \psi_{s,w}) =$$

$$= \varphi_0\frac{h}{h-d}\ln\frac{1}{\sin\dfrac{\pi}{2}\dfrac{d}{h}}. \qquad \text{(II 8, 21)}$$

Seine Abhängigkeit von den Konstruktionsdaten des Poles zeigt Abb. II 91.

2. Wir suchen die Stromfunktion ψ_{Str} des Streuflusses, welcher sich durch das Poljoch schließt, indem wir in (II 8, 5) und (II 8, 13) je $z = -h + i\,y$ setzen und den Imaginärteil abspalten. Für den primären Anteil entsteht

$$\psi_{p,Str} = \frac{\varphi_0}{h-d}\,y \qquad \text{(II 8, 22)}$$

und für den sekundären

$$\psi_{\text{s, Str}} = -\varphi_0 \frac{h}{h-d} \frac{2}{\pi} \operatorname{arcosh}\left\{\frac{\cosh \dfrac{\pi}{2}\dfrac{y}{h}}{\sin \dfrac{\pi}{2}\dfrac{d}{h}}\right\} \equiv$$

$$\equiv -\varphi_0 \frac{h}{h-d} \frac{2}{\pi} \ln\left[\frac{\cosh \dfrac{\pi}{2}\dfrac{y}{h}}{\sin \dfrac{\pi}{2}\dfrac{d}{h}} + \sqrt{\frac{\cosh^2 \dfrac{\pi}{2}\dfrac{y}{h}}{\sin^2 \dfrac{\pi}{2}\dfrac{d}{h}} - 1}\right]. \qquad (II\ 8,\ 23)$$

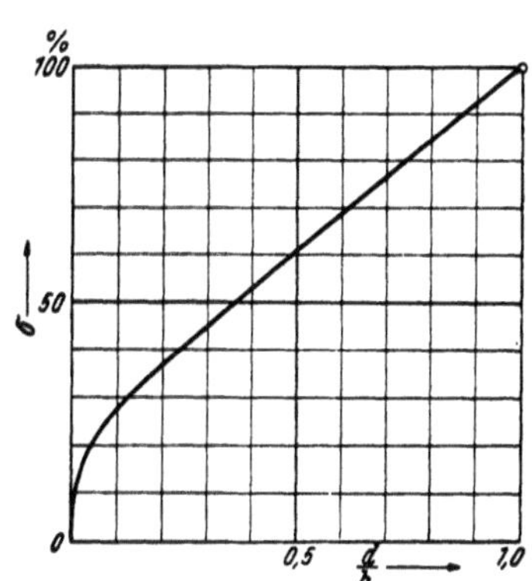

Abb. II 92. Berechnung von
Wendepolen: Der Streufaktor.

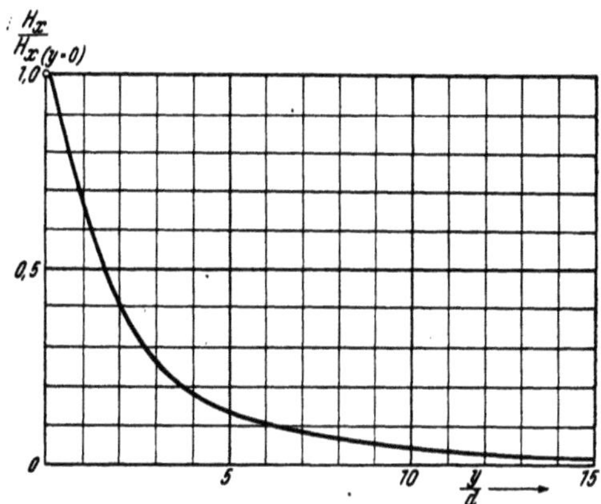

Abb. II 93. Feldkurve des Wendefeldes;
d/h = 0,05.

Die Hälfte des gesuchten Kraftflusses beträgt sonach

$$\Delta \psi_{\text{Str}} = -(\psi_{\text{p, Str}} + \psi_{\text{s, Str}})_{(y=0)} + \lim_{y \to \infty}(\psi_{\text{p, Str}} + \psi_{\text{s, Str}}) =$$

$$= \varphi_0 \frac{h}{h-d} \frac{2}{\pi} \ln\left(1 + \cos \frac{\pi}{2}\frac{d}{h}\right). \qquad (II\ 8,\ 24)$$

entsprechend Abb. II 91.

3. Der halbe Summenkraftfluß des Wendepoles berechnet sich aus (II 8, 21) und (II 8, 24) zu

$$\Delta \psi_{\text{Summe}} = \Delta \psi_{\text{w}} + \Delta \psi_{\text{Str}} = \varphi_0 \frac{h}{h-d} \frac{2}{\pi} \ln \cot g \frac{\pi}{4}\frac{d}{h} \qquad (II\ 8,\ 25)$$

nach Abb. II 91; als Streufaktor resultiert hieraus [Abb. II 92]

$$\sigma = \frac{\Delta \psi_{\text{Str}}}{\Delta \psi_{\text{Summe}}} = \frac{\ln\left(1 + \cos \dfrac{\pi}{2}\dfrac{d}{h}\right)}{\ln \cot g \dfrac{\pi}{4}\dfrac{d}{h}}. \qquad (II\ 8,\ 26)$$

i) Die Kenntnis der Stromfunktion vermittelt den Gang der Feldstärke längs der Oberfläche des aktiven Eisens. Insbesondere finden wir aus (II 8, 5) das Primärpotential längs der Ankeroberfläche

$$H_{\text{p, x}} = -\left(\frac{\partial \psi_{\text{p}}}{\partial y}\right)_{x=0} = -\frac{\varphi_0}{h-d} \qquad (II\ 8,\ 27)$$

und das dort herrschende Sekundärfeld aus (II 8, 20)

$$H_{s,x} = -\left(\frac{\partial \psi_s}{\partial y}\right)_{x=0} = \frac{\varphi_0}{h-d} \frac{\cosh \frac{\pi}{2}\frac{y}{h}}{\sqrt{\sin^2 \frac{\pi}{2}\frac{d}{h} + \sinh^2 \frac{\pi}{2}\frac{y}{h}}}. \qquad \text{(II 8, 28)}$$

Das resultierende Gesamtfeld im Verhältnis zur Wendefeldstärke (II 8, 16)

$$\frac{H_x}{H_{x_{(y=0)}}} = \frac{\sin \frac{\pi}{2}\frac{d}{h}}{1 - \sin \frac{\pi}{2}\frac{d}{h}} \left[\frac{\cosh \frac{\pi}{2}\frac{y}{h}}{\sqrt{\sin^2 \frac{\pi}{2}\frac{d}{h} + \sinh^2 \frac{\pi}{2}\frac{y}{h}}} - 1 \right] \qquad \text{(II 8, 29)}$$

nimmt gemäß Abb. II 93 mit wachsendem Abstande von der Symmetrie-Ebene $y = 0$ rasch ab.

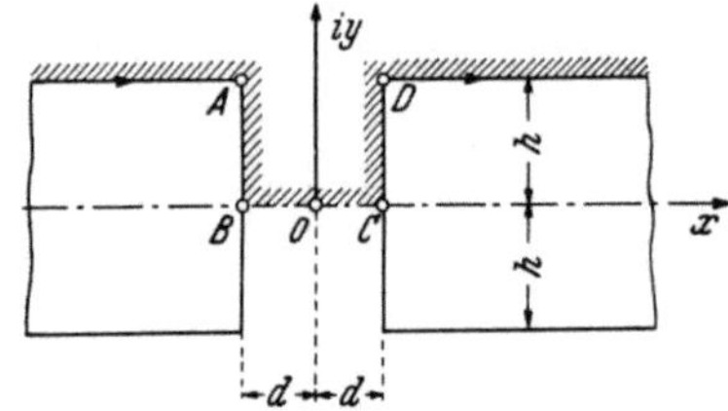

Abb. II 94. Zur Formulierung des Feldes von Rechteckpolen.

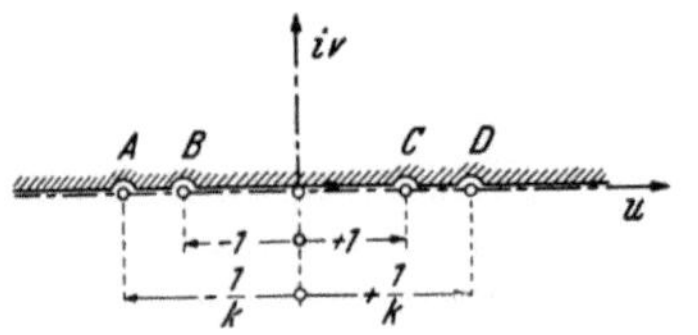

Abb. II 95. Abbildung der Rechteckpole in die w-Ebene.

II 9. Rechteckpole.

a) Abb. II 94 zeigt die symmetrische Anordnung zweier Rechteckpole; wir bezeichnen ihren Abstand mit 2 d und ihre Höhe mit 2 h. Der Ursprung O des Koordinatensystemes $z = x + i\,y$ wird in die Mitte des zwischen den Polen befindlichen Feldraumes gelegt; die x-Achse koinzidiert mit der gemeinsamen Achse beider Pole.

b) Wir schließen die Polschenkel durch ein hinreichend entferntes Joch und schreiben dem so gebildeten Körper vollkommene Permeabilität zu. Auf dem Joche sei eine Wicklung aufgebracht, welche die Durchflutung D führt; sie erteile den Konturen der Polschenkel das magnetische Skalarpotential

$$\varphi = \pm \varphi_0 = \pm \frac{1}{2}D; \qquad x \gtrless \pm d. \qquad \text{(II 9, 1)}$$

Gesucht wird die Struktur des magnetischen Feldes in der Nachbarschaft der Pole.

c) In der z-Ebene richten wir unser Augenmerk auf den polygonalen Linienzug $P_\infty = (-\infty, i\,h)$; $A = (-d, i\,h)$; $B = (-d, 0)$; $C = (+d, 0)$; $D = (d, i\,h)$; $Q_\infty = (\infty, i\,h)$. Wir suchen ihn derart auf die reelle Achse der $w = u + i\,v$-Ebene abzubilden, daß A in $u_A = -1/k$, B in $u_B = (-1)$, C in $u_C = 1$ und D in $u_D = 1/k$ übergeht, wobei $0 < k < 1$ sei; das links vom Polygon liegende Gebiet soll der Halbebene $v > 0$ korrespondieren [Abb. II 95]. Die *Schwarz-Christoffel*sche Differentialgleichung der Abbildung lautet

$$\frac{dz}{dw} = C \frac{\sqrt{1-k^2 w^2}}{\sqrt{1-w^2}}. \qquad \text{(II 9, 2)}$$

Der Sinn der Quadratwurzel ist aus den Definitionen der Ziffer II **4** zu entnehmen; Abb. II 96 zeigt die entsprechenden Argumentwerte längs der Verzweigungsschnitte $1 < |u| < 1/k$.

d) Wir setzen fest, daß für $z = 0$ auch $w = 0$ sein soll und finden durch Integration aus (II 9, 2)

$$z = C \int_0^w \frac{\sqrt{1 - k^2 w'^2}}{\sqrt{1 - w'^2}}\, dw'. \qquad \text{(II 9, 3)}$$

Insbesondere folgt für $w = u = 1$

$$d = C \int_0^1 \frac{\sqrt{1 - k^2 u^2}}{\sqrt{1 - u^2}}\, du = C\, E(a); \qquad a = \arcsin k, \qquad \text{(II 9, 4)}$$

wobei $E(a)$ das vollständige Elliptische Normalintegral zweiter Gattung des Modularwinkels a nach Abb. II 97 bezeichnet.

Zur Integration längs $1 < u < 1/k$ übergehend, gewinnt man, mit Rücksicht auf Abb. II 95, zunächst

$$h = C \int_1^{1/k} \frac{\sqrt{1 - k^2 u^2}}{\sqrt{u^2 - 1}}\, du. \qquad \text{(II 9, 5)}$$

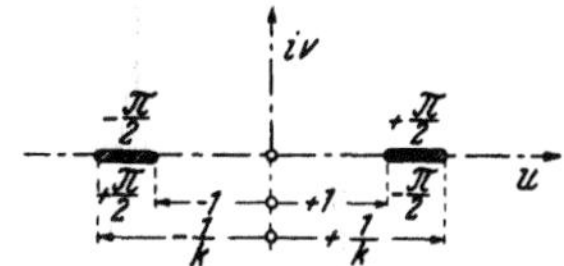

Abb. II 96. Verzweigungscharakter der Funktion

$$\frac{\sqrt{1 - k^2 w^2}}{\sqrt{1 - w^2}}.$$

Die Substitution $1 - k^2 u^2 = k'^2 r^2$; $k'^2 = 1 - k^2$, $a' = \pi/2 - a$ liefert

$$h = C \int_0^1 \frac{dr}{\sqrt{1 - r^2}\sqrt{1 - k'^2 r^2}} - C \int_0^1 \frac{\sqrt{1 - k'^2 r^2}}{\sqrt{1 - r^2}}\, dr =$$

$$= C\,[K(a') - E(a')] \equiv C\,[K'(a) - E'(a)]. \qquad \text{(II 9, 6)}$$

Hierin bezeichnet $K(a)$ das vollständige Elliptische Normalintegral erster Gattung des Modularwinkels a; $K(a') \equiv K'(a)$ und $E(a') \equiv E'(a)$ beziehen sich auf den komplementären Modularwinkel.

Durch Kombination von (II 9, 4) und (II 9, 6) finden wir

$$\frac{d}{h} = \frac{E(a)}{K(a') - E(a')} \equiv \frac{E(a)}{K'(a) - E'(a)} \qquad \text{(II 9, 7)}$$

eine Gleichung zur Ermittlung des Modularwinkels aus den Konstruktionsdaten des Poles [Abb. II 98]; hiermit kennt man nunmehr auch

$$C = \frac{d}{E(a)} = \frac{h}{K'(a) - E'(a)}. \qquad \text{(II 9, 8)}$$

e) Für $u > 1/k$ resultiert aus (II 9, 3)

$$z = d + i\,h + C \int_{1/k}^u \frac{\sqrt{k^2 u'^2 - 1}}{\sqrt{u'^2 - 1}}\, du'. \qquad \text{(II 9, 9)}$$

Wir erweitern den Integranden mit u' und erhalten durch Teilintegration

$$\int\limits_{1/k}^{u} \frac{\sqrt{k^2 u'^2 - 1}}{\sqrt{u'^2 - 1}}\, \frac{u'\, du'}{u'} = \frac{\sqrt{k^2 u'^2 - 1}\,\sqrt{u'^2 - 1}}{u'}\Bigg|_{1/k}^{u} - \int\limits_{1/k}^{u} \frac{\sqrt{u'^2 - 1}}{\sqrt{k^2 u'^2 - 1}}\, \frac{du'}{u'^2}.$$

$$(\text{II 9, 10})$$

Das verbleibende Integral verwandelt sich durch die Substitution $u' = 1/(k\,r)$ in die *Legendre*sche Normalform des unvollständigen Elliptischen Integrales zweiter Gattung vom Modularwinkel $a = \arcsin k$

$$\int\limits_{1/ku}^{1} \frac{\sqrt{1 - k^2 r^2}}{\sqrt{1 - r^2}}\, dr = E\,(a, \varphi)\Bigg|_{\varphi\,=\,\arcsin 1/ku}^{\pi/2} = E\,(a) - E\left(a,\, \arcsin\frac{1}{ku}\right). \qquad (\text{II 9, 11})$$

Durch Restitution dieser Gleichungen in (II 9, 9) folgt mit Rücksicht auf (II 9, 8) die Abbildung des Teiles $u > 1/k$ der reellen u-Achse auf die z-Ebene zu

$$z = i\,h + \frac{d}{E}\left[\frac{\sqrt{k^2 u^2 - 1}\,\sqrt{u^2 - 1}}{u} + E\left(a,\, \arcsin\frac{1}{ku}\right)\right]. \qquad (\text{II 9, 12})$$

Auf dem gleichen Wege ergibt sich der Teil $u < -1$ der reellen u-Achse als Bild des Halbprofiles $y > 0$ des in $x < 0$ gelegenen Poles.

f) In der z-Ebene spielt die Strecke $(-d) < x < d$; $y = 0$ die Rolle einer Kraftlinie, so daß die gleiche Eigenschaft den Abschnitt $|u| < 1$ der u-Achse auszeichnet; dagegen lauten die Randbedingungen (II 9, 1) in der w-Ebene:

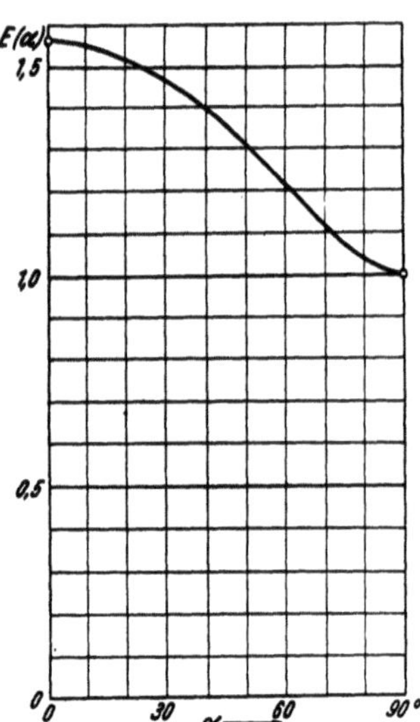

Abb. II 97. Das vollständige Elliptische Integral zweiter Gattung als Funktion des Modularwinkels.

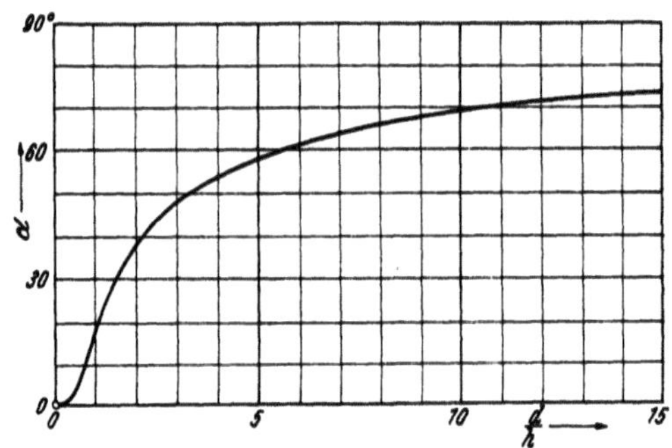

Abb. II 98. Rechteckpole: Zusammenhang zwischen Modularwinkel und Polform.

$$\varphi = \pm\,\varphi_0 \quad \text{für} \quad u \gtrless \pm 1, \quad v = 0. \qquad (\text{II 9, 13})$$

Diesen Forderungen genügt das komplexe Potential

$$\chi = \varphi + i\,\psi = \varphi_0 \frac{2}{\pi}\,\arcsin w, \qquad (\text{II 9, 14})$$

falls man stets denjenigen Zweig des $\arcsin$ benützt, dessen Realteil zwischen den Grenzen $(\mp \pi/2)$ eingeschlossen liegt. Durch Substitution in (II 9, 3) entspringt hieraus als Darstellung des Polfeldes in der z-Ebene

$$z = \frac{d}{E} \int_0^{\sin\frac{\pi}{2}\frac{\chi}{\varphi_0}} \sqrt{\frac{1 - k^2 w^2}{1 - w^2}}\, dw. \qquad (II\ 9,\ 15)$$

g) Welcher Kraftfluß tritt von Pol zu Pol über? Längs der u-Achse gilt gemäß (II 9, 14)

$$u = \sin\frac{\pi}{2}\frac{\varphi}{\varphi_0} \cosh\frac{\pi}{2}\frac{\psi}{\varphi_0},$$
$$0 = \cos\frac{\pi}{2}\frac{\varphi}{\varphi_0} \sinh\frac{\pi}{2}\frac{\psi}{\varphi_0}. \qquad (II\ 9,\ 16)$$

Für $u = 1$ folgt $\varphi = \varphi_0$; $\psi = 0$, für $u = 1/k$ resultiert $\varphi = \varphi_0$, während $\psi \to \psi_k$ sich zu

$$\psi_k = \varphi_0 \frac{2}{\pi} \operatorname{arccosh} \frac{1}{k} \qquad (II\ 9,\ 17)$$

berechnet. Wir vergleichen diese Größe mit jenem ideellen Werte, welcher einem homogenen Felde zwischen Polflächen sonst gleicher Abmessungen entspricht

$$\psi_0 = \varphi_0 \cdot \frac{h}{d}, \qquad (II\ 9,\ 18)$$

indem wir das Verhältnis bilden

$$\frac{\psi_k}{\psi_0} = \frac{2}{\pi} \frac{d}{h} \operatorname{arccosh} \frac{1}{k} \equiv \frac{2}{\pi} \frac{d}{h} \ln \cotg \frac{\alpha}{2}. \qquad (II\ 9,\ 19)$$

Mit Hilfe von (II 9, 7) ist somit ψ_k/ψ_0 als Funktion von d/h bekannt [Abb. II 99]. In dem meist vorherrschenden Falle $d/h \ll 1$ wird auch $k \ll 1$, so daß man die Entwicklungen benützen darf

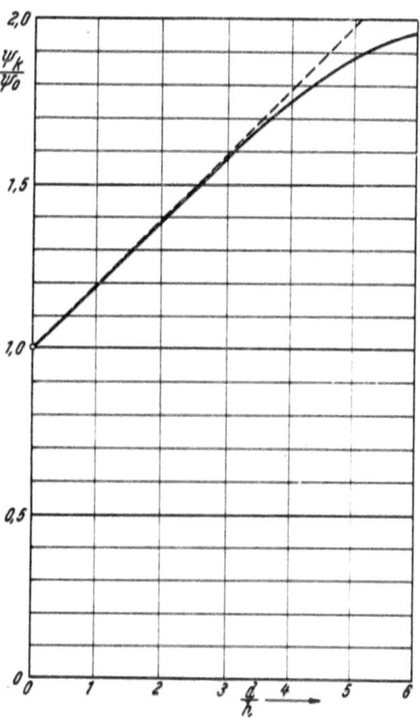

Abb. II 99. Randwirkung von Rechteckpolen.

$$E = \frac{\pi}{2} + \ldots; \qquad E' = 1 + \ldots;$$
$$K' = \ln\frac{4}{k} + \ldots = \ln\frac{4}{\sin\alpha} + \ldots = \ln\frac{2}{\sin\frac{\alpha}{2}} + \ldots, \qquad (II\ 9,\ 20)$$

also

$$\frac{d}{h} = \frac{\pi}{2} \frac{1}{\ln\dfrac{2}{\sin\frac{\alpha}{2}} - 1} + \ldots = \frac{\pi}{2} \frac{1}{\ln\dfrac{1}{\sin\frac{\alpha}{2}} - (1 - \ln 2)} + \ldots =$$

$$= \frac{\pi}{2} \frac{1}{\ln\dfrac{1}{\sin\frac{\alpha}{2}} - 0{,}307} + \ldots \qquad (II\ 9,\ 21)$$

und demnach

$$\frac{\psi_k}{\psi_0} = \frac{2}{\pi}\,\frac{d}{h}\,\ln\frac{1}{\sin\frac{\alpha}{2}} + \dots = 1 + \frac{2}{\pi}(1 - \ln 2)\frac{d}{h} + \dots = 1 + 0{,}195\frac{d}{h} + \dots$$

$$(\text{II } 9,\ 22)$$

h) Es sei l die Schenkellänge je Pol, parallel zur x-Achse gemessen. Die zugehörige Koordinate u_l folgt gemäß (II 9, 12) aus

$$d + l = \frac{d}{E}\left[\frac{\sqrt{k^2 u_l^2 - 1}\,\sqrt{u_l^2 - 1}}{u_l} + E\left(\alpha,\ \arcsin\frac{1}{k\,u_l}\right)\right]. \qquad (\text{II } 9,\ 23)$$

Mit Rücksicht auf (II 9, 16) ergibt sich die Stromfunktion ψ_l dieses Ortes aus

$$u_l = \cosh\frac{\pi}{2}\frac{\psi_l}{\varphi_0}, \qquad (\text{II } 9,\ 24)$$

so daß wir finden

$$1 + \frac{l}{d} = \frac{1}{E}\left[\sqrt{k^2\cosh^2\frac{\pi}{2}\frac{\psi_l}{\varphi_0} - 1}\,\,\mathrm{tgh}\,\frac{\pi}{2}\frac{\psi_l}{\varphi_0} + E\left(\alpha,\ \arcsin\frac{1}{k\cosh\frac{\pi}{2}\frac{\psi_l}{\varphi_0}}\right)\right].$$

$$(\text{II } 9,\ 25)$$

Falls insbesondere l und ψ_l gleichzeitig sehr groß werden, folgt hieraus

$$1 + \frac{l}{d} = \frac{k}{E}\sinh\frac{\pi}{2}\frac{\psi_l}{\varphi_0} + \dots = \frac{k}{2\,E}\,e^{\frac{\pi}{2}\frac{\psi_l}{\varphi_0}} + \dots \qquad (\text{II } 9,\ 26)$$

so daß der Kraftfluß

$$\psi_l = \varphi_0\frac{2}{\pi}\ln\left[\frac{2\,E}{k}\left(1 + \frac{l}{d}\right)\right] + \dots \qquad (\text{II } 9,\ 27)$$

nahezu logarithmisch mit der Schenkellänge ansteigt.

i) Wir fragen nach der Struktur des Feldes in der Symmetrieebene zwischen beiden Polen. Sie wird in der w-Ebene durch die imaginäre Achse repräsentiert, so daß wir aus (II 9, 3) und (II 9, 8) erhalten

$$y = \frac{d}{E}\int_0^v \frac{\sqrt{1 + k^2 v'^2}}{\sqrt{1 + v'^2}}\,dv'. \qquad (\text{II } 9,\ 28)$$

Wir benützen zunächst die Identität

$$\frac{\sqrt{1 + k^2 v'^2}}{\sqrt{1 + v'^2}} = \frac{1}{\sqrt{1 + k^2 v'^2}\sqrt{1 + v'^2}} + \frac{k^2 v'^2}{\sqrt{1 + k^2 v'^2}\sqrt{1 + v'^2}}. \qquad (\text{II } 9,\ 29)$$

Nun folgt durch Teilintegration

$$\int_0^v \frac{k^2 v'^2\,dv'}{\sqrt{1 + k^2 v'^2}\sqrt{1 + v'^2}} = \frac{k^2 v\sqrt{1 + v^2}}{\sqrt{1 + k^2 v^2}} - \int_0^v \frac{k^2\sqrt{1 + v'^2}}{[1 + k^2 v'^2]^{3/2}}\,dv'. \qquad (\text{II } 9,\ 30)$$

Die Substitution $\ s = \dfrac{1}{\sqrt{1 + k^2 v'^2}}\ $ liefert

$$\int_0^v \frac{dv'}{\sqrt{1+k^2\,v'^2}\,\sqrt{1+v'^2}} = \int_{\frac{1}{\sqrt{1+k^2\,v^2}}}^1 \frac{ds}{\sqrt{1-s^2}\,\sqrt{1-k'^2\,s^2}} = F\,(a',\varphi)\Big|_{\varphi\,=\,\text{arcsin}\,\frac{1}{\sqrt{1+k^2\,v^2}}}^{\pi/2}, \qquad \text{(II 9, 31)}$$

wobei $F\,(a',\varphi)$ das Elliptische Normalintegral erster Gattung vom komplementären Modul $k' = \text{arcsin}\,a' = \text{arc cos}\,a$ bezeichnet; mittels der nämlichen Substitution wird

$$\int_0^v \frac{k^2\,\sqrt{1+v'^2}}{[1+k^2\,v'^2]^{3/2}}\,dv' = \int_{\frac{1}{\sqrt{1+k^2\,v^2}}}^1 \frac{\sqrt{1-k'^2\,s^2}}{\sqrt{1-s^2}}\,ds = E\,(a',\varphi)\Big|_{\varphi\,=\,\text{arcsin}\,\frac{1}{\sqrt{1+k^2\,v^2}}}^{\pi/2}. \qquad \text{(II 9, 32)}$$

Daher entsteht aus (II 9, 28)

$$\frac{y}{d} = \frac{1}{E}\left[\frac{k^2\,v\,\sqrt{1+v^2}}{\sqrt{1+k^2\,v^2}} + K' - F\left(a',\text{arcsin}\,\frac{1}{\sqrt{1+k^2\,v^2}}\right) - \right.$$

$$\left. - E' + E\left(a',\text{arcsin}\,\frac{1}{\sqrt{1+k^2\,v^2}}\right)\right]. \qquad \text{(II 9, 33)}$$

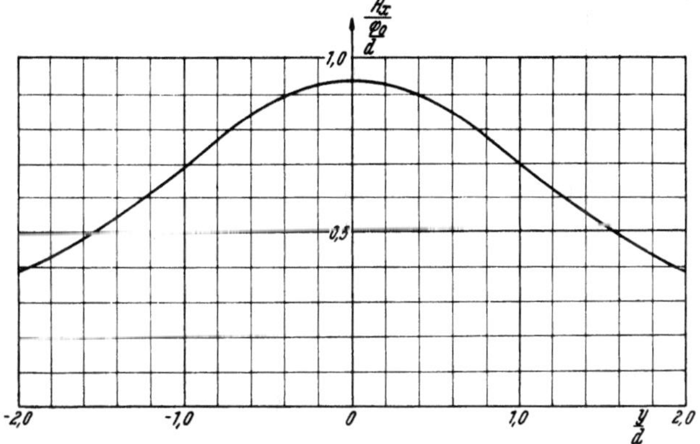

Abb. II 100. Feldkurve in der Symmetrieebene zwischen Rechteckpolen.

Die Stromfunktion längs der v-Achse geht aus (II 9, 14) hervor

$$\psi = \varphi_0\,\frac{2}{\pi}\,\text{arcsinh}\,v. \qquad \text{(II 9, 34)}$$

Daher ist die Feldstärke längs dieser Achse aus

$$H_u = -\frac{\partial\psi}{\partial v} = -\varphi_0\,\frac{2}{\pi}\,\frac{1}{\sqrt{1+v^2}} \qquad \text{(II 9, 35)}$$

zu berechnen. Für die Transformation dieser Gleichung in die z-Ebene beachte man

$$\frac{\partial\psi}{\partial y} = \frac{\partial\psi}{\partial v}\cdot\frac{dv}{dy} = \frac{\partial\psi}{\partial v}\,\frac{E}{d}\,\frac{\sqrt{1+v^2}}{\sqrt{1+k^2\,v^2}}, \qquad \text{(II 9, 36)}$$

also

$$H_x = -\frac{\varphi_0}{d}\,\frac{2}{\pi}\,\frac{E}{\sqrt{1+k^2\,v^2}}. \qquad \text{(II 9, 37)}$$

In (II 9, 33) und (II 9, 37) liegt die Parameterdarstellung des gewünschten Feldes vor: Abb. II 100 zeigt seinen Gang für $d/h = 1{,}55$ entsprechend $\alpha = 30^0$, $\alpha' = 60^0$. Das Feldmaximum erscheint im Zentrum der Symmetrieachse

$$|H_x|_{max} = \frac{\varphi_0}{d}\frac{2}{\pi} E = |H_0| \frac{2}{\pi} E, \qquad (II\ 9,\ 38)$$

wobei $|H_0|$ die ideelle Feldstärke des zwischen den Polen ausgespannten Homogenfeldes mißt; nach Abb. II 101 resultiert das Verhältnis $\dfrac{|H_x|_{max}}{|H_0|} < 1$.

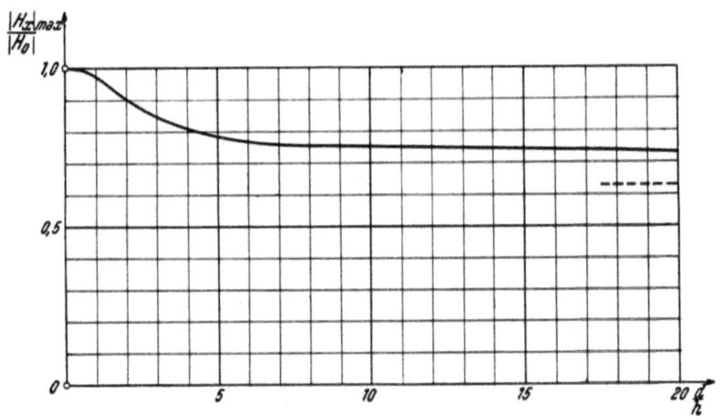

Abb. II 101. Rechteckpole: Abhängigkeit des Feldmaximums von der Polform.

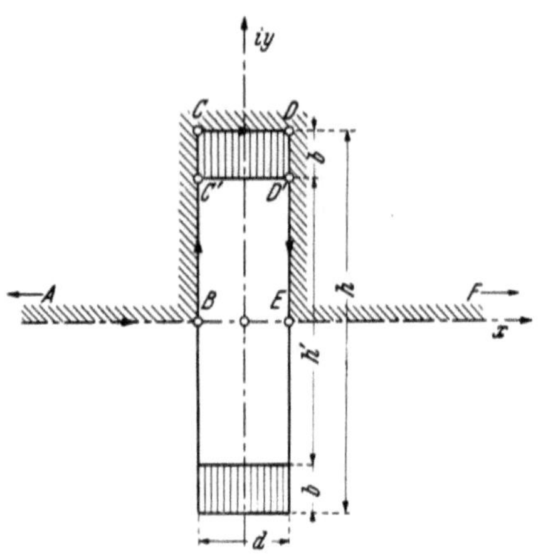

Abb. II 102. Querschnitt durch das Eisengestell eines Transformators zur Berechnung der Jochstreuung.

II 10. Berechnung der Jochstreuung von Transformatoren.

a) Die Jochstreuung eines Transformators wird durch jenes quasistationäre Magnetfeld definiert, welches in jedem Augenblicke durch gleichgroße und gleichgerichtete Durchflutungen D aller Transformatorschenkel gebildet wird. Seine mathematische Analyse wird an Hand eines Modelles durchgeführt, welches durch folgende Angaben charakterisiert ist:

1. Die Länge S der Joche ist groß gegen die Höhe h des Eisengestelles und seine Breite d.

2. Das Eisengestell gilt als vollkommen permeabel.

3. Die Durchflutung der Schenkelspulen wird in zwei entgegengesetzt durchströmten Bändern von infinitesimaler Dicke zusammengefaßt, welche die Flanken des Eisengestelles innerhalb der Fensterhöhe $h' < h$ längs s mit dem jochparallelen Strombelage der gleichförmigen Stärke $A = \pm\ D/h'$ bedecken.

4. Die Fensterräume sind von vollkommen permeablen Stoffen erfüllt.

5. Der etwa vorhandene Eisenkessel des Transformators bleibt außer Betracht.

b) Das magnetische Feld des Modelles hängt wesentlich nur von den Koordinaten $z = x + iy$ jener komplexen Ebenen ab, welche das Eisengestell senkrecht zu den Jochen schneiden. Nach Abb. II 102 legen wir ihren Ursprung in die Mitte des Eisengestelles; die x-Achse weist senkrecht, die y-Achse parallel zu seinen Flanken. Das Jochfeld besitzt dann ein komplexes magnetisches Skalarpotential $\chi = \varphi + i\,\psi$, welches in der z-Ebene außerhalb des Rechteckes $|x| < 1/2\,d$; $|y| < 1/2\,h$ existiert. Sein Realteil genügt folgenden Randbedingungen:

1. Längs der Rechteckkontur ist φ vorgegeben:

$$\left.\begin{aligned}
\varphi = \pm \frac{y}{h'}\,D \quad &\text{für} \quad x = \pm \frac{1}{2}\,d; \quad -\frac{1}{2}\,h' \leqq y \leqq \frac{1}{2}\,h', \\
\varphi = \pm \frac{1}{2}\,D \quad &\text{für} \quad \left(-\frac{d}{2}\right) \leqq x \leqq \frac{d}{2}; \quad \frac{1}{2}\,h' \leqq y \leqq \frac{1}{2}\,h.
\end{aligned}\right\} \quad (\text{II } 10,\ 1)$$

2. Mit wachsender Entfernung vom Ursprung muß φ verschwinden:

$$\lim_{|z| \to \infty} \varphi = 0. \qquad (\text{II } 10,\ 2)$$

c) In der z-Ebene konstruieren wir das Polygon A; B; C; D; E; F; A:

$$A = (-\infty, 0); \quad B = \left(-\frac{1}{2}\,d, 0\right); \quad C = \left(-\frac{1}{2}\,d, \frac{1}{2}\,h\right); \quad D = \left(\frac{1}{2}\,d, \frac{1}{2}\,h\right);$$

$$E = \left(\frac{1}{2}\,d, 0\right); \qquad F = (\infty, 0).$$

$$(\text{II } 10,\ 3)$$

Wir rufen eine komplexe $w = u + i\,v$-Ebene zu Hilfe und suchen diejenige konforme Abbildung $w = w\,(z)$, welche die Originalpunkte (II 10, 3) so in die Bildpunkte der u-Achse [Abb. II 103]

$$\left.\begin{aligned}
A = (-\infty, u); \quad &B = \left(-\frac{1}{k}, 0\right); \quad C = (-1, 0); \quad D = (1, 0); \\
E = \left(\frac{1}{k}, 0\right); \quad &F = (\infty, 0) \qquad [k < 1]
\end{aligned}\right\} \quad (\text{II } 10,\ 4)$$

transformiert, daß das links vom Umfang des Originalpolygons gelegene Gebiet der z-Ebene in die Halbebene $v > 0$ zu liegen kommt. Die Differentialgleichung der Abbildung lautet

$$\frac{dz}{dw} = C \cdot \sqrt{\frac{1 - w^2}{1 - k^2\,w^2}}. \qquad (\text{II } 10,\ 5)$$

Wir benützen jenen Zweig der Funktion $\sqrt{\dfrac{1 - w^2}{1 - k^2\,w^2}}$, welcher den Definitionen der Ziffer II 4 entspricht. In der w-Ebene laufen demnach die Verzweigungsschnitte längs $1 \leqq |u| \leqq 1/k$ mit den in Abb. II 104 eingetragenen Werten des Argumentes.

d) Die Transformation

$$w = \frac{1}{2\,k}\left(t + \frac{1}{t}\right) \qquad (\text{II } 10,\ 6)$$

bildet sowohl den Bereich $|t| < 1$ wie $|t| > 1$ der komplexen $t = r + i\,s$-Ebene in je ein volles Exemplar der w-Ebene ab. Wir entscheiden uns für die zweite Möglichkeit und bezeichnen den korrespondierenden Zweig der Umkehrungsfunktion durch

$$t = k\,w + \sqrt{k^2\,w^2 - 1}. \qquad \text{(II 10, 7)}$$

Insbesondere liefert der Einheitskreis $t = e^{i\tau}$ $[0 \leqq \tau < 2\pi]$ in der w-Ebene den Verzweigungsschnitt

$$u = \frac{1}{k}\cos\tau; \qquad \begin{array}{l} 0 \leqq \tau < \pi \quad \text{am oberen Ufer,} \\ \pi < \tau < 2\pi \ \text{am unteren Ufer.} \end{array} \left.\vphantom{\begin{array}{l}a\\b\end{array}}\right\} \text{(II 10, 8)}$$

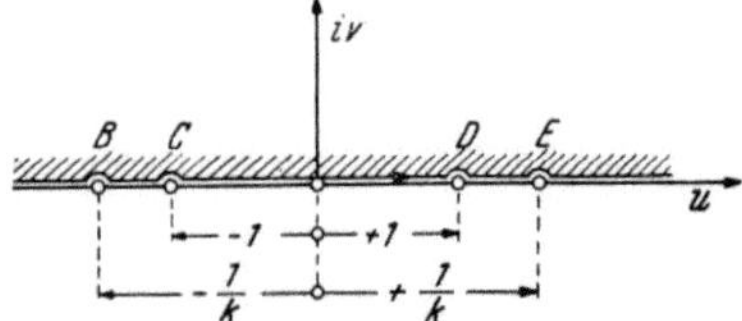

Abb. II 103. Abbildung des Transformatorprofiles auf die u-Achse.

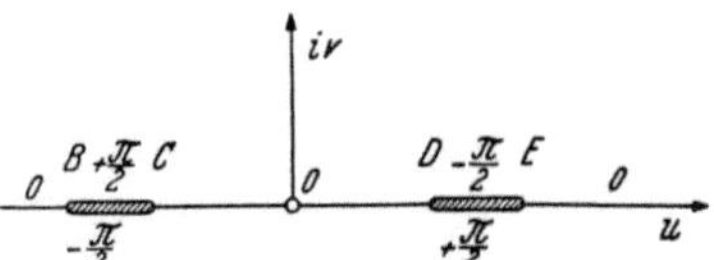

Abb. II 104. Verzweigungscharakter der Funktion $\dfrac{\sqrt{1 - w^2}}{\sqrt{1 - k^2\,w^2}}$.

Daher finden sich die Eckpunkte des Originalpolygones nach ihrer Übertragung in die t-Ebene an den Orten

$$\begin{array}{lll} A = (-\infty, 0); & B = (-1, 0); & C = (-\cos\tau_0, \sin\tau_0); \\ D = (\cos\tau_0, \sin\tau_0); & E = (1, 0); & F = (\infty, 0), \end{array} \qquad \text{(II 10, 9)}$$

wobei der Winkel τ_0 gemäß (II 10, 6) durch

$$\cos\tau_0 = k; \qquad \sin\tau_0 = \sqrt{1 - k^2} \equiv k' \qquad \text{(II 10, 10)}$$

bestimmt wird.

e) Durch Elimination von w aus (II 10, 5) und (II 10, 6) entsteht

$$\frac{dz}{dt} = \frac{dz}{dw} \cdot \frac{dw}{dt} = C \cdot \sqrt{\frac{1 - 1/4\,k^2\,(t + 1/t)^2}{1 - 1/4\,(t + 1/t)^2}} \cdot \frac{1}{2k}\left(1 - \frac{1}{t^2}\right) \text{(II 10, 11)}$$

und insbesondere längs $t = e^{i\tau}$

$$\frac{dz}{d\tau} = \frac{dz}{dt} \cdot i\,t = C\sqrt{\frac{1 - 1/k^2\cos^2\tau}{\sin^2\tau}}\,\frac{1}{k}(-\sin\tau). \qquad \text{(II 10, 12)}$$

C und k sind mit den Konstruktionsdaten des Transformators zu verknüpfen:

1. Der Bereich $\tau_0 > \tau > 0$ entspricht dem oberen Ufer des Verzweigungsschnittes $1 < u < 1/k$, so daß wir dort erhalten

$$dz = \frac{i}{k}C\sqrt{\frac{1}{k^2}\cos^2\tau - 1}\,d\tau \equiv \frac{i}{k^2}C\sqrt{k'^2 - \sin^2\tau}\,d\tau. \ \text{(II 10, 13)}$$

Wir definieren den Hilfswinkel ϑ durch

$$\sin\vartheta = \frac{\sin\tau}{k'} \qquad \text{(II 10, 14)}$$

und finden aus (II 10, 13) durch Integration

$$\frac{1}{2}\,\mathrm{i\,h} = \frac{1}{\mathrm{k}^2}\,\mathrm{C}\,\mathrm{k}'^2\int_0^{\pi/2}\frac{\cos^2\vartheta\,d\vartheta}{\sqrt{1-\mathrm{k}'^2\sin^2\vartheta}} \equiv \frac{\mathrm{i}}{\mathrm{k}^2}\,\mathrm{C}\Bigg[\int_0^{\pi/2}\sqrt{1-\mathrm{k}'^2\sin^2\vartheta}\,d\vartheta -$$

$$-\,\mathrm{k}^2\int_0^{\pi/2}\frac{d\vartheta}{\sqrt{1-\mathrm{k}'^2\sin^2\vartheta}}\Bigg] = \frac{\mathrm{i}}{\mathrm{k}^2}\,\mathrm{C}\,[\mathrm{E}'-\mathrm{k}^2\,\mathrm{K}'].\qquad\text{(II 10, 15)}$$

2. In $\pi/2 > \tau > \tau_0$ verschwindet das Argument der in (II 10, 12) auftretenden Wurzel. Mittels des Hilfswinkels ϑ' gemäß

$$\cos\tau = \mathrm{k}\sin\vartheta'\qquad\qquad\text{(II 10, 16)}$$

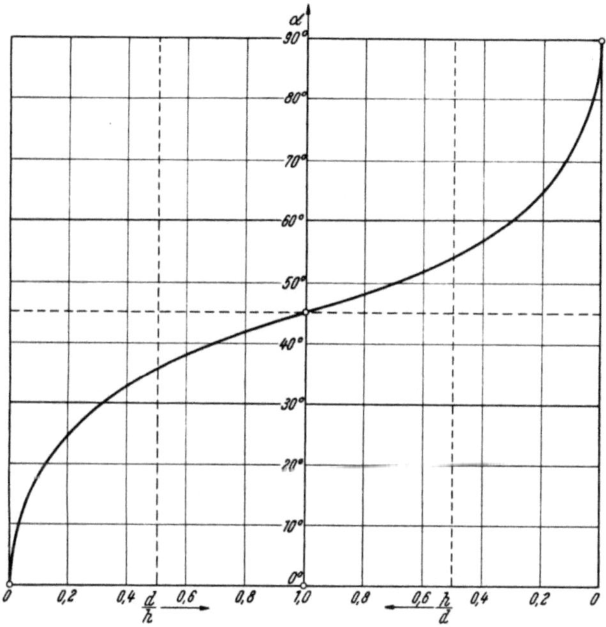

Abb. II 105. Der Modularwinkel a des Jochfeldes als Funktion der Abmessungen des Transformatorprofiles.

erhalten wir

$$\frac{1}{2}\,\mathrm{d} = \mathrm{C}\int_0^{\pi/2}\frac{\cos^2\vartheta'\,d\vartheta'}{\sqrt{1-\mathrm{k}^2\sin^2\vartheta'}} \equiv \frac{\mathrm{C}}{\mathrm{k}^2}\Bigg[\int_0^{\pi/2}\sqrt{1-\mathrm{k}^2\sin^2\vartheta'}\,d\vartheta' -$$

$$-\,\mathrm{k}'^2\int_0^{\pi/2}\frac{d\vartheta'}{\sqrt{1-\mathrm{k}^2\sin^2\vartheta'}}\Bigg] = \frac{\mathrm{C}}{\mathrm{k}^2}\,[\mathrm{E}-\mathrm{k}'^2\,\mathrm{K}].\qquad\text{(II 10, 17)}$$

3. Aus (II 10, 15) und (II 10, 17) folgt die Modulargleichung

$$\frac{\mathrm{d}}{\mathrm{h}} = \frac{\mathrm{E}-\mathrm{k}'^2\,\mathrm{K}}{\mathrm{E}'-\mathrm{k}^2\,\mathrm{K}'},\qquad\qquad\text{(II 10, 18)}$$

welche in Abb. II 105 ausgewertet wurde. C ist dann einer der Gleichungen zu entnehmen

$$\frac{\mathrm{C}}{\mathrm{k}^2} = \frac{1}{2}\,\frac{\mathrm{d}}{\mathrm{E}-\mathrm{k}'^2\,\mathrm{K}} = \frac{1}{2}\,\frac{\mathrm{h}}{\mathrm{E}'-\mathrm{k}^2\,\mathrm{K}'}.\qquad\text{(II 10, 19)}$$

4. Wir suchen die Lage der Originalpunkte

$$C' = \left(-\frac{1}{2}d, \frac{1}{2}h'\right); \qquad D' = \left(+\frac{1}{2}d, \frac{1}{2}h'\right) \qquad \text{(II 10, 20)}$$

auf $t = e^{i\tau}$: Sei $\zeta < \tau_0$ der Winkel zwischen der positiven r-Achse und dem nach D′ weisenden Fahrstrahl, ϑ_φ der entsprechende Hilfswinkel nach (II 10, 14), so folgt aus (II 10, 13) mit Hilfe der unvollständigen Elliptischen Integrale F′ erster Art und E′ zweiter Art des Moduls k′

$$\frac{1}{2}ih' = \frac{i}{k^2}C\left[\int_0^{\vartheta_\varphi}\sqrt{1-k'^2\sin^2\vartheta}\,d\vartheta - k^2\int_0^{\vartheta_\varphi}\frac{d\vartheta}{\sqrt{1-k'^2\sin^2\vartheta}}\right] =$$

$$= \frac{i}{k^2}C\left[E'(\vartheta_\varphi) - k^2 F'(\vartheta_\varphi)\right] \qquad \text{(II 10, 21)}$$

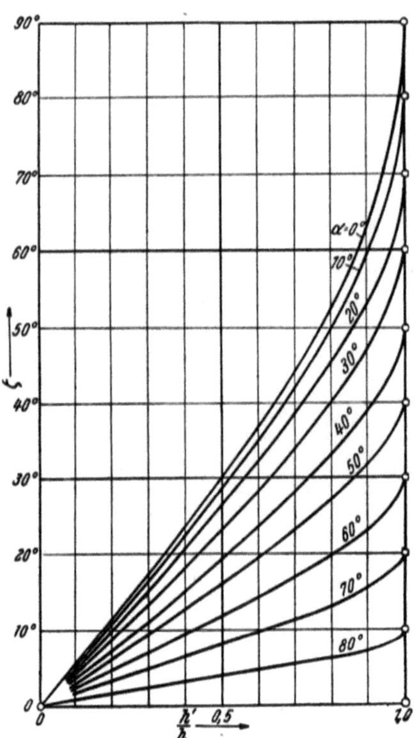

Abb. II 106. Jochfeld von Transformatoren: Relative Wicklungsbedeckung auf dem Einheitskreise.

und also, durch Vergleich mit (II 10, 15)

$$\frac{h'}{h} = \frac{E'(\vartheta_\varphi) - k^2 F'(\vartheta_\varphi)}{E' - k^2 K'}.$$

$$\text{(II 10, 22)}$$

Hieraus kann man für jedes vorgegebene Verhältnis h′/h den Winkel ϑ_φ bestimmen, aus welchem durch Vermittelung von (II 10, 14) der Winkel ζ für jeden Modularwinkel $\alpha = \arcsin k$ nach (II 10, 18) folgt [Abb. II 106].

f) In der t-Ebene mag man sich den Bereich $|t| < 1$ als vollkommen permeablen Körper vorstellen. Die längs seiner Grenze herrschenden Bedingungen ergeben sich durch Transformation von (II 10, 1) in die t-Ebene: Aus

$$\frac{\partial\varphi}{\partial y} = \frac{D}{h'}; \qquad x = \frac{1}{2}d,$$

$$0 \leq y \leq \frac{1}{2}h' \quad \text{(II 10, 23)}$$

schließen wir auf

$$\frac{\partial\varphi}{\partial\tau} = \frac{\partial\varphi}{\partial y}\cdot\frac{\partial y}{\partial\tau} = \frac{D}{h'}\cdot\frac{C}{k^2}\sqrt{k'^2-\sin^2\tau} =$$

$$= \frac{D}{2}\cdot\frac{h}{h'}\frac{\sqrt{k'^2-\sin^2\tau}}{E'-k^2K'}; \quad 0 \leq \tau \leq \zeta,$$

$$\text{(II 10, 24)}$$

während in $\zeta < \tau \leq \pi/2$ definitionsgemäß $\partial\varphi/\partial\tau$ verschwindet.

Setzt man diese Funktion symmetrisch in den Viertelkreis $0 > \tau > (-\pi/2)$ fest und spiegelt die resultierende Verteilung an der s-Achse, so entsteht eine längs $|t| = 1$ periodische Funktion, welche sich in die *Fourier*sche Reihe entwickeln läßt

$$\frac{\partial \varphi}{\partial \tau} = \sum_{m=0}^{\infty} a_{2m+1} \cos (2\,m + 1)\,\tau. \qquad \text{(II 10, 25)}$$

Insbesondere berechnet sich für m = 0 die Amplitude a_1 der Grundwelle zu

$$a_1 = \frac{D}{2}\frac{h}{h'}\frac{1}{E'-k^2 K'}\frac{4}{\pi}\int_0^{\zeta}\sqrt{k'^2 - \sin^2 \tau}\,\cos \tau \; d\tau =$$

$$= \frac{D}{2}\frac{h}{h'}\frac{k'^2}{E'-k^2 K'}\cdot\frac{4}{\pi}\int_0^{\vartheta_\varphi}\cos^2 \vartheta \; d\vartheta = \frac{D}{\pi}\frac{h}{h'}\frac{k'^2}{E'-k^2 K'}\left[\vartheta_\varphi + \frac{\sin 2\,\vartheta_\varphi}{2}\right],$$

$$\text{(II 10, 26)}$$

wobei der Zusammenhang von ϑ_φ mit ζ aus Abb. II 107 zu entnehmen ist. Für φ selbst folgt aus (II 10, 25) die Randbedingung

$$\varphi = \sum_{m=0}^{\infty}\frac{a_{2m+1}}{2\,m + 1}\sin (2\,m + 1)\,\tau$$

längs $|t| = 1$,

$$\text{(II 10, 27)}$$

welche nach (II 10, 2) durch die Forderung zu ergänzen ist

$$\lim_{|t|\to\infty} \varphi = 0. \qquad \text{(II 10, 28)}$$

Wir genügen der *Laplace*schen Gleichung samt den Bedingungen (II 10, 27) und (II 10, 28) durch

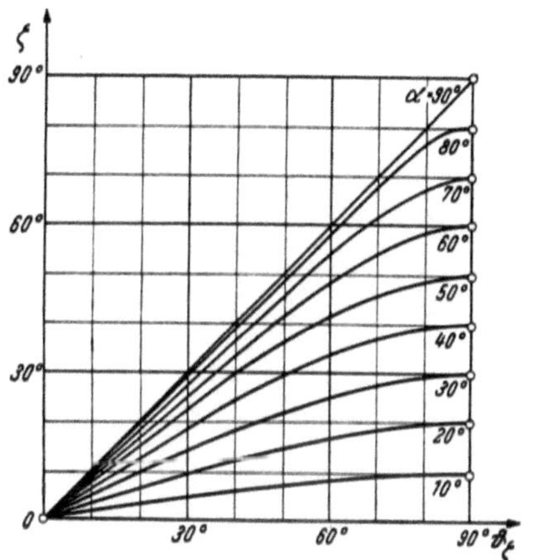

Abb. II 107. Relation zwischen den Winkeln ζ und $\vartheta\zeta$.

$$\varphi = \sum_{m=0}^{\infty}\varphi_{2m+1}\frac{\sin (2\,m + 1)\,\tau}{|t|^{2m+1}}; \quad \varphi_{2m+1} = \frac{a_{2m+1}}{2\,m + 1}. \quad \text{(II 10, 29)}$$

g) Längs des Einheitskreises der t-Ebene tritt die radiale Induktionskomponente auf

$$-\varPi\left(\frac{\partial \varphi}{\partial |t|}\right)_{|t|=1} = \varPi \sum_{m=0}^{\infty} a_{2m+1}\sin (2\,m + 1)\,\tau. \qquad \text{(II 10, 30)}$$

Je Längeneinheit senkrecht zur t-Ebene enthält somit das Teilfeld der Ordnungszahl $(2\,m + 1)$ die Freie Energie

$$W_{F_{2m+1}} = \frac{1}{2}\varPi\int_{\tau=0}^{2\pi}\frac{(a_{2m+1})^2}{2\,m + 1}\sin^2 (2\,m + 1)\,\tau \; d\tau = \frac{1}{2}\varPi \pi \frac{(a_{2m+1})^2}{2\,m + 1}. \quad \text{(II 10, 31)}$$

Insbesondere ist der zeitliche Mittelwert der Grundwellen-Feldenergie

$$W_{F_1} = \frac{1}{2}\varPi\cdot\pi\frac{h^2}{h'^2}\cdot\left(\frac{k'^2}{E'-k^2 K'}\right)^2\left(\vartheta_\varphi + \frac{\sin 2\,\vartheta_\varphi}{2}\right)^2 D_{\text{eff}}^2. \quad \text{(II 10, 32)}$$

Ihr entspricht für das gesamte Eisengestell die Blindleistung

$$\tilde{N}_1 = 2\,\omega\,W_{F1}\,S = \Pi\,\omega\,\pi\,S\,\frac{h^2}{h'^2}\left(\frac{k'^2}{E'-k^2\,K'}\right)^2\left(\vartheta_\varphi + \frac{\sin 2\,\vartheta_\varphi}{2}\right)^2 D_{eff}{}^2.$$

$$(\text{II } 10,\ 33)$$

Nun sei Q der wirksame Querschnitt je eines der n bewickelten Transformatorschenkel, B_{max} der Nennwert der in ihm einfach-harmonisch pulsierenden magnetischen Induktion, also

$$U_w = \frac{\omega\,B_{max}\cdot Q}{\sqrt{2}}$$

$$(\text{II } 10,\ 34)$$

der Nennwert der Windungsspannung. Beziehen wir D gleichfalls auf den Nennbetrieb des Transformators, so ist der effektive Nennstrombelag

$$A = \frac{D_{eff}}{h'},$$

$$(\text{II } 10,\ 35)$$

also die Nennleistung des Transformators

$$N_n = U_w \cdot A \cdot h' \cdot n = \omega \cdot \frac{B_{max}\cdot A}{\sqrt{2}}\,h' \cdot n.$$

$$(\text{II } 10,\ 36)$$

Die relative Joch-Streuspannung ε beträgt also

$$\varepsilon = \frac{\tilde{N}_1}{N_n} = \frac{\Pi \cdot A \cdot \sqrt{2}}{B_{max}} \cdot \frac{\pi\,S\,h^2}{Q\,h'\,n}\left(\frac{k'^2}{E'-k^2\,K'}\right)^2\left(\vartheta_\varphi + \frac{\sin 2\,\vartheta_\varphi}{2}\right)^2. \quad (\text{II } 10,\ 37)$$

II 11. Wechselstrommaschinen mit unsymmetrischem Walzenläufer.

a) In früheren Abschnitten haben wir das magnetische Feld von Wechselpol-Maschinen untersucht, deren Läufer als kreiszylindrische Walze ausgebildet ist. In vielen Fällen ist jedoch die Kreissymmetrie durch konstruktive Maßnahmen gestört. Abb. II 108 zeigt eine Wechselstrom-Maschine, deren Erregerwicklungen in den Nuten eines zweipoligen Walzenläufers untergebracht sind: Der Eisenquerschnitt der magnetischen Hauptachse wird eben durch jene Nuten im Verhältnis zur magnetischen Querachse geschwächt. Dieser Sachverhalt läßt sich mittels des Begriffes des wirksamen Luftspaltes δ_w quantitativ erfassen, welcher nach Ziffer II 6 die Feinstruktur des Feldes in der Umgebung der Nutenöffnung beschreibt. Legt man die x-Achse durch die Mitte des ungenuteten Läufersektors, so wirkt in ihrer Richtung der Läufer mit seiner großen Halbachse a, welche als Differenz des Ständer-Bohrungshalbmessers R und konstruktivem Luftspalt δ resultiert

$$a = R - \delta.$$

$$(\text{II } 11,\ 1)$$

Dagegen hat man in Richtung der y-Achse, welche durch das Zentrum des genuteten Läufersektors gelegt ist, die kleine Halbachse b als Differenz von Ständerbohrung R und wirksamen Luftspalt $\delta_w > \delta$ in Rechnung zu stellen:

$$b = R - \delta_w < a.$$

$$(\text{II } 11,\ 2)$$

Der Kürze halber ist in (II 11, 1) und (II 11, 2) die Ständernutung außer acht gelassen worden; man berücksichtigt sie nachträglich, indem man R durch den nach Maßgabe der Ständernuten vergrößerten, wirksamen Halbmesser R_w ersetzt.

b) Im Lichte der Gln. (II 11, 1) und (II 11, 2) ersetzen wir den unsymmetrischen, zweipoligen Walzenläufer durch einen Zylinder mit Ovalprofil, dessen Achse mit jener der kreiszylindrischen Ständerbohrung koinzidiert.

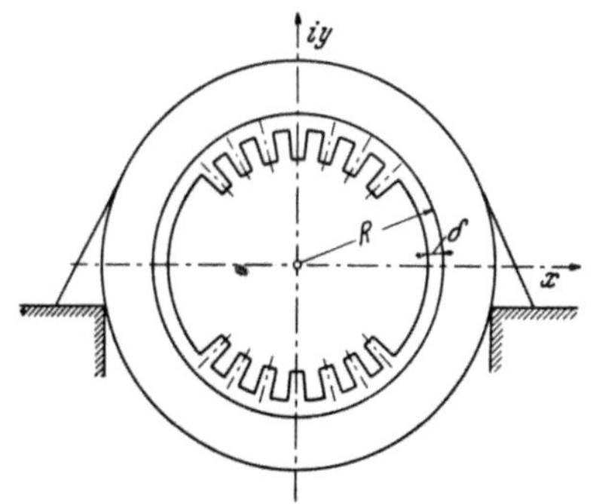

Abb. II 108. Modell einer Wechselstrommaschine mit genutetem Walzenläufer.

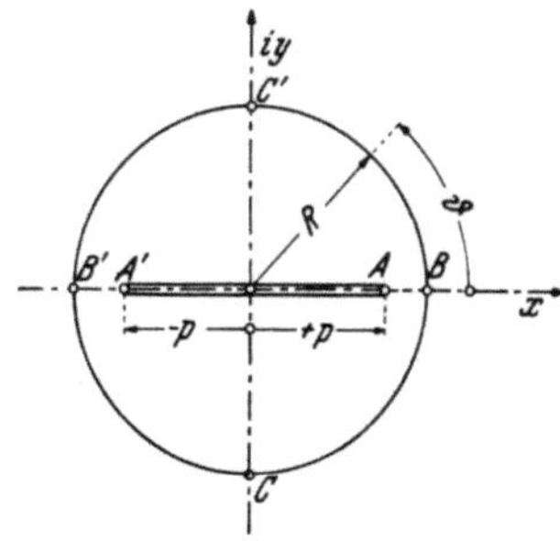

Abb. II 109. Zur Definition der Ovalkoordinaten.

Um dieses System der mathematischen Analyse zu erschließen, gehen wir zunächst auf die Anordnung der Abb. II 109 über: In ihr besitzt der Läufer die Gestalt einer Schiene der Breite 2 p bei gleichzeitig verschwindender Höhe. Wir bilden den Kreisbereich $|z| = |x + iy| < R$ mittels

$$w = \frac{1}{2}\left(\frac{R}{z} + \frac{z}{R}\right) \tag{II 11, 3}$$

auf die komplexe $w = u + iv$-Ebene ab. Die Umkehrfunktion

$$\frac{z}{R} = w \pm \sqrt{w^2 - 1} \tag{II 11, 4}$$

ist zweideutig; wir haben jenen Zweig zu benützen, welcher $|z| < R$ liefert, und symbolisieren ihn durch das Minuszeichen vor der Quadratwurzel. Als Bild des Kreises

$$z = R\,e^{i\vartheta}; \qquad 0 \leqq \vartheta < 2\pi \tag{II 11, 5}$$

erscheint in der w-Ebene die doppelt durchlaufene Strecke

$$u = \cos\vartheta. \tag{II 11, 6}$$

Durchläuft man (II 11, 5) gemäß Abb. II 109 im mathematisch-positiven Sinne von $B = (R, 0)$ über $C' = (0, iR)$, $B' = (-R, 0)$, $C = (0, -iR)$ nach B zurück, so bleibt der Bereich $|z| < R$ stets links vom Wege. Wir verlangen die Invarianz dieser geometrischen Zuordnung gegen die Transformation (II 11, 3); dann folgt die Lage der gleichnamigen Bildpunkte längs der Kontur (II 11, 6) der w-Ebene zu $B = (1, 0)$; $C' = (0, -i\,0)$; $B' = (-1, 0)$; $C = (0, +i\,0)$ im Einklang mit Abb. II 110.
Der doppelt durchlaufene Kreisdurchmesser

$$-R < x \pm i\,0 < +R \tag{II 11, 7}$$

geht mittels (II 11, 3) in die je doppelt durchlaufenen Strahlen $|u| > 1$ über; dabei korrespondiert das obere Ufer der Strecke (II 11, 7) den unteren Ufern der Strahlen und umgekehrt. Die „Brennlinie“

$$-p < x \pm i\,0 < +p \tag{II 11, 8}$$

liefert demgemäß die Strahlanteile

$$|u| > u_0 \equiv \frac{1}{k}. \qquad \text{(II 11, 9)}$$

Hier wurde der Modul $k = \arcsin \alpha$ durch die Definition eingeführt

$$k = \frac{2}{p/R + R/p} < 1; \qquad \operatorname{tg} \frac{\alpha}{2} = \frac{p}{R}. \qquad \text{(II 11, 10)}$$

Die Brennpunkte $\begin{smallmatrix} A \\ A' \end{smallmatrix} = \left(\begin{smallmatrix} + \\ - \end{smallmatrix}\, p, 0\right)$ der z-Ebene finden sich in $u = \pm\, 1/k$,

während $z = 0$ in den unendlich fernen Punkt der w-Ebene geworfen wird.

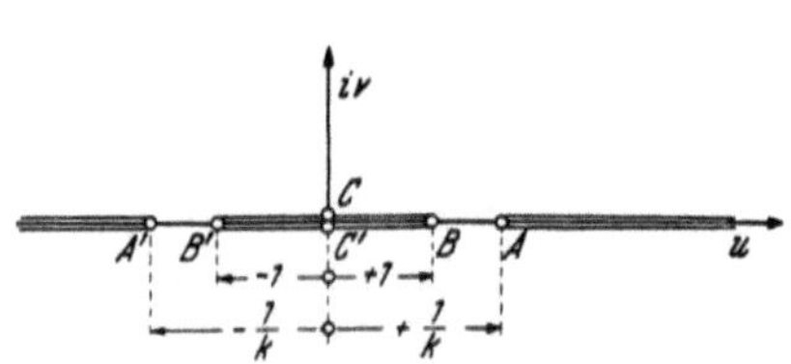

Abb. II 110. Transformation des Kreisumfanges und der Brennlinie in die w-Ebene.

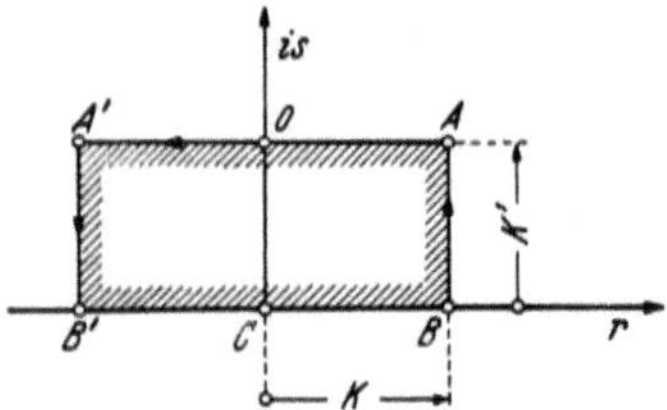

Abb. II 111. Abbildung der Halbebene $v > 0$ auf das Innere eines Rechteckes der t-Ebene.

Von der w-Ebene gehen wir auf die komplexe $t = r + i\,s$-Ebene über; dabei soll der Bereich $v > 0$ auf das Innere des Rechteckes

$$B = (r_B, 0); \qquad A = (r_B, i\,s_A); \qquad A' = (-r_B, i\,s_A); \qquad B' = (-r_B, 0)$$
$$\text{(II 11, 11)}$$

nach Abb. II 111 transformiert werden. Die zuständige *Schwarz-Christoffel*sche Differentialgleichung lautet

$$\frac{dt}{dw} = \frac{C}{\sqrt{(1 - w^2)(1 - k^2 w^2)}}. \qquad \text{(II 11, 12)}$$

Wählen wir $C = 1$, so finden wir für die Bestimmungsstücke des Rechteckes

$$r_B = \int_0^1 \frac{du}{\sqrt{(1 - u^2)(1 - k^2 u^2)}} = K(k); \qquad s_A = \int_1^{1/k} \frac{du}{\sqrt{(u^2 - 1)(1 - k^2 u^2)}} =$$
$$= K(k') \equiv K'(k), \qquad \text{(II 11, 13)}$$

wobei K das vollständige Elliptische Normalintegral erster Gattung des Moduls k, und K' jenes des Moduls $k' = \sqrt{1 - k^2}$ bezeichnet.

Bei der Transformation von der z- auf die t-Ebene ist der Halbkreisbogen $B' - C - B$ in die Strecke $(-K) < r < K$; $s = 0$ und die Brennlinie (II 11, 8) in die Strecke $K > r > (-K)$; $s = K'$ übergegangen. Wir erhalten somit das Profil eines unsymmetrischen Walzenläufers, indem wir eine innerhalb des Rechteckes (II 11, 11) parallel zur r-Achse verlaufende Gerade

$$t = r + i\,\gamma\,K'; \qquad \left. \begin{array}{c} -K < r < K \\ \gamma < 1 \end{array} \right\} \quad \text{(II 11, 14)}$$

in die z-Ebene rücktransformieren. Zu diesem Zwecke rufen wir die drei *Jacobi*schen Elliptischen Funktionen zu Hilfe

$$\operatorname{sn} t; \qquad \operatorname{cn} t = \sqrt{1-\operatorname{sn}^2 t}; \qquad \operatorname{dn} t = \sqrt{1-k^2\operatorname{sn}^2 t}. \qquad \text{(II 11, 15)}$$

Wegen $C = 1$ lautet zunächst die Umkehrung von (II 11, 12)

$$w = \operatorname{sn} t. \qquad \text{(II 11, 16)}$$

Mittels (II 11, 4) folgt hieraus weiter

$$\frac{z}{R} = w - \sqrt{w^2-1} = \operatorname{sn} t - i \operatorname{cn} t = \frac{1}{i}\, e^{i\,\mathrm{am}\,t}, \qquad \text{(II 11, 17)}$$

wobei am t den [komplexen] Winkel von sn t angibt. Insbesondere erhält man auf Grund des Additionstheoremes der *Jacobi*schen Funktionen für (II 11, 14)

$$\left.\begin{aligned}
\operatorname{sn} t &= \frac{\operatorname{sn} r \operatorname{cn} i\gamma\, K' \operatorname{dn} i\gamma\, K' + \operatorname{sn} i\gamma\, K' \operatorname{cn} r \operatorname{dn} r}{1 - k^2 \operatorname{sn}^2 r \operatorname{sn}^2 i\gamma\, K'}, \\[2mm]
\operatorname{cn} t &= \frac{\operatorname{cn} r \operatorname{cn} i\gamma\, K' - \operatorname{sn} r \operatorname{dn} r \operatorname{sn} i\gamma\, K' \operatorname{dn} i\gamma\, K'}{1 - k^2 \operatorname{sn}^2 r \operatorname{sn}^2 i\gamma\, K'}.
\end{aligned}\right\} \quad \text{(II 11, 18)}$$

Hierin gilt

$$\operatorname{sn}(i\gamma\, K', k) = i\,\frac{\operatorname{sn}(\gamma\, K', k')}{\operatorname{cn}(\gamma\, K', k')}; \qquad \operatorname{cn}(i\gamma\, K', k) = \frac{1}{\operatorname{cn}(\gamma\, K', k')};$$

$$\operatorname{dn}(i\gamma\, K', k) = \frac{\operatorname{dn}(\gamma\, K', k')}{\operatorname{cn}(\gamma\, K', k')}. \qquad \text{(II 11, 19)}$$

Schreiben wir abkürzend $\operatorname{sn}(\gamma\, K', k') = \operatorname{sn}'(\gamma\, K')$, $\operatorname{cn}(\gamma\, K', k') = \operatorname{cn}'(\gamma\, K')$, $\operatorname{dn}(\gamma\, K', k') = \operatorname{dn}'(\gamma\, K')$, so entsteht also aus (II 11, 18)

$$\left.\begin{aligned}
\operatorname{sn} t &= \frac{\operatorname{sn} r\,\dfrac{\operatorname{dn}'(\gamma\, K')}{\operatorname{cn}'^2(\gamma\, K')} + i \operatorname{cn} r \operatorname{dn} r\,\dfrac{\operatorname{sn}'(\gamma\, K')}{\operatorname{cn}'(\gamma\, K')}}{1 + k^2\,\dfrac{\operatorname{sn}'^2(\gamma\, K')}{\operatorname{cn}'^2(\gamma\, K')}}, \\[4mm]
\operatorname{cn} t &= \frac{\dfrac{\operatorname{cn}(r)}{\operatorname{cn}'(\gamma\, K')} - i \operatorname{sn} r \operatorname{dn} r\,\dfrac{\operatorname{sn}'(\gamma\, K')\,\operatorname{dn}'(\gamma\, K')}{\operatorname{cn}'^2(\gamma\, K')}}{1 + k^2\,\dfrac{\operatorname{sn}'^2(\gamma\, K')}{\operatorname{cn}'^2(\gamma\, K')}}.
\end{aligned}\right\} \quad \text{(II 11, 20)}$$

Wir substituieren diese Ausdrücke in (II 11, 17) und erhalten durch Trennung des Reellen vom Imaginären

$$\frac{x}{R} = \frac{1}{1 + k^2 \operatorname{sn}^2 r\,\dfrac{\operatorname{sn}'^2(\gamma\, K')}{\operatorname{cn}'^2(\gamma\, K')}}\left[\operatorname{sn} r\,\frac{\operatorname{dn}'(\gamma\, K')}{\operatorname{cn}'^2(\gamma\, K')} - \operatorname{sn} r \operatorname{dn} r\,\frac{\operatorname{sn}'(\gamma\, K')\operatorname{dn}'(\gamma\, K')}{\operatorname{cn}'^2(\gamma\, K')}\right] =$$

$$= \frac{\operatorname{sn} r \operatorname{dn}'(\gamma\, K')}{1 + \operatorname{dn} r \operatorname{sn}'(\gamma\, K')}, \qquad \text{(II 11, 21)}$$

$$\frac{y}{R} = \frac{1}{1 + k^2 \operatorname{sn}^2 r\,\dfrac{\operatorname{sn}'^2(\gamma\, K')}{\operatorname{cn}'^2(\gamma\, K')}}\left[\operatorname{cn} r \operatorname{dn} r\,\frac{\operatorname{sn}'(\gamma\, K')}{\operatorname{cn}'(\gamma\, K')} - \frac{\operatorname{cn} r}{\operatorname{cn}'(\gamma\, K')}\right] =$$

$$= -\frac{\operatorname{cn} r \operatorname{cn}'(\gamma\, K')}{1 + \operatorname{dn} r \operatorname{sn}'(\gamma\, K')}. \qquad \text{(II 11, 22)}$$

Auf Grund der Gesetze der konformen Abbildung definieren die Kurven r = const. einerseits, γ = const. andererseits in der z-Ebene ein System von Orthogonalkoordinaten, welche wir wegen ihrer vermittelnden Form zwischen Kreis und Brennlinie als *Ovalkoordinaten* bezeichnen; Abb. II 112 zeigt ihre Gestalt im Falle $\alpha = 85^0$. Um nun diese Koordinaten den vorgeschriebenen Halbachsen a und b des Läuferprofiles anzupassen, sind der Modul k und der Parameter γ zu bestimmen:

1. Mit r = K folgt aus (II 11, 21)

$$\frac{a}{R} = \frac{dn'(\gamma K')}{1 + k' sn'(\gamma K')} = \frac{1 - k' sn'(\gamma K')}{dn'(\gamma K')} = \sqrt{\frac{1 - k' sn(\gamma K')}{1 + k' sn(\gamma K')}}. \qquad (II\ 11,\ 24)$$

2. Mit r = 0 folgt aus (II 11, 22)

$$\frac{b}{R} = \frac{cn'(\gamma K')}{1 + sn'(\gamma K')} = \frac{1 - sn'(\gamma K')}{cn'(\gamma K')} = \sqrt{\frac{1 - sn'(\gamma K')}{1 + sn'(\gamma K')}}. \qquad (II\ 11,\ 25)$$

Man entnimmt hieraus zunächst den komplementären Modul

$$k' = \frac{1 - \left(\dfrac{a}{R}\right)^2}{1 + \left(\dfrac{a}{R}\right)^2} \cdot \frac{1 + \left(\dfrac{b}{R}\right)^2}{1 - \left(\dfrac{b}{R}\right)^2} \qquad (II\ 11,\ 26)$$

und kann nunmehr γ aus der Gleichung ermitteln

$$sn(\gamma K', k') = \frac{1 - \left(\dfrac{b}{R}\right)^2}{1 + \left(\dfrac{b}{R}\right)^2}. \qquad (II\ 11,\ 27)$$

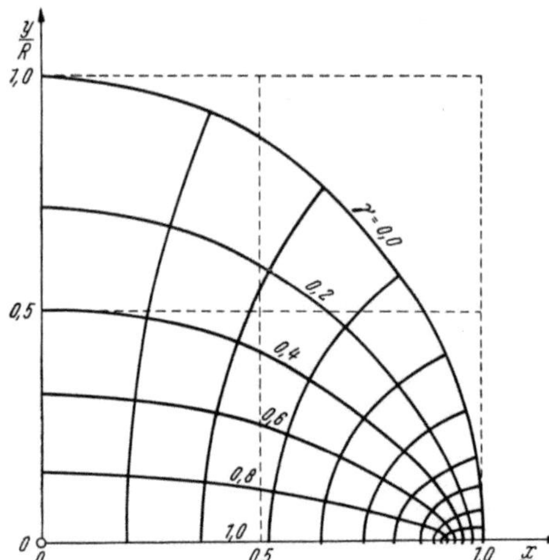

Abb. II 112. Ovalkoordinaten. $\alpha = 85^0$, k = 0,9962.

$$\frac{x}{R} = sn\ r\ \frac{dn(\gamma K', k')}{1 + sn(\gamma K', k') \cdot dn\ r}$$

$$\frac{y}{R} = cn\ r\ \frac{cn(\gamma K', k')}{1 + sn(\gamma K', k') \cdot dn\ r}.$$

c) Wir setzen die Maschine als unbelastet voraus und richten unser Augenmerk auf zwei ideelle Nuten von je verschwindender azimutaler Weite, welche in den Meridianebenen β und $(\beta + \pi)$ des Läufers fest angeordnet sind und die entgegengesetzt gleichen Durchflutungen $\pm$ D führen. Das Eisen sowohl des Läufers wie des Ständers wird als vollkommen permeabel vorausgesetzt. Für das reelle magnetische Skalarpotential φ entspringen somit die Randbedingungen

1. auf dem Läuferumfange

$$\left.\begin{array}{ll} \varphi = -\dfrac{1}{2}\,D; & \beta < \vartheta < \beta + \pi, \\[2ex] \varphi = +\dfrac{1}{2}\,D; & \beta + \pi < \vartheta < 2\,\pi + \beta. \end{array}\right\} \qquad (II\ 11,\ 28)$$

2. auf dem Ständerumfange

$$\varphi = 0. \qquad (II\ 11,\ 29)$$

Um sie in die t-Ebene zu übertragen, ergänzen wir das Rechteck (II 11, 11) durch die Gesamtheit aller kongruenten Rechtecke, welche aus jenem durch Translation um ein ganzes Vielfache von 2 K parallel zur r-Achse hervorgehen. Die Nutenöffnungen erscheinen in den Orten r_β und $r_\beta + 2\,K$ der Geraden $s = \gamma\,K'$, wobei r_β der Gleichung zu entnehmen ist

$$\operatorname{cotg}\beta = \left(\frac{x}{y}\right)_{\vartheta=\beta} = -\frac{\operatorname{sn} r_\beta}{\operatorname{cn} r_\beta} \cdot \frac{\operatorname{dn}'(\gamma\,K')}{\operatorname{cn}'(\gamma\,K')}; \quad \operatorname{tn} r_\beta = -\frac{\operatorname{cn}'(\gamma\,K')}{\operatorname{dn}'(\gamma\,K')}\operatorname{cotg}\beta.$$

$$\text{(II 11, 30)}$$

Daher lauten die Randbedingungen in der t-Ebene:
1. Längs $s = \gamma\,K'$

$$\left.\begin{aligned}
\varphi &= \tfrac{1}{2}\,D; & r_\beta &< r < r_\beta + 2\,K \\[2mm]
\varphi &= -\tfrac{1}{2}\,D; & r_\beta + 2\,K &< r_\beta < r + 4\,K.
\end{aligned}\right\} \text{ mod } 4\,K. \quad \text{(II 11, 31)}$$

Wir gehen zu einer $\overline{w} = \overline{u} + i\,\overline{v}$-Ebene über, indem wir setzen

$$\frac{dt}{d\overline{w}} = \frac{\overline{C}}{\sqrt{1 - \overline{w}^2}\,\sqrt{1 - \overline{k}^2\,\overline{w}^2}}. \quad \text{(II 11, 32)}$$

Der Modul $\overline{k}$ soll so bestimmt werden, daß die zugehörigen Elliptischen Normalintegrale $\overline{K}$ und $\overline{K}'$ den Gleichungen genügen

$$\left.\begin{aligned}
\overline{C}\,\overline{K}(\overline{k}) &= K(k), \\
\overline{C}\,\overline{K}'(\overline{k}) &= \gamma\,K'(k),
\end{aligned}\right\} \quad \text{(II 11, 33)}$$

also

$$\frac{\overline{K}'(\overline{k})}{\overline{K}(\overline{k})} = \gamma\,\frac{K'(k)}{K(k)}; \qquad \overline{C} = \frac{K(k)}{\overline{K}(\overline{k})}.$$

$$\text{(II 11, 34)}$$

Durch die Funktion

Abb. II 113. Übertragung der Randbedingungen in die t-Ebene.

$$\overline{w} = \operatorname{sn}\left[\frac{t - r_\beta}{\overline{C}}, \overline{k}\right] = \operatorname{sn}\left[\frac{\overline{K}}{K}(t - r_\beta), \overline{k}\right] \quad \text{(II 11, 35)}$$

wird somit gemäß Abb. II 113 die Halbebene $\overline{v} > 0$ derart auf das Innere des Rechteckes $(-K + r_\beta) < r < (K + r_\beta)$; $0 < s < \gamma\,K'$ abgebildet, daß die Punkte ± 1 der $\overline{u}$-Achse den Ecken $r = \pm K + r_\beta$; $s = 0$, die Punkte ± 1 der $\overline{u}$-Achse hingegen den Ecken $r = \pm K + r_\beta$; $s = \gamma\,K'$ korrespondieren. Insbesondere wird hierbei die Strecke $r_\beta < r < K + r_\beta$; $s = \gamma\,K'$ in $\overline{u} > 1/k$; $\overline{v} = 0$ überführt, während $(-K + r_\beta) < r < r_\beta$; $s = \gamma\,K'$ in $\overline{u} < -1/k$; $\overline{v} = 0$ transformiert wird. Da nun in der t-Ebene die Stromfunktion aus Symmetriegründen längs $r = r_\beta \pm K$ verschwindet, lauten die Randbedingungen des komplexen Potentiales $\chi = \varphi + i\,\psi$ in der $\overline{w}$-Ebene

$$\varphi = \pm\tfrac{1}{2}\,D \quad \text{für} \quad \overline{u} \gtrless \pm\frac{1}{k}; \quad \overline{v} = 0, \quad \text{(II 11, 36)}$$

$$\psi = 0 \quad \text{für} \quad 1 < |\overline{u}| < \frac{1}{k}; \quad \overline{v} = 0, \quad \text{(II 11, 37)}$$

$$\varphi = 0 \quad \text{für} \quad |\overline{u}| < 1; \quad \overline{v} = 0. \qquad (\text{II 11, } 38)$$

Wir stellen sie in der χ-Ebene nach Abb. II 115 dar und erhalten für deren Abbildung auf die $\overline{w}$-Ebene die *Schwarz-Christoffel*sche Differentialgleichung

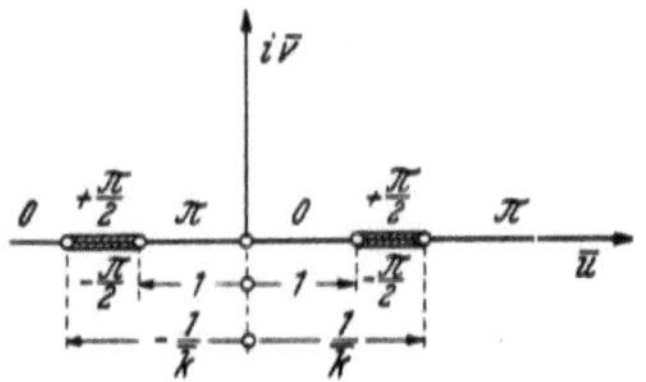

Abb. II 114. Verzweigungscharakter von

$$\frac{\overline{w}}{\sqrt{1 - \overline{w}^2}\,\sqrt{1 - \overline{k}^2\,\overline{w}^2}}.$$

$$\frac{d\chi}{d\overline{w}} = \overline{\overline{C}}\,\frac{\overline{w}}{\sqrt{1 - \overline{w}^2}\,\sqrt{1 - \overline{k}^2\,\overline{w}^2}}, \qquad (\text{II 11, } 39)$$

wobei der Verzweigungscharakter des Integranden aus Abb. II 114 hervorgeht. Durch Integration folgt hieraus

$$\chi = -\frac{\overline{C}}{\overline{k}}\,\operatorname{arsinh}\left(\frac{\overline{k}}{\overline{k}'}\,\sqrt{1 - \overline{w}^2}\right). \qquad (\text{II 11, } 40)$$

Da gemäß (II 11, 36) $\lim\limits_{\overline{w} \to \frac{1}{\overline{k}}} \chi = \frac{1}{2}\,D$ ist,

finden wir $\overline{\overline{C}} = \dfrac{D}{\pi\,i}\,\overline{k}$, also

$$\chi = -\frac{D}{\pi\,i}\,\operatorname{arsinh}\left(\frac{\overline{k}}{\overline{k}'}\,\sqrt{1 - \overline{w}^2}\right). \qquad (\text{II 11, } 41)$$

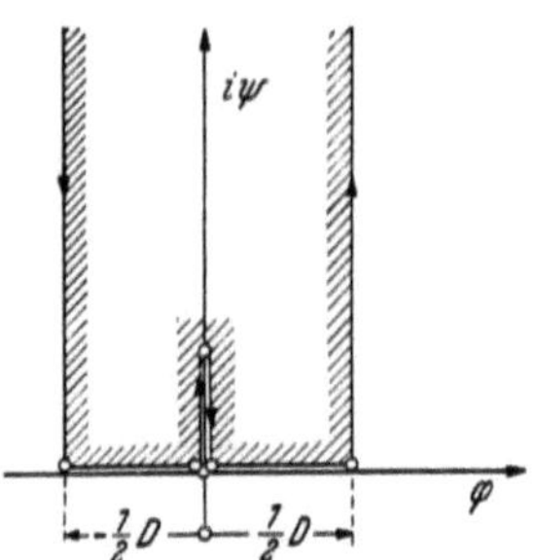

Abb. II 115. Übertragung der Randbedingungen in die χ-Ebene.

Welche Gestalt zeigt die Feldkurve längs des Ständerumfanges?

Wir gehen von der Gleichung aus

$$\frac{d\chi}{dz} = \frac{d\chi}{d\overline{w}} \cdot \frac{d\overline{w}}{dt} \cdot \frac{dt}{dz} = \frac{\overline{\overline{C}}}{\overline{C}}\,w \cdot \frac{dt}{dz} = \frac{D}{\pi\,i}\,\overline{k}\,\frac{\overline{K}\,(\overline{k})}{K\,(k)}\,\operatorname{sn}\left[\frac{\overline{K}}{K}\,(t - r_\beta),\,\overline{k}\right]\frac{dt}{dz}. \qquad (\text{II 11, } 42)$$

Nun folgt aus (II 11, 17) für $t = r$ und $z = R\,e^{i\vartheta}$

$$\vartheta = \operatorname{am} r - \frac{\pi}{2}; \qquad r = F\left(\frac{\pi}{2} + \vartheta,\,k\right) \qquad (\text{II 11, } 43)$$

und ebendort aus (II 11, 4), mit Rücksicht auf (II 11, 6),

$$\frac{1}{R} \cdot \frac{dz}{dt} = i\,e^{-i\vartheta}\,\sqrt{1 - k^2\cos^2\vartheta}, \qquad (\text{II 11, } 44)$$

also

$$\frac{d\chi}{dz} = -\frac{D}{\pi\,R}\,\overline{k}\,\frac{\overline{K}\,(\overline{k})}{K\,(k)}\,\frac{\operatorname{sn}\left[\overline{K}\dfrac{F\left(\dfrac{\pi}{2} + \vartheta,\,k\right) - r_\beta}{K},\,\overline{k}\right]}{\sqrt{1 - k^2\cos^2\vartheta}}\,e^{-i\vartheta}. \qquad (\text{II 11, } 45)$$

Da längs des Ständerumfanges das reelle Potential verschwindet, ist dort $\chi = i\,\psi$, und man hat

$$\frac{d\chi}{dz} = \frac{i\,d\psi}{i\,R\,e^{i\vartheta}\,d\vartheta} = e^{-i\vartheta}\,\frac{1}{R}\,\frac{d\psi}{d\vartheta} = -H_r\,e^{-i\vartheta}, \qquad (\text{II 11, } 46)$$

wobei H_r die [physikalische] Radialkomponente der magnetischen Feldstärke angibt. Der Vergleich von (II 11, 45) und (II 11, 46) liefert demnach

$$H_r = \frac{D}{\pi R}\,\bar{k}\,\frac{\overline{K}\,(\bar{k})}{K\,(k)}\,\frac{\operatorname{sn}\left[\overline{K}\,\dfrac{F\left(\dfrac{\pi}{2}+\vartheta,\,k\right)-r_\beta}{K},\,\bar{k}\right]}{\sqrt{1-k^2\cos^2\vartheta}}\,. \qquad (II\ 11,\ 47)$$

Der Kürze halber beschränken wir uns auf ein senkrecht zur Läufer-
Längsachse orientiertes Erreger-Nutenpaar $[\beta = \pi/2;\ r_\beta = 0]$ und besprechen folgende Sonderfälle:

1. Für $\gamma = 1$ reduziert sich das Läuferprofil auf die Brennlinie der
Ovalkoordinaten. Wegen $k \to \bar{k}$, $K \to \overline{K}$ folgt $\operatorname{sn}[F\,(\pi/2 + \vartheta,\,k),\,k] = \cos\vartheta$,
also

$$H_r = \frac{D}{\pi R}\,k\,\frac{\cos\vartheta}{\sqrt{1-k^2\cos^2\vartheta}}\,. \qquad (II\ 11,\ 48)$$

2. Für $\gamma \to 0$ nähert sich $\bar{k}$ der Eins, und daher wird

$$\operatorname{sn}\left[\overline{K}\,\frac{F\left(\dfrac{\pi}{2}+\vartheta,\,k\right)}{K},\,\bar{k}\right] = \pm 1\,;$$

hieraus entspringt

$$H_r = \frac{D}{\pi R}\,\frac{1}{K}\,\ln\frac{4}{\sqrt{1-\bar{k}^2}}\cdot\frac{\pm 1}{\sqrt{1-k^2\cos^2\vartheta}}\,. \qquad (II\ 11,\ 49)$$

3. Für kreiszylindrische Walzenläufer $[a \equiv b]$ resultiert aus (II 11, 26)
$k' = 1$, also $k = 0$; dagegen bleibt $\gamma\,K'$ endlich:

$$\lim_{k'\to 1}\operatorname{sn}(\gamma\,K',\,k') = \operatorname{tgh}\gamma\,K' = \frac{1-(b/R)^2}{1+(b/R)^2} \equiv \frac{1-(a/R)^2}{1+(a/R)^2}\,. \qquad (II\ 11,\ 50)$$

Da sich gleichzeitig K der Grenze $\pi/2$ nähert, gewinnt man aus (II 11, 34)

$$\frac{\overline{K}'\,(\bar{k})}{\overline{K}\,(\bar{k})} = \frac{\operatorname{artgh}\dfrac{1-(a/R)^2}{1+(a/R)^2}}{\pi/2} \equiv \frac{2}{\pi}\ln\frac{R}{a}\,;\quad q \equiv e^{-\pi\frac{\overline{K}'}{\overline{K}}} = \left(\frac{a}{R}\right)^2. \qquad (II\ 11,\ 51)$$

Mit Hilfe der Formel

$$\lim_{k\to 0} F\left(\frac{\pi}{2}+\vartheta,\,k\right) = \frac{\pi}{2}+\vartheta \qquad (II\ 11,\ 52)$$

wird also schließlich

$$H_r = \frac{D}{\pi R}\cdot\frac{2}{\pi}\cdot\bar{k}\cdot\overline{K}\,\operatorname{sn}\left[\frac{2}{\pi}\,\overline{K}\left(\frac{\pi}{2}+\vartheta\right),\,\bar{k}\right]. \qquad (II\ 11,\ 53)$$

In Ziffer I 16 haben wir die gleiche Potentialaufgabe mittels elementarer
Methoden behandelt. Passen wir die dort verwendeten Symbole den
jetzigen Bezeichnungen an und spezialisieren den Winkel $\alpha^{(n)}$ zu $\pi/2$, so
lautet die *Fourier*sche Reihe (I 16, 11) für $p = 1$, nach Division mit Π,

$$H_r = \frac{D}{\pi R}\,2\cdot\sum_{m=0}^{\infty}\frac{2}{q^{-\frac{2m+1}{2}}-q^{\frac{2m+1}{2}}}\sin\left\{(2\,m+1)\left(\frac{\pi}{2}+\vartheta\right)\right\}. \qquad (II\ 11,\ 54)$$

Die Identität von (II 11, 53) und (II 11, 54) führt also zu der trigonometrischen Reihe

$$\operatorname{sn}\left(\frac{2}{\pi}\,\overline{K}\,\vartheta',\,k\right)=\frac{\pi}{k\,\overline{K}}\sum_{m=0}^{\infty}\frac{2}{q^{-\frac{2m+1}{2}}-q^{\frac{2m+1}{2}}}\sin\{(2m+1)\,\vartheta'\}, \qquad (II\ 11,\ 55)$$

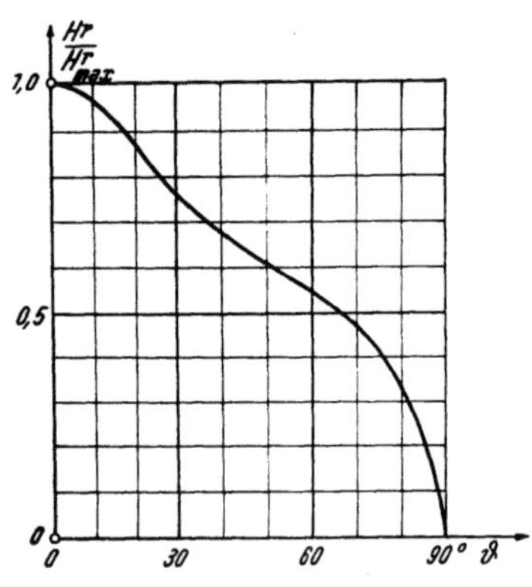

Abb. II 116. Relative Feldkurve eines Ovalläufers bei Erregung durch *ein* Nutenpaar in der neutralen Zone.

$$\frac{a}{R}=0{,}92. \qquad \frac{b}{R}=0{,}84.$$

$$k'=0{,}500. \quad k=0{,}866. \quad K=2{,}157.$$
$$K'=1{,}686. \quad \gamma=0{,}15.$$
$$\frac{\overline{K'}}{\overline{K}}=0{,}117. \quad \overline{K'}=\frac{\pi}{2}. \quad \overline{K}=13{,}45.$$

welche wir in Gl. (I 16, 17) gerade umgekehrt zur Summation der trigonometrischen Reihe benützten.

4. Im allgemeinen Fall sei die in $\vartheta=0$ auftretende Feldamplitude mit $H_{r_{max}}$ bezeichnet; aus (II 11, 47) folgt dann für $r_\beta=0$,

$$\frac{H_r}{H_{r_{max}}}=\frac{\sqrt{1-k^2}\,\operatorname{sn}\left[\overline{K}\,\dfrac{F\left(\dfrac{\pi}{2}+\vartheta,\,k\right)}{K},\,\overline{k}\right]}{\sqrt{1-k^2\cos^2\vartheta}},$$
$$(II\ 11,\ 56)$$

Abb. II 116 zeigt die hiernach berechnete, relative Feldkurve für das Beispiel $a/R=0{,}92$; $b/R=0{,}84$.

d) Wir gehen zur belasteten Maschine über und fragen nach jenem Sekundärfelde [Index s], welches allein von den Ständerströmen erregt wird. Es wird lediglich jene Grundwelle des Strombelages berücksichtigt, welche relativ zum Läufer ruht:

$$A=-A_{max}\cdot\sin(\vartheta-\vartheta_0)\equiv-A_g\sin\vartheta+A_q\cos\vartheta. \qquad (II\ 11,\ 57)$$

Die Komponente

$$-A_g\sin\vartheta=-(A_{max}\cdot\cos\vartheta_0)\sin\vartheta \qquad (II\ 11,\ 58)$$

beschreibt das antiparallel zur Hauptachse wirksame Gegenfeld, die Komponente

$$A_q\cos\vartheta=(A_{max}\cdot\sin\vartheta_0)\cos\vartheta \qquad (II\ 11,\ 59)$$

das senkrecht zur Hauptachse wirksame Querfeld. Das sekundäre magnetische Skalarpotential genügt daher den Ständer-Randbedingungen

$$\left.\begin{array}{ll}\varphi_s=\varphi_g\cos\vartheta; & \varphi_g=A_g\,R\ \text{für das Gegenfeld,}\\[2mm]\varphi_s=\varphi_q\sin\vartheta; & \varphi_q=A_q\,R\ \text{für das Querfeld,}\end{array}\right\} \quad (II\ 11,\ 60)$$

während längs des Läuferprofiles gilt

$$\varphi_s=0. \qquad (II\ 11,\ 61)$$

In der t-Ebene lauten diese Bedingungen

$$\varphi_s = \varphi_g \operatorname{sn} r = \varphi_g \frac{\pi}{k\,K} \cdot \sum_{m=0}^{\infty} \frac{\sin (2\,m + 1)\dfrac{\pi}{2}\dfrac{r}{K}}{\sinh (2\,m + 1)\dfrac{\pi}{2}\dfrac{K'}{K}} \quad \text{[Gegenfeld]}$$

$$\varphi_s = \varphi_q \operatorname{cn} r = \varphi_q \cdot \frac{\pi}{k\,K} \sum_{m=0}^{\infty} \frac{\cos (2\,m + 1)\dfrac{\pi}{2}\dfrac{r}{K}}{\cosh (2\,m + 1)\dfrac{\pi}{2}\dfrac{K'}{K}} \quad \text{[Querfeld]}$$

$$\left.\vphantom{\sum_{m=0}^{\infty}}\right\} \; s = 0 \tag{II 11, 62}$$

und $\qquad\qquad \varphi_s = 0; \qquad s = \gamma\,K'.$ $\qquad\qquad$ (II 11, 63)

Hieraus folgen die Potentialfunktionen

$$\varphi_s = \varphi_g \frac{\pi}{k\,K} \sum_{m=0}^{\infty} \frac{\sin (2\,m + 1)\dfrac{\pi}{2}\dfrac{r}{K}\,\sinh (2\,m + 1)\dfrac{\pi}{2}\dfrac{\gamma\,K' - s}{K}}{\sinh (2\,m + 1)\dfrac{\pi}{2}\dfrac{K'}{K}\,\sinh (2\,m + 1)\dfrac{\pi}{2}\dfrac{\gamma\,K'}{K}} \quad \text{[Gegenfeld]},$$

$$\varphi_s = \varphi_q \frac{\pi}{k\,K} \sum_{m=0}^{\infty} \frac{\cos (2\,m + 1)\dfrac{\pi}{2}\dfrac{r}{K}\,\sinh (2\,m + 1)\dfrac{\pi}{2}\dfrac{\gamma\,K' - s}{K}}{\cosh (2\,m + 1)\dfrac{\pi}{2}\dfrac{K'}{K}\,\sinh (2\,m + 1)\dfrac{\pi}{2}\dfrac{\gamma\,K'}{K}} \quad \text{[Querfeld]},$$
$$\tag{II 11, 64}$$

welche wir durch die Stromfunktionen ergänzen

$$\psi_s = -\varphi_g \frac{\pi}{k\,K} \sum_{m=0}^{\infty} \frac{\cos (2\,m + 1)\dfrac{\pi}{2}\dfrac{r}{K}\,\cosh (2\,m + 1)\dfrac{\pi}{2}\dfrac{\gamma\,K' - s}{K}}{\sinh (2\,m + 1)\dfrac{\pi}{2}\dfrac{K'}{K}\,\sinh (2\,m + 1)\dfrac{\pi}{2}\dfrac{\gamma\,K'}{K}} \quad \text{[Gegenfeld]},$$

$$\psi_s = \varphi_q \cdot \frac{\pi}{k\,K} \cdot \sum_{m=0}^{\infty} \frac{\sin (2\,m + 1)\dfrac{\pi}{2}\dfrac{r}{K}\,\cosh (2\,m + 1)\dfrac{\pi}{2}\dfrac{\gamma\,K' - s}{K}}{\cosh (2\,m + 1)\dfrac{\pi}{2}\dfrac{K'}{K}\,\sinh (2\,m + 1)\dfrac{\pi}{2}\dfrac{\gamma\,K'}{K}} \quad \text{[Querfeld]}.$$
$$\tag{II 11, 65}$$

Wir berechnen hieraus die Feldkomponenten, welche in der t-Ebene gegen das Bild der Ständeroberfläche weisen:

$$\left(\frac{\partial \varphi_s}{\partial s}\right)_{s=0} = \left(-\frac{\partial \psi_s}{\partial r}\right)_{s=0} =$$

$$= -\varphi_g \frac{\pi^2}{2\,k\,K^2} \sum_{m=0}^{\infty} (2\,m + 1) \cdot \frac{\sin (2\,m + 1)\dfrac{\pi}{2}\dfrac{r}{K}}{\sinh (2\,m + 1)\dfrac{\pi}{2}\dfrac{K'}{K}} \cdot \operatorname{cotgh} (2\,m + 1) \frac{\pi}{2}\frac{\gamma\,K'}{K}$$
$$\text{[Gegenfeld]},$$

$$\left(\frac{\partial \varphi_s}{\partial s}\right)_{s=0} = \left(-\frac{\partial \psi_s}{\partial r}\right)_{s=0} =$$

$$= -\varphi_q \frac{\pi^2}{2\,k\,K^2} \sum_{m=0}^{\infty} (2\,m + 1) \cdot \frac{\cos (2\,m + 1)\dfrac{\pi}{2}\dfrac{r}{K}}{\cosh (2\,m + 1)\dfrac{\pi}{2}\dfrac{K'}{K}} \cdot \operatorname{cotgh} (2\,m + 1) \frac{\pi}{2}\frac{\gamma\,K'}{K}$$
$$\text{[Querfeld]}.$$
$$\tag{II 11, 66}$$

Zum Zwecke ihrer Rücktransformation in die z-Ebene bedienen wir uns der Relation

$$H^r = -\left(\frac{\partial \varphi_s}{\partial |z|}\right)_{|z|=R} = -\frac{1}{R}\cdot\left(\frac{\partial \psi_s}{\partial \vartheta}\right)_{|z|=R} = -\frac{1}{R}\cdot\left(\frac{\partial \psi_s}{\partial r}\right)_{s=0}\left(\frac{dr}{du}\right)_{v=0}\cdot\left(\frac{du}{d\vartheta}\right)_{|z|=R} =$$

$$= +\frac{1}{R}\frac{1}{\sqrt{1-k^2\cos^2\vartheta}}\left(\frac{\partial \psi_s}{\partial r}\right)_{s=0}. \qquad (\text{II } 11, \ 67)$$

und erhalten mit Rücksicht auf (II 11, 43)

$$H^r_g = -\frac{\varphi_g}{R}\cdot\frac{\pi^2}{2\,k\,K^2}\frac{1}{\sqrt{1-k^2\cos^2\vartheta}}\cdot$$

$$\cdot\sum_{m=0}^{\infty}(2\,m+1)\frac{\sin(2\,m+1)\dfrac{\pi}{2}\dfrac{F(\pi/2+\vartheta,\,k)}{K}}{\sinh(2\,m+1)\dfrac{\pi}{2}\dfrac{K'}{K}}\ \text{cotgh}\,(2\,m+1)\frac{\pi}{2}\frac{\gamma\,K'}{K}$$

[Gegenfeld],

$$H^r_q = -\frac{\varphi_q}{R}\cdot\frac{\pi^2}{2\,k\,K^2}\frac{1}{\sqrt{1-k^2\cos^2\vartheta}}\cdot$$

$$\cdot\sum_{m=0}^{\infty}(2\,m+1)\frac{\cos(2\,m+1)\dfrac{\pi}{2}\dfrac{F(\pi/2+\vartheta,\,k)}{K}}{\cosh(2\,m+1)\dfrac{\pi}{2}\dfrac{K'}{K}}\ \text{cotgh}\,(2\,m+1)\frac{\pi}{2}\frac{\gamma\,K'}{K}$$

[Querfeld].
(II 11, 68)

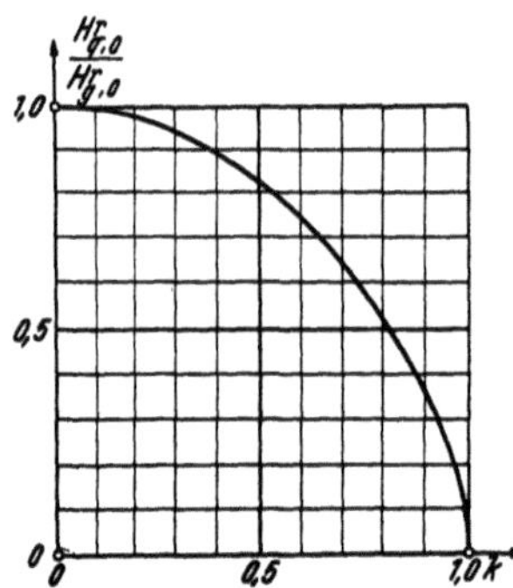

Abb. II 117. Das Verhältnis der Grund-Amplitude des Querfeldes zu jener des Gegenfeldes als Funktion des Moduls k im Falle $\varphi_g = \varphi_q$.

Für kleine γ überwiegen die Anfangsglieder $m = 0$ dieser Reihen. Die Amplituden dieser „Grundwellen" betragen

$$H^r_{g,\,0} = -\frac{\varphi_g}{R}\frac{\pi^2}{2\,k\,K^2}\frac{1}{\sqrt{1-k^2}}\frac{\text{cotgh}\,\dfrac{\pi}{2}\dfrac{\gamma\,K'}{K}}{\sinh\dfrac{\pi}{2}\dfrac{K'}{K}}$$

[Gegenfeld],

$$H^r_{q,\,0} = -\frac{\varphi_q}{R}\frac{\pi^2}{2\,k\,K^2}\cdot 1\cdot\frac{\text{cotgh}\,\dfrac{\pi}{2}\dfrac{\gamma\,K'}{K}}{\cosh\dfrac{\pi}{2}\dfrac{K'}{K}}$$

[Querfeld].
(II 11, 69)

Ihr Verhältnis

$$\frac{H^r_{q,\,0}}{H^r_{g,\,0}} = \frac{\varphi_q}{\varphi_g}\sqrt{1-k^2}\ \text{tgh}\,\frac{\pi}{2}\frac{K'}{K} \qquad (\text{II } 11, \ 70)$$

ist unabhängig vom Parameter γ [Abb. II 117]. Der Verlauf der Grundfelder längs des Ständerumfanges ist in Abb. II 118 dargestellt.

e) Welche Freie Energie W ist je achsiale Längeneinheit der Maschine mit dem Sekundärfelde verbunden?

In der t-Ebene gilt

$$W = \frac{1}{2}\, \Pi \cdot 2 \cdot \int_{-K}^{+K} \left(-\varphi_s\, \frac{\partial \psi_s}{\partial r} \right)_{s=0} dr. \qquad (II\ 11,\ 71)$$

Daher finden wir aus (II 11, 62) und (II 11, 66)

$$W_g = \frac{1}{2}\, \Pi\, \varphi_g^2 \left(\frac{\pi}{k\,K} \right)^2 \pi \sum_{m=0}^{\infty} (2\,m+1) \frac{\operatorname{cotgh}(2\,m+1)\dfrac{\pi}{2}\dfrac{\gamma\,K'}{K}}{\sinh^2(2\,m+1)\dfrac{\pi}{2}\dfrac{K'}{K}}\quad \text{[Gegenfeld]},$$

$$W_q = \frac{1}{2}\, \Pi\, \varphi_q^2 \left(\frac{\pi}{k\,K} \right)^2 \pi \sum_{m=0}^{\infty} (2\,m+1) \frac{\operatorname{cotgh}(2\,m+1)\dfrac{\pi}{2}\dfrac{\gamma\,K'}{K}}{\cosh^2(2\,m+1)\dfrac{\pi}{2}\dfrac{K'}{K}}\quad \text{[Querfeld]}.$$

$$(II\ 11,\ 72)$$

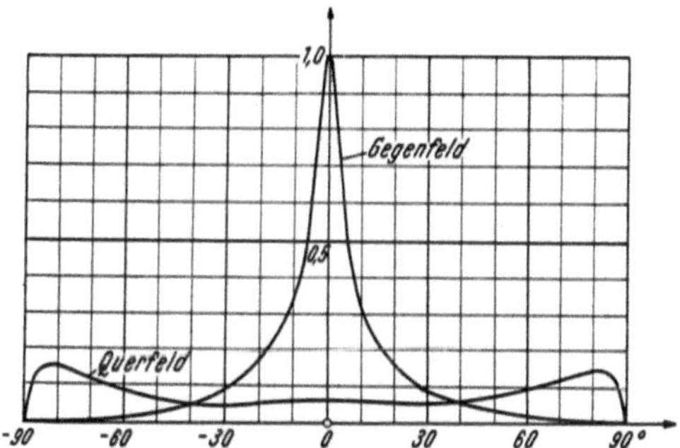

Abb. II 118. Verlauf des Gegenfeldes und des Querfeldes einer Maschine mit Ovalläufer: p/R = 0,916; k = sin 85°; $\gamma = 0{,}1$.
Die Abszisse ist jedesmal vom Orte der Amplitude aus gemessen. Als Einheit der Ordinate dient die Gegenfeld-Amplitude.

In der Grenze $\gamma \to 1$, $k \to 0$ folgt wegen $K = \pi/2 + \ldots$; $K' = \ln 4/k + \ldots$; $\sinh(2\,m+1)\pi/2\,K'/K = 1/2\,(4/k)^{2m+1} + \ldots$; $\cosh(2\,m+1)\pi/2\,K'/K = 1/2\,(4/k)^{2m+1} + \ldots$; $\operatorname{cotgh}(2\,m+1)\pi/2\,K'/K = 1 + \ldots$ sowohl für W_g wie für W_q jedesmal die der Erregung entsprechende Freie Feldenergie der Maschine bei herausgenommenem Läufer:

$$\left. \begin{aligned} W_{g,\,0} &= \lim_{\gamma\to 1,\,k\to 0} W_g = \frac{1}{2}\, \Pi\, \varphi_g^2\, \pi, \\[2ex] W_{q,\,0} &= \lim_{\gamma\to 1,\,k\to 0} W_q = \frac{1}{2}\, \Pi\, \varphi_q^2\, \pi. \end{aligned} \right\} \qquad (II\ 11,\ 73)$$

so daß wir statt (II 11, 72) schreiben können

$$\left.\begin{aligned}
\frac{W_g}{W_{g,0}} &= \left(\frac{\pi}{k\,K}\right)^2 \sum_{m=0}^{\infty} (2\,m+1)\,\frac{\cotgh\,(2\,m+1)\dfrac{\pi}{2}\dfrac{\gamma\,K'}{K}}{\sinh^2\,(2\,m+1)\dfrac{\pi}{2}\dfrac{K'}{K}}\;, \\[2ex]
\frac{W_q}{W_{q,0}} &= \left(\frac{\pi}{k\,K}\right)^2 \sum_{m=0}^{\infty} (2\,m+1)\,\frac{\cotgh\,(2\,m+1)\dfrac{\pi}{2}\dfrac{\gamma\,K'}{K}}{\cosh^2\,(2\,m+1)\dfrac{\pi}{2}\dfrac{K'}{K}}\;.
\end{aligned}\right\} \quad \text{(II 11, 74)}$$

Andererseits vergleichen wir die Werte (II 11, 72) mit der Freien Feldenergie W' einer virtuellen Maschine mit kreiszylindrischem Läufer, dessen
Radius gleich der großen Halbachse des Ovalläufers ist. Diese Maschine
[Adskript*] entsteht aus der vorgegebenen gemäß (II 11, 26) und (II 11, 50)
durch den Grenzübergang

$$k^* \to 1; \qquad \tgh\,\gamma^*\,K^* = \frac{1-(a/R)^2}{1+(a/R)^2}, \qquad \text{(II 11, 75)}$$

$$K^* = \frac{\pi}{2} + \ldots; \quad K'^* = \ln\frac{4}{k^*} + \ldots; \quad \sinh\,(2\,m+1)\frac{\pi}{2}\frac{K'^*}{K^*} =$$

$$= \cosh\,(2\,m+1)\frac{\pi}{2}\frac{K'^*}{K^*} = \frac{1}{2}\left(\frac{4}{k^*}\right)^{2\,m+1} + \ldots,$$

mittels dessen wir finden

$$W' = \frac{1}{2}\,\Pi\,\varphi'^2 \cdot \pi \cdot \frac{1+(a/R)^2}{1-(a/R)^2} = \frac{1}{2}\,\Pi\,\varphi'^2\,\frac{\pi}{k'\,\sn'\,\gamma\,K'}\;;$$

$$\varphi' = \begin{matrix} \varphi_g & [\text{Gegenfeld}] \\ \varphi_q & [\text{Querfeld}] \end{matrix}\;, \qquad \text{(II 11, 76)}$$

also

$$\frac{W_g}{W'} = \left(\frac{\pi}{k\,K}\right)^2 k'\,\sn'\,(\gamma\,K') \sum_{m=0}^{\infty} (2\,m+1)\,\frac{\cotgh\,(2\,m+1)\dfrac{\pi}{2}\dfrac{\gamma\,K'}{K}}{\sinh^2\,(2\,m+1)\dfrac{\pi}{2}\dfrac{K'}{K}}\;,$$

$$\frac{W_q}{W'} = \left(\frac{\pi}{k\,K}\right)^2 k'\,\sn'\,(\gamma\,K') \sum_{m=0}^{\infty} (2\,m+1)\,\frac{\cotgh\,(2\,m+1)\dfrac{\pi}{2}\dfrac{\gamma\,K'}{K}}{\sinh^2\,(2\,m+1)\dfrac{\pi}{2}\dfrac{K'}{K}}\;.$$

$$\text{(II 11, 77)}$$

Die Kombination dieser Gleichungen liefert für hinreichend kleine γ
als Verhältnis der Freien Querfeldenergie zu jener des Gegenfeldes

$$\lim_{\gamma \to 0} \frac{W_q}{W_g} = \tgh^2\,\frac{\pi}{2}\,\frac{K'}{K}\;. \qquad \text{(II 11, 78)}$$

Als Energiekontrast definieren wir

$$\varkappa = 1 - \frac{W_q}{W_g}\;, \qquad \text{(II 11, 79)}$$

so daß

$$\lim_{\gamma \to 0} \varkappa = \frac{1}{\cosh^2 \dfrac{\pi}{2}\dfrac{K'}{K}} \qquad\qquad (\text{II } 11,\ 80)$$

resultiert; Abb. II 119 zeigt den Gang der Funktionen (II 11, 78) und (II 11, 80) mit dem Modularwinkel.

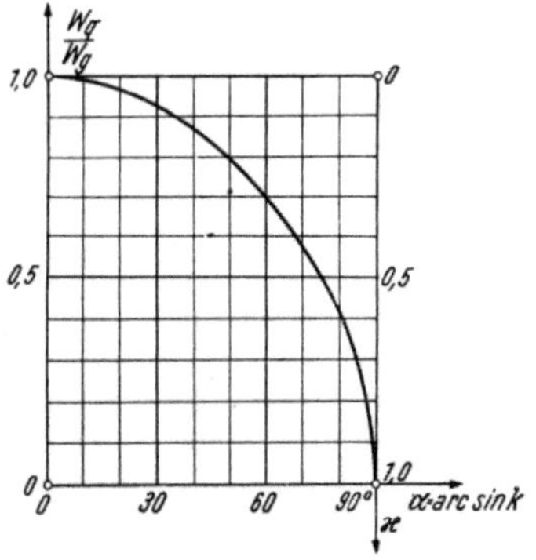

Abb. II 119. Vergleich der Freien Energie des Querfeldes mit jener des Gegenfeldes im Falle $\gamma \to 0$.

Abb. II 120. Orientierung am Modell der zweipoligen Wechselstrommaschine.

f) Als Zahlenbeispiel behandeln wir die Anker-Rückwirkung einer Maschine der Daten

$$k = \sin 35^0 = 0,574;\quad k' = \sin 55^0 = 0,819;\quad \gamma = 0,05.$$

Hieraus folgt $K = 1,731$; $K' = 2,035$, und mittels der Gln. (II 11, 24), (II 11, 25)

$$\frac{a}{R} = \frac{1 - 0,8 \cdot 0,101}{0,994} = 0,924;\qquad \frac{b}{R} = \frac{1 - 0,101}{0,990} = 0,907$$

sowie

$$\frac{W_g}{W'} = \left(\frac{\pi}{0,574 \cdot 1,731}\right)^2 0,819 \cdot 0,101 \frac{10,80}{(3,101)^2} = 92\%,$$

$$\frac{W_q}{W'} = \left(\frac{\pi}{0,574 \cdot 1,731}\right)^2 0,819 \cdot 0,101 \frac{10,80}{1 + (3,101)^2} = 83,4\%,$$

also

$$\frac{W_q}{W_g} = 0,905;\qquad \varkappa = 0,095.$$

II 12. Ankerrückwirkung in Wechselstrommaschinen mit Einzelpolen.

a) Abb. II 120 zeigt das zu untersuchende Modell einer zweipoligen Maschine. Der Ständer wird durch einen Hohlzylinder vom aktiven Halbmesser R dargestellt, welcher aus dem konstruktiven Bohrungshalbmesser mit Rücksicht auf die Ständernutung zu berechnen ist. Das Polprofil des Läufers ist so geformt, daß bei seiner Erregung mittels der auf den Schenkeln befindlichen Spulen längs des Ständerumfanges eine mit dem Azimut a einfach-harmonisch veränderliche Primärfeldkurve [Index p] erzeugt wird

$$\underset{p}{B_\varrho} = B_{max} \cdot \cos \alpha \quad \text{für} \quad \varrho = R. \qquad (II\ 12,\ 1)$$

b) Der Ursprung des *Gauß*schen Bezugssystemes $z = x + i\,y$ koinzidiert mit der Maschinenachse; die x-Achse weist in die Hauptrichtung des Primärfeldes, die y-Achse also in seine neutrale Zone. Ständer- und Läufereisen gelten als vollkommen permeabel. Das reelle Primärpotential verschwindet somit auf dem Ständerumfang

$$\varphi_p = 0 \quad \text{für} \quad |z| = R. \qquad (II\ 12,\ 2)$$

Dagegen nimmt es auf der Läuferoberfläche die Werte an

$$\varphi_p = \pm\,\varphi_0 \text{ auf dem } \begin{matrix} \text{Nordpol} \\ \text{Südpol.} \end{matrix} \qquad (II\ 12,\ 3)$$

Diesen Randbedingungen genügt das komplexe Primärpotential

$$\chi_p = \frac{\varphi_0'}{2} \cdot \left(\frac{R}{z} - \frac{z}{R} \right); \quad \varphi_0' = R \cdot \frac{B_{max}}{2}. \qquad (II\ 12,\ 4)$$

Ist der engste Luftspalt δ zwischen Ständer und Läufer vorgegeben, so lautet also die Gleichung des Polprofiles

$$\frac{\varphi_0'}{2} \left(\frac{R}{|z|} - \frac{|z|}{R} \right) \cos \alpha = \frac{\varphi_0'}{2} \left(\frac{R}{R-\delta} - \frac{R-\delta}{R} \right) = \varphi_0. \qquad (II\ 12,\ 5)$$

Mittels der Gleichung

$$\varphi_0 = \varphi_0'\,u_0; \quad u_0 = \frac{1}{2} \left(\frac{R}{R-\delta} - \frac{R-\delta}{R} \right) = u_0 \left(\frac{\delta}{R} \right) \qquad (II\ 12,\ 6)$$

definieren wir den Polparameter u_0 gemäß Abb. II 121.

c) Bei Belastung der Maschine überlagert sich ihrem Primärfelde das Sekundärfeld [Index s]. Es verdanke seine Entstehung einem längs des aktiven Ständerumfanges harmonisch verteilten Strombelag

$$A = -\,A_{max} \cdot \sin (\alpha - \alpha_0) \equiv -\,A_g \sin \alpha + A_q \cos \alpha, \qquad (II\ 12,\ 7)$$

wobei $A_g = A_{max} \cos \alpha_0$ die Amplitude des Gegenfeld-Strombelages, $A_q = A_{max} \sin \alpha_0$ jene des Querfeld-Strombelages mißt. Das reelle Sekundärpotential genügt daher den Ständer-Randbedingungen

$$\left. \begin{aligned} \varphi_s &= \varphi_g \cos \alpha; & \varphi_g &= A_g\,R \ \text{ für das Gegenfeld,} \\ \varphi_s &= \varphi_q \sin \alpha; & \varphi_q &= A_q\,R \ \text{ für das Querfeld,} \end{aligned} \right\} \qquad (II\ 12,\ 8)$$

während auf dem Läuferprofil

$$\varphi_s = 0 \qquad (II\ 12,\ 9)$$

gefordert wird.

d) Von der z-Ebene gehen wir mittels der konformen Abbildung

$$w = \frac{1}{2} \left(\frac{R}{z} - \frac{z}{R} \right); \quad |z| < R \qquad (II\ 12,\ 10)$$

auf die $w = u + i\,v$-Ebene über. Dabei transformiert sich die Ständeroberfläche $z = R\,e^{i\alpha}$ gemäß

$$w = \frac{1}{i} \sin \alpha \qquad (II\ 12,\ 11)$$

in die doppelt durchlaufene Strecke

$$-1 < v < +1; \quad u = 0, \qquad (II\ 12,\ 12)$$

während das Läuferprofil in die beiden Geraden

$$w = \pm\,u_0 + i\,v; \quad -\infty < v < \infty \qquad (II\ 12,\ 13)$$

aufgespalten wird [Abb. II 122]. Daher lauten die Randbedingungen des Sekundärpotentiales in der w-Ebene

$$\left.\begin{array}{ll} \varphi_s = \pm\,\varphi_g\,\sqrt{1-v^2} & [\text{Gegenfeld}] \\ \varphi_s = -\,\varphi_q\cdot v & [\text{Querfeld}] \end{array}\right\} \quad\text{für}\quad u = \pm\,0, \quad -1 < v < 1$$

$$(\text{II 12, 14})$$

und

$$\varphi_s = 0 \quad\text{für}\quad u = \pm\,u_0, \quad -\infty < v < \infty. \qquad (\text{II 12, 15})$$

e) Mit der Berechnung des Querfeldes beginnend, richten wir unser Augenmerk auf das Band

$$0 < u < u_0; \qquad -\infty < v < \infty. \qquad (\text{II 12, 16})$$

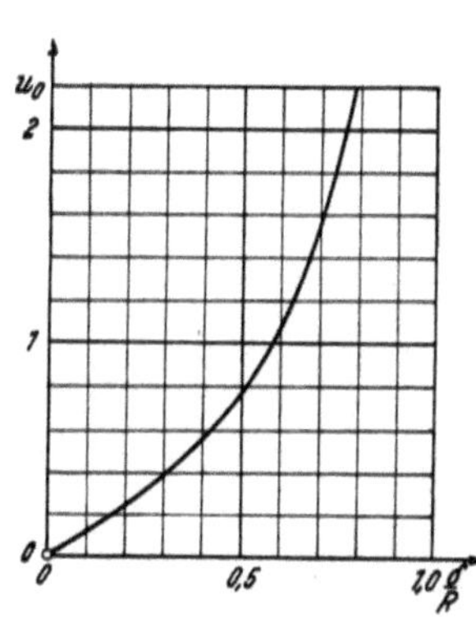

Abb. II 121. Der Polparameter als Funktion des relativen Luftspaltes.

Abb. II 122. Abbildung der Maschine in die w-Ebene.

Wir suchen seine Umrandung derart auf die Realachse der $\overline{w} = \overline{u} + i\,\overline{v}$-Ebene abzubilden, daß die Punkte $(0, \pm 1)$ der w-Ebene in $\overline{u} = \mp 1$, die Punkte $(0, \pm \infty)$ der w-Ebene in $\overline{u} = \mp 1/k$ $[0 < k < 1]$ geworfen werden [Abb. II 123]. Die entsprechende *Schwarz-Christoffel*sche Differentialgleichung

$$\frac{dw}{d\overline{w}} = \frac{C}{1 - k^2\,\overline{w}^2} \qquad (\text{II 12, 17})$$

liefert

$$w = \frac{C}{2\,k}\ln\frac{1 + k\,\overline{w}}{1 - k\,\overline{w}}. \qquad (\text{II 12, 18})$$

Abb. II 123. Abbildung der w-Ebene auf die $\overline{w}$-Ebene.

Unter dem Logarithmus verstehen wir jenen Zweig, dessen Imaginärteil zwischen $(-\pi)$ und $(+\pi)$ liegt; dann entsprechen einander der Ursprung der $\overline{w}$- und der w-Ebene. Wir umfahren den Punkt $\overline{u} = 1/k$ in $\overline{v} > 0$ durch einen Halbkreis von infinitesimalem Radius und finden in der w-Ebene

$$\Delta w = \frac{C}{2\,k}\,i\,\pi = u_0; \quad C = \frac{2\,k\,u_0}{i\,\pi}. \qquad (\text{II 12, 19})$$

Damit erhalten wir für $\overline{u} = 1$

$$-i = \frac{u_0}{i\,\pi} \ln \frac{1+k}{1-k}; \qquad k = \operatorname{tgh} \frac{\pi}{2\,u_0}. \qquad \text{(II 12, 20)}$$

Von der $\overline{w}$-Ebene gehen wir mittels

$$\overline{w} = \operatorname{sn} t; \qquad \frac{dt}{d\overline{w}} = \frac{1}{\sqrt{(1-\overline{w}^2)(1-k^2\overline{w}^2)}} \qquad \text{(II 12, 21)}$$

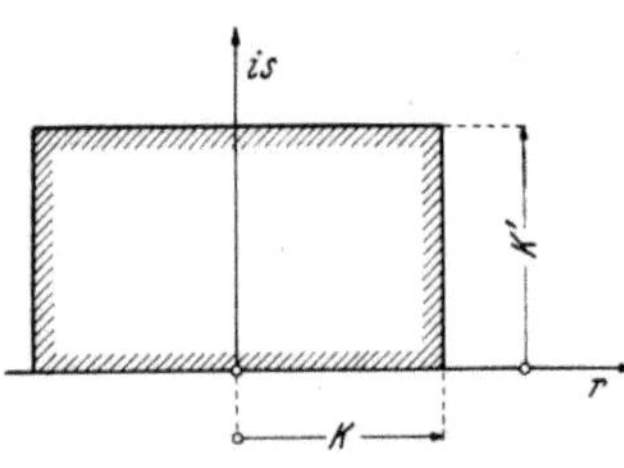

Abb. II 124. Abbildung der
$\overline{w}$-Ebene auf die t-Ebene.

zur $t = r + i\,s$-Ebene über. Hierbei werden nach Abb. II 124 die Punkte $(\pm 1, 0)$ der w-Ebene in $r = \pm K$, $s = 0$ und die Punkte $(\pm 1/k, 0)$ der w-Ebene in $r = \pm K$, $s = K'$ transformiert. In der $\overline{w}$-Ebene folgt nun aus (II 12, 14) und (II 12, 17)

$$\frac{d\varphi_s}{d\overline{u}} = \frac{d\varphi_s}{dv} \cdot \frac{dv}{d\overline{u}} = \varphi_q \frac{2\,u_0\,k}{\pi} \frac{1}{1-k^2\overline{u}^2};$$
$$-1 < \overline{u} < 1, \quad v = 0, \qquad \text{(II 12, 22)}$$

also in der t-Ebene

$$\frac{d\varphi_s}{dr} = \varphi_q \frac{2\,u_0\,k}{\pi} \frac{1}{1-k^2\overline{u}^2} \cdot \sqrt{(1-\overline{u}^2)(1-k^2\overline{u}^2)} = \varphi_q \cdot \frac{2\,u_0\,k}{\pi} \frac{\operatorname{cn} r}{\operatorname{dn} r};$$
$$-K < r < K, \qquad s = 0. \qquad \text{(II 12, 23)}$$

Auf Grund der trigonometrischen Reihe

$$\operatorname{sn} r = \frac{\pi}{k\,K} \sum_{m=0}^{\infty} \frac{\sin (2\,m+1)\dfrac{\pi}{2}\dfrac{r}{K}}{\sinh (2\,m+1)\dfrac{\pi}{2}\dfrac{K'}{K}} \qquad \text{(II 12, 24)}$$

gilt

$$\frac{\operatorname{cn} r}{\operatorname{dn} r} = \operatorname{sn}(r+K) = \frac{\pi}{k\,K} \sum_{m=0}^{\infty} (-1)^m \frac{\cos (2\,m+1)\dfrac{\pi}{2}\dfrac{r}{K}}{\sinh (2\,m+1)\dfrac{\pi}{2}\dfrac{K'}{K}} \qquad \text{(II 12, 25)}$$

und somit

$$\varphi_s = \varphi_q \frac{4\,u_0}{\pi} \sum_{m=0}^{\infty} (-1)^m \frac{\sin (2\,m+1)\dfrac{\pi}{2}\dfrac{r}{K}}{(2\,m+1)\sinh (2\,m+1)\dfrac{\pi}{2}\dfrac{K'}{K}}; \qquad \text{(II 12, 26)}$$
$$-K < r < K, \qquad s = 0.$$

Für das Querfeld spielen die Geraden $r = \pm K$ die Rolle von Kraftlinien, während längs $s = K'$ nach (II 12, 15) das Potential verschwindet. Daher lautet die gesuchte Potentialfunktion in der t-Ebene

$$\varphi_s = \varphi_q \frac{4\,u_0}{\pi} \sum_{m=0}^{\infty} (-1)^m \frac{\sin (2\,m+1)\dfrac{\pi}{2}\dfrac{r}{K} \sinh (2\,m+1)\dfrac{\pi}{2}\dfrac{K'-s}{K}}{(2\,m+1)\sinh^2 (2\,m+1)\dfrac{\pi}{2}\dfrac{K'}{K}}.$$
$$\text{(II 12, 27)}$$

Wir ergänzen sie durch die Stromfunktion

$$\psi_s = -\varphi_q \frac{4\,u_0}{\pi} \sum_{m=0}^{\infty} (-1)^m \frac{\cos(2\,m+1)\dfrac{\pi}{2}\dfrac{r}{K}\,\cosh(2\,m+1)\dfrac{\pi}{2}\dfrac{K'-s}{K}}{(2\,m+1)\sinh^2(2\,m+1)\dfrac{\pi}{2}\dfrac{K'}{K}}$$

$$(\text{II } 12,\ 28)$$

zum komplexen Sekundärpotential $\chi_s = \varphi_s + i\,\psi_s$ des Querfeldes. In der t-Ebene ergibt sich hieraus die Verteilung der gegen das Bild der Ständeroberfläche gerichteten Feldkomponente

$$\left(\frac{\partial\varphi_s}{\partial s}\right)_{s=0} = -\left(\frac{\partial\psi_s}{\partial r}\right)_{s=0} =$$

$$= -\varphi_q \frac{2\,u_0}{K} \sum_{m=0}^{\infty} (-1)^m \frac{\sin(2\,m+1)\dfrac{\pi}{2}\dfrac{r}{K}}{\sinh(2\,m+1)\dfrac{\pi}{2}\dfrac{K'}{K}}\, \cotgh(2\,m+1)\frac{\pi}{2}\frac{K'}{K}\,.$$

$$(\text{II } 12,\ 29)$$

Um hieraus auf den Gang des Feldes längs der Ständeroberfläche der z-Ebene zurückzuschließen, entnehmen wir aus (II 12, 21), (II 12, 18) und (II 12, 11)

$$\overline{u} = \frac{1}{k}\,\tgh\frac{\pi\sin\alpha}{2\,u_0}\,; \qquad r = F(k,\overline{u}) = F\left(k,\frac{1}{k}\,\tgh\frac{\pi\sin\alpha}{2\,u_0}\right) \quad(\text{II } 12,\ 30)$$

und weiter, mit (II 12, 17) und (II 12, 20)

$$\left(-\frac{\partial\varphi_s}{\partial|z|}\right)_{|z|=R} = -\frac{1}{R}\left(\frac{\partial\psi_s}{\partial a}\right)_{|z|=R} = -\frac{1}{R}\left(\frac{\partial\psi_s}{\partial r}\right)_{s=0}\left(\frac{dr}{d\overline{u}}\right)_{\overline{v}=0}\left(\frac{d\overline{u}}{dv}\right)_{u=0}\left(\frac{dv}{da}\right)_{|z|=R}$$

$$\left(\frac{dr}{d\overline{u}}\right)_{\overline{v}=0}\left(\frac{d\overline{u}}{dv}\right)_{u=0}\left(\frac{dv}{da}\right)_{|z|=R} =$$

$$= \frac{\cosh\dfrac{\pi}{2\,u_0}}{\dfrac{2}{\pi}\,u_0}\cdot\frac{\cos\alpha}{\sqrt{\sinh\left\{\dfrac{\pi}{2\,u_0}(1+\sin\alpha)\right\}\sinh\dfrac{\pi}{2\,u_0}(1-\sin\alpha)}}\,,$$

$$(\text{II } 12,\ 31)$$

also

$$-\left(\frac{\partial\varphi_s}{\partial|z|}\right)_{|z|=R} = -\frac{\varphi_q}{R}\cdot\frac{\pi\cosh\dfrac{\pi}{2\,u_0}}{K}\,\frac{\cos\alpha}{\sqrt{\sinh\left\{\dfrac{\pi}{2\,u_0}(1+\sin\alpha)\right\}\sinh\left\{\dfrac{\pi}{2\,u_0}(1-\sin\alpha)\right\}}}\,\cdot$$

$$\cdot\sum_{m=0}^{\infty}(-1)^m \frac{\sin(2\,m+1)\dfrac{\pi}{2}\dfrac{F}{K}}{\sinh(2\,m+1)\dfrac{\pi}{2}\dfrac{K'}{K}}\,\cotgh(2\,m+1)\frac{\pi}{2}\frac{K'}{K}\,.\quad(\text{II } 12,\ 32)$$

Für die praktisch benutzten Werte von u_0 konvergiert diese Reihe so rasch, daß man sich mit dem Gliede $m=0$ begnügen darf. Das in diesem Sinne verstandene Grund-Querfeld bezeichnen wir mit H_q:

$$H_q = -\frac{\varphi_q}{R} \cdot \frac{\pi}{K} \frac{\cosh \dfrac{\pi}{2\,u_0} \cos a}{\sqrt{\sinh\left\{\dfrac{\pi}{2\,u_0}(1+\sin a)\right\}\sinh\left\{\dfrac{\pi}{2\,u_0}(1-\sin a)\right\}}} \cdot$$

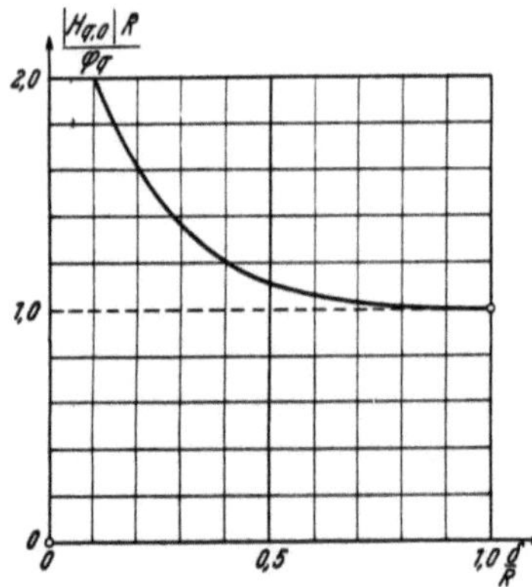

Abb. II 125. Das Feldextremum des Querfeldes als Funktion des relativen Luftspaltes.

$$\cdot \frac{\sin \dfrac{\pi}{2}\dfrac{F}{K}}{\sinh \dfrac{\pi}{2}\dfrac{K'}{K}} \cdot \cotgh \frac{\pi}{2}\frac{K'}{K} \cdot \qquad \text{(II 12, 33)}$$

Es verschwindet in der Meridianebene $a = 0$, während es für $a = \pi/2$ das Extremum annimmt [Abb. II 125]

$$H_{q,0} = \lim_{a \to \pi/2} H_q =$$

$$= -\frac{\varphi_q}{R}\,\frac{\pi \cotgh \dfrac{\pi}{2}\dfrac{K'}{K}}{K \sinh \dfrac{\pi}{2}\dfrac{K'}{K}}\sqrt{\frac{2\,u_0}{\pi}\cotgh \frac{\pi}{2\,u_0}}\,.$$

$$\text{(II 12, 34)}$$

Auf $H_{q,0}$ als Einheit bezogen liefert (II 12, 33)

$$\frac{H_q}{H_{q,0}} = \sqrt{\frac{\pi}{u_0}\sinh\frac{\pi}{u_0}} \cdot \frac{\sin\dfrac{\pi}{2}\dfrac{F\left(k,\dfrac{1}{k}\tgh\dfrac{\pi\sin a}{2\,u_0}\right)}{K}\cos a}{\sqrt{\sinh\left\{\dfrac{\pi}{2\,u_0}(1+\sin a)\right\}\sinh\left\{\dfrac{\pi}{2\,u_0}(1-\sin a)\right\}}} \cdot$$

$$\text{(II 12, 35)}$$

Abb. II 126 zeigt die hiernach berechnete Verteilung des Grund-Querfeldes im Falle $u_0 = 0.1$.

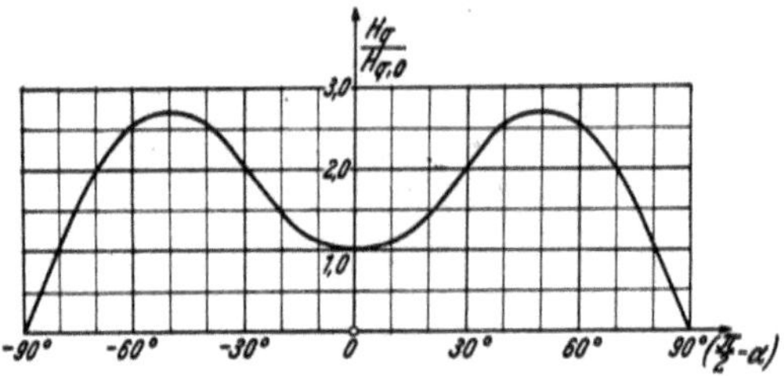

Abb. II 126. Querfeld einer Synchronmaschine mit Einzelpolen.

f) Wir fragen nach der Freien Energie W_q des Querfeldes je Längeneinheit senkrecht zur Maschinenachse. Indem wir die t-Ebene heranziehen, gilt

$$W_q = \frac{1}{2}\,\Pi \cdot 4 \int_0^K \left(-\varphi_s \cdot \frac{\partial \psi_s}{\partial r}\right)_{s=0} \mathrm{dr}. \qquad \text{(II 12, 36)}$$

Mit Rücksicht auf (II 12, 27) und (II 12, 29) findet man

$$W_q = \frac{1}{2}\,\Pi\,\pi\,\varphi_q{}^2 \left(\frac{4\,u_0}{\pi}\right)^2 \sum_{m=0}^{\infty} \frac{1}{2\,m+1}\; \frac{\cotgh\,(2\,m+1)\dfrac{\pi}{2}\dfrac{K'}{K}}{\sinh^2\,(2\,m+1)\dfrac{\pi}{2}\dfrac{K'}{K}}\,. \qquad \text{(II 12, 37)}$$

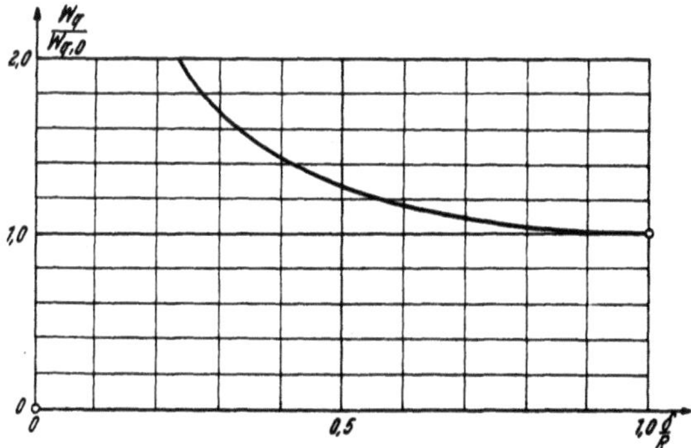

Abb. II 127. Die Freie Querfeld-Energie der Maschine mit Einzelpolen im Verhältnis zur Energie bei herausgenommenem Läufer.

Für $u_0 \to \infty$ reduziert sich diese Größe auf den Wert der Freien Ständerenergie bei herausgenommenem Läufer

$$W_{q,0} = \lim_{u_0 \to \infty} W_q = \frac{1}{2}\,\Pi\,\pi\,\varphi_q{}^2 \lim_{u_0 \to \infty} \left(\frac{4\,u_0}{\pi}\right)^2 \sum_{m=0}^{\infty} \frac{1}{2\,m+1}\, \frac{4}{\left(\dfrac{8\,u_0}{\pi}\right)^{2\,(m+1)}} =$$

$$= \frac{1}{2}\,\Pi\,\pi\,\varphi_q{}^2\,. \qquad \text{(II 12, 38)}$$

Wir vergleichen W_q mit der Freien Energie W_q' jenes virtuellen Walzenläufers, welcher durch die nämlichen Daten δ und R ausgezeichnet ist wie der Einzelpolläufer:

$$W_q' = W_{q,0}\, \frac{1+\left(1-\dfrac{\delta}{R}\right)^2}{1-\left(1-\dfrac{\delta}{R}\right)^2} = W_{q,0}\, \frac{\sqrt{u_0^2+1}}{u_0}\,. \qquad \text{(II 12, 39)}$$

Abb. II 127 zeigt das Verhältnis $W_q/W_{q,0}$, Abb. II 128 das Verhältnis

$$\frac{W_q}{W_q'} = \frac{u_0}{\sqrt{u_0^2+1}} \left(\frac{4\,u_0}{\pi}\right)^2 \sum_{m=0}^{\infty} \frac{1}{2\,m+1} \cdot \frac{\cotgh\,(2\,m+1)\dfrac{\pi}{2}\dfrac{K'}{K}}{\sinh^2\,(2\,m+1)\dfrac{\pi}{2}\dfrac{K'}{K}}\,, \qquad \text{(II 12, 40)}$$

welches sich für sehr engen Luftspalt dem Grenzwerte nähert

$$\lim_{u_0 \to 0} \frac{W_q}{W_q'} = u_0 \left(\frac{4\,u_0}{\pi}\right)^2 \frac{1}{\left(\dfrac{\pi}{2\,u_0}\right)^3} \sum_{m=0}^{\infty} \frac{1}{(2\,m+1)^4} = \frac{8\cdot 16}{\pi^5}\cdot\frac{\pi^4}{96} = \frac{4}{3\,\pi}\,.$$

$$\text{(II 12, 41)}$$

g) Die Analyse des Gegenfeldes geht von (II 12, 14) aus; man folgert aus Symmetriegründen

$$\varphi_s = 0 \quad \text{für} \quad u = 0, \quad |v| > 1. \qquad \text{(II 12, 42)}$$

Nun gilt für jede gerade Funktion f (v), welche für $|v| \to \infty$ hinreichend stark verschwindet, die *Fourier*sche Integraldarstellung

$$f(v) = \frac{1}{\pi} \int\limits_0^\infty d\mu \cos \mu\, v \int\limits_{-\infty}^{+\infty} f(\lambda) \cos \mu\, \lambda\, d\lambda. \qquad \text{(II 12, 43)}$$

Daher lautet das reelle Potential des Gegenfeldes längs der v-Achse

$$\varphi_s = \pm\, \varphi_g \frac{1}{\pi} \int\limits_0^\infty d\mu \cos \mu\, v \int\limits_{-1}^{+1} \sqrt{1 - \lambda^2} \cos \mu\, \lambda\, d\lambda; \quad u = \pm\, 0. \qquad \text{(II 12, 44)}$$

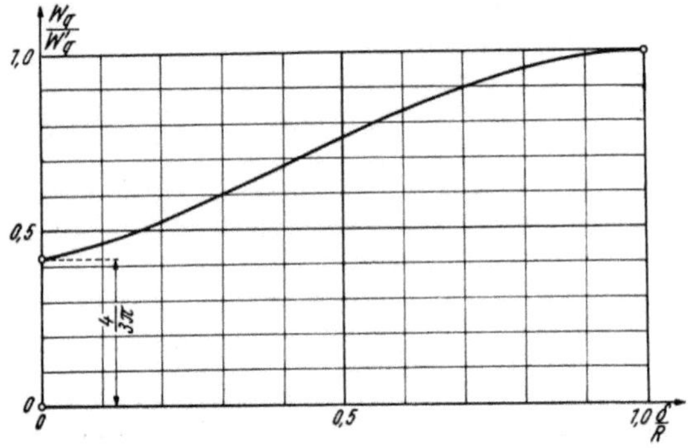

Abb. II 128. Die Freie Querfeld-Energie der Maschine mit Einzelpolen im Verhältnis zur Energie einer Maschine mit kreiszylindrischem Walzenläufer.

Das innere Integral läßt sich geschlossen ausdrücken: Bezeichnet $J_1(\mu)$ die *Bessel*sche Zylinderfunktion erster Ordnung des reellen Argumentes μ, so gilt die Formel

$$\int\limits_{-1}^{+1} \sqrt{1 - \lambda^2} \cos \mu\, \lambda\, d\lambda = \frac{\pi}{\mu}\, J_1(\mu), \qquad \text{(II 12, 45)}$$

also

$$\varphi_s = \pm\, \varphi_g \int\limits_0^\infty \frac{J_1(\mu)}{\mu} \cos \mu\, v\, d\mu; \quad u = \pm\, 0. \qquad \text{(II 12, 46)}$$

Diese Gleichung enthält die Spektralzerlegung des Potentiales längs der v-Achse in die infinitesimalen, harmonischen Komponenten

$$d\varphi_s = \pm\, \varphi_g \frac{J_1(\mu)}{\mu} \cos \mu\, v\, d\mu; \quad u = \pm\, 0. \qquad \text{(II 12, 47)}$$

Wegen $\varphi_s = 0$ für $u = \pm\, u_0$ lautet die zugehörige Potentialfunktion

$$d\varphi_s = \pm\, \varphi_g \frac{J_1(\mu)}{\mu} \cos \mu\, v\, \frac{\sinh \mu\, (u_0 \mp u)}{\sinh \mu\, u_0}\, d\mu; \quad 0 \gtrless u \gtrless \pm\, u_0. \qquad \text{(II 12, 48)}$$

Wir beschränken uns weiterhin auf den Bereich $0 < u \leqq u_0$; dort bildet (II 12, 48) den Realteil der komplexen Funktion

$$d\chi_s = \varphi_g \frac{J_1(\mu)}{\mu} \frac{\sinh \mu (u_0 - w)}{\sinh \mu u_0} d\mu. \qquad \text{(II 12, 49)}$$

Durch Summation über alle Elementarwellen resultiert aus (II 12, 49) das komplexe Sekundärpotential des Gegenfeldes

$$\chi_s = \varphi_g \int_0^\infty \frac{J_1(\mu)}{\mu} \frac{\sinh \mu (u_0 - w)}{\sinh \mu u_0} d\mu. \qquad \text{(II 12, 50)}$$

h) Wir spezialisieren auf $u = 0$ und erhalten die dort herrschende Stromfunktion

$$\psi_s = -\varphi_g \int_0^\infty \frac{J_1(\mu)}{\mu} \sin \mu v \cotgh \mu u_0 \, d\mu. \qquad \text{(II 12, 51)}$$

Hieraus findet sich die Feldkomponente, welche in der w-Ebene gegen das Bild der Ständeroberfläche zeigt

$$\left(\frac{\partial \varphi_s}{\partial u}\right)_{u = +0} = \left(\frac{\partial \psi_s}{\partial v}\right)_{u = +0} = -\varphi_g \int_0^\infty J_1(\mu) \cos \mu v \cotgh \mu u_0 \, d\mu. \qquad \text{(II 12, 52)}$$

Zwecks Berechnung dieses Integrales führen wir zunächst den Grenzübergang $u_0 \to \infty$ aus. Das komplexe Sekundärpotential des Gegenfeldes lautet dann in der z-Ebene

$$\chi_s = \varphi_g \cdot \frac{z}{R}, \qquad \text{(II 12, 53)}$$

also, nach (II 12, 10), in der w-Ebene

$$\chi_s = \varphi_g [-w + \sqrt{w^2 + 1}], \qquad \text{(II 12, 54)}$$

wobei jener Funktionszweig zu benützen ist, für welchen $|-w + \sqrt{w^2 + 1}| < 1$ ausfällt. Andererseits folgt aus (II 12, 50)

$$\lim_{u_0 \to \infty} \chi_s = \varphi_g \int_0^\infty \frac{J_1(\mu)}{\mu} e^{-\mu w} d\mu; \qquad u \geqq 0. \qquad \text{(II 12, 55)}$$

Der Vergleich von (II 12, 54) und (II 12, 55) liefert

$$\int_0^\infty \frac{J_1(\mu)}{\mu} e^{-\mu w} d\mu = -w + \sqrt{w^2 + 1}; \qquad u \geqq 0. \qquad \text{(II 12, 56)}$$

Mittels fortgesetzter Differentiation nach w fließen hieraus die Formeln

$$\int_0^\infty J_1(\mu) e^{-\mu w} d\mu = 1 - \frac{w}{\sqrt{w^2 + 1}}; \qquad u \geqq 0, \qquad \text{(II 12, 57)}$$

$$\int_0^\infty J_1(\mu) \mu \, e^{-\mu w} d\mu = \frac{1}{(w^2 + 1)^{3/2}}; \qquad u \geqq 0. \qquad \left.\begin{array}{c} \\ \\ \end{array}\right\} \quad \text{(II 12, 58)}$$

Wir bringen nun (II 12, 52) in die Form

$$\left(\frac{\partial \varphi_s}{\partial u}\right)_{u=+0} = - \varphi_g \int_0^\infty J_1(\mu)\cos \mu\, v \left[1 + \frac{e^{-\mu u_0}}{\sinh \mu u_0}\right] d\mu. \qquad \text{(II 12, 59)}$$

Man wähle in (II 12, 57) $w = +0 + i\, v$; $|v| < 1$, und findet durch Abspaltung des Realteiles

$$\int_0^\infty J_1(\mu)\cos \mu\, v\, d\mu = 1; \qquad |v| < 1. \qquad \text{(II 12, 60)}$$

Mit Hilfe der Reihen

$$\operatorname{cotgh} \frac{\mu u_0}{2} = \frac{2}{\mu u_0}\left[1 + \frac{2^2 B_2}{2!}\cdot\left(\frac{\mu u_0}{2}\right)^2 + \frac{2^4 B_4}{4!}\cdot\left(\frac{\mu u_0}{2}\right)^4 + \cdots\right]$$

$$\operatorname{tgh} \frac{\mu u_0}{2} = \frac{2^2(2^2-1)B_2}{2!}\left(\frac{\mu u_0}{2}\right) + \frac{2^4(2^4-1)B_4}{4!}\left(\frac{\mu u_0}{2}\right)^3 + \cdots$$

$$B_2 = \frac{1}{6}; \qquad B_4 = -\frac{1}{30}; \qquad B_6 = \frac{1}{42}; \ \ldots \ [\textit{Bernoullische Zahlen}]$$

und $\hspace{8cm}$ (II 12, 61)

$$\frac{1}{\sinh \mu u_0} \equiv \frac{1}{2}\left[\operatorname{cotgh} \frac{\mu u_0}{2} - \operatorname{tgh} \frac{\mu u_0}{2}\right] =$$

$$= \frac{1}{\mu u_0} - \frac{2^2(2^1-1)B_2}{2!}\left(\frac{\mu u_0}{2}\right) - \frac{2^4(2^3-1)B_4}{4!}\left(\frac{\mu u_0}{2}\right)^3 + \cdots \quad \text{(II 12, 62)}$$

entsteht die für hinreichend kleine u_0 rasch konvergierende Entwicklung

$$\int_0^\infty J_1(\mu)\cos \mu\, v\, \frac{e^{-\mu u_0}}{\sinh \mu u_0}\, d\mu =$$

$$= \int_0^\infty J_1(\mu)\cos \mu\, v\, e^{-\mu u_0}\left[\frac{1}{\mu u_0} - \frac{2^2(2^1-1)B_2}{2!}\left(\frac{\mu u_0}{2}\right) + \cdots\right]d\mu.$$

$$\text{(II 12, 63)}$$

Die hier auftretenden Integrale sind sämtlich mittels (II 12, 56), (II 12, 57) und (II 12, 58) zu berechnen, indem man dort $w = u_0 + i\, v$ setzt und den Realteil der entstehenden Ausdrücke abspaltet. Insbesondere lautet das Anfangsglied

$$\frac{1}{u_0}\int_0^\infty J_1(\mu)\frac{e^{-\mu u_0}}{\mu}\cos \mu\, v\, d\mu = \frac{1}{u_0}\left[-u_0 + \operatorname{Re}\sqrt{1 + u_0^2 - v^2 + 2\, i\, u_0 v}\right] =$$

$$= -1 + \frac{1}{u_0}\sqrt{\frac{1 + u_0^2 - v^2}{2} + \sqrt{\left(\frac{1 + u_0^2 - v^2}{2}\right)^2 + u_0^2 v^2}}. \qquad \text{(II 12, 64)}$$

Zur Transformation des Feldes aus der w-Ebene in die z-Ebene ziehen wir die Formel heran

$$-\left(\frac{\partial \varphi_s}{\partial |z|}\right)_{|z|=R} = -\frac{1}{R}\left(\frac{\partial \psi_s}{\partial v}\right)_{u=+0}\cdot\left(\frac{dv}{da}\right)_{|z|=R} = \frac{\cos a}{R}\cdot\left(\frac{\partial \psi_s}{\partial v}\right)_{u=+0}. \qquad \text{(II 12, 65)}$$

Wir beschränken uns weiterhin auf das Glied (II 12, 64) der Entwicklung (II 12, 63). Das in diesem Sinne verstandene Grund-Gegenfeld bezeichnen wir mit H_g:

$$H_g = -\frac{\varphi_g}{R} \cdot \frac{\cos \alpha}{u_0} \sqrt{\frac{1}{2}\left(u_0^2 + \cos^2 \alpha + \sqrt{(u_0^2 + \cos^2\alpha)^2 + 4\,u_0^2 \sin^2 \alpha}\right)},$$

$$\text{(II 12, 66)}$$

Seine Amplitude beträgt

$$H_{g,0} = -\frac{\varphi_g}{R} \cdot \frac{1}{u_0} \sqrt{\frac{1}{2}\left(u_0^2 + 1 + \sqrt{(u_0^2 + 1)^2 + 4\,u_0^2}\right)}. \quad \text{(II 12, 67)}$$

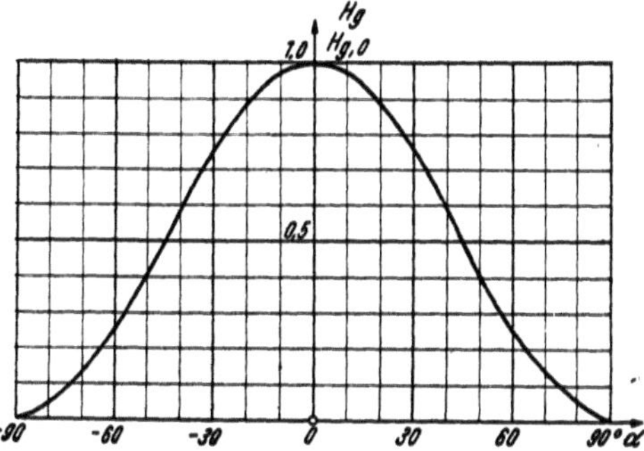

Abb. II 129. Das Gegenfeld einer Wechselstrommaschine mit Einzelpolen. $u_0 = 0{,}1$.

Im Falle $u_0 \ll 1$ entnimmt man hieraus

$$\frac{H_g}{H_{g,0}} = \cos^2 \alpha + \cdots \quad \text{für} \quad |\alpha| \ll \frac{\pi}{2}; \qquad \frac{H_g}{H_{g,0}} = \cos \alpha \sqrt{u_0 \sin \alpha} + \cdots$$

$$\text{für} \quad 0 < \frac{\pi}{2} - \alpha \ll \frac{\pi}{2}. \qquad \text{(II 12, 68)}$$

Abb. II 129 zeigt den hiernach berechneten Gang des relativen Ständerfeldes für $u_0 = 0.1$.

i) Wir suchen die Freie Energie W_g des Gegenfeldes je achsiale Längeneinheit der Maschine. Indem wir uns auf die Darstellung des Feldes in der w-Ebene stützen, erhalten wir mit (II 12, 14), (II 12, 45), (II 12, 52) und (II 12, 62)

$$W_g = \frac{1}{2} \Pi \cdot 2\,\varphi_g^2 \int\limits_{v=-1}^{+1} \sqrt{1 - v^2}\, dv \int\limits_{\mu=0}^{\infty} J_1(\mu) \cos \mu\, v \operatorname{cotgh} \mu\, u_0\, d\mu =$$

$$= \frac{1}{2} \Pi \cdot 2\,\varphi_g^2 \int\limits_{0}^{\infty} \frac{J_1^2(\mu)}{\mu} \operatorname{cotgh} \mu\, u_0\, d\mu \equiv \frac{1}{2} \Pi\, 2\,\varphi_g^2 \left[J_I + J_{II}\right]$$

$$J_I = \int\limits_{0}^{\infty} \frac{J_1^2(\mu)}{\mu}\, d\mu = \frac{1}{2}; \qquad J_{II} = \int\limits_{0}^{\infty} \frac{J_1^2(\mu)}{\mu} \frac{e^{-\mu u_0}}{\sinh \mu\, u_0}\, d\mu.$$

$$\text{(II 12, 69)}$$

Für hinreichend große u_0 kann J_{II} unschwer numerisch berechnet werden. Im Falle $u_0 \ll 1$ ziehen wir die Entwicklung heran

$$J_{II} = \int\limits_0^\infty \frac{J_1^2(\mu)}{\mu} \, e^{-\mu u_0} \left[\frac{1}{\mu\, u_0} - \frac{2^2\,(2^1-1)\,B_2\,\mu\,u_0}{2!}\frac{}{2} + \cdots \right] d\mu, \qquad \text{(II 12, 70)}$$

zu welcher die Umgebung von $\mu = 0$ den Hauptanteil liefert. Insbesondere finden wir das Anfangsglied, indem wir $e^{-\mu u_0}$ mit $\lim\limits_{\mu \to 0} e^{-\mu u_0} = 1$ vertauschen,

$$\int\limits_0^\infty \frac{J_1^2(\mu)}{\mu}\frac{e^{-\mu u_0}}{\mu\, u_0}\, d\mu = \frac{1}{u_0}\int\limits_0^\infty \frac{J_1^2(\mu)}{\mu^2}\, d\mu + \cdots = \frac{1}{u_0}\frac{4}{3\,\pi} + \cdots \qquad \text{(II 12, 71)}$$

Abb. II 130 zeigt das Verhältnis der Freien Energie W_g zu der auf φ_g bezogenen Freien Ständerenergie $1/2\, \Pi\, \pi\, \varphi_g^2$ bei herausgenommenem Läufer, während in Abb. II 131 das Verhältnis von W_g zu der entsprechend berechneten Energie W_g' nach (II 12, 39) dargestellt ist; aus (II 12, 71) entnehmen wir das Grenzgesetz

$$\lim_{u_0 \to 0} \frac{W_g}{W_g'} = \frac{8}{3\,\pi}. \qquad \text{(II 12, 72)}$$

Die Kombination dieses Ergebnisses mit (II 12, 41) führt auf die Relation

$$\lim_{u_0 \to 0} \frac{W_q}{W_g} = \frac{1}{2}\frac{\varphi_q^2}{\varphi_g^2}. \qquad \text{(II 12, 73)}$$

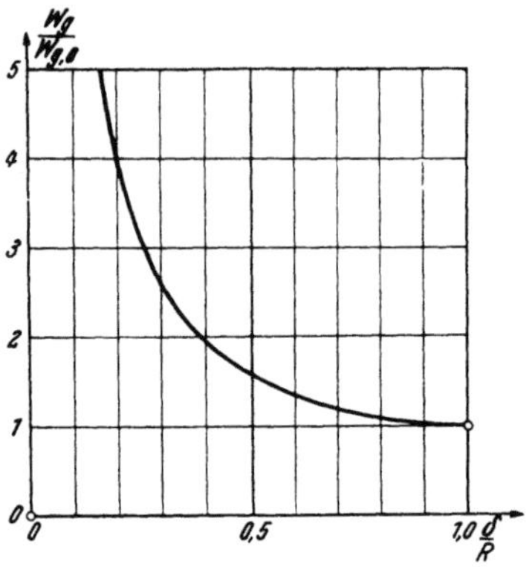

Abb. II 130. Die Funktion:

$$2 \int\limits_0^\infty \frac{J_1^2(\mu)}{\mu}\, \mathrm{cotgh}\, \mu\, u_0\, d\mu;$$

$$u_0 = \frac{1}{2}\left[\frac{1}{1-\dfrac{\delta}{R}} - \left(1 - \frac{\delta}{R}\right) \right].$$

Die Freie Gegenfeld-Energie der Maschine mit Einzelpolen im Verhältnis zur Energie bei herausgenommenem Läufer.

II 13. Verfeinerte Behandlung des Wendepolproblemes.

a) In der elementaren Analyse des Wendepol-Feldes [Ziffer II 8] wurde der Einfluß der benachbarten Hauptpole außer acht gelassen. Um ihn zu erfassen, knüpfen wir an das Modell nach Abb. II 132 an: Die Flanken der Hauptpole sind durch ebene Flächen ersetzt, welche bis zur Ankeroberfläche durchlaufen. In der Umgebung der Hauptpol-Spitzen weicht das Modell wesentlich von der wirklichen Konstruktion der Maschine ab; doch ist dieses Gebiet für das Wendepol-Feld von untergeordneter Bedeutung.

b) Der Ursprung des *Gauß*schen Koordinatensystemes $z = x + i\,y$ koinzidiert mit der Wurzel des Wendepoles auf dem Joch; die x-Achse ist mit jener des Wendepoles identisch, die y-Achse definiert die Kontur des Joches. Die Höhe des Wendepoles sei p, der Luftspalt zwischen der Spitze des Wendepoles und der Ankeroberfläche sei d, so daß $h = p + d$ den Abstand des Ankers vom Joche mißt; b bezeichne den Abstand zwischen dem Wendepol und dem benachbarten Hauptpol.

c) Als primäres Wendepol-Feld definieren wir jenes, welches allein durch die Durchflutung D der Wendepol-Wicklung erregt wird. Sei diese gleichmäßig längs der Wendepol-Flanken verteilt, so genügt dort das magnetische Skalarpotential φ der Randbedingung

$$\varphi = \varphi_0 \frac{x}{p}\,[\varphi_0 = D]; \qquad 0 < x < p; \qquad y = 0. \qquad \text{(II 13, 1)}$$

Sie ist durch die Forderungen zu ergänzen

$$\varphi = 0 \quad \text{für} \quad \left.\begin{array}{l} x = 0;\quad |y| \leqq b, \\ 0 \leqq x \leqq h;\quad |y| = b, \\ x = h;\quad |y| \leqq b. \end{array}\right\} \qquad \text{(II 13, 2)}$$

d) Wir spiegeln das gegebene System an der y-Achse und richten unser Augenmerk auf das Rechteck A B C D:

$$A = (h, 0); \qquad B = (h, b); \qquad C = (-h, b); \qquad D = (-h, 0). \qquad \text{(II 13, 3)}$$

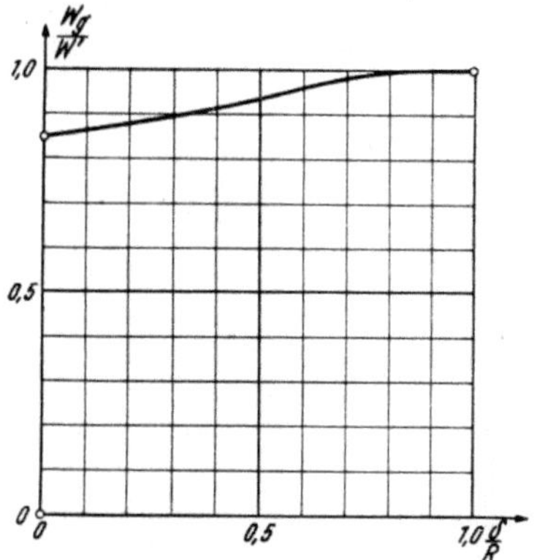

Abb. II 131. Die Freie Gegenfeld-Energie der Maschine mit Einzelpolen im Verhältnis zur Energie einer Maschine mit kreiszylindrischem Walzenläufer.

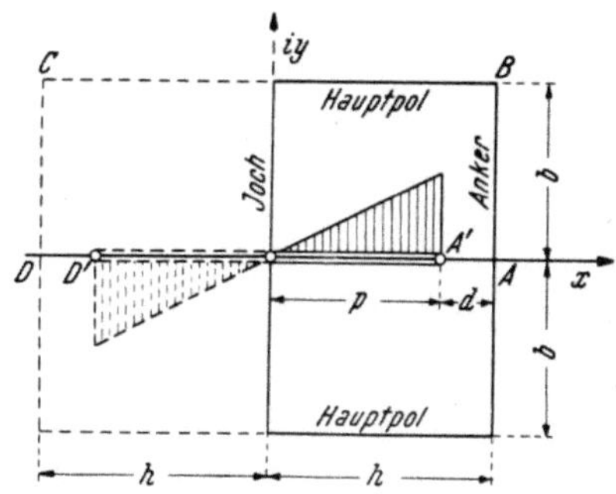

Abb. II 132. Modell der Anordnung des Wendepoles zwischen den benachbarten Hauptpolen.

Nunmehr soll die Rechteckkontur so auf die Realachse der $w = u + i\,v$-Ebene abgebildet werden, daß die Ecken in $u_A = 1$, $u_B = 1/k$, $u_C = -1/k$, $u_D = -1$ $[k < 1]$ übergehen. Die zuständige Differentialgleichung

$$\frac{dz}{dw} = \frac{C}{\sqrt{(1-w^2)(1-k^2 w^2)}} \qquad \text{(II 13, 4)}$$

liefert mittels Integration die Relationen

$$C\,K = h; \qquad C\,K' = b. \qquad \text{(II 13, 5)}$$

Wir folgern aus ihnen

$$\frac{K}{K'} = \frac{h}{b}; \qquad C = \frac{h}{K} = \frac{b}{K'}, \qquad \text{(II 13, 6)}$$

also

$$w = \operatorname{sn}\left(K \cdot \frac{z}{h}\right). \qquad \text{(II 13, 7)}$$

Die Bilder der Originale

$$A' = (p, 0); \qquad D' = (-p, 0) \qquad \text{(II 13, 8)}$$

finden sich in den Punkten

$$u_{A'} = \overline{k} = \operatorname{sn}\left(K \frac{p}{h}\right); \qquad u_{D'} = -\overline{k} = -\operatorname{sn}\left(K \frac{p}{h}\right). \qquad \text{(II 13, 9)}$$

e) Wir suchen die Randbedingungen des Potentiales in der w-Ebene. Ausgehend von dem Strombelag der Originalebene

$$\left(\frac{\partial \varphi}{\partial x}\right)_{y=0} = \frac{\varphi_0}{p} ; \qquad |x| \leqq p \qquad\qquad \text{(II 13, 10)}$$

gilt in der w-Ebene

$$\left(\frac{\partial \varphi}{\partial u}\right)_{v=0} = \left(\frac{\partial \varphi}{\partial x}\right)_{y=0} \cdot \left(\frac{dy}{du}\right)_{v=0} = \frac{\varphi_0}{p} \cdot \frac{h}{K} \cdot \frac{1}{\sqrt{(1-u^2)(1-k^2 u^2)}} ; \quad |u| \leqq \bar{k}. \qquad \text{(II 13, 11)}$$

Dagegen verschwindet das Potential längs $|u| > 1$, und die Strecken $\bar{k} < |u| < 1$ spielen die Rolle von Feldlinien.

f) Mittels der Differentialgleichung

$$\frac{dt}{dw} = \frac{1}{\sqrt{(\bar{k}^2 - w^2)(1-w^2)}} ; \qquad \frac{dt}{d(w/\bar{k})} = \frac{1}{\sqrt{[1-(w/\bar{k})^2][1-\bar{k}^2(w/\bar{k})^2]}} \qquad \text{(II 13, 12)}$$

wird die u-Achse in die Kontur des Rechteckes $(-\bar{K}) < r < \bar{K}, 0 < s < \bar{K}'$ der $t = r + i\, s$-Ebene transformiert. Zwischen w und t besteht die Relation

$$w = \bar{k}\,\text{sn}(t, \bar{k}) = \text{sn}\left(K \frac{p}{h}, k\right) \text{sn}(t, \bar{k}). \qquad \text{(II 13, 13)}$$

Da nun die Geraden $r = \pm \bar{K}$ Feldlinien repräsentieren, folgt aus (II 13, 11)

$$\left(\frac{\partial \varphi}{\partial r}\right)_{s=0} = \left(\frac{\partial \varphi}{\partial u}\right)_{v=0} \cdot \left(\frac{du}{dr}\right)_{s=0} = \frac{\varphi_0}{p} \frac{h}{K} \frac{\sqrt{\bar{k}^2 - u^2}}{\sqrt{1-k^2 u^2}} = \frac{\varphi_0}{p} \frac{h}{K} \frac{\bar{k}\,\text{cn}(r, \bar{k})}{\sqrt{1-k^2 \bar{k}^2 \text{sn}^2(r, \bar{k})}} ;$$

$$-\bar{K} < r < \bar{K} \bmod 2\bar{K}. \qquad \text{(II 13, 14)}$$

Diese Funktion werde in eine *Fourier*sche Reihe entwickelt

$$\left(\frac{\partial \varphi}{\partial r}\right)_{s=0} = \frac{\varphi_0}{p} \frac{h}{K} \bar{k} \sum_{m=0}^{\infty} c_{2m+1} \cdot \cos(2m+1)\frac{\pi}{2}\frac{r}{K} ;$$

$$c_{2m+1} = \frac{4}{\pi} \int_0^{\pi/2} \frac{\text{cn}\left(\frac{2}{\pi}\bar{K}\vartheta, \bar{k}\right)}{\sqrt{1-k^2\bar{k}^2\text{sn}^2\left(\frac{2}{\pi}\bar{K}\vartheta, k\right)}} \cos(2m+1)\vartheta\, d\vartheta. \qquad \text{(II 13, 15)}$$

Durch Integration finden wir hieraus den Randwert des Potentiales längs $s = 0$

$$\varphi = \varphi_0 \frac{h}{p} \cdot \frac{2}{\pi} \frac{\bar{K}\,\bar{k}}{K} \sum_{m=0}^{\infty} \frac{c_{2m+1}}{2m+1} \sin(2m+1)\frac{\pi}{2}\frac{r}{\bar{K}}. \qquad \text{(II 13, 16)}$$

Da nun längs der Geraden $s = \bar{K}'$ das Potential verschwindet, lautet die Potentialfunktion

$$\varphi = \varphi_0 \cdot \frac{h}{p} \cdot \frac{2}{\pi} \cdot \frac{\bar{K}\,\bar{k}}{K} \sum_{m=0}^{\infty} \frac{c_{2m+1}}{2m+1} \cdot \frac{\sin(2m+1)\frac{\pi}{2}\frac{r}{\bar{K}} \sinh(2m+1)\frac{\pi}{2}\frac{\bar{K}'-s}{\bar{K}}}{\sinh(2m+1)\frac{\pi}{2}\frac{\bar{K}'}{\bar{K}}}.$$

$$\text{(II 13, 17)}$$

und die Stromfunktion

$$\psi = -\varphi_0 \frac{h}{p} \frac{2}{\pi} \frac{\overline{K}\,\overline{k}}{K} \sum_{m=0}^{\infty} \frac{c_{2m+1}}{2m+1} \cdot \frac{\cos(2m+1)\dfrac{\pi}{2}\dfrac{r}{\overline{K}} \cosh(2m+1)\dfrac{\pi}{2}\dfrac{\overline{K}'-s}{\overline{K}}}{\sinh(2m+1)\dfrac{\pi}{2}\dfrac{\overline{K}'}{\overline{K}}}.$$

$$(\text{II } 13,\ 18)$$

g) Mittels der Identität

$$\operatorname{sn}(r+i\,\overline{K}',\,\overline{k}) \equiv \frac{1}{\overline{k}\,\operatorname{sn}(r,\overline{k})} \qquad (\text{II } 13,\ 19)$$

stellen wir zwischen der Geraden $t = r + i\,\overline{K}'$ und der u-Achse folgende geometrische Beziehung her

$$u = \overline{k}\,\operatorname{sn}(r+i\,\overline{K}',\,\overline{k}) = \frac{1}{\operatorname{sn}(r,\overline{k})}\,;$$

$$r = \int_0^{1/u} \frac{du'}{\sqrt{(1-u'^2)(1-\overline{k}^2\,u'^2)}} = F\!\left(\overline{k},\frac{1}{u}\right). \qquad (\text{II } 13,\ 20)$$

In der z-Ebene definiert $B = (h, b)$ die Grenze zwischen den Aktionsgebieten von Wendefluß und Streufluß. Da der gleiche Punkt in $u_B = 1/k$ auf der Realachse der w-Ebene erscheint, folgt seine Lage in der t-Ebene zu

$$t_B = r_B + i\,\overline{K}'; \qquad r_B = F(\overline{k}, k). \qquad (\text{II } 13,\ 21)$$

Der Wendefluß je achsiale Längeneinheit der Maschine beträgt demnach

$$\Phi_w = \Pi \cdot 2 \cdot (\psi_{r=\overline{K}} - \psi_{i=r_B})_{s=\overline{K}'} =$$

$$= 2\,\Pi\varphi_0 \frac{h}{p} \cdot \frac{2}{\pi} \cdot \frac{\overline{K}\,\overline{k}}{K} \sum_{m=0}^{\infty} \frac{c_{2m+1}}{2m+1} \frac{\cos(2m+1)\dfrac{\pi}{2}\dfrac{r_B}{\overline{K}}}{\sinh(2m+1)\dfrac{\pi}{2}\dfrac{\overline{K}'}{\overline{K}}}. \qquad (\text{II } 13,\ 22)$$

und der Streufluß durch Hauptpole und Ständerjoch

$$\Phi_s = \Pi \cdot 2 \cdot (\psi_{r=\overline{K},\,s=\overline{K}'} - \psi_{r=0,\,s=0}) =$$

$$= 2\,\Pi \frac{h}{p} \frac{2}{\pi} \frac{\overline{K}\,\overline{k}}{K} \sum_{m=0}^{\infty} \frac{c_{2m+1}}{2m+1} \frac{\cosh(2m+1)\dfrac{\pi}{2}\dfrac{\overline{K}'}{\overline{K}} - \cos(2m+1)\dfrac{\pi}{2}\dfrac{r_B}{\overline{K}}}{\sinh(2m+1)\dfrac{\pi}{2}\dfrac{\overline{K}'}{\overline{K}}}.$$

$$(\text{II } 13,\ 23)$$

Ihre Summe ergibt den Gesamtfluß des Wendepoles:

$$\Phi_p = \Phi_w + \Phi_s = 2\,\Pi \frac{h}{p} \frac{2}{\pi} \frac{\overline{K}\,\overline{k}}{K} \sum_{m=0}^{\infty} \frac{c_{2m+1}}{2m+1} \operatorname{cotgh}(2m+1)\frac{\pi}{2}\frac{\overline{K}'}{\overline{K}}.$$

$$(\text{II } 13,\ 24)$$

Um die räumliche Verteilung des Wendefeldes kennenzulernen, berechnen wir zunächst in der t-Ebene

$$-\left(\frac{\partial\varphi}{\partial s}\right)_{s=\overline{K}'} = \left(\frac{\partial\psi}{\partial r}\right)_{s=\overline{K}'} = \varphi_0\,\frac{h}{p}\,\frac{\overline{k}}{K}\sum_{m=0}^{\infty} c_{2m+1}\,\frac{\sin(2m+1)\dfrac{\pi}{2}\dfrac{r}{\overline{K}}}{\sinh(2m+1)\dfrac{\pi}{2}\dfrac{\overline{K}'}{\overline{K}}}\cdot$$

$$(\text{II } 13,\ 25)$$

Zwecks Transformation dieses Ausdruckes in die z-Ebene beachten wir

$$-\left(\frac{\partial\varphi}{\partial x}\right)_{x=h} = -\left(\frac{\partial\psi}{\partial y}\right)_{x=h} = -\left(\frac{\partial\psi}{\partial r}\right)_{s=\overline{K}'}\cdot\left(\frac{dr}{du}\right)_{v=0}\cdot\left(\frac{du}{dy}\right)_{x=h} =$$

$$= \left(\frac{\partial\psi}{\partial r}\right)_{s=K'}\cdot\frac{K}{h}\cdot\frac{\sqrt{1-k^2 u^2}}{\sqrt{u^2-\overline{k}^2}} =$$

$$= \left(\frac{\partial\psi}{\partial r}\right)_{s=K'}\cdot\frac{K}{h}\cdot\frac{\operatorname{dn}\left(K\,\dfrac{h+iy}{h},\,k\right)}{\sqrt{\operatorname{sn}^2\left(K\,\dfrac{h+iy}{h},\,k\right)-\operatorname{sn}^2\left(K\,\dfrac{p}{h},\,k\right)}}\cdot \qquad (\text{II } 13,\ 26)$$

Mit Hilfe der Identitäten

$$\operatorname{sn}\left(K\,\frac{iy}{h}+K,\,k\right) \equiv \frac{1}{\operatorname{dn}\left(K'\,\dfrac{y}{b},\,k'\right)};$$

$$(\text{II } 13,\ 27)$$

$$\operatorname{dn}\left(K\,\frac{iy}{h}+K,\,k\right) \equiv k'\,\frac{\operatorname{cn}\left(K'\,\dfrac{y}{b},\,k'\right)}{\operatorname{dn}\left(K'\,\dfrac{y}{b},\,k'\right)}$$

findet man aus (II, 13, 25)

$$H_{x_{(x=b)}} = \frac{\varphi_0}{p}\,\overline{k}\,k'\,\frac{\operatorname{cn}\left(K'\,\dfrac{y}{b},\,k'\right)}{\sqrt{1-\operatorname{sn}^2\left(K\,\dfrac{p}{h},\,k\right)\operatorname{dn}^2\left(K'\,\dfrac{y}{b},\,k'\right)}}\cdot$$

$$\cdot\sum_{m=0}^{\infty} c_{2m+1}\,\frac{\sin\left\{(2m+1)\dfrac{\pi}{2}\dfrac{F\left(\overline{k},\,\operatorname{dn}\left(K'\,\dfrac{y}{b},\,k'\right)\right)}{\overline{K}}\right\}}{\sinh(2m+1)\dfrac{\pi}{2}\dfrac{\overline{K}'}{\overline{K}}}\cdot \qquad (\text{II } 13,\ 28)$$

Falls man sich mit dem Gliede $m=0$ dieser Reihen begnügen darf, resultiert als Streufaktor

$$\sigma = \frac{\Phi_s}{\Phi_p} = 1 - \frac{\cos\dfrac{\pi}{2}\dfrac{r_B}{\overline{K}}}{\cosh\dfrac{\pi}{2}\dfrac{\overline{K}'}{\overline{K}}} = 1 - \frac{\cos\dfrac{\pi}{2}\dfrac{F(\overline{k},\,k)}{\overline{K}}}{\cosh\dfrac{\pi}{2}\dfrac{\overline{K}'}{\overline{K}}}\cdot \qquad (\text{II } 13,\ 29)$$

In gleicher Genauigkeit beträgt die maximale Wendefeldstärke

$$H_{x,\,max} = \frac{\varphi_0}{p}\,\overline{k}\,k' \cdot \frac{1}{cn\left(K\,\dfrac{p}{h},\,k\right)}\,c_1\,\frac{1}{\sinh\dfrac{\pi}{2}\,\dfrac{\overline{K}'}{\overline{K}}}\,. \qquad (\text{II } 13,\ 30)$$

also die in dieser Einheit gemessene Wendefeldstärke

$$\frac{H_{x\,(x\,=\,h)}}{H_{x,\,max}} = \frac{cn\left(K\,\dfrac{p}{h},\,k\right)cn\left(K'\,\dfrac{y}{b},\,k'\right)}{\sqrt{1 - sn^2\left(K\,\dfrac{p}{h},\,k\right)dn^2\left(K'\,\dfrac{y}{b},\,k'\right)}}\,\sin\left\{\frac{\pi}{2}\,\frac{F\left(\overline{k},\,dn\left(K'\,\dfrac{y}{b},\,k'\right)\right)}{\overline{K}}\right\}.$$

$$(\text{II } 13,\ 31)$$

h) Wir behandeln als Zahlenbeispiel eine Maschine der Daten $p/h = 0,9$; $b/h = 0,5$. Hieraus berechnen wir

$$k = \sin 80^0 = 0,9962; \quad k' = \sin 10^0 = 0,1736; \quad K = 3,153; \quad K' = 1,583$$

und weiter

$$\overline{k} = sn\,(3,153 \cdot 0,9;\ 80^0) = 0,9984; \quad \overline{K} = 4,569; \quad \overline{K}' = 1,572.$$

Wir ermitteln den *Fourier*schen Koeffizienten c_1 durch numerische Integration von (II 13, 15) an Hand der folgenden Tabelle.

$\dfrac{r}{\overline{K}} = \dfrac{2}{\pi}\,\delta$	$cn\,(r,\,\overline{k})$	$sn\,(r,\,\overline{k})$	$\dfrac{cn\,(r,\,\overline{k})}{\sqrt{1 - k^2\,\overline{k}^2\,sn^2\,(r,\,\overline{k})}}$	$\cos\dfrac{\pi}{2}\dfrac{r}{\overline{K}}$	Integrand	$c_1\cos\dfrac{\pi}{2}\dfrac{r}{\overline{K}}$
0,0	1,000	0,000	1,000	1,000	1,000	1,074
0,1	0,905	0,427	0,999	0,988	0,987	1,060
0,2	0,691	0,732	0,994	0,951	0,949	1,030
0,3	0,476	0,879	0,969	0,891	0,865	0,962
0,4	0,312	0,950	0,920	0,809	0,743	0,871
0,5	0,201	0,979	0,819	0,707	0,579	0,762
0,6	0,129	0,992	0,670	0,518	0,400	0,634
0,7	0,081	0,997	0,417	0,454	0,226	0,490
0,8	0,052	0,999	0,338	0,309	0,104	0,332
0,9	0,022	1,000	0,150	0,156	0,036	0,168
1,0	0,000	1,000	0,000	0,000	0,000	0,000

Hieraus resultiert $c_1 = 1,074$; über die Güte der auf diese Grund-Amplitude beschränkten Approximation gibt die letzte Spalte der Zahlentafel im Verein mit Abb. II 133 Auskunft.

Zur Berechnung des Streufaktors nach (II 13, 29) bilden wir

$$F\,(\overline{k},\,k) = F\,(86^0\,45';\ 80^0) = 2,415; \qquad \cos\frac{\pi}{2}\,\frac{F}{\overline{K}} = 0,676;$$

$$\frac{\pi}{2}\,\frac{\overline{K}'}{\overline{K}} = 0,540; \qquad \cosh\frac{\pi}{2}\,\frac{\overline{K}'}{\overline{K}} = 1,149$$

und finden

$$\sigma = 1 - \frac{0{,}676}{1{,}149} = 49{,}7\%,$$

während man ohne Berücksichtigung der Hauptpole [Ziffer II 8] unter sonst gleichen Umständen nur auf einen Streufaktor von 22% kommt.

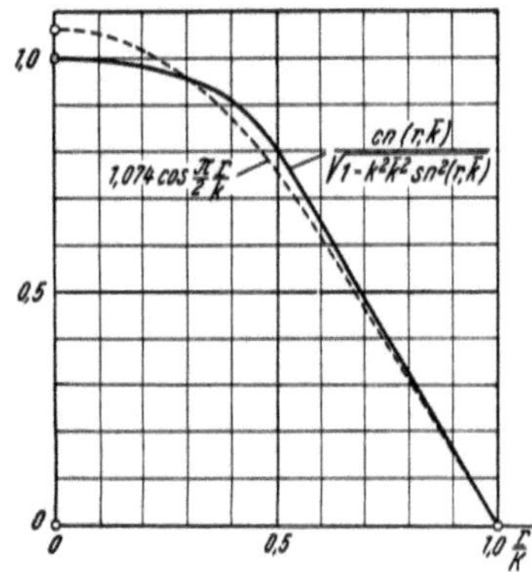

Abb. II 133. *Fourier*-Analyse des in die t-Ebene übertragenen Strombelages.

Um die Wendefeld-Kurve (II 13, 31) kennenzulernen, setzen wir abkürzend

$$c^2 = \mathrm{cn}\left(K\frac{p}{h}, k\right)\mathrm{cn}\left(K'\frac{y}{b}, k'\right);$$

$$\varrho^2 = 1 - \mathrm{sn}^2\left(K\frac{p}{h}, k\right)\mathrm{dn}^2\left(K'\frac{y}{b}, k'\right);$$

$$\beta = \frac{c^2}{\varrho}$$

und erhalten mit $\mathrm{sn}\,(K\,p/h,\ k) = 0{,}9984$; $\mathrm{cn}\,(K\,p/h,\ k) = 0{,}0556$ folgende Zahlentafel für die in Abb. II 134 dargestellte Feldverteilung:

$\dfrac{y}{b}$	$\mathrm{cn}\left(K'\dfrac{y}{b},\,k'\right)$	$\mathrm{dn}\left(K'\dfrac{y}{b},\,k'\right)$	c^2	ϱ^2	β	$F\,(\bar{k},\dots)$	$\left(\dfrac{\pi}{2}\dfrac{F\,(\bar{k}\dots)}{\overline{K}}\right)^0$	$\dfrac{H_{x\,(x=h)}}{H_{x,\,max}}$
0,0	1,000	1,000	0,0556	0,0031	1,000	4,569	90°, 0	1,000
0,1	0,988	1,000	0,0547	0,0039	0,880	3,863	76°, 1	0,855
0,2	0,950	0,999	0,0530	0,0062	0,675	3,397	68°, 8	0,630
0,3	0,890	0,997	0,0494	0,0096	0,504	3,117	61°, 6	0,443
0,4	0,807	0,995	0,0448	0,0136	0,385	2,910	57°, 3	0,324
0,5	0,704	0,992	0,0392	0,0182	0,291	2,746	54°, 5	0,236
0,6	0,585	0,990	0,0325	0,0230	0,215	2,608	51°, 4	0,168
0,7	0,451	0,988	0,0251	0,0290	0,147	2,530	49°, 8	0,112
0,8	0,307	0,986	0,0170	0,0313	0,097	2,454	48°, 3	0,072
0,9	0,155	0,985	0,0087	0,0325	0,048	2,425	47°, 8	0,036
1,0	0,000	0,985	0,0000	0,0331	0,000	2,415	47°, 5	0,000

II 14. Einfluß von Exzentrizitäten auf das Magnetfeld elektrischer Maschinen.

a) In umlaufenden elektrischen Maschinen ist in der Regel der Läufer samt seiner Achse konzentrisch zur Ständerbohrung gelagert. Infolge ungenauer Montage oder infolge der natürlichen Abnützung von Welle und Lager können jedoch Abweichungen von der zentrischen Justierung eintreten; es gilt, die hierdurch verursachten Felddeformationen kennenzulernen.

b) Wir beschränken uns auf Maschinen mit kreiszylindrischem Läufer. Entsprechend Abb. II 135 bezeichne a_1 den Läuferhalbmesser, $a_2 > a_1$ den Halbmesser der Ständerbohrung. Der Abstand der Läuferachse von

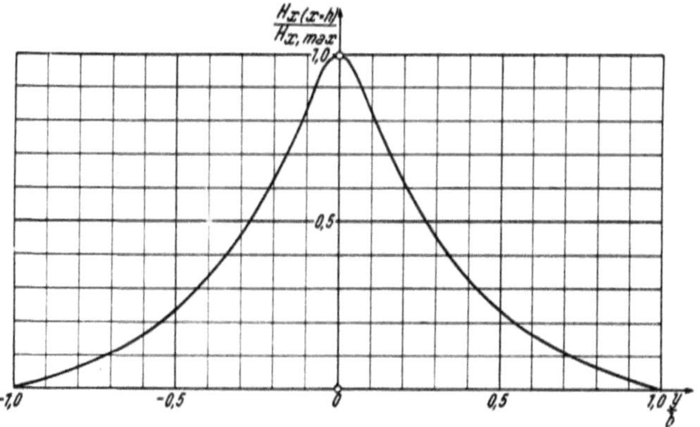

Abb. II 134. Wendefeldkurve. $p/h = 0,9$; $b/h = 0,5$; $k = \sin 80^0$; $\bar{k} = \sin 86^0\,45'$.

jener der Ständerbohrung definiert die Exzentrizität ε. Die achsiale Länge der aktiven Maschinenteile gilt als sehr groß gegen den mittleren Luftspalt $\delta = a_2 - a_1$. Wir setzen voraus, daß sich ε längs der Maschinenachse nicht merklich ändert; das Feld ist dann in allen senkrecht zu dieser Achse orientierten Ebenen das gleiche. In einer von ihnen definieren wir ein rechtwinkeliges Bezugssystem X; Y, dessen X-Achse durch das Zentrum sowohl des Läufers wie der Ständerbohrung verläuft; dagegen behalten wir uns die Wahl des Ursprunges noch vor.

c) Neben dem System X; Y bedienen wir uns der Dipolar-Koordinaten u; v, indem wir in der komplexen $z = x + i\,y$-Ebene setzen

$$w = u + i\,v = \ln \frac{z+1}{z-1};$$

$$z = \frac{e^w + 1}{e^w - 1} \equiv \coth \frac{w}{2}. \qquad \text{(II 14, 1)}$$

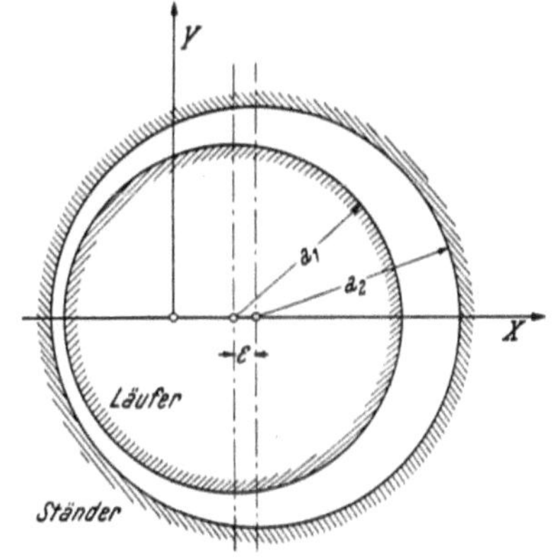

Abb. II 135. Vorläufige Orientierung in einer exzentrischen Maschine.

Die Koordinaten X, Y unterscheiden sich von x, y lediglich durch den Maßstabsfaktor λ:

$$X + i\,Y = \lambda\,(x + i\,y). \qquad \text{(II 14, 2)}$$

Wir werden jenen Zweig des Logarithmus benützen, dessen Imaginärteil zwischen $(-\pi)$ und $(+\pi)$ liegt; der Verzweigungsschnitt verläuft gemäß Abb. II 136 längs $|x| \leqq 1$, wobei auf dem $\genfrac{}{}{0pt}{}{\text{oberen}}{\text{unteren}}$ Ufer $v = \mp \pi$ gilt.

Durch Trennung des Reellen vom Imaginären entsteht aus (II 14, 1)

$$u = \ln \sqrt{\frac{(x+1)^2 + y^2}{(x-1)^2 + y^2}} \, ; \qquad v = -\operatorname{arctg} \frac{2\,y}{x^2 - 1 + y^2} \, . \qquad \text{(II 14, 3)}$$

Die Gleichung der Kurven $u =$ const. in der z-Ebene lautet also explizit

$$(x - \operatorname{cotgh} u)^2 + y^2 = \frac{1}{\sinh^2 u} \, . \qquad \text{(II 14, 4)}$$

Dies sind Kreise vom Halbmesser

$$r_u = \frac{1}{|\sinh u|} \, , \qquad \text{(II 14, 5)}$$

deren Mittelpunkte gegen den Ursprung um

$$x_u = \operatorname{cotgh} u \qquad \text{(II 14, 6)}$$

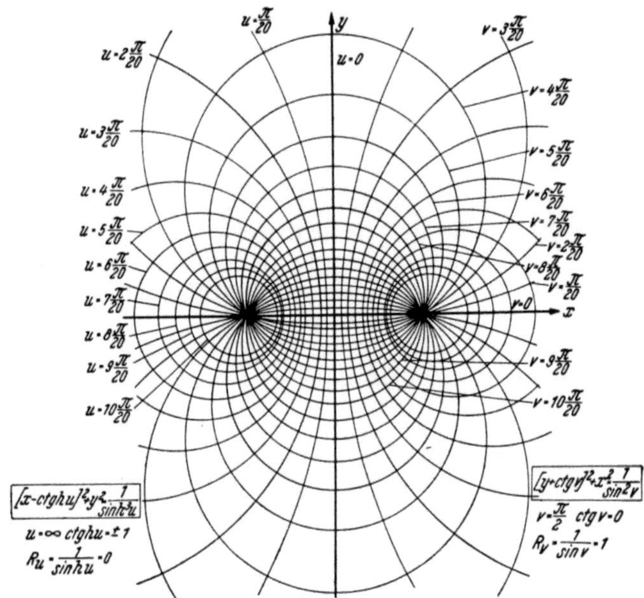

Abb. II 136. Dipolarkoordinaten.

längs der Abszissenachse verschoben sind: Der Gesamtheit $\infty > u > (-\infty)$ korrespondiert eine Schar exzentrischer Kreise, deren Mittelpunkte zwischen den Fixpunkten $x = \pm 1$ eingeschlossen sind.

Die Gleichung der Kurven $v =$ const. lautet explizit

$$x^2 + (y + \operatorname{cotg} v)^2 = \frac{1}{\sin^2 v} \, . \qquad \text{(II 14, 7)}$$

Sie liefert Kreise vom Halbmesser

$$r_v = \frac{1}{|\sin v|} \, , \qquad \text{(II 14, 8)}$$

deren Zentren auf der Ordinatenachse im Abstande

$$y = -\operatorname{cotg} v \qquad \text{(II 14, 9)}$$

vom Koordinatenursprung liegen.

d) Innerhalb der Kreisschar $u = $ const. gibt es zwei Kreise $u = u_1$ und $u = u_2$, welche den in der X-, Y-Ebene vorgeschriebenen Profilen der aktiven Ständer- und Läuferoberfläche ähnlich und ähnlich gelegen sind. Sie gehorchen den drei Bedingungen

$$a_1 = \lambda \cdot r_{u,1} = \lambda \frac{1}{|\sinh u_1|}, \qquad\qquad \text{(II 14, 10)}$$

$$a_2 = \lambda\, r_{u,2} = \lambda \cdot \frac{1}{|\sinh u_2|}, \qquad\qquad \text{(II 14, 11)}$$

$$\varepsilon = \lambda\,[x_{u,2} - x_{u,1}] = \lambda\,[\cotgh u_2 - \cotgh u_1]. \qquad \text{(II 14, 12)}$$

Mittels der Identität $\cotgh u \equiv \sqrt{1 + \dfrac{1}{\sinh^2 u}}$ findet man somit

$$\varepsilon = \lambda \left[\sqrt{1 + \frac{a_2^2}{\lambda^2}} - \sqrt{1 + \frac{a_1^2}{\lambda^2}}\right]; \qquad \lambda = \frac{a_2^2 + a_1^2 - \varepsilon^2}{2\,\varepsilon} \quad \text{(II 14, 13)}$$

und also als Dipolar-Koordinaten von Läufer- und Ständerprofil

$$u_1 = \operatorname{arcsinh} \frac{a_2^2 + a_1^2 - \varepsilon^2}{2\,a_1\,\varepsilon}; \qquad -\pi < v < \pi,$$

$$u_2 = \operatorname{arcsinh} \frac{a_2^2 + a_1^2 - \varepsilon^2}{2\,a_2\,\varepsilon}; \qquad -\pi < v < \pi. \qquad\qquad \text{(II 14, 14)}$$

e) In der komplexen w-Ebene erscheinen Läufer- und Ständerprofil gemäß Abb. II 137 als die von den Geraden $v = \pm\,\pi$ begrenzten Abschnitte der Parallelen $u = u_1$ und $u = u_2$. Wir setzen voraus, daß sowohl der Ständer wie der Läufer die einheitliche Permeabilität μ besitzen. Der Läuferkörper sei bis zur „mathematischen" Achse $x = x_{u,1}$ durchgeführt. Der Ständerkörper werde nach außen hin als unbegrenzt gedacht, so daß $z = \infty$ die Rolle des

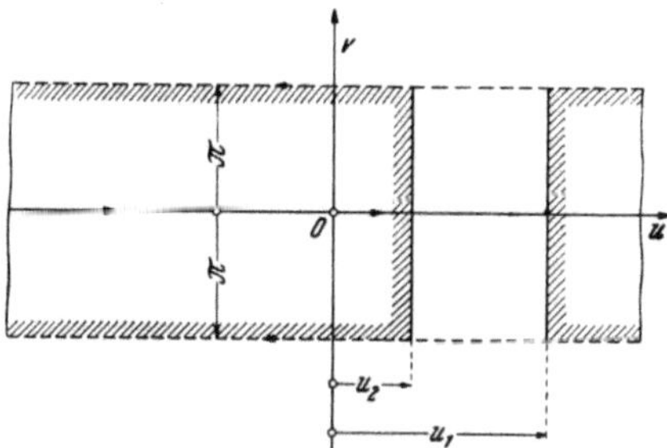

Abb. II 137. Übertragung der exzentrischen Maschine in die w-Ebene.

Ständerumfanges spielt. In der w-Ebene bedeckt also der Läufer nach Bild den Halbstreifen $u > u_1$ $[-\pi < v < \pi]$, während der Ständer den Halbstreifen $u < u_2$ $[-\pi < v < \pi]$ erfüllt. Insbesondere findet sich die Läuferachse in

$$w_1 = \ln \frac{\cotgh u_1 + 1}{\cotgh u_1 - 1} = 2\,u_1, \qquad\qquad \text{(II 14, 15)}$$

während der Ständerumfang in

$$\lim_{z \to \infty} \ln \frac{z + 1}{z - 1} = 0 \qquad\qquad \text{(II 14, 16)}$$

abgebildet wird. Lassen wir in der z-Ebene den Aufpunkt längs der x-Achse wandern, so läuft der Bildpunkt in der w-Ebene von O längs der u-Achse bis $u = \infty$ [Fixpunkt $x = +\,1$], geht von dort längs einer der Geraden $v = \pm\,\pi$ [gemäß der Wahl eines der beiden Ufer des Verzweigungsschnittes] nach $u = -\,\infty$ [Fixpunkt $x = -\,1$], und kehrt längs der u-Achse nach O zurück.

f) Gegeben seien die Durchflutungen D_1 des Läufers und D_2 des Ständers; wir ersetzen sie je durch ein System von Flächenströmen, welche auf der aktiven Oberfläche von Läufer und Ständer ausgebreitet sind.

Neben den bisher benützten Koordinaten führen wir in der z-Ebene die Polarkoordinaten r_1, ϑ_1 [Läufer] und r_2, ϑ_2 [Ständer] ein, deren Ursprung je mit dem Zentrum des entsprechenden Profiles zusammenfällt; die Winkel ϑ_1, ϑ_2 werden innerhalb ihres Existenzbereiches $(-\pi)$ bis $(+\pi)$ von der positiven x-Achse aus im mathematisch-positiven Sinne gezählt.

Wir beschränken uns auf die Grundwelle der Durchflutung einer zweipoligen Maschine. Sie kann stets aus Komponenten der Form

$$\left.\begin{aligned} D_j^{(q)} &= S_{j,0} + S_{j,1} \sin p\,\vartheta_j \\ D_j^{(l)} &= C_{j,0} + C_{j,1} \cos p\,\vartheta_j \end{aligned}\right\} \; j = 1, 2 \qquad (\text{II } 14,\ 17)$$

zusammengesetzt werden; $S_{j,0}$ und $C_{j,0}$ bezeichnen physikalisch belanglose Konstante von lediglich formalem Charakter. In $D_j^{(q)}$ liegt ein senkrecht zur x-Achse wirkendes Querfeld vor, während $D_j^{(l)}$ das in Richtung der x-Achse magnetisierende Längsfeld schildert.

g) Die Gleichung des stromtragenden Kreisprofiles der z-Ebene lautet

$$z_j = x_{u,j} + r_j\, e^{i\vartheta_j} = \operatorname{cotgh} u_j + \frac{e^{i\vartheta_j}}{\sinh u_j}; \qquad j = 1, 2. \quad (\text{II } 14,\ 18)$$

Durch Substitution von (II 14, 1) entsteht hieraus

$$\frac{e^{i\vartheta_j}}{\sinh u_j} = \left(\frac{e^w + 1}{e^w - 1}\right)_{u=u_j} - \operatorname{cotgh} u_j = \frac{e^{u_j + iv} + 1}{e^{u_j + iv} - 1} - \operatorname{cotgh} u_j. \quad (\text{II } 14,\ 19)$$

Für $u_j > 0$ entwickeln wir die rechte Seite dieser Gleichung in die Reihe

$$\frac{e^{u_j + iv} + 1}{e^{u_j + iv} - 1} - \operatorname{cotgh} u_j = 1 + 2\left\{e^{-(u_j + iv)} + e^{-2(u_j + iv)} + \cdots\right\} - \operatorname{cotgh} u_j$$

$$(\text{II } 14,\ 20)$$

und erhalten jetzt durch Trennung des Reellen vom Imaginären

$$\left.\begin{aligned} \cos\vartheta_j &= -\,e^{-u_j} + 2\sinh u_j \sum_{k=1}^{\infty} e^{-ku_j} \cos k\,v, \\ \sin\vartheta_j &= \phantom{-\,e^{-u_j} +} -2\sinh u_j \sum_{k=1}^{\infty} e^{-ku_j} \sin k\,v. \end{aligned}\right\} \qquad (\text{II } 14,\ 21)$$

Wir wählen in (II 14, 16) $S_{j,0} = 0$ und $C_{j,0} - C_{j,1}\, e^{-u_j} = 0$, so daß die Durchflutungsfunktionen in der w-Ebene lauten

$$\left.\begin{aligned} D_j^{(q)} &= -\,2\,S_{j,1} \sinh u_j \sum_{k=1}^{\infty} e^{-ku_j} \sin k\,v, \\ D_j^{(l)} &= 2\,C_{j,1} \sinh u_j \sum_{k=1}^{\infty} e^{-ku_j} \cos k\,v \end{aligned}\right\} \; u_j > 0. \quad (\text{II } 14,\ 22)$$

h) In der w-Ebene sind Ständer und Läufer gleichberechtigt. Indem wir uns auf die Linearität der *Laplace*schen Gleichung berufen, dürfen wir uns daher beispielsweise auf den Fall der Läufererregung bei gleichzeitig stromlosem Ständer beschränken.

Wir beginnen mit der Analyse des Feldes im Luftspalt $u_2 < u < u_1$. Es sei vorübergehend angenommen, daß Ständer- und Läufereisen vollkommen permeabel seien. Dann gleicht die Potentialfunktion φ des Luftspaltes längs $u = u_1$ der dort vorgeschriebenen Durchflutungsfunktion, während φ längs $u = u_2$ verschwindet. Diesen Randbedingungen genügt im Falle des Querfeldes folgendes Integral der *Laplace*schen Gleichung

$$\varphi_1^{(q)} = -2\,S_{1,1}\sinh u_1 \sum_{k=1}^{\infty} e^{-ku_1} \sin k v \, \frac{\sinh k\,(u-u_2)}{\sinh k\,(u_1-u_2)}. \qquad \text{(II 14, 23)}$$

Die zugehörige Stromfunktion lautet

$$\psi_1^{(q)} = 2\,S_{1,1}\sinh u_1 \sum_{k=1}^{\infty} e^{-ku_1} \cos k v \, \frac{\cosh k\,(u-u_2)}{\sinh k\,(u_1-u_2)}. \qquad \text{(II 14, 24)}$$

Für das Längsfeld findet man das Potential

$$\varphi_1^{(l)} = 2\,C_{1,1}\sinh u_1 \sum_{k=1}^{\infty} e^{-ku_1} \cos k v \, \frac{\sinh k\,(u-u_2)}{\sinh k\,(u_1-u_2)} \qquad \text{(II 14, 25)}$$

mit der Stromfunktion

$$\psi_1^{(l)} = 2\,C_{1,1}\sinh u_1 \sum_{k=1}^{\infty} e^{-ku_1} \sin k v \, \frac{\cosh k\,(u-u_2)}{\sinh k\,(u_1-u_2)}. \qquad \text{(II 14, 26)}$$

i) Um das Feld in Ständer und Läufer an die Potentiale (II 14, 23) und (II 14, 25) anzuschließen, führen wir den Prozeß $u \to \infty$ aus:

Unter Berufung auf die Stetigkeit der normal zur Grenzfläche des Luftspaltes gerichteten Induktionskomponente entnehmen wir den Gln. (II 14, 24) und (II 14, 26) als Randwerte der Stromfunktion $\overline{\psi}_1$ des Läuferkörpers

$$\overline{\psi}_1^{(q)} = \frac{2}{\mu}\,S_{1,1}\sinh u_1 \sum_{k=1}^{\infty} e^{-ku_1} \cos k v \, \operatorname{cotgh} k\,(u_1-u_2) \quad [\text{Querfeld}],$$

$$\text{(II 14, 27)}$$

$$\overline{\psi}_1^{(l)} = \frac{2}{\mu}\,C_{1,1}\sinh u_1 \sum_{k=0}^{\infty} e^{-ku_1} \sin k v \, \operatorname{cotgh} k\,(u_1-u_2) \quad [\text{Längsfeld}].$$

$$\text{(II 14, 28)}$$

Im Läuferinnern $u \geqq u_1$ lauten somit die Stromfunktionen

$$\overline{\psi}_1^{(q)} = \frac{2}{\mu}\,S_{1,1}\sinh u_1 \sum_{k=1}^{\infty} e^{-ku} \cos k v \, \operatorname{cotgh} k\,(u_1-u_2) \quad [\text{Querfeld}],$$

$$\text{(II 14, 29)}$$

$$\overline{\psi}_1^{(l)} = \frac{2}{\mu}\,C_{1,1}\sinh u_1 \sum_{k=1}^{\infty} e^{-ku} \sin k v \, \operatorname{cotgh} k\,(u_1-u_2) \quad [\text{Längsfeld}].$$

$$\text{(II 14, 30)}$$

Auf dem gleichen Wege finden wir als Randwerte der Stromfunktion $\overline{\overline{\psi}}_1$ des Ständerkörpers

$$\overline{\overline{\psi}}_1^{(q)} = \frac{2}{\mu}\, S_{1,1} \sinh u_1 \sum_{k=1}^{\infty} e^{-ku_1} \cos k\,v\; \frac{1}{\sinh k\,(u_1 - u_2)}\, \text{, [Querfeld],}$$

$$\text{(II 14, 31)}$$

$$\overline{\overline{\psi}}_1^{(l)} = \frac{2}{\mu}\, C_{1,1} \sinh u_1 \sum_{k=1}^{\infty} e^{-ku_1} \sin k\,v\; \frac{1}{\sinh k\,(u_1 - u_2)}\; \text{[Längsfeld]}$$

$$\text{(II 14, 32)}$$

und erhalten im Ständerinnern $u < u_2$

$$\overline{\overline{\psi}}_1^{(q)} = \frac{2}{\mu}\, S_{1,1} \sinh u_1 \sum_{k=1}^{\infty} e^{ku} \cos k\,v\; \frac{e^{-k\,(u_1 + u_2)}}{\sinh k\,(u_1 - u_2)}\; \text{[Querfeld]}$$

$$\text{(II 14, 33)}$$

$$\overline{\overline{\psi}}_1^{(l)} = \frac{2}{\mu}\, C_{1,1} \sinh u_1 \sum_{k=1}^{\infty} e^{ku} \sin k\,v\; \frac{e^{-k\,(u_1 + u_2)}}{\sinh k\,(u_1 - u_2)}\; \text{[Längsfeld].}$$

$$\text{(II 14, 34)}$$

Die Ausdrücke (II 14, 29), (II 14, 30) einerseits, (II 14, 33), (II 14, 34) andererseits erfüllen je die *Laplace*sche Gleichung. Überdies genügen sie für $\mu \to \infty$ den Randbedingungen der tangentiellen Feldstärke-Komponenten an der Grenze des Läufers und des Ständers gegen den Luftspalt.

k) Als Ringfluß Φ_R definieren wir jenen Induktionsfluß, welcher zwischen Läuferachse und Ständerumfang auftritt: Je achsiale Längeneinheit der Maschine gilt, mit Rücksicht auf (II 14, 15) und (II 14, 16)

$$\Phi_R = \lim_{u \to \infty} \Pi\,\mu\, [\overline{\psi}_1\,(2\,u_1) - \overline{\overline{\psi}}_1\,(0)]. \qquad \text{(II 14, 35)}$$

Im Lichte der Gln. (II 14, 29), (II 14, 30) und (II 14, 33), (II 14, 34) erkennt man, daß lediglich das Querfeld einen Ringfluß erregen kann

$$\Phi_R^{(q)} = \Pi \cdot 2\,S_{1,1} \sinh u_1 \sum_{k=1}^{\infty} e^{-2ku_1} \left[\coth k\,(u_1 - u_2) - \frac{e^{k\,(u_1 - u_2)}}{\sinh k\,(u_1 - u_2)} \right]$$

$$= \quad -\Pi\, 2\,S_{1,1} \sinh u_1 \sum_{k=1}^{\infty} e^{-2ku_1} = -\Pi \cdot S_{1,1}\, e^{-u_1}, \qquad \text{(II 14, 36)}$$

$$\Phi_R^{(l)} \equiv 0. \qquad \text{(II 14, 37)}$$

Wir vergleichen den Ringfluß $\Phi_R^{(q)}$ mit dem querfelderregten Hauptfluß $\Phi^{(q)}$ je Ständerpol, welcher aus (II 14, 31) zu entnehmen ist

$$\Phi^{(q)} = \lim_{\mu \to \infty} \Pi\,\mu\, [\overline{\overline{\psi}}_1^{(q)}\,(u_2, \pi) - \overline{\overline{\psi}}_1^{(q)}\,(u_2, 0)] =$$

$$= \Pi \cdot S_{1,1} \sinh u_1 \cdot \sum_{k=1}^{\infty} e^{-ku_1} \frac{1 - \cos k\,\pi}{\sinh k\,(u_1 - u_2)}. \qquad \text{(II 14, 38)}$$

Wir begnügen uns mit jenem Grundgliede Φ_1, das für $k = 1$ resultiert:

$$\Phi_1 = \Pi \cdot S_{1,\,1} \sinh u_1 \cdot \frac{2\,e^{-u_1}}{\sinh (u_1 - u_2)} \qquad \text{(II 14, 39)}$$

und erhalten

$$\left| \frac{\Phi_R^{(q)}}{\Phi_1} \right| = \frac{\sinh (u_1 - u_2)}{4 \sinh u_1}. \qquad \text{(II 14, 40)}$$

Hier führen wir den mittleren Halbmesser $a = 1/2\,(a_1 + a_2)$ der Maschine und ihren mittleren Luftspalt $\delta = a_2 - a_1$ ein und berechnen aus (II 14, 14) für kleine Exzentrizitäten ε

$$\sinh u_1 = \frac{a_1{}^2 + a_2{}^2 - \varepsilon^2}{2\,a_1\,\varepsilon} = \frac{a}{\varepsilon} + \ldots\,; \qquad \sinh u_2 = \frac{a_1{}^2 + a_2{}^2 - \varepsilon^2}{2\,a_2\,\varepsilon} = \frac{a}{\varepsilon} + \ldots$$
$$\text{(II 14, 41)}$$

Mittels binomischer Entwicklung folgt hieraus

$$\sinh (u_1 - u_2) = \frac{a_1{}^2 + a_2{}^2 - \varepsilon^2}{2\,a_1\,\varepsilon} \sqrt{1 + \left(\frac{a_1{}^2 + a_2{}^2 - \varepsilon^2}{2\,a_2\,\varepsilon}\right)^2} -$$
$$- \frac{a_1{}^2 + a_2{}^2 - \varepsilon^2}{2\,a_2\,\varepsilon} \sqrt{1 + \left(\frac{a_1{}^2 + a_2{}^2 - \varepsilon^2}{2\,a_1\,\varepsilon}\right)^2} =$$
$$= \frac{(a_1{}^2 + a_2{}^2 - \varepsilon^2)^2}{4\,a_1\,a_2\,\varepsilon^2} \left[1 + \frac{1}{2}\left(\frac{2\,a_2\,\varepsilon}{a_1{}^2 + a_2{}^2 - \varepsilon^2}\right)^2 - \ldots\right] -$$
$$- \frac{(a_1{}^2 + a_2{}^2 - \varepsilon^2)^2}{4\,a_1\,a_2\,\varepsilon^2} \left[1 + \frac{1}{2}\left(\frac{2\,a_1\,\varepsilon}{a_1{}^2 + a_2{}^2 - \varepsilon^2}\right)^2 - \ldots\right] = 2\,\frac{a\,\delta}{a_1\,a_2} + \ldots$$
$$\text{(II 14, 42)}$$

also

$$\left| \frac{\Phi_R^{(q)}}{\Phi_1} \right| = \frac{1}{8}\left(\frac{\delta}{a}\right) \cdot \left(\frac{\varepsilon}{a}\right) + \ldots \qquad \text{(II 14, 43)}$$

II 15. Zahlenwerte der Jacobischen Elliptischen Funktionen.

a) In den vorangehenden Abschnitten sind wir zu wiederholten Malen den *Jacobi*schen Elliptischen Funktionen begegnet. Zur Berechnung ihrer Zahlenwerte für reelle Argumente geht man von der Definition des Elliptischen Integrales Erster Gattung vom Modul k $[0 \leqq k < 1]$ in seiner *Legendre*schen Normalform aus

$$F\,(x,\,k) = \int_0^x \frac{dx'}{\sqrt{(1 - x'^2)(1 - k^2\,x'^2)}} \qquad \text{(II 15, 1)}$$

für welches ausführliche Tabellen vorliegen. Setzt man nun

$$u \equiv F\,(x,\,k)\,; \qquad K = F\,(1,\,k) \qquad \text{(II 15, 2)}$$

so liefert die Umkehrung von (II 15, 1) die *Amplitude* (Symbol am] der Variablen u

$$x = \operatorname{am} u \qquad \text{(II 15, 3)}$$

Nach Einführung der „reduzierten" unabhängigen Veränderlichen

$$u^* = \frac{u}{K} \qquad\qquad (II\ 15,\ 4)$$

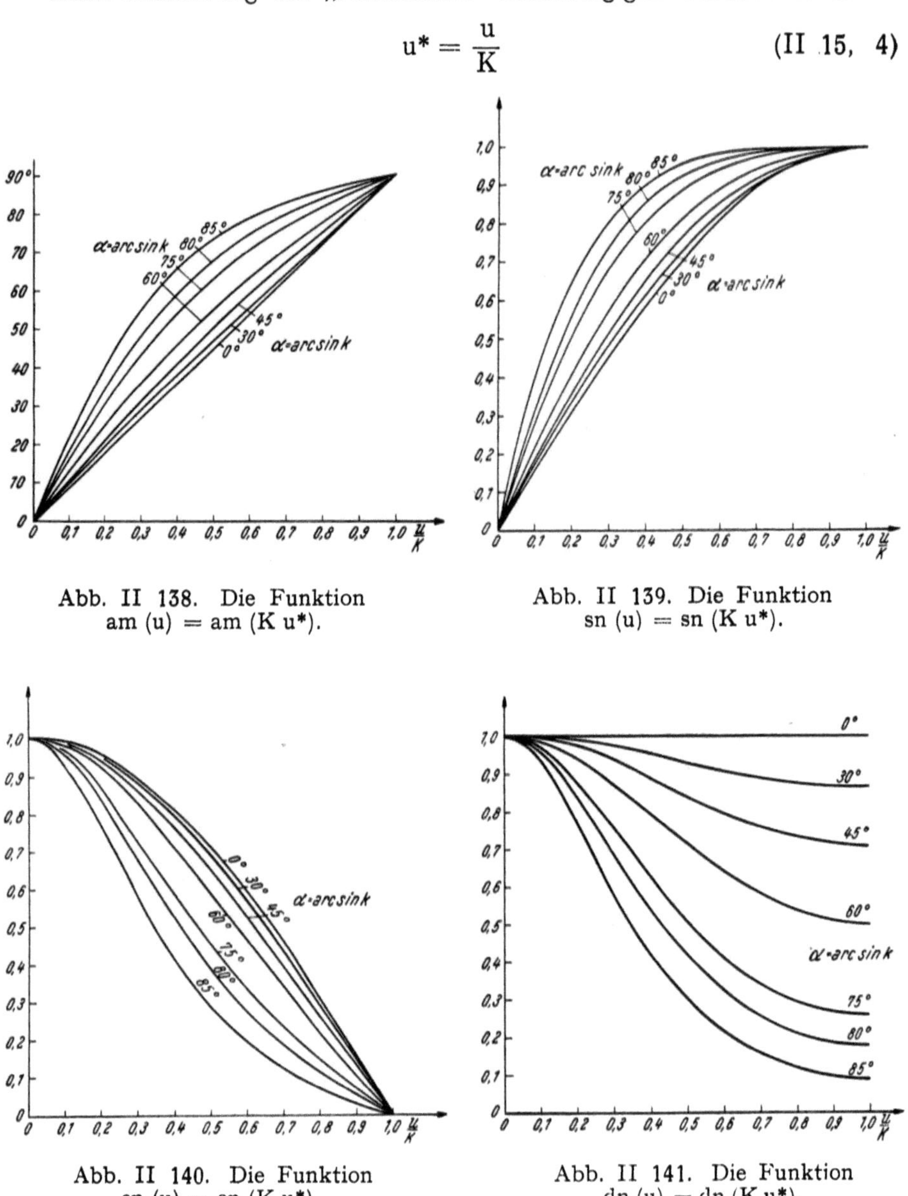

Abb. II 138. Die Funktion
am (u) = am (K u*).

Abb. II 139. Die Funktion
sn (u) = sn (K u*).

Abb. II 140. Die Funktion
cn (u) = cn (K u*).

Abb. II 141. Die Funktion
dn (u) = dn (K u*).

zeigt Abb. II 138 den Gang der Funktion am (K u*) für verschiedene
Werte des Modularwinkels

$$0 \leqq \alpha = \arcsin k < \frac{\pi}{2} \qquad\qquad (II\ 15,\ 5)$$

b) Aus x nach (II 15, 3) findet man die Sinusamplitude (Symbol sn]
von u gemäß

$$\operatorname{sn} u = \sin x \qquad\qquad (II\ 15,\ 6)$$

die Kosinusamplitude [Symbol cn] von u gemäß

$$cn\ u = cos\ x \qquad\qquad (II\ 15,\ 7)$$

und die Deltaamplitude [Symbol dn] von u gemäß

$$dn\ u = \sqrt{1 - k^2 \sin^2 x} \qquad\qquad (II\ 15,\ 8)$$

In den Abb. II 139, II 140 und II 141 sind die drei Elliptischen Funktionen sn (K u*), cn (K u*) und dn (K u*) für verschiedene Modularwinkel dargestellt. Im Anhang des Buches findet man weitere Schaubilder der vorstehend definierten Funktionen, welche insbesondere das Verhältnis der drei *Jacobi*schen Funktionen zueinander veranschaulichen mögen.

c) Verlangt man eine zahlenmäßig größere Genauigkeit, so bediene man sich der von *Milne* und *Thomson* berechneten Tafeln der *Jacobi*schen Elliptischen Funktionen. [Berlin, Verlag von Julius Springer].

Drittes Kapitel

Das Vektorpotential magnetischer Felder.

III 1. Das Vektorpotential des magnetischen Feldes.

a) Das magnetische *Skalarpotential* kann, seiner Definition gemäß, lediglich zur *Beschreibung stromfreier Gebiete* dienen. Die hierdurch gebotene Beschränkung ist in vielen Fällen nicht tragbar, und es wird eine Darstellungsmethode gefordert, welche *stationäre Magnetfelder beliebiger Art* umfaßt.

Als Ausgang gilt die universell gültige Kontinuitätsgleichung der magnetischen Induktion

$$\operatorname{div} B = 0. \qquad (\text{III 1, 1})$$

Sie wird, als Differentialgleichung aufgefaßt, mittels des Vektors V gelöst, aus welchem B nach der Vorschrift

$$B = \operatorname{rot} V \qquad (\text{III 1, 2})$$

abgeleitet wird; V heißt das *magnetische Vektorpotential*. Bei seinem Vergleich mit dem magnetischen Skalarpotential hat man zunächst die gegenüber der Gradientenbildung veränderte Differentialoperation der Rotorberechnung in Betracht zu ziehen. Darüber hinaus hat man zu beachten, daß gegenüber der *einen* Ortsfunktion des Skalarpotentiales das Vektorpotential *dreier* Ortsfunktionen zu seiner Darstellung bedarf.

b) Wir suchen die partielle Differentialgleichung, der das Vektorpotential zu genügen hat: dabei beschränken wir uns auf homogene, isotrope Stoffe, welche sich zudem durch eine konstante Permeabilität auszeichnen. Vermöge der Zustandsgleichung der magnetischen Vektoren folgt dann aus (III 1, 1) für die Feldstärke

$$H = \frac{1}{\Pi\,\mu}\,B = \frac{1}{\Pi\,\mu}\operatorname{rot} V. \qquad (\text{III 1, 3})$$

Sie ist nach der Ersten *Maxwell*schen Gleichung mit der elektrischen Stromdichte j verknüpft:

$$\operatorname{rot} H = j. \qquad (\text{III 1, 4})$$

Mittels (III 1, 3) folgt hieraus für das Vektorpotential:

$$\operatorname{rot}\{\operatorname{rot} V\} = \Pi\,\mu\,j. \qquad (\text{III 1, 5})$$

c) Wir beziehen uns auf ein rechtsläufiges, *Kartesi*sches Koordinatensystem x, y, z; in ihm besteht die Identität

$$\operatorname{rot}\{\operatorname{rot} V\} = \operatorname{grad} \operatorname{div} V - V^2\,V. \qquad (\text{III 1, 6})$$

Nun ist durch (III 1, 5) — mit Einschluß der an der Grenze des Feldgebietes jeweils vorgeschriebenen Randbedingungen — das Vektorpotential noch nicht eindeutig bestimmt. Denn nach Wahl einer beliebigen, differenzierbaren Skalarfunktion S = S (x, y, z) dürfen wir wegen rot grad S≡0 das Potential V in (III 1, 5) durch

$$V' = V + \text{grad } S \qquad \text{(III 1, 7)}$$

ersetzen. Von der in diesem Satze ausgedrückten Freiheit machen wir Gebrauch, indem wir V die Zusatzbedingung auferlegen

$$\text{div } V = 0. \qquad \text{(III 1, 8)}$$

Mit Rücksicht auf (III 1, 6) vereinfacht sich dann (III 1, 5) in die Vektorgleichung

$$V^2 V = - \Pi \mu j. \qquad \text{(III 1, 9)}$$

Sie zerfällt in drei skalare Gleichungen vom *Poisson*schen Typus, deren jede für eine der *Kartesi*schen Koordinaten gilt; bei Benützung anderer Koordinatensysteme versagt jedoch im allgemeinen Gl. (III 1, 6), so daß man dann für die Komponenten von V auf verwickeltere Differentialgleichungen geführt wird.

d) Gegeben eine Fläche F, welche von der geschlossenen Kurve C umrandet wird. Wir suchen den Induktionsfluß durch F:

$$\Phi = \int\!\!\int_{(F)} (B\, dF) = \int\!\!\int_{(F)} (\text{rot } V\, dF). \quad \text{(III 1, 10)}$$

Der *Stokes*sche Integralsatz liefert die Umformung

$$\Phi = \oint_{(C)} (V\, ds), \qquad \text{(III 1, 11)}$$

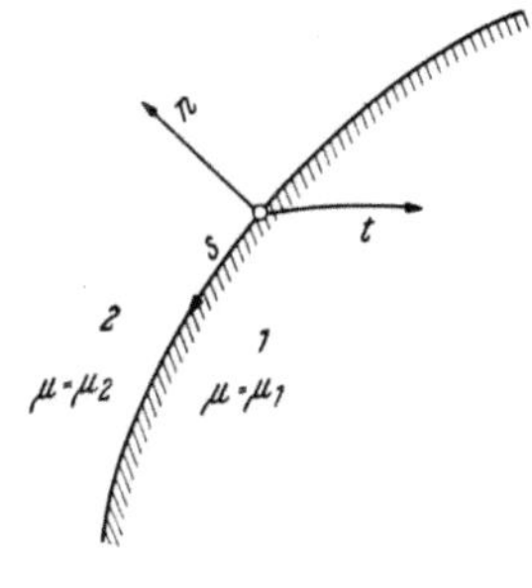

Abb. III 142. Grenzbedingungen des Vektorpotentiales beim Übergang von einem homogenen, isotropen Medium zu einem zweiten.

so daß die Kenntnis des Vektorpotentiales die zur Flußberechnung zunächst erforderliche Doppelintegration auf ein Einfachintegral reduziert.

e) Welchen Bedingungen hat das Vektorpotential an der Grenze zweier homogener, isotroper Körper 1 und 2 der je konstanten Permeabilitäten μ_1 und μ_2 zu genügen?

Nach Abb. III 142 zählen wir längs des Schnittes der Grenzfläche mit der Zeichenebene die Lagenkoordinaten s, senkrecht hinzu, von 1 nach 2 weisend, die Normale n und schließlich senkrecht auf s und n die Koordinate t; n, s, t sollen, in dieser Reihenfolge, ein Rechtssystem bilden. Man gewinnt dann aus (III 1, 2) für die normale Induktionskomponente

$$B_n = \frac{\partial V_t}{\partial s} - \frac{\partial V_s}{\partial t}. \qquad \text{(III 1, 12)}$$

Die Stetigkeit der Normalinduktion ist also gewährleistet, falls die in der Grenzfläche liegenden Komponenten des Vektorpotentiales beider Körper einander gleichen.

Für die tangentiellen Induktionskomponenten entnimmt man aus (III 1, 2) die Berechnungsvorschrift

$$\left. \begin{aligned} B_s &= \frac{\partial V_n}{\partial t} - \frac{\partial V_t}{\partial n}, \\ B_t &= \frac{\partial V_s}{\partial n} - \frac{\partial V_n}{\partial s}. \end{aligned} \right\} \qquad \text{(III 1, 13)}$$

Daher führt die Stetigkeitsforderung der tangentiellen Feldstärke-Komponenten auf

$$\frac{1}{\mu_1}\left\{\frac{\partial V_{n_1}}{\partial t}-\frac{\partial V_{t_1}}{\partial n}\right\}=\frac{1}{\mu_2}\left\{\frac{\partial V_{n_2}}{\partial t}-\frac{\partial V_{t_2}}{\partial n}\right\},$$
$$\frac{1}{\mu_1}\left\{\frac{\partial V_{s_1}}{\partial n}-\frac{\partial V_{n_1}}{\partial s}\right\}=\frac{1}{\mu_2}\left\{\frac{\partial V_{s_2}}{\partial n}-\frac{\partial V_{n_2}}{\partial s}\right\}. \qquad \text{(III 1, 14)}$$

f) Wie drückt sich die Freie Energie W des Feldes mit Hilfe des Vektorpotentiales aus? Das Element dT des Feldbereiches T enthält die Freie Energie

$$\mathrm{dW}=\frac{1}{2}(H\,B)\,\mathrm{dT}=\frac{1}{2}(H\,\mathrm{rot}\,V)\,\mathrm{dT}, \qquad \text{(III 1, 15)}$$

so daß wir finden

$$W=\frac{1}{2}\int\!\!\int_{(T)}\!\!\int (H\,\mathrm{rot}\,V)\,\mathrm{dT}. \qquad \text{(III 1, 16)}$$

Wir führen den Hilfsvektor $[V\,H]$ ein; seine Quelldichte beträgt

$$\mathrm{div}\,[V\,H]\equiv(H\,\mathrm{rot}\,V)-(V\,\mathrm{rot}\,H). \qquad \text{(III 1, 17)}$$

Durch Einsetzen dieser Identität in (III 1, 16) entsteht

$$W=\frac{1}{2}\int\!\!\int_{(T)}\!\!\int \mathrm{div}\,[V\,H]\,\mathrm{dT}+\frac{1}{2}\int\!\!\int_{(T)}\!\!\int (V\,\mathrm{rot}\,H)\,\mathrm{dT}. \qquad \text{(III 1, 18)}$$

Das erste Integral verwandeln wir mittels des *Gauß*schen Satzes in ein Flächenintegral über die Hülle F von T:

$$\frac{1}{2}\int\!\!\int_{(T)}\!\!\int \mathrm{div}\,[V\,H]\,\mathrm{dT}=\frac{1}{2}\int\!\!\int_{(F)} ([V\,H]\,\mathrm{d}F). \qquad \text{(III 1, 19)}$$

Wir setzen nunmehr voraus, daß das magnetische Feld *abgeschlossen* ist: Für unbegrenzt zunehmende Maße von T sollen $|V|$ und $|H|$ so stark gegen Null absinken, daß gleichzeitig auch das Flächenintegral (III 1, 19) gegen Null konvergiert. Mit Rücksicht auf (III 1, 4) verbleibt somit für die Freie Energie das Integral

$$W=\frac{1}{2}\int\!\!\int_{(T)}\!\!\int (V\,j)\,\mathrm{dT}. \qquad \text{(III 1, 20)}$$

Häufig erfüllt die elektrische Strömung nur gewisse Teile des [unendlich ausgedehnten] Feldgebietes T, so daß sich dann die Integration auf die durchströmten Raumelemente reduziert.

III 2. Das magnetische Feld linearer Ströme.

a) Unter einem linearen elektrischen Leiter verstehen wir einen Draht, dessen Länge s groß ist gegenüber dem mittleren Halbmesser aller senkrecht zur Drahtachse orientierten Querschnittsflächen f. In ihm kann ein stationärer elektrischer Strom J nur dann bestehen, wenn die Drahtachse, ergänzt durch die Leiterelemente der Stromquelle, eine in sich geschlossene Kurve C bildet. Gesucht wird das Magnetfeld eines solchen „linearen Stromes" in einem homogenen, isotropen Medium der konstanten Permeabilität μ.

b) Das elektrostatische Skalarpotential φ, welches die Raumlade-Dichte $\varrho = \varrho\,(x, y, z)$ in einem homogenen, isotropen Dielektrikum der Dielektrizitätskonstanten ε erregt, gehorcht der *Poisson*schen Gleichung

$$\nabla^2\varphi = -\frac{\varrho}{\Delta\,\varepsilon}.\qquad\qquad\text{(III 2, 1)}$$

Im Falle des allseitig unbegrenzten Feldes lautet die Lösung dieser Gleichung

$$\varphi = \frac{1}{4\,\pi\,\Delta\,\varepsilon}\int\!\!\!\int_{(T)}\!\!\!\int \frac{\varrho}{r}\,dT,\qquad\qquad\text{(III 2, 2)}$$

wobei r den Abstandsskalar vom Quellpunkt [Koordinaten ξ, η, ζ] zum Aufpunkt [Koordinaten x, y, z] bezeichnet:

$$r^2 = (x - \xi)^2 + (y - \eta)^2 + (z - \zeta)^2.\qquad\qquad\text{(III 2, 3)}$$

Indem wir dieses Ergebnis dreidimensional verallgemeinern und die Bezeichnungen sinngemäß abändern, finden wir die [vektorielle] Lösung von (III 1, 9):

$$V = \frac{\Pi\,\mu}{4\,\pi}\int\!\!\!\int_{(T)}\!\!\!\int \frac{j}{r}\,dT.\qquad\text{(III 2, 4)}$$

c) Nach Abb. III 143 schneiden wir aus der Leitkurve C des linearen Leiters das vektorielle Element $\Delta\,s$ der Komponenten $\Delta\,\xi$, $\Delta\,\eta$, $\Delta\,\zeta$ aus; auch sei $|\Delta\,s|$ hinreichend groß gegenüber dem mittleren Halbmesser von f, gleichzeitig aber sehr klein gegenüber s. Dann berechnet sich die dort wirksame Stromdichte zu

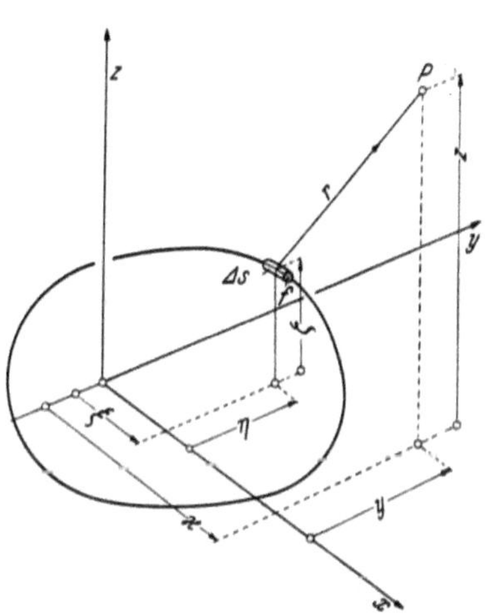

Abb. III 143. Zum *Biot-Savart*schen Elementargesetz.

$$j = \frac{J}{f}\cdot\frac{\Delta\,s}{|\Delta\,s|}.\qquad\qquad\text{(III 2, 5)}$$

Das ausgeschnittene Drahtelement besitzt das Volumen

$$\Delta\,T = f\cdot|\Delta\,s|,\qquad\qquad\text{(III 2, 6)}$$

es wird also zum Träger des vektoriellen „Stromelementes"

$$j\,\Delta\,T = J\,\Delta\,s.\qquad\qquad\text{(III 2, 7)}$$

Nunmehr dürfen wir mittels $f \to 0$ den Grenzübergang vom linearen Leiter zum „Stromfaden" vollziehen und erhalten nach (III 2, 4) als Beitrag des Stromelementes zum Vektorpotentiale in einem außerhalb C liegenden Aufpunkte

$$\Delta\,V = \frac{\Pi\,\mu}{4\,\pi}\,J\,\frac{\Delta\,s}{r}.\qquad\qquad\text{(III 2, 8)}$$

d) Welches Feld $\Delta\,H$ erregt das Stromelement im Aufpunkte?

Nach (III 1, 3) findet sich

$$\Delta H = \frac{1}{\Pi \mu} \operatorname{rot} \Delta V = \frac{J}{4 \pi} \begin{vmatrix} 1_x & 1_y & 1_z \\ \dfrac{\partial}{\partial x} & \dfrac{\partial}{\partial y} & \dfrac{\partial}{\partial z} \\ \dfrac{\Delta \xi}{r} & \dfrac{\Delta \eta}{r} & \dfrac{\Delta \zeta}{r} \end{vmatrix}. \qquad \text{(III 2, 9)}$$

Mittels der Darstellung (III 2, 3) des Abstandskalares berechnet man

$$\frac{\partial \left(\dfrac{1}{r}\right)}{\partial x} = -\frac{1}{r^2}\frac{x-\xi}{r}; \quad \frac{\partial \left(\dfrac{1}{r}\right)}{\partial y} = -\frac{1}{r^2}\frac{y-\eta}{r}; \quad \frac{\partial \left(\dfrac{1}{r}\right)}{\partial z} = -\frac{1}{r^2}\frac{z-\zeta}{r},$$

$$\text{(III 2, 10)}$$

so daß man aus (III 2, 9) erhält

$$\Delta H = -\frac{J}{4\pi} \cdot \frac{1}{r^3} \begin{vmatrix} 1_x & 1_y & 1_z \\ x-\xi & y-\eta & z-\zeta \\ \Delta \xi & \Delta \eta & \Delta \zeta \end{vmatrix} = \frac{J}{4\pi} \cdot \frac{[\Delta s \, r]}{r^3}. \qquad \text{(III 2, 11)}$$

Hiernach bildet die Richtung der Feldstärke mit den Vektoren Δs und r ein Rechtssystem und ihr Betrag ist

$$|\Delta H| = |J| \cdot |\Delta s| \cdot \frac{\sin (\Delta s, r)}{4 \pi r^2}. \qquad \text{(III 2, 12)}$$

Man faßt diese Regeln unter dem Namen des *Biot-Savart*schen *Elementargesetzes* zusammen. Um seine Stellung innerhalb der *Faraday-Maxwell*schen Elektrodynamik zu beleuchten, hat man zu beachten, daß wir hier die Differentialgleichungen des Vektorpotentiales für *stationäre* Ströme aufgestellt haben. Für solche aber hat der Begriff des Stromelementes nur eine mathematisch-formale Bedeutung; denn mit Rücksicht auf das Erste *Kirchhoff*sche Gesetz läßt sich erst der geschlossene Stromkreis (C) physikalisch realisieren. Dementsprechend darf man aus (III 2, 11) zunächst nur das Integralgesetz der resultierenden Feldstärke H erschließen, welche mit dem geschlossenen Stromkreise verknüpft ist

$$H = \frac{J}{4\pi} \oint_{(C)} \frac{[\Delta s \cdot r]}{r^3}. \qquad \text{(III 2, 13)}$$

Indessen wird die Untersuchung ungeschlossener, zeitlich veränderlicher Ströme erweisen, daß auch dem Elementargesetze (III 2, 11) eine gewisse, selbständige Bedeutung zukommt.

e) Neben der Leitkurve C des Stromes J geben wir eine in sich geschlossene Kurve C' vor. Gefragt wird nach dem Induktionsflusse Φ', welcher eine von C' umspannte Fläche F' durchtritt:

$$\Phi' = \oint_{(C')} (V \, ds') = \frac{\Pi \mu}{4\pi} J \oint_{(C')} \oint_{(C)} \frac{(ds' \, ds)}{r}. \qquad \text{(III 2, 14)}$$

Das doppelte Umlaufintegral ist symmetrisch in den Elementen von (C) und (C') gebaut: Zwei induktiv gekoppelte, lineare Leiter erregen bei gleichen Strömen in einem Kreis gleiche Induktionsflüsse durch den zweiten; in Kap. IV werden wir die Thermodynamische Wurzel dieses Satzes kennenlernen.

III 3. Magnetische Spiegelung der Ströme.

a) Gegeben zwei Halbkörper 1 und 2, deren Permeabilitäten je gleich den konstanten Werten μ_1 und μ_2 seien. Beide Gebiete berühren einander längs der Ebene $z = 0$ eines *Kartesi*schen Rechtssystemes. Innerhalb 1 sei nun im Quellpunkte (ξ, η, ζ) das Stromelement $J \varDelta s$

$$\varDelta s = 1_x \varDelta \xi + 1_y \varDelta \eta + 1_z \varDelta \zeta$$

gegeben; gefragt wird nach seinem magnetischen Felde.

b) Im Gebiet 1 $(z > 0)$ setzen wir die Induktion als Resultierende zweier Anteile an:

1. Die „Primärinduktion" $\varDelta B_{1,\,p}$ wird durch das gegebene Stromelement im Raume der überall konstanten Permeabilität μ_1 erregt; nach (III 2, 11) ist also im Aufpunkte $P = (x, y, z)$

$$\varDelta B_{1,\,p} = -\frac{\Pi \mu_1}{4\pi} J \cdot \frac{1}{r^3} \begin{vmatrix} 1_x & 1_y & 1_z \\ x-\xi & y-\eta & z-\zeta \\ \varDelta \xi & \varDelta \eta & \varDelta \zeta \end{vmatrix}$$

$$r^2 = (x-\xi)^2 + (y-\eta)^2 + (z-\zeta)^2.$$

$$\text{(III 3, 1)}$$

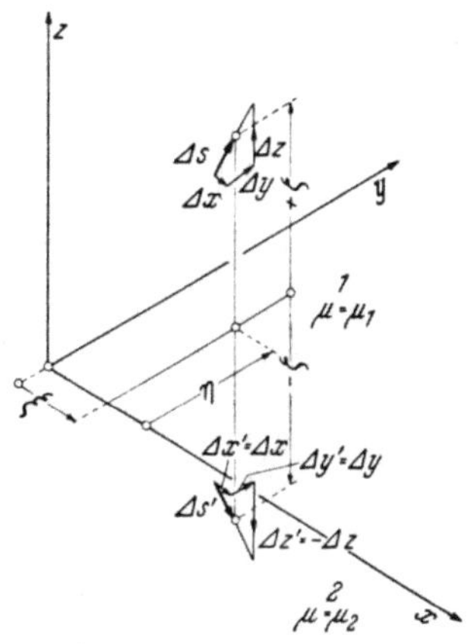

Abb. III 144. Zur magnetischen Spiegelung der Ströme.

2. Die „Sekundärinduktion" $\varDelta B_{1,\,s}$ rührt unter sonst gleichen Umständen von dem virtuellen Stromelement der Stärke $J' = a\,J$ her, dessen Trägervektor $\varDelta s' = 1_x \varDelta \xi + 1_y \varDelta \eta + 1_z (-\varDelta \zeta)$ aus $\varDelta s$ durch Spiegelung an der Ebene $z = 0$ entsteht $[\xi' = \xi;\ \eta' = \eta;\ \zeta' = -\zeta]$: [Abb. III 144]

$$\varDelta B_{1,\,s} = -\frac{\Pi \mu_1}{4\pi} J a \frac{1}{r'^3} \begin{vmatrix} 1_x & 1_y & 1_z \\ x-\xi & y-\eta & z+\zeta \\ \varDelta \xi & \varDelta \eta & -\varDelta \zeta \end{vmatrix} \Biggr\} \qquad \text{(III 3, 2)}$$

$$r'^2 = (x-\xi)^2 + (y-\eta)^2 + (z+\zeta)^2.$$

c) Im Gebiete 2 $(z < 0)$ möge die Induktion von einem virtuellen Stromelemente der Stärke $J'' = \beta\,J$ erzeugt werden, welches mit dem gegebenen Stromelemente $J \varDelta s$ räumlich koinzidiert, jedoch einen Raum der überall konstanten Permeabilität μ_2 magnetisiere:

$$\varDelta B_2 = -\frac{\Pi \mu_2}{4\pi} J \beta \cdot \frac{1}{r^3} \begin{vmatrix} 1_x & 1_y & 1_z \\ x-\xi & y-\eta & z-\zeta \\ \varDelta \xi & \varDelta \eta & \varDelta \zeta \end{vmatrix}. \qquad \text{(III 3, 3)}$$

d) An der Grenzebene $z = 0$ wird $r \equiv r'$. Man findet somit dort als Tangentialkomponenten des magnetischen Feldes

$$\left.\begin{aligned}
H_{1x} &= -\frac{J}{4\pi}(1-a)\frac{1}{r^3}\{\varDelta\,\zeta\,(y-\eta)+\varDelta\,\eta\,\zeta\}, \\[1ex]
H_{2x} &= -\frac{J}{4\pi}\beta\,\frac{1}{r^3}\{\varDelta\,\zeta\,(y-\eta)+\varDelta\,\eta\,\zeta\}, \\[1ex]
H_{1y} &= -\frac{J}{4\pi}(1-a)\frac{1}{r^3}\{-\varDelta\,\xi\cdot\zeta+\varDelta\,\zeta\,(x-\xi)\}, \\[1ex]
H_{2y} &= -\frac{J}{4\pi}\beta\,\frac{1}{r^3}\{-\varDelta\,\xi\cdot\zeta+\varDelta\,\zeta\,(x-\xi)\}
\end{aligned}\right\} \qquad (\text{III } 3,\ 4)$$

und als Normalkomponenten der Induktion

$$\left.\begin{aligned}
B_{1z} &= -\frac{\Pi\,\mu_1}{4\pi}\,J\,(1+a)\,\frac{1}{r^3}\{\varDelta\,\eta\,(x-\xi)-\varDelta\,\xi\,(y-\eta)\}, \\[1ex]
B_{2z} &= -\frac{\Pi\,\mu_2}{4\pi}\,J\,\beta\,\frac{1}{r^3}\{\varDelta\,\eta\,(x-\xi)-\varDelta\,\xi\,(y-\eta)\}.
\end{aligned}\right\} \qquad (\text{III } 3,\ 5)$$

Daher genügt man den Grenzbedingungen, falls man für a und β die Gleichungen fordert

$$\left.\begin{aligned}
1-a &= \beta, \\
\mu_1\,(1+a) &= \mu_2\,\beta,
\end{aligned}\right\} \qquad (\text{III } 3,\ 6)$$

also

$$a = \frac{\mu_2-\mu_1}{\mu_2+\mu_1}\,; \qquad \beta = \frac{2\,\mu_1}{\mu_2+\mu_1}\,. \qquad (\text{III } 3,\ 7)$$

e) In den Spiegelungsgesetzen (III 3, 7) sind folgende Sonderfälle von besonderem Interesse:

1. Für $\mu_2 = \mu_1 \equiv \mu$ gelangt man zu dem selbstverständlichen Ergebnis

$$a = 0; \qquad \beta = 1. \qquad (\text{III } 3,\ 8)$$

2. Der Körper 2 sei vollkommen permeabel $[\mu_2 \to \infty]$; wir erhalten

$$a = 1; \qquad \beta = 0. \qquad (\text{III } 3,\ 9)$$

3. Der Körper 2 sei vollkommen leitend; er ist dann in seinen magnetischen Eigenschaften einem Stoffe der Permeabilität $\mu_2 \to 0$ gleichwertig, so daß (III 3, 7) die Vorschriften liefert

$$a = -1; \qquad \beta = 2. \qquad (\text{III } 3,\ 10)$$

III 4. Der Begriff der Induktivität.

a) Gegeben sei ein in sich geschlossener Stromkreis von unveränderlicher geometrischer Gestalt, welcher von dem stationären Strome J durchflossen wird; wir beschreiben die Konfiguration seiner Elemente mittels eines *Kartesi*schen Rechtssystemes x, y, z. Der Zusammenhang der Stromdichte j mit dem Strome sei durch die homogene, lineare Gleichung gegeben

$$j = J \cdot g\,(x, y, z). \qquad (\text{III } 4,\ 1)$$

Hierin ist die Funktion g definitionsgemäß von J unabhängig; sie besitzt vektoriellen Charakter, begreift in sich also in der Regel drei unterschiedliche, je skalare Komponenten-Funktionen.

b) Der Feldraum sei von einem Stoffe erfüllt, welcher an jedem Orte einen linearen Zusammenhang von Feldstärke und Induktion verbürgt. Der Einfachheit halber beschränken wir uns auf isotrope Stoffe, welche an jedem Orte durch eine von der Feldstärke unabhängige Permeabilität μ beschrieben werden. Aus der Linearität der Vektorpotential-Gleichung folgt dann, daß das Gesamtpotential aus den Beiträgen der Einzelelemente additiv zusammengesetzt werden darf.

c) Wir wählen im Feldraum den Quellpunkt $P_1 = (x_1, y_1, z_1)$ und konstruieren in seiner infinitesimalen Umgebung das parallelepipedische Raumelement $\Delta T_1 = \Delta x_1 \Delta x_2 \Delta x_3$; es repräsentiert dann das Stromelement

$$j(x_1, y_1, z_1)\, \Delta T_1 = J \cdot g(x_1, y_1, z_1)\, \Delta T_1. \qquad \text{(III 4, 2)}$$

Wir ersetzen vorübergehend die Permeabilität μ überall durch ihren Wert μ_1 in P_1. Nach Gl. (III 2, 8) erregt dann das Stromelement (III 4, 2) im Aufpunkte $P_2 = (x_2, y_2, z_2)$ das Vektorpotential

$$\left.\begin{aligned} \Delta V_{12}' &= \frac{\Pi}{4\pi} J \cdot \mu_1 \cdot \frac{g(x_1, y_1, z_1)}{r_{12}} \Delta T_1 \\[2mm] r_{12}{}^2 &= (x_1 - x_2)^2 + (y_1 - y_2)^2 + (z_1 - z_2)^2. \end{aligned}\right\} \qquad \text{(III 4, 3)}$$

Nach Voraussetzung ändert sich jedoch in der Regel die Permeabilität von Ort zu Ort, so daß (III 4, 3) in

$$\Delta V_{12} = \frac{\Pi}{4\pi} J \cdot \mu(r_{12}) \frac{g(x_1, y_1, z_1)}{r_{12}} \Delta T_1 \qquad \text{(III 4, 4)}$$

zu verallgemeinern ist. Hierin zeigt $\mu(r_{12})$ eine von J unabhängige Ortsfunktion an, welche allerdings erst nach Integration der Feldgleichungen explizit bekannt ist; doch kommt es weiterhin nur auf die Existenz dieser Funktion an.

d) Wir konstruieren in der infinitesimalen Umgebung von P_2 das Raumelement $\Delta T_2 = \Delta x_2 \Delta y_2 \Delta z_2$. Es enthält die Freie Feldenergie

$$\Delta W = \frac{1}{2} \Delta V_{12}\, j(x_2, y_2, z_2)\, \Delta T_2 =$$

$$= \frac{1}{2} \frac{\Pi}{4\pi} J^2 \frac{\mu(r_{12})}{r_{12}} \big(g(x_1, y_1, z_1)\, g(x_2, y_2, z_2)\big) \Delta T_1 \Delta T_2. \qquad \text{(III 4, 5)}$$

Daher gleicht die Freie Energie des gesamten Feldes dem Sechsfach-Integral

$$W = \frac{1}{2} \frac{\Pi}{4\pi} J^2 \iiint\limits_{(T)} \iiint\limits_{(T)} \frac{\mu(r_{12})}{r_{12}} \cdot$$

$$\cdot \big(g(x_1, y_1, z_1) \cdot g(x_2, y_2, z_2)\big)\, dx_1\, dy_1\, dz_1\, dx_2\, dy_2\, dz_2. \qquad \text{(III 4, 6)}$$

Es repräsentiert, auf Grund der gemachten Voraussetzungen, eine quadratische Funktion der Stromstärke J. Daher definiert der Quotient

$$L = \frac{W}{\frac{1}{2} J^2} \qquad \text{(III 4, 7)}$$

eine Größe, die den Stromkreis lediglich gemäß seiner Konfiguration relativ zu den Elementen des magnetischen Feldträgers auszeichnet: Sie heißt die *Induktivität* des Stromkreises.

e) Die Einheit der Induktivität wird als 1 Henry [Symbol Hy] bezeichnet; sie folgt aus (III 4, 7) mittels der schon bekannten Einheiten der Energie und der Stromstärke als

$$1 \text{ Henry} = \frac{1 \text{ Watt sec}}{1 \text{ Amp}^2} = 1 \text{ Ohm sec.} \qquad \text{(III 4, 8)}$$

Aus Gründen der numerischen Bequemlichkeit benützt man häufig die Untereinheiten:

$$1 \text{ m Hy} = 10^{-3} \text{ Hy}; \quad 1\,\mu\,\text{Hy} = 10^{-6} \text{ Hy}; \quad 1 \text{ n Hy} = 10^{-9} \text{ Hy}. \qquad \text{(III 4, 9)}$$

Die letztgenannte Einheit wird gelegentlich unter dem Namen 1 cm aufgeführt; er leuchtet ein, falls man Π, entsprechend den Gepflogenheiten der theoretischen Physik, als dimensionslos definiert. Denn die Funktionen g offenbaren ja die Dimension cm^{-2}, so daß aus (III 4, 6) und (III 4, 7) für L in der Tat die Dimension einer Länge resultiert; im folgenden werden wir jedoch stets an den Einheiten festhalten, welche dem technischen Maßsystem entspringen.

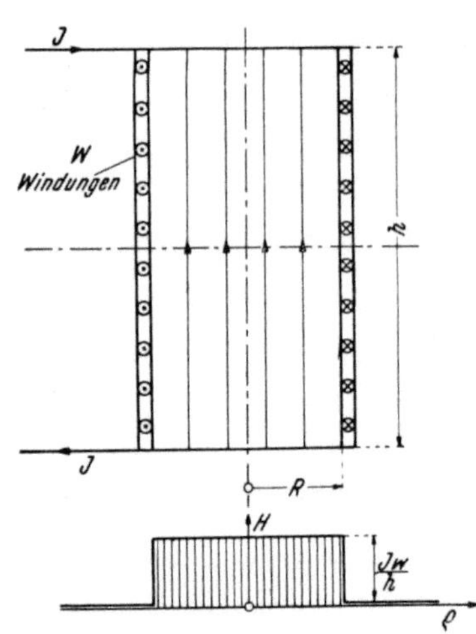

Abb. III 145. Zur Berechnung der Induktivität einer langen Zylinderspule.

III 5. Elementare Berechnung von Induktivitäten aus der Freien Energie des magnetischen Feldes.

a) Falls die Struktur des magnetischen Feldes entweder von vornherein bekannt ist oder auf elementarem Wege ermittelt werden kann, läßt sich die Freie Energie, unter Umgehung des Sechsfachintegrales (III 4, 6), häufig bequemer mittels des Dreifachintegrales berechnen

$$W = \frac{1}{2} \int\limits_{(T)} \int \int (H\,B)\,\mathrm{d}T. \qquad \text{(III 5, 1)}$$

Hierin ist nunmehr unter T der gesamte Feldbereich zu verstehen. Wird das Feld durch den Strom J erregt, so gelangt man auf Grund der Kenntnis der Freien Energie (III 5, 1) zur Definition der Induktivität L mittels der Gleichung

$$L = \frac{W}{\frac{1}{2}\,J^2}. \qquad \text{(III 5, 2)}$$

b) Ihrem Ursprunge nach ist (III 5, 2) zunächst für den Stromkreis als ganzes gültig. Man kann hierüber hinausgehen, indem man die Freie Energie eines Teilgebietes mit der Induktivität eines Stromkreisabschnittes ebenfalls nach (III 5, 2) verbindet, sofern über die Zugehörigkeit von Feldgebiet und Kreisabschnitt keine Zweifel bestehen. Die etwa in einer solchen Einteilung verbleibende Willkür verschwindet bei der Rückkehr zur Induktivität des Gesamtsystemes.

c) *Induktivität langer Zylinderspulen:* Nach Abb. III 145 bezeichne h die achsiale Höhe einer kreiszylindrischen Spule vom Halbmesser R.

Die radiale Stärke der Spule wird vernachlässigt; es sei w die Zahl der Windungen, welche längs h gleichmäßig dicht gewickelt seien. Die Permeabilität sei überall $\mu = 1$.

Die Spule heißt „lang" unter der Voraussetzung $h \gg R$. Dann existiert nur im Spuleninnern ein merkliches Feld der Stärke

$$|H| = \frac{|J|\,w}{h}. \qquad (III\ 5,\ 3)$$

Daher enthält jede Raumeinheit des Spuleninnern die Freie Energie

$$\frac{1}{2}\,\Pi\,(H)^2 = \frac{1}{2}\,\Pi\,\frac{J^2 w^2}{h^2}. \qquad (III\ 5,\ 4)$$

Da der gesamte Feldraum das Volumen $T = \pi R^2 h$ besitzt, beträgt die Freie Spulenenergie

$$W = \frac{1}{2}\,\Pi\,\frac{J^2 w^2}{h^2}\cdot \pi R^2 h = \frac{1}{2}\,J^2\,\Pi\,\frac{\pi R^2}{h}. \qquad (III\ 5,\ 5)$$

Hieraus folgt gemäß (III 5, 2)

$$L = \Pi\,\frac{\pi R^2}{h}. \qquad (III\ 5,\ 6)$$

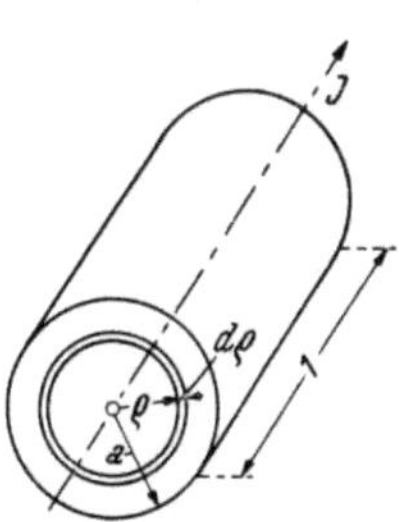

Abb. III 146. Zur Berechnung der inneren Induktivität eines Runddrahtes.

d) *Die innere Induktivität eines Runddrahtes.* Gegeben ein kreiszylindrischer Draht vom Halbmesser a, welcher aus homogenem, isotropem Material der stromunabhängigen Permeabilität μ besteht [Abb. III 146]. Wir setzen voraus, daß dieser Draht in einen vollkommenen Isolierstoff eingebettet sei und von dem Strome J achsial durchflossen wird. Die Kraftlinien offenbaren dann die Gestalt koachsialer Kreise. Insbesondere tritt im Abstande $\varrho < a$ von der Drahtachse die Feldstärke auf

$$|H\,(\varrho)| = \frac{|J|}{\pi a^2}\cdot \frac{\pi \varrho^2}{2 \pi \varrho} = \frac{|J|}{2 \pi a}\cdot \varrho. \qquad (III\ 5,\ 7)$$

Wir schneiden aus dem Draht einen Ring der achsialen Länge 1 aus, welcher von den infinitesimal unterschiedlichen Radien ϱ und $(\varrho + d\varrho)$ begrenzt wird; er enthält die Freie Energie

$$dW = \frac{1}{2}\,\Pi\,\mu\,(H)^2\,1\cdot 2\,\pi\,\varrho\,d\varrho. \qquad (III\ 5,\ 8)$$

Auf jede Längeneinheit des Drahtes entfällt somit die Freie Energie

$$W = \int\limits_{\varrho=0}^{a} dW = \frac{1}{2}\,\Pi\,\mu\cdot\left(\frac{J}{2\,\pi a^2}\right)^2 2\,\pi \int\limits_{0}^{a} \varrho^3\,d\varrho = \frac{1}{2}\,J^2\,\frac{\Pi\,\mu}{2\,\pi}\cdot\frac{1}{4}, \qquad (III\ 5,\ 9)$$

so daß dem Draht der innere Induktivitätsbelag zukommt

$$l = \frac{W}{\dfrac{1}{2}\,J^2} = \frac{\Pi\,\mu}{2\,\pi}\cdot\frac{1}{4}. \qquad (III\ 5,\ 10)$$

e) *Die Streuinduktivität eines Transformators mit Zylinderspulen.* Abb. III 147 zeigt die beiden Spulen eines Transformators: Die Primärspule [Index 1] und die Sekundärspule [Index 2], welche den Eisenschenkel koachsial umschlingen. Die achsiale Höhe beider Spulen sei merklich gleich: $h_1 = h_2 \equiv h$; die radialen Spulenbreiten seien b_1 und b_2, ihr lichter Abstand d. Die Gesamtbreite $(b_1 + d + b_2)$ wird als klein gegen h und gegen den mittleren Windungsumfang s vorausgesetzt, so daß wir die Krümmung der Windungen außer acht lassen dürfen.

Es seien w_1, w_2 die Windungszahlen der Spulen, J_1 und J_2 ihre im gleichen Umlaufsinn positiv gezählten Ströme, also $w_1 J_1 + w_2 J_2$ ihre resultierende Durchflutung. Das Streufeld ist durch die Bedingung definiert

$$w_1 J_1 + w_2 J_2 = 0. \qquad \text{(III 5, 11)}$$

Auf Grund der genannten Voraussetzungen ändern wir die Feldstruktur nicht, wenn wir das Spulensystem längs einer Meridianebene aufschneiden und dann, unter Beibehaltung der gegenseitigen Lage der Spulenquerschnitte, nach Abb. III 148 gerade strecken; die Länge des aufgeschnittenen Systems senkrecht zur Zeichenebene gleicht s.

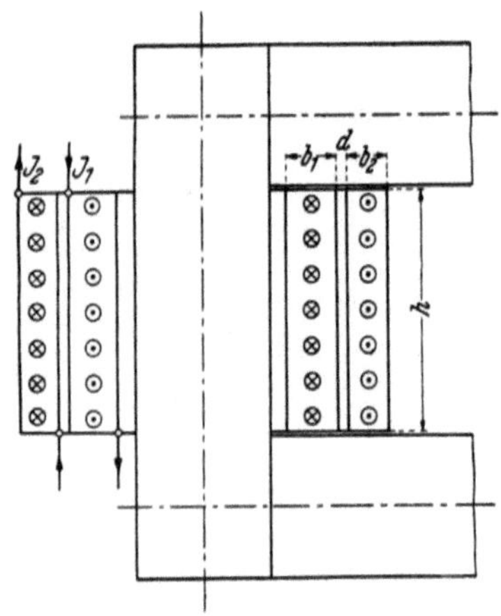

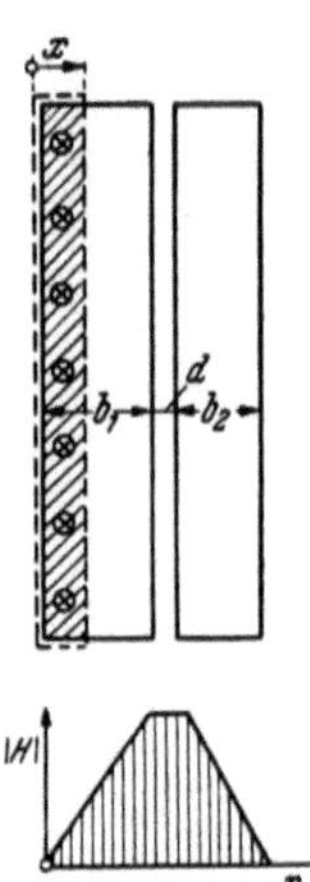

Abb. III 147. Schema eines Transformators mit Zylinderspulen.   Abb. III 148. Elementare Darstellung des Streufeldes in einem Transformator mit Zylinderspulen.

Wir konstruieren ein geschlossenes Rechteck (C), welches im Abstande x vom inneren Rande der Spule 1 nach Abb. III 148 aufsteigt, am oberen Spulenende nach außen führt, außerhalb der Spule absteigt und sich am unteren Spulenende schließt. Es umfaßt die Durchflutung

$$D(x) = w_1 J_1 \cdot \frac{x}{b_1}; \qquad x \leqq b_1. \qquad \text{(III 5, 12)}$$

Sie erregt im Innern der Spule ein achsenparalleles Feld vom Betrage

$$|H(x)| = \frac{|D(x)|}{h} = \frac{w_1 |J_1|}{h} \cdot \frac{x}{b_1}; \qquad x \leqq b_1. \qquad \text{(III 5, 13)}$$

Denkt man sich den aufsteigenden Teil des Kontroll-Rechteckes nach wachsendem x über b_1 hinaus verschoben, so bleibt im Bereiche $b_1 \leqq x \leqq b_1 + d$ die Durchflutung konstant gleich $w_1 J_1$; dort also beträgt das Feld

$$|H(x)| = \frac{w_1 |J_1|}{h}; \qquad b_1 \leqq x \leqq b_1 + d. \qquad \text{(III 5, 14)}$$

Für $x > b_1 + d$ nimmt die Durchflutung entsprechend (III 5, 15) wieder linear bis auf Null ab;

$$D(x) = w_1 |J_1| \left(1 - \frac{x - (b_1 + d)}{b_2} \right) \qquad \text{(III 5, 15)}$$

die Feldstärke gehorcht dem Gesetze

$$|H(x)| = \frac{w_1 |J_1|}{h}\left[1 - \frac{x-(b_1+d)}{b_2}\right]; \qquad b_1 + d \leqq x \leqq b_1 + d + b_2.$$

$$\text{(III 5, 16)}$$

Eine Schicht der Breite dx im Spulengebiet 1 enthält die Freie Energie

$$dW_1 = \frac{1}{2}\, \Pi \left(\frac{w_1\,J_1}{h}\right)^2 \left(\frac{x}{b_1}\right)^2 h\, s\, dx. \qquad \text{(III 5, 17)}$$

Durch Integration über $0 \leqq x \leqq b_1$ folgt die Freie Energie der Spule 1:

$$W_1 = \frac{1}{2}\, J_1{}^2\, \Pi\, w_1{}^2 \cdot \frac{s}{h\, b_1{}^2} \int\limits_0^{b_1} x^2\, dx = \frac{1}{2}\, J_1{}^2\, \Pi\, w_1{}^2 \cdot s\, \frac{1}{3}\frac{b_1}{h}. \qquad \text{(III 5, 18)}$$

Da in $b_1 \leqq x \leqq b_1 + d$ das Magnetfeld homogen ist, ist der entsprechende Anteil der Freien Energie bezogen auf die Windungszahl der Primärspule sogleich anzugeben

$$W_{1,2} = \frac{1}{2}\, J_1{}^2 \cdot \Pi\frac{w_1{}^2}{h^2} \cdot s \cdot d \cdot h = \frac{1}{2}\, J_1{}^2\, \Pi\, w_1{}^2 \cdot s\, \frac{d}{h}. \qquad \text{(III 5, 19)}$$

Endlich findet sich die Freie Energie der Spule 2 analog (III 5, 18) zu

$$W_2 = \frac{1}{2}\, J_1{}^2\, \Pi\, w_1{}^2 s \cdot \frac{1}{3}\frac{b_2}{h}. \qquad \text{(III 5, 20)}$$

Durch Summation von (III 5, 18), (III 5, 19) und (III 5, 20) ergibt sich als Freie Energie des Streufeldes

$$W = W_1 + W_{1,2} + W_2 = \frac{1}{2}\, J_1{}^2\, \Pi\, w_1{}^2\, s\, \frac{\dfrac{1}{3}b_1 + d + \dfrac{1}{3}b_2}{h} \qquad \text{(III 5, 21)}$$

und also die Streuinduktivität, bezogen auf die Primärspule

$$L = \Pi\, w_1{}^2 \cdot s\, \frac{\dfrac{1}{3}b_1 + d + \dfrac{1}{3}b_2}{h}. \qquad \text{(III 5, 22)}$$

Führt man die gleiche Rechnung für die Sekundärspule durch, so hat man lediglich überall $w_1{}^2$ mit $w_2{}^2$ zu vertauschen, so daß sich also die primärseitig bezogene zur sekundärseitig bezogenen Streuinduktivität wie die Quadrate der Windungszahlen verhalten; diese Relation ist, wie aus ihrer Herleitung hervorgeht, rein formaler Natur, da ja das Streufeld gemeinschaftlich von beiden Spulen erregt wird.

f) *Induktivität einer zylindrischen Diode.* Abb. III 149 zeigt die Anordnung einer zylindrischen Diode: Der Anodenstrom J tritt durch die Anode vom lichten Halbmesser a und der achsialen Länge s in den Vakuumraum ein, durcheilt ihn als Elektronenstrom [in umgekehrter Richtung des konventionellen Zählpfeiles!] und verläßt ihn an der Oberfläche der zylindrischen Kathode vom Halbmesser k, deren Achse mit der Anodenachse koinzidiert.
Wir setzen eine Äquipotential-Kathode voraus, welche an beiden Seiten mit symmetrischen Strom-Ausführungen versehen ist. Aus Symmetriegründen fließt dann durch jede von ihnen der Strom 1/2 J ab.

Sieht man von Randeffekten ab, so resultiert also der achsial gerichtete Kathodenstrom J_K als lineare Funktion der Achsenkoordinate z, deren Ursprung wir in die Mitte der Kathodenachse legen:

$$J_K = J \cdot \frac{z}{s}. \qquad \text{(III 5, 23)}$$

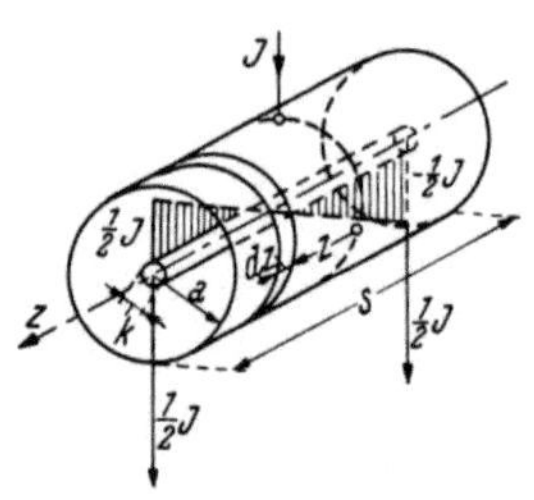

Das zugehörige Magnetfeld ist zirkular orientiert. In der Ebene z beträgt seine Intensität längs eines mit der Kathode konzentrischen Kreises vom Halbmesser ϱ

$$|H(\varrho, z)| = \frac{|J_K|}{2\pi\varrho} = \frac{|J|}{2\pi s} \cdot \frac{|z|}{\varrho}. \qquad \text{(III 5, 24)}$$

Abb. III 149. Zur Induktivität der zylindrischen Diode.

Das zwischen den infinitesimal benachbarten Ebenen z und $(z + dz)$ befindliche Dioden-Element enthält die Freie magnetische Energie

$$dW = \frac{1}{2}\Pi\left(\frac{J}{2\pi s}\right)^2 z^2\, dz \cdot \int_k^a \frac{2\pi\varrho\, d\varrho}{\varrho^2} = \frac{1}{2}\Pi \cdot \left(\frac{J}{2\pi s}\right)^2 z^2\, dz\, 2\pi \ln\frac{a}{k}.$$

$$\text{(III 5, 25)}$$

Die Freie Energie der gesamten Diode folgt demnach zu

$$W = \int_{z=-s/2}^{+s/2} dW = \frac{1}{2} J^2 \frac{\Pi}{2\pi} \cdot \frac{s}{12} \ln\frac{a}{k}, \qquad \text{(III 5, 26)}$$

so daß die gesuchte Induktivität in

$$L = \frac{\Pi}{2\pi} \cdot \frac{s}{12} \ln\frac{a}{k} \qquad \text{(III 5, 27)}$$

gegeben ist.

III 6. Das gestreckte Mehrfachleiter-System.

a) Wir handeln im folgenden von dem magnetischen Felde eines Systemes von z achsenparallelen zylindrischen Leitern einschließlich einer sie umschließenden Hülle O, welche sämtlich in einen Stoff der konstanten Permeabilität μ eingelagert sind. Von einer etwaigen Leitfähigkeit dieses Feldträgers wird abgesehen. Die stationären Leiterströme $J_0, J_1, J_2 \cdots J_z$ sind dann längs des gesamten Systems unveränderlich; überdies gehorchen sie der *Kirchhoff*schen Bedingung

$$J_0 + J_1 + J_2 + \cdots + J_z = 0. \qquad \text{(III 6, 1)}$$

b) Wir identifizieren die Systemachse mit der z-Achse eines *Kartesi*schen Rechtssystemes x, y, z. Die Länge s des Systemes gelte als so groß, daß wir von den „Randeffekten" absehen dürfen, welche in der Umgebung der Enden von den dort notwendigen Verbindungsströmen zwischen den Leitern herrühren. Dann ist das Strömungsfeld mittels der zweidimensionalen Funktion der Stromdichte zu beschreiben

$$j = 1_z j_z; \qquad j_z = j_z(x, y). \qquad \text{(III 6, 2)}$$

Wir fragen nach der einen Komponente V_z des Vektorpotentiales V, welche dieser Strömung korrespondiert.

c) Zunächst sei vorausgesetzt, daß sämtliche Leiter einschließlich der Hülle vollkommen leitend sind. Das Magnetfeld beschränkt sich dann auf den Raum zwischen den Leitern; es gehorcht dort der *Laplace*schen Gleichung

$$\frac{\partial^2 V_z}{\partial x^2} + \frac{\partial^2 V_z}{\partial y^2} = 0. \qquad (III\ 6,\ 3)$$

Welche Randbedingungen sind V_z an den Leiteroberflächen aufzuerlegen?

1. In Abb. III 150 ist das Profil des Leiters k innerhalb einer Querschnittsebene durch die, im mathematisch positiven Sinne umlaufende Bogenkoordinate t bezeichnet, während n die zugehörige Normalenrichtung angibt. Die Normalinduktion verschwindet:

$$B_n = \frac{\partial V_z}{\partial t} = 0. \qquad (III\ 6,\ 4)$$

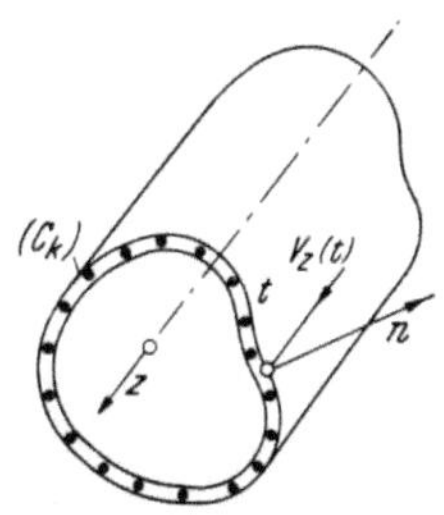

Abb. III 150. Grenzbedingungen des Vektorpotentiales an der Oberfläche des vollkommen leitenden, gestreckten Leiters.

Hieraus folgt für V_z ein konstanter Wert auf der Oberfläche von k:

$$V_z = V_{z_k}. \qquad (III\ 6,\ 5)$$

Insbesondere setzen wir für die Hülle

$$V_{z_0} = 0. \qquad (III\ 6,\ 6)$$

2. Der Strombelag A_z am Orte t des Profiles ist mit der dort unmittelbar am Leiter wirksamen magnetischen Tangentialfeldstärke H_t durch die Erste *Maxwell*sche Gleichung verknüpft

$$H_{t_{(n=0)}} = A_z(t). \qquad (III\ 6,\ 7)$$

Für das Vektorpotential folgt hieraus

$$A_z(t) = \frac{1}{\Pi\,\mu}\,B_{t_{(n=0)}} = -\frac{1}{\Pi\,\mu}\cdot\left(\frac{\partial V_z}{\partial n}\right)_{(n=0)} \qquad (III\ 6,\ 8)$$

und durch Integration längs der Profilkurve C_k des Leiters k

$$J_k = \oint_{(C_k)} A_z(t)\,dt = -\frac{1}{\Pi\,\mu}\oint_{(C_k)}\left(\frac{\partial V_z}{\partial n}\right)_{n=0} dt. \qquad (III\ 6,\ 9)$$

d) An Hand der in Ziffer III 2, Abschnitt d entwickelten Gesetze vergleichen wir die Bedingungen (III 6, 5) und (III 6, 9) mit den Eigenschaften des Elektrostatischen Potentiales φ, welches von den Ladungsbelägen $\lambda_0, \lambda_1, \lambda_2, \ldots \lambda_z$ in einem Stoffe der konstanten Dielektrizitätskonstanten ε erregt wird: Es genügt der *Laplace*schen Gleichung

$$\frac{\partial^2 \varphi}{\partial x^2} + \frac{\partial^2 \varphi}{\partial y^2} = 0 \qquad (III\ 6,\ 10)$$

mit den Randbedingungen:

1. Auf den Leiteroberflächen nimmt φ je einen konstanten Wert an

$$\varphi = \varphi_k \qquad (III\ 6,\ 11)$$

und insbesondere auf der Hülle

$$\varphi_0 = 0. \qquad (III\ 6,\ 12)$$

2. Die Oberflächen-Ladungsdichte σ berechnet sich aus der elektrischen Normalinduktion nach der Vorschrift

$$\sigma = D_{n_{(n=0)}} = -\Delta \cdot \varepsilon \cdot \left(\frac{\partial \varphi}{\partial n}\right)_{n=0}. \qquad \text{(III 6, 13)}$$

Demnach ist das Potential φ mit dem Ladungsbelag λ_k durch die Gleichung verbunden

$$\lambda_k = \oint_{(C_k)} \sigma\, \mathrm{dt} = -\Delta\, \varepsilon \oint_{C_k} \left(\frac{\partial \varphi}{\partial n}\right) \mathrm{dt}. \qquad \text{(III 6, 14)}$$

Wir fassen zusammen: Die Ermittelung des magnetischen Vektorpotentiales V_z einerseits, des elektrischen Skalarpotentiales φ andererseits, repräsentieren vom mathematischen Standpunkte aus identische Probleme, sofern man die Transformationen vornimmt

$$V_z \rightleftarrows \varphi; \qquad \frac{1}{\Pi\,\mu} \rightleftarrows \Delta\,\varepsilon; \qquad J \rightleftarrows \lambda. \qquad \text{(III 6, 15)}$$

e) An Hand von (III 6, 15) schildern wir das magnetische Vektorpotential von Freileitungen und Kabeln in jener Näherung, welche durch die Annahme unbegrenzt leitfähiger Stromträger definiert ist:

Als Ausgang dient die Darstellung der elektrostatischen Leiterpotentiale $\varphi_0, \varphi_1, \varphi_2, \ldots, \varphi_z$ als lineare, homogene Funktionen der Ladungsbeläge vermittels der symmetrischen Matrix γ_{ik} der Influenzkoeffizienten

$$\left.\begin{aligned}
0 = \varphi_0 &= \gamma_{00}\,\lambda_0 + \gamma_{01}\,\lambda_1 + \ldots + \gamma_{0z}\,\lambda_z, \\
\varphi_1 &= \gamma_{10}\,\lambda_0 + \gamma_{11}\,\lambda_1 + \ldots + \gamma_{1z}\,\lambda_z, \\
&\;\;\vdots \\
\varphi_z &= \gamma_{z0}\,\lambda_0 + \gamma_{z1}\,\lambda_1 + \ldots + \gamma_{zz}\,\lambda_z.
\end{aligned}\right\} \qquad \text{(III 6, 16)}$$

Da nun die γ_{ik} sämtlich mit $1/\Delta\,\varepsilon$ proportional sind, führt (III 6, 15) auf die Elemente l_{ik} einer symmetrischen Matrix

$$l_{ik} = \Pi\,\mu \cdot \Delta\,\varepsilon \cdot \gamma_{ik} = \frac{\mu\,\varepsilon}{a^2}\,\gamma_{ik}, \qquad \text{(III 6, 17)}$$

wobei a^2 das Quadrat der Lichtgeschwindigkeit im leeren Raume mißt, und (III 6, 16) verwandelt sich in das lineare, homogene Gleichungssystem

$$\left.\begin{aligned}
0 = V_0 &= l_{00}\,J_0 + l_{01}\,J_1 + \ldots + l_{0z}\,J_z, \\
V_1 &= l_{10}\,J_0 + l_{11}\,J_1 + \ldots + l_{1z}\,J_z, \\
&\;\;\vdots \\
V_z &= l_{z0}\,J_0 + l_{z1}\,J_1 + \ldots + l_{zz}\,J_z.
\end{aligned}\right\} \qquad \text{(III 6, 18)}$$

Man bezeichnet die l_{ik} als [äußere] Induktivitäten [Induktivitätsbeläge]; insbesondere erhält man für $i = k$ die Selbstinduktivitäten, für $i \neq k$ die wechselseitigen Induktivitäten. Ihre physikalische Bedeutung erhellt aus Gl. (III 1, 11): Mittels der Ebenen z und $(z + \Delta z)$ schneide man aus dem Mehrfachleiter-System den Abschnitt $\Delta z = 1$; wegen $V_{z0} = 0$ mißt dann $V_{zk} = V_{zk} \cdot 1$ den magnetischen Induktionsfluß Φ_k, welcher je Längeneinheit mit der Schleife: Leiter k — Hülle verkettet ist. Die l_{kl} geben somit die Anteile der einzelnen Stromleiter am Induktionsfluß Φ_k je Einheit der Stromstärke J_i an.

f) Die Freie elektrische Feldenergie W_{el} je Längeneinheit des Systemes beträgt:

$$W_{el} = \frac{1}{2} \sum_k \varphi_k \, \lambda_k = \frac{1}{2} \sum_i \sum_k \gamma_{ik} \, \lambda_i \, \lambda_k. \qquad \text{(III 6, 19)}$$

Andererseits folgt aus Gl. (III 1, 20) durch Summation über alle Stromleiter, mit Rücksicht auf (III 6, 5) und (III 6, 6), die Freie magnetische Feldenergie W_m je Längeneinheit des Systemes zu

$$W_m = \frac{1}{2} \sum_k V_k \, J_k = \frac{1}{2} \sum_i \sum_k l_{ik} \, J_i \, J_k. \qquad \text{(III 6, 20)}$$

Die Energiebeträge (III 6, 19) und (III 6, 20) werden miteinander identisch, falls man verlangt

$$\frac{1}{2} \, \gamma_{ik} \, \lambda_i \, \lambda_k = \frac{1}{2} l_{ik} \, J_i \, J_k. \qquad \text{(III 6, 21)}$$

Nach (III 6, 17) folgt hieraus ein für alle Leiter $0 \leqq n \leqq z$ gemeinsames, festes Verhältnis von Ladungsbelag und Strom

$$\lambda_n = \pm \sqrt{\Pi \mu \varDelta \varepsilon} \, J_n. \qquad \text{(III 6, 22)}$$

Setzt man also

$$Z_{ik} = \sqrt{\Pi \mu \varDelta \varepsilon} \, \gamma_{ik} = \sqrt{\gamma_{ik} l_{ik}} = Z_{ki}, \qquad \text{(III 6, 23)}$$

so nehmen die Gl. (III 6, 16) die Form an

$$\left. \begin{aligned}
0 = \pm \varphi_0 &= Z_{00} \, J_0 + Z_{01} \, J_1 + \ldots + Z_{0z} \, J_z, \\
\pm \varphi_1 &= Z_{10} \, J_0 + Z_{11} \, J_1 + \ldots + Z_{1z} \, J_z \\
&\vdots \qquad \vdots \qquad \vdots \qquad\qquad \vdots \\
\pm \varphi_z &= Z_{z0} \, J_0 + Z_{z1} \, J_1 + \ldots + Z_{zz} \, J_z.
\end{aligned} \right\} \qquad \text{(III 6, 24)}$$

Die Matrixelemente Z_{ik} offenbaren je die Dimension eines Widerstandes; sie sind wohl von den *Ohm*schen Widerständen der Leiter zu unterscheiden, welche ja — im Rahmen der vorliegenden Approximation — sämtlich gleich Null gesetzt wurden. Vielmehr werden wir später zeigen, daß die Z_{ik} das Verhältnis der Potentiale zu den Strömen transversaler elektrodynamischer Wellen regeln, welche mit der Geschwindigkeit $\pm (a/\sqrt{\varepsilon \mu})$ in Richtung der Systemachse fortschreiten; man bezeichnet deshalb die Z_{ik} als Wellenwiderstände und insbesondere liefert die Wahl $i = k$ die Eigen-Wellenwiderstände und $i \neq k$ die wechselseitigen Wellenwiderstände.

g) Im stromfreien Gebiete zwischen den Leitern tritt der Beschreibung des Magnetfeldes durch die Komponente V_z des Vektorpotentiales die Felddarstellung als Gradient des magnetischen Skalarpotentiales $\overline{\varphi}$ gleichberechtigt zur Seite. Welche Beziehung findet zwischen V_z und $\overline{\varphi}$ statt? Sei

$$\overline{\chi} = \overline{\varphi} + i \, \overline{\psi} \qquad \text{(III 6, 25)}$$

das durch Hinzunahme der Stromfunktion $\overline{\psi}$ komplex verallgemeinerte magnetische Skalarpotential, so berechnen sich die Komponenten der magnetischen Feldstärke nach der Vorschrift

$$H_x = -\frac{\partial \overline{\varphi}}{\partial x}; \qquad H_y = -\frac{\partial \overline{\varphi}}{\partial y}. \qquad \text{(III 6, 26)}$$

Vermöge der *Cauchy-Riemann*schen Gleichungen zwischen $\overline{\varphi}$ und $\overline{\psi}$ darf man hierfür schreiben

$$H_x = -\frac{\partial \overline{\psi}}{\partial y}; \qquad H_y = +\frac{\partial \overline{\psi}}{\partial x}. \qquad (III\ 6,\ 27)$$

Andererseits folgen die Komponenten der magnetischen Induktion aus dem Vektorpotential gemäß

$$B_x = \Pi\,\mu\,H_x = \frac{\partial V_z}{\partial y}; \qquad B_y = \Pi\,\mu\,H_y = -\frac{\partial V_z}{\partial x}. \qquad (III\ 6,\ 28)$$

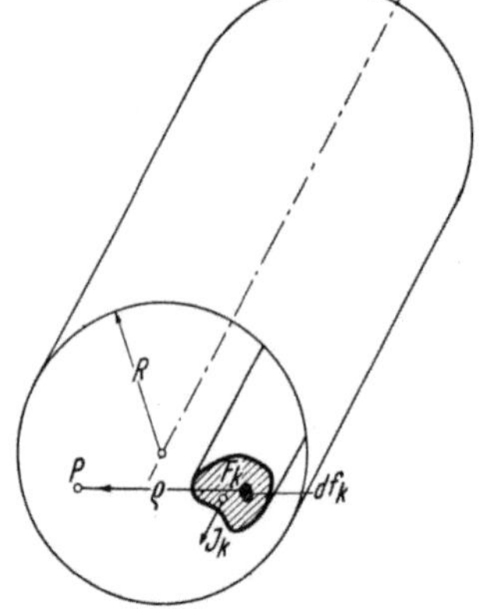

Der Vergleich von (III 6, 27) mit (III 6, 28) führt zu der Relation

$$V_z = -\Pi\,\mu\,\psi. \qquad (III\ 6,\ 29)$$

Nunmehr erinnern wir uns der Transformation (III 6, 15) vom magnetischen Vektorpotential zum *elektrischen* Skalarpotential, aus welcher wir, zusammen mit (III 6, 29), die dualen, geometrischen Sätze gewinnen:

1. Die magnetischen Kraftlinien decken sich mit den elektrischen Äquipotential-Linien,

2. die elektrischen Kraftlinien decken sich mit den Linien konstanten magnetischen Skalarpotentiales.

Abb. III 151. Zum magnetischen Vektorpotential des einzelnen Stromfadens.

Konstante Parameter-Werte jeder Potential- und Stromfunktion sowohl des elektrischen wie des magnetischen komplexen Skalarpotentiales definieren beidemal je ein orthogonales Kurvennetz. Daher lehren die vorangehenden Sätze: Im Mehrfachleiter-System stehen elektrisches und magnetisches Feld an jedem Orte des stromfreien Gebietes aufeinander senkrecht.

III 7. Der mittlere geometrische Abstand.

a) Wir verfeinern die magnetische Untersuchung des Mehrfachleiter-Systemes, indem wir die Annahme vollkommen leitfähiger Stromträger aufgeben: Es wird fortan vorausgesetzt, daß sämtliche Leiter mit Ausnahme der Hülle eine endliche, homogene und isotrope Leitfähigkeit $\varkappa$ besitzen, und daß ihre Permeabilität μ derjenigen des umgebenden Mediums gleiche; dagegen soll sich die Hülle weiterhin durch vollkommene Leitfähigkeit auszeichnen und sie möge das System der übrigen Leiter als achsenparalleler Kreiszylinder vom sehr großen, lichten Halbmesser R umschließen.

b) Wir handeln vom stationären Felde dieses Systemes. In diesem „Gleichstromfalle" ist die Stromdichten-Komponente j_{z_k} des Leiters k gleichmäßig über seine Querschnittsfläche F_k verteilt:

$$j_{z_k} = \frac{J_k}{F_k}. \qquad (III\ 7,\ 1)$$

Auf das Flächenelement df_k entfällt somit der Teilstrom

$$d J_k = j_{z_k}\,df_k \qquad (III\ 7,\ 2)$$

Die Feldgleichungen (III 1, 9) gestatten es, die Komponente V_z des Vektorpotentiales im Aufpunkt P linear aus den Teilpotentialen dV_z der Stromfäden dJ_k aufzubauen: Sei ϱ nach Abb. III 151 der Abstandsskalar zwischen df_k und P, so folgt mittels (III 6, 15) aus der Lösung des korrespondierenden elektrostatischen Problemes

$$dV_z = \frac{\Pi \mu}{2\pi} \, dJ_k \, \ln \frac{R}{\varrho} \, . \qquad \text{(III 7, 3)}$$

Durch Integration über F_K und Summation über k findet man als resultierendes Potential in P:

$$V_z = \frac{\Pi \mu}{2\pi} \sum_k j_{z_k} \iint\limits_{(F_k)} \ln \frac{R}{\varrho} \, df_k = \frac{\Pi \mu}{2\pi} \sum_k J_k \cdot \frac{1}{F_k} \iint\limits_{(F_k)} \ln \frac{R}{\varrho} \, df_k . \qquad \text{(III 7, 4)}$$

c) Welches ist die Freie magnetische Feldenergie W je Längeneinheit des Systemes?

Das Element df_i des Leiterquerschnittes F_i [Volumen $df_i \cdot 1$] repräsentiert zusammen mit dem elementaren Vektorpotential (III 7, 3) den Energieanteil

$$d W = \frac{1}{2} \frac{\Pi \mu}{2\pi} j_{z_i} j_{z_k} \, df_i \, df_k \ln \frac{R}{\varrho} , \qquad \text{(III 7, 5)}$$

wobei jetzt ϱ den Abstand der Elemente df_k und df_i meint. Die Freie Energie W errechnet sich somit zu

$$W = \frac{1}{2} \frac{\Pi \mu}{2\pi} \sum_i \sum_k J_i \, J_k \frac{1}{F_i F_k} \iint\limits_{(F_i)} \iint\limits_{(F_k)} \ln \frac{R}{\varrho} df_i \, df_k. \qquad \text{(III 7, 6)}$$

Wir führen nun mittels der Gleichungen

$$\ln \frac{R}{\varrho_{ik}} = \frac{1}{F_i F_k} \iint\limits_{(F_i)} \iint\limits_{(F_k)} \ln \frac{R}{\varrho} df_i \, df_k = \ln \frac{R}{\varrho_{ki}}. \qquad \text{(III 7, 7)}$$

die symmetrische Matrix der Elemente ϱ_{ik} ein: Sie definieren den mittleren geometrischen Abstand der Querschnitte F_i und F_k, im Falle $k \to i$ den mittleren geometrischen Abstand des Querschnittes F_i von sich selbst. Die Substitution von (III 7, 7) in (III 7, 6) liefert

$$W = \frac{1}{2} \cdot \frac{\Pi \mu}{2\pi} \sum_i \sum_k J_i \, J_k \ln \frac{R}{\varrho_{ik}}. \qquad \text{(III 7, 8)}$$

Der Vergleich dieser Formel mit (III 7, 20) lehrt, daß die Matrixelemente

$$l_{ik} = \frac{\Pi \mu}{2\pi} \ln \frac{R}{\varrho_{ik}} = l_{ki}. \qquad \text{(III 7, 9)}$$

die Induktivitäts-Beläge des Mehrfachleiter-Systemes messen.

d) Ein Stromsystem heißt balanziert, falls es der Bedingung genügt

$$J_0 = 0; \qquad \sum_{k=1}^{z} J_k = 0. \qquad \text{(III 7, 10)}$$

In den Energieausdruck W nach Gl. (III 7, 8) gehen dann selbst für eine beliebig weite Hülle nur diejenigen Glieder explizit ein, deren ϱ_{ik} endlich sind. Daher spielt nunmehr die Größe R, ohne Rücksicht auf ihre frühere, physikalische Bedeutung als lichter Halbmesser der Hülle, eine lediglich formale Rolle; sie darf beliebig gewählt werden.

III 8. Induktivität technischer Mehrfachleiter-Systeme.

a) Wir berechnen den mittleren geometrischen Abstand zweier einander ausschließender Kreisquerschnitte 1 und 2; nach Abb. III 152 bezeichnen wir mit d den Abstand ihrer Zentren M_1, M_2 sowie mit a, b ihre Halbmesser.

In 1 führen wir ebene Polarkoordinaten ein: $0 \leqq \alpha \leqq a$ definiert den Radius, $0 \leqq \varphi < 2\pi$ das Azimut des Aufpunktes, gemessen gegen die Zentrale $M_1 M_2$. In der Umgebung von $P_1(\alpha, \varphi)$ begrenzen wir das Flächen-

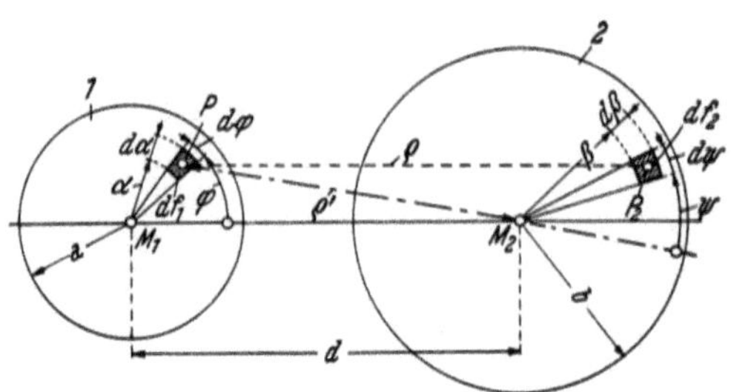

Abb. III 152. Zum mittleren geometrischen Abstand zweier Kreisflächen.

element df, durch die Nachbarstrahlen φ, $\varphi + d\varphi$ und die Nachbarkreise α, $\alpha + d\alpha$. In 2 definiere $0 \leqq \beta \leqq b$ den Radius, $0 \leqq \psi < 2\pi$ das Azimut des Aufpunktes, diesmal gemessen gegen die Gerade $P_1 M_2$; der Abstand ϱ' zwischen P_1 und M_2 berechnet sich aus

$$\varrho'^2 = d^2 + a^2 + 2\, d\alpha \cos \varphi. \qquad \text{(III 8, 1)}$$

In der Umgebung von $P_2(\beta, \psi)$ sei df_2 von den Nachbarstrahlen ψ, $\psi + d\psi$ und den Nachbarkreisen β, $\beta + d\beta$ eingeschlossen. Dann folgt der Abstand ϱ zwischen P_1 und P_2 aus

$$\varrho^2 = \varrho'^2 + \beta^2 + 2\, \varrho' \beta \cos \psi. \qquad \text{(III 8, 2)}$$

I. In diesen Bezeichnungen hat man

$$\ln \frac{R}{\varrho_{12}} = \frac{1}{\pi a^2} \cdot \frac{1}{\pi b^2} \int\limits_{a=0}^{a} \int\limits_{\varphi=0}^{2\pi} \int\limits_{\beta=0}^{b} \int\limits_{\psi=0}^{2\pi} \ln \frac{R}{\varrho}\, \alpha\, d\alpha\, d\varphi\, \beta\, d\beta\, d\psi. \qquad \text{(III 8, 3)}$$

Um zunächst das Integral über den Querschnitt 2 auszuführen, schreiben wir

$$\ln \frac{R}{\varrho} = \ln \frac{R}{\sqrt{\varrho'^2 + \beta^2 + 2\, \varrho' \beta \cos \psi}} = \operatorname{Re} \ln \frac{R}{\varrho' + \beta\, e^{i\psi}}, \qquad \text{(III 8, 4)}$$

wobei das Zeichen Re den Realteil des Logarithmus bedeutet. Da nun stets $\beta < \varrho'$ ist, besteht die konvergente Reihe

$$\ln \frac{R}{\varrho' + \beta\, e^{i\psi}} = \ln \frac{R}{\varrho'} - \left\{ \frac{\beta}{\varrho'} e^{i\psi} - \frac{1}{2} \left(\frac{\beta}{\varrho'} \right)^2 e^{2i\psi} + \dots \right\}. \qquad \text{(III 8, 5)}$$

Bei der Integration über ψ annullieren sich alle in der geschweiften Klammer eingeschlossenen Glieder, so daß wir finden

$$\int\limits_{\beta=0}^{b} \int\limits_{\psi=0}^{2\pi} \ln \frac{R}{\varrho}\, \beta\, d\beta\, d\psi = 2\pi \ln \frac{R}{\varrho'} \int\limits_{\beta=0}^{b} \beta\, d\beta = \pi\, b^2 \ln \frac{R}{\varrho'}. \qquad \text{(III 8, 6)}$$

Mit Rücksicht auf (III 8, 1) ist nun, da $a < d$,

$$\ln \frac{R}{\varrho'} = \operatorname{Re} \ln \frac{R}{d + a\,e^{i\varphi}} = \operatorname{Re}\left[\ln \frac{R}{d} - \left\{\frac{a}{d}\,e^{i\varphi} - \frac{1}{2}\left(\frac{a}{d}\right)^2 e^{2i\varphi} + - \cdots\right\}\right].$$

also $\hspace{10cm}$ (III 8, 7)

$$\int_{a=0}^{a} \int_{\varphi=0}^{2\pi} \ln \frac{R}{\varrho'}\, a\, da\, d\varphi = \pi\, a^2 \ln \frac{R}{d}. \hspace{2cm} \text{(III 8, 8)}$$

Die Substitution von (III 8, 6) und (III 8, 8) in (III 8, 3) führt zu dem einfachen Ergebnis

$$\varrho_{12} = d. \hspace{2cm} \text{(III 8, 9)}$$

II. Wir wenden uns zur Berechnung des mittleren geometrischen Abstandes ϱ_{11}: Der Prozeß $d \to 0$ liefert zunächst aus (III 8, 2) [Abb. III 153]

$$\varrho^2 = a^2 + \beta^2 + 2\,a\,\beta \cos\psi;$$

$$\ln \frac{R}{\varrho} = \operatorname{Re} \ln \frac{R}{\beta + a\,e^{i\psi}}. \hspace{1cm} \text{(III 8, 10)}$$

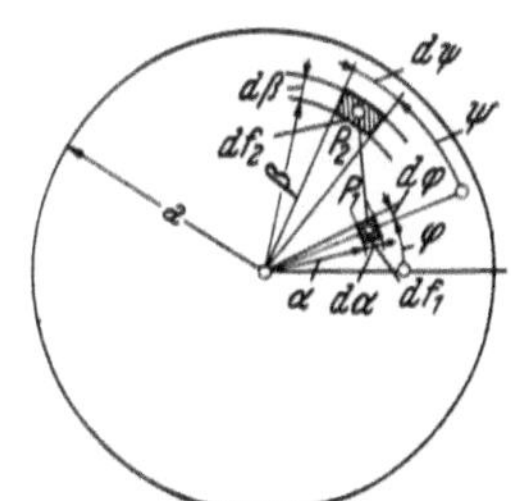

Abb. III 153. Zum mittleren geometrischen Abstand einer Kreisfläche von sich selbst.

Wegen $b \to a$ wird somit

$$\ln \frac{R}{\varrho_{11}} = \frac{1}{(\pi a^2)^2} \int_{a=0}^{a} \int_{\varphi=0}^{2\pi} \int_{\beta=0}^{a} \int_{\psi=0}^{2\pi} \ln \frac{R}{\varrho}\, a\, da\, d\varphi\, \beta\, d\beta\, d\psi. \hspace{1cm} \text{(III 8, 11)}$$

Bei der Integration nach ψ sind zwei Fälle zu unterscheiden:
1. Für $\beta > a$ konvergiert die Reihe

$$\ln \frac{R}{\beta + a\,e^{i\psi}} = \ln \frac{R}{\beta} - \left\{\frac{a}{\beta}\,e^{i\psi} - \frac{1}{2}\left(\frac{a}{\beta}\right)^2 e^{2i\psi} + - \cdots\right\}, \hspace{0.5cm} \text{(III 8, 12)}$$

so daß wir finden

$$\int_{\psi=0}^{2\pi} \ln \frac{R}{\varrho}\, d\psi = 2\,\pi \ln \frac{R}{\beta} \hspace{2cm} \text{(III 8, 13)}$$

2. Für $\beta < a$ ist zu entwickeln

$$\ln \frac{R}{\beta + a\,e^{i\psi}} = -i\,\psi + \ln \frac{R}{a} - \left\{\frac{\beta}{a}\,e^{-i\psi} - \frac{1}{2}\left(\frac{\beta}{a}\right)^2 e^{-2i\psi} + - \cdots\right\}$$

und wir erhalten $\hspace{10cm}$ (III 8, 14)

$$\int_{\psi=0}^{2\pi} \operatorname{Re} \ln \frac{R}{\beta + a\,e^{i\psi}}\, d\psi = \int_{\psi=0}^{2\pi} \ln \frac{R}{\varrho}\, d\psi = 2\,\pi \ln \frac{R}{a}. \hspace{1cm} \text{(III 8, 15)}$$

Jetzt ist die Integration über β ausführbar:

$$\int_{\beta=0}^{a} \int_{\psi=0}^{2\pi} \ln \frac{R}{\varrho}\, \beta\, d\beta\, d\psi = 2\,\pi\left[\ln \frac{R}{a} \int_{\beta=0}^{a} \beta\, d\beta + \int_{\beta=a}^{a} \ln \frac{R}{\beta}\cdot \beta\, d\beta\right] =$$

$$= 2\,\pi\left[\frac{a^2}{2}\ln \frac{R}{a} + \frac{a^2}{2}\ln \frac{R}{a} - \frac{a^2}{2}\ln \frac{R}{a} + \frac{a^2 - a^2}{4}\right] = \pi\left[a^2 \ln \frac{R}{a} + \frac{a^2 - a^2}{2}\right].$$

$$\text{(III 8, 16)}$$

Die Integration dieses Ausdruckes nach φ liefert den Faktor $2\,\pi$, so daß schließlich das Integral verbleibt

$$2\,\pi^2 \int\limits_{a=0}^{a} \left(a^2 \ln \frac{R}{a} + \frac{a^2 - \alpha^2}{2} \right) a\,d\alpha = \pi^2 a^4 \ln \frac{R}{a} + \pi^2 \frac{a^4}{4}. \qquad \text{(III 8, 17)}$$

Auf Grund von (III 8, 11) resultiert somit

$$\ln \frac{R}{\varrho_{11}} = \ln \frac{R}{a} + \frac{1}{4} = \ln \frac{R\sqrt[4]{e}}{a}; \qquad \varrho_{11} = \frac{a}{\sqrt[4]{e}} \approx 0{,}78\,a. \qquad \text{(III 8, 18)}$$

Für eine Doppelleitung ist

$$J_1 = - J_2 \equiv J. \qquad \text{(III 8, 19)}$$

Sie besitzt somit je Längeneinheit die Freie Energie

$$W = \frac{1}{2} \frac{\Pi\,\mu}{2\,\pi} \left[J_1{}^2 \ln \frac{R}{\varrho_{11}} + 2\,J_1\,J_2 \ln \frac{R}{\varrho_{12}} + J_2{}^2 \ln \frac{R}{\varrho_{22}} \right] =$$

$$= \frac{1}{2} J^2 \frac{\Pi\,\mu}{2\,\pi} \left[\ln \frac{R}{\varrho_{11}} - 2 \ln \frac{R}{\varrho_{12}} + \ln \frac{R}{\varrho_{22}} \right] = \frac{1}{2} J^2 \frac{\Pi\,\mu}{2\,\pi} \ln \frac{\varrho_{12}{}^2}{\varrho_{11} \cdot \varrho_{22}}, \qquad \text{(III 8, 20)}$$

so daß sie durch den Induktivitätsbelag

$$l = \frac{W}{1/2\,J^2} = \frac{\Pi\,\mu}{2\,\pi} \ln \frac{\varrho_{12}{}^2}{\varrho_{11} \cdot \varrho_{22}} = \frac{\Pi\,\mu}{2\,\pi} \left[\ln \frac{d^2}{a\,b} + \frac{1}{2} \right] \qquad \text{(III 8, 21)}$$

gekennzeichnet wird.

b) Wir suchen den mittleren geometrischen Abstand zweier Sammelschienen 1 und 2 in der Anordnung der Abb. III 154: Sie sind hochkant gestellt und verlaufen in konstantem Abstande d nebeneinander; mit h bezeichnen wir die gemeinsame Höhe je einer Schiene, während wir von der Breite ihres stromführenden Querschnittes absehen.

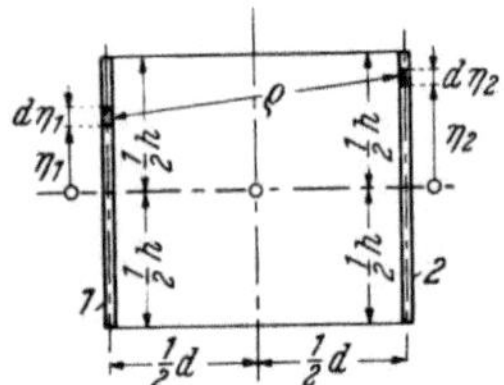

Abb. III 154. Zum geometrischen Abstand zweier paralleler Sammelschienen.

I. Aus der Schiene 1 schneiden wir in der Bildebene ein Element der Höhe $d\eta_1$ im Abstande η_1 von der Symmetrieebene, ähnlich aus der Schiene 2 ein Element der Höhe $d\eta_2$ im Abstande η_2 von der Symmetrieebene. Da ihr Abstand mittels

$$\varrho^2 = (\eta_2 - \eta_1)^2 + d^2 \qquad \text{(III 8, 22)}$$

gegeben ist, hat man den mittleren geometrischen Abstand der Schienen aus dem Doppelintegral zu errechnen

$$\ln \frac{R}{\varrho_{12}} = \frac{1}{h^2} \int\limits_{\eta_1 = -h/2}^{+h/2} \int\limits_{\eta_2 = -h/2}^{+h/2} \ln \frac{R}{\varrho}\,d\eta_1\,d\eta_2. \qquad \text{(III 8, 23)}$$

Für das Integral über η_2 schreiben wir

$$\int\limits_{-h/2}^{+h/2} \ln \frac{R}{\varrho}\,d\eta_2 = \text{Re} \int\limits_{-h/2}^{+h/2} \ln \frac{R}{\eta_2 - \eta_1 + i\,d}\,d\eta_2 \qquad \text{(III 8, 24)}$$

und erhalten

$$\int_{-h/2}^{+h/2} \ln \frac{R}{\varrho}\, d\eta_2 = h \ln R - \mathrm{Re}\left[\left(\frac{1}{2}h - \eta_1 + i\,d\right)\left\{\ln\left(\frac{1}{2}h - \eta_1 + i\,d\right) - 1\right\} - \right.$$
$$\left. - \left(-\frac{1}{2}h - \eta_1 + i\,d\right)\left\{\ln\left(-\frac{1}{2}h - \eta_1 + i\,d\right) - 1\right\}\right]. \qquad \text{(III 8, 25)}$$

Wir verschieben die Abspaltung des Realteiles und gehen zur Integration nach η_1 über

$$\int_{\eta_1 = -h/2}^{h/2} \int_{\eta_2 = -h/2}^{h/2} \ln \frac{R}{\varrho}\, d\eta_1\, d\eta_2 = h^2 \ln R - \mathrm{Re}\int_{-h/2}^{+h/2} [\ldots]\, d\eta_1$$

$$\mathrm{Re}\int_{-h/2}^{+h/2} [\ldots]\, d\eta_1 = \mathrm{Re}\,\frac{(h/2 - \eta_1 + i\,d)^2}{2}\left\{\frac{3}{2} - \ln\left(\frac{1}{2}h - \eta_1 + i\,d\right)\right\} - $$
$$- \frac{(-h/2 - \eta_1 + i\,d)^2}{2}\left\{\frac{3}{2} - \ln\left(-\frac{1}{2}h - \eta_1 + i\,d\right)\right\}\Bigg|_{-h/2}^{+h/2} = $$

$$= d^2 \ln d - h^2 \cdot \frac{3}{2} + (h^2 - d^2)\ln\sqrt{h^2 + d^2} + 2\,h\,d\,\mathrm{arctg}\,\frac{h}{d}. \qquad \text{(III 8, 26)}$$

Durch Substitution in (III 8, 23) findet man somit

$$\ln \frac{R}{\varrho_{12}} = \ln R - \left(\frac{d}{h}\right)^2 \ln d + \frac{3}{2} - \left(1 - \frac{d^2}{h^2}\right)\ln\sqrt{h^2 + d^2} - 2\,\frac{d}{h}\,\mathrm{arctg}\,\frac{h}{d}.$$
$$\text{(III 8, 27)}$$

Der Grenzübergang $d \to 0$ führt auf

$$\ln \frac{R}{\varrho_{11}} = \ln R + \frac{3}{2} - \ln h \equiv \ln R\,\frac{e^{3/2}}{h}\,;\quad \varrho_{11} = \frac{h}{e^{3/2}} = 0{,}223\,h = 0{,}446\,\frac{h}{2}.$$
$$\text{(III 8, 28)}$$

Im Falle $J_1 = -J_2 \equiv J$ ist die Freie Energie des Schienensystemes je Längeneinheit

$$W = \frac{1}{2}J^2 \cdot 1 = \frac{1}{2}\frac{\Pi\,\mu}{2\,\pi}\,J^2\left[\ln\frac{R}{\varrho_{11}} - 2\ln\frac{R}{\varrho_{12}} + \ln\frac{R}{\varrho_{22}}\right] = $$

$$= \frac{1}{2}J^2 \Pi\,\mu\,\frac{d}{h}\left[\frac{2}{\pi}\,\mathrm{arctg}\,\frac{h}{d} + \frac{1}{2}\left\{\frac{h}{d}\ln\sqrt{1 + \frac{d^2}{h^2}} - \frac{d}{h}\ln\sqrt{1 + \frac{h^2}{d^2}}\right\}\right].$$
$$\text{(III 8, 29)}$$

Für sehr eng benachbarte Schienen $[h/d \to \infty]$ folgt insbesondere

$$W_\infty = \frac{1}{2}J^2 l_\infty\,;\quad l_\infty = \Pi\,\mu\,\frac{d}{h}, \qquad \text{(III 8, 30)}$$

also

$$\frac{1}{l_\infty} = \frac{2}{\pi}\left(\operatorname{arctg}\frac{h}{d} + \frac{1}{2}\left\{\frac{h}{d}\ln\sqrt{1+\frac{d^2}{h^2}} - \frac{d}{h}\ln\sqrt{1+\frac{h^2}{d^2}}\right\}\right). \qquad \text{(III 8, 31)}$$

In Abb. III 155 ist diese „numerische Induktivität" des Doppel-schienen-Systemes als Funktion seiner geometrischen Abmessungen dar-gestellt.

II. Wir verallgemeinern die vorstehenden Formeln auf den Fall dreier paralleler Sammelschienen 1, 2, 3 für das System der drei Ströme J_1, J_2, J_3 in der Anordnung der Abb. III 156. Bezeichnen wir die Abstände der Schienen voneinander sinngemäß mit d_{12}, d_{23}, d_{31}, so liefert (III 8, 23) die korrespondierenden Werte von ϱ_{12}, ϱ_{23}, ϱ_{31}, während der mittlere geome-trische Abstand $\varrho_{11} = \varrho_{22} = \varrho_{33}$ jeder Schiene von sich selbst aus (III 8, 28) zu entnehmen ist, nach (III 8, 9) kennt man somit auch die Induktivitäts-beläge des Sammelschienen-Systemes.

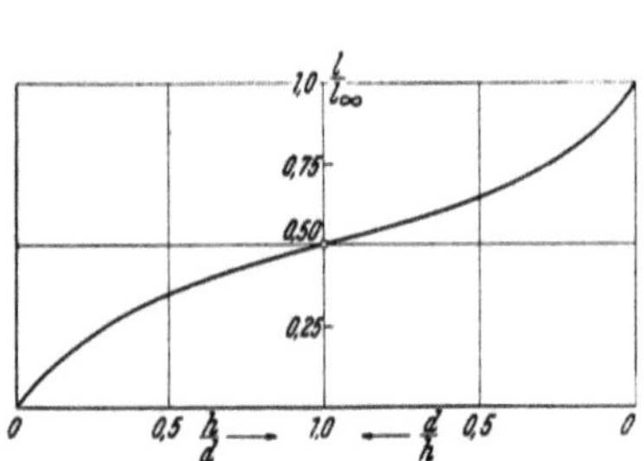

Abb. III 155. Induktivität von Sammelschienen.

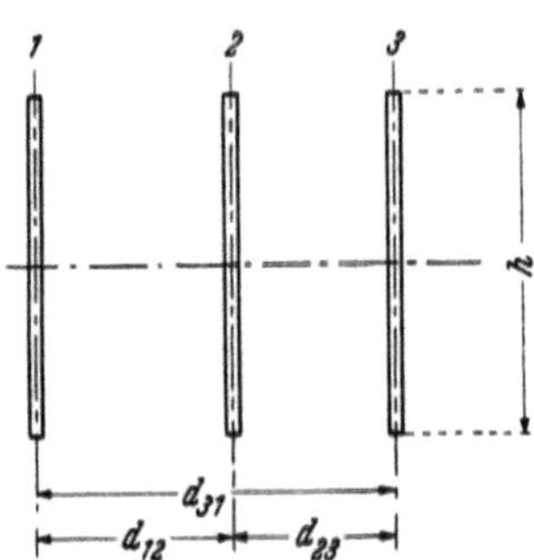

Abb. III 156. Dreileiter-Sammel-schienen-System.

Nun werde zusätzlich angenommen, daß die Summe der drei Ströme jederzeit verschwindet. Wir erinnern uns, daß in einem solchen balan-zierten System R willkürlich bleibt. Wählen wir nun insbesondere

$$R = \frac{h}{e^{3/2}}, \qquad \text{(III 8, 32)}$$

so werden die Beläge der Selbstinduktivitäten auf Null transformiert:

$$l_{11} = l_{22} = l_{33} = 0 \qquad \text{(III 8, 33)}$$

und für die wechselseitigen Induktivitäten resultieren die Formeln

$$l_{ik} = \frac{\Pi\mu}{2\pi}\left[\frac{d_{ik}^2}{h^2}\ln\sqrt{1+\left(\frac{h}{d_{ik}}\right)^2} - \ln\sqrt{1+\left(\frac{d_{ik}}{h}\right)^2} - 2\frac{d_{ik}}{h}\operatorname{arctg}\frac{h}{d_{ik}}\right]; \qquad i \neq k.$$
$$\text{(III 8, 34)}$$

Sei nun $l = l(d_{ik})$ der Selbstinduktivitäts-Belag lediglich des Leiter-systemes (i, k), so führt der Vergleich von (III 8, 34) mit (III 8, 29) und (III 8, 31) zu der einfachen Relation

$$l_{ik} = l_{ki} = -\frac{1}{2}l(d_{ik}) = -\frac{\Pi\mu}{2}\frac{d_{ik}}{h}\cdot\left(\frac{1}{l_\infty}\right). \qquad \text{(III 8, 35)}$$

Häufig beseitigt man die hierin ausgedrückte induktive Unsymmetrie durch zyklische Vertauschung der drei Sammelschienen-Ströme; als wirksamer wechselseitiger Induktivitäts-Belag tritt dann der Durchschnittswert auf

$$\frac{1}{3}(l_{12} + l_{23} + l_{31}) = -\frac{\Pi\mu}{6}[l(d_{12}) + l(d_{23}) + l(d_{31})]. \qquad \text{(III 8, 36)}$$

Die Freie Energie des symmetrisierten Systemes balanzierter Ströme beträgt also je Längeneinheit

$$-\frac{\Pi\mu}{6}[l(d_{12}) + l(d_{23}) + l(d_{31})](J_1 J_2 + J_2 J_3 + J_3 J_1)$$

$$\equiv +\frac{\Pi\mu}{6}[l(d_{12}) + l(d_{23}) + l(d_{31})]\cdot\frac{1}{2}(J_1{}^2 + J_2{}^2 + J_3{}^2). \qquad \text{(III 8, 37)}$$

Man darf hiernach

$$l = \frac{\Pi\mu}{6}[l(d_{12}) + l(d_{23}) + l(d_{31})] \qquad \text{(III 8, 38)}$$

als Belag der „Betriebs-Induktivität" je Schiene bezeichnen.

c) Wir suchen den mittleren geometrischen Abstand $\varrho_\square$ eines Rechteckes der Seiten 2 a und 2 b von sich selbst. Nach Abb. III 157 orientieren wir uns mittels eines *Kartesi*schen Bezugssystemes x, y mit dem Ursprung im Rechteckzentrum; die Achsen weisen den Rechteckkanten parallel. Dann wird

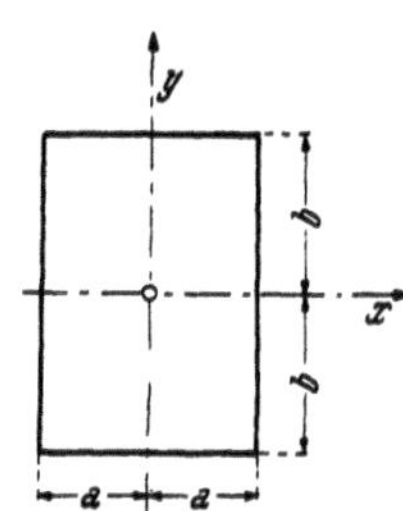

Abb. III 157. Orientierung am Rechteckquerschnitt.

$$\ln\frac{R}{\varrho_\square} = \frac{1}{(2a\cdot 2b)^2}\int\limits_{x=-a}^{a}\int\limits_{x'=-a}^{a}\int\limits_{y=-b}^{b}\int\limits_{y'=-b}^{b}\ln\frac{R}{\sqrt{(x-x')^2+(y-y')^2}}\,dx\,dx'\,dy\,dy'$$

$$\text{(III 8, 39)}$$

oder

$$\ln\varrho_\square = -\frac{1}{(2a\cdot 2b)^2}\,\mathrm{Re}\int\limits_{x=-a}^{a}\int\limits_{x'=-a}^{a}\int\limits_{y=-b}^{b}\int\limits_{y'=-b}^{b}\ln[(x-x')+i(y-y')]\cdot$$

$$\cdot\,dx\,dx'\,dy\,dy'. \qquad \text{(III 8, 40)}$$

Dabei soll weiterhin jener Zweig des Logarithmus benützt werden, dessen Imaginärteil zwischen $(-\pi)$ und $(+\pi)$ liegt.
Die Integration nach x liefert

$$\int\limits_{x=-a}^{a}\ln[(x-x')+i(y-y')]\,dx =$$

$$= [(x-x')+i(y-y')]\{\ln[(x-x')+i(y-y')]-1\} = J^+ - J^-$$
$$J^{\pm} = [(\pm a-x')+i(y-y')]\ln[(\pm a-x')+i(y-y')] -$$
$$- [(\pm a-x')+i(y-y')]. \qquad \text{(III 8, 41)}$$

Durch Integration nach x' entsteht

$$\int_{x'=-a}^{+x}(J^+ - J^-)\,dx' = (J^{++} - J^{+-}) - (J^{-+} - J^{--})$$

$$J^{+-} = -\frac{1}{2}\left\{[i(y-y')]^2\ln[i(y-y')] - \frac{3}{2}[i(y-y')]^2\right\},$$

$$J^{+-} = -\frac{1}{2}\left\{[2a+i(y-y')]^2\ln[2a+i(y-y')] - \frac{3}{2}[2a+i(y-y')]^2\right\},$$

$$J^{-+} = -\frac{1}{2}\left\{[-2a+i(y-y')]^2\ln[-2a+i(y-y')] - \frac{3}{2}[-2a+i(y-y')]^2\right\},$$

$$J^{--} = -\frac{1}{2}\left\{[i(y-y')]^2\ln[i(y-y')] - \frac{3}{2}[i(y-y')]^2\right\}.$$

$$(III\ 8,\ 42)$$

Zur Integration nach y übergehend, substituiere man

$$i(y-y') = v \quad \text{in} \quad J^{++}, J^{--}; \qquad \pm 2a+i(y-y') = v \quad \text{in} \quad J^{+-}, J^{-+}$$
$$(III\ 8,\ 43)$$

und erhält bei unbestimmter Integration den gemeinsamen Ausdruck

$$-\frac{1}{2i}\int\left(v^2\ln v - \frac{3}{2}v^2\right)dv = -\frac{1}{6i}\left(v^3\ln v - \frac{11}{6}v^3\right). \quad (III\ 8,\ 44)$$

In den J^{++}, J^{+-} und J^{--} enthaltenden Integralen folgt nun das Ergebnis, indem man, wie üblich, die Grenzargumente in (III 8, 44) einsetzt. Bei der Integration von J^{-+} jedoch kreuzt der Integrationsweg den Verzweigungsschnitt des $\ln v$, welcher längs der negativen Realachse der komplexen v-Ebene verläuft, in $y = y'$: Man hat zu schreiben

$$\int_{-b}^{+b} J^{-+}\,dy = \int_{-b}^{y'-0} J^{-+}\,dy + \int_{y'+0}^{b} J^{-+}\,dy, \qquad (III\ 8,\ 45)$$

so daß wir das Gesamtergebnis der Integration nach y notieren:

$$(J^{+++} - J^{++-}) - (J^{+-+} - J^{+--}) - (J^{-++} - J^{-+-}) + (J^{--+} - J^{---}) - (C_{-0} - C_{+0}),$$

$$J^{+++} = -\frac{1}{6i}\left\{[i(b-y')]^3\ln[i(b-y')] - \frac{11}{6}[i(b-y')]^3\right\},$$

$$J^{++-} = -\frac{1}{6i}\left\{[i(-b-y')]^3\ln[i(-b-y')] - \frac{11}{6}[i(-b-y')]^3\right\},$$

$$J^{+-+} = -\frac{1}{6i}\left\{[2a+i(b-y')]^3\ln[2a+i(b-y')] - \frac{11}{6}[2a+i(b-y')]^3\right\},$$

$$J^{+--} = -\frac{1}{6i}\left\{[2a+i(-b-y')]^3\ln[2a+i(-b-y')] - \frac{11}{6}[2a+i(-b-y')]^3\right\},$$

$$(III\ 8,\ 46)$$

$$J^{-++} = -\frac{1}{6i}\left\{[-2a+i(b-y')]^3\ln[-2a+i(b-y')] - \frac{11}{6}[-2a+i(b-y')]^3\right\},$$

$$J^{-+-} = -\frac{1}{6i}\left\{[-2a+i(-b-y')]^3\ln[-2a+i(-b-y')] - \right.$$

$$\left. -\frac{11}{6}[-2a+i(-b-y')]^3\right\},$$

$$J^{--+} = -\frac{1}{6i}\left\{[i(b-y')]^3\ln[i(b-y')] - \frac{11}{6}[i(b-y')]^3\right\},$$

$$J^{---} = -\frac{1}{6i}\left\{[i(-b-y')]^3\ln[i(-b-y')] - \frac{11}{6}[i(-b-y')]^3\right\},$$

$$C_{-0} = -\frac{1}{6i}\left\{[-2a-i0]^3\ln[-2a-i0] - \frac{11}{6}[-2a-i0]^3\right\},$$

$$C_{+0} = -\frac{1}{6i}\left\{[-2a+i0]^3\ln[-2a+i0] - \frac{11}{6}[-2a+i0]^3\right\}.$$

$$\text{(III 8, 46)}$$

Zwecks Integration nach y' substituieren wir

$$i(\pm b-y') = v' \quad \text{in} \quad J^{+++},\ J^{++-},\ J^{--+},\ J^{----};$$

$$\pm 2a+1(\pm b-y') = v' \quad \text{in} \quad J^{+-+},\ J^{+--},\ J^{-++},\ J^{-+-} \qquad \text{(III 8, 47)}$$

und finden den unbestimmten Integralausdruck

$$-\frac{1}{6}\int\left(v'^3\ln v' - \frac{11}{6}v'^3\right)dv' = -\frac{1}{24}\left(v'^4\ln v' - \frac{25}{12}v'^4\right). \qquad \text{(III 8, 48)}$$

Da man innerhalb der vorgeschriebenen Grenzen den Verzweigungs-schnitt von $\ln v'$ nicht kreuzt, folgt als Ergebnis der Integration

$$(J^{++++} - J^{++-}) - (J^{++-+} - J^{++--}) - (J^{+-++} - J^{+-+-}) +$$

$$+ (J^{+--+} - J^{+---}) - (J^{-+++} - J^{-++-}) + (J^{-+-+} - J^{-+--}) +$$

$$+ (J^{--++} - J^{--+-}) - (J^{---+} - J^{----}) - (C_{-0} - C_{+0})\,2b,$$

$$J^{++++} = 0; \qquad J^{+++-} = -\frac{1}{24}\left\{[i\,2b]^4\ln[i\,2b] - \frac{25}{12}[i\,2b]^4\right\},$$

$$J^{++-+} = -\frac{1}{24}\left\{[i(-2b)]^4\ln[i(-2b)] - \frac{25}{12}[i(-2b)]^4\right\}; \quad J^{++--} = 0,$$

$$J^{+-++} = -\frac{1}{24}\left\{[2a]^4\ln[2a] - \frac{25}{12}[2a]^4\right\};$$

$$J^{+-+-} = -\frac{1}{24}\left\{[2a+i\,2b]^4\ln[2a+i\,2b] - \frac{25}{12}[2a+i\,2b]^4,\right\},$$

$$J^{-+++} = -\frac{1}{24}\left\{[-2a]^4\ln[-2a] - \frac{25}{12}[-2a]^4\right\};$$

$$J^{-++-} = -\frac{1}{24}\left\{[-2a+i\,2b]^4\ln[-2a+i\,2b] - \frac{25}{12}[-2a+i\,2b]^4\right\},$$

$$\text{(III 8, 49)}$$

$$J^{-+-+} = -\frac{1}{24}\left\{[-2a+i(-2b)]^4 \ln[-2a+i(-2b)] - \right.$$
$$\left. -\frac{25}{12}[-2a+i(-2b)]^4\right\};$$

$$J^{-+--} = -\frac{1}{24}\left\{[-2a]^4 \ln[-2a] - \frac{25}{12}[-2a]^4\right\},$$

$$J^{--++} = 0; \qquad J^{--+-} = -\frac{1}{24}\left\{[i\,2b]^4 \ln[i\,2b] - \frac{25}{12}[i\,2b]^4\right\},$$

$$J^{---+} = -\frac{1}{24}\left\{[i(-2b)]^4 \ln[i(-2b)] - \frac{25}{12}[i(-2b)]^4\right\}; \quad J^{----} = 0.$$

$$\text{(III 8, 49)}$$

Indem wir uns nun gemäß (III 8, 40) auf den Realteil der Integralsumme zu beschränken haben, bilden wir

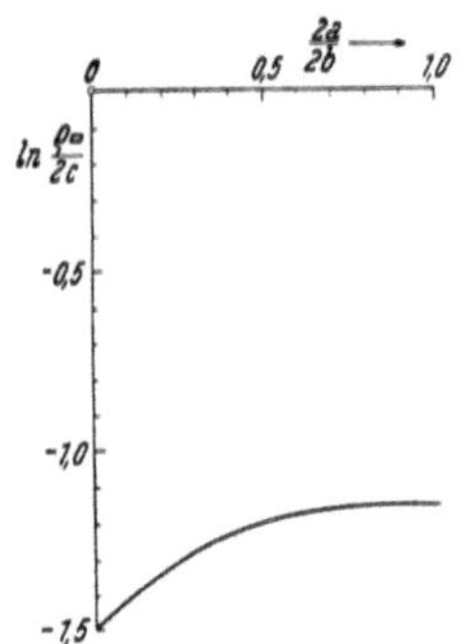

Abb. III 158. Zur Berechnung des mittleren geometrischen Abstandes eines Rechteckes von sich selbst [Halblogarithmische Darstellung].

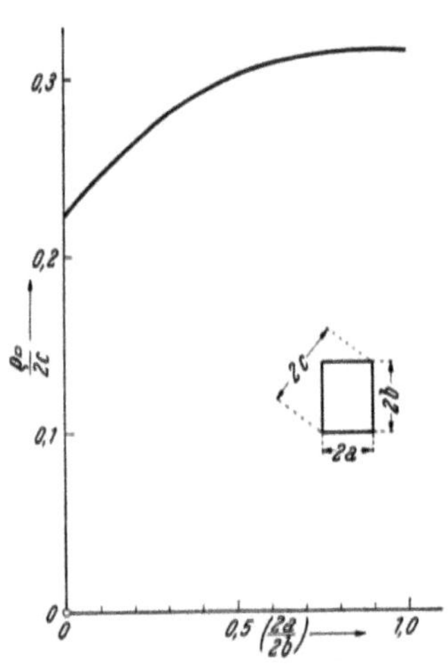

Abb. III 159. Zur Berechnung des mittleren geometrischen Abstandes eines Rechteckes von sich selbst [Natürliche Darstellung].

$$\mathrm{Re}\left\{(J^{++++} - J^{+++-}) - (J^{++-+} - J^{++--})\right\} =$$
$$= \frac{1}{12}\left\{[2b]^4 \ln[2b] - \frac{25}{12}[2b]^4\right\},$$

$$\mathrm{Re}\left\{-(J^{+-++} - J^{+-+-}) + (J^{+--+} - J^{+---})\right\} =$$
$$= \frac{1}{12}\left\{[2a]^4 \ln[2a] - \frac{25}{12}[2a]^4 - [(2a)^4 - \right.$$
$$-6(2a)^2(2b)^2 + (2b)^4]\ln\sqrt{(2a)^2+(2b)^2} + [4(2a)^3(2b) -$$
$$\left. -4(2a)(2b)^3]\,\mathrm{arctg}\,\frac{2b}{2a} + \frac{25}{12}[(2a)^4 - 6(2a)^2(2b)^2 + (2b)^4]\right\},$$

$$\mathrm{Re}\left\{-(J^{-+++} - J^{-++-}) + (J^{-+-+} - J^{-+--})\right\} =$$
$$= \frac{1}{12}\left\{[2a]^4 \ln[2a] - \frac{25}{12}[2a]^4 - [2a^4 - 6(2a)^2(2b)^2 + \right.$$

$$\text{(III 8, 50)}$$

$$(2\,b)^4]\ln \sqrt{(2\,a)^2 + (2\,b)^2} - [4\,(2\,a)^3\,(2\,b) - 4\,(2\,a)\,(2\,b)^3]\,(\pi -$$

$$- \operatorname{arctg}\frac{2\,b}{2\,a} + \frac{25}{12}\,[(2\,a)^4 - 6\,(2\,a)^2\,(2\,b)^2 + (2\,b)^4]\Big\},$$

$$\operatorname{Re}\{(J^{--++} - J^{--+-}) - (J^{---+} - J^{----})\} =$$

$$= \frac{1}{12}\Big\{[2\,b]^4\ln[2\,b] - \frac{25}{12}\,[2\,b]^4\Big\},$$

$$\operatorname{Re}\{-(C_{-0} - C_{+0})\,2\,b\} = \frac{4\,\pi}{12}\,(2\,a)^3\,2\,b,$$

$$(\text{III } 8,\ 50)$$

also insgesamt

$$\int_{-a}^{a}\int_{-a}^{a}\int_{-b}^{b}\int_{-b}^{b}\ln\sqrt{(x - x')^2 + (y - y')^2}\,dx\,dx'\,dy\,dy' =$$

$$= \frac{1}{12}\Big\{-2\Big[(2\,a)^4\ln\sqrt{1 + \Big(\frac{2\,b}{2\,a}\Big)^2} + (2\,b)^4\ln\sqrt{1 + \Big(\frac{2\,a}{2\,b}\Big)^2}\Big] +$$

$$+ 12\,(2\,a)^2\,(2\,b)^2\ln\sqrt{(2\,a)^2 + (2\,b)^2} -$$

$$- 25\,(2\,a)^2\,(2\,b)^2 + 8\Big[(2\,a)^3\,(2\,b)\operatorname{arctg}\frac{2\,b}{2\,a} + (2\,a)\,(2\,b)^3\operatorname{arctg}\frac{2\,a}{2\,b}\Big]\Big\}.$$

$$(\text{III } 8,\ 51)$$

Mit Einführung der Diagonalen

$$2\,c = \sqrt{(2\,a)^2 + (2\,b)^2} \qquad (\text{III } 8,\ 52)$$

entsteht für die gesuchte Größe $\varrho_{\square}$ die in a und b symmetrische Formel

$$\ln\frac{\varrho_{\square}}{2\,c} = -\frac{25}{12} - \frac{1}{6}\Big\{\Big(\frac{2\,a}{2\,b}\Big)^2\ln\sqrt{1 + \Big(\frac{2\,b}{2\,a}\Big)^2} + \Big(\frac{2\,b}{2\,a}\Big)^2\ln\sqrt{1 + \Big(\frac{2\,a}{2\,b}\Big)^2}\Big\} +$$

$$+ \frac{2}{3}\Big\{\Big(\frac{2\,a}{2\,b}\Big)\operatorname{arctg}\Big(\frac{2\,b}{2\,a}\Big) + \Big(\frac{2\,b}{2\,a}\Big)\operatorname{arctg}\Big(\frac{2\,a}{2\,b}\Big)\Big\}. \qquad (\text{III } 8,\ 53)$$

Abb. III 158 zeigt den Gang von $\ln\varrho_{\square}/2\,c$, Abb. III 159 den Gang von $\varrho_{\square}/2\,c$ selbst als Funktion des Seitenverhältnisses $2\,a/2\,b$, welches auf den Bereich zwischen Null und Eins beschränkt werden durfte.

III 9. Das Nutenstreufeld kreisrunder Leiter.

a) In gewissen elektrischen Maschinen, namentlich solchen vom Typus der Induktionsmotoren mit Käfiganker, gibt man den aktiven Leitern häufig die Gestalt kreiszylindrischer Stäbe, welche nach Abb. III 160 in die Nuten des Eisenkörpers eingeschlossen werden. Der Leiterstrom J erregt ein magnetisches Feld, dessen im Nutinnern befindlicher Anteil ihr Streufeld definiert.

b) Die Permeabilität des Leiters sei $\mu = 1$, sein Halbmesser gleich a; wir stellen ihn approximativ dem lichten Halbmesser der Nutwandung gleich. Die Breite der Nutöffnung sei δ, ihre Höhe bis zur Grenze des Eisenkörpers h.

Der Feldanteil des stromfreien Nutgebietes kann mittels der früher entwickelten Methoden durch ein Skalarpotential beschrieben werden: es bleibt hier außer Betracht. Dagegen verlangt das Feld im durchströmten Stab seine Beschreibung durch ein Vektorpotential V. Es weist der Stromrichtung parallel. Diese bilde die z-Achse eines Zylinder-Koordinatensystemes, in welchem ϱ den Abstand des Aufpunktes P von der Achse, ϑ sein Azimut gegen die Symmetrieebene der Nutenöffnung [im mathematisch-positiven Sinne] messe. Die Komponente V_z des Vektorpotentiales genügt somit im Bereiche $0 \leqq \varrho \leqq a$ der *Poisson*schen Gleichung

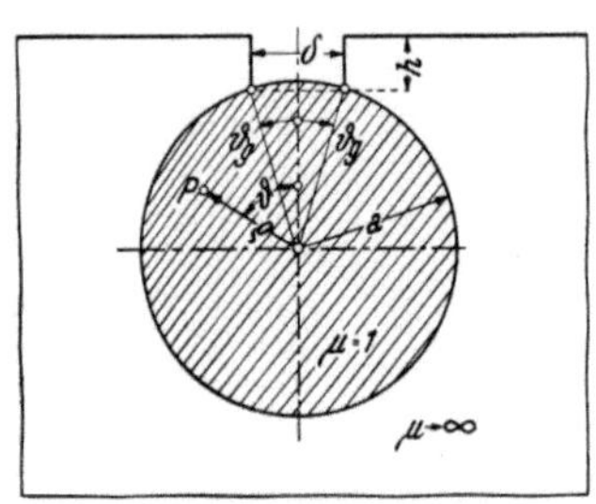

Abb. III 160. Orientierung an der Kreisnut.

$$\frac{\partial^2 V_z}{\partial \varrho^2} + \frac{1}{\varrho}\frac{\partial V_z}{\partial \varrho} + \frac{1}{\varrho^2}\frac{\partial^2 V_z}{\partial \vartheta^2} = -\,\Pi\, j_z;$$

$$j_z = \frac{J}{\pi\, a^2}. \qquad\qquad \text{(III 9, 1)}$$

c) Wie lauten die Randbedingungen für V_z längs des Kreises $\varrho = a$?

Den Seiten der Nutenöffnung korrespondieren die Winkel

$$\vartheta = \pm\,\vartheta_g; \qquad \vartheta_g = \arcsin\frac{\delta}{2\,a}. \qquad \text{(III 9, 2)}$$

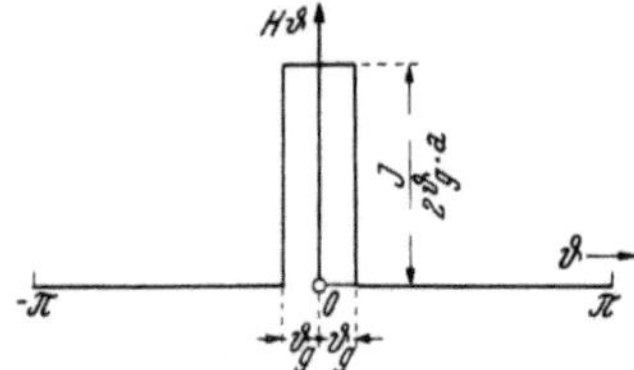

Abb. III 161. Verteilung der azimutalen Feldstärken-Komponente längs des Umfanges einer Rundnut.

Wir betrachten das Eisen der Nutwand als vollkommen permeabel: Dort verschwindet die tangentielle Feldkomponente

$$H_\vartheta = 0; \qquad \vartheta_g < \vartheta < 2\,\pi - \vartheta_g, \qquad \varrho = a.$$
$$\text{(III 9, 3)}$$

Dagegen weist diese Komponente an der Grenze zum stromfreien Gebiet (Nutenöffnung) einen endlichen Wert auf, welchen wir als merklich konstant annehmen; er folgt wegen (III 9, 3) aus der Ersten *Maxwell*schen Gleichung zu

$$H_\vartheta = \frac{J}{2\,\vartheta_g\, a}; \qquad -\vartheta_g < \vartheta < \vartheta_g, \qquad \varrho = a. \qquad \text{(III 9, 4)}$$

In Abb. III 161 ist die periphere Verteilung des magnetischen Tangentialfeldes längs des vollen Leiterumfanges dargestellt. Wir entwickeln es in die *Fourier*sche Reihe

$$H_\vartheta = \frac{J}{2\,\vartheta_g\, a}\left[\frac{2\,\vartheta_g}{2\,\pi} + \frac{2}{\pi}\sum_1^\infty \frac{\sin k\,\vartheta_g}{k}\cos k\,\vartheta\right] = j_z\frac{a}{2}\left[1 + 2\sum_1^\infty \frac{\sin k\,\vartheta_g}{k\,\vartheta_g}\cos k\,\vartheta\right].$$
$$\text{(III 9, 5)}$$

Daher lautet die gesuchte Randbedingung

$$-\frac{1}{\Pi}\frac{\partial V_z}{\partial \varrho} = j_z\frac{a}{2}\left[1 + 2\sum_1^\infty \frac{\sin k\,\vartheta_g}{k\,\vartheta_g}\cos k\,\vartheta\right] \quad \text{für}\quad \varrho = a. \quad \text{(III 9, 6)}$$

Sie ist durch die Forderung eines in $\varrho = 0$ endlichen Vektorpotentiales zu ergänzen.

d) Als Partikularintegral von (III 9, 1) wählen wir, mit einer Schar zunächst noch willkürlicher Konstanten C_k,

$$V_z = -\Pi \, j_z \cdot \frac{\varrho^2}{4} + \Pi \sum_1^\infty C_k \varrho^k \cos k\,\vartheta. \qquad \text{(III 9, 7)}$$

Es bleibt, wie verlangt, in $\varrho = 0$ endlich. Um es überdies der Bedingung (III 9, 6) anzupassen, bilden wir

$$H_\vartheta = -\frac{1}{\Pi}\frac{\partial V_z}{\partial \varrho} = j_z \frac{\varrho}{2} - \sum_1^\infty C_k \, k \, \varrho^{k-1} \cos k\,\vartheta. \qquad \text{(III 9, 8)}$$

Wir erfüllen somit (III 9, 6) in der Tat mittels

$$C_k = -j_z \, a \, \frac{\sin k\,\vartheta_g}{k\,\vartheta_g} \cdot \frac{1}{k\,a^{k-1}}, \qquad \text{(III 9, 9)}$$

so daß das Vektorpotential innerhalb der Nut lautet

$$V_z = -\Pi\, j_z \left[\frac{\varrho^2}{4} + a^2 \sum_1^\infty \frac{1}{k} \cdot \frac{\sin k\,\vartheta_g}{k\,\vartheta_g} \cdot \left(\frac{\varrho}{a}\right)^k \cos k\,\vartheta \right]. \quad \text{(III 9, 10)}$$

Aus ihm leiten sich die Feldkomponenten her

$$\left.\begin{aligned}
H_\vartheta &= -\frac{1}{\Pi}\frac{\partial V_z}{\partial \varrho} = j_z \cdot \frac{a}{2}\left[\frac{\varrho}{a} + 2\sum_1^\infty \frac{\sin k\,\vartheta_g}{k\,\vartheta_g}\left(\frac{\varrho}{a}\right)^{k-1} \cos k\,\vartheta \right], \\
H_\varrho &= \frac{1}{\Pi}\frac{\partial V_z}{\partial \varrho\,\partial\vartheta} = j_z \cdot \frac{a}{2} \cdot 2 \sum_1^\infty \frac{\sin k\,\vartheta_g}{k\,\vartheta_g} \cdot \left(\frac{\varrho}{a}\right)^{k-1} \sin k\,\vartheta .
\end{aligned}\right\} \quad \text{(III 9, 11)}$$

e) Jede Längeneinheit des Leiters enthält die Freie Feldenergie

$$W = \frac{1}{2}\Pi \int_{\vartheta=0}^{2\pi} \int_{\varrho=0}^{a} \{H_\vartheta^2 + H_\varrho^2\}\, \varrho\, d\varrho\, d\vartheta. \qquad \text{(III 9, 12)}$$

Wegen der Orthogonalität der goniometrischen Funktionen wird nun

$$\left.\begin{aligned}
\int_{\vartheta=0}^{2\pi}\int_{\varrho=0}^{a} H_\vartheta^2\, \varrho\, d\varrho\, d\vartheta &= j_z^2\, a^4\, \pi\left[\frac{1}{8} + \frac{1}{2}\sum_1^\infty \frac{1}{k}\left(\frac{\sin k\,\vartheta_g}{k\,\vartheta_g}\right)^2\right], \\
\int_{\vartheta=0}^{2\pi}\int_{\varrho=0}^{a} H_\varrho^2\, \varrho\, d\varrho\, d\vartheta &= j_z^2\, a^4\, \pi\, \frac{1}{2}\sum_1^\infty \frac{1}{k}\left(\frac{\sin k\,\vartheta_g}{k\,\vartheta_g}\right)^2,
\end{aligned}\right\} \quad \text{(III 9, 13)}$$

also

$$W = \frac{1}{2}\Pi\, j_z^2\, a^4\, \pi\left[\frac{1}{8} + \sum_1^\infty \frac{1}{k}\left(\frac{\sin k\,\vartheta_g}{k\,\vartheta_g}\right)^2\right] = \frac{1}{2}J^2\frac{\Pi}{\pi}\left[\frac{1}{8} + \sum_1^\infty \frac{1}{k}\left(\frac{\sin k\,\vartheta_g}{k\,\vartheta_g}\right)^2\right].$$

$$\text{(III 9, 14)}$$

Wir entnehmen hieraus als Induktivitätsbelag des Streufeldes

$$l = \frac{W}{\tfrac{1}{2}J^2} = \frac{\Pi}{\pi}\left[\frac{1}{8} + \sum_1^\infty \frac{1}{k}\left(\frac{\sin k\,\vartheta_g}{k\,\vartheta_g}\right)^2\right]. \qquad \text{(III 9, 15)}$$

f) Die Lösung (III 9, 15) leidet an der schlechten Konvergenz der Reihe

$$f(\vartheta_g) = \sum_1^\infty \frac{1}{k}\left(\frac{\sin k\,\vartheta_g}{k\,\vartheta_g}\right)^2 = \frac{1}{\vartheta_g{}^2}\sum_1^\infty \frac{\sin^2 k\,\vartheta_g}{k^3}. \qquad \text{(III 9, 16)}$$

Um diese Schwierigkeit zu überwinden, führen wir die Funktion ein

$$g(u) = \ln 2\sin\frac{u}{2} = \ln\frac{e^{i\,u/2}}{i}(1-e^{-i\,u}). \qquad \text{(III 9, 17)}$$

Für $0 < u < \pi$ ist der Hauptwert von $g(u)$ reell; daher liefert (III 9, 17)

$$g(u) = \operatorname{Re}\ln\frac{e^{i\,u/2}}{i}(1-e^{-i\,u}) = \operatorname{Re}\ln(1-e^{-i\,u}) =$$

$$= \operatorname{Re}\left\{-\left(e^{-i\,u} + \frac{e^{-2\,iu}}{2} + \frac{e^{-3\,iu}}{3} + \cdots\right)\right\} =$$

$$= -\left(\cos u + \frac{\cos 2\,u}{2} + \frac{\cos 3\,u}{3} + \cdots\right). \qquad \text{(III 9, 18)}$$

Wir integrieren diese Identität zwischen den Grenzen 0 und u und erhalten

$$G(u) = \int_0^u g(u')\,du' = -\left(\frac{\sin u}{1^2} + \frac{\sin 2\,u}{2^2} + \frac{\sin 3\,u}{3^2} + \cdots\right) \qquad \text{(III 9, 19)}$$

sowie durch nochmalige Integration

$$S(u) = \int_0^u G(u')\,du' = -2\left(\frac{\sin^2 u/2}{1^3} + \frac{\sin^2 2\,u/2}{2^3} + \frac{\sin^2 3\,u/2}{3^3} + \cdots\right)$$

Demnach gilt $\qquad\qquad\qquad\qquad\qquad\qquad\qquad$ (III 9, 20)

$$f(\vartheta_g) = -\frac{1}{\vartheta_g{}^2}\cdot\frac{1}{2}\,S(2\,\vartheta_g). \qquad \text{(III 9, 21)}$$

Nun folgt durch Differentiation von $g(u)$

$$\frac{dg}{du} = \frac{1}{2}\cotg\frac{u}{2} = \frac{1}{u}\left[1 - \frac{2^2 B_2}{2!}\left(\frac{u}{2}\right)^2 + \frac{2^4 B_4}{4!}\left(\frac{u}{2}\right)^4 + \cdots + \right.$$

$$\left. + (-1)^k\frac{2^{2k}}{(2k)!}B_{2k}\left(\frac{u}{2}\right)^{2k} + \cdots\right], \qquad \text{(III 9, 22)}$$

wobei die *Bernoulli*schen Zahlen eingeführt sind:

$$B_2 = \frac{1}{6}; \qquad B_4 = -\frac{1}{30}; \qquad B_6 = \frac{1}{42}; \cdots \qquad \text{(III 9, 23)}$$

Man schließt hieraus rückwärts auf die Potenzreihe

$$g(u) = \ln 2\sin\frac{u}{2} = \ln u - \frac{2^2 B_2}{2!}\left(\frac{u}{2}\right)^2\cdot\frac{1}{2} + \frac{2^4 B_4}{4!}\left(\frac{u}{2}\right)^4\frac{1}{4} + \cdots +$$

$$+ (-1)^k\frac{2^{2k}}{(2k)!}\left(\frac{u}{2}\right)^{2k}\frac{1}{2k} + \cdots + \text{Const.} \qquad \text{(III 9, 24)}$$

Der Grenzübergang $u \to 0$ führt wegen

$$\lim_{u\to 0}\left\{\ln 2\sin\frac{u}{2} - \ln u\right\} = \lim_{u\to 0}\ln\frac{2\sin u/2}{u} = 0, \qquad \text{(III 9, 25)}$$

sofort auf das Verschwinden der in (III 9, 24) auftretenden Konstanten. Man findet sonach gemäß (III 9, 19) und (III 9, 20)

$$G(u) = u\,[\ln u - 1] - \frac{2^2\,B_2}{2!}\left(\frac{u}{2}\right)^3 \frac{2}{2\cdot 3} + \frac{2^4\,B_4}{4!}\left(\frac{u}{2}\right)^5 \cdot \frac{2}{4\cdot 5} + \cdots +$$

$$+ (-1^k)\frac{2^{2k}\,B_{2k}}{(2k)!}\left(\frac{u}{2}\right)^{2k+1} \frac{2}{2k(2k+1)}$$

$$S(u) = -\frac{3}{4}u^2 + \frac{u^2}{2}\ln u - \frac{2^2\,B_2}{2!}\left(\frac{u}{2}\right)^4 \frac{2\cdot 2}{2\cdot 3\cdot 4} + \frac{2^4\,B_4}{4!}\left(\frac{u}{2}\right)^6 \frac{2\cdot 2}{4\cdot 5\cdot 6} +$$

$$+ \cdots + (-1)^k \frac{2^{2k}\,B_{2k}}{(2k)!}\left(\frac{u}{2}\right)^{2k+2} \frac{2\cdot 2}{2k(2k+1)(2k+2)}, \qquad \text{(III 9, 26)}$$

also endlich, durch Einsetzen in (III 9, 21)

$$f(\vartheta_g) = \frac{1}{\vartheta_g{}^2}\left\{\frac{3}{2}\vartheta_g{}^2 + \vartheta_g{}^2\ln\frac{1}{2\,\vartheta_g} + 2\,\vartheta_g{}^2\left[\frac{2^2\,B_2}{2!}\vartheta_g{}^2\frac{1}{2\cdot 3\cdot 4} - + \cdots\right]\right\} =$$

$$= \frac{3}{2} + \ln\frac{1}{2\,\vartheta_g} + \left[\frac{1}{36}\vartheta_g{}^2 + \frac{1}{2\,700}\vartheta_g{}^4 + \frac{1}{79\,380}\vartheta_g{}^6 + \cdots\right]$$

$$\text{(III 9, 27)}$$

und diese Reihe eignet sich nun für die numerische Berechnung; Abb. III 162 zeigt ihr Ergebnis. Indem wir demnach $f(\vartheta_g)$ weiterhin als bekannt betrachten dürfen, hat man für den Induktivitätsbelag des Streufeldes

$$l = \frac{\Pi}{\pi}\left[\frac{1}{8} + f(\vartheta_g)\right]. \qquad \text{(III 9, 28)}$$

III 10. Streuung von Autotransformatoren.

a) Im Autotransformator werden Primär- und Sekundärwicklungen konstruktiv zu *einer* Spule vereinigt. Für die quantitative Vorausberechnung seiner Betriebseigenschaften muß man den Streufluß kennen, der sich bei Belastung des Apparates einstellt. Abb. III 163 zeigt die Spule der Höhe h, beiderseits von den Jochen begrenzt; sie befindet sich im Abstande d vom Schenkel. Als „Primärwicklung" gelte die ganze Spule, als „Sekundärwicklung" ein symmetrisch zur Spulenmitte gelegener Ausschnitt der Höhe h' < h.

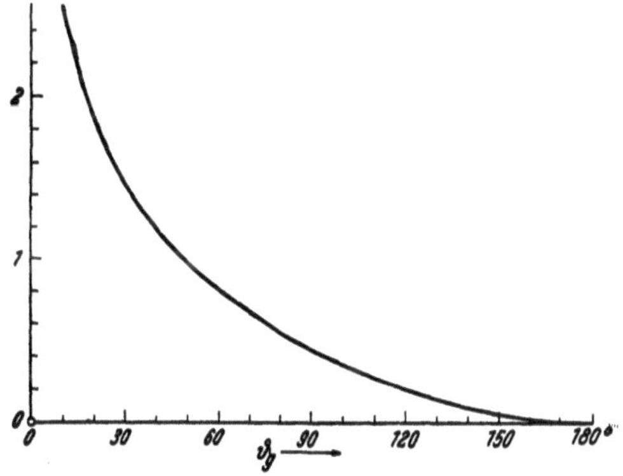

Abb. III 162. Hilfsfunktion $f(\vartheta_g)$ nach Gl. (III 9, 27) zur Berechnung der Nutfeld-Induktivität.

b) Der Vereinfachung der Aufgabe dienen folgende Annahmen:

1. Die Krümmung der Spule um die Schenkelachse wird vernachlässigt: Wir führen einen Meridianschnitt durch sie und strecken ihre Wicklungselemente in die senkrecht zum Schnitt orientierte Richtung.

2. Die radiale Breite der Spule wird gleich Null gesetzt.

3. Das Eisen der Joche und des Schenkels ist vollkommen permeabel.

c) Wir orientieren uns an einem *Kartesi*schen Bezugssystem: Sein Ursprung liegt in der Spulenmitte, die x-Achse bildet die Normale zur Ebene der abgerollten Spule, die y-Achse fällt in diese Ebene, die z-Achse weist in Richtung der durchströmten Drähte.

d) Das Streufeld ist durch das Verschwinden der Gesamtdurchflutung bei je endlichen Werten der Primär- und Sekundärdurchflutung definiert. Daher setzen wir den resultierenden Strombelag aus zwei Anteilen zusammen:

1. Die *Primärdurchflutung* ist durch einen konstanten Strombelag A_1 längs der gesamten Spulenhöhe gekennzeichnet:

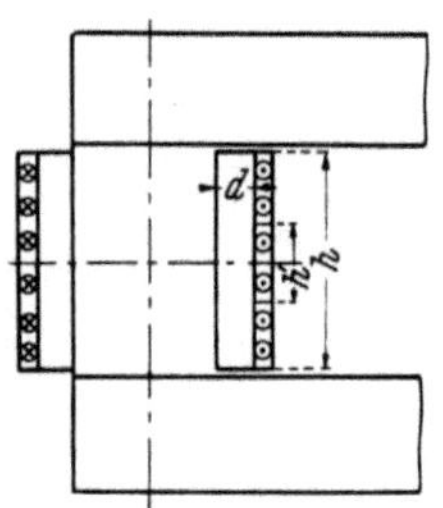

Abb. III 163. Schematische Darstellung eines Autotransformators.

$$A_1 = A; \qquad -\frac{h}{2} < y < \frac{h}{2}. \qquad \text{(III 10, 1)}$$

2. Die *Sekundärdurchflutung* wird durch einen konstanten Strombelag A_2 innerhalb der „Sekundärwicklung" allein charakterisiert:

$$A_2 = -A\frac{h}{h'}; \qquad -\frac{h'}{2} < y < \frac{h'}{2}. \qquad \text{(III 10, 2)}$$

Die resultierende Durchflutung wird somit durch den Strombelag $(A_1 + A_2)$ als Funktion von y entsprechend Abb. III 164 durch die Gleichungen beschrieben

$$\left.\begin{aligned} A(y) &= A; & -\frac{h'}{2} &< |y| < \frac{h'}{2}, \\ A(y) &= -A\left[\frac{h}{h'} - 1\right]; & |y| &< \frac{h'}{2}. \end{aligned}\right\} \quad \text{(III 10, 3)}$$

e) Die Wirkung der Joche auf die Feldstruktur ist der periodischen Fortsetzung des Strombelages über $|y| = h/2$ hinaus gleichwertig: Wir definieren als sekundären Windungswinkel

$$\eta = \pi\frac{h'}{h} \qquad \text{(III 10, 4)}$$

und entwickeln A (y) in $-\infty < y < \infty$ gemäß [Abb. III 165]

$$A(y) = \sum_{k=1}^{\infty} A_k \cos k\, 2\pi\frac{y}{h},$$

$$A_k = \frac{1}{\pi}\left[\int_{-\pi}^{-\eta} A \cos k\,\vartheta\, d\vartheta - \int_{-\eta}^{+\eta} A\left(\frac{h}{h'} - 1\right)\cos k\,\vartheta\, d\vartheta + \int_{\eta}^{\pi} A \cos k\,\vartheta\, d\vartheta\right] =$$

$$= -A\, 2\,\frac{\sin k\,\eta}{k\,\eta}. \qquad \text{(III 10, 5)}$$

Wir lassen den Schenkel vorerst außer Betracht. Die Komponente V_z des Vektorpotentiales ist dann relativ zur Spulenebene symmetrisch verteilt, so daß wir anzusetzen haben

$$V_z = \sum_{k=1}^{\infty} C_k \, e^{\mp k\,2\pi\frac{x}{h}} \cos k\, 2\,\pi\frac{y}{h}\,; \qquad x \gtrless 0. \qquad \text{(III 10, 6)}$$

Die Randbedingung in $x = \pm\, 0$ lautet

$$H_{y(x=+0)} - H_{y(x=-0)} = -\frac{1}{\varPi}\left\{\left(\frac{\partial V_z}{\partial x}\right)_{+0} - \left(\frac{\partial V_z}{\partial x}\right)_{-0}\right\} = A\,(y). \qquad \text{(III 10, 7)}$$

Sie führt, mit Rücksicht auf (III 10, 5), zu

$$2\,C_k \cdot \frac{k\,2\pi}{h} = -A \cdot 2 \cdot \frac{\sin k\eta}{k\,\eta}\,; \qquad C_k = -A\,\varPi\,h'\,\frac{1}{2}\,\frac{\sin k\eta}{k^2\eta^2}$$

$$V_z = -A\,\varPi\cdot h'\cdot\frac{1}{2}\sum_{k=1}^{\infty}\frac{\sin k\,\eta}{k^2\,\eta^2}\,e^{\mp k\,2\pi\frac{x}{h}}\cos k\,2\,\pi\frac{y}{h}\,; \qquad x \gtrless 0.$$

$$\text{(III 10, 8)}$$

f) Der Grenzfall eines sehr kleinen η entspricht einem Autotransformator, dessen Sekundärwindungszahl außerordentlich klein gegen die primäre Windungszahl ist. Er ist der besonderen Aufmerksamkeit des Technikers wert: Jede Spule eines Transformators bildet beim Eintritt eines Windungsschlusses einen Autotransformator der genannten Art. Mit Beachtung von (III 10, 4) findet man nun

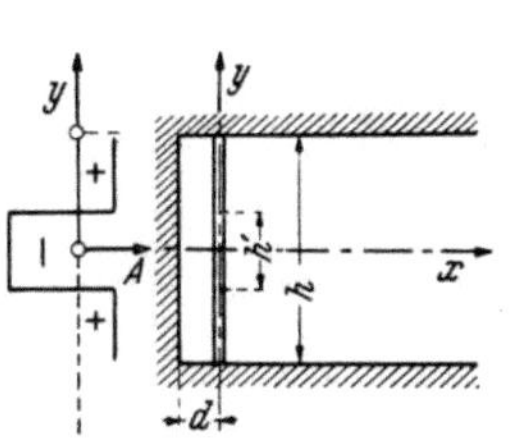

Abb. III 164. Verteilung des Strombelages im Autotransformator.

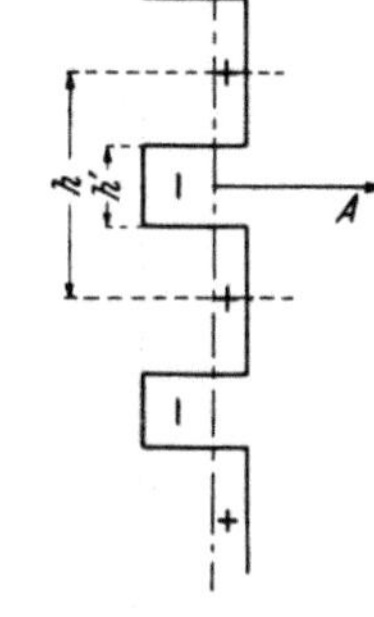

Abb. III 165. Zur *Fourier*-Analyse des Strombelages.

$$\lim_{\eta\to 0} V_z = -A\cdot\varPi\cdot\frac{h}{2\,\pi}\sum_{k=1}^{\infty}{}'\frac{1}{k}\,e^{\mp k\,2\pi\frac{x}{h}}\cos k\,2\,\pi\frac{y}{h}. \qquad \text{(III 10, 9)}$$

Wir führen die *Gauß*sche Koordinate $\zeta = x + i\,y$ ein und betrachten die analytische Funktion

$$f\,(\zeta) = \ln\left\{1 - e^{-2\pi\frac{\zeta}{h}}\right\} \equiv \ln\frac{2\sinh\pi\,\zeta/h}{e^{\pi\zeta/h}}. \qquad \text{(III 10, 10)}$$

Für $x > 0$ ist stets $|e^{-2\pi\zeta/h}| < 1$, so daß man entwickeln darf

$$f\,(\zeta) = -\left[e^{-2\pi\frac{\zeta}{h}} + \frac{e^{-4\pi\frac{\zeta}{h}}}{2} + \frac{e^{-6\pi\frac{\zeta}{h}}}{3} + \cdots\right]. \qquad \text{(III 10, 11)}$$

Der Vergleich mit (III 10, 9) liefert also

$$\lim_{\eta\to 0} V_z = A\,\varPi\,\frac{h}{2\,\pi}\,\mathrm{Re}\ln\frac{2\sinh\pi\,\zeta/h}{e^{\pi\,\zeta/h}} \qquad \text{(III 10, 12)}$$

und insbesondere längs der y-Achse

$$\lim_{\eta\to 0} V_{z(x=0)} = A\,\varPi\,\frac{h}{2\,\pi}\ln 2\sinh\pi\frac{y}{h}. \qquad \text{(III 10, 13)}$$

Diese Gleichungen übersetzen das Skalarpotential der alternierenden Wirbelreihe in die Sprache des [komplexen] Vektorpotentiales.

g) Zu dem allgemeinen Falle eines endlichen η zurückkehrend, fragen wir nach der Freien Feldenergie je $\Delta y = h$ und $\Delta z = 1$: An der Strombelags-Komponente der Ordnungszahl k hängt die Freie Energie

$$W_k = \frac{1}{2} \int_{-h/2}^{+h/2} A_k\, V_{z_{k(x=0)}}\, dy = \frac{1}{2}\, \Pi\, A^2\, \frac{h\, h'}{2\cdot} \frac{\sin^2 k\, \eta}{k^3\, \eta^3}. \qquad \text{(III 10, 14)}$$

Daher ist die Gesamtenergie aller Strombelags-Wellen

$$W = \sum_{k=1}^{\infty} W_k = \frac{1}{2}\, \frac{\Pi}{2\,\pi}\, A^2\, h^2\, f(\eta); \qquad f(\eta) = \frac{1}{\eta^2} \sum_{k=1}^{\infty} \frac{\sin^2 k\, \eta}{k^3}. \qquad \text{(III 10, 15)}$$

Die hier auftretende Funktion $f(\eta)$ ist uns mittels der Reihe (III 9, 27) bekannt, welche der Bequemlichkeit halber hier wiederholt sei

$$f(\eta) = \frac{3}{2} + \ln \frac{1}{2\,\eta} + \left[\frac{1}{36}\, \eta^2 + \frac{1}{2\,700}\, \eta^4 + \frac{1}{79\,380}\, \eta^6 + \ldots \right]. \qquad \text{(III 10, 16)}$$

h) Die Wirkung des Schenkels auf die Feldstruktur ist derjenigen einer virtuellen Spule gleichwertig, welche aus der realen einschließlich deren Fortsetzung über $|y| > 1/2\,h$ hinaus durch geometrische Spiegelung an der Schenkeloberfläche bei Erhaltung des Strombelages entsteht. Da ihr Abstand von der wahren Wicklung gleich 2 d ist, entnimmt man aus (III 10, 8) das zusätzliche Vektorpotential ΔV_z, welches von der virtuellen Wicklung am Orte der wahren erregt wird:

$$\Delta V_z = - A\, \Pi\, \frac{h}{2\,\pi} \sum_{k=1}^{\infty} \frac{1}{k}\, e^{-k\cdot 2\pi \frac{2\,d}{h}} \cos k\, 2\,\pi \frac{y}{h}. \qquad \text{(III 10, 17)}$$

Ihm korrespondiert der Zuwachs ΔW der Freien Feldenergie je $\Delta y = h$ und $\Delta z = 1$

$$\Delta W = \sum_{k=1}^{\infty} \frac{1}{2} \int_{-h/2}^{+h/2} A_k\, V_{z_k}\, dy = \frac{1}{2}\, \Pi\, A^2\, \frac{h^2}{2\,\pi} \sum_{k=1}^{\infty} \frac{\sin^2 k\, \eta}{k^3\, \eta^2}\, e^{-k\, 2\pi \cdot \frac{2\,d}{h}}.$$

$$\text{(III 10, 18)}$$

Wir setzen $\xi = \pi \cdot (2\,d/h)$ und erweitern die Definition (III 10, 15) zu

$$f(\xi, \eta) = \frac{1}{\eta^2} \sum_{k=1}^{\infty} e^{-k\, 2\,\xi}\, \frac{\sin^2 k\, \eta}{k^3}. \qquad \text{(III 10, 19)}$$

Für nicht zu kleine ξ eignet sich die Reihe, ihrer dann raschen Konvergenz halber, zur numerischen Berechnung von $f(\xi, \eta)$. Ist insbesondere auch η nicht allzu klein, so gelangt man zu einer häufig technisch ausreichenden Approximation durch Ersatz von $f(\xi, \eta)$ durch die Majorante

$$e^{-2\,\xi}\, \frac{1}{\eta^2} \sum_{k=1}^{\infty} \frac{\sin^2 k\, \eta}{k^3} = e^{-2\,\xi}\, f(\eta). \qquad \text{(III 10, 20)}$$

Durch Summation von (III 10, 15) zu (III 10, 18) findet man als Freie Systemenergie

$$W = \frac{1}{2}\, \frac{\Pi}{2\,\pi}\, A^2\, h^2\, [f(\eta) + f(\xi, \eta)] \approx \frac{1}{2}\, \frac{\Pi}{2\,\pi}\, A^2\, h^2\, [1 + e^{-2\,\xi}]\, f(\eta),$$

$$\text{(III 10, 21)}$$

wo zuletzt von (III 10, 20) Gebrauch gemacht wurde.

i) Die auf die Primärseite bezogene Streuinduktivität L_1 ist mit deren Strom J_1 und der Feldenergie $W \cdot S$ [$S =$ Spulenumfang] durch die Definition verbunden

$$\frac{1}{2} L_1 J_1{}^2 = W \cdot S. \qquad \text{(III 10, 22)}$$

Bei der Kreisfrequenz ω tritt dann zwischen den Spulenklemmen, vom *Ohm*schen Spannungsabfalle abgesehen, die Streuspannung auf

$$U_s = J_1 \omega L_1. \qquad \text{(III 10, 23)}$$

Man identifiziert J_1 mit seinem Nennwerte J_n und vergleicht diese „Streuspannung des Nennstromes" mit der Nennspannung U_n der Spule: Der Induktion B_{max} im wirksamen Schenkel-Querschnitt F_{sch} korrespondiert die [effektive] Windungsspannung $U_w = \omega \dfrac{B_{max}}{\sqrt{2}} F_{sch}$, so daß U_n im Verhältnis der Spulen-Windungszahl w größer erscheint:

$$U_n = w \cdot U_w = w \cdot \omega \cdot \frac{B_{max}}{\sqrt{2}} F_{sch}. \qquad \text{(III 10, 24)}$$

Als relative Streuspannung ε_s definiert man das Verhältnis der Streuspannung des Nennstromes zur Nennspannung:

$$\varepsilon_s = \frac{U_{s(J_1 = J_n)}}{U_n} = \frac{J_n \omega L_1}{w\, U_w} = \frac{J_n{}^2 \omega L_1}{w\, J_n\, U_w} = \frac{2\, \omega\, W\, S}{h\, A_n\, U_w}, \qquad \text{(III 10, 25)}$$

wobei nun A_n den [effektiven] Nenn-Strombelag mißt. Mit (III 10, 21) und (III 10, 24) wird

$$\varepsilon_s = \frac{\Pi A_n \sqrt{2}}{B_{max}} \frac{h\, S}{F_{sch}} \cdot \frac{1}{2\,\pi} \left[f(\eta) + f(\xi, \eta) \right]. \qquad \text{(III 10, 26)}$$

Definitionsgemäß berechnet sich hiermit der primäre Kurzschlußstrom J_{K_1} [bei fester Primärspannung gleich der Nennspannung] im Verhältnis zum Nennstrom J_n mittels

$$\frac{J_{K_1}}{J_n} = \frac{1}{\varepsilon_s} = \frac{B_{max}}{\Pi A_n \sqrt{2}} \frac{F_{sch}}{h\, S} \frac{1}{f(\eta) + f(\xi, \eta)}. \qquad \text{(III 10, 27)}$$

Dagegen ist der sekundäre Kurzschlußstrom nach Maßgabe des Übersetzungsverhältnisses h/h' größer:

$$\frac{J_{K_2}}{J_n} = \frac{J_{K_1}}{J_n} \cdot \frac{h}{h'} = \frac{J_{K_1}}{J_n} \times \frac{\pi}{\eta}. \qquad \text{(III 10, 28)}$$

Abb. III 166 zeigt den nach diesen Gleichungen berechneten Gang beider Kurzschlußströme mit η/π für den Fall eines so großen Abstandes zwischen Wicklung und Schenkel, daß man $f(\xi, \eta)$ gegen $f(\eta)$ vernachlässigen darf. Der Primärkurzschlußstrom nimmt mit abnehmendem η infolge der gleichzeitig stark anwachsenden Streuung monoton ab; dagegen offenbart der sekundäre Kurzschlußstrom bei $\eta = 50^0$ ein Minimum [welches in der Zeichnung als Stromeinheit dient]: es bringt die Konkurrenz zwischen der dämpfenden Wirkung des mit abnehmendem η zunehmenden Streufeldes und der dann gleichzeitigen Verstärkung im reziproken Übersetzungsverhältnis zum Ausdruck. Im Extremfalle des Windungsschlusses ist

$$\eta_{min} = \frac{\pi}{w}. \qquad \text{(III 10, 29)}$$

Sei gleichzeitig $w \gg \pi$, so entnimmt man aus (III 10, 16)

$$f\,(\eta_{min}) \approx \frac{3}{2} + \ln \frac{w}{2\,\pi}. \qquad \text{(III 10, 30)}$$

und der Windungsschluß-Strom folgt nach (III 10, 27) und (III 10, 28) zu

$$\frac{J_{K_2}}{J_n} = \frac{B_{max}}{\Pi\,A_n\sqrt{2}}\,\frac{F_{sch}}{h\,S} \cdot \frac{w}{3/2 + \ln w/2\,\pi}. \qquad \text{(III 10, 31)}$$

Beispielsweise ergibt sich für $A_n = 200$ A/cm, $B_{max} = 0,1$ mVs/cm², $h = 30$ cm, $F_{sch} = 100$ cm², $S = 60$ cm, $w = 100$:

$$\frac{J_{K_2}}{J_n} = \frac{0,1 \cdot 10^{-3}}{4\,\pi \cdot 10^{-9} \cdot 200 \cdot \sqrt{2}} \cdot \frac{100}{30 \cdot 60} \cdot \frac{100}{3/2 + \ln 100/2\,\pi} = 36,5,$$

so daß der Windungsschluß den Transformator aufs höchste gefährdet.

k) Wir ergänzen die bisherigen Überlegungen durch Berechnung des Streufeldes, welches in einem Transformator mit getrennten Primär- und Sekundärspulen je von der Form eines Zylinders bei sekundärem Teil-

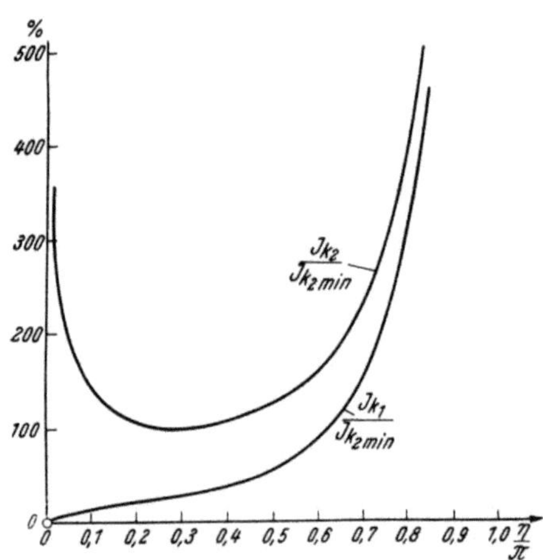

Abb. III 166. Gang der Kurzschluß-Ströme eines Autotransformators mit dem Übersetzungsverhältnis.

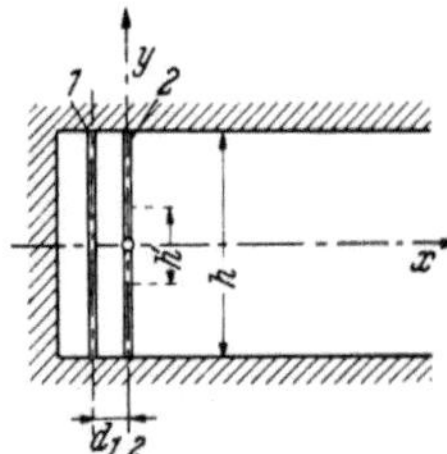

Abb. III 167. Teilkurzschluß eines Transformators mit getrennten Primär- und Sekundärwicklungen.

kurzschluß auftritt. Wir behalten die früheren Annahmen sinngemäß bei und gelangen zu der Anordnung der Abb. III 167; dabei sei etwa die primäre Spule 1 als Innenspule, die sekundäre Spule 2 als Außenspule vorausgesetzt und ihr gegenseitiger Abstand mit d_{12} bezeichnet.

1. Im ungestörten Betriebe sind Primär- und Sekundärspule von entgegengesetzt gleichen Durchflutungen beaufschlagt. Sei hierbei A der Strombelag der primären, also ($-$ A) der Strombelag der sekundären Spule, so lautet das zugehörige Vektorpotential V_z^0 mit Bezug auf das oben benützte, *Kartesi*sche Koordinatensystem

$$V_z^0 = -\Pi\,A\,x; \qquad -d_{12} < x < 0. \qquad \text{(III 10, 32)}$$

Seine Freie Feldenergie je $\varDelta\,y = h$ und $\varDelta\,z = 1$ beträgt

$$W^0 = \frac{1}{2} \int_{-h/2}^{h/2} A\,V_{z\,(x\,=\,-\,d_{12})}^0\,dy = \frac{1}{2}\,\Pi\,A^2\,h\,d_{12}. \qquad \text{(III 10, 33)}$$

2. Die „Störung" äußert sich in inneren Ausgleichsströmen lediglich der Spule 2: In $|y| > 1/2\,h'$ wird $A(y) = +A$, in $|y| < 1/2\,h'$ dagegen $A(y) = -A\,(h/h' - 1)$. Denn die resultierende Strömung dieser Spule genügt dann den Bedingungen

$$\left.\begin{array}{ll} A_r(y) = 0; & |y| > \dfrac{h'}{2}, \\[2ex] A_r(y) = -A\,\dfrac{h}{h'}; & |y| < \dfrac{h'}{2}, \end{array}\right\} \qquad \text{(III 10, 34)}$$

welche in der Tat den sekundären Teilkurzschluß ausdrücken.

Die überlagerte Stromverteilung der Spule 2 ist mit jener identisch, welche der Behandlung des Autotransformators zugrunde gelegt wurde; ihre Freie Feldenergie ist nach (III 10, 21) bekannt

$$W = \frac{1}{2}\frac{\Pi}{2\pi} A^2 h^2 \left[f(\eta) + f(\xi, \eta)\right]. \qquad \text{(III 10, 35)}$$

Da die *Fourier*schen Komponenten nullter Ordnung in (III 10, 5), (III 10, 8) und (III 10, 17) verschwinden, annulliert sich jene Wechselwirkungs-Energie, welche der Verkettung der ungestörten Stromverteilung mit dem Vektorpotential der gestörten und umgekehrt korrespondiert. Somit enthält der betrachtete Teil des Systemes die resultierende Energie

$$W_r = W^0 + W = \frac{1}{2}\Pi A^2 h\,d_{12}\left[1 + \frac{h}{d_{12}}\cdot\frac{1}{2\pi}\{f(\eta) + f(\xi, \eta)\}\right], \qquad \text{(III 10, 36)}$$

Für Vollkurzschluß der Sekundärspule wird mit $\eta \to \pi$ die Energie $W = 0$, so daß sich W_r auf W^0 reduziert. Daher findet man die relative Streuspannung ε_s bei Teilkurzschluß im Verhältnis zur relativen Streuspannung ε_s^0 bei Vollkurzschluß in

$$\frac{\varepsilon_s}{\varepsilon_s^0} = \frac{W^0 + W}{W^0} = 1 + \frac{h}{d_{12}}\frac{1}{2\pi}\{f(\eta) + f(\xi, \eta)\} \qquad \text{(III 10, 37)}$$

Der primäre Kurzschlußstrom im Verhältnis zum Nennstrom folgt nunmehr zu

$$\frac{J_{K_1}}{J_n} = \frac{1}{\varepsilon_s^0}\cdot\frac{1}{1 + \dfrac{h}{d_{12}}\dfrac{1}{2\pi}\{f(\eta) + f(\xi, \eta)\}} \qquad \text{(III 10, 38)}$$

und der entsprechende Sekundärstrom

$$\frac{J_{K_2}}{J_n} = \frac{1}{\varepsilon_s^0}\cdot\frac{\pi/\eta}{1 + \dfrac{h}{d_{12}}\cdot\dfrac{1}{2\pi}\{f(\eta) + f(\xi, \eta)\}}. \qquad \text{(III 10, 39)}$$

Sei etwa $d_{12}/h = 1/10$ und $f(\xi, \eta) \ll f(\eta)$, so vermittelt Abb. III 168 den Gang der Kurzschlußströme mit $h'/h = \eta/\pi$: Infolge der Dämpfung durch das zusätzliche Streufeld bleibt der primäre Kurzschlußstrom bei Teilkurzschluß stets kleiner als bei Vollkurzschluß; dagegen nimmt der Sekundär-Kurzschlußstrom mit abnehmendem η monoton zu. Indessen bleibt auch dieser Strom, im Einklang mit der Anschauung, stets erheblich kleiner als der unter sonst gleichen Umständen auftretende Kurzschlußstrom des Autotransformators: Der Kurzschlußberechnung eines Transformators ist der Kurzschluß der unmittelbar gespeisten Spule zugrunde zu legen.

III 11. Das Vektorpotential einer periodischen Strömung.

a) Eine große Zahl magnetischer Felder, welche von den räumlich ausgebreiteten Wicklungen elektrischer Maschinen erregt werden, läßt sich auf ein periodisches Stromsystem nach Abb. III 169 zurückführen: Die Ströme fließen innerhalb eines unbegrenzten Parallelstreifens der konstanten Breite $2\,\delta$ senkrecht zur Zeichenebene. Damit es physikalisch realisiert werden kann, muß die Durchflutung des gesamten Streifens verschwinden. Diese Bedingung wird erfüllt, falls sich die Stromdichte längs des Streifens beispielsweise nach einer einfach-harmonischen Funktion ändert.

b) Wir orientieren uns an dem *Kartesi*schen Koordinatensystem x, y, z; die y-Achse soll mit der Längs-Symmetrieachse, die x-Achse mit einer Quer-Symmetrieachse der Strömung

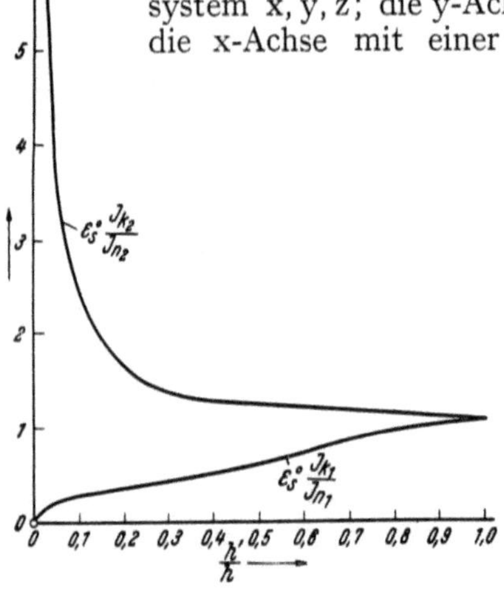

Abb. III 168. Gang der Kurzschluß-Ströme eines Transformator mit getrennten Zylinderwicklungen mit dem Windungsverhältnis.

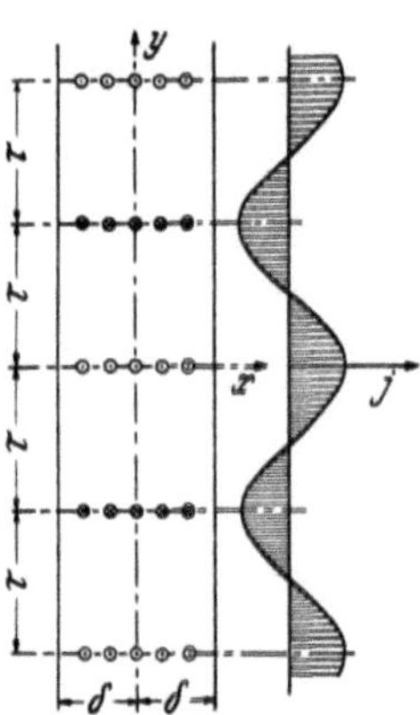

Abb. III 169. Zum Vektorpotential der periodischen Strömung.

zusammenfallen. Sei j_{z_0} die maximale Stromdichten-Komponente in z-Richtung, τ die Polteilung [Halbwellenlänge] der Strömung parallel zur y-Achse, so ist die Komponente j_z der Stromdichte in der Gleichung gegeben

$$j_z = j_{z_0} \cos \frac{\pi}{\tau} y; \qquad -\delta < x < \delta. \qquad \text{(III 11, 1)}$$

Die korrespondierende Komponente V_z des Vektorpotentiales genügt sonach innerhalb des Stromgebietes der Gleichung

$$\frac{\partial^2 V_z}{\partial x^2} + \frac{\partial^2 V_z}{\partial y^2} = -\Pi\,\mu\,j_{z_0} \cos \frac{\pi}{\tau} y; \qquad -\delta < x < \delta, \qquad \text{(III 11, 2)}$$

während sie für $|x| > \delta$ der *Laplace*schen Gleichung unterliegt.

c) Zunächst werde vorausgesetzt, daß die Permeabilität μ überall merklich gleich Eins sei. Unter diesen Umständen ist die Komponente H_y der magnetischen Feldstärke gewiß eine ungerade Funktion von x, so daß also V_z eine gerade Funktion von x sein muß: Als partikuläres Integral von (III 11, 2) ist zu wählen

$$V_z = \Pi \left[\frac{j_{z_0}}{\left(\frac{\pi}{\tau}\right)^2} + K \cosh \frac{\pi}{\tau} x \right] \cos \frac{\pi}{\tau} y; \qquad -\delta < x < \delta. \qquad \text{(III 11, 3)}$$

Die gleichen Symmetrie-Eigenschaften des Systemes führen für $|x| > \delta$ auf folgende, „kohärente" Teillösung der *Laplace*schen Gleichung

$$V_z = \Pi\, K_1\, e^{\mp \frac{\pi}{\tau} x} \cos \frac{\pi}{\tau} y; \qquad x \gtrless \delta. \qquad (III\ 11,\ 4)$$

Die Konstanten K und K_1 bestimmen sich aus den in $x = \pm\, \delta$ geltenden Bedingungen:

1. Die Erhaltung der senkrecht zum Rande des Stromgebietes weisenden Komponente der Induktion verlangt die Stetigkeit des Vektorpotentiales

$$K_1\, e^{-\frac{\pi}{\tau}\delta} = \frac{j_{z_0}}{\left(\dfrac{\pi}{\tau}\right)^2} + K \cosh \frac{\pi}{\tau}\,\delta. \quad (III\ 11,\ 5)$$

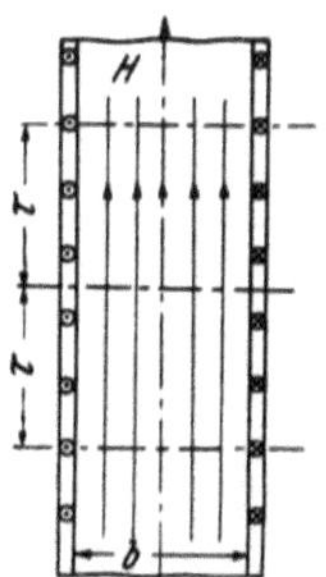

2. Die Stetigkeit der tangentiellen Komponente der Feldstärke wird durch die Gleichheit garantiert

$$-\frac{1}{\Pi}\left(\frac{\partial V_z}{\partial x}\right)_{x=\pm\,(\delta+0)} = -\frac{1}{\Pi}\left(\frac{\partial V_z}{\partial x}\right)_{x=\pm\,(\delta-0)};$$

$$K \sinh \frac{\pi}{\tau}\,\delta = -\,K_1\, e^{\mp \frac{\pi}{\tau}\delta}. \qquad (III\ 11,\ 6)$$

Abb. III 170. Vergleichsfeld der periodischen Strömung.

Aus (III 11, 5) und (III 11, 6) entnimmt man

$$K = -\frac{j_{z_0}}{\left(\dfrac{\pi}{\tau}\right)^2}\, e^{-\frac{\pi}{\tau}\delta}\,; \qquad K_1 = \frac{j_{z_0}}{\left(\dfrac{\pi}{\tau}\right)^2}\sinh \frac{\pi}{\tau}\,\delta \qquad (III\ 11,\ 7)$$

also, nach (III 11, 3) und (III 11, 4)

$$\left.\begin{aligned}
V_z &= \frac{\Pi\, j_{z_0}}{\left(\dfrac{\pi}{\tau}\right)^2}\left[1 - e^{-\frac{\pi}{\tau}\delta}\cosh \frac{\pi}{\tau}\,x\right]\cos \frac{\pi}{\tau}\,y; &&\quad -\delta < x < \delta, \\[2em]
V_z &= \frac{\Pi\, j_{z_0}}{\left(\dfrac{\pi}{\tau}\right)^2}\sinh \frac{\pi}{\tau}\,\delta \cdot e^{\mp \frac{\pi}{\tau}x}\cos \frac{\pi}{\tau}\,y; &&\quad x \gtrless \delta.
\end{aligned}\right\} \quad (III\ 11,\ 8)$$

d) Die Freie magnetische Energie je $\varDelta\, y = 2\,\tau$ und $\varDelta\, z = 1$ beträgt

$$W = \frac{1}{2}\int\limits_{x=-\delta}^{\delta}\int\limits_{y=-\tau}^{\tau} V_z\, j_z\, dx\, dy =$$

$$= \frac{1}{2}\,\Pi\,\frac{j_{z_0}^{\,2}}{(\pi/\tau)^2}\int\limits_{x=-\delta}^{\delta}\int\limits_{y=-\tau}^{\tau}\left[1 - e^{-\frac{\pi}{\tau}\delta}\cosh \frac{\pi}{\tau}\,x\right]\cdot\cos^2 \frac{\pi}{\tau}\,y\, dx\, dy =$$

$$= \frac{1}{2}\,\Pi\,\frac{j_{z_0}^{\,2}}{\left(\dfrac{\pi}{\tau}\right)^2}\,\tau \cdot 2\,\delta \cdot\left[1 - \frac{1 - e^{-\frac{2\pi\delta}{\tau}}}{\dfrac{2\,\pi\,\delta}{\tau}}\right]. \qquad (III\ 11,\ 9)$$

Wir vergleichen sie mit der Energie eines magnetischen Homogenfeldes, welches nach Abb. III 170 von zwei Flächenströmen des Strombelages

$$\pm A_0 = \pm j_{z_0} 2\,\delta, \qquad\qquad (III\ 11,\ 10)$$

in der von ihnen eingeschlossenen Schicht der Breite b erregt wird. Dieses Feld tritt nur zwischen den Flächenleitern in der Stärke $|H| = |A_0|$ auf, so daß, abermals für $\Delta y = 2\,\tau$ und $\Delta z = 1$,

$$W = \frac{1}{2}\,\Pi\,A_0{}^2\,2\,\tau \cdot b = \frac{1}{2}\,\Pi\,j_{z_0}{}^2 \cdot 4\,\delta^2 \cdot 2\,\tau \cdot b \qquad (III\ 11,\ 11)$$

folgt. Diese Energie gleicht der Energie (III 11, 9), falls man den „äquivalenten Luftspalt" b mittels der Relation einführt

$$\frac{2\,\pi\,b}{\tau} = \frac{\tau}{2\,\pi\,\delta}\left[1 - \frac{1 - e^{-\frac{2\pi\delta}{\tau}}}{(2\,\pi\,\delta/\tau)}\right]. \qquad (III\ 11,\ 12)$$

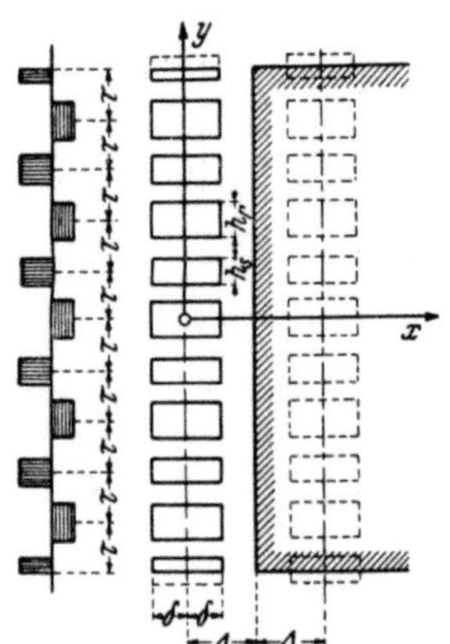

Abb. III 171. Modell zur Beschreibung des Streufeldes von Scheibenwicklungen.

III 12. Das Streufeld von Transformatoren mit Scheibenwicklung.

a) Wir beziehen uns auf das in Abb. III 171 gezeigte Modell des Transformators. Die Scheiben der primären und der sekundären Wicklung folgen einander wechselseitig. Beide Scheiben besitzen je die gleiche Breite $2\,\delta$; h_p ist die Höhe der primären, h_s die Höhe der sekundären Scheibe. Mit τ bezeichnen wir den Abstand der Mitten benachbarter Scheiben [„Polteilung"]; Δ mißt den Abstand der mittleren Windungen vom Eisenkern. Um uns von den Randeffekten an den Wicklungsenden zu befreien, verlängern wir das reale System mittels beiderseitig hinzugefügter, virtueller Scheiben über die Joche hinaus; $2\,\tau$ gibt die Wellenlänge der so entstehenden, periodischen Strömung an. Den mittleren Windungshalbmesser setzen wir als so groß gegen Δ voraus, daß wir die Kreisscheiben aufschneiden und je zu einem Quader strecken dürfen, dessen Länge S senkrecht zur Zeichenebene dem mittleren Scheibenumfang gleicht.

In der Zeichenebene liegen die Achsen x, y des *Kartesi*schen Bezugssystemes; y gibt die Längs-Symmetrieachse, x die Quer-Symmetrieachse der Wicklung, z definiert die positive Strömungsrichtung.

b) Das Streufeld wird durch jenen Betriebszustand definiert, in welchem, bei endlicher Durchflutung je einer Scheibe, die resultierende Durchflutung beider Wicklungen verschwindet: Sei A_m der Betrag des räumlich gemittelten Strombelages, so führt also die primäre Scheibe den Strombelag

$$A_p = A_m \frac{\tau}{h_p}, \qquad\qquad (III\ 12,\ 1)$$

und jede sekundäre Scheibe den Strombelag

$$A_s = - A_m \frac{\tau}{h_s}. \qquad\qquad (III\ 12,\ 2)$$

Die Gesamtheit aller realen und virtuellen Scheibenströme repräsentiert einen längs der y-Achse periodisch verteilten Strombelag, welchen wir mittels der *Fourier*schen Reihe darstellen

$$A = \sum_{k=1}^{\infty} A_k \cos k \frac{\pi}{\tau} \cdot y$$

$$A_k = \frac{2}{\pi} A_m \left[\int_0^{\frac{\pi}{2}\frac{h_p}{\tau}} \frac{\tau}{h_p} \cos k\,\vartheta\,d\vartheta - \int_{\pi\left(1-\frac{1}{2}\frac{h_s}{\tau}\right)}^{\pi} \frac{\tau}{h_s} \cos k\,\vartheta\,d\vartheta \right] =$$

$$= A_m \left[\frac{\sin k \frac{\pi}{2} \frac{h_p}{\tau}}{k \frac{\pi}{2} \frac{h_p}{\tau}} - (-1)^k \frac{\sin k \frac{\pi}{2} \frac{h_s}{\tau}}{k \frac{\pi}{2} \frac{h_s}{\tau}} \right].$$

(III 12, 3)

Ihm korrespondiert die Stromdichten-Komponente

$$j_z = \frac{A}{2\,\delta}.$$

(III 12, 4)

c) Wir lassen vorerst den Eisenkern außer acht. Jede der *Fourier*schen Komponenten $A_k \cos k \frac{\pi}{\tau} y$ repräsentiert dann ein Stromsystem der in Ziffer III 11 behandelten Art: Wir ersetzen in (III 11, 9) die Polteilung τ durch τ/k und erhalten die Freie magnetische Energie für einen Wicklungsabschnitt der Länge $2\,\tau/k$ in y-Richtung und der Länge 1 in z-Richtung zu

$$W_k' = \frac{1}{2} \Pi A_k{}^2 \frac{\tau^2}{\pi k^2} \cdot \frac{\tau}{2\,\pi\,k\,\delta} \left[1 - \frac{1 - e^{-\frac{2\pi k \delta}{\tau}}}{\dfrac{2\,\pi\,k\,\delta}{\tau}} \right].$$

(III 12, 5)

Die Oberwellen-Energie W_k je Wellenlänge $2\,\tau$ ist gleich $k\,W_k'$; die Freie Gesamtenergie W der vorgegebenen Stromverteilung folgt also durch Summation über das Linienspektrum (III 12, 5):

$$W = \sum_{k=1}^{\infty} W_k = \frac{1}{2} \Pi \sum_{k=1}^{\infty} A_k{}^2 \frac{\tau^2}{\pi k} \cdot \frac{\tau}{2\,\pi\,k\,\delta} \left[1 - \frac{1 - e^{-\frac{2\pi k \delta}{\tau}}}{\dfrac{2\,\pi\,k\,\delta}{\tau}} \right].$$

(III 12, 6)

Praktisch ist stets $2\,\pi\,\delta \gg \tau$, so daß die Reihe (III 12, 6) rasch konvergiert. Wir dürfen deshalb das mit k nur schwach veränderliche Glied

$$1 - \frac{1 - e^{-\frac{2\pi k \delta}{\tau}}}{\dfrac{2\,\pi\,k\,\delta}{\tau}}$$

(III 12, 7)

durch seinen Wert für $k = 1$ ersetzen, so daß wir approximativ erhalten

$$W \approx \frac{1}{2}\,\varPi\left[1 - \frac{1 - e^{-\frac{2\pi\delta}{\tau}}}{\dfrac{2\,\pi\,\delta}{\tau}}\right]\frac{\tau^3}{2\,\pi^2\,\delta}\sum_{k=1}^{\infty}\frac{A_k^2}{k^2}\,. \qquad \text{(III 12, 8)}$$

Zwecks geschlossener Summation der verbleibenden Reihe führen wir die Funktion ein

$$s\,(\xi) = \sum_{k=2}^{\infty}\frac{\sin^2 k\,\xi}{k^4} \qquad \text{(III 12, 9)}$$

und bilden

$$\left.\begin{aligned}
\frac{ds}{d\xi} &= \sum_{k=1}^{\infty}\frac{2\sin k\,\xi\cos k\,\xi}{k^3} \equiv \sum_{k=1}^{\infty}\frac{\sin 2\,k\,\xi}{k^3}\,,\\[2mm]
\frac{d^2 s}{d\xi^2} &= \sum_{k=1}^{\infty}\frac{2\cos 2\,k\,\xi}{k^2}\,.
\end{aligned}\right\} \quad \text{(III 12, 10)}$$

Nun gilt für $0 < 2\,\xi < 2\,\pi$ als *Fourier*-Entwicklung einer Kurve, welche aus Parabelbögen zusammengesetzt ist

$$1 - \left(\frac{2\,\xi - \pi}{\pi}\right)^2 = \frac{4}{\pi^2}\left[\frac{\pi^2}{6} - \sum_{k=1}^{\infty}\frac{\cos 2\,k\,\xi}{k^2}\right]; \qquad 0 < \xi < \pi, \quad \text{(III 12, 11)}$$

also umgekehrt, in dem angegebenen Bereiche von ξ,

$$2\sum_{k=1}^{\infty}\frac{\cos 2\,k\,\xi}{k^2} = 2\left\{\frac{\pi^2}{6} - \frac{\pi^2}{4}\left[1 - \left(\frac{2\,\xi - \pi}{\pi}\right)^2\right]\right\} = \frac{\pi^2}{3} + 2\,\xi^2 - 2\,\pi\,\xi.$$

$$\text{(III 12, 12)}$$

Zweimalige Integration führt wegen $s\,(0) = 0$ und $(ds/d\xi)_0 = 0$ auf

$$s\,(\xi) = \frac{\pi^2}{6}\,\xi^2 + \frac{1}{6}\,\xi^4 - \frac{\pi}{3}\,\xi^3. \qquad \text{(III 12, 13)}$$

Weiter untersuchen wir die Funktion

$$\bar{s}\,(\xi, \eta) = 2\sum_{k=1}^{\infty}(-1)^{k-1}\frac{\sin k\,\xi\,\sin k\,\eta}{k^4}$$

$$\equiv \sum_{k=1}^{\infty}(-1)^{k-1}\frac{\cos k\,(\xi - \eta)}{k^4} - \sum_{k=1}^{\infty}(-1)^{k-1}\frac{\cos k\,(\xi + \eta)}{k^4} \equiv \bar{s}_1 - \bar{s}_2.$$

$$\text{(III 12, 14)}$$

Hierin substituieren wir vorübergehend $\xi \mp \eta = \zeta$ und haben für $\bar{s}_1$ und $\bar{s}_2$

$$\bar{s}_{\substack{1\\2}} = \sum_{k=1}^{\infty}(-1)^{k-1}\frac{\cos k\,\zeta}{k^4}\,; \qquad \frac{d^3 \bar{s}_{\substack{1\\2}}}{d\zeta^3} = \sum_{k=1}^{\infty}(-1)^{k-1}\frac{\sin k\,\zeta}{k}\,. \quad \text{(III 12, 15)}$$

Die letzte Summe ist die *Fourier*-Reihe einer Sägezahn-Kurve, welche in $0 < \zeta < \pi$ durch $f(\zeta) = \zeta/2$ gegeben ist und jenseits dieses Bereiches periodisch fortgesetzt wird:

$$\sum_{k=1}^{\infty} (-1)^{k-1} \frac{\sin k\zeta}{k} = \frac{\zeta}{2} \; ; \qquad 0 < \zeta < \pi. \qquad \text{(III 12, 16)}$$

Einmalige Integration gibt wegen

$$\sum_{k=1}^{\infty} (-1)^k \frac{1}{k^2} = -\frac{\pi^2}{12}$$

die Formel

$$\left. \begin{aligned} \sum_{k=1}^{\infty} (-1)^{k-1} \frac{1-\cos k\zeta}{k^2} &= \frac{\pi^2}{12} - \sum_{k=1}^{\infty} (-1)^{k-1} \frac{\cos k\zeta}{k^2} = \frac{\zeta^2}{4} \\ \frac{d^2 s_{1}}{d\zeta^2}\bigg. &= \frac{\zeta^2}{4} - \frac{\pi^2}{12}. \end{aligned} \right\} \quad \text{(III 12, 17)}$$

Daraus folgt weiter, da $(d\overline{s}_{1}/d\zeta)_0 = 0$ ist

$$\left. \begin{aligned} \frac{d\overline{s}_{1}}{d\zeta} &= \frac{\zeta^3}{12} - \frac{\pi^2}{12} \zeta; \qquad \overline{s}_{1} = \frac{\zeta^4}{48} - \frac{\pi^2}{24} \zeta^2 + \sum_{k=1}^{\infty} (-1)^{k-1} \frac{1}{k^4} \\ \overline{s} &= \frac{\pi^2}{24} [(\xi + \eta)^2 - (\xi - \eta)^2] - \frac{1}{48} [(\xi + \eta)^4 - (\xi - \eta)^4]. \end{aligned} \right\} \quad \text{(III 12, 18)}$$

Wir setzen (III 12, 3), (III 12, 13) und (III 12, 18) in (III 12, 8) ein und finden

$$W \approx \frac{1}{2} \Pi \left[1 - \frac{1 - e^{-\frac{2\pi\delta}{\tau}}}{\frac{2\pi\delta}{\tau}} \right] \frac{\tau^3}{2\pi^2\delta} A_m^2 \frac{\pi^2}{2} \left[1 - \frac{1}{3} \frac{h_p + h_s}{\tau} \right]. \quad \text{(III 12, 19)}$$

Nun ist $d = \tau - \dfrac{h_p + h_s}{2}$ die Spaltweite zwischen benachbarten Scheiben, so daß man, etwas anschaulicher, schreiben kann

$$W \approx \frac{1}{2} \Pi A_m^2 \left[1 - \frac{1 - e^{-\frac{2\pi\delta}{\tau}}}{\frac{2\pi\delta}{\tau}} \right] \frac{\tau^2}{4\delta} \left[d + \frac{h_p + h_s}{6} \right]. \quad \text{(III 12, 20)}$$

d) Wir identifizieren A_m mit dem [effektiven] Nenn-Strombelag A_n und berechnen mittels (III 12, 20) gemäß (III 12, 24) und (III 12, 25) die relative Streuspannung:

$$\varepsilon_s = \frac{\Pi A_n \sqrt{2}}{B_{max}} \cdot \frac{\tau \cdot S}{F_{sch}} \cdot \frac{\left[d + \dfrac{h_p + h_s}{6} \right] \left[1 - \dfrac{1 - e^{-\frac{2\pi\delta}{\tau}}}{\dfrac{2\pi\delta}{\tau}} \right]}{8\delta}. \quad \text{(III 12, 21)}$$

e) Der Einfluß des Eisenkernes auf diese Ergebnisse soll annähernd berechnet werden, indem wir das Eisen als vollkommen permeabel annehmen: Er ist dann einer virtuellen Wicklung äquivalent, welche sich, unter Wahrung der Ströme nach Größe und Richtung, im geometrischen Spiegelbilde der echten Spule bezüglich der Schenkeloberfläche befindet.

Wir begnügen uns mit der Angabe der Grundwelle k = 1 des von der virtuellen am Orte der echten Spule erregten „sekundären" Vektorpotentiales V_{zs}: Nach (III 12, 4) und (III 3, 8) wird

$$V_{zs} = \frac{j_{z_0}}{(\pi/\tau)^2} \cos\frac{\pi}{\tau}\, y \, \sinh\frac{\pi}{\tau}\, \delta \, e^{-\frac{\pi}{\tau}(x-2\varDelta)} .$$

$$(III\ 12,\ 22)$$

Abb. III 172. Orientierung am stromführenden Rechteck.

Unter seinem Einfluß wächst die Freie Energie, welche je $\varDelta y = 2\tau$ und $\varDelta z = 1$ an das wahre stromführende Band geknüpft ist, um den Betrag an

$$\varDelta W = \frac{1}{2}\, \Pi\, \frac{j_{z_0}{}^2}{(\pi/\tau)^2} \int\limits_{x=-\delta}^{\delta} \int\limits_{y=-\tau}^{\tau} \sinh\frac{\pi}{\tau}\, \delta\, e^{\frac{\pi}{\tau}(x-2\varDelta)} \cos^2\frac{\pi}{\tau}\, y\, dx\, dy =$$

$$= \frac{1}{2}\, \Pi\, \frac{j_{z_0}{}^2}{(\pi/\tau)^2} \sinh\frac{\pi}{\tau}\, \delta\, e^{-2\frac{\pi}{\tau}\varDelta} \frac{\tau^2}{\pi}\, 2 \sinh\frac{\pi}{\tau}\, \delta . \qquad (III\ 12,\ 23)$$

Aus seinem Vergleiche mit der Eigenenergie (III 12, 9) des stromführenden Bandes geht hervor, daß die Freie Systemenergie durch den Eisenkern im Verhältnis

$$\frac{W + \varDelta W}{W} = 1 + e^{-2\frac{\pi}{\tau}\varDelta} \frac{\left(\sinh\frac{\pi}{\tau}\,\delta\right)^2}{\frac{\pi}{\tau}\,\delta - e^{-\frac{\pi}{\tau}\,\delta} \sinh\frac{\pi}{\tau}\,\delta} \qquad (III\ 12,\ 24)$$

erhöht wird. In der gleichen Genauigkeit, mit der diese Formel approximativ für den Zuwachs der Freien Energie aller harmonischen Komponenten des Strombelages zusammen in Anspruch genommen werden darf, hat man auch die relative Streuspannung ε_s nach Gl. (III 12, 21) im Verhältnis (III 12, 24) zu erhöhen.

III 13. Induktivität eines stromführenden Rechteckes.

a) Gesucht wird die Induktivität L eines kreiszylindrischen Leiters vom Halbmesser a, dessen Achse nach Abb. III 172 den Konturen eines Rechteckes der Breite b und der Höhe h folgt; diese beiden Maße werden als groß gegen a vorausgesetzt. Die Permeabilität des Feldraumes sei überall $\mu = 1$. Dann finden wir die Freie Energie W des Systemes in hinreichender Genauigkeit, allein aus dem Feld außerhalb der elektrischen Strömung, indem wir b und h festhalten, a jedoch durch den mittleren geometrischen Abstand $a_m = a/\sqrt[4]{e}$ des Kreisquerschnittes von sich selbst ersetzen.

b) Wir orientieren uns an einem in der Rechteckebene liegenden, rechtwinkeligen Koordinatensysteme x, y. Sein Ursprung fällt mit dem Zentrum des Rechteckes zusammen; die x-Achse weist parallel zu den Breitseiten, die y-Achse parallel zu den Hochseiten. Die Richtung des Stromes J heiße positiv im Sinne der Achsen, negativ im entgegengesetzten: Entsprechend den in Abb. III 172 eingetragenen Pfeilen sind die Schleifenstücke $y = + 1/2\,h$ und $x = - 1/2\,b$ von $+ J$, die beiden restlichen Stücke von $(- J)$ durchflossen.

c) Das Vektorpotential des gegebenen Stromes besitzt nur die beiden Komponenten V_x und V_y; zum Zwecke der Induktivitätsberechnung genügt ihre Kenntnis in der Rechteckebene: In $P = (x, y)$ liefern die Breitseiten

$$V_x = \frac{\Pi\,J}{4\,\pi}\left\{\int\limits_{-b/2}^{+b/2}\frac{d\xi}{\sqrt{(x-\xi)^2+(y-h/2)^2}} - \int\limits_{-b/2}^{+b/2}\frac{d\xi}{\sqrt{(x-\xi)^2+(y+h/2)^2}}\right\},$$

wobei

(III 13, 1)

$$\int\frac{d\xi}{\sqrt{(x-\xi)^2+(y\mp h/2)^2}} = \operatorname{arsinh}\frac{\xi-x}{|y\mp h/2|} \equiv$$

$$\equiv \ln\left\{\frac{\xi-x}{|y\mp h/2|} + \sqrt{1+\left(\frac{\xi-x}{y\mp h/2}\right)^2}\right\},$$

(III 13, 2)

und durch Anwendung des gleichen Verfahrens auf die Hochseiten erhält man V_y

d) Für die Auswertung der Freien Energie W benötigen wir lediglich an den stromerfüllten Elementen des Feldgebietes die dort jeweils der Stromdichte parallelen Komponenten des Vektorpotentiales. Aus Symmetriegründen genügt es, die erforderlichen Rechnungen beispielsweise für die Rechteckseite $y = h/2$ durchzuführen. In ihrem Vektorpotentiale schildert der erste Posten der Summe (III 13, 1) das Eigenpotential V_{x_e}, welches von dem Strome der ausgezeichneten Breitseite längs dieser Seite selbst erregt wird, während der zweite Posten das Fremdpotential angibt, das von dem Strome der Breitseite $y = - 1/2\,h$ herrührt.

Gemäß der Definition des mittleren geometrischen Abstandes ist im Eigenpotential $(y - h/2)^2$ durch $a_m{}^2$, im Fremdpotential hingegen $(y - h/2)^2$ durch h^2 zu ersetzen. Wir entnehmen daher aus (III 13, 2), nach Einsetzen der Grenzen

$$V_{x_e} = \frac{\Pi\,J}{4\,\pi}\ln\frac{b/2-x+\sqrt{(b/2-x)^2+a_m{}^2}}{-b/2-x+\sqrt{(b/2+x)^2+a_m{}^2}}$$

(III 13, 3)

sowie

$$V_{x_f} = -\frac{\Pi\,J}{4\,\pi}\ln\frac{b/2-x+\sqrt{(b/2-x)^2+h^2}}{-b/2-x+\sqrt{(b/2+x)^2+h^2}}$$

(III 13, 4)

und nunmehr, für den Anteil $W_{\frac{1}{2}h}$ der an die Breitseite geknüpften Energie

$$W_{\frac{1}{2}h} = \frac{1}{2}\,J\int\limits_{-b/2}^{+b/2}(V_{x_e}+V_{x_f})\,dx = \frac{1}{2}\,\Pi\,J^2\,\frac{b}{2\,\pi}\left[\operatorname{arsinh}\frac{b}{a_m} - \right.$$

$$\left. -\left(\sqrt{1+\left(\frac{a_m}{b}\right)^2}-\frac{a_m}{b}\right) - \operatorname{arsinh}\frac{b}{h} + \left(\sqrt{1+\left(\frac{h}{b}\right)^2}-\frac{h}{b}\right)\right].$$

(III 13, 5)

Wegen $a \ll b$ gilt hierin merklich

$$\operatorname{arsinh}\frac{b}{a_m} \equiv \ln\frac{b+\sqrt{b^2+a_m^2}}{a_m} \approx \ln\frac{2\,b}{a_m} = \ln\frac{2\,b}{a}+\frac{1}{4}\,;\quad \sqrt{1+\left(\frac{a_m}{b}\right)^2}-\frac{a_m}{b}\approx 1$$

$$\text{(III 13, 6)}$$

also, in gleicher Genauigkeit,

$$W_{\frac{1}{2}h}=\frac{1}{2}\,\Pi\,J^2\,\frac{b}{2\pi}\left[\ln\frac{2\,b}{a}\frac{h}{b+\sqrt{b^2+h^2}}-\frac{3}{4}+\left(\sqrt{1+\left(\frac{h}{b}\right)^2}-\frac{h}{b}\right)\right].$$

$$\text{(III 13, 7)}$$

Aus Symmetriegründen stellt die nämliche Formel den Betrag der Freien Energie dar, welche mit dem Stromleiter $y = -1/2\,h$ verknüpft ist; hingegen erhält man den Beitrag der Hochseiten zur Freien Energie, indem man in (III 13, 7) die Seiten b und h miteinander vertauscht. Als Freie Energie des gesamten Rechteckes resultiert demnach

$$W=\frac{1}{2}\,J^2\,\frac{\Pi}{\pi}\left\{b\left[\ln\frac{2\,b}{a}\frac{h}{b+\sqrt{b^2+h^2}}-\frac{3}{4}+\left(\sqrt{1+\left(\frac{h}{b}\right)^2}-\frac{h}{b}\right)\right]+\right.$$

$$\left.+h\left[\ln\frac{2\,h}{a}\frac{b}{h+\sqrt{h^2+b^2}}-\frac{3}{4}+\left(\sqrt{1+\left(\frac{b}{h}\right)^2}-\frac{b}{h}\right)\right]\right\},$$

$$\text{(III 13, 8)}$$

so daß wir für die Induktivität erhalten

$$L=\frac{\Pi}{\pi}\left\{b\left[\ln\frac{2\,b}{a}\frac{h}{b+\sqrt{b^2+h^2}}-\frac{3}{4}+\left(\sqrt{1+\left(\frac{h}{b}\right)^2}-\frac{h}{b}\right)\right]+\right.$$

$$\left.+h\left[\ln\frac{2\,h}{a}\frac{b}{h+\sqrt{h^2+b^2}}-\frac{3}{4}+\left(\sqrt{1+\left(\frac{b}{h}\right)^2}-\frac{b}{h}\right)\right]\right\}.$$

$$\text{(III 13, 9)}$$

Für ein Quadrat $h \to b$ vereinfacht sich dieser Ausdruck zu

$$L=\frac{\Pi}{\pi}\,2\,b\left\{\ln\frac{b}{a}-\frac{3}{4}+\sqrt{2}-1-\ln\frac{1+\sqrt{2}}{2}\right\}=\frac{\Pi}{\pi}\,2\,b\left\{\ln\frac{b}{a}-0{,}421\right\}.$$

$$\text{(III 13, 10)}$$

Hat man es mit einem rechteckigen Rahmen von w Windungen zu tun, welche innerhalb eines Bündels vom Kreisquerschnitt $\pi\,a^2$ angeordnet sind, so hat man die Induktivitäten (III 13, 9), (III 13, 10) im Verhältnis w^2 zu vergrößern.

III 14. Die Induktivität einer Leitungskröpfung.

a) Gegeben sei eine elektrische Leitung, welche die Energie mittels zweier untereinander gleicher Paralleldrähte übertrage. Es sei d der Abstand der Drahtachsen, a je der Halbmesser des kreisförmigen Drahtquerschnittes; die Länge s der Leitung wird als überaus groß gegenüber d vorausgesetzt.

Für den technischen Betrieb der Leitung ist der Einbau eines Schalters unerläßlich, welcher den Strompfad nach Belieben zu öffnen und zu schließen gestattet. Bei der einfachsten Ausführung eines solchen Gerätes macht man ein Drahtstück der Länge b senkrecht zur Drahtachse beweglich: Durch hinreichende Entfernung dieses „Schaltstückes" von der

Achse des beiderseitig fortlaufenden Drahtes wird die Leitung unterbrochen; die entgegengesetzte Bewegung bewirkt die Schließung des Stromkreises.

Allerdings entwickeln sich während des Schaltprozesses zwischen dem beweglichen Schaltstück und den benachbarten Leitungselementen in der Regel Funken und Lichtbogen, welche in kürzester Zeit zur Zerstörung des Gerätes führen würden. Um sie zu vermeiden, sieht man an der Verbindung von Leitung und Schaltstück auswechselbare Kontakte vor, welche vermöge ihrer Konstruktion die Schaltbelastung eine hinreichend lange Zeit ertragen.

Als einfachster Schaltertyp entsteht somit eine „Kröpfung" in der Leitung, welche etwa nach Abb. III 173 in der Ebene der Leitungsachsen liege: Das Schaltstück befindet sich in einem gewissen Abstande h, vom geschalteten Leitungsdraht, welcher sich beim Schalten gesetzmäßig ändert; die Kontakte sind einerseits den Enden des Schaltstückes, andererseits denen des festen Stromleiters verhaftet. Auch bei der mechanischen Trennung

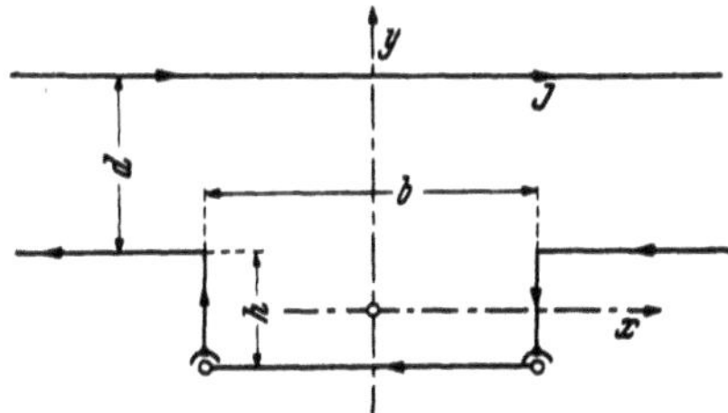

Abb. III 173. Leitungskröpfung als Modell eines Schalters [Die Skizze zeigt den eingeschalteten Zustand].

der festen von den beweglichen Kontakten bleiben sie während der Dauer des Schalt-Lichtbogens miteinander elektrisch verbunden. Wir setzen voraus, daß die Lichtbogenbahn je in die Gerade zwischen den getrennten Kontaktpaaren fällt, und daß der Halbmesser der Lichtbogensäule dem Drahtradius merklich gleicht; von den lokalen Feldstörungen durch die Kontakte sehen wir ab.

b) Wir fragen nach der Induktivitätsänderung ΔL, welche die Leitung infolge der Kröpfung offenbart. Sie wird für $s \to \infty$ als Differenz der Gesamtinduktivität L gegen jene „Grundinduktivität" L_0 definiert, welche die glatt durchlaufende Leitung auszeichnet

$$\Delta L = \lim_{s \to \infty} (L - L_0). \tag{III 14, 1}$$

Wir orientieren uns in der Ebene der Leiterkröpfung mittels des rechtwinkeligen Koordinatensystemes x, y; sein Ursprung koinzidiert nach Abb. III 173 mit der Mitte der Kröpfung, die x-Achse zeigt parallel der Längserstreckung der Leitung. Die Richtung des Stromes J heißt positiv, falls sie mit der je leiterparallelen Achsenrichtung übereinstimmt.

c) Zwecks Berücksichtigung der im Innern der Strombahn enthaltenen Freien Feldenergie ersetzen wir überall a durch $a_m = a/\sqrt[4]{e}$, während die Maße d, h und s beizubehalten sind; gleichzeitig denken wir uns das Leitungssystem durch einen zur Leitung achsenparallelen, vollkommen leitenden Kreiszylinder vom sehr großen, lichten Halbmesser R umgeben. Dann ist die Komponente V_{x_0} des „Grund-Vektorpotentiales" der durchlaufenden Leitung längs der Oberfläche des Drahtes $y = 1/2\,h + d$

$$V_{x_0} = \frac{\Pi\,J}{2\,\pi} \ln \frac{R}{a_m} - \frac{\Pi\,J}{2\,\pi} \ln \frac{R}{d} = \frac{\Pi\,J}{2\,\pi} \ln \frac{d}{a_m} = \frac{\Pi\,J}{2\,\pi} \left[\ln \frac{d}{a} + \frac{1}{4}\right]; \quad y = \frac{1}{2}\,h + d$$

$$\tag{III 14, 2}$$

und an der Oberfläche des Drahtes $y = 1/2\,h$

$$V_{x_0} = -\frac{\Pi\,J}{2\,\pi}\left[\ln\frac{d}{a} + \frac{1}{4}\right]; \qquad y = \frac{1}{2}h. \qquad \text{(III 14, 3)}$$

Die „Grundenergie" der Leitung beträgt somit

$$W_0 = \frac{1}{2}\,\Pi\,J \cdot s\left[V_{x_0\left(y=\frac{1}{2}h+d\right)} - V_{x_0\left(y=\frac{1}{2}h\right)}\right] = \frac{1}{2}\,J^2\,\frac{\Pi}{\pi}\left[\ln\frac{d}{a} + \frac{1}{4}\right]\cdot s = \frac{1}{2}\,L_0\,J^2$$

$$L_0 = \frac{\Pi}{\pi}\left[\ln\frac{d}{a} + \frac{1}{4}\right]s\,. \qquad \text{(III 14, 4)}$$

d) Wir überlagern den Strömen $\pm\,J$ der durchlaufenden Leitung das System der Rechteckschleife, die von den vier Leitern

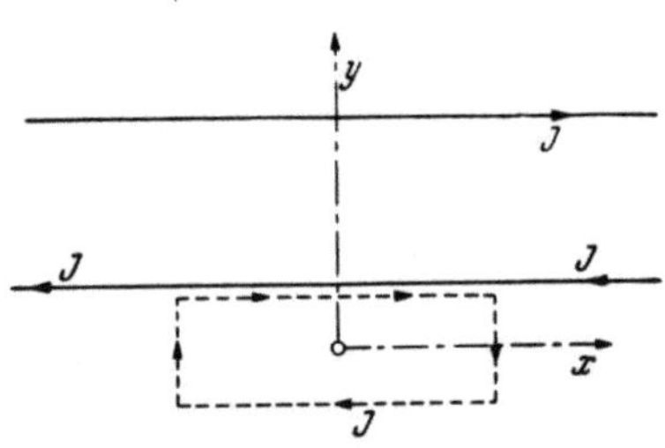

$$\left(-\frac{b}{2} < x < \frac{b}{2},\ \frac{h}{2}\right);$$

$$\left(\frac{b}{2},\ \frac{h}{2} > y > -\frac{h}{2}\right);$$

$$\left(\frac{b}{2} > x > -\frac{b}{2},\ -\frac{h}{2}\right);$$

$$\left(-\frac{b}{2},\ -\frac{h}{2} < y < \frac{h}{2}\right)$$

Abb. III 174. Ersatz der Kröpfung durch Superposition der durchlaufenden Grundströmung [ausgezogene] und der geschlossenen Strömung in der Rechteckschleife [unterbrochene Linie].

gebildet wird: Nach Abb. III 174 heben im resultierenden System die längs des Abschnittes ($-\,b/2 < x < b/2,\ h/2$) fließenden Ströme einander auf, so daß wir in der Tat zur Kröpfung zurückkehren. Nachdem die Komponenten V_x und V_y des vom Rechteck herrührenden Vektorpotentiales auf Grund der Ziffer III 13 bekannt sind, stellen wir die resultierenden Ausdrücke für die in jedem Leiterelement stromparallelen Komponenten des Vektorpotentiales zusammen:

1. Längs des Drahtes $y = 1/2\,h + d$:

Grundpotential $\left.\right\}$ $V_{x_0} = \dfrac{\Pi\,J}{2\,\pi}\ln\dfrac{d}{a}\,.$

Vom Oberstab $y = \frac{1}{2}h$ des Rechteckes herrührend $\left.\right\}$ $V_x = \dfrac{\Pi\,J}{4\,\pi}\left[\text{arsinh}\,\dfrac{b/2 - x}{d} + \text{arsinh}\,\dfrac{b/2 + x}{d}\right].$

Vom Unterstab $y = -\frac{1}{2}h$ des Rechteckes herrührend $\left.\right\}$ $V_x = -\dfrac{\Pi\,J}{4\,\pi}\left[\text{arsinh}\,\dfrac{b/2 - x}{d + h} + \text{arsinh}\,\dfrac{b/2 + x}{d + h}\right].$

$$\text{(III 14, 5)}$$

2. Längs des Drahtes $y = 1/2\,h$:

Grundpotential $\qquad V_{x_0} = -\dfrac{\Pi\,J}{2\,\pi}\ln\dfrac{d}{a}\,.$

Vom Oberstab $y = \frac{1}{2}h$ des Rechteckes herrührend $\left.\right\}$ $V_x = \dfrac{\Pi\,J}{4\,\pi}\left[\text{arsinh}\,\dfrac{b/2 - x}{a_m} + \text{arsinh}\,\dfrac{b/2 + x}{a_m}\right].$

Vom Unterstab $y = -\frac{1}{2}h$ des Rechteckes herrührend $\left.\right\}$ $V_x = -\dfrac{\Pi\,J}{4\,\pi}\left[\text{arsinh}\,\dfrac{b/2 - x}{h} + \text{arsinh}\,\dfrac{b/2 + x}{h}\right].$

$$\text{(III 14, 6)}$$

3. Das Potential des Oberstabes $y = 1/2\,h$ bleibt außer Betracht, da ja der resultierende Strom dieses Leiters verschwindet.

4. Längs des Unterstabes $y = -1/2\,h$:

Grundpotential
$$V_{x_0} = \frac{\varPi\,J}{2\,\pi}\left[\ln\frac{R}{d+h} - \ln\frac{R}{h}\right] = -\frac{\varPi\,J}{2\,\pi}\ln\frac{d+h}{h}.$$

Vom Oberstab $y = \tfrac{1}{2}h$ des Rechteckes herrührend
$$V_x = \frac{\varPi\,J}{4\,\pi}\left[\operatorname{arsinh}\frac{b/2-x}{h} + \operatorname{arsinh}\frac{b/2+x}{h}\right].$$

Vom Unterstab $y = -\tfrac{1}{2}h$ des Rechteckes herrührend
$$V_x = -\frac{\varPi\,J}{4\,\pi}\left[\operatorname{arsinh}\frac{b/2-x}{a_m} + \operatorname{arsinh}\frac{b/2+x}{a_m}\right].$$

$$(\text{III } 14,\ 7)$$

5. Die längs der beiden Stäbe $x = \pm\,b/2$ wirksamen Komponenten V_y des Vektorpotentiales unterscheiden sich nicht von jenen, welche der rechteckige Stromrahmen allein hervorruft.

e) Wir berechnen die Anteile der Freien Energie, welche auf die Stromstücke 1 bis 5 entfallen:

1. Der Draht $y = 1/2\,h + d$:

Vom Grundpotential herrührend:
$$\frac{1}{2}\,\varPi\,J^2\cdot\frac{s}{2\,\pi}\left[\ln\frac{d}{a} + \frac{1}{4}\right].$$

Vom Oberstab $y = \tfrac{1}{2}h$ des Rechteckes herrührend
$$\left(\frac{1}{2}\,J\int_{-s/2}^{+s/2} V_x\,dx\right)$$
$$\frac{1}{2}\,\varPi\,J^2\,\frac{1}{4\,\pi}\left[-\left(x-\frac{b}{2}\right)\operatorname{arsinh}\frac{x-b/2}{d} + \right.$$
$$+ d\sqrt{1+\left(\frac{x-b/2}{d}\right)^2} + \left(x+\frac{b}{2}\right)\operatorname{arsinh}\frac{x+b/2}{d} +$$
$$\left. + d\sqrt{1+\left(\frac{x+b/2}{d}\right)^2}\,\right]_{-s/2}^{+s/2}$$

Vom Unterstabe $y = -\tfrac{1}{2}h$ des Rechteckes herrührend
$$\left(\frac{1}{2}\,J\int_{-s/2}^{s/2} V_x\,dx\right).$$
$$-\frac{1}{2}\,\varPi\,J^2\,\frac{1}{4\,\pi}\left[-\left(x-\frac{b}{2}\right)\operatorname{arsinh}\frac{x-b/2}{d+h} + \right.$$
$$+ (d+h)\sqrt{1+\left(\frac{x-b/2}{d+h}\right)^2} +$$
$$\left. + \left(x+\frac{b}{2}\right)\operatorname{arsinh}\frac{x+b/2}{d+h} - (d+h)\sqrt{1+\left(\frac{x+b/2}{d+h}\right)^2}\,\right]_{-s/2}^{s/2}$$

$$(\text{III } 14,\ 8)$$

Wegen $s \gg b$ dürfen wir in den beiden letzten Ausdrücken den Prozeß $s \to \infty$ ausführen und erhalten für ihre Summe

$$\frac{1}{2}\,\varPi\,J^2\,\frac{b}{2\,\pi}\ln\frac{d+h}{d}. \qquad\qquad (\text{III } 14,\ 9)$$

2. Der Draht $y = \frac{1}{2}\,h\left[\text{ abzüglich } -\frac{b}{2} < x < \frac{b}{2}\right]$:

Vom Grundpotential herrührend: $\frac{1}{2}\,\Pi\,J^2\,\frac{s-b}{2\pi}\left[\ln\frac{d}{a} + \frac{1}{4}\right]$.

Vom Oberstabe $y = \frac{1}{2}h$ des Rechteckes herrührend $\left(\frac{1}{2}\,J\cdot 2\int\limits_{b/2}^{s/2} V_x\,dx\right)$.

$$-\frac{1}{2}\,\Pi\,J^2\,\frac{2}{4\pi}\left[-\left(x-\frac{b}{2}\right)\operatorname{arsinh}\frac{x-b/2}{a_m} + a_m\sqrt{1+\left(\frac{x-b/2}{a_m}\right)^2}+\left(x+\frac{b}{2}\right)\operatorname{arsinh}\frac{x+b/2}{a_m} - a_m\sqrt{1+\left(\frac{x+b/2}{a_m}\right)^2}\right]_{b/2}^{s/2}$$

Vom Unterstabe $y = -\frac{1}{2}h$ des Rechteckes herrührend $\left(\frac{1}{2}\,J\cdot 2\int\limits_{b/2}^{s/2} V_x\,dx\right)$.

$$\frac{1}{2}\,\Pi\,J^2\,\frac{2}{4\pi}\left[-\left(x-\frac{b}{2}\right)\operatorname{arsinh}\frac{x-b/2}{h} + h\sqrt{1+\left(\frac{x-b/2}{h}\right)^2}+\left(x+\frac{b}{2}\right)\operatorname{arsinh}\frac{x+b/2}{h} - h\sqrt{1+\left(\frac{x+b/2}{h}\right)^2}\right]_{b/2}^{s/2}$$

$$\text{(III 14, 10)}$$

Der Grenzübergang $s \to \infty$ liefert für die Summe der beiden letzten Ausdrücke, mit Rücksicht auf $a_m \ll b$,

$$\frac{1}{2}\,\Pi\,J^2\,\frac{b}{2\pi}\left[\ln\frac{b+\sqrt{b^2+a_m^2}}{b+\sqrt{b^2+h^2}} + \frac{a_m}{b} - \sqrt{1+\left(\frac{a_m}{b}\right)^2} - \frac{h}{b} + \sqrt{1+\left(\frac{h}{b}\right)^2}\right] \approx$$

$$\approx \frac{1}{2}\,\Pi\,J^2\,\frac{b}{2\pi}\left[\ln\frac{2b}{b+\sqrt{b^2+h^2}} - 1 - \frac{h}{b} + \sqrt{1+\left(\frac{h}{b}\right)^2}\right]. \quad \text{(III 14, 11)}$$

3. Die Energie des Rechteck-Oberstabes verschwindet.

4. Der Rechteck-Unterstab $y = -\frac{h}{2}$:

Vom Grundpotential herrührend:

$$\frac{1}{2}\,\Pi\,J^2\,\frac{b}{2\pi}\,\ln\frac{d+h}{h}.$$

Von beiden Rechteckstäben $y = \pm\frac{1}{2}h$ herrührend [Gl. (III 14, 7)]

$$\frac{1}{2}\,\Pi\,J^2\,\frac{b}{2\pi}\left[\ln\frac{2b}{a}\frac{h}{b+\sqrt{b^2+h^2}} - \frac{3}{4} + \left(\sqrt{1+\left(\frac{h}{b}\right)^2} - \frac{h}{b}\right)\right]. \quad \text{(III 14, 12)}$$

5. Die Rechteckstäbe $x = \pm\frac{b}{2}$:

Vom Grundpotential herrührend: 0.

Von beiden Rechteckstäben

$y = \pm \dfrac{1}{2} b$ herrührend

[Gl. (III 14, 7),

$$\frac{1}{2} \Pi J^2 \cdot 2 \cdot \frac{h}{2\pi}\left[\ln \frac{2h}{a} \frac{b}{h + \sqrt{h^2 + b^2}} - \frac{3}{4} + \left(\sqrt{1 + \left(\frac{b}{h}\right)^2} - \frac{b}{h}\right)\right]. \qquad (III\ 14,\ 13)$$

nach Vertauschung von b und h und Multiplikation mit 2]

Durch Addition aller dieser Posten findet sich als Freie Energie W des Systemes

$$W = \frac{1}{2} \Pi J^2 \frac{s}{\pi}\left[\ln \frac{d}{a} + \frac{1}{4}\right] +$$

$$+ \frac{1}{2} \Pi J^2 \frac{b}{2\pi}\left[-\left(\ln \frac{d}{a} + \frac{1}{4}\right) + \left(\ln \frac{d+h}{d}\right) + \left(\ln \frac{d+h}{h}\right) + \right.$$

$$+ \left(\ln \frac{2b}{b + \sqrt{b^2 + h^2}} - 1 - \frac{h}{b} + \sqrt{1 + \left(\frac{h}{b}\right)^2}\right) +$$

$$+ \left.\left(\ln \frac{2b}{a} - \frac{3}{4} + \sqrt{1 + \left(\frac{h}{b}\right)^2} - \frac{h}{b}\right)\right] +$$

$$+ \frac{1}{2} \Pi J^2 \frac{h}{\pi}\left[\ln \frac{2h}{a} \frac{b}{h + \sqrt{h^2 + b^2}} - \frac{3}{4} + \sqrt{1 + \frac{b^2}{h^2}} - \frac{b}{h}\right] =$$

$$= W_0 + \frac{1}{2} \Pi J^2\left\{\frac{b}{\pi}\left[\ln \frac{d+h}{d} + \ln \frac{2b}{b + \sqrt{b^2 + h^2}} - 1 + \sqrt{1 + \left(\frac{h}{b}\right)^2} - \frac{h}{b}\right] + \right.$$

$$+ \left.\frac{h}{\pi}\left[\ln \frac{2h}{a} \frac{b}{h + \sqrt{h^2 + b^2}} - \frac{3}{4} + \sqrt{1 + \left(\frac{b}{h}\right)^2} - \frac{b}{h}\right]\right].$$

$$(III\ 14,\ 14)$$

Hieraus entnimmt man als Induktivitätszunahme des Systemes durch die Kröpfung

$$\Delta L = \frac{W - W_0}{1/2\ J^2} = \frac{\Pi}{\pi}\left\{b\left[\ln \frac{d+h}{d} + \ln \frac{2b}{b + \sqrt{b^2 + h^2}} - 1 + \right.\right.$$

$$+ \left.\sqrt{1 + \left(\frac{h}{b}\right)^2} - \frac{h}{b}\right] + h\left[\ln \frac{2h}{a} \frac{b}{h + \sqrt{h^2 + b^2}} - \frac{3}{4} + \left.\sqrt{1 + \left(\frac{b}{h}\right)^2} - \frac{b}{h}\right]\right\}.$$

$$(III\ 14,\ 15)$$

f) Wir erläutern das Ergebnis (III 14, 15) in der Terminologie induktiv miteinander verketteter Stromkreise:

1. Die Induktivität der durchlaufenden Leitung beträgt

$$L_0 = \frac{\Pi}{\pi} s\left[\ln \frac{d}{a} + \frac{1}{4}\right]. \qquad (III\ 14,\ 16)$$

2. Das geschlossene Rechteck besitzt die Induktivität

$$L_1 = \frac{\Pi}{\pi}\left\{b\left[\ln \frac{2b}{a} \frac{h}{b + \sqrt{b^2 + h^2}} - \frac{3}{4} + \sqrt{1 + \left(\frac{h}{b}\right)^2} - \frac{h}{b}\right] + \right.$$

$$+ \left.h\left[\ln \frac{2h}{a} \frac{b}{h + \sqrt{h^2 + b^2}} - \frac{3}{4} + \sqrt{1 + \left(\frac{b}{h}\right)^2} - \frac{b}{h}\right]\right\}.$$

$$(III\ 14,\ 17)$$

3. Es bezeichne $L_{01} = L_{10}$ die gegenseitige Induktivität beider Schleifen: Aus der induktiven Einwirkung der durchlaufenden Leitung auf das [stromlos gedachte] Rechteck folgt das Grundpotential längs des Oberstabes $y = 1/2\, h$

$$V_{x_0} = \frac{\Pi\, J}{2\,\pi} \ln \frac{R}{d} - \frac{\Pi\, J}{2\,\pi} \ln \frac{R}{a_m} = -\frac{\Pi\, J}{2\,\pi}\left[\ln \frac{d}{a} + \frac{1}{4}\right] \qquad \text{(III 14, 18)}$$

und längs des Unterstabes $y = -1/2\, h$

$$V_{x_0} = \frac{\Pi\, J}{2\,\pi} \ln \frac{R}{d+h} - \frac{\Pi\, J}{2\,\pi} \ln \frac{R}{h} = -\frac{\Pi\, J}{2\,\pi} \ln \frac{d+h}{h}, \qquad \text{(III 14, 19)}$$

also

$$L_{0,1} = b \cdot \frac{V_{x_0\left(y=\frac{1}{2}h\right)} - V_{x_0\left(y=-\frac{1}{2}h\right)}}{J} = -\frac{\Pi\, b}{\pi\, 2}\left[\ln \frac{d}{a} \frac{h}{d+h} + \frac{1}{4}\right].$$
$$\text{(III 14, 20)}$$

Die Freie Gesamtenergie des Systemes ist

$$W = \frac{1}{2} L\, J^2 = \frac{1}{2} J^2\, [L_0 + 2\, L_{0,1} + L_1]. \qquad \text{(III 14, 21)}$$

Man entnimmt hieraus

$$\Delta L = L - L_0 = 2\, L_{0,1} + L_1$$

$$= \frac{\Pi}{\pi}\left\{ - b\left[\ln \frac{d}{a} \frac{h}{d+h} + \frac{1}{4}\right] + \right.$$

$$+ b\left[\ln \frac{2\,b}{a} \frac{h}{b+\sqrt{b^2+h^2}} - \frac{3}{4} + \sqrt{1+\left(\frac{h}{b}\right)^2} - \frac{h}{b}\right] +$$

$$\left. + h\left[\ln \frac{2\,h}{a} \frac{b}{h+\sqrt{h^2+b^2}} - \frac{3}{4} + \sqrt{1+\left(\frac{b}{h}\right)^2} - \frac{b}{h}\right]\right\}$$
$$\text{(III 14, 22)}$$

und diese Gleichung ist in der Tat identisch mit (III 14, 15).

III 15. Die wechselseitige Induktivität konaxialer Kreisringe.

a) Gegeben seien zwei konaxiale Kreisringe 1 und 2 in der Anordnung nach Abb. III 175: Der Abstand der Ringebenen ist mit h bezeichnet, die Ringhalbmesser heißen R_1 und R_2, ihre Querschnittsradien sind $a_1 \ll R_1$ und $a_2 \ll R_2$; die Permeabilität des gesamten Feldgebietes sei $\mu = 1$. Gesucht wird die wechselseitige Induktivität $L_{12} = L_{21}$ beider Ringe; sie ist aus dem Felde des vom Strome J_1 gespeisten Ringes 1 bei stromlos gedachtem Ringe 2 herzuleiten.

b) Aus Symmetriegründen verlaufen die Vektorpotential-Linien sämtlich in konzentrisch zu den Spulen gelegenen Kreisen: In jeder durch die Achse des Systemes gelegten Meridianebene besitzt das Vektorpotential lediglich eine Zirkularkomponente, welche auf jener Ebene senkrecht steht. Wir führen ein *Kartesi*sches Rechtssystem x, y, z ein; sein Ursprung liegt im Zentrum des Ringes 1, die Ebene $z = 0$ koinzidiert mit der Ringebene. Wir dürfen, ohne die Allgemeinheit zu beschränken, die Ebene $y = 0$ zur Kontroll-Meridianebene machen; in ihr besitzt somit nur die Komponente V_y des Vektorpotentiales endliche Werte.

c) Neben dem *Kartesi*schen Bezugssystem führen wir, in der Kontrollebene beginnend, das Azimut $0 \leq \vartheta < 2\pi$ längs des Ringes 1 ein. Die
Meridianebenen ϑ und $(\vartheta + d\vartheta)$ begrenzen das zirkular gerichtete Stromelement vom Betrage $J_1 R_1 d\vartheta$ mit der
Komponente $J_1 R_1 \cos \vartheta \, d\vartheta$ parallel zur
y-Achse. Der Abstandsskalar r von
diesem Element zum Aufpunkt $P = (x, 0, z)$
berechnet sich mittels

$$r^2 = (x - R_1 \cos \vartheta)^2 + (R_1 \sin \vartheta)^2 + z^2 =$$
$$= x^2 + R_1{}^2 + z^2 - 2\, x\, R_1 \cos \vartheta.$$
$$\text{(III 15, 1)}$$

Daher finden wir aus Gl. (III 2, 8)
als Beitrag des Stromelementes zum
Vektorpotential in P

$$dV_y = \frac{\Pi}{4\pi} J_1 R_1 \frac{\cos \vartheta \, d\vartheta}{\sqrt{x^2 + R_1{}^2 + z^2 - 2\, x\, R_1 \cos \vartheta}}$$
$$\text{(III 15, 2)}$$

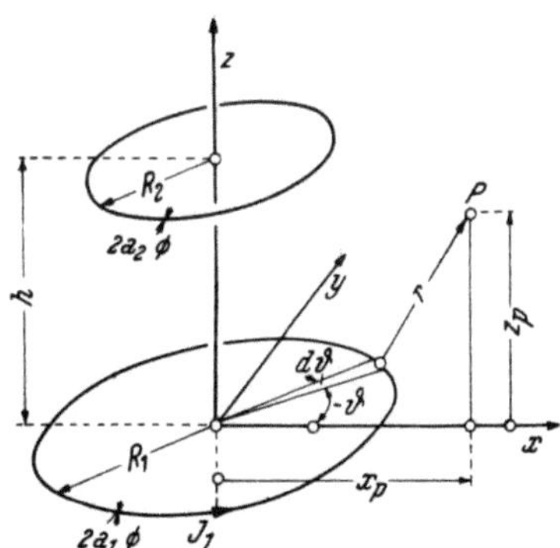

Abb. III 175. Zur wechselseitigen
Induktivität konaxialer Kreisringe.

und somit das resultierende Vektorpotential in P

$$V_y = \frac{\Pi}{4\pi} J_1 R_1 \int_{\vartheta=0}^{2\pi} \frac{\cos \vartheta \, d\vartheta}{\sqrt{x^2 + R_1{}^2 + z^2 - 2\, x\, R_1 \cos \vartheta}}. \qquad \text{(III 15, 3)}$$

Zur Berechnung des Integrales substituieren wir

$$\vartheta = \pi - 2\beta; \qquad \beta = \frac{\pi}{2} - \frac{\vartheta}{2}: \qquad d\vartheta = -2\, d\beta \qquad \text{(III 15, 4)}$$

und erhalten an Stelle von (III 15, 3)

$$V_y = \frac{\Pi}{4\pi} J_1 R_1 \cdot 4 \cdot \int_{\beta=0}^{\pi/2} \frac{(2\sin^2 \beta - 1)\, d\beta}{\sqrt{(x + R_1)^2 + z^2 - 4\, x\, R_1 \sin^2 \beta}}. \qquad \text{(III 15, 5)}$$

Um dieses Elliptische Integral auf die *Legendre*schen Normalintegrale
E und F zu reduzieren, führen wir den Modul k_1 mittels der Definition ein

$$k_1{}^2 = \frac{4\, x\, R_1}{(x + R_1)^2 + z^2} < 1. \qquad \text{(III 15, 6)}$$

Damit entsteht zuerst

$$\int_0^{\pi/2} \frac{(2\sin^2 \beta - 1)\, d\beta}{\sqrt{(x + R_1)^2 + z^2 - 4\, x\, R_1 \sin^2 \beta}} \equiv \frac{1}{\sqrt{(x + R_1)^2 + z^2}} \int_0^{\pi/2} \frac{(2\sin^2 \beta - 1)\, d\beta}{\sqrt{1 - k_1{}^2 \sin^2 \beta}}$$
$$\text{(III 15, 7)}$$

und weiter

$$\int_0^{\pi/2} \frac{(2\sin^2 \beta - 1)\, d\beta}{\sqrt{1 - k_1{}^2 \sin^2 \beta}} \equiv -\frac{2}{k_1{}^2} \int_0^{\pi/2} \sqrt{1 - k_1{}^2 \sin^2 \beta}\, d\beta + \left(\frac{2}{k_1{}^2} - 1\right) \int_0^{\pi/2} \frac{d\beta}{\sqrt{1 - k_1{}^2 \sin^2 \beta}} \equiv$$

$$\equiv -\frac{2}{k_1{}^2} E(k_1) + \left(\frac{2}{k_1{}^2} - 1\right) K(k_1); \quad K \equiv F\left(k_1, \frac{\pi}{2}\right). \qquad \text{(III 15, 8)}$$

Durch Substitution in (III 15, 5) finden wir somit

$$V_y = \Pi \frac{J_1 R_1}{4\pi} \frac{2}{\sqrt{R_1 x}} \left[-\frac{2}{k_1} E(k_1) + \left(\frac{2}{k_1} - k_1\right) K(k_1) \right]. \qquad (III\ 15,\ 9)$$

d) Wir spezialisieren $x = R_2$, $z = h$ und entnehmen aus (III 15, 9) das zirkulare Vektorpotential, welches am Umfange des Ringes 2 tätig ist

$$V_{y_2} = \Pi \frac{J_1 R_1}{4\pi} \frac{2}{\sqrt{R_1 R_2}} \left[-\frac{2}{k_{1,2}} E(k_{1,2}) + \left(\frac{2}{k_{1,2}} - k_{1,2}\right) K(k_{1,2}) \right];$$

$$k_{1,2} = \frac{2\sqrt{R_1 R_2}}{\sqrt{(R_1 + R_2)^2 + h^2}}. \qquad (III\ 15,\ 10)$$

Hieraus folgt der Induktionsfluß Φ_2, welcher vom Ringe 2 umspannt wird, mittels der Vorschrift (III 1, 11) zu

$$\Phi_2 = V_{y_2} \cdot 2\pi R_2 = J_1 \Pi \sqrt{R_1 R_2} \left[-\frac{2}{k_{1,2}} E(k_{1,2}) + \left(\frac{2}{k_{1,2}} - k_{1,2}\right) K(k_{1,2}) \right].$$

$$(III\ 15,\ 11)$$

und somit die wechselseitige Induktivität der miteinander verketteten Kreisringe

$$L_{1,2} = L_{2,1} = \frac{\Phi_2}{J_1} = \Pi \sqrt{R_1 R_2} \left[-\frac{2}{k_{1,2}} E(k_{1,2}) + \left(\frac{2}{k_{1,2}} - k_{1,2}\right) K(k_{1,2}) \right].$$

$$(III\ 15,\ 12)$$

e) Wir suchen an Hand dieser Ergebnisse die Selbstinduktivität L eines Kreisringes, indem wir durch den Prozeß $R_2 \to R_1 \equiv R$; $a_2 \to a_1 \equiv a$; $h \to 0$ die vordem getrennten Ringe miteinander verschmelzen. Um dann denjenigen Anteil der Freien Feldenergie zu erfassen, der mit dem Inneren des stromführenden Leiters verknüpft ist, haben wir den Halbmesser a des Querschnittes durch seinen mittleren geometrischen Abstand $a_m = a/\sqrt[4]{e}$ von sich selbst zu ersetzen und das Vektorpotential für die Oberfläche des so entstandenen Ringes zu berechnen:

$$V_y = \Pi \frac{J}{2\pi} \left[-\frac{2}{k} E(k) + \left(\frac{2}{k} - k\right) K(k) \right]; \qquad k = \frac{2R}{\sqrt{(2R)^2 + a_m^2}}.$$

$$(III\ 15,\ 13)$$

Wegen $a_m \ll R$ liegt k sehr nahe bei 1. Wir bilden deshalb den komplementären Modul

$$k' = \sqrt{1 - k^2} = \sqrt{1 - \frac{4R^2}{4R^2 + a_m^2}} = \frac{a_m}{2R} + \cdots \qquad (III\ 15,\ 14)$$

mit dessen Hilfe wir die Formeln anschreiben dürfen

$$\lim_{k' \to 0} (E - 1) = 0; \qquad \lim_{k' = 0} \left(K - \ln\frac{4}{k'}\right) = 0, \qquad (III\ 15,\ 15)$$

also

$$V_y \approx \Pi \frac{J}{2\pi} \left[-2 + \ln\frac{4}{k'} \right] = \Pi \frac{J}{2\pi} \left[\ln\frac{8R}{a} - \frac{7}{4} \right]. \qquad (III\ 15,\ 16)$$

In gleicher Genauigkeit findet sich die Freie Energie des Ringes zu

$$W = \frac{1}{2} J V_y 2\pi R = \frac{1}{2} \Pi J^2 R \left[\ln\frac{8R}{a} - \frac{7}{4} \right], \qquad (III\ 15,\ 17)$$

so daß

$$L = \Pi\, R \left[\ln \frac{8\,R}{a} - \frac{7}{4}\right] \qquad\qquad (\text{III } 15,\ 18)$$

resultiert. Die nämliche Formel beherrscht die Induktivität eines kreisringförmigen Bündels von w Windungen, sofern man unter a den Halbmesser des Bündelquerschnittes versteht und die Induktivität im quadratischen Verhältnis der Windungszahl vergrößert; Spulen dieser Art werden als Rahmen-Antennen häufig zu Peilzwecken der drahtlosen Ortung verwendet.

III 16. Induktivität von Zylinderspulen.

a) Wir suchen die Induktivität kreiszylindrischer Spulen nach Abb. III 176: Längs des zylindrischen „Trägers" vom Halbmesser R sind w Windungen eines homogenen Drahtes gleichmäßig längs der Höhe h verteilt. Von der radialen Ausdehnung der Spule sei abgesehen; diese ist dann als kreiszylindrische Stromfläche aufzufassen, welche in peripherer Richtung vom Strombelage

$$A = \frac{w\,J}{h} \qquad\qquad (\text{III } 16,\ 1)$$

erregt wird.

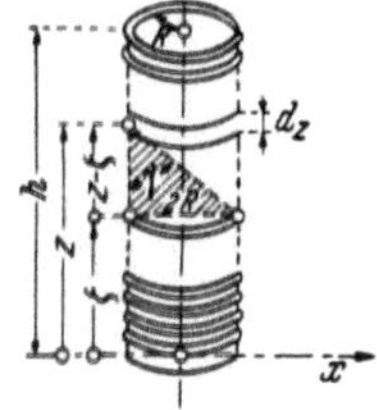

Abb. III 176. Zur Induktivität der Zylinderspule.

b) Wir orientieren uns an der Koordinate z der Spulenachse, welche vom unteren Spulenanfang aus nach oben hin positiv gezählt werde; die x-Achse möge in der Zeichenebene liegen und hierdurch ist auch die positive y-Achse festgelegt [Rechtssystem].

Die infinitesimal benachbarten Ebenen z und (z + dz) umklammern die Teildurchflutung A dz; welches zirkulare Vektorpotential $dV_y\,(z, \zeta)$ erregt dieses Spulenelement längs der Windung, welche sich in der Ebene ζ befindet? Wir substituieren in Gl. (III 15, 5) $R_1 = x \to R,\ z \to z - \zeta,$ $J \to A\,dz$ und erhalten

$$dV_y\,(z, \zeta) = \frac{\Pi}{\pi} A\,dz \cdot \frac{R}{\sqrt{4\,R^2 + (z - \zeta)^2}} \int_0^{\pi/2} \frac{(2\sin^2\beta - 1)\,d\beta}{\sqrt{1 - \dfrac{4\,R^2}{4\,R^2 + (z - \zeta)^2}\sin^2\beta}} \cdot$$

$$(\text{III } 16,\ 2)$$

Mittels des Hilfswinkels $\gamma = \arcsin \dfrac{2\,R}{\sqrt{4\,R^2 + (z - \zeta)^2}}$ wird einfacher

$$dV_y\,(z, \zeta) = \frac{\Pi}{2\,\pi} A\,dz \sin\gamma \int_0^{\pi/2} \frac{(2\sin^2\beta - 1)\,d\beta}{\sqrt{1 - \sin^2\gamma\,\sin^2\beta}} \cdot \qquad (\text{III } 16,\ 3)$$

Mittels des vollständigen Elliptischen Integrales

$$D\,(\sin\gamma) = \int_0^{\pi/2} \frac{\sin^2\beta\,d\beta}{\sqrt{1 - \sin^2\gamma\,\sin^2\beta}} \equiv \frac{K - E}{\sin^2\gamma} \qquad (\text{III } 16,\ 4)$$

folgt aus (III 16, 3)

$$dV_y(z, \zeta) = \frac{\Pi}{2\pi} A\, dz \sin\gamma\, [2\, D\, (\sin\gamma) - K\, (\sin\gamma)].$$
(III 16, 5)

Als Wirkung der gesamten Spule resultiert

$$V_y(\zeta) = \int\limits_{z=0}^{h} dV_y(z, \zeta) = \frac{\Pi}{2\pi} A \int\limits_{z=0}^{h} \sin\gamma\, [2\, D\, (\sin\gamma) - K\, (\sin\gamma)]\, dz.$$
(III 16, 6)

Wir substituieren die neue Integrationsvariable $s = \dfrac{z - \zeta}{2\,R}$ und erhalten aus (III 16, 6) zunächst

$$V_y(\zeta) = \frac{\Pi}{\pi} A\, R \int\limits_{s_1}^{s_2} \frac{2\, D - K}{\sqrt{1 + s^2}}\, ds; \qquad s_1 = -\frac{\zeta}{2\,R}, \quad s_2 = \frac{h - \zeta}{2\,R}.$$
(III 16, 7)

Mittels der Relation

$$\int \frac{2\, D - K}{\sqrt{1 + s^2}}\, ds = \frac{s\, D}{\sqrt{1 + s^2}}.$$
(III 16, 8)

wird also

$$V_y(\zeta) = \frac{\Pi}{\pi} A\, R \left[\frac{s_2\, D\left(\frac{1}{\sqrt{1 + s_2{}^2}}\right)}{\sqrt{1 + s_2{}^2}} - \frac{s_1\, D\left(\frac{1}{\sqrt{1 + s_1{}^2}}\right)}{\sqrt{1 + s_1{}^2}} \right]$$
(III 16, 9)

c) Auf das infinitesimale Spulenelement der Höhe $d\zeta$ entfällt die Freie Energie

$$dW = \frac{1}{2} \cdot 2\pi\, R\, V_y(\zeta) \cdot A\, d\zeta =$$

$$= \frac{1}{2} \Pi\, A^2\, 2\, R^2 \left[\frac{s_2\, D\left(\frac{1}{\sqrt{1 + s_2{}^2}}\right)}{\sqrt{1 + s_2{}^2}} - \frac{s_1\, D\left(\frac{1}{\sqrt{1 + s_1{}^2}}\right)}{\sqrt{1 + s_1{}^2}} \right] d\zeta.$$
(III 16, 10)

Die Freie Energie der gesamten Spule wird also

$$W = \frac{1}{2} \Pi\, A^2\, 2\, R^2 \int\limits_{\zeta=0}^{h} [\dots] d\zeta = \frac{1}{2} \Pi\, A^2\, 4\, R^3 \left[-\int\limits_{h/2R}^{0} \frac{s_2\, D\left(\frac{1}{\sqrt{1 + s_2{}^2}}\right)}{\sqrt{1 + s_2{}^2}}\, ds_2 + \right.$$

$$\left. + \int\limits_{0}^{-h/2R} \frac{s_1\, D\left(\frac{1}{\sqrt{1 + s_1{}^2}}\right)}{\sqrt{1 + s_1{}^2}}\, ds_1 \right] = \frac{1}{2} \Pi\, A^2\, 8\, R^3 \int\limits_{0}^{h/2R} \frac{s\, D\left(\frac{1}{\sqrt{1 + s^2}}\right)}{\sqrt{1 + s^2}}\, ds.$$
(III 16, 11)

Wir benützen hier die Relation

$$\int \frac{s\,D\left(\dfrac{1}{\sqrt{1+s^2}}\right)}{\sqrt{1+s^2}}\,ds = \frac{\sqrt{1+s^2}}{3}\,K +$$

$$+\frac{s^2-1}{3}\frac{D}{\sqrt{1+s^2}} = \frac{s^2\sqrt{1+s^2}}{3}\,K - \frac{(s^2-1)\sqrt{1+s^2}}{3}\,E. \qquad (III\ 16,\ 12)$$

und finden, mit $\gamma_{sp} = \arcsin \dfrac{2\,R}{\sqrt{4\,R^2+h^2}}$, aus (III 16, 11) und (III 16, 12)

$$W = \frac{1}{2}\,\Pi\,A^2 8 R^3\cdot\frac{1}{3}\cdot\left[\frac{\cotg^2\gamma_{sp}}{\sin\gamma_{sp}}K\,(\sin\gamma_{sp}) - \frac{\cotg^2\gamma_{sp}-1}{\sin\gamma_{sp}}E\,(\sin\gamma_{sp}) - 1\right] =$$

$$= \frac{1}{2}\,\Pi\,A^2 h^2\,R\cdot\frac{2}{3}\left[\frac{K\,(\sin\gamma_{sp}) - (1-\tg^2\gamma_{sp})\,E\,(\sin\gamma_{sp})}{\sin\gamma_{sp}} - \tg^2\gamma_{sp}.\right]$$

$$(III\ 16,\ 13)$$

Ersetzt man hierin gemäß Gl. (III 16, 1) A h durch J · w, so folgt als Induktivität der Spule

$$L = \frac{W}{1/2\,J^2} = \Pi\,w^2\,R\,\frac{2}{3}\left[\frac{K\,(\sin\gamma_{sp}) - (1-\tg^2\gamma_{sp})\,E\,(\sin\gamma_{sp})}{\sin\gamma_{sp}} - \tg^2\gamma_{sp}.\right]$$

$$(III\ 16,\ 14)$$

Wir vergleichen diese Formel mit dem Ergebnis der elementaren Rechnung für eine sehr lange Zylinderspule

$$\lim_{R/h\to 0}L \equiv L_0 = \Pi\,w^2\frac{\pi\,R^2}{h} \equiv \Pi\,w^2\,R\cdot\frac{\pi}{2}\,\tg\gamma_{sp}, \qquad (III\ 16,\ 15)$$

indem wir das Verhältnis bilden [Abb. III 177]

$$\frac{L}{L_0} = \frac{4}{3\,\pi}\left[\cotg\gamma_{sp}\frac{K\,(\sin\gamma_{sp}) - (1-\tg^2\gamma_{sp})\,E\,(\sin\gamma_{sp})}{\sin\gamma_{sp}} - \tg\gamma_{sp}.\right]$$

$$(III\ 16,\ 16)$$

III 17. Das Vektorpotential einer kreissymmetrischen Zirkularströmung.

a) Wir handeln von dem magnetischen Felde einer kreissymmetrischen Spule sonst beliebiger Bauart. Die Symmetrieachse wird zur z-Achse eines Zylinder-Koordinatensystemes gemacht, in welchem ϱ den Abstand des Aufpunktes von der Achse, ϑ sein Azimut gegen eine geeignete, raumfeste Meridianebene mißt. Das stationäre elektrische Feld der Spule wird dann durch den zirkular gerichteten, von ϑ unabhängigen Vektor j der Stromdichte beschrieben, dessen einzige, von Null verschiedene [physikalische] Komponente in der Form vorgegeben sei

$$j^\vartheta = j^\vartheta\,(\varrho, z). \qquad (III\ 17,\ 1)$$

Daher reduziert sich auch das Vektorpotential V auf die zirkulare [physikalische] Komponente V^ϑ. Wir setzen den Feldträger als homogenes, isotropes Medium der festen Permeabilität μ voraus. Welcher Differentialgleichung genügt V^ϑ als Funktion der Zylinderkoordinaten?

b) Aus der Definition

$$B = \operatorname{rot} V \qquad\qquad (\text{III } 17,\ 2)$$

ergeben sich die [physikalischen] Komponenten von Induktion und Feldstärke zu

$$B_z = \Pi\mu H_z = \frac{1}{\varrho}\frac{\partial(\varrho\, V_\vartheta)}{\partial\varrho}; \qquad B_\varrho = \Pi\mu\, H_\varrho = -\frac{\partial V_\vartheta}{\partial z}; \qquad B_\vartheta = \Pi\mu\, H_\vartheta = 0,$$

$$(\text{III } 17,\ 3)$$

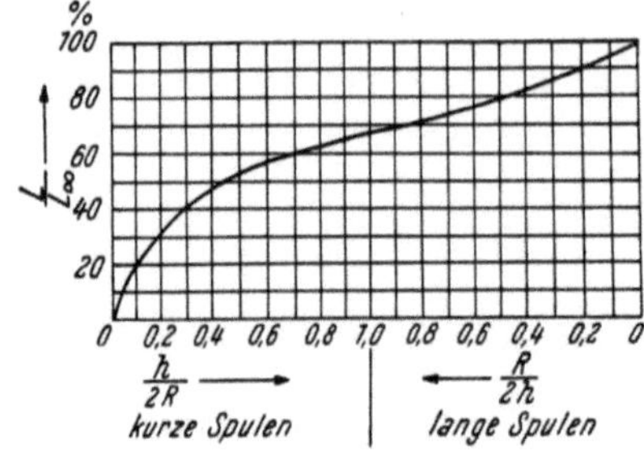

Abb. III 177. Induktivität von Zylinderspulen.

Der Erste *Maxwell*sche Satz

$$\operatorname{rot} H = j \qquad (\text{III } 17,\ 4)$$

liefert im vorliegenden Falle nur die eine Gleichung

$$\frac{1}{\Pi\mu}\left\{\frac{\partial H_z}{\partial\varrho} - \frac{\partial H_\varrho}{\partial z}\right\} = -j_\vartheta .$$

$$(\text{III } 17,\ 5)$$

Wir substituieren die Komponenten der Feldstärke nach (III 17, 3) und erhalten

$$\frac{\partial}{\partial\varrho}\left\{\frac{1}{\varrho}\frac{\partial(\varrho\, V_\vartheta)}{\partial\varrho}\right\} + \frac{\partial^2 V_\vartheta}{\partial z^2} \equiv \frac{\partial^2 V_\vartheta}{\partial\varrho^2} + \frac{1}{\varrho}\frac{\partial V_\vartheta}{\partial\varrho} - \frac{V_\vartheta}{\varrho^2} + \frac{\partial^2 V_\vartheta}{\partial z^2} = -\Pi\mu\, j_\vartheta .$$

$$(\text{III } 17,\ 6)$$

Da hierin die partielle Ableitung von V_ϑ nach dem Azimut ϑ nicht vorkommt, offenbart das Vektorpotential die Eigenschaft div $V = 0$. Doch wird, im Gegensatz zu ihrer Beschreibung in *Kartesi*schen Koordinaten, die räumliche Verteilung der Komponente nicht von der *Poisson*schen Gleichung, sondern von einem komplizierteren Differentialgesetz beherrscht.

c) Wir setzen voraus, daß die Windungen der Spule eine gewisse Umgebung $\varrho < a$ der Achse nicht durchdringen. In diesem Zylindergebiet ist $j_\vartheta \equiv 0$, so daß sich (III 17, 6) auf die Gleichung reduziert

$$\frac{\partial^2 V_\vartheta}{\partial\varrho^2} + \frac{1}{\varrho}\frac{\partial V_\vartheta}{\partial\varrho} - \frac{V_\vartheta}{\varrho^2} + \frac{\partial^2 V_\vartheta}{\partial z^2} = 0; \qquad \varrho < a. \quad (\text{III } 17,\ 7)$$

Zu ihrer Lösung setzen wir V_ϑ als Produkt zweier Funktionen $R(\varrho)$ und $Z(z)$ an und erhalten zunächst

$$\left(\frac{d^2 R}{d\varrho^2} + \frac{1}{\varrho}\frac{dR}{d\varrho} - \frac{R}{\varrho^2}\right)Z + R\frac{d^2 Z}{dz^2} = 0; \qquad \varrho < a. \quad (\text{III } 17,\ 8)$$

Wir teilen durch $R \cdot Z$ und finden mit Hilfe einer Separationskonstanten λ^2 für R und Z die beiden gewöhnlichen Differentialgleichungen

$$\frac{d^2 R}{d\varrho^2} + \frac{1}{\varrho}\frac{dR}{d\varrho} + \left(-\lambda^2 - \frac{1}{\varrho^2}\right)R = 0; \qquad \varrho < a \quad (\text{III } 17,\ 9)$$

und

$$\frac{d^2 Z}{dz^2} + \lambda^2 Z = 0. \qquad\qquad (\text{III } 17,\ 10)$$

Von einer physikalisch brauchbaren Lösung verlangen wir, daß sie innerhalb ihres Existenzgebietes überall endlich bleibt:

1. Das Feld sei in achsialer Richtung unbegrenzt; dann ist λ notwendig als reelle Zahl zu wählen und wir erhalten mit zwei zunächst willkürlichen Konstanten S und C als Integral von (III 17, 10)

$$Z = S \sin \lambda z + C \cos \lambda z. \qquad \text{(III 17, 11)}$$

2. Die Differentialgleichung (III 17, 9) definiert die Zylinderfunktionen der Ordnung 1 vom rein imaginären Argumente $i \lambda \varrho$. Unter ihren beiden Fundamental-Integralen bleibt lediglich die *Bessel*sche Funktion in $\varrho = 0$ endlich

$$R = J_1 (i \lambda \varrho). \qquad \text{(III 17, 12)}$$

Daher erhalten wir in dem Vektorpotential

$$V^\vartheta = \{S \sin \lambda z + C \cos \lambda z\} J_1 (i \lambda \varrho); \quad \varrho < a \qquad \text{(III 17, 13)}$$

ein Partikularintegral von (III 17, 7), welches in seinem Existenzgebiet physikalisch realisiert werden kann.

d) Infolge der Linearität der Gl. (III 17, 7) steigt man zu allgemeineren Lösungen auf, indem man Integrale vom Typus (III 7, 13), deren jedes einem anderen Parameter λ entspricht, zum resultierenden Vektorpotentiale zusammensetzt. Diesem Prozeß bieten sich drei Möglichkeiten:

1. λ durchläuft die diskreten Werte eines Linienspektrums,

2. λ durchläuft stetig den Wertevorrat eines kontinuierlichen Spektrums,

3. die Spektren der Arten 1 und 2 treten gleichzeitig auf.

Durch Benützung des *Stieltjes*schen Integralbegriffes lassen sie sich in dem einheitlichen Ansatz zusammenfassen

$$V^\vartheta = \int_{\lambda_I}^{\lambda_{II}} \{S(\lambda) \sin \lambda z + C(\lambda) \cos \lambda z\} J_1 (i \lambda \varrho)\, d\lambda. \qquad \text{(III 17, 14)}$$

Hier sind sowohl die „Gewichtsfunktionen" $S(\lambda)$ und $C(\lambda)$ wie die Grenzen λ_I und λ_{II} frei wählbar, sofern nur das mit ihnen gebildete Integral existiert. Dem Vektorpotentiale korrespondieren dann, nach (III 17, 3), die [physikalischen] Komponenten des Magnetfeldes

$$\left. \begin{aligned} H^z &= \frac{1}{\Pi \mu} \int_{\lambda_I}^{\lambda_{II}} \{S(\lambda) \sin \lambda z + C(\lambda) \cos \lambda z\} i \lambda J_0 (i \lambda \varrho)\, d\lambda, \\[2em] H^\varrho &= -\frac{1}{\Pi \mu} \int_{\lambda_I}^{\lambda_{II}} \{S(\lambda) \cos \lambda z - C(\lambda) \sin \lambda z\} \lambda J_1 (i \lambda \varrho)\, d\lambda. \end{aligned} \right\} \qquad \text{(III 17, 15)}$$

e) Wir kehren den bisherigen Gedankengang um: Gegeben ist das achsial gerichtete Magnetfeld längs der Symmetrieachse

$$H^z_{(\varrho = 0)} = h(z). \qquad \text{(III 17, 16)}$$

Gesucht wird sein erzeugendes zirkulares Vektorpotential V^ϑ.
Wir gehen von der *Fourier*schen Integraldarstellung aus

$$h(z) = \frac{1}{\pi} \int_{\lambda=0}^{\infty} d\lambda \int_{m=-\infty}^{+\infty} h(m) \cos \lambda (z - m)\, dm. \qquad \text{(III 17, 17)}$$

In der ersten der Gleichungen (III 17, 15) setzen wir jetzt $\varrho = 0$ und erhalten durch Vergleich mit (III 17, 17)

$$\left.\begin{aligned}
\frac{i\,\lambda\,S(\lambda)}{\Pi\,\mu} &= \frac{1}{\pi}\int\limits_{-\infty}^{+\infty} h\,(m)\sin\lambda\,m\,dm, \\[2ex]
\frac{i\,\lambda\,C(\lambda)}{\Pi\,\mu} &= \frac{1}{\pi}\int\limits_{-\infty}^{+\infty} h\,(m)\cos\lambda\,m\,dm.
\end{aligned}\right\} \qquad \text{(III 17, 18)}$$

Das erzeugende Vektorpotential lautet somit

$$V\vartheta = \frac{\Pi\,\mu}{\pi}\int\limits_{\lambda=0}^{\infty} d\lambda\,\frac{J_1\,(i\,\lambda\,\varrho)}{i\,\lambda}\int\limits_{m=-\infty}^{\infty} h\,(m)\cos\lambda\,(z-m)\,dm. \qquad \text{(III 17, 19)}$$

Hierin gilt die beständig konvergente Potenzreihe

$$\frac{J_1\,(i\,\lambda\,\varrho)}{i\,\lambda} = \frac{\varrho}{2}\left\{1 + \frac{(1/2\,\lambda\varrho)^2}{1\cdot 2} + \frac{(1/2\,\lambda\varrho)^4}{1\cdot 2\cdot 2\cdot 3} + \frac{(1/2\,\lambda\varrho)^6}{1\cdot 2\cdot 3\cdot 2\cdot 3\cdot 4} + \cdots\right.$$

$$\text{(III 17, 20)}$$

Mit Rücksicht auf (III 17, 17) liefert also (III 17, 20) die Entwicklung des erzeugenden Vektorpotentiales nach Potenzen von ϱ:

$$V\vartheta = \Pi\,\mu\,\frac{\varrho}{2}\left[h\,(z) - \frac{(\varrho/2)^2}{1\cdot 2}\frac{d^2h}{dz^2} + \frac{(\varrho/2)^4}{1\cdot 2\cdot 2\cdot 3}\frac{d^2h}{dz^4} - + \cdots\right]. \qquad \text{(III 17, 21)}$$

Sie stellt die explizite Lösung der gestellten Aufgabe dar.

III 18. Stromverteilung und Induktivität von Käfigringen.

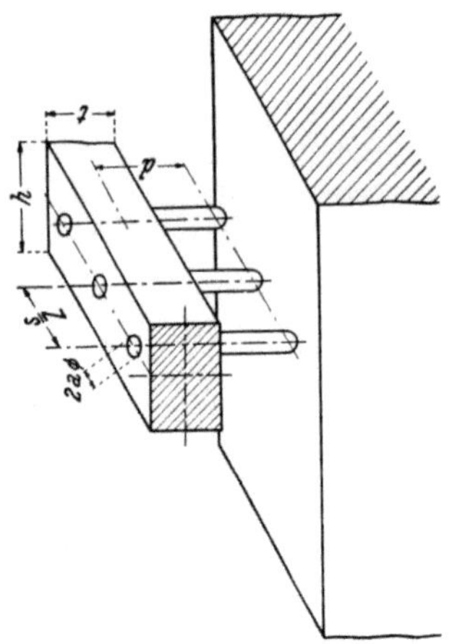

Abb. III 178. Orientierung am Käfigring.

a) Bei einer weit verbreiteten Klasse von Induktionsmotoren wird statt einer Wicklung im Läufer ein Käfig angewandt, dessen in den Ankernuten liegende Stableiter beiderseitig durch stromführende Ringe zu einem elektrisch in sich geschlossenem Systeme vereinigt werden. Gesucht wird das Magnetfeld des Ringes auf Grund der in ihm herrschenden Stromverteilung.

b) Wir behandeln symmetrische Käfigringe: Längs des gesamten, mittleren Ringumfanges s seien Z Stäbe in gleichmäßigen Abständen seitlich in den Ring eingeführt. Die periphere Krümmung des Ringes wird außer acht gelassen: Er wird aufgeschnitten und zu einer geraden Schiene gestreckt. Bei diesem Prozeß geht der Käfig in eine Reihe äquidistanter Stäbe über, welche sich längs der unbegrenzt zu denkenden Schiene mit der primitiven Wellenlänge s wiederholen. In Abb. III 178 ist der Ringquerschnitt als rechteckig von der Breite t und der Höhe h angenommen, und d bezeichnet den Abstand der Ringmitte vom aktiven Eisen des Leiters. Die Stäbe mögen Kreisquerschnitt je vom Halbmesser a besitzen; die Ebene ihrer Achsen falle in die Symmetrieebene des Ringes parallel zu seiner Breitseite. Um uns von konstruktiven Einzelheiten der Maschine im Gebiete ihres Hauptfeldes zu befreien, ersetzen wir das dort magnetisch inhomogene System durch einen virtuellen, homogenen Körper von der wirksamen Permeabilität μ.

c) Die Stäbe werden von $k = 0$ bis $k = Z — 1$ durchnumeriert; das nämliche Prinzip ordnet die Stabströme J_k. Jeder solche Strom soll mit der einheitlichen Kreisfrequenz ω harmonisch pulsieren; ihre Gesamtheit wird durch ein magnetisches Drehfeld induziert, welches längs s die „Polpaarzahl" p räumlich harmonischer Wellen aufweist. Wir rechnen die Stabströme als positiv, falls sie aus dem Ringe austreten; dann gilt

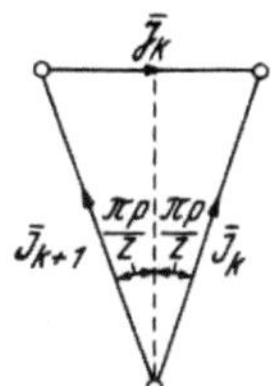

Abb. III 179. Vektordiagramm der Ringströme und der Stabströme.

$$J_k = \mathrm{Re}\,(\overline{J}_k\,e^{-i\omega t}); \quad \overline{J}_k = \overline{J}\,e^{\,i\,\frac{2\pi p}{Z}\,k}; \quad 0 \leqq k \leqq Z — 1. \qquad \text{(III 18, 1)}$$

c) Der Gang der Stabströme regelt, mittels des Ersten *Kirchhoff*schen Gesetzes, den *räumlichen Verlauf des Ringstromes:* Wir zählen ihn positiv im Sinne zunehmender k und bezeichnen mit I_k den Ringstrom zwischen dem Stabe k und dem Stabe $k + 1$

$$I_k — I_{k+1} = J_k. \qquad \text{(III 18, 2)}$$

Mit

$$I_k = \mathrm{Re}\,(\overline{I}_k\,e^{-i\omega t}); \quad \overline{I}_k = \overline{I}\,e^{\,i\,\frac{2\pi p}{Z}\,k}; \quad 0 \leqq k \leqq Z — 1 \qquad \text{(III 18, 3)}$$

entnimmt man aus III 18, 1) und (III 18, 2)

$$\overline{I}\left[e^{\,i\,\frac{2\pi p}{Z}\,k} — e^{\,i\,\frac{2\pi p}{Z}(k+1)}\right] \equiv \overline{I}_k\,e^{\,i\,\frac{\pi p}{Z}}\,\frac{2\sin\pi\,p/Z}{i} = \overline{J}_k; \quad \frac{|\overline{I}|}{|\overline{J}|} = \frac{1}{2\sin\pi\,p/Z}$$

$$\text{(III 18, 4)}$$

entsprechend Abb. III 179. Falls also die Polpaarzahl p ein ganzzahliges Vielfaches der Stabzahl Z ist, verschwinden sämtliche Stabströme; daher dürfen weiterhin alle $p = Z \cdot l$ [l ganzzahlig] außer Betracht bleiben.

d) Mittels der Ansätze (III 18, 1) und (III 18, 3) läßt sich trotz ihrer zunächst speziellen Gestalt der allgemeinste Stromzustand des Käfigs beschreiben: Ein beliebiges System von Z synchronen, einfach harmonischen Wechselströmen läßt sich eindeutig in Z symmetrische Teilstromsysteme der angeführten Form zerlegen. Beweis: Wir stellen das gegebene Stromsystem im Z-dimensionalen, unitären Raume durch den Vektor $\overline{J}$ der komplexen Komponenten $\overline{J}^k$ [$0 \leqq k \leqq Z — 1$] dar. Im gleichen Bezugssystem definieren wir den unitären Operator V [Versor] samt seinem reziproken Operator V^{-1} mittels der Matrizen

$$V^l{}_q = \frac{1}{\sqrt{Z}}\,e^{\,2\pi i\frac{l q}{Z}}; \quad (V^{-1})^k{}_p = (V^p{}_k)^* = \frac{1}{\sqrt{Z}}\,e^{\,-2\pi i\frac{p k}{Z}}; \quad [i = \sqrt{-1}\,].$$

$$\text{(III 18, 5)}$$

Durch die Drehung im unitären Raume

$$\overline{J}' = V\,\overline{J} \qquad \text{(III 18, 6)}$$

geht $\overline{J}$ in den Vektor $\overline{J}'$ über, dessen komplexe Komponenten lauten

$$\overline{J}'^{1} = \sum_{q=0}^{Z-1} V^{1}{}_{q}\,\overline{J}^{q} = \sum_{q=0}^{Z-1} \frac{1}{\sqrt{Z}}\,e^{2\pi i \frac{1q}{Z}}\,\overline{J}^{q}. \qquad\text{(III 18, 7)}$$

Mittels der Drehung V^{-1} kehren wir zu $\overline{J}$ zurück:

$$\overline{J} = V^{-1}\,\overline{J}'; \qquad \overline{J}^{k} = \sum_{p=0}^{Z-1} (V^{-1})^{k}{}_{p}\,\overline{J}'^{p} = \sum_{p=0}^{Z-1} \frac{1}{\sqrt{Z}}\,e^{-2\pi i \frac{pk}{Z}}\,\overline{J}'^{p}. \qquad\text{(III 18, 8)}$$

Daher offenbaren die für $p = 0, 1, 2, \ldots Z-1$ sukzessive gebildeten Stromsysteme

$$\overline{J}^{k}{}_{p} = \overline{J}'^{p}\,\frac{1}{\sqrt{Z}}\,e^{-2\pi i \frac{pk}{Z}}, \qquad\text{(III 18, 9)}$$

abgesehen von der hier aus formalen Gründen bevorzugten Stellung des Index k, die verlangten Eigenschaften: Die $\overline{J}'^{p}$ definieren die *symmetrischen Komponenten* [oder Koordinaten] von $\overline{J}$.

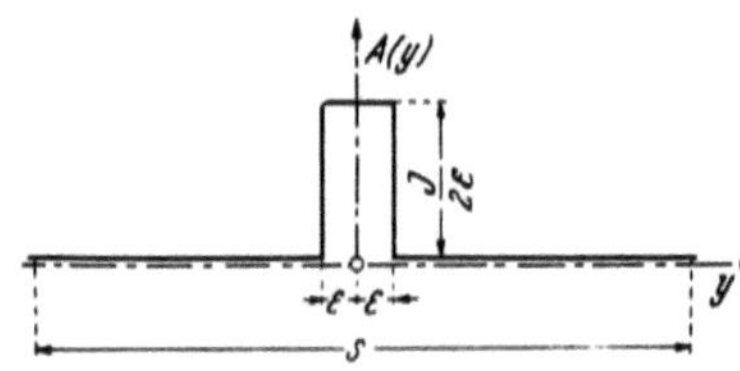

Abb. III 180. Flächenstrombelag des Einzelstabes.

e) Wir führen ein *Kartesi*sches Rechtssystem ein. Sein Ursprung liegt im Schnittpunkt der Stabachse k = 0, welche mit der x-Achse identifiziert wird, mit der als y-Achse dienenden gestreckten Mittellinie des Ringes; die z-Achse weist senkrecht nach oben. Demnach befindet sich der Käfig wesentlich in der Halbebene z = 0, x > 0; der Halbraum x < 0 repräsentiert, mit Ausnahme der nächsten Umgebung der y-Achse, ein stromfreies Gebiet, während der Halbraum x > d von dem homogenen Ersatzkörper des Maschineneisens erfüllt ist.

f) Von den vorgegebenen Leiterströmen gehen wir zur Flächenströmung in der Ebene z = 0 über. Zunächst werde der Stab k = 0 durch ein Band der Breite 2 ε ersetzt. Der Strom $\overline{J}_{0} \equiv \overline{J}$ liefert entsprechend Abb. III 180 nur in $-\varepsilon < y < \varepsilon$ den endlichen Strombelag

$$\overline{A}^{0} = \frac{\overline{J}}{2\,\varepsilon}, \qquad\text{(III 18, 10)}$$

Für $\varepsilon \to 0$ wird er durch die *Fourier*sche Reihe dargestellt

$$\overline{A}^{0}(y) = \sum_{n=0}^{\infty}{}' \overline{A}_{n} \cos 2\pi n \frac{y}{s}; \qquad \overline{A}_{0} = \frac{\overline{J}}{s}; \qquad \overline{A}_{n\neq 0} = 2\frac{\overline{J}}{s}.$$

$$\text{(III 18, 11)}$$

Um diese Gleichung auf den Stab $k \neq 0$ zu verallgemeinern, haben wir seine räumliche Vorverschiebung um (k/Z) s und die zeitliche Nacheilung seines Stromes um (2 π p/Z) k gegenüber k = 0 in Rechnung zu stellen:

$$\overline{A}^{k}(y) = \frac{\overline{J}}{s}\,e^{i\frac{2\pi p}{Z}k}\left[1 + 2\sum_{n=1}^{\infty} \cos 2\pi n \frac{y-(k/Z)s}{s}\right]. \qquad\text{(III 18, 12)}$$

Summation über k liefert den resultierenden Strombelag aller Stäbe:

$$\overline{A}(y) = \sum_{k=0}^{Z-1} \overline{A}^k(y). \qquad\qquad \text{(III 18, 13)}$$

Für die *Fourier*sche Komponente $n = 0$ erhält man

$$\overline{A}_0(y) = \frac{\overline{J}}{s} \sum_{k=0}^{Z-1} e^{-i\frac{2\pi p}{Z}k} = \frac{\overline{J}}{s} \frac{1 - e^{-i\,2\pi p}}{1 - e^{-i\,2\pi\frac{p}{Z}}} \equiv 0 \qquad \text{(III 18, 14)}$$

wegen der Auswahlregel $Z \neq p\,\mathrm{l}$. Für Ordnungszahlen $n \neq 0$ dagegen findet man

$$\overline{A}_{n\neq 0}(y) = \frac{\overline{J}}{s} 2 \sum_{k=0}^{Z-1} e^{i\frac{2\pi p}{Z}k} \cos 2\pi n \frac{y - (k/Z)s}{s} \equiv$$

$$\equiv \frac{\overline{J}}{s} \sum_{k=0}^{Z-1} e^{i\frac{2\pi p}{Z}k} \left[e^{i2\pi n\frac{y}{s}} e^{-i\,2\pi n\frac{k}{Z}} + e^{-i\,2\pi n\frac{y}{s}} e^{-i\,2\pi n\frac{k}{Z}} \right] =$$

$$= \frac{\overline{J}}{s} [\Sigma_1 + \Sigma_2]; \qquad \Sigma_1 = e^{i2\pi n\frac{y}{s}} \frac{1 - e^{-i\,2\pi(p-n)}}{1 - e^{-i\,2\pi(p-n)\frac{1}{Z}}};$$

$$\Sigma_2 = e^{i\,2\pi n\frac{y}{s}} \frac{1 - e^{-i\,2\pi(p+n)}}{1 - e^{-i\,2\pi(p+n)\frac{1}{Z}}}. \qquad \text{(III 18, 15)}$$

Vermöge der genannten Auswahlregel liefern demnach nur jene *Fourier*schen Komponenten einen endlichen Beitrag zu $\overline{A}$, welche der Bedingung genügen

$$p \mp n = \mathrm{l}Z \qquad \text{für } \frac{\Sigma_1}{\Sigma_2}; \qquad -\infty < \mathrm{l} < \infty. \qquad \text{(III 18, 16)}$$

Sei etwa $Z > p$, so besitzt wegen $n > 0$ die Summe $\dfrac{\Sigma_1}{\Sigma_2}$ nur für

$$n = \frac{p - \mathrm{l}Z}{\mathrm{l}Z - p} \text{ einen endlichen Wert:}$$

$$\Sigma_1 = Z\,e^{-i(\mathrm{l}Z-p)2\pi\frac{y}{s}}; \qquad \mathrm{l} = 0, -1, -2, \ldots; \qquad \Sigma_2 = Z\,e^{-i(\mathrm{l}Z-p)2\pi\frac{y}{s}};$$

$$\mathrm{l} = 1, 2, \ldots \qquad\qquad \text{(III 18, 17)}$$

und durch Substitution in (III 18, 14) folgt die Gleichung

$$\overline{A}(y) = \sum_{\mathrm{l}=-\infty}^{\infty} \overline{A}_\mathrm{l}(y) = \frac{\overline{J}}{s} Z \sum_{\mathrm{l}=-\infty}^{\infty} e^{-i(\mathrm{l}Z-p)2\pi\frac{y}{s}}, \qquad \text{(III 18, 18)}$$

welche auch für $Z < p$ richtig bleibt. Zwecks Interpretation dieses Resultates fügen wir den Faktor $e^{-i\omega t}$ hinzu und erhalten für reelles $\overline{J} \equiv J$:

$$A(y, t) = \mathrm{Re}\,[\overline{A}(y)\,e^{-i\omega t}] = \frac{J}{s} Z \sum_{-\infty}^{\infty} \cos\left\{\omega t - (p - \mathrm{l}Z)\,2\pi\frac{y}{s}\right\}.$$

$$\text{(III 18, 19)}$$

Jedes Glied der Summe schildert ein Drehfeld, welches in Richtung der positiven y-Achse mit der Phasengeschwindigkeit

$$v_l = \frac{\omega\,s}{2\,\pi\,p}\cdot\frac{1}{p - lZ}\,; \qquad -\infty < l < \infty \qquad \text{(III 18, 20)}$$

voranschreitet. Für $Z > p$ drehen sich alle Felder $l \leqq 0$ vorwärts, die Felder $l > 0$ rückwärts; im Falle $Z \leqq p$ kehrt sich diese Klassifikation um. Wird $2\,p$ genau ein ungeradzahliges Vielfache von Z, so erscheinen im Gesamtspektrum stets paarweise gegenläufige Drehfelder je gleicher Amplitude, welche sich zu einer stehenden Welle zusammensetzen; sie geben Anlaß zu den Schleicherscheinungen der Käfiganker und werden möglichst unterdrückt.

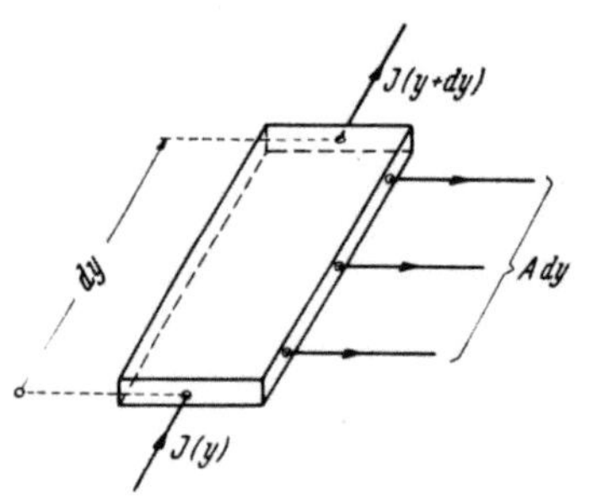

Abb. III 181. Beziehung zwischen Flächenstrom und Ringstrom.

g) In Abb. III 181 ist der Ring schematisch als bandförmiger Leiter dargestellt, welcher durch die zur x-Achse parallelen Flächenströme gespeist wird. Der Ringstrom I genügt somit der Kontinuitätsgleichung

$$\frac{dI}{dy} = -A, \qquad \text{(III 18, 21)}$$

so daß man durch Integration von (III 18. 18) zur *Fourier*schen Analyse des Ringstromes gelangt

$$\overline{I} = -\overline{J}\,Z\cdot i\cdot \sum_{l=-\infty}^{\infty} \frac{e^{-i(lZ-p)\,2\pi\frac{y}{s}}}{(lZ-p)\,2\,\pi}\,;$$

$$I\,(y,\,t) = +\,J\cdot Z\,\frac{\sin\{\omega\,t - (p - lZ)\,2\,\pi\,y/s\}}{(p - lZ)\,2\,\pi}. \qquad \text{(III 18, 22)}$$

h) Wir fassen Stab- und Ringströmung mittels der in der ganzen Ebene $z = 0$ definierten *Durchflutungsfunktion* D (x, y) zusammen, aus welcher wir die Komponenten A_x und A_y des Strombelages nach der Vorschrift herleiten

$$A_x = \frac{\partial D}{\partial y}\,; \qquad A_y = -\frac{\partial D}{\partial x}. \qquad \text{(III 18, 23)}$$

Damit befriedigt man identisch die Kontinuitätsgleichung

$$\frac{\partial A_x}{\partial x} + \frac{\partial A_y}{\partial y} = 0.$$

Vermöge der Linearität der Feldgleichungen resultiert das Feld aus jenen Komponenten, deren jede einer harmonischen Welle des Flächenstrombelages entspricht: Für einen passenden Zeitpunkt ist

$$D = D_0 \cos\frac{\pi}{\tau}y \qquad \text{für } x > 0; \qquad D = 0 \text{ für } x < 0 \qquad \text{(III 18, 24)}$$

mit

$$\tau = \frac{s}{2\,(p - lZ)}\,; \qquad D_0 = \frac{\tau}{\pi}\frac{J}{s}Z = \frac{1}{2\,\pi}J\frac{Z}{p - lZ}. \qquad \text{(III 18, 25)}$$

Die nicht-analytische Darstellung (III 18, 24) kann durch das *Fourier*-sche Integral umgangen werden

$$D = D_0 \cos \frac{\pi}{\tau} y \, \frac{1}{2\,\pi\,i} \int_{-i\infty}^{+i\infty} \frac{e^{w\,x}}{w} \, dw. \qquad\qquad (III\ 18,\ 26)$$

Der Integrationsweg verläuft längs der v-Achse der komplexen $w = u + i\,v$-Ebene, unter Ausschluß des Nullpunktes durch einen kleinen Halbkreis in $u > 0$.

i) Im Einklang mit der Kinematik der Flächenströme offenbart das Vektorpotential des magnetischen Feldes die beiden Komponenten V_x und V_y; sie genügen für alle $z \neq 0$ je der *Laplace*schen Gleichung und sind überdies durch

$$\operatorname{div} V = \frac{\partial V_x}{\partial x} + \frac{\partial V_y}{\partial y} = 0 \qquad\qquad (III\ 18,\ 27)$$

miteinander gekoppelt. Die drei Induktionskomponenten berechnen sich nach der Vorschrift

$$B_x = -\frac{\partial V_y}{\partial x}; \qquad B_y = \frac{\partial V_x}{\partial z}; \qquad B_z = \frac{\partial V_y}{\partial x} - \frac{\partial V_x}{\partial y}. \qquad (III\ 18,\ 28)$$

k) Als Primärfeld definieren wir jenes, das sich bei Abwesenheit des Maschineneisens ausbildet. Wegen $\mu = 1$ folgen dann die Feldstärke-komponenten aus (III 18, 28) durch Division mit Π. Daher lauten die Randbedingungen des Primärfeldes in $z = 0$

1.

$$H_{x(+0)} - H_{x(-0)} = -\frac{1}{\Pi}\left\{\left(\frac{\partial V_y}{\partial z}\right)_{+0} - \left(\frac{\partial V_y}{\partial z}\right)_{-0}\right\} = A_y = -\frac{\partial D}{\partial x},$$

$$H_{y(+0)} - H_{y(-0)} = \frac{1}{\Pi}\left\{\left(\frac{\partial V_x}{\partial z}\right)_{+0} - \left(\frac{\partial V_x}{\partial z}\right)_{-0}\right\} = -A_x = -\frac{\partial D}{\partial y},$$

$$(III\ 18,\ 29)$$

2.

$$B_{z(+0)} = \left(\frac{\partial V_y}{\partial x} - \frac{\partial V_x}{\partial y}\right)_{+0} = B_{z(-0)} = \left(\frac{\partial V_y}{\partial x} - \frac{\partial V_x}{\partial y}\right)_{-0}. \qquad (III\ 18,\ 30)$$

Um zunächst jedesmal der *Laplace*schen Gleichung samt der Neben-bedingung (III 18, 27) zu genügen, wählen wir, mit einer zunächst noch beliebigen Funktion f (w) die Ansätze

$$V_x = \Pi\,D_0 \frac{\pi}{\tau} \sin\frac{\pi}{\tau} y \, \frac{1}{2\,\pi\,i} \int_{-i\infty}^{i\infty} f\,(w) \, \frac{e^{w\,x \mp \sqrt{\frac{\pi^2}{\tau^2} - w^2}\,z}}{w} \, dw \left.\right\}$$

$$V_y = \Pi\,D_0 \cos\frac{\pi}{\tau} y \, \frac{1}{2\,\pi\,i} \int_{-i\infty}^{+i\infty} f\,(w)\, e^{w\,x \mp \sqrt{\frac{\pi^2}{\tau^2} - w^2}\,z} \, dw \left.\right\} \quad z \gtrless 0. \quad (III\ 18,\ 31)$$

Aus Konvergenzgründen ist hierin stets derjenige Zweig von $\sqrt{\pi^2/\tau^2 - w^2}$ zu benützen, dessen Realteil positiv ausfällt. Man überzeugt sich, daß mit (III 18, 31) sogleich (III 18, 30) identisch in f (w) befriedigt ist; daher liefert (III 18, 29) zur Bestimmung dieser Funktion die Doppelgleichung

$$D_0 \cos \frac{\pi}{\tau} y \frac{1}{2\pi i} \int_{-i\infty}^{+i\infty} f(w)\, 2 \sqrt{\frac{\pi^2}{\tau^2} - w^2}\, e^{w x}\, dw = -D_0 \cos \frac{\pi}{\tau} y \frac{1}{2\pi i} \int_{-i\infty}^{+i\infty} e^{w x}\, dw$$

$$-D_0 \frac{\pi}{\tau} \sin \frac{\pi}{\tau} y \frac{1}{2\pi i} \int_{-i\infty}^{+i\infty} f(w)\, 2 \sqrt{\frac{\pi^2}{\tau^2} - w^2}\, \frac{e^{w x}}{w}\, dw = D_0 \frac{\pi}{\tau} \sin \frac{\pi}{\tau} y \frac{1}{2\pi i} \int \frac{e^{w x}}{w}\, dw$$

$$\text{(III 18, 32)}$$

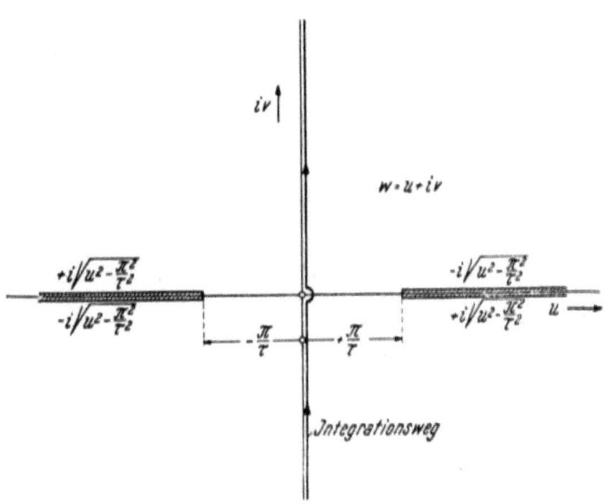

Abb. III 182. Verzweigungscharakter der Funktion $\sqrt{\dfrac{\pi^2}{\tau^2} - w^2}$.

mit der einheitlichen Lösung

$$f(w) = -\frac{1}{2\sqrt{\dfrac{\pi^2}{\tau^2} - w^2}}, \qquad \text{(III 18, 33)}$$

also

$$\left.\begin{aligned}
V_x &= -\frac{\Pi}{2} D_0 \frac{\pi}{\tau} \sin \frac{\pi}{\tau} y \cdot \frac{1}{2\pi i} \int_{-i\infty}^{+i\infty} \frac{e^{w x \mp \sqrt{\frac{\pi^2}{\tau^2} - w^2}\, z}}{w \sqrt{\dfrac{\pi^2}{\tau^2} - w^2}}\, dw \\[2ex]
V_y &= -\frac{\Pi}{2} D_0 \cos \frac{\pi}{\tau} y \cdot \frac{1}{2\pi i} \int_{-i\infty}^{+i\infty} \frac{e^{w x \mp \sqrt{\frac{\pi^2}{\tau^2} - w^2}\, z}}{\sqrt{\dfrac{\pi^2}{\tau^2} - w^2}}\, dw
\end{aligned}\right\} \quad z \gtrless 0. \quad \text{(III 18, 34)}$$

l) Die Berechnung von V_y führt auf bekannte Funktionen:

1. Längs der Verzweigungsschnitte von $\sqrt{\pi^2/\tau^2 - w^2}$ ist definitionsgemäß, nach Wahl eines hinreichend kleinen, positiv-rellen ε

$$\sqrt{\frac{\pi^2}{\tau^2} - w^2} = \varepsilon + i\,\zeta; \qquad w = \pm \sqrt{\frac{\pi^2}{\tau^2} + \zeta^2} \mp i\,\varepsilon \frac{\zeta}{\sqrt{\dfrac{\pi^2}{\tau^2} + \zeta^2}} + \cdots,$$

$$\text{(III 18, 35)}$$

so daß sie nach Abb. III **182** mit $|u| \geqq \pi/\tau$ koinzidieren; auf dem $\genfrac{}{}{0pt}{}{\text{oberen}}{\text{unteren}}$ rechten Ufer ist der $\genfrac{}{}{0pt}{}{\text{negative}}{\text{positive}}$ Wert der [reellen] Wurzel $\sqrt{w^2 - \pi^2/\tau^2}$ zu benützen, auf dem linken Verzweigungsschnitt gilt die umgekehrte Vorschrift.

2. Wir gehen mittels

$$w = u + i\,v = \frac{\pi}{\tau}\cos\gamma = \frac{\pi}{\tau}\,[\cos\alpha\cosh\beta - i\sin\alpha\sinh\beta] \qquad \text{(III 18, 36)}$$

auf die komplexe $\gamma = \alpha + i\,\beta$-Ebene über: Ein volles Exemplar der [aufgeschnittenen] w-Ebene wird beispielsweise in $\pi < \alpha < 2\,\pi$ transformiert. Dabei geht $u < -\pi/\tau$ in $\alpha = \pi$, $u > \pi/\tau$ in $\alpha = 2\,\pi$ über. Wegen

$$\frac{\pi}{\tau}\sin\gamma = \frac{\pi}{\tau}\,[\sin\alpha\cosh\beta + i\cos\alpha\sinh\beta] \qquad \text{(III 18, 37)}$$

hat man also gemäß (III 18, 35) $\sqrt{w^2 - \pi^2/\tau^2} = -\pi/\tau\sin\gamma$ zu setzen.

3. Durch Substitution von (III 18, 36) in (III 18, 34) folgt für $z > 0$

$$V_y = -\frac{\Pi}{2}\,D_0\cos\frac{\pi}{\tau}\cdot y\,\frac{1}{2\,\pi\,i}\int e^{\frac{\pi}{\tau}\,x\cos\gamma\,+\,\frac{\pi}{\tau}\,z\sin\gamma}\,d\gamma. \qquad \text{(III 18, 38)}$$

Der Integrationsweg läuft längs $\alpha = 3/2\,\pi$ von $\beta = -\infty$ nach $\beta = \infty$.

4. Wir setzen

$$\varrho = \sqrt{x^2 + z^2}\,; \qquad \cos\vartheta = \frac{x}{\varrho}\,; \qquad \sin\vartheta = \frac{z}{\varrho}\,; \qquad 0 \leqq \vartheta \leqq \pi \qquad \text{(III 18, 39)}$$

und erhalten mit $\gamma' = \alpha' + i\,\beta' = \gamma - \vartheta$ aus (III 18, 38)

u	0,0	0,2	0,4	0,6	0,8	u	0,0	0,2	0,4	0,6	0,8
0,0	0,0000	0,0640	0,1103	0,1502	0,1857	2,0	0,9351	0,9363	0,9379	0,9383	0,9406
0,1	0,2176	0,2474	0,2751	0,3009	0,3252	2,1	0,9419	0,9431	0,9443	0,9455	0,9467
0,2	0,3482	0,3699	0,3805	0,4101	0,4287	2,2	0,9479	0,9490	0,9501	0,9511	0,9521
0,3	0,4465	0,4636	0,4800	0,4957	0,5108	2,3	0,9531	0,9541	0,9550	0,9559	0,9568
0,4	0,5243	0,5382	0,5508	0,5635	0,5759	2,4	0,9577	0,9586	0,9595	0,9603	0,9611
0,5	0,5879	0,5994	0,6106	0,6214	0,6318	2,5	0,9619	0,9627	0,9635	0,9642	0,9649
0,6	0,6419	0,6516	0,6610	0,6701	0,6789	2,6	0,9656	0,9663	0,9670	0,9677	0,9683
0,7	0,6874	0,6957	0,7037	0,7114	0,7189	2,7	0,9689	0,9695	0,9701	0,9707	0,9713
0,8	0,7262	0,7333	0,7402	0,7469	0,7534	2,8	0,9719	0,9725	0,9730	0,9735	0,9740
0,9	0,7597	0,7658	0,7717	0,7774	0,7829	2,9	0,9745	0,9750	0,9755	0,9759	0,9763
1,0	0,7883	0,7935	0,7986	0,8036	0,8085	3,0	0,9767	0,9771	0,9775	0,9779	0,9783
1,1	0,8132	0,8176	0,8223	0,8266	0,8308	3,1	0,9787	0,9791	0,9795	0,9799	0,9803
1,2	0,8349	0,8389	0,8428	0,8466	0,8503	3,2	0,9806	0,9809	0,9812	0,9815	0,9818
1,3	0,8539	0,8574	0,8608	0,8641	0,8673	3,3	0,9821	0,9824	0,9827	0,9830	0,9833
1,4	0,8704	0,8735	0,8765	0,8794	0,8822	3,4	0,9836	0,9839	0,9842	0,9845	0,9848
1,5	0,8849	0,8876	0,8901	0,8927	0,8952	3,5	0,9851	0,9853	0,9855	0,9858	0,9860
1,6	0,8976	0,9000	0,9023	0,9058	0,9067	3,6	0,9862	0,9864	0,9866	0,9868	0,9870
1,7	0,9088	0,9109	0,9129	0,9149	0,9168	3,7	0,9872	0,9874	0,9876	0,9878	0,9880
1,8	0,9187	0,9205	0,9223	0,9240	0,9257	3,8	0,9882	0,9884	0,9886	0,9888	0,9890
1,9	0,9274	0,9290	0,9306	0,9321	0,9336	3,9	0,9892	0,9894	0,9896	0,9897	0,9898
2,0	0,9351	0,9365	0,9379	0,9383	0,9406	4,0	0,9899	0,9900	0,9901	0,9902	0,9903

$$V_y = -\frac{\Pi}{2} D_0 \cos \frac{\pi}{\tau} y \frac{1}{2\pi i} \int e^{i\left[-i\frac{\pi}{\tau}\varrho\right]\cos\gamma'} \, d\gamma', \quad \text{(III 18, 40)}$$

wobei der Integrationsweg in der γ'-Ebene im Streifen $\pi/2 < \alpha' < 3/2\,\pi$ von $\beta' = -\infty$ bis $\beta' = \infty$ verläuft; der *Cauchy*sche Satz verbürgt seine freie Beweglichkeit innerhalb dieses Gebietes, da der Integrand nach (III 18, 36) [man vertausche γ mit γ'] für $|\beta'| \to \infty$ exponentiell verschwindet.

5. Das auf dem angegebenen Wege berechnete *Sommerfeld*sche Integral

$$\frac{1}{\pi} \int e^{i\left[-i\frac{\pi}{\tau}\varrho\right]\cos\gamma'} \, d\gamma' = H_0^{(2)}\left(-i\frac{\pi}{\tau}\varrho\right) = -H_0^{(1)}\left(i\frac{\pi}{\tau}\varrho\right) \quad \text{(III 18, 41)}$$

definiert die *Hankel*schen Zylinderfunktionen der Ordnung 0 und der Art (1) oder (2). Daher liefert (III 18, 40)

$$V_y = -\Pi \frac{D_0}{4} \cos \frac{\pi}{\tau} y \, i \, H_0^{(1)}\left(i\frac{\pi}{\tau}\varrho\right). \quad \text{(III 18, 42)}$$

m) Aus (III 18, 27) und (III 18, 42) folgt für die Komponente V_x des Vektorpotentiales

$$V_x = -\Pi \frac{D_0}{4} \sin \frac{\pi}{\tau} y \left\{ \int_{-\infty}^{x} i \, H_0^{(1)}\left(i\frac{\pi}{\tau}\varrho\right)\frac{\pi}{\tau} \, dx + g(z) \right\}, \quad \text{(III 18, 43)}$$

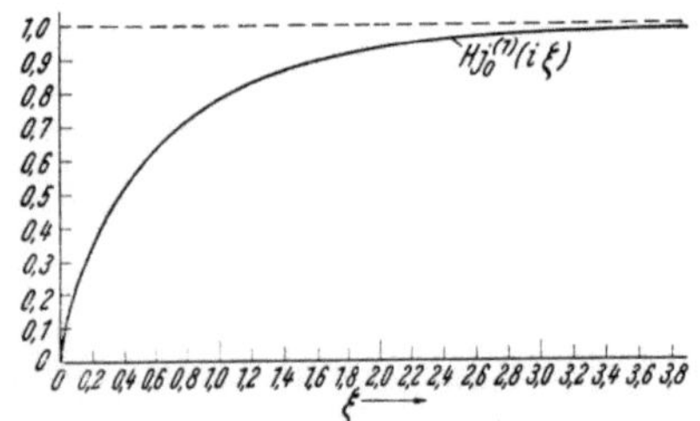

Abb. III 183. Die integrale Zylinderfunktion.

$$H_j^{(1)}(i\,\xi) = \int_0^{\xi} i \, H_0^{(1)}(i\,\xi') \, d\xi'.$$

wobei $g(z)$ eine vorerst noch unbekannte Funktion von z allein bedeutet. Beschränken wir uns jedoch auf die Ebene $z = 0$, so dürfen wir $g(0) = 0$ setzen und schreiben

$$V_z = V_{x_0} - \Pi \frac{D_0}{4} \sin \frac{\pi}{\tau} y \int_0^{(\pi/\tau)x} i \, H_0^{(1)}(i\,\xi) \, d\xi;$$

$$V_{x_0} = -\Pi \frac{D_0}{4} \sin \frac{\pi}{\tau} y \int_0^{\infty} i \, H_0^{(1)}(i\,\xi) \, d\xi$$

$$\text{für} \qquad z = 0. \qquad \text{(III 18, 44)}$$

Wir definieren die integrale Zylinderfunktion $Hj_0^{(1)}(i\,\xi)$ durch

$$Hj_0^{(1)}(i\,\xi) = \int_0^{\xi} i \, H_0^{(1)}(i\,\xi') \, d\xi'; \qquad Hj_0^{(1)}(-i\,\xi) = -Hj_0^{(1)}(i\,\xi)$$

$$\text{(III 18, 45)}$$

mit den in der Tabelle und in Abb. III 183 aufgeführten numerischen Werten; insbesondere entnimmt man aus (III 18, 41) und (III 18, 36)

$$\lim_{\xi \to \infty} Hj_0^{(1)}(i\,\xi) = \frac{1}{\pi} \int_{\beta=-\infty}^{\infty} d\beta \int_{\xi=0}^{\infty} e^{-\xi\cosh\beta} \, d\xi = \frac{1}{\pi} \int_{-\infty}^{+\infty} \frac{d\beta}{\cosh\beta} = \frac{2}{\pi} \arctan \beta \Big|_{-\infty}^{+\infty} = 1,$$

$$\text{(III 18, 46)}$$

also

$$V_x = -\,\Pi\,\frac{D_0}{4}\sin\frac{\pi}{\tau}\,y\left[1 + Hj_0^{(1)}\left(i\frac{\pi}{\tau}x\right)\right]. \qquad \text{(III 18, 47)}$$

n) In der Kontrollebene $z = 0$ herrscht gemäß (III 18, 28) die Normalinduktion

$$B_z = \left(\frac{\partial V_y}{\partial x} - \frac{\partial V_x}{\partial y}\right)_{z=0} = \Pi\,\frac{D_0}{4}\frac{\pi}{\tau}\cos\frac{\pi}{\tau}\,y\left[1 + \left\{Hj_0^{'(1)}\left(i\frac{\pi}{\tau}x\right) - H_1^{(1)}\left(i\frac{\pi}{\tau}x\right)\right\}\right].$$
$$\text{(III 18, 48)}$$

Abb. III 184 zeigt sie als Funktion von $\dfrac{\pi}{\tau}x$ im Verhältnis zu dem Grenzwerte

$$\lim_{\frac{\pi}{\tau}x \to \infty} B_z = \Pi\,\frac{D_0}{2}\frac{\pi}{\tau}\cos\frac{\pi}{\tau}\,y\,;$$

innerhalb des Ringbereiches wurde diese Kurve durch eine den Nullpunkt schneidende Gerade approximiert.

o) Wir verteilen die Induktivität des Ringes gleichmäßig als Zusatz-Induktivität L auf alle Stäbe des Käfigs, indem wir die auf den Ring entfallende Freie magnetische Energie in der Form ansetzen

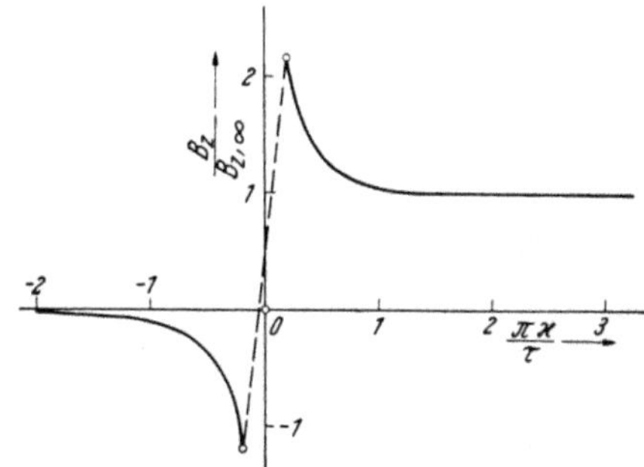

Abb. III 184. Die Normalkomponente der magnetischen Induktion in der Umgebung eines Käfigringes für $\dfrac{\pi\,\varrho}{\tau} = 0{,}2$. Abszisse: Numerischer Abstand von der Ringebene. Ordinate: Normalinduktion im Verhältnis zu ihrem Grenzwert über der Wicklung.

$$W = \frac{1}{2}L\sum_{k=0}^{Z-1} J_k^2 = \frac{1}{2}L\cdot\frac{Z}{2}J_{\max}^2. \qquad \text{(III 18, 49)}$$

Diese Energie sitzt in den Raumelementen dT der von der Dichte j des Stromes erfüllten Leiter; sie zerfällt in die zwei Anteile

$$W_y = \frac{1}{2}\iiint V_y\,j_y\,dT\,; \qquad W_x = \frac{1}{2}\iiint V_x\,j_x\,dT. \qquad \text{(III 18, 50)}$$

1. Wir beschäftigen uns mit W_y. Der in Wahrheit massive Ring wird durch ein Hohlrohr vom Halbmesser a_m ersetzt, welcher dem mittleren geometrischen Abstand des Rechteckquerschnittes von sich selbst gleicht [Ziffer III 8]:

$$\ln\frac{a_m}{\sqrt{h^2 + t^2}} = -\frac{25}{12} - \frac{1}{6}\left\{\left(\frac{h}{t}\right)^2\ln\sqrt{1 + \left(\frac{t}{h}\right)^2} + \left(\frac{t}{h}\right)^2\ln\sqrt{1 + \left(\frac{h}{t}\right)^2}\right\} +$$
$$+ \frac{2}{3}\left\{\frac{h}{t}\operatorname{arctg}\frac{t}{h} + \frac{t}{h}\operatorname{arctg}\frac{h}{t}\right\}. \qquad \text{(III 18, 51)}$$

Nun ist der Ringstrom die Summe harmonischer Komponenten der Gestalt

$$I_y = -\,D_0\cos\frac{\pi}{\tau}\,y. \qquad \text{(III 18, 52)}$$

Jeder solchen korrespondiert je Ringabschnitt der Länge $2\,\tau$ die Freie Energie

$$\Delta W_y = \frac{1}{2}\,\Pi\,\frac{D_0{}^2}{4}\,\tau\,i\,H_0^{(1)}\left(i\frac{\pi}{\tau}\,a_m\right). \qquad \text{(III 18, 53)}$$

Falls $\pi/\tau\,a_m \ll 1$ ist, darf man die Näherung benützen

$$\Delta W_y = \frac{1}{2}\,\Pi\,\frac{D_0{}^2}{4}\,\tau\cdot\frac{2}{\pi}\ln\frac{2}{\gamma\,(\pi/\tau)\,a_m}\,;\qquad \gamma = 1{,}7811. \quad \text{(III 18, 54)}$$

2. Zwecks Berechnung von W_x betrachten wir vorübergehend an Stelle des Ringes allein den Abschnitt $0 \leqq x \leqq x_0$ des Systemes und finden je Polpaar als Anteil der Stromkomponente (III 18, 52)

$$\Delta W_x' = \frac{1}{2}\int\limits_{x=0}^{x_0}\int\limits_{y=0}^{2\,\tau} A_x\,V_x\,dx\,dy = \frac{1}{2}\,\Pi\,\frac{D_0{}^2}{2}\,\tau\int\limits_{\xi=0}^{\frac{\pi}{\tau}x_0}\frac{1 + Hj_0^{(1)}(i\,\xi)}{2}\,d\xi. \quad \text{(III 18, 55)}$$

Der Integrand nähert sich mit wachsendem ξ rasch der Grenze 1. Wir zerlegen deshalb

$$\Delta W_x' = \frac{1}{2}\,\Pi\,\frac{D_0{}^2}{2}\,\tau\int\limits_{\xi=0}^{\frac{\pi}{\tau}x_0}d\xi - \frac{1}{2}\,\Pi\,\frac{D_0{}^2}{2}\,\tau\int\limits_{\xi=0}^{\frac{\pi}{\tau}x_0}\frac{1 - Hj_0^{(1)}(i\,\xi)}{2}\,d\xi. \quad \text{(III 18, 56)}$$

Hierin ist

$$\frac{1}{2}\,\Pi\,\frac{D_0{}^2}{2}\,\tau\int\limits_{0}^{\frac{\pi}{\tau}x_0}d\xi = \frac{1}{2}\,\Pi\,\frac{D_0{}^2}{2}\,\tau\,\frac{\pi}{\tau}\,x_0 \qquad \text{(III 18, 57)}$$

als Energie des Abschnittes $0 \leqq x \leqq x_0$ einer in x-Richtung homogenen, unbegrenzten Flächenströmung zu interpretieren, die wir etwa kurz als Energie der Stäbe bezeichnen. Demnach schildert

$$\Delta W_x = -\frac{1}{2}\,\Pi\,\frac{D_0{}^2}{2}\,\tau\int\limits_{0}^{\frac{\pi}{\tau}x_0}\frac{1 - Hj_0^{(1)}(i\,\xi)}{2}\,d\xi \qquad \text{(III 18, 58)}$$

die Verringerung dieser Feldenergie durch den Ring, sie besitzt für $\frac{\pi}{\tau}x_0 \to \infty$ den Grenzwert

$$\lim_{\frac{\pi}{\tau}x_0\to\infty}\Delta W_x = -\frac{1}{2}\,\Pi\,\frac{D_0{}^2}{2}\,\tau\int\limits_{0}^{\infty}\frac{1 - Hj_0^{(1)}(i\,\xi)}{2}\,d\xi. \quad \text{(III 18, 59)}$$

Durch unbestimmte Teilintegration folgt nun

$$\int H\,j_0^{(1)}(i\,\xi)\,d\xi = \xi\,H\,j_0^{(1)}(i\,\xi) - \int \xi\,i\,H_0^{(1)}(i\,\xi)\,d\xi = \xi\,Hj_0^{(1)}(i\,\xi) - \xi\,H_1^{(1)}(i\,\xi),$$

$$\text{(III 18, 60)}$$

also

$$\lim_{\frac{\pi}{\tau}x_0\to\infty}\Delta W_x = -\frac{1}{2}\,\Pi\,\frac{D_0{}^2}{4}\,\tau\left[\xi - \xi\,H\,j_0^{(1)}(i\,\xi) + \xi\,H_1^{(1)}(i\,\xi)\right]_{0}^{\infty} = -\frac{1}{2}\,\Pi\,\frac{D_0{}^2}{4}\,\tau\cdot\frac{2}{\pi}.$$

$$\text{(III 18, 61)}$$

Durch Zusammenfassung von (III 18, 53) und (III 18, 61) resultiert die Freie Energie, welche den Ring je Polpaar auszeichnet:

$$\varDelta W = \varDelta W_y + \lim_{\frac{\pi}{\tau}x_0 \to \infty} \varDelta W_x = \frac{1}{2}\,\Pi\,D_0{}^2\,\frac{\tau}{2\,\pi}\left[\frac{\pi}{2}\,i\,H_0^{(1)}\left(i\,\frac{\pi}{\tau}\,a_m\right) - 1\right].$$

$$(III\ 18,\ 62)$$

Da nun (III 18, 49) auf den ganzen Ring bezogen ist, hat man beim Übergang von $\varDelta W$ zu W die Polteilung τ durch die halbe Ringlänge zu ersetzen. Mit (III 18, 25) findet man also nach Summation über alle *Fourier*schen Ordnungszahlen

$$W = \frac{1}{2}\,\Pi\,J^2{}_{max}\left(\frac{Z}{2\,\pi}\right)^2\left(\frac{s/2}{2\,\pi}\right)\sum_{l=-\infty}^{\infty}\left(\frac{1}{l\,Z-p}\right)^2\left[\frac{\pi}{2}\,i\,H_0^{(1)}\left\{i\,\frac{\pi}{s}\,2\,(p-l\,Z)\,a_m\right\} - 1\right].$$

$$(III\ 18,\ 63)$$

und die Induktivität

$$L = \Pi\left(\frac{Z}{2\,\pi}\right)^2 \cdot \frac{s}{2\,\pi\,Z}\sum_{l=-\infty}^{\infty}\left(\frac{1}{l\,Z-p}\right)^2\left[\frac{\pi}{2}\,i\,H_0^{(1)}\left\{i\,\frac{\pi}{s}\,2\,(p-l\,Z)\,a_m\right\} - 1\right].$$

$$(III\ 18,\ 64)$$

Hierin mißt s/Z die Länge des Ringes je Stab und $Z/(2\,\pi\,p)$ gibt — für hinreichend hohe Stabzahlen — das Übersetzungsverhältnis Ringstrom : Stabstrom an. Man kann, unter solchen Bedingungen,

$$\lambda = \frac{L}{(s/Z)} \cdot \left(\frac{2\,\pi\,p}{Z}\right)^2 = \frac{\Pi}{2\,\pi}\sum_{l=-\infty}^{\infty}\left(\frac{1}{l\,Z-p}\right)^2\left[\frac{\pi}{2}\,i\,H_0^{(1)}\left\{i\,\frac{\pi}{s}\,2\,(p-l\,Z)\,a_m\right\} - 1\right]$$

$$(III\ 18,\ 65)$$

als den, auf den Ringstrom bezogenen, Induktivitätsbelag bezeichnen.

p) Welche Permeabilität μ zeichnet den Ersatzkörper des aktiven Maschineneisens aus?

Abb. III 185 zeigt einen Schnitt senkrecht zur Maschinenachse. Der wirksame Luftspalt zwischen Ständer und Läufer, welcher die Nutung dieser beiden Teile erfaßt, heißt δ; das Eisen selbst gelte als vollkommen permeabel ($\mu \to \infty$). Der längs der Läuferoberfläche ausgebreitete Flächen-

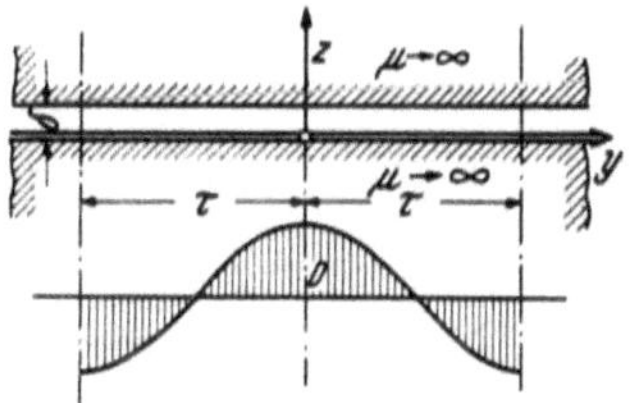

Abb. III 185. Zur Beschreibung des Feldes im aktiven Maschineneisen.

strombelag $D = D_0\cos\frac{\pi}{\tau}\,y$ erregt im Luftraum das magnetische Skalarpotential

$$\varphi = D_0\cos\frac{\pi}{\tau}\,y\;\frac{\sinh\frac{\pi}{\tau}(\delta - z)}{\sinh\frac{\pi}{\tau}\,\delta}.$$

$$(III\ 18,\ 66)$$

An der Stromfläche tritt demzufolge die Maximalinduktion auf

$$B_{max} = -\Pi\left(\frac{\partial\varphi}{\partial z}\right)_{\substack{max\\(z=0)}} = \Pi\,D_0\,\frac{\pi}{\tau}\,\text{cotgh}\,\frac{\pi}{\tau}\,\delta.\qquad (III\ 18,\ 67)$$

Der Vergleichskörper ist bei endlichem $\mu = \mu_w$ durch $\delta = 0$ definiert. Unter sonst gleichen Umständen wird also

$$\varphi = \frac{D_0}{2} \cos \frac{\pi}{\tau} y \, e^{\mp \frac{\pi}{\tau} z}; \quad z \gtrless 0; \quad B_{max} = -\Pi \mu_w \left(\frac{\partial \varphi}{\partial z}\right)_{\substack{max \\ (z=0)}} = \frac{1}{2} \Pi \mu_w D_0 \frac{\pi}{\tau}.$$

$$\text{(III 18, 68)}$$

Die Gleichsetzung der Höchstinduktionen liefert die gesuchte, wirksame Äquivalent-Permeabilität

$$\mu_w = 2 \cotgh \frac{\pi}{\tau} \delta. \qquad \text{(III 18, 69)}$$

q) Das Problem des inhomogenen Feldträgers

$$\begin{array}{ll} \mu = 1 & \text{für} \quad x < d \ [\text{Gebiet I}] \\ \mu = \mu_w & \text{für} \quad x > d \ [\text{Gebiet II}] \end{array} \Bigg\} \qquad \text{(III 18, 70)}$$

wird durch die Methode der magnetischen Stromspiegelung der Lösung erschlossen:

1. Im Gebiete I lautet die „erzeugende Durchflutung"

$$\begin{aligned} D &= D_0 \cos \frac{\pi}{\tau} y; & 0 < x < 2\,d, \\ D &= D_0 \frac{2\,\mu_w}{\mu_w + 1} \cos \frac{\pi}{\tau} y; & 2\,d < x < \infty \end{aligned} \Bigg\} \qquad \text{(III 18, 71)}$$

also, zusammenfassend,

$$D = D_0 \cdot \cos \frac{\pi}{\tau} y \left\{ \frac{1}{2\,\pi\,i} \int_{-i\infty}^{i\infty} \frac{e^{w\,x}}{w}\, dw + \frac{\mu_w - 1}{\mu_w + 1} \frac{1}{2\,\pi\,i} \int_{-i\infty}^{+i\infty} \frac{e^{w\,(x-2\,d)}}{w}\, dw \right\}.$$

Sie erregt das Vektorpotential $\qquad\qquad\qquad\qquad\qquad$ (III 18, 72)

$$V_x = -\frac{\Pi}{2} D_0 \frac{\pi}{\tau} \sin \frac{\pi}{\tau} y \left\{ \frac{1}{2\,\pi\,i} \int_{-i\infty}^{+i\infty} \frac{e^{w\,x \mp \sqrt{\frac{\pi^2}{\tau^2} - w^2}\, z}}{w\,\sqrt{\pi^2/\tau^2 - w^2}}\, dw + \right.$$

$$\left. + \frac{\mu_w - 1}{\mu_w + 1} \frac{1}{2\,\pi\,i} \int_{-i\infty}^{+i\infty} \frac{e^{w\,(x-2d) \mp \sqrt{\frac{\pi^2}{\tau^2} - w^2}\, z}}{w\,\sqrt{\pi^2/\tau^2 - w^2}}\, dw \right\},$$

$$\text{(III 18, 73)}$$

$$V_y = -\frac{\Pi}{2} D_0 \cos \frac{\pi}{\tau} y \left\{ \frac{1}{2\,\pi\,i} \int_{-i\infty}^{+i\infty} \frac{e^{w\,x \mp \sqrt{\frac{\pi^2}{\tau^2} - w^2}\, z}}{\sqrt{\pi^2/\tau^2 - w^2}}\, dw + \right.$$

$$\left. + \frac{\mu_w - 1}{\mu_w + 1} \frac{1}{2\,\pi\,i} \int_{-i\infty}^{+i\infty} \frac{e^{w\,(x-2d) \mp \sqrt{\frac{\pi^2}{\tau^2} - w^2}\, z}}{\sqrt{\pi^2/\tau^2 - w^2}}\, dw \right\}.$$

2. Im Gebiete II ist die erzeugende Durchflutung

$$\begin{aligned} D &= -D_0 \frac{1 - \mu_w}{1 + \mu_w} \cos \frac{\pi}{\tau} y; & -\infty < x < 0, \\ D &= D_0 \cos \frac{\pi}{\tau} y; & 0 < x < \infty \end{aligned} \Bigg\} \qquad \text{(III 18, 74)}$$

oder

$$D = D_0 \cos \frac{\pi}{\tau} y \left\{ \frac{\mu_w - 1}{\mu_w + 1} \cdot \frac{1}{2 \pi i} \int_{-i\infty}^{+i\infty} \frac{e^{-wx}}{w} dw + \frac{1}{2 \pi i} \int_{-i\infty}^{+i\infty} \frac{e^{wx}}{w} dw \right\}. \qquad \text{(III 18, 75)}$$

Das zugehörige Vektorpotential lautet

$$V_x = -\frac{\Pi}{2} \mu_w \cdot D_0 \frac{\pi}{\tau} \sin \frac{\pi}{\tau} y \left\{ \frac{\mu_w - 1}{\mu_w + 1} \frac{1}{2 \pi i} \int_{-i\infty}^{+i\infty} \frac{e^{-wx \mp \sqrt{\frac{\pi^2}{\tau^2} - w^2}\, z}}{w \sqrt{\pi^2/\tau^2 - w^2}} dw + \right.$$

$$\left. + \frac{1}{2 \pi i} \int_{-i\infty}^{+i\infty} \frac{e^{wx \mp \sqrt{\frac{\pi^2}{\tau^2} - w^2}\, z}}{w \sqrt{\pi^2/\tau^2 - w^2}} dw \right\},$$

$$V_y = -\frac{\Pi}{2} \mu_w D_0 \cos \frac{\pi}{\tau} y \left\{ -\frac{\mu_w - 1}{\mu_w + 1} \cdot \frac{1}{2 \pi i} \int_{-i\infty}^{+i\infty} \frac{e^{-wx \mp \sqrt{\frac{\pi^2}{\tau^2} - w^2}\, z}}{\sqrt{\pi^2/\tau^2 - w^2}} dw + \right.$$

$$\left. + \frac{1}{2 \pi i} \int_{-i\infty}^{+i\infty} \frac{e^{wx \mp \sqrt{\frac{\pi^2}{\tau^2} - w^2}\, z}}{\sqrt{\pi^2/\tau^2 - w^2}} dw \right\}. \qquad \text{(III 18, 76)}$$

Die hier auftretenden komplexen Integrale sind uns durch die vorangehenden Rechnungen für die Ebene $z = 0$ bekannt: Im Gebiet I gilt

$$V_x = -\Pi \frac{D_0}{4} \sin \frac{\pi}{\tau} y \left[1 + Hj_0^{(1)}\left(i \frac{\pi}{\tau} x\right) + \frac{\mu_w - 1}{\mu_w + 1} \left\{ 1 + Hj_0^{(1)}\left(i \frac{\pi}{\tau}(x - 2d)\right) \right\} \right]$$

$$V_y = -\Pi \frac{D_0}{4} \cos \frac{\pi}{\tau} y \left[i H_0^{(1)}\left(i \frac{\pi}{\tau} x\right) + \frac{\mu_w - 1}{\mu_w + 1} i H_0^{(1)}\left(i \frac{\pi}{\tau}(x - 2d)\right) \right] \quad \Big\} \; -\infty < x < d$$

$$\text{(III 18, 77)}$$

und im Gebiet II

$$V_x = -\Pi \mu_w \frac{D_0}{4} \sin \frac{\pi}{\tau} y \left[\frac{\mu_w - 1}{\mu_w + 1} \left\{ 1 + Hj_0^{(1)}\left(-i \frac{\pi}{\tau} x\right) \right\} + 1 + Hj_0^{(1)}\left(i \frac{\pi}{\tau} x\right) \right]$$

$$V_y = -\Pi \mu_w \frac{D_0}{4} \cos \frac{\pi}{\tau} y \left[-\frac{\mu_w - 1}{\mu_w + 1} i H_0^{(1)}\left(i \frac{\pi}{\tau} x\right) + i H_0^{(1)}\left(i \frac{\pi}{\tau} x\right) \right] \quad \Big\} \; d < x < \infty.$$

$$\text{(III 18, 78)}$$

r) Wir berechnen die Freie Energie des magnetischen inhomogenen Systemes je Abschnitt der Länge $\Delta y = 2 \tau$:

1. Von der Komponente V_y rührt die Energie her

$$\Delta W_y = \frac{1}{2} \Pi \frac{D_0^2}{4} \tau \left[i H_0^{(1)}\left(i \frac{\pi}{\tau} a_m\right) + \frac{\mu_w - 1}{\mu_w + 1} i H_0^{(1)}\left(i \frac{\pi}{\tau} 2d\right) \right].$$

$$\text{(III 18, 79)}$$

2. Mit der Komponente V_x ist, für den Abschnitt $0 \leqq x \leqq x_0$ der Maschine, die Freie Energie verknüpft

$$\varDelta W_x' = \frac{1}{2}\, \varPi\, \frac{D_0{}^2}{2}\, \tau \Bigg[\int_0^{\frac{\pi}{\tau} d} \frac{1 + Hj_0{}^{(1)}\,(i\,\xi)}{2}\, d\xi \,+$$

$$+\, \frac{\mu_w - 1}{\mu_w + 1} \int_0^{\frac{\pi}{\tau} d} \frac{1 + Hj_0{}^{(1)}\left(i\,\xi - i\frac{\pi}{\tau}\, 2\, d\right)}{2}\, d\xi \,+$$

$$+\, \mu_w\, \frac{\mu_w - 1}{\mu_w + 1} \int_{\frac{\pi}{\tau} d}^{\frac{\pi}{\tau} x_0} \frac{1 + Hj_0{}^{(1)}\,(-\,i\,\xi)}{2}\, d\xi \,+\, \mu_w \int_{\frac{\pi}{\tau} d}^{\frac{\pi}{\tau} x_0} \frac{1 + Hj_0{}^{(1)}\,(i\,\xi)}{2}\, d\xi \Bigg].$$

$$\text{(III 18, 80)}$$

Hierin ist, mit Rücksicht auf (III 18, 45) und (III 18, 60)

$$\int_0^{\frac{\pi}{\tau} d} \{1 + Hj_0{}^{(1)}\,(i\,\xi)\}\, d\xi = \frac{\pi}{\tau}\, d + \frac{\pi}{\tau}\, d\, Hj_0{}^{(1)}\left(i\frac{\pi}{\tau}\, d\right) - \frac{\pi}{\tau}\, d\, H_1{}^{(1)}\left(i\frac{\pi}{\tau} d\right) - \frac{2}{\pi}\,,$$

$$\int_0^{\frac{\pi}{\tau} d} \left\{1 + Hj_0{}^{(1)}\left(i\,\xi - i\frac{\pi}{\tau}\, 2\, d\right)\right\}\, d\xi = \frac{\pi}{\tau}\, d + \frac{\pi}{\tau}\, d\, Hj_0{}^{(1)}\left(i\frac{\pi}{\tau}\, d\right) -$$

$$-\, \frac{\pi}{\tau}\, d\, H_1{}^{(1)}\left(i\frac{\pi}{\tau} d\right) - \frac{\pi}{\tau}\, 2\, d\, Hj_0{}^{(1)}\left(i\frac{\pi}{\tau}\, 2\, d\right) + \frac{\pi}{\tau}\, 2\, d\, H_1{}^{(1)}\left(i\frac{\pi}{\tau}\, 2\, d\right),$$

$$\lim_{\frac{\pi}{\tau} x_0 \to \infty} \int_{\frac{\pi}{\tau} d}^{\frac{\pi}{\tau} x_0} \{1 + Hj_0{}^{(1)}\,(-\,i\,\xi)\}\, d\xi =$$

$$= \lim_{\frac{\pi}{\tau} x_0 \to \infty} \Bigg[\frac{\pi}{\tau}\, x_0 - \frac{\pi}{\tau}\, x_0\, Hj_0{}^{(1)}\left(i\frac{\pi}{\tau}\, x_0\right) + \frac{\pi}{\tau}\, x_0\, H_1{}^{(1)}\left(i\frac{\pi}{\tau}\, x_0\right) -$$

$$-\, \frac{\pi}{\tau} d + \frac{\pi}{\tau}\, d\, Hj_0{}^{(1)}\left(i\frac{\pi}{\tau}\, d\right) - \frac{\pi}{\tau}\, d\, H_1{}^{(1)}\left(i\frac{\pi}{\tau}\, d\right) \Bigg] =$$

$$= -\, \frac{\pi}{\tau}\, d - \frac{\pi}{\tau}\, d\, Hj_0{}^{(1)}\left(i\frac{\pi}{\tau}\, d\right) - \frac{\pi}{\tau}\, d\, H_1{}^{(1)}\left(i\frac{\pi}{\tau} d\right),$$

$$\lim_{\frac{\pi}{\tau}x_0 \to \infty} \int_{\frac{\pi}{\tau}d}^{\frac{\pi}{\tau}x_0} \{1 + \mathrm{Hj}_0^{(1)}(i\xi)\}\, d\xi - \left\{\frac{\pi}{\tau}(x_0 - d)\right\} =$$

$$= \lim_{\frac{\pi}{\tau}x_0 \to \infty} \left[\frac{\pi}{\tau}x_0 + \frac{\pi}{\tau}x_0\,\mathrm{Hj}_0^{(1)}\left(i\frac{\pi}{\tau}x_0\right) - \frac{\pi}{\tau}x_0\,\mathrm{H}_1^{(1)}\left(i\frac{\pi}{\tau}x_0\right) - \right.$$

$$\left. - \frac{\pi}{\tau}d - \frac{\pi}{\tau}d\,\mathrm{Hj}_0^{(1)}\left(i\frac{\pi}{\tau}d\right) + \frac{\pi}{\tau}d\,\mathrm{H}_1^{(1)}\left(i\frac{\pi}{\tau}d\right) - \frac{\pi}{\tau}(x_0 - d)\right] =$$

$$= \frac{\pi}{\tau}d - \frac{\pi}{\tau}d\cdot\mathrm{Hj}_0^{(1)}\left(i\frac{\pi}{\tau}d\right) + \frac{\pi}{\tau}d\cdot\mathrm{H}_1^{(1)}\left(i\frac{\pi}{\tau}d\right).$$

$$\text{(III 18, 81)}$$

Nun ist mit dem magnetischen „Hauptfelde" im Innern der Maschine $[d \leqq x \leqq x_0]$ die Freie Energie $1/2\, \varPi\, \mu_\mathrm{w}\dfrac{D_0{}^2}{2}\tau\cdot\dfrac{\pi}{\tau}(x_0 - d)$ verknüpft, während dem Abschnitte $0 \leqq x \leqq d$ des Stabsystemes im Falle einer in x-Richtung unbegrenzten Strömung die Streufeld-Energie $1/2\,\varPi\dfrac{D_0{}^2}{2}\tau\dfrac{\pi}{\tau}d$ zukommen würde. Als Verringerung dieser beiden Energien durch den Ring verbleibt also

$$\varDelta\,\mathrm{W_x} = \varDelta\,\mathrm{W_x}' - \frac{1}{2}\varPi\mu_\mathrm{w}\cdot\frac{D_0{}^2}{2}\tau\frac{\pi}{\tau}(x_0 - d) - \frac{1}{2}\varPi\frac{D_0{}^2}{2}\tau\cdot\frac{\pi}{\tau}d =$$

$$= \frac{1}{2}\varPi\frac{D_0{}^2}{4}\tau\left[-\frac{2}{\pi} + \frac{\mu_\mathrm{w}-1}{\mu_\mathrm{w}+1}\cdot 2\frac{\pi}{\tau}d\left\{1 - \mathrm{Hj}_0^{(1)}\left(i\frac{\pi}{\tau}2\,d\right) + \mathrm{H}_1^{(1)}\left(i\frac{\pi}{\tau}2\,d\right)\right\}\right].$$

$$\text{(III 18, 82)}$$

Zusammen mit (III 18, 79) ergibt sich somit für die Freie Energie des Ringabschnittes

$$\varDelta\,\mathrm{W} = \varDelta\,\mathrm{W_x} + \varDelta\,\mathrm{W_y} = \frac{1}{2}\varPi\mathrm{D_0}^2\frac{\tau}{2\pi}\left[\frac{\pi}{2}i\,\mathrm{H}_0^{(1)}\left(i\frac{\pi}{\tau}a_\mathrm{m}\right) - 1 + \right.$$

$$\left. + \frac{\mu_\mathrm{w}-1}{\mu_\mathrm{w}+1}\cdot\frac{\pi}{2}\left\{i\,\mathrm{H}_0^{(1)}\left(i\frac{\pi}{\tau}2\,d\right) + 1 - \mathrm{Hj}_0^{(1)}\left(i\frac{\pi}{\tau}2\,d\right) + \mathrm{H}_1^{(1)}\left(i\frac{\pi}{\tau}2\,d\right)\right\}\right].$$

$$\text{(III 18, 83)}$$

Der Vergleich dieser Formel mit (III 18, 62) liefert als relative Energiezunahme des Ringfeldes durch den Maschinenkörper das Verhältnis

$$\frac{\varDelta\,\mathrm{W} - \varDelta\,\mathrm{W}_{\mu_\mathrm{w}=1}}{\varDelta\,\mathrm{W}_{\mu_\mathrm{w}=1}} =$$

$$= \frac{\mu_\mathrm{w}-1}{\mu_\mathrm{w}+1}\cdot\frac{\dfrac{\pi}{2}\left\{i\,\mathrm{H}_0^{(1)}\left(i\dfrac{\pi}{\tau}2\,d\right) + 1 - \mathrm{Hj}_0^{(1)}\left(i\dfrac{\pi}{\tau}2\,d\right) + \mathrm{H}_1^{(1)}\left(i\dfrac{\pi}{\tau}2\,d\right)\right\}}{\dfrac{\pi}{2}i\,\mathrm{H}_0^{(1)}\left(i\dfrac{\pi}{\tau}a_\mathrm{m}\right) - 1}.$$

$$\text{(III 18, 84)}$$

Diese Formel ist auf sämtliche Teilfelder der *Fourier*schen Ordnungszahl l getrennt anzuwenden. Da jedoch in (III 18, 64) das Grundglied $l = 0$ $[\tau = s/(2\,p)]$ in der Regel die anderen Glieder weit überwiegt, darf man sich angenähert mit der zugehörigen Grundenergie für die Berechnung der Induktivität begnügen. In der hierdurch angezeigten Genauigkeit schließt man also aus (III 18, 84) auf den relativen Zuwachs der Induktivität

$$\frac{L - L_{\mu_w = 1}}{L_{\mu_w = 1}} =$$

$$= \frac{\mu_w - 1}{\mu_w + 1}\,\frac{\dfrac{\pi}{2}\left\{i\,H_0^{(1)}\left(i\dfrac{4\,\pi\,p\,d}{s}\right) + 1 - Hj_0^{(1)}\left(i\dfrac{4\,\pi\,p\,d}{s}\right) + H_1^{(1)}\left(i\dfrac{4\,\pi\,p\,d}{s}\right)\right\}}{\dfrac{\pi}{2}\,i\,H_0^{(1)}\left(i\dfrac{2\,\pi\,p\,a_m}{s}\right) - 1}\;.$$

$$\text{(III 18, 85)}$$

Da praktisch in der Regel $\mu_w \gg 1$ ist, darf man hierin den Grenzübergang $\mu_w \to \infty$ vollziehen, also $(\mu_w - 1)/(\mu_w + 1)$ mit 1 vertauschen, so daß man von der inneren Bauart der Maschine unabhängig wird.

Viertes Kapitel

Elektrodynamische Integralkräfte.

IV 1. Energetik stationärer Stromsysteme.

a) Gegeben sei ein relativ zum Konfigurationssystem des dreidimensionalen Raumes stationäres magnetisches Feld. In ihm seien gewisse, materielle Elemente willkürlicher Ortsveränderungen fähig. Wir beschreiben ihre jeweilige Lage mit Hilfe der Z „allgemeinen", kontravarianten Koordinaten q^k [$1 \leqq k \leqq Z$]; Z mißt hiernach die Zahl der mechanischen Freiheitsgrade des Systemes oder, mit anderen Worten, die Dimensionszahl des *Riemann*schen q-Raumes, von dessen Metrik wir weiterhin keinen Gebrauch zu machen haben; sie kann daher nach Belieben festgesetzt werden.

b) Das Gleichgewicht der verrückbaren Elemente wird durch „äußere", mechanische Kräfte hergestellt, welche an den Elementen angreifen. Im System der q^k definieren wir die kovarianten Kraftkomponenten P_k mittels der virtuellen Arbeit δA_{mech} [Skalar], welche sie bei der virtuellen Verrückung δq^k leisten

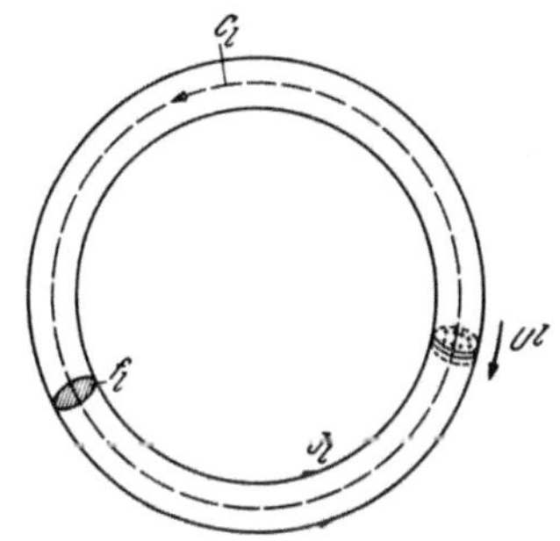

Abb. IV 186. Modell eines Stromkreises mit generatorischer Doppelschicht.

$$\delta A_{\mathrm{mech}} = P_k \, \delta q^k. \qquad (IV\ 1,\ 1)$$

Das doppelte Vorkommen des Zeichens k als oberer und unterer Index verlangt die Addition aller auf die Einzelelemente bezüglichen Posten [Summen-Konvention].

c) Mittels der Z-Größen

$$P_k{}' = - P_k \qquad\qquad (IV\ 1,\ 2)$$

ergänzen wir das System der P_k zu einem Nullvektor. Auf Grund des Prinzipes von Wirkung und Gegenwirkung sind die $P_k{}'$ als jene „inneren" Kräfte zu interpretieren, welche das magnetische Feld auf die verrückbaren Elemente ausübt.

d) Wir setzen die Zustandsgleichungen des magnetischen Feldes überall als linear und homogen voraus. Permanente Magnete sind demnach weiterhin auszuschließen; vielmehr werde das Feld durch eine Gesamtheit von N Stromkreisen erregt, welche im stationären Zustand je den Strom J_l [$1 \leqq l \leqq N$] führen. Wir spezialisieren ihre aktiven Leiterelemente durch folgende Annahmen:

1. Der Generator der im Stromkreise 1 tätigen Spannung U^1 wird modellmäßig durch eine elektrische Doppelschicht vom nämlichen Potentialsprung dargestellt, dessen Mechanismus hier außer Betracht bleibt. Die positiv geladene Seite der Doppelschicht [Quelle] definiert gemäß Abb. IV 186 die Eingangsklemme, die negativ geladene Seite der Doppelschicht [Senke] die Ausgangsklemme des Stromkreises.

2. Die Stromleiter besitzen sämtlich die Permeabilität $\mu = 1$.

3. Längs der von der Eingangs- zur Ausgangsklemme verlaufenden, durch die Doppelschicht hindurch in sich geschlossenen Leiterachse C_1 ist der Leiterquerschnitt f_1 konstant.

4. Die größte lineare Ausdehnung innerhalb der Fläche f_1 darf gegen den kleinsten Krümmungshalbmesser von C_1 vernachlässigt werden. Daher können wir f_1 durch jenen äquivalenten Kreis ersetzen, dessen Halbmesser a_1 dem mittleren geometrischen Abstande der Fläche f_1 von sich selbst gleicht; die Achse des aus diesem kinematischen Prozeß hervorgehenden Fadens wird mit C_1 identifiziert.

e) Wir zählen den Strom J_1 als positiv, falls die Vektorlinien seiner Dichte j_1 an jedem Orte parallel zu den im positiven Umlaufssinn gerichteten Bogenelementen ds_1 von C_1 verlaufen.

Mit Φ^1 bezeichnen wir den magnetischen Induktionsfluß, welcher durch die von C_1 umspannte Fläche F_1 getrieben wird. Wir teilen F_1 in Elemente, deren jedes durch die Randkurve dC_1 und den Normalenvektor dF_1 beschrieben wird; allen dC_1 wird der Umlaufssinn von C_1 zugeordnet, mit welchem seinerseits die Richtung der dF_1 wie Drehung und Fortschritt einer Rechtsschraube verknüpft wird. Mit Hilfe des Vektors B der magnetischen Induktion gilt dann

$$\Phi^1 = \int\!\!\!\int_{(F_1)} (B\,dF_1). \tag{IV 1, 3}$$

f) Wir gehen zur Grenze vollkommener Leitfähigkeit $\varkappa \to \infty$ der Stromleiter über. Im stationären Zustande verschwindet dann überall das elektrische Feld E, so daß wir auf $U^1 \to 0$ schließen. Lassen wir jedoch während der Epoche dt virtuelle Änderungen $d\Phi^1 \equiv \delta\Phi^1$ des Induktionsflusses zu, so verlangt die Zweite *Maxwell*sche Feldgleichung

$$\oint_{(C_1)} (E\,ds_1) = -U^1 + 0 = -\frac{d\Phi^1}{dt}\,; \qquad U^1 = \frac{d\Phi^1}{dt}\,. \tag{IV 1, 4}$$

Dieser Vorgang soll nun so langsam verlaufen, daß die Dichte des ihn begleitenden Verschiebungsstromes auf den Oberflächenelementen des Leiters 1 im Vergleich zu der im Leiter verkehrenden Konvektionsstromdichte vernachlässigt werden darf. Zufolge dieser Bedingung des quasistationären Feldes bleibt J_1 längs C_1 merklich konstant. Daher wird dem Felde seitens der Gesamtheit aller Generatoren die Leistung zugeführt [Ausnutzung der Summenkonvention!]

$$N = J_1\,U^1. \tag{IV 1, 5}$$

Ihr korrespondiert während der Epoche dt die elektrische Arbeit

$$\delta A_{el} = N\,dt = J_1\,\delta\Phi^1. \tag{IV 1, 6}$$

Im Lichte dieser skalaren Gleichung liegt es nahe, das System der Z allgemeinen Koordinaten q^k durch die N Größen Φ^l zu ergänzen; wie vordem durch (IV 1, 1) die Kraftkomponenten, so sind dann durch (IV 1, 6) die Ströme definiert.

g) Wir rufen ein sehr ⌊unendlich⌋ großes Wärmebad der festen [absoluten] Temperatur T zu Hilfe, welches dem magnetischen System einschließlich seiner erregenden Stromkreise ein für allemal die nämliche Temperatur aufzwingt; daher verlaufen alle im Magnetsystem physikalisch realisierbaren Vorgänge isotherm.

Mit δQ bezeichnen wir die Wärmemenge, welche bei einer virtuellen Änderung des Magnetsystemes dem Wärmebade entnommen wird, mit δW die korrespondierende Energieänderung des Magnetsystemes mit Ausschluß der Generatoren. Der Erste Hauptsatz der Thermodynamik spricht die Energiebilanz aus

$$\delta W = \delta Q + \delta A_{mech} + \delta A_{el} = \delta Q + P_k \, \delta q^k + J_l \, \delta \Phi^l. \quad \text{(IV 1, 7)}$$

Auf Grund des quasistationären Charakters des magnetischen Feldes unterscheidet sich der Zustand des Wärmebades zusammen mit dem Magnetsystem während der angenommenen Änderung nur sehr [unendlich] wenig von jenem des thermodynamischen Gleichgewichtes. Im Verein mit der Linearität der magnetischen Zustandsgleichungen, welche seine Eindeutigkeit verbürgt und der Annahme vollkommen leitender, also verlustfreier Strombahnen folgt also, daß der Prozeß reversibel verläuft. Sei daher S die Entropie des Magnetsystemes, so liefert der Zweite Hauptsatz der Thermodynamik die Aussage

$$\cdot \delta S - \frac{\delta Q}{T} = 0. \quad \text{(IV 1, 8)}$$

Mit Hilfe dieser Gleichung können wir die Eigenschaften des Wärmebades aus (IV 1, 7) eliminieren und gelangen zu der lediglich auf das Magnetsystem bezüglichen Relation

$$\delta W = T \, \delta S + P_k \, \delta q^k + J_l \, \delta \Phi^l. \quad \text{(IV 1, 9)}$$

Mit Rücksicht auf T = const. gilt nun

$$\delta W - T \, \delta S = \delta (W - T S) = \delta F, \quad \text{(IV 1, 10)}$$

wobei

$$F \equiv W - T S = F (q^k, \Phi^l) \quad \text{(IV 1, 11)}$$

die *Freie Energie* des Magnetsystemes definiert; sie ist, wie durch die Schreibweise angedeutet wurde, als Funktion der Konfigurationskoordinaten und der Induktionsflüsse darzustellen. Aus (IV 1, 9), (IV 1, 10) und (IV 1, 11) berechnen sich dann die Ströme zu

$$J_l = J_l (q^k, \Phi^j) = \frac{\partial F}{\partial \Phi^l} \quad \text{(IV 1, 12)}$$

und die Kräfte zu

$$P_k = P_k (q^j, \Phi^l) = \frac{\partial F}{\partial q^k}. \quad \text{(IV 1, 13)}$$

Hieraus fließen die Reziprozitätssätze

$$\frac{\partial J_l}{\partial \Phi^j} = \frac{\partial J_j}{\partial \Phi^l}; \quad \frac{\partial P_k}{\partial q^j} = \frac{\partial P_j}{\partial q^k}. \quad \text{(IV 1, 14)}$$

Unter Berufung auf die Linearität der magnetischen Feldgleichungen wird man auf den Ansatz geführt

$$J_l = \Lambda_{lk} \cdot \Phi^k. \qquad \text{(IV 1, 15)}$$

Im Raum der Φ^k bildet die Gesamtheit der Größen Λ_{lk} die kovarianten Komponenten eines Tensors zweiter Stufe Λ, deren jede in der Regel von den Konfigurationskoordinaten q^k abhängt. Die erste der Gleichungen (IV 1, 14) führt nun auf die Relation

$$\Lambda_{lj} = \Lambda_{jl}, \qquad \text{(IV 1, 16)}$$

welche die *Symmetrie* des Tensors Λ lehrt. Mit Rücksicht auf die Summenkonvention folgt daher aus (IV 1, 12) und (IV 1, 15)

$$F = \frac{1}{2} \Lambda_{kl} \Phi^k \Phi^l + G(q^k) + \text{Const.} \qquad \text{(IV 1, 17)}$$

Der zweite Posten dieser Summe erfaßt Energiespeicher nicht elektromagnetischer Art, etwa solche des Schwerefeldes oder elastisch deformierter Medien; wir verabreden, sie weiterhin dem System nicht zuzurechnen [G $(q^k) = 0$]. Wird überdies das Nullniveau der Freien Energie mit dem Zustand verschwindenden Magnetfeldes identifiziert, so reduziert sich (IV 1, 17) auf

$$F = \frac{1}{2} \Lambda_{kl} \Phi^k \Phi^l . \qquad \text{(IV 1, 18)}$$

Für die Kräfte resultiert hieraus die Formel

$$P_k = \frac{1}{2} \frac{\partial \Lambda_{jl}}{\partial q^k} \Phi^j \Phi^l . \qquad \text{(IV 1, 19)}$$

h) Mittels der Gleichungen (IV 1, 12) und (IV 1, 13) samt den aus ihnen folgenden Relationen sind die elektrischen Ströme einerseits, die Kräfte andererseits mittels der unabhängigen Variabeln q^k und Φ^l dargestellt. Häufig empfiehlt es sich jedoch, unter Beibehaltung der Konfigurationskoordinaten q^k, statt der Induktionsflüsse die elektrischen Ströme als freie Veränderliche zu benützen. Um den gewünschten Wechsel durchzuführen, bilden wir aus (IV 1, 9)

$$\delta(W - T S - J_l \Phi^l) = P_k \, \delta q^k - \Phi^l \, \delta J_l. \qquad \text{(IV 1, 20)}$$

Hierin definieren wir die Funktion der q^k und J_l

$$\Psi = W - T S - J_l \Phi^l = \Psi(q^k, J_l) \qquad \text{(IV 1, 21)}$$

als *Thermodynamisches Potential* des Magnetsystemes. Aus (IV 1, 20) entnimmt man dann die Vorschrift zur Berechnung der Flüsse

$$\Phi^l = \Phi^l(q^k, J_j) = -\frac{\partial \Psi}{\partial J_l} \qquad \text{(IV 1, 22)}$$

und jene zur Berechnung der Kräfte

$$P_k = P_k(q^j, J_l) = \frac{\partial \Psi}{\partial q^k}. \qquad \text{(IV 1, 23)}$$

Aus (IV 1, 22), (IV 1, 23) folgen die Reziprozitätssätze

$$\frac{\partial \Phi^l}{\partial J_j} = \frac{\partial \Phi^j}{\partial J_l}; \qquad \frac{\partial P_k}{\partial q^j} = \frac{\partial P_j}{\partial q^k}. \qquad \text{(IV 1, 24)}$$

Die zu (IV 1, 15) duale Gleichung

$$\Phi^j = L^{jk} J_k \qquad \text{(IV 1, 25)}$$

definiert im Φ-Raum die kontravarianten Komponenten L^{jk} des „Induktivitätstensors" zweiter Stufe L als Funktionen lediglich der Konfigurationskoordinaten q^l; die erste der Relationen (IV 1, 24) lehrt seine Symmetrie

$$L^{jk} = L^{kj}. \qquad \text{(IV 1, 26)}$$

Daher folgt, indem wir die frühere Normierung der Freien Energie sinngemäß auf das Thermodynamische Potential übertragen, mit Benützung der Summenkonvention aus (IV 1, 22)

$$\Psi = -\frac{1}{2} L^{jk} J_j J_k \qquad \text{(IV 1, 27)}$$

[Achtung auf das Vorzeichen!]. Für die Kräfte fließt hieraus die Berechnungsvorschrift

$$P_l = -\frac{1}{2} \frac{\partial L^{jk}}{\partial q^l} \cdot J_j J_k. \qquad \text{(IV 1, 28)}$$

i) In den Geräten der Technik finden permanente Magnete eine so ausgedehnte Verwendung, daß die durch ihren Ausschluß von der theoretischen Behandlung elektrodynamischer Integralkräfte gebotene Beschränkung nicht tragbar ist. Wir müssen daher nach einem hinreichend genauen Ersatzsysteme Ausschau halten, welches sich in den Mechanismus reversibler Prozesse einordnen läßt. Ein solches wird durch einen Körper von unveränderlicher Gestalt dargestellt, welcher durch eine stationäre Durchflutung von passender Größe und räumlicher Verteilung erregt wird. Dem fiktiven Stoffe dieses Körpers schreiben wir eine konstante, skalare Permeabilität μ zu. Für hinreichend kleine Zustandsänderungen darf μ der reversiblen Permeabilität μ_{rev} des vorgegebenen Magneten in der Umgebung seines Gleichgewichtspunktes gleichgestellt werden; da in der Regel $\mu_{\text{rev}} \gg 1$ ausfällt, genügt es häufig, zum Grenzfalle $\mu = \mu_{\text{rev}} \to \infty$ überzugehen.

IV 2. Elektrische Zugmagnete in elementarer Behandlung.

a) Die elektrischen Zugmagnete der Technik werden durch ihre unterschiedliche Konstruktion dem jeweils geforderten Arbeitsvorgange angepaßt. Wir erläutern ihr Wirkungsprinzip am Beispiel eines Hufeisenmagneten nach Abb. IV 187. Die magnetischen Induktionslinien verlaufen längs eines rechteckigen Pfades vom Querschnitt Q. Die Erregerwicklungen sind auf den Polschenkeln der Höhe s aufgebracht, welche durch das Joch der mittleren Länge j verbunden sind. Im Abstand d vor den Polen befindet sich der Anker ebenfalls der mittleren Länge j. Polschenkel, Joch und Anker bestehen aus ferromagnetischem Materiale von bekannter magnetischer Kennlinie; dagegen schreiben wir dem Luftspalt zwischen Polen und Anker die Permeabilität $\mu = 1$ zu. Aufgabe der Theorie ist es, diejenige Kraft P zu berechnen, welche den Anker relativ zum Polsystem im Gleichgewicht hält.

b) Bei der elementaren Lösung der Aufgabe verzichtet man auf die genaue Beschreibung des Feldes in der Umgebung des Luftspaltes, indem man einen fiktiven, streuungslosen Magneten untersucht: In ihm sind die Induktionslinien überall auf den Querschnitt Q des magnetischen Kreises beschränkt. Aus dem längs des magnetischen Pfades konstanten magnetischen Induktionsfluß Φ folgt dann der Betrag $|B|$ der Induktion B zu

$$|B| = \frac{\Phi}{Q}. \qquad\qquad \text{(IV 2, 1)}$$

Wir nehmen diese Aussage auch für den Luftspalt in Anspruch und ergänzen sie dort durch die Annahme, daß die Induktionslinien senkrecht auf den angrenzenden Flächen der Pole und des Ankers stehen und den Luftspalt geradlinig durchqueren. Demnach herrscht im Luftspalt ein homogenes Magnetfeld H der Stärke

$$H = \frac{B}{\Pi}. \qquad \text{(IV 2, 2)}$$

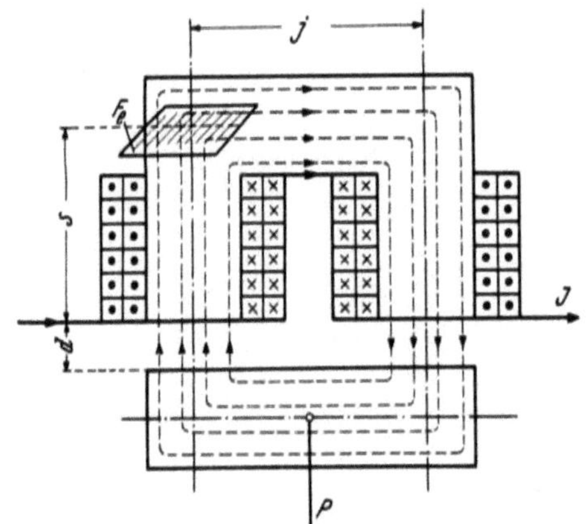

Abb. IV 187. Zur elementaren Theorie des Zugmagneten.

c) Je Pol ist im Luftspalt die Freie Energie aufgespeichert

$$F_l = \frac{1}{2}\frac{(B^2)}{\Pi} Q\,d = \frac{1}{2}\frac{\Phi^2}{\Pi}\cdot\frac{d}{Q}. \qquad \text{(IV 2, 3)}$$

Dagegen können wir die Freie Energie F_f der ferromagnetischen Teile des magnetischen Kreises wegen der Irreversibilität des Magnetisierungsprozesses nicht eindeutig angeben. Wir haben uns somit für die Freie-Energie des Gesamtsystemes mit der indefiniten Aussage zu begnügen

$$F = F_l + F_f. \qquad\qquad \text{(IV 2, 4)}$$

d) Als „allgemeine" Koordinate der Ankerstellung wählen wir die Weite d des Luftspaltes und schreiben

$$F = F(\Phi, d). \qquad\qquad \text{(IV 2, 5)}$$

Daher finden wir für die zu d parallele Kraftkomponente P_d

$$P_d = \frac{\partial F}{\partial d} = \frac{\partial F_l}{\partial d} + \frac{\partial F_f}{\partial d}. \qquad \text{(IV 2, 6)}$$

Hier kommt uns die Vorschrift der partiellen Differentiation zustatten: Vermöge der Voraussetzung des streuungsfreien Magneten bleibt bei der virtuellen Verrückung δ d wegen $\Phi =$ const. der Zustand im Ferromagnetikum des magnetischen Kreises unverändert, so daß sich (IV 2, 6) auf die *Maxwell*sche Formel reduziert

$$P_d = \frac{\partial F_l}{\partial d} = \frac{1}{2}\frac{\Phi^2}{\Pi}\cdot\frac{1}{Q} = \frac{1}{2}\frac{(B^2)}{\Pi} Q. \qquad \text{(IV 2, 7)}$$

Hiernach wirkt die innere Feldkraft $P_d' = - P_d$ einer Vergrößerung von d entgegen: Sie ist als *Zugkraft* erkannt.

In dem gegebenen Beweis ist die Benützung der Freien Energie als Mutterfunktion der Kraft wesentlich. Denn führt man, ausgehend von der Durchflutung D der Schenkelwicklungen, das Thermodynamische Potential Ψ ein, so zieht nunmehr die Verrückung δ d bei festgehaltenem

Werte von D eine irreversible Veränderung im Ferromagnetikum nach sich; eine solche hatten wir jedoch bei der Berechnung der Kraft nachdrücklich auszuschließen.

e) Im technischen Betriebe der Elektromagnete offenbaren sich wichtige Unterschiede ihrer Arbeitsweise, welche von dem Charakter der Stromquelle als Gleich- oder Wechselstrom diktiert werden.

Wir stellen den Idealfall vollkommen permeablen Eisens $[\mu \to \infty]$ voraus. Mit w bezeichnen wir die Zahl der Windungen je Schenkelwicklung, mit R ihren *Ohm*schen Widerstand einschließlich des auf sie entfallenden Anteiles eines etwa in Reihe mit dem Magneten liegenden Reglers.

1. Im Falle des Gleichstrom-Magneten sei U die Spannung des Netzes je Schenkelwicklung. Diese führt somit im stationären Zustande den Strom

$$J = \frac{U}{R} \qquad \text{(IV 2, 8)}$$

und die Durchflutung

$$D = w\,J. \qquad \text{(IV 2, 9)}$$

Demnach folgen die Beträge von Luftspalt-Feldstärke und Induktion zu

$$|H| = \frac{|D|}{d}; \qquad |B| = \Pi\,\frac{|D|}{d}, \qquad \text{(IV 2, 10)}$$

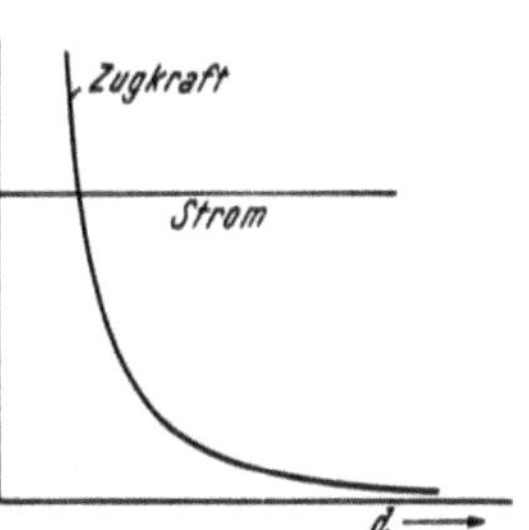

Abb. IV 188. Qualitatives Verhalten eines streuungslosen Gleichstrommagneten.

so daß wir Gl. (IV 2, 7) die Zugkraft-Formel entnehmen

$$P_d = \frac{1}{2}\,\Pi\,\frac{D^2}{d^2}\cdot Q. \qquad \text{(IV 2, 11)}$$

Arbeitet man also mit einem festen Widerstande R, so bleibt auch die stationäre Durchflutung konstant: Die Zugkraft $P_d{}' = -P_d$ ändert sich mit dem umgekehrten Quadrate des Luftspaltes und wächst, unter der Voraussetzung vollkommen permeablen Eisens, für $d \to 0$ über alle Grenzen [Abb. IV 188].

2. Im Falle des Wechselstrom-Magneten sei die Netzspannung je Schenkelwicklung

$$U = U_{max}\cdot \cos \omega\, t = \mathrm{Re}\,[\overline{U}\,e^{-i\omega t}]; \qquad \overline{U} = U_{max}. \qquad \text{(IV 2, 12)}$$

Nach Ablauf des Einschaltvorganges resultiert der Windungsfluß als synchrone Schwingung

$$\Phi = \mathrm{Re}\,[\overline{\Phi}\,e^{-i\omega t}], \qquad \text{(IV 2, 13)}$$

so daß der Spulenfluß lautet

$$w\,\Phi = w\,\mathrm{Re}\,[\overline{\Phi}\,e^{-i\omega t}]. \qquad \text{(IV 2, 14)}$$

Nach Abb. IV 189 liefert das Induktionsgesetz

$$J\,R - U = -\frac{d(w\,\Phi)}{dt}; \qquad \overline{U} = \overline{J}\,R - w\,i\,\omega\,\overline{\Phi}. \qquad \text{(IV 2, 15)}$$

Der *Ohm*sche Spannungsabfall J R setzt die Ökonomie des Magneten herab, ohne daß seine Existenz, wie beim Gleichstrommagneten, für das Spannungsgleichgewicht notwendig ist. Daher sucht man den Widerstand des Wechselstrommagneten möglichst klein zu halten; etwa gewünschte Spannungsänderungen am Magneten können merklich verlustfrei durch Regeltransformatoren oder Drosselspulen bewirkt werden. Man darf deshalb in brauchbarer Näherung $|\overline{J}\,R|$ gegen $|w\,i\,\omega\,\overline{\Phi}|$ vernachlässigen und erhält aus (IV 2, 15) und (IV 2, 13)

$$\overline{\Phi} = -\frac{\overline{U}}{w\,i\,\omega}\,; \qquad \Phi = \frac{U_{max}}{w\,\omega}\sin\omega\,t. \qquad (IV\ 2,\ 16)$$

Daher liefert Gl. (IV 2, 7) die Kraft

$$P_d = -P_d{}' = \frac{1}{2}\frac{1}{\Pi}\left(\frac{U_{max}}{w\,\omega\,Q}\right)^2 Q \sin^2\omega\,t. \qquad (IV\ 2,\ 17)$$

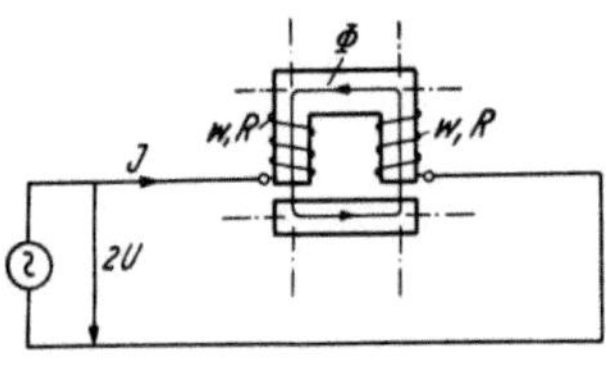

Abb. IV 189. Schaltbild eines Wechselstrom-Zugmagneten.

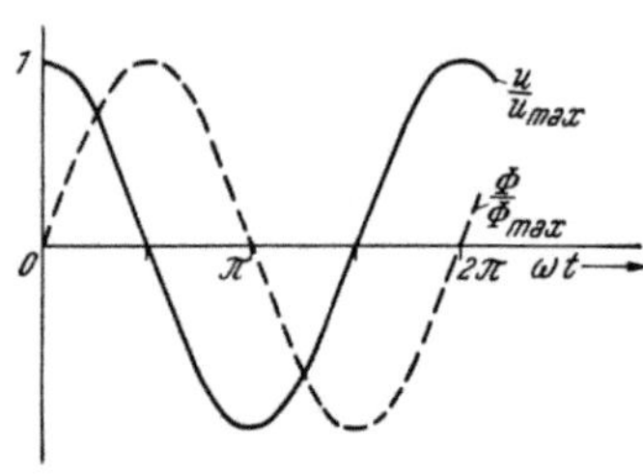

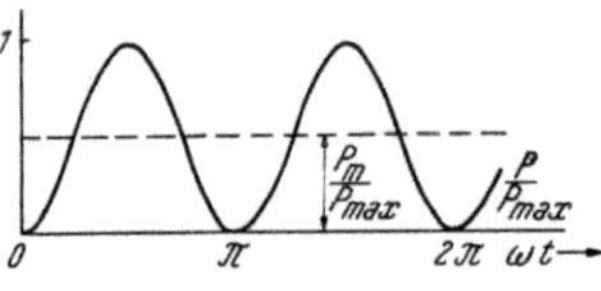

Abb. IV 190. Spannung, Fluß und Zugkraft eines verlustfreien Einphasen-Wechselstrom-Magneten.

Sie ist zwar stets einsinnig gerichtet, pendelt aber gemäß Abb. IV 190 mit der zweifachen Netzfrequenz zwischen Null und dem Doppelten des Mittelwertes

$$P_{d,\ mittel} = \frac{1}{2}\frac{1}{\Pi}\left(\frac{U_{eff}}{w\,\omega\,Q}\right)^2 Q. \qquad (IV\ 2,\ 18)$$

Solche pulsierenden Kräfte sind für viele Zwecke unerwünscht. Um sie zu vermeiden, wird man entweder auf Gleichstrom-Magnete zurückverwiesen oder auf Mehrphasen-Magnete geführt, welche als Resultierende zeitlich phasenverschobener Teilkräfte eine stets von Null verschiedene, einsinnige Kraft erzeugen. Beispielsweise benützt man zum magnetischen Aufspannen eiserner Werkstücke auf Hobelmaschinen, Schleifmaschinen und ähnliche Geräte Gleichstrom-Erregung, da anderenfalls auf der bearbeiteten Fläche Riffel entstehen, deren Wellenlänge der Pendelfrequenz der Spannkräfte und der Transportgeschwindigkeit des Werkstückes relativ zum Werkzeug korrespondiert. Auch das Brummen wechselstromerregter, mechanisch gegeneinander beweglicher eiserner Maschinenelemente rührt teilweise von pulsierenden Kräften der geschilderten Art her.

Der Ausdruck (IV 2, 17) für die Kraft des Wechselstrom-Magneten ist unabhängig von der Weite d des Luftspaltes. Wie ist dieses zunächst befremdende Ergebnis der Theorie dem Verständnis zu erschließen?

Die Antwort liefert der Durchflutungssatz. Wir bezeichnen mit d den „Luftspaltvektor" vom Betrage d, dessen positive Richtung dem positiven Umlauf des Stromes J nach der Kinematik der Rechtsschraube zugeordnet ist. Dann erhalten wir

$$\left.\begin{aligned}\overline{D} &= w\,\overline{J} = (H\,d) = \frac{(B\,d)}{\Pi} = \frac{1}{\Pi}\frac{\overline{U}}{w\,(-i\,\omega)\,Q}\,d \\[2mm] \overline{J} &= \frac{\overline{U}}{-i\,\omega}\cdot\frac{d}{\Pi\,w^2\,Q} = \frac{\overline{U}}{-i\,\omega\,L}\,; \qquad L = \Pi\,\frac{w^2\,Q}{d}\,,\end{aligned}\right\} \quad (IV\ 2,\ 19)$$

wobei L die Induktivität der Erregerspule mißt. Hiernach äußert sich jede Änderung von d in einer verhältnisgleichen Stromänderung; insbesondere wird mit $d \to \infty$ der *Ohm*sche Spannungsabfall im Verhältnis zur induktiven Wicklungsspannung so groß, daß die auf seiner Vernachlässigung beruhenden Schlüsse hinfällig werden.

3. In Kopfhörern, Lautsprechern, polarisierten Relais und verwandten Apparaturen werden Kräfte verlangt, welche dem Augenblickswert eines vorgegebenen Wechselstromes proportional sind. Nach (IV 2, 17) entwickeln nun Wechselstrom-Magnete eine Kraft, deren oszillierender Anteil die doppelte Netzfrequenz, ihre „Oktave" offenbart. Man errege nun eine Induktion der festen Richtung d, welche sich nach dem Gesetze

$$B = \frac{d}{d} \{B_0 + B_1 (\omega t)\} \qquad (IV\ 2,\ 20)$$

zeitlich verändert; hierin bezeichnet $B_1 (\omega t)$ eine periodische Funktion vom Mittelwerte Null. Wird nun die Bedingung

$$|B_1 (\omega t)| \ll B_0 \qquad (IV\ 2,\ 21)$$

innegehalten, so folgt aus (IV 2, 7), bis auf ein vernachlässigbares Glied zweiter Ordnung in $B_1 (\omega t)$, für die zu d parallele Kraftkomponente

$$P_d = \frac{1}{2\,\Pi} \{B_0 + B_1 (\omega t)\}^2\, Q = \frac{1}{2\,\Pi} \{B_0{}^2 + 2\, B_0\, B_1 (\omega t)\}\, Q. \qquad (IV\ 2,\ 22)$$

Der Ruhekraft

$$P_{d,\,0} = \frac{1}{2\,\Pi} B_0{}^2\, Q \qquad (IV\ 2,\ 23)$$

überlagert sich die Wechselkraft

$$P_{d,\,1} = \frac{1}{2\,\Pi} 2\, B_0\, B_1 (\omega t)\, Q. \qquad (IV\ 2,\ 24)$$

Sie genügt in der Tat den geforderten Eigenschaften, sofern $B_1 (\omega t)$ dem magnetisierenden Wechselstrome proportional wird: In Geräten kleiner Leistung arbeitet man auf jenem Abschnitt der Zustandskurve permanenter Magnete, welcher an den Gleichgewichtspunkt (H_0, B_0) entsprechend der dort wirksamen, reversiblen Permeabilität anschließt; werden größere Leistungen verlangt, so erregt man B_0 mittels eines Gleichstromes.

f) Wir ergänzen die vorstehenden Überlegungen durch Berücksichtigung der wahren Eigenschaften der ferromagnetischen Kreiselemente, wobei wir jedoch an der Fiktion des streuungslosen Magneten festhalten.

Der Kürze halber beschränken wir uns auf Gleichstrom-Magnete. Als gegeben gilt die Magnetisierungskurve der ferromagnetischen Stoffe

$$B = \Pi\, f\,(H); \qquad H = \frac{1}{\Pi} g\,(B). \qquad (IV\ 2,\ 25)$$

Nun entfällt auf jeden Pol die Länge d [Luftspalt] + s [Schenkel] + + 2 × 1/2 j [Joch + Anker] des magnetischen Ringpfades. Seien d, s, j die entsprechenden Vektoren, so liefert das Durchflutungsgesetz

$$D = w\,J = \frac{1}{\Pi} \left\{ (B\, d) + \left(\left\{ s + 2\frac{1}{2}\, j \right\} g\,(B) \right) \right\} \qquad (IV\ 2,\ 26)$$

als Gleichung der integralen Magnetisierungskurve des Systemes. Abb. IV 191 zeigt ihre Konstruktion für verschiedene d mittels Scherung jener Teildurchflutung, welche auf den ferromagnetischen Anteil des Pfades allein entfällt. Im Gegensatz zu den früher untersuchten Eigenschaften des idealen Elektromagneten mit vollkommen permeablen Eisen lehrt diese Kennlinienschar [Abb. IV 192]:

1. Bei der kinematischen Operation. $d \to 0$ konvergieren sowohl $|B|$ wie P_d gegen je einen endlichen Grenzwert.

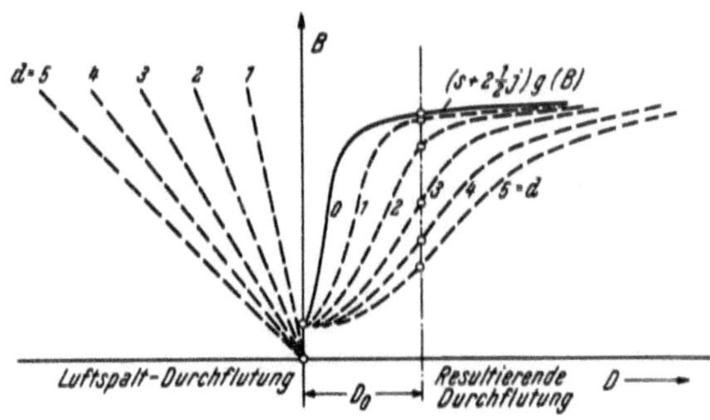

Abb. IV 191. Scherungsverfahren zur Konstruktion des Zusammenhanges von Luftspalt d und Induktion B.

2. Auch bei abgeschalteter Durchflutung [D = 0] verbleibt eine endliche Kraft, welche der remanenten Induktion korrespondiert. Dieser Effekt kann für $d \to 0$ so groß werden, daß der vordem unter Strom bis zum Kontakt mit den Polflächen angezogene Anker nach Unterbrechen des Stromes an den Polen „kleben" bleibt. Namentlich im Relaisbau ist diese Erscheinung unerwünscht; man verkleinert die Klebkraft auf einen unschädlichen Betrag, indem man zwischen Anker und Pole ein unmagnetisches Distanzstück fest einbringt.

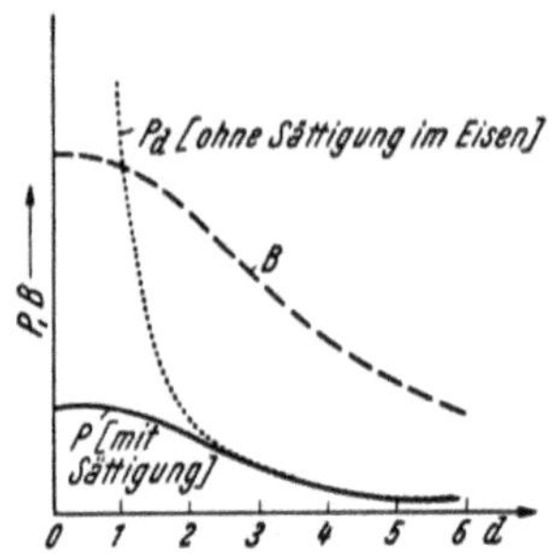

Abb. IV 192. Einfluß der Eisensättigung auf die Zugkraft eines Gleichstrom-Magneten.

IV 3. Verfeinerung der Maxwellschen Zugkraft-Formel.

a) Die inneren Feldkräfte wirklicher Elektromagnete sind merklich größer als die auf Grund der elementaren Theorie zu erwartenden. Auf der Suche nach dem Grunde dieser Unstimmigkeit stellen wir zunächst fest, daß die wahren Eigenschaften des Ferromagnetikums, seien sie von denen des idealen noch so sehr verschieden, zwar in die Beziehung zwischen Induktionsfluß und Durchflutung eingehen, nicht aber in die hier entscheidende zwischen Fluß und Kraft; dagegen zwingt die Streuung des wirklichen Elektromagneten zu einer Revision der in der *Maxwell*schen Formel auftretenden Polfläche: An Stelle ihrer geometrischen Größe Q ist ihre wirksame Q_w einzuführen, welche ihrerseits wesentlich von der Feinstruktur des Feldes in der Umgebung der Pole abhängt.

b) Bei der als notwendig erkannten Feldanalyse kommt dem Sättigungszustand des Eisens ein nur untergeordneter Einfluß zu, so daß wir es durch einen vollkommen permeablen Körper ersetzen dürfen.

Aus mathematischen Gründen beschränken wir uns auf das zweidimensionale Problem: Die Länge l des aktiven Eisens sei so groß senkrecht zur Zeichenebene, daß das Feld in jeder ihr parallelen Ebene des Elektromagneten merklich das gleiche ist. Abb. IV 193 zeigt das Profil des Poles samt der Oberfläche des Ankers, welcher seinerseits durch einen seitlich unbegrenzten Halbkörper modellmäßig dargestellt ist; d bezeichnet den Abstand des Poles vom Anker, h die Halbbreite des Poles. Wir orientieren uns an einem rechtwinkligen Koordinatensystem x, y; sein Ursprung liegt in der Anker-Oberfläche, seine x-Achse koinzidiert mit der Symmetrieachse des Polschenkels.

c) Wir beschreiben das gesuchte Feld durch sein komplexes, magnetisches Skalarpotential $\chi = \varphi + i\,\psi$ als Funktion der *Gauß*schen Koordinate $z = x + i\,y$. Längs der gesamten Schenkelkontur einschließlich der Polfläche setzen wir für das reelle Potential

$$\varphi = \varphi_0 = D, \qquad \text{(IV 3, 1)}$$

so daß es längs der Anker-Oberfläche verschwindet. Man genügt diesen Randbedingungen, indem man den Pol an $x = 0$ spiegelt und dem in $x < 0$ erscheinenden virtuellen Pole das Potential $\varphi = -\varphi_0$ zuschreibt.

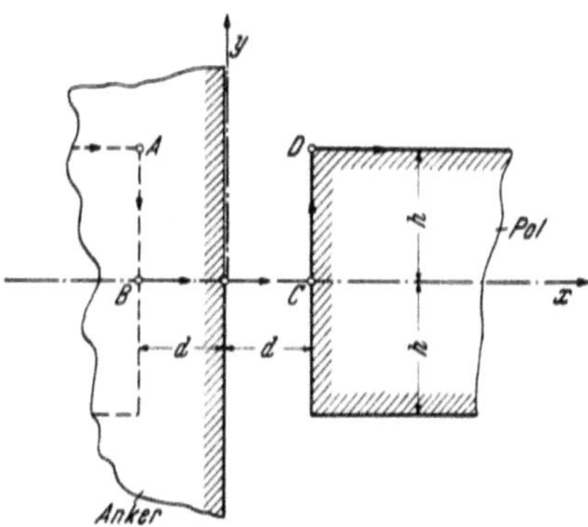

Abb. IV 193. Orientierung am zweidimensionalen Modell des Magneten.

d) Zur Lösung der vorstehend definierten Potentialaufgabe greifen wir auf Ziffer II 9 zurück:

1. Übergang von der z-Ebene auf die Ebene $w = u + i\,v$: Die Originalkontur $(-\infty, i\,h)$; $(-d, i\,h)$; $(-d, 0)$; $(+d, 0)$; $(+d, i\,h)$; $(+\infty, i\,h)$ der z-Ebene wird gemäß Abb. IV 194 so in die u-Ebene abgebildet, daß $(\mp d, i\,h)$ in $(\mp 1/k)$, $(\mp d, 0)$ in (∓ 1) und $(\mp \infty, i\,h)$ in $(\mp \infty)$ transformiert werden; $k < 1$ bezeichnet den Modul, $k' = \sqrt{1 - k^2}$ den komplementären Modul, $\alpha = \arcsin k$ und $\alpha' = \arcsin k'$ sind die zugehörigen Modularwinkel. Die Abbildung gehorcht der Differentialgleichung

$$\frac{dz}{dw} = C \cdot \frac{\sqrt{1 - k^2\,w^2}}{\sqrt{1 - w^2}}, \qquad \text{(IV 3, 2)}$$

wofern man k und C durch die Gleichungen definiert

$$\frac{d}{h} = \frac{E}{K' - E'}; \qquad C = \frac{d}{E} = \frac{h}{K' - E'}. \qquad \text{(IV 3, 3)}$$

K ist das vollständige Elliptische Integral erster Gattung, E jenes der zweiten Gattung für den Modul k; K' und E' bezeichnen die nämlichen Integrale für den Modul k'.

Längs der Polflanke $x \geq d$, $y = h$ lautet das Integral der Differentialgleichung (IV 3, 2)

$$z = d + i\,h + \frac{h}{K' - E'}\left\{ \frac{\sqrt{k^2\,u^2 - 1}\,\sqrt{u^2 - 1}}{u} + E\,(k, \vartheta) - E \right\}, \qquad \text{(IV 3, 4)}$$

wobei $E(k, \vartheta)$ das unvollständige Elliptische Integral zweiter Gattung des Moduls k und des Winkels

$$\vartheta = \arcsin \frac{1}{u} \qquad\qquad\text{(IV 3, 5)}$$

definiert.

2. Übergang von der w-Ebene auf die Ebene $\chi = \varphi + i\,\psi$: Die Halbebene $v > 0$ wird entsprechend Abb. IV 195 auf den Halbstreifen $(-\varphi_0) \leqq \varphi \leqq \varphi_0,\ \psi \geqq 0$ abgebildet: der Abschnitt $(-\infty) < u < -1$ der u-Achse wird in den Abschnitt $\psi > 0$ der Geraden $\varphi = -\varphi_0$, der Abschnitt $(-1) \leqq u \leqq 1$ in den Abschnitt $(-\varphi_0) \leqq \varphi \leqq \varphi_0$ der Geraden $\psi = 0$ und der Abschnitt $1 < u < \infty$ in den Abschnitt $\psi > 0$ der Geraden $\varphi = \varphi_0$ transformiert. Diese Abbildung wird durch die Gleichungen bewirkt

$$\frac{dz}{d\chi} = \frac{2}{\pi}\varphi_0 \frac{1}{\sqrt{1-w^2}}; \qquad \chi = \frac{2}{\pi}\varphi_0 \arcsin w; \qquad w = \sin\frac{\pi}{2}\frac{\chi}{\varphi_0}. \qquad\text{(IV 3, 6)}$$

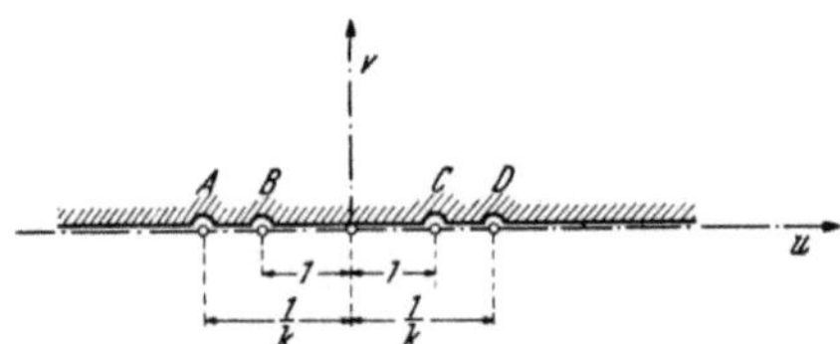

Abb. IV 194. Übergang von der $z = x + i\,y$-Ebene in die $w = u + i\,v$-Ebene.

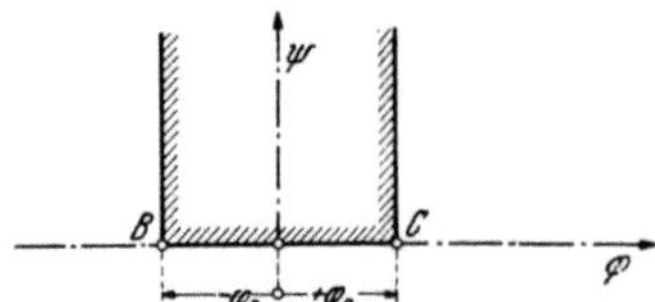

Abb. IV 195. Übergang von der w-Ebene in die $\chi = \varphi + i\,\psi$-Ebene.

χ ist das gesuchte, komplexe Potential. Denn längs der u-Achse gilt nach (IV 3, 6)

$$\left.\begin{aligned}
u &= \sin\frac{\pi}{2}\frac{\varphi}{\varphi_0}\cosh\frac{\pi}{2}\frac{\psi}{\varphi_0}, \\[2mm]
0 &= \cos\frac{\pi}{2}\frac{\varphi}{\varphi_0}\sinh\frac{\pi}{2}\frac{\psi}{\varphi_0}.
\end{aligned}\right\} \qquad\text{(IV 3, 7)}$$

so daß man für $u > 1$ [Bild der Polkontur] findet

$$\varphi = \varphi_0; \qquad \psi = \varphi_0\frac{2}{\pi}\operatorname{arccosh} u. \qquad\text{(IV 3, 8)}$$

Längs der v-Achse [Bild der Ankerkontur] folgt dagegen aus (IV 3, 6)

$$\left.\begin{aligned}
0 &= \sin\frac{\pi}{2}\frac{\varphi}{\varphi_0}\cosh\frac{\pi}{2}\frac{\psi}{\varphi_0}, \\[2mm]
v &= \cos\frac{\pi}{2}\frac{\varphi}{\varphi_0}\sinh\frac{\pi}{2}\frac{\psi}{\varphi_0},
\end{aligned}\right\} \qquad\text{(IV 3, 9)}$$

so daß dort das reelle Potential identisch verschwindet.

e) Wir berechnen das Thermodynamische Potential Ψ je Längeneinheit des Poles senkrecht zur Zeichenebene mittels des Linienintegrales längs der Grenze (G) des Feldgebietes

$$\Psi = -\frac{1}{2}\int\limits_{(G)} \varphi\, B_n\, ds. \qquad\text{(IV 3, 10)}$$

B_n bezeichnet die von der Grenze nach innen weisende Normalkomponente der Induktion, ds das Bogenelement von G. Wir führen die Integration in drei Teilen aus:

1. Längs der Ankerkontur x = 0 ist $\varphi = 0$; der ihr korrespondierende Beitrag Ψ_1 verschwindet.

2. Längs der Polfläche samt den anschließenden Schenkelflanken bis zur Länge s ist $\varphi = \varphi_0$. Mit Rücksicht auf die Definition der Stromfunktion folgt der entsprechende Anteil des Thermodynamischen Potentiales

$$\Psi_2 = -\frac{1}{2}\varphi_0 \int B_n\, ds = -\frac{1}{2}\Pi\varphi_0\{\psi(d + s + i\,h) - \psi(d + s - i\,h)\}.$$

$$\text{(IV 3, 11)}$$

3. Längs der in $(d + s \pm i\,h)$ entspringenden, zur Anker-Oberfläche ziehenden Kraftlinien ist definitionsgemäß $B_n = 0$, so daß sich auch ihr Beitrag Ψ_3 zum Thermodynamischen Potential annulliert.

f) Um das Thermodynamische Potential $\Psi = \Psi_2$ nach (IV 3, 11) explizit anzugeben, substituieren wir (IV 3, 8) in (IV 3, 4) und erhalten mit $z \to z_s = d + s + i\,h$, $\psi_s = \psi(z_s)$

$$\left.\begin{aligned} s &= \frac{d}{E}\left\{\left[\sqrt{k^2\cosh^2\frac{\pi}{2}\frac{\psi_s}{\varphi_0} - 1}\,\tgh\frac{\pi}{2}\frac{\psi_s}{\varphi_0} + E(k, \vartheta_s) - E\right.\right\}\\ \vartheta_s &= \arcsin\frac{1}{k\cosh\dfrac{\pi}{2}\dfrac{\psi_s}{\varphi_0}}. \end{aligned}\right\} \quad \text{(IV 3, 12)}$$

Setzen wir von nun ab $s \gg d$ voraus, so wird $|\psi| \gg |\varphi_0|$, und wir finden bis auf Glieder höherer Ordnung

$$s = d\left\{\frac{k}{2E}\,e^{\frac{\pi}{2}\frac{\psi_s}{\varphi_0}} - 1\right\}; \qquad \psi_s = \varphi_0\frac{2}{\pi}\ln\left\{\frac{2(s + d)}{d}\frac{E}{k}\right\}. \quad \text{(IV 3, 13)}$$

Aus Symmetriegründen ist $\psi(d + s - i\,h) = -\psi(d + s + i\,h)$, so daß wir aus (IV 3, 11) und (IV 3, 13) schließen

$$\Psi = -\Pi\varphi_0{}^2\frac{2}{\pi}\ln\left\{\frac{2(s + d)}{d}\frac{E}{k}\right\}. \quad \text{(IV 3, 14)}$$

g) Wir führen d als „allgemeine" Koordinate ein und finden die zugehörige Kraftkomponente P_d mittels

$$P_d = \frac{\partial\Psi}{\partial d}\cdot 1 = -\Pi\varphi_0{}^2\frac{\partial}{\partial d}\left\{\frac{2}{\pi}\ln\left(\frac{2(s + d)}{d}\frac{E}{k}\right)\right\}1. \quad \text{(IV 3, 15)}$$

Wir berechnen zunächst

$$\frac{\partial}{\partial d}\ln\frac{2(s + d)}{d} = \frac{1}{s + d} - \frac{1}{d}. \quad \text{(IV 3, 16)}$$

Weiter gelangen wir mittels

$$\frac{dE}{dk} = -\frac{K - E}{k} \quad \text{(IV 3, 17)}$$

zu

$$\frac{\partial}{\partial d}\ln\frac{E}{k} = -\frac{K}{kE}\frac{\partial k}{\partial d}. \quad \text{(IV 3, 18)}$$

Aus (IV 3, 3) entnehmen wir

$$\frac{\partial d}{\partial k} = h\,\frac{(K' - E')\,dE/dk - E\,(d/dk)\,(K' - E')}{(K' - E')^2}. \quad \text{(IV 3, 19)}$$

Hier benützen wir die Relationen

$$\frac{dE'}{dk} = \frac{K'-E'}{k'} \cdot \frac{k}{k'}; \qquad \frac{dK'}{dk} = -\frac{1}{k}\frac{E'-k^2 K'}{k'^2}; \qquad \frac{d(K'-E')}{dk} = -\frac{E'}{k}$$

$$\text{(IV 3, 20)}$$

sowie

$$K\,E' - K'\,K + K'\,E \equiv \frac{\pi}{2} \qquad\qquad \text{(IV 3, 21)}$$

und erhalten aus (IV 3, 19)

$$\frac{\partial k}{\partial d} = \frac{1}{h} \times \frac{2}{\pi} k\,(K'-E')^2 = \frac{1}{d} \times \frac{2}{\pi} k\,E\,(K'-E'). \quad \text{(IV 3, 22)}$$

Zu (IV 3, 15) zurückkehrend, gehen wir zur Grenze s → ∞ über und finden

$$P_d = \Pi\,\varphi_0{}^2 \frac{l}{d}\frac{2}{\pi}\left\{ 1 + \frac{2}{\pi}\frac{h}{d} K\,E \right\}. \qquad \text{(IV 3, 23)}$$

Mit d/h → 0 konvergiert k gegen Null. Daher entsteht wegen $K(0) = \pi/2$; $E(0) = \pi/2$ für die entsprechende Kraftkomponente

$$P_d(0) = \Pi\,\varphi_0{}^2 \frac{h\,l}{d^2}. \qquad \text{(IV 3, 24)}$$

Nun mißt $|\varphi_0/d|$ die Stärke des im vorliegenden Falle merklich homogenen Magnetfeldes zwischen Pol und Anker, $|\Pi\,\varphi_0/d|$ also den Betrag der zugehörigen Induktion B. In der Schreibweise

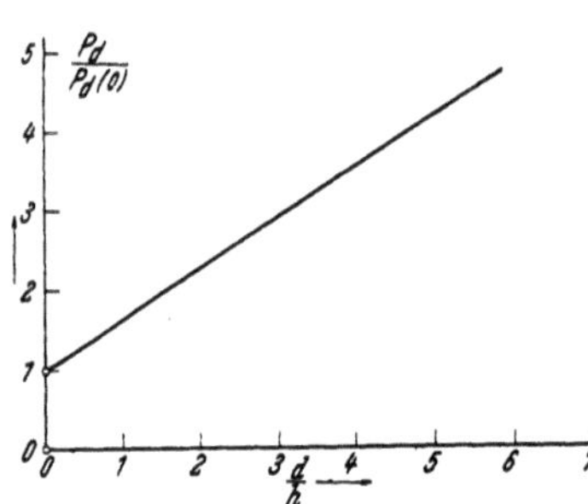

Abb. IV 196. Verfeinerung der *Maxwell*schen Zugkraftformel: Das Verhältnis der wahren Kraft zur *Maxwell*schen Kraft als Funktion der Polabmessungen.

$$P_d(0) = \frac{1}{2}\frac{(B^2)}{\Pi} \cdot Q; \qquad Q = 2\,h\,l$$

$$\text{(IV 3, 25)}$$

erkennt man die *Maxwell*sche Formel wieder. Für endliche d/h erhöht sich somit die Kraft des wahren Magneten im Verhältnis zu jener des idealen, streuungsfreien gemäß

$$\frac{P_d}{P_d(0)} = \frac{2}{\pi}\left[\frac{d}{h} + \frac{2}{\pi} K\,E \right]. \quad \text{(IV 3, 26)}$$

Die hieraus für kleine d/h folgende Näherung

$$\frac{P_d}{P_d(0)} \approx 1 + \frac{2}{\pi}\frac{d}{h} \quad \text{(IV 3, 27)}$$

gilt nach Abb. IV 196 für einen weiten Bereich von d/h mit praktisch ausreichender Genauigkeit. Dagegen entnimmt man aus (IV 3, 3) im Falle d ≫ h mittels Potenzentwicklung der Elliptischen Integrale nach k′

$$\frac{d}{h} \to \frac{4}{\pi}\frac{1}{k'^2}; \qquad k' = \sqrt{\frac{\pi}{4}\frac{h}{d}} \qquad \text{(IV 3, 28)}$$

und hieraus

$$E \to 1; \qquad K \to \ln\frac{4}{k'} = \ln 8\sqrt{\frac{d}{\pi\,h}}. \qquad \text{(IV 3, 29)}$$

Sonach liefert (IV 3, 23) unter den nämlichen Bedingungen

$$P_d = \Pi\,\varphi_0{}^2\,\frac{1}{d}\,\frac{2}{\pi}\left[1 + \frac{2}{\pi}\,\frac{h}{d}\,\ln 8\,\left.\middle/\sqrt{\frac{d}{\pi\,h}}\right.\right] \qquad (IV\ 3,\ 30)$$

und insbesondere für h → 0

$$\lim_{h\to 0} P_d = \Pi\,\varphi_0{}^2\,\frac{1}{d}\,\frac{2}{\pi}, \qquad (IV\ 3,\ 31)$$

während die *Maxwell*sche Formel auf eine verschwindende Kraft führen würde.

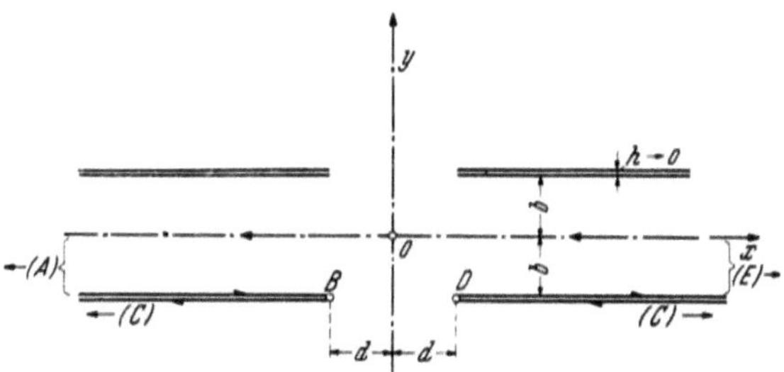

Abb. IV 197. Modell des zweischenkeligen Hufeisenmagneten.

h) Bei weitem Luftspalt d ≫ h wird die Kraft auf den Anker durch die Streuung zwischen den antipolaren Magnetschenkeln verkleinert. Wir untersuchen diesen Effekt an dem zweidimensionalen Modell eines Magneten verschwindender Polbreite [h → 0] nach Abb. IV 197, in welchem 2 b den Abstand der Schenkel mißt. Durch ihre Spiegelung an der Ankeroberfläche bilden wir einen Zwillingsmagneten; sein Symmetriezentrum wird mit dem Ursprung der komplexen z = = x + i y-Ebene identifiziert, deren x-Achse parallel zu den Schenkeln weise: Sie repräsentiert, gleich der y-Achse, die Äquipotentialfläche $\varphi = 0$.

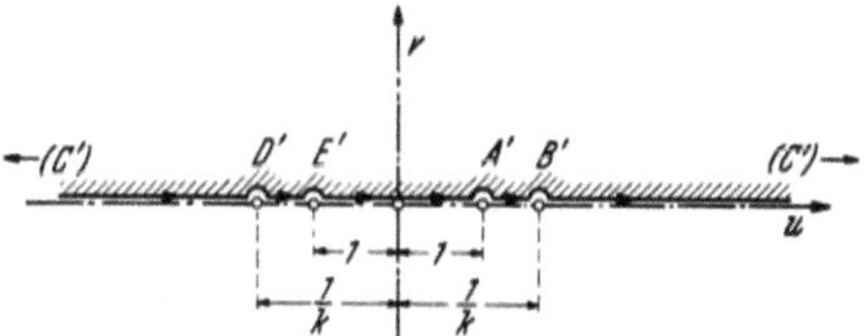

Abb. IV 198. Konforme Abbildung des Hufeisenmagneten.

Wir bilden die Kontur des Polygones

$$O = (0,0); \qquad A = (-\infty, 0) = (-\infty, -b+0); \qquad B = (-d, -b)$$
$$C = (\mp\infty, -b-0); \qquad D = (+d, -b); \qquad E = (+\infty, -b+0) =$$
$$= (+\infty, 0); \qquad O = (0, 0), \qquad (IV\ 3,\ 32)$$

so auf die reelle Achse der w = u + i v-Ebene ab, daß O in deren Ursprung O′, A in A′ = (1, 0), B in B′ = (1/k, 0), C in C′ = (± ∞, 0), D in D′ = (− 1/k, 0) und E in E′ = (− 1, 0) transformiert wird; darin bedeutet k < 1 einen noch zu bestimmenden Modul [Abb. IV 198]. Die gesuchte Abbildung gehorcht der Differentialgleichung

$$\frac{dz}{dw} = C \cdot \frac{1 - k^2 w^2}{1 - w^2} \equiv C\left[k^2 + \frac{1 - k^2}{1 - w^2}\right]. \qquad (IV\ 3,\ 33)$$

Ihr Integral

$$z = C\left[k^2\,w + \frac{1-k^2}{2}\ln\frac{1+w}{1-w}\right] \qquad\text{(IV 3, 34)}$$

genügt der Bedingung $O \to O'$, falls wir unter dem Logarithmus jenen Hauptwert verstehen, dessen Imaginärteil zwischen $(-\pi)$ und $(+\pi)$ eingeschlossen ist. Die Daten des Magnetsystemes drücken sich dann in den Gleichungen aus

$$C \cdot \frac{1-k^2}{2}\,\pi = -b,$$

$$C\left[k + \frac{1-k^2}{2}\ln\frac{1+k}{1-k}\right] = -d. \qquad\text{(IV 3, 35)}$$

Man entnimmt ihnen die Relationen

$$\frac{\pi}{2}\,\frac{1-k^2}{k + \dfrac{1-k^2}{2}\ln\dfrac{1+k}{1-k}} = \frac{b}{d}\;;\quad C = -\frac{d}{k + \dfrac{1-k^2}{2}\ln\dfrac{1+k}{1-k}} = -\frac{2}{\pi}\frac{b}{1-k^2}\,,$$

$$\text{(IV 3, 36)}$$

deren erste mittels Abb. IV 199 den Modul k als Funktion von b/d und deren zweite dann die Integrationskonstante C liefert.

Die Randbedingungen des reellen Potentiales φ lauten in der w-Ebene

$$\left.\begin{aligned}
\varphi &= -\varphi_0; & -\infty &< u < -1; & v &= +0,\\
\varphi &= 0\;; & -1 &< u < +1; & v &= +0,\\
\varphi &= +\varphi_0; & +1 &< u < \infty\;; & v &= +0.
\end{aligned}\right\} \qquad\text{(IV 3, 37)}$$

Sie werden von dem komplexen Potentiale erfüllt

$$\chi = \frac{\varphi_0}{\pi\,i}\ln\frac{1}{1-w^2}. \qquad\text{(IV 3, 38)}$$

Insbesondere gilt längs der Ankeroberfläche $w = i\,v$

$$\frac{y}{b} = -\frac{2}{\pi}\frac{1}{1-k^2}\{k^2\,v + (1-k^2)\operatorname{arctg} v\};\quad \psi = -\frac{\varphi_0}{\pi}\ln\frac{1}{1+v^2}\,,$$

$$\text{(IV 3, 39)}$$

also für die dort herrschende Feldstärke [Abb. IV 200]

$$H_n = \frac{\partial\varphi}{\partial x} = \frac{\partial\psi}{\partial y} = \frac{\partial\psi}{\partial v}\cdot\frac{\partial v}{\partial y} = -\frac{\varphi_0}{b}(1-k^2)\frac{v}{1+k^2\,v^2}. \qquad\text{(IV 3, 40)}$$

i) Zwecks Berechnung des Thermodynamischen Potentiales schneiden wir aus dem Magnetsystem jenen Abschnitt heraus, der sich von $x = -(s+d)$ bis $x = 0$ erstreckt [$s \gg b$]. Wir benötigen die Kenntnis der Stromfunktion an den beiden Orten

$$z \to z_1 = -(s+d) - i\,b + i\,0;\quad z \to z_2 = -(s+d) - i\,b - i\,0.$$

$$\text{(IV 3, 41)}$$

In der w-Ebene korrespondiert z_1 der Punkt $w_1 = u_1 = 1 + \varepsilon$, wobei $1 \gg \varepsilon > 0$: Aus (IV 3, 33) und (IV 3, 36) entnimmt man

$$s + d = \frac{2}{\pi}\frac{b}{1-k^2}\left\{k^2 + \frac{1-k^2}{2}\ln\frac{2}{\varepsilon}\right\}\;;\quad \ln\frac{2}{\varepsilon} = \pi\frac{s+d}{b} - \frac{2\,k^2}{1-k^2}.$$

$$\text{(IV 3, 42)}$$

Die Stromfunktion beträgt dort, nach (IV 3, 38)

$$\psi_1 = \psi(z_1) = -\frac{\varphi_0}{\pi}\ln\frac{1}{2\,\varepsilon} = -\frac{\varphi_0}{\pi}\left\{\ln\frac{1}{4} + \pi\frac{s+d}{b} - \frac{2\,k^2}{1-k^2}\right\}. \quad \text{(IV 3, 43)}$$

Dagegen entspricht z_2 der Punkt $w_2 = u_2 \gg 1/k$, so daß wir aus (IV 3, 33) und (IV 3, 36) bis auf Glieder höherer Ordnung schließen

$$s + d = \frac{2}{\pi}\frac{b}{1-k^2}\left\{k^2 u_2 + \frac{1-k^2}{2}\ln\frac{u_2+1}{u_2-1}\right\} =$$

$$= \frac{2}{\pi}b\frac{k^2}{1-k^2}u_2 + \ldots; \qquad u_2 = \frac{\pi}{2}\cdot\frac{s+d}{b}\cdot\frac{1-k^2}{k^2} + \ldots, \quad \text{(IV 3, 44)}$$

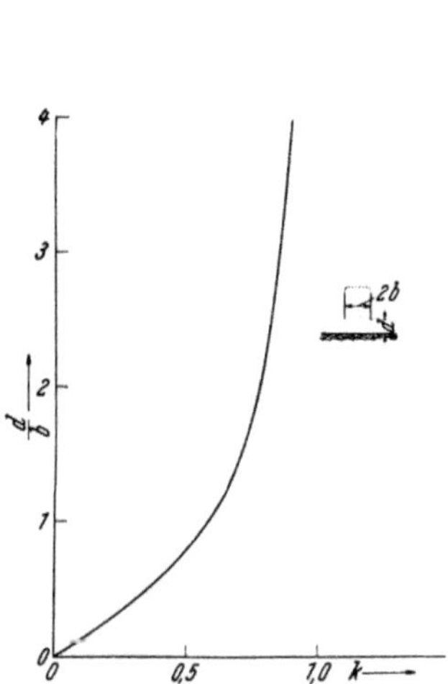

Abb. IV 199. Hufeisenmagnet. Beziehung zwischen den Abmessungen des Magneten und dem Modul k.

Abb. IV 200. Hufeisenmagnet. $k = 0{,}1$, $d/b = 0{,}127$. Verteilung des numerischen Feldes längs der Ankeroberfläche.

also

$$\psi_2 = \psi(z_2) = 2\frac{\varphi_0}{\pi}\ln\left\{\frac{\pi}{2}\cdot\frac{s+d}{b}\cdot\frac{1-k^2}{k^2}\right\} + \ldots \quad \text{(IV 3, 45)}$$

Für das Thermodynamische Potential je eines Magnetschenkels der Länge s und der Tiefe 1 senkrecht zur Zeichenebene folgt hieraus

$$\Psi = -\frac{1}{2}\Pi\varphi_0(\psi_2 - \psi_1) = -\frac{1}{2}\Pi\frac{\varphi_0^2}{\pi}\left[2\ln\left\{\frac{\pi}{2}\cdot\frac{s+d}{b}\cdot\frac{1-k^2}{k^2}\right\} + \right.$$

$$\left. + \ln\frac{1}{4} + \pi\frac{s+d}{b} - \frac{2\,k^2}{1-k^2} + \ldots, \right], \quad \text{(IV 3, 46)}$$

also für die zu d parallele Kraftkomponente je Pol

$$P_d = \frac{\partial\Psi}{\partial d}1 = -\frac{1}{2}\Pi\frac{\varphi_0^2}{\pi}\left[\frac{2}{s+d} + \frac{\pi}{b} - \frac{4}{k(1-k^2)^2}\frac{\partial k}{\partial d}\right]1 + \ldots \quad \text{(IV 3, 47)}$$

Vermöge (IV 3, 36) gilt

$$\frac{\partial d}{\partial k} = \frac{b}{\pi}\frac{4}{(1-k^2)^2}. \quad \text{(IV 3, 48)}$$

Wir gehen jetzt zur Grenze s → ∞ über und finden

$$P_d = \frac{1}{2}\, \Pi\, \varphi_0{}^2 \cdot \frac{1}{b}\left[\frac{1}{k} - 1\right]. \qquad\qquad (IV\ 3,\ 49)$$

Für $b/d \gg 1$ wird $k = \dfrac{\pi}{4}\dfrac{d}{b} + \ldots$, also

$$P_d\,(0) = \lim_{\frac{b}{d}\,\to\,\infty} P_d = \Pi\,\varphi_0{}^2\,\frac{1}{d}\,\frac{2}{\pi}, \qquad\qquad (IV\ 3,\ 50)$$

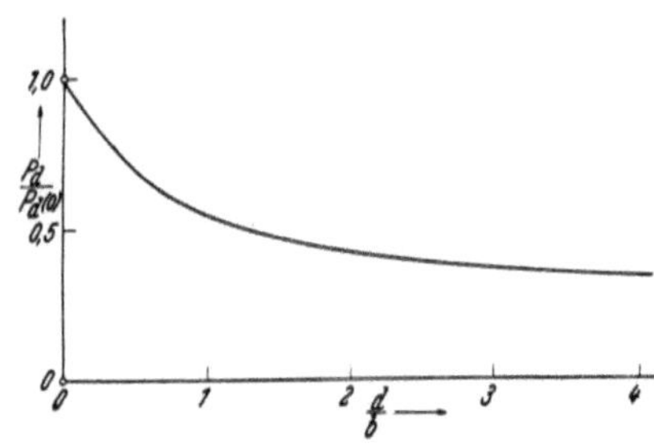

Abb. IV 201. Hufeisenmagnet. Einfluß der Maulweite auf die Zugkraft.

übereinstimmend mit (IV 3, 31). Die zwischen den Schenkeln auftretende Streuung verkleinert diese Kraft im Verhältnis

$$\frac{P_d}{P_d\,(0)} = \frac{\pi}{4}\frac{d}{b}\left[\frac{1}{k} - 1\right], \qquad\qquad (IV\ 3,\ 51)$$

welches in Abb. IV 201 als Funktion von d/b graphisch dargestellt ist.

IV 4. Wechselstromerregte Spaltpole.

a) Gegeben sei ein Zugmagnet des in Ziffer IV 2 untersuchten Typus, welcher durch eine einphasige, mit der Kreisfrequenz ω harmonisch pulsierende Durchflutung je Pol

$$D = D_{max} \cos \omega\, t = \mathrm{Re}\,(\overline{D}e^{i\omega t}); \qquad \overline{D} = D_{max} \qquad (IV\ 4,\ 1)$$

erregt werde. Wir lassen die Hysterese-Erscheinungen im Eisen weiterhin außer Betracht. Dann schwingen die Induktionsvektoren an allen Orten des Systemes nicht nur synchron, sondern auch gleichphasig; sie liefern daher eine pulsierende Zugkraft vom Charakter der Gl. (IV 2, 17).

b) Um den Anschluß des Magneten an ein Einphasen-Netz beibehalten zu können, gleichzeitig jedoch das periodische Verschwinden der Zugkraft auszuschließen, wird jeder Pol entsprechend Abb. IV 202 in der Mitte gespalten, und eine seiner Hälften wird mit einer in sich kurzgeschlossenen Wicklung ausgestattet. Diese möge aus einem einzigen Ringe bestehen, dessen

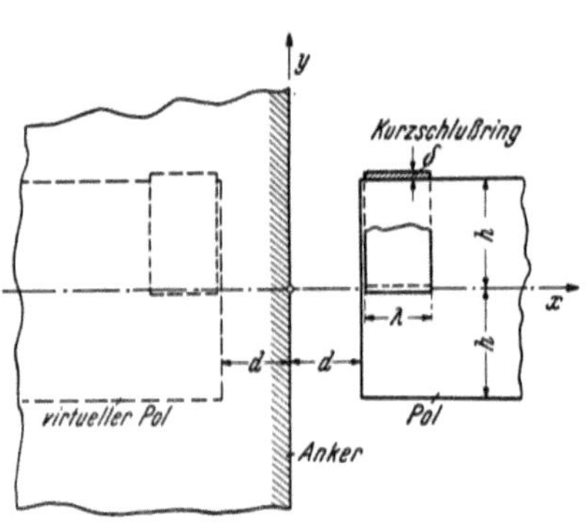

Abb. IV 202. Orientierung am Spaltpolmagneten.

Breite parallel zu den Polschenkeln mit λ und dessen Dicke mit δ bezeichnet werde. Wir denken uns seinen gesamten *Ohm*schen Widerstand auf jene Teile des Ringes konzentriert, welche dem aktiven Eisen des Magneten unmittelbar benachbart sind; r sei der Teilwiderstand je Längen-

einheit senkrecht zur Kontrollebene. In diesem Ringe wird ein Kurzschlußstrom J_k induziert, welcher in der Regel der Durchflutung (IV 4, 1)
zeitlich nacheilt. Daher entstehen nunmehr in beiden Polhälften phasen-
verschobene Induktionsflüsse, deren mechanische Teilkräfte auf den Anker
einander zu einer stets endlichen Gesamtkraft
ergänzen; wir haben die quantitativen Gesetze dieses Effektes aufzusuchen.

    c) Wir richten unser Augenmerk auf die
Wirkung nur eines Poles. Indem wir das
Eisen durch einen virtuellen, vollkommen
permeablen Stoff ersetzen, gelangen wir durch
Spiegelung des Poles an der benachbarten
Ankeroberfläche zu dem System zweier sym-
metrischer Pole von entgegengesetzem Vor-

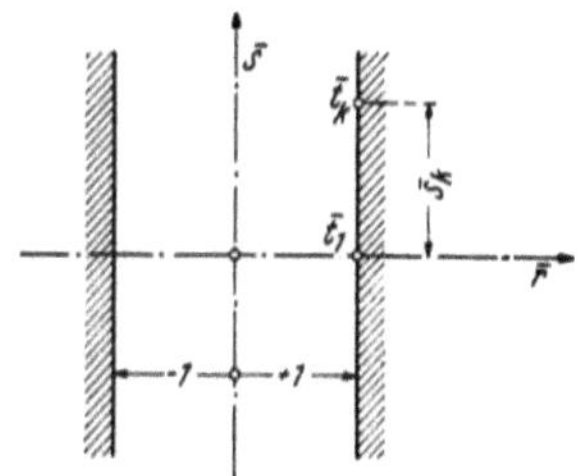

zeichen vom Abstande 2 d und der Höhe 2 h
nach Abb. IV 202.

Abb. IV 203. Transformation
des Spaltpolsystemes in die
$\bar{t} = \bar{r} + i\,\bar{s}$-Ebene.

Wir orientieren uns an Hand der *Gauß*schen Koordinate $z = x + i\,y$;
der Ursprung der Achsen koinzidiert mit dem Zentrum zwischen beiden
Polen, die x-Achse weist senkrecht zu den Polflächen. Wir führen mittels

$$\frac{dz}{dw} = C \cdot \frac{\sqrt{1 - k^2 w^2}}{\sqrt{1 - w^2}}\,; \qquad \frac{d}{h} = \frac{E}{K' - E'}\,; \qquad C = \frac{d}{E} = \frac{h}{K' - E'},$$

$$\text{(IV 4, 2)}$$

wie in Ziffer IV 3, 3 die Zwischenebene $w = u + i\,v$ nach Abb. IV 194
ein, von welcher wir mittels

$$\frac{d\bar{t}}{dw} = \frac{2}{\pi} \frac{1}{\sqrt{1 - w^2}}\,; \qquad w = \sin\frac{\pi}{2}\bar{t} \qquad \text{(IV 4, 3)}$$

auf die Ebene $\bar{t} = \bar{r} + i\,\bar{s}$ nach Abb. IV 203 übergehen. In ihr erscheint
der in $x > 0$ der Originalebene gelegene Magnetpol einschließlich seiner
Schenkelflanken als Gerade $\bar{r} = +1$, während die Kontur des in $x < 0$
gelegenen Poles in die Gerade $\bar{r} = -1$ transformiert wird.

Besondere Aufmerksamkeit erfordert die Geometrie der Abbildung
$z \rightarrow \bar{t}$ in der Umgebung von $|w| = 1$ und $|w| = 1/k$, da diesen Werten
in der Transformation von der Original- auf die Zwischenebene je ein
singulärer Punkt korrespondiert. Aus (IV 4, 2) und (IV 4, 3) folgt nun

$$\frac{dz}{dw} = \frac{d}{E} \cdot \frac{\sqrt{1 - k^2 w^2}}{\sqrt{1 - w^2}} \cdot \frac{\pi}{2}\sqrt{1 - w^2} = \frac{d}{E}\frac{\pi}{2}\sqrt{1 - k^2 w^2} \qquad \text{(IV 4, 4)}$$

Daher bleibt der konforme Charakter der in Rede stehenden Abbildung
in der Umgebung von $|w| = 1$ gewahrt: Ein hinreichend kleiner *Gauß*scher
Vektor $\varDelta z_1$ wird hier in den Vektor $\varDelta \bar{t}_1$ gemäß

$$\varDelta z_1 = \frac{d}{E}\sqrt{1 - k^2}\,\varDelta \bar{t}_1 \qquad \text{(IV 4, 5)}$$

transformiert.

    Dagegen ist die Konformität in der Umgebung von $|w| = 1/k$ unter-
brochen: Für $w = |1/k| + \varDelta w_k$ mit $|\varDelta w_k| \ll 1/k$ wird, bis auf Glieder
höherer Ordnung in $\varDelta w_k$,

$$\frac{dz}{dw} = \frac{d}{E} \frac{\sqrt{1 - k^2(1/k + \varDelta w_k)^2}}{\sqrt{1 - (1/k)^2}} = \frac{d}{E} k \frac{\sqrt{2\,k\,\varDelta w_k}}{\sqrt{1 - k^2}} \qquad \text{(IV 4, 6)}$$

Wir setzen $z = \pm\, d + i\, h + \varDelta\, z_k$ und erhalten durch Integration

$$\varDelta\, z_k = \frac{d}{E} \cdot k \sqrt{\frac{2\,k}{1 - k^2}} \cdot \frac{2}{3}\, \varDelta\, w_k^{3/2}. \qquad \text{(IV 4, 7)}$$

Trotz des hierin ausgedrückten, singulären Verhaltens dieser Teil-Transformation bleibt die Abbildung $w \rightarrow \bar{t}$ in der Umgebung von $|w| = 1/k$ konform: Nach (IV 4, 3) wird $\varDelta\, w_k$ in

$$\varDelta\, \bar{t}_k = \frac{2}{\pi} \frac{1}{\sqrt{1 - (1/k)^2}}\, \varDelta\, w_k = \pm\, \frac{2}{\pi} \frac{i\,k}{\sqrt{1 - k^2}}\, \varDelta\, w_k \qquad \text{(IV 4, 8)}$$

transformiert, so daß die Relation

$$\varDelta\, z_k = \pm\, \frac{d}{E} k \sqrt{\frac{2\,k}{1 - k^2}}\, \frac{2}{3} \left(\frac{\pi}{2} \frac{\sqrt{1 - k^2}}{k}\right)^{3/2} \left(\frac{\varDelta\, \bar{t}_k}{i}\right)^{3/2} =$$

$$= \pm\, \frac{d}{E} \frac{\pi}{3}^{3/2} \frac{4}{\sqrt{1 - k^2}} \left(\frac{\varDelta\, \bar{t}_k}{i}\right)^{3/2} \qquad \text{(IV 4, 9)}$$

resultiert.

d) Für das Primärpotential [Index p] allein der je Pol wirksamen Durchflutung D nach Gl. (IV 4, 1) bei stromlosem Ringe gelten in der z-Ebene die Randbedingungen

$$\varphi_\mathrm{p} = \pm\, D \quad \text{auf der Polkontur } x \lessgtr 0. \qquad \text{(IV 4, 10)}$$

Sie übertragen sich auf die $\bar{t}$-Ebene mittels der Anweisung

$$\varphi_\mathrm{p} = \pm\, D \quad \text{für } \bar{r} = \mp\, 1, \qquad \text{(IV 4, 11)}$$

so daß in dieser Ebene das komplexe Primärpotential lautet

$$\chi_\mathrm{P} = -\, D \cdot \bar{t}. \qquad \text{(IV 4, 12)}$$

Wir fragen insbesondere nach dem vom Eisen in den Luftraum übertretenden Primärfluß $\varPhi_\mathrm{p}$, welcher den stromlos gedachten Ring je Längeneinheit senkrecht zur Kontrollebene durchdringt. Um eine eindeutige Antwort geben zu können, werden weiterhin die Ringmaße λ und δ als klein gegen d vorausgesetzt. Dann wird der gesuchte Fluß, etwa für den Pol $x > 0$ der Originalebene

$$\varPhi_\mathrm{p} = \Pi \int\limits_0^h \left(- \frac{\partial \varphi_\mathrm{p}}{\partial x}\right)_{x=d} \cdot dy = \Pi \int\limits_0^h \left(- \frac{\partial \psi_\mathrm{p}}{\partial y}\right)_{x=d} dy =$$

$$= -\, \Pi \{\psi\,(d, h) - \psi\,(d, 0)\}. \qquad \text{(IV 4, 13)}$$

In der $\bar{t}$-Ebene korrespondiert dem Punkte $z = d + i\,h$ der Ort $\bar{t}_k = 1 + i\, s_k = 1 + i\, 2/\pi \operatorname{arcosh}(1/k)$ und dem Punkte $z = d + i\,0$ der Ort $\bar{t}_1 = 1 + i\,0$. Mittels (IV 4, 12) und (IV 4, 13) folgt also, nach Einführung des Modularwinkels $\alpha = \arcsin k$

$$\varPhi_\mathrm{p} = \Pi\, D\, \frac{2}{\pi} \operatorname{arcosh}\left(\frac{1}{k}\right) \equiv \Pi\, D\, \frac{2}{\pi} \ln \operatorname{cotg} \frac{\alpha}{2} = M\, D, \qquad \text{(IV 4, 14)}$$

wobei

$$M = \Pi\, \frac{2}{\pi} \operatorname{arcosh}\left(\frac{1}{k}\right) \equiv \Pi\, \frac{2}{\pi} \ln \operatorname{cotg} \frac{\alpha}{2} \qquad \text{(IV 4, 15)}$$

die auf D bezogene gegenseitige Induktivität zwischen Primärspule und Kurzschlußring definiert.

e) Als Sekundärpotential [Index s] bezeichnen wir jenen Feldanteil, welcher allein vom Ringstrome J_k bei verschwindender Durchflutung D erregt wird.

Aus Symmetriegründen genügt es, vorerst nur den in $x > 0$ befindlichen Pol in Betracht zu ziehen. Das auf der Schenkelflanke aufliegende Ringelement möge in einem gewissen Zeitpunkt einen Strom führen, den wir als positiv zählen, falls er aus der Kontrollebene heraustritt. Das in der Polmitte befindliche Ringelement wird dann gleichzeitig von einem negativen Strom durchflossen. In der Originalebene entwickeln somit diese Ringelemente den Strombelag

$$A = \pm \frac{J_k}{\lambda}. \qquad\qquad \text{(IV 4, 16)}$$

Wie übertragen sich diese Aussagen in die $\bar{t}$-Ebene?

1. Bei der Transformation des positiv-durchströmten Ringelementes gehen wir zur Grenze $\delta \to 0$ über. Hierdurch verwandelt sich der körperliche Leiter der z-Ebene in ein Band, welches auch in der $\bar{t}$-Ebene als solches erscheint. Es bedeckt dort den Abschnitt $\bar{s}_k < \bar{s}_k + \varDelta\,\bar{s}_k < \bar{s}_k + \lambda_+{}'$ der Geraden $\bar{r} = 1 - 0$, wobei mit Rücksicht auf (IV 4, 9) gilt

$$\bar{s}_k = \frac{2}{\pi} \operatorname{arcosh}\left(\frac{1}{k}\right); \qquad \lambda_+{}' = \left(3\,\frac{\lambda\,E}{d}\right)^{2/3} \frac{1}{\pi} \frac{1}{\sqrt[6]{1 - k^2}}. \qquad \text{(IV 4, 17)}$$

Sein Strombelag berechnet sich somit zu

$$A_+{}' = A \cdot \left|\frac{dz}{d\bar{t}}\right| = A \cdot \frac{d}{E}\,\frac{\pi}{2}^{3/2} \sqrt[4]{1 - k^2}\,\sqrt{\varDelta\,\bar{s}_k} = J_k \cdot \frac{3}{2}\,\frac{\sqrt{\varDelta\,\bar{s}_k}}{(\lambda_+{}')^{3/2}}. \qquad \text{(IV 4, 18)}$$

2. Die Abbildung des negativ-durchströmten Ringelementes von der z- in die $\bar{t}$-Ebene ist gemäß (IV 4, 5) eine konforme: Es erscheint in der $\bar{t}$-Ebene als Rechteck der Länge

$$\lambda_-{}' = \lambda\,\frac{E}{d}\,\frac{1}{\sqrt{1 - k^2}} \qquad\qquad \text{(IV 4, 19)}$$

und der Breite

$$\delta_-{}' = \delta\,\frac{E}{d}\,\frac{1}{\sqrt{1 - k^2}}, \qquad\qquad \text{(IV 4, 20)}$$

welche hier notwendig als endliche Größe beizubehalten ist. Die Längs-Mittellinie dieses Rechteckes verläuft längs des Abschnittes $1 < r < 1 + \lambda_-{}'$ der $\bar{r}$-Achse; sie trägt den Strombelag

$$A_-{}' = -A \cdot \frac{d}{E}\,\sqrt{1 - k^2} = -J_k \cdot \frac{1}{\lambda_-{}'}. \qquad\qquad \text{(IV 4, 21)}$$

f) Um die Berechnung des Sekundärpotentiales zu vereinfachen, ersetzen wir die Ringelemente in der $\bar{t}$-Ebene durch kreisrunde Hohlleiter der Halbmesser a_+ und a_-, welche wir jeweils mit dem mittleren geometrischen Abstande des Ringelementes von sich selbst identifizieren. Der Berechnung von a_+ ist wegen der an seinem Orte statthabenden Störung der Konformität notwendig die ungleichmäßige Stromverteilung (IV 4, 18) zu Grunde zu legen, während a_- nach Belieben in der z- oder in der $\overline{t}$-Ebene ermittelt werden kann; der Einheitlichkeit halber ziehen wir diese vor.

Die gewünschte Berechnung erfordert die Kenntnis des Thermodynamischen Potentiales Ψ, welches je mit einem der beiden Ringelemente verknüpft ist:

1. Wir halten die Stromverteilung (IV 4, 18) fest und lösen das positivdurchströmte Band vorübergehend von seinem Kontakt mit dem benachbarten Eisenkörper. Nunmehr konstruieren wir einen vollkommen leitenden Hohlzylinder vom lichten Halbmesser $R \gg \lambda_+'$, dessen Achse senkrecht zur Kontrollebene orientiert sei und mit der Mittellinie des stromführenden Bandes koinzidiere; er leitet den Strom J_k zur Quelle zurück. Je Längeneinheit senkrecht zur Kontrollebene ist das Thermodynamische Potential dieses Systemes

$$\Psi_+ = -\frac{1}{2}\Pi\, J_K{}^2 \frac{1}{2\pi} \int\limits_0^{\lambda_+'} \int\limits_0^{\lambda_+'} \frac{3}{2}\frac{\sqrt{\overline{s}_1}}{(\lambda_+')^{3/2}} \times \frac{3}{2}\frac{\sqrt{\overline{s}_2}}{(\lambda_+')^{3/2}} \ln \frac{R}{|s_1 - s_2|}\, d\overline{s}_1\, d\overline{s}_2 \equiv$$

$$\equiv -\frac{1}{2}\Pi\, J_k{}^2 \frac{1}{2\pi} \ln \frac{R}{a_+}, \qquad\qquad \text{(IV 4, 22)}$$

also

$$\ln a_+ = \frac{(3/2)^2}{(\lambda_+')^3} \int\limits_0^{\lambda_+'} \int\limits_0^{\lambda_+'} \sqrt{\overline{s}_1}\, \sqrt{\overline{s}_2}\, \ln |\overline{s}_1 - \overline{s}_2|\, ds_1\, ds_2 =$$

$$= \ln \lambda_+' + \left(\frac{3}{2}\right)^2 \int\limits_0^1 \int\limits_0^1 \sqrt{\overline{\sigma}_1}\, \sqrt{\overline{\sigma}_2}\, \ln |\sigma_1 - \sigma_2|\, d\sigma_1\, d\sigma_2. \qquad \text{(IV 4, 23)}$$

Wir setzen abkürzend

$$J = \left(\frac{3}{2}\right)^2 \mathrm{Re}\,(\overline{J}); \qquad \overline{J} = \lim_{\varDelta \to 0} \int\limits_0^1 \int\limits_0^1 \sqrt{\overline{\sigma}_1}\, \sqrt{\overline{\sigma}_2}\, \ln(\sigma_2 - \sigma_1 + i\,\varDelta)\, d\sigma_1\, d\sigma_2.$$

$$\text{(IV 4, 24)}$$

Um zunächst die Integration nach σ_2 auszuführen, beachten wir

$$\ln(\sigma_2 - \sigma_1 + i\,\varDelta) \equiv \ln(\sqrt{\overline{\sigma}_2} + \sqrt{\overline{\sigma_1 - i\,\varDelta}}) + \ln(\sqrt{\overline{\sigma}_2} - \sqrt{\overline{\sigma_1 - i\,\varDelta}}),$$

$$\text{(IV 4, 25)}$$

so daß die beiden Integrale auftreten

$$\int\limits_0^1 \sqrt{\overline{\sigma}_2}\, \ln(\sqrt{\overline{\sigma}_2} + \sqrt{\overline{\sigma_1 - i\,\varDelta}})\, d\sigma_2; \qquad \int\limits_0^1 \sqrt{\overline{\sigma}_2}\, \ln(\sqrt{\overline{\sigma}_2} - \sqrt{\overline{\sigma_1 - i\,\varDelta}})\, d\sigma_2.$$

$$\text{(IV 4, 26)}$$

Im ersten setzen wir, für $\Delta \to 0$, $\sqrt{\sigma_2} + \sqrt{\sigma_1} = u$, und ähnlich im zweiten $\sqrt{\sigma_2} - \sqrt{\sigma_1} = v$; dann erhält man statt (IV 4, 26) die Integrale

$$A = 2 \int\limits_{\sqrt{\sigma_1}}^{1+\sqrt{\sigma_1}} (u - \sqrt{\sigma_1})^2 \ln u \, du; \qquad B = 2 \int\limits_{-\sqrt{\sigma_1}}^{1-\sqrt{\sigma_1}} (v + \sqrt{\sigma_1})^2 \ln v \, dv \qquad \text{(IV 4, 27)}$$

Mittels der Formel

$$\int x^n \ln x \, dx = \frac{x^{n+1}}{n+1} \ln x - \frac{x^{n+1}}{(n+1)^2} \qquad \text{(IV 4, 28)}$$

finden wir also

$$\frac{1}{2} A = \left| \frac{(\sqrt{\sigma_2}+\sqrt{\sigma_1})^3}{3} \left\{ \ln(\sqrt{\sigma_2}+\sqrt{\sigma_1}) - \frac{1}{3} \right\} - 2\sqrt{\sigma_1} \frac{(\sqrt{\sigma_2}+\sqrt{\sigma_1})^2}{2} \left\{ \ln(\sqrt{\sigma_2}+\sqrt{\sigma_1}) - \frac{1}{2} \right\} + \right.$$

$$\left. + \sigma_1(\sqrt{\sigma_2}+\sqrt{\sigma_1}) \{ \ln(\sqrt{\sigma_2}+\sqrt{\sigma_1}) - 1 \} \right|_{\sigma_2=0}^{1} ,$$

$$\frac{1}{2} B = \left| \frac{(\sqrt{\sigma_2}-\sqrt{\sigma_1})^3}{3} \left\{ \ln(\sqrt{\sigma_2}-\sqrt{\sigma_1}) - \frac{1}{3} \right\} + 2\sqrt{\sigma_1} \frac{(\sqrt{\sigma_2}-\sqrt{\sigma_1})^2}{2} \left\{ \ln(\sqrt{\sigma_2}-\sqrt{\sigma_1}) - \frac{1}{2} \right\} + \right.$$

$$\left. + \sigma_1(\sqrt{\sigma_2}-\sqrt{\sigma_1}) \{ \ln(\sqrt{\sigma_2}-\sqrt{\sigma_1}) - 1 \} \right|_{\sigma_2=0}^{1} .$$

$$\text{(IV 4, 29)}$$

so daß sich (IV 4, 24) auf

$$\bar{J} = \int\limits_0^1 \sqrt{\sigma_1}(A + B) \, d\sigma_1 \qquad \text{(IV 4, 30)}$$

reduziert. Wir substituieren $\sqrt{\sigma_1} = y$ und schreiben

$$\bar{J} = 4 \, [J_1 + J_2 + J_3 + J_4 + J_5 + J_6]$$

$$J_4^1 = \int\limits_0^1 y^2 \frac{(\sqrt{\sigma_2} \pm y)^3}{3} \left\{ \ln(\sqrt{\sigma_2} \pm y) - \frac{1}{3} \right\} dy,$$

$$J_5^2 = \mp \int\limits_0^1 y^3 \cdot 2 \frac{(\sqrt{\sigma_2} \pm y)^2}{2} \left\{ \ln(\sqrt{\sigma_2} \pm y) - \frac{1}{2} \right\} dy, \qquad \text{(IV 4, 31)}$$

$$J_6^3 = \int\limits_0^1 y^4 (\sqrt{\sigma_2} \pm y) \{ \ln(\sqrt{\sigma_2} \pm y) - 1 \} dy.$$

In jedem dieser sechs Integrale hat man $\sigma_2 = 1$ und $\sigma_2 = 0$ zu setzen und die entstehenden Ausdrücke zu subtrahieren.

Zur Berechnung von J_1, J_2 und J_3 setze man $\sqrt{\sigma_2} + y = x$ und findet durch unbestimmte Integration

$$J_1 = \frac{1}{3}\left[\left(\frac{x^6}{6}\ln x - \frac{x^6}{36} - \frac{x^6}{18}\right) - 2\sqrt{\sigma_2}\left(\frac{x^5}{5}\ln x - \frac{x^5}{25} - \frac{x^5}{15}\right) + \right.$$
$$\left. + \sigma_2\left(\frac{x^4}{4}\ln x - \frac{x^4}{16} - \frac{x^4}{12}\right)\right],$$

$$J_2 = -\left[\left(\frac{x^6}{6}\ln x - \frac{x^6}{36} - \frac{x^6}{42}\right) - 3\sqrt{\sigma_2}\left(\frac{x^5}{5}\ln x - \frac{x^5}{25} - \frac{x^5}{10}\right) + \right.$$
$$\left. + 3\,\sigma_2\left(\frac{x^4}{4}\ln x - \frac{x^4}{16} - \frac{x^4}{8}\right) - \sigma_2^{3/2}\left(\frac{x^3}{3}\ln x - \frac{x^3}{9} - \frac{x^3}{6}\right)\right],$$

$$J_3 = \left[\left(\frac{x^6}{6}\ln x - \frac{x^6}{36} - \frac{x^6}{6}\right) - 4\sqrt{\sigma_2}\left(\frac{x^5}{5}\ln x - \frac{x^5}{25} - \frac{x^5}{5}\right) + \right.$$
$$+ 6\,\sigma_2\left(\frac{x^4}{4}\ln x - \frac{x^4}{16} - \frac{x^4}{4}\right) - 4\,\sigma_2^{3/2}\left(\frac{x^3}{3}\ln x - \frac{x^3}{9} - \frac{x^3}{3}\right) + $$
$$\left. + \sigma_2^{2}\left(\frac{x^2}{2}\ln x - \frac{x^2}{4} - \frac{x^2}{2}\right)\right].$$

$$\text{(IV 4, 32)}$$

mit der Summe

$$J_1 + J_2 + J_3 = \left(\frac{x^6}{18}\ln x - \frac{x^6}{9}\right) + \sqrt{\sigma_2}\left(-\frac{x^5}{5}\ln x + \frac{11}{18}x^5\right) + $$
$$+ \sigma_2\left(\frac{5}{6}x^4\ln x - \frac{49}{36}x^4\right) + \sigma_2^{3/2}\left(-x^3\ln x + \frac{3}{2}x^3\right) + \sigma_2^{2}\left(\frac{x^2}{2}\ln x - \frac{3}{4}x^2\right).$$

$$\text{(IV 4, 33)}$$

Dem Werte $\sigma_2 = 1$ entspricht als obere Grenze $x = 2$ und als untere $x = 1$, so daß man aus (IV 4, 33) entnimmt

$$(J_1 + J_2 + J_3)_{\sigma_2=1} = \left(\frac{2}{9}\ln 2 - \frac{1}{3}\right) - \left(-\frac{1}{9}\right) = \frac{2}{9}\ln 2 - \frac{2}{9}. \quad \text{(IV 4, 34)}$$

Dagegen korrespondiert dem Werte $\sigma_2 = 0$ als obere Grenze $x = 1$ und als untere $x = 0$:

$$(J_1 + J_2 + J_3)_{\sigma_2=0} = -\frac{1}{9}. \qquad \text{(IV 4, 35)}$$

Zu J_4, J_5 und J_6 übergehend, substituiere man $\sqrt{\sigma_2} - y = x$; es gilt dann bei unbestimmter Integration

$$J_4 + J_5 + J_6 = -(J_1 + J_2 + J_3). \qquad \text{(IV 4, 36)}$$

Indessen wird jetzt für $\sigma_2 = 1$ die obere Grenze $x = 0$ und die untere $x = 1$, also, mit Rücksicht auf (IV 4, 33)

$$(J_4 + J_5 + J_6)_{\sigma=1} = -\frac{1}{9}. \qquad \text{(IV 4, 37)}$$

Im Falle $\sigma_2 = 0$ ist die obere Grenze $x = -1$ und die untere $x = 0$, so daß wir finden

$$\mathrm{Re}\,(J_4 + J_5 + J_6)_{\sigma=0} = \frac{1}{9}. \qquad \text{(IV 4, 38)}$$

Wir fassen zusammen: Nach (IV 4, 24), (IV 4, 31), (IV 4, 34), (IV, 4, 35), (IV 4, 37) und (IV 4, 38) gilt

$$\mathrm{Re}\,(J_1 + J_2 + J_3 + J_4 + J_5 + J_6) = \frac{2}{9}\ln 2 - \frac{2}{9} + \frac{1}{9} - \frac{1}{9} - \frac{1}{9} = \frac{1}{9}\,(\ln 4 - 3)$$

$$J = \left(\frac{3}{2}\right)^2 \mathrm{Re}\,(\overline{J}) = \ln 4 - 3, \qquad\qquad (IV\ 4,\ 39)$$

also schließlich mit (IV 4, 23)

$$a_+ = \lambda_+{}' \frac{4}{e^3}. \qquad\qquad (IV\ 4,\ 40)$$

2. Wir wenden uns zum Thermodynamischen Potential des negativ-durchströmten Ringelementes:

$\alpha)$ Im Abstande $\varrho < \lambda_-{}'$ von dem in die $\overline{t}$-Ebene transformierten Nutengrund ist das Magnetfeld merklich senkrecht zu den Nutenwänden gerichtet und besitzt dort die Intensität

$$|H| = |J_k| \cdot \frac{\varrho}{\delta_-{}'\,\lambda_-{}'}. \qquad\qquad (IV\ 4,\ 41)$$

Hieraus folgt das Thermodynamische Potential Ψ_n des Nutenfeldes je Längeneinheit senkrecht zur Kontrollebene

$$\Psi_\mathrm{n} = -\frac{1}{2}\,\Pi\,J_k{}^2 \int\limits_{\varrho=0}^{\lambda_-{}'} \left(\frac{\varrho}{\delta_-{}'\,\lambda_-{}'}\right)^2 \delta_-{}'\,d\varrho = -\frac{1}{2}\,\Pi\,J_k{}^2 \cdot \frac{1}{3}\,\frac{\lambda_-{}'}{\delta_-{}'} = -\frac{1}{2}\,\Pi\,J_k{}^2 \cdot \frac{1}{3}\,\frac{\lambda}{\delta}.$$

$$(IV\ 4,\ 42)$$

$\beta)$ Im Gebiete $\overline{r} < 1$ entwickelt der Strombelag

$$A^* = -\frac{J_k}{\delta_-{}'} \qquad\qquad (IV\ 4,\ 43)$$

ein Stirnfeld, für dessen Berechnung der Nutraum mit der Eigenschaft $\mu \to \infty$ ausgestattet wird, während der Strombelag in einem Bande verschwindender Breite in Richtung der r-Achse zu denken ist. Wir lösen es vorübergehend von dem Kontakt mit der nunmehr vollen Polfläche und bringen es in das Zentrum eines vollkommen leitenden, achsenparallelen Hohlzylinders vom Halbmesser $R \gg \delta_-{}'$, welcher den Strom $(-J_k)$ zur Quelle zurückführt. Je Längeneinheit senkrecht zur Kontrollebene entspricht ihm nach Ziffer III 8 das Thermodynamische Potential

$$\Psi_\mathrm{st} = -\frac{1}{2}\,\Pi\,J_k{}^2 \frac{1}{2\,\pi}\ln \frac{R}{\delta_-{}'}\,e^{3/2}. \qquad\qquad (IV\ 4,\ 44)$$

Aus (IV 4, 42) und (IV 4, 44) resultiert das Thermodynamische Potential Ψ_- je Längeneinheit des negativ-durchströmten Leiters zu

$$\Psi_- = -\frac{1}{2}\,\Pi\,J_k{}^2 \left[\frac{1}{3}\,\frac{\lambda}{\delta} + \frac{1}{2\,\pi}\ln \frac{R}{\delta_-{}'}\,e^{3/2}\right] \equiv -\frac{1}{2}\,\Pi\,J_k{}^2 \frac{1}{2\,\pi}\ln \frac{R}{a_-}, \quad (IV\ 4,\ 45)$$

also

$$a_- = \frac{\delta_-{}'}{e^{\frac{3}{2} + \frac{2\,\pi}{3}\frac{\lambda}{\delta}}}. \qquad\qquad (IV\ 4,\ 46)$$

$g)$ Zur Formulierung des Sekundärpotentiales übergehend, bringen wir den Strom $(+J_k)$ in einem Rohrleiter vom Halbmesser a_+ am Orte $\overline{t}_k = \pm 1 + i\,\overline{s}_k$ und den Strom $(-J_k)$ in einem Rohrleiter vom Halbmesser a_- in $\overline{t}_l = \pm 1 + i \cdot 0$ an. Wir eliminieren die vollkommen permeablen Halbkörper $|r| > 1$ mittels des Bilderverfahrens: Zunächst verlangt der Kontakt der Ströme $\pm J_k$ mit den Wänden dieser Halbkörper je die Verdoppelung der Stromstärken; überdies hat man diese Stromleiter je an der ihnen gegenüberliegenden Wand unter Erhaltung ihrer

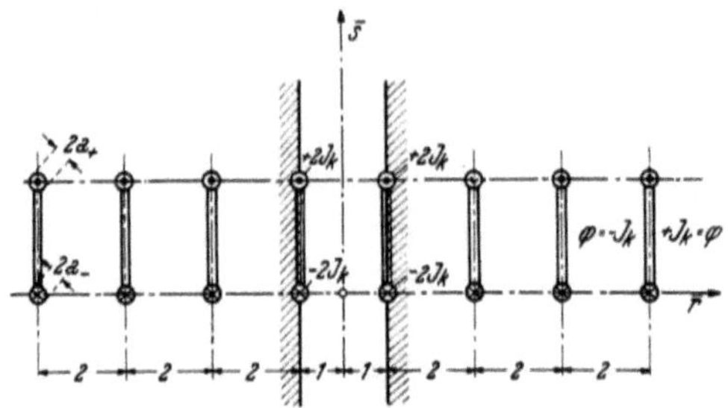

Abb. IV 204. Lösung des sekundären Potentialproblemes in der $\bar{t}$-Ebene mittels des Spiegelungsverfahrens.

Intensität nach Größe und Vorzeichen zu spiegeln, und die nämliche Vorschrift ist auf sämtliche, durch den Spiegelungsprozeß erzeugten virtuellen Stromleiter anzuwenden. So entstehen zwei Wirbelstraßen. Nach Abb. IV 204 besetzen die Fäden je der Stärke $(\pm 2\,J_k)$ die Orte

$$\bar{t}_{\pm}^{(n)} = (2\,n + 1) + i\,\frac{\bar{s}_k}{0}\ ;\ -\infty < n < \infty. \qquad (IV\ 4,\ 47)$$

Das komplexe Sekundärpotential lautet demnach

$$\chi_s = \frac{2\,J_k}{2\,\pi\,i}\,\ln\,\frac{\cos\frac{\pi}{2}\,\bar{t}}{\cos\frac{\pi}{2}\,(\bar{t} - i\,\bar{s}_k)}. \qquad (IV\ 4,\ 48)$$

Wir benützen jenen Zweig des Logarithmus, dessen Imaginärteil zwischen $(-\pi)$ und $(+\pi)$ eingeschlossen ist; er hängt mit den benachbarten Zweigen längs der Schnitte zusammen, welche nach Abb. IV 204 je einen positiven Wirbelfaden parallel der $\bar{s}$-Achse mit je einem negativen verbinden. Insbesondere folgt aus (IV 4, 48) längs $\bar{r} = 1$ für $\bar{s} > \bar{s}_k$ und $\bar{s} < 0$

$$\varphi_s = 0;\qquad \psi_s = -\frac{J_k}{\pi}\,\ln\,\frac{\sinh\frac{\pi}{2}\,\bar{s}}{\sinh\frac{\pi}{2}\,(\bar{s} - \bar{s}_k)}, \qquad (IV\ 4,\ 49)$$

während längs des $\genfrac{}{}{0pt}{}{\text{linken}}{\text{rechten}}$ Ufers des Verzweigungsschnittes $0 < \bar{s} < \bar{s}_k$ gilt

$$\varphi_s = \mp J_k;\qquad \psi_s = -\frac{J_k}{\pi}\,\ln\,\frac{\sinh\frac{\pi}{2}\,\bar{s}}{\sinh\frac{\pi}{2}\,(\bar{s}_k - \bar{s})}. \qquad (IV\ 4,\ 50)$$

Da a_+ und a_- klein gegen $\bar{s}_k$ sind, berechnet man hieraus den sekundären Induktionsfluß des Kurzschlußringes je Längeneinheit senkrecht zur Kontrollebene

$$\Phi = -\,\Pi \cdot \frac{J_k}{\pi} \ln \frac{\sinh \frac{\pi}{2}\,a-}{\sinh \frac{\pi}{2}\,\overline{s}_k} + \Pi\,\frac{J_k}{\pi} \ln \frac{\sinh \frac{\pi}{2}\,\overline{s}_k}{\sinh \frac{\pi}{2}\,a-} = J_k \cdot \Pi\,\frac{2}{\pi} \ln \frac{\sinh \frac{\pi}{2}\,\overline{s}_k}{\frac{\pi}{2}\sqrt{a_+\,a-}},$$

$$\text{(IV 4, 51)}$$

so daß

$$1 = \Pi\,\frac{2}{\pi} \ln \frac{\sinh \frac{\pi}{2}\,\overline{s}_k}{\frac{\pi}{2}\sqrt{a_+\,a-}} = \Pi \cdot \frac{2}{\pi} \ln \frac{\sqrt{1-k^2}}{\frac{\pi}{2}k\sqrt{a_+\,a-}} \qquad \text{(IV 4, 52)}$$

die Induktivität des Kurzschlußringes je Längeneinheit senkrecht zur Kontrollebene definiert.

h) Sei L die auf D bezogene Induktivität der Primärspule je Längeneinheit senkrecht zur Kontrollebene, so ist das entsprechende Thermodynamische Potential je Pol des Gesamtsystemes

$$\Psi = -\frac{1}{2}\,[L\,D^2 + 2\,M\,D\,J_k + 1\,J_k^2]. \qquad \text{(IV 4, 53)}$$

Ihm entstammt die in x-Richtung wirksame Kraft $P_d = \partial\Psi/\partial d$, welche somit in folgende drei Anteile zerfällt:

1. Die Primärkraft des ungespaltenen Magneten

$$P_{d,p} = -\frac{1}{2}\frac{\partial L}{\partial d}\,D^2. \qquad \text{(IV 4, 54)}$$

Wir entnehmen ihre Größe aus (IV 4, 23) nach Ersatz von φ_0^2 durch D^2 zu

$$P_{d,p} = \Pi\,D^2\,\frac{1}{d}\,\frac{2}{\pi}\left\{1 + \frac{2}{\pi}\frac{h}{d}\,K\,E\right\}. \qquad \text{(IV 4, 55)}$$

2. Die Sekundärkraft allein des Kurzschlußringes ist

$$P_{d,s} = -\frac{1}{2}\frac{\partial l}{\partial d}\,J_k^2, \qquad \text{(IV 4, 56)}$$

also nach (IV 4, 51)

$$P_{d,s} = -\frac{1}{2}\,\Pi\,J_k^2\,\frac{2}{\pi}\left\{\frac{\pi}{2}\,\text{cotgh}\,\frac{\pi}{2}\,\overline{s}_k \times \frac{\partial\overline{s}_k}{\partial d} - \frac{1}{2}\left(\frac{1}{a_+}\frac{\partial a_+}{\partial d} + \frac{1}{a-}\frac{\partial a-}{\partial d}\right)\right\}.$$

$$\text{(IV 4, 57)}$$

Mit Benützung von (IV 4, 22) ist hierin

$$\text{cotg}\,\frac{\pi}{2}\,\overline{s}_k = \frac{1}{\sqrt{1-k^2}}\,; \qquad \frac{\partial\overline{s}_k}{\partial d} = \frac{2}{\pi}\,\frac{\text{arcosh}\,(1/k)}{\partial k}\cdot\frac{\partial k}{\partial d} =$$

$$= -\left(\frac{2}{\pi}\right)^2\,\frac{1}{\sqrt{1-k^2}}\,\frac{1}{d}\,E\,(K'-E') \qquad \text{(IV 4, 58)}$$

und weiter aus (IV 4, 17), (IV 4, 19), (IV 4, 40) und (IV 4, 45)

$$\left.\begin{aligned}
\frac{1}{a_+}\frac{\partial a_+}{\partial d} &= -\frac{2}{3}\frac{1}{d} + \left\{\frac{2}{3}\frac{1}{E}\frac{\partial E}{\partial k} + \frac{1}{3}\frac{k}{1-k^2}\right\}\frac{\partial k}{\partial d}, \\
\frac{1}{a-}\frac{\partial a-}{\partial d} &= -\frac{1}{d} + \left\{\frac{1}{E}\frac{\partial E}{\partial k} + \frac{k}{1-k^2}\right\}\frac{\partial k}{\partial d}
\end{aligned}\right\} \qquad \text{(IV 4, 59)}$$

also, mit (IV 4, 17) und (IV 4, 22)

$$\frac{1}{2}\left(\frac{1}{a_+}\frac{\partial a_+}{\partial d}+\frac{1}{a_-}\frac{\partial a_-}{\partial d}\right)=-\frac{1}{d}\left[\frac{5}{6}+\frac{5}{6}\,(K-E)\,(K'-E')\,\frac{2}{\pi}-\right.$$

$$\left.-\frac{2}{3}\frac{k^2}{1-k^2}\,E\,(K'-E')\,\frac{2}{\pi}\right]. \qquad\text{(IV 4, 60)}$$

Die Substitution dieser Ausdrücke in (IV 4, 57) liefert

$$P_{d,s}=\frac{1}{2}\,\Pi J_k{}^2\,\frac{2}{\pi}\frac{1}{d}\left\{\frac{2}{\pi}\frac{E\,(K'-E')}{1-k^2}\left(1+\frac{2}{3}\,k^2\right)-\right.$$

$$\left.-\frac{5}{6}-\frac{5}{6}\cdot\frac{2}{\pi}\,(K-E)\,(K'-E')\right\}. \qquad\text{(IV 4, 61)}$$

Insbesondere folgt mittels (IV 4, 3) in Falle eines engen Luftspaltes zwischen Pol und Anker (k → 0]

$$\lim_{k\to 0}P_{d,s}=\frac{1}{2}\,\Pi\,J_k{}^2\cdot\frac{2}{\pi}\frac{1}{d}\left\{\frac{2}{\pi}\left(\frac{\pi}{2}\right)^2\cdot\frac{h}{d}-\frac{5}{6}\right\}. \qquad\text{(IV 4, 62)}$$

Man erkennt hierin, abgesehen von dem „Randeffekt" (— 5/6) innerhalb der Klammer, die auf den Kurzschlußring spezialisierte *Maxwell*sche Zugkraftformel wieder: Der Ausdruck $(J_k/d)^2$ mißt den quadratischen Betrag der von J_k erregten magnetischen Feldstärke im Luftspalt, während h der vom Ring je Längeneinheit senkrecht zur Kontrollebene umfaßten Fläche gleicht.

3. Die Kraft der Wechselwirkung von Primärspule und Kurzschlußring ist durch

$$P_{d,w}=-\frac{\partial M}{\partial d}\,D\,J_k \qquad\text{(IV 4, 63)}$$

definiert. Mit (IV 4, 15) berechnet sie sich zu

$$P_{d,w}=\Pi\,D\,J_k\,\frac{2}{\pi}\frac{1}{d}\frac{2}{\pi}\frac{E\,(K'-E')}{\sqrt{1-k^2}}=\Pi\,D\,J_k\,\frac{h}{d^2}\frac{\left(\frac{2}{\pi}\,E\right)^2}{\sqrt{1-k^2}}. \qquad\text{(IV 4, 64)}$$

Wir spezialisieren auf $J_k=J_{kmax}\cos(\omega t-\vartheta)$ und führen die maximale *Maxwell*sche Kraft $P_{d,0}$ des quasihomogenen Primärfeldes ein

$$P_{d,0}=\Pi\,D_{max}{}^2\cdot\frac{h}{d^2}. \qquad\text{(IV 4, 65)}$$

Dann erhält man aus (IV 4, 55), (IV 4, 61) und (IV 4, 64) die relativen Kräfte des Spaltpolsystemes zu

$$\frac{P_{d,p}}{P_{d,0}}=\frac{2}{\pi}\left\{\frac{d}{h}+\frac{2}{\pi}\,K\,E\right\}\cos^2\omega t. \qquad\text{(IV 4, 66)}$$

$$\frac{P_{d,s}}{P_{d,0}}=\frac{1}{2}\left(\frac{J_{k\,max}}{D_{max}}\right)^2\cdot\frac{d}{h}\cdot\left\{\frac{2}{\pi}\frac{E\,(K'-E')}{1-k^2}\left(1+\frac{2}{3}k^2\right)-\right.$$

$$\left.-\frac{5}{6}-\frac{5}{6}\frac{2}{\pi}\,(K-E)\,(K'-E')\right\}\cos^2(\omega t-\vartheta). \qquad\text{(IV 4, 67)}$$

$$\frac{P_{d,w}}{P_{d,0}}=\left(\frac{J_{k\,max}}{D_{max}}\right)\frac{\left(\frac{2}{\pi}\,E\right)^2}{\sqrt{1-k^2}}\cdot\cos\omega t\cdot\cos(\omega t-\vartheta). \qquad\text{(IV 4, 68)}$$

Im Gegensatz zu den Kräften (IV 4, 66) und (IV 4, 67), welche stets in der nämlichen Richtung wirken, hängt das Zeichen der Kraft (IV 4, 68) von den gleichzeitigen Augenblickswerten der Primärdurchflutung und des Ringstromes ab; in der Regel kehrt daher die Wechselwirkung während einer vollen Periode des speisenden Netzes zweimal die Richtung um.

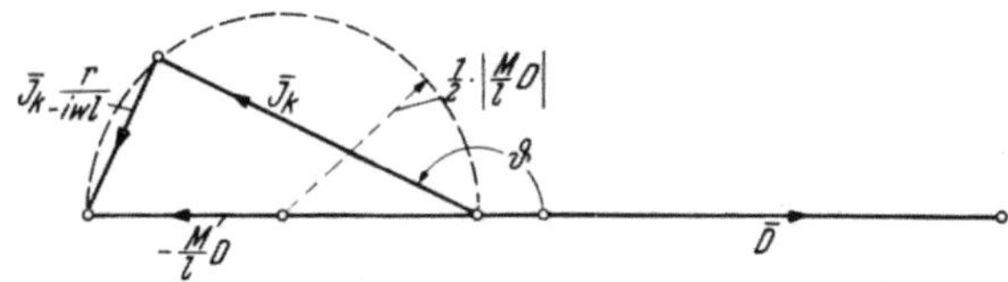

Abb. IV 205. Vektordiagramm zur Ermittelung des Kurzschluß-Stromes.

i) Es verbleibt die Aufgabe, den Kurzschlußstrom J_k nach Amplitude $J_{k\,max}$ und Phase ϑ zu berechnen. Wir schreiben nach dem Muster der Gl. (IV 4, 1)

$$J_k = \mathrm{Re}\,(\overline{J}_k\,e^{-i\omega t}); \qquad \overline{J}_k = J_{k\,max}\cdot e^{i\vartheta},$$
$$\Phi_p = \mathrm{Re}\,(\overline{\Phi}_p\,e^{-i\omega t}); \qquad \overline{\Phi}_p = M\,\overline{D} = M\,D_{max}. \qquad \left.\right\}\ (IV\ 4,\ 69)$$

Das Induktionsgesetz führt zu der Aussage

$$\overline{J}_k \cdot r = i\,\omega\,(\overline{\Phi}_p + l\,\overline{J}_k) = i\,\omega\,(M\,\overline{D} + l\,\overline{J}_k). \qquad (IV\ 4,\ 70)$$

In der Form

$$\left(1 + \frac{r}{-i\,\omega\,l}\right)\overline{J}_k = -\frac{M}{l}\,\overline{D} \qquad (IV\ 4,\ 71)$$

wird diese Gleichung durch Abb. IV 205 dargestellt: In der *Gauß*schen Zahlenebene konstruieren wir den Vektor $\overline{D}$ der komplexen Durchflutungs-Amplitude; die Vektoren J_k und $\left(\dfrac{r}{-i\,\omega\,l}\,\overline{J}_k\right)$ bilden dann die Katheten des rechtwinkeligen Dreiecks über dem zu $\overline{D}$ antiparallelen Vektor $\left(-\dfrac{M}{l}\,\overline{D}\right)$ als Hypothenuse.

Für die Wirkung des Spaltpolmagneten kommt es auf diejenige Komponente von J_k an, welche in 90^0 Phasendifferenz zu D schwingt. Sie verschwindet sowohl für $r \to 0$ wie für $r \to \infty$ und erreicht ihren Höchstwert, falls man den Widerstand je Längeneinheit des Kurzschlußringes seiner Induktivität gemäß der Vorschrift

$$r \to r_{opt} = \omega\,l = \omega\,\Pi\,\frac{2}{\pi}\ln\frac{\sqrt{1-k^2}}{\frac{\pi}{2}\,k\,\sqrt{a_+\,a_-}} \qquad (IV\ 4,\ 72)$$

anpaßt; der Strom J_k ist dann um 135^0 hinter der Durchflutung verspätet. Weicht man von (IV 4, 72) ab, so resultiert zwischen J_k und D eine Phasenverschiebung ϑ, welche im Bereiche $90^0 < \vartheta < 180^0$ gemäß

$$\mathrm{tg}\,\vartheta = -\frac{r}{\omega\,l} \qquad (IV\ 4,\ 73)$$

geregelt werden kann.

k) Wir erläutern die Untersuchung des Spaltpolmagneten an Hand des folgenden Zahlenbeispiels:

Gegeben sei

$$d = 0,5 \text{ cm}; \qquad h = 1 \text{ cm},$$
$$\delta = 0,4 \text{ cm}; \qquad \lambda = 0,6 \text{ cm},$$
$$f = 50 \text{ Hz}; \qquad \omega = 314 \text{ sec}^{-1}.$$

Wir berechnen hieraus

$$k = 0,0661; \qquad \alpha = \arcsin k = 3^0\,45',$$
$$E = 1,569; \qquad K = 1,573; \qquad E' = 1,008; \qquad K' = 4,144$$

also, nach (IV 4, 17), (IV 4, 19), (IV 4, 40) und (IV 4, 46)

$$\lambda_+' = \left(3 \cdot \frac{0,6 \cdot 1,569}{0,5}\right)^{\frac{2}{3}} \cdot \frac{1}{\pi} \frac{1}{\sqrt[6]{1 - 0,0661^2}} = 1,01,$$

$$\lambda_-' = 0,6 \, \frac{1,569}{0,5} \cdot \frac{1}{\sqrt{1 - 0,0661^2}} = 1,88;$$

$$\delta_-' = 0,4 \, \frac{1,569}{0,5} \frac{1}{\sqrt{1 - 0,0661^2}} = 1,25,$$

$$a_+ = 1,01 \, \frac{4}{e^3} = 0,202,$$

$$a_- = \frac{1,25}{e^{\frac{3}{2} + \frac{2\pi}{3}\frac{0,6}{0,4}}} = 1,25 \cdot e^{-4,64}.$$

Die Induktivität des Ringes beträgt somit nach (IV 4, 52)

$$l = \Pi \cdot \frac{2}{\pi} \ln \frac{e^{2,32} \sqrt{1 - 0,0661^2}}{\pi/2 \cdot 0,0661 \cdot \sqrt{0,202 \cdot 1,25}} = 0,0422 \cdot 10^{-6} \frac{\text{Hy}}{\text{cm}}$$

und die gegenseitige Induktivität zwischen Primärspule und Ring

$$M = \Pi \cdot \frac{2}{\pi} \ln \frac{2}{0,0661} = 0,0273 \cdot 10^{-6} \frac{\text{Hy}}{\text{cm}}.$$

Hiermit findet man als optimalen Ringwiderstand

$$r_{opt} = 314 \cdot 0,0422 \cdot 10^{-6} = 0,0133 \frac{\text{m}\,\Omega}{\text{cm}}.$$

Sei als Ringmaterial Kupfer gewählt [Leitfähigkeit $5,7 \cdot 10^5 \frac{1}{\text{Ohm cm}}$,

so beträgt der Widerstand je Längeneinheit senkrecht zur Kontrollebene

$$r = \frac{2 \cdot 1}{5,7 \cdot 10^5 \cdot 0,24} = 0,0145 \frac{\text{m}\,\Omega}{\text{cm}}.$$

Er kommt dem Optimalwert so nahe, daß wir weiterhin mit ausreichender Genauigkeit $r = r_{opt}$ setzen dürfen. Daher wird

$$\frac{J_{kmax}}{D_{max}} = \frac{0,0273}{0,0422} \cdot \frac{1}{\sqrt{2}} = 0,455$$

und wir finden als relative Primärkraft nach (IV 4, 66)

$$\frac{P_{d,P}}{P_{d,0}} \approx \frac{2}{\pi} \left\{ \frac{0,5}{1} + \frac{\pi}{2} \right\} \cos^2 \omega\,t = 1,318 \cos^2 \omega\,t$$

als relative Sekundärkraft nach (IV 4, 67)

$$\frac{P_{d,s}}{P_{d,0}} = \frac{1}{2} \cdot 0{,}455^2 \cdot \frac{0{,}5}{1} \left\{ \frac{2}{\pi} \cdot \frac{1{,}569 \cdot 3{,}136}{1 - 0{,}0661^2} \left(1 + \frac{3}{2}\, 0{,}0661^2 \right) - \right.$$

$$\left. - \frac{5}{6} - \frac{5}{6}\frac{2}{\pi}\, 0{,}004 \cdot 3{,}136 \right\} \cos^2(\omega t - 135^0) = 0{,}120 \cos^2(\omega t - 135^0)$$

und als relative Kraft der Wechselwirkung nach (IV 4, 68)

$$\frac{P_{d,w}}{P_{d,0}} = 0{,}455\, \frac{(2/\pi \cdot 1{,}569)^2}{\sqrt{1 - 0{,}0661^2}} \cos \omega t \cos(\omega t - 135^0) =$$

$$= 0{,}460 \cos \omega t \cos(\omega t - 135^0).$$

Abb. IV 206 zeigt den zeitlichen Verlauf der resultierenden Kraft; sie geht, wie verlangt, niemals durch Null. Der gewünschte Effekt läßt sich quantitativ verbessern, falls man das Verhältnis h/d größer wählt.

IV 5. Magnetische Spannplatten.

a) Die Bearbeitung eiserner Werkstücke wird erleichtert, falls man die mechanischen Vorrichtungen zum Aufspannen des Werkstückes auf dem Arbeitstisch durch magnetische Spannplatten ersetzt. Abb. IV 207 zeigt den Schnitt durch die wesentlichen Elemente eines solchen Gerätes unter Verzicht auf alle konstruktiven Einzelheiten: Die Spannplatte besteht

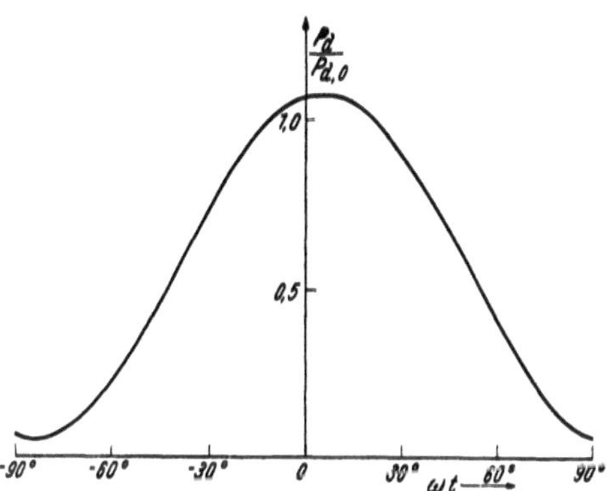

Abb. IV 206. Zeitlicher Verlauf der relativen Zugkraft eines Spaltpol-Magneten.

aus einem Eisenkörper, in welchem die unter sich kongruenten Nuten in festem Abstande τ voneinander angeordnet sind. Sie enthalten die aktiven Wicklungen: Jeder Nut wird die Durchflutung $\pm$ D mit von Nut zu Nut alternierendem Zeichen eingeprägt. Es sei b die Breite, t die Höhe der einzelnen Nut; nach außen hin ist sie durch Zahnköpfe der Höhe h abgeschlossen, welche in der Nutenmitte je die Öffnung 2 a freilassen. An ihren äußeren Stirnflächen vermitteln die Zahnköpfe den Übertritt des magnetischen Induktionsflusses in das Werkstück. Da sich über seine Abmessungen keine ein für allemal verbindlichen Angaben machen lassen, begnügen wir uns mit folgendem Schema: Das Werkstück wird als massive, planparallele Platte vorausgesetzt; ihre Dicke senkrecht zur Stirnebene der Zahnköpfe sei gleich d, während die dieser Ebene parallelen, linearen Plattenmaße groß gegen die Zahnteilung τ seien.

Gesucht wird die mechanische Kraftkomponente P_n', welche bei Erregung der Spannplatte normal zur Kontaktfläche am Werkstück angreift. Da diese Fläche F nach Voraussetzung stets groß gegen τ^2 ist, setzen wir

$$P_n' = - F \cdot \sigma, \qquad\qquad \text{(IV 5, 1)}$$

wobei σ den Durchschnittswert der Zugspannung je Einheit der Kontaktfläche definiert.

b) In jeder senkrecht zu den Nuten ausgespannten Kontrollebene orientieren wir uns an Hand eines *Kartesi*schen Koordinatensystemes x, y. Die Spur der Zahnkopf-Stirnfläche soll mit der x-Achse zusammenfallen, der Ursprung des Bezugssystemes in der Mitte einer Nutenöffnung liegen.

c) Der Einfachheit halber nehmen wir an, daß sich Spannplatte und Werkstück in ihren magnetischen Materialeigenschaften nicht voneinander unterscheiden, so daß sie durch eine einheitliche, skalare und homogene Permeabilität μ gekennzeichnet werden können. Darüber hinausgehend wollen wir uns von den Einzelheiten der Nutenkonstruktion befreien, indem wir von dem wirklichen System zu einem ideellen übergehen: Wir verlegen die Nutendurchflutungen in jene Streifen der Kontaktebene, welche in ihr jeweils den Nutenöffnungen korrespondieren; gleichzeitig werde das Innere der Nuten durch ein Ferromagnetikum der Permeabilität μ erfüllt, und in Richtung y < ∞ gelte die Spannplatte als unbegrenzt.

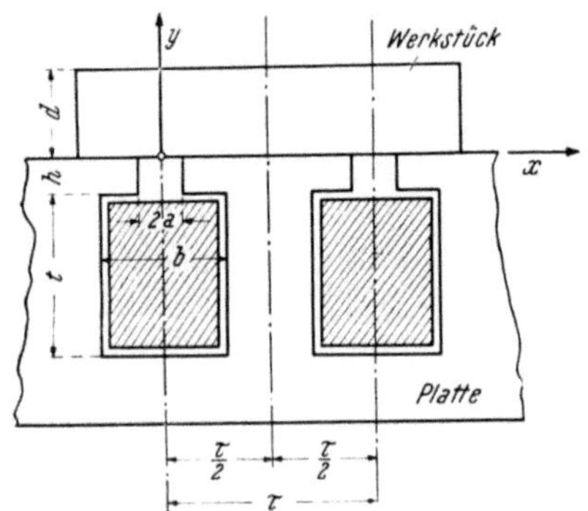

Abb. IV 207. Schema des Spannplatten-Systemes.

In diesem Modell wird die Ebene y = 0 zum Träger einer Flächenströmung, deren Strombelag A = A (x) senkrecht zur Kontrollebene gerichtet ist. Dieser besitzt die primitive räumliche Periode [Wellenlänge] $2\,\tau$ nach Abb. IV 208

$$A\,(x) = A\,(x + 2\,\tau) \qquad\qquad (IV\ 5,\ 2)$$

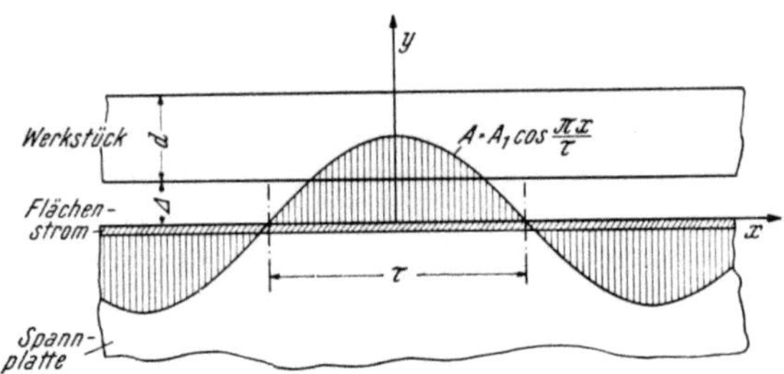

Abb. IV 208. Modell zur Ermittelung der elektrodynamischen Kräfte in einer Spannplatte.

und kann, mit Rücksicht auf seine Symmetrieeigenschaften relativ zum gewählten Bezugssystem, in eine *Fourier*sche Reihe der Gestalt

$$A\,(x) = \sum_{m=0}^{\infty} A_m \cos\,(2\,m + 1)\,\frac{\pi\,x}{\tau} \qquad\qquad (IV\ 5,\ 3)$$

entwickelt werden. Als Mutterfunktion dieses Strombelages erscheint die Durchflutungsfunktion

$$D\,(x) = \sum_{m=0}^{\infty} D_m \sin\,(2\,m + 1)\,\frac{\pi\,x}{\tau}\,; \qquad D_m = A_m \cdot \frac{\tau}{\pi}\,\frac{1}{2\,m + 1}\,. \qquad (IV\ 5,\ 4)$$

Wir verschieben die Angabe der Funktionen (IV 5, 3) und (IV 5, 4), da ihre explizite Kenntnis vorerst nicht vonnöten ist.

In allen Gebieten außerhalb der Trägerebene $y = 0$ existiert ein magnetisches Skalarpotential φ, welches der *Laplace*schen Gleichung genügt

$$\frac{\partial^2 \varphi}{\partial x^2} + \frac{\partial^2 \varphi}{\partial y^2} = 0. \qquad (\text{IV } 5,\ 5)$$

Auf Grund ihrer Linearität kann φ aus jenen Teilpotentialen φ_m zusammengesetzt werden, welche der Reihe (IV 5, 4) korrespondieren. Im Lichte dieses Satzes genügt es, das Potential $\varphi = \varphi_0 (x,\ y)$ aufzusuchen, aus welchem die Gesamtheit der Potentiale $\varphi_m (x,\ y)$ durch Ersatz von D_0 durch D_m und von τ durch $\tau/(2\,m + 1)$ hervorgeht.

d) Wir verschieben das Werkstück um die virtuelle Strecke $\varDelta$ in Richtung der y-Achse und lösen hierdurch seinen Kontakt mit der Spannplatte. Indem wir mit C_1, C_2, ... C_6 eine Reihe vorerst unbekannter Integrationskonstanten bezeichnen, bilden wir folgende, in x-Richtung kohärente Teilintegrale der Potentialgleichung:

1. Im Luftraum oberhalb des Werkstückes $[y \geqq \varDelta + d]$ besteht die Forderung $\lim\limits_{y \to \infty} \varphi = 0$; ihr genügt

$$\varphi = C_1\, e^{-\frac{\pi}{\tau} y} \sin \frac{\pi}{\tau}\, x. \qquad (\text{IV } 5,\ 6)$$

2. Innerhalb des Werkstückes $[\varDelta + d \geqq y \geqq \varDelta]$ setzen wir an

$$\varphi = \left(C_2\, e^{-\frac{\pi}{\tau} y} + C_3\, e^{+\frac{\pi}{\tau} y} \right) \sin \frac{\pi}{\tau}\, x. \qquad (\text{IV } 5,\ 7)$$

3. Im Luftspalt zwischen Werkstück und Flächenstrom-Trägerebene $[\varDelta \geqq y > 0]$ gelte

$$\varphi = \left(C_4\, e^{-\frac{\pi}{\tau} y} + C_5\, e^{\frac{\pi}{\tau} y} \right) \sin \frac{\pi}{\tau}\, x. \qquad (\text{IV } 5,\ 8)$$

4. In der Spannplatte $[y < 0]$ muß φ für $y \to (-\infty)$ verschwinden, so daß wir zu dem Teilintegral gelangen

$$\varphi = C_6 \cdot e^{\frac{\pi}{\tau} y} \sin \frac{\pi}{\tau}\, x. \qquad (\text{IV } 5,\ 9)$$

Zur Berechnung der Konstanten ziehen wir die Grenzbedingungen für den Übergang von einem Gebiete in das benachbarte heran:

1. In $y = \varDelta + d$ müssen die tangentielle Feldstärke und die normale Induktion stetig bleiben; dies geschieht mittels der Gleichungen

$$\left. \begin{aligned} C_1\, e^{-\frac{\pi}{\tau}(\varDelta + d)} &= C_2\, e^{-\frac{\pi}{\tau}(\varDelta + d)} + C_3\, e^{\frac{\pi}{\tau}(\varDelta + d)} \\[2mm] \frac{1}{\mu}\, C_1\, e^{-\frac{\pi}{\tau}(\varDelta + d)} &= C_2\, e^{-\frac{\pi}{\tau}(\varDelta + d)} - C_3\, e^{\frac{\pi}{\tau}(\varDelta + d)} \end{aligned} \right\} \qquad (\text{IV } 5,\ 10)$$

und hieraus folgt

$$C_2 = \frac{C_1}{2}\left(1 + \frac{1}{\mu} \right); \qquad C_3 = \frac{C_1}{2}\left(1 - \frac{1}{\mu} \right) e^{-2\frac{\pi}{\tau}(\varDelta + d)}. \qquad (\text{IV } 5,\ 11)$$

2. In $y = \Delta$ liefern die nämlichen Forderungen

$$C_2\,e^{-\frac{\pi}{\tau}\Delta} + C_3\,e^{\frac{\pi}{\tau}\Delta} \equiv C_1\,e^{-\frac{\pi}{\tau}(\Delta-d)}\left\{\cosh\frac{\pi}{\tau}\,d + \frac{1}{\mu}\sinh\frac{\pi}{\tau}\,d\right\} =$$

$$= C_4\,e^{-\frac{\pi}{\tau}\Delta} + C_5\,e^{\frac{\pi}{\tau}\Delta}$$

$$\mu\left\{C_2\,e^{-\frac{\pi}{\tau}\Delta} - C_3\,e^{\frac{\pi}{\tau}\Delta}\right\} \equiv C_1\,e^{-\frac{\pi}{\tau}(\Delta+d)}\left\{\cosh\frac{\pi}{\tau}\,d + \mu\sinh\frac{\pi}{\tau}\,d\right\} =$$

$$= C_4\,e^{-\frac{\pi}{\tau}\Delta} - C_5\,e^{\frac{\pi}{\tau}\Delta}, \qquad\qquad \text{(IV 5, 12)}$$

so daß man schließt

$$C_4 = \frac{C_1}{2}\,e^{-\frac{\pi}{\tau}d}\left\{2\cosh\frac{\pi}{\tau}\,d + \left(\frac{1}{\mu}+\mu\right)\sinh\frac{\pi}{\tau}\,d\right\},$$

$$C_5 = \frac{C_1}{2}\,e^{-\frac{\pi}{\tau}d}\,e^{-2\frac{\pi}{\tau}\Delta}\left(\frac{1}{\mu}-\mu\right)\sinh\frac{\pi}{\tau}\,d. \qquad\qquad \text{(IV 5, 13)}$$

3. In $y = \pm\,0$ [Stromfläche] bleibt nur die normale Induktionskomponente stetig, während das Potential um den Betrag der Durchflutungsfunktion springt. Dieser Sachverhalt kommt in den Gleichungen zum Ausdruck

$$C_4 + C_5 - C_6 \equiv$$

$$\equiv C_1\,e^{-\frac{\pi}{\tau}d}\left\{\cosh\frac{\pi}{\tau}\,d + e^{-\frac{\pi}{\tau}\Delta}\left(\frac{1}{\mu}\cosh\frac{\pi}{\tau}\,\Delta + \mu\sinh\frac{\pi}{\tau}\,\Delta\right)\sinh\frac{\pi}{\tau}\,d\right\} - C_6 = D_0,$$

$$C_4 - C_5 \equiv$$

$$\equiv C_1\,e^{-\frac{\pi}{\tau}d}\left\{\cosh\frac{\pi}{\tau}\,d + e^{-\frac{\pi}{\tau}\Delta}\left(\mu\cosh\frac{\pi}{\tau}\,\Delta + \frac{1}{\mu}\sinh\frac{\pi}{\tau}\,\Delta\right)\sinh\frac{\pi}{\tau}\,d\right\} = -\mu C_6.$$

$$\text{(IV 5, 14)}$$

Man entnimmt hieraus

$$C_6 = -\frac{1}{\mu}\,C_1\cdot e^{-\frac{\pi}{\tau}d}\left\{\cosh\frac{\pi}{\tau}\,d + e^{-\frac{\pi}{\tau}\Delta}\left(\mu\cosh\frac{\pi}{\tau}\,\Delta + \right.\right.$$

$$\left.\left. + \frac{1}{\mu}\sinh\frac{\pi}{\tau}\,\Delta\right)\sinh\frac{\pi}{\tau}\,d\right\} \qquad\qquad \text{(IV 5, 15)}$$

und schließlich

$$C_1 = \frac{D_0\,e^{\frac{\pi}{\tau}d}}{N}; \qquad N = \left(1+\frac{1}{\mu}\right)\cosh\frac{\pi}{\tau}\,d + e^{-\frac{\pi}{\tau}\Delta}\left\{\left(1+\frac{1}{\mu}\right)\cosh\frac{\pi}{\tau}\,\Delta + \right.$$

$$\left. + \left(\mu+\frac{1}{\mu^2}\right)\sinh\frac{\pi}{\tau}\,\Delta\right\}\sinh\frac{\pi}{\tau}\,d. \qquad\qquad \text{(IV 5, 16)}$$

Wir berechnen insbesondere als Randwerte des Potentiales an der Stromfläche

$$\varphi_{y=+0} = (C_4 + C_5)\sin\frac{\pi}{\tau}\,x = \frac{D_0}{N}\left[\cosh\frac{\pi}{\tau}\,x + e^{-\frac{\pi}{\tau}\Delta}\left\{\frac{1}{\mu}\cosh\frac{\pi}{\tau}\,\Delta + \right.\right.$$

$$\left.\left. + \mu\sinh\frac{\pi}{\tau}\,\Delta\right\}\sinh\frac{\pi}{\tau}\,d\right]\sin\frac{\pi}{\tau}\,x,$$

$$\varphi_{y=-0} = C_6 \sin\frac{\pi}{\tau}x = -\frac{D_0}{N}\left[\frac{1}{\mu}\cosh\frac{\pi}{\tau}x + e^{-\frac{\pi}{\tau}\varDelta}\left\{\cosh\frac{\pi}{\tau}\varDelta + \right.\right.$$

$$\left.\left. + \frac{1}{\mu^2}\sinh\frac{\pi}{\tau}\varDelta\right\}\sinh\frac{\pi}{\tau}d\right]\sin\frac{\pi}{\tau}x \qquad\text{(IV 5, 17)}$$

deren Differenz, wie verlangt, der Durchflutungsfunktion gleicht. Am nämlichen Orte tritt die normale Induktion auf

$$B_{y,0} = -\Pi\cdot\mu\cdot\frac{\pi}{\tau}C_6\cdot\sin\frac{\pi}{\tau}x = \Pi\cdot\frac{D_0}{N}\cdot\frac{\pi}{\tau}\left[\cosh\frac{\pi}{\tau}d + e^{-\frac{\pi}{\tau}\varDelta}\left\{\mu\cosh\frac{\pi}{\tau}\varDelta + \right.\right.$$

$$\left.\left. + \frac{1}{\mu}\sinh\frac{\pi}{\tau}\varDelta\right\}\sinh\frac{\pi}{\tau}d\right]\sin\frac{\pi}{\tau}x. \qquad\text{(IV 5, 18)}$$

e) Wir berechnen mittels (IV 5, 17) und (IV 5, 18) das Thermodynamische Potential der Ordnungszahl m = 0 für einen Feldbereich der Länge $2\,\tau$ in x-Richtung und der Breite 1 senkrecht zur Kontrollebene

$$\Psi_0 = -\frac{\Pi}{2}\cdot\frac{D_0{}^2\,\pi}{N}\left[\cosh\frac{\pi}{\tau}d + e^{-\frac{\pi}{\tau}\varDelta}\left\{\mu\cosh\frac{\pi}{\tau}\varDelta + \frac{1}{\mu}\sinh\frac{\pi}{\tau}\varDelta\right\}\sinh\frac{\pi}{\tau}d\right].$$

$$\text{(IV 5, 19)}$$

Die ihm korrespondierende Kraft, welche den genannten Abschnitt des Werkstückes gegen die innere Kraft des Feldes im Gleichgewichte hält, folgt somit zu

$$P_{0,y} = \frac{\partial\Psi_0}{\partial\varDelta} = -\frac{\Pi}{2}\cdot D_0{}^2\cdot\frac{\pi^2}{\tau}\cdot\frac{1}{N^2}\frac{1-\mu^2}{\mu}\sinh\frac{\pi d}{\tau}\left[2\cosh\frac{\pi d}{\tau} + \right.$$

$$\left. + \frac{1+\mu^2}{\mu}\sinh\frac{\pi d}{\tau}\right]e^{-2\frac{\pi}{\tau}\varDelta}. \qquad\text{(IV 5, 20)}$$

Wir führen jetzt den Grenzübergang $\varDelta \to 0$ aus und finden gemäß der Definition (IV 5, 1) als durchschnittliche Zugspannung der Ordnung m = 0

$$\sigma_0 = \lim_{\varDelta\to 0}\frac{P_{0,y}}{2\,\tau} = \Pi\cdot\left(\frac{D_0\,\pi}{2\,\tau}\right)^2\frac{\mu-1}{\mu+1}\cdot\mu\cdot\sinh\frac{\pi d}{\tau}e^{-2\frac{\pi d}{\tau}}\left[2\cosh\frac{\pi d}{\tau} + \right.$$

$$\left. + \frac{1+\mu^2}{\mu}\sinh\frac{\pi d}{\tau}\right]. \qquad\text{(IV 5, 21)}$$

f) Das Ergebnis (IV 5, 21) zeigt, daß die durchschnittliche Zugspannung, wie es sein muß, sowohl im Falle $\mu = 1$ wie im Falle $(\pi\,d)/\tau \to 0$ verschwindet.

Für alle technisch verwendeten Materialien ist nun $\mu \gg 1$. Wir entwickeln daher (IV 5, 21) nach Potenzen von $1/\mu$ und erhalten, indem wir uns auf das Anfangsglied beschränken

$$\sigma_0 = \Pi\cdot\left(\frac{D_0\,\pi\,\mu}{4\,\tau}\right)^2\left(1 - e^{-2\frac{\pi d}{\tau}}\right)^2. \qquad\text{(IV 5, 22)}$$

Nun gilt nach Gl. (IV 5, 18) für die Induktion in der Kontaktebene

$$B_{y,0} = \Pi\cdot D_0\cdot\mu\cdot\tau\cdot\frac{1 - e^{-2\frac{\pi}{\tau}d}}{2}\sin\frac{\pi}{\tau}x \qquad\text{(IV 5, 23)}$$

mit dem räumlichen quadratischen Mittelwert

$$\overline{B}{}^2_{y,0} = \frac{1}{2\tau} \int\limits_{-\tau}^{\tau} B^2_{y,0}\, dx = \frac{1}{2}(\Pi\, D_0\, \mu\, \tau)^2 \cdot \left(\frac{1 - e^{-2\frac{\pi}{\tau}d}}{2}\right)^2. \qquad (IV\ 5,\ 24)$$

Durch Substitution von (IV 5, 24) in (IV 5, 22) nimmt diese Gleichung die Gestalt an

$$\sigma_0 = \frac{1}{2\Pi}\, \overline{B}{}^2_{y,0}, \qquad (IV\ 5,\ 25)$$

in welcher man die gemäß (IV 5, 1) geschriebene *Maxwell*sche Zugkraftformel wiedererkennt. Da sie die Nutteilung τ nicht explizit enthält, läßt sie sich sogleich auf die Ordnungszahlen $m \neq 0$ übertragen, sofern man nur $\overline{B}{}^2_{y,0}$ mit dem quadratischen Mittelwert $\overline{B}{}^2_{y,m}$ der entsprechenden Induktions-Oberwelle in der Kontaktebene vertauscht. Man findet somit für die durchschnittlich resultierende Zugspannung

$$\sigma = \frac{1}{2\,\Pi} \sum_{m=0}^{\infty} \overline{B}{}^2_{y,m}. \qquad (IV\ 5,\ 26)$$

g) Wir umgehen die in (IV 5, 26) vorgeschriebene Summation, indem wir die in der Kontaktebene resultierende Normalinduktion $B_y\,(x)$ einführen und, unter Berufung auf die Vollständigkeitsrelation orthogonaler Funktionensysteme, zu dem Integral

$$\sum_{m=0}^{\infty} \overline{B}{}^2_{y,m} = \frac{1}{2\,\tau} \int\limits_{-\tau}^{+\tau} B_y{}^2\, dx \qquad (IV\ 5,\ 27)$$

übergehen, welches bequemer zu handhaben ist.

Wir stellen den Fall $d \to \infty$ voran. Da $\mu \gg 1$ vorausgesetzt wurde, kommen wir der Struktur der magnetischen Induktion in der Umgebung der Nutenöffnung modellmäßig durch die Annahme

$$B_y = 0 \quad \text{für} \quad -a < x < +a \bmod \tau, \quad y = 0 \qquad (IV\ 5,\ 28)$$

nahe. Aus Symmetriegründen repräsentieren die Geraden

$$x = 0 \bmod \tau; \quad -\infty < y < +\infty \qquad (IV\ 5,\ 29)$$

ebenfalls Kraftlinien. Zwecks eindeutiger Definition des magnetischen Skalarpotentiales führen wir von den Punkten $x = 0 \bmod \tau$ der x-Achse längs der Halbgeraden $y < 0$ Verzweigungsschnitte in den unteren Halbraum der $\zeta = x + i\,y$-Ebene, welche als sozusagen mathematisches Abbild der Nuten interpretiert werden können. In der aufgeschnittenen ζ-Ebene ist das reelle Potential φ längs $y = 0$ jeweils zwischen benachbarten Strombändern konstant: Der Durchflutungssatz liefert

$$\left.\begin{array}{lll} \varphi = -\dfrac{1}{4}\,D & -\tau - a \leqq x \leqq -a \bmod 2\,\tau; & y = 0 \\[2ex] \varphi = +\dfrac{1}{4}\,D & a \leqq x \leqq \tau - a \bmod 2\,\tau; & y = 0. \end{array}\right\} \qquad (IV\ 5,\ 30)$$

Überdies muß φ für $|y| \to \infty$ verschwinden.

Zur Lösung des vorgelegten Randwertproblemes für das komplexe Potential $\chi = \varphi + i\,\psi$ richten wir unser Augenmerk auf das Polygon

$$\left(-\frac{\tau}{2}, \mathrm{i}\,\infty\right); \quad \left(-\frac{\tau}{2}, +0\right); \quad \left(+\frac{\tau}{2}, +0\right); \quad \left(+\frac{\tau}{2}, \mathrm{i}\,\infty\right); \quad \left(-\frac{\tau}{2}, \mathrm{i}\,\infty\right)$$

der ζ-Ebene nach Abb. IV 209; die Ecke $(-\tau/2, +0)$ ist mit A, die Ecke $(+\tau/2, +0)$ mit B bezeichnet, während $\mathrm{A}' = (-\mathrm{a}, +0)$ und $\mathrm{B}' = (+\mathrm{a}, +0)$ die Grenzen des aus dem Existenzgebiet von χ auszuschließenden Strombandes definieren. Wir bilden dieses Polygon derart auf die reelle Achse der $\mathrm{w} = \mathrm{u} + \mathrm{i}\,\mathrm{v}$-Ebene ab, daß sein Inneres die Halbebene $\mathrm{v} > 0$ bedeckt, wobei A in $\mathrm{u_A} = -1/\mathrm{k}$, B in $\mathrm{u_B} = +1/\mathrm{k}$ mit $0 < \mathrm{k} < 1$ transformiert wird. Die zuständige *Schwarz-Christoffel*sche Differentialgleichung lautet

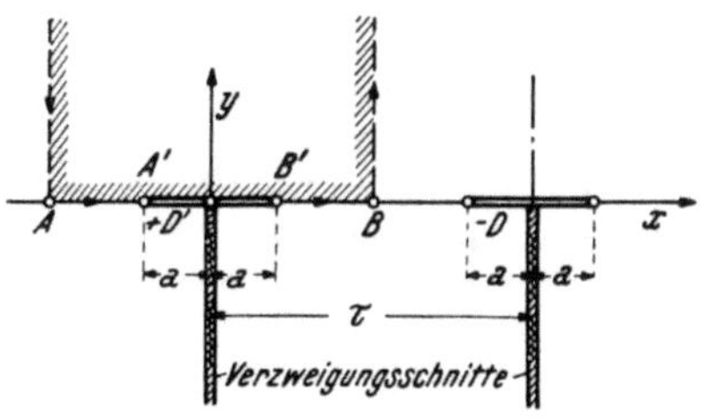

Abb. IV 209. Vergleich des Ersatzsystemes mit dem wahren.

$$\frac{\mathrm{d}\zeta}{\mathrm{dw}} = \frac{\mathrm{C}}{\sqrt{1 - \mathrm{k}^2\,\mathrm{w}^2}}. \tag{IV 5, 31}$$

Der Verzweigungsschnitt der zweideutigen Funktion $\dfrac{1}{\sqrt{1 - \mathrm{k}^2\,\mathrm{w}^2}}$ koinzidiert mit den Abschnitten $|\mathrm{u}| > 1/\mathrm{k}$ der u-Achse. Wir benützen weiterhin dasjenige Blatt der *Riemann*schen Fläche dieser Funktion, welches aus der Beschränkung der Argumente von $(1 \pm \mathrm{k}\,\mathrm{w})$ auf den Winkelbereich zwischen $(-\pi)$ und $(+\pi)$ hervorgeht; die dieser Vorschrift entsprechenden Funktionswerte sind in Abb. IV 210 an die Ufer der Verzweigungsschnitte geschrieben, wobei das Symbol der Wurzel stets den positiven Wert des reellen Radikanden meint. Hiernach liefert die Integration von (IV 5, 31)

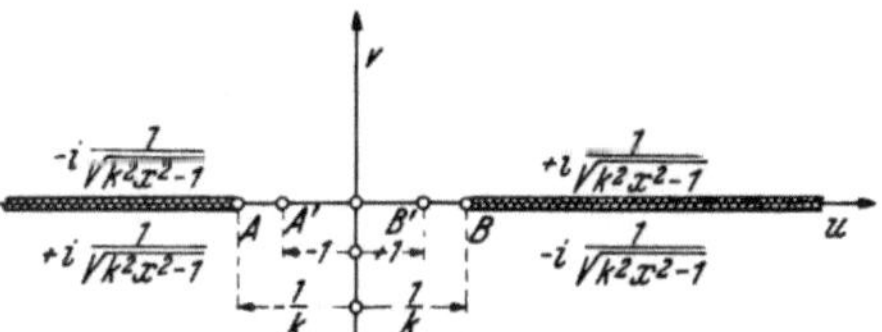

Abb. IV 210. Abbildung der $\zeta = \mathrm{x} + \mathrm{i}\,\mathrm{y}$-Ebene auf die $\mathrm{w} = \mathrm{u} + \mathrm{i}\,\mathrm{v}$-Ebene.

$$\zeta = \frac{\mathrm{C}}{\mathrm{k}} \arcsin(\mathrm{k}\,\mathrm{w}) \tag{IV 5, 32}$$

und auf Grund der in Abb. IV 209 eingetragenen Konstruktionsdaten gilt

$$\frac{\tau}{2} = \frac{\mathrm{C}}{\mathrm{k}} \arcsin 1 = \frac{\mathrm{C}}{\mathrm{k}}\frac{\pi}{2}; \qquad \frac{\mathrm{C}}{\mathrm{k}} = \frac{\tau}{\pi}. \tag{IV 5, 33}$$

Sollen weiter die Punkte A' in $(-1, +0)$, B' in $(+1, +0)$ transformiert werden, so folgt

$$\mathrm{a} = \frac{\tau}{\pi}\arcsin \mathrm{k}; \qquad \mathrm{k} = \sin\frac{\pi\,\mathrm{a}}{\tau}; \qquad \mathrm{C} = \frac{\pi}{\tau}\sin\frac{\pi\,\mathrm{a}}{\tau} \tag{IV 5, 34}$$

und die Abbildung lautet explizit

$$\zeta = \frac{\tau}{\pi}\arcsin\left(\mathrm{w}\sin\frac{\pi\,\mathrm{a}}{\tau}\right); \qquad \mathrm{w} = \frac{\sin\left(\dfrac{\pi\,\zeta}{\tau}\right)}{\sin\left(\dfrac{\pi\,\mathrm{a}}{\tau}\right)}. \tag{IV 5, 35}$$

In der w-Ebene bestehen längs der u-Achse die Randbedingungen

$$\left.\begin{array}{lll}
\psi = \psi_0 & \text{für} & |u| > \dfrac{1}{k}, \\[2ex]
\varphi = \mp \dfrac{D}{4} & \text{für} & \mp \dfrac{1}{k} \lessgtr u \lessgtr \mp 1, \\[2ex]
\psi = 0 & \text{für} & |u| < 1.
\end{array}\right\} \qquad (\text{IV } 5,\ 36)$$

Hiernach mißt ψ_0 den Kraftlinienfluß, welcher je Längeneinheit senkrecht zur Kontrollebene längs des Abschnittes $a < x < \tau/2$ der x-Achse vom unteren in den oberen Halbkörper übertritt und längs des Abschnittes $(-\tau/2) < x < a$ derselben Achse in den unteren Halbkörper zurückkehrt.

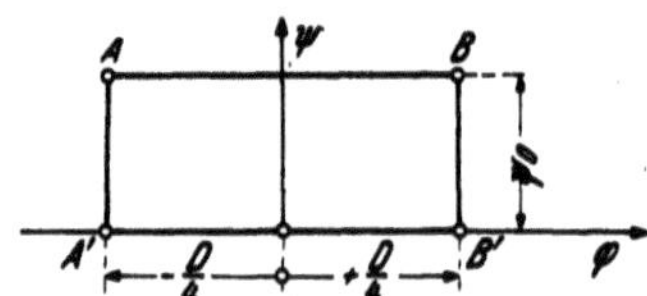

Abb. IV 211. Lösung des Potentialproblemes in der χ-Ebene.

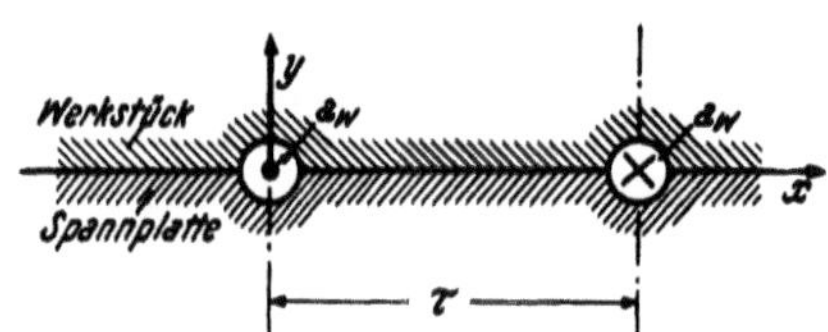

Abb. IV 212. Ersatzbild der Nutendurchflutung.

In der $\chi = \varphi + i\,\psi$-Ebene definieren die Bedingungen (IV 5, 36) das Rechteck A; A'; B'; B nach Abb. IV 211. Wir umfahren es im mathematisch-positiven Sinne und haben seinen Umfang so auf die u-Achse abzubilden, daß die gleichnamigen Punkte koinzidieren; dies wird durch die Differentialgleichung

$$\frac{d\chi}{dw} = \frac{\overline{C}}{\sqrt{1-w^2}\ \sqrt{1-k^2 w^2}} \qquad (\text{IV } 5,\ 37)$$

bewirkt. Durch Integration folgen hieraus die Relationen

$$\frac{D}{4} = K\,\overline{C}; \qquad \psi_0 = K' \cdot \overline{C} = \frac{D}{4} \cdot \frac{K'}{K}, \qquad (\text{IV } 5,\ 38)$$

wobei $\dfrac{K}{K'}$ die zum Modul $k' = \sqrt{1-k^2}$ gehörigen vollständigen Elliptischen Integrale erster Gattung bezeichnen.

Wir ersetzen nun — und dies ist der entscheidende Schritt unserer Analyse — das bisher benützte Modell des Flächenstromes in der Kontaktebene durch ein System unter sich gleicher, äquidistanter und achsenparalleler Hohlleiter vom „wirksamen" Halbmesser a_w, welche nach Abb. IV 212 in den Orten $x = \dfrac{0}{\tau} \bmod 2\,\tau$; $y = 0$ zentriert sind und die Durchflutungen $\pm D$ führen. Das komplexe Potential dieser Wirbelstraße lautet

$$\chi = \frac{D}{2\,\pi\,i} \ln\left(i \cot g \frac{\pi\,\zeta}{2\,\tau}\right). \qquad (\text{IV } 5,\ 39)$$

Es soll hierbei derjenige Zweig des Logarithmus benützt werden, dessen Imaginärteil zwischen $(-\pi)$ und $(+\pi)$ eingeschlossen ist. Mittels der Formeln

$$\mathrm{i}\,\mathrm{cotg}\,(\alpha + \mathrm{i}\,\beta) = \frac{\sinh 2\,\beta + \mathrm{i}\,\sin 2\,\alpha}{\cosh 2\,\beta - \cos 2\,\alpha}\,;$$

$$|\mathrm{i}\,\mathrm{cotg}\,(\alpha + \mathrm{i}\,\beta)|^2 = \frac{\cosh 2\,\beta + \cos 2\,\alpha}{\cosh 2\,\beta - \cos 2\,\alpha} \qquad \text{(IV 5, 40)}$$

erhält man aus (IV 5, 39)

$$\varphi = \frac{D}{2\,\pi}\,\mathrm{arctg}\,\frac{\sin\dfrac{\pi\,x}{\tau}}{\sinh\dfrac{\pi\,y}{\tau}}\,;\qquad \psi = -\frac{D}{4\,\pi}\,\ln\frac{\cosh\dfrac{\pi\,y}{\tau} + \cos\dfrac{\pi\,x}{\tau}}{\cosh\dfrac{\pi\,y}{\tau} - \cos\dfrac{\pi\,x}{\tau}} \qquad \text{(IV 5, 41)}$$

und insbesondere für $y \to +0$

$$\varphi = \pm\frac{D}{4}\,;\qquad \psi = -\frac{D}{4\,\pi}\,\ln\frac{1 + \cos\dfrac{\pi\,x}{\tau}}{1 - \cos\dfrac{\pi\,x}{\tau}} = -\frac{D}{2\,\pi}\,\ln\left|\,\mathrm{cotg}\,\frac{\pi\,x}{2\,\tau}\,\right|\,;$$

$$\pm a \lesseqgtr x \lesseqgtr \pm\frac{\tau}{2}\,. \qquad \text{(IV 5, 42)}$$

Der Kraftfluß ψ_0' der Wirbelstraße, welcher längs der Strecke $a_w < x < \tau/2$ vom unteren zum oberen Halbkörper übergeht und längs $(-\tau/2) < x < (-a_w)$ zurückkehrt, beträgt somit

$$\psi_0' = \frac{D}{2\,\pi}\,\ln\,\mathrm{cotg}\,\frac{\pi\,a_w}{2\,\tau}\,. \qquad \text{(IV 5, 43)}$$

Wir definieren nun den wirksamen Halbmesser a_w durch $\psi_0' \to \psi_0$ und finden aus (IV 5, 38) und (IV 5, 43)

$$\frac{1}{4}\frac{K'}{K} = \frac{1}{2\,\pi}\,\ln\,\mathrm{cotg}\,\frac{\pi\,a_w}{2\,\tau}\,;\qquad \frac{\pi\,a_w}{2\,\tau} = e^{\frac{\pi}{2}\frac{K'}{K}}$$

$$\text{(IV 5, 44)}$$

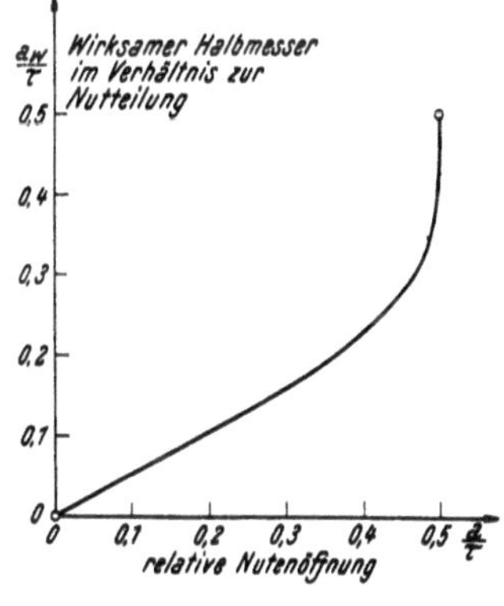

Abb. IV 213. Relation zwischen wahrer Nutenöffnung und Ersatz-Kreishalbmesser.

gemäß Abb. IV 213. Aus der Definition geht hervor, daß die verglichenen Systeme das nämliche Thermodynamische Potential besitzen; allerdings folgt hieraus noch nicht die Gleichheit ihrer elektrodynamischen Kräfte, sondern diese trifft nur approximativ zu.

Wir sehen von nun an die Wirbelstraße der Leiterdaten (IV 5, 44) als hinreichend genaues Modell der eingeprägten Nutendurchflutungen an und behalten es demgemäß auch für den Fall einer endlichen Plattendicke d bei; doch reicht das Potential (IV 5, 39) jetzt nicht mehr zur Beschreibung des Feldes hin: An der Grenzebene y = d des Eisens gegen die Luft muß sowohl die tangentielle magnetische Feldstärke wie die normale magnetische Induktion stetig bleiben, so daß der Funktion $\chi = \varphi + i\,\psi$ die Bedingungen

$$\varphi_{y=d-0} = \varphi_{y=d+0}, \qquad \mu\,\psi_{y=d-0} = 1\,\psi_{y=d+0} \qquad \text{(IV 5, 45)}$$

aufzuerlegen sind. Um sie zu erfüllen, spiegeln wir zunächst die in der Ebene y = 0 liegende Wirbelstraße an der Ebene y = d und gelangen hierdurch zu einer in der Ebene y = 2 d fixierten virtuellen Wirbelstraße gleicher Intensität. In y $\geq$ d gleiche das komplexe Potential dem λ'-fachen Potentiale allein der originalen Wirbelstraße

$$\chi = \frac{D}{2\,\pi\,i}\,\lambda'\,\ln\left(i\,\mathrm{cotg}\,\frac{\pi\,\zeta}{2\,\tau}\right). \qquad \text{(IV 5, 46)}$$

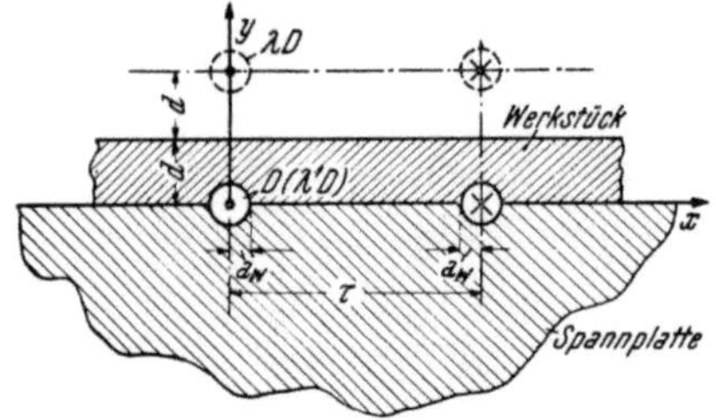

Abb. IV 214. Spiegelung der Wirbelstraße an der Ebene y = d.

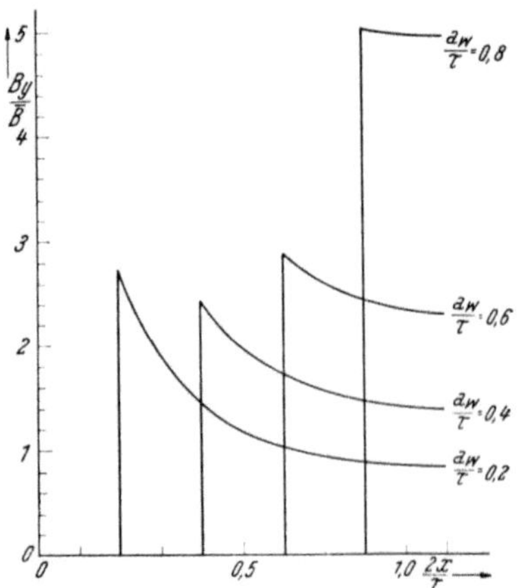

Abb. IV 215. Verteilung der magnetischen Induktion in der Kontaktebene.

Dagegen sei in y $\leq$ d das komplexe Potential gleich der Summe des Potentiales der originalen und des λ-fachen Potentiales der virtuellen Wirbelstraße [Abb. IV 214]:

$$\chi = \frac{D}{2\,\pi\,i}\,\ln\left(i\,\mathrm{cotg}\,\frac{\pi\,\zeta}{2\,\tau}\right) + \frac{D}{2\,\pi\,i}\,\lambda\,\ln\left(i\,\mathrm{cotg}\,\frac{\pi\,(\zeta - 2\,i\,d)}{2\,\tau}\right). \qquad \text{(IV 5, 47)}$$

Aus (IV 5, 45) folgt dann

$$\lambda' = 1 - \lambda, \qquad \lambda' = (1 + \lambda)\,\mu, \qquad \text{(IV 5, 48)}$$

also

$$\left.\begin{aligned}
\lambda' &= \frac{2\,\mu}{\mu + 1} = 2\left(1 - \frac{1}{\mu} + \frac{1}{\mu^2} - + \dots\right); \\
\lambda &= -\frac{\mu - 1}{\mu + 1} = -1 + \frac{2}{\mu}\left(1 - \frac{1}{\mu} + \frac{1}{\mu^2} - + \dots\right)
\end{aligned}\right\} \qquad \text{(IV 5, 49)}$$

im Einklang mit den Sätzen der Ziffer III 3 ; überdies verschwindet, wie verlangt, φ mit $|y| \to \infty$. Für die Induktion in der Kontaktebene finden wir somit

$$B_y = -\Pi\mu\left(\frac{\partial\varphi}{\partial y}\right)_{y=0} = \Pi\mu\left(\frac{\partial\psi}{\partial x}\right)_{y=0} =$$

$$= \Pi\mu\frac{D}{2\tau}\left[\frac{1}{\sin\dfrac{\pi x}{\tau}} + \lambda\,\frac{\sin\dfrac{\pi x}{\tau}\cosh\dfrac{\pi 2 d}{\tau}}{\cosh^2\dfrac{\pi 2 d}{\tau} - \cos^2\dfrac{\pi x}{\tau}}\right]. \qquad \text{(IV 5, 50)}$$

Sie reduziert sich für $d \to \infty$ auf

$$B_y{}^* = \lim_{d\to\infty} B_y = \Pi\mu\frac{D}{2\tau}\,\frac{1}{\sin\dfrac{\pi x}{\tau}} \qquad \text{(IV 5, 51)}$$

mit dem räumlichen Halbwellen-Mittelwert

$$\overline{B} = \frac{2}{\tau}\int_{a_w}^{\tau/2} B_y{}^*\,dx = \Pi\mu\,\frac{D}{2\tau}\cdot\frac{2}{\pi}\cdot\ln\cotg\frac{\pi a_w}{2\tau}. \qquad \text{(IV 5, 52)}$$

Abb. IV 215 zeigt die Verteilung der numerischen Induktion $B_y/\overline{B}$ für $\lim\limits_{\substack{\lambda = -1 \\ \mu \to \infty}}$. Im Sinne unserer Näherungsmethode vertauschen wir sie mit jener, welche dem Durchflutungssystem (IV 5, 4) entstammt und erhalten gemäß (IV 5, 27)

$$\sum_{m=0}^{\infty} \overline{B}_m{}^2 = \overline{B}^2\cdot f; \qquad f = \frac{2}{\tau}\int_{a_w}^{\tau/2}\left(\frac{B_y}{\overline{B}}\right)^2_{\lambda=-1}\cdot dx, \qquad \text{(IV 5, 53)}$$

wobei f als Formfaktor bezeichnet sei. Durch Substitution von (IV 5, 50) und (IV 5, 52) in (IV 5, 53) entsteht

$$f = \left(\frac{\pi}{2}\,\frac{1}{\ln\cotg\dfrac{\pi a_w}{2\tau}}\right)^2 (J_1 + J_2 + J_3),$$

$$J_1 = \frac{2}{\tau}\int_{a_w}^{\tau/2}\frac{1}{\sin^2\dfrac{\pi x}{\tau}}\,dx = \frac{2}{\pi}\cotg\frac{\pi a_w}{\tau}\,;$$

$$J_2 = -\frac{2}{\tau}\int_{a_w}^{\tau/2}\frac{2\cosh\dfrac{\pi 2 d}{\tau}}{\cosh^2\dfrac{\pi 2 d}{\tau} - \cos^2\dfrac{\pi x}{\tau}}\,dx;$$

$$J_3 = \frac{2}{\tau}\int_{a_w}^{\tau/2}\frac{\sin^2\dfrac{\pi x}{\tau}\cosh^2\dfrac{\pi 2 d}{\tau}}{\cosh^2\dfrac{\pi 2 d}{\tau} - \cos^2\dfrac{\pi x}{\tau}}\,dx.$$

$$\left.\right\} \qquad \text{(IV 5, 54)}$$

Mittels der Substitution $v = \mathrm{cotgh}\,\dfrac{\pi\,2\,d}{\tau}\cdot \mathrm{tg}\,\dfrac{\pi\,x}{\tau}$ wird

$$J_2 = -\frac{4}{\pi}\,\frac{1}{\sinh\dfrac{\pi\,2\,d}{\tau}}\int\limits_{\mathrm{cotgh}\,\frac{\pi\,2d}{\tau}\cdot\,\mathrm{tg}\,\frac{\pi\,a_w}{\tau}}^{\infty}\frac{dv}{1+v^2} =$$

$$= -\frac{4}{\pi}\,\frac{1}{\sinh\dfrac{\pi\,2\,d}{\tau}}\,\mathrm{arccotg}\left\{\mathrm{cotgh}\,\frac{\pi\,2\,d}{\tau}\cdot\mathrm{tg}\,\frac{\pi\,a_w}{\tau}\right\},$$

$$\left.\begin{aligned}
J_3 &= \frac{2}{\pi}\,\frac{1}{\sinh\dfrac{\pi\,2\,d}{\tau}\cosh\dfrac{\pi\,2\,d}{\tau}}\int\limits_{\mathrm{cotgh}\,\frac{\pi\,2d}{\tau}\,\mathrm{tg}\,\frac{\pi\,a_w}{\tau}}^{\infty}\frac{v^2\,dv}{(1+v^2)^2} = \\[2mm]
&= \frac{1}{\pi}\,\frac{1}{\sinh\dfrac{\pi\,2\,d}{\tau}\cosh\dfrac{\pi\,2\,d}{\tau}}\left(\mathrm{arctg}\,v - \frac{v}{1+v^2}\right)\Bigg|_{\mathrm{cotgh}\,\frac{\pi\,2d}{\tau}\,\mathrm{tg}\,\frac{\pi\,a_w}{\tau}}^{\infty} = \\[2mm]
&= \frac{1}{\pi}\,\frac{1}{\sinh\dfrac{\pi\,2\,d}{\tau}\cosh\dfrac{\pi\,2\,d}{\tau}}\left[\mathrm{arccotg}\left\{\mathrm{cotgh}\,\frac{\pi\,2\,d}{\tau}\,\mathrm{tg}\,\frac{\pi\,a_w}{\tau}\right\} + \right.\\[2mm]
&\qquad\left. + \frac{\mathrm{cotgh}\,\dfrac{\pi\,2\,d}{\tau}\,\mathrm{tg}\,\dfrac{\pi\,a_w}{\tau}}{1+\mathrm{cotgh}^2\dfrac{\pi\,2\,d}{\tau}\,\mathrm{tg}^2\dfrac{\pi\,a_w}{\tau}}\right],
\end{aligned}\right\} \quad \text{(IV 5, 55)}$$

also zusammenfassend

$$\left.\begin{aligned}
f &= \left(\frac{\pi}{2}\,\frac{1}{\ln\mathrm{cotg}\dfrac{\pi\,a_w}{2\,\tau}}\right)^2\left(\frac{2}{\pi}\,\mathrm{cotg}\,\frac{\pi\,a_w}{\tau} - \right.\\[2mm]
&\quad - \frac{4}{\pi}\cdot\frac{1}{\sinh\dfrac{\pi\,2\,d}{\tau}}\,\mathrm{arccotg}\left\{\mathrm{cotgh}\,\frac{\pi\,2\,d}{\tau}\,\mathrm{tg}\,\frac{\pi\,a_w}{\tau}\right\} + \\[2mm]
&\quad + \frac{1}{\pi}\,\frac{1}{\sinh\dfrac{\pi\,2\,d}{\tau}\cosh\dfrac{\pi\,2\,d}{\tau}}\left[\mathrm{arccotg}\left\{\mathrm{cotgh}\,\frac{\pi\,2\,d}{\tau}\,\mathrm{tg}\,\frac{\pi\,a_w}{\tau}\right\} + \right.\\[2mm]
&\qquad\left.\left. + \frac{\mathrm{cotgh}\,\dfrac{\pi\,2\,d}{\tau}\,\mathrm{tg}\,\dfrac{\pi\,a_w}{\tau}}{1+\mathrm{cotgh}^2\dfrac{\pi\,2\,d}{\tau}\,\mathrm{tg}^2\dfrac{\pi\,a_w}{\tau}}\right]\right).
\end{aligned}\right\} \quad \text{(IV 5, 56)}$$

Abb. IV 216 offenbart im Gang des Grenzwertes

$$f_\infty = \lim_{\frac{d}{\tau} \to \infty} f = \frac{\pi}{2} \frac{\cot g \dfrac{\pi\, a_w}{\tau}}{\left(\ln \cot g \dfrac{\pi\, a_w}{2\,\tau}\right)^2} \qquad (IV\ 5,\ 57)$$

mit der relativen Nutenöffnung a_w/τ die Zunahme der Zugkraft durch die Induktionskonzentration auf den Zahnkronen. Weiter zeigt Abb. IV 217 für das Beispiel $a_w/\tau = 1/6$ mittels des Verhältnisses f/f_∞ als Funktion der relativen Werkstückdicke d/τ deren Einfluß auf die Zugkraft. Ersichtlich nimmt sie für Werkstücke der Eigenschaft $d \ll \tau$ sehr stark ab; das magnetische Aufspannen von Blechen erfordert daher Platten von hinreichend feiner Nutteilung.

h) Wir ergänzen die Berechnung der Zugkraft durch eine elementare Analyse der für das gesamte Spannsystem maßgebenden magnetischen Charakteristik. Im Anschluß an Abb. IV 207 führen wir einen vollen Umlauf um eine der Nuten aus. Der Kontrollweg möge in der Mitte eines Zahnkopfes beginnen, durch das Werkstück zur Mitte des Nachbar-Zahnkopfes übergehen und durch das Eisen der Spannplatte zum Ausgangspunkte zurückkehren.

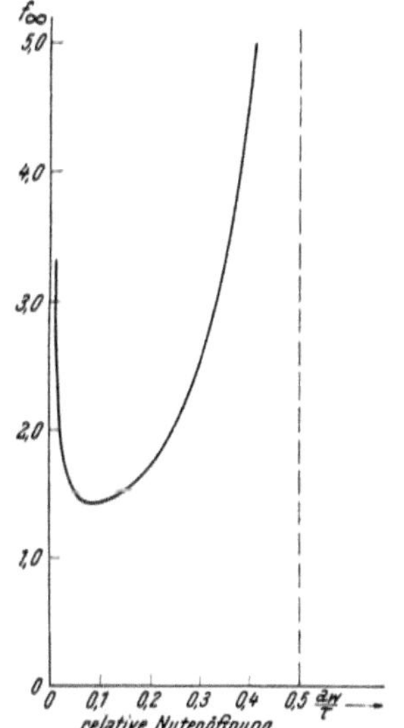

Abb. IV 216. Magnetische Spannplatten. Formfaktor f_∞, welcher die Vergrößerung der Zugkraft durch die ungleichmäßige Verteilung der Induktion angibt.

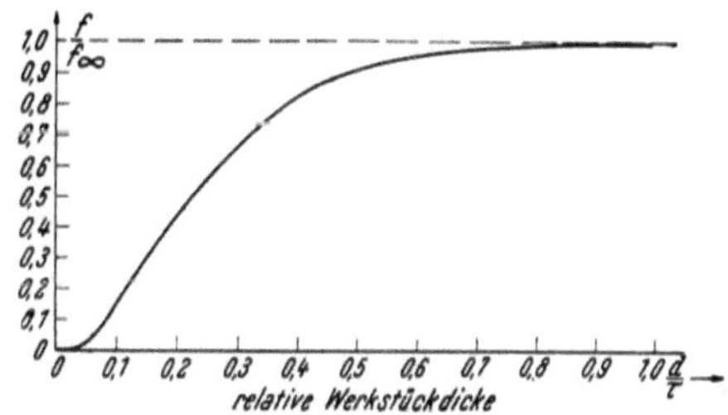

Abb. IV 217. Magnetische Spannplatten. Formfaktor f im Verhältnis zu f_∞. Das Schaubild zeigt den Einfluß der Werkstückdicke auf die Zugkraft. $\dfrac{\pi\, a_w}{\tau} = 30^0$; $\quad a_w = \dfrac{1}{6}\,\tau$.

Die Nutdurchflutung D ist gleich der Summe der magnetischen Teilspannungen M_W im Werkstück und M_P in der Spannplatte:

1. Um die magnetische Kennlinie des Werkstückes festzustellen, gehen wir auf das reelle Potential der Kontaktebene zurück, welches mit $\lambda = -1$ längs $a_w \leqq x \leqq \tau/2$ lautet

$$\varphi_{y=0} = \frac{D}{2\,\pi}\left[\frac{\pi}{2} + \arctan \frac{\sin \dfrac{\pi\, x}{\tau}}{\sinh \dfrac{\pi\, 2\, d}{\tau}}\right]. \qquad (IV\ 5,\ 58)$$

Wir entnehmen ihm die Spannung M_W zu

$$M_W = 2\,\varphi_{\;y=0,\,x=\frac{\tau}{2}} = \frac{D}{2\,\pi} \cdot 2\left[\frac{\pi}{2} + \operatorname{arctg}\frac{1}{\sinh\dfrac{\pi\,2\,d}{\tau}}\right] \equiv$$

$$\equiv D\left[1 - \frac{1}{\pi}\operatorname{arccotg}\frac{1}{\sinh\dfrac{\pi\,2\,d}{\tau}}\right]. \qquad\text{(IV 5, 59)}$$

Mittels Gl. (IV 5, 52) findet sich nun

$$D = \bar{B}\cdot\frac{\pi\,\tau}{\Pi\,\mu}\frac{1}{\ln\cotg\dfrac{\pi\,a_w}{2\,\tau}} = \bar{H}\cdot\frac{\pi\,\tau}{\ln\cotg\dfrac{\pi\,a_w}{2\,\tau}}, \qquad\text{(IV 5, 60)}$$

wobei $\bar{H}$ diejenige magnetische Feldstärke bezeichnet, welche der mittleren Induktion $\bar{B}$ gemäß der Magnetisierungskurve des Eisens korrespondiert. Damit entsteht als Gleichung der gesuchten Kennlinie aus (IV 5, 59)

$$M_W = \bar{H}\cdot\pi\,\tau\,\frac{1 - \dfrac{1}{\pi}\operatorname{arccotg}\dfrac{1}{\sinh\dfrac{\pi\,2\,d}{\tau}}}{\ln\cotg\dfrac{\pi\,a_w}{2\,\tau}} = M_W(\bar{B}). \qquad\text{(IV 5, 61)}$$

2. Zur Spannplatte übergehend, suchen wir zunächst den Induktionsfluß Φ, welcher je Längeneinheit der Platte senkrecht zur Kontrollebene längs $a_w < x < \tau/2$ von der Platte in das Werkstück übertritt:

$$\Phi_{(\lambda=-1)} = \frac{D}{2\,\pi}\,\Pi\,\mu\left[\ln\cotg\frac{\pi\,a_w}{2\,\tau} - \frac{1}{2}\ln\frac{\cosh\dfrac{\pi\,2\,d}{\tau} + \cos\dfrac{\pi\,a_w}{\tau}}{\cosh\dfrac{\pi\,2\,d}{\tau} - \cos\dfrac{\pi\,a_w}{\tau}}\right] =$$

$$= \bar{B}\,\frac{\tau}{2}\left[1 - \frac{\dfrac{1}{2}\ln\dfrac{\cosh\dfrac{\pi\,2\,d}{\tau} + \cos\dfrac{\pi\,a_w}{\tau}}{\cosh\dfrac{\pi\,2\,d}{\tau} - \cos\dfrac{\pi\,a_w}{\tau}}}{\ln\cotg\dfrac{\pi\,a_w}{2\,\tau}}\right]. \qquad\text{(IV 5, 62)}$$

Zu ihm gesellt sich der Streufluß Φ_s, welcher sich aus dem Zahnkopfanteil Φ_z und dem Nutenanteil Φ_n zusammensetzt; je Längeneinheit senkrecht zur Kontrollebene ist

$$\Phi_z = \Pi\,D\,\frac{h}{2\,a}; \qquad \Phi_n = \Pi\,D\,\frac{1}{b}\int_0^t\frac{y}{t}\,dy = \Pi\,D\,\frac{1}{2}\frac{t}{b};$$

$$\Phi_s = \Pi\,D\,\frac{1}{2}\left[\frac{h}{a} + \frac{t}{b}\right]. \qquad\text{(IV 5, 63)}$$

Wir lassen den magnetischen Spannungsabfall in den Zahnköpfen ebenso wie denjenigen im Joch der Platte als sehr klein außer acht. Diese Fehler werden teilweise kompensiert, wenn wir die Zähne in ihrer Gesamtlänge t mit dem vollen Fluß $\Phi_r = 2\,(\Phi + \Phi_s)$ belasten, der von den beiden je einem Zahn benachbarten Durchflutungen herrührt; ihm entspricht die Induktion

$$B_z = \frac{\Phi_r}{\tau - b} = \bar{B}\,\frac{\tau}{\tau - b}\left[1 - \frac{\dfrac{1}{2}\ln\dfrac{\cosh\dfrac{\pi\,2\,d}{\tau} + \cos\dfrac{\pi\,a_w}{\tau}}{\cosh\dfrac{\pi\,2\,d}{\tau} - \cos\dfrac{\pi\,a_w}{\tau}}}{\ln\cotg\dfrac{\pi\,a_w}{2\,\tau}}\right] + \Pi\,\frac{D}{\tau - b}\left[\frac{h}{a} + \frac{t}{b}\right].$$

$$(IV\ 5,\ 64)$$

Ist sie bekannt, so findet man aus der magnetischen Kennlinie des Eisens die zugehörige Feldstärke $H_z = B_z/\Pi\,\mu$ und damit die Charakteristik der Platte

$$M_p = H_z \cdot 2\,t = M_p\,(B_z). \qquad (IV\ 5,\ 65)$$

Schließlich wird also

$$D = M_W + M_P. \qquad (IV\ 5,\ 66)$$

Bei dem Versuche, diese Summation wirklich auszuführen, erscheint die Unbekannte D vermöge (IV 5, 64) und (IV 5, 65) mit der analytisch nicht darstellbaren Magnetisierungskurve verknüpft. Um diese Schwierigkeit zu überwinden, entwickeln wir ein graphisches Verfahren: Wir zeichnen im rechten Teil des Diagrammes [Abb. IV 218] zunächst die Werkstück-Kennlinie (IV 5, 61). Nunmehr vergrößern wir ihre Ordinaten im Verhältnis

$$\frac{\tau}{\tau - b}\left[1 - \frac{\dfrac{1}{2}\ln\dfrac{\cosh\dfrac{\pi\,2\,d}{\tau} + \cos\dfrac{\pi\,a_w}{\tau}}{\cosh\dfrac{\pi\,2\,d}{\tau} - \cos\dfrac{\pi\,a_w}{\tau}}}{\ln\cotg\dfrac{\pi\,a_w}{2\,\tau}}\right]$$

$$(IV\ 5,\ 67)$$

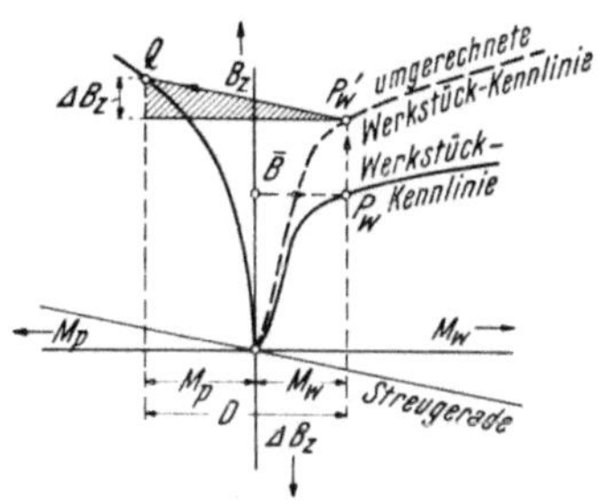

Abb. IV 218. Magnetische Spannplatten. Zusammenhang der mittleren Induktion $\bar{B}$ mit der Durchflutung.

und erhalten in der gestrichelten Kurve die „auf den Zahn umgerechnete" Werkstück-Kennlinie und fügen unterhalb der Abszissenachse die „Streugerade" hinzu

$$\Delta B_z = \Pi\,\frac{D}{\tau - b}\left[\frac{h}{a} + \frac{t}{b}\right]. \qquad (IV\ 5,\ 68)$$

Im linken Teile des Diagrammes ist die Plattencharakteristik (IV 5, 65) gezeichnet. Es sei jetzt eine gewisse Induktion $\bar{B}$ vorgegeben und die zugehörige Durchflutung gesucht. Wir markieren zunächst auf der Werkstück-Kennlinie den Punkt P_W, welcher dem angenommenen Werte von $\bar{B}$ entspricht; seine Abszisse mißt definitionsgemäß M_W. Von P_W aus steigen wir parallel der Ordinatenachse bis zum Punkte P_W' der auf den Zahn umgerechneten Werkstück-Kennlinie auf. Durch P_W' ziehen wir die Parallele zur Streugeraden, welche die im linken Teile des Diagrammes liegende Plattencharakteristik in Q trifft. Dann behaupten wir, daß die Abszissendifferenz der Punkte Q und P_W' gleich jener der Punkte Q und P_W die resultierende Durchflutung D mißt, welche zur Erregung von $\overline{B}$ erforderlich ist. Denn konstruktionsgemäß ist die Ordinatendifferenz von Q und P_W' gleich

$$\Pi \frac{M_W + M_P}{\tau - b}\left[\frac{h}{a} + \frac{t}{b}\right] = \Pi \frac{D}{\tau - b}\left[\frac{h}{a} + \frac{t}{b}\right], \qquad \text{(IV 5, 69)}$$

so daß in der Tat (IV 5, 66) erfüllt wird.

IV 6. Zugmagneten für Schrott.

a) Für den Transport von Eisenschrott benützt man häufig ortsveränderliche Elektromagnete von dem in Abb. IV 219 schematisch dargestellten Typus des Topfmagneten. Sein Eisengestell besteht aus einem Vollzylinder der achsialen Länge h und des Halbmessers ϱ_i, welcher von einem gleichlangen Hohlzylinder des mittleren Halbmessers $\varrho_a > \varrho_i$ und der radialen Breite $\delta \ll \varrho_a$ konzentrisch umschlossen wird. Beide Zylinder sind an einer ihrer gemeinsamen Stirnflächen durch ein eisernes Joch von

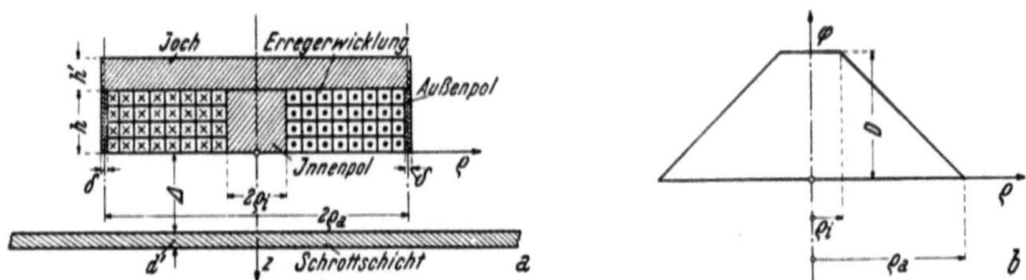

Abb. IV 219. Schematische Darstellung eines Zugmagneten für Schrott. *a*) Schnitt durch den Magneten und die Schrottschicht. *b*) Angenommene Potentialverteilung in der Polfläche.

der Form einer planparallelen Kreisplatte vom Halbmesser ϱ_a und der Höhe h' miteinander magnetisch verbunden. In dem von den Zylindern und dem Joch begrenzten Ringraum ist die Erregerwicklung untergebracht, welche die stationäre Durchflutung D führt. An der gemeinsamen, freien Stirnfläche der Zylinder entstehen somit magnetische Pole entgegengesetzten Vorzeichens; sie sollen bei ihrem Kontakt mit dem Schrotthaufen aus diesem ein annähernd kreiszylindrisches „Paket" vom Halbmesser ϱ_a und der Höhe d ablösen und es während des Transportes an den Magneten fesseln. Gefragt wird nach dem quantitativen Zusammenhang zwischen dieser Nutzlast und den Maßen des Elektromagneten.

b) Die Achse des Topfmagneten werde mit der z-Achse eines Zylinder-Koordinatensystemes z, ϱ, α identifiziert. Die Polfläche koinzidiere mit der Ebene z = 0, die positive z-Richtung zeige vom Magneten nach außen; z > 0 definiert also den Bereich des aktiven Feldes. In ihm mißt ϱ den Abstand des Aufpunktes von der Achse, α sein Azimut gegen eine im Magneten feste Meridianebene.

c) Indem wir den Prozeß der Paketierung kinetisch verfolgen, stellen wir uns vor, daß die Polfläche des Magneten sich zunächst im Abstande $\varDelta > 0$ oberhalb der Grenze des Schrotthaufens befinde; diesem schreiben wir innerhalb des Aktionsradius des Magneten die annähernd konstante Mächtigkeit $d' \lessgtr d$ zu, so daß er durch

$$\Delta \leqq z \leqq \Delta + d'; \qquad \varrho \leqq \varrho_a \qquad \text{(IV 6, 1)}$$

geometrisch definiert ist. Diese mathematische Beschreibung des Schrotthaufens ist durch seine physikalische zu ergänzen: Indem wir uns von seiner lediglich vom Zufall diktierten Feinstruktur zu emanzipieren haben, vertauschen wir ihn mit einer gleichmächtigen, planparallelen Platte eines virtuellen, homogenen und isotropen Stoffes der „makroskopischen" Permeabilität $\bar{\mu}$. Diese Ersatz-Permeabilität folgt aus dem Vergleich des Schrottes mit einem „Massekern" allerdings etwas grober Art: Sei γ der Entmagnetisierungs-Faktor der im Schrott anzutreffenden Elemente, μ die sie kennzeichnende, skalare Permeabilität und p der räumliche Füllfaktor des Eisens im Schrottkollektiv einschließlich der Luft, so entnehmen wir aus Gl. (I 12, 12)

$$\bar{\mu} = \frac{1 + (\mu - 1)\{p + \gamma(1 - p)\}}{1 + (\mu - 1)\gamma(1 - p)}. \qquad \text{(IV 6, 2)}$$

Diese Formel gilt, mit einem festen Werte von γ, ihrer Herleitung nach nur für ähnliche und ähnlich gelegene, längs- oder quermagnetisierte Rotationsellipsoide. Da diese Voraussetzungen für Schrott nicht zutreffen, muß man hier unter γ einen passend definierten, statistischen Mittelwert verstehen. Als solchen benützen wir, falls keine genaueren Informationen über die Zusammensetzung des Schrotts vorliegen, den Wert $\gamma = 1/3$ der Kugel. Indem wir uns gleichzeitig auf eine Permeabilität $\mu \gg 1$ des Schrotteisens berufen, gelangen wir von (IV 6, 2) zu der Abschätzung

$$\bar{\mu}_{\text{Schrott}} \approx \lim_{\mu \to \infty} \bar{\mu} = 1 + \frac{1}{\gamma}\frac{p}{1-p} = 1 + 3\frac{p}{1-p}, \qquad \text{(IV 6, 3)}$$

Abb. IV 220. Makroskopische Permeabilität von Schrott.

welche durch Abb. IV 220 dargestellt wird; da sich p meist in der Größenordnung von $1/2 \div 1/3$ bewegen dürfte, hat man also mit vergleichsweise niedrigen Werten der makroskopischen Permeabilität zu rechnen.

d) Im Halbraum $z > 0$ existiert überall ein Skalarpotential φ des magnetischen Feldes. Es genügt dort der *Laplace*schen Gleichung, welche sich mit Rücksicht auf die Rotationssymmetrie des Magnetsystemes auf

$$\frac{\partial^2 \varphi}{\partial \varrho^2} + \frac{1}{\varrho}\frac{\partial \varphi}{\partial \varrho} + \frac{\partial^2 \varphi}{\partial z^2} = 0 \qquad \text{(IV 6, 4)}$$

reduziert. Welche Randbedingungen sind der Lösung dieser Gleichung aufzuerlegen?

1. Wir vernachlässigen die Gesamtheit der Induktionslinien, welche von dem äußeren Mantel oder der äußeren Jochfläche des in $z < 0$ befindlichen Eisengestelles ausgehen, indem wir den Zylinder $\varrho = \varrho_a$ als magnetisch undurchlässig ansehen:

$$\frac{\partial \varphi}{\partial \varrho} = 0 \qquad \text{für} \qquad \varrho = \varrho_a. \qquad\qquad \text{(IV 6, 5)}$$

2. In der Polfläche wird die Potentialverteilung wesentlich durch die Konstruktion der Erregerwicklung diktiert. Wir nehmen an, daß sie durch die Gleichungen beschrieben wird [Abb. IV. 219]

$$\varphi = f\left(\frac{\varrho}{\varrho_a}\right) = \begin{cases} D & \text{für} \quad \varrho \leqq \varrho_i, \quad z = 0. \\ D\,\dfrac{1 - \varrho/\varrho_a}{1 - \varrho_i/\varrho_a} & \text{für} \quad \varrho_i \leqq \varrho \leqq \varrho_a, \quad z = 0 \end{cases} \qquad \text{(IV 6, 6)}$$

3. In den beiden Grenzebenen der Schrottschicht müssen die tangentiellen Komponenten der Feldstärke und die normalen der Induktion stetig bleiben

$$\left. \begin{aligned} &\varphi_{z=\varDelta-0} = \varphi_{z=\varDelta+0}; \qquad \left(\frac{\partial \varphi}{\partial z}\right)_{z=\varDelta-0} = \overline{\mu}_{\text{Schrott}} \left(\frac{\partial \varphi}{\partial z}\right)_{z=\varDelta-0}, \\ &\varphi_{z=\varDelta+d'-0} = \varphi_{z=\varDelta+d'+0}; \quad \overline{\mu}_{\text{Schrott}} \cdot \left(\frac{\partial \varphi}{\partial z}\right)_{z=\varDelta+d'-0} = \left(\frac{\partial \varphi}{\partial z}\right)_{z=\varDelta+d'+0}. \end{aligned} \right\} \quad \text{(IV 6, 7)}$$

4. Mit wachsender Entfernung von der Polfläche muß φ verschwinden

$$\lim_{z \to \infty} \varphi = 0. \qquad\qquad \text{(IV 6, 8)}$$

e) Mit Hilfe eines reellen Parameters λ und zweier, von ihm abhängiger Konstanten A_+ und A_- lautet ein Partikularintegral der Gl. (IV 6, 4)

$$\varphi = \left[[A_+\, e^{\lambda \frac{z}{\varrho_a}} + A_-\, e^{-\lambda \frac{z}{\varrho_a}} \right] J_0\left(\lambda \frac{\varrho}{\varrho_a}\right). \qquad \text{(IV 6, 9)}$$

Es genügt der Bedingung (IV 4, 5), falls man fordert

$$\left\{ \frac{\partial}{\partial \varrho} J_0\left(\lambda \frac{\varrho}{\varrho_a}\right) \right\}_{\varrho=\varrho_a} = -\frac{\lambda}{\varrho_a} J_1(\lambda) = 0. \qquad \text{(IV 6, 10)}$$

Dies ist eine transzendente Gleichung für λ; sie besitzt eine unendliche Folge reeller Wurzeln, welche zahlenmäßig bekannt sind. Wir ordnen die positiven Wurzeln einschließlich der Null der Größe nach und bezeichnen sie mit λ_k $[0 \leqq k < \infty]$; dementsprechend sind die Symbole $A_\pm$ durch die genaueren $A_{k\pm}$ zu ersetzen. Unter Berufung auf die Linearität der *Laplace*schen Gleichung erhalten wir nunmehr in

$$\varphi = \sum_{k=0}^{\infty} \left[A_{k+}\, e^{\lambda_k \frac{z}{\varrho_a}} + A_{k-}\, e^{-\lambda_k \frac{z}{\varrho_a}} \right] J_0\left(\lambda_k \frac{\varrho}{\varrho_a}\right) \qquad \text{(IV 6, 11)}$$

ein weiteres Partikularintegral der Eigenschaft (IV 6, 5). Um die übrigen Randbedingungen zu befriedigen, spalten wir jede der Konstanten $A_{k\pm}$ in deren drei auf: Die $A_{k\pm}^{(1)}$ seien dem Bereiche $0 \leqq z \leqq \varDelta$, die $A_{k\pm}^{(2)}$ dem Bereiche $\varDelta \leqq z \leqq \varDelta + d'$ und die $A_{k\pm}^{(3)}$ dem Bereiche $\varDelta + d' \leqq z$ zugeordnet. Aus (IV 6, 8) folgt dann sogleich $A_{k+}^{(3)} = 0$, so daß man durch (IV 6, 7), für jede Ordnungszahl k, auf

$$\left. \begin{aligned} A_{k+}^{(2)}\, e^{\lambda_k \frac{\varDelta + d'}{\varrho_a}} + A_{k-}^{(2)}\, e^{-\lambda_k \frac{\varDelta + d'}{\varrho_a}} &= A_{k-}^{(3)}\, e^{-\lambda_k \frac{\varDelta + d'}{\varrho_a}}, \\ -A_{k+}^{(2)}\, e^{\lambda_k \frac{\varDelta + d'}{\varrho_a}} + A_{k-}^{(2)}\, e^{-\lambda_k \frac{\varDelta + d'}{\varrho_a}} &= \frac{1}{\mu_{\text{Schrott}}} \cdot A_{k-}^{(3)}\, e^{-\lambda_k \frac{\varDelta + d'}{\varrho_a}} \end{aligned} \right\} \quad \text{(IV 6, 12)}$$

und

$$A_{k+}^{(2)}\, e^{\lambda_k \frac{\Delta}{\varrho_a}} + A_{k-}^{(2)}\, e^{-\lambda_k \frac{\Delta}{\varrho_a}} = A_{k+}^{(1)}\, e^{\lambda_k \frac{\Delta}{\varrho_a}} + A_{k-}^{(1)}\, e^{-\lambda_k \frac{\Delta}{\varrho_a}},$$

$$\overline{\mu}_{\text{Schrott}} \left(-A_{k+}^{(2)}\, e^{\lambda_k \frac{\Delta}{\varrho_a}} + A_{k-}^{(2)}\, e^{-\lambda_k \frac{\Delta}{\varrho_a}} \right) = -A_{k+}^{(1)}\, e^{\lambda_k \frac{\Delta}{\varrho_a}} + A_{k-}^{(1)}\, e^{-\lambda_k \frac{\Delta}{\varrho_a}}$$

$$\text{(IV 6, 13)}$$

geführt wird. Aus (IV 6, 12) berechnet man

$$A_{k+}^{(2)} = \frac{1}{2} A_{k-}^{(3)} \left(1 - \frac{1}{\overline{\mu}_{\text{Schrott}}} \right) e^{-2\lambda_k \frac{\Delta + d'}{\varrho_a}}; \qquad A_{k-}^{(2)} = \frac{1}{2} A_{k-}^{(3)} \left(1 + \frac{1}{\overline{\mu}_{\text{Schrott}}} \right)$$

$$\text{(IV 6, 14)}$$

und weiter, durch Substitution dieser Ausdrücke in (IV 6, 13)

$$A_{k+}^{(1)} = -\frac{1}{2} A_{k-}^{(3)}\, e^{-\lambda_k \frac{\Delta + d'}{\varrho_a}}\, e^{-\lambda_k \frac{\Delta}{\varrho_a}} \left(\overline{\mu}_{\text{Schrott}} - \frac{1}{\overline{\mu}_{\text{Schrott}}} \right) \sinh \lambda_k \frac{d'}{\varrho_a}.$$

$$A_{k-}^{(1)} = \frac{1}{2} A_{k-}^{(3)}\, e^{-\lambda_k \frac{\Delta + d'}{\varrho_a}}\, e^{\lambda_k \frac{\Delta}{\varrho_a}} \left\{ 2 \cosh \lambda_k \frac{d'}{\varrho_a} + \left(\overline{\mu}_{\text{Schrott}} + \frac{1}{\overline{\mu}_{\text{Schrott}}} \right) \sinh \lambda_k \frac{d'}{\varrho_a} \right\}.$$

$$\text{(IV 6, 15)}$$

Wir setzen abkürzend

$$A_{k+}^{(1)} + A_{k-}^{(1)} \equiv A_k^{(1)} \qquad \text{(IV 6, 16)}$$

und erhalten aus (IV 6, 15), durch Elimination von $A_{k-}^{(3)}$, die Relationen

$$A_{k+}^{(1)} = -\frac{A_k^{(1)}}{N}\, e^{-\lambda_k \frac{\Delta}{\lambda_a}} \frac{1}{2} \left(\overline{\mu}_{\text{Schrott}} - \frac{1}{\overline{\mu}_{\text{Schrott}}} \right) \sinh \lambda_k \frac{d'}{\varrho_a},$$

$$A_{k-}^{(1)} = \frac{A_k^{(1)}}{N}\, e^{\lambda_k \frac{\Delta}{\varrho_a}} \left\{ \cosh \lambda_k \frac{d'}{\varrho_a} + \frac{1}{2} \left(\overline{\mu}_{\text{Schrott}} + \frac{1}{\overline{\mu}_{\text{Schrott}}} \right) \sinh \lambda_k \frac{d'}{\varrho_a} \right\},$$

$$N = e^{\lambda_k \frac{\Delta}{\varrho_a}} \cosh \lambda_k \frac{d'}{\varrho_a} + \left\{ \overline{\mu}_{\text{Schrott}} \cdot \sinh \lambda_k \frac{\Delta}{\varrho_a} + \frac{1}{\overline{\mu}_{\text{Schrott}}} \cosh \lambda_k \frac{\Delta}{\varrho_a} \right\} \sinh \lambda_k \frac{d'}{\varrho_a}.$$

$$\text{(IV 6, 17)}$$

Um nun noch (IV 6, 6) zu erfüllen, muß identisch in ϱ/ϱ_a die Gleichung gelten

$$\sum_{k=0}^{\infty} A_k^{(1)}\, J_0 \left(\lambda_k \frac{\varrho}{\varrho_a} \right) = f \left(\frac{\varrho}{\varrho_a} \right). \qquad \text{(IV 6, 18)}$$

Wir setzen $\varrho/\varrho_a = u$ und stützen uns auf die Orthogonalitätsrelationen

$$\left. \begin{array}{l} \displaystyle\int_0^1 J_0 (\lambda_j u)\, J_0 (\lambda_k u)\, u\, du = 0 \quad \text{für} \quad j \neq k, \\[2em] \displaystyle\int_0^1 J_0 (\lambda_k u)\, J_0 (\lambda_k u)\, u\, du = \frac{1}{2} \{ J_0 (\lambda_k) \}^2, \end{array} \right\} \qquad \text{(IV 6, 19)}$$

welche auf die Bestimmungsgleichungen führen

$$A_k^{(1)} = \frac{2}{\{J_0(\lambda_k)\}^2} \int_0^1 f(u)\, J_0(\lambda_k u)\, u\, du =$$

$$= \frac{2\,D}{\{J_0(\lambda_k)\}^2} \left[\int_0^{\varrho_i/\varrho_a} J_0(\lambda_k u)\, u\, du + \int_{\varrho_i/\varrho_a}^1 J_0(\lambda_k u)\, \frac{1-u}{1-\varrho_i/\varrho_a}\, u\, du \right]. \qquad \text{(IV 6, 20)}$$

Daher finden wir für $k = 0$ $[\lambda_k \equiv \lambda_0 = 0]$

$$a_0 \equiv \frac{A_0^{(1)}}{D} = \frac{1}{3}\left[1 + \frac{\varrho_i}{\varrho_a} + \left(\frac{\varrho_i}{\varrho_a}\right)^2 \right] \qquad \text{(IV 6, 21)}$$

und für $k > 0$

$$a_k \equiv \frac{A_k^{(1)}}{D} = \frac{2}{\{J_0(\lambda_k)\}^2}\, \frac{1}{1-\varrho_i/\varrho_a} \left\{ -\left(\frac{\varrho_i}{\varrho_a}\right)^2 \frac{J_0(\lambda_k \varrho_i/\varrho_a)}{\lambda_k} - \int_{\varrho_i/\varrho_a}^1 J_0(\lambda_k u)\, u^2\, du \right\}. \qquad \text{(IV 6, 22)}$$

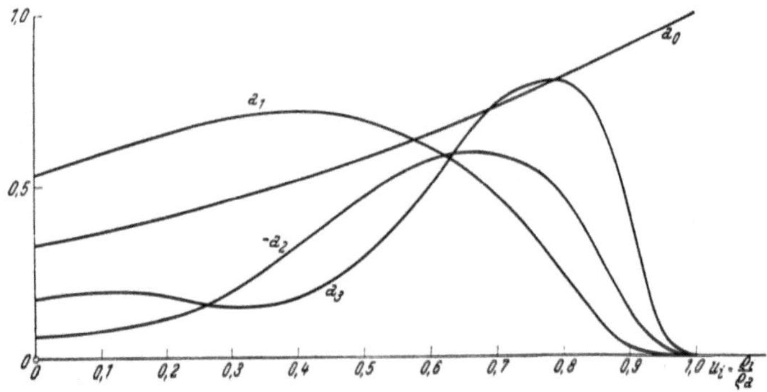

Abb. IV 221. Die ersten vier Koeffizienten der Trapezfunktion

$$f(u) = \begin{cases} 1 & ; \quad 0 \leqq u_i \leqq 1 \\ \dfrac{1-u}{1-u_i} & ; \quad u_i \leqq u \leqq 1 \end{cases}$$

bei deren Entwicklung nach *Bessel*schen Funktionen.

Das hier verbleibende bestimmte Integral läßt sich zwar nicht geschlossen ausdrücken, wohl aber kann es unschwer numerisch berechnet werden; in Abb. IV 221 sind die ersten vier Koeffizienten a_k als Funktion von ϱ_i/ϱ_a dargestellt. Über die hiermit erreichbare Genauigkeit gibt Abb. IV 222 Auskunft, in welcher für das Verhältnis $\varrho_i/\varrho_a = 0{,}25$ vergleichsweise die Sollfunktion $f(\varrho/\varrho_a)$ nach Gl. (IV 6, 6) und die Summe der ersten vier Glieder der Reihe (IV 6, 18) gezeichnet ist. Für $\varrho/\varrho_a \ll 1$ läßt das Ergebnis allerdings zu wünschen übrig; doch bildet dieser Bereich nur einen kleinen Teil der gesamten Polfläche.

f) Wir berechnen die in der Ebene $z = 0$ herrschende Normalkomponente der Induktion

$$B_z = -\Pi \left(\frac{\partial \varphi}{\partial z}\right)_{z=0} \qquad \text{(IV 6, 23)}$$

und erhalten aus (IV 6, 11), mit $A_{k\pm} \to A_{k\pm}^{(1)}$

$$B_z = -\Pi \cdot \frac{1}{\varrho_a} \sum_{k=0}^{\infty} \lambda_k [A_{k+}^{(1)} - A_{k-}^{(1)}] J_0\left(\lambda_k \frac{\varrho}{\varrho_a}\right) \qquad (IV\ 6,\ 24)$$

und also mit Hilfe der Relationen (IV 6, 17)

$$B_z = \sum_{k=0}^{\infty} B_{z,\,k},$$

$$B_{z,\,k}\left(\frac{\varrho}{\varrho_a}\right) = \Pi \frac{D}{\varrho_a} \lambda_k \frac{a_k}{N}\left(e^{\lambda_k \frac{\Delta}{\varrho_a}} \cosh \lambda_k \frac{d'}{\varrho_a} + \right.$$

$$\left. + \left\{\overline{\mu}_{\text{Schrott}} \cdot \cosh \lambda_k \frac{\Delta}{\varrho_a} + \frac{1}{\overline{\mu}_{\text{Schrott}}} \sinh \lambda_k \frac{\Delta}{\varrho_a}\right\} \sinh \lambda_k \frac{d'}{\varrho_a}\right) J_0\left(\lambda_k \frac{\varrho}{\varrho_a}\right).$$

$$(IV\ 6,\ 25)$$

Wegen $\lambda_k \equiv \lambda_0 = 0$ kommt hiernach dem Gliede $B_{z,0} \equiv 0$ eine lediglich formale Rolle zu; in der Tat korrespondiert es im magnetischen Skalarpotentiale einer physikalisch belanglosen Konstanten.

g) Das Thermodynamische Potential Ψ des Systemes beträgt

$$\Psi = -\frac{1}{2} \int_{\varrho=0}^{\varrho_a} B_z \, \varphi_{z=0} \, 2\,\pi\,\varrho \, d\varrho =$$

$$= -\frac{1}{2} \cdot 2\,\pi\,\varrho_a^2 \int_{u=0}^{1} B_z\,(u)\, f\,(u)\, u\, du.$$

$$(IV\ 6,\ 26)$$

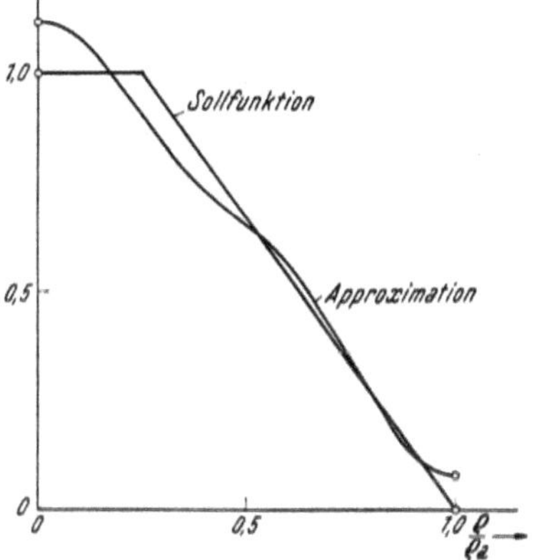

Abb. IV 222. Darstellung der gegebenen Potentialverteilung durch die ersten vier Glieder der Entwicklung nach *Bessel*schen Funktionen für $\varrho_i/\varrho_a = 0{,}25$.

Wir substituieren (IV 6, 18) und (IV 6, 25), vertauschen die Reihenfolge von Integration und Summation und erhalten mit Rücksicht auf (IV 6, 19)

$$\Psi = \sum_{k=0}^{\infty} \Psi_k : \ \Psi_k = -\frac{\Pi}{2} \frac{D^2}{\varrho_a} \cdot \pi\varrho_a^2 \frac{\lambda_k \cdot a_k^2}{N} \cdot \{J_0\,(\lambda_k)\}^2 \times$$

$$\times \left(e^{\lambda_k \frac{\Delta}{\varrho_a}} \cdot \cosh \lambda_k \frac{d'}{\varrho_a} + \left\{\overline{\mu}_{\text{Schrott}} \cdot \cosh \lambda_k \frac{\Delta}{\varrho_a} + \frac{1}{\overline{\mu}_{\text{Schrott}}} \cdot \sinh \lambda_k \frac{\Delta}{\varrho_a}\right\} \sinh \lambda_k \frac{d'}{\varrho_a}\right).$$

$$(IV\ 6,\ 27)$$

Damit folgt für die je Einheit der Polfläche in Richtung der z-Achse wirkende Zugkraft p_z

$$p_z = \sum_{k=0}^{\infty} p_{z,\,k};$$

$$p_{z,\,k} = \frac{1}{\pi\,\varrho_a{}^2}\,\frac{\partial\Psi_k}{\partial\varDelta} = \frac{\varPi}{2}\left\{D\,\frac{\lambda_k\,a_k}{\varrho_a}\,J_0\,(\lambda_k)\right\}^2 \times$$

$$\times\,\sinh\lambda_k\,\frac{d'}{\varrho_a}\cdot\frac{1}{N^2}\left[2\cosh\lambda_k\,\frac{d'}{\varrho_a}\left(\overline{\mu}_{\text{Schrott}} - \frac{1}{\overline{\mu}_{\text{Schrott}}}\,e^{2\lambda_k\frac{\varDelta}{\varrho_a}}\right) +\right.$$

$$\left.+ \left(\overline{\mu}_{\text{Schrott}}{}^2 - \frac{1}{\overline{\mu}_{\text{Schrott}}{}^2}\right)\sinh\lambda_k\,\frac{d'}{\varrho_a}\right]. \qquad (\text{IV } 6,\ 28)$$

Wir denken uns nun den Magneten zum mechanischen Kontakt mit dem Schrott gebracht $[\varDelta \to 0]$; dabei reduziert sich die Kraft $p_{z,\,k}$ auf

$$p_{z,\,k} = \frac{\varPi}{2}\left\{D\,\frac{\lambda_k\,a_k}{\varrho_a}\,J_0\,(\lambda_k)\right\}^2\,\sinh\lambda_k\,\frac{d'}{\varrho_a}\left(\overline{\mu}_{\text{Schrott}} - \frac{1}{\overline{\mu}_{\text{Schrott}}}\right)\times$$

$$\times\,\frac{2\cosh\lambda_k\,\dfrac{d'}{\varrho_a} + \left(\overline{\mu}_{\text{Schrott}} + \dfrac{1}{\overline{\mu}_{\text{Schrott}}}\right)\sinh\lambda_k\,\dfrac{d'}{\varrho_a}}{\left(\cosh\lambda_k\,\dfrac{d'}{\varrho_a} + \dfrac{1}{\overline{\mu}_{\text{Schrott}}}\cdot\sinh\lambda_k\,\dfrac{d'}{\varrho_a}\right)^2}. \qquad (\text{IV } 6,\ 29)$$

Im Grenzfalle $d' \to \infty$ erreicht sie ihren Höchstwert

$$p_{z,\,k}{}^* = \lim_{d\to\infty}\,p_{z,\,k} = \frac{\varPi}{2}\left\{D\,\frac{\lambda_k\,a_k}{\varrho_a}\,J_0\,(\lambda_k)\right\}^2\,(\overline{\mu}_{\text{Schrott}}{}^2 - 1). \qquad (\text{IV } 6,\ 30)$$

Wir führen die „Primärinduktion" B_p ein, welche an der Polfläche des leerlaufenden Magneten herrscht; sie folgt aus (IV 6, 17) und (IV 6, 25) gleicherweise durch $\varDelta \to \infty$ oder $\overline{\mu}_{\text{Schrott}} \to 1$ zu

$$B_p = \sum_{k=0}^{\infty} B_{p,\,k}; \qquad B_{p,\,k} = \varPi\,\frac{D}{\varrho_a}\cdot\lambda_k\,a_k\,J_0\left(\lambda_k\,\frac{\varrho}{\varrho_a}\right). \qquad (\text{IV } 6,\ 31)$$

Ihr quadratischer Mittelwert beträgt

$$\overline{B}_p{}^2 = \sum_{k=1}^{\infty}\overline{B}_{p,\,k}{}^2;$$

$$\overline{B}_{p,\,k}{}^2 = \frac{1}{\pi\,\varrho_a{}^2}\int_0^{\varrho_a} B_{p,\,k}{}^2\cdot 2\,\pi\,\varrho\,d\varrho = \frac{2}{\pi}\int_0^1 B_{p,\,k}{}^2\,(u)\,u\,du = \left(\varPi\,\frac{D}{\varrho_a}\right)^2 b_k{}^2;$$

$$b_k = \lambda_k\,a_k\,J_0\,(\lambda_k), \qquad (\text{IV } 6,\ 32)$$

so daß wir (IV 6, 30) in die Gestalt bringen können

$$p_{z,\,k}{}^* = \frac{\overline{B}_{p,\,k}{}^2}{2\,\varPi}\,(\overline{\mu}_{\text{Schrott}}{}^2 - 1) = \frac{\varPi}{2}\left(\frac{D}{\varrho_a}\right)^2 b_k{}^2\,(\overline{\mu}_{\text{Schrott}}{}^2 - 1). \qquad (\text{IV } 6,\ 33)$$

Wir definieren die Schichtfaktoren σ_k durch

$$\sigma_k = \frac{p_{z,\,k}}{p_{z,\,k}{}^*} = \frac{\left(1 - e^{-2\lambda_k\frac{d'}{\varrho_a}}\right)\left(1 - \left\{\dfrac{\overline{\mu}_{\text{Schrott}} - 1}{\overline{\mu}_{\text{Schrott}} + 1}\right\}^2 e^{-2\lambda_k\frac{d'}{\varrho_a}}\right)}{\left(1 + \dfrac{\overline{\mu}_{\text{Schrott}} - 1}{\overline{\mu}_{\text{Schrott}} + 1}\,e^{-2\lambda_k\frac{d'}{\varrho_a}}\right)^2}. \qquad (\text{IV } 6,\ 34)$$

Abb. IV 223 zeigt sie als Funktionen von d'/ϱ_a für $\overline{\mu}_{Schrott} = 7$ entsprechend $p = 2/3$ nach Gleichung (IV 6, 3).

Wir fassen (IV 6, 28), (IV 6, 33) und (IV 6, 34) zusammen und erhalten als resultierende Zugkraft je Einheit der Polfläche

$$p = \frac{\varPi}{2}\left(\frac{D}{\varrho_a}\right)^2 \varkappa; \qquad \varkappa = (\overline{\mu}_{Schrott}{}^2 - 1) \sum_{k=0}^{\infty} b_k{}^2 \sigma_k. \qquad \text{(IV 6, 35)}$$

In Abb. IV 224 ist die numerische Zugkraft $\varkappa$ in Abhängigkeit von d'/ϱ_a für $\overline{\mu}_{Schrott} = 7$ bei einem Radienverhältnis $\varrho_i/\varrho_a = 0{,}25$ dargestellt worden. In der Zahlenrechnung wurden die ersten drei Glieder der Reihe berücksichtigt; allerdings ist die hierdurch erzielte Genauigkeit nicht groß, da die Reihe nur langsam konvergiert.

h) Mit c bezeichnen wir das spezifische Gewicht des Schrottes mit Einschluß der in ihm enthaltenen nichtmagnetischen Stoffe. Das Abheben einer Schicht der Mächtigkeit d aus dem Schrotthaufen erfordert somit je Einheit der Polfläche die Kraft $c \cdot d$, so daß das ordnungsmäßige Arbeiten des Zugmagneten das Bestehen der Ungleichung

$$p = p\left(\frac{d'}{\varrho_a}\right) \geqq c\,d \equiv c\,\varrho_a \cdot \frac{d}{\varrho_a}$$
$$\text{(IV 6, 36)}$$

Abb. IV 223. Schichtfaktoren für $\overline{\mu}_{Schrott} = 7$; $p = 2/3$.

verlangt. Wir schreiben sie in der Gestalt

$$\varkappa = \varkappa\left(\frac{d'}{\varrho_a}\right) \geqq \left(\frac{2}{\varPi} \cdot \frac{c\,\varrho_a{}^3}{D^2}\right) \times \frac{d}{\varrho_a}, \qquad \text{(IV 6, 37)}$$

deren rechte Seite, graphisch als Funktion von d/ϱ_a dargestellt, die „Arbeitsgerade" definiert; ihre Neigung gegen die Abszissenachse hängt, für Schrott von bestimmtem spezifischem Gewichte c, von der Konstruktion der Polfläche einerseits, der Erregung des Magneten andererseits ab. Gemäß Abb. IV 224 besteht somit folgende Alternative:

1. Falls entweder durch einen übertrieben großen Halbmesser ϱ_a oder durch zu schwache Erregung des Magneten das Verhältnis $\left(\dfrac{2}{\varPi} \cdot \dfrac{c\,\varrho_a{}^3}{D^2}\right)$ einen zu hohen Wert annimmt, liegt die Arbeitsgerade durchwegs oberhalb der Kurve der numerischen Kraft: Der Magnet versagt.

2. Sorgt man entweder durch einen hinreichend kleinen Halbmesser ϱ_a oder durch genügend starke Erregung des Magneten für einen niedrigen Wert des Verhältnisses $\left(\dfrac{2}{\varPi} \cdot \dfrac{c\,\varrho_a{}^3}{D^2}\right)$, so verläuft die Arbeitsgerade teilweise unterhalb der Kurve der numerischen Kraft. Der Schnittpunkt Q beider Linien definiert die Grenze der Leistungsfähigkeit des Magneten: Die Abszisse dieses Punktes liefert die relative Mächtigkeit d_{max}/ϱ_a der eben noch abhebbaren Schrottschicht. Ist von vornherein $d'/\varrho_a < d_{max}/\varrho_a$,

so wird der Überschuß an verfügbarer Zugkraft in einem zusätzlichen Drucke zwischen der Polfläche und dem an sie gefesselten Schrott manifest.

Der Verlauf der Kurve $\varkappa = \varkappa\,(d'/\varrho_a)$ in der Umgebung des Ursprunges läßt dort gewisse Hystereseerscheinungen voraussehen, falls man die Durchflutung D derart zyklisch stärkt und schwächt, daß die Arbeitsgerade abwechselnd eine der beiden unterschiedlichen Lagen 1 und 2 der Abb. IV 224 annimmt.

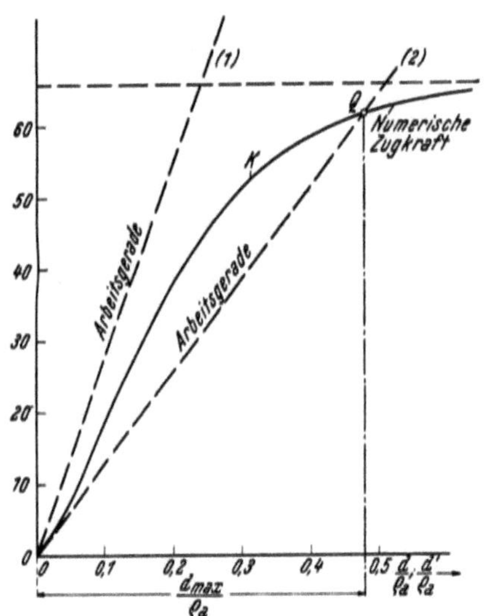

Abb. IV 224. Ermittelung der Leistungsfähigkeit eines Zugmagneten für Schrott. (1) Der Magnet versagt. (2) Der Magnet arbeitet. $\varrho_i/\varrho_a = 0.25$; $\bar{\mu}_{\mathrm{Schrott}} = 7$.

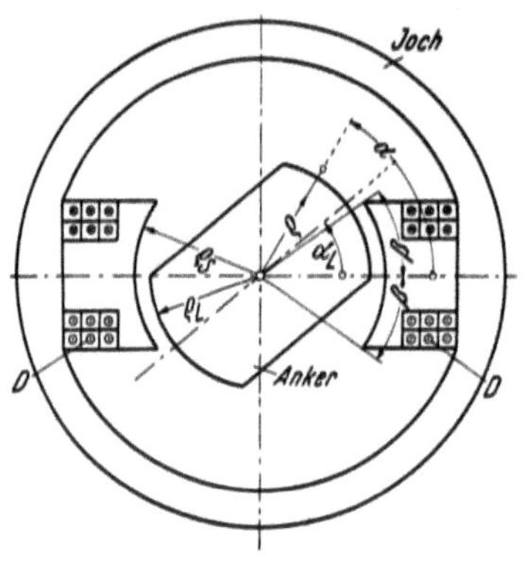

Abb. IV 225. Modell eines Drehmagneten mit konstantem Luftspalt.

IV 7. Drehmagnete.

a) Abb. IV 225 zeigt die aktiven Elemente eines Drehmagneten:

1. Der Ständer besteht aus einem hohlzylindrischen Joch aus magnetisch hochpermeablem Stoffe, welches mit zwei einander diametral gegenüberstehenden, unter sich gleichen Polen ausgerüstet ist. Ihre Schenkel tragen die Wicklungen, welche im Betriebe des Magneten je die gleiche und gleichgerichtete Durchflutung D führen.

2. Der Läufer besteht aus einem ebenfalls hochpermeablen, symmetrisch gebauten Anker, dessen geometrische Achse mit jener des Ständers koinzidiert. Vermöge eines angemessenen Luftspaltes, welcher zwischen den Außenflächen des Ankers und den Innenflächen der Ständerpole vorgesehen ist, kann die Lage des Läufers relativ zum Ständer kinematisch verändert werden; gefragt wird nach dem hierbei tätigen Momente M' der inneren Feldkräfte.

b) Wir orientieren uns an einem Zylinderkoordinatensystem ϱ, α, z. Die z-Achse soll derart mit der Läuferachse zusammenfallen, daß die Ebene z = 0 die Symmetrieebene des Systemes bildet; ϱ bezeichnet den Abstand des Aufpunktes von der Achse, α sein Azimut relativ zu jener Meridianebene, welche den positiven Ständerpol halbiert. Insbesondere definieren wir die Stellung des Läufers mit Hilfe einer ihm verhafteten „Zeiger"-Meridianebene des Azimutes α_L. Endlich sei l die aktive, achsiale Länge des Gesamtsystemes.

c) Der einfachste Drehmagnet arbeitet mit konstantem Luftspalt zwischen Ständer und Läufer: In den Ebenen $(-1/2) < z < 1/2$ gibt man dem Profil der Pole die Form von Kreissektoren vom Halbmesser ϱ_S, dem Profil der Läuferflächen die gleiche Gestalt, jedoch vom Halbmesser $\varrho_L < \varrho_S$. Der Winkel 2β bezeichne den einheitlichen, peripheren Bogen dieser Profile; die Zeiger-Meridianebene halbiere diejenige Läuferfläche, welche dem positiven Pole gegenübersteht.

Wir vertauschen das Eisen sowohl des Ständers wie des Läufers je mit einem virtuellen Stoff von unbegrenzter Permeabilität. Setzen wir das magnetische Skalarpotential φ des Läufers gleich Null, so führt also die $\genfrac{}{}{0pt}{}{\text{positive}}{\text{negative}}$ Polfläche des Ständers das Potential

$$\varphi = \pm\,D \qquad \text{für} \qquad \varrho = \varrho_L; \qquad |\alpha| \leqq \beta; \qquad |z| \leqq \frac{1}{2}. \qquad \text{(IV 7, 1)}$$

Unter der Voraussetzung

$$\varrho_S - \varrho_L \ll 1 \qquad\qquad \text{(IV 7, 2)}$$

ist das Feld im Bereiche $|z| < 1/2$ merklich unabhängig von z. Darüber hinausgehend schematisieren wir die Feldstruktur durch folgende Annahmen:

1. Die Kraftlinien beschränken sich auf die Zone

$$-\beta + \alpha_L \leqq \alpha \leqq \beta; \qquad |\alpha_L| < \beta,$$
$$\text{(IV 7, 3)}$$

in welcher sich die aktiven Elemente von Ständer und Läuferflächen radial gegenüberstehen.

2. Innerhalb des Gebietes (IV 7, 3) verlaufen die Kraftlinien radial.

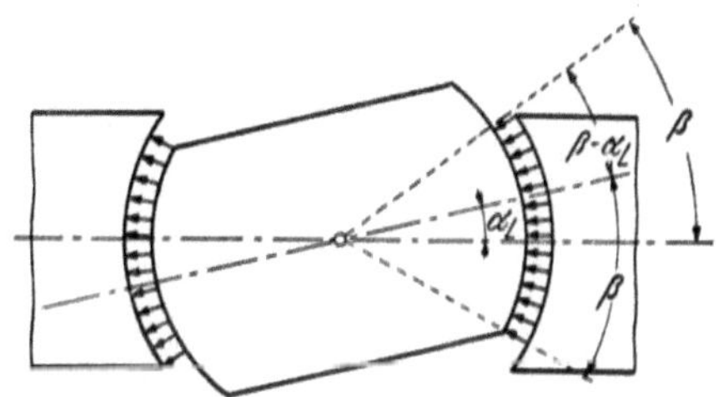

Abb. IV 226. Elementare Bestimmung des Induktionsflusses im Drehmagneten.

3. Mit Rücksicht auf (IV 7, 2) wird die Krümmung der Feld-Grenzflächen vernachlässigt.

Die physikalische Radialkomponente der Induktion B berechnet sich nunmehr zu

$$B_\varrho = -\,\Pi \cdot H_\varrho = -\,\Pi\,\frac{D}{\varrho_S - \varrho_L}; \qquad -\beta < \alpha < +\beta \qquad \text{(IV 7, 4)}$$

und hieraus folgt der Induktionsfluß Φ, welcher den positiven Pol verläßt [Abb. IV 226]:

$$\Phi = (-\,B_\varrho\,) \cdot 1 \cdot \varrho_S\,[2\,\beta - \alpha_L]; \qquad 0 \leqq \alpha_L < 2\,\beta. \qquad \text{(IV 7, 5)}$$

Aus Symmetriegründen ergibt sich somit als Thermodynamisches Potential des zweipoligen Systemes

$$\Psi = -\frac{1}{2} \cdot 2 \cdot \Phi \cdot D = -\frac{1}{2} \cdot 2\,\Pi \cdot D^2\,\frac{1\,\varrho_S}{\varrho_S - \varrho_L} \cdot [2\,\beta - \alpha_L]. \qquad \text{(IV 7, 6)}$$

Das gesuchte Moment ist der Gleichung zu entnehmen

$$M' = -\frac{\partial\Psi}{\partial\alpha_L} = -\,\Pi\,D^2 \cdot \frac{1\,\varrho_S}{\varrho_S - \varrho_L}; \qquad 0 \leqq \alpha_L < 2\,\beta \qquad \text{(IV 7, 7)}$$

und auf dem gleichen Wege findet man

$$M' = \Pi D^2 \frac{l\,\varrho s}{\varrho s - \varrho L}; \qquad 0 \geqq a_L > (-2\,\beta). \qquad \text{(IV 7, 8)}$$

Gemäß Abb. IV 227 strebt dieses Moment den Läufer stets an seine symmetrische Lage relativ zum Ständer zu fesseln.

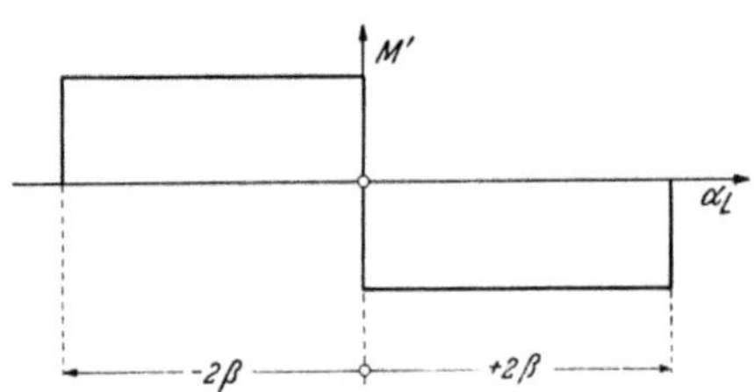

Abb. IV 227. Qualitativer Verlauf des mechanischen Momentes für einen Drehmagneten.

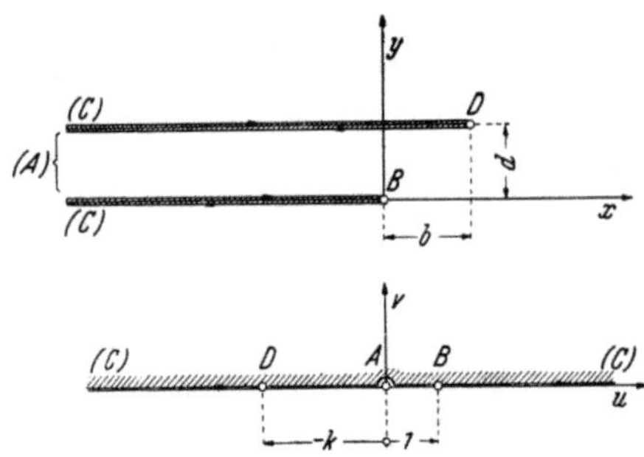

Abb. IV 228. Zur Analyse des Randeffektes am Drehmagneten im Falle $|a_L| < \beta$.
$$b = a_L \cdot \varrho_L; \qquad d = \varrho_S - \varrho_L.$$

d) Als Folge des vorstehend mitgeteilten, elementaren Rechenverfahrens erscheinen in $a_L = 0$ und $a_L = \pm 2\,\beta$ unstetige Änderungen des Momentes; um daher an diesen Orten das wirkliche Verhalten des Drehmagneten zu schildern, müssen wir seine analytische Behandlung verfeinern:

1. Der Bereich $|a_L| < \beta$.

Wir richten unsere Aufmerksamkeit auf die Umgebung des Randes der aktiven Flächen von Ständer und Läufer nach Abb. IV 228; der Luftspalt $\varrho s - \varrho$ sei mit d, die Azimutalverschiebung a_L durch die Strecke $b = \varrho s\, a_L$ bezeichnet. Wir rufen ein *Gauß*sches Bezugssystem $\zeta = x + i\,y$ zu Hilfe, dessen Ursprung in der Kante des Ständerpoles liegt und dessen x-Achse die Richtung der verlängerten Polfläche weist. Nunmehr bilden wir das von den Ecken

$$A = \left(-\infty, \begin{matrix} d - 0 \\ + 0 \end{matrix}\right); \qquad B = (0, 0); \qquad C = \left(-\infty, \begin{matrix} -0 \\ d + 0 \end{matrix}\right); \qquad D = (b, d)$$

$$\text{(IV 7, 9)}$$

begrenzte Polygon derart auf die Realachse der $w = u + i\,v$-Ebene ab, daß A nach $u_A = 0$, B nach $u_B = 1$, C nach $u_C = \pm \infty$, D nach $u_D = -k$ und das Innere des mathematisch-positiv umfahrenen Polygonumfanges auf die Halbebene $v > 0$ transformiert werden. Die zuständige *Schwarz-Christoffel*sche Differentialgleichung

$$\frac{d\zeta}{dw} = C\,\frac{(w + k)\,(w - 1)}{w} \qquad \text{(IV 7, 10)}$$

liefert durch Integration

$$\zeta = C\left[\frac{w^2 - 1}{2} + (k - 1)\,(w - 1) - k \ln w\right], \qquad \text{(IV 7, 11)}$$

wobei der Punkt $w = u_B = 1$ dem Orte $\zeta = 0$ der Originalebene korrespondiert. Demnach sind C und k mit den geometrischen Daten des Polygones durch die Gleichung

$$b + i\,d = C\left[\frac{k^2 - 1}{2} - (k-1)(k+1) - k \ln k - k\,i\,\pi\right] \qquad (IV\ 7,\ 12)$$

verknüpft; wir entnehmen aus ihr

$$\frac{b}{d} = \frac{1}{\pi}\left[\frac{k^2 - 1}{2\,k} + \ln k\right]; \qquad C = -\frac{d}{\pi\,k}. \qquad (IV\ 7,\ 13)$$

In der w-Ebene lautet das komplexe Potential des positiven Poles

$$\chi = \varphi + i\,\psi = \frac{D}{\pi}\,i \ln (w\,e^{-i\pi}). \qquad (IV\ 7,\ 14)$$

Daher resultiert längs des [transformierten] Ständerprofiles $u > 0$, $v = 0$ die Stromfunktion

$$\psi = \frac{D}{\pi} \ln u. \qquad (IV\ 7,\ 15)$$

Wir benötigen ihre Werte in der Originalebene für große, negative $x \equiv x_0$. Zunächst erhalten wir aus (IV 7, 11) und (IV 7, 13) noch in voller Strenge

$$x_0 = -\frac{d}{\pi\,k}\left[\frac{u^2 - 1}{2} + (k-1)(u-1) - k \ln u\right]. \qquad (IV\ 7,\ 16)$$

Nunmehr unterscheiden wir zwei Fälle:

α) Der Fläche $y = +\,0$ korrespondiert die Strecke $0 < u < 1$. Wir entwickeln $\ln u$ nach fallenden Potenzen von x_0 [mit Einschluß logarithmischer Glieder] und finden

$$-\ln u = \frac{-\pi\,x_0}{d} - \frac{1}{2\,k} + 1 + \dots \qquad (IV\ 7,\ 17)$$

also, nach (IV 7, 15)

$$\psi\,(x_0;\,+\,0) = -\frac{D}{\pi}\left[\frac{-\pi\,x_0}{d} - \frac{1}{2\,k} + 1 + \dots\right]. \qquad (IV\ 7,\ 18)$$

β) Der Fläche $y = -\,0$ entspricht der Halbstrahl $u > 1$. Durch das nämliche Entwicklungsverfahren ergibt sich jetzt

$$-\ln u \equiv -\frac{1}{2} \ln u^2 = -\frac{1}{2} \ln \frac{-2\,\pi\,k\,x_0}{d} + \dots \qquad (IV\ 7,\ 19)$$

und damit

$$\psi\,(x_0;\,-\,0) = \frac{D}{\pi}\frac{1}{2} \ln \frac{-2\,\pi\,k\,x_0}{d} + \dots \qquad (IV\ 7,\ 20)$$

Durch Kombination von (IV 7, 18) und (IV 7, 20) folgt der Induktionsfluß Φ, welcher den Ständerabschnitt $x_0 \leqq x \leqq 0$ verläßt:

$$\Phi = \Pi\,1\,[\psi\,(x_0;\,-\,0) - \psi\,(x_0;\,+\,0)] = \frac{D}{\pi}\,\Pi\,1\left[\frac{1}{2} \ln \frac{-2\,\pi\,k\,x_0}{d} - \frac{\pi\,x_0}{d} - \right.$$

$$\left. -\frac{1}{2\,k} + 1 + \dots\right]. \qquad (IV\ 7,\ 21)$$

Dem genannten Teilsystem kommt das Thermodynamische Potential zu

$$\Psi = -\frac{1}{2}\,\Phi\,D. \qquad (IV\ 7,\ 22)$$

Hieraus berechnet sich die auf den Läufer in Richtung der x-Achse wirkende Komponente P_x' der inneren Feldkraft zu

$$P_x' = \lim_{x_0 \to -\infty}\left(-\frac{\partial \Psi}{\partial b}\right) = \frac{1}{2}\frac{D^2}{\pi}\,\Pi\,1\left[\frac{1}{2\,k} + \frac{1}{2\,k^2}\right]\frac{\partial k}{\partial b}. \qquad (IV\ 7,\ 23)$$

Nun gilt nach (IV 7, 13)

$$\frac{1}{d}\cdot\frac{\partial b}{\partial k} = \frac{1}{\pi}\left[\frac{1}{2} + \frac{1}{2\,k^2} + \frac{1}{k}\right]; \qquad \frac{\partial k}{\partial b} = \frac{2\,\pi}{d}\cdot\frac{k^2}{(1+k)^2}, \qquad (IV\ 7,\ 24)$$

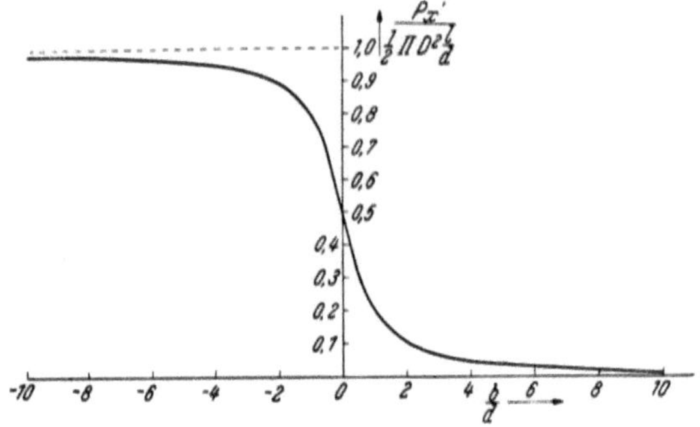

Abb. IV 229. Verlauf der numerischen Kraft am Rande des Läufers im Falle $|a_L| < \beta$.

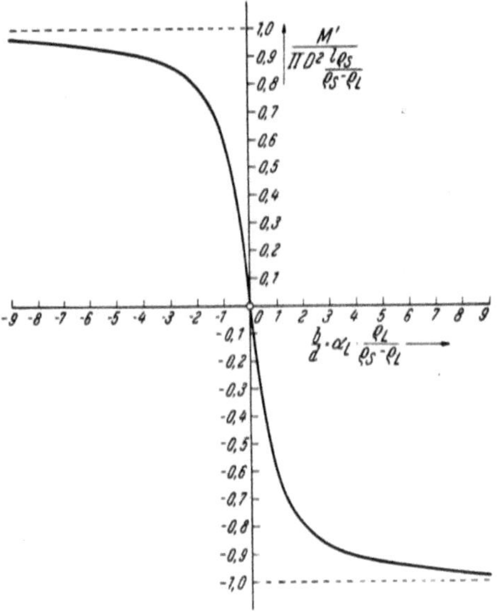

Abb. IV 230. Feinstruktur des Drehmomentes in der Umgebung von $a_L = 0$.

also

$$P_x' \equiv P_x'\left(\frac{b}{d}\right) = \frac{1}{2}\,\Pi\,D^2\,\frac{1}{d}\,\frac{1}{1+k}. \qquad (IV\ 7,\ 25)$$

Abb. IV 229 zeigt den hieraus im Verein mit (IV 7, 13) ermittelten Gang dieser Kraft mit der Stellung des Läufers relativ zum Ständer. Da nun gleichzeitig die Lage der zweiten Läuferkante relativ zum Nachbarrande des Ständers durch das Verhältnis ($-b/d$) charakterisiert wird, tritt dort die Kraft $P_x'(-b/d)$ in Richtung der negativen x-Achse auf, sofern man die Wechselwirkung beider Randgebiete außer acht lassen darf. In der hierdurch gegebenen Genauigkeit resultiert somit als Komponente der in Richtung der positiven x-Achse wirksamen Feldkraft am Läufer

$$P_{x,r}' = P_x'\left(\frac{b}{d}\right) - P_x'\left(-\frac{b}{d}\right) \qquad (IV\ 7,\ 26)$$

und durch Multiplikation mit $2\,\varrho_L \approx 2\,\varrho_S$ das Drehmoment

$$M' = \Pi\,D^2 \cdot \frac{1}{\varrho_S - \varrho_L}\,\varrho_S \left[\frac{1}{1 + k\,(b/d)} - \frac{1}{1 + k\,(-b/d)}\right] \quad (IV\ 7,\ 27)$$

nach Abb. IV 230.

2. Der Bereich $\beta < |a_L|$.

Um das magnetische Feld in der gemeinsamen Randzone von Ständer und Läufer im Falle $\beta < |a_L|$ kennenzulernen, beziehen wir uns auf das in Abb. IV 231 dargestellte Modell: In der *Gauß*schen Ebene $\zeta = x + i\,y$ nimmt die aktive Fläche des positiven Ständerpoles die negative Realachse ein, während die ihr benachbarte, aktive Läuferfläche durch den Strahl $x \geq b$, $y = d$ repräsentiert wird.

Wir bilden das Polygon

$$A = (-\infty, 0); \qquad B = (0, 0);$$

$$C = \left(\mp\infty, \frac{-0}{d-0}\right);$$

$$D = (b, d); \qquad A = (+\infty, d + 0)$$

$$(IV\ 7,\ 28)$$

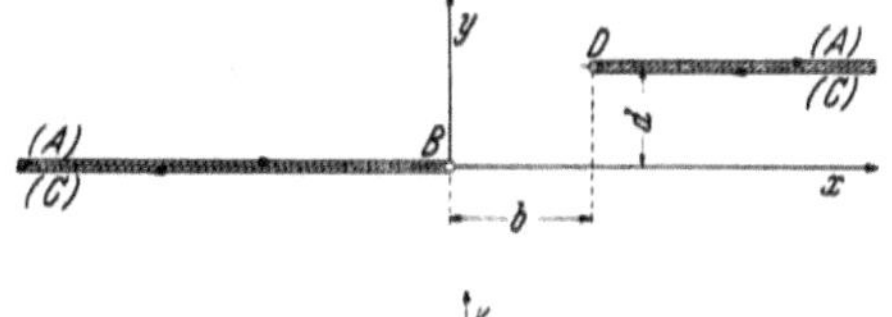

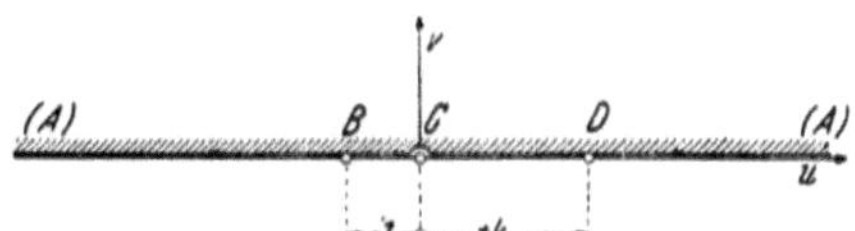

Abb. IV 231. Zur Analyse des Randeffektes am Drehmagneten im Falle $a_L > \beta$.
$b = a_L\,\varrho_L; \quad d = \varrho_S - \varrho_L.$

derart auf die Realachse der $w = u + i\,v$-Ebene ab, daß A in $u_A = \mp\infty$, B in $u_B = -1$, C in $u_C = 0$, D in $u_D = k$ und das vom mathematisch-positiv umfahrenen Polygon begrenzte Gebiet in die Halbebene $v > 0$ transformiert werden. Die entsprechende *Schwarz-Christoffel*sche Differentialgleichung lautet

$$\frac{d\zeta}{dw} = C\,\frac{(w+1)\,(w-k)}{w^2} \equiv C\left[1 + \frac{1-k}{w} - \frac{k}{w^2}\right]. \quad (IV\ 7,\ 29)$$

Ihr Integral

$$\zeta = C\left[w + (1-k)\ln(w\,e^{-i\pi}) + \frac{k}{w} + (1+k)\right] \quad (IV\ 7,\ 30)$$

genügt der Bedingung $\zeta = 0$ für $w = u_B = -1 = e^{i\pi}$. Wir passen die Konstanten C und k der Lage des Punktes D an, indem wir fordern

$$b + i\,d = C\,[k + (1-k)\ln k + 1 + (1+k) - i\,\pi\,(1-k)], \quad (IV\ 7,\ 31)$$

also

$$\frac{b}{d} = \frac{1}{\pi}\left[2\,\frac{k+1}{k-1} + \ln\frac{1}{k}\right]; \qquad C = \frac{d}{\pi\,(k-1)}. \quad (IV\ 7,\ 32)$$

Für ein vorgegebenes Verhältnis b/d ergeben sich hiernach zunächst jedesmal zwei Werte von k, deren erster dem Bereiche $0 < k < 1$ und deren zweiter dem Bereiche $k > 1$ angehört. Um zwischen ihnen zu entscheiden, substituieren wir (IV 7, 32) in (IV 7, 30) und erhalten für $w = u + i\,0$

$$\zeta = \frac{d}{\pi\,(k-1)}\left[u - (k-1)\ln(u\,e^{-i\pi}) + \frac{k}{u} + (1+k)\right]. \quad (IV\ 7,\ 33)$$

Um daher auch die der Transformation von A auferlegten Bedingungen zu erfüllen, ist eindeutig $k > 1$ zu wählen.

In der w-Ebene korrespondiert die negative u-Achse der Ständer-Polfläche, die positive u-Achse dagegen der Läuferfläche. Daher lautet das komplexe magnetische Skalarpotential dieser Ebene

$$\chi = \varphi + i\,\psi = \frac{D}{\pi\,i}\ln w. \qquad (IV\ 7,\ 34)$$

Insbesondere finden wir die Stromfunktion längs des Ständerprofiles aus

$$\psi = -\frac{D}{\pi}\ln(-u). \qquad (IV\ 7,\ 35)$$

Wir benötigen ihre Werte in der Originalebene für große negative $x \equiv x_0$ und entnehmen aus (IV 7, 33) den geometrischen Zusammenhang

$$x_0 = \frac{d}{\pi\,(k-1)}\left[u - (k-1)\ln(-u) + \frac{k}{u} + (1+k)\right]. \qquad (IV\ 7,\ 36)$$

Es sind zwei Fälle zu unterscheiden:

$\alpha)$ Längs $y = +0$, $x < 0$ gilt $u < -1$. Wir entwickeln $\ln(-u)$ nach absteigenden Potenzen von $(-x_0)$ [mit Einschluß logarithmischer Glieder] und finden

$$\ln(-u) = \ln\frac{-\pi\,(k-1)\,x_0}{d} + \ldots \qquad (IV\ 7,\ 37)$$

also, mit Rücksicht auf (IV 7, 35)

$$\psi(x_0, +0) = -\frac{D}{\pi}\ln\frac{-\pi\,(k-1)\,x_0}{d} + \ldots \qquad (IV\ 7,\ 38)$$

$\beta)$ Längs $y = -0$, $x < 0$ ist $(-1) < u < 0$; dort liefert also die nämliche Art der Entwicklung

$$\ln(-u) = \ln\frac{k\,d}{-\pi\,(k-1)\,x_0} + \ldots \qquad (IV\ 7,\ 39)$$

und demnach

$$\psi(x_0, -0) = \frac{D}{\pi}\ln\frac{-\pi\,(k-1)\,x_0}{k\,d} + \ldots \qquad (IV\ 7,\ 40)$$

Aus (IV 7, 38) und (IV 7, 40) finden wir den Induktionsfluß Φ, welcher den kontrollierten Teil der Ständeroberfläche verläßt, zu

$$\Phi = \Pi\, l\,[\psi(x_0, -0) - \psi(x_0, +0)] = \frac{D}{\pi}\,\Pi\, l\left[2\ln\frac{-\pi\,(k-1)\,x_0}{d} + \right.$$
$$\left. + \ln\frac{1}{k} + \ldots\right]. \qquad (IV\ 7,\ 41)$$

Das entsprechende Thermodynamische Potential lautet

$$\Psi = -\frac{1}{2}\,\Phi\,D \qquad (IV\ 7,\ 42)$$

und aus ihm folgt die parallel zur positiven x-Achse wirksame Komponente der inneren Feldkraft zu

$$P_{x}' = \lim_{x_0 \to -\infty}\left(-\frac{\partial\Psi}{\partial b}\right) = \lim_{x_0 \to -\infty}\left(-\frac{\partial\Psi}{\partial k}\cdot\frac{\partial k}{\partial b}\right) = \frac{1}{2}\,\Pi\, l\,\frac{D^2}{\pi}\,\frac{k+1}{k\,(k-1)}\cdot\frac{\partial k}{\partial b}.$$
$$(IV\ 7,\ 43)$$

Nun ist, nach (IV 7, 32)

$$\frac{\partial k}{\partial b} = -\frac{\pi k}{d}\left(\frac{k-1}{k+1}\right)^2, \qquad \text{(IV 7, 44)}$$

so daß aus (IV 7, 43)

$$P_x' = -\frac{1}{2}\,\Pi\,D^2\,\frac{l}{d}\cdot\frac{k-1}{k+1} \qquad \text{(IV 7, 45)}$$

resultiert. Durch Multiplikation mit $2\,\varrho_L \approx 2\,\varrho_S$ folgt schließlich für das Drehmoment die Gleichung

$$M' = -\Pi\,D^2\cdot\frac{l\,\varrho_S}{\varrho_S-\varrho_L}\cdot\frac{k-1}{k+1}, \qquad \text{(IV 7, 46)}$$

welche im Verein mit (IV 7, 32) die in Abb. IV 232 wiedergegebene Abhängigkeit des Drehmomentes von der Stellung des Läufers relativ zum Ständer liefert.

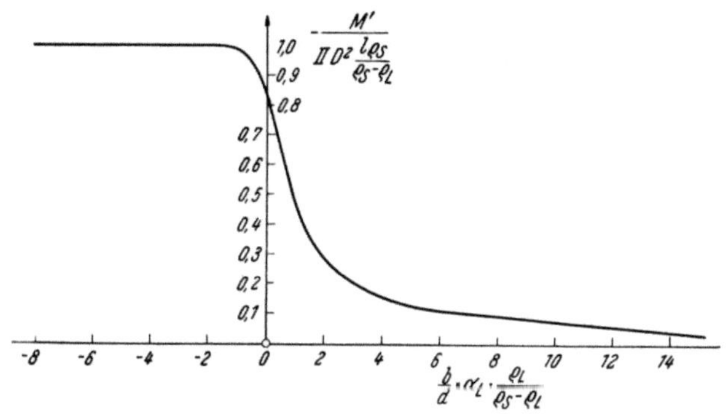

Abb. IV 232. Feinstruktur des Drehmomentes für $a_L > \beta$.

IV 8. Mechanik des magnetischen Momentes.

a) Gegeben sei eine stationäre elektrische Strömung, welche auf der Oberfläche der Trägerkugel vom Halbmesser R verteilt ist. Wir machen das Kugelzentrum zum Ursprung eines Systemes räumlicher Polarkoordinaten r [Aufpunktsdistanz], a [Azimut], ϑ [Polarwinkel] und setzen

$$\zeta = \cos\vartheta. \qquad \text{(IV 8, 1)}$$

In ihm wird das Flächenstrom-System mittels seiner Durchflutungsfunktion beschrieben

$$D = D\,(a, \zeta). \qquad \text{(IV 8, 2)}$$

b) Es sei zunächst der gesamte Raum mit Ausnahme der Trägerkugel selbst als frei von Materie vorausgesetzt. Das korrespondierende „Primärfeld" kann dann mittels eines magnetischen Skalarpotentiales φ beschrieben werden, welches in den beiden Teilräumen $r \gtrless R$ existiert und dort der *Laplace*schen Gleichung genügt; es muß an den „Grenzen" $r \to \infty$ und $r \to 0$ endlich bleiben. An der Trägerkugel ist φ zwei Bedingungen zu unterwerfen:

1. Der Potentialsprung gleicht der Durchflutungsfunktion

$$\varphi_{r=R+0} - \varphi_{r=R-0} = D. \qquad \text{(IV 8, 3)}$$

2. Die radiale [kovariante] Komponente der magnetischen Induktion bleibt stetig

$$-\Pi\left(\frac{\partial\varphi}{\partial r}\right)_{r=R+0} = -\Pi\left(\frac{\partial\varphi}{\partial r}\right)_{r=R-0}. \qquad (IV\ 8,\ 4)$$

c) Um das nunmehr bis auf eine physikalisch belanglose, additive Konstante eindeutig bestimmte Primärpotential analytisch darzustellen, gehen wir von der Entwicklung der Durchflutungsfunktion (IV 8, 2) nach Kugelflächen-Funktionen aus

$$D = \sum_{l=0}^{\infty} \sum_{m=0}^{l} \{C_l^m \cos m\,\alpha + S_l^m \sin m\,\alpha\}\, P_l^m(\zeta). \qquad (IV\ 8,\ 5)$$

Wir setzen aus formalen Gründen $S_l^0 = 0$ fest, während die übrigen Koeffizienten C_l^m und S_l^m nach Ziffer I 3 als bekannt gelten dürfen. Nunmehr wählen wir für φ die Ansätze

$$\varphi = \sum_{l=0}^{\infty} \sum_{m=0}^{l} \{c_{+l}^m \cos m\,a + s_{+l}^m \sin m\,a\}\, P_l^m(\zeta)\left(\frac{R}{r}\right)^{l+1}; \quad r > R$$

$$(IV\ 8,\ 6)$$

$$\varphi = \sum_{l=0}^{\infty} \sum_{m=0}^{l} \{c_{-l}^m \cos m\,a + s_{-l}^m \sin m\,a\}\, P_l^m(\zeta)\left(\frac{r}{R}\right)^{l}; \quad r < R,$$

$$(IV\ 8,\ 7)$$

welche die *Laplace*sche Gleichung samt den für $r \to \infty$ und $r \to 0$ geforderten Eigenschaften erfüllen. Man befriedigt überdies (IV 8, 3) und (IV 8, 4), indem man verlangt

$$c_{+l}^m - c_{-l}^m = C_l^m; \qquad s_{+l}^m - s_{-l}^m = S_l^m \qquad (IV\ 8,\ 8)$$

sowie

$$(l+1)\,c_{+l}^m = -l\,c_{-l}^m; \qquad (l+1)\,s_{+l}^m = -l\,s_{-l}^m. \qquad (IV\ 8,\ 9)$$

Man entnimmt hieraus

$$\left.\begin{aligned}
c_{+l}^m &= \frac{l}{2l+1}C_l^m; & s_{+l}^m &= \frac{l}{2l+1}S_l^m,\\[2mm]
c_{-l}^m &= -\frac{l+1}{2l+1}C_l^m; & s_{-l}^m &= -\frac{l+1}{2l+1}S_l^m,
\end{aligned}\right\} \qquad (IV\ 8,\ 10)$$

also

$$\varphi = \sum_{l=0}^{\infty} \frac{l}{2l+1} \sum_{m=0}^{l} \{C_l^m \cos m\,\alpha + S_l^m \sin m\,\alpha\}\, P_l^m(\zeta)\left(\frac{R}{r}\right)^{l+1}; \quad r > R$$

$$(IV\ 8,\ 11)$$

und

$$\varphi = -\sum_{l=0}^{\infty} \frac{l+1}{2l+1} \sum_{m=0}^{l} \{C_l^m \cos m\,\alpha + S_l^m \sin m\,\alpha\}\, P_l^m(\zeta)\left(\frac{r}{R}\right)^{l}; \quad r < R.$$

$$(IV\ 8,\ 12)$$

d) Wir verbringen in den Ursprung des Bezugssystemes das Zentrum einer homogenen und isotropen Kugel vom Halbmesser $a < R$, welche die skalare, konstante Permeabilität μ besitzt. Die von diesem Körper verursachte „Störung" des Primärfeldes wird in einem Sekundärfeld manifest, dessen Skalarpotential φ' sich, auf Grund der Linearität der *Laplace*schen Gleichung, dem Primärpotential φ überlagert. Das Sekundärpotential genügt den früher genannten Bedingungen in $r \to \infty$ und $r \to 0$ und ist überdies den Forderungen zu unterwerfen:

1. Stetigkeit des resultierenden Potentiales in $r = a$; sie wird, da das Primärpotential für sich dort stetig bleibt, bereits durch

$$\varphi'_{r=a+0} = \varphi'_{r=a-0} \qquad \text{(IV 8, 13)}$$

gewährleistet.

2. Stetigkeit der resultierenden Radialkomponente der magnetischen Induktion in $r = a$:

$$-\Pi \left(\frac{\partial \{\varphi + \varphi'\}}{\partial r} \right)_{r=a+0} = -\Pi \cdot \mu \cdot \left(\frac{\partial \{\varphi + \varphi'\}}{\partial r} \right)_{r=a-0}. \qquad \text{(IV 8, 14)}$$

Im Lichte aller dieser Bedingungen wählen wir für φ' mit Hilfe zweier Konstanten β^+ und β^- die mit φ in ihrer Abhängigkeit von a und ζ kohärenten Ansätze

$$\varphi' = \beta^+ \sum_{l=0}^{\infty} \sum_{m=0}^{l} \{c_{-l}^m \cos m\,\alpha + s_{-l}^m \sin m\,\alpha\}\, P_l^m(\zeta) \cdot \left(\frac{a}{r}\right)^{l+1}; \qquad r \gqq a$$

$$\text{(IV 8, 15)}$$

und

$$\varphi' = \beta^- \sum_{l=0}^{\infty} \sum_{m=0}^{l} \{c_{-l}^m \cos m\,\alpha + s_{-l}^m \sin m\,\alpha\}\, P_l^m(\zeta) \cdot \left(\frac{r}{a}\right)^{l}; \qquad r \lqq a.$$

$$\text{(IV 8, 16)}$$

Auf Grund von (IV 8, 13) folgt dann zunächst

$$\beta^+ = \beta^- \qquad \text{(IV 8, 17)}$$

und vermöge (IV 8, 14)

$$l\left(\frac{a}{R}\right)^{l} - (l+1)\,\beta^+ = \mu \left\{ l \cdot \left(\frac{a}{R}\right)^{l} + l\,\beta^- \right\}, \qquad \text{(IV 8, 18)}$$

also

$$\beta^+ = \beta^- = -\frac{l\,(\mu-1)}{1 + l\,(\mu+1)} \cdot \left(\frac{a}{R}\right)^{l} \qquad \text{(IV 8, 19)}$$

und damit

$$\varphi' = -\sum_{l=0}^{\infty} \frac{l\,(\mu-1)}{1 + l\,(\mu+1)} \cdot \left(\frac{a}{R}\right)^{l} \sum_{m=0}^{l} \{c_{-l}^m \cos m\,\alpha + s_{-l}^m \sin m\,\alpha\}\, P_l^m(\zeta) \cdot \left(\frac{a}{r}\right)^{l+1};$$

$$r \gqq a \qquad \text{(IV 8, 20)}$$

sowie

$$\varphi' = -\sum_{l=0}^{\infty} \frac{l\,(\mu-1)}{1 + l\,(\mu+1)} \cdot \left(\frac{a}{R}\right)^{l} \sum_{m=0}^{l} \{c_{-l}^m \cos m\,\alpha + s_{-l}^m \sin m\,\alpha\}\, P_l^m(\zeta) \cdot \left(\frac{r}{a}\right)^{l};$$

$$r \lqq a. \qquad \text{(IV 8, 21)}$$

e) Um an die Sätze der Ziffer IV 1 anzuknüpfen, wollen wir uns vorstellen, daß das auf $r = R$ ausgebreitete Flächenstrom-System einer einzigen, durch den Strom J gespeisten Wicklung angehört. Ihre Induktivität L ist mit der Durchflutungsfunktion D und der auf der Trägerkugel senkrecht stehenden physikalischen Komponente B^r der magnetischen Induktion definitionsgemäß durch die Gleichung verbunden

$$\frac{1}{2} L J^2 = \frac{1}{2} \int_{a=0}^{2\pi} \int_{\vartheta=0}^{\pi} D \cdot B^r \, R \, da \, R \sin\vartheta \, d\vartheta = \frac{1}{2} R^2 \int_{a=0}^{2\pi} \int_{\zeta=-1}^{+1} D \cdot B^r \, da \, d\zeta. \tag{IV 8, 22}$$

Entsprechend der Aufspaltung von B^r in den Primäranteil $(-\Pi (\partial\varphi/\partial r)_{r=R})$ und den Sekundäranteil $(-\Pi (\partial\varphi'/\partial r)_{r=R})$ zerfällt das Thermodynamische Potential in jenes des ungestörten Feldes

$$\Psi = \frac{\Pi}{2} R^2 \int_{a=0}^{2\pi} \int_{\zeta=-1}^{+1} D \left(\frac{\partial\varphi}{\partial r}\right)_{r=R} da \, d\zeta \tag{IV 8, 23}$$

und das Thermodynamische Potential der Störung

$$\Psi' = \frac{\Pi}{2} R^2 \int_{a=0}^{2\pi} \int_{\zeta=-1}^{+1} D \left(\frac{\partial\varphi'}{\partial r}\right)_{r=R} da \, d\zeta. \tag{IV 8, 24}$$

Wir beschäftigen uns fortan nur mit diesem und erhalten mit Rücksicht auf die Orthogonalitätsrelationen der trigonometrischen Funktionen einerseits, der Kugelfunktionen andererseits

$$\Psi' = \frac{\Pi}{2} a \pi \cdot \sum_{l=1}^{\infty} \frac{l(l+1)(\mu-1)}{1+l(\mu+1)} \times \frac{2}{2l+1} \times$$

$$\times \left(\frac{a}{R}\right)^{2l} \left\{ 2 C_l^0 c_{-l}^0 + \sum_{m=1}^{l} \frac{(l+m)!}{(l-m)!} (C_l^m c_{-l}^m + S_l^m s_{-l}^m) \right\}. \tag{IV 8, 25}$$

Nunmehr setzen wir $a \ll R$ voraus. Bis auf kleine Glieder höherer Ordnung reduziert sich dann der vorstehende Ausdruck auf den Anteil der Ordnung $l = 1$

$$\Psi_1' = \frac{\Pi}{2} \cdot 4\pi a^3 \cdot \frac{2}{3} \cdot \frac{\mu-1}{2+\mu} \cdot \frac{1}{R^2} \{C_1^0 c_{-1}^0 + C_1^1 c_{-1}^1 + S_1^1 s_{-1}^1\}, \tag{IV 8, 26}$$

welcher sich leicht physikalisch deuten läßt: Im Gebiete $r < R$ lautet das Primärpotential der Ordnung $l = 1$

$$\varphi_1 = -\frac{2}{3} \{C_1^0 P_1^0 (\zeta) + C_1^1 \cos a \, P_1^1 (\zeta) + S_1^1 \sin a \, P_1^1 (\zeta)\} \frac{r}{R}$$

$$= -\frac{2}{3} \{C_1^0 \cos\vartheta + C_1^1 \cos a \sin\vartheta + S_1^1 \sin a \sin\vartheta\} \frac{r}{R}. \tag{IV 8, 27}$$

Wir führen jetzt neben dem räumlichen Polar-Koordinatensystem ein im nämlichen Ursprung beginnendes *Kartesi*sches System x, y, z durch die Gleichungen ein

$$x = r \sin\vartheta \cos a; \quad y = r \sin\vartheta \sin a; \quad z = r \cos\vartheta, \tag{IV 8, 28}$$

so daß

$$r = 1_x \, x + 1_y \, y + 1_z \, z = (1_x \sin \vartheta \cos \alpha + 1_y \sin \vartheta \sin \alpha + 1_z \cos \vartheta) \, r$$
$$\text{(IV 8, 29)}$$

den vom Ursprung zum Aufpunkt weisenden Radiusvektor angibt. Mit Rücksicht auf den invarianten Charakter von φ_1 können wir also (IV 8, 27) in der Form schreiben

$$\varphi_1 = - (H_1 \cdot r). \qquad \text{(IV 8, 30)}$$

Dann ist durch $H_1 = - \operatorname{grad} \varphi_1$ der primäre magnetische Feldvektor der Ordnung $l = 1$ definiert, welcher seinerseits im Ursprung mit dem resultierenden Feldvektor identisch wird

$$H(0) \equiv \lim_{r \to 0} H = H_1. \qquad \text{(IV 8, 31)}$$

Wir entnehmen seine *Kartesi*schen Feldkomponenten aus dem Vergleich von (IV 8, 27) mit (IV 8, 30) zu

$$H_x(0) = \frac{2}{3} \frac{C_1^1}{R}; \qquad H_y(0) = \frac{2}{3} \frac{S_1^1}{R}; \qquad H_z(0) = \frac{2}{3} \frac{C_1^0}{R}. \qquad \text{(IV 8, 32)}$$

Das in $r \geqq a$ auftretende Sekundärpotential der Ordnung $l = 1$ ist

$$\varphi_1' = - \frac{\mu - 1}{2 + \mu} \cdot \frac{a}{R} \{ c_{-1}^{\,0} P_1^0(\zeta) + c_{-1}^{\,1} \cos \alpha \, P_1^1(\zeta) + s_{-1}^{\,1} \sin \alpha \, P_1^1(\zeta) \} \frac{a^2}{r^2}$$

$$= - \frac{\mu - 1}{2 + \mu} \cdot \frac{a^3}{R} \{ c_{-1}^{\,0} z + c_{-1}^{\,1} x + s_{-1}^{\,1} y \} \frac{1}{r^3}. \qquad \text{(IV 8, 33)}$$

Wir bringen es, unter Berufung auf die Invarianz auch von φ_1', in die Gestalt eines magnetischen Dipolfeldes vom vektoriellen Moment m:

$$\varphi_1' = \frac{(m \, r)}{4 \pi \Pi} \cdot \frac{1}{r^3}. \qquad \text{(IV 8, 34)}$$

Die *Kartesi*schen Komponenten von m folgen durch Vergleich von (IV 8, 34) mit (IV 8, 32) zu

$$m^x = - \frac{\mu - 1}{2 + \mu} \cdot \frac{4 \pi a^3 \Pi}{R} c_{-1}^{\,1}; \qquad m^y = - \frac{\mu - 1}{2 + \mu} \cdot \frac{4 \pi a^3 \Pi}{R} s_{-1}^{\,1};$$

$$m^z = - \frac{\mu - 1}{2 + \mu} \cdot \frac{4 \pi a^3 \Pi}{R} c_{-1}^{\,0}. \qquad \text{(IV 8, 35)}$$

Durch Eintragen von (IV 8, 32) und (IV 8, 35) in (IV 8, 26) findet man also die in Aussicht gestellte Deutung für das Thermodynamische Potential Ψ' der Störung:

$$\Psi' = - \frac{1}{2} (H \, m); \qquad H \equiv H(0). \qquad \text{(IV 8, 36)}$$

f) Es ist zu betonen, daß sich das Ergebnis (IV 8, 36) auf ein vom Primärfelde *induziertes* Moment bezieht und sich auf ein solches beschränkt.

In dem vorstehend untersuchten Falle der magnetisierten Kugel schließt man aus (IV 8, 35), (IV 8, 32) und (IV 8, 10)

$$m = \frac{\mu - 1}{2 + \mu} 4 \pi a^3 \Pi H. \qquad \text{(IV 8, 37)}$$

Nun mißt $\gamma = 1/3$ den Entmagnetisierungs-Faktor der Kugel. Daher berechnet sich das von einem gedachten, primären Homogenfelde H im Kugelinnern erregte Sekundärfeld H' mittels

$$H' = -\gamma\,(\mu-1)\,(H+H'); \qquad H' = -\frac{\gamma\,(\mu-1)}{1+\gamma\,(\mu-1)}\,H = -\frac{\mu-1}{2+\mu}\,H$$

$$\text{(IV 8, 38)}$$

und also ihr induziertes Moment

$$m = \frac{4}{3}\,\pi\,a^3\,\Pi\,(\mu-1)\,(H+H') = \frac{4}{3}\,\pi\,a^3\,\frac{\mu-1}{1+\gamma\,(\mu-1)}\,\Pi\,H =$$

$$= \frac{\mu-1}{2+\mu}\,4\,\pi\,a^3\,\Pi\,H, \qquad\qquad \text{(IV 8, 39)}$$

welches in der Tat mit (IV 8, 37) übereinstimmt.

Auf Grund von (IV 8, 31) können wir nunmehr (IV 8, 36) auf das induzierte Moment eines hinreichend kleinen, homogenen und isotropen Rotationsellipsoides [Volumen V, Längs-Entmagnetisierungsfaktor γ_l, Quer-Entmagnetisierungsfaktor γ_q] übertragen: Wir wählen das räumliche Polarkoordinaten-System derart, daß seine Polarachse mit der Drehachse des Ellipsoides koinzidiert. In dem mit ihm verhafteten *Kartesi*schen Bezugssysteme werden dann die Komponenten des induzierten Dipolmomentes m im homogenen Primärfelde H

$$m^x = V\,\frac{\mu-1}{1+\gamma_q\,(\mu-1)}\,\Pi\,H_x; \qquad m^y = V\,\frac{\mu-1}{1+\gamma_q\,(\mu-1)}\,\Pi\,H_y;$$

$$m^z = V\,\frac{\mu-1}{1+\gamma_l\,(\mu-1)}\,\Pi\,H_z. \qquad\qquad \text{(IV 8, 40)}$$

Wir fassen diese Relationen in der Vektorgleichung zusammen

$$m = T\,H, \qquad\qquad \text{(IV 8, 41)}$$

welche T als Tensor zweiter Stufe definiert; seine kontravarianten Komponenten in dem gewählten Hauptachsen-System sind aus den Formeln (IV 8, 40) zu entnehmen, welche gleichzeitig die Symmetrie von T offenbaren. Für das Thermodynamische Störpotential des Rotationsellipsoides findet man somit durch Substitution von (IV 8, 41) in (IV 8, 36)

$$\Psi' = -\frac{1}{2}\,(H\,T\,H); \qquad H \equiv H\,(0). \qquad\qquad \text{(IV 8, 42)}$$

Insbesondere gilt in dem angegebenen Hauptachsen-System

$$\Psi' = -\frac{\Pi}{2}\,V\,(\mu-1)\left\{\frac{H_x^2 + H_y^2}{1+\gamma_q\,(\mu-1)} + \frac{H_z^2}{1+\gamma_l\,(\mu-1)}\right\} \quad \text{(IV 8, 43)}$$

g) Bei den virtuellen Verrückungen, denen der Störkörper innerhalb des starren Erregerstrom-Systemes unterzogen werden kann, ist gleichzeitig mit dem Strom J auch das Primärfeld H konstant zu halten.

Wir untersuchen zunächst eine Drehung des Rotationsellipsoides um seinen Schwerpunkt. Sei ϑ_0 der Polarwinkel, a_0 das Azimut eines parallel zu $H \equiv H\,(0)$ gerichteten Einheitsvektors 1_H, so wird nach (IV 8, 43)

$$\Psi' = -\frac{\Pi}{2}\,V\,(\mu-1)\,(H)^2\left\{\frac{\sin^2\vartheta_0}{1+\gamma_q\,(\mu-1)} + \frac{\cos^2\vartheta_0}{1+\gamma_l\,(\mu-1)}\right\} \quad \text{(IV 8, 44)}$$

Diejenigen „allgemeinen" Kräfte, welche den Winkeländerungen $\delta\,a_0$ und $\delta\,\vartheta_0$ des Ellipsoides relativ zur Richtung von 1_H korrespondieren, erweisen sich vom Standpunkte ihrer physikalischen Dimension als Drehmomente; doch behalten wir für sie die Symbole P_k jener allgemeinen Kräfte bei.

Wegen $\partial \Psi''/\partial\alpha = 0$ tritt kein azimutales Drehmoment auf

$$P_\alpha \equiv 0. \qquad \text{(IV 8, 45)}$$

Dagegen erscheint das polare Drehmoment

$$P_\vartheta = \frac{\partial \Psi'}{\partial \vartheta} = \frac{\Pi}{2}\, V\, (\mu - 1)^2\, (H)^2 \sin 2\,\vartheta_0\; \frac{\gamma_q - \gamma_l}{\{1 + \gamma_q\,(\mu - 1)\}\,\{1 + \gamma_l\,(\mu - 1)\}}.$$
$$\text{(IV 8, 46)}$$

Wir heben folgende Sonderfälle hervor:

1. An der Kugel $[\gamma_q = \gamma_l = 1/3]$ tritt kein Drehmoment auf.

2. Der Grenzübergang zu vollkommen permeablen Körpern $[\mu \to \infty]$ führt auf

$$\lim_{\mu \to \infty} P_\vartheta = \frac{\Pi}{2} V\, (H)^2 \sin 2\,\vartheta_0 \frac{\gamma_q - \gamma_l}{\gamma_q \cdot \gamma_l}. \qquad \text{(IV 8, 47)}$$

Für verlängerte Rotationsellipsoide $[\gamma_q > \gamma_l]$ fällt P_ϑ im Bereiche $0 < \vartheta_0 < \pi/2$ positiv, im Bereiche $\pi/2 < \vartheta_0 < \pi$ negativ aus; das innere Drehmoment $P_\vartheta' = -P_\vartheta$ des Feldes sucht somit stets die Drehachse des verlängerten Rotationsellipsoides in die Kraftlinienrichtung zu stellen: Auf diesem Effekt beruht die experimentelle Darstellung der Kraftlinien mittels Eisenfeil-Spänen. Abgeplattete Rotationsellipsoide hingegen $[\gamma_q < \gamma_l]$ zeigen gerade die umgekehrte Tendenz: Ihre kleine Achse sucht sich quer zur Kraftlinienrichtung zu orientieren.

3. Für paramagnetische Körper $[\mu > 1]$ und diamagnetische Körper $[\mu < 1]$ wird $(\mu - 1)^2 > 0$ stets sehr klein; unter sonst gleichen Umständen übt daher ein homogenes Magnetfeld auf elliptische Körper beider Arten ein nur sehr schwaches Drehmoment aus, welches bei diesen wie jenen das gleiche Vorzeichen offenbart. Diese Folgerung der Theorie scheint einem bekannten Vorlesungsversuche zu widersprechen: Man bringt einen Probestab von der annähernden Form eines verlängerten Rotationsellipsoides zwischen die Pole eines kräftigen Elektromagneten: Der paramagnetische Stab stellt seine Längsachse in die Polzentrale, der diamagnetische Stab senkrecht zu ihr. In der Tat werden wir zeigen, daß dieser Effekt der Inhomogenität des benützten primären Magnetsystemes zuzuschreiben ist.

Von den Drehungen des Störkörpers gehen wir zu seiner linearen Verrückung längs einer beliebigen, festen Richtung über. Identifizieren wir diese nacheinander mit der x-, y- und z-Richtung des früher eingeführten Hauptachsen-Systemes, wobei dessen Ursprung im Zentrum der Trägerkugel festgehalten wird, und fassen die entstehenden Komponentengleichungen vektoriell zusammen, so gelangen wir von (IV 8, 42) zu

$$P = -\frac{1}{2}\,\{\mathrm{grad}\,(H\,T\,H)\}_{r \to 0}. \qquad \text{(IV 8, 48)}$$

Mit Rücksicht auf (IV 8, 40) lautet die x-Komponente dieser Kraft

$$P_x = -\left\{m^x \frac{\partial H_x}{\partial x} + m^y \frac{\partial H_y}{\partial x} + m^z \frac{\partial H_z}{\partial x}\right\}_{r \to 0} \qquad \text{(IV 8, 49)}$$

und wenn wir nun die Wirbelfreiheit des primären Magnetfeldes in der Umgebung des Ursprunges beachten

$$P_x = -\left\{m^x \frac{\partial H_x}{\partial x} + m^y \frac{\partial H_x}{\partial y} + m^z \frac{\partial H_x}{\partial z}\right\}_{r \to 0}. \qquad \text{(IV 8, 50)}$$

Mit Hilfe des symbolischen *Nabla*-Vektors können wir daher schreiben

$$P = - \{(m\, V)\, H\}_{r \to 0}, \qquad (\text{IV 8, 51})$$

so daß diese Kraft im Homogenfelde identisch verschwindet: Sie definiert den Inhomogenitäts-Effekt. Um seine charakteristischen Eigenschaften im Gegensatz zu den mechanischen Wirkungen des homogenen Feldes hervorzuheben, spezialisieren wir auf eine Kugel vom Halbmesser a; während im homogenen Felde keine Kraft resultiert, folgt für den Inhomogenitäts-Effekt

$$P = - \frac{\Pi}{2}\, 4\,\pi\, a^3 \frac{\mu - 1}{2 + \mu}\, \operatorname{grad}(H)^2. \qquad (\text{IV 8, 52})$$

Diese Gleichung läßt für paramagnetische Körper einerseits, diamagnetische Körper andererseits ein qualitativ entgegengesetztes Verhalten voraussehen: Die innere Feldkraft $P' = - P$ sucht Kugeln der Eigenschaft $\mu > 1$ in Gebiete stärkerer Intensität hineinzuziehen, während sie die Kugeln der Eigenschaft $\mu < 1$ aus ihnen zu entfernen trachtet; auf dieser Polarität beruht letzthin der Ausfall des oben erwähnten Vorlesungsversuches.

h) Wir gehen zur Mechanik des *eingeprägten* magnetischen Dipoles über. Er wird durch eine in der Umgebung des Ursprungs gelegene, ebene Fläche F [Flächenvektor $F = 1_x\, F^x + 1_y\, F^y + 1_z\, F^z$] repräsentiert, deren Randkurve C vom Strome i im positiven Sinne gemäß der Kinematik der Rechtsschraube umlaufen wird; wir setzen die größte lineare Abmessung innerhalb F als sehr klein im Vergleich zum Halbmesser R der Trägerkugel des Primärstromes J voraus. Der von i gespeiste Stromring ist einer homogenen magnetischen Doppelschicht äquivalent, welche geometrisch mit F identifiziert werden darf und zwischen ihrer in Richtung F vorangehenden, positiven und der rückstehenden, negativen Seite den Potentialsprung

$$\Delta\,\varphi' = i \qquad (\text{IV 8, 53})$$

entwickelt. Daher beträgt das magnetische Moment der Doppelschicht

$$m = \Pi\, i\, F. \qquad (\text{IV 8, 54})$$

In hinreichendem Abstand vom Ursprung lautet ihr Skalarpotential

$$\varphi' = \frac{(m\, r)}{4\,\pi\,\Pi}\frac{1}{r^3} = \frac{i}{4\,\pi}\{F^z\, P_1^0(\zeta) + (F^x \cos\alpha + F^y \sin\alpha)\, P_1^1(\zeta)\}\frac{1}{r^2}. \qquad (\text{IV 8, 55})$$

Es erregt auf der Trägerkugel die radiale Komponente der Induktion

$$B_r' = - \Pi\left(\frac{\partial\varphi'}{\partial r}\right)_{r=R} = \frac{\Pi\, i}{4\,\pi}\{F^z\, P_1^0(\zeta) + (F^x \cos\alpha + F^y \sin\alpha)\, P_1^1(\zeta)\}\frac{2}{R^3}$$

$$(\text{IV 8, 56})$$

Da neben der Trägerkugel auch die magnetische Doppelschicht eine Unstetigkeitsfläche des resultierenden Skalarpotentiales $(\varphi + \varphi')$ definiert, hat man die Störung Ψ' des Thermodynamischen Potentiales durch den eingeprägten Dipol nach der Vorschrift zu berechnen

$$\Psi' = - \frac{1}{2}\int\limits_{a=0}^{2\pi}\int\limits_{\zeta=-1}^{+1} D\, B_r'\, R^2\, d\alpha\, d\zeta - \frac{1}{2}\Delta\,\varphi'\,(\Pi\, H_{r\to 0}\, F). \qquad (\text{IV 8, 57})$$

Mittels (IV 8, 5), (IV 8, 32) und (IV 8, 54) findet man zunächst, mit Rücksicht auf die Orthogonalitätsrelationen der trigonometrischen und der Kugelfunktionen

$$\frac{1}{2} \int\limits_{a=0}^{2\pi} \int\limits_{\zeta=-1}^{+1} D \cdot B_r' \cdot R^2 \, da \, d\zeta = \frac{\Pi}{2} \cdot \frac{2\,i}{3} \{C_1^0 \, F^z + C_1^1 \, F^x + S_1^1 \, F^y\} \frac{1}{R} = \frac{1}{2} (m \, H_{r \to 0})$$

$$(IV \ 8, \ 58)$$

und mittels (IV 8, 53)

$$\frac{1}{2} \Delta \, \varphi' \, (\Pi \, H_{r \to 0} \, F) = \frac{1}{2} (i \, F \, H_{r \to 0}) = \frac{1}{2} (m \, H_{r \to 0}) \qquad (IV \ 8, \ 59)$$

im Einklange mit dem allgemeinen Reziprozitätssatze (IV 8, 26), angewandt auf die wechselseitige Induktivität des von J gespeisten Trägerstrom-Systemes einerseits, des von i erregten Stromringes andererseits. Daher wird nach (IV 8, 57)

$$\Psi' = - (m \, H_{r \to 0}) \qquad (IV \ 8, \ 60)$$

unter sonst gleichen Umständen gerade doppelt so groß wie die Störung des Thermodynamischen Potentiales durch einen vom Felde $H_{r \to 0}$ induzierten Dipoles vom vektoriellen Momente m.

Wir bezeichnen mit ϑ_0 den Winkel zwischen dem Vektor m des magnetischen Momentes und dem Vektor $H_{r \to 0}$. Indem wir zunächst Drehungen des von i erregten, starr gedachten Stromringes um den Ursprung des Bezugssystemes untersuchen, schreiben wir (IV 8, 60) in der Gestalt

$$\Psi' = - |m| \, |H| \cos \vartheta_0; \qquad H \equiv H \, (0). \qquad (IV \ 8, \ 61)$$

Im Gegensatz zu den Drehmomenten (IV 8, 45) und (IV 8, 46) des induzierten magnetischen Momentes wirken somit auf das eingeprägte magnetische Moment die Drehmomente

$$P_a \equiv 0; \qquad P_\vartheta = |m| \, |H| \sin \vartheta_0. \qquad (IV \ 8, \ 62)$$

Insbesondere sucht hiernach das innere Drehmoment $P_\vartheta' - = - P_\vartheta$ stets den Vektor m parallel zu H zu richten. Es erreicht sein Maximum, falls m senkrecht zu H weist; im Rahmen der Klassischen Mechanik erweist sich der Gleichgewichtszustand $\vartheta_0 = 0$ als stabil, jener der Lage $\vartheta_0 = \pi$ hingegen als labil.

Um schließlich das Verhalten des eingeprägten Momentes gegen lineare Verrückungen seines erzeugenden Stromringes kennenzulernen, bringen wir (IV 8, 60) in die Form

$$\Psi' = - \{m^x \, H_x + m^y \, H_y + m^z \, H_z\}; \qquad H \equiv H \, (0). \qquad (IV \ 8, \ 63)$$

Indem wir uns abermals auf die Wirbelfreiheit von H in der Umgebung des Ursprunges berufen, erhalten wir für die x-Komponente der Kraft

$$P_x = - \frac{\partial \Psi'}{\partial x} = - \left\{ m^x \frac{\partial H_x}{\partial x} + m^y \frac{\partial H_y}{\partial x} + m^z \frac{\partial H_z}{\partial x} \right\}$$
$$= - \left\{ m^x \frac{\partial H_x}{\partial x} + m^y \frac{\partial H_x}{\partial y} + m^z \frac{\partial H_x}{\partial z} \right\} \qquad (IV \ 8, \ 64)$$

also für die Gesamtkraft

$$P = - (m \, \nabla \, H); \qquad H \equiv H \, (0). \qquad (IV \ 8, \ 65)$$

Obwohl dieses Ergebnis formal mit (IV 8, 51) übereinstimmt, sind doch die physikalischen Aussagen der verglichenen Gesetze grundsätzlich voneinander verschieden: Während die Kraft auf den induzierten magnetischen Dipol vom Quadrate der Feldstärke abhängt, geht in die Kraft auf den eingeprägten Dipol die Feldstärke linear ein. Insbesondere korrespondieren daher den magnetischen Momenten $(\pm m)$ die entgegengesetzt gleichen

Kräfte $\pm P = \mp P'$. Diese Folgerung kann erst in der Quantenmechanik geprüft werden; denn in ihr werden die klassischen Stabilitätsregeln der Drehmomente hinfällig, da sie sich auf den Begriff stetig veränderlicher Verrückungswinkel beziehen, welcher in der Quantenmechanik keinen Platz hat. In der Tat wird die Richtwirkung des inhomogenen Magnetfeldes auf eingeprägte Dipole durch den *Stern-Gerlach*schen Versuch eindringlich bestätigt: Der vorerst einheitliche Atomstrahl wird beim Durchgang durch das Feld nach Maßgabe der Quantelung des atomaren Dipolmomentes in mehrere Strahlen aufgespalten.

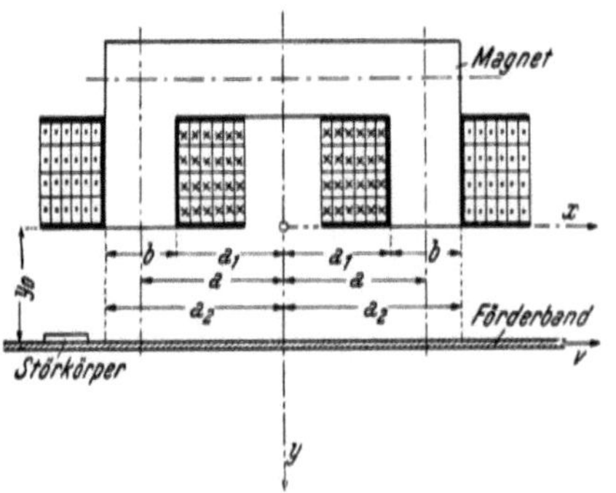

Abb. IV 233. Orientierung am Modell eines magnetischen Abscheiders.

IV 9. Magnetische Abscheider.

a) In Anlagen zur Zerkleinerung von Steinen kommt es vor, daß unabsichtlich Schrauben oder andere Eisenstücke auf das dem Transport des Materiales dienende Förderband fallen. Bei ihrem Eindringen in die Steinmühle können sie in dieser schweren Schaden anrichten. Man begegnet dieser Gefahr, indem man in der Nähe des Förderbandes einen Elektromagneten anbringt, welcher den Störkörper von seiner unmagnetischen Umgebung trennt und ihn dann solange festhält, bis er mechanisch entfernt werden kann. Gesucht werden diejenigen Abmessungen des Elektromagneten, welche die sichere Durchführung dieses Prozesses gewährleisten.

b) Das Modell eines magnetischen Abscheiders nach Abb. IV 233 zeigt folgende aktiven Elemente:

1. Der Elektromagnet ist als Hufeisen ausgebildet. Seine Polfläche koinzidiert mit der Ebene $y = 0$ eines *Kartesi*schen Bezugssystemes. Die Schenkelflanken sind parallel zur Ebene $x = 0$ orientiert; ihre Mittelebenen befinden sich in $x = \pm a$, und $b < 2a$ bezeichnet je die Breite eines Schenkels. Parallel zur Ebene $z = 0$ sind die Schenkel in $z = \pm l/2$ begrenzt; es wird $l \gg a$ vorausgesetzt. D mißt die Durchflutung je Schenkel; das Eisen des Magnetsystemes wird durch einen virtuellen Körper von vollkommener Permeabilität $[\mu \rightarrow \infty]$ ersetzt.

2. Das Förderband bewegt sich in der Ebene $y = y_0$ mit der gleichförmigen Geschwindigkeit v parallel zur x-Achse; seine Ränder liegen innerhalb der Aktionssphäre des Elektromagneten $[l' < l]$.

3. Der Störkörper ist der Bewegung des Förderbandes solange kinematisch verhaftet, bis die Anziehungskraft des Elektromagneten über die Führungskraft der Konvektion die Oberhand gewinnt. Um diese Bedingung quantitativ formulieren zu können, ersetzen wir den Störkörper durch ein Rotationsellipsoid vom Volumen V und der numerischen Exzentrizität η; seine absoluten Maße werden als klein gegen jene des Elektromagneten vorausgesetzt, und seine Permeabilität gelte als vollkommen. Die Orientierung des Störkörpers relativ zum Elektromagneten hängt, von der erzwungenen Führungsbewegung abgesehen, vom Zufall ab. Wir haben daher der Berechnung des Elektromagneten jene ungünstigste

Lage zugrunde zu legen, welcher unter sonst gleichen Umständen die kleinste Abscheidekraft korrespondiert. Hiernach ist zunächst das Zentrum des Störkörpers in der Ebene $y = y_0$ anzunehmen. Wir rufen ein dort beginnendes, *Kartesi*sches Koordinatensystem x', y', z' zu Hilfe, dessen z'-Achse in die Drehachse des Ellipsoides weist. In ihm folgen die Komponenten des vom Felde H induzierten Momentes aus (IV 8, 40) durch den Grenzübergang $\mu \to \infty$ zu

$$\mathrm{m}^{x'} = \frac{V\,\Pi}{\gamma_q}\,\mathrm{H}_{x'}\,; \qquad \mathrm{m}^{y'} = \frac{V\,\Pi}{\gamma_q}\,\mathrm{H}_{y'}\,; \qquad \mathrm{m}^{z'} = \frac{V\,\Pi}{\gamma_1}\,\mathrm{H}_{z'}\,. \qquad \text{(IV 9, 1)}$$

Nach (IV 8, 48) berechnet sich somit die Abscheidekraft mittels

$$\frac{P'}{\Pi\,V} = \operatorname{grad}\left\{\frac{\mathrm{H}_{x'}^2 + \mathrm{H}_{y'}^2}{2\,\gamma_q} + \frac{\mathrm{H}_{z'}^2}{2\,\gamma_1}\right\}. \qquad \text{(IV 9, 2)}$$

Wir unterscheiden zwei Hauptlagen:

α) Drehachse des Ellipsoides parallel zum Felde:

$$\mathrm{H}_{x'}^2 + \mathrm{H}_{y'}^2 = 0\,; \qquad \mathrm{H}_{z'}^2 = (H)^2\,; \qquad \frac{P'}{\Pi\,V} = \frac{1}{2\,\gamma_1}\,\operatorname{grad}(H)^2. \qquad \text{(IV 9, 3)}$$

β) Drehachse des Ellipsoides senkrecht zum Felde

$$\mathrm{H}_{z'}^2 = 0\,; \qquad \mathrm{H}_{x'}^2 + \mathrm{H}_{y'}^2 = (H)^2\,; \qquad \frac{P'}{\Pi\,V} = \frac{1}{2\,\gamma_q}\,\operatorname{grad}(H)^2. \qquad \text{(IV 9, 4)}$$

Aus (IV 9, 3) und (IV 9, 4) schließt man:

Verlängerte / Abgeplattete Rotationsellipsoide werden von der kleinsten Abscheidekraft ergriffen, falls ihre Drehachse senkrecht / parallel zum Felde orientiert ist.

c) Indem wir mit γ_{max} den größten Entmagnetisierungsfaktor des jeweils vorliegenden Störkörpers bezeichnen, fassen wir (IV 9, 3) und (IV 9, 4) in der einheitlichen Form zusammen

$$\frac{P'}{\Pi\,V} = \frac{1}{2\,\gamma_{max}}\,\operatorname{grad}(H)^2. \qquad \text{(IV 9, 5)}$$

Nun ist in dem hier behandelten Modell des Elektromagneten das Feld nicht merklich von der z-Koordinate abhängig, sofern man von den Randeffekten absieht. Es kann daher in der Umgebung des Störkörpers als Gradient eines skalaren magnetischen Potentiales φ dargestellt werden, welches wir als Funktion der *Gauß*schen Koordinate $\zeta = \mathrm{x} + i\,\mathrm{y}$ betrachten und durch seine Stromfunktion ψ zum komplexen Potential $\chi = \varphi + i\,\psi$ ergänzen. Mit Rücksicht auf die *Cauchy-Riemann*schen Differentialgleichungen für φ und ψ gilt dann zunächst

$$(H)^2 = \left(\frac{\partial\varphi}{\partial\mathrm{x}}\right)^2 + \left(\frac{\partial\varphi}{\partial\mathrm{y}}\right)^2 = \left(\frac{\partial\varphi}{\partial\mathrm{x}}\right)^2 + \left(\frac{\partial\psi}{\partial\mathrm{x}}\right)^2 = \left|\left(\frac{d\chi}{d\zeta}\right)^2\right|. \qquad \text{(IV 9, 6)}$$

Die Berechnung des Ausdruckes (IV 9, 5) läßt sich manchmal vereinfachen, wenn wir schreiben

$$\frac{d\chi}{d\zeta} = e^{\frac{1}{2}(u + i\,v)}\,; \qquad \left(\frac{d\chi}{d\zeta}\right)^2 = e^{u + i\,v} = e^{w}, \qquad \text{(IV 9, 7)}$$

wobei $w = u + iv$ wie χ eine analytische Funktion von ζ definiert. Der Vergleich von (IV 9, 6) und (IV 9, 7) liefert dann

$$(H)^2 = e^u \qquad \text{(IV 9, 8)}$$

und hieraus folgt, abermals mit Hilfe der *Cauchy-Riemann*schen Differentialgleichungen

$$\left.\begin{aligned}\frac{1}{(H)^2}\,|\operatorname{grad}(H)^2| &= \sqrt{\left\{\frac{1}{(H)^2}\frac{\partial}{\partial x}(H)^2\right\}^2 + \left\{\frac{1}{(H)^2}\frac{\partial}{\partial y}(H)^2\right\}} = \\ &= \sqrt{\left(\frac{\partial u}{\partial x}\right)^2 + \left(\frac{\partial u}{\partial y}\right)^2} = \sqrt{\left(\frac{\partial v}{\partial x}\right)^2 + \left(\frac{\partial v}{\partial y}\right)^2},\end{aligned}\right\} \qquad \text{(IV 9, 9)}$$

also schließlich der Betrag der Abscheidekraft je Raumeinheit des Störkörpers

$$\left|\frac{P'}{V}\right| = \frac{\Pi}{2\,\gamma_{\max}}\,e^u\sqrt{\left(\frac{\partial v}{\partial x}\right)^2 + \left(\frac{\partial v}{\partial y}\right)^2}. \qquad \text{(IV 9, 10)}$$

Andererseits wird dieser je nach Art seiner Bettung vom umhüllenden Material mit einer gewissen Kraft festgehalten, die je Raumeinheit des Störkörpers ein gewisses Vielfache seines spezifischen Gewichtes ausmacht. Denkt man sich dieses „spezifische Mitführungsgewicht" c durch den Versuch ermittelt, so liefert die Ungleichung

$$\frac{\Pi}{2\,\gamma_{\max}}\,e^u\sqrt{\left(\frac{\partial v}{\partial x}\right)^2 + \left(\frac{\partial v}{\partial y}\right)^2} \geq c \qquad \text{(IV 9, 11)}$$

die gesuchte Anweisung für den Bau des Elektromagneten.

d) Wir wollen (IV 9, 11) für das gegebene Modell des Magneten explizit auswerten.

Es sei abkürzend $a - b/2 = a_1$; $a + b/2 = a_2$ gesetzt. Betrachten wir nun approximativ sowohl die Strecke $|x| < a_1$ wie die beiden Strahlen $|x| > a_2$ der x-Achse als Kraftlinien, so lauten die Randbedingungen des komplexen Potentiales

$$\varphi = \pm D \quad \text{für} \quad \pm a_1 \lessgtr x \lessgtr \pm a_2; \quad y = 0 \qquad \text{(IV 9, 12)}$$

und

$$\left.\begin{aligned}\psi &= 0 & \text{für} & \quad |x| < a_1 \\ \psi &= \psi_0 = \text{const.} & \text{für} & \quad |x| > a_2\end{aligned}\right\}\; y = 0, \qquad \text{(IV 9, 13)}$$

wobei ψ_0 vorerst noch unbekannt ist.

Wir markieren in der ζ-Ebene die Punkte

$$Q = (a_1, 0); \quad R = (a_2, 0); \quad S = (-a_2, 0); \quad T = (-a_1, 0). \qquad \text{(IV 9, 14)}$$

Gemäß (IV 9, 12) und (IV 9, 13) sollen sie in die Punkte

$$\overline{Q} = (D, 0); \quad \overline{R} = (D, \psi_0); \quad \overline{S} = (-D, \psi_0); \quad \overline{T} = (-D, 0) \qquad \text{(IV 9, 15)}$$

der komplexen χ-Ebene derart transformiert werden, daß das links vom Umlauf $\overline{Q} \to \overline{R} \to \overline{S} \to \overline{T} \to \overline{Q}$ gelegene Rechteck in die obere ζ-Halbebene abgebildet wird. Die zuständige *Schwarz-Christoffel*sche Differentialgleichung lautet mit einer noch unbekannten Konstanten C

$$\frac{d\chi}{d\zeta} = \frac{C}{\sqrt{a_1{}^2 - \zeta^2}\,\sqrt{a_2{}^2 - \zeta^2}} = \frac{C}{a_1 a_2}\frac{1}{\sqrt{1 - (\zeta/a_1)^2}\,\sqrt{1 - k^2\,(\zeta/a_1)^2}} \qquad \text{(IV 9, 16)}$$

wobei der Modul k durch

$$k = \frac{a_1}{a_2} < 1 \qquad\qquad \text{(IV 9, 17)}$$

definiert ist. Da der Ursprung der χ-Ebene jenem der ζ-Ebene entspricht, folgt aus (IV 9, 16) mittels der zum Modul k und seinem Komplement $k' = \sqrt{1 - k^2}$ gehörigen Elliptischen Normalintegrale Erster Gattung K und K'

$$\frac{C}{a_2} K = D; \qquad \frac{C}{a_2} K' = \psi_0; \qquad \psi_0 = D \frac{K'}{K} \qquad \text{(IV 9, 18)}$$

also

$$\zeta = a_1 \operatorname{sn}\left(K \frac{\chi}{D}\right); \qquad \frac{d\chi}{d\zeta} = \frac{D}{K} \frac{a_2}{\sqrt{a_1^2 - \zeta^2}\sqrt{a_2^2 - \zeta^2}}. \qquad \text{(IV 9, 19)}$$

Wir beschränken uns nun auf Aufpunkte, welche den Polen nicht zu nahe benachbart sind; für solche dürfen wir in dem Faktor von D/K [doch nicht in D/K selbst!] a_1 und a_2 mit ihrem Mittelwert a vertauschen, so daß sich (IV 9, 19) in

$$\frac{d\chi}{d\zeta} = \frac{D\,a}{K} \frac{1}{a^2 - \zeta^2} = \frac{D\,a}{K} \frac{1}{(a + \zeta)(a - \zeta)} \qquad \text{(IV 9, 20)}$$

vereinfacht. In der Schreibweise (IV 9, 7) gilt hiernach

$$e^u = \left(\frac{D\,a}{K}\right)^2 \frac{1}{(x^2 + y^2 + a^2)^2 - 4\,a^2\,x^2};$$

$$v = - 2 \operatorname{arctg} \frac{y}{a + x} + 2 \operatorname{arctg} \frac{y}{a - x} \qquad \text{(IV 9, 21)}$$

also

$$\frac{\partial v}{\partial x} = \frac{4\,y\,(x^2 + y^2 + a^2)}{(x^2 + y^2 + a^2)^2 - 4\,a^2\,x^2}; \qquad \frac{\partial v}{\partial y} = - \frac{4\,x\,(x^2 + y^2 - a^2)}{(x^2 + y^2 + a^2)^2 - 4\,a^2\,x^2}. \qquad \text{(IV 9, 22)}$$

$$\left(\frac{\partial v}{\partial x}\right)^2 + \left(\frac{\partial v}{\partial y}\right)^2 = 16 \frac{x^2 + y^2}{(x^2 + y^2 + a^2)^2 - 4\,a^2\,x^2}.$$

Die Substitution dieser Ausdrücke in (IV 9, 11) liefert jetzt

$$\left|\frac{P'}{V}\right| = \frac{\Pi}{2\,\gamma_{\max}} \frac{D^2}{a^3\,K^2} \frac{4\sqrt{\left(\frac{x}{a}\right)^2 + \left(\frac{y}{a}\right)^2}}{\left[\left(\left(\frac{x}{a}\right)^2 + \left(\frac{y}{a}\right)^2 + 1\right) - 4\left(\frac{x}{a}\right)^2\right]^{3/2}} \geq c. \qquad \text{(IV 9, 23)}$$

Abb. IV 234 zeigt die numerische Abscheidekraft

$$|p'| = \left|\frac{P'}{V}\right| \cdot \frac{2\,\gamma_{\max}}{\Pi} \cdot \frac{a^3\,K^2}{D^2} \qquad \text{(IV 9, 24)}$$

in Abhängigkeit vom (numerischen) Orte x/a des Störkörpers auf dem Förderbande, wobei dessen (numerischer) Abstand y/a von den Polflächen des Magneten als Parameter benützt wurde.

Schreibt man (IV 9, 23) in der Form

$$\frac{\varPi}{2\,\gamma_{\max}} \cdot \frac{D^2}{a^3\,K^2} \cdot \frac{1}{c} \gtreqless \frac{\left[\left(\left(\frac{x}{a}\right)^2 + \left(\frac{y}{a}\right)^2 + 1\right)^2 - 4\left(\frac{x}{a}\right)^2\right]^{3/2}}{4\sqrt{\left(\frac{x}{a}\right)^2 + \left(\frac{y}{a}\right)^2}}, \qquad (IV\ 9,\ 25)$$

so gibt der Grenzfall der Gleichheit diejenige numerische Grenzdurchflutung an, welche die Abscheidung des Störkörpers mindestens verlangt. Nach Abb. IV 235 besteht für sie entsprechend dem jeweils konstruktiv vorliegenden Abstand des Förderbandes von den Polflächen ein Kleinstwert, der allerdings nur gerade an zwei bestimmten Orten für den gewünschten Prozeß ausreicht; man wird daher aus Sicherheitsgründen die numerische Grenzdurchflutung stets größer als jenen Minimalwert wählen, wobei dann die Abscheide-Bedingung (IV 9, 25) in zwei Zonen je von endlicher Ausdehnung erfüllt wird.

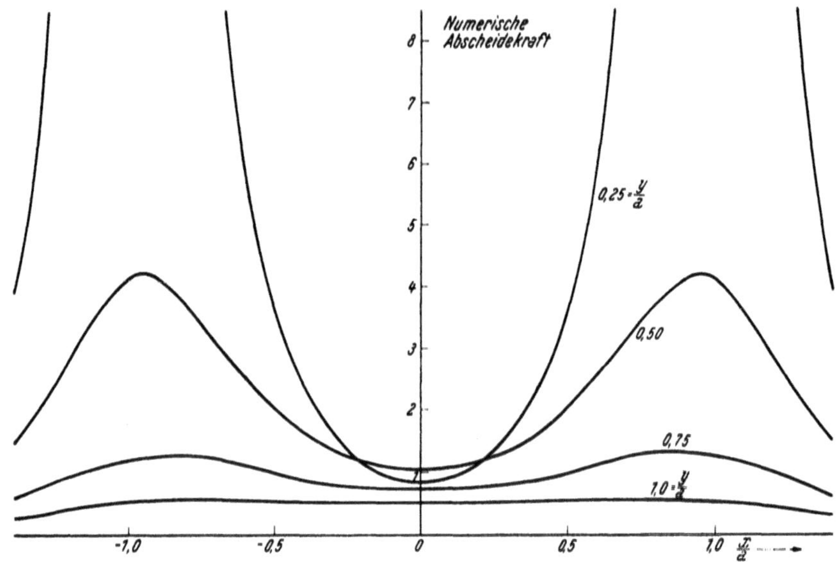

Abb. IV 234. Abscheidekraft eines magnetischen Abscheiders als Funktion der Lage des Störkörpers.

e) Als Beispiel behandeln wir die Abscheidung einer Schraube durch einen Hufeisenmagneten der Maße a = 20 cm, b = 30 cm, dessen Polflächen sich im Abstande $y_0 = 15$ cm oberhalb des Förderbandes befinden. Demnach ist

$$k = \frac{20-15}{20+15} = \frac{1}{7}; \qquad K = 1,5789; \qquad \frac{y}{a} = \frac{y_0}{a} = 0,75,$$

so daß aus Abb. IV 235 als Kleinstwert der numerischen Grenzdurchflutung 0,77 zu entnehmen ist.

Für $\gamma_{\max}$ setzen wir den Entmagnetisierungsfaktor 1/2 des Zylinders ein, für c sei das Dreifache des spezifischen Gewichtes des Eisens angenommen, also, in dem hier benützten Maßsystem

$$c = 3 \cdot 7{,}8 \cdot 981 \cdot 10^{-7} = 2{,}3 \cdot 10^{-3} \frac{\text{Joule}}{\text{cm}^4}.$$

Nach Gl. (IV 9, 25) folgt somit

$$D_{min}^2 = \frac{2 \cdot 1/2}{4\,\pi \cdot 10^{-9}} \cdot 20^3 \cdot (1{,}5789)^2 \cdot 2{,}3 \cdot 10^{-3} \cdot 0{,}77 = 28{,}7 \cdot 10^4 \,(\text{A W})^2,$$

$$D_{min} = 54 \cdot 10^3 \,\text{AW}.$$

IV 10. Wirkungsweise des elektrodynamischen Meßwerkes.

a) Abb. IV 236 zeigt, unter Verzicht auf konstruktive Einzelheiten, die aktiven Elemente eines elektrodynamischen Meßwerkes:

1. Der Ständer besteht aus einer Kreisringspule vom Halbmesser R_S, welcher von der Durchflutung D_S erregt wird.

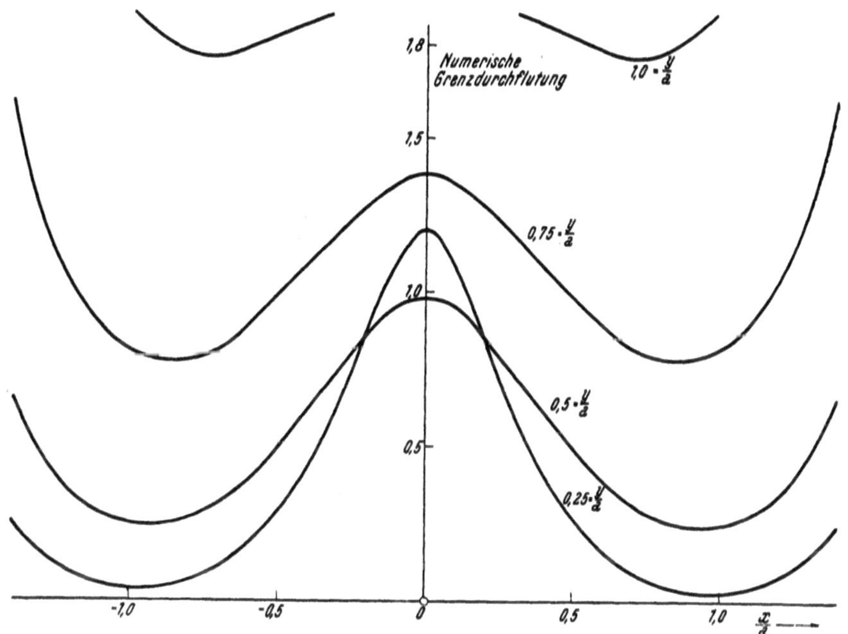

Abb. IV 235. Grenzdurchflutung zur Abscheidung als Funktion der Lage des Störkörpers.

2. Der Läufer besitzt die Form einer zum Ständer konzentrischen Kreisringspule vom Halbmesser $R_L < R_S$, welche die Durchflutung D_L führt.

3. Die Achse des Meßwerkes koinzidiert mit einem gemeinsamen Durchmesser von Ständer- und Läuferspule; sie ist mit dem Läufer starr verbunden, relativ zum Ständer jedoch frei drehbar.

4. Die Achse wird beiderseitig von Lagern gehalten, deren Reibung vernachlässigbar klein ist.

5. Im stationären Zustand des Meßwerkes wird dem am Läufer angreifenden, elektrodynamischen Drehmoment P_{el} durch das mechanische

Drehmoment P_{mech} einer geeigneten, in der Regel elastischen Rückstellkraft das Gleichgewicht gehalten.

6. Die Eigenschwingungen des Meßwerkes werden durch eine meist pneumatische Bremse möglichst bis zum asymptotischen Grenzfall abgedämpft.

7. An der Achse ist der in sich ausbalanzierte Zeiger befestigt, welcher über den Ziffern der relativ zum Ständer festen Skala spielt.

b) Wir orientieren uns an einem System räumlicher Polarkoordinaten r [Aufpunktsdistanz], a [Azimut], ϑ [Polarwinkel], dessen Ursprung im gemeinsamen Zentrum von Ständer und Läufer liegt, und dessen Polarachse mit der Achse des Meßwerkes koinzidiert. Die Meridianebene $a = 0$ soll in die Ebene des Ständerringes fallen, während a_L das Azimut der Läuferring-Ebene bezeichne; insbesondere sei $a_{L,0}$ ihre Ruhelage, so daß

$$\varDelta a = a_L - a_{L,0} \qquad (\text{IV } 10,\ 1)$$

den Ausschlag des Meßwerkes definiert.

c) Wir denken uns den Läufer vorübergehend als stromlos. Zur Beschreibung des verbleibenden, magnetischen Primärfeldes konstruieren wir die Ständer-Trägerkugel $r = R$. Es möge festgesetzt werden, längs des Meridianes $a = 0$ die Ständerdurchflutung im Sinne wachsender ϑ, längs des Meridianes $a = \pi$ im Sinne fallender ϑ als positiv zu zählen. Mit $\zeta = \cos \vartheta$ lautet dann die Durchflutungsfunktion auf der Trägerkugel

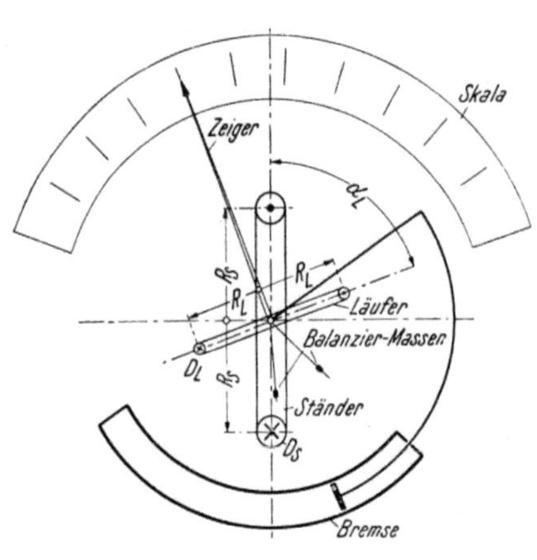

Abb. IV 236. Schema eines elektrodynamischen Meßwerkes.

$$D(a, \zeta) = +\ \frac{1}{2}\, D_S;\qquad 0 < a > \pi,\qquad -1 \leqq \zeta \leqq 1,$$

$$D(a, \zeta) = -\ \frac{1}{2}\, D_S;\qquad 0 > a > -\pi,\qquad -1 \leqq \zeta \leqq 1. \qquad\Big\}\ (\text{IV } 10,\ 2)$$

Da sie bezüglich a ungerade gebaut ist, reduziert sich ihre nach Ziffer I 3 durchzuführende Entwicklung nach Kugel-Flächenfunktionen auf

$$D(a, \zeta) = \frac{1}{2}\, D_S \sum_{l=0}^{\infty} \sum_{m=0}^{l} \sigma_l^m \sin m\, a\, P_l^m(\zeta). \qquad (\text{IV } 10,\ 3)$$

Hierin sind die Koeffizienten σ_l^m den Formeln zu entnehmen

$$\sigma_l^m = 0 \qquad \text{für } m \text{ geradzahlig,}$$

$$\sigma_l^m = \frac{4}{\pi}\,\frac{2\,l+1}{2\,m}\,\frac{(l-m)!}{(l+m)!} \int_{-1}^{+1} P_l^m(\zeta)\, d\zeta \qquad \begin{matrix}\text{für } m\\ \text{ungeradzahlig.}\end{matrix} \qquad\Big\}\ (\text{IV } 10,\ 4)$$

Zur Erleichterung der folgenden Rechnungen geben wir folgende Tabellen:

1. Tafel der Integrale $\displaystyle\int_{-1}^{+1} P_l^m(\zeta)\,d\zeta$.

m \ l	0	1	2	3	4	5
0	2	0	0	0	0	0
1	—	$\frac{1}{2}\pi$	0	$\frac{3}{16}\pi$	0	$\frac{15}{128}\pi$
2	—	—	4	0	4	0
3	—	—	—	$\frac{45}{8}\pi$	0	$\frac{315}{32}\pi$
4	—	—	—	—	112	0
5	—	—	—	—	—	$\frac{4725}{16}\pi$

2. Tafel der Koeffizienten σ_l^m.

m \ l	0	1	2	3	4	5
0	0	0	0	0	0	0
1	—	$\frac{3}{2}$	0	$\frac{7}{32}$	0	$\frac{11}{128}$
2	—	—	0	0	0	0
3	—	—	—	$\frac{7}{192}$	0	$\frac{11}{3072}$
4	—	—	—	—	0	0
5	—	—	—	—	—	$\frac{11}{30\,720}$

Über die Güte der mit den angegebenen Gliedern erzielten Approximationen der vorgegebenen Durchflutungsfunktion geben die Abb. IV 237 und IV 238 Auskunft.

d) Nach (IV 10, 3) lautet das magnetische Skalarpotential des Primärfeldes

$$\varphi = \frac{1}{2}\,D_s \sum_{l=0}^{\infty} \frac{1}{2\,l+1} \sum_{m=0}^{l} \sigma_l^m \sin m\,\alpha\; P_l^m(\zeta)\left(\frac{R_s}{r}\right)^{l+1}; \quad r > R_s \quad (IV\ 10,\ 5)$$

und

$$\varphi = - \sum_{l=0}^{\infty} \frac{l+1}{2\,l+1} \sum_{m=0}^{l} \sigma_l^m \sin m\,\alpha\, P_l^m(\zeta) \left(\frac{r}{R_s}\right)^l; \qquad r < R_s. \qquad (IV\ 10,\ 6)$$

Wir berechnen hieraus im Bereiche $r < R_s$ die physikalische Radialkomponente der Induktion

$$B^r = -\,\Pi\,\frac{\partial \varphi}{\partial r} = \Pi\,\frac{D_s}{2\,R_s} \sum_{l=0}^{\infty} \frac{l\,(l+1)}{2\,l+1} \left(\frac{r}{R_s}\right)^{l-1} \sum_{m=0}^{l} \sigma_l^m \sin m\,\alpha\, P_l^m(\zeta).$$
$$(IV\ 10,\ 7)$$

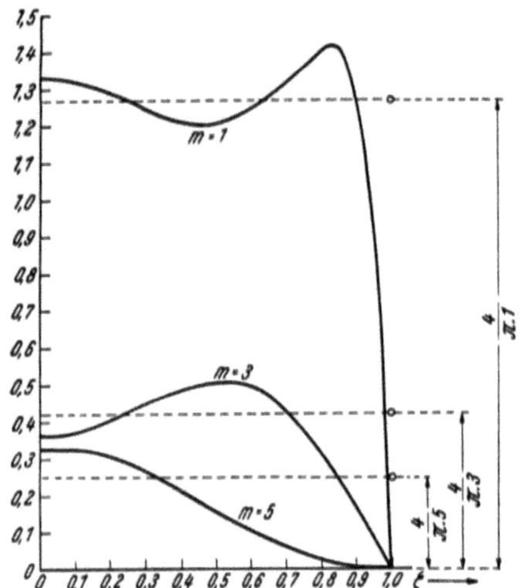

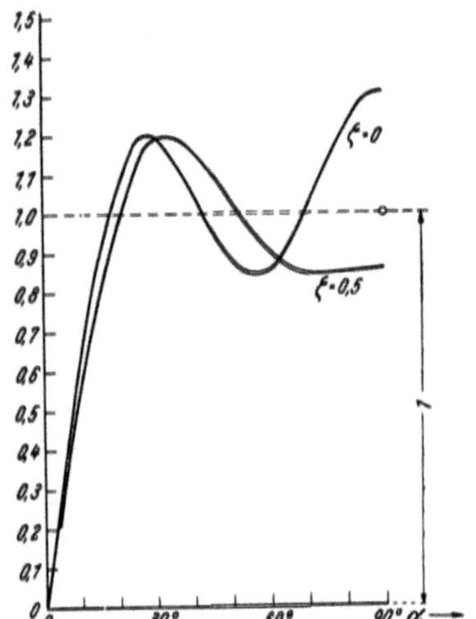

Abb. IV 237. Zonale Verteilung der   Abb. IV 238. Azimutale Verteilung
     Durchflutungsfunktion.   der Durchflutungsfunktion.

Mit ihrer Hilfe bilden wir den Induktionsfluß Φ_L, welcher vom Läuferring umfaßt wird

$$\left.\begin{array}{l} \Phi_L = \displaystyle\int_{\zeta=-1}^{+1} \int_{a=a_L}^{a_L+\tau} (B^r)_{r=R_L} \cdot R_L^2 \cdot d\zeta\,da = \\[3mm] = \Pi\,D_s\,R_L \cdot \displaystyle\sum_{l=0}^{\infty} \frac{l\,(l+1)}{2\,l+1} \cdot \left(\frac{R_L}{R_s}\right)^l \cdot \sum_{m=0}^{l} \sigma_l^m\,\frac{\cos m\,a_L}{m} \int_{-1}^{+1} P_l^m(\zeta)\,d\zeta \end{array}\right\} \qquad (IV\ 10,\ 8)$$

für das Koeffizientensystem σ_l^m nach (IV 10, 4).

e) Wir kehren zur Annahme einer endlichen Durchflutung auch des Läufers zurück. Mit L_s bezeichnen wir die Induktivität je Windung des Ständers, mit L_L jene des Läufers; beide sind nach Ziffer III 15 als bekannt anzusehen. Dann lautet das Thermodynamische Potential des Meßwerkes

$$\Psi = -\frac{1}{2} L_S D_S^2 - \frac{1}{2} L_L D_L^2 - \Pi D_S D_L R_L \sum_{l=0}^{\infty} \frac{l(l+1)}{2l+1} \left(\frac{R_L}{R_S}\right)^l \times$$

$$\times \sum_{m=0}^{l} \sigma_l^m \frac{\cos m \, \alpha_L}{m} \int_{-1}^{1} P_l^m (\zeta) \, d\zeta. \qquad \text{(IV 10, 9)}$$

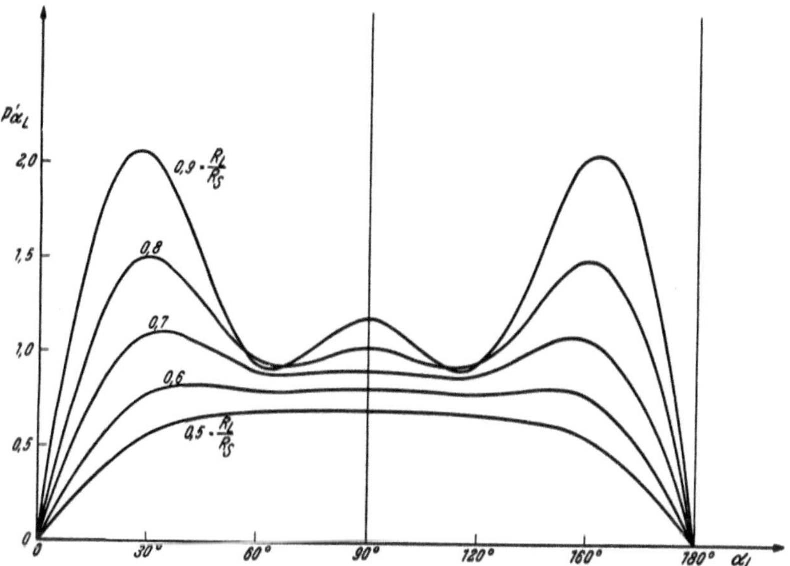

Abb. IV 239. Elektrodynamisches Meßwerk. Ungeteilter Ständer. Gang des numerischen elektrodynamischen Drehmomentes mit der Stellung des Läufers; bei der Approximation wurden die Glieder $l \leqq 5$ benutzt.

Die inneren Feldkräfte erregen daher an der Achse des Läufers [allgemeine Koordinate α_L] das Drehmoment

$$P_{\alpha_L}' = -P_{\alpha_L} = -\frac{\partial \psi}{\partial \alpha_L} = \Pi D_S D_L R_L \sum_{l=0}^{\infty} \frac{l(l+1)}{2l+1} \left(\frac{R_L}{R_S}\right)^l \times$$

$$\times \sum_{m=0}^{l} \sigma_l^m \sin m \, \alpha_L \int_{-1}^{+1} P_l^m (\zeta) \, d\zeta. \qquad \text{(IV 10, 10)}$$

Abb. IV 239 zeigt den Gang des numerischen Drehmomentes

$$p_{\alpha_L}' = \frac{P_{\alpha_L}'}{\Pi D_S D_L R_L} \qquad \text{(IV 10, 11)}$$

mit dem Azimut der Läuferring-Ebene. Zwischen $\alpha_L = 0^0$ und $\alpha_L = 180^0$ treten für hinreichend nahe an 1 liegende Werte des Verhältnisses R_L/R_S zwei scharfe Hauptmaxima auf; das außerdem in $\alpha_L = 90^0$ erscheinende

Nebenmaximum ist physikalisch nicht reell, sondern lediglich unserem Verfahren der numerischen Reihensummation zu danken, welche auf die Glieder der Ordnungszahl $l \leqq 5$ beschränkt wurde. Daher ist innerhalb einer weiten Umgebung von $a_L = 90^0$ das numerische Moment tatsächlich nur schwach von der Stellung des Läufers relativ zum Ständer abhängig.

f) Aus konstruktiven Gründen wird die Ständerwicklung häufig in zwei Teilringe aufgespalten, deren jeder die Durchflutung $1/2\,D_S$ führt; sie mögen je im Abstande d von der Ebene $a = 0$ auf der Trägerkugel $r = R_S$ liegen. Wir setzen

$$\delta = \arcsin \frac{d}{R_S} \qquad\qquad \text{(IV 10, 12)}$$

und erhalten als Durchflutungsfunktion auf der Trägerkugel

$$D\,(a,\,\zeta) = \frac{1}{2}\,D_S; \qquad \delta < a < \pi - \delta, \qquad\qquad -1 \leqq \zeta \leqq 1,$$

$$D\,(a,\,\zeta) = 0; \qquad -\delta < a < \delta \ \text{und}\ \pi - \delta < a < \pi + \delta, \quad -1 \leqq \zeta \leqq 1,$$

$$D\,(a,\,\zeta) = -\frac{1}{2}\,D_S; \qquad -\pi + \delta < a < -\delta, \qquad\qquad -1 \leqq \zeta \leqq 1.$$

$$\text{(IV 10, 13)}$$

Daher treten in ihre Entwicklung nach Kugel-Flächenfunktionen an Stelle der Koeffizienten σ_l^m nach (IV 10, 4) die Zahlen

$$\overline{\sigma}_l^m = \sigma_l^m \cos m\,\delta \qquad\qquad \text{(IV 10, 14)}$$

und ebenso hat man alle auf jener Entwicklung basierenden Gleichungen abzuändern.

Durch die Wahl

$$\delta = \frac{\pi}{6} \qquad\qquad \text{(IV 10, 15)}$$

löschen wir die dritte azimutale Oberwelle der Ständer-Durchflutungsfunktion. Abb. IV 240 zeigt die in diesem Falle resultierenden Kurven des numerischen Drehmomentes $p_{aL}{}'$ in Abhängigkeit von der Stellung der Läuferring-Ebene für den Bereich $0 \leqq a_L \leqq 180^0$. Mit Rücksicht auf die nur beschränkte Genauigkeit der wiederum bei $l = 5$ abgebrochenen numerischen Reihensummation sind die in der Umgebung von $a_L = 0^0$ und $a_L = 180^0$ erscheinenden negativen Kurventeile physikalisch nicht reell, und man hat von ihnen zu abstrahieren. Auch das elektrodynamische Meßwerk mit geteilter Ständerwicklung zeichnet sich in einer weiten Umgebung von $a_L = 90^0$ durch ein nahezu konstantes numerisches Drehmoment aus.

g) Auf Grund der vorstehenden theoretischen Analyse empfiehlt es sich, den Arbeitsbereich elektrodynamischer Meßgeräte auf das Gebiet schwach veränderlichen numerischen Drehmomentes zu beschränken. Sorgt man gleichzeitig dafür, daß dort die Rückstellkraft linear mit Δa ansteigt, so wird im Falle eines stationären Wertes von $D_S\,D_R$ der Zeigerausschlag diesem Produkte nahezu proportional. Häufig ist es jedoch eine periodische Funktion der Zeit t

$$D_S\,D_R = f\,(t). \qquad\qquad \text{(IV 10, 16)}$$

Im Gebiete der technischen Wechselströme ist ihre Periode T in der Regel klein gegen die Eigenschwingungsdauer des Meßwerkes; für den Zeigerausschlag ist dann der zeitliche Mittelwert

$$\overline{D_S D_R} = \frac{1}{T} \int_0^T f(t)\, dt \qquad (IV\ 10,\ 17)$$

maßgebend.

Die gebräuchlichsten Typen dieser Art arbeitender Meßgeräte sind:

1. Elektrodynamische Stromzeiger: Ständer und Läufer werden in Reihe geschaltet; sie führen daher in jedem Augenblick den nämlichen Strom $J = J(t)$. Die nach gleichen Stufen von $\sqrt{\varDelta\,a}$ geteilte Skala gibt den Effektivwert des Stromes an, welcher im Falle des Gleichstromes mit dessen konstanter Stärke identisch wird; man kann daher das Gerät mit Gleichstrom eichen.

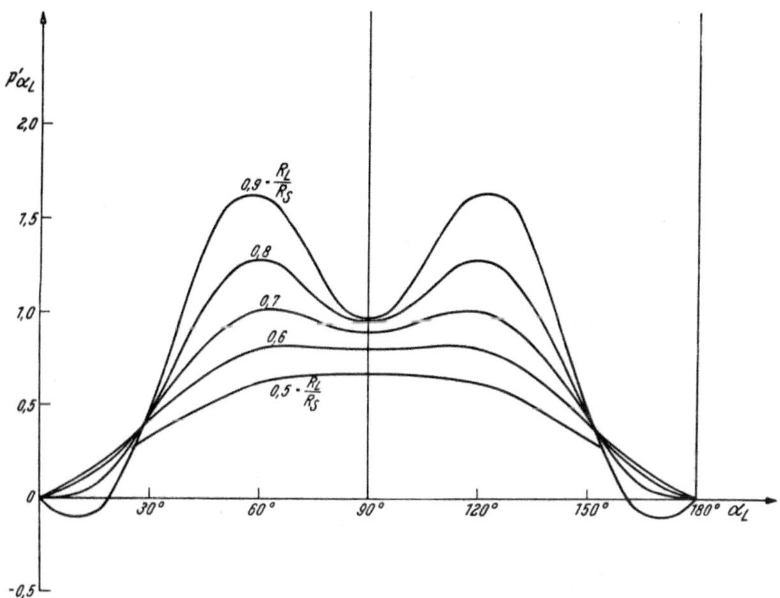

Abb. IV 240. Elektrodynamisches Meßwerk. Geteilter Ständer. Gang des numerischen Drehmomentes mit der Stellung des Läufers; bei der Approximation wurden die Glieder $l \leq 5$ benutzt.

2. Elektrodynamische Spannungszeiger: Ihr Meßwerk entsteht aus jenem des Stromzeigers durch Reihenschaltung mit einem festen *Ohm*schen Widerstande; dieses System wird von der zu messenden Spannung $U = U(t)$ gespeist. Auf Grund des *Ohm*schen Gesetzes ist somit die Wirkungsweise des elektrodynamischen Spannungszeigers nicht wesentlich von der des Stromzeigers verschieden; insbesondere zeigt auch dieses Instrument den Effektivwert der Meßgröße an.

3. Elektrodynamische Leistungszeiger: Der Ständer wird durch den Strom $J = J(t)$, der Läufer über einen festen *Ohm*schen Vorwiderstand

durch die Spannung $U = U(t)$ der zu kontrollierenden Anlage erregt. Die nunmehr linear nach gleichen Stufen von $\Delta\,\alpha$ geteilte Skala zeigt gemäß (IV 10, 17) den zeitlichen Mittelwert

$$\overline{N} = \frac{1}{T} \int\limits_0^T J(t)\, U(t)\, dt \qquad\qquad (IV\ 10,\ 18)$$

der Leistung $N(t) = J(t)\, U(t)$ an.

IV 11. Dreheisen-Meßwerke.

a) Abb. IV 241 zeigt den grundsätzlichen Aufbau eines neuzeitlichen Dreheisen-Stromzeigers:

Der von der Zeit t abhängige Strom $J = J(t)$ speist die w Windungen einer schlanken Zylinderspule vom lichten Halbmesser R und der achsialen Länge l.   In ihrem Innern herrscht in jedem Augenblick ein merklich homogenes, achsenparalleles magnetisches Primärfeld der Intensität

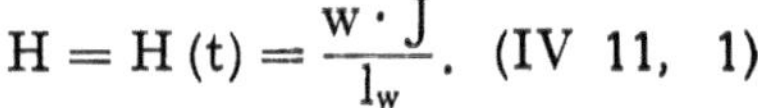

$$H = H(t) = \frac{w \cdot J}{l_w}. \qquad (IV\ 11,\ 1)$$

Die wirksame Spulenlänge l_w kann aus dem Vektorpotential der Spule an Hand ihrer Abmessungen berechnet werden; sie gilt weiterhin als bekannt.

Parallel zur geometrischen Spulenachse liegt die Drehachse des Meßwerkes. Sein Antrieb besteht aus zwei hochpermeablen Elementen: Dem raumfesten Ständer und dem der Drehachse verhafteten Läufer. Ständer- und Läufereisen bilden je eine meridional zur Achse gestellte Rechteckplatte der Höhe $2\,h \ll l$ und der radialen Breite $b \ll 2\,h$, welche sich im mittleren Abstande r von der Achse befinden. Um das System der Dreheisen zu einem Meßgerät auszugestalten, sind ihm Zeiger, Rückstell- und Dämpfungsorgane sowie Balanciergewichte hinzuzufügen.

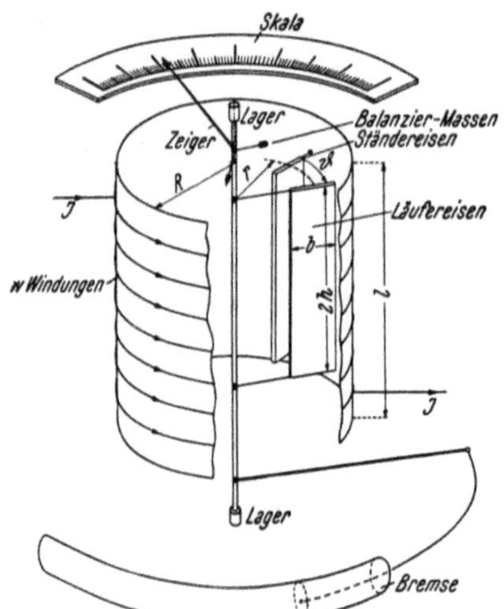

Abb. IV 241. Schematische Darstellung eines Dreheisen-Meßwerkes [ohne Rückführorgan].

b) Die Lage des Läufers relativ zum Ständer wird durch das Azimut ϑ gemessen, welches ihre mittleren Meridianebenen miteinander einschließen. Sei ϑ_0 das Ruhe-Azimut bei stromlosem Gerät, so definiert

$$\Delta\,\vartheta = \vartheta - \vartheta_0 \qquad\qquad (IV\ 11,\ 2)$$

den Zeigerausschlag.

Die gleichzeitige Magnetisierung von Ständer und Läufer durch das Primärfeld (IV 11, 1) weckt zwischen ihnen ein elektrodynamisches Abstoßungsmoment

$$M_e = M_e(\vartheta, t). \qquad\qquad (IV\ 11,\ 3)$$

Wir setzen J (t) als periodische Funktion voraus. Bei hinreichender mechanischer Trägheit des Meßwerkes wird dann der zeitliche Mittelwert $\overline{M}_e(\vartheta)$ des Abstoßungsmomentes im Gleichgewichtszustand durch das Rückstellmoment $M_r(\vartheta)$ kompensiert: Die Gleichung

$$\overline{M}_e(\vartheta) = M_r(\vartheta) \qquad \text{(IV 11, 4)}$$

regelt den Charakter der Skala.

c) Wir konstruieren jene Kontrollebene, welche Ständer und Läufer im Abstand r von der Drehachse schneidet. In dieser Ebene erscheinen nach Abb. IV 242 Ständer und Läufer als parallele Strecken je der Länge 2 h, welche voneinander um

$$2\,\mathrm{d} = 2\,\mathrm{r}\sin\frac{\vartheta}{2} \qquad \text{(IV 11, 5)}$$

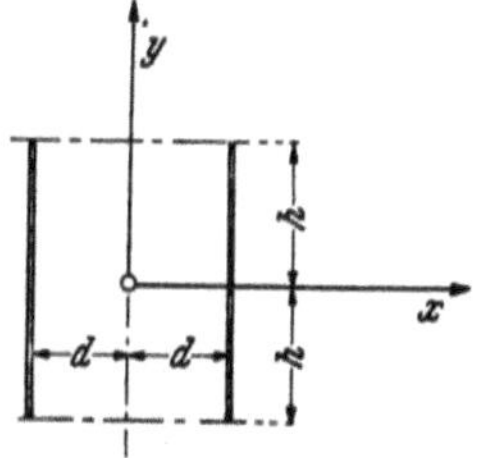

Abb. IV 242. Zur Geometrie des Dreheisen-Meßwerkes.

entfernt sind.

Wir orientieren uns an jenem *Gauß*schen Koordinatensystem $z = x + iy$, dessen Ursprung nach Abb. IV 242 im Symmetriezentrum beider Strecken liegt, und dessen x-Achse senkrecht zu ihnen weist. Das komplexe Primärpotential χ_p lautet demnach

$$\chi_P = \varphi_P + i\,\psi_P = H\,i\,z. \qquad \text{(IV 11, 6)}$$

Das Meßwerk deformiert das Primärpotential und wird hierdurch selbst zur Quelle des komplexen Sekundärpotentiales $\chi_s = \varphi_s + i\,\psi_s$, welches mit wachsender Entfernung vom Störzentrum verschwindet:

$$\lim_{|z|\to\infty} \chi_s = 0. \qquad \text{(IV 11, 7)}$$

Gehen wir zur Grenze $\mu \to \infty$ von Ständer- und Läufereisen über, so genügt das resultierende, komplexe Potential

$$\chi = \varphi + i\,\psi = \chi_P + \chi_s \qquad \text{(IV 11, 8)}$$

der Randbedingung

$$\varphi = 0 \quad \text{für} \quad x = \pm\,\mathrm{d}; \quad -\mathrm{h} < \mathrm{y} < +\mathrm{h}. \qquad \text{(IV 11, 9)}$$

d) In der z-Ebene fixieren wir die Punkte

$$A = (-\mathrm{d}, 0); \quad B = (-\mathrm{d}, i\,\mathrm{h}); \quad C = (-\mathrm{d} + 0, 0); \quad D = (+\mathrm{d} + 0, 0);$$
$$E = (+\mathrm{d}, i\,\mathrm{h}); \quad F = (+\mathrm{d} + 0, 0). \qquad \text{(IV 11, 10)}$$

Wir rufen die komplexe $w + i\,v$-Ebene zu Hilfe und suchen die Abbildung, welche jene Punkte in die Punkte

$$u_A = -\frac{1}{k}; \quad u_B = -\beta; \quad u_C = -1; \quad u_D = +1; \quad u_E = +\beta; \quad u_F = +\frac{1}{k} \begin{cases} 0 < k < 1 \\ 1 < \beta < \frac{1}{k} \end{cases}$$
$$\text{(IV 11, 11)}$$

transformiert. Die zuständige *Schwarz-Christoffel*sche Differentialgleichung lautet

$$\frac{\mathrm{dz}}{\mathrm{dw}} = C\,\frac{\beta^2 - w^2}{\sqrt{(1-w^2)(1-k^2w^2)}} \equiv C\left[\frac{\beta^2 - 1/k^2}{\sqrt{(1-w^2)(1-k^2w^2)}} + \frac{1}{k^2}\sqrt{\frac{1-k^2w^2}{1-w^2}}\right].$$
$$\text{(IV 11, 12)}$$

Das Argument der hier auftretenden Funktionen längs ihrer gemeinsamen Verzweigungsschnitte $1 < |u| < 1/k$ geht aus Abb. IV 243 hervor.

Die Konstanten C, k und β sind den Daten des Systemes in der z-Ebene anzupassen:

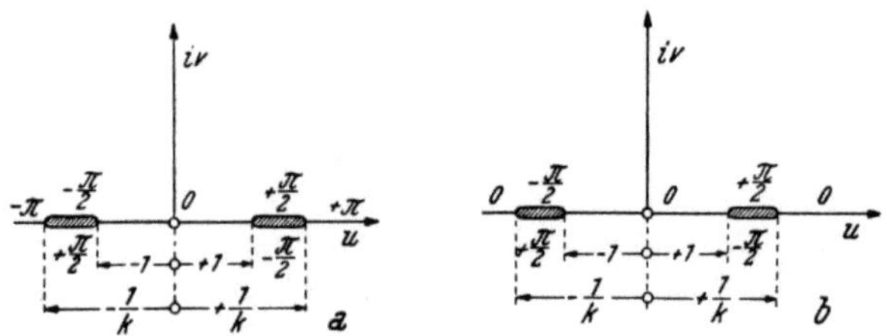

Abb. IV 243. Verzweigungscharakter der Funktionen.

$$a) \quad \frac{1}{\sqrt{(1-w^2)(1-k^2 w^2)}}, \qquad b) \quad \sqrt{\frac{1-k^2 w^2}{1-w^2}}$$

1. Für $0 < u < 1$ ergibt sich, mit Benützung der vollständigen Elliptischen Normalintegrale erster Gattung K (k) und zweiter Gattung E (k)

$$C\left[\left(\beta^2 - \frac{1}{k^2}\right) \int_0^1 \frac{du}{\sqrt{(1-u^2)(1-k^2 u^2)}} + \frac{1}{k^2} \int_0^1 \sqrt{\frac{1-k^2 u^2}{1-u^2}}\, du\right] =$$

$$= C\left[\left(\beta^2 - \frac{1}{k^2}\right) K + \frac{1}{k^2} E\right] = d. \qquad \text{(IV 11, 13)}$$

2. Durch Integration längs $1 < u < 1/k$ folgt

$$\left(\beta^2 - \frac{1}{k^2}\right) \int_0^{1/k} \frac{du}{\sqrt{(u^2-1)(1-k^2 u^2)}} + \frac{1}{k^2} \int_0^{1/k} \sqrt{\frac{1-k^2 u^2}{u-1}}\, du = 0.$$

$$\text{(IV 11, 14)}$$

Man substituiere $k'^2 = 1 - k^2$; $1 - k^2 u^2 = k'^2 r^2$ und erhält mit $K(k') \equiv K'$; $E(k') \equiv E'$

$$\left(\beta^2 - \frac{1}{k^2}\right) \int_0^1 \frac{dr}{\sqrt{(1-r^2)(1-k'^2 r^2)}} + \frac{k'^2}{k^2} \int_0^1 \frac{r^2\, dr}{\sqrt{(1-r^2)(1-k'^2 r^2)}} \equiv$$

$$\equiv \beta^2 \int_0^1 \frac{dr}{\sqrt{(1-r^2)(1-k'^2 r^2)}} - \frac{1}{k^2} \int_0^1 \sqrt{\frac{1-k'^2 r^2}{1-r^2}}\cdot dr = \beta^2 K' - \frac{E'}{k^2} = 0,$$

$$\text{(IV 11, 15)}$$

also

$$\beta^2 = \frac{1}{k^2} \frac{E'}{K'}; \quad \frac{d}{C} = \frac{1}{k^2} \frac{E' K - K K' + E K'}{K'} = \frac{\pi}{2} \frac{1}{k^2 K'}. \qquad \text{(IV 11, 16)}$$

3. Mittels Integration längs $1 < u < \beta$ finden wir

$$\frac{h}{C} = \frac{E' - K'}{k^2 K'} \int_1^\beta \frac{du}{\sqrt{(u^2 - 1)(1 - k^2 u^2)}} + \frac{1}{k^2} \int_1^\beta \sqrt{\frac{1 - k^2 u^2}{u^2 - 1}}\, du =$$

$$= \frac{E'}{k^2 K'} \int_{\frac{1}{k'}\sqrt{1 - \frac{E'}{K'}}}^1 \frac{dr}{\sqrt{(1 - r^2)(1 - k'^2 r^2)}} - \frac{1}{k^2} \int_{\frac{1}{k'}\sqrt{1 - \frac{E'}{K'}}}^1 \sqrt{\frac{1 - k'^2 r^2}{1 - r^2}}\, dr. \qquad \text{(IV 11, 17)}$$

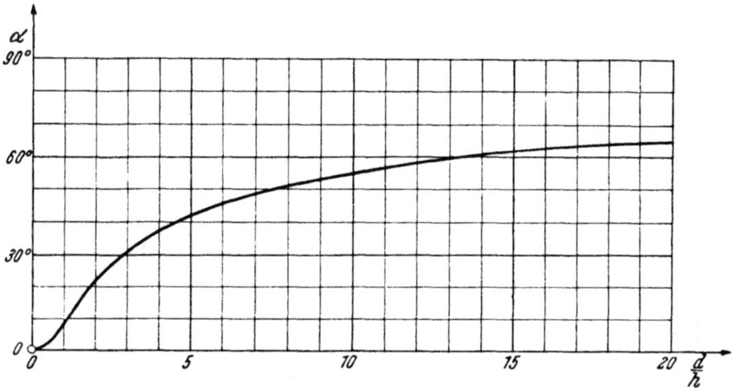

Abb. IV 244. Dreheisen-Meßwerk. Bestimmung des Modularwinkels.

Neben den vollständigen Elliptischen Normalintegralen $K(k') \equiv K'$ und $E(k') \equiv E'$ führen wir die unvollständigen Integrale F erster Gattung und E zweiter Gattung des Modularwinkels $\alpha' = \arcsin k' = \arccos k$ und des Argumentes $\frac{1}{k'}\sqrt{1 - \frac{E'}{K'}}$ ein und erhalten

$$\frac{h}{C} = \frac{1}{k^2 K'}\left[K'\, E\left(\alpha', \arcsin \frac{1}{k'}\sqrt{1 - \frac{E'}{K'}}\right) - E'\, F\left(\alpha', \arcsin \frac{1}{k'}\sqrt{1 - \frac{E'}{K'}}\right)\right]. \qquad \text{(IV 11, 18)}$$

Durch Kombination von (IV 11, 16) und (IV 11, 18) folgt die Abhängigkeit des Modularwinkels $\alpha = \pi/2 - \alpha'$ von d/h:

$$\frac{d}{h} = \frac{\pi}{2} \frac{1}{K'\, E\left(\alpha', \arcsin \frac{1}{k'}\sqrt{1 - \frac{E'}{K'}}\right) - E'\, F\left(\alpha', \arcsin \frac{1}{k'}\sqrt{1 - \frac{E'}{K'}}\right)} \qquad \text{(IV 11, 19)}$$

Im Einklang mit Abb. IV 244 korrespondieren niedrigen d/h kleine α, während für $d/h \to \infty$ der Modularwinkel gegen $\pi/2$ konvergiert.

e) In der w-Ebene erscheinen sowohl der Ständer wie der Läufer je als Abschnitt der u-Achse. Daher läßt sich (IV 11, 9) in der w-Ebene durch

$$\varphi = 0 \quad \text{für} \quad 1 < |u| < \frac{1}{k}; \quad v = 0 \qquad \text{(IV 11, 20)}$$

ausdrücken. Weiter folgt aus (IV 11, 12) für hinreichend große $|w|$

$$z = \frac{C}{k} w + \ldots, \qquad \text{(IV 11, 21)}$$

so daß das komplexe Potential χ nach (IV 11, 6), (IV 11, 7) und (IV 11, 8) in der w-Ebene der Bedingung unterliegt

$$\lim_{|w|\to\infty}\left[\chi - H\cdot i\frac{C}{k}w\right] = 0. \qquad \text{(IV 11, 22)}$$

Wir genügen (IV 11, 20) und (IV 11, 22) gleichzeitig mittels

$$\chi = H\cdot i\frac{C}{k}w, \qquad \text{(IV 11, 23)}$$

so daß diese Gleichung die Lösung des Potentialproblemes repräsentiert. Schreibt man umgekehrt

$$w = \frac{\chi}{iH}\cdot\frac{k}{C}, \qquad \text{(IV 11, 24)}$$

so erhält man durch Substitution in (IV 11, 12) den differentiellen Zusammenhang zwischen dem komplexen Potential und der Koordinate des Kontrollpunktes in der Originalebene. Insbesondere folgt für hinreichend große $|w|$, indem wir binomisch entwickeln

$$\frac{1}{\sqrt{1-w^2}} = \frac{1}{iw}\left[1+\frac{1}{2}\frac{1}{w^2}+\cdots\right];$$

$$\frac{1}{\sqrt{1-k^2w^2}} = \frac{1}{ikw}\left[1+\frac{1}{2}\frac{1}{k^2w^2}+\cdots\right]; \qquad \text{(IV 11, 25)}$$

$$\frac{dz}{dw} = \frac{C}{k}\left[1+\left\{\frac{1}{2}\left(\frac{1}{k^2}+1\right)-\beta^2\right\}\frac{1}{w^2}+\cdots\right],$$

also

$$z = \frac{C}{k}\left[w - \frac{1+k^2-2\,\beta^2\,k^2}{2\,k^2}\frac{1}{w}+\cdots\right]. \qquad \text{(IV 11, 26)}$$

Wir entnehmen hieraus

$$w = \frac{k}{C}z + \frac{1+k^2-2\,\beta^2\,k^2}{2\,k^2}\frac{C}{k}\cdot\frac{1}{z}+\cdots \qquad \text{(IV 11, 27)}$$

und finden, mit Rücksicht auf (IV 11, 16) und (IV 11, 23)

$$\chi = H\,i\,z + \frac{4}{\pi^2}\,d^2\frac{(1+k^2)\,K'^2-2\,E'\,K'}{2}\,H\frac{i}{z}+\cdots \qquad \text{(IV 11, 28)}$$

Der erste Posten ist mit dem Primärpotential (IV 11, 6) identisch; daher schildert der zweite Posten samt den nur angedeuteten Gliedern höherer Ordnung das komplexe Sekundärpotential χ_s. Von jenen Feldanteilen höherer Ordnung abgesehen repräsentiert also das Meßwerk einen parallel zur y-Achse orientierten magnetischen Dipol, dessen Moment m je Längeneinheit senkrecht zur z-Ebene der Gleichung

$$\frac{m}{2\,\pi\,\Pi} = \frac{4}{\pi^2}\,d^2\frac{(1+k^2)\,K'^2-2\,E'\,K'}{2}\,H \qquad \text{(IV 11, 29)}$$

zu entnehmen ist. Insbesondere wird für d/h → 0

$$0 < \mathrm{k} \equiv \varepsilon \ll 1; \quad \mathrm{k}' = 1 - \frac{\varepsilon^2}{2} + \ldots; \quad \alpha' = \frac{\pi}{2} - \varepsilon + \ldots;$$

$$\mathrm{K}' = \ln \frac{4}{\varepsilon} + \ldots; \quad \mathrm{E}' = 1 + \ldots; \quad \frac{\mathrm{E}'}{\mathrm{K}'} = \frac{1}{\ln 4/\varepsilon} + \ldots;$$

$$\frac{1}{\mathrm{k}'} \sqrt{1 - \frac{\mathrm{E}'}{\mathrm{K}'}} = 1 - \frac{1}{2} \frac{1}{\ln 4/\varepsilon} + \ldots \equiv \sin\left(\frac{\pi}{2} - \delta\right);$$

$$\delta = \sqrt{\frac{1}{\ln 4/\varepsilon}} + \ldots$$

$$\text{(IV 11, 30)}$$

und weiter

$$\mathrm{F}\left(\alpha', \frac{\pi}{2} - \delta\right) = \int_0^{\pi/2-\delta} \frac{\mathrm{d}\psi}{\cos \psi} + \ldots = \ln \mathrm{tg}\left\{\frac{\pi}{4} + \left(\frac{\pi}{4} - \frac{\delta}{2}\right)\right\} + \ldots =$$

$$= \frac{1}{2} \ln\left(4 \ln \frac{4}{\varepsilon}\right) + \ldots;$$

$$\mathrm{E}\left(\alpha', \frac{\pi}{2} - \delta\right) = \int_0^{\pi/2-\delta} \cos \psi \, \mathrm{d}\psi + \ldots = \sin\left(\frac{\pi}{2} - \delta\right) + \ldots =$$

$$= 1 - \frac{1}{2} \frac{1}{\ln \frac{4}{\varepsilon}} + \ldots;$$

$$\text{(IV 11, 31)}$$

Die Gln. (IV 11, 19) und (IV 11, 29) liefern nunmehr

$$\frac{\mathrm{h}}{\mathrm{d}} = \frac{2}{\pi}\left[\ln \frac{4}{\varepsilon} - \frac{1}{2} \ln \ln \frac{4}{\varepsilon} - \left(\frac{1}{2} + \ln 2\right)\right] + \ldots; \quad \text{(IV 11, 32)}$$

sowie

$$\frac{\mathrm{m}}{2\pi \Pi} = \frac{4}{\pi^2} \frac{\ln \frac{4}{\varepsilon}\left[\ln \frac{4}{\varepsilon} - 2\right]}{2} \cdot \mathrm{H} + \ldots =$$

$$= \frac{\ln \frac{4}{\varepsilon}\left[\ln \frac{4}{\varepsilon} - 2\right]}{\left[\ln \frac{4}{\varepsilon} - \frac{1}{2} \ln \ln \frac{4}{\varepsilon} - \left(\frac{1}{2} + \ln 2\right)\right]^2} \cdot \frac{\mathrm{h}^2}{2} \mathrm{H} + \ldots; \quad \text{(IV 11, 33)}$$

Ihre Kombination ergibt

$$\frac{\mathrm{m}_0}{2\pi \Pi} \equiv \lim_{\mathrm{d/h} \to 0} \frac{\mathrm{m}}{2\pi \Pi} = \lim_{\varepsilon \to 0} \frac{\mathrm{m}}{2\pi \Pi} = \frac{\mathrm{h}^2}{2} \mathrm{H}. \quad \text{(IV 11, 34)}$$

Wir berechnen aus (IV 11, 29) und (IV 11, 34) das numerische Moment $\mathrm{m/m_0} \equiv \mu$:

$$\mu \equiv \frac{\mathrm{m}}{\mathrm{m}_0} = \frac{4}{\pi^2} \frac{\mathrm{d}^2}{\mathrm{h}^2} [(1 + \mathrm{k}^2)\, \mathrm{K}'^2 - 2\, \mathrm{E}'\, \mathrm{K}']. \quad \text{(IV 11, 35)}$$

Gemäß Abb. IV 245 konvergiert es für d/h → ∞ gegen $\mathrm{m/m_0} = 2$: Ständer und Läufer verhalten sich jetzt wie zwei getrennte Dipole je vom Moment $\mathrm{m_0}$.

f) Wir fragen nach dem Thermodynamischen Potential Ψ des Meßwerkes; als Basis $\Psi = 0$ gilt das System der Spule allein bei herausgenommenem Meßwerk. Definitionsgemäß ist Ψ unabhängig von dem Prozeß, welcher zur Realisierung des Endzustandes führt. Hiervon Gebrauch machend, vertauschen wir vorübergehend die Spule des Meßgerätes mit einer virtuellen Erregerwicklung: Längs des Umfanges eines Trägerzylinders vom Halbmesser $R^* \gg 2\,h$, dessen Achse auf der z-Ebene senkrecht steht, sei gemäß Abb. IV 246 der achsial gerichtete Strombelag verteilt

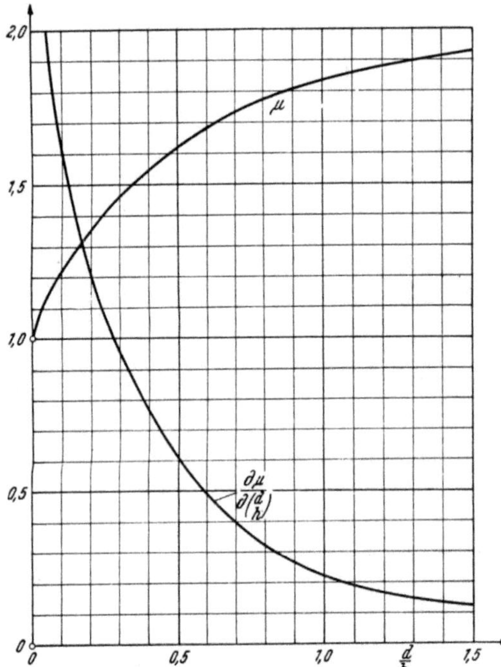

Abb. IV 245. Dreheisen-Meßwerk. Das numerische magnetische Moment und seine Ableitung.

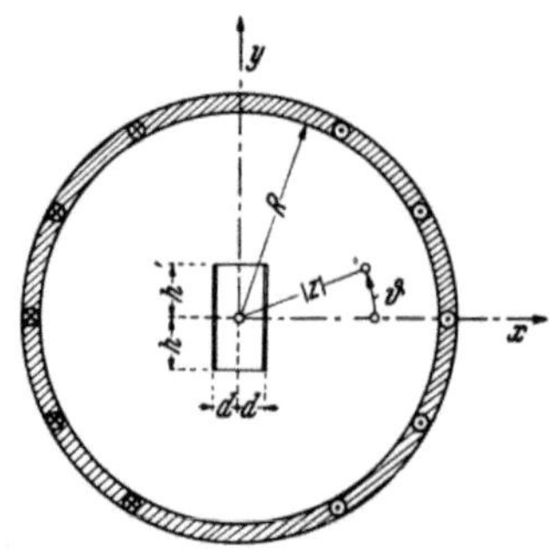

Abb. IV 246. Zur Ermittelung des Thermodynamischen Potentiales eines zweidimensionalen magnetischen Momentes.

$$A^* = -\,A_0 \cos \zeta; \quad \operatorname{tg} \zeta = \frac{y}{x}. \tag{IV 11, 36}$$

Ihm korrespondiert das magnetische Skalarpotential

$$\varphi^* = \frac{1}{2}\,A_0\,R^{*2}\,\frac{y}{x^2 + y^2} = \frac{1}{2}\,A_0\,\frac{R^{*2}}{|z|}\sin\zeta \quad \text{für} \quad |z| > R^*,$$

$$\varphi^* = -\frac{1}{2}\,A_0\,y = -\frac{1}{2}\,A_0\,|z|\sin\zeta \quad \text{für} \quad |z| < R^*, \tag{IV 11, 37}$$

also in $|z| < R^*$ ein parallel zur y-Achse wirkendes, homogenes Magnetfeld der Intensität

$$H_y^* = \frac{1}{2}\,A_0, \tag{IV 11, 38}$$

welches wir weiterhin mit H identifizieren:

$$\frac{1}{2}\,A_0 \to H. \tag{IV 11, 39}$$

Längs der virtuellen Wicklung lautet das Sekundärpotential des Meßwerkes

$$\varphi_s = \frac{m}{2\,\pi\,\varPi}\left(\frac{y}{x^2 + y^2}\right)_{|z|\,=\,R_s} + \cdots = \frac{m}{2\,\pi\,\varPi}\,\frac{\sin\zeta}{R^*} + \cdots \qquad \text{(IV 11, 40)}$$

Es entwickelt dort die radiale [physikalische] Induktionskomponente

$$B_{s}^{r} = \frac{m}{2\,\pi}\,\frac{\sin\zeta}{R^{*2}} + \cdots; \qquad \text{(IV 11, 41)}$$

In unserer Normierung ist daher das Thermodynamische Potential
des Systemes je Längeneinheit senkrecht zur z-Ebene

$$\varPsi = \lim_{R^* \to \infty}\left[-\frac{1}{2}\int_{\zeta=0}^{2\,\pi}\left\{\varphi^*_{|z|\,=\,R^*+0} - \varphi^*_{|z|\,=\,R^*-0}\right\}B_{s}^{r}\,R^*\,d\zeta\right] = -\frac{1}{2}\frac{A_0\,m}{2} = -\frac{1}{2}\mathrm{H}\,m$$

$$\text{(IV 11, 42)}$$

und mit Rücksicht auf (IV 11, 34) und (IV 11, 35)

$$\varPsi = -\frac{\pi}{2}\,\varPi\,\mathrm{h}^2\,\mu \cdot \mathrm{H}^2. \qquad \text{(IV 11, 43)}$$

[Zweidimensionale Fassung der Gl. (IV 8, 36).]

g) Die elektrodynamische Abstoßungskraft P_e je Längeneinheit des
Systemes senkrecht zur z-Ebene beträgt

$$P_e = -\frac{\partial\varPsi}{\partial d} = \frac{\pi}{2}\,\varPi \cdot \mathrm{h} \cdot \mathrm{H}^2 \cdot \mu', \qquad \text{(IV 11, 44)}$$

wobei die Funktion

$$\mu' = \frac{\partial\mu}{\partial\left(\dfrac{\mathrm{d}}{\mathrm{h}}\right)} = \mu'\left(\frac{\mathrm{d}}{\mathrm{h}}\right) = \mu'\left(\frac{\mathrm{r}}{\mathrm{h}}\,2\sin\frac{\vartheta}{2}\right) \qquad \text{(IV 11, 45)}$$

in Abhängigkeit von $\mathrm{d}/\mathrm{h} = \mathrm{r}/\mathrm{h} \cdot 2\sin\vartheta/2$ aus Abb. IV 245 zu entnehmen
ist. Hieraus resultiert das Drehmoment

$$M_e = (P_e \cdot \mathrm{b}) \cdot \left(\mathrm{r}\cos\frac{\vartheta}{2}\right) = \frac{\pi}{2}\,\varPi\,\mathrm{h}\,\mathrm{b}\,\mathrm{r}\,\mathrm{H}^2\,\mu'\cos\frac{\vartheta}{2}. \qquad \text{(IV 11, 46)}$$

Sei J_{eff} der Effektivwert des Stromes in der Magnetisierungsspule, so
folgt mit Rücksicht auf (IV 11, 1) der zeitliche Mittelwert des Momentes

$$\overline{M}_e(\vartheta) = \frac{\pi}{2}\,\varPi\,\frac{\mathrm{h}\,\mathrm{b}\,\mathrm{r}}{\mathrm{l_w}^2} \cdot J_{\text{eff}}^2 \cdot \mu' \cdot \cos\frac{\vartheta}{2}. \qquad \text{(IV 11, 47)}$$

Um nunmehr die Gleichgewichtsbedingung (IV 11, 4) zu verwerten,
spezialisieren wir auf folgende Typen von Dreheisen-Stromzeigern:

1. Das Rückstellmoment wird durch eine Torsionsfeder erzeugt, welche
durch die Gleichung definiert ist

$$M_r(\vartheta) = \mathrm{c}\,\vartheta. \qquad \text{(IV 11, 48)}$$

Mittels Einführung des numerischen Effektivstromes $\mathrm{j_{eff}}$ durch

$$\mathrm{j_{eff}} = \mathrm{w}\,J_{\text{eff}} \cdot \sqrt{\frac{\pi}{2}\frac{\mathrm{h}\cdot\mathrm{b}\cdot\mathrm{r}}{\mathrm{l_w}^2}\cdot\frac{1}{\mathrm{c}}} \qquad \text{(IV 11, 49)}$$

erhalten wir somit aus (IV 11, 47) und (IV 11, 48)

$$\mathrm{j_{eff}}^2 = \frac{\vartheta}{\mu' \cdot \cos\vartheta/2} \qquad \text{(IV 11, 50)}$$

Abb. IV 247 zeigt den funktionellen Zusammenhang $j_{eff} = j_{eff}(\vartheta)$ für ein Meßwerk der Eigenschaft $r/h = 1/2$; hieraus entsteht eine Skala nach Abb. IV 248, welche sowohl für kleine wie für große numerische Ströme zusammengedrängt ist, für mittlere Ströme hingegen nahezu linearen Charakter offenbart.

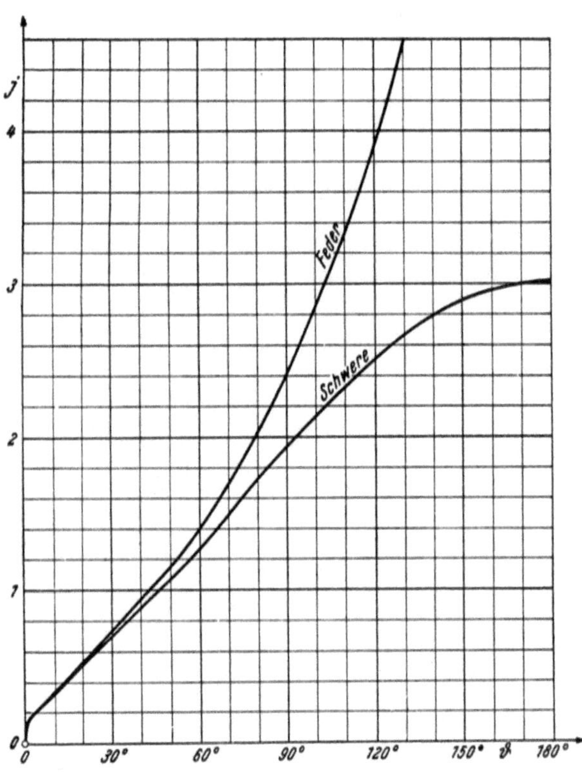

Abb. IV 247. Wirkungsweise eines Dreheisen-Meßwerkes $r/h = 1/2$.

2. Das Rückstellmoment rührt von der Schwerkraft her, welche am exzentrisch zur Drehachse des Meßwerkes liegenden Schwerpunkt angreift: Es gilt

$$M_1(\vartheta) = c' \cdot \sin\vartheta,$$
$$(IV\ 11,\ 51)$$

so daß wir, nach Ersatz von c durch c' in (IV 11, 49), an Stelle von (IV 11, 50) die Arbeitsgleichung finden

$$j_{eff}^2 = \frac{2\sin\vartheta/2}{\mu'}.$$
$$(IV\ 11,\ 52)$$

Nach Abb. IV 247 und IV 249, welche abermals für $r/h = 1/2$ berechnet wurden, ist nunmehr wesentlich nur der Anfang der Skala zusammengedrängt, während umgekehrt im Gebiete großer numerischer Stromstärken die Skala übermäßig auseinandergezerrt erscheint.

IV 12. Elektrodynamische Kräfte in Zylinderspulen.

a) Gegeben sei eine Zylinderspule mit w gleichmäßig verteilten Windungen, welche vom Strome J gespeist wird. Nach Abb. IV 250 bezeichne R ihren Halbmesser, $h \gg R$ ihre achsiale Länge und $b \ll R$ ihre radiale Breite; außerhalb der Stromleiter wird der Raum als homogen und isotrop von der Permeabilität $\mu = 1$ vorausgesetzt.

Wir orientieren uns an Hand eines Zylinderkoordinaten-Systemes; ϱ bezeichnet den Achsenabstand, a das Azimut und z die Höhe des Aufpunktes. Der Ursprung dieses Bezugssystemes koinzidiere mit dem Zentrum der Spule, seine z-Achse mit der Spulenachse; die Meridianebene $a = 0$ wird in beliebiger Lage relativ zur Spule fixiert. Als positiv gilt die Stromrichtung im Sinne wachsenden Azimutes a, welches seinerseits der positiven z-Achse wie Umlauf und Fortschritt einer Rechtsschraube zugeordnet ist.

b) Durch den Prozeß b → 0 gehen wir zu dem weiterhin behandelten Spulenmodell über. Ihre elektrische Strömung degeneriert zu einer flächenhaften, deren zirkulare [physikalische] Strombelags-Komponente sich zu

$$A_a = \frac{J\,w}{h}; \qquad -\frac{h}{2} < z < +\frac{h}{2} \qquad \text{(IV 12, 1)}$$

berechnet; die gleichzeitig auftretende achsiale Komponente A_z des Strombelages wird vernachlässigt.

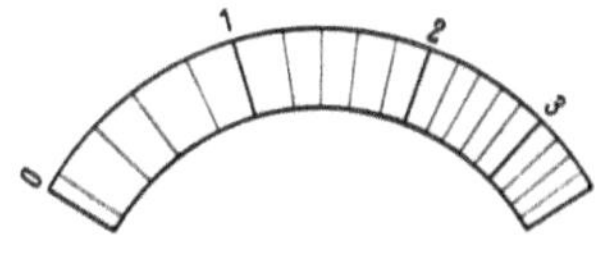

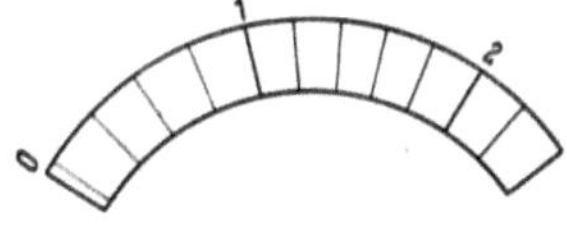

Abb. IV 248. Skalenbild eines Dreheisengerätes mit Feder-Rückführung.

Abb. IV 249. Skalenbild eines Dreheisengerätes mit Schwere-Rückführung.

c) Auf Grund der Voraussetzung $h \gg R$ bildet sich, von der Umgebung der Spulenenden abgesehen, in ihrem Innern ein merklich homogenes, achsenparalleles Feld H der Stärke

$$H_z = A_a \qquad \begin{matrix} 0 \leqq \varrho < R \\[4pt] -\dfrac{h}{2} < z < \dfrac{h}{2} \end{matrix}, \qquad \text{(IV 12, 2)}$$

während es im Außenraum verschwindet. Hieraus folgt die Größe des Spulenflusses zu

$$\Phi_s = w\,(\varPi\,H_z\,\pi\,R^2) = J \cdot L;$$

$$L = \varPi\,\frac{w^2\,\pi\,R^2}{h}, \qquad \text{(IV 12, 3)}$$

wobei L die Induktivität des Spulenmodelles definiert.

d) In ihrem undeformierten Zustande zeichnet sich die Spule durch das Thermodynamische Potential aus

$$\Psi_0 = -\frac{1}{2}\,L\,J^2 = -\frac{1}{2}\,\varPi\,\frac{w^2\,\pi\,R^2}{h}\,J^2. \qquad \text{(IV 12, 4)}$$

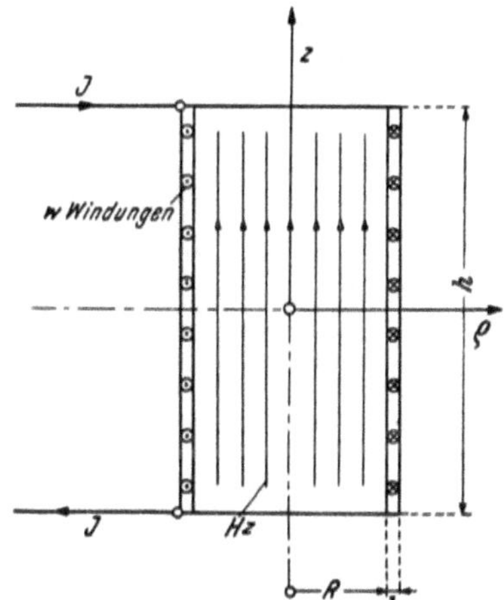

Abb. IV 250. Orientierung an der Zylinderspule.

Wir verrücken nun die von den benachbarten Meridianebenen a und $(a + da)$ begrenzten Sektoren des Zylindermantels je um die virtuelle, infinitesimale Strecke $\delta\varrho\,(a)$ derart, daß bei dieser Operation der stetige Zusammenhang der Spulenleiter gewahrt bleibt. Hierdurch ändert sich die je Windung umfaßte Fläche um

$$\delta F = \int\limits_{a=0}^{2\pi} \delta\varrho\,(a)\,R\,da \qquad \text{(IV 12, 5)}$$

und also das Thermodynamische Potential um

$$\delta \Psi = -\frac{1}{2}\, \Pi\, \mathrm{w}^2\, \frac{\delta \mathrm{F}}{\mathrm{h}}\, \mathrm{J}^2 = -\frac{1}{2}\, \Pi \cdot \mathrm{h} \cdot \mathrm{R} \cdot (\mathrm{H^z})^2 \int\limits_{0}^{2\pi} \delta \varrho\, (\alpha)\, \mathrm{d}\alpha. \qquad \text{(IV 12, 6)}$$

Wir wählen die Gesamtheit der unbegrenzt vielen, virtuellen Verrückungen $\delta \varrho\, (\alpha)$ als System der allgemeinen Koordinaten; ihm korrespondiert das System $\mathrm{P}_\varrho\, (\alpha)$ der Kraftkomponenten je Flächeneinheit des Zylindermantels, so daß das Integral

$$\delta \mathrm{A_{mech}} = \int\limits_{0}^{2\pi} \mathrm{P}_\varrho\, (\alpha)\, \delta \varrho\, (\alpha)\, \mathrm{h} \cdot \mathrm{R}\, \mathrm{d}\alpha \qquad \text{(IV 12, 7)}$$

ihre virtuelle Arbeit mißt. Mit Hilfe von (IV 1, 20), (IV 1, 21) finden wir somit die Energiebilanz des von den virtuellen Verrückungen ausgelösten, reversiblen Prozesses in der Form

$$\delta \Psi = \delta \mathrm{A_{mech}} \qquad \text{(IV 12, 8)}$$

also, mit (IV 12, 6) und (IV 12, 7)

$$\int\limits_{0}^{2\pi} \left\{ \frac{1}{2}\, \Pi\, (\mathrm{H^z})^2 + \mathrm{P}_\varrho\, (\alpha) \right\} \mathrm{h}\, \mathrm{R}\, \delta \varrho\, (\alpha)\, \mathrm{d}\alpha = 0. \qquad \text{(IV 12, 9)}$$

Von den früher genannten Stetigkeitsbedingungen abgesehen, darf $\delta \varrho\, (\alpha)$ in (IV 12, 9) beliebig gewählt werden; daher schließen wir auf

$$\mathrm{P}_\varrho = -\frac{1}{2}\, \Pi\, (\mathrm{H^z})^2. \qquad \text{(IV 12, 10)}$$

Das Minuszeichen zeigt an, daß für $\mathrm{H} \neq 0$ die innere Feldkraft $\mathrm{P}_\varrho{}' = -\mathrm{P}_\varrho$ stets radial nach außen gerichtet ist; im Einklang mit der Struktur des *Maxwell*schen Spannungstensors darf $\mathrm{P}_\varrho{}'$ somit als *magnetischer Druck* interpretiert werden.

e) Wir führen den Strom J, und mit ihm die achsiale Feldstärke $\mathrm{H^z}$, je als bekannte Funktionen der Zeit t ein und gehen hierdurch zur *Dynamik* der deformierten Spule über. Das Symbol $\delta \varrho$ der vorher *virtuellen* Verrückung ist nunmehr mit dem Zeichen ϱ der *wirklichen* Verrückung zu vertauschen, deren Abhängigkeit von α und t gesucht wird; ihr Betrag wird weiterhin als sehr klein im Vergleich zu R vorausgesetzt. Ebenso ist statt $\delta \Psi$ das Symbol Ψ zu schreiben, welches die Änderung des Thermodynamischen Potentiales relativ zu dem gleichzeitigen Wert der undeformiert gedachten Spule definiert.

Wir untersuchen vorübergehend eine Spule von endlicher, radialer Breite $\mathrm{b} \ll \mathrm{R}$, innerhalb deren wir die Wicklungen durch einen homogenen und isotropen Körper der Dichte γ und des Elastizitätsmoduls E ersetzen. Das bei der Deformation der Spule entstehende Tensorfeld der elastischen Spannungen reduziert sich dann auf eine radial und achsial merklich gleichförmige azimutale Zugspannung σ; sie ist mit der zirkularen Dehnung ε durch das *Hooke*sche Gesetz verbunden

$$\sigma = \mathrm{E} \cdot \varepsilon. \qquad \text{(IV 12, 11)}$$

Bis auf Glieder höherer Ordnung in ϱ gilt hierin

$$\varepsilon = \frac{\varrho}{R}. \qquad \text{(IV 12, 12)}$$

Wir richten unser Augenmerk auf das Spulenelement, welches von den Ebenen z und $(z + dz)$ einerseits, den Ebenen a und $(a + da)$ andererseits begrenzt wird; in ihm ist die Formänderungs-Arbeit aufgespeichert

$$\frac{1}{2}\,\varepsilon\,\sigma\,b\,dz\,R\,da = \frac{E\,b}{2\,R}\,\varrho^2\,dz\,da. \qquad \text{(IV 12, 13)}$$

Daher beträgt das elastische Potential V der gesamten Spule

$$V = \frac{E\,b\,h}{2\,R}\int_0^{2\pi}\varrho^2\,da. \qquad \text{(IV 12, 14)}$$

Gleichzeitig enthält das betrachtete Element die kinetische Energie

$$\frac{1}{2}\,\gamma\,\dot{\varrho}^2\,b\,dz\,R\,da; \qquad \dot{\varrho} = \frac{\partial\varrho}{\partial t}. \qquad \text{(IV 12, 15)}$$

so daß

$$T = \frac{1}{2}\,\gamma\,b\,h\,R\int_0^{2\pi}\dot{\varrho}^2\,da \qquad \text{(IV 12, 16)}$$

die kinetische Energie der gesamten Spule angibt.

f) Indem wir E und γ so wachsen lassen, daß für $b \to 0$ die Produkte $(E \cdot b)$ und $(\gamma \cdot b)$ je ihren Ausgangswert wahren, kehren wir zu dem ursprünglichen Modell der Spule zurück. An Hand dieses Grenzüberganges definieren wir ihr kinetisches Potential durch

$$T - (V + \varPsi) = h\,R\int_0^{2\pi}\left\{\frac{\gamma\,b}{2}\,\dot{\varrho}^2 - \frac{E\,b}{2\,R^2}\,\varrho^2 + \frac{\varPi\,(H_z)^2}{2}\,\varrho\right\}da. \qquad \text{(IV 12, 17)}$$

Mit seiner Hilfe gelangen wir nach Wahl zweier Zeitpunkte t_0 und $t_1 > t_0$ zum *Hamilton*schen Prinzipe

$$\int_{t=t_0}^{t_1}\delta\,\{T - (V + \varPsi)\}\,dt =$$

$$= h\,R\int_{t=t_0}^{t_1}\int_{a=0}^{2\pi}\left\{\gamma\,b\cdot\dot{\varrho}\,\delta\,\dot{\varrho} - \frac{E\,b}{R^2}\varrho\,\delta\varrho + \frac{\varPi\,(H_z)^2}{2}\,\delta\varrho\right\}da\,dt = 0. \qquad \text{(IV 12, 18)}$$

Hierin bedeutet $\delta\varrho$ die Variation der wahren Deformation, $\delta\dot{\varrho}$ die Variation der zugehörigen Geschwindigkeit; zur Konkurrenz werden nur solche dynamische Vorgänge zugelassen, welche in $t = t_0$ und $t = t_1$ gerade die wirkliche Deformation offenbaren:

$$\delta\varrho = 0 \qquad \text{für} \qquad t = t_0 \qquad \text{und} \qquad t = t_1. \qquad \text{(IV 12, 19)}$$

Im ersten Posten des Integranden (IV 12, 18) machen wir von dem Vertauschungssatze

$$\delta\dot{\varrho} = \frac{\delta\,\frac{\partial\varrho}{\partial t}}{} = \frac{\partial\,\delta\varrho}{\partial t} \qquad \text{(IV 12, 20)}$$

Gebrauch und führen dann bezüglich t die Teilintegration aus

$$\int\limits_{t=t_0}^{t_1} \gamma\, b\, \dot\varrho\, \delta\, \dot\varrho\, dt = \gamma\, b\, \dot\varrho\, \delta\, \varrho\, \Big|_{t_0}^{t_1} - \int\limits_{t=t_0}^{t_1} \gamma\, b\, \frac{\partial^2\varrho}{\partial t^2}\, \delta\, \varrho\, dt. \qquad \text{(IV 12, 21)}$$

Auf Grund von (IV 12, 19) annulliert sich das integralfreie Glied, und (IV 12, 18) reduziert sich auf

$$\int\limits_{t=t_0}^{t_1} \int\limits_{a=0}^{2\pi} \left\{ -\gamma\, b\, \frac{\partial^2\varrho}{\partial t^2} - \frac{E\, b}{R^2}\, \varrho + \frac{\Pi\,(H_z)^2}{2} \right\} \delta\,\varrho\, da\, dt = 0. \qquad \text{(IV 12, 22)}$$

Da nun, von den Beschränkungen (IV 12, 19) abgesehen, die Variation $\delta\,\varrho$ frei gewählt werden darf, folgt aus (IV 12, 22) die Differentialgleichung der elastischen Deformation

$$\frac{\partial^2\varrho}{\partial t^2} + \frac{1}{R^2}\frac{E}{\gamma}\,\varrho = \frac{\Pi\,(H_z)^2}{2\,b\,\gamma}. \qquad \text{(IV 12, 23)}$$

Ersichtlich hängt sie nicht vom Azimut ab; daher darf man das Zeichen der partiellen Differentiation mit jenem der totalen vertauschen und schreiben

$$\frac{d^2\varrho}{dt^2} + \frac{1}{R^2}\frac{E}{\gamma}\,\varrho = \frac{\Pi\,(H_z)^2}{2\,b\,\gamma}. \qquad \text{(IV 12, 24)}$$

g) Wir spezialisieren auf den Betrieb der Spule mit einfach-harmonischem Wechselstrome der Amplitude J_{max} und der Frequenz f:

$$H_z = H_{z\,max}\,\sin\omega\,t; \qquad H_{z\,max} = \frac{w\,J_{max}}{h}; \qquad \omega = 2\,\pi\,f \qquad \text{(IV 12, 25)}$$

und erhalten aus (IV 12, 24)

$$\frac{d^2\varrho}{dt^2} + \frac{1}{R^2}\frac{E}{\gamma}\,\varrho = \frac{\Pi\left(H_{z\,max}\right)^2}{2\,b\,\gamma}\,\sin^2\omega\,t = \frac{\Pi\left(H_{z\,max}\right)^2}{4\,b\,\gamma}\,(1-\cos 2\,\omega\,t). \qquad \text{(IV 12, 26)}$$

Indem wir uns auf den eingeschwungenen Zustand beschränken, lautet das Integral dieser Gleichung

$$\varrho = \frac{\Pi\,R^2}{4\,E\,b}\left(H_{z\,max}\right)^2\left[1 - \frac{1}{1-\dfrac{E}{R^2\,\gamma\,(2\,\omega)^2}}\,\cos 2\,\omega\,t\right]. \qquad \text{(IV 12, 27)}$$

Im Falle

$$(2\,\omega)^2 = \frac{E}{R^2\,\gamma} \qquad \text{(IV 12, 28)}$$

schwingt der pendelnde Anteil der magnetischen Feldkraft in Resonanz mit der Eigenfrequenz der elastisch deformierten Spule. Insoweit unsere elementaren Ansätze dann noch zu Recht bestehen, resultiert aus (IV 12, 27) eine unbegrenzte Amplitude der radialen Deformation; allerdings wird sie in Wahrheit durch die Viskosität des Leitermateriales, welche von uns vernachlässigt wurde, theoretisch stets in endlichen Schranken gehalten. Hand in Hand mit dem Anwachsen der Deformation im Resonanzfalle ist gemäß (IV 12, 11) und (IV 12, 12) eine sehr hohe Beanspruchung des Leitermateriales zu erwarten, welcher es häufig nicht standhalten kann; man sucht deshalb durch Wahl geeigneter Daten bei der Spulenkonstruktion die Gleichheit (IV 12, 28) zu vermeiden.

h) Wir wenden die vorstehenden Überlegungen auf das System zweier konzentrischer Zylinderspulen an: Sei h ihre gemeinsame Höhe, R_1 und $R_2 > R_1$ ihre mittleren Halbmesser, $b_1 \ll R_1$ und $b_2 \ll R_2$ ihre radialen Breiten, w_1 und w_2 die Zahlen ihrer je gleichmäßig verteilten Windungen, und sei $R_1 - R_2 \ll h$. Wir setzen voraus, daß die Spulendurchflutungen der Ströme J_1 und J_2 in jedem Augenblick einander entgegengesetzt gleich seien:

$$J_1 w_1 = - J_2 w_2. \qquad \text{(IV 12, 29)}$$

Dann verbleibt ein merklich homogenes Magnetfeld der Stärke

$$H_z = \frac{J_1 w_1}{h} = - \frac{J_2 w_2}{h} \qquad \text{(IV 12, 30)}$$

lediglich in dem von beiden Spulen begrenzten Hohlzylinder

$$R_2 < \varrho < R_1; \qquad - \frac{h}{2} < z < + \frac{h}{2}, \qquad \text{(IV 12, 31)}$$

während es in allen übrigen Gebieten sehr schwach ausfällt; insbesondere bleibt der Bereich $\varrho < R_2$ merklich feldfrei und seine physikalische Struktur ist von nur untergeordnetem Einfluß auf die elektrodynamischen Spulenkräfte. Im Lichte dieser Erkenntnis gelten somit unsere Ergebnisse auch für das System zweier konzentrischer Zylinderspulen auf dem Schenkel eines Transformators.

Die magnetische Kraft $P_\varrho' = - P_\varrho$ nach Gl. (IV 12, 10) sucht die äußere Spule zu sprengen, die innere radial zu zerdrücken. Im Einklang mit dieser Kinematik zählen wir die Deformation ϱ_1 der ersten Spule nach außen, die Deformation ϱ_2 der zweiten Spule nach innen positiv; ihre Dynamik wird dann durch Gl. (IV 12, 27) beschrieben, nachdem man in ihr ϱ, R, b, E und γ je durch die Daten dieser oder jener Spule ersetzt.

IV 13. Die Kraft der Wechselwirkung zwischen Feld und Strom.

a) Gegeben sei ein System stationär durchströmter, starrer Stromleiter, deren primäres Magnetfeld [Index p] durch das Vektorpotential V_p beschrieben werde. Wir bringen in dieses Feldgebiet eine in sich geschlossene, deformierbare Kurve (C) ein, welche die Achse des sekundären Stromfadens [Index s] der Intensität J_s definiert; die linearen Abmessungen des senkrecht zu den Elementen von (C) bestimmten Querschnittes f sind demnach als infinitesimal vorauszusetzen. Mit F bezeichnen wir die von (C) positiv umlaufene Fläche, mit dF ihre vektoriellen Elemente. Gefragt wird nach der Kraft der elektrodynamischen Wechselwirkung zwischen dem primären und dem sekundären Stromsystem.

b) Wir orientieren uns an Hand eines relativ zu den primären Stromleitern festen Bezugssystemes mit dem Ursprung O. Im Ausgangszustand koinzidiere (C) mit einer festen Kurve (C_0). Wir zählen längs (C_0), von einem passend gewählten Punkte Q_0 beginnend, bis zum Punkte Q nach Abb. IV 251 die Bogenlänge s; mit $r = r$ (s) bezeichnen wir den Radiusvektor O → Q, mit ds die Länge des vektoriellen Bogenelementes ds, so daß also das Verhältnis

$$\mathbf{1}_s = \frac{ds}{ds} \qquad \text{(IV 13, 1)}$$

den Tangenten-Einheitsvektor an (C) in Q liefert.

Nun mißt

$$dT = f\,ds \qquad\qquad (IV\ 13,\ 2)$$

das dem Elemente ds korrespondierende Volumen des Stromfadens. Sei daher j_s die am gleichen Orte gemessene Stromdichte, so definiert das Bogenelement vom elektrodynamischen Standpunkte das Stromstück

$$J\,ds = j_s\,dT. \qquad\qquad (IV\ 13,\ 3)$$

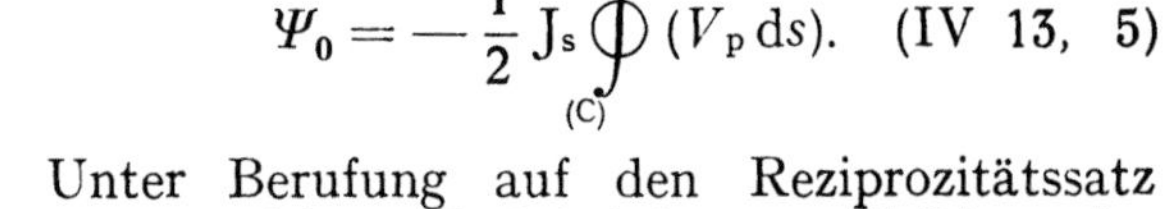

Es enthält das Thermodynamische Wechselwirkungs-Potential

$$d\Psi_0' = -\frac{1}{2}\,(V_p\,j)\,dT = -\frac{1}{2}\,J_s(V_p\,ds).$$
$$(IV\ 13,\ 4)$$

Hieraus folgt das entsprechende, der gesamten Kurve C_0 verhaftete Thermodynamische Potential zu

$$\Psi_0 = -\frac{1}{2}\,J_s\oint_{(C)}(V_p\,ds). \qquad (IV\ 13,\ 5)$$

Unter Berufung auf den Reziprozitätssatz der gegenseitigen Induktivitäten schildert der gleiche Ausdruck dasjenige Thermodynamische Potential, welches unter Vermittelung des von J_s erregten sekundären Vektorpotentiales V_s der Gesamtheit der primären Stromleiter zukommt;

Abb. IV 251. Orientierung am deformierten Stromfaden.

daher resultiert für das Thermodynamische Wechselwirkungs-Potential $\Psi_{w,0}$ im Ausgangszustand des Systemes

$$\Psi_{w,0} = 2\,\Psi_0 = -\,J_s\oint_C (V_p\,ds). \qquad\qquad (IV\ 13,\ 6)$$

Wir führen die Primärinduktion

$$B_p = \operatorname{rot} V_p \qquad\qquad (IV\ 13,\ 7)$$

ein und bringen (IV 13, 6) mittels des *Stokes*schen Satzes in die Form

$$\Psi_{w,0} = -\,J_s\iint_{(F)} (\operatorname{rot} V_p\,dF) = -\,J_s\iint_{(F)} (B_p\,dF). \qquad (IV\ 13,\ 8)$$

c) Durch die Gesamtheit der infinitesimalen, virtuellen [vektoriellen] Verrückungen $\delta w = \delta w$ (s) werde (C_0) stetig in (C) überführt. Während dieses kinematischen Prozesses überstreicht das Element ds die Fläche

$$\delta\,dF = [\delta w\,ds], \qquad\qquad (IV\ 13,\ 9)$$

deren Richtung dem Umlauf von C_0 nach der Rechtsschrauben-Regel zugeordnet ist. Daher erfährt das Thermodynamische Potential der Wechselwirkung die Änderung

$$\delta\Psi_w = -\,J_s\oint_{(C_0)} B_p\,[\delta w\,ds] = -\,J_s\oint_{(C_0)} (\delta w\,[ds\,B_p]) = -\,J_s\oint_{(C_0)} (\delta w\,[1_s\,B_p])\,ds.$$
$$(IV\ 13,\ 10)$$

d) Mit $p_{\dot{w}} = p_w$ (s) bezeichnen wir den Vektor derjenigen, am Element ds je Längeneinheit angreifenden äußeren Teilkraft, welche der inneren elektrodynamischen Wechselwirkung zwischen dem primären und dem sekundären Stromsystem das Gleichgewicht hält. Die Gesamtheit dieser Kräfte leistet bei der virtuellen Deformation $(C_0) \rightarrow (C)$ die Arbeit

$$\delta A = \oint_{(C_0)} (p_w \, ds \, \delta w) = \oint_{(C_0)} (\delta w \, p_w) \, ds. \qquad (IV\ 13,\ 11)$$

Mit Rücksicht auf (IV 13, 10) gelangen wir somit zu der Energiebilanz

$$- J_s \oint_{(C_0)} (\delta w \, [I_s \, B_p]) \, ds = \oint_{(C_0)} (\delta w \, p_w) \, ds. \qquad (IV\ 13,\ 12)$$

Da nun die virtuellen Verrückungen δw, von der ihnen auferlegten Bedingung der stetigen Kurvendeformation abgesehen, willkürlich gewählt werden dürfen, schließen wir aus (IV 13, 12) auf die Größe $p_w' = -p_w$ der inneren Feldkraft

$$p_w' = - p_w = J_s \, [I_s \, B_p] = f \, [j_s \, B_p]. \qquad (IV\ 13,\ 13)$$

e) Wir verlassen den nur ideell existierenden Stromfaden und fragen nach den Kräften, welche an den Elementen eines endlich ausgedehnten Stromleiters angreifen. Zu diesem Zwecke grenzen wir in ihm einen Stromfaden des infinitesimalen Querschnittes df ab, dessen nunmehr endliche Stromdichte wir mit j bezeichnen; er führt den Strom

$$dJ = \left(\frac{j}{I_s}\right) df. \qquad (IV\ 13,\ 14)$$

Relativ zum kontrollierten Stromfaden sind alle Nachbar-Stromfäden dem Primärsystem zuzurechnen. Daher konvergiert mit df $\rightarrow$ 0 die Induktion B_p gegen die im Aufpunkt resultierende Induktion B, während der Grenzwert

$$v' = \lim_{df \to 0} \frac{p'_w \, ds}{df \cdot ds} = [j \, B] \qquad (IV\ 13,\ 15)$$

die Kraft je Raumeinheit definiert.

f) Wir interpretieren die Stromdichte als Konvektion der elektrischen Raumladungsdichte ϱ mit der gerichteten Geschwindigkeit u

$$j = \varrho \, u \qquad (IV\ 13,\ 16)$$

und erhalten aus (IV 13, 15) zunächst

$$v' = \varrho \, [u \, B]. \qquad (IV\ 13,\ 17)$$

Nun spezialisieren wir die Raumladung als Kollektiv einheitlicher Ionen je der Ladung q, deren Konzentration je Raumeinheit gleich n sei:

$$\varrho = q \cdot n \qquad (IV\ 13,\ 18)$$

und finden in

$$P_L' = \frac{v'}{n} = q \, [u \, B] \qquad (IV\ 13,\ 19)$$

die am Einzelion angreifende Kraft des magnetischen Feldes; sie wird nach ihrem Entdecker als *Lorentz*-Kraft bezeichnet.

g) In den technischen Dynamomaschinen verlaufen die Ströme J des Ankers auf die Länge s parallel zur Maschinenachse durch den Bereich der primären, magnetischen Induktion B_p.

Wir führen ein relativ zum Primärfelde festes Zylinder-Koordinaten-system z, ϱ, a ein. Seine Achse koinzidiert mit jener der Maschine und ihre positive Richtung definiert den positiven Stromsinn; $\varrho = \varrho_A$ be-zeichne den Abstand des Stromfadens von der Achse, $a = a_A$ sein Azimut. Mit Hilfe der Einheitsvektoren 1_z, 1_ϱ, 1_a erhalten wir unter der Voraus-setzung $B_{z_p} = 0$ im aktiven Teil der Maschine für die innere Feldkraft je achsiale Längeneinheit

$$p_w = J \begin{vmatrix} 1_z & 1_\varrho & 1_a \\ 1 & 0 & 0 \\ 0 & B_{\varrho_p} & B_{a_p} \end{vmatrix} = J \{ - 1_\varrho B_{a_p} + 1_a B_{\varrho_p} \}. \qquad \text{(IV 13, 20)}$$

Für das Drehmoment M um die z-Achse kommt nur die Azimutal-komponente der Kraft auf. Durch Multiplikation mit s finden wir aus (IV 13, 20) ihren [physikalischen] Gesamtwert zu

$$P_{a'} = s \, p_{w}{}_{a'} = s \, J \, B_{\varrho_p}. \qquad \text{(IV 13, 21)}$$

Hieraus ergibt sich das Moment

$$M' = \varrho_A \cdot P_{a}{}' = \varrho_A \cdot s \cdot J \cdot B_{\varrho_p} \qquad \text{(IV 13, 22)}$$

und durch Summation über alle Ankerstromleiter seine Resultante.

h) Bei der Interpretation der Gln. (IV 13, 21) und (IV 13, 22) hat man sich zu erinnern, daß B_{ϱ_p} definitionsgemäß die physikalische Radial-komponente der Induktion *am Orte der Stromleiter* bezeichnet. Diese werden nun in modernen Maschinen stets in die Nuten eines hoch-permeablen Stoffes eingebettet. Denkt man sich die Nutenweite $2\,\beta$ bis auf einen infinitesimalen Betrag verkleinert, so streben gleichzeitig B_{ϱ_p}, $P_{a'}$ und M' gegen Null. Ist dieser Schluß auch für das Gesamtsystem des Stromleiters samt seiner starr mit ihm verbundenen, ferromagnetischen Einbettung richtig?

Wir klären diese technisch höchst wichtige Frage an Hand der folgenden Anordnung. Der Anker wird durch einen vollkommen permeablen Kreiszylinder vom Halbmesser $\varrho = \varrho_A$ repräsentiert, längs dessen Mantels F_A insgesamt $N > 1$ Nuten verteilt sind; sie führen im Kontroll-Zeitpunkt t die quasistationären Ströme

$$J^{(n)} = J^{(n)}(t) : 1 \leqq n \leqq N. \qquad \text{(IV 13, 23)}$$

Indem wir hier Unipolarmaschinen von der Untersuchung aus-schließen, unterwerfen wir das System (IV 13, 23) dem ersten *Kirchhoff*-schen Gesetze

$$\sum_{n=1}^{N} J^{(n)} = 0. \qquad \text{(IV 13, 24)}$$

Auch der Induktor möge sich durch die Eigenschaft $\mu \to \infty$ auszeichnen. Mit F_J benennen wir seine aktive Oberfläche, während

$$B_{\varrho_p} \equiv B^{(a)} \qquad \text{für} \qquad \varrho = \varrho_A \qquad \text{(IV 13, 25)}$$

die von seinem Stromsysteme auf F_A erregte Feldkurve definiert.

Da dieses Maschinenmodell linearen Feldgleichungen gehorcht, dürfen wir das magnetische Skalarpotential φ innerhalb seines von F_J und F_A begrenzten Existenzgebietes T aus zwei Anteilen zusammensetzen:

1. Dem Primärpotential φ_p allein des Induktors bei stromlosem Anker; es verschwindet auf der Ankeroberfläche

$$\varphi_\mathrm{p} = 0 \qquad \text{auf} \qquad F_\mathrm{A}. \qquad (\text{IV } 13,\ 26)$$

2. Dem Sekundärpotential φ_s allein des Ankers bei unerregtem Induktor; es verschwindet auf der Induktor-Oberfläche

$$\varphi_\mathrm{s} = 0 \qquad \text{auf} \qquad F_\mathrm{J}. \qquad (\text{IV } 13,\ 27)$$

Unter abermaliger Berufung auf die Linearität der Feldgleichungen resultiert φ_s aus jenen Teilpotentialen, welche je den abgeschlossenen Stromsystemen

$$J^+ \equiv J; \qquad J^- = -J^+ \equiv -J \qquad (\text{IV } 13,\ 28)$$

der Anker-Nutenpaare a^+ und a^- zugeordnet sind. Die korrespondierenden Randwerte von φ_s folgen aus dem Durchflutungsgesetze zu

$$\left.\begin{aligned}
\varphi_\mathrm{s} &= \varphi_\mathrm{s}^0 = \text{Konst.}; & a^+ &< a < a^- \\
\varphi_\mathrm{s} &= \varphi_\mathrm{s}^0 + J; & a^- &< a < a^+ + 2\,\pi.
\end{aligned}\right\} \quad (\text{IV } 13,\ 29)$$

Das Thermodynamische Wechselwirkungspotential Ψ des Ankers mit dem Induktor setzt sich aus zwei Teilen zusammen:

1. Dem Beitrag der Ankeroberfläche

$$\Psi_\mathrm{w,A} = -\frac{1}{2}\iint\limits_{(F_\mathrm{A})} \varphi_\mathrm{s}\,(B_\mathrm{p}\,\mathrm{d}F). \qquad (\text{IV } 13,\ 30)$$

2. Dem Beitrag der Induktor-Oberfläche

$$\Psi_\mathrm{w,J} = -\frac{1}{2}\iint\limits_{(F_\mathrm{J})} \varphi_\mathrm{p}\,(B_\mathrm{s}\,\mathrm{d}F). \qquad (\text{IV } 13,\ 31)$$

Wir behaupten

$$\Psi_\mathrm{w,A} = \Psi_\mathrm{w,J}. \qquad (\text{IV } 13,\ 32)$$

Obwohl sich der Beweis auf den allgemeinen Reziprozitätssatz (IV 1, 26) zurückführen läßt, ziehen wir es vor, ihn unmittelbar aus dem *Green*schen Integraltheorem herzuleiten: Da die Potentialfunktionen φ_p und φ_s je der *Laplace*schen Gleichung genügen, besteht die Identität

$$\left.\begin{aligned}
&\iiint\limits_{(T)} \operatorname{div}\{\varphi_\mathrm{p}\operatorname{grad}\varphi_\mathrm{s} - \varphi_\mathrm{s}\operatorname{grad}\varphi_\mathrm{p}\}\,\mathrm{dT} \equiv \\
&\equiv \iint\limits_{(F_\mathrm{A}+F_\mathrm{J})} (\{\varphi_\mathrm{p}\operatorname{grad}\varphi_\mathrm{s} - \varphi_\mathrm{s}\operatorname{grad}\varphi_\mathrm{p}\}\,\mathrm{d}F) \equiv 0.
\end{aligned}\right\} \quad (\text{IV } 13,\ 33)$$

Mit Rücksicht auf (IV 13, 26) und (IV 13, 27) folgt hieraus die Relation

$$\iint\limits_{(F_\mathrm{A})} \varphi_\mathrm{p}\,(\operatorname{grad}\varphi_\mathrm{s}\,\mathrm{d}F) = \iint\limits_{(F_\mathrm{J})} \varphi_\mathrm{s}\,(\operatorname{grad}\varphi_\mathrm{p}\,\mathrm{d}F), \qquad (\text{IV } 13,\ 34)$$

welche durch Multiplikation mit Π in der Tat in (IV 13, 32) übergeht.

Durch Substitution von (IV 13, 25) und (IV 13, 29) in (IV 13, 30) finden wir nunmehr

$$\left.\begin{aligned}
\Psi_w = 2\,\Psi_{w,A} &= -\int_{a=0}^{2\pi} B\,(a)\,\varphi_{s_{(\varrho=\varrho_A)}}\cdot \varrho_A \cdot s \cdot da = \\
&= -\varrho_A \cdot s\left[\varphi_s{}^0\int_{a=0}^{2\pi} B\,(a)\,da + J\int_{a^-}^{a^++2\pi} B\,(a)\,da\right].
\end{aligned}\right\} \quad (IV\ 13,\ 35)$$

Als virtuelle Verrückung wählen wir die infinitesimale Drehung δa des Ankers relativ zum Induktor. Hierbei ändert sich das Thermodynamische Potential um

$$\left.\begin{aligned}
\delta\,\Psi_W &= -\varrho_A\,s\,J\left\{\int_{a^-+\delta a}^{a^++2\pi+\delta a} B\,(a)\,da - \int_{a^-}^{a^++2\pi} B\,(a)\,da\right\} = \\
&= -\varrho_A \cdot s \cdot J\,\{B\,(a^+) - B\,(a^-)\}\,\delta a.
\end{aligned}\right\} \quad (IV\ 13,\ 36)$$

Daher berechnet sich das Drehmoment M' der inneren Feldkräfte auf das Stromsystem (IV 13, 28) der Ankernuten zu

$$M' = -\frac{\delta\,\Psi_w}{\delta a} = \varrho_A\,s\,J\,\{B\,(a^+) - B\,(a^-)\} \equiv \varrho_A \cdot s\,\{J^+\,B\,(a^+) + J^-\cdot B\,(a^-)\}.$$

$$(IV\ 13,\ 37)$$

Wir sind also formal zur Gl. (IV 13, 21) zurückgekehrt. Doch hat man (IV 13, 37) nun nicht mehr als unmittelbare Stromkräfte zu interpretieren, sondern als mittelbare Wirkung jenes Drehmagneten, welcher durch das Stromsystem des Ankers im Felde des Induktors erregt wird: Durch die Einbettung des Stromleiters in die Nut wird zwar der Angriffspunkt der Kraft verschoben, doch bleibt ihre integrale Wirkung erhalten.

IV 14. Stromkraft zwischen parallelen Rundleitern.

a) Gegeben seien zwei einander achsenparallele, homogene und isotrope Leiter 1 und 2 von je kreisförmigem Querschnitt der Halbmesser a_1 und a_2. Es bezeichne s die gemeinsame Länge beider Leiter, d den Abstand ihrer Achsen, und es sei $s \gg d$ vorausgesetzt. Die Leiter und ihre Umgebung mögen durchwegs die Permeabilität $\mu = 1$ besitzen, und außerhalb der Leiter seien keine weiteren, stromführenden Systeme anzutreffen.

Wir nehmen die Stromstärken J_1 und J_2 der beiden Rundleiter je als zeitlich und räumlich konstant an. Damit dieser Zustand physikalisch realisierbar ist, müssen die Leiter einander vermöge der Bedingung

$$J_1 = J; \qquad J_2 = -J \qquad (IV\ 14,\ 1)$$

zu einem abgeschlossenen Systeme ergänzen. Gefragt wird nach der zwischen ihnen wirksamen Kraft unter Ausschluß der in der Umgebung der Leiterenden auftretenden Randeffekte.

b) Wir orientieren uns an einem *Kartesi*schen Rechtssystem x, y, z. Sein Ursprung befindet sich nach Abb. IV 252 in der Ebene des Leitungsanfanges und halbiert die Strecke zwischen den Leiterachsen; die Zentrale koinzidiert mit der x-Achse, die y-Achse weist senkrecht zur Ebene der Leiterachsen, die z-Achse liegt also parallel zu diesen und definiert durch ihre Richtung das positive Zeichen der Ströme (IV 14, 1). Aus der Voraussetzung des stationären Zustandes folgt, daß gemäß dem *Ohm*schen Gesetze die Stromdichten in je gleichmäßiger Verteilung der z-Achse parallel weisen; ihre in dieser Richtung gemessenen Komponenten betragen

$$j_1 = \frac{J}{\pi\,a_1{}^2}; \qquad j_2 = -\frac{J}{\pi\,a_2{}^2}. \qquad \text{(IV 14, 2)}$$

c) Die Induktivität L des Leitersystemes beträgt

$$L = \frac{\varPi}{2\,\pi}\cdot s\left[\left(\ln\frac{d}{a_1}+\frac{1}{4}\right)+\left(\ln\frac{d}{a_2}+\frac{1}{4}\right)\right].$$
$$\text{(IV 14, 3)}$$

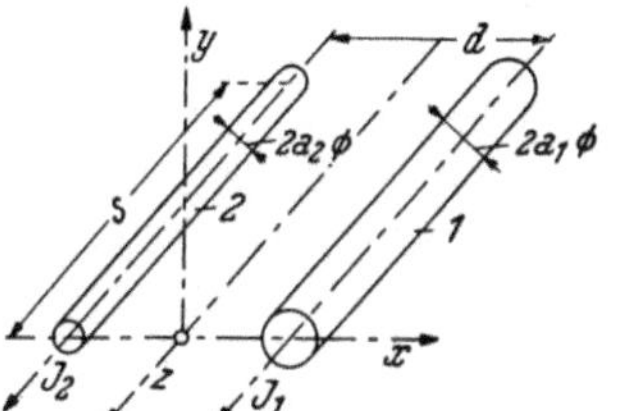

Abb. IV 252. Orientierung am System zweier achsenparalleler Rundleiter.

Daher ist sein Thermodynamisches Potential

$$\varPsi = -\frac{1}{2}\,L\,J^2 = -\frac{\varPi}{2}\,J^2\,\frac{s}{2\,\pi}\left[\left(\ln\frac{d}{a_1}+\frac{1}{4}\right)+\left(\ln\frac{d}{a_2}+\frac{1}{4}\right)\right]. \qquad \text{(IV 14, 4)}$$

Als allgemeine Koordinate wählen wir den Abstand d der Leiterachsen; die entsprechende Kraft P_d berechnet sich somit zu

$$P_d = \frac{\partial\varPsi}{\partial d} = -\frac{\varPi}{2}\,J^2\,\frac{s}{\pi\,d}; \qquad \frac{P_d}{s} = -\varPi\,\frac{J^2}{2\,\pi\,d} \qquad \text{(IV 14, 5)}$$

unabhängig von den Leiterhalbmessern a_1 und a_2. Das negative Zeichen der Kraft zeigt an, daß sie d zu verkleinern hat; die innere Feldkraft $P_d{}' = -P_d$ sucht somit d zu vergrößern: Die entgegengesetzt durchströmten Leiter stoßen einander ab.

d) Unter den hier gemachten Voraussetzungen mißt

$$|B_\mathrm{P}| = \frac{J_1}{2\,\pi\,d} = \frac{J}{2\,\pi\,d} \qquad \text{(IV 14, 6)}$$

den Betrag der „Primärinduktion" des Leiters 1 am Orte des „sekundären" Leiters 2, der vom Strome $J_s = J_2 = -J$ durchflossen wird. In ihrer zweiten Form erscheint daher Gl. (IV 14, 5) lediglich als ein besonders einfacher Sonderfall des umfassenderen Gesetzes (IV 13, 13); indessen ist dieses Ergebnis durchaus an die Voraussetzung isotroper und homogener Leiter gebunden, weil nur dann der mittlere geometrische Abstand der beiden kreisförmigen Leiterquerschnitte mit dem Abstand ihrer Zentren identisch wird.

e) Als Beispiel wählen wir zwei Rundleiter vom Achsenabstand d = 10 cm, welche von den Strömen J = ± 5 k A durchflossen werden. Man errechnet somit für den laufenden Meter des Systemes eine Kraft vom Betrage

$$P_d = 100\cdot\frac{4\,\pi\cdot10^{-9}}{2\,\pi}\cdot\frac{1}{10}\cdot5\,000^2 = \frac{1}{2}\,\frac{\text{Joule}}{\text{m}} = 5{,}1\,\frac{\text{kg}}{\text{m}}.$$

Im stationären Zustand gibt er den Dauerwert der Kraft an. Sieht man jedoch Gl. (IV 14, 5) als approximativ giltig auch für niederfrequenten Wechselstrom an, bei welchem die Stromverdrängung an die Leiteroberflächen noch keine Rolle spielt, so liefert das Zahlenbeispiel den zeitlichen Mittelwert der Kraft bei einer Effektivstromstärke von 5 kA; dagegen erreicht das Maximum der Kraft nunmehr das Doppelte des Mittelwertes, falls der Strom sinusförmig schwingt.

IV 15. Dynamik rechteckiger Sammelschienen.

a) In Niederspannungs-Schaltanlagen benützt man zur Fortleitung der in ihnen auftretenden Hochströme häufig Sammelschienen in Form flacher Bänder. Ihr Querschnitt bildet ein Rechteck, dessen Breite b klein gegen ihre Höhe h ist. Um Raum zu sparen, pflegt man sie auf den Köpfen passender Stützisolatoren hochkant gestellt zu befestigen. Abb. IV 253 zeigt, unter Fortlassung aller hier unwesentlichen Konstruktionseinzelheiten, ein nach diesen Gesichtspunkten erstelltes System zweier Sammelschienen mit konstantem Abstand d ihrer Achsen und der gemeinsamen Länge s ≫ d.

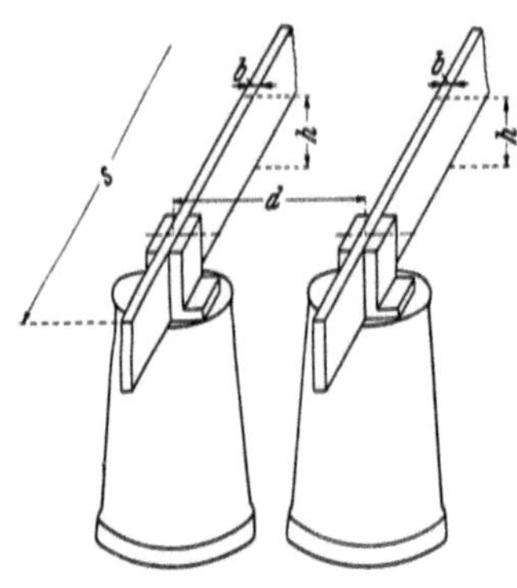

Abb. IV 253. Schema eines Zwei-sammelschienen-Systems für Hochstrom.

Wir setzen voraus, daß außer den Sammelschienen selbst keine stromführenden Leiter auf das System einwirken und beschränken uns auf stationäre oder quasi-stationäre Ströme von so kleiner Änderungsgeschwindigkeit, daß die neben den Leitungsströmen auftretenden Verschiebungsströme außer acht bleiben dürfen. Da dann die Sammelschienen einander zu einem abgeschlossenen Systeme ergänzen müssen, werden sie in jedem Augenblicke t von räumlich konstanten, in beiden Schienen entgegengesetzt gleichen Strömen $\pm J =$ = $\pm$ J (t) durchflossen. Gesucht wird die zwischen den Schienen wirksame innere Feldkraft.

b) Wir vernachlässigen alle etwa durch den Herstellungsgang der Schienen verursachten Anisotropien und beschreiben ihre elektrischen Materialeigenschaften approximativ durch eine homogene, skalare Leitfähigkeit; überdies abstrahieren wir von den etwa auftretenden Stromverdrängungs-Erscheinungen. Dann tritt in jeder der beiden Schienen eine gleichmäßig verteilte, achsenparallele Stromdichte je vom Betrage

$$|j| = \frac{|J|}{h\,b} \qquad\qquad (IV\ 15,\ 1)$$

auf. Setzen wir weiter die Permeabilität des gesamten Feldraumes einschließlich der der stromleitenden Schienen zu $\mu = 1$ voraus, so folgt wegen b ≪ h die Induktivität L des Systemes hinreichend genau durch den Grenzübergang b → 0 entsprechend einem je Schiene räumlich konstanten, achsenparallelen Strombelag der Größe

$$|A| = \frac{|J|}{h}. \qquad\qquad (IV\ 15,\ 2)$$

Aus Ziffer III 8 entnehmen wir als Induktivität dieser Anordnung

$$L = \Pi \cdot s \cdot \frac{2}{\pi} \frac{d}{h}\left[\operatorname{arctg}\frac{h}{d} + \frac{1}{2}\left\{\frac{h}{d}\ln\sqrt{1+\frac{d^2}{h^2}} - \frac{d}{h}\ln\sqrt{1+\frac{h^2}{d^2}}\right\}\right]$$

$$(IV\ 15,\ 3)$$

und somit ihr Thermodynamisches Potential

$$\Psi = -\frac{\Pi}{2}\,s\,J^2 \cdot \frac{2}{\pi}\frac{d}{h}\left[\operatorname{arctg}\frac{h}{d} + \frac{1}{2}\left\{\frac{h}{d}\ln\sqrt{1+\frac{d^2}{h^2}} - \frac{d}{h}\ln\sqrt{1+\frac{h^2}{d^2}}\right\}\right].$$

$$\text{(IV 15, 4)}$$

c) Indem wir von der Willkür in der Wahl der virtuellen Verrückungen Gebrauch machen, dürfen wir von den wahren mechanischen Eigenschaften der Stützen sowohl wie der Schienen vorübergehend abstrahieren und diese als frei bewegliche, starre Körper auffassen. Als allgemeine Koordinate benützen wir hierbei den Abstand d der Schienenachsen und finden für die je Längeneinheit wirksame, innere Feldkraft

$$p_d' = -p_d = -\frac{1}{s}\frac{\partial\Psi}{\partial d} = \frac{\Pi}{2}J^2\frac{1}{s}\frac{\partial L}{\partial d} = \frac{\Pi}{2}J^2\frac{1}{\pi h}\left[2\operatorname{arctg}\frac{h}{d} - \frac{d}{h}\ln\left(1+\frac{h^2}{d^2}\right)\right].$$

$$\text{(IV 15, 5)}$$

Insbesondere folgt im Falle eines sehr großen Abstandes der Schienenachsen durch Entwicklung nach Potenzen von h/d, bis auf Glieder höherer Ordnung,

$$p_d' = J^2 \cdot \frac{\Pi}{2\pi d} + \dots \quad \text{(IV 15, 6)}$$

im Einklang mit dem entsprechenden Gesetz für parallele Rundleiter; dagegen findet sich für nahe benachbarte Schienen, bis auf höhere Glieder in d/h,

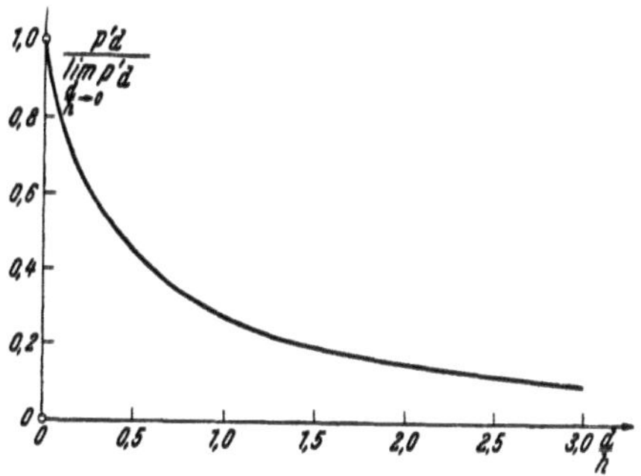

Abb. IV 254. Stromkraft zwischen Rechteck-Sammelschienen.

$$p_d' = \frac{\Pi}{2}\frac{J^2}{h} + \dots = \frac{\Pi}{2}\left(\frac{J}{h}\right)^2 h + \dots \quad \text{(IV 15, 7)}$$

in Übereinstimmung mit den Ergebnissen der Ziffer IV 12. Abb. IV 254 zeigt das Verhältnis der Kraft p_d' im Verhältnis zu ihrem Grenzwert für $d \to 0$ als Funktion von d/h.

d) Von der virtuellen Verrückung der starr gedachten Schienen ist jene wahre, elastische Deformation wohl zu unterscheiden, welche sie unter dem Zwange der elektrodynamischen Stromkräfte erleiden. Bei ihrer Untersuchung dürfen wir uns aus Symmetriegründen auf eine der beiden Schienen beschränken.

Mit l bezeichnen wir den Achsenabstand je zweier benachbarter Stützer die wir als starr und gegen ihr Fundament unverrückbar ansehen. Wir orientieren uns an Hand des relativ zu den Stützern festen, rechtwinkeligen Koordinatensystemes x, y, dessen Ursprung O nach Abb. IV 255 mit dem Zentrum der entspannten Schiene bei verschwindendem Strome zusammenfällt. Der Kontrollpunkt Q möge dann die Lage (0, y) einnehmen, während er sich während der Deformation der Schiene in (ξ, η) befinde. Um die Sätze der Elastizitätslehre anwenden zu können, beschränken wir uns weiterhin auf sehr kleine Verrückungen des Aufpunktes. Da nun in der y-Richtung keine Kräfte auftreten, dürfen wir die entsprechende Verrückung außer Betracht lassen:

$$\eta = y. \quad \text{(IV 15, 8)}$$

Es verbleibt somit die Aufgabe, die „elastische Linie"

$$\xi = \xi\,(y, t) \qquad\qquad \text{(IV 15, 9)}$$

aufzufinden.

e) Wir richten im Zeitpunkt t unser Augenmerk auf jenes Element der Schiene, welches in deren undeformiertem Zustande von den infinitesimal benachbarten Kontrollebenen y und (y + dy) begrenzt wird. Im Einklang mit dem üblichen Näherungsverfahren der Technischen Mechanik nehmen wir an, daß die ursprünglich zur Schienenachse senkrechten Ebenen diesen ihren geometrischen Charakter bei der Deformation wahren, indem sie nunmehr senkrecht auf der elastischen Linie stehen; in der „Momentaufnahme" nach Abb. IV 256 sind daher die Normalen der Kontrollebenen um das Maß der [kleinen] Winkel $(\partial\xi/\partial y)_y$ und $(\partial\xi/\partial y)_{y+dy}$ gegen die y-Achse geneigt und diese beiden Normalen schließen zwischen sich den Winkel $(\partial^2\xi/\partial y^2)\,dy$ ein. Wir führen jetzt in der x-y-Ebene, in der elastischen Linie beginnend und senkrecht zu ihr gerichtet, die Koordinate ξ' ein. Indem wir gemäß (IV 15, 8) die Längenänderungen der Schienenachse selbst als klein von höherer Ordnung vernachlässigen, finden wir die Dehnung ε der im Abstande ξ' von der Achse befindlichen Schicht zu

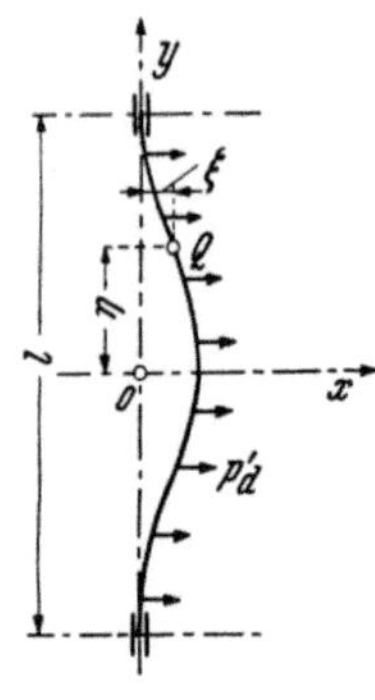

Abb. IV 255. Schema der elastischen Deformation der Sammelschiene.

$$\varepsilon = -\frac{\left\{\left(\dfrac{\partial^2\xi}{\partial y^2}\right)dy\right\}\xi'}{dy} = -\frac{\partial^2\xi}{\partial y^2}\cdot\xi';$$

$$|\xi'| \leqq \frac{b}{2}. \qquad\qquad \text{(IV 15, 10)}$$

Mit E bezeichnen wir den Elastizitätsmodul des Schienenmateriales, mit γ seine Dichte. In dem von den Schichten ξ' und $(\xi'+d\xi')$ einerseits, den Kontrollebenen andererseits begrenzten Raumelement der Schiene ist die Formänderungsarbeit aufgespeichert

$$\frac{1}{2}\,E\,\varepsilon^2 h\,d\xi'\,dy = \frac{1}{2}\,E\,h\left(\frac{\partial^2\xi}{\partial y^2}\right)^2\xi'^2\,d\xi'\,dy. \qquad \text{(IV 15, 11)}$$

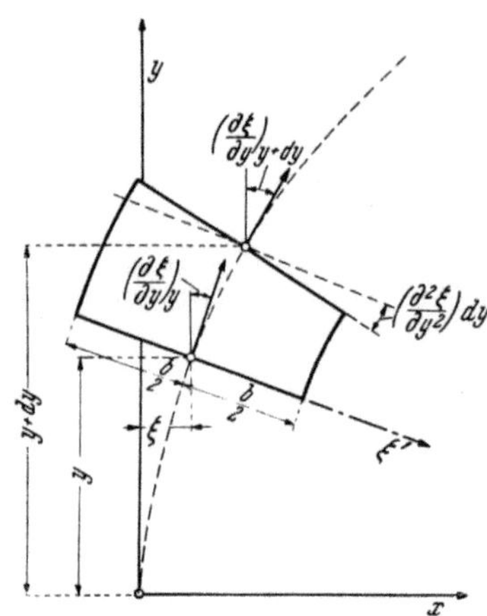

Abb. IV 256. Zur Berechnung des Elastischen Potentiales der deformierten Schiene.

Weist man der undeformierten Schiene das elastische Potential V = 0 zu, so folgt aus (IV 15, 11) sein Wert für den deformierten Zustand der Schiene zu

$$V = \frac{1}{2}\,E\,h\int\limits_{\xi'=-\frac{1}{2}b}^{+\frac{1}{2}b}\int\limits_{y=-\frac{1}{2}}^{+\frac{1}{2}}\left(\frac{\partial^2\xi}{\partial y^2}\right)^2\xi'^2\,d\xi'\,dy \qquad \text{(IV 15, 12)}$$

Mit Einführung des Trägheitsmomentes

$$\Theta = h \int_{\xi'=-\frac{1}{2}b}^{+\frac{1}{2}b} \xi'^2 \, d\xi' = \frac{1}{12} h\, b^3 \qquad\qquad \text{(IV 15, 13)}$$

vereinfacht sich (IV 15, 12) in

$$V = \frac{1}{2} E \,\Theta \int_{-\frac{1}{2}}^{+\frac{1}{2}} \left(\frac{\partial^2 \xi}{\partial y^2}\right)^2 dy. \qquad\qquad \text{(IV 15, 14)}$$

Zum elastischen gesellt sich das Thermodynamische Potential. Im undeformierten Zustand der Schiene entfällt nach (IV 15, 4) auf das kontrollierte Element der Betrag

$$d\Psi = \frac{\Psi}{s} \, dy. \qquad\qquad \text{(IV 15, 15)}$$

Da nun die Deformation ξ als sehr klein vorausgesetzt wurde, folgt die von ihr bewirkte Änderung $\Delta\, d\Psi$ des Thermodynamischen Potentiales mittels *Taylor*scher Entwicklung zu

$$\Delta\, d\Psi = \frac{1}{s} \left(\frac{\partial\Psi}{\partial d}\right) \cdot \xi \cdot dy. \qquad\qquad \text{(IV 15, 16)}$$

Wir substituieren (IV 15, 5) und finden als Änderung $\Delta\, \Psi$ des Thermodynamischen Potentiales der gesamten Schiene

$$\Delta\, \Psi = \int_{-\frac{1}{2}}^{+\frac{1}{2}} \frac{1}{s} \left(\frac{\partial\Psi}{\partial d}\right) \xi \, dy = -\, p_{d}' \int_{-\frac{1}{2}}^{+\frac{1}{2}} \xi \, dy. \qquad\qquad \text{(IV 15, 17)}$$

Den potentiellen Energien (IV 15, 14) und (IV 15, 17) stellen wir die kinetische Energie T der Schiene gegenüber: Zwischen den Kontrollebenen ist die infinitesimale Masse

$$dM = \gamma\, h\, b\, dy \qquad\qquad \text{(IV 15, 18)}$$

eingeschlossen, welche nach Maßgabe ihrer Geschwindigkeit $\partial\xi/\partial t$ senkrecht zur Schienenachse die kinetische Energie

$$dT = \frac{1}{2}\gamma\, h\, b \left(\frac{\partial\xi}{\partial t}\right)^2 dy \qquad\qquad \text{(IV 15, 19)}$$

mit sich führt; hieraus folgt durch Integration längs der Schienenachse

$$T = \frac{1}{2}\gamma\, h\, b \int_{-\frac{1}{2}}^{+\frac{1}{2}} \left(\frac{\partial\xi}{\partial t}\right)^2 dy. \qquad\qquad \text{(IV 15, 20)}$$

f) Das *Hamilton*sche Variationsprinzip liefert für die Dynamik der Schiene die Aussage

$$\int\limits_{t=t_0}^{t_1} \delta\,[V + \Psi - T]\,dt = \int\limits_{t=t_0}^{t_1}\ \int\limits_{y=-\frac{1}{2}}^{+\frac{1}{2}} \delta\left[\frac{1}{2}\,E\,\Theta\left(\frac{\partial^2\xi}{\partial y^2}\right)^2 - p_d{}'\,\xi - \right.$$

$$\left. -\frac{1}{2}\,\gamma\,h\,b\left(\frac{\partial\xi}{\partial t}\right)^2\right]dy\,dt = 0. \qquad\qquad (\text{IV } 15,\ 21)$$

Unter der Variation $\delta\,\xi$ verstehen wir die für feste Werte von t und y gemessene Differenz zwischen der virtuellen und der wirklichen elastischen Linie; sie genügt den Vertauschungsregeln

$$\delta\,\frac{\partial\xi}{\partial y} = \frac{\partial\delta\,\xi}{\partial y}; \qquad \delta\,\frac{\partial^2\xi}{\partial y^2} = \frac{\partial}{\partial y}\left(\frac{\delta\,\partial\xi}{\partial y}\right); \qquad \delta\,\frac{\partial\xi}{\partial t} = \frac{\partial\delta\,\xi}{\partial t}. \qquad (\text{IV } 15,\ 22)$$

Zur Konkurrenz werden alle Kurven zugelassen, welche folgende Bedingungen befriedigen:

1. Zu den Zeitpunkten $t = t_0$ und $t = t_1$ wird die variierte elastische Linie mit der wirklichen identisch; für alle y gilt

$$\delta\,\xi = 0 \qquad \text{für} \qquad t = t_0 \qquad \text{und} \qquad t = t_1. \qquad (\text{IV } 15,\ 23)$$

2. In den Orten $y = \pm 1/2$ erfüllt die variierte elastische Linie zu allen Zeiten die der wirklichen auferlegten Randbedingungen: Da die Stütze als starr und unverrückbar vorausgesetzt wurden, gilt zunächst

$$\xi = 0 \qquad \text{für} \qquad y = \pm\frac{1}{2}. \qquad (\text{IV } 15,\ 24)$$

Weiter wird durch die Konstruktion der Stützerklemmen nach Abb. IV 253 die Richtung der Schienenachse in diesen Punkten gleich jener der ursprünglichen Justierung fixiert

$$\frac{\partial\xi}{\partial y} = 0 \qquad \text{für} \qquad y = \pm\frac{1}{2}. \qquad (\text{IV } 15,\ 25)$$

Vermöge der Definition der Variation folgt aus (IV 15, 24) und (IV 15, 25)

$$\delta\,\xi = 0; \qquad \delta\,\frac{\partial\xi}{\partial y} = 0 \qquad \text{für} \qquad y = \pm\frac{1}{2}. \qquad (\text{IV } 15,\ 26)$$

Wir berechnen nun, mit Hilfe von (IV 15, 22)

$$\delta\left[\frac{1}{2}\,E\,\Theta\left(\frac{\partial^2\xi}{\partial y^2}\right)^2\right] = E\,\Theta\,\frac{\partial^2\xi}{\partial y^2}\,\delta\left(\frac{\partial^2\xi}{\partial y^2}\right) = E\,\Theta\,\frac{\partial^2\xi}{\partial y^2}\cdot\frac{\partial}{\partial y}\left(\delta\,\frac{\partial\xi}{\partial y}\right) \qquad (\text{IV } 15,\ 27)$$

und finden, abermals mit Benützung der Vertauschungsregeln, durch Teilintegration

$$\int\limits_{-\frac{1}{2}}^{+\frac{1}{2}} \delta\left[\frac{1}{2}\,E\,\Theta\left(\frac{\partial^2\xi}{\partial y^2}\right)^2\right]dy = E\,\Theta\,\frac{\partial^2\xi}{\partial y^2}\cdot\delta\,\frac{\partial\xi}{\partial y}\,\Big|_{-\frac{1}{2}}^{+\frac{1}{2}} - E\,\Theta\int\limits_{-\frac{1}{2}}^{+\frac{1}{2}}\frac{\partial^3\xi}{\partial y^3}\,\frac{\partial\delta\,\xi}{\partial y}\,dy;$$

$$-E\,\Theta\int\limits_{-\frac{1}{2}}^{+\frac{1}{2}}\frac{\partial^3\xi}{\partial y^3}\,\frac{\partial\delta\,\xi}{\partial y}\,dy = -E\,\Theta\cdot\frac{\partial^3\xi}{\partial y^3}\,\delta\,\xi\,\Big|_{-\frac{1}{2}}^{+\frac{1}{2}} + E\,\Theta\int\limits_{-\frac{1}{2}}^{+\frac{1}{2}}\frac{\partial^4\xi}{\partial y^4}\,\delta\,\xi\,dy.$$

$$(\text{IV } 15,\ 28)$$

Da nach (IV 15, 26) die integralfreien Glieder der Summen (IV 15, 28) verschwinden, resultiert

$$\int_{-\frac{1}{2}}^{+\frac{1}{2}} \delta\left[\frac{1}{2}\,\mathrm{E}\,\Theta\left(\frac{\partial^2\xi}{\partial \mathrm{y}^2}\right)^2\right]\mathrm{dy} = \mathrm{E}\,\Theta\int_{-\frac{1}{2}}^{+\frac{1}{2}}\frac{\partial^4\xi}{\partial \mathrm{y}^4}\,\delta\xi\,\mathrm{dy}. \qquad \text{(IV 15, 29)}$$

Ebenso schließt man aus (IV 15, 22)

$$\delta\left[\frac{1}{2}\,\gamma\,\mathrm{h}\,\mathrm{b}\left(\frac{\partial\xi}{\partial \mathrm{t}}\right)^2\right] = \gamma\,\mathrm{h}\,\mathrm{b}\,\frac{\partial\xi}{\partial \mathrm{t}}\,\delta\,\frac{\partial\xi}{\partial \mathrm{t}} = \gamma\,\mathrm{h}\,\mathrm{b}\,\frac{\partial\xi}{\partial \mathrm{t}}\,\frac{\partial\delta\xi}{\partial \mathrm{t}}, \qquad \text{(IV 15, 30)}$$

also durch partielle Integration, mit Rücksicht auf (IV 15, 23)

$$\int_{t_0}^{t_1}\delta\left[\frac{1}{2}\,\gamma\,\mathrm{h}\,\mathrm{b}\left(\frac{\partial\xi}{\partial \mathrm{t}}\right)^2\right]\mathrm{dt} = \gamma\,\mathrm{h}\,\mathrm{b}\,\frac{\partial\xi}{\partial \mathrm{t}}\,\delta\,\xi\,\Big|_{t_0}^{t_1} - \gamma\,\mathrm{h}\,\mathrm{b}\int_{t_0}^{t_1}\frac{\partial^2\xi}{\partial \mathrm{t}^2}\,\delta\xi\,\mathrm{dt} =$$

$$= -\gamma\,\mathrm{h}\,\mathrm{b}\int_{t_0}^{t_1}\frac{\partial^2\xi}{\partial \mathrm{t}^2}\,\delta\xi\,\mathrm{dt}. \qquad \text{(IV 15, 31)}$$

Wir substituieren (IV 15, 29) und (IV 15, 31) in (IV 15, 21) und erhalten

$$\int_{t=t_0}^{t_1}\int_{y=-\frac{1}{2}}^{+\frac{1}{2}}\left[\mathrm{E}\,\Theta\,\frac{\partial^4\xi}{\partial \mathrm{y}^4} - \mathrm{p_d}' + \gamma\,\mathrm{h}\,\mathrm{b}\,\frac{\partial^2\xi}{\partial \mathrm{t}^2}\right]\delta\xi\,\mathrm{dy}\,\mathrm{dt} = 0. \qquad \text{(IV 15, 32)}$$

Da hierin die Variation $\delta\,\xi$ frei gewählt werden darf, folgt für das dynamische Verhalten der Schiene die partielle Differentialgleichung

$$\mathrm{E}\,\Theta\,\frac{\partial^4\xi}{\partial \mathrm{y}^4} + \gamma\,\mathrm{h}\,\mathrm{b}\,\frac{\partial^2\xi}{\partial \mathrm{t}^2} = \mathrm{p_d}'. \qquad \text{(IV 15, 33)}$$

g) Wir spezialisieren auf einen einfach-harmonischen Wechselstrom der Kreisfrequenz ω und der Amplitude $\mathrm{J_{max}}$ [Effektivwert $\mathrm{J_{eff}} = 1/\sqrt{2}\,\mathrm{J_{max}}$]

$$\mathrm{J} = \mathrm{J_{max}} \cdot \cos\omega\,\mathrm{t}. \qquad \text{(IV 15, 34)}$$

Er erregt nach (IV 15, 5) die Kraft

$$\mathrm{p_d}' = \mathrm{p_0}'\,[1 + \cos 2\,\omega\,\mathrm{t}]; \quad \mathrm{p_0}' = \frac{\Pi}{2}\,\mathrm{J_{eff}}^2 \cdot \frac{1}{\pi\,\mathrm{h}}\left[2\,\mathrm{arctg}\,\frac{\mathrm{h}}{\mathrm{d}} - \frac{\mathrm{d}}{\mathrm{h}}\,\ln\left(1 + \frac{\mathrm{h}^2}{\mathrm{d}^2}\right)\right].$$

$$\text{(IV 15, 35)}$$

Der lineare Charakter der Gl. (IV 15, 33) gestattet es, die korrespondierende Deformation in die Summe eines zeitunabhängigen, statischen Anteiles ξ_{st} und eines zeitabhängigen, dynamischen Anteiles ξ_{dyn} aufzuspalten

$$\xi = \xi_{\mathrm{st}} + \xi_{\mathrm{dyn}}, \qquad \text{(IV 15, 36)}$$

welche einzeln den Gleichungen genügen

$$\mathrm{E}\,\Theta\,\frac{\mathrm{d}^4\xi_{\mathrm{st}}}{\mathrm{dy}^4} = \mathrm{p_0}' \qquad \text{(IV 15, 37)}$$

und

$$\mathrm{E}\,\Theta\,\frac{\partial^4\xi_{\mathrm{st}}}{\partial \mathrm{y}^4} + \gamma\,\mathrm{h}\,\mathrm{b}\,\frac{\partial^2\xi_{\mathrm{dyn}}}{\partial \mathrm{t}^2} = \mathrm{p_0}'\cos\Omega\,\mathrm{t}; \qquad \Omega = 2\,\omega. \qquad \text{(IV 15, 38)}$$

Wir beschäftigen uns mit ihren Lösungen gesondert:

1. Das allgemeine Integral der Gl. (IV 15, 36) besitzt vier Integrationskonstanten, welche sich jedoch zufolge der Wahl des Koordinatenursprunges im Symmetriezentrum des mechanischen Systemes auf deren zwei [A und B] reduzieren. Durch Unterdrückung der in y ungeraden Partikularintegrale von (IV 15, 37) gelangen wir also durch viermalige Integration dieser Gleichung auf

$$\xi_{st} = A + B\,y^2 + \frac{p_0'}{E\,\Theta}\cdot\frac{y^4}{4!}. \qquad \text{(IV 15, 39)}$$

Mit

$$\frac{d\xi_{st}}{dy} = 2\,B\,y + \frac{p_0'}{E\,\Theta}\cdot\frac{y^3}{3!} \qquad \text{(IV 15, 40)}$$

folgt jetzt aus (IV 15, 25)

$$2\,B\cdot\frac{1}{2} + \frac{p_0'}{E\,\Theta}\cdot\frac{1}{3!}\frac{l^3}{8} = 0; \qquad B = -\frac{p_0'}{E\,\Theta}\cdot\frac{1}{3!}\cdot\frac{l^2}{8} \qquad \text{(IV 15, 41)}$$

und durch Substitution dieses Ergebnisses in (IV 15, 39), mit Rücksicht auf (IV 15, 24),

$$0 = A - \frac{p_0'}{E\,\Theta}\cdot\frac{1}{3!}\frac{l^2}{8}\cdot\frac{l^2}{4} + \frac{p_0'}{E\,\Theta}\cdot\frac{1}{4!}\frac{l^4}{16}; \qquad A = \frac{p_0'}{E\,\Theta}\cdot\frac{1}{4!}\frac{l^4}{16}. \qquad \text{(IV 15, 42)}$$

Aus der nunmehr explizit bekannten Gleichung der statischen elastischen Linie

$$\xi_{st} = \frac{p_0'}{E\,\Theta}\left[\frac{l^4}{4!\,16} - \frac{l^2}{4!\,2}\,y^2 + \frac{1}{4!}\,y^4\right] \qquad \text{(IV 15, 43)}$$

entnimmt man die in y = 0 auftretende statische Maximaldeformation

$$\xi_{st,\,max} = \frac{p_0'}{E\,\Theta}\cdot\frac{l^4}{4!\,16}. \qquad \text{(IV 15, 44)}$$

2. Unter Verzicht auf die Diskussion der Einschwingvorgänge setzen wir das Integral von (IV 15, 38) in der Produktform an

$$\xi_{dyn} = \xi^*\,(y)\,\cos\Omega\,t, \qquad \text{(IV 15, 45)}$$

wobei die Funktion ξ^* (y) die Zeit nicht mehr enthält; für sie entspringt somit aus (IV 15, 38) die gewöhnliche Differentialgleichung

$$E\,\Theta\,\frac{d^4\,\xi^*}{dy^4} - \Omega^2\,\gamma\,h\,b\,\xi^* = p_0'. \qquad \text{(IV 15, 46)}$$

Ihr allgemeines Integral resultiert als Summe der Partikularlösung

$$\xi_1^* = -\frac{p_0'}{\Omega^2\,\gamma\,b\,h} \qquad \text{(IV 15, 47)}$$

und des Integrales der homogenen Gleichung

$$E\,\Theta\,\frac{d^4\xi^*}{dy^4} - \Omega^2\,\gamma\,h\,b\,\xi^* = 0. \qquad \text{(IV 15, 48)}$$

Wir setzen abkürzend

$$a^4 = \Omega^2\frac{\gamma\,h\,b}{E\,\Theta}; \qquad a = \sqrt[4]{\frac{\gamma\,h\,b}{E\,\Theta}}\,\sqrt{\Omega} \qquad \text{(IV 15, 49)}$$

und nehmen, nach Wahl einer Integrationskonstanten C, die Lösung von (IV 15, 48) in der Form

$$\xi^* = C\,e^{\lambda\,y} \qquad \text{(IV 15, 50)}$$

an; für die Ausbreitungsziffer λ folgt aus (IV 15, 48), (IV 15, 49) die biquadratische Gleichung

$$\lambda^4 - a^4 = 0; \qquad \lambda^4 = a^4, \qquad \text{(IV 15, 51)}$$

deren Wurzeln lauten

$$\lambda_1 = a; \qquad \lambda_2 = -a; \qquad \lambda_3 = i\,a; \qquad \lambda_4 = -i\,a. \qquad \text{(IV 15, 52)}$$

Ihnen entsprechen vier linear voneinander unabhängige Fundamentalintegrale, deren Linearkombinationen somit ebenfalls (IV 15, 48) befriedigen; unter ihnen wählen wir, abermals unter Berufung auf die Lage des Koordinatenursprunges, die in y geraden Funktionen $\cos a\,y$ und $\cosh a\,y$, welche wir nach Hinzufügung der konstanten Faktoren c und C zu

$$\xi_2^* = c \cdot \cos a\,y + C \cosh a\,y \qquad \text{(IV 15, 53)}$$

verbinden.

Aus (IV 15, 45), (IV 15, 47) und (IV 15, 53) resultiert die dynamische Deformation

$$\xi_{\mathrm{dyn}} = \left\{ -\frac{p_0'}{\Omega^2\,\gamma\,b\,h} + c \cos a\,y + C \cosh a\,y \right\} \cos \Omega\,t. \qquad \text{(IV 15, 54)}$$

Sie genügt für alle Zeiten den Grenzbedingungen (IV 15, 24) und (IV 15, 25), falls man verlangt

$$c \cos a\,\frac{l}{2} + C \cosh a\,\frac{l}{2} = \frac{p_0'}{\Omega^2\,\gamma\,b\,h} \equiv \frac{p_0'}{E\,\Theta} \cdot \frac{1}{a^4} \qquad \text{(IV 15, 55)}$$

und

$$-c \sin a\,\frac{l}{2} + C \sinh a\,\frac{l}{2} = 0. \qquad \text{(IV 15, 56)}$$

Man entnimmt diesen Gleichungen

$$c = \frac{p_0'}{E\,\Theta} \cdot \frac{1}{a^4} \cdot \frac{\sinh a\,\frac{l}{2}}{\cos a\,\frac{l}{2} \sinh a\,\frac{l}{2} + \sin a\,\frac{l}{2} \cosh a\,\frac{l}{2}},$$

$$C = \frac{p_0'}{E\,\Theta} \cdot \frac{1}{a^4} \cdot \frac{\sin a\,\frac{l}{2}}{\cos a\,\frac{l}{2} \sinh a\,\frac{l}{2} + \sin a\,\frac{l}{2} \cosh a\,\frac{l}{2}} \qquad \text{(IV 15, 57)}$$

also

$$\xi_{\mathrm{dyn}} = \frac{p_0'}{E\,\Theta} \cdot \frac{1}{a^4} \frac{\sinh a\,\frac{l}{2} \left\{ \cos a\,y - \cos a\,\frac{l}{2} \right\} + \sin a\,\frac{l}{2} \left\{ \cosh a\,y - \cosh a\,\frac{l}{2} \right\}}{\cos a\,\frac{l}{2} \sinh a\,\frac{l}{2} + \sin a\,\frac{l}{2} \cosh a\,\frac{l}{2}} \cos \Omega\,t.$$

$$\text{(IV 15, 58)}$$

Wir spezialisieren durch die Wahl y = 0 auf die Mitte der Schiene:

$$\xi_{\mathrm{dyn}}^{(0)} = \frac{p_0'}{E\,\Theta} \cdot \frac{4}{a^4} \cdot \sin a\,\frac{l}{4} \sinh a\,\frac{l}{4} \cdot \frac{\cosh a\,\frac{l}{4} \sin a\,\frac{l}{4} - \cos a\,\frac{l}{4} \sinh a\,\frac{l}{4}}{\cos a\,\frac{l}{2} \sinh a\,\frac{l}{2} + \sin a\,\frac{l}{2} \cosh a\,\frac{l}{2}} \cos \Omega\,t$$

$$\text{(IV 15, 59)}$$

und vergleichen die Amplitude dieser dynamischen Deformation mit dem statischen Biegungspfeil (IV 15, 44):

$$\frac{\xi^{(0)}_{\text{dyn, max}}}{\xi_{\text{st, max}}} = 3!\,\frac{\left|\sin \alpha\,\frac{1}{4}\,\sinh \alpha\,\frac{1}{4}\right|}{\left(\alpha\,\frac{1}{4}\right)^4}\cdot\left|\frac{\cosh \alpha\,\frac{1}{4}\sin \alpha\,\frac{1}{4}-\cos \alpha\,\frac{1}{4}\sinh \alpha\,\frac{1}{4}}{\cos \alpha\,\frac{1}{2}\sinh \alpha\,\frac{1}{2}+\sin \alpha\,\frac{1}{2}\cosh \alpha\,\frac{1}{2}}\right|\cdot$$

$$(IV\ 15,\ 60)$$

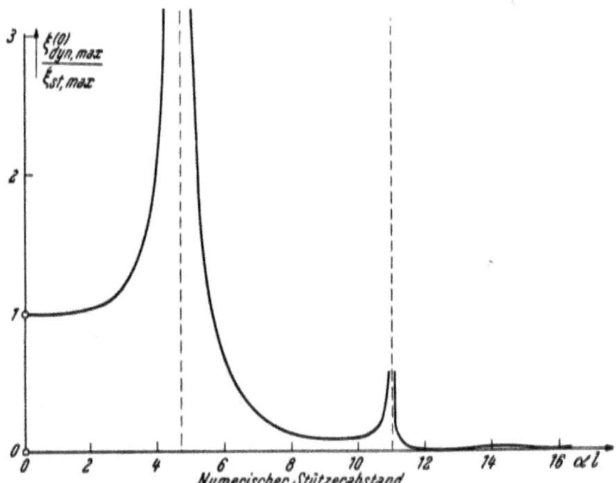

Abb. IV 257. Resonanzkurve einer in festen Abständen 1 starr eingeklemmten Sammelschiene. Abszisse: Numerische Länge α 1. Ordinate: Amplitude der dynamischen Deformation in Schienenmitte im Verhältnis zum statischen Biegungspfeil.

Abb. IV 257 zeigt den Gang dieses Verhältnisses mit dem numerischen Stützerabstand α 1. Insbesondere wächst die dynamische Deformation [theoretisch] über alle Grenzen an, sobald die Bedingung

$$\cos \alpha\,\frac{1}{2}\sinh \alpha\,\frac{1}{2}+\sin \alpha\,\frac{1}{2}\cosh \alpha\,\frac{1}{2}=0 \qquad (IV\ 15,\ 61)$$

oder

$$\operatorname{tg} a + \operatorname{tgh} a = 0; \qquad a = \alpha\,\frac{1}{2} \qquad (IV\ 15,\ 62)$$

erfüllt ist; sie definiert die *Resonanz* der Kreisfrequenz Ω mit einer der durch

$$\Omega' = \left(\frac{2\,a}{1}\right)^2\cdot\sqrt{\frac{E\,\Theta}{\gamma\,h\,b}}. \qquad (IV\ 15,\ 63)$$

gegebenen Eigen-Kreisfrequenzen der zwischen den Stützerklemmen schwingenden Schiene. Es gibt deren eine unbegrenzte Zahl Ω_n', welche den der Größe nach geordneten Wurzeln a_n der transzendenten Gleichung (IV 15, 62) entsprechen; diese lauten in hinreichender Genauigkeit

$$a_0 = 0; \quad a_1 = 2{,}363; \quad a_n \approx \left(n-\frac{1}{4}\right)\pi \quad [n \geqq 2]. \qquad (IV\ 15,\ 64)$$

Hand in Hand mit der anschwellenden Deformation der Schiene kann ihre mechanische Beanspruchung so groß werden, daß sie die Festigkeitsgrenze des Materiales übersteigt. Man hat deshalb bei der Konstruktion der Sammelschienen-Anlage diese Resonanz sorgsam zu vermeiden.

IV 16. Mechanik der Schaltertraverse.

a) Gegeben das System zweier Runddrähte je vom Halbmesser a, deren Achsen im Abstande d parallel zueinander geführt sind. Abb. IV 258 zeigt das Modell eines in diese Leitung eingebauten einpoligen Hochstrom-Schalters. Der zu schaltende Draht ist am Schaltort in der Ebene der Leitungsachsen auf die Breite b um das Maß h senkrecht gegen seine Achse und jene des Nachbardrahtes abgekröpft. Die zur Drahtachse parallele Traverse kann in der Kröpfungsebene senkrecht zu ihrer eigenen Achse bewegt werden. In der Einschaltstellung besitzt sie also den Abstand h vom geschalteten Draht. In der Ausschaltstellung dagegen liegt die Traversenachse im Abstand $h' > h$ von jener des geschalteten Drahtes, so daß je an ihren beiden Enden der Schaltweg

$$s = h' - h \qquad \text{(IV 16, 1)}$$

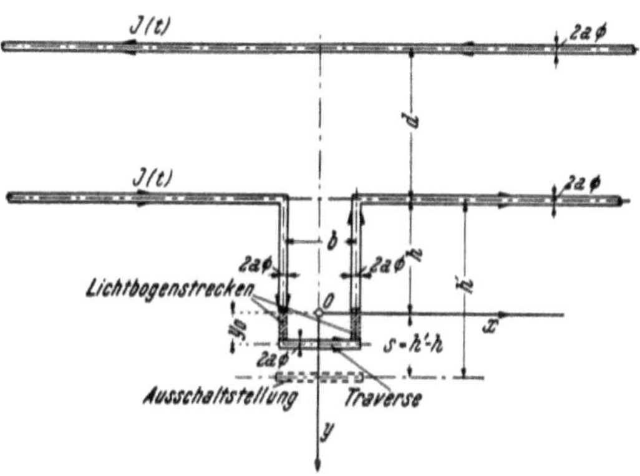

Abb. IV 258. Orientierung an der Schaltertraverse.

die beweglichen Kontaktstücke der Traverse von den festen Kontaktstücken der abgekröpften Drahtenden trennt; beide Strecken sind im stromlosen Zustand des Schalters von elektrisch merklich nichtleitendem Materiale erfüllt.

b) Im Spielraum der Traversenbewegung orientieren wir uns an Hand des rechtwinkeligen Koordinatensystemes x, y der Kröpfungsebene; sein Ursprung koinzidiert mit dem Zentrum der Traverse in ihrer Einschaltstellung, seine y-Achse weist in die Richtung der Traversenbewegung. Wir beschreiben die Stellung der Traversenachse während des Schaltens durch ihre Koordinate y_0. Falls nun y_0 einen gewissen Bereich

$$0 \leqq y_0 < s' \qquad \text{(IV 16, 2)}$$

durchläuft, vermag die Netzspannung zwischen den zwar mechanisch getrennten Kontaktstücken dennoch eine leitende Lichtbogenbahn aufrecht zu erhalten. Durch die Schalterkonstruktion andererseits ist y_0 der Ungleichung

$$0 \leqq y_0 \leqq s \qquad \text{(IV 16, 3)}$$

unterworfen; daher erfordert das ordnungsmäßige Arbeiten des Schalters bis zur Stromunterbrechung die minimale Schaltstrecke

$$s \geqq s'. \qquad \text{(IV 16, 4)}$$

c) Wir richten unser Augenmerk auf die Dynamik der Schaltertraverse innerhalb ihres Arbeitsbereiches (IV 16, 2). Dort führe sie zur Zeit t die Stromstärke

$$J = J(t), \qquad (IV\ 16,\ 5)$$

welche wir weiterhin als bekannt voraussetzen. An der Traverse greift dann eine innere elektrodynamische Kraft $P_y{'}$ an, deren Größe wir zunächst aufzusuchen haben.

c) Wir nehmen an, daß der Halbmesser der Lichtbogenbahn merklich dem Drahthalbmesser a gleiche; sie bildet dann, zusammen mit der Traverse, eine deformierbare Leitungskröpfung, welche sich parallel zur y-Achse durch die variable Weite

$$\eta = h + y_0 \qquad (IV\ 16,\ 6)$$

auszeichnet. Durch den Schalter wird somit während seiner Betätigung die Induktivität der homogenen, durchlaufenden Zweidrahtleitung gemäß Gl. (III 14, 14) um

$$\varDelta L = \frac{\Pi}{\pi}\left[b\left(\ln\frac{d+\eta}{d} + \ln\frac{2\,b}{b + \sqrt{b^2 + \eta^2}} - 1 + \sqrt{1 + \left(\frac{\eta}{b}\right)^2} - \frac{\eta}{b}\right) + \right.$$

$$\left. + \eta\left(\ln\left(\frac{2\,b}{a}\,\frac{\eta}{\eta + \sqrt{\eta^2 + b^2}}\right) - \frac{3}{4} + \sqrt{1 + \left(\frac{b}{\eta}\right)^2} - \frac{b}{\eta}\right)\right] \qquad (IV\ 16,\ 7)$$

vergrößert.

Wir wählen als Basis $\Psi = 0$ des Thermodynamischen Potentiales jenes der homogen durchlaufenden Leitung und erhalten aus (IV 16, 7) das Thermodynamische Potential des vorgelegten Systemes zu

$$\Psi = -\frac{1}{2}\,\varDelta L \cdot J^2. \qquad (IV\ 16,\ 8)$$

Hieraus berechnen wir

$$P_y{'} = -\frac{\partial \psi}{\partial y_0} = +\frac{1}{2}\,J^2\frac{\partial \varDelta L}{\partial \eta} = \frac{\Pi}{\pi}\,J^2\left[\frac{b}{d+\eta} + \left(\frac{\sqrt{b^2 + \eta^2}}{\eta} - 1\right) - \frac{b}{\eta} + \right.$$

$$\left. + \ln\left(\frac{2\,b}{a}\,\frac{\eta}{\eta + \sqrt{\eta^2 + b^2}}\right) + \frac{1}{4}\right]. \qquad (IV\ 16,\ 9)$$

Häufig ist $b \ll \eta$, so daß man (IV 16, 9) genügend genau durch

$$P_y{'} = \frac{\Pi}{\pi}\,J^2\left(\ln\frac{b}{a} + \frac{1}{4}\right) \qquad (IV\ 16,\ 10)$$

ersetzen kann.

d) Der in (IV 16, 9), (IV 16, 10) ausgedrückte, positiv-definite Charakter der Kraft $P_y{'}$ zeigt an, daß sie stets parallel der y-Achse gerichtet ist, die deformierbare Kröpfung also zu vergrößern sucht: Die elektrodynamische Wirkung des Stromes *unterstützt* das *Ausschalten*, während sie sich dem *Einschalten widersetzt*. Im Lichte dieses Ergebnisses werden wir uns weiterhin auf die Untersuchung der Schalterdynamik allein während des Einschaltens beschränken; als unabhängige Variable der korrespondierenden Traversenbewegung wählen wir

$$\eta' = h + s' - \eta; \qquad 0 < \eta' \leqq s' \qquad (IV\ 16,\ 11)$$

und schreiben, sinngemäß abkürzend

$$P_{el} \equiv P'_{\eta'} = -P_y{'}. \qquad (IV\ 16,\ 12)$$

e) Wir ergänzen die innere, elektrodynamische Kraft P_{el} durch die äußeren Kräfte des mit der Traverse gekoppelten Schaltmechanismus:

1. Die Betätigung des Schalters geschieht nicht von Hand, sondern mit Hilfe von Einschaltmagneten. Ihre Kraft K wirkt im Sinne der gewünschten Bewegung und ist daher als positiv in Rechnung zu stellen; unter der Voraussetzung einer geeigneten Konstruktion betrachten wir K als zeitlich konstant.

2. Als Bremskraft P_r tritt die Reibung der Traverse und der mit ihr verbundenen Teile im umgebenden Mittel auf. Wir setzen sie als proportional zur Bewegungsgeschwindigkeit

$$v' = \frac{d\eta'}{dt} \qquad \text{(IV 16, 13)}$$

an und weisen ihr, im Einklang mit ihrer der Schaltbewegung opponierenden Richtung, das negative Vorzeichen zu:

$$P_r = - W \cdot v'. \qquad \text{(IV 16, 14)}$$

Die „Widerstandszahl" $W > 0$ möge als Konstante betrachtet werden.

f) Mit M bezeichnen wir die resultierende träge Masse aller bei der Schaltbewegung der Traverse gleichzeitig mitbeschleunigten Schalterelemente. Ihre Bewegungsgleichung lautet somit

$$M \cdot \frac{dv'}{dt} = K + P_r + P_{el} = K - W v' - P_y' \qquad \text{(IV 16, 15)}$$

oder

$$\frac{dv'}{dt} + \frac{W}{M} v' = \frac{K - P_y'}{M}. \qquad \text{(IV 16, 16)}$$

Aus (IV 16, 16) ersieht man, daß das Verhältnis

$$T = \frac{M}{W} \qquad \text{(IV 16, 17)}$$

die Dimension einer Zeit besitzt; wir definieren es als mechanische Zeitkonstante und bemerken, daß deren Messung uns zur Kenntnis der auf theoretischem Wege schwer bestimmbaren Widerstandszahl W verhilft.

g) Wir erweitern vorübergehend den Existenzbereich von η' auf

$$s' - s \leqq \eta' \leqq 0. \qquad \text{(IV 16, 18)}$$

In ihm ist definitionsgemäß $J(t) \equiv 0$, also auch $P_{el} \equiv 0$, so daß sich (IV 16, 16) auf

$$\frac{dv'}{dt} + \frac{v'}{T} = \frac{K}{M} \qquad \text{(IV 16, 19)}$$

mit den Anfangsbedingungen

$$\left.\begin{array}{l} v' = 0 \\ \eta' = s' - s \end{array}\right\} \text{ für } t = 0 \qquad \text{(IV 16, 20)}$$

reduziert. Ihnen genügen als Integrale von (IV 16, 19) die Gleichungen

$$v' = \frac{K}{M} T \left[1 - e\right]^{-\frac{t}{T}} \qquad \text{(IV 16, 21)}$$

und

$$\eta' = (s' - s) + \frac{K}{M} \cdot T^2 \left[\frac{t}{T} - \left(1 - e^{-\frac{t}{T}}\right)\right]. \qquad \text{(IV 16, 22)}$$

Daher erreicht die Traverse die Lage $\eta' = 0$ zu jener Zeit $t = t_0$, welche aus

$$\frac{t_0}{T} - \left(1 - e^{-\frac{t_0}{T}}\right) = (s - s') \frac{M}{K} \cdot \frac{1}{T^2} \qquad \text{(IV 16, 23)}$$

hervorgeht. Da nun durch passende Wahl der Kraft K stets $t_0/T \ll 1$ gemacht wird, erhält man durch Entwicklung der linken Seite von (IV 16, 23) bis zu Gliedern zweiter Potenz von t_0/T einschließlich

$$\frac{1}{2!}\left(\frac{t_0}{T}\right)^2 \approx (s - s') \frac{M}{K} \cdot \frac{1}{T^2} \qquad \text{(IV 16, 24)}$$

also, in gleicher Genauigkeit

$$v_0' \equiv v'\left(\frac{t_0}{T}\right) = \sqrt{2(s - s')\frac{K}{M}}. \qquad \text{(IV 16, 25)}$$

h) Nach Voraussetzung wird in der Lage $\eta' = + 0$ der Traverse durch die Netzspannung der Lichtbogen gezündet; wir brechen die Zählung der Zeit t in diesem Augenblick ab und ersetzen sie durch die Zeit

$$t' = t - t_0 > 0, \qquad \text{(IV 16, 26)}$$

für welche nun $J(t')$ im allgemeinen von Null verschieden ausfällt. Wegen der Größe der trägen Masse M dürfen wir annehmen, daß sowohl die primitive Periode aller im Strome $J(t')$ enthaltenen Wechselanteile wie die elektromagnetischen Zeitkonstanten seiner flüchtigen Komponenten kurz gegen die mechanische Zeitkonstante sind. Wir sind dann berechtigt, die in Wahrheit rasch veränderliche Kraft P_{el} durch ihren Mittelwert $\overline{P}_{el}$ zu ersetzen, welchen wir aus (IV 16, 10) und (IV 16, 12), unter Beschränkung auf den Dauerwert des Stromes nach vollzogener Einschaltung, in ausreichender Genauigkeit zu

$$\overline{P}_{el} = -\frac{\Pi}{\pi} J_{eff}^2 \left(\ln \frac{b}{a} + \frac{1}{4}\right) \qquad \text{(IV 16, 27)}$$

bestimmen.

Mit (IV 16, 26) und (IV 16, 27) vereinfacht sich (IV 16, 16) in

$$\frac{dv'}{dt'} + \frac{v'}{T} = \frac{K + \overline{P}_{el}}{M}. \qquad \text{(IV 16, 28)}$$

Mit Rücksicht auf die Anfangsbedingungen

$$\left.\begin{array}{c} v = v_0' \\ \eta' = 0 \end{array}\right\} \quad \text{für } t' = 0 \qquad \text{(IV 16, 29)}$$

liefert einmalige Integration von (IV 16, 28)

$$v' = v_0' e^{-\frac{t'}{T}} + \frac{T}{M}[K + \overline{P}_{el}]\left(1 - e^{-\frac{t'}{T}}\right) \qquad \text{(IV 16, 30)}$$

und nochmalige Integration

$$\eta' = \frac{T^2}{M}[K + \overline{P}_{el}]\frac{t'}{T} + \frac{T^2}{M}\left[\frac{M}{T}v_0 - (K + \overline{P}_{el})\right]\left(1 - e^{-\frac{t'}{T}}\right) \qquad \text{(IV 16, 31)}$$

Falls nun auf einen Kurzschluß geschaltet wird, kann die elektrodynamische Kraft $\overline{P}_{el}$ des Kurzschlußstromes J_k so groß werden, daß sie jene des Einschaltmagneten übertrifft:

$$K + \overline{P}_{el} = K - \frac{\Pi}{\pi} J_{k,\,eff}^2 \left(\ln \frac{b}{a} + \frac{1}{4}\right) < 0. \qquad \text{(IV 16, 32)}$$

Kann dann die Schaltertraverse zum Stillstand kommen, bevor sie die festen Kontaktstücke der abgekröpften Drahtenden erreicht hat?

Sei $t' = t_0'$ der Zeitpunkt des angenommenen Ereignisses, so folgt aus (IV 16, 30)

$$\left[\frac{M}{T}v_0' - (K + \overline{P}_{el})\right]e^{-\frac{t_0'}{T}} = -(K + \overline{P}_{el}); \quad \frac{t_0'}{T} = \ln\left\{1 + \frac{(M/T)v_0'}{-(K + \overline{P}_{el})}\right\}.$$

$$\text{(IV 16, 33)}$$

Der zugehörige Maximalausschlag der Schaltertraverse ergibt sich durch Substitution von (IV 16, 33) in (IV 16, 31) zu

$$\eta'_{max} = T v_0'\left[1 - \frac{-(K + \overline{P}_{el})}{(M/T)v_0'}\ln\left(1 + \frac{(M/T)v_0'}{-(K + \overline{P}_{el})}\right)\right]. \quad \text{(IV 16, 34)}$$

Hieraus schließen wir:

1. Ist $\eta'_{max} > s'$, so erreicht die Traverse die festen Kontaktstücke mit endlicher Geschwindigkeit zu einem Zeitpunkt $t' < t_0'$; der Schalter ist ordnungsgemäß eingeschaltet worden.

2. Für $\eta'_{max} < s'$ wird die Bewegung der Traverse rückläufig, bevor der Schalter geschlossen ist; der Einschaltversuch ist mißglückt.

Im Lichte dieser Alternative ist die Leistungsfähigkeit des Schalters durch die Gleichheit

$$\eta'_{max} = s' \quad \text{(IV 16, 35)}$$

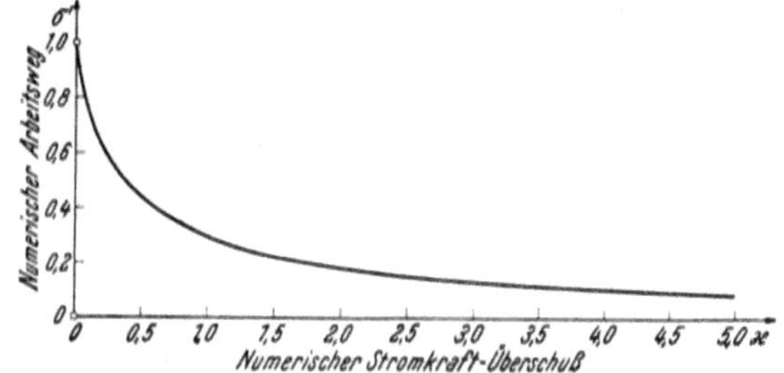

Abb. IV 259. Bestimmung der Leistungsfähigkeit eines Hochstromschalters.

begrenzt. Wir setzen abkürzend

$$\sigma' = \frac{s'}{T v_0'} \quad \text{(IV 16, 36)}$$

als numerischen Arbeitsweg und

$$\varkappa = \frac{-(K + \overline{P}_{el})}{M/T \cdot v_0'} = \frac{T}{M v_0'}\left[\frac{\Pi}{\pi}J_{eff}^2\left(\ln\frac{b}{a} + \frac{1}{4}\right) - K\right] \quad \text{(IV 16, 37)}$$

als numerischen Stromkraft-Überschuß und schreiben (IV 16, 35) in der Gestalt

$$\sigma' = 1 - \varkappa \ln\left(1 + \frac{1}{\varkappa}\right). \quad \text{(IV 16, 38)}$$

Diese Bedingung läßt sich nur befriedigen, falls

$$\sigma' \leqq 1 \quad \text{(IV 16, 39)}$$

gemacht wird; trifft diese Voraussetzung zu, so liefert Abb. IV 259 für alle σ' eine Grenzzahl $\varkappa = \varkappa(\sigma')$, aus welcher mittels (IV 16, 37) der zugehörige Grenzstrom des Schalters ermittelt werden kann.

i) Als Beispiel behandeln wir einen Schalter für 6300 V Nennspannung und 2500 A Nennstrom folgender Daten

$$K = 250 \text{ kg}; \qquad W = 75 \,\frac{\text{kg sec}}{\text{m}}; \qquad M = 17,3 \,\frac{\text{kg sec}^2}{\text{m}}$$

$$\frac{b}{a} = 15; \qquad s' = 0,04 \text{ m}; \qquad v_0' = 2 \,\frac{\text{m}}{\text{sec}}.$$

Hieraus berechnen wir

$$T = \frac{17,3}{75} = 0,23 \text{ sec}; \qquad \sigma' = \frac{0,04}{0,23 \cdot 2} = 0,087$$

und entnehmen $\varkappa(\sigma') = 5$ dem Diagramm. Somit wird, indem wir die Stromkraft in kg ausdrücken

$$10,2 \cdot \frac{\Pi}{\pi}\, J_{\text{eff}}^2 \left(\ln 15 + \frac{1}{4} \right) = 250 + 5 \cdot \frac{17,3 \cdot 2}{0,23} = 1010 \text{ kg}$$

und hieraus

$$J_{\text{eff}}^2 = \frac{1010}{10,2} \cdot \frac{1}{2 \cdot 96} \cdot \frac{\pi \cdot 10^9}{4\,\pi} = 82 \cdot 10^8 \text{ A}^2,$$

$$J_{\text{eff}} \approx 90 \text{ kA}.$$

Dieser Grenzstrom erreicht somit den 36-fachen Betrag des Nennstromes. Beim Einbau des Schalters in ein Netz ist zu prüfen, ob der vom Schalter zu bewältigende Kurzschlußstrom unterhalb des Grenzstromes bleibt.

IV 17. Elektrodynamische Kontaktkräfte.

a) Gegeben zwei einander gleiche Kreiszylinder, welche je einseitig durch eine Ebene senkrecht zu ihrer Achse begrenzt sind. Wir zentrieren beide Zylinder derart auf einer Führungsgeraden, daß sie durch Verschiebung längs derselben zum mechanischen Kontakt ihrer Grenzebenen gebracht werden können. Von der hierdurch gebildeten, geometrischen Berührungsfläche von der Größe des gesamten Zylinder-Querschnittes ist die physikalische Kontaktfläche wohl zu unterscheiden: Sie beschränkt sich auf „Inseln", welche beim Aufeinanderpressen der Zylinder durch plastische Verformung jener mikroskopischen Vorsprünge und Unebenheiten der Grenzflächen erzeugt werden, die sich bei der zentrierten Führung der Zylinder unmittelbar vor ihrem Kontakt gerade gegenüber standen.

b) Wir setzen das Material der Zylinder als homogen und isotrop voraus und beschreiben es durch seine *Ohm*sche Leitfähigkeit $\varkappa$ und seine Permeabilität μ, die wir gleich jener der Umgebung zu $\mu = 1$ annehmen: An zwei von der Kontaktebene um den Abstand h entfernten Orten werden die Zylinder mit je einer Klemme versehen; wir verbinden sie mit den beiden Polen einer Gleichstromquelle, welche den Strom J durch den Kontakt hindurch von Klemme zu Klemme treibt. Man vergrößere nun den Abstand h der Klemmen von der Kontaktebene unter Wahrung der Stromstärke J. In der allerdings nur ideell existierenden Grenze $h \to \infty$ entsteht dann in den Zylindern ein Stromsystem, dessen Linien in hinreichend großer, endlicher Entfernung von der Kontaktebene merklich parallel der Führungsgeraden verlaufen. In der Kontaktebene selbst vermitteln jedoch nur die inselhaft verteilten Mikroflächen die Stromleitung; sie erzwingen eine örtliche Kontraktion der Stromfäden, welche ihrerseits das Entstehen senkrecht zur Führungsgeraden gerichteter Komponenten der Stromdichte zur Folge hat. Hand in Hand mit den orthogonal zu ihnen liegenden Komponenten der magnetischen Induktion erregen sie elektrodynamische Kräfte, welche parallel zur Führungsgeraden weisen: Sie definieren die Kontaktkräfte.

c) Wir orientieren uns an einem System von Zylinderkoordinaten z, ϱ, α. Sein Ursprung O liegt nach Abb. IV 260 im Zentrum der geometrischen Berührungsfläche. Die positive z-Achse wird mit der Stromrichtung identifiziert; ϱ mißt den Abstand des Aufpunktes von dieser Achse, α sein Azimut gegen eine relativ zu den Zylindern feste Meridianebene.

Mit ϱ_a bezeichnen wir den Halbmesser der Zylinder. Als Modell eines Mikrokontaktes betrachten wir die Kreisfläche

$$\varrho \leqq \varrho_i < \varrho_a; \quad z = 0, \qquad \text{(IV 17, 1)}$$

während die Ringfläche

$$\varrho_i < \varrho \leqq \varrho_a; \quad z = 0 \qquad \text{(IV 17, 2)}$$

die Rolle eines isolierenden Stoffes spielt.

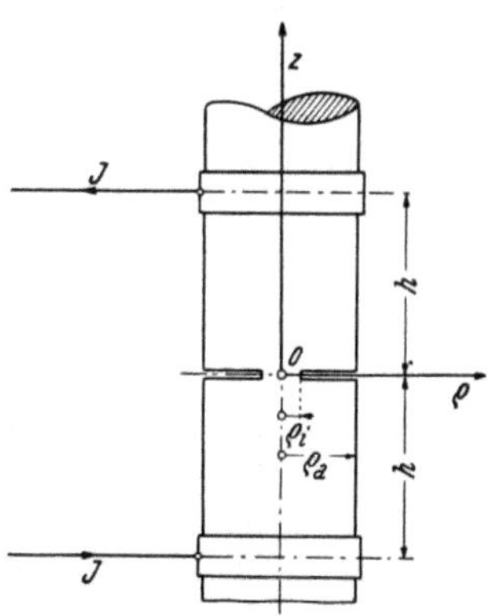

Abb. IV 260. Modell eines Mikrokontaktes zwischen zwei Zylindern.

d) Wir fragen zunächst nach dem elektrischen Felde des vorgelegten Systemes. Seine Feldstärke E wird aus dem elektrischen Skalarpotential φ hergeleitet

$$E = -\operatorname{grad}\varphi. \qquad \text{(IV 17, 3)}$$

Mittels des *Ohm*schen Gesetzes folgt die Stromdichte j zu

$$j = -\varkappa E = -\varkappa \operatorname{grad}\varphi, \qquad \text{(IV 17, 4)}$$

so daß ihre Quellenfreiheit

$$\operatorname{div} j = 0 \qquad \text{(IV 17, 5)}$$

für φ die *Laplac*sche Gleichung nach sich zieht; mit Rücksicht auf die Rotationssymmetrie des Feldes lautet sie

$$\frac{\partial^2 \varphi}{\partial \varrho^2} + \frac{1}{\varrho}\frac{\partial \varphi}{\partial \varrho} + \frac{\partial^2 \varphi}{\partial z^2} = 0. \qquad \text{(IV 17, 6)}$$

Wegen der Antimetrie des elektrischen Feldes in bezug auf die Ebene $z = 0$ dürfen wir seine Untersuchung etwa auf den Halbraum $z \geqq 0$ beschränken. Dort unterliegt das Potential φ folgenden Randbedingungen:

1. Auf dem Zylindermantel verschwindet die radiale Komponente der Stromdichte, so daß wir aus (IV 17, 4) schließen

$$\frac{\partial \varphi}{\partial \varrho} = 0 \qquad \text{für} \qquad \varrho = \varrho_a; \quad z > 0. \qquad \text{(IV 17, 7)}$$

2. Der Gesamtstrom durch den Mikrokontakt gleicht dem vorgegebenen Werte J. Mit nochmaliger Benützung von (IV 17, 4) lautet diese Forderung

$$\int\limits_0^{\varrho_i} (j_z)_{z=0}\, 2\pi\varrho\, d\varrho = -\varkappa \int\limits_0^{\varrho_i} \left(\frac{\partial \varphi}{\partial z}\right)_{z=0} \cdot 2\pi\varrho\, d\varrho = J. \qquad \text{(IV 17, 8)}$$

3. Innerhalb der Mikrokontakt-Fläche ist das Potential φ konstant, und vermöge der Antimetrie des Feldes relativ zur Ebene $z = 0$ folgt

$$\varphi = 0 \qquad \text{für} \qquad 0 \leqq \varrho < \varrho_i; \qquad z = 0. \qquad \text{(IV 17, 9)}$$

4. Die Ringfläche (IV 17, 2) widersetzt sich dem Stromdurchgang; aus (IV 17, 4) und (IV 17, 5) folgt

$$\frac{\partial \varphi}{\partial z} = 0' \qquad \text{für} \qquad \varrho_i < \varrho \leqq \varrho_a; \qquad z = 0. \qquad \text{(IV 17, 10)}$$

5. Mit zunehmender Entfernung von der Kontaktebene geht die Strömung asymptotisch in jene der gleichmäßig verteilten, achsenparallelen Stromdichte über

$$\lim_{z \to \infty} \left\{ \frac{J}{\pi \varrho_a^2} + \varkappa \frac{\partial \varphi}{\partial z} \right\} = 0. \qquad \text{(IV 17, 11)}$$

e) Da zufolge (IV 17, 11) der Gradient von φ mit unbegrenzt zunehmender Achsenkoordinate z endlich bleibt, bilden wir mit Hilfe eines reellen Parameters $\lambda \geqq 0$ und einer von ihm abhängigen Integrationskonstanten A das Partikularintegral

$$\varphi = A \cdot e^{-\lambda \frac{z}{\varrho_a}} J_0 \left(\lambda \frac{\varrho}{\varrho_a} \right). \qquad \text{(IV 17, 12)}$$

Nunmehr erfüllen wir (IV 17, 7) nach dem Muster der Gl. (IV 6, 10), indem wir die Ausbreitungsziffer λ mit den positiven, der Größe nach geordneten Wurzeln λ_k der transzendenten Gleichung $J_1(\lambda) = 0$ einschließlich $\lambda_0 \to +0$ identifizieren. Wir ergänzen das Spektrum der hiermit gebildeten Funktionen (IV 17, 12) durch die Konstante C und bilden durch ihre Superposition das Potential

$$\varphi = C + \sum_{k=0}^{\infty} A_k e^{-\lambda_k \frac{z}{\varrho_a}} J_0 \left(\lambda_k \frac{\varrho}{\varrho_a} \right), \qquad \text{(IV 17, 13)}$$

welches gleichfalls (IV 17, 7) genügt.

Zur Bestimmung der A_k formulieren wir gemäß (IV 17, 9) und (IV 17, 10) die Bedingungen

$$C + \sum_{k=0}^{\infty} A_k J_0 \left(\lambda_k \frac{\varrho}{\varrho_a} \right) = 0 \qquad \text{für} \qquad 0 \leqq \varrho < \varrho_i \qquad \text{(IV 17, 14)}$$

und

$$\sum_{k=0}^{\infty} A_k \lambda_k J_0 \left(\lambda_k \frac{\varrho}{\varrho_a} \right) = 0 \qquad \text{für} \qquad \varrho_i < \varrho \leqq \varrho_a. \qquad \text{(IV 17, 15)}$$

Wir schließen den trivialen Fall $J = 0$ aus, in welchem sowohl C wie sämtliche A_k verschwinden. Für $J \neq 0$ berechnen wir aus (IV 17, 13) die achsiale Komponente der Stromdichte

$$j_z = \frac{\varkappa}{\varrho_a} \sum_{k=0}^{\infty} A_k \lambda_k e^{-\lambda_k \frac{z}{\varrho_a}} J_0 \left(\lambda_k \frac{\varrho}{\varrho_a} \right) \qquad \text{(IV 17, 16)}$$

und aus ihr nach (IV 17, 8) mittels Vertauschung der Folge von Integration und Summation

$$\frac{\varkappa}{\varrho_a} \sum_{k=0}^{\infty} A_k \lambda_k \int_0^{\varrho_i} J_0 \left(\lambda_k \frac{\varrho}{\varrho_a} \right) 2 \pi \varrho \, d\varrho = J. \qquad \text{(IV 17, 17)}$$

f) Es sind keine mathematischen Hilfsmittel bekannt, um das in (IV 17, 14), (IV 17, 15) und (IV 17, 17) vorliegende gemischte Randwertproblem in geschlossener Form zu lösen. Daher müssen wir uns mit einer Näherungsmethode begnügen: Wir verzichten auf die strenge Erfüllung der Gl. (IV 17, 14), welche vielmehr fortan nur für das mittlere Potential der Mikrokontakt-Fläche statthaben soll. Mit Hilfe der Formel

$$\int_0^{\varrho_i} J_0\left(\lambda_k \frac{\varrho}{\varrho_a}\right) \cdot \varrho \cdot d\varrho = \left(\frac{\varrho_a}{\lambda_k}\right)^2 \lambda_k \frac{\varrho_i}{\varrho_a} J_1\left(\lambda_k \frac{\varrho_i}{\varrho_a}\right) \qquad \text{(IV 17, 18)}$$

folgt somit

$$\frac{1}{\pi \varrho_i^2} \int_0^{\varrho_i} \varphi_{(z=0)} \cdot 2\pi \varrho\, d\varrho = C + \sum_{k=0}^{\infty} A_k \frac{2 J_1\left(\lambda_k \frac{\varrho_i}{\varrho_a}\right)}{\lambda_k \frac{\varrho_i}{\varrho_a}} = 0. \qquad \text{(IV 17, 19)}$$

Durch dieses unser Nachgeben auf Seiten der Potentialverteilung haben wir die Freiheit gewonnen, die Verteilung der Stromdichte innerhalb der Mikrokontakt-Fläche auf Grund plausibler Annahmen zu beschreiben; die einfachste derartige Wahl ist die der gleichmäßigen Stromdichte

$$j_z = \frac{J}{\pi \varrho_i^2} \qquad \text{für} \qquad 0 \leqq \varrho < \varrho_i; \qquad z = 0. \qquad \text{(IV 17, 20)}$$

Zusammen mit (IV 17, 15) kennen wir nunmehr die achsiale Stromdichte in der gesamten, geometrischen Kontaktfläche $0 \leqq \varrho \leqq \varrho_a$. Indem wir daher die Orthogonalitäts-Relationen (IV 6, 19) heranziehen, folgt mit Benützung von (IV 17, 18) aus der auf $z = 0$ spezialisierten Gl. (IV 17, 16)

$$\frac{\varkappa}{\varrho_a} A_k \lambda_k \int_0^{\varrho_a} \left\{ J_0\left(\lambda_k \frac{\varrho}{\varrho_a}\right)\right\}^2 2\pi \varrho\, d\varrho \equiv \frac{\varkappa}{\varrho_a} A_k \lambda_k \varrho_a^2\, 2\pi\, \frac{1}{2} \left\{ J_0(\lambda_k)\right\}^2 =$$

$$= \frac{J}{\pi \varrho_i^2} \int_0^{\varrho_i} J_0\left(\lambda_k \frac{\varrho}{\varrho_a}\right) \cdot 2\pi \varrho\, d\varrho \equiv \frac{J}{\pi \varrho_0^2} 2\pi \cdot \left(\frac{\varrho_a}{\lambda_k}\right)^2 \cdot \lambda_k \frac{\varrho_i}{\varrho_a} J_1\left(\lambda_k \frac{\varrho_i}{\varrho_a}\right),$$

$$\text{(IV 17, 21)}$$

also

$$A_k = \frac{J}{\pi \varkappa \varrho_a} \frac{2 \frac{\varrho_a}{\varrho_i} J_1\left(\lambda_k \frac{\varrho_i}{\varrho_a}\right)}{\left\{\lambda_k J_0(\lambda_k)\right\}^2}. \qquad \text{(IV 17, 22)}$$

Besondere Aufmerksamkeit verlangt der Koeffizient A_0. Man findet nämlich zunächst für $\lambda_k \to \varepsilon \ll 1$ durch Entwicklung der *Bessel*schen Funktionen nach Potenzen von ε

$$A_0 \to A_\varepsilon = \frac{J}{\pi \varkappa \varrho_a} \left[\frac{1}{\varepsilon} + \frac{3}{8}\left(\frac{\varrho_i}{\varrho_a}\right)^2 \varepsilon + \ldots\right] \qquad \text{(IV 17, 23)}$$

also, indem wir nur das Anfangsglied beibehalten und dieses in (IV 17, 18) substituieren

$$C + \frac{J}{\pi \varkappa \varrho_a} \frac{1}{\varepsilon} + \sum_{k=1}^{\infty} A_k \frac{2\,J_1\left(\lambda_k \dfrac{\varrho_i}{\varrho_a}\right)}{\lambda_k \dfrac{\varrho_i}{\varrho_a}} = 0. \qquad \text{(IV 17, 24)}$$

Die Konstante $(-\,C)$ wächst somit in der Grenze $\varepsilon \to 0$ über alles Maß. Der physikalische Sinn dieses Ergebnisses erhellt an Hand der Gl. (IV 17, 13) aus der Entwicklung

$$\lim_{z \to \infty} \varphi = C + A_\varepsilon\, e^{-\varepsilon \frac{z}{\varrho_a}} = C + A_\varepsilon - A_\varepsilon \cdot \varepsilon\, \frac{z}{\varrho_a} + \ldots \qquad \text{(IV 17, 25)}$$

und wenn wir nun (IV 17, 23) und (IV 17, 24) substituieren und den Prozeß $\varepsilon \to 0$ ausführen

$$\lim_{z \to \infty} \varphi = -\left[\varrho_a \sum_{k=i}^{\infty} \frac{1}{\lambda_k} \left\{ \frac{2\, \dfrac{\varrho_a}{\varrho_i}\, J_1\left(\lambda_k \dfrac{\varrho_i}{\varrho_a}\right)}{\lambda_k\, J_0(\lambda_k)} \right\}^2 + z \right] \frac{J}{\pi \varkappa \varrho_a^2}. \qquad \text{(IV 17, 26)}$$

Das neben z als Faktor von $J/(\pi\,\varkappa\,\varrho_a^2)$ erscheinende Glied ist sonach als die auf den vollen Zylinderquerschnitt $\pi\,\varrho_a^2$ bezogene, wirksame Länge der am Kontakt kontrahierten Strombahnen zu deuten, welche sich bei der Berechnung des *Ohm*schen Spannungsabfalles der konstruktiven Länge z der Leitungsbahn addiert; Abb. IV 261 zeigt das Verhältnis $\varDelta z/\varrho_a$ in seiner Abhängigkeit von ϱ_i/ϱ_a.

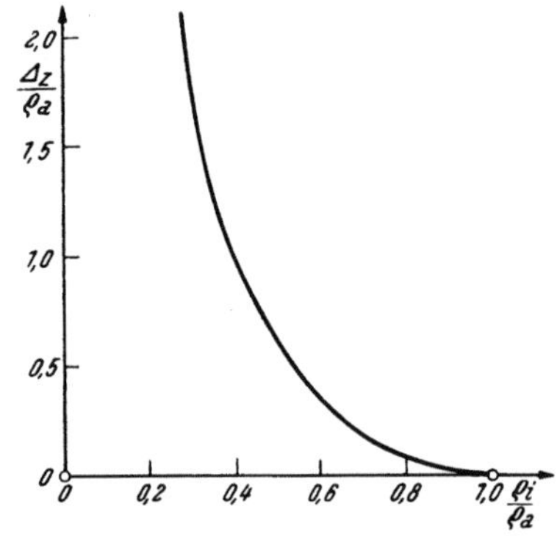

Abb. IV 261. Verlängerung der Strombahn durch die Kontraktion am Kontakt.

g) Wir wenden uns zur Analyse des magnetischen Feldes innerhalb der durchströmten Zylinder.

Aus der Rotationssymmetrie der elektrischen Strömung und dem Fehlen der Azimutalkomponente ihrer Dichte folgt mittels der ersten *Maxwell*schen Feldgleichung, daß lediglich die azimutale Komponente der Feldstärke H von Null verschieden ausfällt. Bezeichnen wir ihre physikalische Größe mit H^a, so finden wir also

$$2\,\pi\,\varrho \cdot H^a = \int_0^\varrho j_{z\,(z=\text{const})} \cdot 2\,\pi\,\varrho'\, d\varrho' \qquad \text{(IV 17, 27)}$$

und mit Rücksicht auf (IV 17, 16) und (IV 17, 18)

$$\left.\begin{aligned} H^a &= \frac{1}{2\,\pi\,\varrho} \cdot \frac{\varkappa}{\varrho_a} \sum_{k=0}^{\infty} A_k \lambda_k\, e^{-\lambda_k \frac{z}{\varrho_a}} \int_0^\varrho J_0\left(\lambda_k \frac{\varrho'}{\varrho_a}\right) 2\,\pi\,\varrho'\, d\varrho' = \\[2mm] &= \varkappa \sum_{k=0}^{\infty} A_k\, e^{-\lambda_k \frac{z}{\varrho_a}} J_1\left(\lambda_k \frac{\varrho}{\varrho_a}\right). \end{aligned}\right\} \qquad \text{(IV 17, 28)}$$

Die zugehörige Komponente der Induktion B beträgt

$$B^a = \Pi \cdot H^a \qquad (IV\ 17,\ 29)$$

h) Wir konstruieren im Aufpunkte die drei paarweise aufeinander senkrechten, nach den Koordinaten ϱ, a, z [in dieser Reihenfolge] ausgerichteten Einheitsvektoren 1_ϱ, 1_a, 1_z und bilden mittels der physikalischen Komponenten der Stromdichte $j^\varrho \equiv j_\varrho$, $j^a \equiv 0$ und $j^z \equiv j_z$ samt der Induktionskomponente (IV 17, 29) den Vektor v' der inneren Feldkraft je Raumeinheit

$$v' = [j\,B] = \begin{vmatrix} 1_\varrho & 1_a & 1_z \\ j_\varrho & 0 & j_z \\ 0 & B^a & 0 \end{vmatrix} = 1_\varrho\,(-\,j_z\,B^a) + 1_z\,(j_\varrho\,B^a). \qquad (IV\ 17,\ 30)$$

Wir erinnern uns jetzt, daß in $z = h \gg \varrho_a$ jene Klemme vorausgesetzt wurde, welche den Strom J aus dem Zylinder abzuleiten hat. Indem wir sie mit einer Äquipotentialfläche des Feldes (IV 17, 13) identifizieren, welche dort wegen (IV 17, 11) merklich mit der Ebene $z = h$ koinzidiert, ist also das Gebiet $z > h$ des Zylinders stromfrei. Da nun für die Kontaktkraft P_z' nur die achsenparallele Komponente v_z' von v' wirksam ist, finden wir

$$P_z' = \int\limits_{z=0}^{h}\int\limits_{\varrho=0}^{\varrho_a} v'_z\,dz\,2\,\pi\,\varrho\,d\varrho = \int\limits_{z=0}^{h}\int\limits_{\varrho=0}^{\varrho_a} j_\varrho\,B^a\,dz\,2\,\pi\,\varrho\,d\varrho. \qquad (IV\ 17,\ 31)$$

Wir berechnen aus (IV 17, 13)

$$j_\varrho = -\,\varkappa\,\frac{\partial\varphi}{\partial\varrho} = \frac{\varkappa}{\varrho_a}\sum_{k=0}^{\infty} A_k\,\lambda_k\,e^{-\lambda_k\frac{z}{\varrho_a}}\,J_1\!\left(\lambda_k\,\frac{\varrho}{\varrho_a}\right) \qquad (IV\ 17,\ 32)$$

Wir schreiben in (IV 17, 28) als Summationsindex l statt k, vertauschen in (IV 17, 31) die Folge von Summation und Integration und finden

$$P_z' = \Pi\,\frac{\varkappa^2}{\varrho_a}\sum_{k=0}^{\infty}\sum_{1=0}^{\infty}\int\limits_{z=0}^{h}\int\limits_{\varrho=0}^{\varrho_a} A_k\,A_l\,\lambda_k\,e^{-(\lambda_k+\lambda_1)\frac{z}{\varrho_a}}\,J_1\!\left(\lambda_k\,\frac{\varrho}{\varrho_a}\right)J_1\!\left(\lambda_1\,\frac{\varrho}{\varrho_a}\right)2\,\pi\,\varrho\,d\varrho.$$

$$(IV\ 17,\ 33)$$

Wir beschäftigen uns zunächst mit der radialen Integration

$$\int\limits_{\varrho=0}^{\varrho_a} J_1\!\left(\lambda_k\,\frac{\varrho}{\varrho_a}\right)J_1\!\left(\lambda_1\,\frac{\varrho}{\varrho_a}\right)\varrho\,d\varrho \equiv \varrho_a{}^2\int\limits_{0}^{1} J_1\,(\lambda_k\,u)\,J_1(\lambda_1\,u)\,u\,du \qquad (IV\ 17,\ 34)$$

und benützen die aus $J_1\,(\lambda_k) = 0$ fließenden Relationen

$$\int\limits_{0}^{1} J_1\,(\lambda_k\,u)\,J_1\,(\lambda_1\,u)\,u\,du = 0 \qquad\qquad\qquad \text{für}\quad k \neq 1,$$

$$\int\limits_{0}^{1} \{J_1\,(\lambda_k\,u)\}^2\,u\,du = -\frac{1}{2}\,J_0\,(\lambda_k)\,J_2\,(\lambda_k) = \frac{1}{2}\,\{J_0\,(\lambda_k)\}^2 \quad \text{für}\quad k \neq 0.$$

$$(IV\ 17,\ 35)$$

Dagegen wird für $\lambda_k = \lambda_l = \varepsilon \to 0$

$$\int\limits_0^1 \{J_1\,(\varepsilon\,u)\}^2\,u\,du = \frac{\varepsilon^2}{4}\int\limits_0^1 u^3\,du = \left(\frac{\varepsilon}{4}\right)^2. \qquad \text{(IV 17, 36)}$$

Wir ersetzen in (IV 17, 33) A_0 durch A_ε nach (IV 17, 23), substituieren (IV 17, 35) und (IV 17, 36) in (IV 17, 33) und erhalten

$$P_z{}' = \Pi\,\varkappa^2\,\pi\,\varrho_a \int\limits_{z=0}^h \left[\,2\,A_\varepsilon{}^2\,\varepsilon\left(\frac{\varepsilon}{4}\right)^2 e^{-2\,\varepsilon\,\frac{z}{\varrho_a}} + \sum_{k=1}^\infty A_k{}^2\,\lambda_k\,\{J_0\,(\lambda_k)\}^2\,e^{-2\,\lambda_k\,\frac{z}{\varrho_a}}\right] dz.$$

$$\text{(IV 17, 37)}$$

Mit Benützung von (IV 17, 23) wird zunächst

$$\left.\begin{aligned}
&\lim_{\varepsilon\to 0}\int\limits_{z=0}^h 2\,A_\varepsilon{}^2\cdot\varepsilon\cdot\left(\frac{\varepsilon}{4}\right)^2 e^{-2\,\varepsilon\,\frac{z}{\varrho_a}}\,dz = \\
&= \lim_{\varepsilon\to 0}\frac{2\,\varrho_a}{16}\left(\frac{J}{\pi\,\varkappa\,\varrho_a}\right)^2\left[1 - e^{-2\,\varepsilon\,\frac{h}{\varrho_a}}\right] = 0.
\end{aligned}\right\} \qquad \text{(IV 17, 38)}$$

Daher folgt aus (IV 17, 37) und (IV 17, 22)

$$P_z{}' = \frac{\Pi\,J^2}{2\,\pi}\sum_{k=1}^\infty \left\{\frac{2\,\dfrac{\varrho_a}{\varrho_i}\,J_1\!\left(\lambda_k\dfrac{\varrho_i}{\varrho_a}\right)}{\lambda_k{}^2\,J_0\,(\lambda_k)^2}\right\}^2 \left(1 - e^{-2\,\lambda_k\,\frac{h}{\varrho_a}}\right). \qquad \text{(IV 17, 39)}$$

Hier dürfen wir den Grenzübergang $h \to \infty$ ausführen, so daß schließlich

$$P_z{}' = \frac{\Pi\,J^2}{2\,\pi}\sum_{k=1}^\infty \left\{\frac{2\,\dfrac{\varrho_a}{\varrho_i}\,J_1\!\left(\lambda_k\dfrac{\varrho_i}{\varrho_a}\right)}{\lambda_k{}^2\,J_0\,(\lambda_k)}\right\} \qquad \text{(IV 17, 40)}$$

resultiert; wir schreiben abkürzend

$$P_z{}' = \Pi\cdot J^2\cdot f\,(u_i); \quad u_i = \frac{\varrho_i}{\varrho_a};$$

$$f\,(u_i) = \frac{1}{2\,\pi}\sum_{k=1}^\infty \left\{\frac{\dfrac{2}{u_i}\,J_1\,(\lambda_k\,u_i)}{\lambda_k{}^2\,J_0\,(\lambda_k)}\right\}^2. \qquad \text{(IV 17, 41)}$$

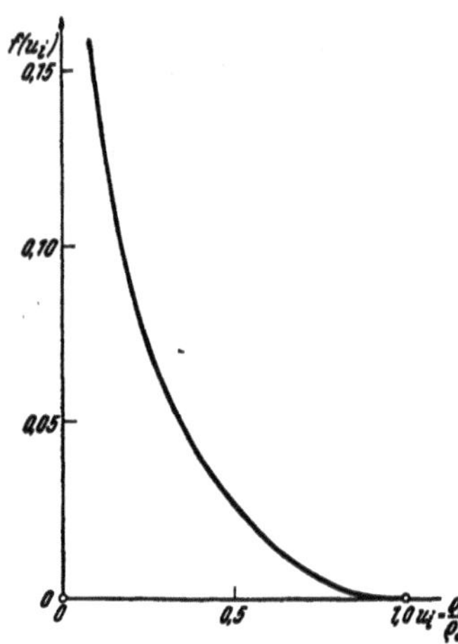

Abb. IV 262. Numerische Abhebekraft eines Kontaktes.

Das positive Vorzeichen von $P_z{}'$ zeigt an, daß das elektromagnetische Feld den Kontakt aufzuheben trachtet; Abb. IV 262 zeigt die numerische Abhebekraft $P_z{}'/\Pi\,J^2$ als Funktion von ϱ_i/ϱ_a.

i) Als Zahlenbeispiel wählen wir einen Hochstrom-Kontakt, durch welchen bei einem Verhältnis $\varrho_i/\varrho_a = 0{,}1$ ein sinusförmig pulsierender Wechselstrom vom Effektivwerte $J_{\text{eff}} = 50$ kA geleitet wird. Wir entnehmen aus Abb. IV 262 $f(0,1) = 0,143$ und erhalten aus (IV 17, 41), indem wir durch Multiplikation mit 10,2 zur Kilogramm-Einheit der Kraft übergehen, als ihren zeitlichen Mittelwert

$$\overline{P_z{}'} = 10,2 \cdot 4\,\pi \cdot 10^{-9} \cdot 25 \cdot 10^8 \cdot 0,143 = 4,61\ \mathrm{kg}$$

und das Doppelte dieser Zahl als Maximalkraft.

IV 18. Drehspul-Meßwerke.

a) Eine große Zahl technisch sehr wichtiger Meßgeräte für stationäre oder pulsierende elektrische Ströme beruht auf den elektrodynamischen Kräften des Drehspul-Meßwerkes; Abb. IV 263 zeigt die wesentlichen Elemente eines normalen Drehspul-Stromzeigers:

1. Der Ständer besteht aus einem permanenten Hufeisen-Magneten, welcher zur Verstärkung seines aktiven Feldes mit zwei einander spiegelbildlich gleichen Polschuhen ausgerüstet ist. Diese umschließen je innerhalb der Weite ihres kreiszylindrischen Polbogens konzentrisch den aus weichem Eisen bestehenden, zylindrischen Kern.

2. Der Läufer besitzt eine durch die feine Bohrung des Kernes frei hindurchgeführte Achse, welche mittels zweier Lager von kleinster Reibung zentriert wird. Sie trägt ein fest mit ihr verbundenes, in sich geschlossenes Metallrähmchen, auf welches eine Spule aus isoliertem Draht aufgewickelt ist; die achsenparallelen Seiten dieses Systemes sind in dem Luftspalt zwischen den Polschuhen und dem Kern frei

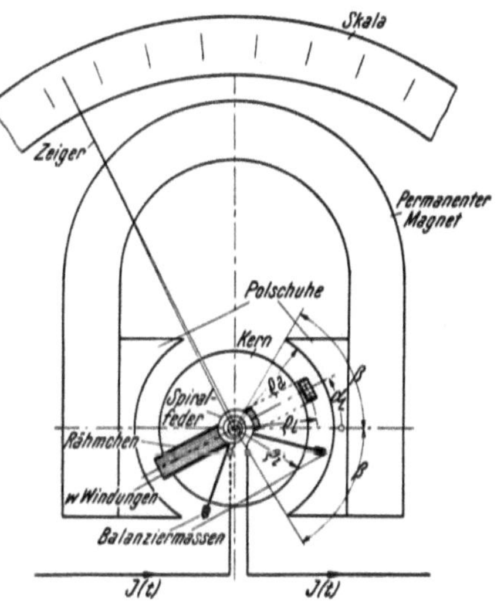

Abb. IV 263. Die aktiven Elemente des Drehspul-Meßwerkes.

drehbar. Gleichzeitig ist an der Läuferachse der mechanisch balancierte Zeiger befestigt, welcher über den Ziffern der Skala spielt; bei Geräten mit Lichtzeiger wird ein Spiegel an der Achse angebracht, welcher das Licht einer relativ zum Ständer fixierten Quelle auf die Skala projiziert.

3. Die Spulenenden sind je mit der innersten Windung zweier metallischer Spiralfedern elektrisch verbunden, deren äußerste Windungen von zwei relativ zum Ständer festen Klemmen gehalten werden; sie vermitteln den Übergang des Stromes zwischen seinem Arbeitskreis und dem Meßgerät. In empfindlichen Geräten werden statt der Spiralfedern häufig Torsionsfäden verwendet; es besteht kein wesentlicher Unterschied in der Arbeitsweise beider Anordnungen.

b) Wir orientieren uns an einem Zylinder-Koordinatensystem ϱ, α, z. Sein Ursprung liegt im geometrischen Zentrum des Kernes. Die z-Achse koinzidiere mit jener des Läufers; ϱ mißt den radialen Abstand des Aufpunktes von ihr, α sein Azimut gegen die Symmetrie-Meridianebene des positiven Polschuhes.

Wir setzen voraus, daß der Magnet symmetrisch zur Ebene $z = 0$ justiert ist. Mit ϱ_i bezeichnen wir den äußeren Halbmesser des Kernes, mit 1 seine achsiale Länge, ebenso mit ϱ_a den Polflächen-Halbmesser der Polschuhe, mit $1'$ deren achsiale Länge und je mit $2\,\beta$ ihren Polbogen. Wir nehmen $1' > 1$ an, so daß sich der Kern auf seine ganze Länge im Felde der Polschuhe befindet, und überdies gelte $1 \gg (\varrho_a - \varrho_i)$.

Die Drehspule wird durch den mittleren Halbmesser ϱ_L der achsenparallelen Spulenseiten, ihre Länge $1_L > 1$ und die Zahl w ihrer Windungen charakterisiert. Ihre Stellung relativ zum Ständer beschreiben wir durch das Azimut a_L der mittleren Windungsebene, wobei $a_L = a_{L_0}$ ihre Ruhelage kennzeichne; demnach definiert $a_L - a_{L_0} = \varDelta\,a$ den Zeigerausschlag.

c) Unter der Primärkraft $P_p{}'$ verstehen wir jene der elektrodynamischen Wechselwirkung zwischen dem permanenten Magneten und den Strömen des beweglichen Systemes. Es sind deren zwei zu unterscheiden:

1. Der zu kontrollierende Strom J, den wir der Allgemeinheit halber als eine vom Netz diktierte Funktion J (t) der Zeit t ansetzen, erzeugt nach Maßgabe der w Spulenwindungen die Durchflutung

$$D = D\,(t) = w \cdot J\,(t). \qquad\qquad \text{(IV 18, 1)}$$

2. Im Rähmchen kann ein Strom $i = i\,(t)$ nur durch Induktion hervorgerufen werden; für sie bestehen zwei Ursachen:

α) Der veränderliche Strom J (t) erregt die transformatorische Komponente i_{Tr} entsprechend der gegenseitigen Induktivität von Drehspule und Rähmchen.

β) Während der Bewegung des Systemes relativ zum Ständer ruft das Feld des permanenten Magneten die rotatorische Komponente i_{Rot} hervor. Wir verschieben die Behandlung der hierdurch angedeuteten Aufgaben und begnügen uns einstweilen mit der formalen Aussage

$$i = i\,(t). \qquad\qquad \text{(IV 18, 2)}$$

Wir fassen (IV 18, 1) und (IV 18, 2) am Orte der mittleren Spulenwindung in einen Wirbelfaden der Stärke

$$J_L = D + i \qquad\qquad \text{(IV 18, 3)}$$

zusammen; die Berechnung von $P_p{}'$ erfordert die Kenntnis der am gleichen Orte herrschenden Induktion B.

d) Aus Symmetriegründen genügt es, die Umgebung des positiven Poles zu untersuchen. Auf Grund der Voraussetzung $1' > 1$ ist das magnetische Feld im Bereiche $|z| < 1/2$ merklich unabhängig von der Achsenkoordinate. Indem wir gleichzeitig wegen $(\varrho_a - \varrho_i) \ll 1$ die Krümmung der einander gegenüberstehenden Flächen von Polschuh und Kern vernachlässigen dürfen, vertauschen wir den Polschuh mit einem Rechteckpol der in $z = $ const. gemessenen Breite

$$2\,h = 2\,\beta\,\varrho_a, \qquad\qquad \text{(IV 18, 4)}$$

dessen Stirnfläche im Abstande

$$d = \varrho_a - \varrho_i \qquad\qquad \text{(IV 18, 5)}$$

dem in eine Ebene abgewickelten Mantel des Kernes gegenübersteht.

Wir machen nun von dem in Ziffer IV 1 eingeführten Ersatzbild des permanenten Magneten Gebrauch, indem wir sowohl dem vom Pol wie vom Kern erfüllten Feldgebiete je die Permeabilität $\mu \to \infty$ zuschreiben;

gleichzeitig führe die Polkontur das von einer fiktiven, eingeprägten Erregung herrührende magnetische Skalarpotential $\varphi = \varphi_0$, während jenes des Kernes gleich Null gesetzt werden kann.

Wir verlassen vorübergehend das Zylinder-Koordinatensystem und orientieren uns an Hand eines in den Ebenen $-1/2 < z < 1/2 = $ const. einheitlich definierten, *Gauß*schen Bezugssystemes

$$\zeta = x + i\,y. \qquad (IV\ 18,\ 6)$$

Als x-Achse wählen wir die Symmetrieachse des Poles, als Ursprung ihren Schnitt mit der Kontur des Kernes. Für die gewünschte Wirkung auf die Drehspule ist dann diejenige Komponente der Primärkraft verantwortlich, welche der positiven y-Achse parallel weist. Zählen wir J_L in Richtung der z-Achse positiv, so gilt für jene Kraftkomponente

$$P'_{p,y} = l\,J_L\,B_x. \qquad (IV\ 18,\ 7)$$

Wir vertauschen in dieser Gleichung die Induktionskomponente B_x mit der nur wenig von ihr verschiedenen $B_{x,0}$, welche bei gleicher Ordinate an der Oberfläche des Kernes herrscht. Diese ist uns nach Ziffer II 9 in der Parameter-Darstellung bekannt

$$
\begin{aligned}
B_{x,0} &= -B_0 \cdot \frac{2}{\pi}\,\frac{E}{\sqrt{1+k^2\,v^2}}\,; \qquad B_0 = \Pi\,\frac{\varphi_0}{d} \\[2mm]
\frac{y}{d} &= \frac{1}{E}\left[\frac{k^2 v\,\sqrt{1+v^2}}{\sqrt{1+k^2\,v^2}} + K' - F\left(\gamma',\arcsin\frac{1}{\sqrt{1+k^2\,v^2}}\right) - \right. \\[2mm]
&\qquad \left. - E' + E\left(\gamma',\arcsin\frac{1}{\sqrt{1+k^2\,v^2}}\right)\right]
\end{aligned}
\qquad (IV\ 18,\ 8)
$$

wobei der Modul $k = \arcsin\gamma = \arccos\gamma'$ mit den Abmessungen des Systemes durch

$$\frac{d}{h} = \frac{E\,(\gamma)}{K'\,(\gamma) - E'\,(\gamma)} \qquad (IV\ 18,\ 9)$$

verbunden ist.

In der Regel wählt man $h \gg d$. Man erhält dann aus (IV 18, 9) in guter Näherung

$$\frac{d}{h} \approx \frac{\pi/2}{\ln 4/\gamma - 1}\,; \qquad \gamma \approx k \approx 4\,e^{-\left(1+\frac{\pi}{2}\frac{h}{d}\right)}. \qquad (IV\ 18,\ 10)$$

Statt nun die in (IV 18, 8) auftretenden Elliptischen Integrale für diesen Sonderfall zu entwickeln, ziehen wir es vor, auf Gl. (II 9, 28) zurückzugehen, aus welcher wir unter der Bedingung $k^2\,v^2 \ll 1$ entnehmen

$$\frac{y}{d} \approx \frac{2}{\pi}\int_0^v \frac{dv'}{\sqrt{1+v'^2}} = \frac{2}{\pi}\ln\{v + \sqrt{1+v^2}\}\,; \qquad v = \sinh\frac{\pi}{2}\frac{y}{d}. \qquad (IV\ 18,\ 11)$$

Beispielsweise erhalten wir für $y = h$, indem wir die sinh-Funktion mit der halben Exponentialfunktion gleichen Argumentes vertauschen

$$(k\,v)_{y=h} = 4\,e^{-\left(1+\frac{\pi}{2}\frac{h}{d}\right)}\cdot\frac{1}{2}\,e^{\frac{\pi}{2}\frac{h}{d}} = \frac{2}{e}\,; \qquad \sqrt{1+(k^2\,v^2)_{y=h}} = 1{,}25,$$

$$(IV\ 18,\ 12)$$

$$\frac{h}{d} = 10 \qquad k = e^{-\left(1+\frac{\pi}{2}\frac{h}{d}\right)} = 4{,}5 \cdot 55 \cdot 10^{-8} = 2{,}20 \cdot 10^{-7}$$

$\dfrac{y}{h}$	$\dfrac{y}{d}$	$\dfrac{\pi}{2}\dfrac{y}{d}$	$1^{\frac{2}{\pi}\frac{y}{d}}$	$e^{-\frac{\pi}{2}\frac{y}{d}}$	$\cosh\dfrac{\pi}{2}\dfrac{y}{d}$	$k\cosh\dfrac{\pi}{2}\dfrac{y}{d}$	$k^2\cosh^2$	$\left|\dfrac{B}{B_0}\right|$
0,0636	0,636	1	2,718	0,368	1,543	—	—	1
0,1272	1,272	2	7,389	0,135	3,762	—	—	1
0,1908	1,908	3	20,09	0,050	10,07	—	—	1
0,254	2,54	4	54,60	0,02	27,31	—	—	1
0,318	3,18	5	148,4		74,2	—	—	1
0,381	3,81	6	403,4		201,7	—	—	1
0,445	4,45	7	1095		547,5	—	—	1
0,509	5,09	8	2975		1487,5	—	—	1
0,573	5,73	9	8110		4055	0,001	—	1
0,636	6,36	10	22000		11,000	0,002	—	1
0,700	7,00	11	60,000		30,000	0,007	—	1
0,766	7,66	12	162,409		81,205	0,018	0,0003	1
0,828	8,28	13	440,000		220,000	0,048	0,0023	0,999
0,891	8,91	14	$1{,}198 \cdot 10^6$		599,000	0,1318	0,0172	0,992
0,956	9,56	15	$3{,}265 \cdot 10^6$		$1{,}633 \cdot 10^6$	0,369	0,136	0,938
1,018	10,18	16	$8{,}88 \cdot 10^6$		$4{,}44 \cdot 10^6$	0,973	0,948	0,715
		16,71	$18{,}10 \cdot 10^6$					
1,085	10,85	17	$2{,}42 \cdot 10^7$		$1{,}21 \cdot 10^7$	2,66	7,08	0,352
1,148	11,48	18	$6{,}57 \cdot 10^7$		$3{,}29 \cdot 10^7$	7,25	52,2	0,137
1,212	12,12	19	$1{,}78 \cdot 10^8$		$8{,}9 \cdot 10^7$	19,6	381	0,051
1,272	12,72	20	$4{,}86 \cdot 10^8$		$2{,}43 \cdot 10^8$	53,4	2840	0,0087

so daß (IV 18, 11) innerhalb des gesamten Polgebietes eine brauchbare Approximation liefert. In den gleichen Grenzen der Genauigkeit folgt aus der ersten der Gl. (IV 18, 8) die Feldkurve

$$\frac{B_{x,0}}{B_0} = -\frac{1}{\sqrt{1 + \left\{4\,e^{-\left(1+\frac{\pi}{2}\frac{h}{d}\right)} \sinh\frac{\pi}{2}\frac{y}{d}\right\}^2}}, \qquad (IV\ 18,\ 13)$$

deren räumlicher Verlauf für das Beispiel $d/h = 0{,}1$ in Abb. IV 264 dargestellt ist.

e) Wir kehren mittels der Transformation

$$x = \varrho - \varrho_i; \qquad y = \varrho_i\,\alpha \qquad (IV\ 18,\ 14)$$

zu dem ursprünglichen Zylinder-Koordinatensystem zurück. Dabei geht die Induktionskomponente $B_{x,0} = B_x(0, y)$ in die physikalische Radialkomponente $B_\varrho \big|_{\varrho=\varrho_i}$ über, für welche wir weiterhin, mit Unterdrückung des Hinweises $\varrho = \varrho_i$, abkürzend schreiben

$$B_\varrho \big|_{\varrho=\varrho_i} = B_\varrho(\alpha). \qquad (IV\ 18,\ 15)$$

Ähnlich ist die Komponente $P_{p,y}'$ der Kraft nunmehr als physikalische, azimutale Komponente $P_{\underset{p}{a}}'$ zu interpretieren.

Auf Grund des symmetrischen Baues der Polschuhe gilt

$$B\varrho\,(a_L) = B\varrho\,(a_L + \pi). \qquad\qquad \text{(IV 18, 16)}$$

Dagegen führen die an den verglichenen Orten befindlichen Spulenseiten in jedem Augenblicke entgegengesetzt gleiche Durchflutungen $\pm J_L$, so daß die gleiche Eigenschaft auch die Kraftkomponenten auszeichnet:

$$P_{\underset{p}{a}}'\,(a_L) = -\,P_{\underset{p}{a}}'\,(a_L + \pi). \qquad\qquad \text{(IV 18, 17)}$$

Diese beiden Kräfte erzeugen somit gemeinsam das primäre Moment

$$M_p'\,(a_L) = 2\,\varrho_L\,P_{\underset{p}{a}}'\,(a_L) = 2\,\varrho_L\,1\,J_L \cdot B\varrho\,(a_L). \qquad \text{(IV 18, 18)}$$

f) Wir fixieren mit Hilfe geeigneter Zwangskräfte die Drehspule in der Stellung a_L. Dann ist gemäß (IV 18, 18) das primäre Drehmoment der Wirbelstärke J_L genau proportional. Hieraus fließen folgende Sätze:

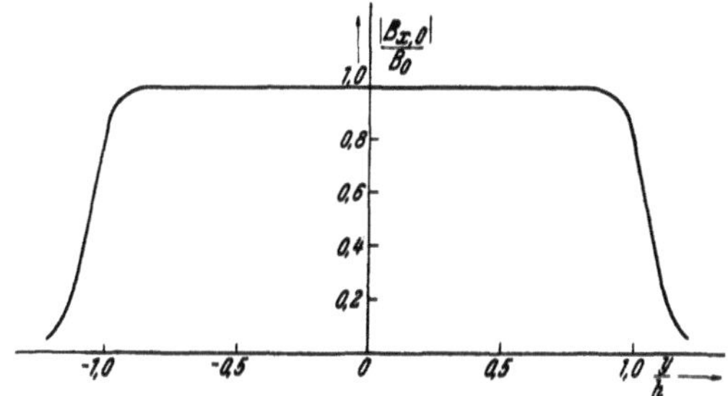

Abb. IV 264. Feldkurve eines Drehspul-Meßwerkes für $\dfrac{d}{h} = \dfrac{d}{\beta\,\varrho_a} = 0,1$.

1. Ist der Spulenstrom J ein Gleichstrom, so verschwindet im Dauerzustande der Rähmchenstrom i, es entsteht das zeitlich konstante Drehmoment

$$M_p' = 2\,\varrho_L \cdot 1\,\text{w}\,J\,B\varrho\,(a_L). \qquad\qquad \text{(IV 18, 19)}$$

2. Ist der Spulenstrom J ein Wechselstrom, so gilt nach dem Verklingen der Einschaltvorgänge dasselbe für den Rähmchenstrom i. Da nun definitionsgemäß die zeitlichen Mittelwerte $\overline{J}$ und $\overline{i}$ verschwinden, annulliert sich auch der zeitliche Mittelwert des primären Drehmomentes.

3. Leitet man durch die Spule einen pulsierenden Strom von endlichem Mittelwerte $\overline{J}$, so erzeugt dieser ein endliches, mittleres Moment $\overline{M_p'}$:

$$\overline{M_p'} = 2\,\varrho_L \cdot 1\,\text{w}\,\overline{J}\,B\varrho\,(a_L). \qquad\qquad \text{(IV 18, 20)}$$

Dagegen bleibt der Wechselstrom

$$J' = J - \overline{J} \qquad\qquad \text{(IV 18, 21)}$$

im zeitlichen Mittel mechanisch wirkungslos und seine Existenz wird im Drehspul-Meßwerk lediglich durch den transformatorisch induzierten Rähmchenstrom i_{Tr} manifest; dieser erweist sich nach Ablauf der Einschaltvorgänge ebenfalls als Wechselstrom. Durch diesen Mechanismus werden insbesondere die Vorgänge in einem Drehspul-Meßgerät beschrieben, welches unter Vermittlung einer *Graetz*schen Viergleichrichter-Brücke an ein Wechselstromnetz angeschlossen wird. Bei der Benützung einer derartigen Kombination hat man zu beachten, daß der gemäß (IV 18, 21) wirksame „gleichgerichtete Mittelwert" je nach der Kurvenform des kontrollierten Stromes von seinem Effektivwert in der Regel verschieden ausfällt.

g) Im Lichte der Gl. (IV 18, 18) erweist sich das primäre Drehmoment nicht allein der zu kontrollierenden Wirbelstärke J_L verhältnisgleich, sondern auch der Induktion $B_e (a_L)$. Man hat daher besonders einfache Gesetzmäßigkeiten für den Verlauf der Skala zu erwarten, sofern man die Bewegung des Meßwerkes relativ zum Ständer auf den Bereich merklich konstanter Induktion beschränkt; durch Wahl eines hinreichend kleinen Verhältnisses $d/h = 1/\beta\,(1 - \varrho_i/\varrho_a)$ läßt sich diese Forderung in einer weiten Umgebung von $\alpha = 0$ mit großer Genauigkeit erfüllen, doch hat man die Nähe der Polkanten vom Arbeitsbereich des Gerätes auszuschließen. Läßt man eine relative Induktionsschwankung der Größe $|B_e\,(\alpha)/B_0| \leqq \varDelta$ zu, so findet man für den entsprechenden Grenzwinkel α_{gr} aus Gl. (IV 18, 13) und (IV 18, 14)

$$1 + \left\{4\,e^{-\left(1 + \frac{\pi}{2}\frac{\varrho_a}{d}\,\beta\right)} \sinh \frac{\pi}{2}\frac{\varrho_i}{d}\,\alpha_{gr}\right\}^2 = (1 + \varDelta)^2. \qquad \text{(IV 18, 22)}$$

Wir vertauschen ϱ_i und ϱ_a mit ihrem Mittelwerte ϱ_L, ersetzen den sinh durch die halbe Exponentialfunktion des gleichen Argumentes und erhalten für $\varDelta \ll 1$

$$\beta - \alpha_{gr} = \frac{2}{\pi}\frac{d}{\varrho_a}\left[\frac{1}{2}\ln\frac{2}{\varDelta} - 1\right]. \qquad \text{(IV 18, 23)}$$

Sei etwa

$$\frac{d}{h} = \frac{1}{\beta}\left(1 - \frac{\varrho_i}{\varrho_a}\right) = 0{,}1; \qquad \beta = 60^0; \qquad \frac{2}{\pi}\frac{d}{\varrho_a} = \frac{2}{\pi}\beta\frac{d}{h} = \frac{1}{15}$$

und $\varDelta = 2\%$, so berechnet man aus (IV 18, 23)

$$\beta - \alpha_{gr} = \frac{1}{15}\left[\frac{1}{2}\ln 100 - 1\right] = 0{,}087 = 5^0,$$

so daß man also nur einen Azimutbereich von 110^0 innerhalb der verlangten Genauigkeit ausnützen kann.

Statt nun mittels der in $|a_L| - \alpha_{gr}$ merklich konstanten Induktion den Strom zu kontrollieren, kann man die Arbeitsweise des Meßwerkes umkehren, um bei bekanntem Gleichstrom J der Spule auf die Größe der Induktion $B_e\,(a) \approx -B_0$ zu schließen. Hiervon macht man nicht allein zur Untersuchung permanenter Magnete Gebrauch, sondern realisiert sozusagen ihr Ersatzbild mittels eines die Pole verbindenden Joches aus beliebig wählbarem ferromagnetischen Material, welches durch eine Hilfswicklung erregt wird. Die Größe der in ihm herrschenden Induktion B_j folgt aus $B_e\,(a)$ mit Rücksicht auf $\operatorname{div} B = 0$ durch Umrechnung im reziproken Querschnittsverhältnis von Joch und Pol; weiter gestattet die Kenntnis des Stromes in der Hilfswicklung die angenäherte Berechnung der Größe der magnetischen Feldstärke H_j im Joch. Durch zyklische Änderung dieses Hilfsstromes kann man somit die Magnetisierungskurve des Jochmateriales durchmessen. Trotz des einfachen Prinzipes, das diesem von *Koepsel* angegebenen Apparate zu Grunde liegt, genügt seine quantitative Genauigkeit nur bescheidenen Ansprüchen, so daß man ihn hauptsächlich zu demonstrativen Zwecken verwendet.

h) Unter der Sekundärkraft P_s' des Drehspul-Meßwerkes verstehen wir seine Eigenkraft bei verschwindendem magnetischen Primärfelde.

Während die Primärkraft aus der Wirkung auf nur eine Spulenseite berechnet werden kann, ist es nunmehr unumgänglich, das gemeinsam von beiden Spulenseiten erregte Feld in Betracht zu ziehen. Unter Vernachlässigung der Polkrümmung kommen wir daher auf die in Abb. IV 265 dargestellte, periodische Anordnung kongruenter Rechteckpole, deren Symmetrieachsen voneinander je den Abstand $\pi\,\varrho_a \approx \pi\,\varrho_i \approx \pi\,\varrho_L$ besitzen.

Wir legen den Ursprung des Bezugssystemes $\zeta = x + i\,y$ wiederum in den Schnittpunkt der Symmetrieachse des primär positiven Poles mit der Kernkontur. Nun vertauschen wir die linienhaften Wirbelfäden der alternierenden Intensitäten je mit einem Kreiszylinder von unbegrenzt hoher elektrischer Leitfähigkeit, dessen Halbmesser a wir dem mittleren geometrischen Abstande des Spulenseitenquerschnittes von sich selbst gleich setzen; ihre Achsen befinden sich in den Orten

$$\zeta_L = x_L + i\,y_L = (\varrho_L - \varrho_i) + i\,\varrho_L\,a_L$$

$$\text{mod } i\,\pi\,\varrho_L. \qquad \text{(IV 18, 24)}$$

Wir haben das Thermodynamische Potential Ψ dieser Anordnung aufzusuchen.

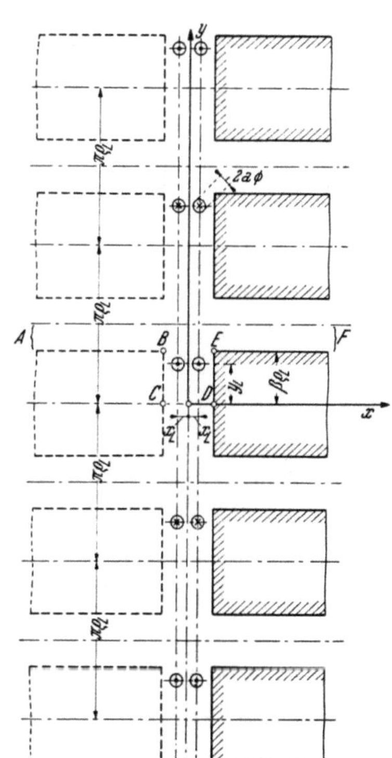

Abb. IV 265. Zur Berechnung der Sekundärkraft eines Drehspulmeßwerkes.

i) Wir spiegeln das gegebene System unter Wahrung der Wirbelstärken $\pm\,J_L$ nach Größe und Vorzeichen an der y-Achse und richten unser Augenmerk auf das von den Punkten

$$A = \left(-\infty, \begin{matrix} i\,\pi\,\varrho_L \\ i\,\beta\,\varrho_L \end{matrix}\right); \qquad B = (-d, i\,\beta\,\varrho_L); \qquad C = (-d, +i\,0)$$

$$D = (+d, +i\,0); \qquad E = (+d, i\,\beta\,\varrho_L); \qquad F = \left(+\infty, \begin{matrix} i\,\pi\,\varrho_L \\ i\,\beta\,\varrho_L \end{matrix}\right)$$

$$\text{(IV 18, 25)}$$

definierte Polygon nach Abb. IV 265. Es soll derart in die reelle Achse der $w = u + i\,v$-Ebene abgebildet werden, daß seine Ecken beziehentlich in

$$u_A = -\frac{1}{\bar{k}}; \quad u_B = -\frac{1}{k}; \quad u_C = -1; \quad u_D = +1; \quad u_E = +\frac{1}{k}; \quad u_F = +\frac{1}{\bar{k}}$$

$$0 < \bar{k} < k < 1 \qquad \text{(IV 18, 26)}$$

[Bild IV 266], und das Gebiet links vom mathematisch-positiv umlaufenen Polygon in die Halbebene $v > 0$ übergehen. Die zuständige *Schwarz-Christoffel*sche Differentialgleichung

$$\frac{d\zeta}{dw} = C \frac{\sqrt{1 - k^2 w^2}}{\sqrt{1 - w^2}(1 - \bar{k}^2 w^2)} \tag{IV 18, 27}$$

führt allerdings auf ein Elliptisches Integral Dritter Gattung, für welches keine Zahlentafeln vorliegen. Wir nehmen nun, über (IV 18, 26) hinausgehend, vorbehaltlich des späteren Nachweises

$$k \ll 1; \quad \bar{k} \ll k \tag{IV 18, 28}$$

an. Demzufolge ist im Bereiche $0 \leq u \leq 1$ sowohl $\sqrt{1 - k^2 w^2}$ wie $(1 - \bar{k}^2 w^2)$ merklich gleich 1, so daß wir aus (IV 18, 27) finden

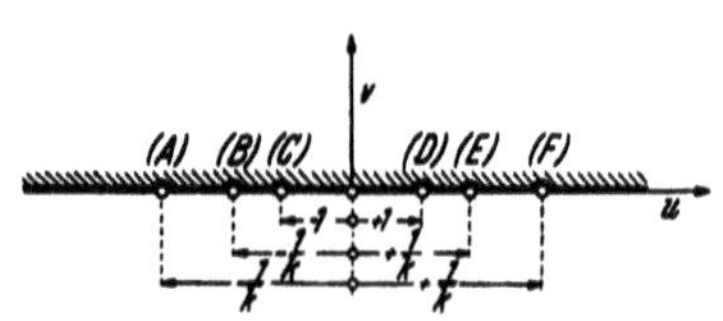

Abb. IV 266. Zur Berechnung des Elliptischen Integrales dritter Gattung.

$$d \approx C \int_0^1 \frac{du}{\sqrt{1 - u^2}} = C \cdot \frac{\pi}{2}; \quad C = \frac{2}{\pi} d. \tag{IV 18, 29}$$

Ebenso darf im Bereiche $1 \leq u \leq 1/k$ der Ausdruck $(1 - \bar{k}^2 w^2)$ mit 1 vertauscht werden, so daß wir mit $\gamma = \arcsin k \approx k$ aus Ziffer II 9 entnehmen

$$\left.\begin{array}{l} h = \beta \varrho_L \approx C\,[K'(\gamma) - E'(\gamma)] \approx \frac{2}{\pi} d \left[\ln \frac{4}{\gamma} - 1\right] \\[2mm] \gamma \approx 4\,e^{-\left(1 + \frac{\pi}{2}\frac{h}{d}\right)} = 4\,e^{-\left(1 + \frac{\pi}{2}\frac{\beta \varrho_L}{d}\right)} \ll 1. \end{array}\right\} \tag{IV 18, 30}$$

Zur Ermittlung von $\bar{k}$ setzen wir in der Umgebung von $u = 1/\bar{k}$

$$w = \frac{1}{\bar{k}} + r\,e^{i\vartheta}; \quad r \ll 1; \quad \pi \geq \vartheta \geq 0 \tag{IV 18, 31}$$

und erhalten durch Integration längs dieses Halbkreises, zunächst noch in voller Strenge,

$$i\left(\frac{\pi}{2} - \beta\right)\varrho_L = \lim_{r \to 0} C \frac{\sqrt{\dfrac{k^2}{\bar{k}^2} - 1}}{\sqrt{\dfrac{1}{\bar{k}^2} - 1}} \cdot \frac{1}{2} \int_{\vartheta = \pi}^0 \frac{r\,i\,e^{i\vartheta}d\vartheta}{(-\bar{k})\,r\,e^{i\vartheta}} = i\,C \frac{\pi}{2\bar{k}} \frac{\sqrt{k^2 - \bar{k}^2}}{\sqrt{1 - \bar{k}^2}}. \tag{IV 18, 32}$$

Hieraus folgt mit Benützung von (IV 18, 29)

$$\bar{k}^2 = \frac{1}{2}\left[1 + \left(\frac{d}{\varrho_L} \cdot \frac{1}{\frac{\pi}{2} - \beta}\right)^2\right] - \sqrt{\frac{1}{4}\left[1 + \left(\frac{d}{\varrho_L} \cdot \frac{1}{\frac{\pi}{2} - \beta}\right)^2\right]^2 - \left(\frac{d}{\varrho_L}\frac{1}{\frac{\pi}{2} - \beta}\right)^2 k^2}. \tag{IV 18, 33}$$

Von nun ab beschränken wir uns auf Polprofile der Eigenschaft

$$\frac{d}{\varrho_L} \cdot \frac{1}{\frac{\pi}{2} - \beta} \ll 1 \tag{IV 18, 34}$$

und finden aus (IV 18, 33) durch binomische Entwicklung bis auf Glieder höherer Ordnung

$$\bar{k}^2 = \frac{\left(\dfrac{d}{\varrho_L} \cdot \dfrac{1}{\dfrac{\pi}{2} - \beta}\right)^2}{1 + \left(\dfrac{d}{\varrho_L} \cdot \dfrac{1}{\dfrac{\pi}{2} - \beta}\right)^2} k^2 \approx \left(\dfrac{d}{\varrho_L} \dfrac{1}{\dfrac{\pi}{2} - \beta}\right)^2 k^2$$

$$\bar{\gamma} = \arcsin \bar{k} \approx \bar{k} = \frac{d}{\varrho_L} \cdot \frac{1}{\dfrac{\pi}{2} - \beta}\, k. \qquad \text{(IV 18, 35)}$$

Durch (IV 18, 30) und (IV 18, 35) wird also (IV 18, 28), allerdings unter der einschränkenden Voraussetzung (IV 18, 34), nachträglich bestätigt.

Von der w-Ebene gehen wir mittels

$$\frac{d\bar{t}}{dw} = \frac{1}{\sqrt{1 - w^2}\,\sqrt{1 - \bar{k}^2\, w^2}}$$

$$\text{(IV 18, 36)}$$

in die komplexe $\bar{t} = \bar{r} + i\,\bar{s}$-Ebene über. In ihr ergibt sich als Bild der u-Achse folgendes Rechteck [Abb. IV 267]:

1. Der Abschnitt $|u| < 1$ wird in die Basis

$$-\bar{K} \lessgtr r \leqq + \bar{K}; \qquad \bar{K} \approx \frac{\pi}{2}$$

$$\text{(IV 18, 37)}$$

transformiert.

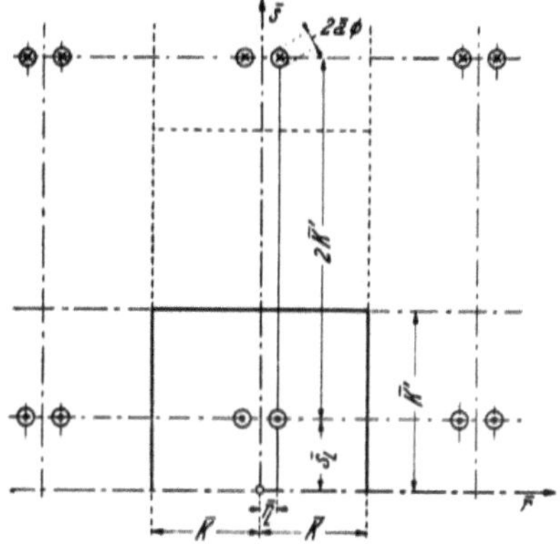

Abb. IV 267. Abbildung des Drehspul-Systemes in ein doppelt-periodisches System von Wirbelfäden.

2. Die beiden Strecken $\pm 1 \lessgtr u \lessgtr 1/\bar{k}$ gehen in die Seiten

$$\bar{r} = \pm \bar{K}; \qquad 0 \leqq \bar{s} \leqq \bar{K}'; \qquad \bar{K}' \approx \ln\frac{4}{\bar{\gamma}} = 1 + \frac{\pi}{2}\frac{\beta\,\varrho_L}{d} + \ln\frac{\left(\dfrac{\pi}{2} - \beta\right)\varrho_L}{d}$$

$$\text{(IV 18, 38)}$$

über.

3. Die beiden Halbstrahlen $u \gtrless 1/\bar{k}$ schließen sich zu

$$\bar{K} \geqq r \geqq -\bar{K}; \qquad \bar{s} = \bar{K}'. \qquad \text{(IV 18, 39)}$$

Indem man dieses Verfahren auf die volle Originalebene erweitert, fügen sich also die in $x \geqq 0$ liegenden Polkonturen zu den beiden Geraden $\bar{r} = \pm \bar{K}$ zusammen.

Der Kürze halber spezialisieren wir weiterhin auf die Lage $\varrho_L - \varrho_l \equiv x_L = 0$ der Wirbelfäden in der Originalebene, so daß sich die wahren Wirbelfäden je mit ihren virtuellen Nachbarn zu einem Wirbelfaden der Intensität $\pm 2\,J_L$ vom wirksamen Querschnittshalbmesser a_w vereinigen. Sei in der

$\bar{t}$-Ebene $\bar{s}_L$ das Bild von $y_L = \alpha_L \cdot \varrho_L$ und v_L das korrespondierende Zwischenbild in der w-Ebene, so werden also die positiven Wirbelfäden in

$$\bar{t}_{L+} = 0 + i\,\bar{s}_L \bmod 4\,i\,\overline{K}' \qquad\qquad \text{(IV 18, 40)}$$

und die negativen in

$$\bar{t}_{L-} = 0 + i\,(\bar{s}_L + 2\,\overline{K}') \bmod 4\,i\,\overline{K}' \qquad\qquad \text{(IV 18, 41)}$$

transformiert; vermöge der Konformität der Abbildung offenbaren sie dort je den Halbmesser

$$\bar{a}_w = a_w \cdot \frac{d\bar{t}}{d\zeta} = \frac{\pi}{2}\,\frac{a_w}{d} \cdot \frac{\sqrt{1 + \overline{k}^2\,v_L^2}}{\sqrt{1 + k^2\,v_L^2}}. \qquad\qquad \text{(IV 18, 42)}$$

Das magnetische Skalarpotential φ dieser Anordnung unterliegt den Randbedingungen

$$\varphi = 0 \qquad \text{für} \qquad \bar{r} = \pm\,\overline{K}. \qquad\qquad \text{(IV 18, 43)}$$

Wir erfüllen sie durch unbegrenzt wiederholte Spiegelung der in (IV 18, 40), (IV 18, 41) zentrierten Wirbelfäden und gelangen hierdurch zu einem doppelt-periodischen System: Die je parallel zur $\bar{r}$-Achse verlaufenden Reihen weisen in den konstanten Achsenabständen $2\,\overline{K}$ gleiche und gleichgerichtete Wirbel auf, während die je in einer Reihe parallel zur $\bar{s}$-Achse liegenden Wirbelfäden vom konstanten Achsenabstande $2\,\overline{K}'$ sich bei gleichem Intensitätsbetrage durch alternierende Richtungen auszeichnen. Wir behaupten, daß sich das komplexe Potential χ des Systemes, nach geeigneter Wahl des reellen Parameters λ und des Moduls k^*, durch

$$\chi = \frac{2\,J_L}{2\,\pi\,i}\,\ln\,\frac{1}{\sqrt{k^*}\,\mathrm{sn}\,\{\lambda\,(\bar{t} - i\,\bar{s}_L), k^*\}}. \qquad\qquad \text{(IV 18, 44)}$$

darstellen läßt. Denn diese Funktion besitzt positive logarithmische Singularitäten der geforderten Stärke in den Punkten $\bar{t}_+ = i\,\bar{s}_L \bmod \cdot$ $\cdot\,2/\lambda\,(K^* + i\,K^{*\prime})$ und negative in $\bar{t}_- = i\,(\bar{s}_L + 1/\lambda\,K^{*\prime}) \bmod 2/\lambda\,(K^* + iK^{*\prime})$ so daß wir alle gestellten Bedingungen durch

$$\left.\begin{array}{ll} \dfrac{2}{\lambda}\,K^* = 2\,\overline{K}; & \dfrac{1}{\lambda} \cdot K^{*\prime} = 2\,\overline{K}', \\[2ex] \dfrac{K^*}{K^{*\prime}} = \dfrac{1}{2}\,\dfrac{\overline{K}}{\overline{K}'}; & \lambda^2 = \dfrac{1}{2}\,\dfrac{K^*\,K^{*\prime}}{\overline{K}\,\overline{K}'} \end{array}\right\} \qquad \text{(IV 18, 45)}$$

erfüllen. Insbesondere folgt aus (IV 18, 35) für $\gamma^* = \arcsin k^* \approx k^*$

$$\gamma^* \approx \gamma^2; \qquad \lambda \approx 1. \qquad\qquad \text{(IV 18, 46)}$$

Wir spezialisieren in (IV 18, 44) auf $\bar{t} = i\,\bar{s}$ und finden für die dort herrschende Stromfunktion

$$\psi = \frac{J_L}{\pi}\,\ln\,\sqrt{k^*}\,|\mathrm{sn}\,\{i\,\lambda\,(\bar{s} - \bar{s}_L), k^*\}| = \frac{J_L}{\pi}\,\ln\,\sqrt{k^*}\,\left|\frac{\mathrm{sn}\,\{\lambda\,(\bar{s} - \bar{s}_L), k^{*\prime}\}}{\mathrm{cn}\,\{\lambda\,(\bar{s} - \bar{s}_L), k^{*\prime}\}}\right|.$$
$$\text{(IV 18, 47)}$$

Bestimmt man eine Ordinate s durch $\bar{s} - \bar{s}_L = \bar{s}_L + 2\,\overline{K}' - s$, also $\lambda\,(\bar{s} - \bar{s}_L) = \lambda\,(2\,\overline{K} + \bar{s}_L - s) = K^{*\prime} - \lambda\,(s - \bar{s}_L)$, so liefern die Additionstheoreme der *Jacobi*schen Funktionen die Relationen

$$\operatorname{sn}\{K^{*\prime} - \lambda(\bar{s} - \bar{s}_L), k^{*\prime}\} = \frac{\operatorname{cn}\{\lambda(s - \bar{s}_L), k^{*\prime}\}\,\operatorname{dn}\{\lambda(s - \bar{s}_L), k^{*\prime}\}}{1 - k^{*\prime 2}\operatorname{sn}^2\{\lambda(s - \bar{s}_L), k^{*\prime}\}},$$

$$\text{(IV 18, 48)}$$

$$\operatorname{cn}\{K^{*\prime} - \lambda(s - \bar{s}_L), k^{*\prime}\} = k^* \cdot \frac{\operatorname{sn}\{\lambda(s - \bar{s}_L), k^{*\prime}\}\,\operatorname{dn}\{\lambda(s - \bar{s}_L), k^{*\prime}\}}{1 - k^{*\prime 2}\operatorname{sn}^2\{\lambda(s - \bar{s}_L), k^{*\prime}\}}$$

und somit, nach Substitution in (IV 18, 47)

$$\psi(\bar{s}_L + 2\overline{K}' - s) = -\psi(\bar{s} - \bar{s}_L), \qquad \text{(IV 18, 49)}$$

so daß sich in der Symmetriegeraden $\bar{s} = \bar{s}_L + \overline{K}' = s$ die Stromfunktion annulliert. Daher folgt der Induktionsfluß Φ, welcher von je zwei benachbarten Wirbelfäden entgegengesetzter Intensität auf die Länge 1 senkrecht zur ζ-Ebene umfaßt wird, zum $(-2\,\Pi\,1)$-fachen der an der Oberfläche des positiven Wirbelfadens herrschenden Stromfunktion

$$\Phi = 2\,\Pi\,1\,\frac{J_L}{\pi}\,\ln\frac{1}{\sqrt{k^*}}\,\frac{\operatorname{cn}\{\lambda\,\bar{a}_w, k^{*\prime}\}}{\operatorname{sn}\{\lambda\,\bar{a}_w, k^{*\prime}\}}. \qquad \text{(IV 18, 50)}$$

Wegen $k^* \ll 1$ liegt $k^{*\prime}$ so nahe an Eins, daß wir von den Näherungen

$$\operatorname{sn}\{\lambda\,\bar{a}_w, k^{*\prime}\} \approx \operatorname{tgh}\lambda\,\bar{a}_w; \qquad \operatorname{cn}\{\lambda\,\bar{a}_w, k^{*\prime}\} = \frac{1}{\cosh\lambda\,\bar{a}_w} \qquad \text{(IV 18, 51)}$$

Gebrauch zu machen haben und aus (IV 18, 50) erhalten

$$\Phi = J_L \cdot \Pi\,1\,\frac{2}{\pi}\,\ln\frac{1}{\sqrt{k^*}\sinh\lambda\,\bar{a}_w} \approx J\,\Pi\,1\,\frac{2}{\pi}\,\ln\frac{1}{\sqrt{k^*}\,\lambda\,\bar{a}_w} \qquad \text{(IV 18, 52)}$$

und weiter, mit Beachtung von (IV 18, 30), (IV 18, 35), (IV 18, 42) und (IV 18, 46)

$$\Phi = J_L\,\Pi\,1\,\frac{2}{\pi}\left[\left(1 + \frac{\pi}{2}\frac{\beta\,\varrho_L}{d}\right) + \ln\left\{\frac{\varrho_L}{2\,\pi\,a_w}\left(\frac{\pi}{2} - \beta\right)\frac{\sqrt{1 + k^2\,v_L^2}}{\sqrt{1 + \overline{k}^2\,v_L^2}}\right\}\right].$$

$$\text{(IV 18, 53)}$$

Innerhalb des normalen Arbeitsbereiches der Drehspule dürfen wir von dem Zusammenhang (IV 18, 11) Gebrauch machen, welcher mittels (IV 18, 14) die Gestalt annimmt

$$v_L = \sinh\frac{\pi}{2}\frac{\varrho_L}{d}\,a_L. \qquad \text{(IV 18, 54)}$$

Nach allen diesen Vorbereitungen gehen wir zum Thermodynamischen Potential über

$$\Psi = -\frac{1}{2}\,J\,\Phi \qquad \text{(IV 18, 55)}$$

und finden aus ihm das sekundäre Drehmoment

$$M_s{}'(a_L) = -\frac{\partial\Psi}{\partial a_L} = -\frac{\partial\Psi}{\partial v_L}\cdot\frac{\pi}{2}\frac{\varrho_L}{d}\cosh\frac{\pi}{2}\frac{\varrho_L}{d}\,a_L =$$

$$= \frac{1}{2}\,\Pi\,J_L{}^2 \cdot \frac{1}{d}\frac{\varrho_L}{d}\sinh\frac{\pi}{2}\frac{\varrho_L}{d}\,a_L \cdot \cosh\frac{\pi}{2}\frac{\varrho_L}{d}\,a_L\left\{\frac{k^2}{1 + k^2\sinh^2\frac{\pi}{2}\frac{\varrho_L}{d}\,a_L} - \frac{\overline{k}^2}{1 + \overline{k}^2\sinh^2\frac{\pi}{2}\frac{\varrho_L}{d}\,a_L}\right\}.$$

$$\text{(IV 18, 56)}$$

Im Gegensatz zum Primärmoment (IV 18, 18), welches linear mit der Durchflutung J_L anwächst, zeigt (IV 18, 56) die quadratische Abhängigkeit des Sekundärmomentes von dieser Durchflutung an, insbesondere liefert die demnach auch bei Betrieb des Instrumentes mit Wechselstrom einen von Null verschiedenen zeitlichen Mittelwert $\overline{M_s}'$ des sekundären Momentes, welcher dem Effektivquadrate $J_{L\,eff}^2$ proportional ist. Abb. IV 268 zeigt den Gang des numerischen Momentes $\dfrac{M_s'}{1/2\ \Pi\ J_L^2\ l\ \varrho_L/d}$ mit der Stellung α_L der Drehspule für ein Meßwerk der Daten $\pi/2\ (\varrho_L/d) = 15$, $\beta = 60^0$.

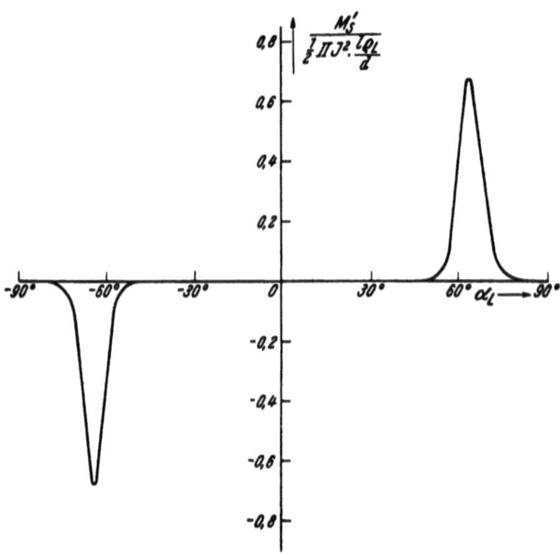

Abb. IV 268. Numerische Sekundärkraft eines Drehspul-Meßwerkes $\beta = 60^0$; $\dfrac{\pi}{2}\dfrac{\varrho_L}{d} = 15$.

Ersichtlich entwickelt es nur in jenen Bereichen merkliche Wirkungen, die wir schon mit Rücksicht auf die Abnahme des numerischen Primärdrehmomentes aus dem Arbeitsgebiet des Meßwerkes auszuschließen hatten; umgekehrt darf daher innerhalb der Grenzen merklich konstanten, numerischen Primärmomentes der Sekundäreffekt außer Betracht bleiben.

k) Wir gehen zur Diskussion der Vorgänge im Rähmchen über, wobei wir uns auf den vorher bestimmten Arbeitsbereich des Meßwerkes beschränken. Mit R bezeichnen wir seinen *Ohm*schen Widerstand, mit L seine Induktivität. Diese folgt aus (IV 18, 53), da voraussetzungsgemäß $k^2\,v_L^2$ und $\overline{k}^2\,v_L^2$ klein gegen 1 bleiben, zu

$$L = \frac{\Phi}{J_L} = \Pi\,l\left[\frac{\beta\,\varrho_L}{d} + \frac{2}{\pi}\left\{1 + \ln\frac{\varrho_L}{2\,\pi\,a_w}\left(\frac{\pi}{2} - \beta\right)\right\}\right] \qquad \text{(IV 18, 57)}$$

und das w-fache dieses Wertes mißt mit genügender Genauigkeit die gegenseitige Induktivität zwischen Drehspule und Rähmchen. Für den transformatorischen Anteil des Rähmchenstromes liefert somit das Induktionsgesetz die Differentialgleichung

$$i_{Tr}\,R = -L\,\frac{d\,i_{Tr}}{dt} - w\,L\,\frac{dJ}{dt}, \qquad \text{(IV 18, 58)}$$

welche mittels Einführung der Zeitkonstanten

$$T = \frac{L}{R} \qquad\qquad \text{(IV 18, 59)}$$

die Gestalt

$$\frac{di_{Tr}}{dt} + \frac{i_{Tr}}{T} = -w\,\frac{dJ}{dt} \qquad\qquad \text{(IV 18, 60)}$$

annimmt. Der Kürze halber beschränken wir uns auf die Verwendung des Gerätes zur Kontrolle des Gleichstromes $J = J_0$; falls dieser im Zeitpunkt $t = 0$ eingeschaltet wird, verschwindet also für alle $t > 0$ die rechte Seite der Gl. (IV 18, 60), so daß deren Lösung mit Hilfe der Integrationskonstanten i_0 lautet

$$i_{Tr} = i_0\,e^{-\frac{t}{T}}. \qquad\qquad \text{(IV 18, 61)}$$

Wir nehmen an, daß vor der Betätigung des Gerätes kein Induktionsfluß $\Phi = L\,J_L$ bestand; mit Rücksicht auf seine Stetigkeit im Schaltaugenblick ist somit

$$i_0 = -w\,J_0; \qquad i_{Tr} = -w\,J_0\,e^{-\frac{t}{T}}. \qquad\qquad \text{(IV 18, 62)}$$

Wir orientieren uns an Hand eines Beispieles über die Größenordnung der Zeitkonstanten:

Es sei

$$\frac{\beta\,\varrho_L}{d} = 10\,; \qquad \frac{\varrho_L}{a_w} = 15\,; \qquad \frac{\pi}{2} - \beta = \frac{\pi}{2} - \frac{\pi}{3} = \frac{\pi}{6}\,;$$

der Querschnitt des Rähmchens betrage 0,01 cm², seine Leitfähigkeit sei gleich 300 000 1/Ohm cm. Indem wir die Länge l' der inaktiven Teile des Rähmchens zu 50% der Länge $2\,l$ ihrer aktiven Teile annehmen, ergibt sich der Gesamtwiderstand je Einheit der achsialen Länge l zu

$$\frac{R}{l} = \frac{2\,l + l'}{l}\,\frac{1}{0{,}01\cdot 300\,000} = 1\,\text{m}\,\Omega.$$

Für die gleiche Länge resultiert als Induktivität

$$\frac{L}{l} = 4\,\pi\cdot 10^{-9}\left[10 + \frac{2}{\pi}\left\{1 + \ln\frac{15}{2\,\pi}\cdot\frac{\pi}{6}\right\}\right] = 0{,}135\cdot 10^{-6}\,\text{Hy},$$

während die Zusatzinduktivität der inaktiven Rähmchenteile vernachlässigbar klein ausfällt. Mit diesen Zahlen findet sich die Zeitkonstante

$$T = \frac{0{,}135\cdot 10^{-6}}{1\cdot 10^{-3}} = 0{,}135\,\text{ms}.$$

Sie ist so klein, daß der Schaltstrom im Rähmchen merklich abgeklungen ist, bevor die Drehspule ihre Bewegung relativ zum Ständer beginnt.

Für die Dynamik dieses nun folgenden Vorganges sind neben den Kräften elektrodynamischen Ursprunges diejenigen der Rückführorgane in Rechnung zu stellen. Wir spezialisieren auf eine Spiralfeder der Länge S eines homogenen und isotropen Metallbandes der Breite h, der Dicke b und des Elastizitätsmoduls E und richten unser Augenmerk auf ein Bogenelement dS, dessen normal zur Federachse orientierte Grenzebene den Ruhe-Winkel $d\vartheta$ miteinander einschließen. Beim Spannen der Feder wird

$d\vartheta$ reversibel um $d\varDelta\,\vartheta$ vergrößert. Die Winkeländerung $\left|\dfrac{\partial\varDelta\,\vartheta}{\partial S}\right|$ je Ein-

heit der Bogenlänge tritt bei der Berechnung des Elastischen Potentiales V
der Feder an Stelle des Ausdruckes $(\partial^2 \xi/\partial y^2)$ für die im spannungslosen
Zustande gerade Schiene nach Gl. (IV 15, 14), so daß wir erhalten

$$V = \frac{1}{2} E \Theta \int_0^S \left(\frac{\partial \Delta \vartheta}{\partial S}\right)^2 dS. \qquad \text{(IV 18, 63)}$$

Auf Grund ihrer Kleinheit lassen wir die *d'Alembert*schen Massenkräfte
der sich bewegenden Feder außer acht. Ihre Deformation gleicht dann
in jedem Augenblicke jener statischen, welche das gerade wirksame Drehmoment M_F erzwingt. Solange keine weiteren Kräfte an der Feder an-
greifen, ist dann $(\partial \Delta \vartheta/\partial S)$ längs der Federachse konstant und wir erhalten
als Gesamtänderung definitionsgemäß den Ausschlag Δa entsprechend der
Gleichung

$$\Delta a = \left(\frac{\partial \Delta \vartheta}{\partial S}\right) S. \qquad \text{(IV 18, 64)}$$

Durch ihre Substitution in (IV 18, 63) resultiert

$$V = \frac{1}{2} \frac{E \Theta}{S} (\Delta a)^2 \qquad \text{(IV 18, 65)}$$

und hieraus folgt der Zusammenhang zwischen Moment und Ausschlag zu

$$M_F = \frac{\partial V}{\partial \Delta a} = c \Delta a; \qquad c = \frac{E \Theta}{S}, \qquad \text{(IV 18, 66)}$$

wobei c als Federkonstante bezeichnet wird.

Auf Grund des Prinzipes von Wirkung und Gegenwirkung greift an
der Achse des Läufers das Moment $(-M_F)$ an. Sei I das Trägheitsmoment
des Läufers, so lautet also seine Bewegungsgleichung

$$I \frac{d^2 a}{dt^2} \equiv I \frac{d^2 \Delta a}{dt^2} = - 2 \varrho_L 1 J_L B_0 - \frac{E \Theta}{S} \Delta a. \qquad \text{(IV 18, 67)}$$

Gleichzeitig fordert das Induktionsgesetz für den rotatorischen Anteil
des Rähmchenstromes

$$- 2 B(a) \varrho_L 1 \frac{da}{dt} = 2 B_0 \varrho_L 1 \frac{d\Delta a}{dt} = i_{Rot} \cdot R + L \frac{di_{Rot}}{dt}. \qquad \text{(IV 18, 68)}$$

Die durch (IV 18, 67) bestimmte Bewegung verläuft nun so langsam,
daß wir L di_{Rot}/dt gegen $i_{Rot} \cdot R$ vernachlässigen dürfen. In dieser Genauigkeit gilt

$$i_{Rot} = \frac{2 B_0 \varrho_L \cdot 1}{R} \cdot \frac{d\Delta a}{dt}. \qquad \text{(IV 18, 69)}$$

Mit Rücksicht auf (IV 18, 1) und (IV 18, 3) entsteht somit aus (IV 18, 68)

$$I \frac{d^2 \Delta a}{dt^2} + \frac{(2 B_0 \varrho_L 1)^2}{R} \frac{d\Delta a}{dt} + \frac{E \Theta}{S} \Delta a = - 2 \varrho_L 1 B_0 w J_0. \qquad \text{(IV 18, 70)}$$

Als Partikularintegral dieser Gleichung erscheint der stationäre Ausschlag

$$\Delta a_0 = - \left(2 \varrho_L 1 B_0 w \frac{S}{E \Theta}\right) J_0. \qquad \text{(IV 18, 71)}$$

Das zunächst befremdende negative Vorzeichen rührt lediglich von der hier geübten Zählrichtung des Stromes her und ist deshalb physikalisch belanglos.

Der Übergang von der Anfangslage des Meßwerkes in seine Endlage wird beschrieben, indem man dem Integral (IV 18, 70) das allgemeine Integral der homogenen Gleichung

$$I\frac{d^2\mathit{\Delta}\,\alpha}{dt^2} + \frac{(2\,B_0\,\varrho_L\,l)^2}{R}\frac{d\mathit{\Delta}\,\alpha}{dt} + \frac{E\,\Theta}{S}\mathit{\Delta}\,\alpha = 0 \qquad (IV\ 18,\ 72)$$

überlagert. Je nach der Größe ihrer Koeffizienten schildert diese Gleichung entweder gedämpfte Schwingungen oder aperiodische Bewegungen; diese sind für den Meßvorgang vorzuziehen. Man erteilt daher dem Gerät die erwünschten Eigenschaften, wenn man seine Daten der Ungleichung

$$R^2 \leqq \frac{(2\,B_0\,\varrho_L\,l)^2}{4\,I\,E\,\Theta} \qquad (IV\ 18,\ 73)$$

unterwirft.

Anhang.

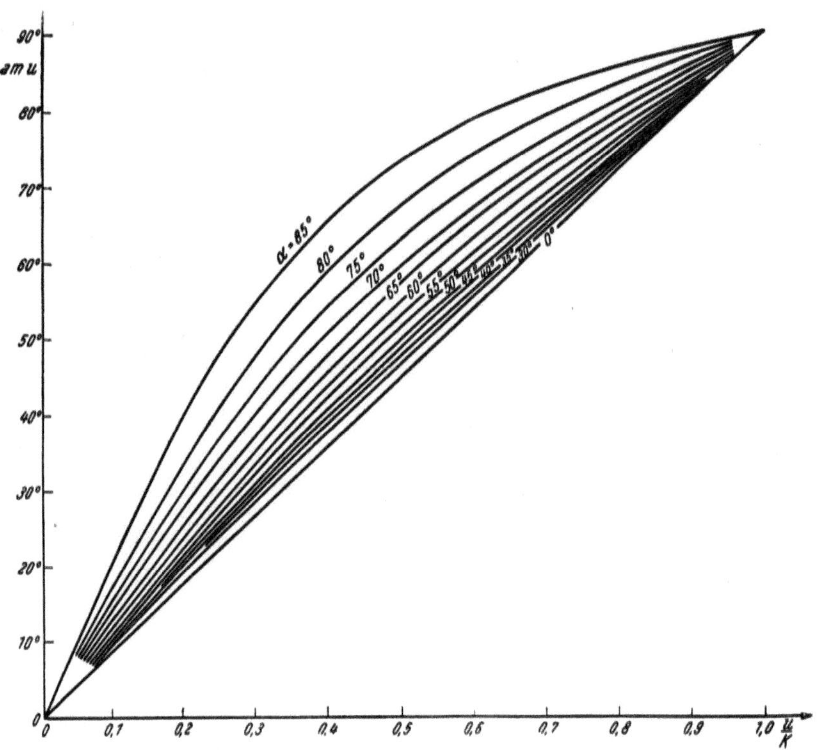

Abb. 269. Die Funktion am u in Abhängigkeit von $\frac{u}{K}$

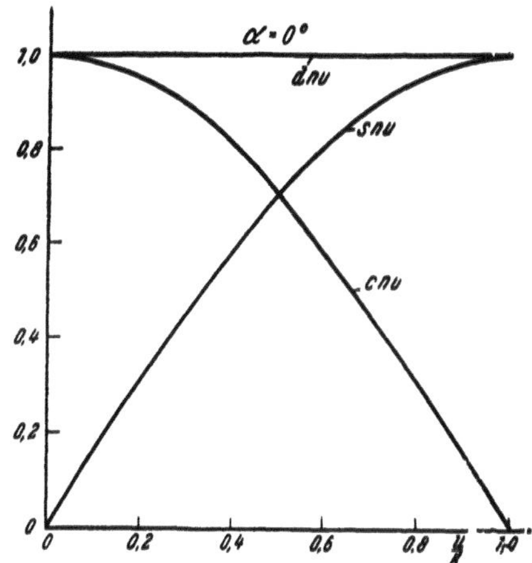

Abb. 270. Die *Jacob*ischen Funktionen
sn u, cn u und dn u für α = 0°.

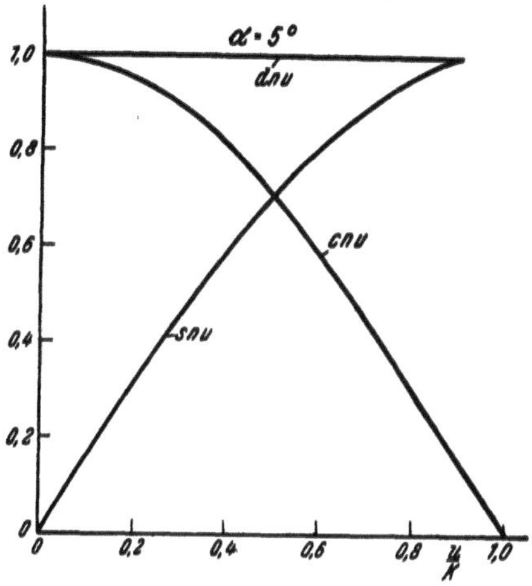

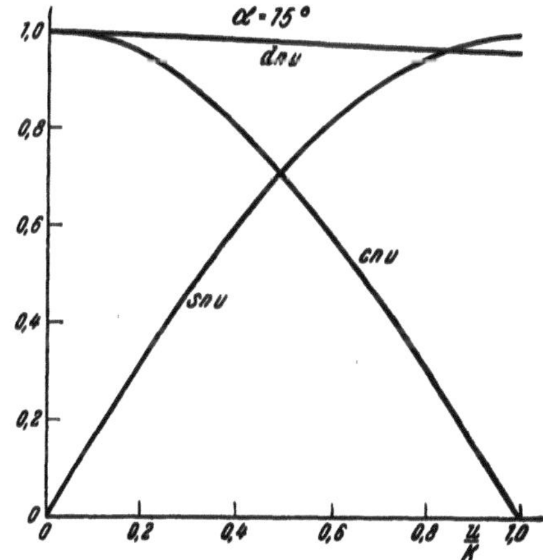

Abb. 271. Die *Jacob*ischen Funktionen
sn u, cn u und dn u für α = 5°.

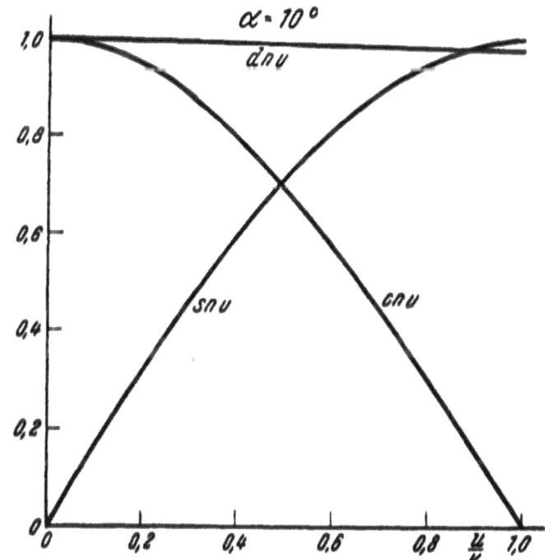
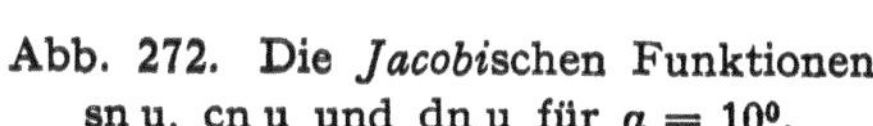

Abb. 272. Die *Jacob*ischen Funktionen
sn u, cn u und dn u für α = 10°.

Abb. 273. Die *Jacob*ischen Funktionen
sn u, cn u und dn u für α = 15°.

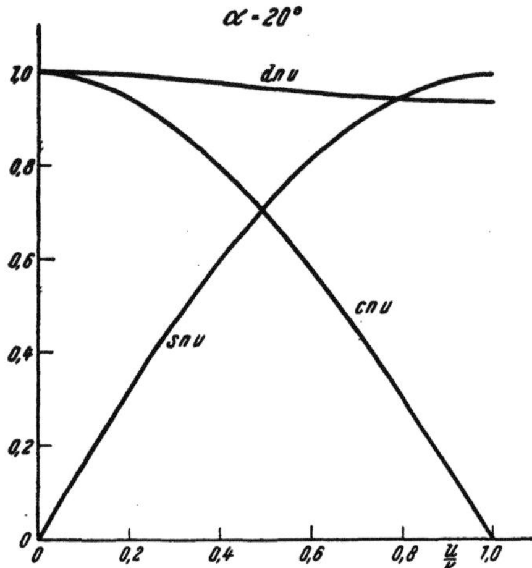

Abb. 274. Die *Jacobi*schen Funktionen
sn u, cn u und dn u für α = 20⁰.

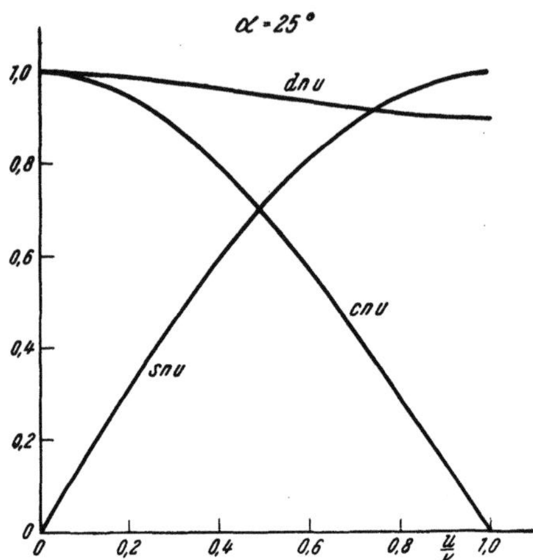

Abb. 275. Die *Jacobi*schen Funktionen
sn u, cn u und dn u für α = 25⁰.

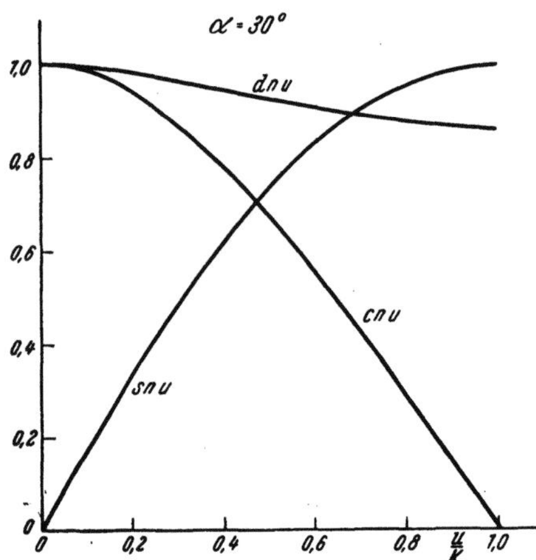

Abb. 276. Die *Jacobi*schen Funktionen
sn u, cn u und dn u für α = 30⁰.

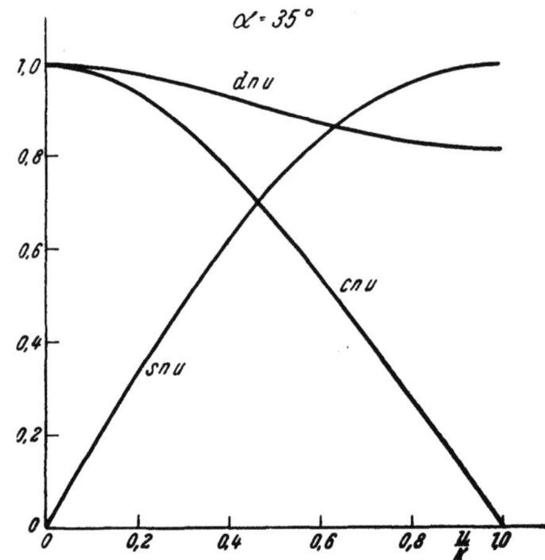

Abb. 277. Die *Jacobi*schen Funktionen
sn u, cn u und dn u für α = 35⁰.

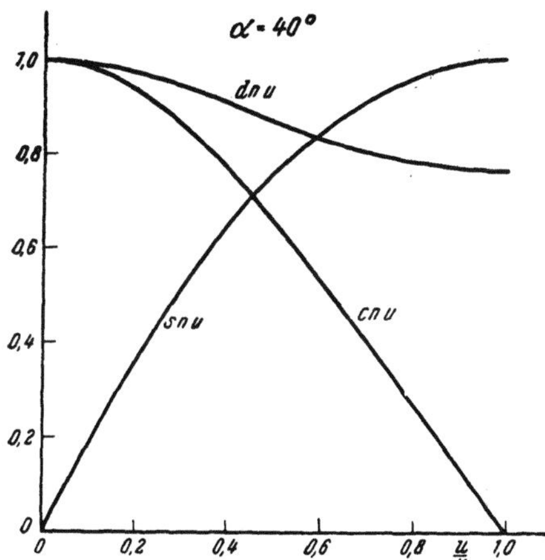

Abb. 278. Die *Jacobi*schen Funktionen sn u, cn u und dn u für $a = 40^0$.

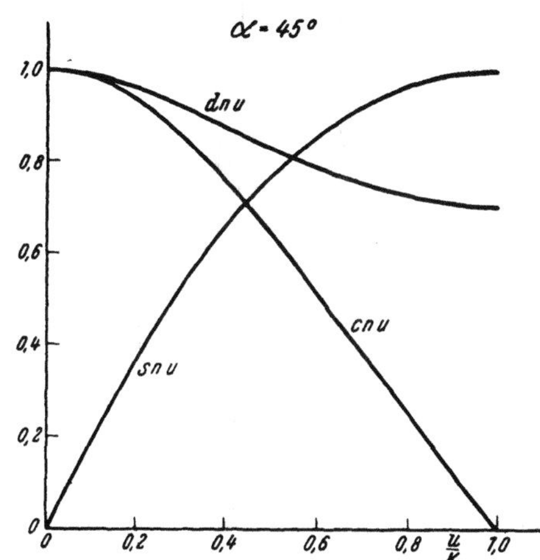

Abb. 279. Die *Jacobi*schen Funktionen sn u, cn u und dn u für $a = 45^0$.

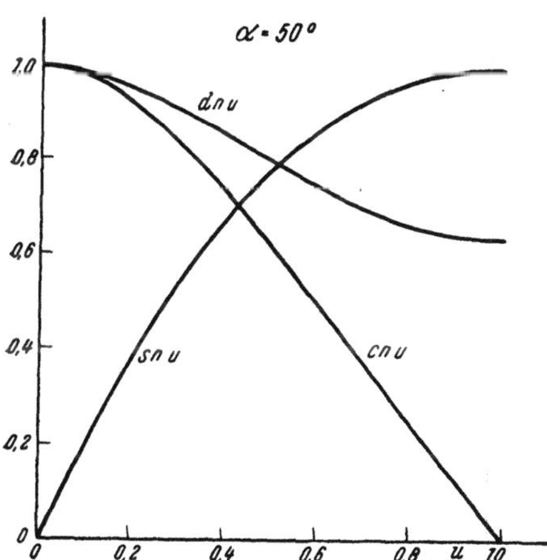

Abb. 280. Die *Jacobi*schen Funktionen sn u, cn u und dn u für $a = 50^0$.

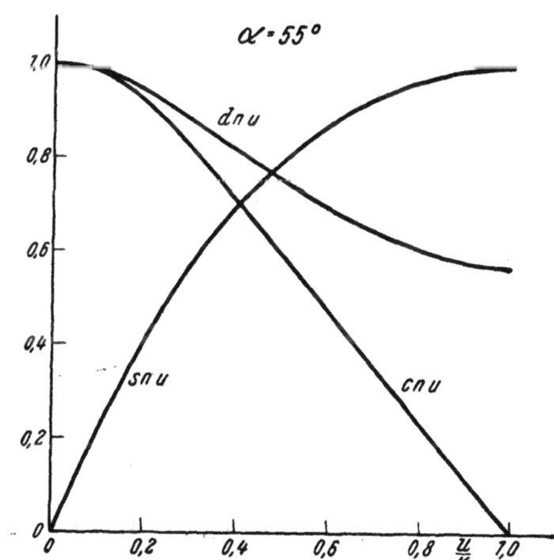

Abb. 281. Die *Jacobi*schen Funktionen sn u, cn u und dn u für $a = 55^0$.

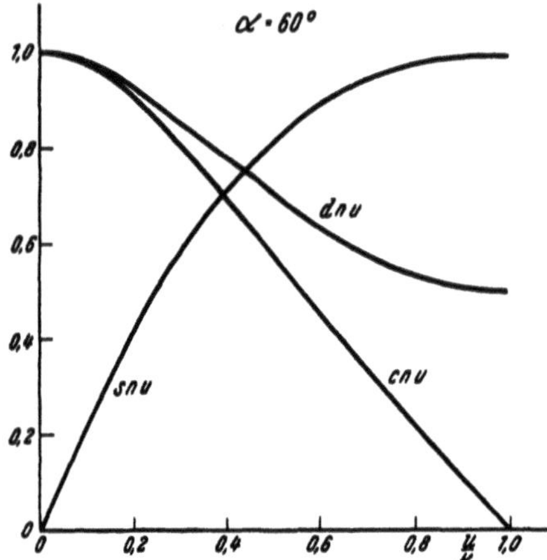

Abb. 282. Die *Jacobi*schen Funktionen sn u, cn u und dn u für $\alpha = 60^0$.

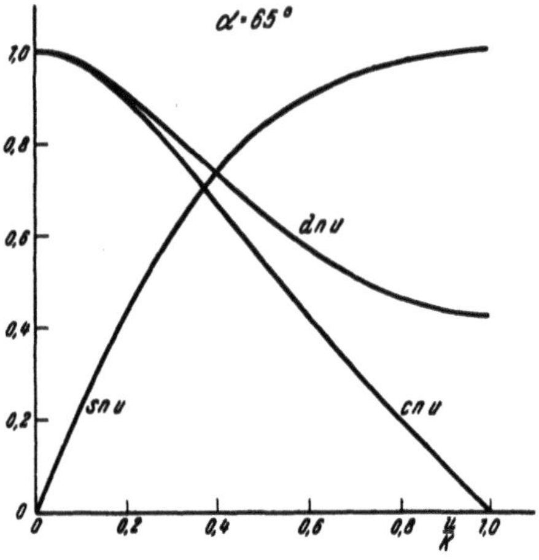

Abb. 283. Die *Jacobi*schen Funktionen sn u, cn u und dn u für $\alpha = 65^0$.

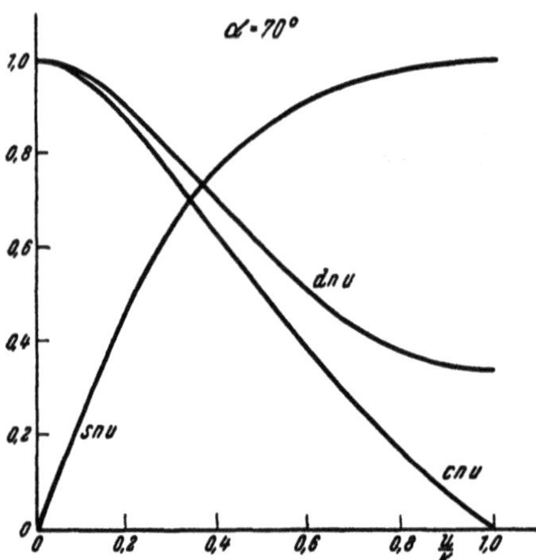

Abb. 284. Die *Jacobi*schen Funktionen sn u, cn u und dn u für $\alpha = 70^0$.

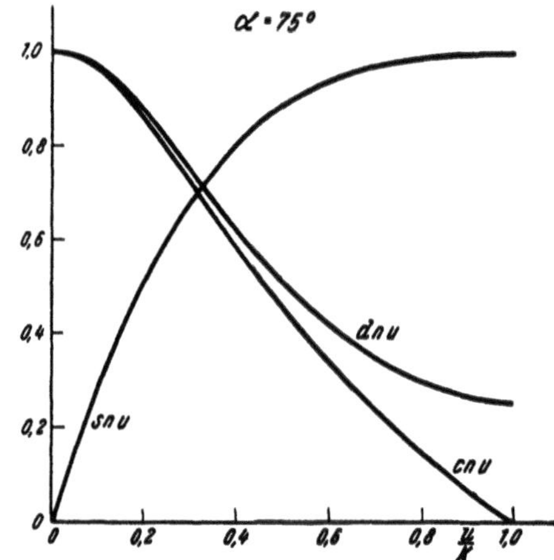

Abb. 285. Die *Jacobi*schen Funktionen sn u, cn u und dn u für $\alpha = 75^0$.

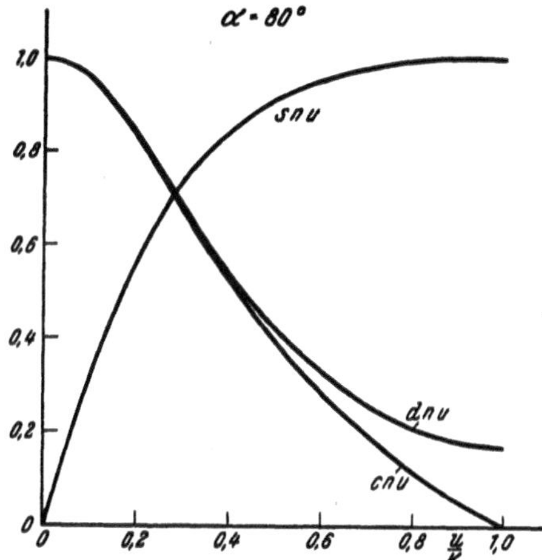

Abb. 286. Die *Jacobi*schen Funktionen
sn u, cn u und dn u für $\alpha = 80^\circ$.

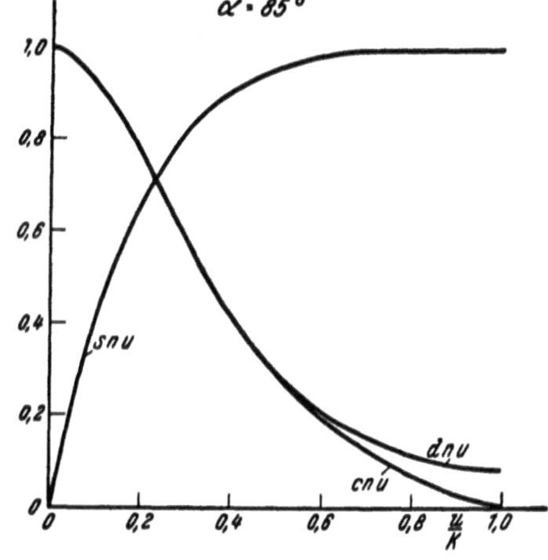

Abb. 287. Die *Jacobi*schen Funktionen
sn u, cn u und dn u für $\alpha = 85^\circ$.

Literaturhinweise.

Auf die Angabe von Originalaufsätzen mußte verzichtet werden, da Vollständigkeit nicht geboten werden kann. Dagegen führe ich hier mehrere Bücher an, die ausführliche Aufstellungen grundlegender Arbeiten enthalten.

Alfven, A.: Cosmical Electrodynamics. Oxford, Clarendon 1950.
Berg, Hellmut: Einführung in die Physik der festen Erde. Zürich, Hirzel 1949.
Betz, A.: Konforme Abbildung. Berlin, Springer 1948.
Bewley, L. V.: Two-Dimensional Fields in Electrical Engineering. New York, Macmillan 1948.
Byerly, W. E.: Fourier Series and Spherical Harmonics. Boston. Ginn 1893.
Chapman, S. and *Bartels, J.:* Geomagnetism. Oxford, Clarendon 1940.
Debye, P.: Stationäre und quasistationäre Felder. Art. V/17 der Enzyklopädie der math. Wissenschaften. Leipzig, Teubner 1909.
Dwight, H. B.: Electrical Coils and Conductors. New York, McGraw Hill 1945.
Emde, F.: Funktionentafeln. Leipzig, Teubner 1933.
Hagne, B.: Electromagnetic Problems in Electrical Engineering. Oxford, University Press 1929.
Hak, J.: Eisenlose Drosselspulen. Leipzig, Koehler 1938.
Jahnke, E.: s. *Emde, F.*
Jasse: Die Elektromagnete. Berlin, Springer.
Karapetoff, V.: Magnetic Circuits. New York, McGraw Hill 1912.
Oberhettinger, F. und *Magnus, F.:* Anwendung der Elliptischen Funktionen in Physik und Technik. Berlin, Springer 1949.
Oberhettinger, F. und *Magnus, F.:* Formeln und Sätze für die speziellen Funktionen der mathematischen Physik. Berlin, Springer 1948.
Ollendorff, F.: Die Grundlagen der Hochfrequenztechnik. Berlin, Springer 1926.
Ollendorff, F.: Potentialfelder der Elektrotechnik. Berlin, Springer 1932.
Ollendorff, F.: Die Welt der Vektoren. Wien, Springer 1950.
Orlich, E.: Kapazität und Induktivität. Braunschweig, Vieweg 1909.
Rothe, R., Ollendorff, F. und *Pohlhausen, K.:* Funktionentheorie und ihre Anwendung in der Technik. Berlin, Springer 1931.
Sommerfeld, A.: Elektrodynamik. Wiesbaden, Dietrich 1948.
Sommerfeld, A.: Partielle Differentialgleichungen der Physik. Wiesbaden, Dietrich 1947.
Walker, Miles: Conjugate Functions for Engineers. Oxford, University Press 1933.
Weber, E.: Electromagnetic Fields. Theory and Application. New York, Wiley 1950.
Wegener, A.: Physik der Erde [in *Mueller-Pouillet's* Lehrbuch der Physik]. Braunschweig, Vieweg.

Namen- und Sachverzeichnis.

Monotypesatz und Druck von Berger & Schwarz, Zwettl. N.-Ö.